四川卧龙国家级自然保护区系列丛书

四川卧龙国家级自然保护区 综合科学考察报告

杨志松 周材权 何廷美 等 ◎著

中国林业出版社
ıllCF*PHlll China Forestry Publishing House

图书在版编目（CIP）数据

四川卧龙国家级自然保护区综合科学考察报告 / 杨志松等著．—北京：中国林业出版社，2019.7

（四川卧龙国家级自然保护区系列丛书）

ISBN 978-7-5219-0175-7

Ⅰ．①四…　Ⅱ．①杨　Ⅲ．①自然保护区—科学考察—考察报告—汶川县　Ⅳ．①S759.992.714

中国版本图书馆CIP数据核字（2019）第145712号

中国林业出版社·自然保护分社（国家公园分社）

策划编辑： 刘家玲

责任编辑： 刘家玲　宋博洋

出版　中国林业出版社（100009　北京市西城区德内大街刘海胡同7号）

　　　http://www.forestry.gov.cn/lycb.html　电话：（010）83143519　83143625

发行　中国林业出版社

印刷　固安县京平诚乾印刷有限公司

版次　2019年8月第1版

印次　2019年8月第1次

开本　787mm×1092mm　1/16

印张　42

彩插　24

字数　930千字

定价　210.00元

四川卧龙国家级自然保护区本底资源调查编撰委员会成员

（按姓氏拼音排序）

陈林强　杜　军　段兆刚　甘小洪　葛德燕　何　可　何明武　何廷美

何小平　何晓安　胡　杰　柯仲辉　黎大勇　李　波　李建国　李林辉

李铁松　李艳红　廖文波　刘世才　罗安明　马永红　倪兴怀　任丽平

施小刚　石爱民　舒秋贵　舒渝民　谭迎春　王　超　王　华　王鹏彦

夏绪辉　鲜继泽　肖　平　谢元良　徐万苏　严贤春　杨　彪　杨晓军

杨志松　叶建飞　袁　莉　曾　燏　张和民　张建碧　周材权

顾　　问　胡锦矗

主　　编　杨志松（西华师范大学）
　　　　　周材权（西华师范大学）
　　　　　何廷美（四川卧龙国家级自然保护区管理局）

副主编　何　可（西华师范大学）
　　　　　刘世才（四川卧龙国家级自然保护区管理局）

报告撰写

第 一 章　杨志松　何　可

第 二 章　李林辉　李艳红　马永红　甘小洪　何　可　葛德燕
　　　　　胡　杰　廖文波　曾　燏　石爱民　肖　平　杨志松

第 三 章　杨志松　李铁松　舒秋贵

第 四 章　李林辉　马永红　舒渝民　甘小洪　石爱民　李艳红
　　　　　曾　燏　廖文波　李建国　何　可　葛德燕　胡　杰
　　　　　黎大勇　杨志松　施小刚

第 五 章　肖　平　徐万苏　杨　彪

第 六 章　李　波

第 七 章　任丽平

第 八 章　严贤春

第 九 章　杨志松　何　可

第 十 章　杨志松　刘世才　施小刚

第十一章　杨志松　何　可

第十二章　杨志松　何廷美　刘世才

统　　稿　杨志松　周材权　何廷美　何　可

制　　图　何　可

前 言

卧龙国家级自然保护区（以下简称"卧龙自然保护区"）始建于 1963 年，位于四川盆地西缘，四川省阿坝藏族羌族自治州汶川县西南部，邛崃山脉东南坡，距四川省会成都 120km。位于北纬 30°45′~31°25′、东经 102°51′~103°24′之间，东与汶川县的草坡、映秀、三江镇相连，南面与崇州、大邑和芦山县相邻，西面与宝兴、小金县相接，北面与理县接壤，横跨卧龙、耿达两镇。东西长 52km、南北宽 62km，全区总面积 2000km²，是国家和四川省命名的科普教育基地、爱国主义教育基地；是我国建立最早、栖息地面积最大、以保护大熊猫及高山森林生态系统为主的综合性自然保护区，是 2006 年 7 月世界遗产大会批准列入世界自然遗产名录的"卧龙·四姑娘山·夹金山脉"四川大熊猫栖息地最重要的核心保护区。卧龙自然保护区以熊猫之乡、宝贵的生物基因库、天然动植物园享誉中外。

卧龙自然保护区地处四川盆地西缘山地，邛崃北部的东南麓，整个地势由西北向东南递减，西北部山大峰高、河谷深切，大部分山峰的海拔高度超过 4000m。东南部地势相对平缓，除个别山峰外，海拔一般不超过 4000m，最低海拔 1150m。海拔相对高差大于 5000m，完好地反映了青藏高原东南缘高山峡谷地带特征性的山地垂直带谱。海拔 1600（1700）m 以下为常绿阔叶林，1600（1700）~2000（2200）m 为常绿、落叶阔叶混交林带，海拔 2000~2500m 是温性针、阔叶混交林带，海拔 2500~3500（3600）m 为寒温性针叶林带，海拔 3500~4200（4400）m 为高山灌丛和草甸带，海拔 4200（4400）m 以上地段为高山流石滩稀疏植被。保护区地理条件独特、地貌类型复杂，风景秀丽、景型多样、气候宜人，集山、水、林、洞、险、峻、奇、秀于一体，还有浓郁的藏、羌民族文化。

经调查确认，保护区内有大型真菌 2 门 7 纲 18 目 48 科 138 属 479 种，藻类植物 8 门 43 科 93 属 180 种（含变种），蕨类植物 30 科 70 属 198 种，裸子植物 6

科 10 属 19 种 (不包含外来植物)，被子植物 123 科 613 属 1805 种 (不包含外来植物)。在这些高等植物中，国家重点保护野生植物有 13 科 14 属 15 种，其中一级重点保护野生植物有玉龙蕨 (*Sorolepidium glaciale* Christ)、珙桐 (*Davidia involucrata*)、光叶珙桐 (*Davidia involucrata* var. *vilmoriniana*)、红豆杉 (*Taxus chinensis*)、独叶草 (*Kingdonia uniflora*)、伯乐树 (*Bretschneidera sinensis*) 等 6 种；二级重点保护野生植物有四川红杉 (*Larix mastersiana*)、红花绿绒蒿 (*Meconopsis punicea*)、连香树 (*Cercidiphyllum japonicum*)、水青树 (*Tetracentron sinense*)、香果树 (*Emmenopterys henryi*) 等 9 种。

保护区丰富的植物和生境多样性孕育了丰富的动物多样性。保护区有脊椎动物 517 种，其中兽类 8 目 29 科 81 属 136 种，鸟类 18 目 61 科 185 属 332 种，爬行类 1 目 4 科 14 属 19 种，两栖类 2 目 5 科 11 属 18 种，鱼类 3 目 5 科 8 属 12 种；已鉴定的昆虫有 19 目 170 科 922 属 1394 种。保护区内国家 I、II 级重点保护野生动物众多，其中国家 I 级重点保护野生动物有 15 种，II 级重点保护野生动物 53 种。国家 I 级重点保护野生动物中，兽类有扭角羚 (*Budorcas taxicolor*)、大熊猫 (*Ailuropoda melanoleuca*)、川金丝猴 (*Rhinopithecus roxellanae*)、豹 (*Panthera pardus*)、雪豹 (*Panthera uncia*)、云豹 (*Neofelis nebulosa*)、林麝 (*Moschus berezovskii*)、高山麝 (*Moschus chrysogaster*) 和白唇鹿 (*Gervus albirostris*) 9 种，鸟类有黑鹳 (*Ciconia nigra*)、绿尾虹雉 (*Lophophorus lhuysii*)、斑尾榛鸡 (*Bonasa sewerzowi*)、金雕 (*Aquila chrysaetos*)、胡兀鹫 (*Gypaetus barbatus*) 和红喉雉鹑 (*Tetraophasis obscurus*) 6 种；国家 II 级重点保护野生动物中，兽类有小熊猫 (*Ailurus fulgens*)、黑熊 (*Ursus thibetanus*)、豺 (*Cuon alpinus*)、藏酋猴 (*Macaca thibetana*)、水鹿 (*Rusa unicolor*) 等 18 种，鸟类有血雉 (*Ithaginis cruentus*)、白腹锦鸡 (*Chrysolophus amherstiae*)、红腹锦鸡 (*Chrysolophus pictus*)、红腹角雉 (*Tragopan temminckii*)、高山兀鹫 (*Gyps himalayensis*)、凤头鹰 (*Accipiter trivirgatus*) 等 34 种，鱼类有虎嘉鱼 (*Hucho bleekeri*) 1 种。

大熊猫是卧龙自然保护区的主要保护对象之一，本次调查显示，保护区有大熊猫 149 只，栖息地面积 904.58km²。保护区内大熊猫属邛崃山种群，其栖息地是大熊猫邛崃山种群分布的核心区，具有不可替代的保护价值。

卧龙保护区在动物地理区划上属东洋界中印亚界、西南区西南山地亚区，此区呈现相对海拔落差大、植被垂直分布明显、生境复杂多样化的特点。动物兼具古北界和东洋界成分，以古北界成分为主。其动物地理群为南方亚高山森林草原、草甸动物群，南北物种混杂，特有种丰富。

卧龙自然保护区物种的稀有性还表现在其许多物种是残遗物种和分布区极窄

的物种。在保护区内有许多第三纪及其以前的古老植物,裸子植物中有云杉、冷杉、铁杉、麻黄,被子植物在白垩纪初期至晚期已出现的有卫矛、鼠李、槭等科。

卧龙自然保护区可利用资源也很丰富。茂密的森林植被、容易观察的扭角羚、金丝猴和水鹿等动物、清澈的溪流、奇异的山峰和裸岩,构成了卧龙自然保护区丰富的旅游资源,是保护区可持续发展的条件之一。独特的区位优势和便利的交通条件,是在实验区内合理开发利用这些资源的有利条件。

卧龙自然保护区建区历史悠久。自保护区成立以来,在各级政府的大力支持下,保护区建立了比较完善的保护管理机构,拥有一支具有较高素质且保护管理经验丰富的队伍,健全了保护管理规章制度,建成了保护区管理局、邓生保护站、木江坪保护站和三江保护站等基础设施,配备了保护管理所需的交通工具、巡山设备、救护设备、宣教设备等基本设备。保护区在 55 年的保护管理工作中取得了显著的保护成效,滥捕乱猎野生动物的违法犯罪活动得到了坚决打击和有效控制,自然资源和自然生态环境得到有效保护,以大熊猫为代表的主要保护对象栖息地保存完好。保护区与周边社区关系良好,国家、省、州政府和林业行政主管部门对保护区工作高度重视,对保护区给予了有力支持,保证了保护区保护管理工作的有效开展。

保护区拥有健全的管理制度,有效的管理使人为猎杀野生动物和破坏保护区自然生态环境的现象得到有效控制。保护区多年来开展了大量的保护科研项目,提出的"三生"政策对社区发展起到重要作用,开展了社区扶贫工作,减少了社区对保护区的压力;保护区还与国内外多个科研机构和保护组织开展了大量的科学研究,取得了举世瞩目的成绩。购置了各种巡护、监测和科研设备,建成了数字卧龙,通过这些手段极大地提升了保护管理能力。

卧龙自然保护区是珍稀动物的乐园,是植物生长的王国,是人们研究动植物、保护生物多样性、感受大自然、体验人和动物和谐相处的好去处。

西华师范大学从 2014 年开始,先后组织来自中国科学院植物研究所、中国科学院动物研究所、西南交通大学等不同学科领域的专家深入保护区腹地,在保护区的配合下,开展了为期三年的科学考察工作和一年的补充调查,出动考察人次 6000 余天,以期为保护区提供更加翔实的基础调查数据。报告中难免出现疏漏和错误的地方,请批评指正。

《四川卧龙国家级自然保护区综合科学考察报告》编写组

2019 年 5 月

目 录

◁ ○ ○ ○　　CONTENTS

1 考察概况

1.1 考察范围 ◦◦◦◦>

本次科学考察对四川卧龙国家级自然保护区整个管辖范围进行了实地考察和访问。

1.2 考察样方样线布设 ◦◦◦◦>

以 1 : 50000 纸质地形图作为基本工作图，在地形图上按每 2 个公里设置 1 个调查样区，按照 10% 的抽样强度，共计布设 102 个样区（附图 1）。在进行样线布设时，考虑了不同生境的线路比例，同时考虑了海拔高度、地形地貌等因素，实际无法到达的样区，根据实际地形进行适当平移和调整，所布设的样线基本符合该区域的生境和海拔分布的比例状况。样线长度以一个工作日计算，样线走向尽量为 "S" 形，尽量穿越了不同的生境。

在调查样线的起点、终点、生境发生明显变化以及发现动物实体或者活动痕迹的地方布设了样方，对样方内的动植物情况进行调查，样方大小视调查对象而定。若无上述情况发生时，则按海拔每升高（或下降）200m 或横向实际行走 1000m 时填写一张样方表。

各调查类群的样线、样方、样点设置见各章分述。

1.3 考察人员组成 ◦◦◦◦>

本次科学考察人员按照不同的学科、不同专业的人员组成，每个专业的人员负责本专业项目内容。考察人员组成、单位及分工见附表。

1.4 考察时间 ◦◦◦◦>

野外调查时间从 2014 年 9 月至 2018 年 9 月。其中动物和植物调查在 2014 年 9 月至 2014 年 11 月、2015 年 6 月至 2015 年 8 月、2016 年 6 月至 2016 年 8 月进行了三次大规模野外调查，在 2017 年至 2018 年零星进行了小规模的补充调查。

水文、水生无脊椎动物等调查是从 2014 年 9 月至 2017 年 9 月每年 2 次在枯水期和丰水期进行定点监测，收集数据。

2 考察方法

2.1 大型真菌 ◦◦◦ >

大型真菌种质资源及物种多样性调查主要通过随机抽样和样线调查的方法进行。抽样调查的实质是选择有代表性的小面积地段，进行详细调查，以此来估计推断整个群落的情况。样地在选择时应该尽可能均匀分布，并易于到达，但同时又得考虑边缘效应及人为干扰。样线调查法则是沿着预先设计好的样线对大型真菌进行物种调查和标本采集。详细记录标本采集的生境、日期、地点和采集人，并对标本及其生境进行拍照记录。不同的大型真菌生态习性不同，因此野外调查时应对调查区内所有的生境类型进行调查，如森林、草地、粪堆、活立木、枯立木、树桩、腐木等。此外，在调查过程中，还可对采集地周围的农贸市场和当地群众对野生经济真菌的采食情况及贸易进行调查，以了解保护区内及周边大型真菌的种类、种群大致数量及利用情况。

采集方法应视菌类的质地和生长基质的不同而有所不同。对于地上生的伞菌类、腹菌类和盘菌类，可用掘根器采集，一定要保持标本的完整性。对于立木、树桩和腐朽木上的菌类，可用采集刀连带一部分树皮剥下。

将采集到的标本，按照标本的不同质地分别包袋，以免损坏和丢失。肉质、胶质、蜡质和软骨质的标本用光滑而洁白的纸制作成漏斗形的纸袋包装，菌柄向下，菌盖在上，保证实体的各部分完整，有些小而易坏的标本也可放入玻璃试管中以免损坏丢失；对于木质、木栓质、革质的标本，采集后拴好标本编号纸牌，用报纸包好或直接装入塑料袋内。

大型真菌调查共布设专业调查样线20条，同时结合部分植物与动物调查样线（附图3）。

2.2 藻类 ◦◦◦ >

主要采用样点法进行调查，分别在皮条河、正河、中河及西河的干流和主要支流设置样点。其中丰水期（R）和枯水期（D）各采样 2 次，每个采样点分别采集定性水样、定量水样和着生藻类水样。

2.2.1 样品的采集和处理

用 25 号浮游生物网采集定性样品浓缩至 10mL，加入福尔马林（含 36%甲醛）固定保存；用采样器采集水面下 0.10、0.5 和 1.0m 的水样各 1L 混匀，然后立即加入鲁哥氏液固定，静置沉淀 24h，吸去上清液，将剩余水样浓缩至 10mL，做定量计数，根据浓缩倍数计算藻细胞密度。在样品采集的同时，利用 Multiparameter HI 9828 型多参数水质监测仪和透明度盘分别测量各个样点的 pH 值、水温和水体透明度。

2.2.2 物种鉴定及计数

定性样品在 10×40 倍显微镜下进行初步观察和鉴定。硅藻类的鉴定采用经酸处理后（硫酸与硝酸 1∶1），再置于 16×100 倍油镜下观察和拍照。种类鉴定主要依据参考文献。

取 0.1mL 处理后的定量样品于浮游植物计数框（Palmer counting cell）内计数，分别计算浮游藻类的物种数和每物种个体数，每个样品计数 2 片，各片之间相差不大于 15%，如果误差大于 15%，则相应增加计数片数，取其平均值。

2.2.3 生物评价

多样性指数法能以浮游藻类种群结构和细胞密度的变化为基本依据，判定湖泊和河流的营养状况、富营养化程度和发展趋势，同时又具有结果可靠、操作方便、实验仪器要求不高和成本低等优点。根据区内复杂的环境状况，本研究运用多样性指数法中的 Margalef 丰富度指数（d）、Shannon 多样性指数（H'）和 Pielou 均匀度指数（e）对该流域水质状况进行初步评价。

Margalef 丰富度指数（d）

$$d=（S-1）/\ln N$$

式中：S 为样品中藻类种类数；N 为样品中藻类个体数。当 d 值为 0~1 时为多污带；1~2 为 α 中污带；2~3 为 β 中污带；>3 为寡污带。

Shannon 多样性指数（H'）

$$H'=-\sum_{i-1}^{s}\left(\frac{n_i}{N}\right)\log_2 N(\frac{a_2}{N})$$

式中：N 为样品中藻类个体总数；s 为藻类种数；n_i 为样品中 i 种藻类植物的个体数。该指数与水质的关系为：当 H' 值等于 0 为无生物严重污染带；0~1.0 为重污带；

1.0~2.0 为 α 中污带；2.0~3.0 为 β 中污带；>3.0 为寡污带。

Pielou 均匀度指数（e）

$$e = H'/\lg S$$

式中：e 值在 0~0.3 之间为多污带；0.3~0.4 为 α 中污带；0.4~0.5 为 β 中污带；>0.5 为寡污带或清洁。

2.3　高等植物及植被 ○○○〉

2.3.1　植物种类调查

根据保护区自然条件和植被类型确定野外调查路线。在保护区内设置垂直方向和水平方向的、贯穿不同生境的样线，样线的设置采取典型抽样法，抽样强度为 10%，平均一条样线控制 4km²，调查样线沿沟谷或按卫片、地形图等显示的植被、地理特征布设，地形平坦、宽敞等区域尽可能采取拉网式采集方法，样线分布要兼顾各种生境类型，包括阴坡山腰、阴坡山脊、阳坡山腰、阳坡山脊、沟谷地带。调查时至少 2 人一组（专业技术人员至少 1 人）沿样线观察前进，记录所见植物的名称、丰富度、海拔、GPS 位点等信息，填写"植物调查线路表"。针对每一不同种植物需求进行图片拍摄（照片编号和相应植物对应），采集标本。

采集标本时必须采集带有繁殖器官的枝条或植株，野外采集记录必须逐项仔细填写，特别是地理信息、生境及颜色等容易在标本制作过程中丢失的形状。

在样线上发现国家重点保护植物时，除按要求采集标本、记录信息、拍摄照片外，还应记录形态特征、生长状况，注明保护级别。

照片拍摄：在野外调查过程中进行植物生态图片的拍摄，同一个对象至少拍摄 3 张照片，照片编号和表格里面对应。除野外拍摄和记录外，室内还需进行数据整理、物种特征描述、经济价值和资源量等信息补充，然后将信息录入数据库。整理后的数据包括物种名称、生境、经纬度、海拔、丰富度等，照片原始分辨率大于 1000 万像素。

标本制作：调查中采集植物标本每种 1 号，每号 4 份，2 份卧龙自然保护区标本馆保存，2 份西华师范大学标本馆保存。标本在野外进行初步压平、整形及干燥，调查一个阶段结束后统一进行烘干、灭菌、防虫、防霉变等技术处理。处理完后的标本采用常规腊叶标本制作方法，使用白胶粘贴在台纸上并对重点部位使用纤维线进行固定。采集记录张贴在台纸左上角，鉴定标签张贴在台纸的右下角，标本馆藏编号及数字化资源条形码加盖或粘贴在空白处合适位置。

2.3.2　植被调查

根据保护区的植被状况，用典型抽样法布设若干条垂直方向的样线，平均每条样线控制 4km²，调查时沿样线由低向高行进，直至植被分布的上限。根据保护区的植被状况，沿样线边走边在地形图上绘制确认的群系类型，植被图绘制的基础是 1：50000 地形图。在样线上布设若干个 20m×20m 的样方，进行植物群落样方调查。样方的具体布设原则是：

A. 在植被调查样线的起点、终点分别布设一个样方；

B. 在植物群落类型（划分到群系一级）发生变化的地点，布设一个样方；

C. 在每一种群落类型内的典型地段，布设一个样方；

D. 在每个 20m×20m 的样方内设置 3 个 5m×5m 的"品"字形分布的小样方调查灌木种类及盖度，随机选择一灌丛样方按"品"字形设置 3 个 1m×1m 的草本小样方。

样地调查内容包括：样地的地理位置（包括地理名称、经纬度、海拔和部位等）、坡形、坡度、坡向；群落的名称，森林起源、群落外貌特征和郁闭度；乔木层植物进行每木调查，分别记录乔木植株的种名、树高、胸径和冠幅；灌木层记录灌木的种名、高度、盖度和株数（丛数），草本植物和层间植物的种名、高度和分布均匀度。另外，对样地受干扰现状、程度和原因，林内植物死亡状况，分别作为备注进行记载。对每个样方中心点用 GPS 精确定位（3D 导航，如果 GPS 无法定位或只能 2D 导航的则必须通过地图计算出该点的经纬度），填写"植被样方调查表"。

在调查过程中应重点识别群落的建群种，以及各层片的优势种。对珍稀特有植物或有特殊调查意义的，还记录了该植物的种名。

2.3.3　植被图的绘制

在中国科学院遥感与数字地球研究所的遥感数据共享系统下载了保护区所在区域的最新的 Landsat 8 卫星遥感图像（分辨率 30m×30m，卫片拍摄时间为 2015 年 2 月 12 日），在植被实地调查数据的基础上，利用 ERDAS 遥感图像处理系统软件对保护区的卫星遥感图像进行了解译和校正，确认无误后，绘制出了保护区的植被图。

2.4　动物　○○○〉

动物调查主要采用样线法、辅以样方法结合红外线相机监测进行。在样线上记录了动物种类、数量、海拔、生境等信息，对珍稀特有物种应用 GPS 进行定位，在样线上填写各类群的"动物调查线路表"。进行样方调查时，填写了"动物样方调查表"，包括样方的经纬度、海拔、生境状况、物种、数量等内容。红外线相机监测主要参考卧龙自然保护区的红外线相机监测位点。对常见的大型兽类和鸟类采用了访问的形式进行补充。

2.4.1　兽类

2.4.1.1　小型兽类

主要采用样线铗夜法对不同海拔样线上的非飞行类小型兽类进行调查，样线贯穿研究区域从低海拔至高海拔不同的植被生境类型，并在不同海拔段设置采样点布设。卧龙海拔跨度为1150~6250m，植被可分为：常绿阔叶林（1600m以下）、常绿落叶阔叶混交林（1600~2000m）、针阔混交林（2000~2500m）、寒温性针叶林（2500~3500（3600）m）、耐寒灌丛和高山草甸（3500~4200（4400）m）、高山流石滩稀疏植被带（4400~5000m）。我们拟对采样方法进行标准化设计，从而保证研究的一贯性和不同样线上结果的可对比性。采集对象包括食虫类（猬形目和鼩形目）和啮齿类动物（啮齿目和兔形目）。在1200~6000m间设置12个调查点，调查点间海拔间隔400m，实验区域基本覆盖了所有样线上小型兽类的适宜海拔分布区域和不同植被类型。

所有调查均在当年的湿季（4月至9月）中完成。为了调查物种多样性海拔分布格局的季节性变化，针对每条样线上的海拔点分为早湿季（4月至6月）和晚湿季（7月至9月），按照海拔由低及高的顺序进行重复取样，两个季节中的取样方法和取样强度完全一致。为避免早湿季的物种调查对晚湿季的物种调查产生影响（时间自相关），同一海拔点在两个季节中样地所设置的位置水平距离大于200m。

鼠铗布设于每日16：00~18：30进行，以新鲜花生和五香豆腐干为诱饵，次日7：00~9：00收取样本。捕获到的每个样本均按照海拔和样方进行详细标号，记录其体重、体长、尾长、后足长等指标，根据这些测量值和外形特征进行初步的物种鉴定，并对每号标本进行解剖前拍照记录。每个样本均留取头骨和肌肉组织样品，以无水乙醇保存；对于地区代表种和稀有种个体，制作假剥制标本。所有头骨、标本和分子材料采集结束后进行实验室物种鉴定。

由于地面置铗法不能够很好地适用于调查区域内的树栖类小型哺乳动物，本研究利用目测法对每个样方内的树栖型小型兽类（主要为松鼠科物种）进行了物种和数量调查，对于每个观察到的动物个体只在其第一次出现的样方中计数，以免重复取样。在置铗的基础上，辅以鼠笼诱捕进行补充。

（1）捕获物种野外处理方法

用灭害灵杀灭捕获小型兽类个体体表寄生虫后进行编号，测量并记录捕获标本的外形量度包括体长、尾长、后足长、耳高等，部分物种取少量肌肉或肝脏组织保存于95%的酒精中，标本保存于8%的福尔马林溶液中。

（2）标本的实验室制作鉴定

将保存于8%的福尔马林溶液中的标本制作成研究标本，利用检索工具对标本对应物种进行逐一鉴定、登记。

（3）疑难物种的鉴定方法

对头骨破损不全、亚成体或幼体以及通过形态不易鉴定的物种（个体残缺或通过检索表检索其特征明显不符合对应物种的个体）我们采用分子生物学方法进行鉴定。分子鉴定主要是利用实验手段，测定疑难个体的细胞色素 b（cytb）基因，结合系统发育关系分析和形态学特点确定疑难个体的物种类型。

2.4.1.2　大中型兽类

大中型兽类调查主要通过样线法进行调查，由于不同类群栖息的生境有差别，样线的选择有所不同。调查时 2~3 人（其中专业技术人员 1 人）一组，大型兽类主要观察地上的遗迹，如食迹、足迹、粪便（有时遗迹也在树上能见到，如熊类的食迹、爪痕等）、皮毛等，有时也可能在山上、树上见到兽类实体。并记录 GPS 位点、海拔等信息，填写"动物线路调查表"并拍摄照片。物种数量调查方面还参考卧龙自然保护区的红外线自动触发相机的数据。此外，对保护区周边社区居民以及保护区工作人员进行访问调查，也可以间接了解保护区内部分大中型兽类种类及分布的情况。

以 1:50000 纸质地形图作为基本工作图，在地形图上按每 2km 设置 1 个调查样区，按照 10% 的抽样强度，共计布设 102 个样区（附图 2）。在进行样线布设时，考虑了不同生境的线路比例，同时考虑了海拔高度、地形地貌等因素，实际无法到达的样区，根据实际地形进行适当平移或调整，所布设的样线基本符合该区域的生境和海拔分布的比例状况。样线长度以一个工作日计算，样线走向尽量为"S"形，尽量穿越了不同的生境。

在调查样线的起点、终点、生境发生明显变化以及发现动物实体或者活动痕迹的地方布设了样方，对样方内的动植物情况进行调查，样方大小视调查对象而定。若无上述情况发生时，则按海拔每升高（或下降）200m 或横向实际行走 1000m 时填写一张样方表。

2.4.2　鸟类

采用样线法结合样点法调查，利用望远镜观察鸟类实体和痕迹或者根据叫声鉴别物种，填写"动物线路调查表"并拍摄照片。调查时间原则上应在凌晨和黄昏进行，但实际调查中应视具体情况而定。样点法适用于小型鸟类，在调查样区内均匀设置一定数量的样点，以各个样点作为中心，计数一定半径区域内鸟类的种类及数量，同时记录生境状况。样点半径依据栖息地类型、野生动物种类、野生动物习性、观察对象确定。在样点上布设鸟网，对鸟类非保护物种进行少量采集。样线法调查可以和兽类结合进行。物种记录另外还参考了卧龙自然保护区红外线相机监测的数据。

鸟类调查样线布设与兽类样线基本一致，布设方法参考兽类样线布设。同时，在保护区内各个水库设立定点观测点（附图 2）。

2.4.3　两栖爬行类

根据两栖爬行动物普遍活动习性结合保护区自然地理气候特点，野外实地调查时间选择在夏季和秋季进行。调查方法为实地调查和资料检索法结合进行。野外调查点主要采用样线法对山间溪流、林间小路、水塘、林地等两栖爬行类的栖息生境或易发现的区域进行调查，样线单侧宽度为5m，以2km/h的速度步行调查，在样线范围内搜寻两栖爬行动物。样线长1~3km，平均每条样线调查1~2次。调查时段分别在9：00~11：00（主要调查有尾两栖动物、蜥蜴类和游蛇类爬行动物）、14：00~17：00（主要调查有尾两栖动物、蜥蜴类和游蛇类爬行动物）和20：00~00：00（主要调查毒蛇类、水蛇类爬行动物和无尾两栖动物），调查时记录了观察和采集到的物种、数量以及相关海拔、地理坐标、栖息地生境等信息，并拍摄照片，未能在野外调查时鉴定的物种采集少量标本带回室内鉴定。在野外实地调查的同时，对调查地点社区居民进行访问调查，通过非诱导式问题设置并辅助图片识别来调查特征较鲜明的部分两栖爬行动物物种。调查之前综合考虑保护区的地形、地貌、植被、两栖爬行动物的生态习性，选定可操作性高、代表性强的区域进行调查。爬行类的分布较窄，样线的布设主要考虑了海拔较低的地方，进行实地观察记录。两栖类与水有很大关系，样线的布设沿池塘、溪流设置。

2.4.4　鱼类

主要是采取样带法和样方法相结合的方式进行调查。样带法即结合河道河床和水温特征，选择具有代表性的各类河段样地，沿着河沟一边走一边利用渔网进行捕捞，样带长度1~8km，鉴定渔获物种类，并根据捕捞情况估计数量情况。样方法则是在样带上选择几处水流较缓、水体较深的点布设样方，用钓竿、拉网和捞网进行捕捞，共布设13个样点。

2.4.5　昆虫

采用网捕法、震落法、搜寻法、诱集法等进行物种调查和标本采集。在调查区域内，从低海拔到高海拔每隔500m左右设置一定数量的样线，沿样线采用昆虫网进行昆虫标本采集；在保护区内选取一定样地，夜晚用黑光灯诱捕昆虫；对于步甲、隐翅虫等地下昆虫可采用糖醋或清水设陷阱进行诱捕。对于采集的标本进行拍摄并带回实验室进行制作和鉴定。根据昆虫习性，调查时间分为春、夏、秋三季，可以结合植物调查组进行。

2.4.5.1　网捕法

主要利用扫网法捕捉隐蔽在草丛和灌丛里的各种日行性昆虫。对飞翔着的昆虫迎面扫网或从后面追网；对静息的昆虫从后面或侧面扫网。

2.4.5.2　震落法

主要用于采集有假死性的鞘翅目昆虫。将倒置的雨伞置于树木或灌木丛下，强烈震动树木或灌丛，将掉落雨伞内的昆虫快速收入毒瓶。

2.4.5.3　搜寻法

主要根据昆虫的栖境、寄主植物、危害症状、虫粪等线索来搜索采集在地面上、植物上、砖石下或枯枝落叶层中的昆虫。

2.4.5.4　诱集法

采用灯诱法诱集蛾子、金龟子等夜出且有趋光性的昆虫，采用巴氏罐诱法采集步甲、蝇类等昆虫。

2.4.6　水生无脊椎动物

水生无脊椎动物主要采用样点法进行调查，主要设置在皮条河流域及其主要支流。原则上海拔每升高 200m 设置一个样点，途经水库，则分别在距坝上和坝下约 50m 处各设置一个样点。三次调查均在相同样点取样，并测量相关环境指标，样品通过常规处理后，带回实验室进行鉴定和统计分析。

2.4.6.1　浮游动物、底栖无脊椎动物的采样及调查方法

根据相关资料，水生无脊椎动物的调查应分为三个时期：丰水期（6~9 月）、平水期（10~11 月、3~5 月）和枯水期（12~2 月），这三个类群的野外调查方法一致。调查期间，利用 JPBJ-608 型便携式溶解氧分析仪、便携式流速仪、温度计、透明盘和 pH 试纸对采集断面部分水体理化指标进行实地检测并记录。

2.4.6.2　定性样品的采集

浮游动物定性样品的采集：用 13 号浮游生物网在每个采样点不同的水域深入水下 0.5~1m 做"∞"字形来回拖动 3~5min 进行采样。将采得的水样装入编号瓶内。此外，还通过刮取或剥离水中浸没物（如石块等）上的粘稠状生长物，装入编号瓶内，所有样品迅速带回室内鉴定。

底栖无脊椎动物则沿采样断面河岸浅水区翻检卵石、石块、枯枝和落叶或其他物体，用毛笔或镊子收取动物；或用水网捞取岸边水草或河底层物，淘洗后捡出动物。最后用采得的动物分类放入编号瓶内，加入适量的固定液保存。底栖无脊椎动物标本带回实验室，进行内业分析。在双筒解剖镜下将各断面采得的底栖无脊椎动物的定性标本鉴定到属或种，并统计优势种类。水生无脊椎动物的密度与生物量是衡量该河段鱼类供饵能力高低的标志之一，其优势种类则是该河段水质清洁度的一个指标。

2.4.6.3　定量标本采集

浮游动物用 2.5L 有机玻璃采水器进行采集。每个断面采水均为 2 次，每次随机采

样 10L，共 20L 混合水样，用 25 号浮游生物网过滤、浓缩成 10mL 水样，装入编号瓶内，迅速带回室内鉴定。

底栖无脊椎动物的采集用采样面积为 $1/16m^2$ 的彼得逊采泥器采集。采得的泥沙样用 60 目分样筛小心淘洗和筛选各类标本，筛选出来的标本分类放入编号瓶内。对较大的底栖动物不加固定液即可做活体鉴定。大多数标本需要保存，则加入 5% 的甲醛溶液固定。每个断面不得少于 5 次样本。为了适合统计计算，样品必须是随机采得的。

2.4.6.4　物种鉴定

在显微镜下进行观察，对所采到的浮游动物进行物种鉴定，一般可鉴定到种，也有极少数标本因不完善，只能鉴定到属。

个体数量计算完全按照《淡水浮游生物研究方法》的操作规程进行。

2.4.6.5　定量分析

鉴定记数时将浓缩液摇匀，用 0.1mL 的定量吸管迅速吸出滴于生物记数框中，随机取两张在显微镜下检查，记下各类动物的数量，每号水样重复 5 次。再按下列公式计算出 1L 水中浮游动物的数量。

$$1L \text{ 水中浮游动物的数量} = \frac{1L \text{ 水浓缩成的标本水量}}{\text{实际计算的标本总量}} \times \text{实际计算得到的浮游动物数量}$$

在计数的同时，测量每个动物个体的大小，按照有关的公式算出其体积值，从而换算出生物量。原生动物和轮虫定量样品经沉淀、浓缩后于倒置显微镜下取子样计数，枝角类和桡足类全部计数，然后计算出个体密度，生物量按体积法换算。底栖无脊椎动物标本带回实验室，进行内业分析。在解剖镜和显微镜下，将定量采得的底栖无脊椎动物标本逐一进行分类统计确定其种类，计算出个数，再将标本放在吸水纸上去除表面水分，在以毫克为单位的计量器械上称取其湿重量，计算出每平方米动物的密度和生物量，生物量单位为 g/m^2。

2.4.6.6　定性分析

标本带回实验室，参照有关资料，在解剖镜和显微镜下观察进行种类鉴定，一定要根据这些动物的特点进行相应的操作和观察，逐一鉴定到属或种，并统计优势种类。

水生无脊椎动物的密度与生物量是衡量其对鱼类供饵能力高低的标志之一；动物的优势种类则是衡量水质清洁度的一个指标。

2.5　社会经济状况 ○○○>

卧龙自然保护区、卧龙特区实行的是"合署办公""政事合一"的管理模式，抓保护的同时要管理两个镇的大小事务。全面的社会经济调查要求多种社会学调查方法并用。社会学实证研究方法分两大类：定性分析方法与定量分析方法，它们对社会经济调查都很重要，不能偏颇。采用定性分析方法的质性研究是直接探讨事物本质和因果关系的方法，它包括案例法、访谈法、观察法等田野调查方法。在这些方法的基础上又产生出适应某种特殊调查要求的研究方法，例如：仅仅访谈就又有 PRA 方法、结构式访谈、半固定访谈等。依赖于统计学方法的定量研究擅于对某种现象发生的伴生条件、现象规模和发展趋势的认知，它的优势是认识普遍联系的现象、认识变化的趋势。社会学实证研究方法选用的科学性或者合理性在于与调查目标和现实情形相匹配，也就是方法的实用性。为了达到调查目的，定性与定量方法的并行使用是比较常见的情况。两者各有所长，相互补充。根据本次调查目标的要求我们采用了多种调查方法，主要方法如下。

首先，PRA 方法。Participatory Rural Appraisal（PRA），即参与式乡村评估方法。这是一种通过与调研地区居民进行非正式访谈，掌握该地区实际情况的方法。近几年这种方法开始较多地应用于自然保护区社区共管工作中。

PRA 方法是社会学质性研究中访谈方法的一种，它最大的特点是在受访者参与价值评估的情况下进行调查，在收集社区社会经济等方面的信息的同时，了解其对自然资源的价值认知、对经济行为意义的评估，进而了解他们对保护管理的态度与实际行为，即由当地居民提供行为和经济价值信息。调查者在调查工作完成后独立进行信息分析与整理，提出社区经济发展与保护之间存在的问题，给出问题的分析思路与决策建议，达到社会经济调查为保护区有效管理和长期发展提供科学依据和提供参考指导性资料的目标。

PRA 方法适应于如下调查内容：A. 季节性日历，用来收集和了解一年中社区村民经济活动的规律，对自然资源利用的时节信息。了解农民一年内农业生产、资源获取对应季节的情况，掌握其活动的时节规律。B. 非正式访谈和半固定访谈，以获得某些具体问题的定性化信息。例如贫富标准、数量、基本经济数据、主要经济来源等情况的调查。

其次，KAP 调查方法。Knowledge Attitude and Practice（KAP），即保护区居民对生态环境知识与行为的调查。这种调查方法以问卷统计为主要分析手段，其基础方法是定量分析的方法。本次调查利用经典 KAP 调查的原理及模式，针对保护区周边居民对保护区的认识、态度，以及在动植物保护方面的行为，设计了一系列问题。

问卷调查的质量关键在于所设计的问题是否能够准确反映被调查者理解接受管理宣传的效果、能否真实反映被调查者的主观认同、能否真实地反映采用资源的行为。当然被调查者的主观掩饰很可能让调查得不到真实情况，因此辅以其他调查方法的综合分析十分必要。问卷调查的质量还在于对因变量的把握，我们注意到影响卧龙自然保护区村民经济活动和保护态度的重要因子是村民居住地与行政中心的物理距离，居住地与保护区核心区、缓冲区和实验区的物理距离。也就是说村民的居住地是其经济活动与保护形成紧密关系的重要因素。我们在 2014 年 10 月进行预调查时关注到的另一个特点是村民所从事的行业直接反映了他们对自然资源的依赖程度，也反映了他们的保护态度。而传统的被调查者的年龄、性别、受教育程度等要素在保护区差别不大，对保护态度和行为影响也不大，所以我们的问卷不再考虑这些因素。

如上分析，此次问卷调查，根据整个保护区两镇不足 5000 人的人口总量，在周边三红镇的两个自然村我们原计划发放 100 份问卷，实际发放 98 份。考虑到地理位置、交通条件因素，样本的代表性因素首先被考虑，分布恰当才能较全面地反映情况，因此我们采用了分层抽样的方法，保证八个村的基本调查量（表 2-1）。其次，卧龙镇商铺较多，发展第三产业是保护区社区未来经济发展的重要方向，所以向集镇商铺投放了一定量的问卷。虽然有些商铺还不是本地人开的，但是这些人的经营活动对保护区经济产生的影响是不可忽视的。第三，本次调查主要面对的是农户，预调查时我们发现农户填表存在困难，因此，本次问卷采用调查员代笔的方式（表 2-2）。设计调查问卷的原则是尽可能真实有效、简洁，尤其要根据社区居民的文化程度，用通俗易懂的话语，尽可能减少理解上的分歧，减少调查误差。样本的基本情况如下。

表 2-1 卧龙各村问卷调查抽样情况表

村名	问卷数量	比例（%）
卧龙关村	11	11.22
足木山村	10	10.20
转经楼村	13	13.27
幸福村	15	15.31
龙潭村	11	11.22
耿达村	21	21.43
草坪村	10	10.20
席草村	7	7.14
合计	98	100.00

表 2-2 按主要生计行业划分的调查抽样比例

主要产业	问卷数量	比例（%）
普通农户	49	50.00
蘑菇种植户	3	3.06
蔬菜种植户	3	3.06
养殖户	5	5.10
农家乐经营户	20	20.41
小卖部经营户	3	3.06
包工头	1	1.02
其他商户	3	3.06
林业户	3	3.06
公务员	8	8.16
合计	98	100.00

根据数据分析得出的村民的保护认知和态度、行为，在说明相关问题时运用。

第三，文献研究法。文献研究是各学科各专业通用的基本研究方法，其主要作用是让研究者了解这一领域理论与实践研究的最新成果和出现的新的研究热点问题，了解相关研究的新观点、新方法。文献研究善于全面掌握研究问题，借鉴他人的研究和调查成果，在此基础上推动认知的创新与发展。

这不仅包括特区政府、乡镇村组管理工作的文件资料，实际生产生活各种数据的统计资料，还包括学界目前仍在讨论的相关学术问题的文献，例如：关于生态平衡的指标争论、关于经济发展与保护的协调关系问题探讨、林下经济的方法和条件以及对生态保护的作用与影响、野生动物种群控制的定量标准与控制方法研究等等。

本次调查所获得的信息主要有三个来源：一是各级政府的文件、工作规划、总结、统计报表；二是调查组进入社区通过田野调查即访谈和问卷所获得的信息；三是搜集到的已发表的研究成果。我们注意到从各级政府的文件、报表中可以全面地了解反映当地社区居民经济状况的基本信息。这不仅可借用政府工作之力掌握社区经济信息，更重要的是政府数据具有全面性和权威性，是不可或缺的信息来源与信息统一依据。政府信息非常适合特定信息的获得，如：当地人口信息、家庭成员构成、文化教育程度、贫富状况、土地资源信息、主要收入来源、支出情况，以及牲畜养殖等经济结构和收益情况。但是，政府文件和统计报表中的数据存在不一致的现象，原因是统计途径不一致，统计操作不规范。另外，文件和报表的目标导致其对某些数据的偏好。再有，有些数据是在我们调查时村干部临时汇总的，也有可能不准确。

为了减少调查误差，我们依靠所搜集的大量数据资料，以多种调查方法对照证实，多种数据来源相互印证的态度小心求证，细致辨析以避免干扰。例如，我们从村委会的告示栏里发现有向群众公布的可以反映经济情况的信息，这些信息应该有较高的可信度，因为它们直接接受群众的监督。因此，我们既要参考文件、数据，也要结合田野采集的信息，进行综合判断。

我们知道现实生活的复杂性，以致一些学者，特别是一些自然科学学者拒绝承认社会学研究的科学性。田野方法、民族志方法未必能还原社会生活的真实面貌，著名人类学家玛格丽特·米德也难免出现对萨摩亚人成年认知的笑话。对调查中的问题我们主要通过针对某一问题的分歧认识，将多方面调查的结果相互印证的方法来确定，尽可能地保证调查的客观性和代表性。例如：我们在询问卧龙特区居民对熊猫的认知时发现，就连耿达街上同一民族的不同被调查者也会有不同的文化认知。有的藏族居民把熊猫当山神看，也有把熊猫视为不祥之物，他们还讲述了各自的故事，来支持他们的看法。对不能确定的问题我们存疑不作结论。

2.6　主要威胁因素 ○○○ ❯

主要通过野外实地调查、访问和资料整理来分析保护区内存在的主要威胁因素。

野外调查时对在保护区内发现的所有干扰情况（包括自然干扰和人为干扰）进行记录，并通过对周边社区及居民进行访问调查，了解保护区内动植物资源的受胁状况。对收集到的资料进行整理，结合保护区内生物资源的分布情况综合分析保护区主要的威胁因素。

2.7　保护区管理 ○○○＞

主要通过访问和资料查阅对保护区的现有人员、设施设备及保护区的保护管理能力进行调查和分析。

3 保护区自然地理概况

○○○○ >

3.1 地理位置 ○○○ >

卧龙自然保护区始建于1963年，位于四川盆地西缘，四川省阿坝藏族、羌族自治州汶川县西南部，邛崃山脉东南坡，距四川省会成都120km。位于北纬30°45′~31°25′，东经102°51′~103°24′之间，东与汶川县的草坡、映秀、三江镇相连，南面与崇州、大邑和芦山县相邻，西面与宝兴、小金县相接，北面与理县相接壤，横跨卧龙、耿达两乡。东西长52km、南北宽62km，全区总面积2000km²（附图1）。是国家和四川省命名的科普教育基地、爱国主义教育基地。是我国建立最早、栖息地面积最大、以保护大熊猫及高山森林生态系统为主的综合性自然保护区，是2006年7月世界遗产大会批准列入世界自然遗产名录的"卧龙·四姑娘山·夹金山脉"四川大熊猫栖息地最重要的核心保护区。卧龙自然保护区以熊猫之乡、宝贵的生物基因库、天然动植物园享誉中外。

3.2 地形地貌 ○○○ >

卧龙自然保护区大的地貌属于四川盆地边缘山地，为四川盆地向川西高原过渡地带，总体构造线走向呈北东至南西向，地势由东南向西北递增。以皮条河为界，东南部除个别山峰超过4000m外，大部分山地海拔仅3200m左右，而西北部大部分山地的海拔高度在4000m以上，巴朗山、四姑娘山及北部与理县接壤的山地海拔高度均在5000m左右，在本区的西部和北部形成了一条天然的屏障。山川走向东北至西南，地势西北高东南低为地貌的一大特征。

第二特征是山高谷深，相对高差悬殊。本区自古近纪以来，新构造运动异常活跃，山体剧烈抬升，河流强烈下切，形成山高坡陡谷深的高山峡谷地貌景观。在水平距离极短的范围内海拔高度发生急剧变化，如主峰四姑娘山西侧的长坪沟沟口海拔3600m，与主峰相距仅3.5km，相对高差达2650m；主峰东侧的正沟源头海拔3550m，与主峰相距5km，相对高差达2700m，降比达500%~700%，高差之悬殊实为罕见。

区内河谷形态大致可分为三类：第一种类型为沿挤压性断裂发育的河流。如皮条河、耿达转经楼沟等，由于断裂带附近岩层破碎，河流两岸滑坡、崩塌发育，使河流两岸岩层变得松散，易于侵蚀，河流的侵蚀作用不断将松散物质搬运走，使河谷变宽，形成宽谷。只有少数地段形成峡谷。宽谷的两侧发育有五级阶地，一级、二级阶地保存较好，沿河流两岸均有分布，尤其是一级阶地，沿河流呈条带状分布，阶地面较宽平，为农业活动的主要场所。而三级、四级、五级阶地因后期的破坏只零星保存。第二种类型为沿与主断垂直相交的断裂带发育的窄谷或峡谷，如银厂沟、英雄沟、龙岩沟等。河流沿裂隙垂直下切形成峡谷，两岸崖壁垂直陡峭高达百余米，非常壮观。第三种类型为海拔3000m以上的河流上游河谷，由于受古冰川作用，后又经流水侵蚀，因此河谷呈复合型，河谷横剖面上部为"U"形的冰川谷型，下部为流水侵蚀作用形成的"V"形谷，如皮条河上游的向阳坪至巴朗山一带即为这种谷型。

河流阶地以上分布有四级剥蚀面，其海拔高度分别为2000~2200m、2400~2500m、2800~2850m、3000~3100m，剥蚀面虽然面积不大，但较平坦，表层发育为一层厚1m左右的黄棕色粉砂质粘土层。

第三特征是重力地貌发育，泥石流广布。耿达、皮条河断裂带纵贯全区，断层带附近岩层破碎，山坡陡峻，致使区内滑坡、崩塌等重力地貌作用十分活跃，皮条河左岸可见大规模的基岩顺层滑坡体，而右岸则普遍发育为倾向切层基岩滑坡。又由于岩层破碎，沟谷纵比降较大（15%~25%），加之降雨集中，所以泥石流灾害频频暴发。1981年7月的雨季中，皮条河两岸有14条支沟暴发泥石流，如龙岩沟泥石流龙头直达相距百米远的皮条河右岸高10m的斜坡上，将沟口宽500m的一级阶地上的苗园站全部一扫而光，在沟口形成高5m的泥石流堤和宽50m的泥石流扇形地。

3.3　地质 ○○○○ >

3.3.1　地质发育简史

卧龙自然保护区属龙门山地槽的中南段，自古生代以来，经历了多次构造运动，震旦纪至三叠纪中期，以振荡运动为主要运动形式，发育了厚层的浅海相沉积。三叠纪末期的印支运动，使三叠纪及其以下地层几乎全部褶皱隆起，从此结束了海侵历史，印支运动使本区发生了强烈的褶皱变动和断裂作用，奠定了卧龙地区的构造格局。燕山运动、喜马拉雅山运动使本区主要表现为承袭式的抬升作用，地表较长时间以剥蚀作用为主，故区内缺失侏罗纪、白垩纪和第三纪地层。

第四纪以来，新构造运动活跃，表现为间歇性的抬升作用及小规模的断裂作用。因此区内山坡上形成四级剥蚀面，河谷里形成五级阶地，第四纪以来形成的小型断裂也很清楚。中更新北至全新初期本区经历了多次冰川作用，由于地形的屏障作用，区内古冰川作用的规模和强度比邻区相对减弱，古冰川作用时冰舌最低伸至现今海拔3400m左右（个别在现今海拔3200m），称山岳冰川。主要集中于西北部的马鞍桥山、巴朗山、四姑娘山和中梁子山前一带，海拔3400m以上坡顶皆受大小不等的山岳冰川侵蚀作用。但区内3400m以下的山腰、山脚和沟谷地带未受冰川侵蚀，气候虽有冷暖变化，成为幸存的动植物退居的避难所而使其得以繁衍生息。在每次冰期的往返迁移过程中，促使动植物适应外界环境条件，促进其生存和演化，使一些古老动植物种类得以保存。只有在这种古地理环境下，才保存了大量的白垩纪、第三纪的古老稀有动植物。如：珙桐、水青树、连香树、红豆杉、四川红杉、麦吊云杉等植物以及世界闻名的珍稀动物大熊猫、扭角羚、雪豹、小熊猫等。

3.3.2　地质构造

卧龙自然保护区地跨我国西部地槽区和东部地台区向西部地槽区过渡的龙门山褶皱带。自中生代以来经历了多次构造变动，尤以三叠纪末的印支运动影响最大，使本区强烈褶皱隆起成陆，不仅奠定了北东向构造格局，而且产生了一系列北东向大断裂带，岩层普遍发生了变质作用。

自侏罗纪至古近纪，本区未再接受沉积，长期处于剥夷之中。新近纪末至第四纪初的喜山四幕新构造运动结束了本区相对稳定的状态，开始强烈快速隆起，地形发生重大变形，到晚更新世时期的最后一次强烈新构造运动，最终形成了近于现今的地貌格局。本区大地构造属于龙门山褶断带的中南段，由一系列北东向的平行褶曲和断裂组成，构造带总体方向为北40°～50°。褶曲均为紧密的倒转背斜、向斜。断裂带为北东向挤压性逆冲大断裂，这些断裂和褶曲基本上控制了卧龙地区的地貌格局。

区内自前古生代至中生代三叠纪地层发育齐全，缺失中生代侏罗纪、白垩纪和新生代第三纪的地层。第四纪松散沉积物沿河谷、冰川谷等广泛分布。地层的分布大致以皮条河为界，东南部为古生代地层，西北部为中生代三叠纪变质岩系地层，在东南边缘有少量三叠纪煤系地层。

东南部大面积出露志留纪茂县群的变质碎屑岩，其岩性为灰绿色组云母千枚岩、银灰色碎质千枚岩夹有薄层石英岩及薄片状、透镜状结晶灰岩。其次出露有石炭-二叠纪中的厚层状灰岩夹千枚岩、炭质千枚岩、结晶灰岩夹砂砾岩。零星出露奥陶纪灰色中-厚层长石石类砂岩、石类砂岩及砂质板岩。东南部也有泥盆纪地层分布，其岩性为未变质的灰色到深灰色薄层状灰岩，含泥质灰岩夹炭质页岩及砂岩。

西北部大面积分布三叠纪地层，其岩性为长石石英砂岩、板岩、炭质干板岩，薄层灰岩及细粉砂岩等，亦有泥盆纪地层出露，其岩性为炭质千收岩、砂质千故岩夹石英岩，碎屑灰岩等。

第四纪沿河谷分布有河流细砂砾层，支沟沟口分布有泥石流堆积，冰川谷中分布有冰碛物。

　　另外，区内东北部大面积分布激江—晋宁期的闪长岩、花岗闪长岩，西部四姑娘山一带出露有燕山期花岗岩。

　　第四纪以来，区内发生过多次古冰川作用，凡海拔4000m以上的山地均有古冰川遗迹分布。但由于区内地貌格局为西北高、东南低，北西南三面环山，冷空气的袭击受到阻碍，使本区古冰川作用的规模与强度和邻近地区比较相对减弱。以皮条河为界，东南部目前尚未发现古冰川遗迹，只在皮条河西北部海拔4000m以上的山地发现有古冰川遗迹分布。据不完全统计，研究区域内分布有4级古冰斗，其海拔高度分别为4000~4200m、4350~4450m、4500~4540m、4620~4660m。古冰斗的海拔高度一般可以代表古雪线的海拔高度，但是卧龙地区的古冰斗的海拔高度并不能代表当时的古雪线的海拔高度，因为卧龙地区属于新构造运动抬升区，后期的新构造运动抬升作用使古冰川的海拔高度有所抬高，因此当时的古雪线的海拔高度应比现在看到的古冰斗的海拔高度略低。冰川作用消退后，部分冰斗积水成湖，如卧龙关沟源头的海子，四姑娘山东城的大水海子、小水海子，双海子等。

　　区内古冰川谷也有发育。皮条河上游的向阳坪至巴朗山垭口一段，大魏家沟上游谷地都是发育在古冰川谷中，古冰川最低下至海拔3200~3400m，而现代冰川的冰舌最低下伸到海拔4500m左右。

　　卧龙自然保护区至今仍有现代冰川发育，现代雪线海拔高度为5000m。西部和北部高山上发育有14条现代冰川，最长的是侧刀口沟冰川，全长3.4km；其次是板棚子沟冰川，长2.2km。这两条冰川为山谷冰川，其他的均为悬冰川、冰斗冰川等，规模均较小。

3.4　水文 ○○○>

3.4.1　水系

　　卧龙自然保护区的河流均属岷江水系。保护区大部分面积属于渔子溪流域。渔子溪为岷江上游右岸一级支流。该流域介于东经102°52′~103°28′，北纬30°46′~31°07′之间，东西长60km，南北宽29km。北面与杂谷脑河、草坡河流域相邻，南面以马鞍桥山与寿溪河流域相邻，东面以巴朗山与小金川、宝兴河流域相隔。区内高山环绕，河谷深切，谷坡陡峻，水流湍急。渔子溪流域水系发育，支沟众多，水系呈树枝状，左岸支流多于右岸，主要支流有正河、大魏家沟、银厂沟、卧龙关沟、觉磨沟等。渔子溪全长89.0km，落差3995m，集雨面积1750km²，河道平均比降为37.2‰；其中上游正流又称皮条河，皮条河发源于巴朗山东麓，自西南向东北从保护区的中心地带穿过，在老屋子与左岸最大支流正河汇合后始称渔子溪；下游在渔子溪附近汇入岷江。皮条河全长70km，落差3040m，集雨面积830km²，河道平均比降为32.0‰。正河属于渔子溪的次一级支流，位于保护区的北部，发源于四姑娘山东坡，全长约45km。此外，保护区范围还包括郡江流域。郡江由中河和西河汇流而成。中河位于保护区东南部，发源于齐头岩和牛头山，全长约 30km。西河位于保护区南部，发源于马鞍山，全长约 37km。两河于三江口汇合后称郡江（又叫寿溪河），于漩口注入岷江。

保护区内河谷形态多样，两岸基岩松散，易被侵蚀，河谷不断加宽，形成阔谷。其部分支流如英雄沟、银厂沟等由于河流沿张性断裂垂直下切，两岸基岩陡峭、形成峡谷。在海拔 3000m 以上的上游谷地，沿冰川谷发育，上部形成"U"形谷，而下部受河流侵蚀切割，形成"V"形谷。

3.4.2　河流水源补给类型

保护区内河水主要靠大气降水、冰雪融水、地下水等水源补给。河水清澈，四季长流，终年不断。

3.4.2.1　大气降水

保护区地处四川盆地亚热带湿润气候区，由于本区处于渔子溪流域的暴雨区，冬季受青藏高原气候影响明显，夏季受东南季风和西南季风影响，雨量较为充沛，多年平均降雨量 931mm，最大年降雨量 1177mm。但不同河谷降水差异显著。根据皮条河下游核桃坪水文站和耿达水文站两站观测的相同时期的降水量历史数据，观测期内两站降水天数差不多，核桃坪降水天数为 148.7 天，耿达为 142.2 天；但降水量相差较大。核桃坪 6 年内年降水量 819~1141mm，平均值为 1029.3mm，而耿达 6 年内年降水量为 433.3~713.2mm，平均值为 596.9mm，核桃坪降水量远比耿达降水量多。从降水年内分布情况看，两站年降水每年 3 月和 4 月开始进入雨季，降水量最多的时间集中在 5~8 月，尤其 8 月最多，9 月和 10 月开始减少，11 月开始到第二年 2 月为全年最少的 4 个月。

3.4.2.2　地下水和融雪水

受来自西南方向的印度洋板块和四川刚性板块的相互挤压作用，保护区内地质结构非常复杂，挤压断裂、张性断裂构造发育，岩层多裂隙水或孔隙水，由各支沟汇流而出。

保护区内多高山积雪，积雪时间长，巴朗山山顶见终年积雪。随着气温升高，融雪水增加，积雪融水以地表水或通过下渗形成地下水顺坡而下汇入河流。尤其在夏季，融雪水量大增，成为保护区内河流重要的补给水源。

3.4.3　河川径流

耿达河多年平均流量为 51.3m³/s，多年平均径流量为 15.93 亿 m³，多年平均径流深为 1063.8mm。径流的年内变化较大，年内径流量最大值为 574 万 m³，最小值为 0。最大流量主要出现在 6~8 月，这 3 个月径流量占全年径流量的 42%~65%。渔子溪河川径流年际变化不大，离差系数为 0.12。

3.5　土壤 ○○○ 〉

卧龙自然保护区土壤发育的环境复杂。本区土壤的发育及分布，主要取决于气候、生物条件（主要是植被）的空间变化，因水热条件和植被的垂直变化十分明显。从河谷到山顶，主要土壤类型的垂直分布如下。

3.5.1　山地黄壤

山地黄壤发育于亚热带常绿阔叶林下，分布于本区东南边缘海拔 1600m 以下。成土母质主要是砂岩，此外，局部地方还有花岗岩。土壤表面枯枝落叶层厚达 6~8cm，全剖面烧失量在 25%~32% 之间，黄化作用使黄壤呈黄色。土壤呈微酸性至酸性反应，pH 值在 5.8~6.5 之间。土壤有机质含量高达 15%~20%，由表土往底土减少。土壤剖面中硅、铁、铅的变化不明，淋溶特征不显著。阳离子交换量每 1000g 土为 45~50cmol（+），其中以钙（Ca）和镁（Mg）为主。

3.5.2　山地黄棕壤

山地黄棕壤发育于常绿、落叶阔叶混交林下，分布于海拔 1600~2000m。母质为以砂岩、千枚岩等组成的坡积物。土壤表层的枯枝落叶层厚达 10cm 左右。土层分化明显，心土呈黄棕色。有机质含量表土达 10% 左右，由表土至属土有机质含量骤减。阳离子交换量每 1000g±20~50cmol（+），交换性阳离子以钙（Ca）、镁（Mg）为主。铁（Fe）、铝（Al）在土壤剖面中有移动。土壤微酸性至酸性反应，pH 值在 5.8~6.5 之间，随土壤剖面深度稍有增高。

3.5.3　山地棕壤

山地棕壤发育于次生落叶阔叶林和针阔叶混交林下，分布于海拔 1900~2300m。母质为板岩、千枚岩等组成的坡积物。腐殖质层呈褐灰色，心土为黄棕色。土壤有机质含量在 2%~8% 之间。土壤呈微酸性反应，pH 值 6.0~6.5。阳离子交换量每 1000g±20~40cmol（+），交换性阳离子中以钙（Ca）、镁（Mg）和钠（Na）为主。

3.5.4　山地暗棕壤

山地暗棕壤发育于针阔叶混交林下，分布于海拔 2100~2600m，母岩为千枚岩、砂岩、板岩以及灰岩等的坡积物。土壤表面的枯枝落叶层厚达 20cm 左右。土壤发育深度在 70cm 以下，层次过渡不明显。土壤呈酸性反应，pH 值为 5.2~5.7，活性铅较多为其特点。阳离子交换量每 1000g±15~20cmol（+），交换性阳离子以钙、镁、钠、铅为主；盐基饱和度在 50% ~ 60%。以龙岩火烧坪海拔 2450m，坡度 45°，坡向北，成土母质为变质长石石英砂岩夹千枚岩、灰岩等风化物形成的土壤为例。

L0 ~ 5cm 未分解的凋落物层，阴蔽潮湿处苔藓层分布。

F15 ~ 20cm 半分解的枯枝落叶层及泥炭质层，褐色，湿，植物根系分布较多，有石砾侵入。

A20 ~ 50cm 灰黄棕色，湿，粒屑状，紧密，植物根系分布多，石砾含量 40% ~ 50%，层次过渡不甚明显。

B50 ~ 75cm 棕黄色，湿，团块状，紧密，植物根系很少，石砾含量 50% 以上，层次过渡不明显。

C75cm 以上石英砂岩、灰岩等坡积风化物。

3.5.5　山地棕色暗针叶林土

山地棕色暗针叶林土发育在冷杉林下，分布于海拔 2600 ~ 3600m。母质为砂岩、板岩、千枚岩等组成的坡积物。土壤表面有厚达 25cm 左右的枯枝落叶层，具有泥炭化的特性，持水性强。心土层含砾石达 60% 左右，呈褐棕色。土体中有机质含量在 8% ~ 24% 之间，表土含量最高。土体 pH 值在 4.0 ~ 6.0 之间，活性铅含量较多；由于根系吸收阳离子及体溶作用的影响，使 pH 值随剖面深度增加而增高。阳离子交换量每 1000g ±10 ~ 40cmol（+），交换性阳离予以钙（Ca）、镁（Mg）、钠（Na）、铅（Pb）为主，盐基饱和度 20% ~ 10%。因表层枯杈落叶层较厚，在嫌气环境下铁（Fe）可还原为亚铁，向心土移动，又由于氧化作用使土体呈棕色，在这种情况下，铅的活动性较低，移动性不大。以巴朗山贝母坪以上海拔 3300m，坡向北偏东 80°，坡度 25°，成土母质为灰岩、千枚岩等坡积物形成的土壤为例：

L0 ~ 5cm 半分解的凋落物层和苔藓层，主要为冷杉、杜鹃等枯枝落叶。

F5 ~ 12cm 半分解的枯枝落叶层，褐色，重湿，疏松，层次过渡不明显。

H12 ~ 22cm 泥炭质层，褐色，重湿，较紧，无结构，有少量石砾侵入，植物根系分布较多，层次过渡较明显。

$A_1A_2$22 ~ 34cm 腐殖质淋溶层，深灰色，重湿，中黏土，石砾含量在 70% 左右，细粒状，紧密，植物根系分布多，层次过渡较明显。

BC50 ~ 70cm 深褐色，较湿，较黏土，石砾含量在 70% 以上，紧密，植物根系分布很少。

C70cm 以下灰岩、千枚岩等坡积风化物。

3.5.6　亚高山草甸土

亚高山草甸土是发育于亚高山灌丛、草甸植被下的土壤，分布在海拔 3400 ~

3800m。成土母质为砂岩、石英砂岩、千枚岩等组成的坡积物。土体表层有草根盘结层，棕色带灰，粗骨性明显，石砾含量达 70% 左右。土层分化不明显。土壤表层有机质含量达 18%，向下急剧递减。土壤呈微酸性至酸性反应，pH 值在 5.7~6.1 之间。表土阳离子交换量为每 1000g±32cmol（+），交换性阳离子以钙（Ca）、钠（Na）和镁（Mg）为主。

3.5.7　高山草甸土

高山草甸土是发育在高山草甸植被下，分布于海拔 3800~4400m。成土母质是砂岩、石英砂岩、千枚岩等组成的坡积物或第四纪冰碛物。土壤剖面的最上层为草根盘结层，厚 5cm 左右，有机质含量达 19%，由此层往下急剧降低。土体呈微酸性反应，pH 值 5.8~6.3。阳离子交换量每 1000g±10~39cmol（+），交换性阳离子以钙（Ca）、镁（Mg）、钠（Na）为主。

3.5.8　高山寒漠土

高山寒漠土是发育在流石滩稀疏植被下，分布于海拔 4400m 以上至现代冰川的冰舌前缘，这是本区分布最多的一种土壤，由于气候严寒，植物种类贫乏，植被盖度甚小，因而，土壤发育为原始状态。土层薄，不超过 10cm，无分层性和连续性。土壤有机质含量因植物种类而异，一般含量为 1%~3%，若无植物根系盘结的松散物，有机质含量在 1% 以下。土壤呈中性或微酸性反应，pH 值为 6.8~7.0，土体石砾含量达 80%以上，交换性阳离子以钾（K）、钠（Na）为主。

3.6　气候 ○○○ 〉

在中国气候分区上，卧龙自然保护区属青藏高原气候范围，西风急流南支和东南季风控制着本区的主要天气过程。

3.6.1　气候特征

冬半年（11 月至翌年 4 月），在干冷的西风急流南支的影响下，天气晴朗干燥，云量少降雨少。但是，在西风急流南支的进退过程中，往往带来小雨小雪的天气。

夏半年（5~10 月），湿重的东南季风经过都江堰，沿着岷江河谷向上，给本区带来了丰富的降水。

从沙湾的气象观测资料可以看出，卧龙自然保护区的气候有下列特点。

第一，气候凉爽，气温年差小。夏天不太热（7 月平均气温 17.06℃），冬天也不太冷（1 月平均气温 -1.34℃）。

第二，干湿季节明显，相对湿度较大。本区的年降水量为931.0mm，但降水天数多达200天以上（从0.1mm开始计算）。5~9月降水量为713.70mm，占全年总降水量的76.66%，而10月至次年4月仅降水218.30mm，占全年总降水量的23.44%。因此，夏季相对湿度大，冬季相对湿度小，年平均相对湿度为80.1%。

3.6.2　气候垂直变化

本区为高山峡谷区，地形对气候的影响十分明显。由于山体高大，相对高差悬殊。从保护区的东南部到西北部，随着地势的增高，气候也相应发生变化。据中国科学院水利部成都山地灾害与环境研究所观测资料计算，1月气温，木江坪（海拔1140m）为1.5℃，巴朗山垭口（海拔4400m）为-12.8℃，相差14.3℃，海拔每上升100m气温降低0.42℃。7月气温，木江坪为19.8℃，巴朗山垭口为5.2℃，两地相差14.6℃，气温递减率为0.43℃/100m。年平均气温，木江坪11.9℃，巴朗山垭口-3.7℃，气温递减率为0.46℃/100m。年降水量随海拔高度增高而增加。在巴朗山垭口，年降水量比沙湾多500多mm，成为保护区内山地的最大降水带。

4 生物多样性

4.1 总论 ○○○＞

经调查确认，保护区内有大型真菌 7 纲 18 目 48 科 138 属 479 种，藻类植物 43 科 93 属 180 种（含变种），蕨类植物 30 科 70 属 198 种，裸子植物 6 科 10 属 19 种（不包含外来植物），被子植物 123 科 613 属 1805 种（不包含外来植物）。在这些植物中，国家重点保护野生植物有 13 科 14 属 15 种，其中一级保护植物有珙桐（*Davidia involucrata*）、红豆杉（*Taxus wallichiana*）、独叶草（*Kingdonia uniflora*）、伯乐树（*Bretschneidera sinensis*）等 6 种；Ⅱ级保护植物有红花绿绒蒿（*Meconopsis punicea*）、杜仲（*Eucommia ulmoides*）、连香树（*Cercidiphyllum japonicum*）、水青树（*Tetracentron sinense*）等 9 种。

保护区丰富的植物和生境多样性孕育了丰富的动物多样性。保护区有脊椎动物共 517 种，其中兽类 8 目 29 科 136 种，鸟类 18 目 61 科 332 种，爬行类 1 目 4 科 19 种，两栖类 2 目 5 科 18 种，鱼类 3 目 5 科 12 种；昆虫 19 目 170 科 1394 种。保护区内国家一、二级重点保护野生动物众多，其中国家一级重点保护野生动物有 15 种，二级重点保护野生动物 53 种。国家一级重点保护野生动物中，兽类有扭角羚（*Budorcas taxicolor*）、大熊猫（*Ailuropoda melanoleuca*）、川金丝猴（*Rhinopithecus roxellanae*）、云豹（*Neofelis nebulosa*）、豹（*Panthera pardus*）、雪豹（*Panthera uncia*）、林麝（*Moschus berezovskii*）、高山麝（*Moschus chrysogaster*）和白唇鹿（*Gervus albirostris*）9 种；鸟类有绿尾虹雉（*Lophophorus lhuysii*）、斑尾榛鸡（*Bonasa sewerzowi*）、胡兀鹫（*Gypaetus barbatus*）、金雕（*Aquila chrysaetos*）和红喉雉鹑（*Tetraophasis obscurus*）6 种。国家二级重点保护野生动物中，兽类有小熊猫（*Ailurus fulgens*）、黑熊（*Ursus thibetanus*）、豺（*Cuon alpinus*）、藏酋猴（*Macaca thibetana*）、水鹿（*Rusa unicolor*）等 18 种；鸟类有黑鹳（*Ciconia nigra*）、血雉（*Ithaginus cruentus*）、白腹锦鸡（*Chrysolophus amherstiae*）、红腹角雉（*Tragopan temminckii*）、灰林鸮（*Strix aluco*）、凤头鹰（*Accipiter trivirgatus*）等 34 种；鱼类有虎嘉鱼（*Hucho bleekeri*）1 种。四川省重点保护动物有红白鼯鼠（*Petaurista alborufus*）、毛冠鹿（*Elaphodus cephalophus*）、岩羊（*Pseudois nayaur*）、豹猫

（*Prionailurus bengalensis*）和金顶齿突蟾（*Scutiger chintingensis*）等 37 种。IUCN 濒危物种有大熊猫、小熊猫、扭角羚和金顶齿突蟾 4 种。

野外调查发现，扭角羚、水鹿、林麝、中华鬣羚、斑羚等在保护区内有着较大的种群数量，其中扭角羚的种群数量多达 400 余头，水鹿有 600 余头，常成群结队觅食活动。

大熊猫也是保护区的主要保护对象之一，全国第四次大熊猫调查与卧龙大熊猫DNA 数据库调查结果显示，保护区有大熊猫 149 只，栖息地面积 904.58km²。保护区内分布的大熊猫种群属邛崃山种群，其栖息地是大熊猫邛崃山种群分布的核心区域，具有不可替代的保护价值。

4.2　大型真菌 ○○○〉

大型真菌是指真菌中形态结构较为复杂、子实体大、容易被人眼睛直接看到的种类。它们是一类重要的生物资源，对生态系统稳定，特别在植被更新、物质循环及能量流动中，起着极为重要的作用，同时许多大型真菌不仅是美味可口的食用菌，还具有保健价值或是筛选抗癌药物的重要资源。

卧龙自然保护区是国宝大熊猫的繁育中心和主要栖息地之一，有关大熊猫的研究比较深入而全面，资料涉及大熊猫的历史记载、形态习性、栖息环境、活动、繁殖、数量与分布、起源演化、饲养繁殖、遗传与保护管理等，还涉及大熊猫主食竹种类、营养、丰度以及生境植被种类、多样性结构等，但是唯独对保护区内十分丰富的大型真菌资源没有进行过系统的研究。

4.2.1　物种多样性

生物多样性可简述为生物的物种多样性和变异性及生态环境的生态复杂性，也就是具体包括了物种多样性、基因多样性和生态系统多样性三个主要方面。由于大型真菌具有以下特点：①菌体都是组织化了的丝状体构成；②不含叶绿素，因而不能像植物那样进行光合作用，也不能像动物那样摄食，而是一类靠分解与吸收动植物以及微生物残体的异养生物；③绝大多数的大型真菌都是典型的无性和有性世代，无性世代的菌丝体或组织细胞具有全能性，可进行无性繁殖，成熟个体产生的子囊孢子或担孢子可进行有性繁殖。大型真菌可利用广泛的食物以及强大的繁殖能力，使得它们能适应各种生态环境，因而分布甚广，成员众多，是菌物界里一支非常庞大的队伍。据估计，地球上有 500 万种生物，其中约有 150 万种是菌物，是仅次于昆虫的第二大生物群，其中记载的大型真菌达 2000 多种，中国境内 966 种。

本次调查，保护区内保护站工作人员给予了非常大的帮助，同时雇请了熟悉保护区地形路径的、并有菌类采集经验的民工参与野外标本采集。野外采集每天早出晚归，在保护区境内由近至远、由低至高分区分片全面考察，边采集边照相边登记，同时记录菌物生境，同时，在走不同路线的小组人员发现了菌类后也协助采集、照相、编号、装袋，每天都将标本送室内鉴定。因卧龙自然保护区遭遇泥石流滑坡，这三次采到的大型真菌标本偏少，共采集到 800 余份，根据《真菌字典》（第 10 版）的分类系统，中文名称依据新近文献，据不完全调查统计，三次采集的卧龙自然保护区大型真菌有479 种，隶属于 2 门 7 纲 18 目 48 科 138 属。其中，担子菌门为伞菌纲、花耳纲、银耳纲；子囊菌门为盘菌纲、锤舌菌纲、粪壳菌纲和茶渍菌纲（附表 1）。可见该地区的大型真菌具有较丰富的种类多样性。

4.2.1.1 门、纲、目分类

（1）调查区大型真菌隶属的门

调查区大型真菌有 2 个门，为担子菌门和子囊菌门。

（2）调查区大型真菌隶属的纲

调查区大型真菌有 7 个纲，其中担子菌门为伞菌纲、花耳纲、银耳纲，子囊菌门为盘菌纲、锤舌菌纲、粪壳菌纲和茶渍菌纲。

（3）调查区大型真菌隶属的目

调查区大型真菌有 18 个目，地舌菌目、地星目、钉菇目、多孔菌目、伏革菌目、鬼笔目、红菇目、花耳目、鸡油菌目、木耳目、牛肝菌目、盘菌目、球壳目、柔膜菌目、肉座菌目、伞菌目、银耳目、革菌目。

4.2.1.2 优势科、属分析

（1）调查区大型真菌属数优势的科

调查区大型真菌有 48 科 138 属，其中属最丰富的科是多孔菌科含有 19 属，第二丰富的是白蘑科 17 属，第三是牛肝菌科 9 属，其次的顺序是盘菌科 7 属、侧耳科 5 属、鬼伞科 5 属、球盖菇科 5 属、珊瑚菌科 5 属。其他各科所含属数排序统计详见图 4-1及表 4-1。

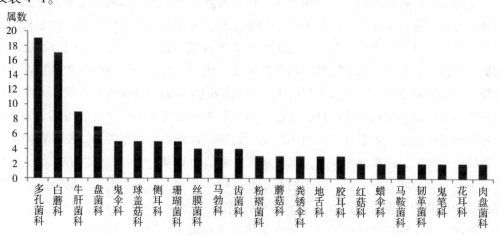

图 4-1　大型真菌属数丰富的科分析（部分）

（2）调查区大型真菌种数优势的科

调查区 48 科 479 种大型真菌中，种最丰富的科是白蘑科 91 种，第二丰富的是多孔菌科 47 种，第三的是红菇科 42 种，第四的是牛肝菌科 39 种，其他种数排序见图 4-2 及表 4-1。

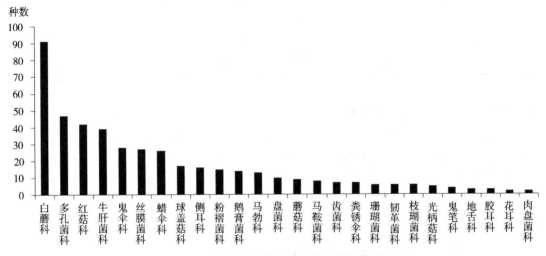

图 4-2　大型真菌种数丰富的科分析（部分）

表 4-1　调查区大型真菌属、种优势排序

科	属数	种数	科	属数	种数
多孔菌科	19	47	地星科	1	1
白蘑科	17	91	胶陀螺菌科	1	1
牛肝菌科	9	39	陀螺菌科	1	1
盘菌科	7	10	灵芝科	1	1
侧耳科	5	16	牛舌菌科	1	1
鬼伞科	5	28	皱孔菌科	1	1
球盖菇科	5	17	伏革菌科	1	1
珊瑚菌科	5	6	革菌科	1	1
马勃科	4	13	猴头菌科	1	1
齿菌科	4	7	鸡油菌科	1	2
丝膜菌科	4	27	木耳科	1	2
地舌科	3	3	铆钉菇科	1	2
粉褶菌科	3	15	松塔牛肝菌科	1	1
粪锈伞科	3	7	块菌科	1	2
蘑菇科	3	9	球壳菌科	1	2
胶耳科	3	3	核盘菌科	1	1
鬼笔科	2	4	麦角菌科	1	2
红菇科	2	42	豆包菌科	1	2

（续）

科	属数	种数	科	属数	种数
韧革菌科	2	6	鹅膏菌科	1	14
花耳科	2	2	光柄菇科	1	5
马鞍菌科	2	8	裂褶菌科	1	1
肉盘菌科	2	2	鸟巢菌科	1	2
蜡伞科	2	26	枝瑚菌科	1	6
锤舌菌科	1	1	银耳科	1	1

4.2.1.3　优势属、种的分析

由图4-1、图4-2、表4-1可知：从种的角度看，白蘑科种数占总种数479种的19%，多孔菌科占9.81%、红菇科占8.47%，它们的种类是比较丰富的，是调查区关键的类群；但是从属的角度分析，多孔菌科占总属数48属的39.85%、白蘑科占35.42%、牛肝菌科占18.75%。综合考察白蘑科、多孔菌科无论从属还是从种都是比较丰富的，在调查区构成了优势的科属。

4.2.1.4　调查区与相关地区种类多样性比较分析

据中国目前较全面记录大型真菌的专著《中国大型真菌》（卯晓岚，2000）描述，常见的大型真菌共计有21目72科298属1701种；《四川蕈菌》（袁明生等，1995）记载四川大型真菌有40科214属291种；本次调查和历史资料比较分析，调查区大型真菌隶属于18目48科138属479种；通过比较可知，调查区的大型真菌目占中国85.71%，科占66.67%，属占46.31%，种占28.16%，可见本区大型真菌的多样性较为丰富（表4-2）。

表4-2　大型真菌生物多样性比较表

	目	占中国（%）	科	占中国（%）	属	占中国（%）	种	占中国（%）
中国大型真菌	21		72		298		1701	
卧龙自然保护区	18	85.71	48	66.67	138	46.31	479	28.16

4.2.2　空间分布

大型真菌生长繁殖环境大致可分为森林、空旷山地及草地生境。大型真菌的种类和分布与林地植被及其演替息息相关，其种类分布对林地植被具有选择性，在不同的树种下以及草地环境，生长着不同种类的真菌。比如木腐菌类主要生长于林下枯木以及落叶层上，草腐真菌主要生长于草地特别是有牛羊等草食动物活动过的草地环境，空旷山地容易生长马勃目类菌物。卧龙自然保护区内常年相对湿度80.3%，年平均气温8.5±0.5℃。卧龙自然保护区的主要植被种类可以分为5种，从低海拔向高海拔依次为阔叶林、针叶林、灌丛、草甸和高山稀疏植被。在这些不同的生境中有不同的大型真菌。

4.2.2.1 阔叶林带

阔叶林带优势种主要为香樟、野核桃、高山栎、喜阴悬钩子、卵叶钓樟树、槭树、西南糙皮桦、红桦、水青树、深灰槭等种类，林间阴暗潮湿，枯枝落叶层厚实保水能力强，整个生态环境十分适合大型真菌的生长，林中常见的大型真菌有黄白杯伞（*Clitocybo gilva*）、白霜杯伞（*Clitocybe dealbata*）、水粉杯伞（*Clitocybe nebularis*）、翘鳞大环柄菇（*Macrolepiota puellaris*）、小假鬼伞（*Pseudocoprinus disseminates*）、雪白鬼伞（*Coprinus niveus*）、蛹虫草（*Cordyceps militaris*）、树舌灵芝（*Ganoderma amboinense*）、东方栓菌（*Trametes orientalis*）、侧耳（*Pleurotus ostreatus*）、白黄侧耳（*Pleurotus cornucopiae*）、硬腿花褶伞（*Panaeolus solidipes*）、粪生花褶伞（*Panaeolus fimicola*）、褐红花褶伞（*Panaeolus subbalteatus*）、光盖大孔菌（*Favolus mollis*）、硬柄小皮伞（*Marasmius confluens*）、雪白小皮伞（*Marasmius niveus*）、可爱蜡伞（*Hygrophorus laetus*）、黄絮鳞鹅膏菌（*Amanita chrysolenuca*）、苦口蘑（*Tricholoma acerbum*）、淡褐口蘑（*Tricholoma albobranneum*）、鳞盖口蘑（*Tricholoma imbriatum*）、喜湿小脆柄菇（*Psathyrella hydrophila*）、木耳（*Auricularia auricular*）、金针菇（*Flammulina velutipes*）、猴头菌（*Hericium erinaceum*）等种类。

4.2.2.2 针叶林带

针叶林带主要是岷江冷杉、四川红杉、铁杉、华山松等自然或人工种植形成的针叶林，分布相对比较集中，林下枯枝落叶层松软厚实保水能力强且有比较多的朽木，乔木层郁闭度达65%~80%，湿度大，常年气温稳定，是大型真菌十分理想的生长繁殖环境，所以真菌种类较为丰富。林下常见的大型真菌为松乳菇（*Lactarius deliciosus*）、鸡油菌（*Cantharellus cibarius*）、小鸡油菌（*Cantharellus minor*）、灰托鹅膏（*Amanita vaginata*）、栎小皮伞（*Collibia dryophila*）、翘鳞肉齿菌（*Sarcodon imbricatus*）、灰环粘盖牛肝菌（*Suillus laricinus*）、美网柄牛肝菌（*Boletus reticulates*）、松塔牛肝菌（*Strobilomyces strobilaceus*）、苦白桩菇（*Leucopaxillus amarus*）、橙黄蘑菇（*Agaricus perrarus*）、黄丝膜菌（*Cortinarius turmalis*）、黄棕丝膜菌（*Cortinarius cinnamomeus*）、黄褐丝盖伞（*Inocybe flavobrunnea*）、红拟锁瑚菌（*Clavulinopsis miyabeana*）、金黄枝瑚菌（*Ramria aurea*）、褐环粘盖牛肝菌（*Suillus luteus*）、苋菜红菇（*Russula depallens*）、正红菇（*Russula vesca*）、大杯伞（*Clitocybe maxima*）、粗壮杯伞（*Clitocybe robusta*）、云芝（*Coriolus versicolor*）、木蹄层孔菌（*Fomes fomentarius*）等种类。

4.2.2.3 灌丛

卧龙自然保护区灌丛主要分布在海拔较高的地方，其气候生境特点为光照强度较大，土壤较为贫瘠且含水量较低，地上落叶腐殖质较少，对于大型真菌的生长繁殖不太有利，所以本次调查发现的种类比较少，常见的有柱状田头菇（*Agrocybe cylindracea*）、蛹虫草（*Cordyceps militaris.*）、褐白小脆柄菇（*Psathyrella gracilis*）、裂褶菌（*Schizophyllum commne*）等类型。

4.2.2.4　草甸

卧龙自然保护区高山草甸带主要分布于海拔 3000m 以上的地方，该生境气温低，空气湿度及土壤含水量低，光照强度大，土壤贫瘠，对于大型真菌的生长繁殖有很多不利的影响，所以本次调查发现的种类比较少，常见的有网纹马勃（*Lycoperdon perlatum*）、白小脆柄菇（*Psathyrella leucotephra*）等类型。

4.2.2.5　高山稀疏植被

卧龙地区高山稀疏植被仅零星分布于海拔 4000m 以上的山顶或山脊，主要以景天科和虎耳草科等为主。该植被类型盖度小，其下土壤较少，碎石较多，温度极低，不适合大型真菌生长繁殖，故未见到有大型真菌分布。

4.2.3　基质类型与生态型

真菌特别是大型真菌由于其异养的特性，其分布范围总存在着真菌能够生存的基质，无论是活的有机体和腐烂的以及未腐烂的有机体。因此真菌总是与其共生宿主植物或寄生的寄主植物、动物以及腐生的动、植物残体分布有关。真菌由于其生物学特性，其分布还与气候，小生境的温、湿度及光照密切相关。

决定真菌分布的第一个关键因子是真菌赖以生长的基质：由于不同的真菌营养要求不一样，基质的分布决定了真菌分布，特别是菌根真菌，大多数与宿主植物，长期的共同进化相互适应，使得共生具有专化性，所以共生菌通常有特殊的分布生境，共生的宿主植物成为指示和限制的因子。

第二个决定真菌分布的关键因子是温度与湿度：虽然真菌的营养生长可以在一定的温度范围内进行，但是大多数的真菌进行有性繁殖，都有着与营养生长不同的环境因子的需求，通常有性繁殖的温度范围，都较营养生长狭窄，湿度都要求较高，这些因子的限制，使得真菌发生的季节或者分布的海拔相对变化较大。

另一方面，广泛分布在地下的大量菌丝体、繁殖器官以及大气中的真菌孢子也远非种子植物能够比拟的。使得真菌分布的范围绝不仅限于同地的宿主植物分布范围，其分布和幅度远比同地的种子宿主植物更广，垂直分布的幅度更大。真菌扩散的能力更强、范围更广，并且其繁殖要求的场所很小，所以大型真菌既有与植物分布的密切相关性，也有自身的独特型。

真菌进化过程中适应其环境温度，形成了嗜热真菌、常温真菌，低温真菌、嗜冷真菌等生态型。从大的气候带环境来看，调查区亚热带、暖温带、寒温带气候区有相应代表性的真菌分布。保护区海拔跨度大，小生境复杂多样，使得多数真菌的分布可能跨越 2 个或者 2 个以上气候带，真菌垂直分布呈现出复杂多变的格局。

现就卧龙国家级自然保护区生态型多样性特点进行分析（图 4-3）。

大型真菌繁殖生长环境大致可以分为森林生境和空旷山地及草原生境，森林是大型真菌繁衍的场所。据统计在已知的大型真菌中 80% 的种类在森林环境生长，20% 种

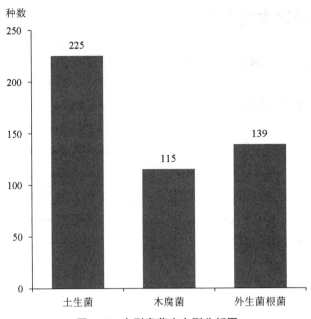

图 4-3　大型真菌生态型分析图

类在草原生长。大型真菌的分布与气温、降水、植被关系密切，但是最能反映其生态习性的是其着生的营养基物。根据大型真菌的营养基物可以将大型真菌分为五种生态类型：菌根真菌、木腐真菌、土生真菌、粪生真菌、虫生真菌。菌根菌和木腐菌在森林生态系统中扮演极为重要的物质循环角色，调查区大型真菌生态型组成如上图 4-3 所示。

（1）外生菌根真菌

在调查区 479 种真菌中，外生菌根真菌有 139 种，占总种数的 29.02%。许多菌根真菌的共生植物是非常狭窄的，具有较高的专化性。对树木健康生长起着非常重要的作用。调查区菌根真菌如此的丰富对森林生态系统的稳定和天然更新所起的作用是难以估量的或不可或缺的。同时不少菌根真菌也是十分优良的食用菌，如灰环粘盖牛肝菌［（*Suillus laricinus*（Berk. in Hook）O. Kuntze）］、松乳菇［（*Lactarius deliciosus*（L.：Fr.）Gray）］等。

（2）木腐菌类

在调查区 479 种真菌种，木腐菌真菌有 115 种，占总种数的 24.01%。其在整个生态系统的物质循环中起着相当重要的作用，是森林的清洁工和森林生态系统不可或缺的分解者。不像以往人们认为的木腐真菌是森林的破坏者，相反木腐真菌在长期的进化中，已经成为整个生态系统中关键的枯枝落叶的分解者，大分子的木质素和纤维素都需要木腐真菌酶解，成为森林生态系统物质循环不可缺少的一部分。调查区高山暗针叶林的顶级群落和成熟的针阔混交林中都含有丰富的木腐菌类，这些菌类不仅对森林生态系统的稳定起着极其重要的作用，也是许多药用真菌的宝贵的基因库。其价值还远远未被发掘和利用。

4.2.4　重点保护大型真菌

在调查区内没有发现国家和省级重点保护大型真菌。

4.2.5　特有大型真菌

根据本次调查结果，调查区只分布有 1 种中国特有种褐皮马勃（*Lycoperdon fuscum* Bon.）。

褐皮马勃子实体一般较小，直径 1.5~2cm，广陀螺形或梨形，不孕基部短。外包被由成丛的暗色至黑色小刺组成，刺长 0.5mm，易脱落。内包烟色，膜质浅。林中苔藓地上单生至近丛生。幼嫩时可食用。

4.3　藻类植物 ○○○＞

4.3.1　水体环境状况

4.3.1.1　水体透明度

调查结果显示，枯水期的水体透明度明显高于丰水期。其中枯水期的平均透明度为 110cm，透明度最大值出现在皮条河支流幸福沟耿达水厂，达 250cm（2014 年 10 月 20 日的数据），最低值出现在皮条河干流的龙潭水电站库尾，透明度仅 10~30cm（2015 年 10 月 3 日数据）。皮条河水体透明度差异较大，以邓生保护站（2900m）为界，其上游水体透明度高，平均透明度达 105cm，其下游由于人类活动，在调查期间有建筑堤坝建设施工，导致河水泥沙含量高，水体透明度急剧下降。但由于熊猫电站等库区的沉淀作用，自该位点下游，水体透明度又有所升高。正河、西河和中河干流由于受人类活动的干扰少，水体透明度主要受山洪的影响较为显著，在枯水期，透明度均较高。

4.3.1.2　水体 pH

区内水体整体偏弱酸性，其平均 pH 为 5.92。丰水期的 pH 值（平均值 6.22）略大于枯水期（5.92）。其中，枯水期的高峰值均出现于 2014 年的取样点中，也是这个调查期间的高峰值。样点依次为观音庙（7.3）、七层楼沟沟口（7.1）、幸福沟耿达水厂（7.5）、野牛沟（7.3）、正河电站（7.1）和足木沟与皮条河交汇处（7.3），略偏弱碱性；pH 值的低峰值为 5.4，均出现在 2015 年的水样中，涉及断面较广；丰水期各个断面的 pH 值均处于 6.0~6.5 之间。

由于水体中积累的 CO_3^{2-} 和 OH^- 是引起水体 pH 值升高的主要因素，所以水体整体呈酸性的主要原因分析如下：

①水温低。流域内全年平均水温仅约 8.5℃。水温较低，有利于增加 CO_2 的溶解度，进而降低了 pH 值。

②藻类密度低。由于水体浮游植物密度低，不能显著消耗水中的游离 CO_2。

③水体流速快，自净能力强。由于水体流速快，加上河床异质性和地理环境复杂，导致大部分有机物种还未完全分解即被冲入下游，所以由水生生物的呼吸及有机体的分解过程积累的 CO_2 量也较少。

丰水期的 pH 值略高于枯水期，主要原因是由于丰水期的水温相对较高，有利于浮游生物的大量生殖，呼吸作用加强；同时有机物质的分解速率加快，从而使水体中积累的 CO_2 量升高。

4.3.2　浮游藻类的数量组成

共调查到水生藻类植物共 8 门 43 科 93 属 180 种（包括变种）。其中硅藻门植物最为丰富，共计 72 种，占该区藻类植物总种数的 40%，隶属于 8 科 24 属；其次为绿藻门植物，共计 20 科 43 属 61 种，占藻类总种数的 33.89%；蓝藻门植物检测到了 5 科 12 属 27 种；其他类群物种数量均较少（表 4-3）。

表 4-3　卧龙自然保护区藻类植物不同分类群统计表

分类群 分类阶元	蓝藻门	红藻门	黄藻门	甲藻门	隐藻门	裸藻门	硅藻门	绿藻门	合计
科	5	3	2	1	1	3	8	20	43
属	12	4	3	2	1	4	24	43	93
种	27	4	5	3	1	7	72	61	180

4.3.3　优势种类的水平分布和季节变化

统计结果显示，各采样点均以硅藻门、绿藻门和蓝藻门为优势类群，其中硅藻和绿藻的物种数量最为丰富。在季节方面，藻类植物优势类群的物种数量丰水期（7 月）显著高于枯水期（10~1 月）。在水平分布方面，WL05、WL07、WL11、WL12 和 WL16 五个样点物种数量最为丰富，而 WL01、WL02 和 WL14 三个样点的藻类物种数量最低，丰水期仅检测到 17 种。从藻类植物类群方面，硅藻门植物在各个样点的数量指标均占绝对优势，这是由于较低水温有利于硅藻的生存和繁殖。其余分类群的物种数量和种群密度在各个样点都较少。

4.3.4　各样点藻类细胞密度及季节布情况

浮游藻类的细胞密度变幅在 $3.31 \times 10^4 \sim 36.53 \times 10^4$ ind/L 之间。枯水期平均细胞密

度为 $4.71×10^4$ind/L，最大值出现在 WL12 样点，达到 $28.33×10^4$ind/L；WL01 样点的细胞密度最低，仅 $3.12×10^3$ind/L。丰水期的平均细胞密度为 $2.78×10^4$ind/L，最大值出现在 WL12 样点，达到 $36.53×10^4$ind/L，WL05、WL07、WL11 和 WL16 样点的藻类植物细胞也较高，平均值达 $17.78×10^4$ind/L；WL01、WL02 和 WL14 样点藻类植物细胞密度最低，平均值仅为 $5.31×10^3$ind/L。

优势类群的细胞密度在两个时期呈现出以下特征：①硅藻门植物细胞密度几乎在各个样点均最高，其平均值达 $7.68×10^4$ind/L，最大值出现在 WL12 样点的丰水期，达 $15.79×10^4$ind/L，WL05、WL06、WL07、WL11、WL01 样点的密度值也较高，平均值达 $11.03×10^4$ind/L。②枯水期硅藻门和蓝藻门植物细胞密度显著较丰水期高，而绿藻门差异不显著。③靠近城镇的样点，藻类植物细胞密度相对较高，如 WL11、WL12 样点（表4-4）。

表4-4　各个样点的藻类植物细胞密度

采样点		细胞密度（10^4ind/L）			
		硅藻门	绿藻门	蓝藻门	总计
WL01	D	0.31	0.04	0.01	0.31
	R	0.42	0.12	0.03	0.53
WL02	D	1.03	0.43	0.07	1.55
	R	0.76	0.28	0.05	1.27
WL03	D	4.46	2.52	1.74	10.05
	R	6.50	2.46	2.38	12.56
WL04	D	2.54	0.79	0.72	4.27
	R	5.03	0.57	0.67	6.86
WL05	D	12.14	2.89	0.67	17.78
	R	14.03	4.57	5.12	25.40
WL06	D	2.63	1.87	0.48	6.22
	R	8.35	1.23	2.89	14.66
WL07	D	6.67	4.85	2.41	14.87
	R	7.01	2.87	1.19	13.68
WL08	D	1.65	2.35	0.52	5.15
	R	1.80	2.63	0.79	5.77
WL09	D	3.54	3.67	1.32	9.54
	R	5.99	3.25	5.06	14.47

（续）

采样点		细胞密度（10^4ind/L）			
		硅藻门	绿藻门	蓝藻门	总计
WL10	D	1.29	0.64	0.78	3.31
	R	2.58	1.85	1.38	6.42
WL11	D	8.26	2.44	2.13	14.53
	R	8.37	1.39	6.54	16.28
WL12	D	13.98	6.45	1.94	28.33
	R	15.79	9.37	8.75	36.53
WL13	D	3.65	0.35	0.02	4.85
	R	5.80	0.63	0.19	7.83
WL14	D	0.97	0.36	0.02	1.24
	R	1.36	0.48	0.05	1.89
WL15	D	3.07	1.26	1.17	6.06
	R	4.54	0.79	0.72	6.58
WL16	D	6.93	1.87	0.48	10.22
	R	7.14	2.23	0.89	12.66
WL17	D	3.45	1.67	1.32	7.36
	R	5.19	3.56	2.06	11.21

4.3.5　藻类群落结构现状

在季节分布上，枯水期（10~1月）的浮游藻类的平均细胞密度为 14.71×10^4ind/L，明显高于丰水期（7月）的 10.78×10^4ind/L。

在优势类群方面，硅藻门植物的物种多样性、细胞密度在枯水期和丰水期的各个样点为优势类群，其次为绿藻门植物和蓝藻门植物。优势类群的物种数量和细胞密度在不同时期有一定变化：枯水期以硅藻类占绝对优势，而丰水期则呈现出蓝藻门和绿藻门的优势类群明显增多。

枯水期的优势类群主要有：硅藻门的桥弯藻属（*Cymbella*）、舟形藻属（*Navicula*）、脆杆藻属（*Fragilaria*），蓝藻门的颤藻属（*Oscillatoria*）。优势种主要有近缘桥弯藻（*Cymbella affinis*）、胡斯特桥弯藻（*C. hustedata*）、膨胀桥弯藻（*C. tumida*）、短小舟形藻（*Navicula exigua*）、钝脆杆藻（*Fragilaria capucina*）、脆杆藻（*F. capucina*），阿氏颤藻（*Oscillatoria agardhii*）。

丰水期的优势类群有：蓝藻门的颤藻属；硅藻门的桥弯藻属、舟形藻属；绿藻门的小球藻属（*Chlorella*）；短小舟形藻、近缘桥弯藻、胡斯特桥弯藻（*Cymbella hustedata*）。

4.3.6 水质评价

物种丰富度指数 d、多样性指数 H' 和均匀度指数 e 如表4-5所示。

表4-5 水质评价结果

样点	d		H'		e	
	枯水期 Dry	丰水期 Rainy	枯水期 Dry	丰水期 Rainy	枯水期 Dry	丰水期 Rainy
WL01	1.17	1.52	1.54	1.77	0.26	0.35
WL02	2.54	2.67	2.03	2.57	0.35	0.42
WL03	2.32	3.02	2.54	3.05	0.43	0.51
WL04	2.56	2.89	2.34	2.67	0.38	0.46
WL05	3.03	3.58	2.95	3.14	0.43	0.53
WL06	2.68	3.16	2.57	2.91	0.38	0.47
WL07	3.03	3.44	2.62	3.11	0.42	0.54
WL08	3.27	3.57	3.23	3.68	0.51	0.64
WL09	2.91	3.29	3.03	3.47	0.48	0.55
WL10	2.56	2.82	2.87	3.01	0.44	0.50
WL11	2.65	3.14	3.01	3.37	0.48	0.53
WL12	2.70	2.50	2.39	2.77	0.38	0.49
WL13	2.88	3.36	2.67	3.19	0.41	0.56
WL14	2.03	2.44	2.12	2.11	0.30	0.31
WL15	2.27	2.57	2.23	2.68	0.37	0.37
WL16	3.11	3.54	3.23	3.48	0.51	0.63
WL17	2.06	1.82	1.37	1.62	0.30	0.36

整体来看，卧龙自然保护区水体环境整体清洁优良，山清水秀实至名归。卧龙自然保护区的水系水质呈现出3种类型，分别为：α中污、β中污和寡污（清洁水质）。除了 WL01（巴朗山熊猫王国之巅）为 α 中污，WL14（银厂沟）和 WL15（银厂沟与皮条河交汇处）为 β 中污外，其余断面水体为清洁水质。推测巴朗山熊猫王国之巅（WL01）的污染主要受到大量牦牛粪便随地表径流、水体流量较小及水温太低等因素所致。但水质随季节性变化存在明显变化。枯水期水质除了 WL07、WL08、WL16 三个断面为清洁水质以外，其余断面总体为 β 中污。而丰水期整体上呈现为清洁水质。枯水期污染加重，主要影响因素为水体流量较小、流速相对降低，自净能力减弱引起的。相对而言，皮条河流域水质整体上较其他干流稍差，这主要与其区域内的工程建设以及卧龙两村生活污水的排放有密切关系。

4.4　蕨类植物 ○○○ ＞

4.4.1　蕨类植物区系

据统计，在卧龙国家级自然保护区已发现分布有蕨类植物 198 种（含种以下单位），按照秦仁昌系统可分为 30 科 70 属，分别占四川（含重庆）蕨类植物 41 科、120 属、708 种数的 73.17%、58.33%、27.97%，并分别占中国蕨类植物 52 科、204 属、2600 种数的 57.69%、34.31%、7.61%。

4.4.1.1　科的分析

在卧龙自然保护区内，含 10 种以上的蕨类植物科共 5 科（表 4-6）：水龙骨科（Polypodiaceae）（属/种：11/39，下同），蹄盖蕨科（Athyriaceae）(7/28)，鳞毛蕨科（Dryopteridaceae）(5/25)，卷柏科（Selaginellaceae）(1/11) 和凤尾蕨科（Pteridaceae）(1/10)。水龙骨科以热带美洲和亚洲东南部为两大分布中心，其东南亚的分布中心为喜马拉雅至横断山区，本地区有 11 属 39 种，占本地区蕨类植物种数的 19.70%。蹄盖蕨科是以北半球为主的广布科，集中分布于中国，本地区有 7 属。该科的大属蹄盖蕨属（*Athyrium*）以中国西南为现代分布中心，卧龙也在其分布中心区域内。鳞毛蕨科主产北半球温带及亚热带高山林下，在中国西南及喜马拉雅得到最大发展。系统演化上较为古老的卷柏科已经演化为了广泛分布的类型，虽然在本区域有较多的种类，但不能用其来标识卧龙区系的古老性。凤尾蕨科是泛热带的大科，本地区有一定的分布，但并不是其分布的中心。这 5 科共有 25 属 113 种，分别占卧龙自然保护区蕨类植物的37.88% 和 57.07%，显示着本地区的蕨类植物区系有着明显的重点科。

卧龙自然保护区蕨类植物含 2~9 种的科有 16 个，分别为石松科（Lycopodiaceae）、木贼科（Equisetaceae）、阴地蕨科（Botrychiaceae）、瘤足蕨科（Plagiogyriaceae）、里白科（Gleicheniaceae）、膜蕨科（Hymenophyllaceae）、碗蕨科（Dennstaedtiaceae）、陵齿蕨科（Lindsaeaceae）、蕨科（Pteridiaceae）、铁线蕨科（Adiantaceae）、裸子蕨科（Hemionitidaceae）、铁角蕨科（Aspleniaceae）、金星蕨科（Thelypteridaceae）、乌毛蕨科（Blechnaceae）、球子蕨科（Onocleaceae）和叉蕨科（Aspidiaceae）。这 16 个科共计32 属 76 种，分别占卧龙自然保护区的 48.48% 和 38.38%。保护区蕨类植物只含 1 种 1属的科有 9 个，依次为瓶儿小草科（Ophioglossaceae）、紫萁科（Osmundaceae）、海金沙科（Lygodiaceae）、骨碎补科（Davalliaceae）、书带蕨科（Vittariaceae）、条蕨科（Oleandraceae）、苹科（Marsileaceae）、槐叶苹科（Salviniaceae）和满江红科（Azollaceae）。这说明卧龙保护区内蕨类植物区系大部分科内属、种贫乏。

表4-6　卧龙国家级自然保护区蕨类植物科及科内种的数量组成

科的类型（种数）	科数	占总科数（%）	包含种数	占总种数（%）
多种科（≥10）	5	16.67	113	57.07
少种科（2~9）	16	53.33	76	38.38
单种科（1）	9	30.00	9	4.55
合计	30	100.0	198	100.0

4.4.1.2　属的分析

属是植物分类学中较稳定的阶元，是划分植物区系地理的主要依据。根据吴征镒及藏得奎关于植物分布区类型的分类方法，将卧龙自然保护区蕨类植物66属划分为10个分布区类型。以泛热带分布最多，北温带分布和世界分布次之，热带属多于温带属。

卧龙自然保护区蕨类植物属世界分布型的属有11个，占总属数的16.67%（表4-7）。在这一分布类型的属中，石松属（*Lycopodium*）、石杉属（*Huperzia*）和卷柏属（*Selaginella*）为现存蕨类的原始代表，而苹属（*Marsilea*）、槐叶苹属（*Salvinia*）和满江红属（*Azolla*）则是进化的水生蕨类，另5属铁线蕨属（*Adiantum*）、铁角蕨属（*Asplenium*）、蕨属（*Pteridium*）、阴地蕨属（*Botrychium*）、耳蕨属（*Polystichum*）的系统位置处于前两者之间。同种子植物一样，世界分布属也不能反映该区蕨类植物区系的特点，但可以体现出该地区蕨类植物区系与世界蕨类区系的联系。

热带分布型有33属，占总属数的50.00%。其中泛热带成分占绝对优势，为20属，占30.30%，有海金沙属（*Lygodium*）、里白属（*Hicriopteris*）、蓧蕨属（*Mecodium*）、碗蕨属（*Dennstaedtia*）、乌蕨属（*Stenoloma*）、肾蕨属（*Nephrolepis*）、毛蕨属（*Cyclosorus*）、凤尾蕨属（*Pteris*）、碎米蕨属（*Cheilanthes*）、旱蕨属（*Pellaea*）、凤丫蕨属（*Coniogramme*）、金星蕨属（*Parathelypteris*）、肋毛蕨属（*Ctenitis*）、书带蕨属（*Vittaria*）等；其次，旧世界热带分布有5属，占7.58%，为瘤足蕨属（*Plagiogyria*）、芒萁属（*Dicranopteris*）、鳞盖蕨属（*Microlepia*）、线蕨属（*Colysis*）和槲蕨属（*Drynaria*）；再次，热带亚洲分布有4属，占6.06%，为角蕨属（*Cornopteris*）、星蕨属（*Microsorium*）、石韦属（*Pyrrosia*）和金鸡蕨属（*Phymatopsis*）；其他热带分布类型，即热带亚洲至热带大洋洲分布型和热带亚洲至热带非洲分布型，在卧龙自然保护区均有代表，但不占优势。

温带分布型的属共有22属，占33.33%。其中最为重要的是北温带分布和东亚分布2种类型。北温带分布有11属，占16.67%，其属有木贼属（*Equisetum*）、瓶尔小草属（*Ophioglossum*）、紫萁属（*Osmunda*）、膜蕨属（*Hymenophyllum*）、蹄盖蕨属（*Athyrium*）、卵果蕨属（*Phegopteris*）、狗脊蕨属（*Woodwardia*）、荚果蕨属（*Matteuccia*）、鳞毛蕨属（*Dryopteris*）等。东亚分布属有9个，占13.64%，有假冷蕨属（*Pseudocystopteris*）、荚囊蕨属（*Struthiopteris*）、贯众属（*Cyrtomium*）、节肢蕨属（*Arthromeris*）、瓦韦蕨属（*Lepisorus*）、盾蕨属（*Neolepisorus*）、水龙骨属（*Polypodium*）等。中国特有属仅1属，即玉龙蕨属（*Sorolepidium*）。

表 4-7 卧龙自然保护区蕨类植物属的分布区类型统计

	分布区类型	属数	占总属数（%）
热带分布区类型	1. 世界分布	11	16.67
	2. 泛热带分布	20	30.30
	3. 旧世界热带分布	5	7.58
	4. 热带亚洲至热带大洋洲间断分布	2	3.03
	5. 热带亚洲至热带非洲分布	2	3.03
	6. 热带亚洲分布	4	6.06
温带分布区类型	7. 北温带分布	11	16.67
	8. 东亚和北美间断分布	1	1.52
	9. 东亚分布	9	13.64
	10. 中国特有分布	1	1.52
	合计	66	100.00

4.4.1.3 种的分析

　　卧龙自然保护区蕨类植物区系特点也可以从种的分类等级上进行研究。卧龙自然保护区 198 种蕨类植物可划分为 11 个分布类型，以东亚分布和中国特有分布为主，共有 158 种，占该区种数的 79.80%，基本是温带性质；而其他成分共有 40 种，仅占 20.20%，在该区蕨类植物区系居次要地位。卧龙自然保护区蕨类植物区系以东亚分布种类最多，表明该区域蕨类植物处于东亚蕨类植物区系的分布中心。东亚分布又可以分为两个变型，即：中国-喜马拉雅分布变型和中国-日本分布变型。中国-日本分布变型的蕨类植物，其大部分种类局限于秦岭、长江以南，如凤丫蕨（*Coniogramme japonica*）、金钗凤尾蕨（*Pteris fauriei*）、肾蕨（*Nephropepis cordifolia*）等；有些种类分布到秦岭、长江以北，以至中国东北地区，如溪洞碗蕨（*Dennstaedtia wilfordii*）、普通凤丫蕨（*Coniogramme intermedia*）、华北鳞毛蕨（*Dryopteris laeta*）等。中国-喜马拉雅分布变型主要分布于中国西南，如掌羽凤尾蕨（*Pteris dactylina*）；有些种除分布西南地区外还可延伸到中国东南部，如细裂复叶耳蕨（*Arachniodes coniifolia*）、披针叶新月蕨（*Abacopteris penangiana*）等；有些种类也能分布到华北和华东等地区，如兖州卷柏（*Selaginella involvens*）、盾蕨（*Neolepisorus ovatus*）等。而全东亚分布型，即东喜马拉雅-日本分布型，主要种类有紫萁（*Osmunda japonica*）、碗蕨（*Dennstaedtia scabra*）、边缘鳞盖蕨（*Microlepia marginata*）、凤尾蕨（*Pteris cretica* var. *nervosa*）、长叶铁角蕨（*Asplenium prolongatum*）、金星蕨（*Parathelypteris glanduligera*）、单芽狗脊蕨（*Woodwardia unigemmata*）、镰羽贯众（*Cyrtomium balansae*）、书带蕨（*Vittaria flexuosa*）等。

　　卧龙自然保护区蕨类植物区系所有种中特有成分极其丰富，中国特有成分有 58 种，占该区蕨类植物总种数的 29.29%。在中国特有种中，以西南分布为主，如星毛卵果蕨（*Phegopteris levingei*）、多羽节肢蕨（*Arthromeris mairei*）、两色瓦韦（*Lepisorus bi-*

color)、玉龙蕨（*Sorolepidium glacilae*）、翅轴蹄盖蕨（*Athyrium delavayi*）、三角叶假冷蕨（*Pseudocystopteris subtriangularis*）、泡鳞肋毛蕨（*Ctenitis marifomis*）、红杆水龙骨（*Polypodium amoenum*）等。这跟横断山的地史和地质构造密切相关。分布于秦岭、长江以南的中国特有种其次，如翠云草（*Selaginella uncinata*）、镰叶瘤足蕨（*Plagiogyria distinctissima*）、华南铁角蕨（*Asplenium austrochinensa*）、齿头鳞毛蕨（*Dryopteris labordei*）、绿叶线蕨（*Colysis levrillei*）、抱石莲（*Lepidogrammitis drymoglossoides*）、庐山石韦（*Pyrrosia shearreri*）、友水龙骨（*Polypodium amoenum*）等。有些种类向北分布到秦岭、华北，如白背铁线蕨（*Adiantum davidii*）、网眼瓦韦（*Lepisorus clathratus*）等。

　　除东亚分布和中国特有分布外，其他的温带成分和热带成分也有，共有 40 种，仅占 20.20%，虽然比例很小，但能说明该区与其他温带地区和热带地区有一定联系。

　　综合上述，卧龙自然保护区内蕨类植物区系具有以下特点：

　　①种类较丰富。该区有蕨类植物 30 科 66 属 198 种。

　　②特有化程度高。该区有 58 种为中国特有分布，以西南分布为主，这跟该区地处横断山区东缘，与横断山的地史和地质构造密切相关。

　　③优势科明显，大部分科内属、种贫乏。含 10 种以上的蕨类植物科共 5 科：水龙骨科（属/种：11/39），蹄盖蕨科（7/28），鳞毛蕨科（5/25），卷柏科（1/11）和凤尾蕨科（1/10），所含种数超过该区蕨类植物总种数的 50%，表明该区优势科明显。少种科和单种科数量占科数量的绝大多数，表明该区大部分科内属、种贫乏。

　　④属的分布区类型以热带类型为主，而种的分布区类型则温带性质显著。有 33 属的分布区类型为热带性质，占总属数的 50.00%，而有 158 种的分布区类型为温带性质（包括中国特有），占该区蕨类植物总种数的 79.80%，说明该区与其他温带地区和热带地区有一定联系。

4.4.2　资源现状

4.4.2.1　药用蕨类植物资源

　　卧龙几乎所有的蕨类植物都可以作为药用植物资源，数量多，且分布范围广。常见种类有：凤丫蕨（*Coniogramme japonica*）、蜈蚣草（*Pteris vittata*）、江南卷柏（*Selaginella moellendorffii*）、乌蕨（*Stenoloma chusanum*）、紫萁（*Osmunda japonica*）、石松（*Lycopodium clavatum*）、瓶尔小草（*Ophioglossum vulgatum*）、海金沙（*Lygodium japonicum*）、蹄盖蕨（*Athyrium filixfemina*）、镰羽贯众（*Cyrtomium balansae*）、荚果蕨（*Matteuccia struthiopteris*）、水龙骨（*Polypodiodes niponica*）、满江红（*Azolla imbricata*）等。其中有不少种类在本区民间被广泛使用，用于治疗刀伤、火烫伤、毒蛇和狂犬咬伤、跌打损伤、疗毒溃烂等。近年来，国内外在寻找新药资源时，对蕨类药用植物资源的研究越来越重视。如已在卷柏科和里白科中发现了防治癌症的药物资源，因此，蕨类药用植物资源的开发利用前景十分广阔。

4.4.2.2　观赏蕨类植物资源

自 80 年代以来，蕨类植物成为观赏植物的一个极为重要的组成部分。由于大部分观赏蕨类植物清雅新奇，具有耐阴的特点，因而在室内园艺中更具重要地位，在公园、庭院和室内采用观赏蕨类作为布景和装饰材料逐渐普遍，观赏蕨类的商品生产和栽培育种发展迅速。卧龙蕨类植物中，适宜作为观赏资源的种类有 50 余种，观赏价值较大的种类有：膜蕨属（*Hymenophyllum*）、铁线蕨属（*Adiantum*）、凤丫蕨（*Coniogramme japonica*）、紫萁（*Osmunda japonica*）、贯众（*Cyrtomium fortunei*）等。

4.4.2.3　指示蕨类植物资源

卧龙自然保护区有不少蕨类植物对土壤的酸碱性有特殊的适应性，有的只能生活在酸性或偏酸性的土壤中，成为酸性土壤的指示植物；有的只适宜生活于碱性或偏碱性的土壤中，成为碱性土壤的指示植物。这些指示植物在林业、环保上可作为造林或者发展多种林地的指示植物。据统计，卧龙自然保护区内指示蕨类植物有 20 余种，如铁角蕨（*Asplenium trichomanes*）、石松（*Lycopodium clavatum*）、紫萁、芒萁等可作为酸性土壤指示植物；又如舟山碎米蕨（*Cheilanthes chusana*）、井栏边草（*Pteris multifida*）、凤尾蕨（*Pteris cretica* var. *nervosa*）、蜈蚣草、贯众、铁线蕨等可作为钙质土和石炭岩土的指示植物。

4.4.2.4　化工原料蕨类植物资源

植物性工业原料是现代工业赖以生存的基本条件，蕨类植物中此类资源植物不少，可以从其植物体中提取鞣质、植物胶、油脂、染料等化工原料。卧龙自然保护区内可作为化工原料资源的蕨类植物约有 20 余种，如石松类（*Lycopodium* spp.）、卷柏类（*Selaginella* spp.）、节节草（*Commelina diffusa*）、蕨、凤尾蕨、贯众、海金沙、紫萁、蛇足石杉等。

4.4.2.5　编织蕨类植物资源

许多蕨类植物的根、茎、叶柄较为柔韧，富有弹性，可用于编织席子、草帽、草包、篮子、网兜及绳索等各种生活用品和工艺制品。卧龙自然保护区内此类此蕨类植物资源约有 10 余种，如瓦韦、石韦（*Pyrrosia lingua*）、节节草、蕨、海金沙、紫萁、凤丫蕨等。

4.4.2.6　食用蕨类植物资源

作为食用资源的蕨类植物，大部分种类是因为根状茎富含淀粉，在经过洗净去泥、切片粉碎、过滤去渣、反复水洗后，即可得到高质量的可食用淀粉，其营养价值很高。还有一部分种类是因为幼叶可作为蔬菜炒或干制，味道纯美。如：芒萁、蕨、狗脊蕨、贯众等。然而，不少蕨类植物体内含有毒成分，对人畜可产生有害作用，甚至引起死亡，因此食用蕨类时要格外小心。同时，由于许多蕨类叶的生长发育后期将形成有毒物质，故食用时只能是幼叶，因此掌握采摘时机非常重要。

4.4.2.7　饲料和绿肥蕨类植物资源

此类资源既可作为家禽和家畜的优质饲料，又可改善土壤结构，提高土壤肥力，为农作物提供多种有效养分，还能在农业生态系统中起重要的作用。卧龙自然保护区内较重要的有：满江红、芒萁等，其中以满江红最为突出。满江红鲜嫩多汁，纤维含量少，味甜适口，是鸡、鸭、鱼、猪的优质饲料；同时，满江红能与固氮蓝藻、念珠藻等共生，固化空气中的氮气，是农业生产中的重要绿肥植物，而且分布范围广，生长快，适宜大规模开发利用。

4.4.2.8　农药类蕨类植物资源

植物农药因其对人畜安全，易分解，无残毒危害，不污染环境，极其适于果树、蔬菜类施用，在当今有极大的发展潜力，蕨类植物中也有越来越多的种类被作为农药类资源开发。卧龙自然保护区内可作为农药类的蕨类植物主要有：贯众、海金沙、水龙骨、蜈蚣草等。

4.4.3　濒危蕨类植物

根据国务院 1999 年发布的《国家重点保护野生植物名录（第一批）》，在卧龙自然保护区内，现知属于国家一级重点保护的蕨类植物 1 种［玉龙蕨（*Sorolepidium glaciale* Christ）］。

玉龙蕨，国家一级重点保护野生植物，属鳞毛蕨科，是中国特产的珍稀蕨类植物，是中国产蕨类植物中最耐寒的种类之一，有重要的研究价值。本次调查未发现。

4.5　种子植物 ○○○〉

4.5.1　裸子植物

4.5.1.1　物种多样性

卧龙自然保护区自然分布的裸子植物有 6 科 10 属 19 种，分别占全国裸子植物科数的 60%、属数的 29.41%、种数的 7.98%，占四川裸子植物科数的 66.67%、属数的 35.71%、种数的 19%。其中，以松科的属、种数量最多，其次为柏科，是本地区裸子植物区系的主体。从表 4-8 可知，卧龙自然保护区的裸子植物所占全国及四川裸子植物科、属的比例是比较大的。

表 4-8　卧龙自然保护区裸子植物与全国及四川裸子植物的科、属、种比较

地　区	全　国			四川（含重庆）			卧龙自然保护区		
	科	属	种	科	属	种	科	属	种
裸子植物	10	34	238	9	28	100	6	10	19

注：全国及四川的统计数引自《卧龙植被及资源植物》。

4.5.1.2　特有及起源古老的植物较多

卧龙自然保护区有 10 属 19 种裸子植物，其中属于我国特有植物有 17 种，占裸子植物种数的 89.47%，是组成针阔叶混交林、寒温性针叶林的建群植物。

卧龙自然保护区在第四纪时虽有山岳冰川的存在，但对本地植物区系影响不大，而古老植物得以保存和发展。因此裸子植物区系中第三纪的古老植物相对较多，如产于白垩纪的松属（*Pinus*）、云杉属（*Picea*）、红豆杉属（*Taxus*），产于老第三纪的冷杉属（*Abies*）、铁杉属（*Tsuga*）、落叶松属（*Larix*）、杉木属（*Cunninghamia*）和麻黄属（*Ephedra*）等，这些古老的植物占总属数的 80%。

4.5.1.3　裸子植物区系成分

卧龙自然保护区自然分布有裸子植物 6 科 10 属 19 种，其中温带分布为 4 科 8 属，占卧龙自然保护区裸子植物总科数的 66.67%、总属数的 80%。特有分布 1 科 1 属，占卧龙裸子植物总科数的 16.67%、总属数的 10%。从以上数据可以看出，卧龙地区温带分布科数和属数最多，而缺乏热带分布的裸子植物，这表明卧龙地区具有以温带分布为主的裸子植物区系特征。

根据吴征镒教授对我国种子植物属所划分的包括热带、温带、古地中海和中国特有等 15 个分布区类型，将保护区的裸子植物属进行分析（表 4-9），可以看出保护区在裸子植物区系地理上所属的分布区类型也是丰富多样的。从表 4-9 可以看出，北温带分布属在本地区全部属中所占的比例较高，这与卧龙地区植被垂直地带性分布规律有关。

（1）世界分布属的分析

卧龙自然保护区裸子植物中拥有世界分布属 1 属，即麻黄科的麻黄属，主要分布在亚洲、美洲、欧洲南部及非洲北部等干旱、荒漠地区。麻黄属属于干旱、荒漠分布类型，在卧龙地区西部海拔 3400~4200m 的亚高山草甸或高山草甸有分布，这不仅是该地区植物区系的多样性体现，也反映出卧龙地区地理位置和地理环境的特殊性。

（2）北温带分布属的分析

北温带分布类型，是卧龙自然保护区裸子植物分布属最多的类型，占保护区裸子植物总属数的 60%。该类型木本属植物在保护区分布较多，如裸子植物中的松属、云杉属、冷杉属、落叶松属、圆柏属（*Sabina*）、红豆杉属等属；其中云杉属、冷杉属、圆柏属的不少种类是森林群落中的建群种和优势种。

（3）东亚分布属的分析

卧龙地区东亚分布属仅有 1 属，即三尖杉科（Cephalotaxaceae）的三尖杉属（*Cephalotaxus*），主要分布于亚洲东部，我国最集中，四川地区是其重要的分布区。该属在卧龙地区主要分布于耿达、沙湾等地，生于海拔 1400~1500m 的常绿阔叶林中，多为伴生植物。

（4）东亚—北美间断分布属的分析

该地区东亚—北美间断分布属仅有 1 属，即松科铁杉属（*Tsuga*），主要分布于亚洲东部以及北美温暖湿润山地。在卧龙地区主要分布于正河、核桃坪、白岩沟、花红树沟等高山峡谷区域。该属最早的化石发现于西伯利亚东部沿海的始新世地层。四川理塘晚第三纪大化石的发现，以及作为一个典型的东亚—北美间断分布属，它是早期地质历史上东亚和北美地理上相互间曾有密切联系的结果，反映出了铁杉属在四川分布历史的古老。

（5）中国特有分布属的分析

本地区中国特有分布属仅有 1 属，即杉科的杉木属，广泛分布于秦岭以南温暖地区及台湾。该属目前处于残遗状态，在四川安宁河中下游河谷残存有天然林。在卧龙地区三江等海拔 1100~1800m 的阔叶林中伴生有杉木属植物，表明该地区在杉木属的系统演化上是十分重要的，是杉木属起源于中国中低纬度亚热带地区的佐证。

表 4-9 卧龙自然保护区裸子植物属的分布区类型及与全国的比较

分布区类型	全　国		卧龙自然保护区		
	属数	占总属数比例（%）	属数	占总属数比例（%）	占全国同类属比例（%）
1. 世界分布	1	2.94	1	10	100
2. 泛热带分布	4	11.76	0	0	0
5. 热带亚洲至热带大洋洲分布	1	2.94	0	0	0
7. 热带亚洲（印度—马来西亚）分布	1	2.94	0	0	0
8. 北温带分布	9	26.47	6	60	66.67
9. 东亚—北美间断分布	8	23.53	1	10	12.5
10. 旧大陆温带（主要在欧洲温带）分布	1	2.94	0	0	0
14. 东亚（东喜马拉雅至日本）	4	11.76	1	10	25
15. 中国特有分布	5	14.71	1	10	20
合　计	34	100	10	100	29.41

4.5.1.4　濒危或特有裸子植物

（1）珍稀濒危裸子植物

根据国务院 1999 年发布的《国家重点保护野生植物名录（第一批）》，在卧龙自然保护区内，现知属于国家重点保护的裸子植物共 2 种，其中属于国家一级重点保护野生植物 1 种，属于国家二级重点保护野生植物 1 种。

①红豆杉 [*Taxus chinensis*（Pilg.）Rehd，濒危种]。

红豆杉，国家一级重点保护野生植物，红豆杉科红豆杉属常绿乔木，中国特有种，世界上濒临灭绝的天然珍稀抗癌濒危植物，对研究植物区系和红豆杉属植物的分类、分布等方面有重要价值。在卧龙自然保护区内三江、大阴沟等地（东经 103.28248°，北纬 30.871329°）海拔 1600~2200m 有大量分布。

②四川红杉（*Larix mastersiana* Rehd. et Wlis，濒危种）。

四川红杉，国家二级重点保护野生植物，是稀有、珍贵、速生用材树种，我国特有树种，仅分布于岷江流域，对研究落叶松属的分类方面有科学价值。保护区分布较为广泛，本次调查区域（东经103.215466°，北纬31.025384°；东经102.98073°，北纬30.88225°；东经103.18326°，北纬31.03713°；东经103.18176°，北纬31.03908°；东经103.17268°，北纬31.03862°；东经103.17182°，北纬30.99772°；东经103.230817°，北纬31.053503°等）海拔2100~3300m的针叶、阔叶混交林和亚高山针叶林中均有分布。

2）特有植物

卧龙自然保护区拥有我国特有的裸子植物15种，分别是华山松（*Pinus armandii*）、油松（*P. tabuliformis*）、黄果冷杉（*Abies ernestii*）、峨眉冷杉（*A. fabri*）、岷江冷杉（*A. faxoniana*）、四川红杉（*Larix mastersiana*）、云杉（*Picea asperata*）、麦吊云杉（*P. brachytyla*）、黄果云杉（*P. likiangensis* var. *hirtella*）、铁杉（*Tsuga chinensis*）、香柏（*Sabina pingii* var. *wilsonii*）、方枝柏（*S. saltuaria*）、三尖杉（*Cephalotaxus fortunei*）、红豆杉（*Taxus chinensis*）、矮麻黄（*Ephedra minuta*）。其中四川特有植物2种：峨眉冷杉和四川红杉。

4.5.2 被子植物

4.5.2.1 被子植物多样性

被子植物的分类系统按照恩格勒系统进行整理和分析。通过野外调查，并结合《卧龙植被及资源植物》和最近10年来的有关科研论文，初步统计卧龙国家级自然保护区内共有野生被子植物123科613属1805种。其中双子叶植物111科494属1533种；单子叶植物12科119属272种。

4.5.2.2 科的多样性分析

在科级水平上，卧龙被子植物类群最丰富的是那些含2~9种的少种科，共计62科，占该区被子植物总科数的一半（50.41%）；但所含物种290种，仅占该区被子植物总种数的16.07%。少种科虽然所含物种数量的比例较低，但这是卧龙被子植物多样性丰富的直接体现，也是该区被子植物区系的重要组成部分。

在这些少种科中，不缺乏在全球区系中含1000种以上的大科，如大戟科（Euphorbiaceae，5000种，下同）、野牡丹科（Melastomataceae，3000）、马鞭草科（Verbenaceae，3000）、爵床科（Acanthaceae，3450）、萝藦科（Asclepiadaceae，2000）、苦苣苔科（Gesneriaceae，2000）、天南星科（Araceae，2000）、旋花科（Convolvulaceae，1800）、石蒜科（Amaryllidaceae，1200）、紫金牛科（Myrsinaceae，1000）等。部分类群在我国分布的物种数量也很丰富，其中超过200种的科分别为大戟科（460种，下同）、萝藦科（245）、爵床科（311）和苦苣苔科（413）。这种现象主要是因为这些大科主要以热带或亚热带分布为主，而卧龙自然保护区所处的纬度、独特的地质地貌及温带山地气候等主要因素导致这些大科在该区内分布的物种数量少。

　　卧龙被子植物区系的主要组成成分是那些含有 20 种以上的大科和特大科，共计有 24 科，仅占总科数的 19.51%，所含种数达到了 1252 种，占卧龙被子植物总数的 69.36%。其中含 50 种以上的特大科 12 科，占总科数的 9.76%，所含种数达 918 种，占卧龙被子植物总种数的 50.86%；含 20~49 种的大科 12 科，含 334 种，占卧龙被子植物总种数的 18.50%。这些物种丰富的大科所含物种的数量几乎达到该区被子植物总种数的 70%，尤其是含 50 种的特大科，所含物种数量几乎达到卧龙被子植物种类总数的一半，成为该区系的主导成分，很多类群为该区不同植被带的基础成分而广泛分布。代表性的科有菊科（Compositae，属/种：46/164，下同）、蔷薇科（Rosaceae，25/127）、毛茛科（Ranunculaceae，24/97）、百合科（Liliaceae，28/76）、兰科（Orchidaceae，33/71）、禾本科（Gramineae，41/66）、虎耳草科（Saxifagaceae，15/61）、豆科（Leguminosae，23/53）、伞形科（Umbelliferae，23/52）、玄参科（Scrophulariaceae，13/51）、唇形科（Labiatae，23/50）、杜鹃花科（Ericaceae，8/50）、忍冬科（Caprifoliaceae，7/43）、报春花科（Primulaceae，4/38）、荨麻科（Urticaceae，13/30）、龙胆科（Gentianaceae，8/31）、蓼科（Polygonaceae，7/28）、樟科（Lauraceae，8/29）、杨柳科（Salicaceae，2/29）等。这些科种类丰富，其中很多类群是森林群落、草地群落的优势种，在该区生态环境中起着极为重要的作用，成为该区被子植物区系组成的基础。

　　保护区内单种科和单型科比较丰富，共计 20 科，占该区被子植物总科数的 16.26%，其中单种科 17 科。但是在这些单种科中也不乏在全国和全球植物区系中含有种或属较多的类群，特别是那些在全球植物区系中种的数量接近 100 种及以上的科在卧龙有 12 科，占卧龙单种科的 70.59%，分别是铁青树科（Olacaceae）、檀香科（Santalaceae）、马齿苋科（Portulacaceae）、金缕梅科（Hamamelidaceae）、苦木科（Simaroubaceae）、杜英科（Elaeocarpaceae）、夹竹桃科（Apocynaceae）、马钱科（Loganiaceae）、狸藻科（Lentibulariaceae）、泽泻科（Alismataceae）、棕榈科（Palmae）和姜科（Zingiberaceae）。另外，该区分布的在全球区系中不到 20 种的单种科，如昆栏树科（Trochodendraceae）、连香树科（Cercidiphyllaceae）、马桑科（Coriariaceae）。这些单种科反映出卧龙被子植物区系与四川及全国被子植物区系的广泛联系及其作用和地位，它是在漫长的地质历史发展过程中植物区系与自然环境相互作用下演化发展的结果。

　　该区单型科有水青树科（Tetracentraceae）、伯乐树科（Bretschneideraceae）和透骨草科（Phrymaceae）共 3 科，除了透骨草科为东亚—北美间断分布外，其他都是中国或东亚分布的特有科，它们几乎都是在老三纪已经建立起来的科，在系统演化中属于古老和孤立的类群。这些单种科在系统中的古老性与单型科相似。这反映出卧龙自然保护区被子植物区系的古老性和悠久的演化发展史。

4.5.2.3　属的多样性分析

　　在属的分类阶元上，卧龙自然保护区的被子植物总计 613 属，其中单种属（包括单型属）最为丰富，达307属，占总属数的50.00%。绝大多数的单型属和相当一部分单种属是古老子遗属，如大血藤属（*Sargentodoxa*）、水青树属（*Tetracentron*）、连香树属（*Cercidiphyllum*）、蜡梅属（*Chimonanthus*）、珙桐属（*Davidia*）、透骨草属（*Phryma*）等，包括前面提到的世界性的单型科和少种科的属，它们具有悠久的演化发展历史，是在漫长的系统发育过程中形成的，反映了卧龙被子植物区系的古老性和原始性。从区系成分上来看，这些单种属主要集中在温带分布类型，这一现象可以反映出卧龙地区作为横断山系东缘，被子植物区系的演化与青藏高原的隆起及卧龙地处我国地形第一阶梯与第二阶梯交错地带的地理位置有密切关系。同时在该区也出现了一些新生的类群，如卧龙杜鹃（*Rhododendron wolongense*）、卧龙玉凤花（*Habenaria wolongensis*）、卧龙斑叶兰（*Goodyera wolongensis*）等，反映出了卧龙种子植物区系的多样性积极发展的特征。

在卧龙区系的这些属中，含物种2~9种的少种属，在卧龙自然保护区达273属，占该区被子植物总属数的44.54%，所含种数达958种，占该区总种数的53.07%。少种属不仅是组成该区植被的主体，同时也反映出卧龙被子植物丰富的多样性。部分少种属起源古老，也体现出该区被子植物区系的原始性。

含10~19种的中等类型的属在该区有27属，占被子植物总属数的4.40%，从属和种的分类阶元方面分析，虽然数量不多，但是构成了卧龙被子植物区系的中坚组分和稳定轴心，它们是该地区的优势属，也是该区种子植物区系的基础和主体，同时也体现出了该区被子植物系统演化和分化的特点。

而最能体现卧龙保护区种子植物区系地位和特点的是那些含有20种以上的大属和特大属，共计6属。它们虽然只占总属数的0.98%，但是却有177种，达到了总种数的9.81%。这些大属和特大属分别为：杜鹃属（*Rhododendron*，36种，下同）、风毛菊属（*Saussurea*，30）、悬钩子属（*Rubus*，29）、马先蒿属（*Pedicularis*，30）、柳属（*Salix*，26）和报春花属（*Primula*，26）。除了悬钩子属为世界分布以外，其余5属全为北温带分布，这体现出卧龙被子植物区系起源与分布的温带属性。

4.5.2.4 特有现象

特有现象是种系分化的结果，是植物区系多样性的依据，特有类群的分化和积累构成了植物区系的特有现象。通过对特有类群的深入分析，不但有助于探索植物区系的演化和发展历程，也有助于对一个地区植物区系性质和特点的理解。卧龙地区地处横断山系东缘，经历了多次构造运动，地貌形态相当复杂。在第四纪冰川时期，由于地形的屏障作用，只发生了山岳冰川，所以在3000m的中低山区，仍保留着许多第三纪以来的古老稀有和子遗类群。初步统计在卧龙植物区系中，属我国特有属的共有27属（表4-10），占该区系总属数的4.40%，其中特有的单型属植物有珙桐属（*Davidia*）、岩匙属（*Berneuxia*）、青钱柳属（*Cyclocarya*）、罂粟莲花属（*Anemoclema*）、独叶草属（*Kingdonia*）、大血藤属（*Sargentodoxa*）、串果藤属（*Sinofranchetia*）、瘦房兰属（*Ischnogyne*）、金佛山兰属（*Tangtsinia*）、马蹄黄属（*Spenceria*）、马蹄芹属

（*Dickinsia*）、黄缨菊属（*Xanthopappus*）、香果树属（*Emmenopterys*）、伯乐树属（*Bretschneidera*）共 14 属，占特有属的 51.85%；少种属有金钱槭属（*Dipteronia*）、重羽菊属（*Diplazoptilon*）、华蟹甲属（*Sinacalia*）、星果草属（*Asteropyrum*）、动蕊花属（*Kinostemon*）、羌活属（*Notopterygium*）、四轮香属（*Hanceola*）、巴山木竹属（*Bashania*）、丫蕊花属（*Ypsilandra*）、盾果草属（*Thyrocarpus*）共 10 属，占特有属数的 37.04%；在全国区系中含 10 种以上的属有藤山柳属（*Clematoclethra*）、紫菊属（*Notoseris*）和箭竹属（*Fargesia*）3 属，占特有属数的 11.11%（表 4-11）。

表 4-10　卧龙国家级自然保护区被子植物中国特有属名录

中文属名	拉丁属名	中文属名	拉丁属名	中文属名	拉丁属名
罂粟莲花属	*Anemoclema*	箭竹属	*Fargesia*	重羽菊属	*Diplazoptilon*
星果草属	*Asteropyrum*	四轮香属	*Hanceola*	金钱槭属	*Dipteronia*
巴山木竹属	*Bashania*	瘦房兰属	*Ischnogyne*	香果树属	*Emmenopterys*
岩匙属	*Berneuxia*	独叶草属	*Kingdonia*	丫蕊花属	*Ypsilandra*
伯乐树属	*Bretschneidera*	动蕊花属	*Kinostemon*	串果藤属	*Sinofranchetia*
藤山柳属	*Clematoclethra*	羌活属	*Notopterygium*	马蹄黄属	*Spenceria*
青钱柳属	*Cyclocarya*	紫菊属	*Notoseris*	金佛山兰属	*Tangtsinia*
珙桐属	*Davidia*	大血藤属	*Sargentodoxa*	盾果草属	*Thyrocarpus*
马蹄芹属	*Dickinsia*	华蟹甲属	*Sinacalia*	黄缨菊属	*Xanthopappus*

表 4-11　卧龙国家级自然保护区被子植物科、属的数量组成统计及分析

科的类型（种数）	科数	占总科数（%）	包含种数	占总种数（%）	属的类型/种数	属数	占总属数（%）	包含种数	占总种数（%）
特大科（≥50）	12	9.76	918	50.86	特大属（≥30）	3	0.49	96	5.32
大科（20~49）	12	9.76	334	18.50	大型属（20~29）	3	0.49	81	4.49
中等科（10~19）	17	13.82	243	13.46	中等属（10~19）	27	4.40	363	20.11
少种科（2~9）	62	50.41	290	16.07	少种属（2~9）	273	44.54	958	53.07
单种科（1）	17	13.82	17	0.94	单种属（1）	271	44.21	271	15.01
单型科（1）	3	2.44	3	0.17	单型属（1）	36	5.87	36	1.99
合计	123	100.00	1805	100.00	合计	613	100.00	1805	100.00

卧龙特有植物也很丰富，代表类群有卧龙斑叶兰（*Goodyera wolongensis*）、卧龙玉凤花（*Habenaria wolongensis*）、巴朗杜鹃（*Rhododendron balangense*）、卧龙杜鹃（*Rhododendron wolongense*）、巴郎柳（*Salix sphaeronymphe*）等。丰富的特有类群，反映了卧龙地区不仅是第三纪植物区系的"避难所"，而且可能是温带植物区系分化、发展和集散的重要地区之一。

4.5.2.5　与四川及全国被子植物多样性比较

在科级和属级分类阶元方面，卧龙被子植物多样性相对比较丰富。参考李仁伟等

（2001）、中国植物志编委会（2001）等资料，将卧龙区系的被子植物数量与四川省以及全国被子植物数量进行比较，见表4-12。卧龙区系被子植物科的数量达123科，占四川被子植物总科数的65.42%，占全国被子植物总科数的比例超过50%；属数达613属，占四川被子植物总属数的41.06%，占全国被子植物总属数的比例为19.38%。卧龙自然保护区被子植物共计1800种，分别占四川和全国被子植物总种数的20.72%和6.36%。被子植物多样性高居四川各个国家级保护区前列，这得益于卧龙自然保护区得天独厚的自然环境和完备的山地生态系统。另外，保护区经过几十年的保护建设，生物多样性得到了有效保护，群众的环保意识逐渐增强、生态环境日益改善等也对其有密切影响。

表4-12　卧龙自然保护区被子植物多样性与四川和全国的比较

地区	科数	卧龙所占比例（%）	属数	卧龙所占比例（%）	种数	卧龙所占比例（%）
卧龙自然保护区	123	/	613	/	1805	/
四川省	188	65.43	1493	41.06	8711	20.72
全国	228	53.95	3163	19.38	28350	6.36

4.5.2.6　与《卧龙植被及资源植物》的数据比较

为了能与《卧龙植被及资源植物》中的数据进行比较，被子植物仍采用恩格勒系统进行排列。本数据除了主要来源于野外调查和标本鉴定以外，重点参考了《卧龙植被及资源植物》和最近10年来的有关科研论文。在本次调查中未采集或记录的物种，但在《卧龙植被及资源植物》中出现的，一律予以保留；对该资料中未鉴定到种的物种进行修订或剔除；严格依据《中国植物志》进行物种鉴定，对物种名进行修订和补充；本次数据统计剔除了栽培植物。

与《卧龙植被及资源植物》（1987）比较，本次调查新补充了34属430种，依据中国植物志电子版修订4科，将五味子科、八角茴香科并入木兰科，将大血藤科并入木通科，将芍药科并入毛茛科；修订5属，新补充29属。分别占本次统计的被子植物总属、种数的5.55%和23.82%（表4-13、表4-14）。

表4-13　卧龙自然保护区被子植物调查新数据与《卧龙植被及资源植物》的比较

项目	科	属	种
本次调查数据	123	613	1805
《卧龙植被及资源植物》（1987）	123	578	1371

表4-14　修订和新增加的属统计表

中文属名	拉丁属名	数据来源	中文属名	拉丁属名	数据来源
灯台树属	*Bothrocaryum*	修订	独叶草属	*Kingdonia*	新增
樱属	*Cerasus*	修订	珍珠花属	*Lyonia*	新增
何首乌属	*Fallopia*	修订	新耳草属	*Neanotis*	新增

（续）

中文属名	拉丁属名	数据来源	中文属名	拉丁属名	数据来源
杜根藤属	*Calophanoides*	新增	紫菊属	*Notoseris*	新增
山羊角树属	*Carrierea*	新增	稠李属	*Padus*	修订
假水晶兰属	*Cheilotheca*	新增	长柄山蚂蝗属	*Podocarpium*	新增
星叶草属	*Circaeaster*	新增	梨果寄生属	*Scurrula*	新增
喉毛花属	*Comastoma*	新增	茵芋属	*Skimmia*	新增
双药芒属	*Diandranthus*	新增	华蟹甲属	*Sinacalia*	新增
常山属	*Dichroa*	新增	蒲儿根属	*Sinosenecio*	修订
双盾木属	*Dipelta*	新增	戴星草属	*Sphaeranthus*	新增
九子母属	*Dobinea*	新增	百部属	*Stemona*	新增
齿缘草属	*Eritrichium*	新增	细莴苣属	*Stenoseris*	新增
鼬瓣花属	*Galeopsis*	新增	金佛山兰属	*Tangtsinia*	新增
活血丹属	*Glechoma*	新增	香科科属	*Teucrium*	新增
八宝属	*Hylotelephium*	新增	蝴蝶草属	*Torenia*	新增
小苦荬属	*Ixeridium*	新增	钩藤属	*Uncaria*	新增

4.5.2.7　拟新分布

弯花马蓝（*Pteracanthus cyphanthus*），爵床科（Acanthaceae）马蓝属（*Pteracanthus*）。该物种于 1984 年新拟。产于云南（弥勒、鹤庆、洱源、大理、永平、贡山、蒙自、景洪、勐仑、勐海、墨江），生于海拔 3000m 处。模式标本采自云南大理。保护区内分布于三江潘达尔景区周边山区，生于海拔 1600m 左右的沟谷杂灌林中。

4.5.2.8　新物种

巴朗山雪莲 *Saussurea balangshanensis* Zhang Y. Z et Sun H.。该物种的典型特征：苞片黑色，边缘还有流苏状的齿，植株具腺毛。

由中国科学院昆明植物研究所高山生物多样性研究组张亚洲博士发现，并于 2019 年 5 月 1 日于《北欧植物学报》在线发表。该物种分布地域十分狭小，仅巴朗山垭口附近海拔约 4400m 的高山流石滩方圆 10km 以内。张亚洲博士表示："成熟个体小于 100 株，保守估计植株数量小于 500 株"，其被喻为"植物界的大熊猫"。

4.5.2.9　区系组成

根据吴征镒等（1995，2003）对中国被子植物科、属的分布区类型的划分方法，张宏达（1999）的华夏植物区系理论和李仁伟、张宏达等（2001）对四川被子植物区系研究中的分区方法，本研究把卧龙自然保护区被子植物区系的科、属划分为世界分布、热带分布和温带分布 3 大类型以及各大类型下的一些亚型（表 4-15）。

（1）科的区系成分分析

科的分布类型主要是以热带成分为主，共计 54 科，占总科数的 43.90%，其中又以泛热带最为丰富，达 37 科，占热带成分总科数的 30.08%。各洲间的间断分布也普遍存在，涵盖 4 个类型（包括亚型），共计 15 科，其中又以热带亚洲和热带美洲间断分布占优，达 9 科，占热带成分间断分布的 60%。这说明卧龙地区被子植物的起源及演化与热带的渊源关系，也反映出卧龙在地史上曾经经历过漫长的炎热的热带型气候及世界热带区域成分的广泛交流。其次是世界分布 38 科，占总科数的 30.89%，表明卧龙被子植物区系与世界被子植物区系的密切联系。温带成分也比较丰富，总计 31 科，占总科数的 25.20%，其中以北温带和南温带间断分布为优势，达到 14 科，占总科数的 11.38%。

这些现象表明卧龙地区是我国南温带成分和北温带成分以及热带成分和温带成分的交汇处，从该地区的地理位置和气候特点可得到一定印证。另外，其他间断成分也有一定分布，更进一步说明这种联系是在被子植物兴起和发展过程中伴随着泛古大陆的解体和世界地理新格局的形成而产生的。被子植物的世界分布类型在卧龙也相当丰富，体现出卧龙植物区系与世界植物区系的密切联系。科的分布区类型分析结果显示：卧龙自然保护区被子植物的热带成分显著高于温带成分，进而体现出该区被子植物热带起源特征。

（2）属的区系成分分析

属的分布类型以温带成分为主，达到 399 属，占总属数的 65.09%。其中以北温带分布占绝对优势，达 126 属，占温带成分总属数的 31.58%；其次为东亚分布（包括亚型），共计 95 属，占温带成分总属数的 23.81%；温带成分的间断分布也较丰富，共计 9 个类型，共含 88 属，占温带成分总属数的 22.01%；其中东亚和北美间断分布及北温带和南温带间断分布最为丰富，分别为 43 属和 29 属，这与科的分布区类型具有较强的一致性；其他分布相对较少。丰富的温带成分与卧龙地区所处的地理纬度、平均海拔等环境因子有密切关系；北温带分布占绝对优势也体现出卧龙被子植物区系与我国北方植物区系的密切联系。其次为热带成分，总计 166 属，占卧龙被子植物总属数的 27.08%，涵盖 6 个类型 8 个亚型。其中以泛热带类型占绝对优势，达 67 属，占热带成分总属数的 40.36%；再次为热带亚洲类型（包括亚型）共计 41 属，占热带成分总属数的 24.70%；间断类型也较丰富，涵盖 8 个类型（包括亚型），共计 34 属，占热带成分总属数的 20.48%，其中以热带亚洲和热带美洲间断分布和热带亚洲至热带大洋洲分布占明显优势，分别达 8 属和 12 属，共计 20 属，占间断分布的 58.82%；间断成分丰富凸显出卧龙被子植物区系起源与世界被子植物区系的广泛联系。其他类型分布较少。

热带成分的分析结果显示，卧龙自然保护区被子植物的热带成分显著低于温带成分，体现出该区被子植物分布的温带特性。

世界分布类型有 48 属，占总属数的 7.83%，也体现出卧龙被子植物区系与世界植物区系的广泛联系。

整体而言，卧龙被子植物区系呈现以下特征：

①区系成分复杂多样。科的分布区类型总计涵盖 9 个类型 13 个亚型，属的分布区类型涵盖 14 个类型 21 个亚型。

②与世界被子植物区系有密切联系。主要体现在科、属的世界分布类型所占比例

较高，同时间断分布较为广泛，共涵盖 18 个类型，涉及 36 科和 122 属。

③从被子植物科、属的分布区类型分析显示：卧龙被子植物区系具有热带起源和温带分布的双重特性。

表 4-15　卧龙自然保护区被子植物分布区类型

类型	亚型	科	比例（%）	属	比例（%）
世界分布	1 世界分布	38	30.89	48	7.83
	2. 泛热带分布	32	26.02	67	10.93
	2-1 热带亚洲、大洋洲和中、美洲间断分布	1	0.81	4	0.65
	2-2 热带亚洲、非洲和中、南美洲间断分布	2	1.62	1	0.16
	2s 以南半球为主的泛热带分布	2	1.62	/	/
	3. 热带亚洲和热带美洲间断分布	9	7.32	8	1.31
	4. 旧世界热带分布	2	1.62	13	2.12
	4-1 热带亚洲、非洲和大洋洲间断分布	/	/	4	0.65
	5. 热带亚洲至热带大洋洲分布	3	2.44	12	1.96
热带分布	5-1 中国亚热带和新西兰间断分布	/	/	1	0.16
	6. 热带亚洲至热带非洲分布	/	/	14	2.28
	6d 南非分布	1	0.81	/	0.00
	6-2 热带亚洲和东非或马达斯大间断分布	/	/	1	0.16
	7. 热带亚洲分布	/	/	35	5.71
	7-1 爪哇、喜马拉雅间断或分布到华南、西南	/	/	3	0.49
	7-2 热带印度至华南分布	/	/	2	0.33
	7-3 缅甸、泰国至华西南分布	1	0.81	/	0.00
	7-4 越南至华南分布	/	/	2	0.33
	7d 全分布区东达新几内亚	1	0.81	/	0.00
	8. 北温带分布	3	2.44	126	20.55
	8-1 环北极分布	/	/	1	0.16
	8-2 北极-高山分布	1	0.81	4	0.65
	8-4 北温带和南温带间断分布	14	11.38	29	4.73
	8-5 欧亚和南美温带间断分布	1	0.81	2	0.33
	8-6 地中海、东亚、新西兰和墨西哥-智利间断分布	1	0.81	1	0.16
温带分布	9. 东亚和北美间断分布	4	3.25	43	7.01
	9-1 东亚和墨西哥间断分布	/	/	1	0.16
	10. 旧世界温带分布	1	0.81	41	6.69
	10-1 地中海区、西亚和东亚间断分布	/	/	5	0.82
	10-2 地中海区和喜马拉雅间断分布	/	/	4	0.65
	10-3 欧亚和南非间断分布	1	0.81	2	0.33
	11. 温带亚洲分布	/	/	10	1.63

（续）

类型	亚型	科	比例（%）	属	比例（%）
温带分布	12. 地中海、西亚至中亚分布	/	/	1	0.16
	12-3 地中海区至温带-热带亚洲、大洋洲和南美洲间断分布	/	/	1	0.16
	13. 中亚分布	/	/	/	0.00
	13-2 中亚至喜马拉雅和我国西南分布	/	/	5	0.82
	14. 东亚分布	3	2.44	34	5.55
	14-1 中国-喜马拉雅分布	1	0.81	41	6.69
	14-2 中国-日本分布	1	0.81	20	3.26
	15. 中国特有	/	/	27	4.40
合计		123	100	613	100

4.5.2.10　重点保护的被子植物

珍稀濒危植物是濒危植物、渐危植物和稀有植物的统称，是亿万年生物演化历史的重要遗产。其中，珍稀植物是指在科研和经济上具有重要价值的物种，稀有植物是指在分布区内只有很少的群体或仅存在于有限地区的我国特有单型科、单型属或少型属的代表植物种类，濒危植物是指在分布区濒临灭绝危险的植物种类。珍稀濒危植物的存在，对古气候、古地理及物种的系统发育和古植物区系等方面的研究具有非常重要的意义。

根据国务院 1999 年发布的《国家重点保护野生植物名录（第一批）》，在卧龙自然保护区内现知属于国家重点保护的被子植物共 12 种，其中国家一级重点保护野生植物 4 种，国家二级重点保护野生植物有 8 种。

（1）国家一级重点保护野生植物

①独叶草（*Kingdonia uniflora* Balf. f. et W. W. Smith）

属毛茛科（Ranunculaceae），是我国特有的单种属植物，稀有种。该物种零星分布在陕西太白县、眉县，甘肃迭部、舟曲、文县，四川马尔康、茂汶、金川、南坪、泸定、松潘、峨眉山及云南德钦等地。在卧龙自然保护区海拔 3000m 以上的高山针叶林下有成片分布。生于海拔 3000~4000m 的亚高山至高山针叶林和针阔混交林下。然而，由于该种生长于亚高山至高山原始林下和荫蔽、潮湿、腐殖质层深厚的环境中，被子植物大多不能成熟，主要依靠根状茎繁殖，天然更新能力差，加之人为破坏森林植被和采挖，使其植株数量逐渐减少，自然分布区日益缩小。

在保护区内仅分布于野牛沟（东经 102.95944°，北纬 30.82776°）海拔 3000m 以上区域的针叶林下。

②珙桐（*Davidia involucrata* Baill.）

别名鸽子树，属蓝果树科（或珙桐科 Nyssaceae）珙桐属（*Davidia*），稀有种。

该类物种为 1000 万年前新生代第三纪留下的孑遗植物，在第四纪冰川时期，大部分地区的珙桐相继灭绝，只有在我国南方的一些地区幸存下来，因而成为了植物界的

"活化石"。在研究古植物区系和系统发育方面有重要价值。

在我国，珙桐分布很广。有"珙桐之乡"之称的四川宜宾珙县王家镇分布着数量众多的珙桐。另外，陕西东南部镇坪、岚皋，湖北西部至西南部神农架、兴山、巴东、长阳、利川、恩施、鹤峰、五峰，湖南西北部桑植、大庸、慈利、石门、永顺，贵州东北部至西北部松桃、梵净山、道真、绥阳、毕节、纳雍，四川东部巫山、北部平武、青川、西部至南部汶川、灌县、彭县、宝兴、天全、峨眉、马边、峨边、美姑、雷波、筠连，重庆南部南川，云南东北部巧家、绥江、永善、大关、彝良、威信、镇雄、昭通，广东怀集县诗洞镇六龙的深山野岭等地也有一定分布。常混生于海拔 1200~2200m 的阔叶林中，偶有小片纯林。在四川省荥经县，也发现了数量巨大的珙桐林，达 10 万亩①之多。在湖南省桑植县天平山海拔 700m 处，还发现了上千亩的珙桐纯林，是目前发现的珙桐最集中的地方之一。自从 1869 年珙桐在四川穆坪被发现以后，珙桐先后为各国所引种，以致成为各国人民喜爱的名贵观赏树种。1904 年珙桐被引入欧洲和北美洲，成为有名的观赏树。在国内珙桐也逐渐被引种作为观赏植物。北京植物园栽培的珙桐也能正常开花，这是目前所知中国大陆地区陆地栽培的最北位置。

在保护区内（东经 103.293864°，北纬 30.96041°；东经 103.275018°，北纬 30.880363°）有稀疏分布。

③光叶珙桐 [*Davidia involucrata* var. *vilmoriniana*（Dode）Wanger]

为珙桐的变种，稀有种。与原变种的区别在于本变种叶下面常无毛或幼时叶脉上被很稀疏的短柔毛及粗毛，有时下面被白霜。产湖北西部、四川、贵州等省，常与珙桐混生。

在保护区内与珙桐分布一致。

④伯乐树（*Bretschneidera sinensis* Hemsl.）

隶属于伯乐树科（Bretschneideraceae）伯乐树属（*Bretschneidera*）。该科仅伯乐树 1 种，为单型科，稀有种。

该物种起源古老，它在研究被子植物的系统发育和古地理、古气候等方面都有重要科学价值。产于四川、云南、贵州、广西、广东、湖南、湖北、江西、浙江、福建等省区。生于低海拔至中海拔的山地林中。模式标本采自云南勐遮和思茅。越南北部也有分布。

保护区内在塘坊附近山区有零星分布。

（2）国家二级重点保护野生植物

①连香树（*Cercidiphyllum japonicum* Sieb. et Zucc.）

别名五君树、山白果。属连香树科（Cercidiphyllaceae）连香树属（*Cercidiphyllum*），为雌雄异株落叶的高大乔木。为东亚孑遗植物之一，主要分布在中国和日本。国内主要分布于山西西南部、河南、陕西、甘肃、安徽、浙江、江西、湖北及四川。生长于

---

① 1 亩 = 1/15hm²，下同。

海拔 600~2500m 的沟谷或山坡的中下部，常与华西枫杨（*Pterocarya macroptera* var. *insignis*）、秦岭冷杉（*Abies chensiensis*）、亮叶桦（*Betula luminifera*）、椴树、水青树等混生。该物种具有重要的科研、观赏和药用价值。目前，我国连香树数量小，且零星分布。

在保护区内分布区域为：东经 103.254436°，北纬 30.971789°；东经 103.190194°，北纬 31.053233°；东经 103.254436°，北纬 30.971789°；东经 103.286556°，北纬 30.875274°。连香树常与水青树混生，所以在区内的分布常与水青树重叠。

②水青树（*Tetracentron sinense* Oliv.）

属水青树科（Tetracentraceae）水青树属（*Tetracentron*），稀有种。该物种分布较为广泛，主要分布于陕西南部太白山、佛坪、户县、周至、眉县、凤县、南郑、山阳，甘肃东南部天水、舟曲、武都、宕昌、北川、汶川、理县、宝兴、天全、洪雅、泸定、峨眉、汉源、峨边、南川、屏山、马边、越西、美姑、雷波、金阳、碧江、中甸、贡山、德钦、镇雄、永善、大关，贵州印江、江口、绥阳、凯里、雷山、毕节、威宁、纳维，湖南城步、新宁、东安、张家界、桑植、石六，湖北长阳、利川、宜恩、恩施、五峰、房县、鹤峰、巴东、宜昌、神农架、兴山，河南西部南召、西峡等地。国外尼泊尔和缅甸北部也有分布。主要生长于海拔 1600~2200m 的沟谷或山坡阔叶林中。

水青树是第三纪古老孑遗珍稀植物。由于其木材无导管，对研究中国古代植物区系的演化、被子植物系统和起源具有重要科学价值。另外，其木材质坚，结构致密，纹理美观，供制家具及造纸原料等。水青树树形美观，可作造林、观赏树及行道树。

在保护区内分布区域为：东经 103.488389°，北纬 31.604083°；东经 103.266983°，北纬 31.661272°；东经 103.341484°，北纬 31.14065°；东经 103.285279°，北纬 30.873888°。

③香果树（*Emmenopterys henryi* Oliv.）

属茜草科（Rubiaceae）香果树属（*Emmenopterys*）落叶乔木，中国特有单种属，稀有种。该物种起源于距今约 1 亿年的中生代白垩纪，为古老孑遗植物。香果树分布于我国很多地方，主产陕西、甘肃、江苏、安徽、浙江、江西、福建、河南、湖北、湖南、广西、四川、贵州、云南东北部至中部，生于海拔 430~1630m 处的山谷林中，喜湿润而肥沃的土壤。模式标本采自湖北巴东县。该物种分布范围虽然较广，但多零散生长。由于毁林开荒和乱砍滥伐，加上该物种萌发力较低，天然更新能力差，因而分布范围逐渐缩减，植株日益减少，大树、老树更是罕见。香果树作为我国特有单种属植物，对研究茜草科系统发育和我国南部、西南部的植物区系等均有一定意义。

该物种在《卧龙植被及资源植物》中有记录，本次考察未采集到标本。

④油樟 [*Cinnamomum longepaniculatum*（Gamble）N. Chao]

属樟科（Lauraceae）樟属（*Cinnamomum*），主产于四川宜宾和台湾，湖南、江西等省有引种栽培，生于海拔 1100~1700m 的常绿阔叶林。

保护区内三江、耿达等周边山区均有分布。

⑤圆叶木兰［*Magnolia sinensis*（Rehd. et Wils.）Stapf.］

属木兰科（Magnoliaceae）木兰属（*Magnolia*），落叶小乔木，渐危种。该物种树皮可代厚朴药用，常因剥皮而死，另外因自然植被破坏严重，致使植株日渐稀少。圆叶木兰分布范围狭窄，仅分布于四川中部和北部的局部地区，生于海拔 2000～2600m 的林缘和灌丛中。本种为木兰属较原始的种，对研究木兰属的系统发育有一定的科研价值。

保护区内五一棚、臭水沟、英雄沟等周边山区均有分布。

⑥红花绿绒蒿（*Meconopsis punocea* Maxim.）

属罂粟科（Papaveraceae）绿绒蒿属（*Meconopsis*）。

自然分布在四川西北部、西藏东北部、青海东南部和甘肃南部，生于海拔 2500～4600m 的山坡草地、高山草甸、林缘、沟边等处。该物种可全草入药，具有清热、镇痛、降压、止咳、利尿、固涩、解毒、抗菌等功效，主治血热及中毒性肝病、肺热咳嗽、热性水肿、肝硬化、神经性头痛、肠炎等。作为传统藏药材，可治遗精、肺结核、肺炎、痛经、白带、高血压等。

在保护区内，巴朗山海拔 3500m 以上的高山草甸有较多分布。本次标本采集于东经 102.89751°，北纬 30.91136°。

⑦金钱槭（*Dipteronia sinensis* Oliv.）

属槭树科金钱槭属的植物，是中国的特有植物。产于河南西南部、陕西南部、甘肃东南部、湖北西部、四川、贵州等地。金钱槭果实奇特，又是中国特有的寡种属植物，在阐明某些类群的起源和进化、研究植物区系与地理分布等方面，都有较重要的价值。

该物种在《卧龙植被及资源植物》中有记录，本次考察未采集到标本。

⑧润楠（*Machilus pingii* Cheng ex Yang）

属樟科（Lauraceae）润楠属（*Machilus*），产于四川。孤立木或生于林中海拔 1000m 或以下区域。性喜温暖至高温，生育适温 18～28℃。喜生于湿润阴坡山谷或溪边，在自然界多生于低山阴坡湿润处，常与壳斗科及樟科等树种混生，生长较快，在环境适宜处 10 年生树高可达 10m，胸径达 1m 以上。

该物种在《卧龙植被及资源植物》中有记录，本次考察未采集到标本。

4.5.3　外来植物

外来种（或称非本地的、非土著的、外国的、外地的）物种，指那些出现在其过去或现在的自然分布范围及扩散潜力以外的物种（或种以下的分类单元，下同），包括其所有可能存活、继而繁殖的部分，配子体或繁殖体（闫小玲等，2012）。当外来物种在自然或半自然的生态系统或生境中建立了种群时，称为归化种（Hua 等，2011），而改变并威胁本地生物多样性并造成经济损失和生态损失，就成为外来入侵种

（Richardson 等，2000；李振宇和解焱，2002，闫小玲，2012）。

（1）外来植物的数量组成

2014 年 10 月至 2016 年 9 月，项目组对卧龙自然保护区外来植物进行了专题调查，结果显示：该保护区外来种子植物共计 144 种，其中裸子植物 14 种，隶属于 5 科 9 属；被子植物共计 130 种，隶属于 51 科 104 属。来自国外的外来种共计 41 种（表 4-16）。

表 4-16　来自国外的外来植物

序号	种名	科名	性状	原产地	数量
1	日本落叶松 *Larix kaempferi*	松科	乔木	日本	+++
2	日本柳杉 *Cryptomeria japonica*	杉科	乔木	日本	++
3	日本花柏 *Chamaecyparis pisifera*	柏科	乔木	日本	+
4	加拿大杨 *Populus canadensis*	杨柳科	乔木	北美	+
5	紫茉莉 *Mirabilis jalapa*	紫茉莉科	草本	南美热带	+
6	鬼针草 *Bidens pilosa*	菊科	草本	南美热带	+++
7	秋英 *Cosmos bipinnata*	菊科	草本	中美	+
8	薇甘菊（假泽兰）*Mikania cordata*	菊科	藤本	南美热带	+
9	万寿菊 *Tagetes erecta*	菊科	草本	中美	+
10	孔雀草 *Tagetes patula*	菊科	草本	中美	+
11	百日菊 *Zinnia elegans*	菊科	草本	墨西哥	+
12	黑心金光菊 *Rudbeckia hirta*	菊科	草本	北美	+
13	向日葵 *Helianthus annuus*	菊科	草本	北美	++
14	大丽花 *Dahlia pinnata*	菊科	草本	墨西哥	+
15	菊芋 *Helianthus tuberosus*	菊科	草本	北美	++
16	虞美人 *Papaver rhoeas*	罂粟科	草本	欧洲	+
17	金鱼草 *Antirrhinum majus*	玄参科	草本	地中海沿岸	+
18	大麻 *Cannnbis sativa*	桑科	草本	亚洲	+
19	刺槐 *Robinia pseudoacacia*	豆科	乔木	北美洲	++
20	荷包豆 *Phaseolus coccineus*	豆科	藤本	中美洲	++
21	皱果苋 *Amaranthus viridis*	苋科	草本	南美热带	+
22	月见草 *Oenothera biennis*	柳叶菜科	草本	南美热带	+
23	白车轴草 *Trifolium repens*	豆科	草本	欧洲	+
24	紫苜蓿 *Medicago sativa*	豆科	草本	欧洲	+
25	曼陀罗 *Datura stramonium*	茄科	草本	墨西哥	+
26	辣椒 *Capsicum annuum*	茄科	草本	墨西哥到哥伦比亚	++
27	烟草 *Nicotiana tabacum*	茄科	草本	南美洲	+
28	马铃薯 *Solanum tuberosum*	茄科	草本	热带美洲	+++
29	茄 *Solanum melongena*	茄科	草本	亚洲热带或阿拉伯	++

（续）

序号	种名	科名	性状	原产地	数量
30	稗 *Echinochloa crusgalli*	禾本科	草本	欧洲	+++
31	玉蜀黍 *Zea mays*	禾本科	草本	美洲	+++
32	天竺葵 *Pelargonium hortorum*	牻牛儿苗科	草本	非洲南部	+
33	南瓜 *Cucurbita moschata*	葫芦科	藤本	墨西哥到中美洲	++
34	笋瓜 *Cucurbita maxima*	葫芦科	藤本	印度	+
35	佛手瓜 *Sechium edule*	葫芦科	藤本	南美洲	+
36	番薯 *Ipomoea batatas*	旋花科	草本	南美洲	++
37	圆叶牵牛 *Pharbitis purpurea*	旋花科	藤本	热带美洲	++
38	蒜 *Allium sativum*	百合科	草本	亚洲西部或欧洲	++
39	葱莲 *Zephyranthes candida*	石蒜科	草本	南美	+
40	韭莲 *Zephyranthes grandiflora*	石蒜科	草本	南美	+
41	芭蕉 *Musa basjoo*	芭蕉科	草本	琉球群岛	+

（2）外来植物的类型及用途

依据樊金拴主编的《野生植物资源开发与利用》对植物资源类型的划分及植物的主要用途，将卧龙自然保护区 144 种外来植物划归为：淀粉、造林、蔬菜、观赏、药用、水果、油脂、芳香油、饲料、纤维和糖类 11 类。数据统计结果显示：144 种外来植物以观赏类型为主，总计 61 种，占外来物种总数的 43.57%；其次为蔬菜类，有 24 种，占比达 17.14%；药用植物 14 种，占比为 10.00%；造林物种、水果和淀粉类物种数量相近，共计 30 种；其余类型数量均较少（图 4-4、附表 5.3）。

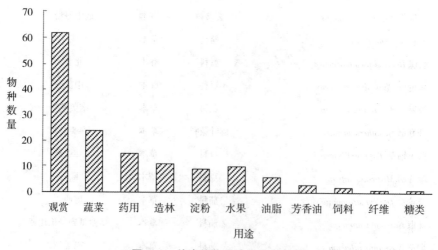

图 4-4　外来植物用途物及种数量

（3）外来物种的来源

在 144 种外来物种中，有 99 种来自国内部分省区，占该区外来物种总数的

71.53%。多达 41 个物种的原产地来自国外，占该区外来植物总数的 28.47%。其中来自美洲的外来物种总计多达 27 种，占卧龙自然保护区外来物种总种数的 18.75%，占原产地为国外的物种总数的 65.85%，其中源自中美洲和南美洲物种最为丰富，分别达 11 种和 10 种；来自亚洲（主要来自亚洲热带、印度、亚洲西部和日本）的共计 8 种；来自欧洲的共计 6 种；来自非洲的有 1 种（图 4-5、附表 5.3）。

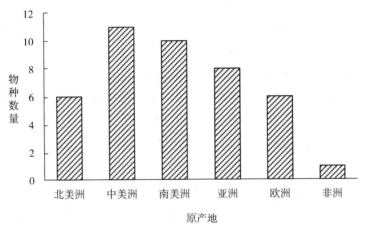

图 4-5　外来植物原产地及数量

（4）外来物种在保护区内的分布

绝大多数外来物种分布在居民区、农耕区和风景区，作为粮食作物、蔬菜、水果、药用植物、行道树或观赏等用途，在居民区周边山地、公路两旁、农耕地、弃耕田和风景区等地广泛栽培。其中，粮食作物主要有玉米、小麦、高粱等；蔬菜类的如马铃薯、白菜、甘蓝、萝卜、辣椒等；水果有桃、李等；观赏植物有锦葵、蜀葵、月见草、萱草、玉簪、紫萼等；柳杉、加杨、青杨等物种作为行道树，常见于卧龙镇至耿达一线的公路旁；药用植物主要为厚朴和掌叶大黄，其中厚朴见于卧龙镇周边及三江镇周边山区的弃耕田，掌叶大黄则主要见于西河（附表 5.3）。

（5）外来物种的威胁

保护区内分布的外来植物主要用于观赏、蔬菜和药用 3 个方面，这些物种栽植面积相对有限。虽然蔬菜类栽植面积较广，但受其生态习性和田间管理所限，不存在入侵威胁。保护区需要注意的物种主要是日本落叶松，该物种在区内是面积最广的造林树种，主要见于足木山村、龙潭村和耿达村周边山区。由于早年栽植的日本落叶松已成材，由于郁闭度高以及松叶分解产生的酸性物质（杨鑫，2008），造成林下草木无法生长，不仅导致植物多样性锐减，同时也导致土壤动物群落密度及类群丰富度显著降低（刘继亮，2013）。

4.6　植被 ○○○＞

植被是在过去和现在的环境因素影响下，出现在某一地区植物的长期历史发展的结果，是植物与环境长期相互作用后演化形成的自然复合体。植被是重要的基因库，保存着丰富多样的植物、动物和微生物，是生物多样性的重要组成部分，可为人类提供各种重要的、可更新的自然资源，对人类有着特殊的重要性（钟章成，1982；张泽钧，2017）。因此，植被研究是生态学研究的重要对象之一。

有关卧龙自然保护区植被方面的研究报道较少。为了摸清保护区的生物多样性及其植被情况，1979—1982 年四川省林业厅保护处、南充师范学院（现西华师范大学）生物系、卧龙自然保护区科研室等单位对卧龙自然保护区的植被进行了科学考察研究，将卧龙植被分为 5 个植被型组、15 个植被型、39 个群系组、69 个群系。孔宁宁等（2002）利用卧龙自然保护区 1987 和 1997 年两个时间段的卫星遥感影像进行植被制图，并与 DEM 模型数据进行叠图分析，研究了不同植被类型在各种地形梯度上的分布格局及其变化特点。距第一次科学考察已经超过 36 年，保护区内自然植被类型及其景观格局是否发生了变化？2008 年汶川大地震对保护区的植被影响情况如何？这些至今尚无相关的研究。

2015—2016 年，我们对卧龙自然保护区的植被情况进行了较为详细的调查。以调查资料为基础，结合第一次科考数据，对该保护区的植被类型进行综合分析，以期为保护区的保护与管理提供科学的依据。

4.6.1　植被分类系统

根据植被分区的基本原则和依据，采用植被区、植被地带、植被地区和植被小区四级植被分区单位来划分卧龙自然保护区植被，其植被区划属于：亚热带常绿阔叶林区、川东盆地及川西南山地常绿阔叶林地带、盆边西部中山植被地区、龙门山植被小区。保护区东北面紧靠盆地西部中山植被地区的大巴山植被小区。

4.6.1.1　植被基本情况

参照《中国植被》（中国植被编委会，1980）的分类原则，结合四川省自然植被的划分，在对卧龙自然保护区植被基本类型划分时采用的主要分类单位主要包括植被型（高级单位）、群系（中级单位）和群丛（基本单位）三级。在每一级分类单位之上，各设一个辅助单位，即植被型组、群系组和群丛组，由此构成以下分类系统：

植被型组
　植被型
　　群系组
　　　群系
　　　　群丛组

卧龙自然保护区的植被共划分为 5 个植被型组（即阔叶林、针叶林、灌丛、草甸和高山稀疏植被）、15 个植被型、35 个群系组、57 个群系、52 个群丛组。保护区的植被分类系统如下。

卧龙自然保护区植被分类系统

Ⅰ.阔叶林

(1) 常绿阔叶林

　1) 樟树林

　　①油樟林

　　　【1】油樟-白夹竹群落

　　　【2】油樟-水红木群落

　　②银叶桂林

　　　【3】银叶桂-短柱枹群落

　2) 楠木林

　　③白楠林

　　　【4】白楠-油竹子群落

　　④山楠林

　　　【5】山楠-拐棍竹群落

　3) 润楠林

　　⑤小果润楠林

　　　【6】小果润楠-川溲疏群落

　4) 石栎林

　　⑥全苞石栎、细叶青冈林

　　　【7】全苞石栎+细叶青冈-短柱枹群落

　5) 青冈林

　　⑦曼青冈、细叶青冈林

　　　【8】曼青冈-短柱枹+岷江杜鹃群落

　　　【9】细叶青冈+曼青冈-新木姜子群落

(2) 常绿、落叶阔叶混交林

　6) 樟、落叶阔叶混交林

　　⑧卵叶钓樟、野核桃林

　　　【10】卵叶钓樟+野核桃-油竹子群落

　7) 青冈、落叶阔叶混交林

　　⑨曼青冈、桦、槭林

　　　【11】曼青冈+亮叶桦-油竹子群落

　　　【12】曼青冈+疏花槭-拐棍竹群落

　8) 野桂花、落叶阔叶混交林

　　⑩野桂花、槭桦林

　　　【13】野桂花+五裂槭-香叶树群落

（3）落叶阔叶林

9）珙桐林

⑪珙桐林

【14】珙桐–拐棍竹群落

10）水青树林

⑫水青树林

【15】水青树–冷箭竹群落

【16】水青树–拐棍竹群落

11）连香树林

⑬连香树林

【17】连香树+华西枫杨–拐棍竹群落

【18】连香树–拐棍竹群落

12）野核桃林

⑭野核桃林

【19】野核桃–火棘群落

【20】野核桃–拐棍竹群落

【21】野核桃–长叶胡颓子群落

【22】野核桃–冷箭竹群落

13）桦木林

⑮亮叶桦林

【23】亮叶桦+疏花槭–冷箭竹群落

⑯红桦林

【24】红桦–冷箭竹群落

【25】红桦–桦叶荚蒾群落

【26】红桦+疏花槭–桦叶荚蒾群落

⑰糙皮桦林

【27】糙皮桦–冷箭竹群落

14）槭树林

⑱房县槭林

【28】房县槭–拐棍竹群落

15）杨林

⑲大叶杨林

【29】大叶杨–拐棍竹群落

⑳太白杨林

【30】太白杨–柳树群落

16）枫杨林

㉑华西枫杨林

　　【31】华西枫杨-短锥玉山竹群落

　　【32】华西枫杨-天全钓樟群落

　　【33】华西枫杨+多毛椴-高丛珍珠梅群落

17）沙棘林

　㉒沙棘林

　　【34】沙棘+疏花槭-高丛珍珠梅群落

（4）竹林

18）箭竹林

　㉓油竹子林

　㉔拐棍竹林

19）木竹（冷箭竹）林

　㉕冷箭竹林

20）短锥玉山竹林

　㉖短锥玉山竹林

Ⅱ. 针叶林

（5）温性针叶林

21）温性松林

　㉗油松林

　　【35】油松-长叶溲疏群落

　　【36】油松-白马骨群落

　㉘华山松林

　　【37】华山松-黄花杜鹃、柳叶枸子群落

　　【38】华山松-鞘柄菝葜群落

（6）温性针阔叶混交林

22）铁杉针阔叶混交林

　㉙铁杉针阔叶混交林

　　【39】铁杉+房县槭-拐棍竹群落

　　【40】铁杉+红桦-冷箭竹群落

（7）寒温性针叶林

23）云杉、冷杉林

　㉚麦吊云杉林

　　【41】麦吊云杉-拐棍竹群落

　　【42】麦吊云杉-冷箭竹群落

　㉛岷江冷杉林

　　【43】岷江冷杉-华西箭竹群落

【44】岷江冷杉-短锥玉山竹群落

【45】岷江冷杉-冷箭竹群落

【46】岷江冷杉-秀雅杜鹃群落

【47】岷江冷杉-大叶金顶杜鹃群落

㉜峨眉冷杉林

【48】峨眉冷杉+糙皮桦-冷箭竹群落

24）圆柏林

㉝方枝柏林

【49】方枝柏-棉穗柳群落

25）落叶松林

㉞四川红杉林

【50】四川红杉-长叶溲疏群落

【51】四川红杉-华西箭竹群落

【52】四川红杉-冷箭竹群落

Ⅲ. 灌丛

（8）常绿阔叶灌丛

26）典型常绿阔叶灌丛

㉟卵叶钓樟灌丛

㊱刺叶高山栎、天全钓樟灌丛

（9）落叶阔叶灌丛

27）温性落叶阔叶灌丛

㊲秋华柳灌丛

㊳马桑灌丛

㊴川莓灌丛

㊵长叶柳灌丛

㊶沙棘灌丛

28）高寒落叶阔叶灌丛

㊷牛头柳灌丛

㊸细枝绣线菊灌丛

㊹银露梅灌丛

（10）常绿革叶灌丛

㊺川滇高山栎灌丛

㊻大叶金顶杜鹃灌丛

㊼青海杜鹃灌丛

㊽紫丁杜鹃灌丛

（11）常绿针叶灌丛

29）高山常绿针叶灌丛

㊾香柏灌丛

Ⅳ. 草甸

（12）典型草甸

30）杂类草草甸

㊿糙野青茅草甸

(51)长葶鸢尾、大卫氏马先蒿草甸

(52)大黄橐吾、大叶碎米荠草甸

（13）高寒草甸

31）丛生禾草高寒草甸

(53)羊茅草甸

32）嵩草高寒草甸

(54)矮生嵩草草甸

33）杂类草高寒草甸

(55)珠芽蓼、圆穗蓼草甸

(56)淡黄香青、长叶火绒草草甸

（14）沼泽化草甸

34）苔草沼泽化草甸

(57)苔草草甸

Ⅴ. 高山稀疏植被

（15）高山流石滩稀疏植被

35）风毛菊、红景天、虎耳草稀疏植被

4.6.2 植被类型

Ⅰ. 阔叶林

阔叶林是以阔叶树种为建群种或优势种的森林植被类型。阔叶林在保护区森林线以下的地段广泛分布，是保护区的优势植被类型。保护区的阔叶林主要由常绿阔叶林、常绿与落叶阔叶混交林、落叶阔叶林、硬叶常绿阔叶林等组成。

（1）常绿阔叶林

卧龙保护区的基带性植被为常绿阔叶林。从水平地带性看，位于中亚热带常绿阔叶林的北缘。从垂直地带性看，常分布于海拔 1100～1600m 范围内，靠东南面垂直分布可上升至海拔 1800m。群落组成中主要以樟属、楠木属、新木姜子属、木姜子属、钓樟属、石栎属、青冈属等种类共同组成常绿阔叶林中的建群层片。

1）樟树林

①油樟林（Form. *Cinnamomum longepaniculatum*）

油樟林主要分布于西河与耿达河，海拔 1300～1500m 一带。尤其在西河，由于深谷坡陡，人为影响较小，在开阔的半阳坡，油樟林常成片状或带状分布。

【1】油樟-白夹竹群落（Gr. ass. *Cinnamomum longepaniculatum-Phyllostachys bissetii*）

群落代表样地位于西河鹿耳坪海拔 1500m 的山体下部，坡度 25°～30°，坡向为西南坡。土壤为山地黄壤，土层深厚、结构疏松，枯枝落叶层分解完全，覆盖率高。群落外貌呈浓绿色，林冠稠密较整齐，成层现象明显。乔木层总郁闭度为 0.85 左右。可分为三个亚层：第一亚层以油樟为优势，其次是曼青冈、山楠、桵木、亮叶桦等，高 16～20m，胸径 25～40cm；第二亚层以杨叶木姜子和大头茶组成，高 12～15m，胸径 10～20cm；第三亚层由短柱柃和川钓樟组成，高 6～10m，胸径 8～15cm。灌木层总盖度为 50% 左右，高 2～6m，以白夹竹为优势种，盖度为 35%～40%，高 4～5m；其次为少花荚蒾、异叶梁王茶等植物，并伴生川钓樟、油樟的更新幼苗。草本层总盖度为 25%～30%，分布不均匀，在低凹处以黑鳞耳蕨占优势而成片存在，盖度 15%；另有沿阶草、建兰、反瓣虾脊兰、吉祥草、大叶贯众、丝叶苔草等植物伴生。层外植物多为木质藤本的狗枣猕猴桃、铁线莲，尚有少部分的茜草等草质藤本植物。

【2】油樟-水红木群落（Gr. ass. *Cinnamomum longepaniculatum-Viburonum cylindricum*）

该群落分布于西河燕子岩至鸡心岩海拔 1400～1500m 的半阴坡或半阳坡，大多呈块状分布。坡度 40° 左右，土层瘠薄，土壤为山地黄壤，结构疏松，枯枝落叶层分解完全。

群落外貌呈浓绿色，林冠较为稀疏，不甚整齐，成层现象比较明显。乔木层总郁闭度为 0.8 左右。可分为两个亚层：第一亚层以油樟为优势，其次是曼青冈、山楠、桵木、亮叶桦等，高 16～18m，胸径 22～30cm，郁闭度 0.5；第二亚层郁闭度 0.35，以银叶桂和硬斗柯为优势，高 12～17m，胸径 4～20m；次有亮叶桦和槭树。灌木层总盖度为 45% 左右，高 0.8～8m，以水红木为优势种，盖度 25%～30%，高 6～8m；伴生的还有岷江杜鹃、川溲疏、猫儿刺、桦木、少花荚蒾等，盖度共为 15%；同时林下有曼青冈、红豆杉、新木姜子、小果润楠等乔木的幼苗。草本层总盖度 40% 左右，以单芽狗脊蕨占优势，次为十字苔草、吉祥草、宝铎草、日本蛇根草、长穗兔儿风等植物。层外植物比较丰富，常见飞龙掌血、南五味子、常春藤、薜荔等木质藤本缠绕或攀缘于林冠的上层。

②银叶桂林（Form. *Cinnamomum mairei*）

【3】银叶桂-短柱柃群落（Gr. ass. *Cinnamomum mairei-Eurya brevistyla*）

群落代表样地位于耿达河水界牌潘达尔海拔 1637m（东经 103.293864°，北纬 30.960410°）的谷坡山腰，坡度 45°，坡向西北坡。土壤为山地黄壤，土壤湿润，排水良好。枯枝落叶层 2～4cm，分解比较完全，覆盖率高。群落外貌浓绿色，林冠较为整齐，分层现象较为明显。乔木层总郁闭度 0.9，可分为两个亚层：第一亚层以银叶桂为优势，伴生油樟、黄丹木姜子、曼青冈、细叶青冈和领春木等植物，高 10~15m，胸径 8~15cm，冠幅 3~5m；第二亚层以白皮柯为优势，其他常见的还有长柄山毛榉、化香树、灯台树、青麸杨、薄叶山矾等，高 4~5m，胸径 3~8cm。灌木层总盖度 25%，高 2~3m，以短柱柃占优势，次有少花荚蒾、小泡花树、岷江杜鹃、腊莲绣球、狭叶花椒等植物，林下有珙桐幼苗。草本层总盖度 45%，高 30~70cm，以单芽狗脊蕨为优势，并伴生鳞毛蕨、凤尾蕨等蕨类植物及苔草等草本种子植物。层外植物相对较多，常见的有香花岩豆藤、狗枣猕猴桃、小果蔷薇、牛姆瓜、粉叶爬山虎、铁线莲等植物。

2）楠木林

③白楠林

【4】白楠-油竹子群落（Gr. ass. *Phoebe neurantha–Fargesia angustissima*）

该群落主要分布于耿达河大阴沟海拔 1400~1500m 的半阴坡和半阳坡，呈块状分布。土壤为山地黄壤，土层较薄，枯枝落叶层分解较差。

群落外貌浓绿色，林冠比较整齐，成层现象比较明显。乔木层高 6~23m，总郁闭度 0.8，可分为 2 个亚层：第一亚层以白楠为优势，郁闭度 0.5，高 12~18m，胸径 20~25cm；次有卵叶钓樟、野核桃，胸径 8~20cm，高 10~20m，郁闭度共为 0.4。第二亚层由瓜木组成，高 6cm 左右，胸径 3cm 左右。灌木层高 0.6~5m，总盖度 50% 左右，以高 3~4.5m 油竹子为优势，盖度 30% 左右；次为高粱泡、鞘柄菝葜等，盖度共为 20%；另有白楠、野核桃幼苗伴生其中。草本层高 30~145cm，总盖度 85%。以扁竹根为优势，高 60~80cm，盖度 55%；次为扶桑金星蕨、凤尾蕨、华北蹄盖蕨等蕨类植物，盖度共为 25%；其他的还有土牛膝、珍珠茅、柳叶箬等，盖度 5% 左右。层外植物较少，多以粉葛、防己分布于林缘。

④山楠林

【5】山楠-拐棍竹群落（Gr. ass. *Phoebe neurantha–Fargesia angustissima*）

该群落主要分布于西河、中河冒水子等地的山腰坡地，海拔 1500~1800m。土壤为山地黄壤，土层较厚，疏松湿润，枯枝落叶层分解较为良好，覆盖率达 85%。

群落外貌浓绿色，林冠较整齐，成层现象较明显。乔木层高 10~28m，总郁闭度 0.6~0.85，可分为 2 个亚层：第一亚层以山楠为优势，郁闭度 0.65，高 18~28m，胸径 45~80cm；次有曼青冈、全苞石栎和五裂槭等，胸径 20~60cm，高 18~25m，郁闭度共为 0.2。第二亚层高 10~16m，郁闭度 0.35，主要有亮叶桦、领春木、岩桑、薄叶山矾、白楠等。灌木层高 3~8m，总盖度 75% 左右，以高 3~4.5m 拐棍竹为优势，盖度 55% 左右；次为短柱柃、猫儿刺等，盖度共为 15%；另有少量的云南冬青、棣棠、桦叶荚蒾等。另有山楠、曼青冈幼苗多数，林木更新比较良好。草本层高 4~40cm，总盖度 5%。草本层以钝齿楼梯草为优势，盖度 3% 左右；其他的还有粗齿冷水花、长药隔重楼、香附子、六叶葎、虎耳草、积雪草、革叶耳蕨等伴生，盖度共为 2% 左右。层外植物较为丰富，常见常春藤、崖爬藤、狗枣猕猴桃、紫花牛姆瓜、菝葜、川赤瓟等藤本植物。

　　3）润楠林

　　⑤小果润楠林（Form. *Machilus microcarpa*）

　　小果润楠林主要分布于耿达河黄梁沟海拔 1200～1500m 一带的山腰及河谷阶地，以及鹦哥嘴海拔 1400～1600m 的山腰坡地，西河燕子岩海拔 1400～1600m 的山腰陡坡上。

　　【6】小果润楠-川溲疏群落（Gr. ass. *Machilus microcarpa–Deutzia setchuenensis*）

　　群落代表样地位于西河石板槽沟海拔 1597m（东经 103.275018°，北纬 30.880363°）的山腰，坡度 30°，坡向西北坡。土壤为山地黄壤，土层较薄，土质疏松。枯枝落叶层2～4cm，分解比较完全，覆盖率达 80%。群落外貌浓绿色，林冠较为整齐，乔木层、灌木层分界不甚明显。乔木层总郁闭度 0.7，高 7～16m，以小果润楠为优势，高 6～12m，胸径 8～20cm，平均冠幅 2m×3m；其次为白楠、油樟、珙桐、银叶桂、野漆树、领春木、西南樱桃等植物。灌木层总盖度 60%，高 2～3m，以川溲疏占优势，次有异叶榕、曼青冈、杜鹃等植物，并伴生有黄壳楠、小果润楠、银叶桂、白楠等的幼树。草本层总盖度 55%，高 10～100cm，以黑鳞耳蕨为优势，次有单芽狗脊蕨、大叶贯众、粗齿冷水花、楼梯草、丝叶苔草等植物。层外植物相对较多，常见的有华中五味子、香花岩豆藤、狗枣猕猴桃、飞龙掌血、大叶乌菝葜、绞股蓝、千金藤等植物。

　　4）石栎林

　　⑥全苞石栎、细叶青冈林（Form. *Lithocarpus cleistocarpus + Cyclobalanopsis glauca var. gracilis*）

　　全苞石栎、细叶青冈林主要分布于中河安家坪至麻柳坪海拔 1700～1800m 一带的山脊和山腰缓坡及耿达河大阴沟海拔 1550～1700m 的山脊和山顶坡地。常星散状分布。

　　【7】全苞石栎+细叶青冈-短柱柃群落（Gr. Ass. *Lithocarpus cleistocarpus + Cyclobalanopsis glauca var. gracilis–Eurya brevistyla*）

　　该群落主要分布于耿达河大阴沟。土壤为山地黄壤，土层较薄，土质疏松。枯枝落叶层 2～4cm，分解良好，腐殖质层深厚，枯枝落叶层覆盖率达 90%。群落外貌浓绿色，林冠较为整齐，呈波浪状，成层现象明显。乔木层总郁闭度 0.9，高 5～25m，以全苞石栎为优势，高 18～25m，胸径 18～30cm，郁闭度 0.4；次为细叶青冈，郁闭度 0.25，高 17～24m，胸径 20～35cm；其他的还有曼青冈、千筋树、扇叶械、珂楠树、巫山新木姜子、润楠、茶条果等，郁闭度共为 0.25。灌木层总盖度 60%，高 1.5～6m，以短柱柃占优势，盖度 25%；次有喇叭杜鹃、毛叶吊钟花、南烛、宝兴栒子等，盖度共为 10%；另有银叶杜鹃、黄花杜鹃、云南冬青、猫儿刺、天全钓樟，盖度共为 13%；并伴生有细叶青冈、全苞石栎、曼青冈等植物的幼苗，林木更新较为良好。草本层总盖度 20%，高 1.5～60cm，以高 40cm 的建兰为优势，盖度 18%左右；次为镰叶瘤足蕨、倒叶瘤足蕨等蕨类，盖度 4%；另有狭叶虾脊兰、小鳞苔草、沿阶草等，盖度共为 2%。层外植物极少。

5）青冈林

⑦曼青冈、细叶青冈林（Form. *Cyclobalanopsis oxyodon+Cyclobalanopsis gracilis*）

曼青冈、细叶青冈林在保护区分布面积极广，在海拔 1400~2100m 均有分布，由南面的西河到东面的耿达河、北面的正河分布较多。

【8】曼青冈-短柱柃+岷江杜鹃群落（Gr. ass. *Cyclobalanopsis oxyodon - Eurya brevistyla+Rhododendron hunnewellianum*）

该群落分布在西河阎王碥山脊阴坡和燕子岩山腰半阴坡海拔 1500~1700m 一带。坡度 35°~40°，土壤为山地黄壤，土层较厚，疏松湿润。枯枝落叶层分解良好，覆盖率 85%。

群落外貌浓绿色，林冠较整齐，成层现象明显。乔木层总郁闭度 0.9，高 5~25m，以曼青冈为优势，高 10~20m，胸径 20~40cm，郁闭度 0.5；次为油樟、川钓樟、巫山新木姜子、银叶桂、石栎、交让木、楝木等，郁闭度 0.35，高 17~24m，胸径 20~35cm；其他的还有巴东栎、尾叶山茶等植物，郁闭度共为 0.2。灌木层总盖度 25%，高 0.4~5m，以高 2~5m 的短柱柃和岷江杜鹃占优势，盖度 20%；次有短锥玉山竹、猫儿刺、云南冬青、少花荚蒾、蕊帽忍冬等，盖度共为 7%；并伴生有曼青冈、川钓樟、油樟、巫山新木姜子、红豆杉等植物的幼苗，林木更新较为良好。草本层总盖度 35%，高 8~50m，以苔草为优势，盖度 25% 左右；次为大叶贯众、日本蛇根草、粗齿冷水花、虎耳草等，盖度 10%；还有少量的革叶耳蕨、单芽狗脊蕨、六叶葎、石生楼梯草、鳞毛蕨等，盖度共为 2%。层外植物比较丰富，常见香花崖豆藤、爬山虎、紫花牛姆瓜、菝葜、鸡爪茶等攀附于多种植物的树干上。

【9】细叶青冈+曼青冈-新木姜子群落（Gr. ass. *Cyclobalanopsis gracilis + Cyclobalanopsis oxyodon - Neolitsea aurata*）

该群落在耿达河大阴沟后山 1500~1700m 的山腰坡地分布较多。坡度 35°~40°，土壤为山地黄壤，土层较厚，疏松湿润。枯枝落叶层分解良好，覆盖率达 100%。

群落外貌浓绿色，林冠紧密、整齐，成层现象明显。乔木层总郁闭度 0.9，高 7~20m，以细叶青冈为优势，高 10~20m，胸径 20~30cm，郁闭度 0.5；次为曼青冈，郁闭度 0.2，高 12~18m，胸径 20~40cm；其他的还有交让木、长柄山毛榉、短柱柃、星毛杜鹃、南烛等，郁闭度 0.2。灌木层总盖度 20%，高 1~4m，以高 1.5~4m 的新木姜子占优势，盖度 15%；次有黄花杜鹃，盖度 5%；并伴生有细叶青冈、曼青冈、全苞石栎等植物的幼苗，林木更新较为良好。草本层总盖度 10%，高 20~60cm，以高 60cm 镰叶瘤足蕨为优势，盖度 8% 左右；次为鳞毛蕨和沿阶草，盖度 3%。层外植物较少，只有少量的牛姆瓜攀附于多种植物的树干上。

（2）常绿、落叶阔叶混交林

常绿、落叶阔叶混交林是亚热带常绿阔叶林与针阔叶混交林之间的过渡类型。在卧龙自然保护区主要分布于海拔 1600（1700）~2000（2100）m 的皮条河、西河、中河、正河等河谷两岸及阴湿的山谷中。该群落的下限以常绿成分占优势，落叶树种次之；其上限（靠近针阔叶混交林的下缘）以落叶树种占优势，常绿树种次之。群落结构因有落叶阔叶树种存在，在群落外貌上随季节不同而有一定程度的区别，具有较为明显的季相变化，春夏季节群落外貌呈一片深绿与嫩绿色参差，入秋后气温下降，叶片则呈黄、红、紫色，冬季落叶后林冠呈少数绿色斑块状。

6）樟、落叶阔叶混交林

⑧卵叶钓樟、野核桃林（Form. *Lindera limprichtii＋Juglans cathayaensis*）

卵叶钓樟、野核桃林主要分布于七层楼沟等地海拔 1400～2000m 一带的山麓坡地。由于人为砍伐，林内阳光充足，落叶树种生长发育快，而形成常绿、落叶阔叶混交林。群落中的卵叶钓樟多为萌生状，树高常处于落叶树种之下。常见的树种还有曼青冈、刺叶高山栎（*Q. spinosa*）、红果树（*Stranvaesia davidiana*）、石楠（*Photinia serrulata*）等常绿树种，鹅耳枥、华西枫杨、椴树、化香、槲栎（*Quercus aliena*）、灯台树（*Bothrocaryum controversa*）以及水青树、领春木、连香树、壮丽柳等，针叶树种油松也常在群落中散生。

【10】卵叶钓樟＋野核桃－油竹子群落（Gr. ass. *Lindera limprichtii ＋ Juglans cathayaensis–Fargesia angustissima*）

该群落代表样地在七层楼沟海拔 1641m（东经 31.06972°，北纬 103.31138°）的山麓坡地。坡向为东南坡，坡度 35°～40°。林内较阴湿，土质较厚。枯枝落叶层分解较好，覆盖率为 90% 左右。

群落外貌灰绿色，林冠较整齐，成层现象较明显。乔木层高 7～10m，总郁闭度为 0.8；以卵叶钓樟为优势种，郁闭度 0.4，平均高 8m，胸径 5～6cm；野核桃为次优势种，郁闭度 0.3，平均高 10m，胸径 6～8cm；其次有星毛稠李（*Padus stellipila*）、细齿稠李（*P. obtusata*）以及鹅耳枥、领春木、猫儿刺等，郁闭度为 0.2；其内有红豆杉 3 株，平均胸径 13cm，平均高 6.5m，平均冠幅为 3m×3m。灌木层高 0.5～4m，总盖度为 85%；第一亚层高 2～4m，以油竹子占优势，盖度为 50%；其次有木姜子、山胡椒、直角荚蒾、桦叶荚蒾和楤木等，盖度共 10%；第二亚层高 0.5～1.5m，以蕊帽忍冬为主，盖度为 15%；另有腊莲绣球、绣线菊等，盖度共为 8%；川溲疏、野花椒、三颗针等盖度为 5%。草本层高 5～100cm，总盖度为 55%；以高 5～10cm 的丝叶苔草为主，盖度 35%；其次有野棉花、夏枯草、齿果酸模、龙胆、红姑娘、东方草莓等，盖度共为 25%。

7）青冈、落叶阔叶混交林

⑨曼青冈、桦、槭林（Form. *Cyclobalanopsis oxyodon＋Betula* spp.＋*Acer* spp.）

该植被类型分布面积较广，主要分布于中河、正河、皮条河海拔 1600～2100m 一带的山麓和山腰坡地。一般坡度为 35°～60°，最大坡度在 50°～60° 时，土层瘠薄，土壤较干燥，草本层和活地被物稀少。地面枯枝落叶分解较差，林木更新幼苗较少。坡度在 35°～45° 之间的半阳、半阴坡，林内较湿润，草本层和活地被物种类较丰富，枯枝落叶层分解较良好，腐殖层和土层较厚，林木更新幼苗种类和数量较多，自然更新良好。

【11】曼青冈+亮叶桦-油竹子群落（Gr. ass. *Cyclobalanopsis oxyodon + Betula luminifera-Fargesia angustissima*）

该群落代表样地在正河沟口海拔1700m山麓坡地，坡向为西南坡，坡度50°。土壤为泥盆系的石英岩、千枚岩等母岩上发育形成的山地黄棕壤，土层较薄，岩石露头多，草本层和藤本植物贫乏。枯枝落叶层分解不完全，覆盖率为50%。

群落外貌春夏季夹杂绿色斑块，树冠较整齐，成层现象明显。乔木层总郁闭度0.8，第一亚层高12~15m，以曼青冈占优势，郁闭度为0.4，平均高13m，最大胸径为18cm，平均15cm；次优势种为红桦，郁闭度为0.3，最高13m，平均11m，最大胸径25cm，平均20cm；再次为白桦、五裂槭（*Acer oliverianum*）、鹅耳枥（*Carpinus turczaninowii*）、珙桐（*Davidia involucrata*）等，郁闭度共为0.1；第二亚层高6~10m，有簿叶山矾（*Symplocos anomala*）、猫儿刺（*Ilex pernyi*）、化香树（*Platycarya strobilacea*）、水青冈（*Fagus longipetiolata*）、领春木（*Euptelea pleiospermum*）等，郁闭度共为0.1。灌木层高1~5m，总盖度为60%；以高2.5~3m的油竹子占优势，盖度为40%；其次为卵叶钓樟，盖度为10%；另有少量的少花荚蒾、多鳞杜鹃、狭叶花椒、腊莲绣球、蕊帽忍冬等，盖度为10%。草本层高5~70cm，总盖度为15%，以高5~15cm的中华秋海棠数量较多，盖度为5%；其次有高70cm的黄金凤、粗齿冷水花、苔草、革叶耳蕨等，盖度为10%。

【12】曼青冈+疏花槭-拐棍竹群落（Gr. ass. *Cyclobalanopsis oxyodon+Acer laxiflorum-Fargesia robusta*）

该群落代表样地在皮条河核桃坪及中河关门沟海拔1800~2000m的山腰坡地。坡向北偏东30°，坡度45°。土壤为山地黄棕壤，土层较薄，岩石露头较多，林内较为干燥。枯枝落叶层分解较差，覆盖率为60%。

群落外貌深绿色与绿色参差，林冠较为整齐，成层现象明显。乔木层高10~20m，总郁闭度0.85；第一亚层高16~20m，以曼青冈为优势种，郁闭度0.4，高18~20m，胸径25~40cm；次优势种为疏花槭，郁闭度0.3，高16~18m，胸径20~30cm；其次有灯台树、扇叶槭（*Acer flabllatum*）、青榨槭（*A. Davidii*）、野漆树、华西枫杨、椴树、野核桃等，郁闭度共为0.15；第二亚层高10~13m，以领春木较多，另有圆叶木兰、亮叶桦、水青树（*Tetracentron sinense*）、壮丽柳（*Salix magnifica*）、连香树（*Cercidiphyllum japonicum*）等，郁闭度为0.1。灌木层高0.8~6.5m，总盖度70%；第一亚层高4~6.5m，以拐棍竹为优势种，盖度为50%，其次有卵叶钓樟、少花荚蒾、腊莲绣球、藏刺榛、四川枸子、四川蜡瓣花等，盖度为13%；第二亚层高0.8~2m，有棣棠、蕊帽忍冬、甘肃瑞香、鞘柄菝葜、羊尿泡等，盖度为15%。草本层高20~100cm，总盖度30%；第一亚层高50~100cm，以掌裂蟹甲草为优势，盖度为15%；另有大叶冷水花、双花千里光、荚果蕨等，盖度共为5%；第二亚层高20~40cm，以丝叶苔草数量最多，另有大羽贯众、掌叶铁线蕨、大叶三七、囊瓣芹等，盖度共为10%。

8）野桂花、落叶阔叶混交林

⑩野桂花、槭桦林 （Form. *Osmanthus yunnanensis*+*Betula* spp. +*Acer* spp. ）

【13】野桂花+五裂槭-香叶树群落 （Gr. ass. *Osmanthus yunnanensis*+*Acer oliverianum*-*Lindera communis*）

该群落代表样地位于三江西河南海子海拔 2000m 的山坡上部。坡向北坡，坡度 45°。土壤为山地黄棕壤，土层较薄，岩石露头较多，林内较为干燥。枯枝落叶层分解较差，覆盖率为 60%。

群落外貌深绿色与绿色参差，林冠较为整齐，成层现象明显。乔木层高 10~20m，总郁闭度 0.45；以野桂花和五裂槭为优势，郁闭度 0.3，高 5~11m，胸径 10~20cm；次为野漆树、领春木、猫儿刺等，郁闭度 0.15，高 5~7m，胸径 20~70cm。灌木层高 0.2~3m，总盖度 80%；以高 0.2~3m 的香叶树为优势种，盖度为 50%；次有红毛五加、野樱桃、岩桑、猫儿刺以及蔷薇属的多种植物，盖度 30%。草本层高 5~70cm，总盖度 30%，以贯众、细辛、铁破锣和山酢浆草等为优势，盖度为 20%；另有苔草、兔耳风、鳞毛蕨、楼梯草、万寿竹、鹿药、油点草、沿阶草等，盖度共为 10%。

（3）落叶阔叶林

落叶阔叶林在亚热带山地中是一种非地带性、不稳定的次生植被类型。它们是保护区内的常绿阔叶林，针、阔叶混交林，亚高山针叶林等多种地带性植被类型，被破坏后形成的次生植被类型。该植被类型具有垂直分布幅度大，并呈块状分布的特点，在保护区森林线以内的各地带均可见到该群落。落叶阔叶林由于海拔高度以及与此相连的气候等自然环境的差异，群落类型差异较大。海拔 1800（2000）m 以下地段，落叶阔叶林主要是常绿阔叶林、常绿与落叶阔叶混交林等森林群落乔木树种，特别是常绿树种被砍伐或间伐所形成的次生群落，因此处于较低海拔的桤木林、栎类林、野核桃林又常与农耕地相间分布；在海拔（1800）2000~3200m 间的地带，则是针阔叶混交林和亚高山针叶林等森林群落中的针叶树种被砍伐后形成的群落。因此落叶阔叶林内，常能见到原植被类型建群种的散生树及幼苗，如细叶青冈、曼青冈、卵叶钓樟等常绿阔叶树，以及华山松 （*Pinus armandii*）、铁杉 （*Tsuga chinensis*）、云南铁杉 （*T. dumosa*）、麦吊云杉 （*Picea brachytyla*）、冷杉 （*Abies fabri*）、岷江冷杉 （*A. faxoniana*）、四川红杉 （*Larix mastersiana*） 等针叶树种。

9）珙桐林

⑪珙桐林 （Form. *Davia involucrata*）

珙桐林在卧龙自然保护区内主要分布在西河的鹿耳坪到岩磊桥之间，海拔 1550~2170m 地段，下接常绿、落叶阔叶混交林，上连铁杉针阔叶混交林。珙桐在海拔 1700m 以下常与樟科树种混交，形成常绿、落叶阔叶混交林；在海拔 1700m 以上常形成以珙桐为主的落叶阔叶混交林。

【14】珙桐-拐棍竹群落 （Gr. ass. *Davidia involucrata*-*Fargesia rebusta*）

该群落代表样地位于西河南岸白家岭海拔 1617m （东经 103.269168°，北纬 30.879834°） 的山腰中坡。坡向东坡，坡度 35°。土壤为山地黄棕壤，土层较薄，岩石露头较多，林内较为干燥。枯枝落叶层分解较差，覆盖率为90%。

群落外貌夏季呈深绿色，入秋后呈现黄褐色斑块，树冠整齐，成层现象明显。乔木层高6~15m，总郁闭度0.5，可分为两个亚层：第一亚层以珙桐为优势，400m²样地中有珙桐10株，高10~14m，郁闭度0.35，胸径17~41cm，平均冠幅5m×5m，最大冠幅7m×6m；并伴生有连香树、灯台树、野核桃等植物。第二亚层黄壳楠、小果润楠等为主，高5~10m，胸径9~20cm，平均冠幅4m×3m。灌木层盖度为25%~30%，高1~4m，以拐棍竹为优势，伴生有少量的糙叶五加、岩桑、猫儿屎、海州常山、青荚叶、黄泡等植物。草本层高10~100cm，总盖度60%。以苔草为优势种，其次有三褶脉紫菀、白苞蒿、轮叶黄精、类叶牡丹、沿阶草、粗齿冷水花、水杨梅、山酢浆草等植物。层外植物主要有狗枣猕猴桃、木香马兜铃、绞股蓝、阔叶青风藤等植物。

10）水青树林

⑫水青树林（Form. *Tetracentron sinense*）

水青树林分布于西河、中河、正河海拔2000~2600m的山腰地带，下接常绿、落叶阔叶混交林，上连铁杉针阔叶混交林。

【15】水青树-冷箭竹群落（Gr. ass. *Tetracentron sinense-Bashania fangiana*）

该群落代表样地位于西河幸福沟海拔2380m（东经103.342193°，北纬31.141225°）的山腰缓坡地段，坡向西北坡，坡度30°。土壤为山地棕色森林土，土层较厚，疏松湿润，枯枝落叶层分解良好，覆盖率达80%。

群落外貌夏季绿色，林冠较整齐，成层现象明显。乔木层高8~18m，总郁闭度0.70。第一亚层以水青树为优势，高15~20m，胸径24~36cm，平均冠幅4m×2.5m；其次有毛果械、川滇长尾械、稠李、华西枫杨等，高16~18m。第二亚层种类较少，主要有亮叶桦、钻地风等乔木，高7~12m，胸径12~20cm，平均冠幅1m×2m。灌木层高1.5~8m，总盖度60%，以高2~5m的冷箭竹为主，盖度50%；其次为星毛杜鹃、心叶荚蒾等，高2~5m。草本层高15~90cm，盖度50%，以石生楼梯草占优势，高50cm左右；其次有粗齿冷水花、黄水枝、鹿耳韭、蔓龙胆、山酢浆草等。层外植物主要有冠盖绣球，地貌苔藓层较少。

【16】水青树-拐棍竹群落（Gr. ass. *Tetracentron sinense-Fargesia rebusta*）

该群落代表样地位于正河白岩沟海拔2200m（东经103.36611°，北纬31.20111°）的山腰坡地，坡向西北坡，坡度30°。土壤为山地棕色森林土，土层较厚，腐殖土厚10cm，枯枝落叶层分解良好，覆盖率达80%。

群落外貌夏季绿色，林冠较整齐，成层现象明显。乔木层高17~25m，总郁闭度0.80。第一亚层以水青树为优势，高20~23m，胸径27~40cm，平均冠幅4m×3m；其次有大叶杨、红麸杨，高23~25m。第二亚层种类较少，主要有黄毛械、三桠乌药等植物，高17~19m。灌木层高1.5~5m，总盖度85%，以高3~5m的拐棍竹为主，盖度50%，其次为多鳞杜鹃、青荚叶、猫儿刺等，高1.5~3m。草本层高8~75cm，盖度20%，以锈毛金腰占优势，其次有西南细辛、沿阶草、鹿药、六叶葎、七叶一枝花、三褶脉紫菀等。层外植物比较丰富，有铁线莲、阔叶青风藤等藤本植物。

11）连香树林

⑬连香树林（Form. *Cercidiphyllum japonicum*）

连香树林主要分布于保护区皮条河、西河海拔 1750~2200m 的山腰阶地和缓坡，大多呈块状分布。

【17】连香树+华西枫杨-拐棍竹群落（Gr. ass. *Cercidiphyllum japonicum+Pterocarga insignis- Fargesia rebusta*）

群落代表样地位于西河南海子的桂花林海拔 1940m（东经 103.284236°，北纬 30.873032°）的山腰坡地，坡向东北坡，坡度 5°。土壤为山地棕色森林土，土层较厚，疏松湿润。枯枝落叶层分解良好，覆盖率达 80%。

群落外貌春夏季绿色，林冠较整齐，成层现象不明显。乔木层高 8~20m，总郁闭度 0.3。以连香树和华西枫杨为优势，高 10~20m，胸径 25~100cm，平均冠幅 6m×5m；其他的还有黄毛械、大叶杨、领春木、泡花树、灯台树等，高 8~12m，胸径 10~20cm。灌木层高 2~5m，总盖度 85%，以高 3~3.5m 的拐棍竹为主，盖度 70%，其次为楤木、川莓、大叶醉鱼草等，高 2~3m。草本层高 5~90cm，盖度 20%，以钝齿楼梯草占优势，高 5~7cm，盖度 15%；其次有蛛毛蟹甲草、大叶冷水花等植物，盖度约为 5%。层外植物极少，附生植物以苔藓、地衣较多。

【18】连香树-拐棍竹群落（Gr. ass. *Cercidiphyllum japonicum-Fargesia rebusta*）

群落代表样地位于皮条河核桃坪对面海拔 1880m 的山腰缓坡，坡向西北坡，坡度 35°。土壤为山地黄棕壤，土层较厚，疏松湿润。枯枝落叶层分解良好，覆盖率达 85%。

群落外貌春夏季绿色，林冠较整齐，成层现象明显。乔木层高 12~26m，总郁闭度 0.90。第一亚层以连香树居优势，高 18~26m，胸径 20~40cm，平均冠幅 6m×5m；其次为野漆树、灯台树、野核桃和大叶杨等植物，高 18~20m，胸径 30~45cm。第二亚层高 12~14m，以领春木、权叶械、瓜木和泡花树等为主。灌木层高 1.5~6.5m，总盖度 70%，以高 4~5m 的拐棍竹为优势，盖度 35%，其次为卵叶钓樟，盖度 30%；其他的还有少量的接骨木、桦叶荚蒾、青荚叶、小泡花树等，盖度共为 5% 左右。草本层高 10~85cm，总盖度 20%，以高 60cm 的黑鳞耳蕨为优势，盖度为 15%；其他的还有大叶冷水花、小鳞苔草、六叶葎、小花人字果等植物，盖度约为 5%。层外植物极少，附生植物以苔藓、地衣较多。

12）野核桃林

⑭野核桃林（Form. *Julans cathayensis*）

以野核桃（*Julans cathayensis*）为优势种组成的群落，在保护区皮条河、中河海拔 1550~2100m 一带的河谷阶地或坡地常见，为常绿阔叶林或者常绿、落叶阔叶混交林砍伐后所形成的次生落叶阔叶林，呈块状分布。一般坡度为 5°~30°，土层比较肥厚，土壤较湿润，枯枝落叶层分解较为良好，草本层和活地被物较多，林木更新幼苗较多。

【19】野核桃-火棘群落（Gr. ass. *Julans cathayensis-Pyracantha fortuneana*）

群落代表样地位于皮条河臭水沟的梁福田海拔 2102m（东经 103.16456°，北纬 31.01190°）的山麓坡地。坡向西北坡，坡度 15°。土壤为山地黄壤，土层较厚，林内较为阴湿。枯枝落叶层分解较为良好，覆盖度达 75%。

群落外貌春夏绿色，林冠较整齐，成层现象不明显，乔木层与灌木层相互交替。乔木层高 6~13m，总郁闭度 0.75，以野核桃为优势，平均高 11m，胸径 3~20cm，平均胸径 12cm，平均冠幅为 3m×2m。灌木层高 1~2m，总盖度达 35%；以高 1~1.5m 的火棘为优势种，盖度达 20%；其次为川溲疏、四川蜡瓣花、卵叶钓樟、长叶胡颓子等，盖度共为 10%；另有少量的甘肃瑞香、红果树、棣棠等，盖度共为 5%。草本层高 3~70cm，总盖度达 95%；以东方草莓为优势，高 3~10cm，盖度达 50% 以上；其次为风轮草、天名精、天蓝扁豆菜、尼泊尔蓼、水杨梅、大火草等，盖度为 25%；另有四叶葎、马兰、苈草、野棉花、长颈毛茛、沿阶草、糙苏、龙牙草、蚤缀、老鹳草、掌叶蟹甲草等，总盖度在 20% 左右。藤本植物较丰富，有脉叶猕猴桃、三叶木通、铁线莲（*Clematis* sp.）、川赤飑等缠绕或攀缘在野核桃等树干上。

【20】野核桃-拐棍竹群落（Gr. ass. *Julans cathayensis-Fargesia rebusta*）

群落代表样地位于皮条河糖房对面海拔 2090m（东经 103.28127°，北纬 31.08969°）的山腰缓坡。坡向南坡，坡度 25°。土壤为山地黄棕壤，土层较厚，腐殖质层较厚达 7cm，疏松湿润。枯枝落叶层分解较好，覆盖度达 70%。

群落外貌春夏绿色，秋季黄色，林冠较整齐，成层现象明显。乔木层高 8~22m，总郁闭度 0.6。第一亚层高 12~22m，以野核桃为优势，平均高 17m，胸径 8~20cm，平均胸径 16cm，平均冠幅为 3m×2m；其次为野漆树，高 22m，胸径 25~30cm。第二亚层高 8~11m，主要有青麸杨、卵叶钓樟等。灌木层高 0.7~7m，总盖度达 35%；以高 4~7m 的拐棍竹为优势种，盖度达 25%；伴生的有覆盆子、薄叶鼠李、蕊帽忍冬、直穗小檗、野花椒等，盖度共为 10%。草本层高 30~170cm，总盖度 65%；以艾蒿为优势，高 80~160cm，盖度达 30% 以上；其次荚果蕨、中华凤丫蕨、打破碗花花、日本金星蕨，总盖度为 20%；其他的还有丝叶苔草、革叶耳蕨、石生繁缕、羊齿天门冬、异叶黄鹤菜、六叶葎、龙牙草等，总盖度在 15% 左右。藤本植物较丰富，有阔叶青风藤、华中五味子、川赤飑、毛葡萄、丝瓜花、三叶木通、悬钩子等缠绕或攀缘在野核桃等树干上。

【21】野核桃-长叶胡颓子群落（Gr. ass. *Julans cathayensis—Elaeagnus bockii*）

群落代表样地位于皮条河觉木沟海拔 1918m（东经 103.20591°，北纬 31.05624°）的山坡坡麓。坡向东坡，坡度 35°。土壤为山地黄棕壤，土层较厚，腐殖质层厚 2cm，疏松湿润。枯枝落叶层厚 5cm，分解较好，覆盖度达 70%。

群落外貌春夏绿色，秋季黄色，林冠较整齐，成层现象明显。乔木层高 8~22m，总郁闭度 0.7。以野核桃为优势，高 5~10m，平均高 7m，胸径 3~30cm，平均胸径 16cm，平均冠幅为 3m×2m；其他的还有日本落叶松、青麸杨、卵叶钓樟等植物，高

8~11m。灌木层高 0.4~3m，总盖度 15%；以高 1.5~2.5m 的长叶胡颓子为优势种，盖度达 10%；伴生的还有卵叶钓樟、长叶溲疏、蕊帽忍冬、短柱柃等，盖度共为 10%。草本层高 10~70cm，总盖度 97%；第一亚层以蕨类植物为主，高 50~70cm，以蹄盖蕨为优势，盖度达 50% 以上；其次荚果蕨、中华凤丫蕨、艾蒿，总盖度为 20%。第二亚层高 10~40cm，主要有沿阶草、苔草、三角叶蟹甲草、三白草、四叶葎、野棉花、翅茎香青、龙牙草、天名精、香附子、马兰等，总盖度在 25% 左右。

【22】野核桃-冷箭竹群落（Gr. ass. *Julans cathayensis-Bashania fangiana*）

群落代表样地位于皮条河幸福沟二道沟海拔 2375m（东经 103.342551°，北纬 31.141639°）的下坡。坡向西北坡，坡度 5°。土壤为山地黄棕壤，土层较厚，腐殖质层厚 2cm，疏松湿润。枯枝落叶层厚 5cm，分解较好，覆盖度达 70%。

群落外貌春夏绿色，秋季黄色，林冠较整齐，成层现象明显。乔木层高 8~22m，总郁闭度 0.8。以野核桃为优势，高 6~12m，平均高 8m，胸径 10~20cm，平均胸径 16cm，平均冠幅为 4m×3m；其他的还有宝兴枸子、水青树等植物，高 8~11m，胸径 16~35cm。灌木层高 0.8~6.5m，总盖度 85%；第一亚层以高 3~6.5m 的冷箭竹为优势种，盖度达 60%；第二亚层高 0.8~3m，主要有黄毛杜鹃、桦叶荚蒾、直穗小檗等，盖度 30%。草本层高 7~77cm，总盖度 90%；以高 7~15cm 的钝叶楼梯草为优势，盖度达 60% 以上；次为铁破锣、大叶冷水花，盖度共为 20%；其他的还有山酢浆草、阴地蕨、对叶耳蕨、三角叶蟹甲草、猪殃殃等，总盖度在 10% 左右。

13）桦木林

⑮亮叶桦林（Form. *Betula luminifera*）

亮叶桦林集中分布于皮条河臭水沟海拔 2300~2500m 一带的山麓坡地及山腰阶地。

【23】亮叶桦+疏花槭-冷箭竹群落（Gr. ass. *Betula luminifera* + *Acer laxiflorum* - *Bashania fangiana*）

群落代表样地位于皮条河臭水沟海拔 2360m（东经 103.16869°，北纬 31.01020°）的山腰阶地。坡向西北坡，坡度 15°。土壤为山地棕色森林土，土质肥厚，疏松湿润。腐殖质层厚 5cm，枯枝落叶层厚 5cm，分解较为良好，覆盖率达 90%。

群落外貌春夏绿色，林冠较整齐，成层现象明显。乔木层高 7~24m，总郁闭度 0.70。第一亚层高 13~22m，以亮叶桦居优势，郁闭度 0.5，胸径 8~30cm，平均冠幅 4m×3m；其次有大叶杨、山杨、麦吊云杉、房县槭等，郁闭度 0.1。第二亚层高 7~12m，以疏花槭为优势，郁闭度 0.3；其次有红桦、显脉荚蒾、尖叶木姜子、野核桃等，郁闭度 0.15。灌木层高 0.4~6m，总盖度 75%。第一亚层高 3~6m，以冷箭竹占优势，盖度 60%；其次有猫儿刺、多鳞杜鹃、桦叶荚蒾等，盖度为 10%；蕊帽忍冬、陇塞忍冬、鞘柄菝葜、醉鱼草、红毛悬钩子等，盖度 4%。草本层高 5~50cm，总盖度 70%。第一亚层高 20~50cm，以丝叶苔草为优势，盖度达 60%；次为沿阶草，高 20cm，盖度 20%。第二亚层高 5~20cm，以山酢浆草为优势，盖度 10%；其次有四叶葎、六叶葎、虎耳草、单叶细辛、掌裂蟹甲草等，盖度 5%。另外活地被物丰富，苔藓盖度达 50% 以上。

⑯红桦林（Form. *Betula albosinensis*）

红桦林主要分布于皮条河、西河、正河和中河海拔 2000~2600m 的山腰坡地，为麦吊云杉、四川红杉和铁杉间伐后或森林砍伐后，林内阳光充足，为喜光的落叶阔叶树种创造了良好的生长条件，使针阔叶混交林逐渐演替为次生落叶阔叶林，而呈块状分布。

【24】红桦-冷箭竹群落（Gr. ass. *Betula albosinensis-Bashania fangiana*）

群落代表样地在皮条河原草地海拔 2656m 左右的上坡（东经 103.17493°，北纬 31.00428°）。坡向西北坡，坡度 20°。土壤为山地棕色森林土，土质肥厚，疏松湿润。枯枝落叶层分解较为良好，覆盖率达 90%。

群落外貌茂密、绿色，林冠整齐，成层现象明显。乔木层高 9~30m，总郁闭度 0.65，第一亚层高 18~30m，以红桦居优势，郁闭度 0.5；其次有五尖槭、青榨槭、毛果槭、多毛椴等，郁闭度 0.1。第二亚层高 9~16m，有扇叶槭、五裂槭、泡花树等，郁闭度 0.15。灌木层高 1.5~6m，总盖度 93%。第一亚层高 3~6m，以冷箭竹占优势，盖度 60%；其次有粉红溲疏、木帚枸子、高丛珍珠梅、陕甘花楸等，盖度为 10%。第二亚层高 1.5~3m，主要有峨眉蔷薇、越桔叶忍冬、腊莲绣球等，盖度 10%。草本层高 5~60cm，总盖度 70%。第一亚层高 35~70cm，主要有石生繁缕、苔草、三褶脉紫菀等，盖度共为 30%。第二亚层高 5~30cm，以东方草莓、丝叶苔草为优势，盖度 25%；其次有沿阶草、四叶葎、虎耳草、单叶细辛、掌裂蟹甲草等，盖度 5%。另外活地被物丰富，苔藓盖度达 50% 以上。

【25】红桦-桦叶荚蒾群落（Gr. ass. *Betula albosinensis-Viburnum betulifolium*）

该群落代表样地位于皮条河万家岩窝海拔 2856m 的山腰坡地或台地，为铁杉或麦吊云杉砍伐后形成的次生落叶阔叶林。坡向西南坡，坡度为 15°。土壤为山地棕色森林土，其中枯枝落叶层分解良好，覆盖率 80%。

群落外貌春夏绿色，林冠较整齐，成层现象明显。乔木层高 8~25m，总郁闭度为 0.65。第一亚层高 13~25m，胸径 16~64cm，平均冠幅 6m×5m；以红桦占优势，郁闭度为 0.5；其次为糙皮桦，郁闭度 0.1。第二亚层高 8~12m，以房县槭和大叶杜鹃为主，郁闭度 0.1。灌木层高 3~8m，总盖度 45%；以桦叶荚蒾为优势，高 3~4m，盖度为 25%；次为心叶荚蒾，盖度 10%；其他的还有冰川茶藨子、陕甘花楸、藤山柳、冷箭竹等灌木。草本层高 5~60cm，总盖度 95%；以林地早熟禾和东方草莓为优势，盖度达 60%，高 10~30cm；其次为蛇莓，盖度 20%，高 10cm；四叶葎盖度 10%，高 10cm；其他的还有山酢浆草、甘肃蚤缀、鞭打绣球、长颈毛茛、风轮草、石生繁缕、堇菜、鹿药、黄金凤。另有苔藓层，盖度为 15%~20%。

【26】红桦+疏花槭-桦叶荚蒾群落（Gr. ass. *Betula albosinensis+Acer laxiflorum-Viburnum betulifolium*）

该群落代表样地位于皮条河转经楼沟海拔 2573m 的山腰坡地或台地。坡向西北坡，坡度为15°。土壤为山地棕色森林土，其中枯枝落叶层分解良好，覆盖率80%。

群落外貌春夏绿色，林冠较整齐，成层现象明显。乔木层高7~25m，总郁闭度为0.85。第一亚层高12~25m，胸径7~35cm，平均冠幅5m×3.5m；以红桦和疏花槭占优势，郁闭度为0.6；其次有沙棘、高丛珍珠梅和青榨槭等，郁闭度0.1。第二亚层高7~11m，以领春木和柳树为主，郁闭度0.1，伴生有红桦、疏花槭的幼苗，高5~10m。灌木层高0.7~4m，总盖度65%；以桦叶荚蒾为优势，高2~4m，盖度为40%；次为蕊帽忍冬，盖度10%；其他的还有冰川茶藨子、川溲疏、瑞香、直穗小檗、高丛珍珠梅、大枝绣球等灌木。草本层高5~40cm，总盖度95%；以蛇莓为优势，盖度达60%，高4~6cm；其次为蹄盖蕨、六叶葎、茅莓，盖度25%，高10~20cm；其他的还有四叶葎、细辛、透茎冷水花、紫花碎米荠、黄金凤等，盖度共为10%。层外植物主要有粗齿铁线莲等藤本植物，另有苔藓层，盖度为15%~20%。

⑰糙皮桦林（Form. *Betula utilis*）

【27】糙皮桦–冷箭竹群落（Gr. ass. *Betula utilis*–*Bashania fangiana*）

群落代表样地位于皮条河野牛沟海拔3192m（东经102.95942°，北纬30.82792°）的山坡坡麓，坡向为西南坡，为铁杉针阔混交林退化后形成的次生落叶阔叶林。土壤为山地棕色森林土，其枯枝落叶层分解较为良好，覆盖率达75%。

群落外貌春夏绿色，茂密，林冠较整齐，成层现象比较明显。乔木层高6~18m，总郁闭度0.5。第一亚层高10~18m，以糙皮桦居优势，郁闭度0.5，胸径16~47cm，平均冠幅5m×3.5m；次为西南樱桃，郁闭度为0.15。第二亚层高6~9m，以黄花杜鹃为主，胸径9~30cm，郁闭度0.1左右。灌木层高1~3m，总盖度68%，以冷箭竹和黄花杜鹃为优势，盖度55%；其次有喜阴悬钩子、柳叶忍冬等，盖度15%。草本层高5~70cm，总盖度95%。以高60cm的尼泊尔蓼为主，盖度55%，其他的还有掌裂蟹甲草、独花报春、山酢浆草、大叶三七、东方草莓、鹿蹄草、六叶葎、独叶草等。该群落中还有国家一级濒危保护植物独叶草，但其生活在灌草丛中，且时常受到放牧等的干扰，强烈建议保护区加强此区域的保护和管理工作。

14）槭树林

⑱房县槭林（Form. *Acer sterculiaceum* subsp. *franchetii*）

【28】房县槭–拐棍竹群落（Gr. ass. *Acer sterculiaceum* subsp. *franchetii*–*Fargesia re-busta*）

群落代表样地位于皮条河臭水沟烂泥塘海拔2440m（东经103.16810°，北纬31.00659°）的山坡中部。坡向为西北坡，坡度30°。土壤为山地棕色森林土，土层较厚，疏松湿润。腐殖质层厚10cm，枯枝落叶层厚5cm，分解较为充分，覆盖率达70%。

群落外貌春夏绿色，入秋变黄，林冠较整齐，成层现象明显。乔木层高6~22m，总郁闭度0.8。第一亚层高15~22m，以房县槭占优势，郁闭度0.65，平均18m，胸径11~18cm；次为疏花槭，高13~21m，胸径12~23cm，郁闭度0.2。第二亚层高6~10m，主要有房县槭、稠李和疏花槭，胸径3~13cm，郁闭度0.1。灌木层1~3m，总盖度 30%，以高 1~2.5m 的拐棍竹为优势，盖度为 25%；伴生的还有冰川茶藨子、显脉荚蒾、唐古特忍冬、刺五加及房县槭的幼苗，盖度共为 10%。草本层高 5~100cm，总盖度 70%。以大叶冷水花为优势，盖度 40%；其次有黄金凤、东方草莓和血满草，盖度共为 25%。另有六叶葎、山酢浆草、林地早熟禾、长距乌头、三褶脉紫菀等，盖度共为 10%。

15）杨林

⑲大叶杨林（Form. *Populus lasiocarpa*）

大叶杨林在保护区主要分布在正河、皮条河海拔 1800~2500m 一带的山腰坡地，呈块状分布。

【29】大叶杨-拐棍竹群落（Gr. ass. *Populus lasiocarpa-Fargesia rebusta*）

该群落代表样地在正河白岩沟海拔 2241m 的山麓坡地，坡向北偏东 40°，坡度为 10°。土壤为山地棕色森林土，土壤较厚，疏松湿润。枯枝落叶层分解较差，覆盖率达 70%。

群落外貌春夏绿色，林冠较整齐，成层现象明显。乔木层高 7~22m，总郁闭度 0.8。第一亚层以大叶杨占优势，郁闭度 0.75，最高 22m，平均 18m，最大胸径 45cm，平均 25cm。其次有黄毛槭、野樱、落叶松、铁杉等，郁闭度共 0.1。灌木层高 0.7~7m，总盖度 85%。第一亚层高 3~7m，以拐棍竹占优势，盖度 75%；其次是星毛杜鹃、河柳、刚毛忍冬等，盖度 10%；另有水青树幼苗、蕊帽忍冬、秀丽莓、直穗小檗，盖度 3%。草本层高 30~100cm，总盖度 80%。以苔草和东方草莓为主，盖度 50%。其次有重楼排草、单叶细辛、六叶葎、紫花碎米荠、山酢浆草等，盖度 25%。另有掌裂蟹甲草、木贼、梅花草、三角叶蟹甲草、七叶一枝花、鸭儿芹等，盖度为 10%。

⑳太白杨林（Form. *Populus purdomii*）

太白杨林主要分布于正河、皮条河、中河海拔 1600~2650m 一带的河谷阶地，呈块状分布。

【30】太白杨-柳树群落（Gr. ass. *Populus purdomii-Salix* sp.）

该群落代表样地在三江中河海拔 1679m（东经 103.47333°，北纬 30.94444°）的山麓坡地。坡向西南坡，坡度为 45°。土壤为山地棕色森林土，土层较深厚，湿润，其枯枝落叶层分解较差，覆盖率达 80%。

群落外貌春夏绿色，林冠较整齐，成层现象较明显。乔木层高 6~22m，总郁闭度 0.8。第一亚层以太白杨占优势，郁闭度 0.45，最高 22m，平均 20m，最大胸径 48cm，平均 37cm；其次有灯台树、野核桃、青钱柳等。第二亚层高 6~8m，主要有野樱桃、七叶树等，郁闭度 0.3。灌木层高 1~6m，总盖度 60%；以高 2~5m 的柳树占优势，盖度为 30%；其次有沙棘、腊莲绣球、大叶醉鱼草，高 1~3m，盖度共为 20%；其他的还有领春木、大叶杨和太白杨的幼苗，盖度 10%。草本层高 30~100cm，总盖度 95%；以东方草莓为主，盖度 50%；其次有掌裂蟹甲草、蛇莓、楼梯草等，盖度 35%；另有透茎冷水花、长籽柳叶菜、六叶葎、水杨梅等，盖度为 10%。

16）枫杨林

㉑华西枫杨林（Form. *Pterocarya macroptera* var. *insignis*）

华西枫杨林主要分布于正河、皮条河、中河海拔 1800~2600m 的山腰阶地和缓坡，多成块状分布。

【31】华西枫杨–短锥玉山竹群落（Gr. ass. *Pterocarya macroptera* var. *insignis* – *Yushania brevipaniculata*）

群落代表样地位于皮条河银厂沟沟口海拔 2274m（东经 103.06402°，北纬 30.58291°）的山坡下坡。坡向东北坡，坡度 35°。土壤为山地棕色森林土，土层较深厚，湿润，枯枝落叶层厚 7cm，分解良好，覆盖率达 75%。

群落外貌春夏绿色，林冠较整齐，成层现象不明显。乔木层高 5~13m，总郁闭度 0.5；以华西枫杨占优势，郁闭度 0.3，高 8~13m，胸径 13~25cm；其他的还有西南樱桃、领春木等植物，郁闭度 0.2。灌木层高 1~5m，总盖度 60%；以高 1.2~1.8m 的短锥玉山竹占优势，盖度为 40%；伴生的还有卵叶钓樟、鸡骨柴、多鳞杜鹃等，高 1.5~5m，盖度 20%。草本层高 4~60cm，总盖度 25%；以蹄盖蕨占优势，盖度 15%；其他的还有三褶脉紫菀、三角叶蟹甲草、艾蒿、林地早熟禾、独活、窃衣、打碗花、山酢浆草等，盖度为 10%。

【32】华西枫杨–天全钓樟群落（Gr. ass. *Pterocarya macroptera* var. *insignis* – *Lindera tienchuanensis*）

群落代表样地位于皮条河转经楼沟爬爬沟海拔 2166m（东经 103.21668°，北纬 31.02684°）的山坡坡麓。坡向西北坡，坡度 20°。土壤为山地棕色森林土，土层较深厚，湿润，枯枝落叶层厚 5cm，分解良好，覆盖率达 75%。

群落外貌春夏绿色，林冠较整齐，成层现象明显。乔木层高 5~25m，总郁闭度 0.65。第一亚层高 18~25m，以华西枫杨占优势，郁闭度 0.5，胸径 14~20cm；第二亚层高 5~17m，主要有亮叶桦、五裂槭、高丛珍珠梅等，郁闭度 0.15，胸径 4~10cm。灌木层高 0.8~7m，总盖度 40%；以高 1.5~3m 的天全钓樟占优势，盖度为 25%；伴生的还有桦叶荚蒾、房县槭、柳叶忍冬、川溲疏、冰川茶藨子、高丛珍珠梅等，高 0.8~7m，盖度共为 15%。草本层高 6~60cm，总盖度 98%。以六叶葎、铁线蕨、透茎冷水花等为优势，盖度 75%；其他的还有蒲儿根、黄精、蛇莓、凤尾蕨、风轮草、蹄盖蕨、马兰、东方草莓等，盖度为 25%。层外植物有茜草等藤蔓植物。

【33】华西枫杨 + 多毛椴–高丛珍珠梅群落（Gr. ass. *Pterocarya macroptera* var. *insignis* + *Tilia intonsa* – *Sorbaria arborea*）

群落代表样地位于皮条河转经楼沟牛头沟支沟海拔 2422m（东经 103.22142°，北纬 31.01194°）的中坡，坡向西北坡，坡度 11°。土壤为山地棕色森林土，土层较深厚，湿润，腐殖质层厚 8cm，枯枝落叶层厚 3cm，分解良好，覆盖率达 75%。

群落外貌春夏绿色，林冠较整齐，成层现象明显。乔木层高 5~25m，总郁闭度 0.80。第一亚层高 12~25m，以华西枫杨占优势，郁闭度 0.5，胸径 12~60cm；其次为多毛椴，郁闭度 0.2，胸径 12~31cm；其他的还有疏花槭，郁闭度 0.1。第二亚层高 5~11m，主要有野樱桃、柳树等，郁闭度 0.15，胸径 10~20cm。灌木层高 1~5m，总盖度 50%；以高 3~4m 的高丛珍珠梅占优势，盖度为 30%；伴生的还有扁刺蔷薇、多鳞杜鹃、蕊帽忍冬、冰川茶藨子、桦叶荚蒾、疏花槭和野樱桃幼苗等，高 1~3m，盖度共为 15%。草本层高 6~60cm，总盖度 85%；以铁线蕨、透茎冷水花等为优势，盖度 75%；其他的还有六叶葎、蒲儿根、黄精、蛇莓、凤尾蕨、风轮草、东方草莓、蹄盖蕨等，盖度为 25%。层外植物有茜草等藤蔓植物。

17）沙棘林

㉒沙棘林（Form. *Hippophae rhamnoides*）

沙棘林主要分布在保护区内海拔 2000~3200m 的河岸及河滩，面积不大，多呈斑块状分布。

【34】沙棘 + 疏花槭 - 高丛珍珠梅群落（*Hippophae rhamnoides* + *Acer laxiflorum* - *Sorbaria arborea*）

群落代表样地位于皮条河转经楼沟海拔 2573m（东经 103.22424°，北纬 31.00953°）的山腰台地，坡向西北坡，坡度 20°。土壤为山地棕色森林土，土层较深厚，湿润，枯枝落叶层厚 5cm，分解较差，覆盖率达 85%。

群落外貌灰绿色，林冠整齐，成层现象明显。乔木层高 6~20m，总郁闭度 0.90；第一亚层高 12~20m，以沙棘占优势，郁闭度 0.5，胸径 19~46cm，平均冠幅 3m×2.5m；次为疏花槭，郁闭度 0.3，高 12~20m，胸径 10~21cm，平均冠幅 4.5×4m；第二亚层高 6~11m，主要有野樱桃、高丛珍珠梅等，郁闭度 0.2，胸径 10~17cm。灌木层高 0.8~7m，总盖度 25%；以高 1.5~3.5m 的高丛珍珠梅占优势，盖度为 15%；伴生的还有桦叶荚蒾、宝兴栒子、柳叶忍冬、川溲疏等，高 2.5~7m，盖度共为 10%。草本层高 6~60cm，总盖度 95%；主要有多种禾草、藜芦（*Veratrum nigrum*）、橐吾、圆穗蓼（*Polygonum macrophyllum*）、太白韭（*Allium prattii*）、天南星（*Arisaema heterophyllum*）、滇川唐松草（*Thalictrum finetii*）、蓝翠雀花（*Delphinium caeruleum*）、紫菀以及毛茛状金莲花（*Trollius ranunculoides*）等，盖度达 60% 以上。

（4）竹林

竹林是由禾本科竹类植物组成的多年生常绿木本植物群落。由于竹类植物多喜温暖湿润气候，故热带和亚热带是其主要分布区域，仅部分竹种延伸到温带或亚寒带山地。因保护区地理位置和海拔高度及其与此相联系的水分、热量等环境因素的制约，虽然竹类分布广泛，但种类组成简单。由于竹类植物的生物学和生态学特征与一般禾本科植物又有明显的区别，各种竹类群落分布的地带和区域各不相同。按保护区分布的竹种本身的特点看，应为灌木型的小茎竹；从生境的特点可归为温性竹林。同时，保护区海拔 1000m 以上的地带所分布的竹种，更多的是组合常绿与落叶阔叶混交林、针阔叶混交林以及亚高山针叶林等森林植被的各类型中构成为灌木层的优势种或灌木的优势层片，仅在上述森林植被破坏后的局部地段才形成竹林群落。保护区的竹林多呈块状分布，生长密集，群落种类组成单纯，常有原森林植被的乔木树种散生其中。

18）箭竹林

㉓油竹子林（Form. *Fargesia angustissima*）

该植被类型主要分布于皮条河谷磨子沟大桥至水界牌一带谷坡，正河河谷自白岩沟以下山麓也有局部出现。分布海拔 1200~1700m。在这一带除人迹罕至的地段还保存有局部乔木林、稍缓谷坡已辟为耕地外，大部区域均为油竹子林所占据。群落一般上接常绿、落叶阔叶混交林，下抵河谷灌丛或直达溪边，在坡度较缓地段多与农耕地镶嵌。土壤主要为山地黄壤，分布上段局部有黄棕壤出现。

群落外貌油绿色，冠幅不整齐，结构较为零乱。盖度 35%~75%，其中油竹子占绝对优势，秆高 2~3m，基径 1~2cm。其盖度大小及群落种类组成常因立地条件与人为影响程度不同而不同，在岩石裸露较多的陡坡以及居民点附近的油竹子林，因土层瘠薄立地条件差，或因人为影响较为频繁，上层郁闭度通常在 0.5 以下，并零星渗杂有野核桃、盐肤木、青麸杨、领春木、卵叶钓樟、银叶杜鹃、湖北花楸等低矮乔木及其萌生枝。喜阳的落叶灌木如鸡骨柴、岩椒、喜阴悬钩子、鞘柄菝葜（*Milax stans*）、吴茱萸五加（*Acanthopanax evodiaefolius*）、覆盆子、川溲疏、腊莲绣球等也常伴生。草本层主要为糙野青茅、打破碗花花、苔草、狭瓣粉条儿菜等。远离居民点的缓坡，一般土层较肥厚，人为活动影响较小，上层郁闭度通常为 0.7~0.9。并常有曼青冈、黑壳楠、岩桑、异叶榕、青榨槭、青荚叶、蕊帽忍冬等乔木种类渗杂其中。

草本层盖度约 20%，以喜阴的阔叶型草榴为主，主要有荚果蕨、东方荚果蕨、掌叶铁线蕨、十字苔草、吉祥草和秋海棠等。

㉔拐棍竹林（Form. *Fargesia rebusta*）

拐棍竹林广布于保护区的皮条河、西河、正河及其支沟谷底的阴坡和半阴坡，以及狭窄谷地的两侧谷坡，生于海拔 1600~2650m 的常绿与落叶阔叶混交林、针阔叶混交林带内。从竹类植物在该区的自然分布来看，一般拐棍竹下接油竹子、上连冷箭竹。

在天然情况下，拐棍竹一般为常绿、落叶阔叶混交林以及铁杉为主的针阔叶混交林的林下植物，在其分布区的上段将渗入岷江冷杉林下段，构成其灌木层的竹类层片或者优势层片。当林地遭破坏后，即可形成竹林。

拐棍竹林一般外貌绿色，茂密，结构单纯。秆高 3~5m，最高可达 7m，基径 0.5~3cm，盖度 40%~90%。群落结构与植物组成均随地域或生境的差异而不同。随着海拔的逐渐升高，常渗杂入青冈栎、曼青冈、槭树和桦木等；在分布区上段常渗杂常绿针叶类树种以及杜鹃属、忍冬属、茶藨子属等灌木树种。

草本层盖度较小，一般不超过 20%，以蕨类、苔草属、蟹甲草属、沿阶草属、酢浆草属、赤车属等喜阴湿种类为主。

19）木竹（冷箭竹）林

㉕冷箭竹林（Form. *Bashania fangiana*）

由木竹属（*Bashania*）的冷箭竹为优势所组成的群落，为保护区内分布海拔最高、占据面积最大的竹种。分布于保护区耿达河、皮条河、中河、西河与正河等地的各级支沟尾部海拔 2300~3600m 地带，但集中成片分布在海拔 3000~3400m 的亚高山地带。在天然乔木保存较好的情况下，冷箭竹常组合于岷江冷杉林林下，成为其灌木层的优势层片，仅在林缘或林窗处以及森林树种被砍伐后的迹地上形成竹林。

冷箭竹林外貌翠绿，植株短小密集，一般秆高 1~3m，基径粗 0.5~1cm，盖度 70%~90%。常零星渗杂糙皮桦、西南樱桃、岷江冷杉等散生植株，在半阳坡偶见川滇高山栎、麦吊云杉等渗入。灌木除杜鹃外，以陇塞忍冬、红毛五加（*Acanthopanax giraldii*）、角翅卫矛、陕甘花楸等为常见。

草本层盖度小，通常低于 20%，常见种有宝兴冷蕨、苔草、四川拉拉藤、华北鳞毛蕨、卵叶韭、钝齿楼梯草、山酢浆草、沿阶草、繁缕虎耳草、邹叶驴蹄草等。

20）短锥玉山竹林

㉖短锥玉山竹林（Form. *Yushania brevipaniculata*）

该群落主要分布于正河谷地中上段，以板棚子至总棚子一带，分布较为连片，另外皮条河、西河谷地有零星分布，海拔 1800~3200m。在天然乔木保存较好的情况下，短锥玉山竹常组合于岷江冷杉林林下，成为其灌木层的优势层片；在分布区的中段，如正河卡子沟海拔 2500m 处，则多组合于麦吊云杉或铁杉为主的针阔混交林下，构成灌木层的优势层片。仅在林缘或林窗处以及森林树种被砍伐后的迹地上形成竹林。

群落外貌绿色，茂密，盖度 80% 左右。短锥玉山竹高 1~3m，基径 0.5~2cm。常零星渗杂岷江冷杉、铁杉、槭树、桦木和椴树等针阔叶树种。杜鹃属、忍冬属、茶藨子属、荚蒾属等灌木也常见。草本种类及盖度随上层郁闭度大小有差异，大多在 30% 以下，常见的有钝齿楼梯草、峨眉鼠尾草、阔柄蟹甲草、卵叶韭、革叶耳蕨等。

Ⅱ. 针叶林

针叶林是以针叶树种为建群种或优势种组成的森林植被类型。它既包含了以针叶树种为建群种的纯林、不同针叶树种为共建种的混交林以及含有阔叶树种的针阔混交林。

针叶林是保护区植被重要的组成部分，也是分布面积最大的森林植被类型，从保护区的低海拔地段 1700m，直至高海拔林线 3800m 以内，都有不同类型出现。组成保护区针叶林的优势树种主要有松科的松属（*Pinus*）、铁杉属（*Tsuga*）、云杉属（*Picea*）、冷杉属（*Abies*）、落叶松属（*Larix*），柏科的柏木属（*Cupressus*）、圆柏属（*Sabina*）等属植物。这些树种多为我国西南部的特有植物。

按组成保护区针叶林建群种生活型相似性及其与水热条件生态关系的一致性，保护区的针叶林可划分为暖性针叶林、温性针叶林、温性针阔叶混交林和寒温性针叶林 4 个类型。

（5）温性针叶林

温性针叶林系指我国温带地区分布最广的森林类型之一，分布于整个温带针阔叶林区域、暖温带落叶阔叶林区域以及亚热带的中低山地，主要由松属植物组成。本保护区的温性针叶林并不典型，常与落叶阔叶林镶嵌生长或在群落中混生落叶阔叶乔木，主要分布在海拔 1800~2700m 地段，仅有温性松林一个群系组。

21）温性松林

温性松林包含油松林和华山松林两个群落类型。

㉗油松林（Form. *Pinus tabuliformis*）

油松为我国特有树种，油松林为我国华北地区的代表性针叶林之一。卧龙地区的油松林已属油松自然分布区的西南边缘。油松在保护区主要分布在皮条河、正河谷地的阳坡和半阳坡，约跨海拔 1800~2700m，所处地域相当于温带或部分暖温带气候制约下的山地向阳生境。

【35】油松-长叶溲疏群落（Gr. ass. *Pinus tabuliformis–Deutzia longifolia*）

该群落主要分布于皮条河谷核桃坪至龙岩的阳坡上段，成小块状零星出现。坡度通常 60°以上，土壤瘠薄，故群落外貌稀疏，黄绿色与灰黑色的岩石露头相间，林冠极不整齐。乔木层郁闭度 0.3~0.4，在 200m² 的样地内计有油松 9 株，高仅 7~12m，胸径 15~50cm，冠幅可达 9m，而枝下高仅 0.5m。另有云杉、野漆树各 1 株，高度均在 8m 以下。林内采伐痕迹明显。灌木层高 1~4m，总盖度 40%左右，以长叶溲疏为优势，小舌紫菀、黄花杜鹃、鞘柄菝葜、匍匐栒子、蕊帽忍冬、西南悬钩子、牛奶子、金丝梅等喜阳树种较为多见。草本层盖度 40%，高 0.3~1.5m，以毛蕨和单穗拂子茅占优势，其次有旋叶香青、糙野青茅、齿果酸模、水杨梅、尼泊尔蓼、川甘唐松草等。

【36】油松-白马骨群落（Gr. ass. *Pinus tabuliformis–Serissa serissoides*）

该群落主要分布于龙岩至文献街一带向阳山麓，海拔 2500~2700m。一般下接河滩沙棘灌丛或以太白杨、沙棘为主的落叶阔叶林，在海拔 2700m 以上则与岷江冷杉林相连。土壤多为山地暗棕壤，土层较为深厚。

群落外貌浓绿色，林冠较为整齐，成层结构明显。乔木层高 15~30m，郁闭度 0.8 左右，通常分成 2 个亚层。第一亚层郁闭度 0.6，由油松组成，胸径 50~70cm，平均高 26m。第二亚层郁闭度约 0.2，以华山松占优势，胸径 20~45cm；另有刺叶高山栎、麦吊云杉等分布。灌木层高 0.5~3m，总盖度 45%左右；以白马骨为优势，盖度约 30%；其次为鞘柄菝葜、长叶溲疏、齿叶忍冬、唐古特忍冬、刺果卫矛、桦叶荚蒾、黄花杜鹃、柳叶栒子、刺叶高山栎等。草本层盖度 35%左右，高 0.3~1.5m，以川甘唐松草、阔柄蟹甲草为优势，次为鬼灯檠、沿阶草、云南红景天、糙叶青茅、歪头茶、救荒野豌豆、双花千里光、淡黄香青等。层外植物常见阔叶青风藤、脉叶猕猴桃、巴东忍冬、绣球藤等。

㉘华山松林（Form. *Pinus armandii*）

华山松在皮条河、正河等地谷地海拔 2100~2600m 地带均见分布。林下土壤为山地棕壤，土层较为深厚肥沃，排水良好。

【37】华山松-黄花杜鹃、柳叶栒子群落（Gr. ass. *Pinus armandii–Rhododendron lutescens+Cotoneaster salicifolius*）

该群落位于转经楼沟与七层楼沟坡度较为平缓的阴坡和半阴坡。群落一般上接以铁杉为主的针阔叶混交林，下连常绿、落叶阔叶混交林或河滩灌丛，也常与常绿、落叶阔叶混交林交错分布。代表样地在转经楼沟谷坡的山腰，海拔 2228m（东经 103.365183°，北纬 31.048289°），坡度 30°，坡向东坡。

群落外貌翠绿与绿色相间，林冠整齐，成层现象明显。乔木层郁闭度 0.8～0.9。第一亚层高 12～17m，以华山松为主，胸径 8～30cm，冠幅 4～8m，郁闭度 0.5；第二亚层高 7～12m，郁闭度 0.4 左右，以疏花槭、野樱桃占优势，另有麦吊云杉、四川红杉、沙棘等树种出现，郁闭度共为 0.2。灌木层高 1～5m，盖度 50%，以黄花杜鹃、柳叶栒子占优势，其次有冰川茶藨子、牛奶子、楤木、川溲疏、鞘柄菝葜、铁杉幼苗、拐棍竹、直穗小檗等。草本层高 0.2～1m，盖度约 20%。以沿阶草为主，其次有毛蕨、鬼灯檠、宝铎草、齿果酸模、黄水枝、尼泊尔老鹳草、透茎冷水花等。层间植物多见脉叶猕猴桃。

【38】华山松-鞘柄菝葜群落（Gr. ass. *Pinus armandii-Smilax stans*）

该群落主要分布于臭水沟迎宾路一带的山坡。群落外貌翠绿色，并镶嵌绿色和暗绿色斑块。林冠参差不齐，但分层较为明显。乔木层郁闭度 0.8 左右，以华山松为优势种，平均胸径 30cm，最高可达 30m；另有红桦、铁杉，高 20～30m，胸径 18～45cm。灌木层高 0.5～5m，总盖度 80%，以鞘柄菝葜为优势种，次为瘤枝小檗、黄花杜鹃，另有桦叶荚蒾、凹叶瑞香、挂苦绣球、陕甘花楸、青荚叶、拐棍竹、宝兴栒子、毛叶木姜子、刺榛等。草本层高 0.5m 左右，盖度约 50%，种类较少，以宝兴冷蕨为优势，次为沿阶草。

（6）温性针阔叶混交林

温性针阔叶混交林是由常绿针叶树种与落叶阔叶树种混生一起，并共同构成群落优势种的森林群落。针、阔叶混交林是山地植被垂直分布中处于常绿、落叶阔叶混交林与亚高山针叶林之间过渡地带的植被类型，它是由分布于前述两植被带的树种相互渗透而形成的植被类型。保护区的针、阔叶混交林是以针叶树种云南铁杉、铁杉和桦木（*Betula* spp.）、槭树（*Acer* spp.）、椴树等多种能形成一定优势的阔叶树种共同组成，在海拔 2000～2600（2700）m 的阴坡、半阴坡及山坡顶部均有分布。由于针、阔叶混交林在山地植被垂直分布上处于常绿、落叶阔叶混交林与亚高山针叶林之间，该垂直带上段的群落中常有岷江冷杉、麦吊云杉、四川红杉等亚高山针叶林的树种渗入，垂直带下部的群落中有油松、华山松等针叶树种散生。但是，云南铁杉和铁杉在群落中的优势明显，树高也明显高出所有阔叶树，山坡顶部及山脊处尤其显著。

22）铁杉针阔叶混交林

㉙铁杉针阔叶混交林

铁杉针阔叶混交林为卧龙地区主要森林，从覆盖面积来看，仅次于冷杉林。广泛分布于保护区的皮条河、正河与西河河谷及其各支沟海拔 2200～2700m 的阴坡及狭窄谷地两侧谷坡。由于铁杉针阔叶混交林的垂直分布跨度达 600m，环境梯度分异大，致使群落结构与种类组成等均随所处地域不同而发生相应的变化，导致出现以下群落类型。

【39】铁杉+房县槭-拐棍竹群落（Gr. ass. *Tsuga chinensis*+*Acer sterculiaceum* subsp. *franchetii*–*Fargesia robusta*）

该群落代表样地位于保护区海子沟海拔 2069m 的半阴坡（东经 103.4225°，北纬 31.60833°），坡度 60°，坡向南偏东 30°。土层较深厚肥沃。

群落外貌暗绿色，林冠整齐，分层结构比较明显。乔木层郁闭度 0.7，具两亚层。第一亚层由铁杉组成，郁闭度 0.6 左右，平均高 23m，平均胸径 36cm，最大胸径 45cm。第二亚层主要由房县槭组成，郁闭度 0.2；其次还有红桦、黄毛杜鹃等零星分布。灌木层高 0.8~6m，盖度 65%；以高 3~5m 的拐棍竹为优势，次为忍冬、桦叶荚蒾、杜鹃等植物。草本层高 0.1~0.7m，盖度 30%；以苔草和苔藓为优势，盖度 25%；其次有裂叶千里光、糙苏、六叶葎、黄金凤等，盖度共为 10%。藤本植物相对较少。

【40】铁杉+红桦-冷箭竹群落（Gr. ass. *Tsuga chinensis*+*Betula albo-sinensis*–*Bashania fangiana*）

该群落代表样地位于保护区铁杉岗海拔 2396m（东经 103.20286°，北纬 31.06437°）的半阴坡，坡度 50°，坡向南偏东 20°。土层较深厚肥沃。

群落外貌暗绿色，林冠整齐，分层结构明显。乔木层郁闭度 0.65，具两亚层。第一亚层以铁杉为优势，郁闭度 0.4 左右，平均高 18m，平均胸径 28cm，最大胸径 35cm；次为红桦，郁闭度 0.15，平均高 17m，平均胸径 10cm。第二亚层主要由三桠乌药、刺叶高山栎等落叶阔叶树种组成，郁闭度共为 0.2，平均高 10m，平均胸径 25cm；另有四川红杉一株。灌木层高 0.4~4m，盖度 95%；以高 1~3.5m 的冷箭竹为优势，盖度达 70%；其次为华西忍冬、短柄稠李、角翅卫矛等植物，盖度 30%。草本层高 0.1~0.7m，盖度 50%；以东方草莓和沿阶草为优势，次有川甘唐松草、山酢浆草、大火草、火绒草、肾叶金腰等，盖度共为 10%。藤本植物有猕猴桃、藤山柳等。

（7）寒温性针叶林

寒温性针叶林是保护区主要的森林植被类型。该类型广泛分布于海拔 2700~3600（3800）m 间的阴坡、半阴坡。保护区的寒温性针叶林由松科冷杉属（*Abies*）的岷江冷杉、冷杉，云杉属（*Picea*）的麦吊云杉，柏科圆柏属（*Sabina*）的方枝柏（*Sabina saltuaria*）等种类组成，既有单优势种的纯林，也有多优势种的混交林等多种类型的群落。保护区分布的云杉属植物有云杉（*Picea asperata*）、黄果云杉（*P. likiangensis* var. *hirtella*）、青杆（*P. wilsonii*）和麦吊云杉 4 种，粗枝云杉生长的上限海拔较高，可达 3200m 左右，麦吊云杉、黄果云杉、青杆则多在海拔 3000m 以下。粗枝云杉、黄果云杉及青杆在群落中不构成优势，常零星伴生于麦吊云杉中，或散生于岷江冷杉林林缘；麦吊云杉既可在局部地段形成优势，也常以伴生成分或亚优势种出现在铁杉针阔混交林、冷杉林中。冷杉是欧亚大陆北部广泛分布的一类常绿针叶乔木，它比云杉更适应湿润和寒冷，具有较强的耐阴性。保护区的冷杉属植物有岷江冷杉、峨眉冷杉和黄果冷杉（*Abies ernestii*）3种，岷江冷杉和峨眉冷杉均可独自成林，黄果冷杉仅在保护区的长河坝沟、毛毛沟等地的河岸阶地有散生树。冷杉林是保护区针叶林的主体，其中又以岷江冷杉林在保护区分布面积最大。岷江冷杉分布的上限海拔较高，在连续的阴坡和半阴坡可达海拔3800m。圆柏属在保护区分布的有方枝柏、高山柏、香柏等种，仅方枝柏能成林，但极零星小块，多见于岷江冷杉林上缘。

保护区的寒温性针叶林按群落种类组成和生态特性，可划分为云杉冷杉林、圆柏林和落叶松林3个群系组。

23）云杉、冷杉林

㉚麦吊云杉林（Form. *Picea brachytyla*）

麦吊云杉广布于卧龙地区海拔2000～2800m地带的阴坡和半阴坡。但多零星出现，通常为以伴生成分或亚优势种出现在铁杉针阔混交林、冷杉林、油松林、华山松林中，以及峨眉冷杉林、岷江冷杉林、四川红杉林等针叶林分布区下段的伴生成分；麦吊云杉独自成林的不多，常呈片块状零星出现。

【41】麦吊云杉-拐棍竹群落（Gr. ass. *Picea brachytyla-Fargesia robusta*）

该群落代表样地位于皮条河、正河、西河、中河等地海拔2500m左右的坡地。坡度10°～15°，坡向南偏西15°～20°。群落外貌暗灰绿色与绿色相间，林冠稠密而不整齐，层次结构较复杂。乔木层总郁闭度0.8～0.95，可以分为三亚层。第一亚层高20～40m，郁闭度约0.5，以麦吊云杉为优势；次为铁杉、椴树等。第二亚层高10～20m，郁闭度约0.3，以红桦为主；另有水青树、华西枫杨等。第三亚层高10m以下，优势种不明显，常有四川红杉、西南樱桃、四川花楸等小乔木。灌木层高1～8m，盖度65%；以3～7m的拐棍竹为优势，盖度达65%；其伴生灌木种类贫乏，仅有桦叶荚蒾、陇塞忍冬、糙叶五加等树种，盖度25%左右。草本层高0.1～0.6m，盖度高达90%；以苔草和东方草莓占优势，盖度达70%；其次有蓝翠雀、鬼灯檠、蹄盖蕨、卷叶黄精等，盖度20%左右；另有零星的凤仙花、山酢浆草、黄水枝、金腰、钝齿楼梯草等耐阴植物分布。

藤本植物主要有钻地风，另有狗枣猕猴桃、少花藤山柳、阔叶青风藤等分布。附生植物繁多，除多种藓类外，常见庐山石韦、丝带蕨、树生杜鹃、宝兴越桔等。

【42】麦吊云杉-冷箭竹群落（Gr. ass. *Picea brachytyla-Bashania fangiana*）

该群落代表样地位于盘龙干海子海拔3123m（东经103.510278°，北纬31.036389°）左右的山坡上部。坡向北偏东20°，坡度25°。群落外貌暗灰绿色。乔木层郁闭度0.9，由麦吊云杉组成，胸径12～50cm，平均冠幅4m×3m。灌木层高0.2～3m，盖度40%；以冷箭竹为优势，盖度达25%；伴生枸子属、忍冬属、荚蒾属、胡颓子属、杜鹃属、绣球属的植物。草本层高0.4～1m，盖度高达80%；以丝叶苔草占优势，盖度达60%；其次有风轮草、长籽柳叶菜、宝兴百合、山酢浆草等，盖度20%左右。层外植物较少，仅见阔叶清风藤这一木质藤本。

㉛岷江冷杉林（Form. *Abies faxoniana*）

岷江冷杉林是卧龙地区中部及其西北侧分布最广、蓄积量最大的针叶型森林。一般从海拔 2700m 向上直抵森林线，大部地域均为岷江冷杉覆盖。在连续的阴坡和半阴坡，其分布上限可达 3800m，且连绵成片；但向阳坡面支沟的阴坡和半阴坡，其分布上限仅达 3600m，且多呈块状林。这显然是以条件为主导的环境梯度分异结果。坡向影响不明显的峡谷，则可延伸至谷底。

岷江冷杉林一般下接铁杉针阔叶混交林，但在偏阳坡面，也可与四川红杉林、油松林等相连接，向上直抵高山灌丛，但在局部沟尾也偶与方枝柏林相衔接。

【43】岷江冷杉-华西箭竹群落（Gr. ass. *Abies faxoniana-Fagesia nitida*）

群落代表样地位于皮条河大坪沟青冈包海拔 2933m 的东南上坡（东经 102.573557°，北纬 30.505847°），坡度 45°。

群落外貌暗绿色，在分布区下缘，由于杂有四川红杉，则呈暗绿色与淡绿色相间，林冠较整齐，分层明显。乔木层高 7~30m，林冠总郁闭度 0.8。可分为 2 个亚层：第一亚层高 17~30m，几由岷江冷杉组成，平均郁闭度 0.55；另有零星的红桦、白桦等渗入。第二亚层高 7~15m，平均郁闭度 0.2，仍以岷江冷杉为优势，另有少量的糙皮桦、川滇高山栎、大叶金顶杜鹃等阔叶树和麦吊云杉、粗枝云杉、四川红杉等针叶树渗入。灌木层高 0.3~5m，盖度 55%，以华西箭竹占优势，伴生有山光杜鹃、唐古特忍冬、鞘柄菝葜、川滇高山栎、鲜黄小檗、陕甘花楸、防己叶菝葜等灌木。草本层高 10~60cm，盖度 15%，以鬼灯檠、阔柄蟹甲草、掌裂蟹甲草等为优势，次为蹄盖蕨、掌叶橐吾，另伴生有少量的玉竹、云南红景天、宽叶韭、万寿竹、美观糙苏、沿阶草等。

【44】岷江冷杉-短锥玉山竹群落（Gr. ass. *Abies faxoniana-Yushania chunjii*）

该群落自正河谷地海拔 2700m 的龙眼沟口向上分布，直达海拔 2900m，上与岷江冷杉-冷箭竹群落相连。土壤为山地棕色暗针叶林土。

群落外貌暗绿与绿色相间，林冠不甚整齐，分层较为明显。乔木层郁闭度 0.7~0.9，高 7~40m，常可分为二亚层。第一亚层郁闭度约 0.5，高 20~40m，以岷江冷杉占优势，郁闭度可达 0.4；另有少量的铁杉、红桦、椴树等渗入。第二亚层郁闭度 0.2~0.3，高 7~20m，以槭树、桦木为主。灌木一般较繁茂，高 0.5~6m，盖度 40%~90%；以短锥玉山竹为优势，盖度可达 50%，并伴生有四川杜鹃、冰川茶藨子等植物，另有少量的忍冬属、荚蒾属、绣球属、枸子属等灌木。草本层盖度 10%~30%，以钝齿楼梯草为优势，另有峨眉鼠尾草、阔柄蟹甲草、秀丽假人参、卵叶韭、华中艾麻、高乌头、粗齿冷水花等出现。层外植物仅见铁线莲攀附于岷江冷杉和杜鹃植株上。

【45】岷江冷杉-冷箭竹群落（Gr. ass. *Abies faxoniana-Bashania fangiana*）

该群落在西河、皮条河、正河谷地均广有分布。在西河、皮条河分布海拔 2700~3400m，下接岷江冷杉-拐棍竹群落，上连岷江冷杉-大叶金顶杜鹃群落或岷江冷杉-星毛杜鹃群落。在正河河谷主要分布于海拔 2900~3200m 一带，一般下接岷江冷杉-短锥玉山竹群落，上连岷江冷杉-大叶金顶杜鹃群落。所处位置为岷江冷杉林分布的中心地带，为岷江冷杉林的主体，在岷江冷杉林各群落类型中，占有最大的覆盖面积和蓄积量。土壤为山地棕色暗针叶林土。

群落代表样地位于皮条河臭水沟芹菜湾海拔2786m（东经103.17744°，北纬31.00281°）、万家岩窝海拔3092m（东经103.15732°，北纬31.04891°）、野牛沟沟口海拔2948m（东经102.96044°，北纬30.84162°）、野牛沟对面海拔3250m（东经102.95850°，北纬30.82845°）的山坡中上部，坡度10°~35°。土壤为山地暗棕色森林土，枯枝落叶层厚5~8cm，腐殖质层厚5~10cm，土壤厚50~70cm，枯枝落叶层分解良好，覆盖率高。

群落外貌茂密、暗绿色，林冠较整齐，分层明显。多为异龄复层林。乔木层高8~30m，最高可达40m，林冠总郁闭度0.4~0.8不等。乔木第一亚层高20~40m，几由岷江冷杉组成，平均郁闭度0.55；另有零星的红桦、白桦等渗入。第二亚层高8~20m，平均郁闭度0.2，仍以岷江冷杉为优势，另有少量的糙皮桦、山杨、川滇高山栎、大叶金顶杜鹃等阔叶树和麦吊云杉、四川红杉等针叶树渗入。灌木层高0.5~6m，盖度50%~80%，以冷箭竹占优势。其种类组成随冷箭竹丛疏密程度不同而有差异。密者仅见少数杜鹃属、忍冬属、花楸属与五加属植物；竹丛稀疏的则有茶藨子属、卫矛属、瑞香属、栒子属等多种灌木分布。草本层高10~90cm，盖度10%~80%不等，其种类组成与盖度大小均随林下生境差异而变化。偏陡的谷坡，一般土层瘠薄，冷箭竹低矮，草本层种类比较贫乏，常以苔草为优势，少蕨类植物，而云南红景天、繁缕虎耳草等常见；相反在土层深厚、竹丛密度适中的生境，一般竹丛植株较高大，草本种类复杂，优势种不明显，以较多蕨类和喜阴肥沃的阔叶型草本为特色，如蟹甲草属、葱属、冷水花属、苎麻属、楼梯草属等。

【46】岷江冷杉-秀雅杜鹃群落（Gr. ass. *Abies faxoniana-Rhododendron concinnum*）

群落代表样地位于皮条河野牛沟海拔3051m（东经102.96004°，北纬30.83579°）的山坡下部，坡向西南坡，坡度5°。土壤为山地暗棕色森林土，枯枝落叶层厚30cm，腐殖质层厚40cm，枯枝落叶层分解较差，覆盖率高。

群落外貌茂密、暗绿色，林冠较整齐，分层明显。乔木层高10~27m，林冠总郁闭度0.7，具二个亚层。第一亚层高20~27m，由岷江冷杉组成，平均郁闭度0.5，胸径27~55cm，平均冠幅5m×4.5m。第二亚层高10~19m，平均郁闭度0.2，仍以岷江冷杉为优势，另有少量的糙皮桦、山杨等阔叶树渗入，胸径13~23cm，平均冠幅3m×2.5m。灌木层高0.2~4m，盖度70%，以高0.4m左右的秀雅杜鹃占优势，盖度35%；次为西南樱桃、唐古特忍冬、柳叶忍冬等，高1.5~4m，盖度共为25%；其他的还有越橘叶忍冬、红毛悬钩子、峨眉蔷薇、冰川茶藨子、红毛五加等。草本层高5~40cm，盖度90%；以双舌蟹甲草、鹿蹄草和楼梯草等为多见，盖度55%；其他的还有甘肃蚤缀、山酢浆草、大叶三七、凹叶景天、掌裂蟹甲草、瓦苇等，盖度共为40%。

【47】岷江冷杉-大叶金顶杜鹃群落（Gr. ass. *Abies faxoniana-Rhododendron faberi* subsp. *prattii*）

该群落在皮条河、西河、正河等谷地，沿沟尾的支沟与谷坡广布，跨海拔3400~

3600m，在阴坡可达 3800m。群落一般下接岷江冷杉-冷箭竹群落，上连亚高山或高山灌丛，但在阳坡偶与方枝柏林相接。土壤属山地棕色暗针叶林土，一般瘠薄多砾石。

在分布区下段或坡度平缓土层深厚处，该群落外貌茂密、整齐、呈暗绿色，分层明显，岷江冷杉枝下高 2~8m，林内透视度低；相反，在近分布区上限和立地条件较差处，林冠多不整齐，在绿褐色杜鹃背景上点缀着塔形凸起的暗绿色岷江冷杉树冠，乔木层和灌木层之间过渡不明显，岷江冷杉枝下高通常在 1m 以下，林内透视度高。乔木层一般高 8~30m，在立地条件较为优裕处分为 2 个亚层：第一亚层由岷江冷杉组成，第二亚层主要是槭、桦、花楸等落叶树种。立地条件较差处，乔木层高不过 12m，一般无亚层划分，岷江冷杉与伴生的落叶树种处于同一垂直高度幅度内。乔木层郁闭度 0.4~0.8 不等。

灌木层高 0.3~6m，个别大叶金顶杜鹃植株高达 9m，总盖度 40%左右。大叶金顶杜鹃占绝对优势，盖度可达 30%。伴生灌木以忍冬属、茶藨子属、蔷薇属植物为最常见，高山灌丛的习见种如金露梅、蒙古绣线菊等已在林下出现。

草本层高 5~70cm，盖度 20%~90%，盖度大小与种类组成均随生境而异。如上层郁闭度适中、土层较湿润肥沃处，则草类繁茂，盖度可达 90%，常见囊吾、掌叶报春、粗糙独活、肾叶金腰、康定乌头等。在接近林线的偏阳坡地，一般土壤瘠薄，乔木层郁闭度小，草本层盖度仅 20%左右，且组成种类特多亚高山草甸常见成分，如白花刺参、小丛红景天、钩柱唐松草、展苞灯心草等。

㉜峨眉冷杉林（Form. *Abies fabri*）

峨嵋冷杉林成片出现在牛头山、天台山一线，是卧龙自然保护区东南侧最主要的亚高山针叶林。所处地形为这些山地的顶梁与山腰台地，坡面向阴，分布起自海拔 2600~3200m，约 700m 的垂直分布幅度。峨眉冷杉群落中伴生的树种有红桦、糙皮桦、疏花槭、扇叶槭、多毛椴、湖北花楸、川滇高山栎以及铁杉、云南铁杉、麦吊云杉、四川红杉。冷杉林下多数地段竹类植物生长很盛，常成为林下灌木层的优势层片。群落一般下接铁杉针阔叶混交林，毗邻阳向的山坡和谷地则多与川滇长尾槭、糙皮桦、冷箭竹为主的群落相接，向上直达山顶或连以杜鹃、柳为主的山地灌丛。

【48】峨眉冷杉+糙皮桦-冷箭竹群落（Gr. ass. *Abies fabri* + *Betula utilis* - *Bashania fangiana*）

群落外貌深绿色与绿色镶嵌，成层现象明显。乔木层高 8~30m，郁闭度 0.7~0.85。可分为 2 个亚层：第一亚层高 18~30m，由峨眉冷杉组成，平均郁闭度 0.66，平均高 24~25m，最高可达 30m，平均胸径 31cm 左右，最大胸径 70cm。乔木第二亚层高 8~18m，由单一的阔叶树种糙皮桦与少数峨眉冷杉组成，其中糙皮桦平均郁闭度 0.2 左右，平均高 13m，最高 18m，平均胸径 12cm，最大胸径 25cm，另有峨眉冷杉高 7~10m，胸径 6~10cm。

灌木层一般高 0.5~5m，总盖度 30%~95%，以冷箭竹占绝对优势，次为杜鹃属、忍冬属、荚蒾属、花楸属、蔷薇属与菝葜属植物。草本层高 5~30cm，盖度 10%~70%，因灌木层盖度大小而变化。当冷箭竹盖度达 70% 以上时，则竹丛密集，致使林下草本稀疏而矮小，常成单丛散生于林窗透光处，则草本层盖度通常在 10% 以下；反之，如竹丛稀疏，则无论草本种类与草本层盖度均随之增多加大。一般优势种不明显，多以喜阴湿的低矮草类占有较大的盖度和频度，常见苔草、单叶升麻、钝齿楼梯草与山酢浆草等略占优势，此外百合科、堇菜科、蔷薇科、五加科、菊科和茜草科植物也常见。

24）圆柏林

圆柏属植物具小型鳞片叶，是对干燥环境的强烈适应，故多在森林垂直带上缘、贫瘠的石灰质土壤等地段，才能见到它们形成的疏林群落。保护区的圆柏植物又分方枝柏、山柏、香柏等数种，其中仅方枝柏能成林，山柏常星散伴生于偏阳的亚高山针叶林中，香柏仅成块状灌丛出现于高山或亚高山地区。

㉝方枝柏林（Form. *Sabina saltuaria*）

方枝柏林主要分布于正河沟尾各级支沟的阳坡和半阳坡，位于海拔 3600~3900m 的冷、云杉群落上限林缘地段，多呈狭带状或块状出现于岷江冷杉-大叶金顶杜鹃群落的上方，上接高山灌丛或高山草甸。伴生树种常有四川红杉、糙皮桦、山杨、大叶金顶杜鹃等。常见方枝柏-棉穗柳一个群落类型。

【49】方枝柏-棉穗柳群落（Gr. ass. *Sabina saltuaria-Salix eriostachya*）

群落立地土壤为砂岩、板岩、千枚岩等发育的山地棕色暗针叶林土。林地湿润，枯枝落叶层覆盖小，土层厚薄不一。

群落外貌灰绿色，林冠稀疏，欠整齐，多呈塔形突起，结构简单。其种类组成与群落结构常因立地条件不同而异。在砾石露头多的阳坡，林木稀疏，单株冠幅大，枝下高很低，并有糙皮桦渗入，一般乔木高不过 10m，郁闭度 0.4 左右。灌木层亦仅30% 左右，且种类单纯，以成丛着生于石隙的棉穗柳为主，另有小檗零星出现。草本层种类少，且不足以形成盖度，仅见火焰草、长鞭红景天等零星分布。但在缓坡、土层较深厚肥沃的半阳坡，则林木高大，组成种类趋于复杂。郁闭度 0.6，高 15~20m，胸径 45~60cm，枝下高 4m。灌木层高 1~5m，盖度 50% 左右，仍以棉穗柳为优势，次为大叶金顶杜鹃、细枝绣线菊、小檗和野玫瑰等。草本层繁茂，高 10~30cm，盖度可达80%，优势种不明显，以美观糙苏、太白韭、耳蕨、宝兴冷蕨、耳叶风毛菊等最普遍。

25）落叶松林

㉞四川红杉林（Form. *Larix mastersiana*）

四川红杉主要分布于皮条河、正河及其各级支沟的溪流沿岸，在阳坡或半阳坡也呈块状林出现。垂直分布海拔范围约为 2000~3000m。四川红杉除独自组成群落外，也是麦吊云杉、岷江冷杉等针叶林，以及铁杉针阔混交林、川滇高山栎林及落叶阔叶林的常见伴生树种。保护区的四川红杉林既有自然群落也有人工群落，自然群落不多，但两者均生长良好。四川红杉林中常见的伴生树种主要有麦吊云杉、岷江冷杉、山杨、川滇高山栎、白桦、红桦、疏花槭、四蕊槭（*Acer tetramerum*）等。

【50】四川红杉-长叶溲疏群落（Gr. ass. *Larix mastersiana-Deutzia longifolia*）

该群落分布于皮条河龙岩至邓生段的阳坡和半阳坡山麓，多沿溪流呈块状分布。

群落外貌淡绿色，林冠疏散整齐，分层明显。乔木层郁闭度 0.65，分为两个亚层：第一亚层高 20~25m，郁闭度 0.6，由四川红杉组成，平均胸径 25cm，最大胸径 40cm；第二亚层高 8~20m，郁闭度 0.1 左右，主要有黄果冷杉、椴树、四蕊槭、尾叶樱与丝毛柳等。灌木层高 1~4m，盖度 45% 左右，以长叶溲疏、云南蕊帽忍冬、鞘柄菝葜为优势，次为茅莓、青荚叶、陇塞忍冬、桦叶荚蒾等。草本植物较为繁茂，盖度高达 55%，以沿阶草和多花落新妇为优势，次为秋分草、六叶葎、长叶铁角蕨等。层外植物多为阔叶清风藤、华中五味子等木质藤本。

【51】四川红杉-华西箭竹群落（Gr. ass. *Larix mastersiana-Fargesia nitida*）

该群落分布于梯子沟沟口一带的阳坡和半阳坡，坡度 5°~35°。土壤为山地棕色暗针叶林土。群落外貌淡绿色并杂有暗绿色斑块，林冠不整齐，分层结构比较明显。乔木层郁闭度 0.8 左右，可分为两个亚层。第一亚层高 20~30m，郁闭度 0.65，以四川红杉为优势，平均胸径 36cm，最大胸径 55cm；另有铁杉、麦吊云杉、岷江冷杉等渗入。第二亚层高 8~20m，郁闭度 0.1 左右，主要有水青树、椴树、四蕊槭与丝毛柳等。灌木层高 1~5m，盖度 75% 左右，以华西箭竹为优势，次为多鳞杜鹃、陕甘花楸；其他常见的有小泡花树、淡红荚蒾、糙叶五加、刺榛等。草本层高 0.04~0.7m，盖度一般少于 10%，常见的有鬼灯檠、宝兴冷蕨、粗齿冷水花、耳翼蟹甲草、黄水枝、山酢浆草、西南细辛、高原天名精、六叶葎等。层外植物多为狗枣猕猴桃。附生植物可见苔藓和地衣。林下更新差，难见四川红杉更新幼苗。

【52】四川红杉-冷箭竹群落（Gr. ass. *Larix mastersiana-Bashania fangiana*）

该群落分布于保护区海拔 2700m 以上半阳坡。代表样地位于臭水沟芹菜湾，海拔 2800m，坡向南偏东 35°，坡度 40°，土壤为山地棕色暗针叶林土。

群落外貌淡绿色并夹杂暗绿色斑块，林冠欠整齐，分层明显。乔木层郁闭度 0.5 左右，由四川红杉组成，平均高度 22m，最高 26m，平均胸径 25cm，最大胸径 40cm。灌木层高 1~5m，盖度 80% 左右。以冷箭竹占绝对优势，盖度达 70% 以上；另有桦叶荚蒾、糙叶五加、牛头柳、鞘柄菝葜等零星出现。草本植物稀少，仅见零星双舌蟹甲草植物，不足以形成盖度。

Ⅲ. 灌丛

灌丛是以无明显的地上主干，植株高度一般在 5m 以下，多为簇生枝的灌木为优势所组成，且群落盖度为 30%~40% 以上的植物群落。在保护区内灌丛类型分布十分普遍，从海拔 1350m 以上到海拔 4400m 的山坡，均有不同的灌丛出现。由于灌丛植被所跨海拔幅度大，生境类型多样，以及人为活动的影响不同，因而组成群落的灌木种类和灌丛类型也较多。分布于海拔 2400m 以下多系次生类型，它们主要来源于原常绿阔叶林、常绿与落叶阔叶混交林、针阔叶混交林等森林植被破坏后，由原乔木树种的幼树、萌生枝和原群落下的灌木为主，所构成次生植被类型，也是极不稳定的植被类型。海拔 2400~3600m 森林线以内的灌丛群落，除部分生态适应幅度广的高山栎（*Quercus* sp.）以及适应温凉气候特点的常绿杜鹃（*Rhododendron* sp.）所组成的较稳定的群落外，占主要优势的是原亚高山针叶林破坏后，由林下或林缘灌木发展而来的稳定性较差的次生灌丛。海拔 3600m 以上的灌丛植被，主要由具有适应高寒气候条件的生态生物学特性植物组成，群落也相对稳定。

（8）常绿阔叶灌丛

26）典型常绿阔叶灌丛

㉟卵叶钓樟灌丛（Form. *Lindera limprichtii*）

卵叶钓樟灌丛主要由原森林植被的乔木树种卵叶钓樟的萌生枝所组成，零星分布于西河下段燕子岩、牛头山南麓以及紧连正河沟口的窑子沟一带海拔 1400～1700m 的半阴坡或半阳坡的山麓或谷坡。土壤主要为发育于灰岩、板岩、砂岩和页岩基质的山地黄壤，土壤厚薄不一，多见岩石露头。

群落外貌绿色，丛冠不整齐，结构较简单。灌木总盖度多为 40%～70%，高 1～7m，具两亚层。第一亚层高 2～7m，卵叶钓樟占优势，盖度 40% 以上，高 4～6m；次有香叶树（*Lindera communis*）、水红木，单种盖度可达 10%，植株高度超过卵叶钓樟，达 7m 左右，呈小乔木状。另有细叶柃（*Eurya loguiana*）、杨叶木姜子（*Litsea populifolia*）、翼尖叶旌节花（*Stachyurus chinensis* var. *cuspidatus*）等植物。如海拔增高，群落所处地势向阳，则山茶科、樟科常绿灌木成分随之递减，而野核桃、岩桑、青榨槭等落叶成分显著增加，在赤足沟、长河坝等地还有油竹子丛渗入。第二亚层高 2m 以下，优势种不明显，常有西南卫矛（*Euonymus hamiltonianus*）、川溲疏（*Deutzia setchuenensis*）、长叶胡颓子（*Elaeagnus bockii*）、异叶榕等植物出现。

草本层高 0.2～0.9m，总盖度 40% 左右，以单芽狗脊蕨、苔草为优势，粗齿冷水花、细叶卷柏、蛇足石松、齿头鳞毛蕨、吉祥草、大叶茜草、荚果蕨等较常见。

藤本植物在低处多见川赤飑，高处主要有刚毛藤山柳、粉叶爬山虎等。

㊱刺叶高山栎、天全钓樟灌丛（Form. *Quercus spinosa*＋*Lindera tienchuanensis*）

该类灌丛主要分布于皮条河谷海拔 1700～2000m 的半阴坡和半阳坡及山麓，土壤主要为山地黄棕壤。

群落外貌浓绿与绿色相间，植丛茂密，丛冠不整齐，结构比较零乱。灌木总盖度多在 60%～90%，高 1～6m，可分为二个亚层。第一亚层高 2～7m，以刺叶高山栎和天全钓樟的萌生植丛占优势，盖度 50% 以上，高 4～5m；次有红桦、领春木、刺楸、巫山柳、丝毛柳、川溲疏等。第二亚层盖度 20% 左右，高 2m 以下，以蕊帽忍冬、鞘柄菝葜等为优势，伴生有棣棠、拟豪猪刺、平枝栒子、鸡骨柴、牛奶子等。草本层高 0.2～0.9m，总盖度 50% 左右，以鬼灯檠、打破碗花花与苔草为优势，次为千里光、凤尾蕨、三褶脉紫菀和多花落新妇等。藤本植物在低处多见川赤飑，高处主要有刚毛藤山柳、粉叶爬山虎等。

（9）落叶阔叶灌丛

27）温性落叶阔叶灌丛

　　山地落叶阔叶灌丛在保护区较为常见，主要由马桑（*Coriaria nepalensis* Wall.）灌丛、柳（*Salix* spp.）灌丛和川莓灌丛所组成。

　　㊲秋华柳灌丛（Form. *Salix variegata*）

　　秋华柳广布于保护区海拔1400~2000m的河边及河滩，一般分布零星。群落一般上接野核桃、木姜子为主的次生落叶阔叶林，或以川莓植物为主的落叶灌丛。

　　土壤为砂岩、灰岩、板岩、千枚岩或页岩等基质发育的山地黄壤，或为冲积岩屑基质上发育的冲积土。

　　群落外貌浅绿色，丛冠整齐，结构明显。灌木层盖度70%~90%，秋华柳占优势，一般在河滩、溪岸，秋华柳盖度可达60%，平均高4m。此外，宝兴柳（*S. moupinensis*）也可达10%的盖度，其他灌木成分少见。但沿山麓而上，由于地形因素的影响，环境条件即发生相应改变，秋华柳的盖度通常在40%左右，其伴生灌木成分显著增多，木姜子、川莓（*Rubus setchuenensis*）、蕊帽忍冬各具8%~10%的盖度，宝兴枸子、野花椒、小泡花树、腊莲绣球、茅莓、云南勾儿茶（*Berchemia yunnanensis*）、牛奶子也常见，有时还有零星的拐棍竹出现，盖度多在5%以下。

　　草本层盖度50%~90%不等，常因立地条件与上层盖度大小而异，优势种有荚果蕨、粗齿冷水花、蜂头菜、日本金星蕨，次有石生楼梯草、七叶一枝花、六叶葎、打破碗花花、问荆、星毛卵果蕨、沿阶草、蛇莓、风轮草、连翘、小金挖耳等。藤本植物有华中五味子、绞股蓝、南蛇藤、紫花牛姆瓜、鹿藿等。

　　㊳马桑灌丛（Form. *Coriaria sinica*）

　　马桑灌丛主要见于保护区海拔1120m的木江坪到海拔2000m以下溪沟两岸以及山坡和坡麓等地段，呈零星小块状间断分布。常与川莓灌丛、秋华柳灌丛或农耕地镶嵌分布。土壤主要为山地黄壤、山地黄棕壤，或为多种冲积母岩基质发育的冲积土。土层一般厚薄不均，除表土层外，以下各层均有明显的碳酸盐反应。

　　群落夏季外貌绿色，丛生呈团状，丛冠参差不齐。盖度60%~80%，高1~5m，最高达7m，常可分为二亚层。第一亚层平均高2~5m，马桑占优势，盖度40%左右，其伴生灌木主要有秋华柳、宝兴柳、牛奶子、薄叶鼠李、复伞房蔷薇、川榛、烟管荚蒾（*Viburnum utile*）等；第二亚层高2m以下，常有黄荆（*Vilex negundo*）、铁扫帚（*Clematis hexapetala* var. *tchefouensis*）、盐肤木、地果（*Ficus tikoua*）、大叶醉鱼草（*Buddleja davidii*）等，局部地段可见沙棘。

　　草本植物繁茂，盖度70%左右，高低悬殊较大。主要优势种有荚果蕨、掌裂蟹甲草、蕺菜、东方草莓、蛇莓、沿阶草、透茎冷水花、珠芽蓼、苔草等。零星分布的有小金挖耳、六叶葎、鬼灯檠、广布野豌豆、三褶脉紫菀、石生楼梯草、腋花马先蒿、天南星和木贼等，禾本草类少，仅于局部有鸭茅、鹅观草、乱子草等出现。

　　㊴川莓灌丛（Form. *Rubus setchuenensis*）

　　川莓灌丛分布广泛，在各大沟系谷地的林缘、路旁或撂荒地上均见分布。常与常绿阔叶灌丛、马桑灌丛或农耕地交错分布，多呈小块出现，分布海拔1400~2000m。土壤为山地黄壤或山地黄棕壤，湿润，除母岩岩屑外，一般无碳酸盐反应。

群落夏季外貌深绿色，结构与种类组成随不同生境而变化。处于山涧两侧的川莓灌丛，植丛特别密集，丛冠披靡，盖度90%以上，丛下阴湿，其他灌木少见，偶有大叶柳等喜湿植物掺杂，草本层一般不发育。位于低海拔山麓的川莓灌丛，灌木层盖度亦可达90%以上，且灌木种类复杂，优势种不明显，一般川莓的盖度在30%左右，平均高3m，在局部地段腊莲绣球、小泡花树、少花荚蒾等也可成为优势种，此外云南勾儿茶、宝兴栒子、蕊帽忍冬、猫儿刺、岩桑、杨叶木姜子、川溲疏、甘肃瑞香等也常见。草本种类多，盖度通常在40%以下，优势成分有粗齿冷水花、东方草莓、深圆齿堇菜、打破碗花花，次为显苞过路黄、凤丫蕨、翠云草、六叶葎、三褶脉紫菀、水杨梅、吉祥草、沿阶草、苔草、七叶一枝花等。藤本植物多见华中五味子、鹿藿、毛葡萄、紫花牛姆瓜、刚毛藤山柳等。

⑩长叶柳灌丛（Form. *Salix phaneva*）

长叶柳在卧龙自然保护区主要分布在海拔2400~2600m的溪流两岸，但以长叶柳为优势的灌丛则分布星散，一般仅于较开阔谷地的多砾石的河滩、阶地及坡积扇沿溪流呈小块状出现。

群落外貌绿色，丛冠参差不齐，结构零乱。灌木层盖度50%~80%，以长叶柳为优势种，盖度均在40%左右，高约2m。伴生的灌木成分随生境差异而有变化。分布于山坡地段的柳灌丛，伴生灌木有冰川茶藨子、西南花楸、唐古特忍冬（*Lonicera tangutica*）、宝兴栒子、疣枝小檗（*Berberis verruculosa*）等。分布于河岸及河滩地段还有沙棘、水柏枝（*Myricaria germanica*）、牛奶子（*Elaeagnus umbellata*）、大叶醉鱼草（*Buddleja davidii*）等。草本层盖度约30%，以野蒿、双舌蟹甲草为优势，次为东方草莓、龙牙草、旋叶香青、柔毛水杨梅等。

⑪沙棘灌丛（Form. *Hippophae rhamnoides*）

沙棘灌丛多沿皮条河、西河、正河等谷地之河滩海拔1600~1800m地段，多为常绿、落叶阔叶林或针叶林、针阔混交林的林缘伴生成分。土壤多为千枚岩、页岩、板岩和灰岩等坡积物的山地棕壤，或为砾石、砂砾等河滩堆积物形成的冲积土，一般中下土层有明显的碳酸盐反应。

群落外貌有明显的季节变化，春末嫩绿，夏秋灰绿，至严冬树叶脱落后，则在灰褐色的枝杈背景上衬以橙黄色的累累小果，丛冠整齐或欠整齐，结构明显。灌木层盖度50%~90%不等，常因群落发育年龄与生境条件差异以及人为影响等条件不同而有差异。优势种沙棘的盖度在70%以上，高4~5m，最高可达7m，伴生灌木主要有刚毛忍冬（*Lonicera hispida*）、长叶柳、水柏枝、大叶醉鱼草、唐古特瑞香（*Daphne tangutica*）等。草本层盖度40%~80%，常以双舌蟹甲草占优势，盖度达30%~50%，次为荚果蕨、猪毛蒿、东方草莓、蕺菜、矛叶荩草、问荆等。此外蛛毛蟹甲草、粗齿冷水花、破子草、珠芽蓼、升麻、大叶火烧兰、千里光、长叶天名精、夏枯草、双参、苔草、野灯心草、火绒草等。藤本植物不繁茂，但种类较多，有绞股蓝、茜草、南蛇藤、狗枣猕猴桃、白木通等。

28）高寒落叶阔叶灌丛

㊷牛头柳灌丛（Form. *Salix dissa*）

该群落类型主要广布于西河、皮条河、正河上游各支沟的河源地带，分布海拔多在 3000~4000m。群落夏季外貌绿色，丛冠整齐或欠整齐，结构明显。灌木层盖度 60%~80%，高度随海拔升高而降低，在分布区下缘一般高 3m，最高可达 4m，至分布区上缘一般高 1m 以下。以牛头柳为主，盖度 50% 以上，伴生灌木随海拔变化而有差异。在分布区下缘，多伴生丝毛柳、裂柱柳、卷毛蔷薇、高丛珍珠梅、茅莓、山光杜鹃等。至 3400m 以上伴生灌木明显减少，主要有杂鸟饭柳、棉穗柳、金露梅、陇塞忍冬、刚毛忍冬、紫丁杜鹃等。在海拔 3900m 以上常出现以棉穗柳为优势的灌丛片段。

草本层盖度 50% 左右，其组成种类随海拔升高而有明显差异。在分布区下缘，优势种有耳翼蟹甲草、糙野青茅等，次为歪头菜、毛蕊老鹳草、珠芽蓼、大卫氏马先蒿、甘青老鹳草、藜芦、短柱梅花草、西南手参、鬼灯檠、蛛毛蟹甲草、川甘蒲公英、黄芪等；分布区上段主要为高山草甸成分，优势种有珠芽蓼、川甘蒲公英、白苞筋骨草、禾叶风毛菊、云南金莲花、丽江紫菀、甘肃贝母等。

㊸细枝绣线菊灌丛（Form. *Spiraea myrtilloides*）

该灌丛多沿阴坡之沟缘呈狭带状分布，约跨海拔 3500~3800m。群落外貌灰绿色，丛冠欠整齐。灌木层盖度 40%~50%，高 2m 左右，以细枝绣线菊为主，伴生灌木种类少，常见有陇塞忍冬、西藏忍冬、冰川茶藨子、青海杜鹃、大叶金顶杜鹃、柳（*Salix* spp.）等渗入。草本植物繁茂，组成种类多，以喜阴湿的阔叶型草类为主。草本层盖度 80%~90%，以大黄囊吾、膨囊苔草占绝对优势，次为卷叶黄精、大戟、红花紫堇、四川拉拉藤、冷蕨、大叶火烧兰、早熟禾、珍珠茅、长籽柳叶菜、落新妇等。

㊹银露梅灌丛（Form. *Potentilla glabra*）

银露梅在保护区海拔 3600m 以上的谷坡均见分布，但多零星分散，不成优势；只有土壤非常贫瘠的局部沟尾砾石坡，才有团块状的银露梅出现。该群落一般处于半阴坡，下接岷江冷杉林或大叶金顶杜鹃灌丛，上接高山草甸。

群落外貌黄绿与灰绿相间，丛冠不整齐，分层明显。灌木层盖度 50% 左右，具两亚层。第一亚层高 2m，盖度 15%~20%，优势种不明显，由分布稀疏的青海杜鹃、细枝绣线菊、陇塞忍冬与红毛花楸组成；第二亚层高约 1m，以银露梅占优势。盖度 30% 左右，偶见冰川茶藨子。草本植物分布稀疏，盖度仅 30% 左右，以钩柱梅花草占优势，另有糙野青茅、紫花碎米荠、长籽柳叶菜、粗根苔草、小花风毛菊、条纹马先蒿、山地虎耳草等。

（10）常绿革叶灌丛

㊺川滇高山栎灌丛（Form. *Quercus aquifolioides*）

川滇高山栎灌丛连片分布于巴朗山麓海拔 2600~3600m 的阳坡和半阳坡，部分地段群落可连续上延至亚高山针叶林带之上，达海拔 3800m 左右。群落一般下接沙棘林或沙棘灌丛，上接高山灌丛草甸。土壤主要为发育于千枚岩、页岩、板岩和灰岩基质的山地棕色暗针叶林土，一般较干燥瘠薄。

群落外貌黄绿色、茂密、丛冠平整。盖度通常在90%以上，仅在分布区边缘，由于多种灌木掺杂，则结构零乱，丛冠不平整，盖度通常在80%以下。一般以川滇高山栎为绝对优势，盖度60%~80%，高1.5~3m。伴生灌木种类少，以山杨、木帚枸子、平枝枸子、毛叶南烛、鞘柄菝葜、细枝绣线菊（*Spiraea myrtilloides*）、南川绣线菊（*Spiraea rosthornii*）、唐古特忍冬（*Lonicera tangutica*）等为常见。在分布区的下部边缘尚有紫花丁香、四川蜡瓣花、西南樱桃、红花蔷薇、丝毛柳、黄花杜鹃、宝兴茶藨子（*Ribes moupinense*）等渗入，上部边缘则常有几种柳和大叶金顶杜鹃等掺杂。

草本种类少，高0.3~1m，盖度仅15%左右，以光柄野青茅、旋叶香青为优势，次为西南委陵菜、钉柱委陵菜、沿阶草、川藏沙参、紫花缬草、珠芽蓼、双花堇菜、白背鼠麹草等。灌木内未见藤本植物，地表少苔藓植物，多见枝状和叶状地衣。

㊻大叶金顶杜鹃灌丛（Form. *Rhododendron faberi* subsp. *prattii*）

该群落主要分布于西河、皮条河、正河上游及其各大支沟的沟尾地带，分布范围以及所跨海拔幅度均较广泛，在海拔3000~3600m地带较常见，一般构成岷江冷杉-大叶金顶杜鹃林的优势灌木层片，仅在人为影响强烈的局部地段，才有小片大叶金顶杜鹃灌丛出现。成片的大叶金顶杜鹃灌丛一般在岷江冷杉林上限之上，与岷江冷杉-大叶金顶杜鹃林紧接。

土壤主要为发育于千枚岩、页岩、板岩和灰岩基质的山地棕色暗针叶林土，肥沃湿润，土层厚薄不一，仅分布区上段出现高山灌丛草甸土。

群落外貌绿褐色背景上点缀着绿色斑块，丛冠参差不齐，群落高度约4m，灌木层盖度80%~90%。以大叶金顶杜鹃为优势，盖度50%。另有冰川茶藨子（*Ribes glaciale*）、陇塞忍冬、紫丁杜鹃、青海杜鹃、陕甘花楸（*Sorbus koehneana*）、心叶荚蒾（*Viburnum cordifolium*）、峨眉蔷薇（*Rosa omeiensis*）、金露梅（*Potentilla fruticosa*）、鲜黄小檗（*Berberis diaphana*）、柳（*Salix* spp.）等。草本层盖度20%左右，具一定盖度的种有齿裂千里光、四叶葎、山酢浆草，次为紫花碎米荠、箭叶橐吾、丝叶苔草、钩柱唐松草、露珠草等。

㊼青海杜鹃灌丛（Form. *Rhododendron qinghaiense*）

该群落主要分布于西河上游五股水等支流的河源地带海拔3600~3900m坡度较缓的阴坡、半阴坡。在石棚子沟与烧鸡塘一带的沟尾常成片出现。群落一般下接岷江冷杉林，或直接渗入林内，构成下木的组成成分，向上直达林线以上，成为高山灌丛草甸植被的组成部分。土壤主要为山地灰棕壤，土层厚薄不一，湿润，灰化明显。分布区上部的土壤则为高山灌丛草甸土。

群落外貌灰绿色，丛冠整齐。结构与种类组成均随生境不同而有差异。在封闭沟尾的阴坡和半阴坡，雾帘时间长，生境特别湿润，青海杜鹃灌丛可高达5m以上，丛冠密接，盖度90%以上，常呈矮林状。因上层盖度大，林下阴暗，加之地表枯枝落叶层覆盖率高，且分解缓慢，故草本层与活地被物均不发育。

在海拔 3700m 以上的开阔雏谷阴坡，坡度平缓，土层较深厚，青海杜鹃灌丛常与高山草甸交错分布，具有灌木和草本两层结构，丛冠高 2.5m 左右，盖度约 60%，并有褐毛杜鹃渗入。草本层繁茂，盖度达 50% 以上，以毛叶藜芦、刺参、珠芽蓼等阔叶草类为优势，次为膨囊苔草、羊茅、卷叶黄精、康定贝母、曲花紫堇、双花堇菜、白顶早熟禾、紫花碎米荠、东方草莓等。

在开阔向阳的半阴坡，青海杜鹃灌丛高 2m 左右，具明显的灌木、草本与活地被层三层结构，灌木层盖度 80% 左右，除青海杜鹃外，尚有陕甘花楸、细枝绣线菊渗入，分种盖度 8% 以上；在岩石露头多、上层盖度偏低的局部地段，更有紫丁杜鹃、金露梅、银露梅（*Potentilla glabra*）、刚毛忍冬等零星出现。草本层盖度约 20%，优势种有齿裂千里光、滇黄芩、空茎驴蹄草，次有箭叶橐吾、条纹马先蒿、掌叶报春、林荫银莲花、甘青老鹳草、银叶委陵菜、毛杓兰、小花火烧兰、鹿药、轮叶黄精等。活地被物发育良好，盖度 70% 左右，厚约 5~10cm。

在 3900m 左右的近山顶缓坡，青海杜鹃灌丛常依地形起伏而呈斑块状出现。整个群落由两个优势灌木层片组成，草本层和活地被物不发育。灌木第一亚层优势种为青海杜鹃，平均高 1.5m，盖度约 70%，并有陕甘花楸、紫丁杜鹃等渗杂；第二亚层优势种为短叶岩须，高约 0.2m，密集如地毯，盖度 90% 以上。短叶岩须植丛之上仅有个别林荫银莲花和苔草，但不足以形成盖度。

㊽紫丁杜鹃灌丛（Form. *Rhododendron violaceum*）

该群落主要分布于巴朗山与四姑娘山海拔 3800~4200m 的阴坡和半阴坡，部分地段分布海拔可上升至 4500m。群落一般下接牛头柳灌丛，或以橐吾属、驴蹄草属、报春属植物为主的高山草甸。

群落外貌灰绿色，低矮密集，丛冠整齐，结构简单。灌木层盖度 60%~80%，以紫丁杜鹃占绝对优势，盖度 45%~65%，高 0.3~1m；次为金露梅，盖度 5%~10%，并有牛头柳、陇塞忍冬等渗入。草本层高 8~40cm，盖度 20%~40%，可分两亚层，第一亚层高 20cm 以上，以羊茅、珠芽蓼占优势，次为大戟、大卫氏马先蒿、淡黄香青、苔草、黄芪、红景天等；第二亚层特多矮生蒿草、早熟禾，另有甘青老鹳草、矮风毛菊、无毛粉条儿菜、银叶委陵菜、盾叶银莲花、短柱梅花草等。

（11）常绿针叶灌丛

29）高山常绿针叶灌丛

高山常绿针叶灌丛是由常绿针叶（包括鳞叶）灌木为建群种组成的群落，在保护区，主要由圆柏属（*Sabina*）的香柏（*Sabina pingii* var. *wilsonii*）所构成。

㊾香柏灌丛（Form. *Sabina pingii* var. *wilsonii*）

该灌丛分布于海拔 3600~4500m，因建群种具有较强的耐寒性，且性喜阳，较常绿革叶灌丛更适应于干燥条件，故常占据山地的阳坡，与高山草甸相间分布，同时又与阴坡的常绿革叶杜鹃灌丛沿山体不同坡向呈有规律的复合分布。

　　群落外貌暗绿色，低矮密集，结构简单。以香柏为群落的建群种，盖度 50% 左右，在坡度稍缓地带可达 85%。植株高达 1m，但近山脊处一般仅 0.5m 左右，且匍匐丛生，分枝密集成团状。伴生灌木在山顶及山脊处常有匍匐栒子（*Cotoneaster adpressus*）、小垫柳（*Salix brachista*）、冰川茶藨子、小檗（*Berberis* sp.）；谷坡中段以高山绣线菊、冰川茶藨子、金露梅等为伴生种，海拔稍低地段，香柏常与川滇高山栎、西藏忍冬、紫丁杜鹃、青海杜鹃等混生。草本植物稀少，仅于丛间空隙处集生，一般盖度均低于 20%。常见种有轮叶龙胆、苔草、羽裂风毛菊、珠芽蓼、黄总花草等，近沟谷处更有掌叶大黄、肾叶山蓼等渗入。地表活地被物盖度达 40%，以藓类为主。

IV. 草甸

　　草甸是以多年生中生草本植物为主的植物群落。草甸的形成和分布的决定因素是水分条件，在山地，特别是高山，由于气候的垂直变化，山地气流上升到一定高度，遇到垂直递降出现的低温，使大气中所含的水汽形成云雾，或凝结成雨雪下降，从而形成不同的湿度带和相应的植被带，山地草甸垂直带就是这样在大气降水的影响下形成的，它是在适中的水分条件下形成的比较稳定的植物群落。

　　由于保护区处于高山峡谷地带，区内的草甸植被虽然也具有集中连片分布的特性，组成草甸的建群种和优势种，也与青藏高原及其东缘的川西北地区草甸相似，如高原及川西北地区草甸占据重要地位的珠芽蓼（*Polygonum viviparum*）、圆穗蓼（*P. macrophyllum*）在保护区草甸中仍能形成建群成分，风毛菊属（*Saussurea*）、龙胆属（*Gentiana*）、报春花属（*Primula*）、马先蒿属（*Pedicularis*）等属植物在保护区草甸类型中集聚和繁衍。但是，保护区的草甸中已没有大面积覆盖川西北高原宽谷、阶地和高原丘陵的极为壮观的嵩草属（*Kobresia*）、披碱草属（*Elymus*）、鹅观草属（*Roegneeria*）等草甸类型，莎草科和禾本科植物在草甸中的优势度也较逊色。保护区的草甸多了一些森林下或林缘的植物种类，少了一些高原及川西北地区草甸中常见的成分。保护区的草甸植被，已有别于草甸植物长期经历和适应地势高、气温低、多风和强烈日照辐射作用下形成的具有高原生物生态学特征的草甸植被。

　　（12）典型草甸

　　亚高山草甸是指在垂直分布范围与亚高山针叶林分布相应的草甸植被类型。保护区内主要分布于海拔 2600～3800m 的地势稍开阔、排水良好的半阳坡和阳坡之林缘、林间空地、小沟尾以及山前洪积扇等地段。亚高山草甸的植物种类组成较丰富，以中生性杂类草和部分疏丛性禾草组成群落的优势层片。草群一般较密茂，并因杂类草优势明显，林下及林缘草本植物混生较多，花色、花期又相异，群落常呈五彩缤纷的华丽外貌，且富季相变化。

　　30）杂类草草甸

　　㊿糙野青茅草甸（Form. *Deyenxia cabrescens*）

　　该草甸见于西河、皮条河与正河沟尾海拔 2800～3600m 的开阔向阳的山腰、丘顶、宽敞的沟尾等地段，常处于亚高山杂类草草甸的上缘。在海拔 3200m 以上土层深厚肥沃的平缓半阳坡，糙野青茅草甸可出现面积稍大的群落；海拔 3200m 以下的地带，多呈零星小块状出现于林间或林缘。除糙野青茅为主要优势种外，平缓半阳坡地段的群落中钝裂银莲花（*Anemone obtusiloba*）、空茎驴蹄草（*Caltha palustris* var. *barthei*）、连翘叶黄芩（*Scutellaria hypericifolia*）、藜芦（*Veratrum nigrum*）、箭叶橐吾（*Ligularia sagitta*）等也常形成一定优势。此外常见的植物还有轮叶黄精（*Polygonatum verticillatum*）、全缘绿绒蒿（*Meconopsis integrifolia*）、轮叶景天（*Sedum chauveaudii*）、曲花紫堇（*Corydalis curviflora*）、苔草（*Carex* sp.）、珠芽蓼、长叶雪莲（*Saussurea longifolia*）、轮叶马先蒿（*Pedicularis verticillata*）等。分布于林间空地及林缘的群落中其他优势植物有鬼灯檠（*Rodgersia podophylla*）、蛛毛蟹甲草（*Parasenecio roborowskii*）、独活（*Heracleum hemsleyanum*）、苔草（*Carex* sp.）、长籽柳叶菜（*Epilobium pyrricholophum*）等。常见的还有云南金莲花（*Tyollius yunnanrnsis*）、异伞棱子芹（*Pleurospermum heterosciadium*）、长葶鸢尾（*Iris dalavayi*）、草玉梅（*Anemone rivularis*）、大卫氏马先蒿（*Pedicularis davidii*）等。

㉛长葶鸢尾、大卫氏马先蒿草甸（Form. *Iris dalavayi*、*Pedicularis davidii*）

长葶鸢尾、大卫氏马先蒿草甸主要出现于海拔 3100~3200m 的半阴向的缓坡与山腰台地，分布范围狭窄。群落外貌茂密，夏秋季相非常华丽，群落结构层次不清，盖度达 100%，草层高 0.5m 左右。优势种为长葶鸢尾和大卫氏马先蒿，盖度 20%~30%；草甸的亚优势种是珠芽蓼、淡黄香青、甘青老鹳草、川甘蒲公英、多舌飞蓬（*Erigeron multiradiatus*）等，盖度共为 20% 左右；常见种还有多种早熟禾（*Poa* spp.）、毛叶藜芦（*Veratrum grandiflorum*）、云南金莲花、线叶紫菀（*Aster lavandulaefolius*）、银叶委陵菜（*Potentilla leuconota*）、毛果草（*Lasiocaryum densiflorum*）、黄花马先蒿（*Pedicularis* sp.）等。

㉜大黄橐吾、大叶碎米荠草甸（Form. *Ligularia duciformis*、*Cardamine marophylla*）

群落多见于巴朗山等山麓集水区、溪涧沿岸，分布面积较大，多见于缓坡及山腰台地，海拔范围为 3400~3900m。

群落外貌整齐，茂密，花色单调欠华丽。草层高度与组成植物种类随生境不同而有差异。在阴湿的沟缘地带，土层肥厚，草层繁茂，高度通常在 1m 以下，盖度几达100%，大黄橐吾盖度 50% 左右，大叶碎米荠科保持 20% 左右盖度，常见独活、粗糙独活、康定乌头（*Aconitum tatsienense*）、掌叶大黄（*Rheum palmatum*）、膨囊苔草、早熟禾、条纹马先蒿、垂头虎耳草、川甘蒲公英、蛇果黄堇等。另外，伴生的种类还有川滇苔草（*Carex schneideri*）、驴蹄草（*Caltha palustris*）、全缘绿绒蒿、异伞棱子芹（*Pleurospermum francnetianum*）、抱茎葶苈、长鞭红景天、甘肃贝母等。

（13）高寒草甸

高寒草甸在保护区内主要分布于海拔 3600m 以上地段，在山地植被垂直分布上，位于高山流石滩植被带与亚高山针叶林带之间部分山坡凹槽地段。高寒草甸可伸入高山流石滩植被带，与流石滩植被交错出现，山岭、山脊地带又常下延至亚高山针叶林带内，与典型草甸紧密相接。保护区中高寒草甸多出现在排水良好的山坡阳坡、半阴坡、丘顶及山脊地带，土壤为高山草甸土。

组成高寒草甸的植物种类较典型草甸简单，优势种较单一，且草群低矮，多无明显分层。不少种类都具有密丛、植株矮小、呈莲座状和垫状等适应高寒气候条件的形态特征。

31) 丛生禾草高寒草甸

丛生禾草高寒草甸是由中生的多年生禾草型草本植物构成建群层片的草甸群落。在保护区仅有羊茅（*Festuca ovina*）草甸一种。

㊾羊茅草甸（Form. *Festuca ovina*）

该草甸主要分布于海拔 3600~4000m 的阳坡和半阳坡，一般坡度在 30° 以上。羊茅草甸的草群生长较密集，草层总盖度 90% 左右，高约 30cm。羊茅的盖度通常在 30% 以上。群落中禾本科植物种类较多，常见有草地早熟禾、紫羊茅（*Festuca rubra*）、鹅观草（*Roegneria* sp.）、川滇剪股颖（*Agrostis limprichtii*）、光柄野青茅（*Deyeuxia levipes*）等，它们与羊茅共同组成群落的禾草层片。可形成一定优势的杂类草有珠芽蓼、圆穗蓼、乳白香青（*Anaphalis lactea*）、长叶火绒草（*Leontopodium longifolium*）、异叶米袋（*Gueldenstaedtia diversifolia*）等，常见种类是淡黄香青（*Anaphalis flavescens*）、禾叶风毛菊（*Saussurea graminea*）、红花绿绒蒿（*Meconopsis punicea*）、矮柱梅花草（*Parnassia brevistyla*）、高山唐松草（*Thalictrum alpinum*）、银叶委陵菜（*Potentilla leuconota*）等。

32) 嵩草高寒草甸

嵩草高寒草甸是以适应低温的中生多年生莎草科丛生草本植物为主的植物群落。保护区的莎草草甸是由莎草科嵩草属植物所组成，嵩草属植物在区内分布有矮生嵩草、四川嵩草、甘肃嵩草等数种，除矮生嵩草能形成优势，组成群落外，其他嵩草多为零星生长。

㊿矮生嵩草草甸（Form. *Kobresia humilis*）

该草甸在保护区分布的海拔较高，为 3800~4400m，多在土层较厚的阳坡缓坡、山顶呈块状出现，海拔 4200m 以上的山坡凹槽处，矮生嵩草草甸常镶嵌于高山流石滩植被中。

由于山高风大，温度日变幅大，太阳辐射与霜冻强烈等严酷的气候条件特点，致使草群生长低矮，出现叶小、枝丛密集的垫状植物类型。群落总盖度 80% 左右，草层高 15cm 以下，优势种矮生嵩草盖度 30%~60%，此外条叶银莲花、云生毛茛（*Ranunculus nephelogenes*）、淡黄香青、禾叶风毛菊也可形成优势，常见的植物还有多种虎耳草（*Saxifraga tangutica*、*S. montana*）、多种龙胆（*Gentiana hexaphylla*、*G. squarrosa*、*G. spathulifolia*）、毛茛状金莲花（*Trollius ranunculoides*）、松潘矮泽芹（*Chamaesium thalictrifolium*）、罗氏马先蒿（*Pedicularis roylei*）以及苔草（*Carex* sp.）、四川嵩草（*Kobresia setchwanensis*）、羊茅、展苞灯心草（*Juncus thomsonii*）、高河菜（*Megacarpaea delavayi*）等。

33）杂类草高寒草甸

以杂类草型草本植物组成的高山杂类草草甸在保护区主要有珠芽蓼、圆穗蓼草甸，以及淡黄香青、长叶火绒草草甸两类型。

⑤珠芽蓼、圆穗蓼草甸（Form. *Polygonum viviparum*、*P. macrophyllum*）

该类草甸分布于海拔 3500~4400m 阳向的缓坡、台地。土壤主要为高山草甸土，土层较薄。上段常同矮生嵩草草甸或高山流石滩植被交错出现。

草群生长茂密，一般高 0.5m 以下，草层参差不齐，无明显层次变化，总盖度 70%~90% 不等。以珠芽蓼与圆穗蓼为优势种，盖度达 30% 以上。但两者在群落中的优势度也因海拔高低而有差异，在海拔稍低和较湿润地段，珠芽蓼的优势度常大于圆穗蓼；在海拔较高及较干燥地段，圆穗蓼盖度大于珠芽蓼。除珠芽蓼和圆穗蓼外，羊茅、早熟禾（*Poa annua*）、川滇剪股颖（*Agrostis limprichtii*）以及矮生嵩草虽也能形成一定优势，但盖度均不大。常见种类还有钝裂银莲花、香芸火绒草（*Leontopodium haplophylloides*）、羽裂风毛菊、滇黄芩、黄总花草、毛果委陵菜（*Potentilla eriocarpa*）、鳞叶龙胆、麻花艽（*Gentiana straminea*）、红花绿绒花、长果婆婆纳、胀萼蓝钟花（*Cyananthus inflatus*）、罗氏马先蒿、独一味（*Lamiophlomis rotata*）等。

⑤淡黄香青、长叶火绒草草甸（Form. *Anaphalis flavescens*、*Leontopodium longifolium*）

该类草甸分布于海拔 3500~4200m 阳向的缓坡、台地，常见于较干燥的山坡，呈零星小块分布。群落以淡黄香青和长叶火绒草为优势种，次为乳白香青、戟叶火绒草（*Leontopodium dedekensii*）、羊茅等种类，常见植物还有珠芽蓼、圆穗蓼、草玉梅、圆叶筋骨草（*Ajuga ovalifolia*）、独一味、鳞叶龙胆、东俄洛橐吾（*Ligularia tongolensis*）、羽裂风毛菊、丽江紫菀、甘青老鹳草（*Geranium pylzowianum*）、狭盔马先蒿（*Pedicularis stenocorys*）、多齿马先蒿（*P. polyodonta*）、长果婆婆纳（*Veronica ciliata*）、狼毒（*Stellera chamaejasme*）等。

（14）沼泽化草甸

沼泽草甸是以湿中生多年生草本植物为主形成的植物群落，它是沼泽边缘、宽谷洼地、有泉水露头且排水不良的坡麓地段等特定地形，所引起的地表有季节性积水，在土壤过分潮湿、通透性不良等环境条件下发育起来的。沼泽草甸是隐域性植被类型，同时也是草甸与沼泽植被之间的过渡类型，它的植物种类组成既有草甸成分的种类，也有沼泽植被的植物种类，但前者多，后者少。保护区因受自然环境制约，沼泽草甸不甚发育，组成群落的植物中也不出现沼泽植被的种类。保护区的沼泽草甸仅有苔草沼泽化草甸 1 个类型，分布少而零星。

34）苔草沼泽化草甸

⑤苔草草甸（Form. *Carex pachyrrhiza*+*C. fastigiata*+*C. souliei*）

该类型主要沿正河沟尾部分支沟的谷底呈块状或条带状出现，是以湿中生多年生的苔草（*Carex* sp.）为优势的沼泽草甸，在保护区海拔 2800~3500m 河漫滩、山麓泉水溢流处零星出现。

群落外貌茂密、整齐、色调单一。总盖度90%~100%，草层高约0.5m，以苔草为优势种，盖度常在70%左右。如环境偏阴则以粗根苔草（*Carex pachyrrhiza*）为主，多砾石河滩则紫鳞薹草（*C. purpureo - squamata*）居优势，地势向阳则帚状苔草（*C. fastigiata*）优势度增大，并有黄帚橐吾共为优势组成群落。除优势种苔草外，问荆（*Equisetum arvense*）、葱状灯心草（*Juncus allioides*）、野灯心草（*J. setchuensis*）、黄帚橐吾（*Ligularia virgaurea*）尚可在群落中形成优势，部分地段问荆常形成小群聚，群落中常见的植物还有展苞灯心草、珠芽蓼、多叶碎米荠（*Cardamine macrophylla* var. *polyphylla*）、毛茛状金莲花、花葶驴蹄草（*Caltha scapose*）、发草（*Deschampsia cae-spitosa*）、窄萼凤仙花（*Impatiens stenosepala*）、垂穗披碱草等。

V．高山稀疏植被

（15）高山流石滩稀疏植被

高山流石滩稀疏植被为现代积雪线以下的季节融冻区，以适应冰雪严寒自然环境条件的寒旱生、寒冷中生耐旱的多年生植物组成的植被类型。高山流石滩植被类型的植物低矮而极度稀疏，仅在土壤发育稍好地段，形成盖度稍大的小群聚，其结构也极简单。该类型植物种类贫乏，主要以菊科风毛菊属、景天科景天属、虎耳草科虎耳草属、石竹科蚤缀属、报春花科点地梅属等最为常见。这些植物都具表面角质层增厚、栅状组织发达、植株低矮、多被绒毛、根系发达、成丛或成垫状等特殊生态、生物学特性来适应严酷的自然环境条件。

在保护区内该植被类型仅零星、片断地分布于海拔4200m以上的山顶、山脊地段，极个别海拔4000m左右的山顶也有该类型出现。

35）风毛菊、红景天、虎耳草稀疏植被

该类型分布于海拔4600m左右的巴朗山顶，坡向西南坡，坡度25°左右。堆积岩主要为片麻岩与石灰岩。岩隙之间的土层厚约10cm，7cm以上多碎石。

草群低矮，一般均在10cm以下，盖度小于10%，多沿石隙和石缝呈小聚群出现，分布极不均匀。常见种主要是风毛菊属的毡毛雪莲（*Saussurea velutina*）、褐花雪莲（*S. phaeantha*）、苞叶雪莲（*S. obvallata*），虎耳草属的山地虎耳草（*Saxifraga montana*）、顶峰虎耳草（*S. cacuminum*）、唐古特虎耳草（*S. tangutica*）、黑心虎耳草等，红景天属主要有长鞭红景天（*Rhodiola fastigata*）、红景天（*R. rosea*）等。常见的植物还有多刺绿绒蒿、红花绿绒蒿、暗绿紫堇（*Corydalis melanochlora* Maxim.）、美丽紫堇（*C. adrienii*）、高河菜（*Megacarpaea delavayi*）、垫状点地梅（*Androsace tapete*）、绵参（*Eriophyton wallichianum*）、具毛无心菜（*Arenaria trichaphora*）等。高山流石滩植被下缘地带，常渗入高山草甸成分，如羊茅、矮生嵩草、苔草（*Carex* sp.）、葱（*Allium* spp.）、黄帚橐吾等。在局部缓坡洼地，雪茶（*Thamnolia* spp.）等地衣植物常形成小群聚。

4.6.3　植被的空间分布

影响植被空间分布的自然因素多种多样，但最重要的是气候条件。热量和水分及二者间的配合情况决定了植被成带分布。气候条件是沿着南北纬向与东西经向，以及由低至高的海拔高度变化而有规律性地变化着，相应地，植被也沿着这三个方向往往呈有规律的带状分布。纬向和经向变化构成植被分布的水平地带性，而海拔高度变化则构成垂直地带性。人为活动的塑造作用对植被类群空间分布的影响也很大。

4.6.3.1　植被水平分布的规律性

按全国植被区划，该区处于湿润森林区的范围，并在其地带性的基带植被与植被垂直带谱组成等方面均有充分反映。地带性的基带植被是反映山地植被垂直带谱组成的基础。该区的地带性植被是亚热带常绿阔叶林，其植被水平分布应具有常绿阔叶林的亚热带北缘地带性特点。

首先，其水平地带性区域性特点反映在常绿阔叶林的种类组成、结构与分布幅度等方面。该区常绿阔叶林的优势种主要为樟科与山毛榉科成分。樟科中有樟属的油樟和银叶桂、楠木属的小果润楠、新木姜子属的巫山新木姜子等，充分反映了该区植被与盆地西缘山地植被的联系性。由于纬度偏北和海拔增高的影响，桢楠、润楠等樟科中一些喜暖湿气候的物种都是川西南和川西北边缘山地常绿阔叶林的优势建群种，而在该区罕见或未见，处优势地位的主要是上述耐寒性较强的树种。该区的山毛榉科成分也有相类似的情况，所含属种甚少，具优势建群作用的仅有石栎属的全苞石栎、青冈属的细叶青冈和曼青冈两种，这些植物也都是耐寒抗旱性较强的物种。从常绿阔叶林中所含的山茶科植物而言，在我国南部、西南部和西部的常绿阔叶林中，山茶科种类成分丰富，如木荷属、大头茶属和柃木属等都很明显，常处于建群或优势地位，而在该区不仅属种组成简单，一般在群落中也不起建群作用。

其次，该地区植被的垂直带幅度与植被带的群落类型组合也是对其植被的水平地带性区域特点的最好反映。在川西南的西昌一带，由于热量条件好，常绿阔叶林上限一般为海拔 2600m，最高可达 2800m；而位于东南季风交汇地带的大凉山，其常绿阔叶林的最上限可达海拔 2200m；至盆地西缘山地，由于纬度偏北、年雨量高、日照时数少，年蒸发量小而年平均气温偏低，故常绿阔叶林上限仅达海拔 1800m。该区常绿阔叶林的垂直分布，皆为 1600m 左右。再从植被的群落类型组合来看，位于海拔 2000～2700m 的针阔叶混交林带，其主体植被是以铁杉为主的针阔叶混交林，但在阳坡山麓与溪河沿岸，有油松林和四川红杉林与之形成组合。油松是华北地区的标志种，其分布中心在山西和陕西，我省北部为其分布区的南缘；四川红杉分布仅限于岷江流域，以汶川、茂县、理县为分布中心。上述群落类型在同属于邛崃山东坡的二郎山植被组合中并没有出现，由此可见本地区的植被水平地带性特点。总体而言，该区植被与我省北部龙门山东坡植被的垂直分布具有同一性。

4.6.3.2 植被垂直分布的规律性

保护区地处青藏高原东南缘的高山峡谷地带，海拔高差达 3600m 以上。较大的海拔高差所带来的温度、水分、光照等气候因素及其配合方式，导致山地植被随海拔高度递增而变化的垂直地常性规律。保护区所具有的从基带植被河谷灌丛、寒温性针叶林、直至高山流石滩稀疏植被带的较完整的山地植被垂直分布格局，反映青藏高原东南缘高山峡谷地带特征性的山地垂直带谱。本区植被垂直带谱结构如图 4-6 所示。

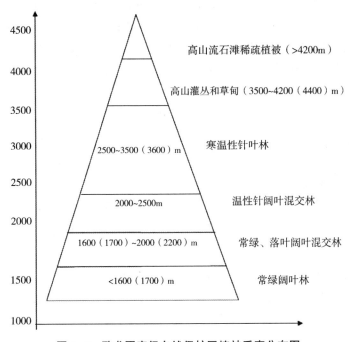

图 4-6 卧龙国家级自然保护区植被垂直分布图

海拔 1600（1700）m 以下为基带植被。按保护区地理位置特点，代表类型应是以樟科的油樟、卵叶钓樟，山毛榉科的青冈、细叶青冈、曼青冈、全苞石栎等为主的常绿阔叶林。因该海拔地段气候温暖湿润，人类开发历史悠久，常绿阔叶林基本上已为耕地以及苹果、核桃等经济林木所替代。在人类生产、生活等诸多活动的频繁干扰下，组成原生的常绿阔叶林的建群树种或优势树种的高大散生树已十分罕见。在该植被带内，现分布的自然植被类型主要是卵叶钓樟等次生灌丛、栎类次生林。

海拔 1600（1700）～2000（2200）m 为常绿、落叶阔叶混交林带，代表类型是以细叶青冈、曼青冈、全苞石栎等常绿阔叶树种和亮叶桦、多种槭树、椴树、多种稠李、漆树、枫杨以及珙桐、水青树、领春木、连香树、圆叶木兰等落叶树种组成的常绿、落叶阔叶混交林，该类型外貌富季节变化，尤其是秋和初冬时节，景观十分艳丽。常绿、落叶阔叶混交林带不仅是保护区阔叶树种最丰富的植被带，属国家保护植物也较多。该植被带中，一些局部地段还出现由上述落叶阔叶树占优势小块状落叶阔叶林、油松人工林。

海拔2000~2500m是温性针、阔叶混交林带，由针叶树种云南铁杉、铁杉，阔叶树种红桦、糙皮桦、五裂槭、扇叶槭、青榨槭等组成的针、阔叶混交林为代表类型。处于该植被带上部的各种植物群中常有冷杉、麦吊云杉、四川红杉等针叶树种散生，植被带下部的群落又常渗入曼青冈、全苞石栎等常绿阔叶树种。此外，局部地段也出现桦、槭等为优势的落叶阔叶林，零星小块的刺叶高山栎林、华山松林以及秀丽莓、喜阴悬钩子、拐棍竹等组成的次生灌丛和竹丛。

海拔2500~3500（3600）m为寒温性针叶林带，以冷杉和岷江冷杉组成的冷杉林，以及麦吊云杉林等针叶林为代表类型。该植被带同时出现红桦、糙皮桦、山杨等为优势落叶阔叶林；同时也有四川红杉、方枝柏等针叶林；大叶金顶杜鹃、多种悬钩子组成的灌丛；冷箭竹、华西箭竹、短锥玉山竹等组成的竹丛；糙野青茅、长葶鸢尾、大卫氏马先蒿组成的典型草甸等多种原生和次生植被类型。

海拔3500~4200（4400）m为高山灌丛和草甸带。主要包括高寒落叶阔叶灌丛、常绿革叶灌丛、高山常绿针叶灌丛与高寒草甸等群系组。其中高寒落叶阔叶灌丛包括金露梅、绣线菊等类型，常绿革叶灌丛包括紫丁杜鹃、青海杜鹃等多种类型，高山常绿针叶灌丛包括香柏灌丛等类型。高山草甸则由羊茅、圆穗蓼、珠芽蓼、淡黄香青、长叶火绒草、矮生嵩草等组成的禾草、杂类草草甸、嵩草草甸。高山灌丛主要分布在阴坡和半阴坡、溪沟边等地段，高山草甸则多见于阳坡及半阳坡，平缓的山脊，山体顶部等地段，分布海拔常高于灌丛。

海拔4400（4200）m以上地段为高山流石滩稀疏植被，主要以适应高寒大风、强烈辐射的多种风毛菊、红景天、虎耳草、紫堇、垫状蚤缀等植物组成。在洼地和岩隙有多种雪茶等地衣类植物形成的小群聚。

4.7　昆虫 ○○○ >

昆虫纲是动物界中最大的一个类群，目前已被命名的昆虫种类达100余万种，占动物界已知种类的2/3~3/4。我国昆虫种类约占世界昆虫种类的1/10，资源较为丰富。

2014、2015和2016年，西华师范大学生命科学学院组织技术队伍3次对保护区进行了综合科学考察。在这次调查过程中，共采集标本30000余号。经鉴定并结合相关资料，发现保护区内分布的昆虫共19目170科922属1394种（亚种），在各目中，科、属及种的数量分布见表4-17。

表4-17　卧龙自然保护区各目昆虫科、属及种的数量统计

目	科	属	种	目	科	属	种
鞘翅目 Coleoptera	39	261	438	等翅目 Isoptera	3	5	7
双翅目 Diptera	14	128	225	螳螂目 Mantodea	2	6	9
蚤目 Siphonaptera	4	7	9	直翅目 Orthoptera	16	42	53
毛翅目 Trichoptera	2	2	4	半翅目 Hemiptera	27	111	146

（续）

目	科	属	种	目	科	属	种
鳞翅目 Lepidoptera	25	298	387	襀翅目 Plecoptera	1	1	1
膜翅目 Hymenoptera	13	17	58	蜚蠊目 Blattoidea	4	7	10
蜉蝣目 Ephemerida	2	2	2	革翅目 Deraptera	3	8	10
蜻蜓目 Odonata	8	21	25	衣鱼目 Zygentoma	1	2	3
竹节虫目 Phasmatodea	2	2	2	脉翅目 Neuroptera	1	1	2
虱目 Phthiraptera	1	1	2				

现根据鉴定结果（表4-17）做以下简要分析。从科级水平来看，排在前三位的分别是鞘翅目（39科）、半翅目（27科）、鳞翅目（25科），三目共91科，占科总数的54.17%。虱目、襀翅目、衣鱼目和脉翅目科数较少，都只有1科。在属级上，鳞翅目最多，有298属，占属总数的32.32%；鞘翅目261属，占28.31%，居第二；双翅目128属，占13.88%，位列第三。从种数上看，最多的是鞘翅目，有438种，占种总数的31.44%，其次是鳞翅目（387种）和双翅目（225种），分别占27.78%和11.60%。

随着海拔高度的变化，水热、辐射、风速、气压、土壤以及植被类型等生态因子均会发生明显变化。昆虫是生态系统的重要组成部分，现有的分布状态是昆虫亿万年来对环境长期适应的结果。昆虫的垂直分带现象与自然地理分带情况密切相关，而自然地理分带情况的最好反映就是植被的带状分布。因此，我们根据植被类型的差异来分析山地昆虫的垂直分布。

4.7.1　阔叶林带

阔叶林在保护区森林线以下的地段广泛分布，是保护区的优势植被类型，主要分布于保护区海拔2500m以下地段。该区域环境复杂多变，食物充足，水热条件良好，是保护区昆虫分布最为丰富的地带。代表性昆虫有日本等蜉（*Isonychia japonica*）、闪绿宽腹蜓（*Lyriothemis pachygastra*）、蓝面蜓（*Aeschna melanictera*）、锥额散白蚁（*Reticulitermes conus*）、东方蜚蠊（*Blatta orientalis*）、中华大刀螳（*Tenodera sinensis*）、东亚飞蝗（*Locusta migratoria manilensis*）、北京油葫芦（*Teleogryllus mitratus*）、洋槐蚜（*Aphis robiniae*）、二态原花蝽（*Anthocoris dimorphus*）、青叶蝉（*Cicadella viridis*）、白脊飞虱（*Unkanodes sapporona*）、透翅结角蝉（*Antialcidas hyalopterus*）、圆斑光猎蝽（*Ectrychotes comottoi*）、大草蛉（*Chrysopa septempunctata*）、中华星步甲（*Calosoma chinense*）、眼斑齿胫天牛（*Paraleprodera diophthalma*）、小青花金龟（*Oxycetonia jucunda*）、黄守瓜（*Aulacophora feoralis*）、七星瓢虫（*Coccinella septempunctata*）、瓜茄瓢虫（*Epilachna admirabilis*）、松丽叩甲（*Campsosternus auratus*）、甘薯叶甲（*Colasposoma dauricum*）、大锯龟甲（*Basiprionota chinensis*）、峨眉齿爪鳃金龟（*Holotrichia omeia*）、凸纹伪叶甲（*Lagria lameyi*）、粪种蝇（*Adia cinerlla*）、长棘板食虫虻（*Aconthopleura longmamus*）、

中华按蚊（*Anopheles sinensis*）、百棘蝇（*Phaonia centa*）、斯氏角石蛾（*Stenopsyche stotzneri*）、野蚕蛾（*Theophila mandarina*）、蔷青斑蝶（*Tirumala septentrionis*）、小地老虎（*Aerotis ypsilon*）、老豹蛱蝶（*Argyronome laodice*）、绿尾大蚕蛾（*Actias selene*）、豆天蛾（*Clans bilineata tsingtauica*）、云丛卷蛾（*Gnorismoneura steromorphy*）、枯黄彩带蜂（*Nomia megasoma*）、东亚无垫蜂（*Amegilla parhypat*）、四川回条蜂（*Haborpoda sichuanensis*）等。

4.7.2　针叶林带

针叶林是以针叶树种为建群种或优势种组成的森林植被类型。从保护区的低海拔地段1700m，直至高海拔林线3800m以内，都有不同类型出现。本区域采集到的昆虫标本数量相对较少，主要采于相对较为裸露的林间灌丛。针叶林由于较高的郁闭度，林下其他植被稀疏，光照条件也不好，所以昆虫数量明显少于前两个植被带。代表性昆虫有铲头堆砂白蚁（*Cryptotermes declivis*）、平肩棘缘蝽（*Cletus tenuis*）、刺羊角蚱（*Criotettix bispinosus*）、中华螽斯（*Tettigonia chinensis*）、秦岭耳角蝉（*Maurya qinlingensis*）、蝎蝽（*Arma chinensis*）、绿罗花金色龟（*Rhomborrhina unicolor*）、黄室盘瓢虫（*Pania luteopustulata*）、松树皮象（*Hylobius abietis*）、乌柏长足象（*Alcidodes erro*）、松丽叩甲（*Campsosternus auratus*）、铜绿丽金龟（*Anomala corpulenta*）、松横坑切梢小蠹（*Blastophagus minor*）、并肩棘蝇（*Phaonia comihumera*）、黄足短猛蚁（*Brachyponera luteipes*）等。

4.7.3　灌丛

灌丛在保护区内分布十分普遍，从海拔1350m以上到海拔4400m的山坡，均有不同的灌丛出现。代表性昆虫有四川突额蝗（*Traulia orientalis*）、日本黄脊蝗（*Patanga japonica*）、四川华绿螽（*Sinochlora szechwanensis*）、日本蚱（*Tetrix japonic*）、川藏原花蝽（*Anthocoris thibetanus*）、月肩奇缘蝽（*Derepteryx lunata*）、蔷薇小叶蝉（*Typhlocyba rosae*）、黑竹缘蝽（*Notobitus meleagris*）、山高姬蝽（*Gorpis brevilineatus*）、波姬蝽（*Nabis potanini*）、肖毛娄步甲（*Harpalus jureceki*）、绿翅真花天牛（*Eustrangalis viridipennis*）、中华虎甲（*Cicindela chinensis*）、隐斑瓢虫（*Harmonia yedoensis*）、皮纹球叶甲（*Nodina tibialis*）、竹丽甲（*Caliispa bowringi*）、黑丽蝇（*Calliphora pattoni*）、反吐丽蝇（*Calliphora vomitori*）、伪绿等彩蝇（*Isomyia pseudolucilia*）、广斑虻（*Chrysops vanderwulpi*）、直纹白尺蛾（*Asthena tchratchrria*）、黑条青夜蛾（*Diphtherocome marmorea*）、大尾凤蝶（*Agehana elwsi*）、尖钩粉蝶（*Gonepteryx mahaguru*）、豹大蚕蛾（*Loepa oberthuri*）、毗连鄰眼蝶（*Yathima methorina*）、蓝目天蛾（*Smerinthus planus*）、桔背雄蜂（*Bombus atrocinctus*）、腰带长体茧蜂（*Macrocentrus cingulum*）、敏小家蚁（*Monomo-*

rium pharaonis）、四川回条峰（*Haborpoda sichuanensis*）、峨眉宽痣蜂（*Macropis omeiensis*）、黑尾胡蜂（*Vespa tropica*）等。

4.7.4 草甸

该植被带主要分布于保护区海拔 2600～4000m 之间。该区域由于生境简单，温度相对较低，食物资源相对匮乏，所以昆虫种类不多。

就采集情况看，主要为双翅目、鞘翅目及鳞翅目一些种类。代表性种类有眼纹斑叩甲（*Cryptalaus larvatus*）、日铜罗花金龟（*Rhomborrhina japonica*）、杨叶甲（*Chrysomela populi*）、红胸丽甲（*Callispa ruficollis*）、九江卷蛾（*Argyrotaenia liratana*）、中华豆斑钩蛾（*Auzata chinensis*）、归光尺蛾（*Triphosa rantaizanensis*）、叉涅尺蛾（*Hydriomena furcata*）、淡网尺蛾（*Laciniodes denigrata*）、中华豆斑钩蛾（*Auzata chinensis*）、褐菱猎蝽（*Isyndus obscurus*）、新瘤耳角蝉（*Maurya neonodosa*）、波姬蝽（*Nabis potanini*）、玉龙肩花蝽（*Tetraphleps yulongensis*）、黄胸木蜂（*Xylocopa appendiculata*）、中华按蚊（*Anopheles sinensis*）、叉丽蝇（*Triceratipyga calliphoroides*）白纹伊蚊（*Aaedes (Stegomyia) albopictus*）等。

4.7.5 高山流石滩稀疏植被带

该植被带零星分布于海拔 4200m 以上的山顶、山脊地段，极个别海拔 4000m 左右的山顶也有该类型出现。由于植被稀疏，气候严酷，此区域分布的昆虫较少，而且标本采集困难。主要见到一些飞行能力较强的膜翅目和双翅目的种类，偶见鳞翅目种类。

4.8 水生无脊椎动物 ○○○＞

4.8.1 样点设置

水生无脊椎动物样线主要设置在皮条河流域及其主要支流。原则上海拔每升高 200m 设置一个样点，途径水库，则分别在距坝上和坝下约 50m 处各设置一个样点。三次调查均在相同样点取样，并测量相关环境指标，样品通过常规处理后，带回实验室进行鉴定和统计分析。

4.8.2 浮游动物

4.8.2.1 浮游动物的种类组成

考察队于 2015 年 7 月至 2016 年 1 月对卧龙自然保护区的浮游动物进行采集，共采集定量、定性水样标本各 15 号。经实验室鉴定、统计，卧龙自然保护区浮游动物隶属 2 门 3 纲 10 目 17 科 26 属 37 种（表 4-18，附表 9.1.1、附表 9.1.2、附表 9.1.3）。

表 4-18　浮游动物的种类组成

门	时间	纲数	目数	科数	属数	种数	占种数（%）
原生动物门	丰水期	2	5	7	12	18	90
	平水期	2	4	6	10	16	88.89
	枯水期	2	8	11	15	19	90.48
	总计	2	8	14	23	34	91.89
担轮动物门	丰水期	1	2	2	2	2	10
	平水期	1	2	2	2	2	11.11
	枯水期	1	2	2	2	2	9.52
	总计	1	2	3	3	3	8.11
合计		3	10	17	26	37	100

其中原生动物有 2 纲 8 目 14 科 23 属 34 种，占 91.89%；担轮动物门有 1 纲 2 目 3 科 3 属 3 种，占 8.11%。平水期期该河段动物的区系由 2 门 3 纲 6 目 8 科 12 属 18 种组成，枯水期该河段动物的区系由 2 门 3 纲 10 目 12 科 17 属 21 种组成。

卧龙自然保护区浮游动物在各断面分布不同（表 4-19），幸福沟耿达水厂的浮游动物数量最多，达到 14 种，其次是七层楼沟的 12 种，二者均系皮条河的支流，人为干扰少，水流相对缓慢。最少的是正河电站站旁，仅有 2 种。根足纲种类数在野牛沟、梯子沟沟口、银厂沟、五里墩、正河电站站旁、龙潭水电站库、观音庙旁、灵关庙（西河）等断面的组成均大于该断面浮游动物总量的 50%，说明上述断面浮游动物中根足纲相对丰富。纤毛纲种类数在熊猫电站大坝下、幸福沟耿达水厂、七层楼沟等断面相对丰富；轮虫纲种类相对较少。

表 4-19　各断面的浮游动物种类组成

序号	断面	原生动物门								担轮动物门				合计种数
		根足纲				纤毛纲				轮虫纲				
		科	属	种	种（%）	科	属	种	种（%）	科	属	种	种（%）	
1	野牛沟	2	3	4	50	2	2	2	25	2	2	2	25.0	8
2	梯子沟沟口	2	3	5	62.5	1	1	1	12.5	2	2	2	25.0	8
3	银厂沟	2	2	3	50	1	1	1	16.7	2	2	2	33.3	6
4	银厂沟与皮条河交汇处	1	1	2	33.3	2	2	2	33.3	2	2	2	33.3	6
5	五里墩	1	2	3	50	1	1	1	16.7	2	2	2	33.3	6
6	熊猫电站库尾	1	2	3	42.9	2	2	2	28.6	2	2	2	28.6	7
7	熊猫电站大坝下	1	2	2	22.2	4	5	5	55.6	2	2	2	22.2	9
8	足木沟与皮条河交汇处	2	2	2	33.3	2	2	2	33.3	2	2	2	33.3	6
9	正河电站站旁	1	1	2	100									2

（续）

序号	断面	原生动物门								担轮动物门				合计种数
		根足纲				纤毛纲				轮虫纲				
		科	属	种	种（%）	科	属	种	种（%）	科	属	种	种（%）	
10	龙潭水电站库尾	2	2	3	60					2	2	2	40.0	5
11	观音庙旁	3	2	5	71.4					2	2	2	28.6	7
12	幸福沟耿达水厂	1	2	2	14.3	6	10	10	83.3	2	2	2	14.3	14
13	耿达村四组	2	2	2	40	2	2	2	40	1	1	1	20.0	5
14	七层楼沟	2	2	5	41.7	5	6	6	50	1	1	1	8.3	12
15	黑石江电厂旁（中河）	3	3	5	45.5	4	5	5	45.5	1	1	1	9.0	11
16	灵关庙（西河）	2	2	4	50	2	2	2	20	2	2	2	20.0	8

4.8.2.2　卧龙自然保护区浮游动物的种类、密度及生物量（湿重）

卧龙自然保护区丰水期浮游动物定量采样鉴定结果、密度及生物量见附表9.1.4。从附表9.1.4可以看出，卧龙自然保护区浮游动物的平均密度为126.67个/L，平均生物量为93.08×10³mg/L。从密度的角度看，原生动物根足纲的平均密度为60个/L，占总密度的29.15%；纤毛纲的平均密度为17.50个/L，占总密度的7.81%；轮形动物的平均密度为302.5个/L，占总密度的63.04%。从生物量的角度来看，根足纲的平均生物量为1.80×10³mg/L，占总重量的13.16%；纤毛纲的平均生物量为0.53×10³mg/L，占总重量的2.09%；轮虫纲的平均生物量为90.75×10³mg/L，占总重量的84.75%。

卧龙自然保护区平水期浮游动物定量采样鉴定结果、密度及生物量见附表9.1.5。从附表9.1.5可以看出，卧龙自然保护区浮游动物的平均密度为257.5个/L，平均生物量为45.53×10³mg/L。从密度的角度看，原生动物根足纲的平均密度为76.25个/L，占总密度的53.06%；纤毛纲的平均密度为41.25个/L，占总密度的5.84%；轮形动物的平均密度为140个/L，占总密度的41.10%。从生物量的角度来看，根足纲的平均生物量为2.29×10³mg/L，占总重量的36.67%；纤毛纲的平均生物量为1.24×10³mg/L，占总重量的0.96%；轮虫纲的平均生物量为42×10³mg/L，占总重量的62.38%。

卧龙自然保护区枯水期浮游动物定量采样鉴定结果、密度及生物量见附表9.1.6。从附表9.1.6可以看出，卧龙自然保护区浮游动物的平均密度为238.67个/L，平均生物量为32.72×10³mg/L。从密度的角度看，原生动物根足纲的平均密度为20个/L，占总密度的21.82%；纤毛纲的平均密度为124个/L，占总密度的44.59%；轮形动物的平均密度为94.67个/L，占总密度的33.58%。从生物量的角度来看，根足纲的平均生物量为0.5×10³mg/L，占总重量的19.63%；纤毛纲的平均生物量为3.72×10³mg/L，占总重量的23.12%；轮虫纲的平均生物量为28.4×10³mg/L，占总重量的57.25%。

不同时期的浮游动物平均密度是平水期最多，枯水期次之，丰水期最少。因为丰水期受降雨和冰雪融化的影响，河道内水量上升，对浮游动物的数量有一定的稀释作用。平均生物量主要受个体较大的轮虫纲的影响。

4.8.3　底栖无脊椎动物

4.8.3.1　卧龙自然保护区底栖无脊椎动物的种类组成

　　底栖无脊椎动物与浮游动物同步取样，每个断面各采得定性、定量标本各一套，共 16 号样本，其中定量标本每个断面随机采样 5m²。经鉴定统计，底栖无脊椎动物由 4 门 7 纲 13 目 23 科 23 属 23 种组成（表4-20、附表9.2.1、附表9.2.2、附表9.2.3）。

　　由表4-20 可以看出卧龙自然保护区底栖无脊椎动物以昆虫纲最多，达到 26 种，占总种数的 68.42%，其他种类均少。昆虫纲中最常见的是蜉蝣目的扁蜉、二翼蜉；毛翅目的低头石蛾、纹石蛾以及襀翅目的石蝇。底栖无脊椎动物中线虫、摇蚊幼虫在各采样点均有出现，但数量较少。

表4-20　卧龙自然保护区底栖无脊椎动物的种类组成

门	纲	时间	目数	科数	属数	种数	百分率（%）
节肢动物门	昆虫纲	丰水期	7	18	19	19	73.08
		平水期	5	14	15	15	57.69
		枯水期	6	13	14	14	53.85
		小计	7	23	26	26	68.42
	甲壳纲	丰水期	2	3	3	3	60.00
		平水期	2	3	3	3	60.00
		枯水期	3	3	3	3	60.00
		小计	3	5	5	5	13.16
	蛛形纲	丰水期	1	1	1	1	100.00
		平水期	0	0	0	0	0.00
		枯水期	0	0	0	0	0.00
		小计	1	1	1	1	2.63
环节动物门	寡毛纲	丰水期	1	1	2	2	66.67
		平水期	1	2	2	2	66.67
		枯水期	1	1	1	1	33.33
		小计	1	2	3	3	7.89
	蛭纲	丰水期	0	0	0	0	0.00
		平水期	1	1	1	1	100.00
		枯水期	0	0	0	0	0.00
		小计	1	1	1	1	2.63
扁形动物门	涡虫纲	丰水期	1	1	1	1	100.00
		平水期	1	1	1	1	100.00
		枯水期	1	1	1	1	100.00
		小计	1	1	1	1	2.63

（续）

门	纲	时间	目数	科数	属数	种数	百分率（%）
线虫动物门	线虫纲	丰水期	1	1	1	1	100.00
		平水期	1	1	1	1	100.00
		枯水期	1	1	1	1	100.00
		小计	1	1	1	1	2.63
合计	7		15	34	38	38	100.00

4.9.3.2　河段底栖无脊椎动物的种类、密度和生物量

河段各断面所采的丰水期的底栖无脊椎动物定量标本，鉴定统计结果、种类、密度和生物量见附表9.2.3。从附表9.2.3可知，丰水期底栖无脊椎动物的平均密度是28.88个/m²，平均生物量为0.49g/m²。其中蜉蝣目的种类平均密度为18.19个/m²，占总数的62.99%；襀翅目的平均密度为2.81个/m²，占9.74%；毛翅目的种类平均密度为5个/m²，占17.32%；涡虫纲的平均密度为2.06个/m²，占7.14%；双翅目的平均密度为0.81个/m²，占2.81%。从生物量的角度看，蜉蝣目的平均生物量为0.19g/m²，占37.93%；襀翅目的平均生物量0.10g/m²，占总生物量的19.67%；毛翅目的平均生物量为0.17g/m²，占34.99%；涡虫纲的平均生物量为0.02g/m²，占4.60%；双翅目的平均生物量为0.01g/m²，占2.81%。

河段各断面所采的平水期的底栖无脊椎动物定量标本，鉴定统计结果、种类、密度和生物量见附表9.2.5。从附表9.2.5可知，平水期底栖无脊椎动物的平均密度是41.31个/m²，平均生物量为1.18g/m²。其中蜉蝣目的种类平均密度为28.25个/m²，占总数的68.38%；襀翅目的平均密度为2.31个/m²，占5.6%；毛翅目的种类平均密度为3.81个/m²，占9.23%；涡虫纲的平均密度为3.13个/m²，占7.56%；双翅目的平均密度为3.81个/m²，占9.23%。从生物量的角度看，蜉蝣目的平均生物量为0.28g/m²，占23.53%；襀翅目的平均生物量0.15g/m²，占总生物量的12.59%；毛翅目的平均生物量为0.72g/m²，占60.55%；涡虫纲的平均生物量为0.03g/m²，占2.42%；双翅目的平均生物量为0.01g/m²，占0.90%。

河段各断面所采的枯水期的底栖无脊椎动物定量标本，鉴定统计结果、种类、密度和生物量见附表9.2.6。从附表9.2.6可知，枯水期底栖无脊椎动物的平均密度是20.6个/m²，平均生物量为0.66g/m²。其中蜉蝣目的种类平均密度为13.56个/m²，占总数的65.56%；襀翅目的平均密度为0.94个/m²，占4.53%；毛翅目的种类平均密度为2.38个/m²，占11.48%；涡虫纲的平均密度为2.75个/m²，占13.29%；双翅目的平均密度为1.06个/m²，占5.14%。从生物量的角度看，蜉蝣目的平均生物量为0.12g/m²，占18.84%；襀翅目的平均生物量0.03g/m²，占总生物量的5.23%；毛翅目的平均生物量为0.47g/m²，占71.36%；涡虫纲的平均生物量为0.03g/m²，占3.81%；双翅目的平均生物量为0.01g/m²，占0.76%。

底栖动物的平均密度平水期最大，原因在于，丰水期因为降雨，枯水期因为冰雪融化，这两个季节水量相对较大，使水面抬升，底栖动物采集量相对减少。蜉蝣目数量多且分布广泛。生物量主要受毛翅目影响较大，毛翅目数量较少，但因个体较大，因而在不同时期，毛翅目平均生物量的占比均相对较大。

4.8.4　水质的生物学评价

水生无脊椎动物是水生生态系统的主要组成部分，其类群组成及数量与水的质量密切相关。通过对水生无脊椎动物的调查，从类群和数量上可以客观反映水体质量状况，对水环境有监测和指示作用。本文拟对河段的水质状况从三个方面进行生物学评价。

4.8.4.1　指示生物评价

从河段采得的无脊椎动物的种类中，耐污性种类摇蚊幼虫、水蛭在一定的断面出现，但数量不多。相对较多的底栖无脊椎动物是昆虫纲的水生种类，如蜉蝣目的扁蜉、小蜉，毛翅目的原石蚕、低头石蚕等。这些动物所要求的生存水域必须是清洁的高溶氧的流水环境。如扁蜉用腹部的气管鳃呼吸，生活于清洁的水流中，常匍匐于石块或其他物体上；石蚕用分枝的气管鳃呼吸溶解于水中的氧气。这些动物所生活的水环境若被污染，水的含氧量将降低，则会使它们大量死亡。所以，栖息环境的清洁度和水中的溶氧量的高低是决定它们分布的主要因素。在整个调查中发现幸福沟耿达水厂和七层楼沟两个支流毛翅目和蜉蝣目种类和数量都相对较为丰富，在足木沟与皮条河交汇处，因为临近居民区，居民生活用水直接排入皮条河，双翅目种类相对丰富，由此说明，调查区的水质整体水质较清洁，临近生活区，水质有轻微污染。

4.8.4.2　Beck 生物指数评价

底栖无脊椎动物的种类和数量常随所处水质的变化而变化，把动物种类和数量的这种变化用恰当的数学公式加以表达，所求得的值，即为生物指数。应用生物指数进行水质评价的方法，是在污水生物系统的基础上所做的改进和发展，它能更好地反映水体质量，其中蜉蝣目、襀翅目和毛翅目对水质敏感。常用贝克（Beck，1955）生物指数来评价水质状况，其公式为：

$$B_1 = 2nA + nB$$

式中：n 为底栖无脊椎动物的种类数；

A 为无明显污染环境中的生物种类；

B 为耐中度有机污染的种类。

生物指数值 B_1 在 10 以上为清洁水体；7~9 为轻度有机污染水体；1~6 为中等有机污染水体；严重有机污染水体的生物指数为 0。从河段所采集的定量标本数据进行生物指数计算，结果见表 4-21、表 4-22、表 4-23。

表 4-21　评价区各断面 Beck 生物指数（丰水期）

	断面	敏感种类	非敏感种类	B_1	污染程度
1	野牛沟	3	1	7	轻度污染
2	梯子沟沟口	5	4	14	清洁
3	银厂沟	2	2	6	中度污染
4	银厂沟与皮条河交汇处	3	2	8	轻度污染
5	五里墩	6	2	14	清洁
6	熊猫电站库尾	5	1	11	清洁
7	熊猫电站大坝下	3	2	8	轻度污染
8	足木沟与皮条河交汇处	4	4	12	清洁
9	正河电站站旁	2	1	5	中度污染
10	龙潭水电站库尾	3	2	8	轻度污染
11	观音庙旁	5	3	13	清洁
12	幸福沟耿达水厂	8	4	20	清洁
13	耿达村四组	4	2	10	清洁
14	七层楼沟	5	5	15	清洁
15	黑石江电厂旁（中河）	5	3	13	清洁
16	灵关庙（西河）	4	3	11	清洁

表 4-22　评价区各断面 Beck 生物指数（平水期）

	断面	敏感种类	非敏感种类	B_1	污染程度
1	野牛沟	3	2	8	轻度污染
2	梯子沟沟口	4	2	10	轻度污染
3	银厂沟	3	0	6	中度污染
4	银厂沟与皮条河交汇处	4	1	9	轻度污染
5	五里墩	3	3	9	轻度污染
6	熊猫电站库尾	3	2	8	轻度污染
7	熊猫电站大坝下	3	2	8	轻度污染
8	足木沟与皮条河交汇处	4	1	9	轻度污染
9	正河电站站旁	3	1	7	轻度污染
10	龙潭水电站库尾	0	1	1	中度污染
11	观音庙旁	2	2	6	中度污染
12	幸福沟耿达水厂	5	1	11	清洁
13	耿达村四组	3	2	8	轻度污染
14	七层楼沟	5	2	12	清洁
15	黑石江电厂旁（中河）	4	3	11	清洁
16	灵关庙（西河）	4	3	11	清洁

表 4-23　评价区各断面 Beck 生物指数（枯水期）

断面		敏感种类	非敏感种类	B_1	污染程度
1	野牛沟	2	2	8	轻度污染
2	梯子沟沟口	3	4	10	清洁
3	银厂沟	1	1	3	中等污染
4	银厂沟与皮条河交汇处	2	3	7	轻度污染
5	五里墩	2	3	7	轻度污染
6	熊猫电站库尾	2	3	7	轻度污染
7	熊猫电站大坝下	1	3	5	中等污染
8	足木沟与皮条河交汇处	3	2	8	轻度污染
9	正河电站站旁	1	2	4	轻度污染
10	龙潭水电站库尾	0	0	0	重度污染
11	观音庙旁	0	2	2	中等污染
12	幸福沟耿达水厂	4	2	10	清洁
13	耿达村四组	6	1	13	清洁
14	七层楼沟	5	3	13	清洁
15	黑石江电厂旁（中河）	4	2	10	清洁
16	灵关庙（西河）	4	2	10	清洁

生物种类和数量的分布除受水质影响之外，还与地理、气候、底质、水文以及化学等因素有关，龙潭水电站库尾因为水位上升，影响底栖动物的采集，所以调查中未采集到底栖动物。从表 4-23 Beck 生物指数值表明，河段的水质整体清洁，有轻度污染。主要影响因子是生活污水的排入。

综上所述，河段各断面水质的两种生物学评价结果是：卧龙自然保护区的水质污染较轻，水体总体清洁。

4.8.5　卧龙自然保护区不同环境对水生无脊椎动物的影响分析

熊猫电站大坝 1 km 以下河段水量较少，此外，该大坝适时放水，对浮游生物的种类和数量有一定的影响。

水库区：河段水库化后，伴随水体加深、缓流的同时，泥沙和有机物淤积增大，大多数底栖无脊椎动物喜流水浅滩生活，例如扁蜉、石蚕等，河流环境的变化，将不利于它们的生存和繁衍，在深水区有可能消失。库区形成后，浮游动物中的原生动物和轮虫类的种类与数量将会显著增加，在浅水近岸处，喜有机质的纤毛类将逐渐增多。

4.9　鱼类 ○○○ 〉

保护区内雨量较为充沛，年均降雨量达 931mm。区内水系较为发达，主要河流及其支流均发源于保护区内，呈树叉状分支，并自西向东流出保护区。该区内河水主要靠降水、森林蓄水和冰雪融水补给，四季长流，终年不断。同时，水流湍急，水温较低，河床多为鹅卵石，为冷水鱼类提供了优良的栖息环境。

目前，对保护区相关生物学研究主要集中在以大熊猫为代表的兽类等方面，有关该保护区鱼类的调查研究，自1978年起，便断续进行，1986年比较全面且系统地对该保护区鱼类资源进行了调查，之后邓其祥和余志伟（1992）以及陈葵（1995）等人亦对此地开展过相关研究。历史数据综合统计表明，该地区分布有鱼类3目5科12种，且一些鱼类种群数量在逐步减少甚至消失。本项研究以保护区综合科学考察为基础，在比照馆藏标本和文献史料的基础上，分析保护区内现存鱼类种类及组成。通过分析保护区内鱼类区系的组成变化，可为该地鱼类资源的保护提供理论依据。

4.9.1 样线设置及标本采集

调查组分别在2015年7月和2016年8月进行了2次野外调查。依据保护区内河流地形地貌特点，设置13个采样点。

皮条河线：包括银厂沟、三道桥、邓生沟、英雄沟、沙湾、核桃坪、耿达、水街牌，其中在银厂沟、三道桥、邓生沟未能捕获到鱼。

正河线：沿河逆行进行随机捕捞。

三江线：沿河逆行进行随机捕捞，至上游大部队村。

每天采集时间约8h。将采集到的鱼类标本用10%的甲醛溶液浸泡固定，部分用95%的乙醇固定，编号后保存于西华师范大学生命科学学院鱼类标本室。

为了明确鱼类区系现状和比较鱼类类群的变化，根据陈宜瑜（1998）的鱼类区系划分标准，将中国鲤科鱼类区系划分为5大类群：北方冷水类群、古近纪原始类群、东亚类群、南方类群和青藏高原类群。根据相关鱼类生物学研究及查阅相关资料（丁瑞华，1994；陈宜瑜，1998；邓其祥和江明道，1999；乐佩琦，2000），将采集到的鱼类按照栖息水层分为3个类群：中上层鱼类、中下层鱼类、底层鱼类；按照食性可将其分为3个类群：草食性、肉食性、杂食性（殷名称，1995）；依据鱼类的适温性将鱼类划分为可适温低于15℃的冷水性鱼类和可适温在15~25℃的温水性鱼类（李明德，1990）。

4.9.2 捕获区系组成

本研究共收集鱼类330尾，隶属2目3科4属4种（表4-24）。其中鲤形目3种，占鱼类种类总数的75%；鲇形目仅1种，占鱼类种类总数的25%。在不同种中，鳅科鱼类种类数最多，共2种，占鱼类种类总数的50%；鲤科鱼类仅1种，占鱼类种类总数的25%；鲇科仅1种，占鱼类种类总数的25%。

表4-24 卧龙自然保护区捕获鱼类的生态特征和区系组成

物种名	适温性	食性	栖息水层	鱼类区系
鲤形目（Cypriniformes）				
鳅科（Cobitidae）				
山鳅（*Oreias dabryi*）	温水性	肉食性	底层	古近纪原始类群
贝氏高原鳅（*Trilophysa bleekeri*）	冷水性	肉食性	底层	青藏高原类群
鲤科（Cyprinidae）				
齐口裂腹鱼（*Schizothorax prenanti*）	冷水性	杂食性	中下层	青藏高原类群
鲑形目（Salmoniformes）				
鲑科（Salmonidae）				
虹鳟（*Oncorhynchus mykiss*）	冷水性	肉食性	中上层	北方冷水性类群

根据鱼类区系划分标准，保护区内鱼类包括青藏高原类群、古近纪原始类群、北方冷水性类群3个类群（表4-24）。其中，属于青藏高原类群的鱼类有2种，占鱼类种类总数的50%；属于古近纪原始类群的鱼类有1种，占鱼类种类总数的25%；属于北方冷水性类群的鱼类有1种，占鱼类种类总数的25%。因此，保护区鱼类以青藏高原类群为主，兼有部分古近纪原始类群和北方冷水性类群鱼类的分布。

4.9.3 渔获物组成

从鱼类资源量来看（表4-25），贝氏高原鳅种群数量多，分布广，为保护区优势种。其中，共采集贝氏高原鳅223尾，占总数的67.57%。从鱼类均重来看，均重小于100g的鱼类有3种，占种类总数的75%；均重大于100g的鱼类仅1种，占种类总数的25%。

表4-25 卧龙自然保护区渔获物组成

物种名	体长（mm）	体重（g）	平均体重（g）	尾数（尾）
山鳅（*O. dabryi*）	27~102	0.2~106.0	4.36	84
贝氏高原鳅（*T. bleekeri*）	30~102	0.5~17.7	2.96	223
齐口裂腹鱼（*S. prenanti*）	29~236	0.3~45.8	5.7	9
虹鳟（*O. mykiss*）	39~542	1.0~2250.0	244.21	14

4.9.4 主要代表鱼类

在保护区4种捕获鱼类中，属易危（VU）动物1种，属长江上游特有种类共2种。

4.9.4.1 齐口裂腹鱼 [*Schizothorax（Schizothorax）prenanti*]

齐口裂腹鱼隶属于鲤形目（Cypriniformes）鲤科（Cyprinidae）裂腹鱼属（*Schizo-*

thorax）。主要形态特征包括：口宽、下位、横裂。下颌具角质边缘；须2对，须与眼径等长；鳞细小；背鳍刺弱，后缘光滑或具少数锯齿。中下层鱼类，栖息于保护区皮条河干流，熊猫电站以下的水域，常在砾石河滩上刮食着生藻类。当地称为"白鱼""雅鱼"，是长江上游特有名贵鱼类，在保护区种群数量较小。

图4-7（彩版图1）　齐口裂腹鱼 [*Schizothorax*（*Schizothorax*）*prenanti*]

4.9.4.2　山鳅（*Oreias dabryi* Sauvage）

　　山鳅隶属于鲤形目（Cypriniformes）鳅科（Cobitidae）山鳅属（*Oreias*），采集于皮条河干流及各支流，为长江上游特有鱼类，当地称为"麻鱼子"，种群数量较多，味道鲜美，营养丰富，颇受当地群众欢迎。

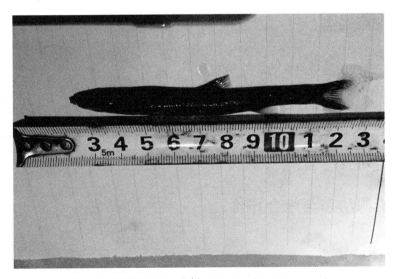

图4-8（彩版图2）　山鳅（*Oreias dabryi* Sauvage）

4.9.4.3　贝氏高原鳅 [*Trilophysa bleekeri* (Sauvage et Dabry)]

贝氏高原鳅隶属于鲤形目（Cypriniformes）鳅科（Cobitidae）高原鳅属（*Triplophysa*），采集于皮条河干流及各支流，当地称为"钢鳅"，种群数量较多，属于食用鱼类之一，且其体表具花纹，有一定的观赏价值，因此经济价值相对较高。

图4-9（彩版图3）　贝氏高原鳅 [*Trilophysa bleekeri* (Sauvage et Dabry)]

4.9.4.4　虹鳟（*Oncorhynchus mykiss*）

虹鳟隶属于鲑形目（Salmoniformes）鲑科（Salmonidae）鲑属（*Oncorhynchus*），采集于皮条河干流的溪流中，属外来引入种。该种鱼类为肉食性，适应性强，已在野外建立自然繁殖群体，对调查区域土著鱼类危胁较大。

4.9.5　生态类型

从鱼类对温度的适应性来看，在渔获物中，温水性鱼类有1种，占鱼类种类总数的25%；冷水性鱼类有3种，占鱼类种类总数的75%。杂食性鱼类仅1种，占鱼类种类总数的25%；肉食性鱼类有3种，占鱼类种类总数的75%。从成鱼栖息水层分别来看，水体底层类群所占比例较大，占种类总数的50%；次之是水体中上和中下层，各占种类总数的25%。

4.9.6　资源动态与综合评价

4.9.6.1　保护区鱼类区系组成

鱼类区系是在不同鱼类种群的相互联系及其环境条件综合因子的长期影响和适应过程中形成的。调查表明，保护区鱼类以鲤形目鳅科鱼类（占鱼类种类总数的50%）

图 4-10（彩版图 4）　虹鳟（*Oncorhynchus mykiss*）

为主，且以青藏高原类群（占鱼类种类总数的 50%）为主，兼有一定的古近纪原始类群和北方冷水性类群（分别占种类总数的 25%）的分布。保护区地处成都平原向青藏高原的过渡带，位于全球生物多样性保护核心地区，保护区的区系特征可能是对上新世青藏高原急剧隆起形成的高寒环境适应的结果（武云飞和谭齐佳，1991；陈宜瑜，1998；曾燏，2012）。

　　从生态类型来看，保护区主要以冷水性、肉食性及栖息水体底层的鱼类为主，这与保护区典型的山区冷水性溪流生境相关。保护区内水系发达，谷深山高，水流湍急，动物饵料丰富，且终年水温较低，为冷水性鱼类提供了良好的栖息环境。

　　与邓其祥和余志伟（1992）所记录的 3 目 5 科 7 属 11 种比较，除齐口裂腹鱼、贝氏高原鳅、山鳅外，虎嘉鱼、重口裂腹鱼、红尾副鳅、短体副鳅、短尾高原鳅、犁头鳅、青石爬鮡、黄石爬鮡等 8 种鱼在本次野外调查中均未出现，虽然走访结果显示，青石爬鮡在部分支流中仍有分布，但数量极少。在本次调查中发现新分布的鱼类有虹鳟等 1 种，这可能是对保护区水生生态环境变化和人为干扰（如养殖）适应的结果。

4.9.6.2　资源现状及保护

　　（1）保护区内鱼类种质资源虽不丰富，但其中有长江上游的一些特有种类（邓其祥和余志伟，1992）。随着保护区水生生态环境的变化，鱼类种类和种群数量均发生了较大的变化。鱼类趋于小型化，均重小于 100g 的鱼类共 3 种，占鱼类种类总数的 75%，一些鱼类数量急剧下降甚至处于濒危状态，如历史记载的但本次调查并未捕获的青石爬鮡、黄石爬鮡等。其原因可归为以下几点：

　　①由于历史原因，保护区鱼类资源利用较早，且没有完善的鱼类资源保护措施，渔获物量逐年递减，时至今日，许多长江上游特有鱼类（如黄石爬鮡、重口裂腹鱼、

等）甚至国家二级保护动物（如虎嘉鱼）在保护区内几乎绝迹。

②保护区小型水电站（如仓旺沟水电站、龙潭沟水电站、正河水电站、生态电站、耿达电站等）的建立，较大地改变了原有的水文条件，使适宜原有鱼类生存的场所不断减小，破坏鱼类的洄游规律，从而影响鱼类生长、繁殖等正常活动，甚至使其发生局部灭绝。

③近年来，捕鱼工具的多样化及人们对优质水产品需求的提高，导致非法捕捞（电鱼、毒鱼等）现象严重。

（2）鱼类是水生生态系统和水生生物物种多样性的重要组成部分，也是人类生存和社会发展的重要基础。为了更好地保护保护区的鱼类资源，建议：

①加强及完善保护区管理制度，提高监管力度，控制捕捞强度，制订合理捕捞规格（最小网目应为6cm，小于6cm的当封存处理），建立禁捕机制（如齐口裂腹鱼繁殖期4~5月；两种石爬鮡繁殖期7~8月；重口裂腹鱼繁殖期9~10月）。

②在综合考虑经济效益及水生生态系统发展的基础上，合理有序地建立小型水电站，定期监测分析水电站对该保护区鱼类生态环境的影响，实施生态补偿机制。

③严格规范保护区内经济鱼类养殖模式，防止此类鱼（如虹鳟）进入野生环境，对保护区的原有鱼类种群造成破坏。

④杜绝非法捕捞行为，减少野生鱼类的捕捞。同时，可开展鱼类生态学、基础生物学、驯化实验、鱼类栖息地等研究，为冷水鱼类的开发养殖奠定基础。

4.10　两栖类 ○○○ 〉

4.10.1　两栖类物种多样性

本次调查在保护区内共采集两栖动物标本 8 种，分别是山溪鲵（*Batrachuper-us pinchonii*）、华西蟾蜍（*Bufo gargarizans andrewsi*）、峨眉林蛙（*Rana omeimontis*）、绿臭蛙（*Odorrana margaretae*）、棘腹蛙（*Paa boulengeri*）、理县湍蛙（*Amolops lifanensis*）、四川湍蛙（*Amolops mantzorum*）和峨眉树蛙（*Rhacophorus omeimontis*）。结合以前调查资料，在保护区内共分布有两栖动物 18 种，隶属于 2 目 5 科 11 属（表4-26）。这些两栖动物分别为：山溪鲵、西藏山溪鲵（*Batrachuperus tibetanus*）、大齿蟾（*Oreolalax ma-jor*）、宝兴齿蟾（*Oreolalax popei*）、无蹼齿蟾（*Oreolalax schmidti*）、金顶齿突蟾（*Scutiger chintingensis*）、沙坪角蟾（*Megophrys shapingensis*）、华西蟾蜍、峨眉林蛙、日本林蛙（*Rana japonica*）、沼水蛙（*Hylarana guentheri*）、绿臭蛙、花臭蛙（*Odorrana schmackeri*）、棘腹蛙、理县湍蛙、四川湍蛙、峨眉树蛙和洪佛树蛙（*Rhacophorus hung-fuensis*）。本次调查发现，保护区是山溪鲵的新分布区域（附表11）。总体上看，保护区内两栖动物所属的分类阶元较多，在目的水平上，包括了有尾目（Caudata）和无尾目（Anura），在科、属水平上，科的数量占四川省的45.5%，属的数量也占到了四川

省的 33.3%。物种数量也比较丰富，占到四川省两栖动物的 17.5%，其中物种数量最多的是角蟾科（Megophryidae）和蛙科（Ranidae），分别有 5 和 6 个物种。其次是树蛙科（Rhacophoridaae）和小鲵科（Hynobiidae），各有 2 个物种，再次之为蟾蜍科（Bufonidae）只有 1 属 1 种。从各个水平的分类阶元看，保护区内的两栖动物体现出较高的生物多样性。

表 4-26　卧龙自然保护区与四川省的两栖动物数量比较

分类阶元	保护区的数量	四川省的数量	保护区占四川的比例（%）
目	2	2	100
科	5	11	45.5
属	11	33	33.3
种	18	103	17.5

4.10.2　空间分布

保护区的两栖类在不同海拔带的种类有较大差异。物种的地理分布与生态环境之间具有密切的关系。保护区内具有各种类型的自然生态环境，不同环境中栖息着不同种类的两栖动物。如栖居在溪流内的山溪鲵，只分布于海拔 2200m 以上的山溪内的大石块下。河沟或溪沟内生活的理县湍蛙、四川湍蛙、棘腹蛙和绿臭蛙，主要分布在保护区海拔 1000m 左右的各小河沟或溪沟内的大石块下，并在夜间时蹲于大石块上面。静水域分布的有华西蟾蜍，在保护区广泛分布。树栖的物种为峨眉树蛙。

4.10.3　栖息地

（1）山溪鲵分布于四川、云南西部，该鲵生活于山区流溪内，水流较急；溪两岸多为杉树和灌丛，枯枝落叶甚多，溪内石块较多。其生存的海拔为 1500~3950m。属于"三有"动物，在保护区为常见种。野外调查期间，在卧龙采集到样本。

（2）西藏山溪鲵分布于甘肃东南部、陕西南部、四川北部、青海东部。该鲵生活于山区或高原流溪内，多栖息于小型山溪内或泉水沟石块下，水面宽度 1~2m 左右，以石块较多的溪段数量多。其生存的海拔为 1500~4300m。野外调查期间，没有采集到样本，数量相对稀少。

（3）大齿蟾分布于四川峨眉、洪雅、都江堰、汶川、泸定、屏山。成蟾营陆栖生活，多栖于山溪附近的石洞或草皮下。其生存的海拔为 1600~2000m。野外调查期间，没有采集到样本，数量相对稀少。

（4）宝兴齿蟾分布于四川茂县、汶川、都江堰、宝兴、天全、峨眉、洪雅。该蟾生活于山区植被丰富的流溪附近，成蟾白天隐蔽在潮湿环境中，夜间行动迟缓，多爬行，有的蹲在溪边水中仅露出头部。其生存的海拔为 1000~2000m。野外调查期间，没有采集到样本，数量相对稀少。

（5）无蹼齿蟾分布于四川汶川、都江堰、宝兴、洪雅、峨眉山、石棉、冕宁。常栖于小型流溪两旁的灌丛、潮湿的土洞内或溪内石下。其生存的海拔为 1700～2400m。野外调查期间，没有采集到样本，数量相对稀少。

（6）金顶齿突蟾分布于四川峨眉、洪雅、汶川。该蟾生活于山区顶部小溪及其附近，成蟾营陆栖生活，白天栖于岸上土穴、泥洞、植物根部等潮湿环境中。其生存的海拔为 2500～3050m。野外调查期间，没有采集到样本，数量十分稀少。

（7）沙坪角蟾分布于汶川、茂县、彭州、宝兴、峨眉、峨边、石棉、冕宁、泸定、越西、昭觉、美姑、西昌、会理。该蟾生活于乔木或灌木繁茂的山区，成蟾白天多在流溪两旁岸边石下，夜间出外捕食多种昆虫、蚯蚓及其他小动物。其生存的海拔为 2000～3200m。野外调查期间，没有采集到样本，数量相对稀少。

（8）华西蟾蜍主要分布于四川、云南等横断山区。居草丛、石下或土洞中，黄昏外出觅食。"三有"动物，数量丰富。其生存的海拔为 750～3500m。野外调查期间，在卧龙、耿达、三江、映秀采集到样本。

（9）峨眉林蛙分布于甘肃文县、四川东部、重庆、贵州东部和北部、湖南、湖北。该蛙生活于平原、丘陵和山区，成蛙营陆栖生活，非繁殖期多在森林和草丛中活动，觅食昆虫、环节动物和软体动物等小动物。其生存的海拔为 250～2100m。野外调查期间，在三江采集到样本。

（10）日本林蛙分布于甘肃、河南、四川、湖北、安徽、江苏、浙江、江西、湖南、福建、台湾、广东、广西及贵州等省，国外分布于日本、朝鲜。栖息在山上或山脚边的草丛间、林木下。其生存的海拔为 20～1800m。野外调查期间，没有采集到样本，数量相对稀少。

（11）沼水蛙在国内分布于河南商城、四川、重庆、云南、贵州、湖北、安徽、湖南、江西、江苏、上海、浙江、福建、台湾、广东、香港、澳门、广西、海南，国外分布于越南，近期被人为引入关岛。该蛙生活于平原或丘陵和山区，成蛙多栖息于稻田、池塘或水坑内，常隐蔽在水生植物丛间、土洞或杂草丛中，捕食以昆虫为主，还觅食蚯蚓、田螺以及幼蛙等。其生存的海拔为 1100m 以下。野外调查期间，没有采集到样本，数量相对稀少。

（12）绿臭蛙分布于甘肃文县，山西垣曲，四川，重庆，贵州，湖北丹江口、通山，湖南桑植，广西蒙山、兴安、资源，广东新丰、连州，国外分布于越南北部。该蛙生活于山区流溪内；溪内石头甚多，水质清澈，流速湍急；溪两岸多为巨石和陡峭岩壁；乔木、灌丛和杂草繁茂。其生存的海拔为 390～2500m。野外调查期间，在卧龙采集到样本。

（13）花臭蛙分布于河南南部、四川、重庆、贵州、湖北、安徽南部、江苏宜兴、浙江、江西、湖南、广东、广西，国外分布于越南。该蛙生活于山区的大小山溪内，溪内大小石头甚多，植被较为繁茂，环境潮湿，两岸岩壁长有苔藓。其生存的海拔为

200~1400m。野外调查期间，没有采集到样本，数量相对稀少。

（14）棘腹蛙分布于陕西、山西、甘肃、四川、重庆、云南、贵州、湖北、江西、湖南、广西。该蛙生活于山区的流溪或其附近的水塘中，白天隐匿于溪底的石块下、溪边大石缝或瀑布下的石洞内；晚间出外，蹲于石块上或伏于水边，夏季常发出"梆、梆、梆"的洪亮鸣声，以捕食昆虫为主。其生存的海拔为300~1900m。野外调查期间，在三江采集到样本。

（15）理县湍蛙分布于四川理县、汶川、小金。该蛙生活于山区流溪内或其附近，白天很难见其踪迹，夜间多蹲在溪边石头上，头部朝向水面。其生存的海拔为1800~3400m。野外调查期间，在卧龙采集到样本。

（16）四川湍蛙分布于甘肃文县，四川峨眉、洪雅、石棉、峨边、天全、宝兴、彭州、都江堰、昭觉、米易、木里、冕宁、九龙、稻城、泸定、康定、甘孜、汶川、理县、茂县、平武，云南德钦、香格里拉、丽江、大姚、景东、永德、沧源、双柏、新平。该蛙生活于大型山溪、河流两侧或瀑布较多的溪段内，数量较多，白天常栖息于溪河岸边石下，夜间出外活动，多蹲在溪内或岸边石上，常常头向溪内。其生存的海拔为1000~3800m。野外调查期间，在卧龙采集到样本。

（17）峨眉树蛙分布于云南昭通，贵州，广西金秀、龙胜，四川，湖北利川，湖南宜章。该蛙生活于山区林木繁茂而潮湿的地带，常栖息在竹林、灌木和杂草丛中，或水池边石缝或土穴内。其生存的海拔为700~2000m。野外调查期间，在三江采集到样本。

（18）洪佛树蛙分布于四川都江堰、汶川。常栖息于与小溪相连的小水塘边的灌木枝叶上。其生存的海拔为1100m左右。野外调查期间，没有采集到样本，数量相对稀少。

4.10.4　区系组成

按分布型（张荣祖，1999）分析，保护区内两栖动物属东洋界物种的有14种，占保护区内两栖动物总数的77.8%；其余4种为广布种，占保护区内两栖动物总数的22.2%。在保护区内的18个两栖动物物种中，7种属南中国型，占总物种数的38.9%；11种属喜马拉雅-横断山区型，占总物种数的61.1%。在保护区分布的18个物种中，华西蟾蜍为优势物种；金顶齿突蟾为稀有物种，其余物种为常见物种。对物种数量在不同目、科、属之间的比较发现，在有尾目中，小鲵科物种数2种，无隐鳃鲵科和蝾螈科物种。在无尾目中，蛙科物种数最丰富，为8种；角蟾科次之，为5种；树蛙科有2种，蟾蜍科最少，只有1种。上述物种组成显示本地区的两栖动物区系受到喜马拉雅-横断山区型物种的较大影响。

4.10.5　重点保护两栖类

卧龙国家级自然保护区两栖类动物被列入四川省重点野生动物物种有1种，即金顶齿突蟾（*Scutiger chintingensis*），同时该种也被列入 IUCN 濒危物种红色名录中的濒危（Endangered，EN）物种（附表11）。

4.10.6　中国和四川省及区域特有两栖类

中国特有种：是指仅分布在中国境内的物种，在卧龙自然保护区，共有14种，约占保护区两栖类总数的77.8%，包括山溪鲵、西藏山溪鲵、大齿蟾、宝兴齿蟾、无蹼齿蟾、金顶齿突蟾、沙坪角蟾、华西蟾蜍、峨眉林蛙、棘腹蛙、理县湍蛙、四川湍蛙、峨眉树蛙和绿臭蛙。

四川省特有种：在卧龙自然保护区，共有3种，约占保护区两栖类总数的16.7%，包括金顶齿突蟾、大齿蟾和无蹼齿蟾。

4.10.7　极度濒危两栖类

依据 The IUCN Red List of Threatened Species（IUCN，2015），保护区内无极度濒危两栖类分布。

4.11　爬行类 ○○○＞

4.11.1　爬行类物种多样性

本次调查在保护区内共采集到爬行类 9 种，分别为铜蜓蜥（*Sphenomorphus indicus*）、王锦蛇（*Elaphe carinata*）、黑眉锦蛇（*Elaphe taeniura*）、颈槽蛇（*Rhabdophis nuchalis*）、乌梢蛇（*Zaocys dhumnades*）、翠青蛇（*Cyclophiops major*）、赤链蛇（*Dinodon rufozonatum*）、虎斑颈槽蛇（*Rhabdophis tigrinus lateralis*）和菜花原矛头蝮（*Protobothrops jerdonii*）。结合以前调查资料，在保护区内共分布有爬行动物 19 种，隶属于 1 目 4 科 14 属（表4-27）。这些爬行动物分别为：长肢滑蜥（*Scincella doriae*）、铜蜓蜥、美姑脊蛇（*Achalinus meiguensis*）、黑脊蛇（*Achalinus spinalis*）、锈链腹链蛇（*Amphiesma craspedogaster*）、翠青蛇、赤链蛇、王锦蛇、横斑锦蛇（*Elaphe perlacea*）、紫灰锦蛇（*Elaphe porphyracea*）、黑眉锦蛇、福建颈斑蛇（*Plagiopholis styani*）、斜鳞蛇（*Pseudoxenodon macrops sinensis*）、颈槽蛇、虎斑颈槽蛇、乌梢蛇、丽纹蛇（*Calliophis macclellandi*）、山烙铁头蛇（*Ovophis monticola*）和菜花原矛头蝮（附表12）。与以前调查的资料相比，卧龙自然保护区没有发现新物种分布。爬行类中，游蛇科（Colubridae）的数量占绝对优势，为 9 属 14 种，占本保护区属数和种数的 64.3% 和 73.7%，其次是石龙子科（Scincidae）和蝰科（Viperidae）各 2 属 2 种；眼镜蛇科（Elapidae）只有 1 属 1 种。

表 4-27　卧龙自然保护区与四川省的爬行动物数量比较

分类阶元	保护区的数量	四川省的数量	保护区占四川的比例（%）
目	1	3	33.3
科	4	14	28.6
属	14	47	29.8
种	19	102	18.6

4.11.2　空间分布

卧龙自然保护区的爬行类在不同海拔带的种类有一定差异。物种的地理分布与生态环境之间具有密切的关系。保护区内具有各种类型的自然生态环境，不同环境中栖息着不同种类的爬行动物。在保护区内，爬行动物在不同生境带分布物种和数量均显著不同，在常绿阔叶林带和常绿落叶阔叶林混交林带的物种和相对数量分布最多。调查及相关资料表明：海拔 700~1000m 之间，代表动物有翠青蛇、丽纹蛇、赤链蛇和乌梢蛇。海拔 1000~1900m 之间，主要分布有黑脊蛇、铜蜓蜥、美姑脊蛇、福建颈斑蛇、紫灰锦蛇、锈链腹链蛇、颈槽蛇、王锦蛇、虎斑颈槽蛇、山烙铁头蛇和菜花原矛头蝮。在海拔 1900~2600m 之间，主要分布有黑眉锦蛇、斜鳞蛇和横斑锦蛇。海拔 3000m 左右主要分布着长肢滑蜥。

4.11.3　栖息地

（1）长肢滑蜥分布于四川、云南，栖息于低海拔地区的竹林或干扰较少的果园等开垦环境。生活在海拔 3000m 左右的向阳山坡上，白天多活动于灌丛或草丛间，亦隐匿于乱石下。主要捕食小型昆虫。卵胎生。属于"三有"动物。野外调查期间，没有采集到样本，数量相对稀少。

（2）铜蜓蜥国外分布在印度、缅甸、泰国，国内分布于大陆及台湾。栖息于平原及山地阴湿草丛中以及荒石堆或有裂缝的石壁处，其生存的海拔为 1000~3800m。属于"三有"动物。野外调查期间，在卧龙、耿达、三江采集到样本。

（3）美姑脊蛇分布于四川、云南。生活习性为穴居，以蚯蚓为食，一般生活于山区常绿阔叶林带。其生存的海拔范围为 1500~1800m。属于"三有"动物。野外调查期间，没有采集到样本，数量相对稀少。

（4）黑脊蛇分布于中国大陆的江苏、浙江、安徽、福建、江西、湖北、湖南、广西、四川、贵州、云南、陕西、甘肃等地，国外分布于日本和越南。生活习性为穴居，常生活于山区以及长江沿岸。其生存的海拔范围为 1400~2000m。属于"三有"动物。野外调查期间，没有采集到样本，数量相对稀少。

（5）锈链腹链蛇分布于山西、江苏、浙江、安徽、福建、江西、河南、湖北、湖南、广西、四川、贵州、陕西、甘肃。其主要生活于山区、常见于水域附近以及或路边、草丛中。其生存的海拔范围为100~1860m。属于"三有"动物。野外调查期间，没有采集到样本，数量相对稀少。

（6）翠青蛇分布于我国南方中低海拔地区靠近山区的地方，包括广东、广西、江苏、安徽、浙江、江西、福建、海南、台湾、河南、湖北、湖南、甘肃、贵州、云南、四川等省，国外分布于越南。栖息于中低海拔的山区，丘陵和平地，常于草木茂盛或荫蔽潮湿的环境中活动。不论白天晚上都会活动，但白天较常出现。以蚯蚓、蛙类及小昆虫为食。其生存的海拔范围为300~1700m。属于"三有"动物。野外调查期间，在卧龙采集到样本。

（7）赤链蛇分布于中国台湾岛以及河北、山西、辽宁、吉林、黑龙江、江苏、浙江、安徽、福建、江西、山东、河南、湖北、湖南、广东、海南、广西、四川、贵州、云南、陕西、甘肃，上海等地，国外分布于朝鲜和日本。栖息在田野、村庄、住宅及水源附近，在村民住院内也常有发现。以树洞、坟洞、地洞或石堆、瓦片下为窝，野外废弃的土窑及附近多有发现。其生存的海拔范围为100~1800m。属于"三有"动物。野外调查期间，在卧龙采集到样本。

（8）王锦蛇分布于河南、山东、陕西、四川、云南、贵州、湖北、安徽、江苏、浙江、江西、湖南、福建、台湾、广东、广西等地。国外分布于越南、日本。生活在丘陵和山地，在平原的河边、库区及田野。其生存的海拔范围为250~2220m。属于"三有"动物。野外调查期间，在卧龙、三江采集到样本。

（9）横斑锦蛇分布于四川西部。生活于湿润山地落叶阔叶林下或农耕地周围的草、灌丛中。其生存的海拔范围为2000~2500m。属于"三有"动物。野外调查期间，没有采集到样本，数量相对稀少。

（10）紫灰锦蛇分布于河南、四川、贵州、云南、西藏、陕西、甘肃、江苏、浙江、安徽、福建、台湾、江西、湖南、广东、海南、广西等，国外分布于印度、缅甸、泰国、马来西亚和印度尼西亚。生活于山区的林缘、路旁、耕地、溪边及居民点，以小型啮齿类动物为食。其生存的海拔范围为200~2400m。属于"三有"动物。野外调查期间，没有采集到样本，数量相对稀少。

（11）黑眉锦蛇分布于安徽、福建、北京、河北、河南、四川、贵州、云南、江西、湖南、广东、海南、广西西藏、陕西、甘肃、江苏、浙江、台湾等，国外分布于朝鲜、越南、马来半岛北半部、老挝、缅甸、印度（大吉岭，阿萨姆）、日本。生活于平原、丘陵和山区的河边、稻田和住宅附近。其生存的海拔范围为100~3000m。属于"三有"动物。野外调查期间，在三江采集到样本。

（12）福建颈斑蛇分布于浙江、安徽、福建、江西、广西、四川、甘肃等地。生活于高山森林、阔叶林、混生林、竹林和草原中，以蚯蚓和节肢动物为食。其生存的海拔范围为900~1500m。属于"三有"动物。野外调查期间，没有采集到样本，数量相对稀少。

（13）斜鳞蛇分布于福建、河南、湖北、湖南、广西、四川、贵州、云南、西藏、陕西、甘肃、台湾岛等地，国外分布于印度、尼泊尔、缅甸、泰国和越南。栖息于高原山区以及山溪边、路边、菜园地、石堆上。其生存的海拔范围为700~2700m。属于"三有"动物。野外调查期间，没有采集到样本，数量相对稀少。

（14）颈槽蛇分布于四川、甘肃、广西、贵州、湖北等。生活于山区路边、草丛、石堆间、耕作地或水域附近。其生存的海拔范围为600~2000m。属于"三有"动物。野外调查期间，在卧龙、耿达采集到样本。

（15）虎斑颈槽蛇分布于天津、河北、山西、内蒙古、辽宁、吉林、黑龙江、江苏、浙江、安徽、福建、台湾、江西、山东、河南、湖南、湖北、广西、四川、贵州、云南、西藏、陕西、甘肃、青海、宁夏等。生活于山地、丘陵、平原地区的河流、湖泊、水库、水渠、稻田附近。其生存的海拔范围为800~1500m。属于"三有"动物。野外调查期间，在幸福沟采集到样本。

（16）乌梢蛇分布于河北、河南、陕西、山东、甘肃、四川、贵州、湖北、安徽、江苏、浙江、江西、湖南、福建、台湾、广东、广西。栖息在平原、低山区或丘陵，于田野、农舍中也能经常见到，春末至初秋季节常常出现在农田和农舍附近。其生存的海拔范围为50~1570m。属于"三有"动物。野外调查期间，在卧龙、三江采集到样本。

（17）丽纹蛇分布于江苏、浙江、安徽、福建、江西、湖南、海南、广东、广西、四川、重庆、贵州、云南、西藏、甘肃以及台湾岛等地，国外分布于印度、尼泊尔、缅甸、老挝、越南。栖息于山区森林中，夜间活动，天性格懒惰，相对温和，有时藏于地表枯枝败叶下。其生存的海拔范围为200~1400m。属于"三有"动物。野外调查期间，没有采集到样本，数量相对稀少。

（18）山烙铁头蛇广泛分布于我国南部地区，国外分布于尼泊尔、不丹、印度、缅甸、泰国、马来西亚等。栖息于灌木林、草丛、茶山、耕地、路边，夜晚进入农舍周围、院内柴火堆等。其生存的海拔范围为300~2600m。属于"三有"动物。野外调查期间，没有采集到样本，数量相对稀少。

（19）菜花原矛头蝮分布于重庆、甘肃、广西、贵州、河南、湖北、湖南、山西、陕西、四川、西藏、云南，国外分布于尼泊尔、印度、缅甸、越南。其生存的海拔范围为1500~3000m。属于"三有"动物。野外调查期间，在卧龙、耿达、三江采集到样本。

4.11.4　区系组成

按分布型（张荣祖，1999）分析，保护区内爬行动物属东洋界物种的有9种，占保护区内爬行动物总数的47.37%；其余10种为广布种，占保护区内爬行动物总数的52.63%。在保护区内的19个爬行动物物种中，8种属南中国型，占总物种数的42.11%；7种属于东洋型，占总数的36.84%；3种属喜马拉雅-横断山区型，占总物种数的 15.79%；1 种属于季风型，占总数的 5.26%。在 19 个物种中，相对数量较多的为铜蜓蜥和菜花原矛头蝮，为保护区的优势物种；横斑锦蛇为稀有物种，其余物种为常见种。对物种数量在不同目、科、属之间的比较发现，在蜥蜴亚目中，石龙子科物种数 2 种，无壁虎科、鬣蜥科、蛇蜥科和蜥蜴科物种。在蛇亚目中，游蛇科物种数最为丰富，有 14 种；蝰科次之，为 2 种；眼镜蛇科最少，为 1 种。

4.11.5　重点保护爬行类

在卧龙自然保护区爬行类动物中没有被列入国家重点保护一、二级名录、也没有被列入濒危野生动植物种国际贸易公约（CITES 公约）附录 I 和 II（CITES，2013）和被列入 IUCN 红色名录（IUCN，2015）或四川省重点保护野生动物物种。

4.11.6　中国和四川省及区域特有爬行类

中国特有种则是指仅分布在中国境内的物种，卧龙自然保护区共有 3 种，约占保护区爬行类总数的 15.8%，分别为美姑脊蛇、锈链腹链蛇和横斑锦蛇。

四川省特有种：在卧龙自然保护区共有 1 种即美姑脊蛇，约占整个保护区爬行类物种总数的 0.1%。

4.11.7　极度濒危爬行类

依据 The IUCN Red List of Threatened Species（IUCN，2015），保护区内无极度濒危爬行类分布。

4.12　鸟类 ○○○＞

4.12.1　鸟类物种多样性

有关保护区鸟类资源调查的公开报道曾见于《卧龙自然保护区的脊椎动物》（余志伟等，1983），记录保护区内的鸟类 232 种，隶属 13 目 38 科；以及《卧龙自然保护区鸟类调查报告》（余志伟等，1993），记录鸟类 281 种另 3 亚种。本次调查参照郑光美《中国鸟类分类与分布名录》2017（第三版）、约翰·马敬能等《中国鸟类野外手册》、李桂垣《四川鸟类原色图鉴》、张俊范《四川鸟类鉴定手册》，共记录鸟类 332 种，其中调查目击 303 种，资料记载 11 种，调查访问 18 种，隶属 18 目 61 科 185 属。其中非雀形目鸟类 112 种，占保护区鸟类总数的 33.73%，雀形目鸟类 220 种，占保护区鸟类总数的 66.27%，雀形目鸟类为保护区内鸟类物种的主要组成部分。其单科物种在 10

种以上的有鹟科（Muscicapidae）38 种、燕雀科（Fringillidae）24 种、鹰科（Accipitridae）17 种、柳莺科（Phylloscopidae）14 种、雉科（Phasianidae）14 种、莺鹛科（Sylviidae）12 种、噪鹛科（Leiothrichidaea）12 种、啄木鸟科（Picidae）12 种、山雀科（Paridae）11 种、鸭科（Anatidae）11 种、鸫科（Turdidae）10 种等，其中鹰科和鸭科的物种种类较以往的调查结果有所增加。保护区特殊的气候条件与地理环境和复杂多样的栖息环境，成就了保护区鸟类的多样性和丰富度。

在 332 种鸟类中，有留鸟 190 种，夏候鸟 74 种，旅鸟 23 种，冬候鸟 24 种，迷鸟 1 种，留居状况不详的 20 种。保护区鸟类组成情况见表 4-28。

表 4-28 卧龙自然保护区鸟类目、科及物种组成

目	科	物种数	占总数百分比（%）	古北界	东洋界	广布种
一. 鸡形目 Galliformes	1. 雉科 Phasianidae	14	4.22	10	3	1
二. 雁形目 Anseriformes	2. 鸭科 Anatidae	11	3.31	9	2	
三. 鹛䴙目 Podicipediformes	3. 䴙䴘科 Podicipedidae	3	0.90	2		1
四. 鸽形目 Columbiformes	4. 鸠鸽科 Columbidae	6	1.81	3	2	1
五. 夜鹰目 Caprimulgiformes	5. 夜鹰科 Caprimulgidae	1	0.30		1	
	6. 雨燕科 Apodidae	3	0.90		3	
六. 鹃形目 Cuculiformes	7. 杜鹃科 Cuculidae	8	2.41		8	
七. 鹤形目 Gruiformes	8. 秧鸡科 Rallidae	2	0.60		2	
八. 鸻形目 Charadriiformes	9. 鹮嘴鹬科 Ibidorhynchidae	1	0.30	1		
	10. 鸻科 Charadriidae	2	0.60	2		
	11. 鹬科 Scolopacidae	8	2.41	7	1	
	12. 三趾鹑科 Turnicidae	1	0.30	1		
	13. 燕鸻科 Glareolidae	1	0.30		1	
九. 鹳形目 Ciconiiformes	14. 鹳科 Ciconiidae	1	0.30			1
十. 鲣鸟目 Suliformes	15. 鸬鹚科 Phalacrocoracidae	1	0.30			1
十一. 鹈形目 Pelecaniformes	16. 鹭科 Ardeidae	4	1.20		3	1
十二. 鹰形目 Accipitriformes	17. 鹰科 Accipitridae	17	5.12	12	3	2
十三. 鸮形目 Strigiformes	18. 鸱鸮科 Strigidae	9	2.71	4	4	1
十四. 犀鸟目 Bucerotiformes	19. 戴胜科 Upupidae	1	0.30			1
十五. 佛法僧目 Coraciiformes	20. 翠鸟科 Alcedinidae	2	0.60		1	1
十六. 啄木鸟目 Piciformes	21. 啄木鸟科 Picidae	12	3.61	5	5	2
十七. 隼形目 Alconiformes	22. 隼科 Falconidae	4	1.20	3		1
非雀形目合计	22	112	33.73	59	39	14
十八. 雀形目 Passeriformes	23. 黄鹂科 Oriolidae	1	0.30		1	
	24. 莺雀科 Vireonidae	1	0.30		1	
	25. 山椒鸟科 Campephagidae	3	0.90		3	
	26. 扇尾鹟科 Rhipiduridae	1	0.30		1	

（续）

目	科	物种数	占总数百分比（％）	区系从属 古北界	区系从属 东洋界	区系从属 广布种
	27. 卷尾科 Dicruridae	2	0.60		2	
	28. 伯劳科 Laniidae	4	1.20	3	1	
	29. 鸦科 Corvidae	9	2.71	7	1	1
	30. 玉鹟科 Stenostiridae	1	0.30		1	
	31. 山雀科 Paridae	11	3.31	6	4	1
	32. 百灵科 Alaudidae	2	0.60	2		
	33. 扇尾莺科 Cisticolidae	2	0.60			2
	34. 鳞胸鹪鹛科 Pnoepygidae	2	0.60		2	
	35. 蝗莺科 Locustellidae.	2	0.60		2	
	36. 燕科 Hirundinidae	3	0.90	3		
	37. 鹎科 Pycnonotidae	4	1.20		4	
	38. 柳莺科 Phylloscopidae	14	4.22	8	6	
	39. 树莺科 Cettiidae	7	2.11	1	6	
	40. 长尾山雀科 Aegithalidae	5	1.51	3	2	
	41. 莺鹛科 Sylviidae	12	3.61	9	3	
	42. 绣眼鸟科 Zosteropidae	5	1.51	1	4	
	43. 林鹛科 Timaliidae	3	0.90		3	
	44. 幽鹛科 Pellorneidae	3	0.90		3	
	45. 噪鹛科 Leiothrichidae	12	3.61	6	6	
	46. 旋木雀科 Certhiidae	3	0.90	2	1	
	47. 䴓科 Sittidae	3	0.90	3		
	48. 鹪鹩科 Troglodytidae	1	0.30	1		
	49. 河乌科 Cinclidae	2	0.60	2		
	50. 椋鸟科 Sturnidae	1	0.30		1	
	51. 鸫科 Turdidae	10	3.00	9		1
	52. 鹟科 Muscicapidae	38	11.44	28	10	
	53. 戴菊科 Regulidae	1	0.30	1		
	54. 太平鸟科 Bombycillidae	2	0.60	2		
	55. 花蜜鸟科 Nectariniidae	1	0.30		1	
	56. 岩鹨科 Prunellidae	4	1.20	4		
	57. 梅花雀科 Estrildidae	2	0.60		2	
	58. 雀科 Passeridae	4	1.20	1	1	2
	59. 鹡鸰科 Motacillidae	8	2.41	6		2
	60. 燕雀科 Fringillidae	24	7.21	21	1	2
	61. 鹀科 Emberizidae	7	2.11	6	1	
雀形目合计	39	220	66.27	135	74	11
总 计 18	61	332	100	194	113	25

4.12.2　栖息地与空间分布

参考保护区内地理环境、生态群落、植被类型及其海拔高度等因素，鸟类栖息地及其空间分布大致可划分为：河谷水域区、阔叶林带、针阔混交林带、针叶林带和高山灌丛草甸带等五种类型。

4.12.2.1　河谷水域区

保护区河谷水域区主要为皮条河水域、河漫滩及其附近灌丛的鸟类，海拔通常低于 2200m 以下，植被以灌丛与阔叶林为主，其间杂有少量农耕地。

皮条河由西南至东北方向横贯保护区，沿途接纳众多小支流汇入，主要河段多为深切沟谷，水流湍急、少有鸟类栖息。皮条河有多处水电站和小型人工水坝，电站水坝拦截河道形成的宽阔水面与小型人工水坝形成的较为平缓河滩，为水鸟提供了非常有限的、但是也十分重要的一类栖息和觅食环境。如熊猫电站附近的上下河道，时常可见鸻鹬类、鹭类、河乌、鹡鸰，燕尾、溪鸲和水鸲等鸟类活动，迁徙季节也是雁鸭类停歇的重要栖息地。河道两岸林带是该区林鸟的主要活动区域。

该区域栖息鸟类 77 种，占保护区鸟类的 24.29%。其中东洋界种类 45 种，占 58.44%；古北界种类 24 种，占 31.17%。本区域有繁殖鸟 26 种，占 33.77%。鸟类组成成分以东洋界物种为主。

4.12.2.2　阔叶林带

保护区内常绿阔叶林带无典型的林相特征或特征不甚明显，为此将常绿阔叶林与常绿与落叶阔叶混交林统归为阔叶林带。阔叶林带相对海拔较低，乔木种类丰富、林下灌丛密被，是绝大多数鸟类的栖息地，此带也是栖息鸟类种类最多、密度最大的区域。常见种类有鸫科（Turdidae）、鹟科（Muscicapidae）、画眉科（Timaliidae）、莺科（Sylviidae）、山雀科（Paridae）和鹀科（Emberizidae）中的大部分鸟类。雉科（Phasianidae）中的红腹锦鸡（*Chrysolophus pictus*）与白腹锦鸡（*C. amherstiae*）也主要栖息于本带。

本带有栖息鸟类 167 种，占保护区鸟类的 52.68%，涵盖保护区鸟类一半以上。其中东洋界种类 92 种，占 55.09%；古北界种类 61 种，占 36.53%。本区域有繁殖鸟 113 种，占 67.66%。鸟类组成成分以东洋界物种为主。

4.12.2.3　针阔混交林带

此栖息带鸟类物种也十分丰富，仅次于阔叶林带。主要栖息有杜鹃科（Cuculidae）、鸱鸮科（Strigidae）、山椒鸟科（Campephagidae）、鸫科（Turdidae）、画眉科（Timaliidae）、啄木鸟科（Picidae）、䴓科（Sittidae）等鸟类，雉科（Phasianidae）中的白马鸡（*Crossoptilon crossoptilon*）、血雉（*Ithaginis cruentus*）、勺鸡（*Pucrasia macrolopha*）也栖息于此带。

本带有栖息鸟类 157 种，占保护区鸟类的 49.53%。其中东洋界种类 71 种，占 45.22%；古北界种类 79 种，占 53.32%。本区域有繁殖鸟 94 种，占 59.87%。鸟类组成成分以古北界物种为主。

4.12.2.4　针叶林带

该带常见的种类有莺科（Sylviidae）中的柳莺类，啄木鸟科（Picidae）、山雀科（Paridae）的黑冠山雀（*Periparus rubidiventris*）、绿背山雀（*Parus monticolus*），雀鹛类以及斑尾榛鸡（*Tetrastes sewerzowi*）、红喉雉鹑（*Tetraophasis obscurus*）、血雉（*Ithaginis cruentus*）等。

本带有栖息鸟类 131 种，占保护区鸟类的 41.32%。其中东洋界种类 52 种，占 39.96%；古北界种类 68 种，占 51.91%。本区域有繁殖鸟 76 种，占 58.02%。鸟类组成成分以古北界物种为主。

4.12.2.5　高山灌丛草甸带

本带包涵部分有高山裸岩与流石滩地区。此栖息地属高寒、高海拔、自然条件较为恶劣地区，除几种常年留居的雉类如雪鹑（*Lerwa lerwa major*）、藏雪鸡（*Tetraogallus tibetanus*）外，鸟类呈现显著的季节性分布特征。每年 5～10 月可见为数不少的高山岭雀（*L. brandti*）、蓝大翅鸲（*Grandala coelicolor*）、领岩鹨（*Prunella collaris*）、棕胸岩鹨（*P. strophiata*）、鸲岩鹨（*P. rubeculoides*）等鸟类在此栖息带繁殖后代。其他常见鸟类有白喉红尾鸲（*P. schisticeps*）、暗胸朱雀（*Procarduelis nipalensis*）、红嘴山鸦（*Pyrrhocorax pyrrhocorax*）、黄嘴山鸦（*P. graculus*）等。分布与本带少量的高山湖泊季节性为候鸟及其为数不多的鸻鹬类提供停歇与觅食场所。

本带有栖息鸟类 51 种，占保护区鸟类的 16.09%。其中东洋界种类 10 种，占 19.61%；古北界种类 38 种，占 74.51%。本区域有繁殖鸟 36 种，占 70.59%。鸟类组成成分以古北界物种为主。

保护区鸟类的空间分布上，阔叶林带与针阔混交林带无论从物种上和数量上来看都是最丰富的，鸟类栖息环境适宜程度最高。

4.12.3　区系组成

保护区鸟类区系从属关系有主要和完全分布与古北界的鸟类 182 种，占保护区鸟类总数的 54.82%；主要和完全分布与东洋界的鸟类 122 种，占鸟类总数的 36.75%；广布种 28 种，占鸟类总数的 8.44%。鸟类区系组成以古北界物种为主，并占有绝对优势。

在非雀形目鸟类中，古北界物种以鹰科（Accipitridae）、雉科（Phasianidae）、鸭科（Anatidae）和鹬科（Scolopacidae）的物种为主要组成部分；而东洋界物种则以杜鹃科（Cuculidae）、鸱鸮科（Strigidae）和啄木鸟科（Picidae）的物种为主要组成。

雀形目鸟类中，古北界物种以鹟科（Muscicapidae）、燕雀科（Fringillidae）、鸫科（Turdidae）、柳莺科（Phylloscopidae）和鸦科（Corvidae）中的北方型鸟类为主要组成；东洋界物种以鹟科（Muscicapidae）、噪鹛科（Leiothrichidaea）、燕雀科（Fringillidae）、柳莺科（Phylloscopidae）和莺鹛科（Sylviidae）中的南方型物种为主要组成。从本次调查结果来看，古北界物种与东洋界物种的比例为48.65∶39.94，两界物种组成比例相差较大，并古北界物种有升高的趋势。古北界物种与东洋界物种比例与以往的调查结果53.30∶40.09（余志伟等，1983）以及48.73∶40.25（余志伟等，1993）有所差异，分析其原因在于：在4~5月和10~11月间，由于候鸟迁徙过程中的北方种类如雁鸭类、猛禽类的过境或停息，使古北界物种种类在数量上在一定时期中发生变化和有所增加，而造成两者比例间的差异。如2016年11月，仅在一周的时间里在熊猫电站就观察到7种不同雁鸭类和鹬鸻类水鸟，呈现出数量少、停留时间短、种类变化快的特点。4月底至5月初在高山地带亦可看见猛禽类迁徙过境的场面。

卧龙自然保护区在动物地理区划上属西南区西南山地亚区，此区呈现相对海拔落差大、植被垂直分布明显、生境复杂多样化的特点。主要代表种类有白马鸡（*Crossoptilon crossoptilon*）、绿尾虹雉（*Lophophorus lhuysii*）、红腹角雉（*Tragopan temminckii*）等，动物地理特征明显。华东区东部丘陵平原亚区、西部山地高原亚区的代表种类如黄臀鹎（*Pycnonotus xanthorrhous*）、领雀嘴鹎（*Spizixos semitorques*）、红头长尾山雀（*Aegithalos concinnus*）、强脚树莺（*Horornis fortipes*）、大嘴乌鸦（*Corvus macrorhynchos*）、灰背伯劳（*Lanius tephronotus*）、红腹锦鸡（*Chrysolophus pictus*）等，在保护区内亦有较多的数量和广泛的分布。东北区常见种类与星鸦（*Nucifraga caryocatactes*）、黑啄木鸟（*Dryocopus martius*）、牛头伯劳（*Lanius bucephalus*）等亦有少量分布。

保护区鸟类区系组成上，兼具古北界和东洋界成分，以古北界成分为主。鸟类物种区系混杂明显，与保护区所处的地理位置和气候环境有关，处于古北界物种与东洋界物种的交汇和过渡区域。

4.12.4　重点保护鸟类

保护区内有国家一级重点保护野生动物黑鹳（*Ciconia nigra*）、胡兀鹫（*Gypaetus barbatus*）、金雕（*Aquila chrysaetos*）、斑尾榛鸡（*Bonasa sewerzowi*）、红喉雉鹑（*Tetraophasis obscurus*）、绿尾虹雉（*Lophophorus lhuysii*）等6种，有国家Ⅱ级重点保护野生动物34种，主要鸟类为鹰形目（Accipitriformes）和鸮形目（Strigiformes）猛禽，分别为18种和9种；雉类5种，另有鸳鸯（*Aix galericulata*）和小鸦鹃（*Centropus bengalensis*）各1种；有四川省重点保护野生动物11种。

4.12.4.1　黑鹳（*Ciconia nigra*）

国家一级重点保护野生动物，CITES中为附录Ⅱ物种。

大体型的黑色鹳类，下胸、腹部及尾下白色，嘴及腿红色。黑色部位具绿色和紫色的光泽。飞行时翼下黑色，仅三级飞羽及次级飞羽内侧白色。眼周裸露皮肤红色。繁殖于中国北方，越冬至长江以南地区及台湾。栖息于河流沿岸、沼泽山区溪流附近。多在山区悬崖峭壁的凹处石沿或浅洞处营巢繁殖后代。食物主要是鱼类蛙类，也食蝼蛄、蟋蟀、龙虱等昆虫及蛇和甲壳动物。

迁徙季节罕见于保护区内。

4.12.4.2　胡兀鹫（*Gypaetus barbatus*）

国家一级重点保护野生动物，在中国红皮书中列为易危（V），CITES 中为附录Ⅱ物种。

体大的皮黄色鹫，分布于非洲、南欧、中东、东亚及中亚，在中国主要分布于西部及中部山区。栖息于海拔 3000m 以上的高山，高可至海拔 7000m，食动物尸体，亦食中小型兽类。当食物缺乏时也捕捉山羊、雉鸡、家畜等为食。在巴朗山、熊猫之巅以及花岩子一线可见其踪影。

4.12.4.3　金雕（*Aquila chrysaetos*）

国家一级重点保护野生动物，在中国红皮书中列为易危（V），CITES 中为附录Ⅱ物种。

金雕为大型猛禽，体长 76～105cm。体羽暗褐色，头、颈颜色呈金黄色；尾较长而圆，灰褐色，具黑色横斑和端斑。通常在高空翱翔盘旋，翱翔时两翅上举成 V 字形。栖息于高山裸岩、草原、荒漠、河谷和森林地带，冬季亦可在山地丘陵和山脚平原地带见其活动踪影。在英雄沟、巴朗山等地有观察记录。

4.12.4.4　斑尾榛鸡（*Tetrastes sewerzowi*）

国家一级重点保护野生动物，中国特有种。中国红皮书列为濒危（E），IUCN 列为近危物种。

斑尾榛鸡又称羊角鸡，体型小（33cm）而满布褐色横斑的松鸡。具明显冠羽，黑色喉块外缘白色。上体多褐色横斑而带黑。外侧尾羽近端黑而端白。眼后有一道白线，肩羽具近白色斑块，翼上覆羽端白。下体胸部棕色，及至臀部渐白，并密布黑色横斑。雌鸟色暗，喉部有白色细纹，下体多皮黄色。分布于海拔 2500～4000m 处针阔混交林、冷杉林或杜鹃灌丛中。

4.12.4.5　红喉雉鹑（*Tetraophasis obscurus*）

国家一级重点保护野生动物，中国特有种。中国红皮书列为稀有（R）。

红喉雉鹑为体大的灰褐色鹑类。分布青藏高原东部至中国中部，全球性近危。喜栖息于海拔 3200～3800m 的高山杜鹃灌丛中，偶见于针叶林及针阔混交林，常出没于杜鹃林中的空地。保护区境内区域性常见种，，

4.12.4.6　绿尾虹雉（*Lophophorus lhuysii*）

国家一级重点保护野生动物和我国特有种。中国红皮书列为濒危（E），IUCN 列为

濒危（EV），CITES 中附录 I 物种。

　　绿尾虹雉又名贝母鸡、火炭鸡，属大型鸡类，成年雄性个体体长可达 80cm 左右。雌雄异色。雄鸟体羽主要为深蓝色，具金属光泽，后颈及上背赤铜色而具金属光泽；下背及腰白色；尾辉蓝色。雌鸟深栗色，下背和腰白色。保护区内绿尾虹雉多栖息于林线以上海拔 3200～4800m 左右的针叶林、杜鹃林、高山草甸、灌丛和裸岩地带，尤其喜欢多陡岩崖和岩石的高山灌丛和灌丛草甸生境；冬季常下到海拔 3200m 左右的林缘灌丛地带成对或小群活动。本次调查在正河、花岩子、寡妇山、干海子等多处绿尾虹雉适宜生境中观察到绿尾虹雉活动。

4.12.5　中国和四川省及区域特有鸟类

　　参照郑光美《中国鸟类分类与分布名录》（2017 第三版）公布的中国特有鸟类 93 种，保护区有中国特有鸟类：斑尾榛鸡（*Tetrastes sewerzowi*）、红喉雉鹑（*Tetraophasis obscurus*）、灰胸竹鸡（*Bambusicola thoracicus*）、绿尾虹雉（*Lophophorus lhuysii*）、白马鸡（*Crossoptilon crossoptilon*）、红腹锦鸡（*Chrysolophus pictus*）、红腹山雀（*Pocecile davidi*）、黄腹山雀（*Pardaliparus venustulus*）、凤头雀莺（*Leptopoecile elegans*）、银脸长尾山雀（*Aegithalos fuliginosus*）、宝兴鹛雀（*Moupinia poecilotis*）、中华雀鹛（*Fulvetta striaticollis*）、三趾鸦雀（*Cholornis paradoxus*）、白眶鸦雀（*Sinosuthora conspicillatus*）、斑背噪鹛（*Garrulax lunulatus*）、大噪鹛（*Garrulax maximus*）、橙翅噪鹛（*Trochalopteron elliotii*）、四川旋木雀（*Certhia tianquanensis*）、乌鸫（*Turdus mandarinus*）、宝兴歌鸫（*Turdus mupinensis*）、斑翅朱雀（*Carpodacus trifasciatus*）、蓝鹀（*Emberiza siemsseni*）等共计 22 种。占中国特有种鸟类的 24%，占保护区鸟类总数的 6.6%。中国特有种四川林鸮（*Strix davidi*）在保护区疑有分布，有待进一步核实。

4.13　兽类 ○○○〉

4.13.1　小型兽类

4.13.1.1　样地分布

　　在海拔 1005～4100m 之间设置采集点，采集地点有卧龙镇、英雄沟、邓生保护站、五一棚、核桃坪、耿达镇、三江镇、蒿子坪、席草林村、花岩子等（表 4-29）。每个采样点共设置 4 条样带，每个样带包括 100 个鼠铗，鼠铗覆盖该地段内所有小生境，铗距 1m，同时根据地形放置 30 个鼠笼。采集日共 56 天，共放置鼠铗和鼠笼 24080 次。

表4-29 卧龙自然保护区小型兽类野外采集地点

采集地点	样地海拔（m）
三江保护站	1000~1750
席草村	1400~1600
耿达镇	1550
耿达镇正河	1600~1800
核桃坪	1800
蒿子坪保护站	1700~1900
三道桥	2200
五一棚	2500
英雄沟	2400~2900
邓生沟	2800~2950
贝母坪	3400
邓生保护站	2800~3550
卧龙镇	1900~3500
花岩子	3450~3550
巴朗山	4100

4.13.1.2 调查结果

三次野外调查共置夹24080次，采集小型兽类样本数1324个，总捕获率为5.40%。经鉴定，包括物种31种，隶属5目8科。其中啮齿目3科（松鼠科、仓鼠科、鼠科）15种，捕获数占总数量的74.32%；兔形目1科（鼠兔科）2种，捕获数仅占总数量的1.96%；食肉目1科（鼬科）1种，捕获数仅占总数量的0.38%；鼩形目2科（鼩鼱科、鼹科）12种，捕获数占总数量的22.13%；猬形目1科（猬科）1种，捕获数占总数量的0.15%；标本由于各种原因无法识别的占总数量的0.76%。在捕获的物种中，捕获数较多的物种依次为社鼠、中华姬鼠、四川短尾鼩，其捕获率依次为29.31%、27.95%、8.84%。捕获数较少的有隐纹花松鼠、史密斯长尾鼩、鼩猬、长尾鼩鼱、小纹背鼩鼱、白腹巨鼠，其捕获率依次为0.08%、0.15%、0.15%、0.15%、0.15%、0.15%。

经鉴定所获标本，结合访问及参阅文献资料（孙治宇等，2005），四川卧龙国家级自然保护区共有小型兽类5目17科48属92种。其中猬形目1科1种，占保护区有分布小型兽类1.08%；鼩形目2科25种，占保护区有分布小型兽类26.88%；翼手目3科18种，占保护区有分布小型兽类19.34%；啮齿目9科42种，占保护区有分布小型兽类45.16%；兔形目2科6种，占保护区有分布小型兽类7.53%。保护区小型兽类以啮齿目占优势，超过小型兽类总数的三分之一，其次是鼩形目和翼手目，兔形目和猬形目种类较少（详见附表14.1）。

4.13.1.3　空间分布

不同物种的垂直分布范围会存在差异，黄鼬和长吻鼩鼱垂直分布区最广，分布区上下限各加 200m 之后，其垂直分布区分别约为 2900m、3000m；中华姬鼠和岩松鼠分布区也比较广，垂直分布区约为 2400m。分布区比较窄的是白腹巨鼠、小纹背鼩鼱、隐纹花松鼠、长尾鼩鼱，其垂直分布区约为 400m。图 4-11 为原物种垂直分布区，未加上下限。

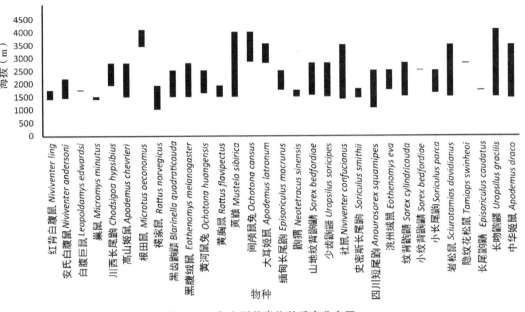

图 4-11　各小型兽类物种垂直分布区

4.13.1.4　区系组成

小型兽类的区系可以分为以下几个类型：

（1）古北界的种类有 6 种，其中北方型的有 4 种，黄鼬（*Mustela sibirica*）、巢鼠（*Micromys minutus*）、褐家鼠（*Rattus norvegicus*）、根田鼠（*Microtus oeconomus*）；高地型的有 2 种，间颅鼠兔（*Ochotona cansus*）、黄河鼠兔（*Ochotona syrinx*）。

（2）东洋界的种类有 25 种，其中喜马拉雅横段山脉型的有 15 种，纹背鼩鼱（*Sorex cylindricauda*）、山地纹背鼩鼱（*Sorex bedfordiae*）、小纹背鼩鼱（*Sorex bedfordiae*）、长尾鼩鼱（*Episoriculus caudatus*）、缅甸长尾鼩（*Episoriculus macrurus*）、史密斯长尾鼩（*Soriculus smithii*）、黑齿鼩鼱（*Blarinella quadraticauda*）、小长尾鼩（*Soriculus parca*）、川西长尾鼩（*Chodsigoa hypsibius*）、长吻鼩鼱（*Uropsilus gracilis*）、少齿鼩鼱（*Uropsilus soricipes*）、岩松鼠（*Sciurotamias davidianus*）、安氏白腹鼠（*Niviventer andersoni*）、大耳姬鼠（*Apodemus latronum*）、洮州绒鼠（*Eothenomys eva*）；东南亚热带亚热带型的有 4 种，社鼠（*Niviventer confucianus*）、白腹巨鼠（*Leopoldamys edwardsi*）、隐纹花鼠（*Tamiops swinhoei*）、黄胸鼠（*Rattus tanezumi*）；南中国型的有 6

种，鼩猬（*Neotetracus sinensis*）、四川短尾鼩（*Anourosorex squamipes*）、高山姬鼠（*Apodemus chevrieri*）、中华姬鼠（*Apodemus draco*）、红背白腹鼠（*Niviventer ling*）、黑腹绒鼠（*Eothenomys melanogaster*）。

总体上看来，该地区区系中东洋界种类占优势。从分布类型上看，喜马拉雅-横断山脉型所占比例最高，南中国型次高，由以上两者构成该地小型兽类区系东洋界成分的主要分布类型；北方型是构成该地小型兽类区系古北界的主要成分。

4.13.1.5　重点保护兽类

保护区内无国家重点保护小型兽类物种。

4.13.1.6　中国和四川省及区域特有小型兽类

四川卧龙国家级自然保护区小型兽类有特有种31种，占保护区有分布小型兽类总种数93种的33.33%，其中属中国特有种的有23种，其余为主要分布在我国的特有种，保护区的地理区位极为重要，应加强特有物种的保护。保护区小型兽类特有种表见表4-30。

表4-30　四川卧龙国家级自然保护区小型兽类特有种表

动物名称	特有种
少齿鼩鼹 *Uropsilus soricipes*	中国特有
峨眉鼩鼹 *Nasillus andersoni*	中国特有
鼩鼹 *Uropsilus soricipes*	中国特有
长吻鼹 *Euroscaptor longirostris*	中国特有
纹背鼩鼱 *Sorex cylindricauda*	中国特有
陕西鼩鼱 *Sorex sinalis*	中国特有
黑齿鼩鼱 *Blarinella quadraticauda*	中国特有
岩松鼠 *Sciurotamias davidianus*	中国特有
复齿鼯鼠 *Trogopterus xanthipes*	中国特有
高山姬鼠 *Apodemus chevrieri*	中国特有
大耳姬鼠 *Apodemus latronum*	中国特有
龙姬鼠 *Apodemus draco*	中国特有
安氏白腹鼠 *Niviventer andersoni*	中国特有
川西白腹鼠 *Niviventer excelsior*	中国特有
洮州绒鼠 *Eothenomys eva*	中国特有
西南绒鼠 *Eothenomys custos*	中国特有
中华绒鼠 *Eothenomys chinensis*	中国特有
四川田鼠 *Microtus millicens*	中国特有
松田鼠 *Pitymys ierne*	中国特有
四川林跳鼠 *Eozapus setchuanus*	中国特有
藏鼠兔 *Ochotona thibetana*	中国特有
间颅鼠兔 *Ochotona cansus*	中国特有
黄河鼠兔 *Ochotona syrinx*	中国特有
中国鼩猬 *Neotetracus sinensis*	主要分布在中国

（续）

动物名称	特有种
小纹背鼩鼱 *Sorex bedfordiae*	主要分布在中国
珀氏长吻松鼠 *Dremomys pernyi*	主要分布在中国
灰头小鼯鼠 *Petaurista caniceps*	主要分布在中国
中华姬鼠 *Apodemus draco*	主要分布在中国
黑腹绒鼠 *Eothenomys melanogaster*	主要分布在中国
中华竹鼠 *Rhizomys sinensis*	主要分布在中国
蹶鼠 *Sicista concolor*	主要分布在中国

4.13.2　中、大型兽类

4.13.2.1　样线分布

本次中、大型兽类调查共完成调查样线 102 条，覆盖 204km²，海拔范围从 1540m 到 5010m，包含了保护区内所有植被型和生境类型（表 4-31）。

表 4-31　卧龙自然保护区本底调查中、大型兽类样线分布表

中心点经度（°）	中心点纬度（°）	样线编号	海拔（m）
103.00655	31.28889	1	4330
103.00641	31.27614	2	3920
103.12518	31.27515	3	4550
103.05081	31.26303	4	4500
103.02098	31.25052	5	4160
103.13972	31.24952	6	4040
103.10974	31.22428	7	4690
103.16909	31.22375	8	4150
103.18392	31.22361	9	4410
102.96123	31.21272	10	4070
103.02057	31.21226	11	3580
103.05025	31.21202	12	4160
103.19860	31.21073	13	3470
102.93143	31.20019	14	4430
103.24294	31.19755	15	3760
103.25777	31.19741	16	4360
102.97580	31.18710	17	3880
103.02030	31.18676	18	3310
103.07963	31.18628	19	3590
103.04982	31.17377	20	3480

（续）

中心点经度（°）	中心点纬度（°）	样线编号	海拔（m）
103.12397	31.17314	21	3640
103.31675	31.17132	22	2740
103.33158	31.17116	23	2770
103.06451	31.16090	24	3670
103.10899	31.16052	25	3110
103.15332	31.14738	26	2770
103.19780	31.14697	27	2590
103.31640	31.14582	28	2130
103.00493	31.13587	29	5010
103.07905	31.13527	30	4520
103.16799	31.13450	31	3260
102.93068	31.12368	32	4870
102.97515	31.12335	33	4720
103.13819	31.12201	34	4280
103.24194	31.12105	35	1890
103.34568	31.12001	36	2880
103.09358	31.10964	37	4890
103.34550	31.10726	38	2720
103.37514	31.10695	39	2870
103.03416	31.09738	40	5000
103.04898	31.09726	41	4470
103.31569	31.09482	42	1660
103.13774	31.08376	43	3480
103.37477	31.08145	44	1670
103.24128	31.07005	45	2920
103.27090	31.06976	46	2210
103.28572	31.06961	47	2250
103.35978	31.06885	48	1990
103.12262	31.05838	49	3870
103.15224	31.05812	50	3520
103.32998	31.05641	51	2150
103.35960	31.05610	52	1720
103.18171	31.04510	53	2600
103.21133	31.04483	54	2030
103.12232	31.03288	55	2810
103.19636	31.03222	56	2300

（续）

中心点经度（°）	中心点纬度（°）	样线编号	海拔（m）
103. 30001	31. 03121	57	2720
103. 31481	31. 03106	58	3370
103. 03333	31. 02087	59	2980
103. 04814	31. 02075	60	3080
103. 15178	31. 01987	61	2590
102. 95917	31. 00869	62	4590
103. 04800	31. 00800	63	3400
103. 06281	31. 00788	64	2860
103. 10722	31. 00751	65	3570
103. 16643	31. 00699	66	2450
102. 98865	30. 99572	67	4500
103. 24029	30. 99355	68	2550
102. 95892	30. 98319	69	4080
103. 00332	30. 98285	70	4280
103. 10692	30. 98200	71	2420
103. 16612	30. 98148	72	2540
103. 26972	30. 98051	73	2010
103. 28452	30. 98036	74	2460
103. 06238	30. 96963	75	3070
103. 12157	30. 96913	76	2450
103. 13622	30. 95624	77	2600
103. 26938	30. 95501	78	2480
103. 06210	30. 94412	79	2630
103. 25442	30. 94240	80	2470
103. 07675	30. 93125	81	3170
102. 97307	30. 91932	82	3220
103. 06182	30. 91862	83	3000
103. 10619	30. 91825	84	3640
103. 25409	30. 91690	85	1750
102. 91379	30. 90700	86	4310
102. 98773	30. 90645	87	3040
103. 17998	30. 90484	88	2330
102. 92845	30. 89414	89	4240
103. 25375	30. 89140	90	1770
102. 98747	30. 88095	91	2770
103. 07618	30. 88024	92	3760

（续）

中心点经度（°）	中心点纬度（°）	样线编号	海拔（m）
103.23880	30.87879	93	1540
103.09082	30.86737	94	2820
103.14995	30.86685	95	1930
102.91330	30.85599	96	4280
102.91318	30.84323	97	3830
102.97230	30.84280	98	3390
102.91294	30.81773	99	4070
103.03114	30.81684	100	4650
102.91282	30.80498	101	4100
102.94237	30.80477	102	3820

4.13.2.2　调查结果

通过实地调查，并结合历史文献，根据 Andrew T. Smith（2009）《中国兽类野外手册》的分类体系，卧龙国家级保护区内共分布有中、大型兽类共 44 种，隶属 3 目 14 科 36 属。其中：灵长目 1 科 3 种，食肉目 7 科 28 种，偶蹄目 4 科 13 种（详见附表 14.1）。

从保护区兽类组成数据来看，兽类多样性和区系成分具有明显的过渡性、古老性和珍稀性等特点。

（1）过渡性和渗透性

保护区兽类区系成分复杂，古北界、东洋界的动物在区内共存，这些都是保护区作为邛崃山腹心地带动物组成和区系中表现出的南北动物相互渗透的有力证据。保护区古北区是耐寒旱的兽类分布区的典型；东洋型动物则都是喜温湿的兽类。青藏高原的隆升使得自然地理环境发生了巨大变化，使得一些喜湿热的兽类栖息地逐渐消退，而耐寒旱的兽类栖息地增加。第四纪冰期这一地区保存了一些古老的兽类，使其成为冰期动物的避难所，也是冰后期动物的避难所，以及适应辐射和新物种分化的中心。造山运动时动物的适应分化，使得动物区系出现了变化，东洋界物种数量减少，而古北界物种的数量增加；第四纪冰期对兽类的影响以及冰后期南部地区避难所兽类的回流使得该地区兽类物种区系又出现了南北混杂的现象。

（2）古老性和残遗性

保护区中，大熊猫和小熊猫为单种科，为第四纪冰期的孑遗动物，具有较大的科学研究价值。孑遗动物的灭绝直接导致进化的谱系断裂，延长了人类探索动物亲缘关系的时间，增加了科间的空白，还造成了生物多样性的丧失。造山运动和第四纪冰期导致了一些动物的迁移或绝灭，保护区的一些低海拔河谷地带成为第四纪冰期的生物避难所，许多兽类保存至今，成为第三纪或冰期前的残遗物种。

（3）珍稀性和濒危性

保护区内存在极其珍稀濒危兽类，如大熊猫、雪豹和云豹等。20 世纪森林大量采伐、人为猎杀和竹类大量开花等因素，使得大熊猫栖息地生境破碎化，可利用面积锐减，种群近交严重，大熊猫种群数量急剧下降。随着保护区的建立，保护措施和力度的加强，栖息的生态环境有所改善。而在野外，大熊猫的处境并不是人为可控制的，栖息地破碎化仍旧是大熊猫面临的最大危险。而就在这样破碎的栖息地里，偷猎、砍伐、水电开发、道路修建与旅游开发都是大熊猫种群健康的威胁。根据全国第四次大熊猫调查结果显示，保护区大熊猫种群数量104只。豹类也同样面临着栖息地被人类剥夺的危险。人类把牧场一步步逼近了高山，让牛羊挤走岩羊，豹类失去了天然的食物，于是就捕食牛羊，继而引发了人类对它们的仇恨和残杀。因此，可见保护区内某些种类极其珍稀。

4.13.2.3 空间分布

卧龙地区为高山深谷地貌，海拔落差较大，从海拔 1187m 至 6041m，植被生境的垂直分布较为明显，沿海拔梯度分别有常绿阔叶林，落叶阔叶混交林，针阔叶混交林，针叶林、高山灌丛、高山草甸与流石滩植被。

（1）常绿阔叶林带重分布的常见兽类有猕猴（*Macaca mulatta*）、藏酋猴（*Macaca thibetana*）、果子狸（*Paguma larvata*）、云豹（*Neofelis nebulosa*）、猪獾（*Arctonyx collaris*）、豪猪（*Hystrix hodgsoni*）、毛冠鹿（*Elaphodus cephalophus*）等。

（2）落叶阔叶混交林带中兽类种类较多。常见兽类有藏酋猴、毛冠鹿、水鹿（*Rusa unicolor*）、中华鬣羚（*Capricornis milneedwardsii*）、斑羚（*Naemorhedus griseus*）、岩松鼠（*Sciurotamias davidianus*）、中华竹鼠（*Rhizomys sinensis*）、豪猪、黑熊（*Selenarctos thibetanus*）、黄喉貂（*Martes flavigula*）、果子狸、林麝（*Moschus berezovskii*）等。

（3）针阔混交林带在保护区内分布面积大，受人类活动影响较小。常见种有毛冠鹿、水鹿、林麝、大熊猫（*Ailuropoda melanoleuca*）、小熊猫（*Ailurus fulgens*）、黑熊、野猪（*Sus scrofa*）、川金丝猴（*Rhinopithecus roxellanae*）、黄喉貂、香鼬（*Mustela altaica*）等。

（4）针叶林带植被结构单一，常见种有金猫（*Catopuma temminckii*）、毛冠鹿、林麝、中华鬣羚、川金丝猴、扭角羚、大熊猫、斑羚等。

（5）高山灌丛、高山草甸与流石滩植被带在保护区内分布面积较大，但环境单调。该植被带中分布的主要是寒温带、寒带高地型和北方型种类。常见种有岩羊（*Pseudois nayaur*）、马麝（*Moschus chrysogaster*）、雪豹（*Panthera uncia*）等。

从卧龙国家级自然保护区兽类垂直分布可见，随着海拔升高，环境条件逐渐简化，兽类种数逐渐减少；反之，随着海拔降低，环境条件逐渐复杂，兽类种数逐渐增多。在区系组成上，东洋界兽类种数随海拔的增高而逐渐递减，古北界兽类种数随海拔的增高而逐渐递增。

4.13.2.4 栖息地

调查数据表明，兽类对山脊的利用率较高，对坡度较缓、接近山脊的高坡位兽道利用率也较高。有蹄类动物，尤其以水鹿为代表，对沟谷内溪流的利用度较高。而部分动物随季节对不同海拔梯度的栖息地使用也较明显，如大熊猫、扭角羚、川金丝猴等。

本次调查将所有调查到的位点运用最大熵模型（MAXENT）进行分析，该模型是根据已知的物种分布点和栖息地生态环境数据来评估栖息地质量和预测物种的可能分布范围。MAXENT 模型采用 29 个参数，如坡形、坡位、坡度、植被类型、海拔、水域、道路等等，计算所有动物的栖息地面积以及栖息地的适宜指数。

计算结果显示栖息地面积最大的是大熊猫，其栖息地面积为 904.58km^2，占整个保护区面积的 45.23%；其次是扭角羚，其栖息地面积为 552.67km^2，占整个保护区面积的 27.63%；再次是斑羚，其栖息地面积为 471.94km^2，占整个保护区面积的 23.6%；栖息地面积最小为石貂和香鼬，其面积分别是 11.54km^2 和 26.36km^2，仅占保护区面积的 0.58% 和 1.32%。部分动物由于调查分布点较少无法计算，故仅计算了 24 种中、大型兽类的栖息地面积（表 4-32）。

表 4-32　卧龙国家级自然保护区中、大型兽类栖息地面积

物种	最大约登指数	适宜栖息地面积（km^2）	占保护区面积（%）
石貂	0.0767	11.54	0.58%
香鼬	0.1685	26.36	1.32%
马麝	0.0519	55.46	2.77%
金猫	0.0125	61.66	3.08%
黄喉貂	0.0226	68.08	3.40%
小熊猫	0.0821	71.07	3.55%
川金丝猴	0.02	72.45	3.62%
豹猫	0.0521	94.47	4.72%
豺	0.0765	96.21	4.81%
藏酋猴	0.0417	104.16	5.21%
岩羊	0.095	114.34	5.72%
黄鼬	0.07	120.21	6.01%
赤狐	0.0399	120.45	6.02%
鬣羚	0.0526	179.12	8.96%
花面狸	0.0087	242.27	12.11%
黑熊	0.0153	258.74	12.94%
毛冠鹿	0.177	306.73	15.34%
水鹿	0.2068	342.42	17.12%
雪豹	0.0123	352.18	17.61%
林麝	0.0116	357.26	17.86%
小鹿	0.0261	412.22	20.61%
斑羚	0.2093	471.94	23.60%
扭角羚	0.3016	552.67	27.63%
大熊猫	0.1561	904.57	45.23%

4.13.2.5 区系组成

卧龙国家级自然保护区地处邛崃山系南坡，是四川盆地向青藏高原过渡的高山深谷地带。区系上属于东洋界中印亚界、西南区西南山地亚区。动物构成主要为南中国型和喜马拉雅-横断山区型，北方物种也有渗透入此区的现象，但以南方类型尤其是东洋型成分为主。本区高山冰川与森林近在咫尺的景观十分普遍，古北区的物种可见于高处，东洋界物种则主要分布于谷地，动物区系组成非常复杂。

4.13.2.6 重点保护兽类

卧龙国家级自然保护区内属国家一级重点保护的兽类有大熊猫、川金丝猴、扭角羚、豹、云豹、雪豹、马麝、白唇鹿及林麝9种，占卧龙自然保护区兽类种数的6.57%，占全国一级重点保护兽类种数的19.1%，占全省一级重点保护兽类种数的59%。属国家二级重点保护的兽类有藏酋猴、猕猴、豺、石貂、黄喉貂、金猫、黑熊、小熊猫、水獭、小灵猫、大灵猫、猞猁、水鹿、中华鬣羚、斑羚、岩羊、兔狲、白臀鹿18种，占卧龙自然保护区兽类种数的13.14%，占全国二级重点保护兽类种类的33.33%，占全省二级重点保护兽类种数的56%。在这些保护种类中，列入IUCN红皮书（2010）濒危等级（EN）的有大熊猫、小熊猫、川金丝猴、雪豹、林麝、马麝和白臀鹿7种，属易危等级（VU）的有黑熊、扭角羚、豺、云豹、中华鬣羚、川西斑羚和白唇鹿7种。有21种兽类被列入CITES附录Ⅰ和附录Ⅱ中，其中属于CITES附录Ⅰ的有大熊猫、川金丝猴、黑熊、豹、云豹、雪豹、金猫、中华鬣羚和斑羚9种，属于CITES附录Ⅱ的有藏酋猴、猕猴、豺、狼、小熊猫、兔狲、水獭、猞猁、豹猫、扭角羚、林麝和马麝12种。保护区内分布的国家重点保护兽类分述如下。

（1）大熊猫（*Ailuropoda melanoleuca*）：为我国特产兽类。在保护区内主要栖息于海拔1600~3500m的落叶阔叶林、针阔混交林和针叶林下的竹丛中，主要以拐棍竹（*Fargesia robusta*）、冷箭竹（*Bashania fangiana*）等为食。卧龙国家级自然保护区的大熊猫在四川以至全国密度都较高。根据本次调查和卧龙大熊猫个体普查结果显示，保护区有大熊猫约149只，密度为0.0745只/km²。本次调查结果显示卧龙国家级自然保护区大熊猫主要分布在皮条河以南，集中分布在西河流域和中河流域。在保护区的东部的黄草坪、小阴沟以及仓王沟也是保护区大熊猫分布的集中区。在皮条河以北的正河流域（除沟口外），铡刀口沟也有零星分布。

（2）川金丝猴（*Rhinopithecus roxellanae*）：为我国特产兽类。体长52~78cm，尾长57~80cm，雄猴重15~17kg，雌猴重6.5~10kg。它的嘴唇厚而突出，鼻孔向上仰，成兽嘴角上方有很大的瘤状突起，幼兽不明显。面孔天蓝，犹似一只展翅欲飞的蓝色蝴蝶。头圆、耳短，尾较体稍长。四肢粗壮，后肢比前肢长。手掌与脚掌均为青黑色，指和趾甲为黑褐色。保护区内川金丝猴主要栖息于海拔2300~3400m一带的针阔混交林和针叶林中。树栖，有时也下到地上活动。白天成群，夜间3~5只结成小群蹲在高大树上睡眠。夏季在海拔3000m左右林中活动，冬季可下移到海拔1500m林中。在树上或地面采食、嬉戏，在树上休息。以幼芽、嫩枝、叶、花序、树皮、果实、种子、竹笋、竹叶等为食。繁殖无季节性，发情高峰期多在8~10月，孕期193~203天，翌年3~5月产仔，胎产1仔。IUCN列为渐危种，CITES列入附录Ⅰ。本次调查结果显示川金丝猴主要分布在新路尾子、双树子高尖、牛头山、黄草坪、周家沟，以及正河流域的铡刀口沟、白岩沟等区域。

（3）扭角羚（*Budorcas taxicolos*）：当地俗称"盘羊"，为喜马拉雅山脉特有种，多营群栖生活。体长170~220 cm，重250~600kg。扭角羚又名羚牛，模式标本于1850年由Hodgson采集于不丹阿萨姆北部的米什米山区。由于其形态介于牛属（*Bos*）与羚羊属（*Dorcas*）之间，故命名为羚牛。主要分布于我国秦岭、岷山、邛崃山，大、小相岭和凉山山系。此外，西藏东部、云南东北部也有分布，国外尚见于不丹、印度、缅甸等地。现存扭角羚分为1属1种4亚种，即指名亚种（*B. t. taxicolor*）、不丹亚种（*B. t. whitei*）、四川亚种（*B. t. tibetana*）和秦岭亚种（*B. t. bedforidi*）。其中，指名亚种分布于不丹、中国西藏和云南；不丹亚种分布于不丹和中国西藏；四川亚种分布于四川、甘肃；秦岭亚种仅分布于中国陕西。四川亚种和秦岭亚种为中国特有。扭角羚在卧龙自然保护区主要栖息于海拔1400~4300m的各植被带中，多营群栖，少则3~5头，一般为10~45头。扭角羚具有舔盐习性，含盐较高的地点称"牛井"或"牛场"。舔盐时间为每年的6~10月。特别是天气较好的中午，一个家族可以在一个盐井呆至少半小时以上，比较悠闲地饮水、晒太阳。当它们受到惊吓时，即迅速地向山坡上逃跑，逃跑时沿着固定的线路，群牛总体上呈一条线，幼仔和亚成体夹在中间，体壮的雄性公牛断后。此外，它们有季节性迁移现象。扭角羚每年有随海拔垂直迁移的规律，迁移原因主要为温度和食物。夏季主要是气温促使其从低海拔向高海拔迁移，冬季它们下移到针阔混交林中找寻食物。扭角羚为植食性，食物主要为各种树枝、幼芽、树皮、竹叶、青草、草根、种子、果实等。扭角羚雄体4岁左右性成熟，雌体较雄体略早，交配期在每年的6~8月，孕期8~9个月，翌年3~4月产仔，胎产1仔。IUCN列为易危，CITES列为附录Ⅱ。在保护区分布广泛，种群数量较多。本次调查结果显示扭角羚除了耿达附近的皮条河流域分布较少外，在保护区其他区域广泛分布。

（4）林麝（*Moschus berezovskii*）：国家一级重点保护野生动物，为主要分布于我国的兽类。其成年林麝体重6~9kg，体长63~80cm，肩高小于50cm。林麝的外形特征是雌、雄麝都不长角，雄麝的上犬齿发达，长而尖，露出口外，呈獠牙状。它的后肢比前肢长1/4~1/3，所以站着的时候后部明显比前部高。它的尾巴很短，四肢细长，蹄子比较狭而尖，耳朵长而直立。毛粗硬、曲折呈波浪状，容易折断，呈深棕色，成体不具斑点。毛色上一个很明显的特征是在颈部的两侧各有一条比较宽的白色带纹，一直延伸到腋下。雄性林麝分泌的麝香不仅有较高的药用价值，而且还是一种名贵的天然高级香料，是中国传统的出口创汇商品，有"软黄金"之称。据访问，林麝过去在保护区内曾广泛分布，由于盗猎严重，目前种群数量已大幅度下降。本次调查结果显示林麝分布海拔范围较广，主要分布于皮条河以南区域，在整个保护区除了耿达附近的皮条河流域都有分布，但分布都较少，都为零星分布。

（5）高山麝（*Moschus chrysogaster*）：国家一级重点保护野生动物。当地俗称"獐子"，体长 80~90cm，体重 9.6~13kg。背毛棕褐色或淡黄褐色；前额、前顶及面颊褐色，略沾青灰色，颈纹黄白色，纹的轮廓不明显；头骨狭长，吻长大于颅全长之半，泪、轭骨间缝长超过 12mm。栖息于 3000~4000m 的高山草甸、山地裸岩、冷杉林缘灌丛、杜鹃灌丛、邻近山脊的灌丛或草丛等地。从不上树，以高山草类、灌丛枝叶、地衣等为食。冬季交配，孕期 6 个月，胎产 1 仔。CITES 列为附录 Ⅱ。本次调查结果显示高山麝仅分布在正河流域的铡刀口沟和龙眼沟。

（6）豹（*Panthera pardus*）：国家一级重点保护野生动物。体型大，体重 50kg 左右，体长 100cm 以上，体棕黄色，其上遍布黑色斑点和环纹。主要隐居于海拔 2000~2800m 的山地阔叶林、针阔混交林。独栖，昼伏夜出，性机警，跳跃能力强，善于爬树，常捕食毛冠鹿、猪獾等中型兽类。本次调查结果显示豹主要分布在英雄沟和糌粑街沟。

（7）云豹（*Neofelis nebulosa*）：国家一级重点保护野生动物。主要栖息于阔叶林，分布于海拔 1400~2200m。喜攀援，活动和睡眠主要在树上。独居，夜间沿山脊有蹄类活动的兽径活动，以野禽、小型兽类为食，有时也攻击中到大型的有蹄类。发情期一般为秋末春初，孕期约 3 个月，胎产 2 仔。该种数量稀少，IUCN 列为易危，CITES 列入附录 Ⅰ。据访问，保护区内有分布，但本次调查未发现。

（8）雪豹（*Panthera uncia*）：国家一级重点保护野生动物。在中国也被称为艾叶豹、荷叶豹、草豹，是一种重要的大型猫科食肉动物和旗舰物种，由于其常在雪线附近和雪地间活动，故名"雪豹"。雪豹皮毛为灰白色，有黑色点斑和黑环，尾巴相对长而粗大。由于非法捕猎等多种人为因素，雪豹的数量正急剧减少，现已成为濒危物种，数量稀少，该种 IUCN 列为易危，CITES 列入附录 Ⅰ。本次调查发现多处雪豹活动痕迹，分布海拔较高，主要分布在保护区内的马草坪沟沟尾、魏家沟沟尾、大阴山沟沟尾、鹦哥嘴沟沟尾、盖碧石、海子沟沟尾等山谷尾部的山脊上，以及双海子、深海子、大小海子和大海子等高山湖泊区域。

（9）白唇鹿（*Gervus albirostris*）：国家一级重点保护野生动物。白唇鹿是大型鹿类，与马鹿的体形相似，但比马鹿略小，体长为 100~210cm，肩高 120~130cm，尾巴是大型鹿类中最短的，仅有 10~15cm，体重 130~200kg。头部略呈等腰三角形，额部宽平，耳朵长而尖，眶下腺大而深，十分显著，可能与相互间的通讯有关。最为主要的特征是有一个纯白色的下唇，因白色延续到喉上部和吻的两侧，所以得名，而且还有白鼻鹿、白吻鹿等俗称。白唇鹿是一种生活于高寒地区的山地动物，分布海拔较高，活动于 3500~5000m 的森林灌丛、灌丛草甸及高山草甸草原地带，尤以林线一带为其最适活动的生境。有垂直迁移现象，由于食物和水源关系或者由于被追猎，它们还可做长达 100~200km 的水平迁移。不过在一般情况下，它们比较固定地徘徊于一座水草灌木丰盛的大山周围。是栖息海拔最高的鹿类，栖息地气候通常十分寒冷，从 11 月至翌年 4 月都有较深的积雪。白唇鹿喜欢在林间空地和林缘活动，嗅觉和听觉都非常灵敏。由于蹄子比其他鹿类宽大，适于爬山，有时甚至可以攀登裸岩峭壁，奔跑的时候足关节还发出"喀嚓、喀嚓"的响声，这也可能是相互联系的一种信号。它还善于游泳，能渡过流速湍急的宽阔水面。数量稀少，IUCN 列为濒危，列入 CITES 附录Ⅰ。据访问，保护区内有分布，但本次调查未发现。

（10）豺（*Cuon alpinus*）：国家二级重点保护野生动物。体形似犬，体重约17.5kg，体长约100cm，体色赤棕色，尾较粗短。海拔 2200～4000m 均有分布。常于晨昏在有草坡、灌丛的地带活动，主要捕食毛冠鹿、野猪等兽类。本次调查结果显示豺主要分布在七层楼沟、英雄沟、大魏家沟、双树子高尖、磨子沟。

（11）黄喉貂（*Martes flavigula*）：国家二级重点保护野生动物。体形似猫，但头较尖细，躯体细长，体重 20kg 左右，体长约 60cm，尾圆柱状，超过体长之半，头尾黑褐色，躯体带黄色。栖息于海拔 2200～3100m 山地，巢筑于树洞或石洞中。晨昏活动。主要捕食鼠类、蛙类及鸟类，也捕食果子狸、毛冠鹿等中型兽类。本次调查结果显示黄喉貂主要分布在野牛坪、黄草坪、七层楼沟、双树子高尖、周家沟、英雄沟、贾家沟。

（12）大灵猫（*Viverra zibetha*）：国家二级重点保护野生动物。体长 50～95cm，重3.4～9.2kg。栖息于海拔 2400m 以下林缘茂密的灌丛或草丛，独栖，昼伏夜出。食性广，主要以鼠类、鸟类、蛇等为食，也食带甜味的果实，如猕猴桃、野柿子等。仅资料记载在保护区内有分布，本次调查未发现。

（13）小灵猫（*Viverricula indica*）：国家二级重点保护野生动物。大小似家猫，头、体、尾较细长，尾长约为体长的 2/3，具 7～8 个黑棕色与白色或黄白色相间的环；背至体侧具 5 条纵行的黑褐色条纹。耳后至肩前具 4 条暗褐色纹，通体棕黄色，从背至腰有 5 行由黑褐色斑点连成的较模糊的纵纹。栖息于草灌林木的洞穴中。昼伏夜出，以昆虫、蛙、蛇、小兽和野果为食。2～4 月发情，5～6 月产仔，胎产 4～5 仔。CITES 列入附录Ⅲ。据访问，小灵猫在保护区有分布，本次调查未发现。

（14）金猫（*Catopuma temminckii*）：为一种大型野猫，体重约 10kg，体长约 80cm，尾长略大于头躯长的 1/2～2/3，尾均为两色，尾背似体色，尾腹浅白色。栖息于海拔3000m 以下山地针叶林、针阔混交林和阔叶林或灌丛中。常独居生活，夜行性，善于爬树，但多在地面活动，有领域性，活动范围 2～4km²。主要以啮齿类和食虫类为食，也捕食地栖的鸟类、蜥蜴。本次调查结果显示，金猫主要分布在长岩窝和新店子。

（15）小熊猫（*Ailurus fulgens*）：国家二级重点保护野生动物。头短而宽，颜面近圆形，但吻部较突出，两耳突出并向前伸长。体毛为棕黄色和黑褐色。尾长超过体长之半，并具棕红、沙白相间的 9 个环纹。足爪锐利而弯，足底生密毛。栖息于高山峡谷地带森林中。10 月至翌年 4 月常在海拔 1400～2900m 地带活动，5～9 月常在海拔2600～3800m 一带出没，是一种喜温湿而又比较耐高寒的森林动物。全年大多时候以竹叶为食，但当竹笋长出时，又主要以竹笋为食。春季发情交配，孕期约 4 个月，产仔期在 6～7 月，每胎 2～3 仔，最多可达 5 仔。寿命约为 12 年。CITES 列入附录Ⅰ。本次调查结果显示，小熊猫主要分布在白岩沟、铡刀口沟、板棚子沟、火把沟、烂磨子沟、七层楼沟、转经楼沟、臭水沟、英雄沟、卧龙关沟、关门沟、龙池沟、牛井口、西河正沟、磨子沟。

（16）黑熊（*Selenarctos thibetanus*）：国家二级重点保护野生动物。被毛漆黑，胸部具有白色或黄白色新月形斑纹，故又称为月熊。头宽而圆，吻鼻部棕褐色或赭色，下颏白色。颈的两侧具丛状长毛。胸部毛短，一般短于4cm。前足腕垫发达，与掌垫相连；前后足皆5趾，爪强而弯曲，不能伸缩。为林栖动物，主要栖息于阔叶林和针阔混交林中。杂食性，但以植物性食物为主，也食鱼、蛙、鸟卵及小型兽类，特喜食栎类的果实。在熊类活动的区域，秋天可见大量的被熊类扳断的枯死的枝桠。在8月中旬至10月中旬，山里农民的玉米成熟时，也盗食农作物，能在一夜之间将农民的一块农田糟蹋60%~70%。黑熊发情交配在6~8月，孕期6.5~7个月，12月至翌年1~2月间产仔，每胎产2仔，也有1或3仔。寿命一般为30年。CITES列入附录Ⅰ。本次调查结果显示，黑熊主要分布在黄草坪、贾家沟、七层楼沟、白岩沟、龙眼沟、红花树沟、大魏家沟、银厂沟、龙眼沟、糍粑街沟、梯子沟、西河正沟、黄羊坪。

（17）兔狲（*Otocolobus manul*）：国家二级重点保护野生动物。体长45~65cm，体重2.3~4.5kg，身体粗壮而短，耳短而宽，呈钝圆形，两耳距离较远。尾毛蓬松，显得格外肥胖。兔狲夜行性，但晨昏活动频繁。以旱獭、野禽及鼠类为食，视觉、听觉较为敏锐。栖息于海拔3000~3800m的裸露岩石区。主食旱獭、鼠兔、小型鼠类、野禽。发情交配多在2月，4~5月产仔，胎产3~4仔。CITES列入附录Ⅱ。仅资料记载有分布，本次调查未发现。

（18）猞猁（*Lynx lynx*）：国家二级重点保护野生动物。体长80~130cm，体重18~38kg。栖息于海拔3100m以上的森林灌丛地带及山岩上。喜欢独居，擅于攀爬及游泳，耐饥性强。可在一处静卧几日，不畏严寒，喜欢捕杀狍子等中、大型兽类。晨昏活动频繁，独栖。栖息于高山密林、灌丛草甸、荒漠。以野禽、松鼠、鼠兔和高原兔等为食；亦捕食小鹿、藏原羚、鹿等大中型动物。1~2月发情，孕期63~74天，胎产1~5仔。CITES将其列入附录Ⅱ。仅资料记载有分布，本次调查未发现。

（19）中华鬣羚（*Capricornis milneedwardsii*）：国家二级重点保护野生动物。当地俗称"山驴"，为中型牛科动物，体形似羊，体重约63kg，体长约105cm，两性均具1对短而尖的角，耳长似驴，颈背有鬣毛，尾短小。能在陡峭的山坡奔跑、跳跃、攀爬。晨昏活动频繁，白天则藏在高山悬岩下或山洞中休息。常单独活动。以杂草及木本植物的枝叶为食，也食少量果实。有定点排便的习性。9月下旬至10月交配，翌年5~6月产仔，每胎1仔。在CITES列入附录Ⅰ。本次调查结果显示中华鬣羚主要分布在黄草坪、仓王沟、七层楼沟、白岩沟、小阴沟、卡子沟、石门、烂磨子沟、烧汤河、双树子高尖、臭水沟、转经楼沟、英雄沟、觉磨沟、卧龙关沟、五里墩沟、银厂沟、大魏家沟、龙眼沟、磨子沟、野牛沟、梯子沟。

（20）斑羚（*Naemorhedus goral*）：国家二级重点保护野生动物。当地俗称"岩羊"，体大如山羊，体重约30kg，体长约95cm，鬣毛很短，尾较短，四肢短，蹄狭窄。栖息于海拔2200~3800m的中、高山森林中，尤其是有稀树的峭壁裸岩处。独栖或成对，栖息地相对固定，一般在向阳的山坡。冬季进入林中，夏季多在山顶活动，以乔木和灌木的嫩枝叶及青草等为食。在保护区内分布极其广泛，除了海子沟、钱粮沟、正沟和小沟外，基本覆盖整个保护区（除高山草甸和流石滩外），是本次调查发现痕迹点最多的动物之一。

（21）岩羊（*Pseudois nayaur*）：国家二级重点保护野生动物。当地俗称"青羊"，中等体型，体长 120~165cm，体重 50~80kg。雄性体长 100~130cm，雌性约 1m；雄体肩高为 70~89cm，雌体为 70~75cm；雄体尾长 14~19cm，雌体为 13~14cm。雄体体重为 50~74.5kg，雌体为 44.5~50kg。头形狭长，颌下无须，两性均具角。雄羊角粗大，大者长达 60cm。两角基部很靠近，仅距一狭缝隙。角自头顶往上，然后向外弯曲，稍扭而角尖微向上方，两角尖距大者可达 68cm。角基粗壮，横切面呈棱形、圆形或三角形，表面光滑，唯内侧微现横嵴，角尖光滑。雌角细小而短，角形较直，微向后弯，角长约 15cm，两角尖距仅约 11cm。冬毛深厚，毛基部为灰色，上段青灰，吻为白色。面颊灰白色带黑色毛尖，耳内侧白色。从头至躯身背部为青灰色稍带棕色，而部分毛尖还带黑色。尾背部为暗灰色，至尾尖逐渐转为黑色。喉、胸黑褐色，向后延伸至前肢的前缘转为黑色条纹，直达蹄部，在体侧至后肢前缘达蹄，也有一条黑纹。前肢间腋下、腹部和两腿间鼠蹊部及尾的腹侧为白色。四肢的内侧也是白色，雌羊面颊黑色较浅，喉和胸部黑褐色较狭。岩羊是典型的高寒动物。喜群居，常组成 40~50 只群体。清晨和黄昏觅食，以各种青草、灌丛枝叶为食。冬末春初发情，雄羊间有剧烈格斗。孕期约 5 个月，每胎多产 1 仔，偶产 2 仔。栖息于高原、丘原和高山裸岩与山谷间的草地，无一定的居所。本次调查结果显示岩羊主要分布在白水、马鞍桥山、烧鸡塘、梯子沟沟尾、野牛沟沟尾、打雷沟沟尾、道沟沟尾、小阴山沟沟尾、幸福山、上牛棚、龙岩沟沟尾、大魏家沟沟尾、卧龙关沟两侧山脊、觉磨沟沟尾、周家沟沟尾、长岩窝、白岩沟、铡刀口沟、板棚子沟。

（22）藏酋猴（*Macaca thibetana*）：国家二级重点保护野生动物。藏酋猴体形粗壮，一般体重约 13kg，雄猴最重的有 33.5kg。尾很短，仅 7~9cm 长。雄猴面色青灰，全身背毛黑褐色，雄猴两颊和下胲有灰褐或黑褐色胡须，故又称为大青猴。它们喜爱群居，小的猴群 20~40 只，大的猴群可达 50~70 只。群居生活，很有利于它们共同防御和保卫本群占领权的不可侵犯。同时，对保护本群幼猴成长也有积极意义。猴群通常有数只成年猴攀登高处担任哨猴，一旦发现有异常情况，立即发出报警声，随之整个猴群或隐蔽、或逃窜。藏酋猴为昼行性，它们的食物以一些植物的叶、种子及野山楂和悬钩子等果实为主。秋季爱盗食玉米和萝卜等作物。有时也捕捉小型爬行动物和小鸟。觅食多在早晨和黄昏。每个猴群等级社会十分明显，在社会生活中常分为 4 个等级。最高等级层属猴王，它居群猴的首领地位。猴王的产生，常是通过一番激烈撕咬，最强的获胜者称王。它的职责是在漫游时由它开路，带领群猴觅食、投宿、隐蔽和防御天敌。藏酋猴 5 岁左右性成熟，全年都可繁殖，孕期约 6 个月，每胎多产 1 仔。偶有 2 仔。CITES 列入附录 II。本次调查结果显示藏酋猴主要分布在西河正沟、冒水子、蒿子坪、龙眼沟、烂磨子沟、七层楼沟、石门、白岩沟。

（23）猕猴（*Macaca mulatta*）：国家二级重点保护野生动物。个体稍小，颜面瘦削，头顶无四周辐射的旋毛，额略突，肩毛较短，尾较长，约为体长之半。通常多灰黄色，不同地区和个体间体色往往有差异。有颊囊。四肢均具5指（趾），有扁平的指甲。臀胝发达，肉红色。从低丘到海拔3000~4000m都有栖息，喜生活在有乱石的林灌地带，特别是有悬崖峭壁又夹杂着溪流沟谷、藤蔓盘绕的广阔地段。集群生活，猴群大小因栖息地环境优劣而有别。采食野果贪婪嗜争，边采边丢，故对野果的利用率较低。作物成熟，亦盗食农作物。一般于11~12月发情，翌年3~6月产仔，孕期160天左右，每胎1~2仔。雌猴2.5~3岁性成熟，雄猴4~5岁性成熟，在饲养条件下寿命长达30岁。CITES列入附录Ⅱ。本次调查结果显示，猕猴主要分布在铜槽沟和七层楼沟。

（24）水獭（*Lutra lutra*）：国家二级重点保护野生动物。水獭是半水栖的中型鼬科动物，体长50~80cm，尾长30~50cm，体重3~6kg。它们常活动于鱼类较多的江河、湖泊、水库等水域。尤以水流缓慢、水草较少的河流及两岸林木繁茂、流水透明度较大的山溪，活动频繁。穴居，除哺乳雌獭定居外，一般都无固定的洞穴。洞穴多选择在河岸的岩石缝中或树根下，利用其他的旧洞稍加整理而成。洞口有多个，出入的洞口常在水面以下。洞道深浅不一，长的可达20~30m。以鱼类为主食，也食蟹、蛙、鼠类等。春夏季发情，孕期2个月，胎产1~5仔。CITES列入附录Ⅰ。据访问，水獭在保护区内有分布，本次调查未发现。

（25）石貂（*Martes foina*）：国家二级重点保护野生动物。石貂体形细长，大小与紫貂相似（一说如成年家猫），成体头体长在45cm左右，尾长度超过头体长之半，头部呈三角形，吻鼻部尖，鼻骨狭长而中央略低凹，耳直立、圆钝，躯体粗壮，四肢粗短，后肢略长于前肢，足掌被毛，前后肢均具五趾，趾短，微具蹼，趾行性，趾垫5枚，掌垫3枚，爪尖利而弯曲，并能部分收缩。毛色为单一灰褐或淡棕褐色，绒毛丰厚，毛色洁白或淡黄，针毛稀疏，深褐或淡褐色，不能覆盖底绒；头部呈淡灰褐色，耳缘白色，喉胸部具一鲜明的白色或茧黄色块斑（亦称貂嗉），呈"V"形或不规则的环状，有的块斑在喉胸部中央呈长条状；由于针毛较短密，至背中部针毛逐渐伸长，最长可达55mm，褐色针毛在背脊中央集聚，因而使色调加深呈暗褐色，与四肢及尾部同色，尾蓬松而端毛尖长；体背、体侧为深褐色，腹部淡褐色。该物种两性同色，仅雌性个体较雄性稍小些；石貂营陆栖（也可能有半树栖）生活，穴居洞内，多昼伏夜出，夜间或黄昏时活动频繁；在饲养条件下仍然保持这种活动规律，遇大风、大雪等天气时，很少出来活动和采食。石貂属于季节性发情动物，性器官发育也具有明显的季节性周期变化。每年7~8月多为交配期，存在有受精卵延迟着床现象（胚胎发育约30天），母貂经过236~275天妊娠期（约怀胎8个月），到翌年3月至4月中旬分娩，每胎产仔1~8只，多为3~5仔，全由雌貂单独抚养，幼貂直到能出洞独立谋生时才会离去。本次调查结果显示，石貂主要分布在梯子沟西侧的山脊上。

（26）斑林狸（*Prionodon pardicolor*）：国家二级重点保护野生动物。斑林狸是哺乳纲食肉目林猫科林狸属动物。俗名点斑灵猫、彪、虎灵猫、点斑灵狸、刁猫。体型较小，头体长 35~40cm；尾长 300~375cm；后足 60~68cm；耳 3~3.5cm；颅全长 6.5~7.5cm；体重 4.1~8kg。面部狭长，吻鼻部前突。尾长接近体长，呈圆柱状，有 9~11 个黑色尾环。体毛为淡褐色或黄褐色，背部颜色较深，有一些圆形、卵圆形或方形的黑色大斑块，是它的主要特征之一。主要栖息于海拔 2700m 以下的热带雨林、高草丛等生境。为典型喜湿热的林栖兽类，多于夜间单独活动。食物为鼠类、鸟、蛙和昆虫，有时也到村寨盗食家禽。分布在东南亚和中国西南部。斑林狸主要栖息于海拔 2700m 以下的热带雨林、亚热带山地湿性常绿阔叶林、季风常绿阔叶林及其林缘灌丛、高草丛等环境，多营地栖生活。斑林狸为典型喜湿热的林栖兽类，多于夜间在林缘、灌木和高草丛下单独活动。善爬树，在地面、树上均可捕食。食物为鼠类、鸟、蛙和昆虫，有时也到村寨盗食家禽。用树枝或树叶筑巢，亦有穴居者。常夜间和晨昏时单独活动，没有见到有合群现象，以蛙、小鸟、鼠和昆虫等为食。斑林狸为胎生动物，已知的几例生产记录都集中在 2~8 月，每胎产仔 1~2 只。据访问，斑林狸在保护区内有分布，本次调查未发现。

（27）水鹿（*Rusa unicolor*）：国家二级重点保护野生动物。水鹿是热带、亚热带地区体型最大的鹿类，身长 140~260cm，尾长 20~30cm，肩高 120~140cm，体重 100~200kg，最大的可达 300 多 kg。雄鹿长着粗长的三叉角，最长者可达 1m。毛色呈浅棕色或黑褐色，雌鹿略带红色。颈上有深褐色鬃毛。体毛一般为暗栗棕色，臀部无白色斑，颌下、腹部、四肢内侧、尾巴底下为黄白色。与其他鹿种相区别的重要特征是：角小、分叉少；门齿活动；颈腹部有手掌大的一块倒生逆行毛；毛呈偏圆波浪形弯曲。水鹿的身体高大粗壮，体毛粗糙而稀疏，雄兽背部一般呈黑褐或深棕色，腹面呈黄白色，雌兽体色比雄兽较浅且略带红色，也有棕褐色、灰褐色的个体。颈部沿背中线直达尾部的深棕色纵纹是水鹿的显著特征之一。面部稍长，鼻吻部裸露，耳朵大而直立，眼睛较大，眶下腺特别发达，尤其是在发怒或惊恐时，可以膨胀到与眼睛一样大。栖息地海拔高度为 2000~3700m。生活于热带和亚热带林区、草原、阔叶林、季雨林、稀树草原、高山溪谷以及高原地区等环境。喜在日落后活动，无固定的巢穴，有沿山坡作垂直迁移的习性。其活动范围大，没有固定的窝，很少到远离水的地方去。水鹿感觉灵敏，性机警，善奔跑，喜群居。在早晨、傍晚和夜晚活动，白天休息。喜欢在水边觅食，以草、果实、树叶和嫩芽为食。夏天好在山溪中沐浴，故名水鹿。主要天敌是老虎和鳄鱼，俗有虎蹲草山鹿沐溪之说，因为它们也喜欢水。繁殖期不十分固定，在每个月都能交配，大多在每年的夏末秋初进行。雌兽的怀孕期约为 6~8 个月，次年春季生产，发情周期平均 20 天，平均妊娠期为 8~9 月，每胎产 1~2 仔，哺乳期 12~24 个月，其繁殖力相对较低。幼仔身上有白斑。2~3 岁时即发育成熟，寿命为 14~16 年。列入 CITES 附录Ⅰ。本次调查结果显示水鹿广泛地分布在卧龙自然保护区内，主要分布在西河流域、中河流域、皮条河流域，以及正河河口和黄草坪区域，此外还零星分布铡刀口沟、白岩沟、版棚子沟区域。

（28）白臀鹿（*Cervus elaphus macneilli*）：国家二级重点保护野生动物。白臀鹿属大型鹿，体长 180cm 左右，肩高 110~130cm，成年雄性体重约 200kg，雌性约 150kg。上下唇为乳灰色，下颌灰白或褐色。雄性有角，一般分为 6 叉，最多 8 个叉，茸角的第二叉紧靠于眉叉。雄鹿角的第二叉靠眉叉，所有各分叉均呈圆形。唇缘乳灰，鼻梁、额部每根毛近毛尖有一浅栗色环，颊内侧为白色。颔、喉为灰白色。夏毛较深，全身呈浅灰色至褐色。背中线有一条黑褐色脊纹，但到腰部不显。体背和体侧的毛近毛尖具浅栗色环。臀部有一显著的白色臀斑，斑的边缘嵌以黑褐色缘，并与脊纹连接成一三角形。尾的背面黑褐色，腹面白色。胸腹部毛尖为苍白色，雄鹿腹中线有一团毛为深褐色。四肢外侧为浅灰褐色，鼠蹊部和内侧为白色。冬季毛色较浅淡。白臀鹿主要栖于海拔3500~5000m 的高山灌丛草甸及冷杉林边缘。在卧龙栖息于海拔 3500m 以上，常活动于 4000m 上下，夏季到流沙灌丛，冬季下移到避风的山谷或向阳的草坡。白臀鹿还随着不同季节和地理条件的不同而经常变换生活环境，但白臀鹿一般不做远距离的水平迁徙。白臀鹿群居，特别在夏季，仅活动于数个"睡窝子"之间的狭小范围，特别喜欢灌丛、草地等环境，不仅有利于隐蔽，而且食物条件和隐蔽条件都比较好。交配季节为 9~10 月，雌兽在发情期眶下腺张开，分泌出一种特殊的气味，经常摇尾、排尿，发情期一般持续 2~3 天，性周期为 7~12 天。雌兽的妊娠期为 225~262 天，次年 5~6 月间产仔，在灌丛、高草地等隐蔽处生产，每胎通常产 1 仔。初生的幼仔体毛呈黄褐色，有白色斑点，体重为 10~12kg，头 2~3 天内软弱无力，只能躺卧，很少行动。5~7 天后开始跟随雌兽活动。哺乳期为 3 个月，1 月龄时出现反刍现象。12~14 月龄时开始长出不分叉的角，到第三年分成 2~3 个枝叉；1.5~2.5 岁性成熟；自然寿命长达 26.8 年。据访问，白臀鹿在保护区内有分布，本次调查未发现。

4.13.2.7　中国和四川省及区域特有中、大型兽类

四川卧龙国家级自然保护区中、大型兽类有特有种 5 种，占保护区有分布中、大型兽类总种数 44 种的 11.36%，其中主要分布于我国的有 5 种，保护区的地理区位极为重要，应加强特有物种的保护。保护区中、大型兽类特有种见表 4-33。

表 4-33　四川卧龙国家级自然保护区中、大型兽类特有种表

动物名称	特有种
藏酋猴 *Macaca thibetana*	中国特有
川金丝猴 *Rhinopithecus roxellanae*	中国特有
大熊猫 *Ailuropoda melanoleuca*	中国特有
小麂 *Muntiacus reevesi*	中国特有
赤麂 *Muntiacus muntjak*	中国特有
小熊猫 *Ailurus fulgens*	主要分布在中国
林麝 *Moschus berezovskii*	主要分布在中国
毛冠鹿 *Elaphodus cephalophus*	主要分布在中国
扭角羚 *Budorcas taxicolor*	主要分布在中国
中华鬣羚 *Capricornis milneedwardsii*	主要分布在中国

4.14 主要保护对象 ○○○>

四川卧龙国家级自然保护区是以保护大熊猫及其栖息地为主的、全面保护其他珍稀濒危物种和自然生态系统的全球生物多样性保护关键区，是集自然保护、科学研究、环境教育、社区共管、生态旅游和可持续利用于一体的国家级自然保护区。其主要保护对象为大熊猫及其栖息地、珍稀野生动植物及亚热带高山森林生态系统。2017年11月的"首届横断山雪豹保护行动研讨会"上，卧龙国家级自然保护区首次提出大熊猫+雪豹双旗舰物种的保护概念，雪豹的保护被提到重要高度。

4.14.1 大熊猫

大熊猫，食肉目熊科大熊猫属，是我国特有的珍稀野生动物，亦是世界野生动物保护的旗舰物种。大熊猫头体长150~180cm，尾长12~15cm，体重85~125kg。大熊猫通常以多种竹子为食，其他食物有野果、蔓生植物、小型哺乳动物、鱼类甚至昆虫。独居，有家域范围。

卧龙国家级自然保护区内分布的大熊猫种群属邛崃山种群，其栖息地是大熊猫邛崃山种群分布的核心区域，具有不可替代的保护价值。卧龙国家级自然保护区为我国最先成立的保护区之一，也是最早针对大熊猫保护而建立的保护区之一，同时也是我国大熊猫研究的出发地，保护区在国际和国内的保护生物学和保护区管理方面有着举足轻重的地位。

从20世纪70年代开始我国大熊猫教父胡锦矗先生就在卧龙国家级自然保护区，开展了一系列针对大熊猫的保护与研究，先后出版了影响至今的大熊猫专著和论文。

4.14.1.1 种群与数量

本次调查与卧龙大熊猫个体普查结果显示，卧龙自然保护区内有野生大熊猫149只，密度为0.0745只/km²，是全国大熊猫分布密度最高的保护区之一。

4.14.1.2 空间分布

本次调查共发现大熊猫痕迹点553个，占所有中、大型兽类痕迹的10.19%（图4-12），其痕迹点的密度为0.28个/km²（图4-13），在卧龙国家级自然保护区内大熊猫分布的海拔范围是1650~3550m，平均分布海拔为2557.81±20.46m，85.94%的痕迹点分布在2000~3000m的海拔区间（图4-14）。其中有34.88%的痕迹点分布在落阔混交林中，29.20%的痕迹点分布在针叶林中，27.13%的痕迹点分布在常绿阔叶林中。本次调查结果显示卧龙国家级自然保护区大熊猫主要分布在皮条河以南，集中分布在西河流域和中河流域。在保护区的东部的黄草坪、小阴沟以及仓王沟也是保护区大熊猫分布的集中区。在皮条河以北的正河流域（除沟口外），铡刀口沟也有零星分布。

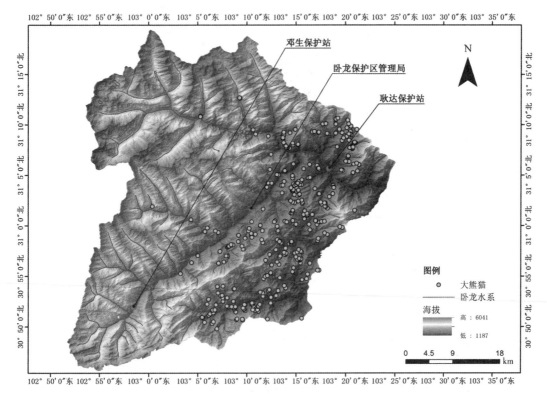

图4-12（彩版图5） 卧龙国家级自然保护区大熊猫痕迹点分布图

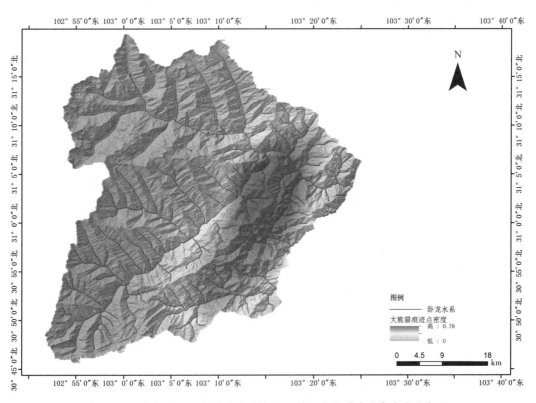

图4-13（彩版图6） 卧龙国家级自然保护区大熊猫痕迹点密度分布图

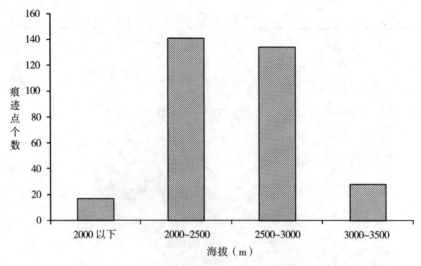

图 4-14 卧龙国家级自然保护区大熊猫痕迹点海拔分布图

4.14.1.3 栖息地

运用 MAXENT 模型计算大熊猫的栖息地结果显示，卧龙自然保护区大熊猫栖息地面积为 904.58km²，其栖息地主要分布在保护区的东部和南部，具体位置为耿达保护站北侧的黄草坪和小阴沟区域，正河与皮条河汇流处附近区域，皮条河南侧的七层楼沟、烂磨子沟、双树子高尖、臭水沟、英雄沟等区域，中河流域的野牛坪、白石沟、铜槽沟、龙池沟、关门沟、牛头山、新路尾子等区域，以及西河流域的牛井沟、黄羊平、西河正沟、马鞍桥山、白水、西岩子等区域（图 4-15）。

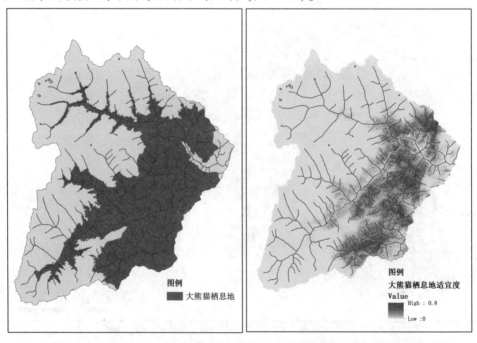

图 4-15（彩版图 7） 卧龙国家级自然保护区大熊猫栖息地范围及适宜度

总体上来说，卧龙国家级自然保护区拥有大面积的大熊猫栖息地，并且其栖息地质量较高，在卧龙自然保护区内大熊猫栖息适宜度较好的区域分布在皮条河南侧到整个西河和中河流域，以及白岩沟沟口、盖碧石、黄草坪、牛道坪区域，在皮条河北侧也有零星分布的栖息地，但其适宜度较差（图4-15）。

4.14.1.4　生境选择

根据调查结果显示：

（1）地形因子：卧龙大熊猫在生境选择过程中，主要选择在2000~3000m的海拔区间，利用率达到了85.94%（图4-14）；大熊猫生境利用在坡度上相对均匀，而生境选择的主要坡度区间为20°~50°，占空间利用面积的85.56%；生境利用率最高的坡向区间为270°~315°，占比达到了31.88%。

（2）生物因子：大熊猫生境利用率较高的植被类型区域为落阔混交林与针叶林，利用率分别为34.88%和29.20%；而生境选择的主要植被类型区域为针叶林与针阔混交林，占空间利用面积的90.23%；生境利用率最高的竹林类型区域为冷箭竹（*Bashania fangiana*）林，利用率达到了51.63%，而生境选择的主要竹林类型为拐棍竹（*Fargesia robusta*）和冷箭竹，二者占空间利用面积的95.20%。

4.14.1.5　主食竹

1. 种类与分布

根据本次野外调查，并结合历史调查资料，卧龙国家级自然保护区内共生长有竹子3属5种。其中，箭竹属3种，玉山竹属和巴山木竹属各1种（表4-34）。

由表4-33可知，箭竹属种类在保护区内种类最多。冷箭竹的分布海拔较高，而油竹子的分布海拔范围最低。冷箭竹的分布面积最大，其次为拐棍竹。大熊猫主食竹的分布总面积为1364.34km²，占保护区的面积为68.22%。

表4-34　卧龙国家级自然保护区内分布的竹种

属名	竹种	分布海拔（m）	分布面积（km²）
	华西箭竹（*Fargesia nitida*）	2400~3200	49.74
箭竹属（*Fargesia*）	油竹子（*Fargesia angustissima*）	1400~2000	68.07
	拐棍竹（*Fargesia robusta*）	1400~2800	378.06
玉山竹属（*Yushania*）	短锥玉山竹（*Yushania brevipaniculata*）	1800~3400	106.01
巴山木竹属（*Bashania*）	冷箭竹（*Bashania fangiana*）	2300~3900	762.43

2. 竹子生长状况

（1）冷箭竹

冷箭竹的秆高0.3~2m，基径粗0.5~1cm。生长高度以1.5m以下为主，比例超过了85%。盖度相对较低，中等（50%~75%）和中等偏下（25%~50%）的盖度比例占56%，低盖度（0~25%）的比例占30%左右。

（2）短锥玉山竹

短锥玉山竹的秆高 1~1.5m，基径粗 0.5~0.8cm。生长高度以 1m 居多，比例为 83.3%。盖度相对较低，中等（50%~75%）和中等偏下（25%~50%）的盖度居多，比例占 67.5%，低盖度（0~25%）的比例超过了 20%。

（3）拐棍竹

拐棍竹的秆高 3~8m，基径 1~3cm。生长高度以 2~5m 居多，比例占到了 84.5%。盖度较低，中等（50%~75%）和中等偏下（25%~50%）的盖度居多，比例占 75.3%，低盖度（0~25%）的比例占 20%左右。

（4）华西箭竹

华西箭竹秆高 2~5m，基径 1~2cm。生长高度以 1~2.5m 居多，比例占到了 82%。盖度较低，中等（50%~75%）和中等偏下（25%~50%）的盖度比例占 58.2%，低盖度（0~25%）的比例占 33.8%左右。

（5）油竹子

油竹子的秆高 4~7m，基径 1~2cm。生长高度以 2~3m 居多，比例超过了 80%。盖度较低，中等（50%~75%）和中等偏下（25%~50%）的盖度居多，比例占 72.0%，低盖度（0~25%）的比例占 25%左右。

4.14.2　雪豹

雪豹，食肉目猫科豹属，是我国珍稀濒危野生保护动物，亦是高海拔生物多样性保护的期间物种，体长 110~130cm，尾长 90~100cm，体重一般 50~80kg。全身灰白色，布满黑斑。头部黑斑小而密，背部、体侧及四肢外缘形成不规则的黑环，越往体后黑环越大，背部及体侧黑环中有几个小黑点，四肢外缘黑环内灰白色，无黑点，在背部由肩部开始，黑斑形成三条线直至尾根，后部的黑环边宽而大，至尾端最为明显，尾尖黑色。

雪豹因栖息地海拔较高，生活在终年积雪的雪线附近而得名，又因其身上的条形斑纹类似植物的叶片而得名"艾叶豹""荷叶豹"，还有个别地方的村民将其称为"土豹""马豹"。雪豹的分布范围一般在海拔 2500~5000m 处，有时候在海拔 6000m 的地方也可以发现它们的踪迹。在这片区域，它们就是王者，其领地内的岩羊、盘羊、藏原羚、藏羚羊、北山羊、白唇鹿、白臀鹿和旱獭等哺乳动物都是它们"餐桌"上的食物；当这些猎物资源匮乏时，它们也会捕食一些雉类，如藏雪鸡、蓝马鸡、藏马鸡、绿尾虹雉和雉鹑等，有时甚至还会将体形较小的鼠兔（体长 10~30cm）作为自己的食物补充。

卧龙国家级自然保护区的动植物种类繁多，生态类型完整。近年来，我们在加强卧龙自然保护区雪豹研究的同时，也十分注重对其栖息地的保护，并尽量减少栖息地内的人为干扰，使雪豹的食物资源更加稳定，让雪豹能够在这里生存和繁衍。根据野外调查和雪豹粪便中残留物的分析，雪豹在卧龙自然保护区狩猎的对象有岩羊、扭角羚、白唇鹿、白臀鹿和旱獭等，偶尔也捕食一些高原雉类。

4.14.2.1　种群与数量

根据卧龙自然保护区历史调查数据与本次调查数据统计结果显示，卧龙国家级自然保护区内的雪豹数量不少于 26 只，按照我国境内雪豹平均分布密度 1~3 只/100km² 计算，这属于小范围内发现大规模的雪豹群体，种群密度极高，位列全国首位。

4.14.2.2　空间分布

本次调查共发现雪豹痕迹点 70 个，占所有中、大型兽类痕迹的 1.28%（图 4-16），其痕迹点的密度为 0.035 个/km²（图 4-17），在卧龙国家级自然保护区内雪豹分布的海拔范围是 3300~4600m，平均分布海拔为 4170±40.41m，其中 74.29% 分布在 4000~4500m（图 4-18）。其中有 65.71% 的痕迹点分布在高山流石滩上，31.43% 的痕迹点分布在高山灌丛中。本次调查结果显示雪豹分布海拔较高，主要分布在马草坪沟沟尾、魏家沟沟尾、大阴山沟沟尾、鹦哥嘴沟沟尾、盖碧石、海子沟沟尾等山谷尾部的山脊上，以及双海子、深海子、大小海子和大海子等高山湖泊区域。

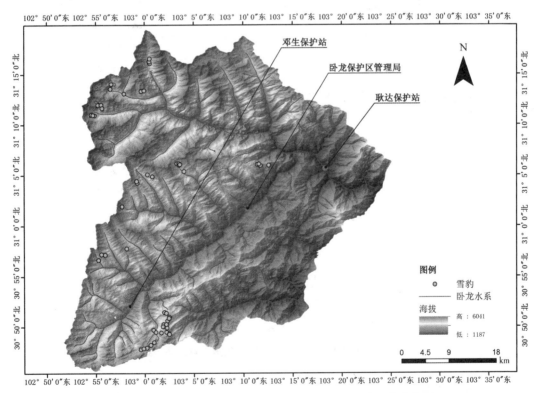

图 4-16（彩版图 8）　卧龙国家级自然保护区雪豹痕迹点分布图

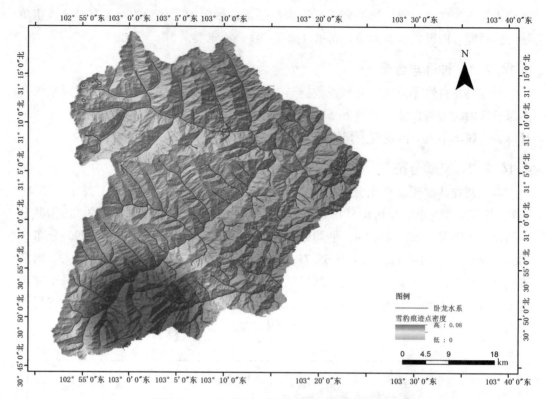

图 4-17（彩版图 9）　卧龙国家级自然保护区雪豹痕迹点密度分布图

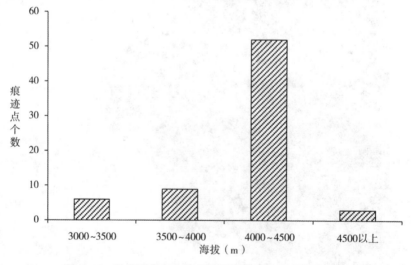

图 4-18　卧龙国家级自然保护区雪豹痕迹点海拔分布图

4.14.2.3　栖息地

　　运用 MAXENT 模型计算雪豹的栖息地结果显示，卧龙自然保护区雪豹栖息地面积为 352.18km^2，占保护区总面积的 17.61%。雪豹栖息地主要分布在高山流石滩和高山草甸上，其栖息地具体分布在梯子沟沟尾、大海子、烧鸡塘、西河正沟沟尾、双海子、深海子、大小海子、正河正沟沟尾，在皮条河北侧的各个支沟沟尾子也有零星分布（图4-19）。

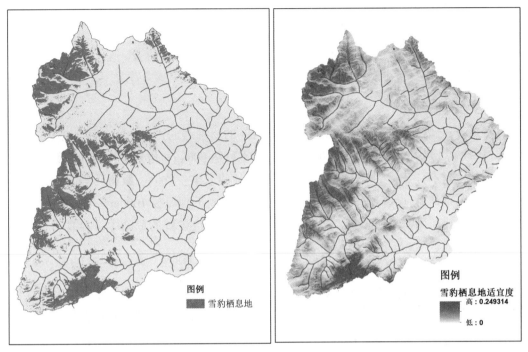

图 4-19（彩版图 10） 卧龙国家级自然保护区雪豹栖息地范围及适宜度

总体上来说，在卧龙自然保护区内有大面积的雪豹栖息，并且栖息地质量较高，保护区内适宜度较好的区域分布在正河的钱粮沟沟尾、海子沟沟尾、小沟沟尾、正沟沟尾、白岩沟沟尾盖碧石等区域，皮条河的觉磨沟沟尾、卧龙关沟沟尾、热水沟沟尾、长沟沟尾、十八脚沟沟尾、鹦哥嘴后沟沟尾、野牛沟沟尾、梯子沟沟尾、英雄沟沟尾、马鞍桥山等区域，西河的大尖峰、石岗坪、烧鸡塘等区域（图4-19）。

4.14.2.4 生境选择

利用卧龙国家级自然保护区布设的红外相机与本次调查的结果统计分析显示，保护区内，雪豹最偏好选择的栖息地为高山草甸，其次为灌丛；偏好在年均温度$-8\sim0℃$的区域活动，温度升高，出现的概率显著下降；主要活动于靠阳坡的环境，越靠近阴坡，出现的概率越低。这些特点都与雪豹的演化特征和取食行为相符。雪豹起源于青藏高原，已经演化出了适应低温环境的诸多特征：灰白的毛色在高山草甸流石滩区域是很高的保护色；扩大的鼻腔可以温暖寒冷的空气。通过调查发现岩羊等草食动物作为雪豹的主要食物，春秋季在高山草甸活动，交配季节平均利用草甸和灌丛生境；阳坡气温相对较高，食物相对丰富，推测是雪豹偏好阳坡的原因。

4.14.2.5 食物资源

雪豹属于大型猫科动物，以动物类食物为主，保护区内的岩羊为其主要的食物资源。通过历史调查与本次调查数据结果显示，保护区内岩羊种群数量较大，仅本次调查就发现岩羊痕迹点 166 处，表明在卧龙自然保护区内雪豹的食物资源充足，可能也是卧龙雪豹分布密度极高的原因之一。

4.14.3　其他主要保护物种

4.14.3.1　扭角羚

扭角羚，偶蹄目牛科扭角羚属，是我国特有的珍稀濒危野生动物，其头体长 170~220cm，肩高 197~140cm，尾长 10~21cm，体重可达 600kg。扭角羚体型大而粗壮，两性都长角，角不分叉，终身不脱落。扭角羚以各种草类、竹笋、嫩树叶等为食，夏季一般在高山草甸觅食，可达海拔 4000m 以上。冬季则下到海拔 1000m 左右的谷地森林中。常有规律地到盐渍地舔盐，这导致它们处于极易被盗猎的危险中。春夏季节，扭角羚可集结成近 100 头的大群一起活动。

（1）空间分布

本次调查共发现扭角羚痕迹点 1056 个，占所有中、大型兽类痕迹的 19.33%（图4-20），其痕迹点的密度为 0.528 个/km²（图 4-21），在卧龙国家级自然保护区内扭角羚分布的海拔范围是 1400~4300m，平均分布海拔为 2824.15±17.7m，其中 32.29%分布在 2500~3000m，30.68%分布在 3000~3500m 的海拔区间（图 4-22）。扭角羚有37.41%的痕迹点分布在针叶林中，22.73%的痕迹点分布在落阔混交林中，14.77%分布

图 4-20（彩版图 11）　卧龙国家级自然保护区扭角羚痕迹点分布图

在针阔混交林中，14.02%的痕迹点分布在高山灌丛中。本次调查结果显示扭角羚除了耿达附近的皮条河流域分布较少外，在保护区其他区域广泛分布。

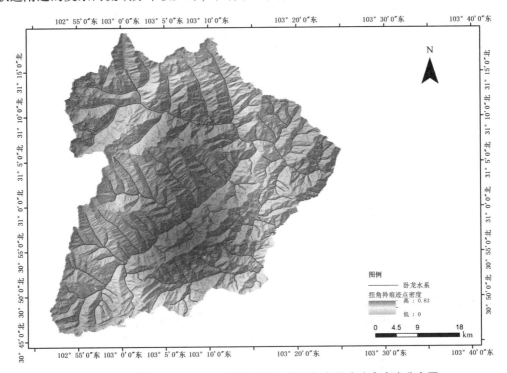

图4-21（彩版图12） 卧龙国家级自然保护区扭角羚痕迹点密度分布图

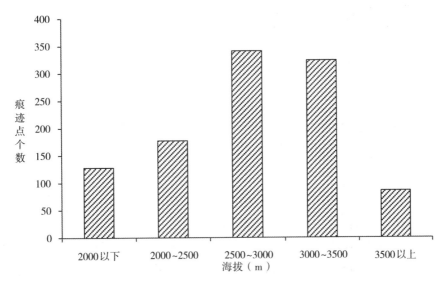

图4-22 卧龙国家级自然保护区扭角羚痕迹点海拔分布图

（2）栖息地

运用MAXENT模型计算扭角羚的栖息地结果显示，卧龙自然保护区扭角羚栖息地面积为552.67km²，占保护区总面积的27.63%。扭角羚栖息地除了流石滩区域，广泛地分布在保护区内，具体位置为正河流域的白岩沟、铡刀口沟、板棚子沟、海子沟、龙眼沟、三道桥、石水岩、火把岩、石门、卡子沟等区域；皮条河流域的周家沟、觉磨沟、红树沟、卧龙关沟、五星墩沟、银厂沟、糍粑街沟、龙岩沟、鹦哥嘴沟、大魏家沟、磨子沟、梯子沟、英雄沟、臭水沟、转经楼沟等区域；西河流域的白阴沟、西河正沟及其支沟、西子岩、石岗坪、牛井口等区域；中河流域的龙池沟、关门沟、铜槽沟、白石沟等区域（图4-23）。

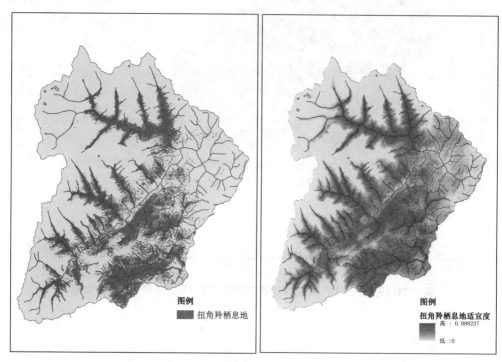

图4-23（彩版图13） 卧龙国家级自然保护区扭角羚栖息地范围及适宜度

通过MAXENT模型计算显示，在卧龙自然保护区内扭角羚栖息地适宜度较好的区域分布在：皮条河流域内除耿达以西区域和各个支沟沟尾外的区域；整个西河流域；正河流域内除正河正沟、钱粮沟以及各支沟沟尾外的区域；中河流域内除了野牛坪及其以西的区域（图4-23）。

4.14.3.2 林麝

林麝，偶蹄目麝科麝属，是我国珍稀濒危野生保护动物，成年林麝体重6~9kg，体长63~80cm，肩高小于50cm。林麝的外形特征是雌、雄麝都不长角，雄麝的上犬齿发达，长而尖，露出口外，呈獠牙状。它的后肢比前肢长1/4~1/3，所以站着的时候后部明显比前部高。它的尾巴很短，四肢细长，蹄子比较狭而尖，耳朵长而直立。毛粗硬、曲折呈波浪状，容易折断，呈深棕色，成体不具斑点。毛色上一个很明显的特征是在颈部的两侧各有一条比较宽的白色带纹，一直延伸到腋下。雄性林麝分泌的麝香不仅有较高的药用价值，而且还是一种名贵的天然高级香料，是中国传统的出口创汇商品，有"软黄金"之称。

（1）空间分布

本次调查共发现林麝痕迹点 77 个，占所有中、大型兽类痕迹的 1.41%（图 4-24），其痕迹点的密度为 0.039 个/km²（图 4-25），在卧龙国家级自然保护区内林麝分布的海拔

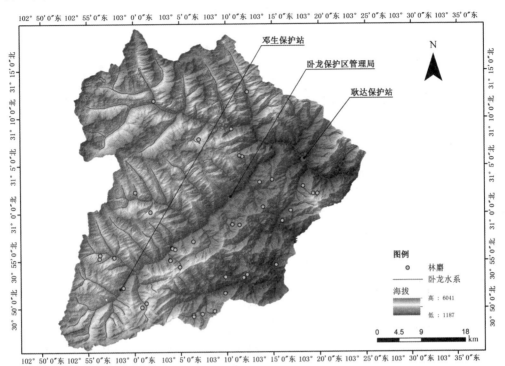

图 4-24（彩版图 14）　卧龙国家级自然保护区林麝痕迹点分布图

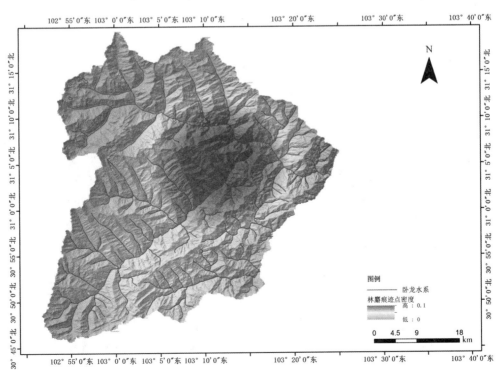

图 4-25（彩版图 15）　卧龙国家级自然保护区林麝痕迹点密度分布图

范围是 1900~3900m，平均分布海拔为 2982.4±81.15m（图 4-26）。其中有 51.95% 的痕迹点分布在高山灌丛中，24.68% 的痕迹点分布在针叶林中，11.96% 的痕迹点分布在落阔混交林中。本次调查结果显示林麝分布海拔范围较广，主要分布皮条河以南区域，在整个保护区除了耿达附近的皮条河流域都有分布，但分布都较少，都为零星分布。

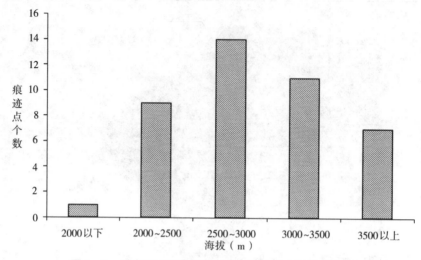

图 4-26　卧龙国家级自然保护区林麝痕迹点海拔分布图

（2）栖息地

运用 MAXENT 模型计算林麝的栖息地结果显示，卧龙自然保护区林麝栖息地面积为 357.26km²，占保护区总面积的 17.86%。林麝栖息地主要分布在皮条河、西河和中

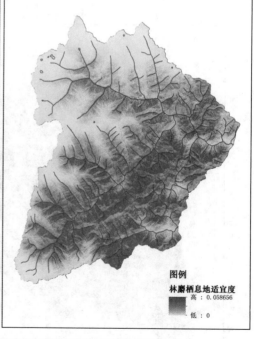

图 4-27（彩版图 16）　卧龙国家级自然保护区林麝栖息地范围及适宜度

河流域，在正河和耿达以西的皮条河流域有零星分布，其栖息地具体分布在皮条河流域的黄家沟、转经楼沟、臭水沟、英雄沟、银厂沟、糍粑街沟、龙眼沟、鹦哥嘴沟、马草坪沟、野牛沟、打雷沟、梯子沟、马鞍桥山、上盐水沟等区域，整个西河流域及其支沟，中河流域的白马岩、龙池沟、关门沟、白石沟、曾家山等区域（图4-27）。

通过MAXENT模型计算显示，在卧龙自然保护区内林麝栖息地适宜度较好的区域分布在正河南侧及其支沟等区域，耿达附近的黄草坪、仓王沟、七层楼沟、烂磨子沟、上盐水沟等区域，耿达以南的皮条河流域内除了鹦哥嘴沟沟尾和磨子沟外的区域，整个西河流域除了黄羊坪区域，整个中河流域除了麻柳坪、泡草塘和冒水子区域（图4-27）。

4.14.3.3 川金丝猴

川金丝猴，灵长目猴科仰鼻猴属，是我国特有的珍稀濒危野生保护动物，国家一级保护野生动物，体长52~78cm，尾长57~80cm，雄猴重15~17kg，雌猴重6.5~10kg。它的嘴唇厚而突出，鼻孔向上仰，成兽嘴角上方有很大的瘤状突起，幼兽不明显。面孔天蓝，犹似一只展翅欲飞的蓝色蝴蝶。头圆、耳短，尾较体稍长。四肢粗壮，后肢比前肢长。手掌与脚掌均为青黑色，指和趾甲为黑褐色。以幼芽、嫩枝、叶、花序、树皮、果实、种子、竹笋、竹叶等为食。繁殖无季节性，发情高峰期多在8~10月，孕期193~203天，翌年3~5月产仔，胎产1仔。IUCN列为渐危种，CITES列入附录I。

（1）空间分布

本次调查共发现川金丝猴痕迹点35个，占所有中大型兽类痕迹的0.64%（图4-28），其痕迹点的密度为0.018个/km²（图4-29），在卧龙国家级自然保护区内川金丝猴分布的海拔范围是2280~3340m，平均分布海拔为2268±44.6m，其中88.57%分布在

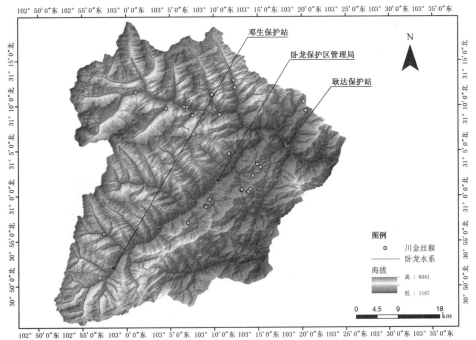

图4-28（彩版图17） 卧龙国家级自然保护区川金丝猴痕迹点分布图

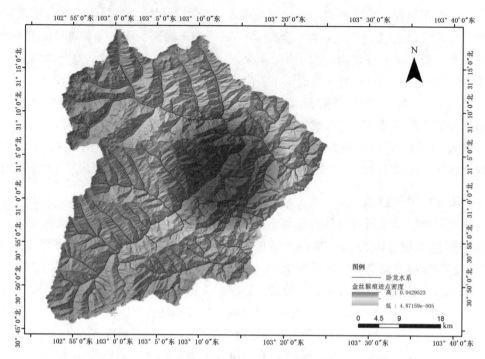

图4-29（彩版图18）　卧龙国家级自然保护区川金丝猴痕迹点密度分布图

2500~3500m（图4-30）。其中有60%的痕迹点分布在针叶林中，11.43%的痕迹点分布在针阔混交林，11.43%的痕迹点分布在常绿阔叶林中。本次调查结果显示川金丝猴主要分布在新路尾子、双树子高尖、牛头山、黄草坪、周家沟，以及正河流域的铡刀口沟、白岩沟等区域。

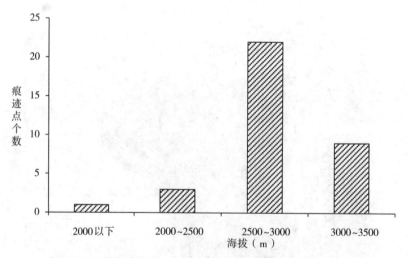

图4-30　卧龙国家级自然保护区川金丝猴痕迹点海拔分布图

（2）栖息地

运用MAXENT模型计算川金丝猴的栖息地结果显示，卧龙自然保护区川金丝猴栖息地面积为72.45km²，占保护区总面积的3.62%。川金丝猴栖息地主要分布在正河主沟南侧区域、白岩沟中黑岩窝以下区域、狼家杠区域、火把沟区域、周家沟区域、觉磨沟区域、双树子高尖区域、新路尾子区域、牛头山区域和臭水沟等区域（图4-31）。

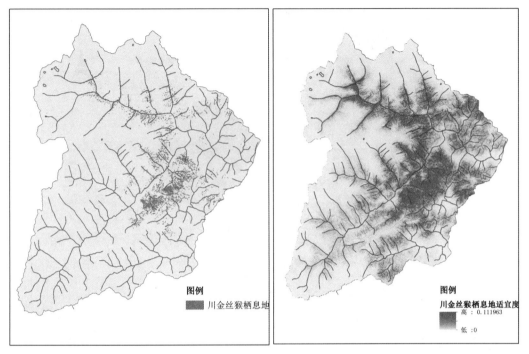

图4-31（彩版图19）　卧龙国家级自然保护区川金丝猴栖息地范围及适宜度

通过MAXENT模型计算显示，在卧龙自然保护区内川金丝猴栖息地适宜度较好的区域分布在整个正河及其支沟的低海拔区域，耿达附近的狼家杠、仓王沟、七层楼沟等区域，耿达以南皮条河流域的周家沟、觉磨沟、英雄沟、臭水沟、转经楼沟、双树子高尖等区域，中河流域的麻柳坪、泡草塘、冒水子、铜槽沟和关门沟等区域（图4-31）。

4.14.3.4　水鹿

水鹿，偶蹄目鹿科水鹿属，分布于四川的水鹿为（*Rusa unicolor dejeani*）亚种，头体长180~200cm，肩高140~160cm，尾长25~28cm，体重可达260kg。雄性水鹿长角，成年鹿一般分3叉，角每年脱落重生。雌性水鹿无角。水鹿是一种广适性鹿类，生活于各种有林的栖息地，白天隐藏于茂密的植被中，晨昏和夜间来到开阔地觅食。在卧龙自然保护区观测到水鹿一般夜间以小群活动，调查显示其广布于保护区的林区。

（1）空间分布

本次调查共发现水鹿痕迹点756个，占所有中、大型兽类痕迹的14.01%（图4-32），其痕迹点的密度为0.378个/km²（图4-33），在卧龙国家级自然保护区内水鹿分布的海拔范围是1440~4170m，平均分布海拔为2756.68±17.85m，其中73.81%分布在2500~3500m（图4-34）。其中有35.42%的痕迹点分布在针叶林中，24.31%的痕迹点分布在落阔混交林，16.86%的痕迹点分布在高山灌丛中，14.38%的痕迹点分布在针阔混交林中。本次调查结果显示水鹿广泛地分布在卧龙自然保护区内，主要分布在西河流域、中河流域、皮条河流域，以及正河河口和黄草坪区域，此外还零星分布铡刀口沟、白岩沟、版棚子沟等区域。

图 4-32（彩版图 20）　卧龙国家级自然保护区水鹿痕迹点分布图

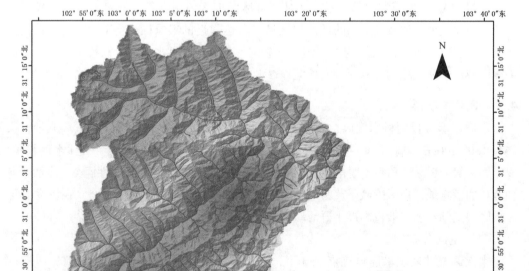

图 4-33（彩版图 21）　卧龙国家级自然保护区水鹿痕迹点密度分布图

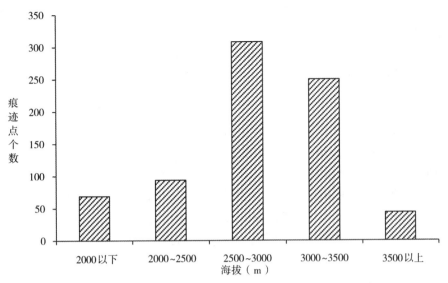

图 4-34　卧龙国家级自然保护区水鹿痕迹点海拔分布图

（2）栖息地

运用 MAXENT 模型计算水鹿的栖息地结果显示，卧龙自然保护区水鹿栖息地面积为 342.42km²，占保护区总面积的 17.86%。水鹿栖息地主要分布在正河流域的白岩沟沟口、卡子沟、石门等区域，耿达附近的贾家沟、仓王沟、狼家杠、七层楼沟、烂磨子沟等区域，整个皮条河流域南侧的区域（除了水草坪沟和磨子沟区域），以及北侧的大魏家沟和华林，整个西河流域除了西河正沟沟尾、西子岩和黄羊坪附近区域，整个中河流域除了曾家山山顶、麻柳坪、泡草塘、冒水子等区域（图 4-35）。

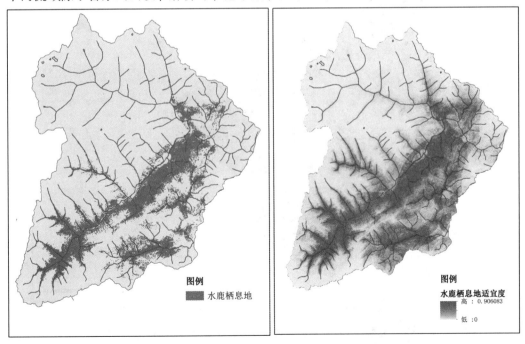

图 4-35（彩版图 22）　卧龙国家级自然保护区水鹿栖息地范围及适宜度

通过 MAXENT 模型计算显示，在卧龙自然保护区内水鹿栖息地适宜度较好的区域分布在正河流域的白岩沟沟口、卡子沟、石门等区域，耿达附近的贾家沟、仓王沟、狼家杠、七层楼沟、磨子沟等区域，整个皮条河流域除了卧龙关沟、觉磨沟等区域，整个西河流域除了西河正沟沟尾区域，整个中河流域除了曾家山山顶区域（图 4-35）。

4.14.3.5 绿尾虹雉

绿尾虹雉，鸡形目雉科虹雉属，大小量度：雄性体重 2~3.3kg，雌性 1.7~3.2kg；雄性体长 74~81cm，雌性 75~78cm；雄性嘴峰 4.4~5.3cm，雌性 4~5.2cm；雄性翅 33~34cm，雌性 31~33cm；雄性尾 30~31cm，雌性 27~28cm；雄性跗蹠 7.3~7.9cm，雌性 7.1~7.5cm。绿尾虹雉雄鸟前额和鼻孔下缘羽簇黑色，眼前的裸出部为天蓝色；头顶和脸的下部及耳羽金属绿色；从头顶后部耸起短的冠羽覆盖在颈项上，为青铜色；后颈、颈侧和上背红铜色；上体紫铜色或绿铜色，下背和腰白色；下体黑色；尾蓝绿色。

（1）空间分布

本次调查共发现绿尾虹雉痕迹点 74 个（图 4-36），其痕迹点的密度为 0.037 个/km^2（图 4-37），在卧龙国家级自然保护区内绿尾虹雉分布的海拔范围是 2400~4220m，平均分布海拔为 3683.7±38.33m，其中 64.38% 分布在 3500~4000m（图 4-38）。其中有 43.84% 的痕迹点分布在高山灌丛中，39.72% 的痕迹点分布在流石滩上，12.32% 的痕迹点分布在针叶林中。本次调查结果显示绿尾虹雉主要分布在火把沟北侧山脊、周家沟沟尾、虎头岩、热水塘、龙岩沟沟尾、大魏家沟沟尾、野牛沟沟尾、梯子沟沟尾、马鞍桥山等区域。

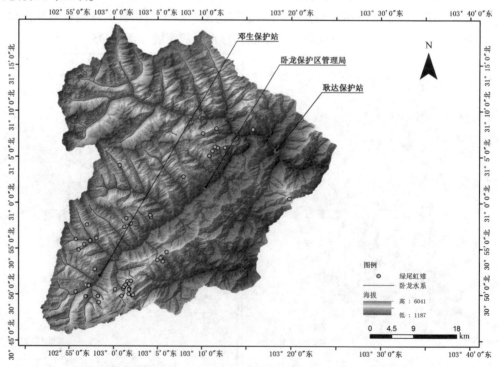

图 4-36（彩版图 23）　卧龙国家级自然保护区绿尾虹雉痕迹点分布图

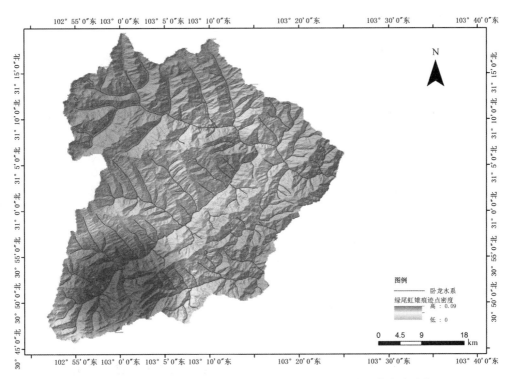

图 4-37（彩版图 24） 卧龙国家级自然保护区绿尾虹雉痕迹点密度分布图

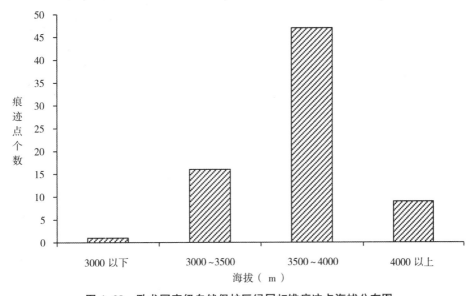

图 4-38 卧龙国家级自然保护区绿尾虹雉痕迹点海拔分布图

（2）栖息地

运用 MAXENT 模型计算绿尾虹雉的栖息地结果显示，卧龙自然保护区绿尾虹雉栖息地面积为 36.56km²，占保护区总面积的 18.28%。绿尾虹雉栖息地主要分布在皮条河流域各支沟的山脊上，具体分布在野牛沟沟尾、梯子沟西侧山脊上、马鞍桥山、英雄沟沟尾、大魏家沟各支沟山脊、邓生附近山脊、周家沟沟尾等区域（图 4-39）。

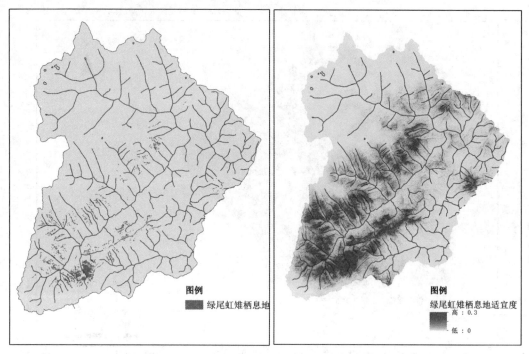

图 4-39（彩版图 25）　卧龙国家级自然保护区绿尾虹雉栖息地范围及适宜度

通过 MAXENT 模型计算显示，在卧龙自然保护区内绿尾虹雉栖息地适宜度较好的区域主要分布在皮条河流域，以及皮条河与西河、中河合围的区域，其具体分布在贾家沟沟尾、火把沟沟尾、周家沟沟尾、觉磨沟沟尾、卧龙关沟各支沟沟尾、银厂沟各个支沟沟尾、糍粑街沟沟尾、鹦哥嘴沟沟尾、大魏家沟各个支沟沟尾、野牛沟各支沟沟尾、磨子沟沟尾、英雄沟沟尾、梯子沟、马鞍桥山、白水、齐水岩、臭水沟沟尾、关门沟沟尾、盘龙寺等区域（图 4-39）。

5 社会经济状况

迄今为止，保护区只开展过一次全面的本底调查，于 1979—1982 年，四川省林业厅保护处、南充师院生物系（今西华师范大学生命科学学院）、卧龙自然保护区共同组成调查队，对保护区的高等动植物进行了历时 4 年的大规模考察，对保护区当时的本底资源有了一个较为完整的了解。随后的三十多年来，保护区取得了长足的发展，但是对保护区内生物多样性的变化情况、生态系统功能及演变规律等未有更新以及全面的资料。

20 世纪 70 年代末 80 年代初，我国开始了经济体制的改革，保护区大发展的 20 年正是我国社会经历前所未有的经济变革的 20 年，脱贫致富让经济活动十分活跃。2015 年 10 月 16 日，习近平总书记在 2015 减贫与发展高层论坛发表"携手消除贫困·突现共同发展"重要讲话提出："全面建成小康社会，实现中国梦，就是要实现人民幸福。尽管中国取得了举世瞩目的发展成就，但中国仍然是世界上最大的发展中国家，缩小城乡和区域发展差距依然是我们面临的重大挑战。全面小康是全体中国人民的小康，不能出现有人掉队。未来 5 年，我们将使中国现有标准下 7000 多万贫困人口全部脱贫。这是中国落实 2015 年后发展议程的重要一步。"目前的贫困人口大多分布在"角落里"——深山区、石山区、高寒山区及偏远山区，无论采取何种扶贫方式，难度都比以往增加，不少地方面临"保护生态"与"加快发展"的矛盾。重要讲话指出的这种情况正是卧龙自然保护区所面对的现实。

1983 年 3 月，经国务院批准，将卧龙自然保护区内汶川县的卧龙、耿达两个公社划定为汶川县卧龙特别行政区。这意味着卧龙自然保护区与其他自然保护区的职能不同，即这一套班子既具有保护管理的职责，又有特区政治经济社会事务管理的职责。卧龙自然保护区是以保护大熊猫及其栖息地为主的、全面保护其他濒危珍稀物种及其栖息地和高山森林生态系统的全球生物多样性保护关键区，是集自然保护、科学研究、环境教育和可持续利用于一体的综合性自然保护区。保护区的社会经济责任就是要解决如何带动区内老百姓，尤其是近 5000 农民发展经济并提高生活水平的问题。保护与经济发展有着不可分割的联系，社会经济状况与保护区内生物多样性、自然地理环境和各种威胁因子是什么关系？为了促进保护区有效地保护管理和打赢扶贫攻坚战，摸清家底成为必然。"四川卧龙国家级自然保护区 2014 年本底资源调查采购项目标书"制定了全面调查实施方案，确定了社会经济调查的目标。

5.1　调查目的和内容 ○○○ 〉

5.1.1　调查目的

通过对卧龙国家级自然保护区的社会经济状况的调查，为保护区管理部门全面认识社会经济与保护的关系，掌握社会经济发展趋势提供客观细致的资料，为保护区有效管理和长期发展提供科学依据和指导资料。

5.1.2　调查内容

收集卧龙自然保护区经济社会资料，包括农业、林业用地面积，其他用地面积；人口、民族、宗教、民俗、居民的文化教育状况等基本信息。开展特区、乡镇、农户、社区等社会经济指标调查，包括居民生活状况、产业结构、主要经济来源、生产方式、家畜家禽饲养情况等。调查农业生态系统海拔上限、薪炭林地、集中采伐林地，了解当地居民对保护管理的看法，重点调查社区发展与自然保护之间相互协调关系，提出经济社会可持续发展的策略。

5.1.3　调查范围

位于四川盆地西缘的卧龙自然保护区，地处四川省阿坝藏族羌族自治州汶川县西南部，邛崃山脉东南坡，北纬 30°45′~31°25′，东经 102°51′~103°24′。东与汶川县的映秀、三江两镇相联，南面与崇州、大邑和芦山县相邻，西面与宝兴、小金县相连，北面与理县接壤，卧龙、耿达两镇横穿沟谷。东西长 52km，南北宽 62km，全区总面积达 2000km²，距四川省会成都 120km。

保护区腹地沟谷有一条河，即渔子溪上游耿达段—皮条河—邓生巴郎河谷，贯穿卧龙的公路就沿这条河谷伸延。河水从保护区 2000km² 的大山汇集起来流入岷江，是成都市的重要水源地，是保护区生活、生产用水的重要来源。位于皮条河两岸的卧龙、耿达两镇，共有 6 个村，近 5000 人。保护区东南方向的汶川县三江镇草坪村、席草村位于卧龙自然保护区的中河和西河区域，是保护区管理局重要的管辖区域，管理局三江设有三江保护站。尽管这两个村在行政上隶属于三江镇，因为它们是保护区的周边社区，所以与卧龙、耿达两镇的 6 个村同在本次社会经济调查范围内。

位于皮条河一侧是汶川通往小金的公路，公路东西横贯整个卧龙特区，连接耿达与卧龙两镇，两镇行政中心相距 20km。一般情况下交通情况较好，但汛期耿达镇到卧龙镇的公路偶有中断，出现塌方或飞石。2016 年 10 月，恢复改造的国道 350（原省道303）基本贯通后，交通干线避让了原有的地质灾害点，安全通行条件有了质的改善，新建隧道能够较好地避免汛期交通中断的情况。公路两边的村镇有硬化的道路连接，驱车可抵达每个村委会。卧龙保护区的通讯在两个集镇区域良好，国道 350 部分区域没有信号覆盖。我们以横贯卧龙腹地的皮条河为线索对各村经济状况进行调查，从保护区上游的卧龙镇顺势向下描述，同时对三江镇的两个自然村也进行了调查。

5.2　卧龙镇经济状况 ○○○ 〉

卧龙镇地处皮条河上游，靠近小金县一端，距保护区政府行政中心 2km。卧龙镇共三个村，分别是卧龙关村、足木山村和转经楼村，截至 2015 年共 733 户，2384 人。非农业人口只有 459 人，在总人口数中的占比为 19.12%。卧龙镇以少数民族为主，其次是汉族、羌族和少量回族、满族、苗族，民族关系和谐。

卧龙镇的大多数居民信仰佛教，但当地的佛教已然不纯粹，混杂了许多其他民族文化的元素。当地村民们还保持着一些藏羌传统习俗，例如：在生产方面保持着传统的高山放牧生产方式，牛依然是他们财富的象征；民俗方面，村民过民族节日和婚嫁大事要烧篝火、烤羊、跳锅庄。村民性情开朗豪爽，好酒好歌舞，烧篝火常通宵达旦，这与当地气温较低有关。2008 年汶川地震后重建，政府为当地的民族风情旅游建设了不少基础设施。震后修建的民宅具有藏式民居特色，村民居住条件比震前大为改善，通水通电通车。居住面积也有增加，具有一定的民宿接待能力。

5.2.1　卧龙镇卧龙关村

卧龙关村是皮条河西南端离保护区行政和商业中心最远的村子。2015 年，卧龙关村有 305 户人家，1011 人，户均 3.3 人。乡村从业人口 617 人，其中农业从业人数 550 人，基本属于农业村。以藏族为主，其次是羌族、汉族和少量的回族、苗族和满族。这里民族关系融洽，没有大的民族纠纷。卧龙镇有一所卧龙小学，学龄儿童能就近上学。一贯制中学（即包含初中和高中的中学）设在距卧龙镇政府 10km 的耿达街上，卧龙关村的初中学生上学路程较远。一般家庭都能够要求子女完成 9 年义务教育，条件好的家庭的孩子在初中时就被送到外面都江堰、映秀或成都读中学。若个别家庭的孩子在外有亲戚照顾，会让其在更小的时候就出去读书。孩子中学毕业后，家庭主要根据孩子的意愿和学习成绩决定是否继续让孩子读书，村里有孩子读职高、大专，但读大学的不多。卧龙自然保护区农村居民平均受教育年限为 7.2 年。正是因为文化水平不高，村里外出务工的情况不多，也限制了村民的经济活动向保护区以外的地方拓展，资源利用和人口流动都没有明显的向外趋势。

据调查卧龙镇三个村有不少人出现结石类疾病，有肾结石、胆结石等，村民怀疑是饮水的问题。卧龙关村的饮用水是皮条河支流的一条小溪，传说里面以前有温泉。当地居民痛风现象比较普遍，村民怀疑是常年吃腊肉的关系。在卧龙自然保护区，家家户户过年要杀两头年猪来熏腊肉，一般来说两头猪足够一个核心家庭一年的吃用（包括走亲戚、赶礼等），所以村民保持着杀年猪、熏腊肉的习惯。卧龙关村的致贫原因基本上与严重疾病有关，因此调查时特别关注了体检问题。卧龙镇 45 岁以下的青年两年体检一次，超过 45 岁每年体检，但都是常规性检查，他们反映没有什么作用。村镇干部努力推行新农合，并部分承担特困户的参保费，所以参保率较高。保护区农转非的居民基本社会保险覆盖率为 95.6%。

卧龙镇整体海拔较高，地质灾害严重，特别是熊猫沟，2013 年，"7·10"泥石流就严重毁坏了房屋和耕地，所以耕地呈减少趋势。卧龙关村现有耕地面积 544 亩，退耕还林地 1299.2 亩，部分种有茵红李，草场 207218.2 亩。

从 2015 年的种植情况看（表 5-1），粮食或作粮食用的马铃薯和红苕主要用于自家食用和喂猪，作为商品生产的农产品主要是莲花白，莲花白的种植面积在蔬菜中是最大的，其收益也占到种植收入的 60%~70%。还有少量种植的重楼、大黄、当归、叶子蒿等药材。

莲花白是村里的大宗蔬菜，其市场优势不大。理县、汶川附近气候地理条件相近地区的蔬菜成熟期大致相同，市场撞车，价格不高。2016 年的白菜价低到连运费都给不出来，村民只好让它烂在地里。卧龙镇三个村的村民种植莲花白已经 20 多年了，由于长期使用化肥和农药，现在 40% 的土地得了根瘤病。村民在莲花白地上投的化肥和农药逐年增量，成本也逐年增加，但仅仅是维持既往的收益。少数种植莴笋的农户有些收益，但种植量都不大。种什么以及如何能卖个好价钱，有点赌运气的意思。卧龙镇政府想要改变这种局面，2014 年引进"康之源生态农业发展有限公司"，在足木山与卧龙关村之间建成占地 30 多亩的蔬菜育苗大棚，为村民培育不同品种的蔬菜秧。换蔬菜品种既是解决土地问题，也是解决蔬菜错峰上市的办法。村民从公司获得菜秧、技术和肥料，有收成后与公司 4∶6 分成。目前公司带动下的蔬菜种植还没形成气候，没有计入收益。

表 5-1　卧龙关村农业种植结构表

马铃薯			薯类			玉米			蔬菜（含菜用瓜）			青饲料（亩）
面积（亩）	亩产（斤①）	总产量（千斤）	面积（亩）	亩产（斤）	总产量（千斤）	面积（亩）	亩产（斤）	总产量（千斤）	面积（亩）	亩产（斤）	总产量（千斤）	
103	447	46	117	325	38	263	311	83	475	3823	1816	25

说明：本表薯类只包括用于折算粮食的品种，即马铃薯和红苕，木薯统计在其他农作物，其他薯类作物统计在其他蔬菜。

卧龙关村用于出售的牲畜主要是牛羊。2015 年全村共有黄牛 602 头，牦牛 491 头，羊 874 只。少量的猪和鸡只用于自家食用。据村民讲，因为有野猫、果子狸、黄鼠狼祸害，他们不敢养走地鸡，只能圈养一点自家食用，形不成规模。

----

① 1 斤 = 0.5kg，下同。

养蜂这两年略有起色，2014 年我们预调查时，蜂蜜还主要是自家用或走人户赶礼，没有做市场营销，零星的出售卖不起价。2016 年，已经成立了养蜂合作社，创立了自己的品牌，加入合作社的农户蜂蜜有统一的包装，通过镇上网购点代销，价格好，市场稳定。有的一户一年能出近 2000 斤蜂蜜，能卖到 60~80 元/斤，但是没有人社的农户在耿达街上 40~50 元/斤也不好卖。村里有几户大棚生产食用菌做得很成熟也有规模，是 2008 年地震前外面的老板在村里做起来的。因为地震时通往外面市场的路断了，食用菌运不出去，转给在菌棚采工多年有经验的卧龙镇当地人。他们不仅自己富起来了，也通过租地和请帮工带动村里、镇上的人富起来。明家和杨家的菌棚约 38 亩，年常规用工 30 多人，生产繁忙的出菇期要用到 100 人左右。菌棚的主人，置办起从装填菌包、蒸、大棚上架一应的生产设备，基本摆脱了靠天吃饭的状态。还有跑运输的车、储存蘑菇的冻库。比起传统农业户他们的收益要高得多，有宽敞的自建房，抗风险能力也较强。他们主要培育的是传统的大宗蘑菇，如金针菇、平菇等，对新品种十分谨慎。耿达新做的菌棚希望改变大宗路线，以图好的市场收益，结果 2016 年他们的羊肚菌因为品质问题完全卖不出去，失败了。

其他经济收入：打工在卧龙是收入最好的活计，但随着灾后重建工作的结束，工作越来越难找。村民说就在家门口修建的 350 国道，也只看见大型工程车在工作，大型工程的劳动力用工越来越少。当地打工者最大的问题是没有技术和文化，走不出去，不易与外面的用工市场建立联系。

卧龙关村有 12 家小卖部。小卖部规模小，主要为村民供给临时欠缺的日常用品。目前游客还不多，过路车辆买东西的很少，小卖部还不红火，估计 2016 年底通车后旅游热起来了会有好转。由于村里没有特色产业，也没有如野山猪养殖场、建筑工程公司或者如耿达熊猫繁育基地、熊猫馆等产业，且非农业人口占比较少。2015 年政府经济统计卧龙关村人均年纯收入 9648 元。

2015 年，全村年人均收入不足 2800 元的贫困户共 7 户，23 人。2016 年有 2 户人家因收入超标实现脱贫。贫困原因主要是因病、因学、缺劳力和残疾。例如家人为患脑瘫、精神性疾病或尿毒症等难以治愈的疾病病人等。为此帮扶干部、村干部和农户一起商讨有效的脱贫计划，并给予资金和技术指导。主要脱贫项目是养猪、生态护林员岗位，适应家庭无强壮劳力的情况，扶贫效果显著。扶贫资金主要用于生产资料的购买，发展产业，促增收，资金用于购买猪仔、饲料等。对于疾病患者采取医疗救助、社会保障兜底的办法。保护区管理局的生态补偿政策和项目，在整个保护区是统一执行的，农户从保护区管理局得到的这一收入约占人均年收入的 20%。

对农业经济影响较大同时又与保护形成矛盾的一个原因是野生动物对庄稼和禽畜的祸害。野猪、猪獾（土狗）、藏酋猴、果子狸，它们吃玉米、白菜、马铃薯、茵红李。2015 年卧龙镇三个村村民到政府报告，并经现场勘验证实后得到赔偿的就有 59.53 亩。2016 年截止 12 月 11 日，又核实有 30.25 亩地的庄稼被野生动物损害。除一起为偶蹄目动物所害外全是野猪所为，野猪主要啃食马铃薯、莲花白、玉米。近年来祸害越来越严重。还有的动物损害不易认定，如：猴子、果子狸吃茵红李，野猫、果子狸、黄鼠狼祸害鸡等，实际情况比报损的要严重得多，群众对此意见较大。这究竟是保护工作有成效、生态变好了的表现？还是顶级捕食者缺少导致生态失衡？亦或是人往山下走，退耕还林还竹，动物在山上没有庄稼吃，跟下山了？这个情况还有待保护区关注及调查，以便采用恰当的方法治理。在村民多次反映后，从 2015 年开始保护区拿出钱来补偿村民。在卧龙镇经济发展与保护的矛盾还是十分显著的。

5.2.2　卧龙镇足木山村

2015 年卧龙镇足木山村共 312 户人家，998 人，户均约 3.2 人。乡村从业人口 648 人，农业从业人数 555 人。也是以藏族为主。学龄儿童一般能完成义务教育，根据孩子的意愿和成绩决定是否继续读书。

2015 年足木山村有耕地面积 585 亩。退耕还林还竹共 29460 亩。林地种日本落叶松，初植密度过大，树长不大，不成材，林下什么都不长，造成没有收益。林业经济不好的问题还有一种说法是落叶松林场土壤呈酸性，导致林下什么东西都不生长。总之，林地种竹收益也不大，稳定的收入靠退耕还林还竹的补贴。7 岁以上的村民年人均 600 元的天保补助，加上退耕还林还竹以及草原生态补贴等政策性收入，即保护区生态保护产业年人均收入约 2000 元。村民在山上挖首乌、天麻等药材补贴生活。

莲花白、萝卜、莴笋是作为商品种植的主要蔬菜品种，蔬菜收入占农业总收入的 60% 以上（表 5-2）。莲花白种植同样遇到卧龙关村的问题，村镇领导正积极想办法解决这一问题，引进的蔬菜育种公司时间太短目前还没有计入收益。

表 5-2　足木山村农业种植结构表

马铃薯			薯类			玉米			蔬菜（含菜用瓜）			青饲料
面积（亩）	亩产（斤）	总产量（千斤）	面积（亩）	亩产（斤）	总产量（千斤）	面积（亩）	亩产（斤）	总产量（千斤）	面积（亩）	亩产（斤）	总产量（千斤）	（亩）
114	447	51	135	326	44	314	312	99	487	3800	1851	30

村里有几户大棚生产食用菌做得很成熟也有规模，是 2008 年地震前外面的老板在村里做起来的。因为地震时通往外面市场的路断了，食用菌运不出去，转给在菌棚打工多年有经验的卧龙镇当地人。他们不仅自己富起来了，也通过租地和请帮工带动村里、镇上的人富起来。明家和林家的菌棚约 38 亩，年常规用工 30 多人，生产繁忙的出菇期要用到 100 来人。菌棚的主人，置办起从装填菌包、蒸、大棚上架一应的生产设备，基本摆脱了靠天吃饭的状态。还有跑运输的车、储存蘑菇的冻库。比起传统农业户他们的收益要高得多，有宽敞的自建房，抗风险能力也较强。他们主要培育的是传统的大宗蘑菇，如金针菇、平菇等，对新品种十分谨慎。耿达新做的菌棚希望改变大宗路线，以图好的市场收益，结果 2016 年他们的羊肚菌因为品质问题完全卖不出去，改变并不成功。

2015 年养殖业主要有：黄牛 873 头，牦牛 2731 头，羊 292 只，生猪 57 头。牦牛长成要三五年的时间，估计全村每年有 800~900 头牛出栏，平均一户有三头。羊每年要出两批，养殖业应该是一笔大的收入。

足木山村是卧龙镇政府所在地，地震后统建房保持了藏式风格，从景观上为餐饮服务添了亮色。在足木山避暑长住的客人不多，主要是途经村子停留吃饭的客人。因为卧龙镇比较偏僻，买东西不方便，村里不少人家开小卖部。足木山村共有 13 家小卖部，其中有一家五金店，一家杂货铺。

村镇领导十分重视扶持新产业，集体出资资助发展新型产业。2016 年镇上出资 4000~6000 元不等，资助两户在成都开电商的村民，为卧龙的农产品走出大山、向外销售打开一个通道。同时也资助当地特色产业，例如资助生态鸡养殖。从生产到销售连贯起来，在经济上有了自主的控制权，这一步设计很有眼光，意义重大。村镇领导对经济发展的重视集中表现在积极推动旅游业的发展，2016 年卧龙彻底通车为旅游发展提供了重要条件。在旅游淡季的 12 月，调查人员在足木山看到了上千的游客。

2015 年足木山村人均年纯收入 9585 元。足木山村目前有贫困户 2 户，2016 年帮扶 1 户 4 人脱贫，2018 年内全部贫困。

5.2.3　卧龙镇转经楼村

卧龙镇转经楼村在卧龙镇的东北部，地理位置较偏僻，距汶川县 100km，距都江堰 60km。生产区域处于海拔 1500~2500m 的半高山，生产半径达 1h 以上路程。该村相邻的牛头山、臭水沟是保护区核心区域。靠山吃山，高山放牧一直是这个村子重要的生产方式，这与保护形成潜在的矛盾。保护限制其对林业资源的依靠，突破对大山的依赖是转经楼村摆脱贫困、发展经济要探索的路子。

2015 年转经楼村共 116 户人家，392 人，户均 3.2 人，劳动力 263 人。其中乡村从业人数为 215 人，177 人从事农业生产。该村以藏族为主，兼有羌族、汉族。灾后全村农户集中搬迁到国道 350 公路右侧的简家河坝安置点，村民的居住条件普遍得到改善。灾后重建一色的藏式风格，为民族风情旅游打下基础。另外良好的居住条件和便利的交通，让村民乐意于向山下迁移。半高山的人为活动减少，为保护创造了良好的条件。

学龄儿童一般能完成义务教育，根据孩子的意愿和成绩决定是否继续读书，村里有孩子读职高，大专，读大学的不多。新农合得到基层政府的努力推行，要求全体村民都要参加，参保率较高。个别重残重病情况由基层政府代缴新农合。从新农合参保档次看，个别户有参保十档的，绝大多数村民参保五档，但有 10% 左右仅参保最低档，应该说村民对新农合的认同度比较高。特别是一个重残户参保的是五档，政府还帮助缴了一档。

2015 年转经楼村耕地面积 350 亩，退耕还林地种植有茵红李 407 亩，有草场 68657 亩。主要商品性农产品是莲花白（表 5-3）。

表 5-3　转经楼村农业种植结构表

马铃薯			薯类			玉米			蔬菜（含菜用瓜）			青饲料
面积（亩）	亩产（斤）	总产量（千斤）	面积（亩）	亩产（斤）	总产量（千斤）	面积（亩）	亩产（斤）	总产量（千斤）	面积（亩）	亩产（斤）	总产量（千斤）	（亩）
63	460	29	68	324	22	133	313	42	303	3800	1151	15

2015 年养殖业情况：猪 36 头，牛 652 头，羊 664 只。其中黄牛 403 头，牦牛 249 头。养猪和养鸡的量都不大，主要用于自家食用。

整个卧龙镇发展经济的条件较差，卧龙各村领导也强烈反映只有加强发展集体经济，才能有望突破困境。转经楼村成立了卧龙转经楼经济开发有限公司。2015 年营业额 40 余万元，带动集体经济收入约 8 万元，带动 20 余人就业。成立 2 户农民专业合作社，带动 10 户农民发展养殖业。启动了由集体企业加农户形成的合作社，整合民宿项目，带动乡村旅游发展，同时也壮大了集体力量。集体经济力量的壮大，又反过来夯实经济发展的基础。2015 年完成了 3.2km 的机耕道建设和两处危桥改造，完成转经楼村土地测量，为进一步招商引资铺路。在镇政府的组织下，村领导也积极动员村民参加烹饪、裁缝、驾驶、水电、电焊等技能培训。

2015 年人均年纯收入 6150 元，2016 年人均年纯收入 7380 元，2017 年 8856 元，2018 年全村脱贫，人均年纯收入 10627 元。以 2015 年为例，转经楼村的贫困户虽然只有 2 户，所涉 7 人，但整个村子经济水平不高，2015 年前有 25 户低保户，涉及 79 人。到 2015 年还有 9 户低保户，涉及 23 人。2016 年 1 户 4 人脱贫。脱贫帮扶办法是帮助种植茵红李，帮助开办爱心超市或将其纳入低保或纳入巡山护林员岗位。现在集体经济的多种努力正在逐渐显示力量，真正见到成果还有待时日。现阶段基本上靠民政救助、生态补奖等政策性托举。因为这两户都是因病致贫，缺乏劳动力。由于地理位置的原因转经楼村的第三产业比较差，客流量小，仅有 4 个小卖部。

尽管转经楼村经济水平不高，因其放牧地区处于保护区核心区域，村领导还是坚持宣传保护政策。2016 年启动了重点区域野生动物保护项目，加强社会治安、森林防火、野生动物保护和生产安全的宣传教育。与村民签订巡山护林员责任协议书，将保护责任落到实处。

5.3　耿达镇经济状况 ○○○〉

耿达镇是大熊猫栖息地世界自然遗产的核心区，也是中国保护大熊猫研究中心的所在地。2015 年底，全镇 744 户，2904 人，其中农业人口 2140 人，非农人口 764 人，非农人口在总人口数中的占比为 26.3%。耿达镇以藏、汉、羌为主要民族，经济总收入 4696.42 万元。耿达镇街上政府的管理机构、保护站、公共服务机构邮局、学校、一应的商业店铺、旅社饭庄已然形成行政与商业中心，旅游接待能力较强（表 5-4）。

电商快递在耿达镇落户已有两年。耿达全镇共有货车43辆，出租车8辆，拖拉机1辆，耿达有较强的能力承包工程，建筑与运输也做得不错。耿达镇各村的经济结构发生了很大的变化，除龙潭村的农牧收入大过第二、三产业的收入外，幸福村和耿达村的二、三产业收入明显高于农牧业收入，尤其幸福村的二、三产业收入高于农牧收入2倍多。

表5-4　耿达镇餐饮业统计表

区域	餐馆（农家乐）名称	容纳量	
		住宿（人）	就餐（人）
獐牙杠	耿达盘龙山庄	50	120
	生态农庄	70	240
	鸿运饭店	20	70
耿达车站	岷江商务酒店	170	200
	凯越熊猫客栈	20	100
	欣悦小吃		20
	刘姐串串	20	40
耿达老街	阿嬢饭店	28	150
	缘梦居	30	
	豆花饭手工面		20
	莞欣饭店	30	200
	耿达一碗面		20
	家常菜		30
	乡里人家	48	120
	幸福楼	22	60
	味道烧烤		20
	福源客栈	52	160
耿达政府处	南充特色米粉		20
	银龙饭店	58	50
	鑫玉饭店	18	58
	红叶饭店	28	50
	玉佳火锅饭店	28	60
	天客来家常菜		40
	聚友饭店		50
	耿达农家饭店	40	80
	永泽人家	40	70

（续）

区域	餐馆（农家乐）名称	容纳量	
		住宿（人）	就餐（人）
耿达沙湾	沙湾友谊饭店	58	70
	沙湾鸿运饭店	30	60
耿达龙潭村	龙潭家常菜	32	60

5.3.1　耿达镇龙潭村

2015年龙潭村全村共有225户，846人。一般家庭都能要求子女完成义务教育。因为耿达镇的地理条件、交通条件都优于卧龙镇，距都江堰和映秀不到一个小时的车程。关键是路更好，交通更便利，村里送子女外出读书的情况更普遍。村里还能享受到"雨露计划"，该计划对贫困家庭孩子读书给予资助，大学以上每人一年3000元，中专2000元，初中义务教育阶段1000元。目前该村有一户藏族村民的子女受资助上四川省剑阁县高等职业中学。该村以藏族为主，羌族、汉族次之，民族相处和谐。村上无地方性疾病，无严重遗传性疾病。农转非居民基本上都参加了社保，新农合参保率也达80%以上。

龙潭村土地资源稀缺，全村共有耕地765亩。2008年地震和泥石流损毁45亩耕地，加之搬迁建设用地等原因，在河坝基本没有土地了。全村退耕还林、还竹的林地共1377.26亩，其中退耕还竹703.96亩。有88746.8亩高山草场。

全村主要农地作物生产情况：每年种两季的莲花白，莲花白是大宗商品性作物，莴笋、大白菜也有出售，土豆、玉米主要是自用，其中玉米基本上是养猪用。商品性作物基本上没有加工能力，靠行市吃饭，2016年夏季莲花白因为价格过低，几乎无收益，只能让它烂在地里。近几年村民在耕地上尝试种重楼、赤芍等药材。龙潭村的大棚种植品种最多，还带动两户贫困户做大棚生产。有种植有机蔬菜的大棚、有种植药材的大棚、还有去年刚起步的食用菌大棚。今年的羊肚菌生长得很好，但食用品质不高，加上多地市场供给充足，所以在市场上几乎没有收益。商品化种植市场是个大问题，有机蔬菜不出本镇就卖完了，十分抢手，没有外销。有神农蔬菜种植专业合作社，但大棚规模就4亩左右，村民抗风险能力低，不愿意做大了，也就没法走外部市场。

龙潭村主要林地种植情况：林地主要种植的树种是日本落叶松、红杉树，还有不成规模的其他树种，如厚朴、茵红李。成立了茵红李种植专业合作社，但市场销售一般，主要在保护区内销售。退耕还竹地保护区每年每亩补贴1200元，鼓励种竹子。保护区熊猫苑饲养了30头熊猫，每年都要向村民购买大量的竹子。打竹笋主要用于自己食用，在卧龙自然保护区内的两镇6村禁止打竹笋售卖。我们在街上的饭馆也没有看到大量的竹笋。林地收入还有在林中种植的经济作物，如魔芋等。村民也上山在林地里挖重楼。

龙潭村养殖业做得有特点，成立了山猪养殖合作社。村长带头养的野山猪已经打进了成都的超市，一年出栏上千头，每头在180~220斤，收益较稳定。村长带动山上一户村民养野山猪脱贫致富。龙潭村还成立了养蜂合作社，带动了 22 户贫困户脱贫。蜜蜂养殖专业合作社是整个卧龙自然保护区市场做得最好的合作社，他们为自己的产品注册了"卧龙生态园"品牌。进入到这个品牌的农户蜂蜜价格可保证在每斤 50 元，没有进入品牌的散户只能卖到 30~40 元/斤。合作社的蜂蜜用快递方式销往全国，主要市场有北京、上海、广东、浙江。龙潭村其他传统养殖还停留在家庭散养阶段，每家平均养猪两头，用于自己食用。政府扶持贫困户养猪一般养 4~5 头，猪肉价好，至少可以出售 2~3 头，应该有较好的收益。养鸡收蛋一般都是自己食用，多的在社区内就销售一空。河坝地区羊只能圈养所以规模不大。有两户在高山放牧，养牦牛 40~50 头。

如同在卧龙镇一样，在耿达镇外出务工也是经济效益最好的活计，且相对稳定。但随着灾后重建工作的结束，本镇打工的机会渐渐少了，外出打工多为体力活、苦活和危险的活计（表 5-5），一般 160 元/天，有技术的能挣到 200 多元一天。2015 年龙潭村常年外出打工人数 28 人。另外还有较多的其他服务性零活，例如为政府或商家做维修、改建等工作。龙潭村地处横贯卧龙特区腹地的公路，公路东南连接成都、都江堰、汶川，西北连接小金、丹巴，这一重要的交通路线为龙潭村的餐馆住宿服务型经济的发展提供了条件，成为他们重要的收入来源之一。2016 年 5 月被地震反复破坏的公路再次打通，10 月完成最后通车。这对特区经济的发展是一个有力的推动。

表 5-5　耿达龙潭村收入结构表

农业收入（万元）		务工（万元）		第三产业（万元）		总成本（万元）	净收入（万元）
种植	牧业	建筑	运输	服务	其他		
311.3	622.82	237	185	104	195	860.66	794.46

2015 年龙潭村年人均纯收入 10606 元，与访谈获得数据 1 万元出入不大。全村年人均收入不足 2800 元的贫困户共 10 户，涉及 38 人。2016 年龙潭村有 9 户人家因收入达标实现脱贫。现在还有两户特困户，涉及 11 人。贫困主要是因病、因灾、因祸，例如家人中有患脑瘫、精神性疾病或尿毒症等难以治愈的疾病病人；2014 年泥石流冲毁两户人家的房屋；还有劳动时受伤、交通事故等。帮扶干部、村干部和农户一起商讨有效的脱贫计划，并给予资金和技术指导。主要脱贫项目是养猪、养蜂，适应家庭无强壮劳力的情况，扶贫效果显著。扶贫资金主要用于生产资料的购买，养猪脱贫计划，资金用于购买猪仔、饲料等。

村民对保护区森林防火、禁采挖、禁伐、禁猎等保护规范都了解，并且愿意参加保护区的近距离巡护工作。与保护区签合同负责一个区域的防火、防盗监察，经检察完好履行合同可领取每年 1200 元的政策性补贴。保护站还聘用熟悉山地、体力好的村民与保护站工作人员一起上山巡护。这些做法，一方面让村民了解保护的知识和重要性，一方面也密切了村民与保护站的关系，加强了村民对保护的认同，也是政府增加村民收入的一种方式。现在村民基本都住进了统建房和自建新房，水、电、路三通，电费 1 角/度，做饭用电解决了传统村民对薪火的依赖，一般情况下做饭不用木柴。传统节日和游客要求烤羊时用的木柴，主要是汛期上游冲下来的水柴。生意做得大点的餐馆，没有人力去捞水柴，就向捞水柴的村民买些木柴。村民知道保护区的规定，每年春天在自留林地采笋自己食用，一般不用来出售。

5.3.2　耿达镇幸福村

2015 年幸福村共有 323 户人家，计 1240 人。其中纯农户 31 户，813 人。其他已转为城镇居民。一对夫妇平均养育两个子女。学龄子女一般能完成义务教育，成绩好且愿意在义务教育后继续读书的子女，一般会得到家庭的支持，花钱送子女到保护区外读书，不分男孩女孩。全村无严重遗传性疾病，无普遍地方性疾病，农转非普遍买了社保。基层领导努力促成居民参保新农合，参保率也较高。村民以藏族为主，兼有羌族汉族，本地人说他们是解放前就避难来的，有不少是婚嫁来的，民族关系融洽。

幸福村的主要经济来源已经不再是传统的农业经济了。汶川大地震后，幸福村成为耿达镇的两个集中安置点之一。建房用地、公路建设以及熊猫苑、自然教育培训中心等公共设施、旅游设施的建设用地大部分征用了幸福村的地。2016 年幸福村共有耕地 582 亩。主要种植的商品作物是莲花白，2016 年市场不好，有一季烂在地里没有收。幸福村主要经济收益是来自生态旅游及餐饮住宿服务。有 50～60 户人家做餐饮和小卖部、超市等商业服务，劳动力弱的也帮亲戚朋友打工帮忙挣几个现钱。每年 6、7、8 月是避暑、旅游的高峰期。邻街建的客栈，每户有近 20 个房间，近 40 人的接待能力。但村民的各种亲戚关系，使得接待能力很难估量。客人多的时候邻街兄弟亲友的房子都可以使用，甚至街后面社区的统建房也被装修出来出租给避暑常住的客人。因为幸福村地处耿达镇街上，是保护区政府各机构所在地，加上熊猫苑景点和学校、医院等其他事业机构，即使不是旅游季节，街上居民人来客去，还有过路车辆休息吃饭，也让不少餐馆常年都有生意。90% 的农家乐都是自用工，旅游旺季才添人手。

幸福村退耕还林、还竹地面积 134.534 亩，林地种杉树，部分区域林下种植重楼。村民也挖野生重楼、羌活、天麻、川贝等药材。高山草场 122580.2 亩。幸福 4 队在海拔 2000m 的高山上有草场，保护站圈来作为熊猫野化基地。在海拔更高的山上，放牧几十头黄牛，10 多匹马，600 多只羊，一年出二批羊。张家沟、蒋家沟山高坡陡易发生泥石流，半高山的人已经基本上搬下山来居住，还有几个老人住在山上。

另外有两大经济收入（表 5-6）：一是外出打工，常年外出打工人数达 98 人，平均每天能挣 100～150 元左右。干一些比较危险的苦活，例如打洞子。二是在政府和事业单位做一份工作。例如在学校和医院就有 10 来个人，保护站有 8 个岗位，还有 10 多个人在企业上班，大约每月 1800 元的收入是比较稳定的，另外还有提成等灵活收入。政策性收入幸福村享受得较充分，仅幸福村村民在银行的存款就上千万元，主要是政府征用土地的赔偿款。只可惜村民尚未有投资意识，也没有找到好的投资项目。2016 年 5 月熊猫苑试运营门票 60 元一张，2017 年元旦定价到 90 元一张。随着道路的完全开通，幸福村的旅游经济应该有较大的发展。

表5-6　耿达幸福村经济收入结构表

农业收入（万元）		务工（万元）		第三产业（万元）			总成本（万元）	净收入（万元）
种植	牧业	建筑	运输	商饮业	服务	其他		
262.9	135.17	275	238	122	207	492	883.36	848.71

2015年幸福村年人均纯收入10439元，与访谈获得数据相吻合。幸福村2015年年人均纯收入低于2800元的贫困户有4户，涉及12人。主要是因为疾病和地震灾害丧失主要劳动力，也有打工受伤的。主要帮扶办法是养猪、帮助种植重楼、安排公益岗位等。一般农家养猪均用于自家食用，身体残弱、劳动力缺乏的家庭，也只能少量饲养几头出售。到2016年12月仅有一户一人因患肺气肿还在贫困之列，靠低保和医疗救助兜底，其他贫困户均已脱贫。

因为幸福村的餐饮服务业是其经济的主要成分，所以在经济发展与保护的关系上调查了他们对动植物保护上的态度与行为。来避暑的游客多是常客或通过朋友介绍来的客人。客人最看重的是卧龙的清凉、空气好和生态的饮食。也有个别客人寻找野味、山珍和野菜。店主普遍的反应是野味没有，也买不到，大家都知道吃野味是犯法的，保护区管得很严不敢做。只有一家店主表示冬天运气好可能碰到有野猪吃。平时想吃野菜都要先说好，店主特别去找。店家会主动推荐客人在农家乐能吃到城里吃不到的东西，例如：土鸡、烤羊、烤兔。而且是临时从养殖户手里买来，让客人看到新鲜的活物。还有客人想买土鸡、土蛋带走。总之大家都喜欢生态的食物，这些都是稀少的食材，获得成本较高。其实餐饮服务业对森林资源的依赖更少些，一是因为地处河坝上山困难费事，没有人手去采集；二来在市场上买这些食材既贵又不容易买到。所以他们对保护区的保护要求基本上不抵触。

5.3.3　耿达镇耿达村

耿达村位于耿达镇东南部，是耿达镇政府、卫生院、派出所所在地，行政区划面积173km²。在獐牙杠沙湾有两处灾后重建集中安置点，集中居住住户占55%。村民居住条件较过去有很大的改善，用水用电和道路等公共设施齐备，为居民下山居住创造了客观条件。2015年耿达村有196户，818人，其中农业人口609人。耿达村人口数据比较不确定，主要是在不断建设中产生的失地者逐渐转为非农户口。所以两年前的调查数据农户为202户，农业人口是662人。全村无严重遗传性疾病，无普遍地方性疾病，政府要求村民参加新农合，参保率较高。农转非居民基本上都买了社保。该村以藏族为主，其次是汉族和羌族，民族关系融洽。

耿达村在保护区皮条河的最下游，卧龙自然保护区东南方向的入口处，最靠近都江堰市的地方，也是耿达镇地震后重建的集中安置区之一。耿达村是耿达镇的贫困村，整个村的经济情况明显不如幸福村与龙潭村。2015 年人均年纯收入告示栏公布数为 6900 元，与农业经济收益分配统计报表的数相差较大，报表为 9890 元。根据狮子包组村民户均年收入约 20000 元推算，人均接近 6500 元。告示栏的数据是可信的。

耿达村基本收入结构（表5-7）：二、三产业收入约占总收入的 65%。耿达村的老村长精明能干，最早因为外出打工挣了钱，修建了自己的小楼，买车，成立了自己的建筑公司，拉起队伍。他们承接的工程并不局限于卧龙自然保护区，而是在全国各地，主要在青海、安岳、都江堰等地。耿达村外出打工的人数在保护区各村中都是最多的，2015 年常年外出打工人数 183 人。耿达村还有不到 10 户人在经营旅游餐饮服务。政府政策性补贴依然是大宗而稳定的收入。天保等财政补贴收入占年人均总收入的 20% 左右；其余为种植莲花白和重楼等药材以及养猪等，种养殖业收入约占 15%。

表5-7　耿达村经济收入结构表

农业收入（万元）		务工（万元）		第三产业（万元）			总成本（万元）	净收入（万元）
种植	牧业	建筑	运输	商饮业	服务	其他		
267.73	115.5	218	180	103	122	223	626.91	602.32

2015 年耿达村全村共有耕地 538 亩，退耕还林地约 1200 余亩，退耕还竹地 248.12 亩，集体林地 1127 亩。人均耕地不足一亩，且大部分耕地都在半高山，种植方式和品种传统，产值低。地质灾害和野生动物啃食庄稼导致减产。种植莲花白、土豆等传统农作物。林地主要种日本落叶松、红杉、金竹，但竹子品质不好，熊猫苑要从外面买竹子，不能完全收购两镇的竹子。2012 年种的 200 多亩茵红李收了几百斤，市场上卖到 5~6 元一斤。林下还种有重楼和十多亩赤芍，耿达居民上山采药种类主要为：重楼、天麻、贝母、佛掌参、大黄、木通、金银花、羌活，但规模都不大，在林地收益中占比不大。拥有草原总面积 83108 亩，基本草原划定面积 70642 亩，其中重要放牧场面积 36502 亩，占基本草原总面积的 52%，国家重点野生动植物生存环境的草地 34140 亩，占 48%。牧业主要是高山放牛，靠近村子的牛、羊被家庭分散地圈养着，规模不大生猪养殖大户年出栏目 60 多头猪。家庭零散养猪 10 头以下的也有不少。一个家庭年消耗猪肉两头，其他属于商业性养殖。村里有几户人家养贵妃鸡，大户有上千只，小户也有 200 多只。村里有养鸡合作社，通过网络卖鸡蛋，3 元一个，销售不错。有十来户养蜂，50 桶以上的有经济收入，1~20 桶的是试着养还没有什么收入（表5-8）。

表5-8　耿达镇畜牧业结构表

村名	牲畜类型			
	黄牛（头）	牦牛（头）	羊（只）	猪（头）
幸福村	334	102	859	45
龙潭村	657	405	365	38
耿达村	345	98	443	65
合计	1336	605	1667	148

耿达村有贫困户8户，26人。耿达村贫困除与其他村相同的因病残、因灾外，略有不同的是，耿达村的大部分耕地在半高山，气温较低，农作物生长较缓慢，同时受野生动物损毁较严重。另外耿达村老鸦山组每年汛期有4个月时间通村道路会被水冲断被泥石流堵塞，道路不畅对全村经济发展影响极大，甚至一些公益性岗位也无法支持到他们。养猪收效快，根据贫困户自己的意愿，有几户都采取养猪的办法。2016年猪肉价格高，有望能因此脱贫。

养殖为耿达村带来了不小的收益，但是他们清楚地知道保护区的管理条例，知道因为马对地表植被破坏较大，所以保护区禁止养马。以前耿达村有人养马，现在都放弃了。保护区管理局将天保、退耕还林还竹等一系列政策性补贴与村民的经济行为挂起钩来，不履行义务就不发补贴。保护区的宣传教育还是到位的，这种管理也是有效的。但是村民的庄稼被野生动物祸害的问题始终没有得到有效的解决，也安过围栏，但是野猪、鹿子拦不住。村民做饭用电，每年一周的检修和3月枯水季节容易停电，停电就只能烧木柴。除了这些问题，村民对保护管理都是认同的。

耿达村各组情况差异较大，狮子包组的地理与地质情况决定了依靠不上林地资源。狮子包组责任林片区的山体已出现多处滑坡，河道也因2013年"7·10"洪水损毁严重，目前已有多处隐患，并已造成30余亩耕地损毁不可修复。除天保林外，该组自2000年以来陆续退耕还林100亩，主要树种为日本落叶松，目前已成林，林下由于松叶高密度覆盖，几乎不长草，造成林下生物多样性锐减，村民也因此失去林下放养牛羊的机会。组内没有退耕还竹地，与其他村组相比，由于人口最少，退耕地面积也最小。与幸福村相似的是狮子包组村民获得的财政补贴比例较高，而种养殖业收入比例较低。

狮子包组现有天保责任林348hm^2，划分为18块林斑并已分到户负责，整片天保林均处于实验区内，主要分布在耿达村内狮子包沟入口处两侧峡谷地带，与其他村组天保责任林以山梁为界，海拔范围在1500~2500m，根据全国大熊猫第四次调查，该片责任林没有大熊猫分布，但由狮子包沟进入老鸦山半高山处则存在大熊猫活动痕迹。这种形式的生态保护产业，让村民不是通过其他林地经济而是通过巡护有所收入。由于长期与保护区合作完成巡山护林服务工作，较多接受保护站的法律法规学习，对保护认知较好。

5.4 三江镇两村经济状况 ○○○〉

草坪、席草两个村子行政关系隶属三江镇，地处卧龙自然保护区的南缘，属于毗邻卧龙自然保护区的周边社区。两村的经济发展状况和对森林资源的依赖状况，以及对森林资源利用的节律都与保护有直接关系，故也作为本次调查的对象，调查数据主要反映2015年情况。

5.4.1　三江镇草坪村

2015 年草坪村全村共有 106 户，388 人，户均 3.7 人，平均一对夫妻生育两胎。民族以藏族和汉族为主，有少量嫁入的羌族，民族关系融洽。一般家庭都要求学龄儿童完成 9 年义务教育。

全村现有耕地 300 余亩，人均不足一亩，退耕还林地 500 多亩。主要种植品种为自用的玉米、土豆、蔬菜。最近几年采挖重楼日渐困难，村民尝试在林地厚朴树下种重楼，效果不好，所以农户渐渐开始从山上挖重楼种在耕地上。

有私有林地 5500 亩，集体林地 14500 亩。为解决偷挖笋子和盗伐问题，村委会将离村子较近的林地的管理落实到户，划片定人头，以提高保护责任心，拥有林权证。林地主要栽种厚朴等药材和猕猴桃等水果，也大量种植水杉等快速成材树种。与其他山地不同，草坪村无草场，无牛羊牧业，无大宗商品性养殖；户均养自用猪 2～3 头，户均养自用鸡 20 只；无菌类采摘或培育。

草坪村 2014 年人均年纯收入 8000 元，2015 年人均 10000 元，呈增长趋势。全村年收入不足 2800 元的贫困户有 18 户，其中低保户 11 户，每月获得政府补助 150 元。贫困主要原因为疾病（精神性疾病、灰质型脊椎炎）、残疾、孤寡户缺乏劳力。无地方性疾病，无普发性疾病。

草坪村主要经济来源：最高的收入项目是外出打工，主要是打隧道，辛苦危险，年收入可达 7 万～8 万元。但打工的人覆盖面小，2016 年全村外出打工人数不足 20 人。覆盖面最大收益较大的项目是经营农家乐餐饮住宿。全村约 80% 的农户退耕还林后不种地，经营农家乐，农家乐户均年收入 5 万～6 万元，收入高的可达 10 多万元。旅游收入占全村总收入的 60%。挖采山货是草坪村另一重要收入来源，挖重楼是户户皆为的大宗收益，春季挖药材大户可收入 20 万元。草坪村年挖竹笋总收益 100 多万元。还有其他小宗收入，如养蜂、4～5 年一次的厚朴树皮收入等。

主要农作物是玉米、土豆和蔬菜，粮食性作物一般留作自用。全村年养猪 567 头，蜂蜜年产量 2300 斤，鸡蛋年产量 2500 斤，主要用于自用和开餐馆使用，少量卖些蔬菜和猪。

其他收入：草坪村有年人均 400 元的天保费；得到管理局巡护用工和地方政府、景区管理、当地水电站等用工机会，个别贫困户还有机会得到村里提供的每月 1000 元清扫道路的公益岗位。

草坪村村民与保护区三江保护站关系和谐。保护站每年的主要保护工作都会向村民宣传，村民也积极配合。保护站的巡护工作也聘请村民参加，既增加了保护站的人力也为村民提供学习保护法规政策的机会和参加保护工作的机会，同时增进了双方的了解与关系和谐。保护站还利用与村民每年一次的天保签约、保护周、爱鸟日等各种时机宣传保护条例，告知偷猎盗伐的法律后果。通过做生态旅游村民也认识到游客为夏季的凉爽、为好的水质和空气而来，也增强了保护意识。最重要的是生态旅游对自然的破坏减少了，与保护的目标形成一致，这就大大改善了保护与经济发展的关系。

5.4.2　三江镇席草村

2015 年席草村共有 125 户，427 人。60% 是藏族，家家有藏民，父辈、祖父辈藏民会民族语言，也会汉语，汉语是主要生活交流语言。汉族及少量羌族主要是嫁入或外来户。90% 的家庭育有二胎。村里学龄儿童基本能完成义务教育。无地方性或高发性疾病。

全村有耕地 1100 亩，林地 6000 亩，退耕还林 480 亩。全村以猕猴桃、中药种植为主。2015 年人均纯收入 10800 元。

耕地主要种植玉米、土豆、蔬菜等农作物，少量种重楼、毛慈菇（宜宾子）等药材。全村退耕还林 547 亩，种植 300 亩药材，100 亩魔芋，200 亩菇类。有集体林地 6000 多亩。4000~5000 亩林地种厚朴、黄柏等药材和猕猴桃等水果。林地收入很难以年计算，除退耕还林地种猕猴桃外，林地主要种厚朴、黄柏、箭竹。

种植与采挖重楼可使全村年收益达 80 多万元，种植大户可收到 10 万元，少的也上万元。猕猴桃种植，全村 1、2、4 队种有 400 亩，其中已经挂果的有 200 亩，2015 年猕猴桃才开始有收益。猕猴桃 3~4 年才挂果，第 5 年才进入丰产期，今明年估计收益才会显现出来。

有牧场，草地灌木近 3000 亩，养黄牛 96 头，山羊 482 只。席草村有 5 个养羊户，规模在 200 只到几十只不等，其他家庭也有零星养羊的。全村养猪 859 头，一般来说一户一年食用两头猪，所以养猪基本上是为了自用。蜂蜜年产量 2300 斤，养蜂是个别劳力缺乏家庭的重要支撑，全村养蜂 70~80 箱，每箱年产出 35~40 斤蜂蜜，每斤 50 元左右，能收入 15~20 万元。席草村户均养鸡 20~30 只，鸡蛋年产量 2300 斤，有少量鸡蛋出售。

其他收入：席草村虽然旅游业不旺，但距公路不远，山货很受游客欢迎。全村每年挖竹笋户均 200 斤，收益近万元。席草村因为有人做包工，每年带出 50~60 人外出打工。他们有去北京、越南的，也有在附近的。有技能的日工资可达 200 多元，一般的在 160~170 元左右。为支持村民外出打工，政府为他们报销一半的路费，政府还将加大支持力度，为外出务工人员报销往返路费。席草村每年从保护区管理局得到人均400 元的天保费，这对年人均纯收入水平是个稳定性的支撑。同草坪村一样，村民还能得到管理局巡护用工和地方政府、当地企业用工机会，村里为个别贫困户提供每月1000 元的公益岗位。

2014 年全村尚有 16 户年人均收入低于 2700 元的贫困户，2015 年全村的贫困户仅剩 4 户，涉及 12 人。致贫原因主要是无劳动力，其中有精神病人。2015 年，政府资助4 户人家每户 3000 元养猪养鸡，资助两户打桶养蜂，帮助治病和提供公益岗位，使 12户人家脱贫。2015 年人均纯收入 10800 元。

5.5　调查结论 ○○○>

　　各村的数据可能会有一定的误差。我们从政府文件、农业经济报表、村镇政府告示栏和调查访谈四个方面获得的信息和数据都各不相同。访谈时得到的生产数据一般来说比其他方式呈现的数据要大。也许是统计的方法不同，一是按统计时的存量计算，而另一种方法则是按实物变现计算。这样几年生长的牦牛和一年出两次的羊都不会准确。所以在使用这些数据时只能知道他们经济结构的大致比例。人口信息的混乱主要出在是否把非农业人口计算在内的问题，非农业人口包括两种情况，一是体制内拿薪水的政府工作人员，他们的经济收入稳定且是一般村民的 4~5 倍。另一种情况是地震后已经没有土地或土地很少的村民农转非身份的转变，他们没有进入体制，不拿薪水，但可以买社保。不过这部分人一是数量不大，二是有的村有明确区分。以上两种情况都让本次调查直接采用基层政府提供的贫困线和人均收入数据，而不另行计算。

5.5.1　调查综述

5.5.1.1　村民生活状况

　　卧龙自然保护区共有卧龙、耿达两镇，6 个村。另外三江的草坪村、席草村的保护工作属于保护区管，社会经济行政管理属于三江镇。在生态保护产业上三江两村只有天保补贴，没有退耕还竹、生态平衡等方面的经费补贴，而且补贴标准低于保护区。保护区内社区的天保补贴为人均 690 元，三江为人均 490 元。保护上的政策措施三江两村与保护区内社区相同，村民与保护区签订保护合同，保护区检查其履责情况后兑现经费。

　　保护区总面积 20 万 hm^2，均为国有林，有 6000 亩退耕林地属于村民，没有真正意义的集体林。保护区内共有耕地面积 $200hm^2$。实验区内已经无法扩展耕地，缓冲区、核心区严禁开荒，随着村民居住地进一步向山下转移，退耕还林，以及频繁发生的地质灾害，耕地林地会更加减少。土地资源在卧龙自然保护区毫无疑问是稀缺的。村镇部分村民的生产区域在海拔 1500~3000m 的缓冲区甚至是在核心区内，这对保护不利，地震以后多数村民下迁到河坝集中居住地，但还有少数老人不愿下山，在山上照顾庄稼和牲畜。

　　2015 年保护区农业人口为 4444 人，行政编制为 507 人，实有人员 422 人，未满岗。保护区常住人口 5343 人。保护管理涉及人数 5794 人，其中三江 216 户，808 人。人口发展均衡，一对夫妇一般生育两个孩子，男女性别比例为 52：48。卧龙保护区民族构成：卧龙镇卧龙关村藏族达到 89%，其他村子也有 65% 以上；汉族、羌族比例多于回、满、苗族。村民过藏羌传统节日，烧篝火、跳锅庄。各民族多以婚姻、血缘关系融为家人，也有外来户，各民族相处融洽。

　　在保护区和三江两村没有发现普遍的遗传病和地方性疾病。但在卧龙镇发现有两种疾病发病率较高，一是结石类疾病，一是痛风，村民怀疑是饮用水和常年吃腊肉引起的。卧龙自然保护区在两镇各有一所医院，共有执业医师6人，卧龙镇医院和耿达镇医院各有3人。平均每千人拥有1.05个医生，低于小康目标所定的1.95人。在现阶段医疗条件基本能够满足保护区居民的看病需求，出现重大疾病，只能将患者送出去就诊。单薄的人力很难专注于研究，卧龙镇反映的疾病情况一直没有得到解答和应对。

特区两镇各有一所小学，耿达镇街上有一所完全中学。在香港特区的援建下，小学、高中的各项设施条件较为完善。但生源不足，村民对学校教育质量的评价不高，当地有条件的家庭都倾向于将孩子送出去读书。一般来说孩子到中学阶段后家庭条件好的就送孩子去汶川、都江堰或者成都读书。村民的选择已经说明了保护区教育水平与外面的差距，如果孩子有读书意愿、家庭也有条件的，在中学阶段就要送出去才能跟上外面的教育水平。卧龙自然保护区2012年调查统计保护区农村居民平均受教育年限为7.2年（小康目标为10.5年）。受教育程度统计数为：小学文化程度80%，初中文化程度60%，高中、中专文化程度30%，大专以上10%。本次调查没有收集到2013年和2014年的数据，村民认为现在学龄学生基本上都能完成小学阶段的学习，只有少数学生不能完成初中阶段的学习。

灾后重建大大改善了村民的住房条件，房屋的坚固性、宜居性、美观性都远远超过震前。重建不是简单地恢复，而是大大推动了保护区的基础设施建设。例如：统建房宽敞明亮、居住集中、社区绿化、道路硬化、河道整治、养猪房集中建设、文化活动室建设以及用电用水改造、体育场地设施进入小区、电视信号良好、购物条件得到根本改善等等。卧龙自然保护区为耿达和卧龙两镇配备了垃圾集中与转运设施，能够确保垃圾本地或异地无害化处理。村民用上自来水、水冲式厕所，猪圈与住房分离，卫生条件明显改变；村民用电做饭取暖，电费1角1度，生活质量大大提高，村容村貌有明显改观。站在保护的角度上来说，村民离高山远了，对自然资源的依赖减少了，不再有薪柴取暖做饭的需求，每年节日婚嫁烧篝火、餐馆烹制烧烤食物的柴，一般在汛期打捞水柴就够了。对于村民来说生活舒适了，但生活成本提高了，距离外面的文明近了，致富的欲望强了。生产作业的路途耽搁大了，农资运送费力了，生产成本提高了。

5.5.1.2　经济结构与水平

保护区村民的收入结构，从2012年的数据中还看得到牧业的显著地位，占总收入的27.6%。因为当时正值灾后重建时期，工程量较大，用工量也就大，所以建筑业、运输业各占了14.1%，而农业仅仅占到13.1%，林业占到11.93%，商业和餐饮业也只有3.39%，服务业不足1%，还有一些其他行业收入。

截至2016年，保护区村民的收入结构发生了较大的变化，但各镇村情况有所不同。卧龙镇农业牧业第一产业还占有绝对重要的分量，生态保护人均2000元是远离贫困的重要支撑，也是收入重要的稳定器。人均产业总值由于GDP数据的统计工作至少需要在县级层面上才能获得，所以卧龙自然保护区并无相关数据，所以本次调查以地区农经报表中一、二、三产业合计代替地区生产总值。保护区收入结构各村有各村的特点，例如：耿达镇幸福村、耿达村和三江的草坪村旅游业、商业所占比例略大；耿达村外出务工收入较为突出。幸福村第二、三产业收入与第一产业的收入比例是 3∶1，主要是务工、餐饮业和服务收入；耿达村的这个比例是 2∶1；而龙潭村则是 7∶9。卧龙镇的三个村子以畜牧和农业为主，第二、三产业不发达，且农业生产方式传统、单一。劳动力水平低，一般而言，一个家庭保持 2 个劳动力养 3 口人的生产力水平，但凡出现生病、事故，或者某个劳动力能力下降都可能出现贫困。2016 年镇领导有新举措，引进蔬菜专业技术公司，希望从种植品种和种植方法上有所改进，相信这种探索会带来效益。三江席草村做农副产品商品化生产销售，全村还集体合作投资养殖石斑鱼，虽然还没有取得成功，但显见的是各村都在寻找适合自己条件的经济发展路径。

随着 2016 年底横穿卧龙的公路全面贯通，餐饮服务、交通服务和旅游业将更加兴旺。村民的收入结构在未来的三五年里必将有进一步的变化。现在卧龙镇基础设施已经建好，村民也装修好房屋以备接待旅客。2016 年 12 月成都的雾霾为冬天旅游淡季的卧龙自然保护区带来了日上千的游客量。

2012 年卧龙自然保护区农村居民年人均纯收入为 6628 元；城镇人口比重为 14%；居民人均可支配收入为 11910 元。2015 年幸福村、龙潭村、草坪村、席草村的年人均纯收入都上了万元。耿达村略有不足，按告示栏公布数据年人均纯收入为 6900 元，报表计算为 9890 元。卧龙镇三个村人均纯收入从报表上看也近万元，经济还是呈增长状态，平均每年人均增收一千元。非农人口卧龙三村平均为 19.25%，耿达三村为 26.3%，城市化的推进对经济收入的稳定保障有积极的作用。

2015 年调查期间卧龙自然保护区有贫困户 42 户，见表 5-9。

表 5-9　卧龙自然保护区及周边社区贫困情况表

村名	贫困户数	贫困人数
卧龙关村	5	16
足木山村	2	
转经楼村	2	7
幸福村	4	12
龙潭村	10	38
耿达村	8	26
草坪村	7	
席草村	4	12
合计	42	

采取精准扶贫措施后，2016 年在我们整个调查过程中了解到扶贫成效明显。不完全统计结果如表 5-10。

表 5-10　2016 年第四季度公布贫困人口数据

村名	贫困户数	贫困人数
卧龙关村	3	9
足木山村	1	4
转经楼村	2	3
幸福村	1	1
龙潭村	2	11

5.5.1.3　生态保护产业与保护态度

卧龙自然保护区的生态保护产业做得不错，对保护区村民的经济增长支持强劲有力，对缓解保护区工作人手少的压力也是有效的。最重要的是，保护区是村民世居的地方，对他们来说是保护自己的家园，这会直接唤起他们的认同感和责任感。卧龙自然保护区根据自己的工作职责，将保护与经济发展双重任务结合，发展出生态保护产业。首先让保护区村民从简单的资源消费者，变成既是资源的消费者又是资源的保护者。然后通过划分保护责任林，让村民具体承担某一确定区域的保护工作，以市场经济的方式，双方签订合同，明确责、权、利，通过认真履行保护责任获得收益。

保护区有 1641 户与保护区签订合同参加管理天保工程，其中三江 216 户，共涉及 5794 人，其中三江 808 人。卧龙镇管护面积 9096.5hm^2，耿达镇 12845.2hm^2，三江 4356hm^2。完成管护任务保护区人均 690 元，三江人均 490 元。两镇还享有退耕还林、退耕还竹、草原保护补助与奖励等多项政策性补贴，不仅覆盖面大，金额也大，保护区内村民人均能达到 2000 元，是村民年纯收入总数的 20% 左右。这一收益一般来说具有稳定性，所以深得村民的认同，并积极配合。

保护区积极发掘向村民提供的公益性岗位，帮助困难群众脱贫致富。向村民展示另一意义的"靠山吃山"。例如，提供熊猫苑饲养员、圈舍清洁员和为工作人员做饭的炊事员工作，在机关、学校、街道安排清洁卫生等工作岗位。保护区也聘用常年在山上生产放牧、经验丰富身强力壮的村民参加进山巡护，或为科学考察、科学研究提供向导服务等。

村民参与保护工作并从中获得收益，这促进了村民对保护工作的认同。我们的 KAP 调查统计很能说明这个问题。至少在认识上有三个 95% 以上的正确率，说明保护的宣传教育是深入人心的。

村民对保护动物的认识正确率为 100%，包括不猎杀、不帮助贩售、不买不卖不吃。我们特别调查了开餐馆的户主，如果顾客有吃野味的需求他们向不向顾客提供，他们会很明确地拒绝，并说明那是非法的；如果顾客提出想吃特色的东西，他们一般会推荐镇上养殖户养的生态的鲜活的贵妃鸡、兔等，也为顾客推荐藏式的各种烧烤。反倒是以农牧为主业的村民对无条件保护动物有意见，尤其是受野生动物祸害较大的村子。他们也都知道猎杀违法，但思想上不服气。前些年在卧龙镇有民间组织帮助部分高山种莲花白的村民做了围栏，但实在太有限。这两年（2015—2016 年）向政府申请了赔偿，但这个过程很麻烦，而且因为损害鉴定较困难所以总是害多赔少。当我们询问不猎杀会不会影响收入，50% 的回答会影响，主要是影响农作物收获。但是在排除动物损害庄稼的情况下，只有 4% 的被调查者回答是会影响收入，这说明认知与行为是有差距的。

村民对保护森林的认识正确率达到 95% 以上。一般村民，尤其集中居住的村民没有必要使用薪柴，但他们会收集一些薪柴堆放在房前屋后的空地上。因为他们有烧篝火的习惯，那些柴火主要是汛期捞的水柴。我们也特别询问餐馆主人，他们做烧烤的木柴是从哪里来的。他们说一是汛期有空就捞点，没空就从那些捞柴的人手里买点。在问到盗伐行为时 100% 的受访者都知道那是违法行为，还能生动地讲出仅仅是帮助别人卖木材就被判刑的事例。保护站的工作人员也证实盗伐现象在卧龙自然保护区并不严重，一方面因为交通易于管制，另外村民也确实没必要那么费力地上山搞柴火。至于三江两个村的村民反映有盗伐，但都声称为外面的人所为，因为三江的两个村道路四通八达，不好管控。所以让村民参加保护工作，责任落实到户，区域范围明确，发现盗伐痕迹要扣发保护款，这些举措有利于控制盗伐行为。

村民对采挖行为有 95% 以上的正确认识。虽然我们能得到他们十分肯定的回答，还是怀疑他们是否对此有认同和正确的行为。因为他们的经济收入中采挖还是占有一定分量的，现在有个好的趋势出现了，那就是搬下山居住的人多了，开餐馆的人多了，一般很难腾出人手上山采挖。春夏两季是采挖季节，夏季游客就多起来了，所以只有春季挖点。春季采挖特别辛苦，天冷路远，现在多数村民搬迁到河坝居住离高山远了。另外药越挖越少，村民开始倾向于在自家地里种药材。至于打竹笋本来就有不同看法，所以村民在这个问题上有近一半的人不认为有什么不对，主要是三江的两个村，保护区也没有明确限制他们打竹笋。

KAP 调查结果表明：认识是到位的，行为依上述顺序有逐渐扩大的差异。

5.5.1.4　生活习俗、财富观与市场意识

卧龙自然保护区村民赶礼的习俗特别浓重，年支出的赶礼费用差不多是年人均收入的三分之一。为此，保护区管理部门作了专项调查。调查表明，2015 年席草村赶礼年户均 9800 元。在这个过去封闭性较大的地区，社区内的村民都沾亲带故，村民之间在生活、生产上的关系十分密切，相互支持，社区的认同度也高。走亲访友，人来客去就是他们保持亲密关系的行为方式。因此赶礼的习俗特别被社区的村民看重，仿佛别人有事你不去赶礼就是宣布绝交一样，所以还有借钱赶礼的情况。赶礼不光是花钱，也耽误工时。

走亲访友是人之常情，也是维持社会关系，维护社会资本的正常行为。但赶礼习俗中的请客喝酒，太过铺张浪费。我们调查了解到村民对此并不完全认同，准确地说是有些无奈与反感。村民反映一场宴请要倒掉一多半的食物，有的桌上的鸡、鱼动都没有动一筷子就倒掉了。村民一方面感到赶礼压力大，一方面心疼浪费的东西，但就

是没有办法解决这个问题。他们并不是完全不赞成紧密联系大家感情的赶礼喝酒，但其中不务实的情况太严重，浪费太大，赶礼也太过频繁。有的人家经济压力大了，通过举办酒席招财，所以办酒席的名目越来越多。保护区的村民需要来一场移风易俗，保护区管理部门也意识到这个问题的严重性，需要帮助村民合理规划家庭支出。尤其在保护区和村民都希望大力发展经济，提高收入的情况下，如何把钱用好，用出效率应该是保护区干部也是村民的强烈愿望和希望解决的问题。

保护区居民，尤其是幸福村的居民，因为其地理位置的优势，成为保护区灾后重建公共设施和熊猫养育、研究的核心区域，也是集中安置的统建房所在地，大量的土地需求几乎让幸福村靠河坝的土地被征用完了。为此幸福村的村民有不少转为城镇居民，获得相当丰厚的赔偿款，也都买了社保。有存款有社保，日子过得比较有保障。仅幸福村村民在银行的存款就有上千万元。只可惜村民尚未有投资意识，也许是没有找到好的项目投资。村民继续着他们俭朴安静的生活，让钱在银行里"睡大觉"。我们无权干涉村民家庭财产的支配权，但是土地出让这一桶金不能成为资本去运行，产生效率，就这样处置，其价值回报实在不是好的市场选择。由此也可以看到卧龙整个社区价值观、财富观和市场意识的程度。

在调查中我们强烈感受到市场意识对保护区经济的影响。不能说保护区村民没有市场意识，而是太狭隘太拘谨，面对市场经营或投资问题完全束手无策。例如：村民说到 2016 年的莲花白，因为收购价太便宜收不回成本，只有让它烂在地里，面对这一季的损失，他们只有叹气摇头。2016 年初次收获羊肚菌就遇到市场的不认可，一是附近县乡也开始大量种植，二是人工种植的羊肚菌品质与野生羊肚菌相差甚远。如何做品质、如何做市场，大家觉得力不从心，做不来，于是简单地选择放弃。进一步地调查让我们发现，除蜂蜜外，卧龙的种养业市场最远基本就在成都，产品销售的方式多是依靠几个长年合作的固定的收购商。这让生产者很被动，不了解成都以外的大市场，不了解物流的情况，没有多少运营商、中间商可以选择。2016 年成都蔬菜零售市场上的菜价肉价都很高。其实卧龙的一家菌棚就让自己的家人在外面专门做市场，他们的视野就开阔了许多，多数产品在成都销售，偶尔也会有省外市场。特别让人印象深刻的是，2014 年我们第一次来卧龙调查时，看到大小不一，深浅不同，没有标识，没有辨识度的蜂蜜瓶子，完全没有卖相，仅仅是卫生就令人担心，还真不敢买。村民反映蜂蜜不好卖，各家的产量又小，所以多是送人或自己吃了。两年以后情况就不同了，我们看到蜂蜜已经有统一的规格，一斤装、两斤装的瓶子整齐漂亮。在代办快递业务的"好易多"超市，我们看到了卧龙通往全国各地的蜂蜜销售。据快递老板称，2016年他已经走了超过 400kg 货，主要是发往北京、上海、广东和浙江。要不是因为杭州的 G20 峰会，递往上海、浙江的蜂蜜都暂停收货了，2016 年走货还要好。市场打开了再来做生产、做品质才能有收益。

5.5.2　三镇八村经济水平与特征

2015 年三镇八村的人均年纯收入为一万元，但各村人均收入有差异，最高的为席草村 10800 元，最低的为耿达村也接近一万元。各村在总收入经济结构中农业占比低于二、三产业的有耿达镇的幸福村、耿达村和三江的草坪村。卧龙、耿达两镇的六个村都有人均 2000 元的生态保护收入。耿达村的建筑、运输业较强，幸福村、草坪村的三产业占比最大。幸福村基本上摆脱了传统农业村的束缚，成为收入稳定性最强的村。卧龙三个村和席草村仍以农牧业收入为主，牧业占比较大，与保护形成矛盾。卧龙镇的发展思路有两个方向，一是引进农业技术突破传统农业方式，二是多种经营发展民族风情旅游和向外拓展电子商务市场。席草村则依托外面的旅游销售农副产品，他们希望在农副产品生产的品种和加工上找到突破口。

另外，幸福村有个特殊情况，它的地理位置使得其政策性收益大于其他村，也使得其农业人口最少。无论如何，城市化的推进都是农村经济发展重要而快捷的路径。保护区管理局和特区职工的收入与两镇农民均有较大差异，职工收入是村民收入水平的 4~5 倍，成为保护区完全不同的两部分群体。

5.5.3　保护区经济水平的多视角评价

5.5.3.1　发展的视角

我们可以提取保护区各村早几年的年人均收入数据，做纵向比较，以考察保护区各村的经济发展趋势。据《汶川县年鉴（2010 年）》：卧龙镇农民 2010 年年平均纯收入为 4579.9 元，耿达镇农民 2010 年年平均纯收入为 4188.6 元。据《卧龙小康规划》中的数据：2012 年卧龙自然保护区农村居民人均纯收入为 6628 元。本次调查获得 2015 年保护区农村居民人均纯收入为一万多元。虽然各村情况参差不齐，但最低的耿达村也超过了 2012 年的收入水平。卧龙自然保护区的经济以农村居民年纯收入平均每年增长一千元的速度发展。三江的草坪村 2014 年人均年收入 8000 元，2015 年人均已达10000 元，增长速度更快。

再从贫困户脱贫情况看，2015 年龙潭全村年人均收入不足 2800 元的贫困户共 10户，38 人；2016 年二季度就有 9 户实现脱贫，现仅有两户特困户，涉及 11 个人。2014年三江席草全村尚有 16 户贫困户，2015 年仅剩 4 户。卧龙、耿达两镇及三江的两个村都按计划完成了脱贫指标。

5.5.3.2　周边社区横向对比

我们重点比较三江席草村和紧邻的河坝村的贫困情况（表 5-11）。

表 5-11　席草村与河坝村贫困情况对比

村名	贫困户数	贫困人口	人均纯收入（元）	最高收入（元）	最低收入（元）
席草村	4	12	1966.7	2100	1860
河坝村	5	11	790.9	1400	400

从表 5-11 可知，两村的贫困面相当，覆盖面也差不多。但是从收入情况来看河坝村的贫困程度比席草村要深得多，而席草村已经没有深度贫困的人群了。可以反映整个水平相对较好，要脱贫也相对容易。从目前卧龙周边社区的经济水平分析，保护区生态保护产业对其居民的生活水准和经济水平提升有相当重要的作用。

另外保护区经济工作目标对经济发展有较高的指标要求，划定 2015 年的贫困标准为年人均收入不足 2800 元，2016 年贫困标准为 3100 元。按照这个标准，2015 年保护区仅有贫困户 33 户，110 人，很显然这个标准是高于周边社区的。事实上整个卧龙自然保护区的经济水平也是高于同类地区的。

5.5.3.3　国家标准

根据中共四川省委办公厅、四川省人民政府办公厅关于印发《四川省贫困县贫困村贫困户退出实施方案》的通知，按国家标准：以县为单位，1985 年年人均收入低于 150 元的县纳入贫困县，对少数民族自治县标准有所放宽。1994 年基本上延续了这个标准，1992 年年人均纯收入超过 700 元的，一律退出国家级贫困县，低于 400 元的县，全部纳入国家级贫困县。

重点县数量的确定采用"631 指数法"测定：贫困人口（占全国比例）占 60% 权重（其中绝对贫困人口与低收入人口各占 80% 与 20% 比例）；农民人均纯收入较低的县数（占全国比例）占 30% 权重；人均 GDP 低的县数、人均财政收入低的县数占 10% 权重。其中：人均低收入以 1300 元为标准，老区、少数民族边疆地区为 1500 元；人均 GDP 以 2700 元为标准；人均财政收入以 1200 元为标准。

卧龙所在地属于四川省阿坝藏族羌族自治州的汶川县，按照文件规定少数民族地区加权重，可降低标准到 1500 元。卧龙自然保护区即使不加权也能达到国家标准。

对于贫困人口的生活状况有一描述性的说法，即贫困人口以户为单位，主要衡量标准是贫困户年人均纯收入稳定超过国家扶贫标准且吃穿不愁，义务教育、基本医疗、住房安全有保障；在此基础上做到户户有安全饮用水、有生活用电、有广播电视。根据这一描述卧龙自然保护区及三江两村都达到了这个水准。

因此，从社会经济调查的结果看，卧龙不是要在贫困这一经济底线上思考发展，而是要以更有利于保护这一工作重心为标准建立发展社会经济的目标。

5.5.4　脱贫攻坚

进入新时代，迈步新征程，卧龙特别行政区坚决落实习近平总书记"防止返贫和继续攻坚同样重要"的重要指示，持续巩固脱贫成果，全面推进乡村振兴战略，让人民群众过上更加美好的生活。截至 2018 年底，卧龙特别行政区在脱贫攻坚的战役中取得全面胜利，全行政区内无贫困户。

5.5.4.1　以脱贫攻坚为统揽，高质量巩固脱贫成效

高质量完成区域内脱贫退出任务，确保全面小康路上不漏一户、不落一人。严格落实"脱贫不脱责任、不脱帮扶、不脱政策、不脱项目"要求，扎实开展脱贫攻坚"大比武"，全力以赴做好已退出村、已脱贫户的后续帮扶和巩固提升工作。完善带贫益贫机制，健全完善县乡村三级返贫预警监测机制，建设脱贫成效智慧管理系统，对返贫预警户精准落实保障措施，扎实开展"回头看""回头帮"，坚决杜绝返贫现象发生，切实巩固提升脱贫"摘帽"成果。

5.5.4.2　以乡村振兴为抓手，高标准助推绿色崛起

把实施乡村振兴战略作为新时代"三农"工作的总抓手，坚持农业农村优先发展，按照"产业兴旺、生态宜居、乡风文明、治理有效、生活富裕"的总要求，围绕"五大振兴"战略任务，深入实施"十大行动"，推动农业全面升级、农村全面进步、农民全面发展。科学编制乡村振兴规划，坚持宜农则农、宜旅则旅、宜商则商，充分彰显乡村特色，着力打造幸福美丽乡村升级版。全面深化农业农村改革，深入推进农村土地制度、农村集体产权制度改革，进一步丰富完善农村基本经营形式，充分发挥微观主体活力，让更多的社会资本、民间资金投入乡村振兴。加快完善以党组织为核心的农村基层组织建设，着力把村级党组织建成带领群众脱贫致富的坚强战斗堡垒，加快建设"美丽乡村"。

5.5.4.3　以美好向往为目标，高水平增进人民福祉

始终坚持以人民为中心的发展思想，全面构建以城乡低保为基础、临时救助为补充、各项救助制度相配套的社会救助体系。进一步巩固发展全区医疗、教育、基础设施等领域的发展成果，努力为人民提供更好的教育、更稳定的工作、更满意的收入、更可靠的社会保障、更高水平的医疗卫生服务、更舒适的居住条件、更优美的环境、更丰富的精神文化生活，不断增强人民群众的获得感、幸福感和安全感。

6 生态系统与景观

保护区的生态系统类型包括森林、灌丛、草甸、湿地、高山流石滩和聚落等，有着较高的生态系统多样性。从生态系统的服务功能来看，这些生态系统具有蓄水和调节岷江水系流量、维持保护区的动植物多样性、调节当地气候等重要的生态服务功能，是大熊猫分布区内重要栖息地稳定的重要保障。

6.1 主要生态系统类型

6.1.1 森林生态系统

保护区森林资源丰富，森林生态系统总面积 $87902.62hm^2$，占保护区面积的 43.95%，是保护区内分布较广、面积较大的生态系统类型。森林植被分布的垂直带谱明显，在组成结构上因受水平地带性和地形因子的制约而复杂多样。

阔叶林在保护区森林线以下的地段广泛分布，是保护区的优势植被类型。保护区的阔叶林主要由常绿阔叶林、常绿与落叶阔叶混交林、落叶阔叶林等组成。常绿阔叶林分布于海拔 $1100\sim1600m$ 范围内，靠东南面垂直分布可上升至海拔 $1800m$。群落组成中主要以樟属、楠木属、新木姜子属、木姜子属、钓樟属、山毛榉科的石栎属和青冈属等植物种类共同组成建群层片。常绿、落叶阔叶混交林主要分布于海拔 1600（1700）～2000（2100）m 的范围内，代表类型是以细叶青冈、曼青冈、全苞石栎等常绿阔叶树种和亮叶桦、多种槭树、椴树、多种稠李、漆树、枫杨以及珙桐、水青树、领春木、连香树、圆叶木兰等落叶树种组成的常绿、落叶阔叶混交林。落叶阔叶林是保护区内的常绿阔叶林，针、阔叶混交林，亚高山针叶林等多种地带性植被类型被破坏后形成的次生植被类型，常见优势种有珙桐、连香树、水青树、野核桃、多种桦木、多种槭树等。

保护区的针叶林包括温性针叶林、温性针阔混交林和寒温性针叶林。温性针叶林主要分布在海拔 $1800\sim2700m$ 地段，主要群系包括油松林和华山松林。温性针阔叶混交林的分布海拔为 2000～2500m，由针叶树种云南铁杉、铁杉，阔叶树种红桦、糙皮桦、五裂槭、扇叶槭、青榨槭等组成。海拔 2500～3500（3600）m 为寒温性针叶林带，以冷杉和岷江冷杉组成的冷杉林，以及麦吊云杉林等针叶林为代表类型。

　　森林生态系统由于其植物的多样性和丰富层次的结构，为兽类、鸟类、两栖类和爬行类动物提供了丰富的栖息地和食物，是其生存、生活的天然场所。生活在阔叶林中的常见鸟类有鸫科、鹟科、画眉科、莺科、山雀科和鸦科中的大部分鸟类，雉科中的红腹锦鸡也主要栖息于阔叶林中；常见的兽类主要有猕猴、藏酋猴、花面狸、云豹、猪獾、豪猪、毛冠鹿、灰褐长尾鼩、长尾鼩、纹背鼩鼱等；常见的两栖类主要有峨眉林蛙、峨眉树蛙、华西蟾蜍等；常见的爬行类主要有美姑脊蛇、斜鳞蛇、山滑蜥、菜花原矛头蝮等。生活在针叶林中的常见兽类有金猫、毛冠鹿、林麝、中华鬣羚、川金丝猴、扭角羚、大熊猫、斑羚等，常见鸟类有莺科中的柳莺类，山雀科的黑冠山雀、绿背山雀，雀鹛类以及雉科的斑尾榛鸡、红喉雉鹑、血雉等。

　　森林是自然生态系统的主要类型，它的主要成分有生产者植物、消费者动物以及作为分解者的微生物等，是保护区哺乳动物和鸟类的主要栖息地。森林生态系统中最重要的非生物因子是气候和土壤，气候中降水和气温是最重要的两个因子。森林中林下常有较多枯枝落叶，枯枝落叶的存在，对于生态系统水、氮、钙、磷等物质循环以及涵养水源的功能，有十分重要的意义。无论是从面积和生产力来看，还是从生态系统的物质循环来看，森林都是保护区最重要的生态系统。

6.1.2　灌丛生态系统

　　保护区灌丛生态系统总面积 84159.79hm²，占保护区面积的 42.08%，在保护区各海拔段均有分布，与各森林类型互为补充。它们在保护区内或成片独立分布，或在林缘、林下及山坡等地分布，与森林在物质循环和能量流动过程中有密切的联系，二者有机结合在一起。

　　海拔 2400m 以下多系次生类型，它们主要来源于原常绿阔叶林、常绿与落叶阔叶混交林、针阔叶混交林等森林植被破坏后，由原乔木树种的幼树、萌生枝和原群落下的灌木为主，如卵叶钓樟灌丛、刺叶高山栎、天全钓樟灌丛等所构成次生植被类型，也是极不稳定的植被类型。海拔 2400～3600m 森林线以内的灌丛群落，除部分生态适应幅度广的高山栎以及适应温凉气候特点的常绿杜鹃所组成的较稳定的群落外，占主要优势的是原亚高山针叶林破坏后，由林下或林缘灌木发展而来的稳定性较差的次生灌丛，常见的有马桑灌丛、川莓灌丛和柳灌丛等。海拔 3600m 以上的灌丛植被，主要由具有适应高寒气候条件的植物如金露梅、绣线菊、紫丁杜鹃、青海杜鹃、香柏等组成，群落也相对稳定。

　　灌丛生态系统是保护区另一种主要分布的生态系统类型，是食虫类、啮齿类哺乳动物、雉类、莺类以及爬行类动物等类群的良好栖息地。灌丛生态系统中常见的兽类有中华姬鼠、安氏白腹鼠、中国绒鼠、黑腹绒鼠、香鼬、黄喉貂、赤狐、野猪、小鹿、金猫、大灵猫、小灵猫等，常见鸟类有棕头鸦雀、红头长尾山雀、领岩鹨、棕胸岩鹨、朱雀等。其中河谷地带的灌丛生态系统是保护区鸟类的重要栖息地，灌丛植物的多样性及其紧邻的森林形成的边缘效应为多数鸟类提供了非常良好的栖息环境，大部分的鸟类均发现于该类栖息地。

虽然灌丛生态系统在多样性方面不及森林生态系统，结构层次性也较差，但是相对于其他几类生态系统来说，仍是保护区生物量和生产力相对较高的生态系统，对生态系统的稳定也起到了重要作用。

6.1.3 草甸生态系统

保护区草甸生态系统总面积 22595.19hm²，占保护区面积的 11.30%。保护区的草甸生态系统主要包括以糙野青茅、长葶鸢尾、大卫氏马先蒿、大黄橐吾、大叶碎米荠为主的杂类草草甸，以羊茅、矮生嵩草、珠芽蓼、圆穗蓼为主的高寒草甸，以及在沼泽边缘、宽谷洼地、有泉水露头且排水不良的坡麓地段以粗根苔草、紫鳞苔草、帚状苔草等为主的苔草沼泽化草甸。

草甸生态系统所处区域气候寒冷，因此生态系统的生产力不如森林和灌丛高，土壤中有机质分解慢，进入物质循环慢，不能充分利用，所以能聚积起来。草甸生态系统中常见的动物有雪鹑、藏雪鸡、高山岭雀、领岩鹨、棕胸岩鹨、鸲岩鹨、白喉红尾鸲、暗胸朱雀、红嘴山鸦、黄嘴山鸦、赤狐、狼、高山麝等。

6.1.4 湿地生态系统

保护区内的湿地生态系统主要为河流、溪沟和海子，面积为 1044.41hm²，占保护区面积的 0.52%。保护区的水系呈相对独立状态，各主要河流及其支流均发源于保护区内，呈树叉状分支，并自西向东流出保护区，河流量及水质完全取决于区内的自然条件和人为活动影响。皮条河发源于巴朗山东麓，自西南向东北从保护区的中心地带穿过，全长约60km，近河发源于四姑娘山东坡，全长约45km，至磨子沟口与皮条河汇合，称耿达河（又叫渔子溪）。耿达河经耿达于映秀注入岷江，全长约34km，区内长22km。中河位于保护区东南部，发源于齐头岩和牛头山，全长约30km。西河位于保护区南部，发源于马鞍山，全长约37km，至三江口与中河汇合后，称郡江（又叫寿溪河），于漩口注入岷江。此外，保护区海拔 4000~5000m 区域还散布有若干大大小小的海子。

湿地生态系统中常有浮游植物等生产者，以及浮游动物、鱼、两栖类等消费者。湿地生态系统除了为水生生物提供生存环境，同时还为鸟、兽类提供饮水的地方。如大熊猫、黑熊等就经常下到较低海拔的河边饮水，然后再回到较高海拔活动或觅食。

该生态系统中的兽类有水獭、喜马拉雅水麝鼩等，常见鸟类有䴙䴘类、鹭类、河乌、鹡鸰，燕尾、溪鸲和水鸲等，两栖类有山溪鲵、四川湍蛙、华西蟾蜍、日本林蛙、花臭蛙等，鱼类有山鳅、贝氏高原鳅、齐口裂腹鱼、虹鳟等。

6.1.5　荒漠生态系统

保护区内的荒漠生态系统为流石滩裸岩，总面积1131.03hm²，占保护区面积的4.83%，主要分布于保护区北部3800~4500m雪线以下的季节性融冻地带，是一类独特的荒漠生态系统，其基底以岩石为主，土壤极少，生物量和生产力极低，但却生长着雪莲和红景天等药用植物。同时，裸岩也是岩羊等大型兽类的栖息地，对保护这些大型珍稀动物有很重要的意义。

6.1.6　人工生态系统

除上述几种主要的自然生态系统外，保护区还有道路生态系统、聚落生态系统等人工生态系统。道路生态系统初级生产力极低，动植物均较为稀少，常见兽类有岩松鼠、豹猫等，鸟类有白鹡鸰、红腹角雉等，两栖类有中华蟾蜍等。聚落生态系统主要为生态旅游涉及的基础设施、服务设施和其他设施。聚落生态系统生产力低，动植物稀少，常见动物有褐家鼠、白鹡鸰、山麻雀、中华蟾蜍等。

6.2　生态系统特征 ○○○〉

6.2.1　生物生产力

生产力是反应生态系统能量特征的指标，根据Holieth生物生产力的两个经验公式：

$$P_t = 3000/(1+e^{1.315-0.119t})$$

$$P_p = 3000(1-e^{-0.000664p})$$

其中：P_t是用年平均温度（t，℃）估计的热量生产力［单位：g/（m²·年）］；

　　　P_p是用降水量（p，mm）估计的水分生产力［单位：g/（m²·年）］。

分别计算出热量生产力和水分生产力后，取值较小的一个生产力作为生态系统的自然生产力。因为根据Shelford的耐受性法则和Liebig的最小因子定律，值较小的那个生产力所对应的环境因子就是限制生态系统生产力的关键因子。

保护区气候属中亚热带季风湿润气候，雨量充沛，云雾多、日照短，夏无酷热、冬无严寒。区内年平均温度8.9℃，年平均降雨量为931mm，根据有关资料提供的年均降雨量和年均气温，利用相关生产力经验公式对保护区主要生态系统的生产力作大致的推测（表6-1）。

表 6-1　保护区内自然生产力和限制因子

年平均温度 （℃）	年均降水量 （mm）	热量生产力 g/（m²·年）	水分生产力 g/（m²·年）	自然生产力 g/（m²·年）	自然生产力限制因子
8.9	931	1309.12	1383.23	1309.12	温度

　　根据年平均气温经验公式推算，保护区的生态系统生产力为 1309.12g/（m²·年），根据年均降雨量的生产力经验公式推算，保护区内生物的生产力为 1383.23g/（m²·年），高于用年均气温经验公式计算的生产力。因此，保护区生态系统的自然生产力约为 1309.12g/（m²·年），保护区所在地的生产力限制因子可能为温度。由此可以看出，保护区内降雨充足，能够满足生态系统的需求，而日照数相对短少（年日照时数 949.2h），对区内生态系统自然生产力起着一定的限制作用。

6.2.2　生态系统的物质与能量

6.2.2.1　降水中矿物质大部分进入生态系统内参与循环

　　物质通过大气降水进入生态系统参与循环，是保护区森林生态系统物质输入的主要途径，这是因为通过降水输入的营养元素，大部分能为生物直接吸收利用。降水中含有钙、钾、镁、氮和磷等各种矿物质元素。

　　大气降水通过林冠层后矿物质总含量逐渐增加，生态系统中的部分矿物质元素进入土壤径流成为输出。

6.2.2.2　河流生态系统与森林生态系统在水循环中起到重要作用

　　河流生态系统的能量输入主要是太阳能，而最重要的物质循环是水循环。水循环不仅关系到河流生态系统的稳定，也关系到陆地生态系统的水分补给。

　　降水是保护区主要水源。地表径流是保护区水循环的重要方式。水循环主要有如下两条途径：

　　（1）河流水蒸发到空中，蒸发量的大小随季节变化，然后通过降水返回到地面，一部分被森林涵养，一部分作为地表径流返回到河流或库塘当中，这个途径在保护区相当重要。

　　（2）渗入地下成为地下水，为陆地生态系统提供水量补给，区内的地下水也是相当丰富。

　　保护区内大面积的森林在水循环中有十分重要的作用。森林的林冠有明显的截留降水作用，这对涵养水分十分重要。林地也有拦蓄降水的作用，其中的枯枝落叶和苔藓层有良好的蓄水性能，是稳定渗流与径流的重要因素。

6.2.2.3　表层枯枝落叶层是主要的营养元素库

　　动植物残体的形成和分解是生态系统内物质循环的一个重要环节，而地表的枯枝落叶层就是主要的营养元素库。枯枝落叶主要以腐殖质的形式存在，凋落物最多的季节为生长季初的 4~5 月和生长季末的 10 月。在没有人为干扰的原始林中,发育到顶极且处于相对稳定的生态系统内,枯枝落叶中的矿物质是土壤中营养元素的主要来源。这些营养元素只有在小型无脊椎动物和微生物作用下,才能分解为可溶于水的化合物的形式,从而参与生态系统内的物质循环。一般来说,各营养元素释放速率从大到小依次为钾>磷>镁>钙>氮。钾常以可溶于水的化合物形式存在,易被雨水淋失。随凋落物的分解,其中营养元素的总量是逐渐减少的。

6.3 影响生态系统稳定的因素 ○○○>

影响保护区生态系统稳定的因素分为自然因素和人为干扰两大类。自然因素如暴雨洪涝、山体滑坡、泥石流等会对保护区的动植物带来较大影响,给生态系统造成危害,但自然界的干扰对生态系统的破坏常是暂时的,可以经由群落的自然演替等机制得以恢复。而人为干扰对生态系统的破坏,情况要复杂得多,在很多情况下可能难以恢复,常见的人为干扰有放牧、偷猎、采笋挖药、旅游等。

6.3.1 暴雨洪涝

保护区内暴雨频繁,一般出现在 7~9 月,而暴雨又很容易引发洪涝。山洪引发的滑坡泥石流对保护区内的森林及灌丛生态系统的破坏极大,地表植被将被移位或者冲毁,露出裸岩。同时,泥石流最终会涌入河道,给水生生态系统中的生物带来严重的破坏。尤其是 2008 年汶川地震后,保护区内滑坡和泥石流频发,自然生态系统破碎化加剧。

6.3.2 采笋、挖药

采笋、吃笋、卖笋是当地村民的传统习俗和经济来源之一,每年竹笋出土季节都有很多村民到保护区采集竹笋,每年采笋多则 3 次,为运输保存方便,有的还要在山上烘烤笋干。采笋不但使大熊猫的主食竹数量减少,长势衰退,也破坏了珍稀野生动物的栖息环境,干扰其生存繁殖;烤笋带来的野外用火极大地增加了保护区内发生火灾的风险。挖药是区内大多数社区居民的传统生产方式,主要采集天麻、重楼、三七、当归、大黄等经济价值较高的中药材。采药干扰主要分布在皮条河流域的铡刀口沟沟尾、核桃坪、臭水沟、红花树沟、卧龙关沟、银厂沟、大魏家沟、打雷沟、梯子沟、七层楼沟等区域,以及中河流域的白马岩、龙池沟、关门沟等区域。挖药在一定程度上会威胁到保护区的生物多样性。

大量人员进入保护区内采笋和挖药不可避免地会对区内的动植物资源造成有意或无意的破坏。因此,需加强环保宣传教育工作,使保护区内及周边社区居民的保护意识得以提高,同时政府也应考虑如何利用本地资源发展经济,提高居民收入,留住劳动力,改善居民的生活方式。

6.3.3 偷猎

保护区内存在的偷猎活动主要以放猎套为主。其目的主要是出售赚钱，少部分留作食用。干扰主要分布在中桥西侧山脊和觉磨沟附近区域。偷猎的方式主要是下套。随着保护区加强管理，此类事件已经大为减少。

6.3.4 放牧

保护区内放牧干扰较为严重，主要以放牦牛为主，部分地区有马和羊。放牧干扰主要分布在耿达附近的黄草坪、仓王沟、贾家沟、七层楼沟等区域，皮条河流域的臭水沟、卧龙关沟、红花树沟、五里墩沟、银厂沟、糍粑街沟、龙眼沟、鹦哥嘴沟、大魏家沟、野牛沟、磨子沟、梯子沟、马鞍桥山等区域，西河流域的黄羊坪和岩垒桥等区域，以及中河流域的盘龙寺等区域。放牧对生态系统的影响主要表现为牲畜与部分野生动物尤其是有蹄类动物生态位重叠，表现为食物竞争。冬季马、羊等大量啃食竹叶，对保护区主要保护对象大熊猫及其栖息地都会造成一定的影响。

6.3.5 旅游业

卧龙国家级自然保护区内森林植被保存相对较好，景观丰富多样，旅游价值很高。近年来，保护区内加快旅游开发，其中较多景区、景点位于大熊猫栖息地内或周边地区。本次调查共发现旅游干扰13处，占所有干扰点的3.39%。旅游干扰主要分布在皮条河的核桃坪、卧龙镇、英雄沟、野牛沟附近区域，中河流域的野牛坪和龙池沟附近区域。

旅游活动对生态系统的影响主要表现为保护区内流动人口的增加势必会对自然生态系统造成破坏，可能会产生大气、水和固体的直接污染；部分游客未经允许进入保护区核心区域内徒步，可能会追逐野生动物，对保护区内动物的正常生活造成干扰；部分环保意识差的游客会在保护区内留下大量的旅游垃圾，从而造成环境污染；此外，部分游客可能在保护区内吸烟并随意扔烟头、烤火取暖等，这在一定程度上增加了发生森林火灾的风险。

由于旅游会对保护区生态系统的稳定性造成潜在影响，在对景区开发和管理中应该强调生态旅游的可持续发展，尽量避免旅游开发对保护区生态系统的影响和冲击。

6.4 景观生态体系评价 ○○○〉

景观是由相互作用的生态系统组成，以相似的形式重复出现，强调的是生态系统的空间异质性、等级结构和时空尺度，更强调异质性的维持和发展。空间异质性指的是景观中大小、内容不同的斑块、廊道和基质；等级结构指的是一个由若干单元组成的有序系统，在景观中，高等级层次上的生态学过程往往是大尺度、低频率、慢速度，而低等级层次的过程则常表现为小尺度、高频率、快速率；时空尺度指的是研究景观或景观变化过程的时间维和空间维，即信息收集和处理的时空单位。景观生态体系的质量现状是由区域内各类生态系统的健康状况所决定的，而生态系统的健康状况又是由区域内生物与生物之间、生物与非生物环境之间以及生物与人类社会之间复杂的相互作用来决定的。

利用景观生态学原理，可以从景观尺度上对卧龙自然保护区进行生态系统健康评价。方法是通过卫片解译和 GIS 制作景观分布图，再以 ArcMap GIS 为平台，利用景观分析软件 Fragstats 对各类景观拼块进行分类、计数和分析。保护区内的景观生态体系主要斑块类型及其数量、面积如表 6-2 所示。

表 6-2　保护区主要景观斑块类型的数量及面积

斑块类型	数量 （块）	占总斑块数比例 （%）	面积 （hm²）	斑块所占景观面积比例 （%）	平均斑块面积 （hm²/块）
针叶林	492	11.55	68888.73	34.44	140.02
阔叶林	360	8.45	19013.89	9.51	52.82
灌丛	1948	45.74	84159.79	42.08	43.20
草甸	653	15.33	22595.19	11.30	34.60
高山流石滩	62	1.46	3856.05	1.93	62.19
水体	58	1.36	1044.41	0.52	18.01
建设用地	686	16.11	441.94	0.22	0.64
总计	4259	100.00	200000	100.00	46.96

从表 6-2 可以看出，卧龙自然保护区的景观生态体系主要由针叶林、阔叶林、灌丛、草甸、高山流石滩、水体和建设用地 7 种斑块类型组成，景观斑块总数为 4259 个。在 7 种斑块类型中，斑块数最多的是灌丛，占总斑块数的 45.74%，最少的是水体，有 58 个斑块。从斑块面积来看，最大的是灌丛，占总面积的 42.08%，在保护区内占有绝对的优势；其次是针叶林，占总面积的 34.44%；斑块类型面积最小的是水体和建设用地，所占景观面积比例为 0.52% 和 0.22%。平均斑块面积最大的是针叶林，为 140.02hm²/块，而高山流石滩、阔叶林、灌丛和草甸的平均斑块面积则逐渐降低，最小的是建设用地，为 0.64hm²/块。

景观是由斑块、廊道和基质等景观要素组成的异质性区域，各要素的数量、大小、类型、形状及在空间上的镶嵌形式构成了景观结构。从景观生态学结构与功能相匹配的观点出发，结构是否合理决定了景观功能状况的优劣。通过计算，保护区各景观类型的景观结构特征指数见表 6-3。

表 6-3 保护区各景观类型景观结构特征指数

斑块类型	分维数	聚集度指数 (%)	散布与并列指数 (%)	Shannon 多样性指数	Shannon 均匀性指数
针叶林	1.0777	94.6690	57.0551		
阔叶林	1.0869	94.1138	59.6233		
灌丛	1.0826	94.3227	60.7806		
草甸	1.0996	91.2862	30.0776	1.3184	0.6775
流石滩	1.0645	99.4479	49.3318		
水体	1.0770	90.1352	71.1010		
建设用地	1.0493	57.8776	76.8965		

从表 6-3 可以看出，保护区景观生态体系的 Shannon 多样性指数为 1.3184，Shannon 均匀性指数为 0.6775。从各景观类型的分维数可以看出，草甸的斑块形状相对较复杂，森林的斑块形状相对简单。从各景观类型的聚集度指数可以看出，除草甸、水体和建设用地外，其他景观类型的聚集指数都在 94% 以上，建设用地的聚集程度较低。水体和建设用地的散布与并列指数较大，说明这两种斑块类型与其他类型斑块相接。

景观破碎化是一种现象，即景观中各生态系统之间的功能联系断裂或连接性减少的现象。景观破碎化也指由于自然或人为因素干扰所导致的景观由简单趋向于复杂的过程，即景观由单一、均质和连续的整体趋向于复杂、异质和不连续的斑块镶嵌体的过程，是一种景观动态。

景观破碎化会引起斑块数目、形状和内部生境等 3 个方面的变化，由此带来的影响，包括：引起外来物种的入侵、改变生态系统结构、影响物质循环、降低生物多样性，影响景观的稳定性，即景观的干扰阻抗与恢复能力。景观的破碎化与自然资源保护密切相关，许多生物物种的保护均要求最大面积的自然生境，随着景观的破碎化和斑块面积的不断缩小，适合生物生存的环境减少，将直接影响物种的繁殖、扩散、迁移和保护。研究景观的破碎度对景观中生物和资源的保护具有重要意义，成为景观格局研究的重要内容。

常用于评价景观破碎化程度的指标有斑块密度指数、景观斑块数破碎化指数、景观内部生境面积破碎化指数等景观的破碎化指数。

斑块密度指数（PD），即斑块个数与面积的比值。可以计算整个研究区域斑块总数与总面积之比，也可以计算各类景观斑块个数与其面积之比。比值愈大，破碎化程度愈高，以此可以比较不同类型景观的破碎化程度及整个景观的破碎化状况。某一类型在景观上的斑块密度（亦称孔隙度），揭示出景观基质被类型斑块分割的程度，对生物保护、物质和能量分布具有重要影响。孔隙度高，表明某一类型在景观中分布广，影响大。

景观斑块数破碎化指数有 2 种：FN_1 和 FN_2，其计算公式为：$FN_1 = (N_p - 1) / N_c$，

$FN_2 = MPS$ (N_f-1) $/N_c$。其中，FN_1 和 FN_2 分别代表景观整体及各景观类型的斑块数破碎化指数，其值域为 $[0，1]$；N_p 是景观里各类斑块的总数；N_c 是景观矩阵的方格网中格子总数，通常用研究区域最小的斑块面积去除总面积；MPS 是景观中所有斑块的平均斑块面积；N_f 是景观中某一类型的斑块总数。

景观内部生境面积破碎化指数的计算式为 $FI_1 = 1-A_i/A$，$FI_2 = 1-A_1/A$。其中，FI_1 和 FI_2 是 2 个景观类型内部生境面积破碎化指数；A_i 是某一景观类型内部总面积；A_1 是该景观类型最大的斑块；A 是景观总面积。

利用上述各种景观破碎化指数，对保护区内各类斑块所计算的景观破碎化指标见表 6-4。

表 6-4　保护区景观生态体系各类斑块破碎化指数

斑块类型	斑块密度（块/hm²）	FN_2	FI_2
针叶林	0.0071	0.0104	0.8444
阔叶林	0.0189	0.0076	0.9458
灌丛	0.0231	0.0411	0.7190
草甸	0.0289	0.0138	0.9878
高山流石滩	0.0161	0.0013	0.9837
水体	0.0555	0.0012	0.9999
建设用地	1.5522	0.0145	0.9995

由上表可以看出，针叶林的斑块密度最小，斑块较为完整，连通度高，其次为高山流石滩，而建设用地的斑块密度指数相对较大，说明其破碎化程度高。从景观斑块数破碎化指数的比较中可以看出，灌丛的景观斑块数破碎化指数较大，破碎化程度高。除针叶林和灌丛外，保护区内不同斑块的内部生境面积破碎化指数都较大，这说明除针叶林和灌丛以外的各种斑块都很小，根据"物种-面积"关系，这些类型的斑块都不能维持较多的物种数，且种群也较小，尤其是一些内部种和要求较大生境的物种，无法在这样的斑块中存活，针叶林和灌丛形成了较大的斑块，且保存完整，能维持较多的物种。

7 环境状况

7.1 水环境质量 ○○○ >

7.1.1 水环境质量总体情况良好

采用《地表水环境质量评价办法》（〔2011〕22 号）和《地表水环境质量标准》（GB3838-2002），根据现场监测结果，利用单因子评价对所布断面监测点夏季和冬季水质状况进行评价，其中夏季 18 个样点水质基本稳定在地表水环境质量标准所规定 II 类水质要求及以上，整体为优，并全部达到保护区水质要求。冬季 18 个样点中 I 类水质 2 个（占 11.11%），II 类水质 12 个（占 66.67%），III 类水质 4 个（占 22.22%），14 个样点（77.78%）为优，4 个样点（22.22%）为良好；对照水功能区（自然保护区）的水质目标（I 类水质 7.5%，II 类水质 77.2%，III 类水质 15.2%）要求，冬季 III 类水质超标 7.02%，见表 7-1。超标的主要因素是溶解氧偏低。

表 7-1 监测断面水质评价结果一览表

断面	7~8 月		1 月	
	实测类别	评价结果	实测类别	评价结果
邓生沟	符合 I 类水质	优	符合 II 类水质	优
皮条河上游汽车加水处	符合 I 类水质	优	符合 I 类水质	优
梯子沟（背山区）	符合 II 类水质	优	符合 I 类水质	优
梯子沟（核心区木桥下）	符合 I 类水质	优	符合 II 类水质	优
熊猫沟基地	符合 I 类水质	优	符合 II 类水质	优
卧龙关沟上游（饮用水地）	符合 I 类水质	优	符合 II 类水质	优
卧龙关沟（堆肥处）	符合 I 类水质	优	符合 II 类水质	优
卧龙关村（水库）	符合 II 类水质	优	符合 II 类水质	优
临惠饭店	符合 II 类水质	优	符合 II 类水质	优

（续）

断面	7~8月		1月	
	实测类别	评价结果	实测类别	评价结果
污水处理厂下游	符合Ⅱ类水质	优	符合Ⅱ类水质	优
熊猫电站上游石桥处	符合Ⅰ类水质	优	符合Ⅱ类水质	优
山珍部落下游（足木山村）	符合Ⅰ类水质	优	符合Ⅱ类水质	优
幼儿园	符合Ⅱ类水质	优	符合Ⅱ类水质	优
山中酒寨	符合Ⅱ类水质	优	符合Ⅱ类水质	优
博物馆	符合Ⅱ类水质	优	符合Ⅲ类水质	良好
七层楼沟	符合Ⅱ类水质	优	符合Ⅲ类水质	良好
耿达桥下	符合Ⅰ类水质	优	符合Ⅲ类水质	良好
老鸭山标志处（蓄草放牧区）	符合Ⅰ类水质	优	符合Ⅲ类水质	良好

7.1.2　水环境污染不容忽视

从现场走访调查结果看，卧龙自然保护区内无典型污染源，河流中未见明显固体废弃物。皮条河中、下游人口密集，多处未见市政管网收集污水，生活污水、餐饮废水直排现象较为突出；受地形因素影响，当地农田及村庄主要分布于皮条河河谷沿岸，农田废弃物处置不合理；高山放牧，河流沿线散排有较多粪便。就目前监测情况看，有必要对散点式生活污水进行回收处理再排放，加强农田废弃物管理，以减轻环境压力，高山放牧应严格控制畜牧数量以防止过度放牧破坏生态环境。

2015年夏季采样情况看，丰水期皮条河流域水质基本稳定在地表水环境质量标准所规定Ⅱ类水质要求及以上；2016年春季为皮条河的枯水期，从监测结果显示水中溶解氧含量较低，水质中氮、磷元素含量较丰水期浓度有明显增大，综合单因子水质评价标准来看，影响枯水期水质的主要因素为水中溶解氧含量低；根据水质叶绿素 chl-a 值显示，卧龙关村（水库）、幼儿园、山中酒寨、博物馆、耿达桥下、老鸭山标志处（蓄草放牧区）水质营养化程度较高，评价结果详见表7-1。

部分污染问题存在。皮条河上游河段水量较小，水环境敏感，部分死水、回水区水质受到不同程度的污染，应受到重视，如熊猫电站水库由于蓄水发电、水体流速减缓，部分水质中氮、磷含量偏高，如临惠饭店监测断面河水中磷元素超标，为Ⅲ类水质。

皮条河卧龙境内建有熊猫水电站，枯水期大坝蓄水水位较低，水质质量轻度污染，蓝绿藻及水中总氮含量偏高。

卧龙自然保护区人口密集处主要集中在皮条河沿线的卧龙关村、足木山村、经转楼村、龙潭村、幸福村、耿达村。大部分生活污水多见粗放式直排入皮条河中，新建污水处理厂在2017年年底投入使用。

7.2　空气质量基本概况 ○○○〉

7.2.1　PM2.5 日均浓度变化情况

核桃坪监测点和临惠饭店采取 24h 连续监测。核桃坪监测点位于皮条河中下游，大熊猫野外驯化基地二楼露天室外，人员活动情况少，周围植被茂盛，无明显风向；临惠饭店监测点位于皮条河中游，周围地势开阔，以农田为主，饭店沿省道 303 线修建（即现在的国道 350），来往车辆密集，人员活动较为频繁。利用微电脑激光粉尘仪对两个监测点进行同时段监测，比较 PM2.5 日均浓度变化。由图可知，较核桃坪监测点，临惠饭店监测点 PM2.5 浓度变化差异不显著，日平均浓度为 56.4μg/m³，达到我国环保部制定的二级标准及以上；核桃坪监测点的 PM2.5 浓度上午时段与下午及晚间差异极为显著，实地调查发现监测点每日清晨有焚烧竹竿的习惯，持续过程大约 1h。除特殊人为因素造成的空气质量短时恶化以外，该区域空气质量总体好。临惠饭店由于靠近公路，公路上大货车较为集中，且为柴油车，尾气排放程度较大，汽车尾气和饭店炊烟对周围环境空气质量有一定的影响（图 7-1）。

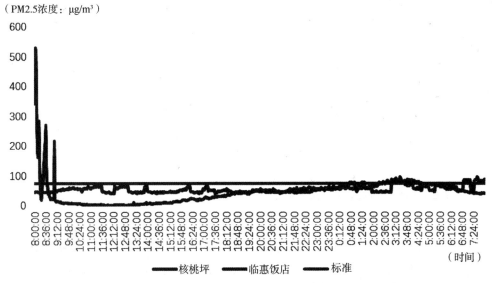

图 7-1（彩版图 26）　卧龙国家级自然保护区内核桃坪与临惠饭店 PM2.5 24h 变化示意图

7.2.2　不同位置随机瞬时采样

通过对皮条河流域沿线各监测点进行随机瞬时 PM2.5 浓度监测，采样周期为 6s/次，K＝0.01，每个监测点测定 10 次取平均值。结果显示：采样各监测点空气质量均良好（目前，我国 PM2.5 标准采用世界卫生组织设定最宽限值，即 PM2.5 标准值为 24h 平均浓度小于 75ug/m³ 为达标），除个别为一类标准以下，二类标准以上，其余监测点空气质量均达到一级标准，符合自然保护区空气质量标准（表7-2）。

表7-2 皮条河流域不同采样点空气瞬时 PM2.5 平均浓度

断面	早		中		晚	
	实测值（μg/m³）	达标情况	实测值（μg/m³）	达标情况	实测值（μg/m³）	达标情况
邓森沟	12	达标	22	达标	22	达标
皮条河上游汽车加水处	2	达标	12	达标	12	达标
梯子沟（背山区）	0	达标	22	达标	32	达标
梯子沟（核心区木桥下）	32	达标	32	达标	32	达标
熊猫沟基地	42	达标	82	不达标	42	达标
卧龙关沟上游（饮用水地）	12	达标	32	达标	62	达标
卧龙关沟（堆肥处）	12	达标	32	达标	12	达标
卧龙关村（水库）	12	达标	22	达标	32	达标
临惠饭店	12	达标	22	达标	22	达标
污水处理厂下游	12	达标	42	达标	22	达标
熊猫电站上游石桥处	12	达标	22	达标	2	达标
山珍部落下游（足木山村）	22	达标	22	达标	12	达标
幼儿园	12	达标	12	达标	2	达标
山中酒寨	42	达标	72	达标	32	达标
博物馆	2	达标	0	达标	22	达标
七层楼沟	32	达标	32	达标	22	达标
耿达桥下	0	达标	32	达标	32	达标
老鸭山标志处（蓄牧区牌）	32	达标	52	达标	62	达标

7.3 皮条河流域土壤基本情况 ○○○〉

从2015年的种植情况看，主要有马铃薯、红苕、莲花白、萝卜、莴笋。马铃薯和红苕主要用于自家食用和喂猪；莲花白为经济作物，其种植面积在蔬菜中是最大的，其收益也占到种植收入的60%~70%，还有少量种植的重楼、大黄、当归、叶子蒿等药材。测定水域监测点附近农田土壤的氮磷营养元素含量显示，农田土壤中氮磷元素含量较高，现场调查发现当地种植一般选用农家肥、菌包堆肥，营养成分较高。由于大部分农田依河而建，对农田周围水域水质测定后发现，河水中蓝绿藻、叶绿素 chl-a 含量较高，且部分水体中总氮、总磷含量偏高。造成周围水域氮、磷元素偏高原因有可能是土壤中氮、磷等物质随降雨进入地表径流造成河水水质氮磷含量增高（表7-3）。

表 7-3 部分土壤氮磷元素含量分析即余量风险评估表

土壤采样地	TP（mg/L）	余量风险	TN（mg/L）	余量风险
水源地附近农田 A	72.714	低	296.48	低
水源地附近农田 B	68.857	低	294.53	低
卧龙关沟蔬菜地 A	87.286	中	859.84	中
卧龙关沟蔬菜地 B	91.714	中	726.77	中
皮条河中游高山土样 A	27.095	无	131.52	无
皮条河中游高山土样 B	35.429	无	131.01	无
卧龙关沟附近农田 A	64.333	低	277.89	低
卧龙关沟附近农田 B	62.761	低	275.43	低
皮条河下游农田 A	85.143	中	886.71	高
皮条河下游农田 B	88.143	中	694.35	中

7.4　皮条河流域居民生活情况与环境影响

卧龙镇共三个村，分别是卧龙关村、足木山村和转经楼村。共 733 户，2401 人，非农业人口只有 459 人，在总人口数中的占比为 19.12%。1500 多年前便有少数民族在卧龙定居生活，卧龙特区村民的分布有一个特点，部分村民的居住地和生产地就处在海拔 2000~3000m 的缓冲区甚至核心区内。为探讨有效保护管理，保护区曾尝试以优厚政策引导当地居民退耕还林从试验区半高山迁出区外或集中安置，但实际效果不佳。2012 年灾后重建居民安置房建成后，卧龙自然保护区 90% 以上的村民都从半高山集中安置在公路沿线居住。由于紧靠公路，当地居民农家乐发展起来了，避暑游玩的人也多了，这些举措有助于改善当地居民收入，清除农村非点源污染和农村面源污染有着极大的促进作用。

据调查，居民对固体废弃物的关注度较高，有村民以及志愿者自发到公路沿线清理固体垃圾，取得不错的成效。集中式生活、生态农业、生态旅游等产业的发展，促使当地的生态产品种植、运输规模逐年扩大，但由此产生的污染问题并未得到有效解决。

随着近几年旅游业的大力发展，以生态旅游、生态观光、徒步体验为主的卧龙休闲娱乐活动有较好的市场，密集的人员活动对保护区内环境质量造成了较大的影响，虽然采取了如交通管制、标识标牌警示及行政管制等一系列综合性办法以改善卧龙特区内的环境压力，但这一举措也对区域经济的发展提出了限制条件。如当蔬菜运输车经过时，柴油车所产生的固体颗粒污染物所造成的影响尤为显著。PM2.5 瞬时浓度达 $800~1600\mu g/m^3$，长此以往不仅对公路沿线的居民生活产生影响，也有可能威胁保护区内野生动物的生存，并且运输车所产生的噪声问题对保护区内动物的生活也极具影响。保护区内皮条河中下游建有污水综合处理站，但依旧存在随意排放生活污水的现象，尤其以公路周边餐馆居多。通过走访调查发现，当地居民对野生动植物保护意识很高，但对环境污染及保护行动有待自我加强。

7.5 生态环境与可持续发展 ○○○>

7.5.1 保护与发展的矛盾

以生态促发展，卧龙自然保护区、卧龙特区在提倡发展生态产业以来，多措并举减缓了当地就业压力，提高了当地居民的生活水平。生态旅游、生态种养殖得到较好的推广和宣传。生态种养殖不同于传统的高山放牧，卧龙保护区、卧龙特区通过对放牧地点、放牧种类和放牧数量的控制来实现围绕保护的环境友好型经济发展。因为马匹对草场的破坏性很大，马啃过的草地几年都不长草，所以保护管理部门禁止养马。但限定区域和限定放牧数量的控制却不尽如人意。现在高山放牧成了对保护影响最大的因素之一。当地采挖重楼、松茸、雪莲等药材和其他山珍也对地表植被破坏较大，这些与当地村民经济状况改善关系紧密的经济活动，与保护直接发生矛盾。在这方面保护区和特区要解决的问题还很多，不仅是在放牧和采挖的问题上，在发展旅游服务等方面都存在规范和提升服务品质的问题。

在走访调查中发现，村民反映时有野生动物下山扰民现象发生，如野生猕猴觅食、野猪到菜地破坏河谷玉米地等，使当地居民对此陷入两难之境。一方面，是当地居民脱贫致富的发展要求，另一方面是保护区保护野生动植物，维持自然原生态的保护要求。人与自然的和谐相处显得尤为重要。

自然保护区与社区的关系一直是自然保护区管理部门面临的重要问题，保护区内经济发展与自然生态平衡密切相连。卧龙自然保护区是以保护大熊猫及其栖息地为主的、全面保护其他濒危珍稀物种及其栖息地和高山森林生态系统的全球生物多样性保护关键区，保护目标为：创建"世界一流的生物多样性保护基地，人与自然和谐相处的典范"。这就意味着在发展这个问题上应妥善处理人与自然矛盾的问题。

7.5.2 卧龙自然保护区生态环境保护的建议

一是强化监测与行政监管，创新监管机制。以环保部门牵头，水利、气象等部门联合完成水质监测、大气监测等良性预警工作格局。推动以智慧型、环保型、高效型在线监测体系的发展，真正建立环境在线监测与预警体系。探索"环保+公安+智能"生态监管新模式，从制度层面，对农业生产和生活污染物排放总量进行控制，实现事前、事中和事后的连续管控。加强畜禽养殖污染防治，科学划定禁养区、限养区和适度养殖区，控制高山放牧底线，积极推广畜禽清洁养殖和畜禽粪污无害化、资源化处理技术，大力推广农牧结合、种养循环综合利用型生态模式，因地制宜建设畜禽粪污收集处理厂和垃圾分类管理与处置设施。

二是加快城镇污水处理设施建设，优先推进各村污水截流、收集、纳管，消除生活污水直排等现象。不具备条件的村庄和分散居民点，采取集中与分散相结合的方式建设污水处理设施。实施农田生态沟渠、污水净化塘、林地浇灌等农林径流净化工程。继续推进餐厨垃圾处理设施建设，解决生态旅游副产物影响。建立覆盖全区的生活垃圾治理体系，加强农村生活垃圾收运和处理设施建设，实施"户分类、村收集、镇运输、县处理"。

三是依托特色生态资源，开展环境教育。以教育为手段展开社会实践活动，推广和宣传环保政策、法律法规，提高保护区居民环保意识；拓宽生态环保发展渠道，使保护区居民对人类和环境的相互关系有科学认识，提高广大人民群众自觉保护环境的意识和行动的积极性。

8 生态旅游

8.1 自然资源及生态旅游资源概述 ○○○>

8.1.1 自然资源

8.1.1.1 自然资源概述

卧龙自然保护区境内生态类型复杂多样，目前仍然保持着原始的天然生态系统。四姑娘山、巴朗山山体高大，景色壮丽，空气负氧离子含量丰富，森林植被保存了良好的原生性，山中古树参天，山谷中流水潺潺，清澈透明，是不可多得的高山自然景观资源。保护区境内气候垂直差异和植物垂直分布明显，拥有丰富的野生动植物，憨态可掬的大熊猫，翩翩起舞的鸽子树，形成了以大熊猫为核心的野生动植物观赏资源。

（1）地质地貌

卧龙自然保护区大地构造属龙门山褶断带的中南段，由一系列北东向平行的褶曲和断裂组成，褶曲均为紧密的倒转背斜、向斜，断裂带为北向东挤压性逆冲大断裂，从前古生代至中生代三叠纪地层发育齐全。地层的分布大致以皮条河为界，东南部为古生代地层，西北部为中生代三叠纪变质岩系地层。山体主要由石灰岩、千枚岩、片麻岩、石英岩及片岩、板岩组成。保护区地貌形态以高山深谷为主，地势由西北向东南递减。东南部山地海拔多在3200m左右，而西北部山地海拔在4000m以上，沿巴朗山、四姑娘山及北部与理县接壤的山地海拔均在5000m左右。境内海拔高度超过5000m的山峰有101座，最高峰四姑娘山高达6250m，是四川省第二高峰，东部的木江坪海拔最低，仅1150m。

（2）气候条件

卧龙自然保护区属青藏高原气候带，为典型的亚热带内陆山地气候，其特点是年温差较小，干湿季节分明，降雨量集中。随着海拔的增高，从山谷到山顶形成了亚热带、温带、寒温带、寒带、高寒带、极高山寒冻冰雪带等不同的气候垂直带谱。"一山有四季，十里不同天"这句话充分反映了卧龙的气候特征。保护区最高气温和最低气温分别为 29.8℃ 和 -11.7℃，年平均气温 8.9℃。年日照时数为 949.2h，无霜期 180 ~ 200 天。年均降雨量为 931.0mm，主要集中于 5 ~ 9 月。年蒸发量为 883.1mm，相对湿度 80%。

（3）土壤条件

卧龙自然保护区内土壤类型呈现垂直分布特征，包括山地黄壤、山地黄棕壤、山地暗棕壤、山地棕色暗针叶林土、亚高山草甸土、高山草甸土、高山寒漠土。其中，山地黄壤发育在亚热带常绿阔叶林下，分布海拔 1150 ~ 1600m。山地黄棕壤发育在常绿落叶阔叶混交林下，分布海拔 1600 ~ 2000m。山地黄棕壤发育在次生阔叶林及针阔混交林下，分布海拔 1900 ~ 2300m。山地暗棕壤发育在针阔叶林及针阔混交林下，分布海拔 2100 ~ 2600m。山地棕色暗针叶林土发育在针叶林下，分布海拔 2600 ~ 3600m。亚高山草甸土发育在耐寒灌丛及高山草甸植被带下，分布海拔 3400 ~ 3800m。高山草甸土发育在高山草甸植被带下，分布海拔 3800 ~ 4400m。高山寒漠土发育在高山流石滩稀疏植被带下，分布海拔 4400m 以上。由于海拔高、地形复杂，区内耕地面积较少，且能耕作的土地较贫瘠。

（4）水文条件及水资源

卧龙自然保护区内主要有皮条河、中河、西河和正河等 4 条河流，水力资源较为丰富。皮条河发源于巴朗山的东麓，与发源于四姑娘山东坡的正河在磨子沟汇合成耿达河，全长 70km，经映秀注入岷江。西河发源于马鞍山，在三江口与发源于齐头岩和牛头山的中河汇合成寿西河，经漩口注入岷江。

河流丰水期在 5 月至 10 月，枯水期在 11 月至次年 4 月，洪峰期多在 7 月至 8 月出现。境内河流主要靠降水、溶雪水和地下水补给，其特点是流程短、落差大、水能蕴藏丰富。河流水体清澈透明，泥沙含量极低，水质较佳。区内已发现 3 个温泉，具有较大开发价值的是卧龙银厂沟温泉，其水温 40℃，水质无色透明，属优质矿泉水。

（5）植被条件

根据《中国植被》和《四川植被》的分类原则，即按照植被型、群系和群丛三级分类方法对卧龙自然保护区的植被进行分类，区内的植被类型共分为 5 个植被型、15 个植被亚型、35 个群系组、57 个群系。

卧龙自然保护区内植被属中亚热带常绿阔叶林北缘，随着海拔高度和水热条件的变化，植被分布呈明显的垂直带谱。从保护区入口处起，依次为常绿阔叶林、常绿落叶阔叶混交林、针阔混交林、寒温性针叶林、耐寒灌丛和高山草甸、高山流石滩稀疏植被带六种类型。常绿阔叶林分布在海拔 1600m 以下，常绿落叶阔叶混交林分布在海拔 1600 ~ 2000m，针阔混交林分布在海拔 2000 ~ 2600m，寒温性针叶林分布海拔 2600 ~ 3600m，耐寒灌丛和高山草甸分布在海拔 3600 ~ 4400m，高山流石滩稀疏植被带分布在海拔 4400 ~ 5000m。

（6）野生动物资源

卧龙自然保护区野生动物资源极其丰富，现有脊椎动物 517 种，其中兽类 8 目 29 科 136 种，鸟类 18 目 61 科 332 种，爬行类 1 目 4 科 19 种，两栖类 2 目 5 科 18 种，鱼类 3 目 5 科 12 种，昆虫 19 目 170 科 1394 种。在脊椎动物中，有国家重点保护野生动物 68 种，其中国家一级保护野生动物有大熊猫、金丝猴、林麝、马麝、扭角羚、雪豹、豹、云豹、绿尾虹雉等 15 种。国家二级保护野生动物有藏酋猴、小熊猫、黑熊、黄喉貂、金猫、岩羊、鬣羚、斑羚、血雉、红腹角雉、勺鸡等 53 种。

保护区属于大熊猫邛崃山种群分布区，是我国大熊猫种群数量和栖息地面积最大的保护区。根据全国第四次大熊猫调查资料，结合 DNA 分析，区内有野生大熊猫 149 只。区内大熊猫主要活动在海拔 1400～3600m 的针阔混交林和针叶林内，主要分布在以下几个区域：皮条河以南的大熊猫主要分布在皮条河的英雄沟、臭水沟、龚老汉沟、窑子沟、烧汤沟、转经楼沟，耿达河的崔家磨子沟、七层楼沟至寒风岭一带各支沟、中河的白石沟、灰堆沟及支沟尾子沟、海子沟、帽子沟、关门沟，西河的正沟北侧、白阴沟、正河西子岩等；皮条河以北的大熊猫主要分布在正河的龙眼沟、板棚子沟、石星沟、水石岩沟、白石岩沟、倒角头沟、银厂沟等，耿达河的转经楼沟上部岩窝沟和龙潭支沟、苍旺沟等。

（7）野生植物资源

卧龙自然保护区野生植物共计 2202 种。其中：蕨类植物 30 科 70 属 198 种，藻类植物 43 科 93 属 180 种，裸子植物 6 科 10 属 19 种，被子植物 123 科 613 属 1805 种。在这些植物中，国家重点保护野生植物有 13 科 14 属 15 种。其中有珙桐等国家一级保护野生植物 6 种，有四川红杉等国家二级保护野生植物 9 种。

8.1.1.2　自然资源评价

（1）生物多样性

卧龙自然保护区地处横断山脉北部，是南北生物的"交换走廊"，区内动植物种类繁多，生物多样性保护价值极高。保护区野生植物共计 2202 种，共有脊椎动物 517 种，其中还保存了不少古老子遗物种和特有物种，物种多样性极其丰富，有"宝贵的生物基因库"、"天然动植物园"等美誉。同时，区内植被类型多样，分布有森林、灌丛、草甸、沼泽、高山流石滩等生境，生境多样性丰富。

（2）物种珍稀性

卧龙自然保护区珍稀动植物十分丰富，有包括大熊猫、金丝猴、扭角羚、白唇鹿、雪豹等在内的国家一级保护野生动物 15 种，有国家二级保护野生动物 53 种。重点保护对象大熊猫是中华民族的国宝，在全球范围内具有独特的稀有性。根据全国第四次大熊猫调查资料，卧龙大熊猫种群密度为 0.071 只/km^2，远远高于整个邛崃山系的平均水平，是国际上公认的"熊猫之乡"。此外，保护区还有珙桐等已知的国家重点保护野生植物 15 种，其中国家一级保护野生植物有 6 种，国家二级保护野生植物有 9 种。

（3）生境自然性

卧龙自然保护区属于大熊猫邛崃山系种群核心分布区，是我国大熊猫种群数量和栖息地面积最大的地区。区内有大熊猫栖息地约 904.58km²，同时拥有大面积保存完好的天然林。2006 年 7 月，"卧龙·四姑娘山·夹金山脉"四川大熊猫栖息地被世界遗产大会批准列入世界自然遗产名录。其中，卧龙自然保护区位于自然遗产地的核心，生境自然性得到充分的肯定。

（4）生态系统典型性

卧龙自然保护区地处青藏高原东缘向成都平原过渡的地形梯度带上，常年空气湿润，区内高山峡谷，险峻神奇，纵横交错，地形复杂，在气候上、自然地貌上、植被分布类型上都呈现出典型的过渡地带特征，形成了利于生物繁衍生长的自然生态系统，尤其是高山森林生态系统极具代表性，具有极高的保护价值。

（5）生态系统脆弱性

卧龙自然保护区生态系统具有一定的脆弱性，主要保护物种对于环境的干扰较为敏感。由于 350 国道的阻隔，野生动物栖息地呈现破碎化状态。2008 年的汶川大地震对保护区生态系统造成了严重破坏，大量地表植被受损，大熊猫野外栖息地受到严重影响。在今后较长一段时间内，崩塌、滑坡、泥石流等次生灾害还将存在。

（6）面积适宜性

卧龙自然保护区现有面积为 20 万 hm²，区内自然生态系统的结构和功能保持完好，大熊猫、金丝猴、扭角羚等主要保护对象能在区内完成生息繁衍、取食、迁徙等生命活动。保护区总面积适应大熊猫栖息地、珍稀动植物资源以及高山森林生态系统保护的需要，适应国家级自然保护区建设的要求。

（7）生态区位重要性

卧龙自然保护区位于长江上游，区内保持有大面积的原始森林和良好的植被覆盖，不仅是维持当地生物多样性的基础，也在涵养岷江水源、水土保持、气候调节等方面发挥着巨大的生态功能，是长江中下游地区生态安全的保障，生态区位极其重要。

（8）潜在地质研究价值

卧龙自然保护区处在东亚两大地质构造单元——东部的南华亚板块与西部的青藏亚板块的接合部。厚达万米的古生代-中生代早期的三叠纪属于古特提斯海洋的沉积，尤其是夹金山南麓的砾状灰岩-钙质浊积岩-枕状玄武岩沉积系列，更是研究地质构造演化的典型场所。因此，保护区对研究从特提斯海到青藏高原隆起和横断山系形成的地质演化过程，具有重要的地质保护价值。

（9）科研价值

卧龙自然保护区有世界上最大的大熊猫种群和适宜栖息地，其丰富的物种资源、典型的生态系统类型、独特的地形地貌是进行相关生物科学研究的重要基地。保护区开展了 50 多年大熊猫保护研究，积累了丰富的科研资料，取得了举世瞩目的科研成绩。保护区为大熊猫及其栖息地、其他珍稀濒危野生动植物以及高山森林生态系统研究提供了重要的野外试验基地和室内研究平台，同时拥有大熊猫研究的国际交流与合作平台，具有极高的全球科研价值。

8.1.2　景观资源

卧龙自然保护区景观资源极其丰富，主要包括天文、地文、水域及地带性植被等自然景观和藏羌民族及宗教文化等人文景观。保护区拥有优良的森林环境，空气清新，空气含氧量高、细菌含量低、尘埃少、负离子含量高，对国内外游客具有很大的吸引力。同时，卧龙地处民族文化走廊，保护区是多民族聚集之地，吸取了嘉绒藏族、羌族、汉族文化的优点，多民族文化的相互融合，形成了独特的地域文化和古朴深远的原生态文化，拥有极具民族特色的人文景观资源。

8.1.2.1　自然地貌景观

（1）山岳峡谷

卧龙自然保护区的山岳景观资源极为丰富，形成了区内自然地貌的总体骨架（刘记，2005）。

①"蜀南皇后"四姑娘山

四姑娘山是邛崃山脉的最高峰，有"蜀南皇后"之美称。其东坡在自然保护区内，是登山探险较为理想的坡面。东坡坡降比较均匀，坡脚较为平缓，且距305国道距离近，登顶条件相对较好，在银厂沟与热水沟汇合处附近任何地点都能清晰地尽览群峰的正面风姿（在小金则只能看到"四姑娘"的背影），且热水沟有温泉，游人可以感受冰天雪地沐温泉的奇趣。

②巴朗山与四姑娘山耸峙如屏障

在保护区北部，沿四姑娘山、巴朗山一线山地海拔均在5000m以上，西部山地海拔均在4000m以上，构成了保护区抵制冷空气袭击的天然屏障。

四姑娘山位于汶川、小金交界处，距成都190km，被当地藏民奉若神山。四座山峰终年积雪，酷似头披白纱、姿容俊美的四位少女。其中，四姑娘峰在北，海拔6250m，接着是三姑娘峰，海拔5664m，二姑娘峰，海拔5454m，大姑娘峰居南，海拔5355m。四姑娘山群峰巍峨，终年积雪，十分壮观，是中外登山队向往的地方，是科学考察、科普教育、登山探险、健身旅游的胜地。

巴朗山主峰5049m，其余山峰均在4500m以上。和四姑娘山一样，基岩裸露，悬崖峭壁比比皆是。省道303线直抵海拔4467m的山口，交通条件极为优越。

③三岭两谷好"卧龙"

在保护区内有东、南、中三条巨大山岭，岭脊呈现典型的锯齿状（梳妆）外貌，远看犹如巨龙背鳍，"卧龙"因此得名。

这三道神龙透逸的大岭，将卧龙版图塑造成五面大坡和皮条河、正河两大峡谷，沿谷的 150 多条二级支沟犹如三条苍龙的巨爪，把卧龙山河描绘得如诗如画。区内山峰姿态万千，有的似坐佛、如玉笋、似驼峰，有的群列犹如万马奔腾。每当朝霞、夕阳撒下山峦之时，雪峰如座返金山，苍峦似镀金碧玉；晴天蓝黛醒目，雨天云遮雾绕，美不胜收。

（2）山崖山石山洞

①山崖

卧龙山崖大致有锅圈岩、象形岩、镜面岩、构造岩四类：

锅圈岩：水从崖出，崖随水转，有的像撮箕，有的似圆环，有的如对开的板桶，有的像"S"形错接的罗圈。山崖壁立，弯环曲转，如正河里的罗圈岩、虎门关，白龙沟口的盘龙岩，英雄沟的仙潭窝等。

象形岩：如银厂沟的鹰咀岩、虎头岩、观音岩、灵芝岩等。

镜面岩：岩崖特点是平展如镜，如正河通天桥上游的通天壁，白龙沟口的白龙壁，沟尾展子棚的横空壁等。

构造岩：这种岩崖较为完整地保存了地层构造的原始状貌或清晰地呈现出岩层的结构纹理。银厂沟口一处山岩则呈现千枚页岩的纵向层理，百米耸立，冬春冰柱悬挂垂直抵达河面，蔚为壮观。

②山石

卧龙奇石最集中的地方是野牛沟支沟的磨盘石和打雷沟支沟水草坪沟的石林，在那里的破碎山石经过大自然的长期雕琢，形成大片造型奇特的怪石，或宝塔，或石笋，或怪蛙，或老僧，或和尚，或伏虎，或武士。

③山洞

皮条河上游梯子沟内，有一个山洞，幽深漫长。英雄沟口还有两个人工开凿的听泉洞、水帘洞，冬夏迥异，令人神往。

（3）冰川景观

卧龙自然保护区有古冰川遗迹和现代冰川，景观奇异，不仅可作为科学考察研究的对象，也是人们进行科普和观光旅游的神奇去处。

①古冰川遗迹

新生代第四纪以来，川西地区发生过多次古代冰川作用，卧龙受到波及，因此，4000m 以上地区均可见古冰川遗迹分布。在皮条河上游向阳坪至巴朗山垭口地段，可见古冰谷发育和古冰川堆积地貌。

②现代冰川

在卧龙地区至今仍有现代冰川发育。现代雪线海拔 5000m，雪线以上的山地终年白雪皑皑。如最大的铡刀沟冰川，全长 3400m；板棚子沟冰川，长 2200m。

（4）水体景观

卧龙自然保护区的水体景观，按其基本形态，可分为古老的高山海子、动态的泉瀑溪河和人工的高峡平湖三类。这些水体景观与山、动物、植物、季节气候、建筑物的天然组合，构成了奇妙多彩、文雅别致的风景资源。

①古老的高山海子

由于古冰川的后退，部分冰斗积水便形成了至今所见的高山海子。例如四姑娘山东坡正河源头的大海子（海拔 4550m）、双海子（海拔 4060m）、深海子（海拔 4620m）以及小海子、海子沟的海子等。此外，还有卧龙关沟源头的海子、梯子沟尾的大海子（海拔 4300m）。

②动态的泉瀑溪河

泉。卧龙自然保护区最著名的泉是银厂沟上游支沟热水塘沟的一眼温泉。温泉位于银厂沟沟口 15km，海拔 3420m 处，水温在 80℃左右。在热水塘附近，发现了 17 股热泉，温度为 42℃左右。

瀑。在正河、皮条河及其二级支流所在的高山峡谷，瀑布不胜枚举。多为百丈高瀑布，飞天而出，有的飘逸直落，有的多级迭下，晶莹剔透、神韵高雅。如英雄沟的龙隐瀑布、银厂沟灵芝岩上的灵仙瀑布、白龙沟的白龙瀑布、正河上的哈达瀑布。

溪。卧龙的山溪有 150 多条，分布在正河、皮条河、西河、中河流域。山溪落差大，多级迭水，短瀑，溪水清净，水质优良。有的是潺潺流水，有的是涓涓小溪，有的是滚滚溪流。

河。卧龙的河有四条，包括皮条河、正河、西河和中河。皮条河河谷之间有多级剥蚀面，地势平坦，翠竹密布，是大熊猫的主要栖息之地。河谷气候夏不热冬不冷，从源头至河口可以观察到山地植被带垂直带谱，可以体验到气候的垂直变化特征。皮条河沿岸是科考、科普、观光、避暑度假的理想目的地。

③人工的高峡平湖

卧龙自然保护区的水能资源丰富，多处已建成水力发电站，电站坝区形成美丽的高峡平湖。湖光山色，宛如仙境。

（5）天象景观

卧龙自然保护区有丰富多彩的天象景观，尤其以雪域风光、日出云海、雪淞雾淞、霞光彩虹最为奇特。

①雪域风光

雪景是卧龙自然保护区宏伟壮阔的景观资源。冬天来临，千山万壑便沐浴在万里雪飘的祥瑞氛围之中。从郁郁葱葱的森林到雪线以上的寒漠，无不分外妖娆，辽阔壮观，林中树木如座座雪塔林立，又似玉树琼花怒放。

②雪淞雾淞

每当下雪、有雾之时，在卧龙海拔 2800～3000m 的森林之中，便可见由松软的新雪和雾滴凝结而成的白色晶粒——雪淞和雾淞挂满枝头。它们随附着物的不同而呈蜡梅、水仙、菊花、白牡丹、银芍药形态，千姿百态，给人以奇特的艺术享受。

③霞光彩虹

霞光和彩虹常与森林、水气、云雾等相伴成为瞬息变化的光景，卧龙属于"华西雨屏"带，雨多雾多，是观赏雾光彩虹的好地方。例如银厂沟"石龙过江"上面的悬崖有一道高约200m的飞天小瀑，在阳光的照耀下可见美丽的彩虹，早晚有云雾之时，便可见灿烂华美的霞光——朝霞、晚霞、彩云和雾霞。

④日出云海

卧龙多高山，地势西北高东南低，能观赏日出云海的地方很多。如臭水沟尾海拔3247m的观日峰，就是一个日出云海的绝佳观察点，晴天清晨可目睹蓬勃日出，向东远眺，青城群峰、成都平原尽收眼底，向西北俯瞰，二山三岭历历在目，鸟瞰条条沟壑，云海如凝脂铺就，似乎伸手可及。

8.1.2.2　人文景观

卧龙自然保护区内居住着藏、羌等少数民族，其藏羌民族文化同样也构成了卧龙生态旅游资源的人文文脉。

（1）藏羌文化

卧龙居民中80%以上是少数民族，羌族、藏族占绝对优势。

卧龙自然保护区下辖两个藏族乡，藏族特殊的民俗、节庆、饮食和丰富的手工艺品是卧龙自然保护区独特的人文景观。何家大地三圣庙、花红树喇嘛庙和耿达神树坪玉皇庙是藏族重要的宗教设施。藏羌族的"毛石墙"与汉族的"木结构"和"瓦屋顶"相融合形成独特的建筑风格。

羌藏风情是重要的人文旅游资源。羌藏风情资源主要有雕楼、民居、服饰饮食（羌式、藏式服装，老腊肉、砸酒等）、信仰习俗（羌人认为万物有灵，供奉30多种神灵，崇拜白石）、节庆（四月初一祭山会、十月初一羌历年、农历元月歌仙节等）、文学艺术（如民歌、民间传说）等。

（2）文化古迹

①古道

自古以来，三江—牛头山—烧火坪—巴朗山—小金这条古道就是成都平原通往小金的一条最近的咽喉要道。而今，三江段石阶尚存，牛头山至烧火坪段遗迹尚在，可以供游客思古抚今，感受历史发展的踪迹。从三江到转经楼穿越峡谷，向南沿350国道为古代茶马古道的必经之路，现在仍为背包客的主要通道。卧龙关老街作为茶马古道驿站是当地最重要的乡土文化遗产，也是当地居民生活、耕作的家园。

②古碑

在皮条河畔花红树沟左侧山坳里的喇嘛寺附近，有块"恩垂万古"石碑。碑成于光绪四年（1878年），石碑已经风化，字迹已难判读，大概是记载统治卧龙山寨的"瓦寺宣慰使"于同治七年（1868年）和光绪四年两次行文保护卧龙山林的告示，此碑可以起到环境保护教育的功能。

③寺庙

卧龙自然保护区现有的寺庙包括卧龙关的三圣庙、花红树沟畔的喇嘛寺、耿达黄泥坡的转经楼、耿达河对面小老鸦山的小喇嘛庙、后山的赴通寺、三江镇宝顶山的盘龙寺等。

8.2　生态旅游资源的分类和评价 ○○○＞

8.2.1　旅游资源分类

依据王建军等（2006）提出的景观和环境并重的生态旅游资源分类与评价体系，结合《旅游资源分类、调查与评价》（GB/T 18972-2003）国家标准，对卧龙自然保护区森林旅游资源进行了分类。在国家标准中，旅游资源划分为 8 个主类、29 个亚类、104 个基本类型。本次调查，卧龙自然保护区旅游资源可分为 8 个主类、27 个亚类、86 个基本类型（表8-1）。

表 8-1　四川卧龙自然保护区旅游资源分类

主类	亚类	基本类型	代表性资源
A 地文景观	AA 综合自然旅游地	AAA 山丘型旅游地	四姑娘山、巴朗山
		AAD 滩地型旅游地	巴朗山流石滩
		AAF 自然标志地	大熊猫遗产核心区
		AAG 垂直自然地带	巴朗山、邓生
	AB 沉积与构造	ABA 断层景观	皮条河、耿达、映秀断裂带，油竹坪断层、银厂沟断层
		ABB 褶曲景观	总棚子倒转腹背斜、三道卡子倒转腹向斜、油竹坪褶皱
		ABD 地层剖面	银厂沟峭壁
		ABE 钙华与泉华	热水塘、银厂沟
		ABF 矿点矿脉与矿石积聚地	南华山金矿
	AC 地质地貌过程形迹	ACB 独峰	四姑娘山、大雪塘
		ACD 石（土）林	磨子沟的磨盘石、水草坪沟的冰渍石林
		ACE 奇特与象形山石	银厂沟的鹰嘴岩、虎头岩，观音岩
		ACF 岩壁与岩缝	银厂沟、正河
		ACG 峡谷段落	银龙峡谷、正河峡沟、卧龙河峡谷
		ACH 沟壑地	英雄沟、邓生沟
		ACL 岩石洞与岩穴	梯子沟山洞、英雄沟口听泉洞、水帘洞
	AD 自然变动遗迹	ADA 重力堆积体	月亮湾滑坡
		ADB 泥石流堆积	大阴沟
		ADC 地震遗迹	中桥、转经楼村农房地震损坏遗址、卧龙自然与地震博物馆
		ADF 冰川堆积体	向阳坪至巴朗山垭口地段、大雪塘冰川
		ADG 冰川侵蚀遗迹	4000m 以上巴朗山角峰、刃脊
		ADH 现代冰川	卧龙西、北部极高山区发育有 14 条现代冰川

（续）

主类	亚类	基本类型	代表性资源
B 水域风光	BA 河段	BAA 观光游憩河段	皮条河、正河沿岸
	BB 天然湖泊与池沼	BBA 观光游憩湖区	正河源头的大海子、双海子、深海子、小海子、海子沟的海子等。卧龙关沟源头的海子、梯子沟尾的大海子。龙潭电站、熊猫电站大坝湖区
		BBB 沼泽与湿地	上圣沟与邓生沟沼泽
	BC 瀑布	BCA 悬瀑	英雄沟龙隐瀑布、银厂沟灵仙瀑布、白龙沟白龙瀑布、正河哈达瀑布、青杠坪瀑布
		BCB 跌水	正河、皮条河、西河、中河
	BD 泉	BDB 地热与温泉	银厂沟热水塘温泉
	BF 冰雪地	BFA 冰川观光地	熊猫王国之巅观大雪塘冰川、巴朗山垭口观四姑娘山冰川
		BFB 常年积雪地	大雪塘、四姑娘山、巴朗山
C 生物景观	CA 树木	CAA 林地	邓生、英雄沟原始森林
		CAB 丛树	巴朗山杜鹃林
		CAC 独树	邓生原始森林
	CB 草原与草地	CBA 草地	贝母坪、黄草坪
		CBB 疏林草地	贝母坪、黄草坪
	CC 花卉地	CCA 草场花卉地	巴朗山
		CCB 林间花卉地	邓生、英雄沟
	CD 野生动物栖息地	CDB 陆地动物栖息地	大熊猫、岩羊、牛羚
		CDC 鸟类栖息地	百燕、高山鸟类
		CDE 蝶类栖息地	正河至邓生高山蝶类
D 天象与气候景观	DA 光现象	DAA 日月星辰观察地	臭水沟尾海拔 3247m 的观日峰
		DAB 光环现象观察地	银厂沟飞天小瀑可见美丽的彩虹
	DB 天气与气候现象	DBA 云雾多发区	向阳坪、贝母坪云海
		DBB 避暑气候地	耿达镇、卧龙镇
		DBE 物候景观	正河、皮条河沿岸四季景观
E 遗址遗迹	EB 社会经济文化活动遗址遗迹	EBA 历史事件发生地	大熊猫科研重大突破、赠送交流外交事件
		EBC 废弃寺庙	三江镇宝顶山的盘龙寺、耿达黄泥坡的转经楼
		EBD 废弃生产地	银厂沟矿厂
		EBE 交通遗迹	牛头山至烧火坪段古道遗迹、转经楼茶马古道
F 建筑与设施	FA 综合人文旅游地	FAA 教学科研实验场所	中国大熊猫保护研究中心、卧龙生态展示教育培训中心、五一棚
		FAB 康体游乐休闲度假地	梦幻三江
		FAC 宗教与祭祀活动场所	喇嘛寺、玉皇庙、娘娘庙、三圣庙、观音庙
		FAD 园林游憩区域	卧龙管理局所在地、狩猎部落、梦幻三江
		FAE 文化活动场所	卧龙生态展示教育培训中心
		FAF 建设工程与生产地	巴朗山隧道
		FAH 动物与植物展示地	黄草坪大熊猫科研繁育基地、卧龙生态展示教育培训中心
		FAK 景物观赏点	巴朗山垭口、观日峰

（续）

主类	亚类	基本类型	代表性资源
F 建筑与设施	FB 单体活动场馆	FBC 展示演示场馆	自然与地震博物馆、大熊猫科研繁育基地、生态展示教育培训中心
		FBE 歌舞游乐场馆	梦幻三江
	FC 景观建筑与附属型建筑	FCB 塔形建筑物	梦幻三江
		FCC 楼阁	羌藏雕楼
		FCI 广场	卧龙管理局所在地
		FCK 建筑小品	狩猎部落、梦幻三江
	FD 居住地与社区	FDA 传统与乡土建筑	藏族与羌族传统建筑
		FDB 特色街巷	卧龙老街
		FDC 特色社区	狩猎部落、草坪村度假新村
	FE 归葬地	FEA 陵区陵园	水界牌
	FF 交通建筑	FFA 桥	三道桥
		FFB 车站	卧龙客运中心
		FFE 栈道	牛坪栈道、正河栈道
	FG 水工建筑	FGA 水库观光游憩区段	龙潭电站、熊猫电站大坝湖区
		FGD 堤坝段落	龙潭电站、熊猫电站等电站大坝
G 旅游商品	GA 地方旅游商品	GAA 菜品饮食	藏族羌族特色饮食
		GAB 农林畜产品与制品	老腊肉、砸酒、高山野菜、野果制品
		GAD 中草药材及制品	天然中草药天麻、贝母等
		GAE 传统手工产品与工艺品	大熊猫手工艺纪念品、羌绣
H 人文活动	HA 人事记录	HAB 事件	大熊猫科研重大突破、赠送交流外交事件
	HC 民间习俗	HCA 地方风俗与民间礼仪	藏族锅庄
		HCB 民间节庆	农历元月歌仙节等、十月初一羌历年
		HCC 民间演艺	锅庄、尼歌、藏戏
		HCD 民间健身活动与赛事	赛马会
		HCE 宗教活动	祭山会、朝庙会
		HCF 庙会与民间集会	四月初一祭山会、转山会、正月初一朝庙会
		HCG 饮食习俗	藏族羌族饮食习俗、九大碗、洋芋糍粑
		HGH 特色服饰	羌式、藏式服装
	HD 现代节庆	HDA 旅游节	中国四川国际熊猫节

8.2.2　生态旅游资源评价

　　旅游资源评价是在综合调查的基础上，运用一定的方法对其价值做出评价的过程（丁季华，1998）。对旅游资源与生态旅游资源评价方法总体上有定性评价、技术单因子定量评价、定性和定量相结合的综合评价（甘枝茂等，2000）。

8.2.2.1　定性评价

　　定性评价是以美学理论为基础，用审美观点评价其观赏价值、文化艺术价值和科学保护价值，用文学艺术对生态旅游资源的质量而进行的评价（钟林生等，2003）。如保继刚的经验评价法、黄辉石的"六字七标准"评价法、卢云亭的"三三六"评价法，定性评价简单明了，对数据资料和精确度要求不高。

卧龙自然保护区是四川省实施大熊猫品牌战略的主要支撑点，耿达镇还是全省重点打造的 20 个民族风情型特色旅游集镇之一。卧龙自然保护区拥有丰富的自然和人文旅游资源。

（1）拥有国际旅游品牌——大熊猫

大熊猫是保护区生态旅游的国际品牌。卧龙是我国已建立的 37 个大熊猫保护区中面积最大的自然保护区，卧龙是"大熊猫的故乡"，被誉为"熊猫王国"，在国内外都享有很高的声誉，是四川乃至全国对外交流的一个窗口。

在卧龙能同时从小尺度、中尺度、大尺度看大熊猫，这是独有的。小尺度表现在可以看到熊猫的繁育、抚养及其不同年龄阶段的熊猫形态；中尺度表现在可以近距离观赏半放养状态下大熊猫的生活习性；大尺度则表现为游客可以在专业人员的带领下寻找野生大熊猫，并观察大熊猫的野外生存状态。

（2）拥有国际知名的大熊猫科研基地

卧龙自然保护区是联合国"人与生物圈保护区网"成员单位，在核桃坪建有世界上规模最大的大熊猫繁育基地，曾圈养大熊猫 119 只。2008 年地震后，核桃坪基地的繁育功能由位于耿达镇新建的中华大熊猫苑替代，成为世界上首个大熊猫野化培训基地，截至 2018 年末，在卧龙中国保护大熊猫研究中心圈养繁育的大熊猫数量超过 280 只，占全球圈养总量的 60% 以上。中国保护大熊猫研究中心是目前世界上大熊猫保护研究的权威机构。此外，保护区熊猫沟拥有世界著名的"五一棚"野外大熊猫观察基地，自 20 世纪 70 年代以来，就有一大批中外专家在此长期开展野生大熊猫的观测和研究。

（3）自然生态优势突出——大自然的广谱基因库

卧龙自然保护区原生态自然优势极为突出，形成自然资源层次丰富、类型多样的珍稀动植物生态系统。拥有深邃神奇的峡谷、立体交错的原始森林、辽阔壮观的高山草甸、种类繁多的野生动植物，是"大自然的广谱基因库"，是我国西南高山地区典型的自然综合。

（4）四季季相景观丰富多彩

卧龙属高山峡谷区，西风急流南支和东南季风控制着本区的主要天气过程。保护区四季气候变化相当明显，四季季相景观各具特色、丰富多彩。

（5）避暑胜地——夏季气候凉爽

保护区内属青藏高原气候带，其特点是年温差较小，年平均气温 8.9℃。是夏季避暑的好去处。

（6）藏羌民族文化底蕴深厚

卧龙自然保护区以原生态自然景观为背景，以淳朴的嘉绒藏族和羌族在漫长岁月里沉淀下来的神秘独特的民族风情为内涵，呈现给旅游者交相辉映、天人合一的迷人景象。

（7）社区参与——产业潜力优势

卧龙自然保护区的两镇是传统的农业区，有90.3%的农业人口，过去以农、牧业为主，随着旅游业的发展，当地居民开始参与到旅游业中，乡土文化旅游极具潜力优势。

8.2.2.2 定量评价

对旅游资源定量评价有层次分析法、模糊赋分法、综合评分法、条件价值法等（梁修存等，2002）。

按照《旅游资源分类、调查与评价》（GB/T 18972-2003）国家标准，对卧龙自然保护区31个旅游资源进行了评价打分（表8-2）。依据这个国家标准，卧龙自然保护区旅游资源优级3个，良级10个，普通级15个，无级5个（表8-3）。

表8-2　四川卧龙国家级自然保护区旅游资源定量评价

评价对象	评价因子							总评分数
	资源要素价值				资源影响力		附加值	
	观赏游憩使用价值（30分）	历史文化科学艺术价值（25分）	珍稀奇特程度（15分）	规模/丰度/几率（10分）	完整性（5分）	知名度/影响力（10分）	适游期/使用范围（5分）	环境保护/环境安全（-5/-4/-3/3）	
大熊猫野化培训基地（核桃坪）	24	23	12	5	4	7	4	3	82
梦幻三江	25	19	12	8	4	7	4	3	82
中国保护大熊猫研究中心卧龙基地	26	22	10	6	4	6	4	3	81
正河沟	27	15	13	3	3	4	2	3	73
邓生	21	15	13	7	4	3	3	3	72
自然与地震博物馆（沙湾）	21	22	8	5	3	6	3	3	71
巴朗山垭口	21	18	12	4	3	5	2	3	71
英雄沟-熊猫沟	20	15	12	4	3	5	2	3	64
熊猫王国之巅	20	13	11	5	4	5	2	3	63
贝母坪	18	14	10	6	4	3	3	3	61
银厂沟	19	14	11	4	3	3	3	3	60
卧龙生态展示教育培训中心	21	12	7	6	4	4	3	3	60
梯子沟-魏家沟	18	12	10	4	3	2	2	3	54
三道桥	16	13	8	4	3	3	2	3	52
足木山村	12	12	9	4	4	4	3	3	49
黄草坪	15	11	7	4	3	3	2	3	48
草坪村度假新村	11	10	6	5	4	4	4	3	47

（续）

评价对象	评价因子								
	资源要素价值					资源影响力		附加值	总评分数
	观赏游憩使用价值（30分）	历史文化科学艺术价值（25分）	珍稀奇特程度（15分）	规模/丰度/几率（10分）	完整性（5分）	知名度/影响力（10分）	适游期/使用范围（5分）	环境保护/环境安全（-5/-4/-3/3）	
喇嘛寺	12	11	5	2	3	3	2	3	41
三江镇	10	10	4	4	3	4	3	3	41
卧龙老街	10	8	5	4	3	4	3	3	40
幸福村	9	9	5	4	3	3	3	3	39
七层楼沟	6	13	6	3	3	2	1	3	37
熊猫电站大坝	8	11	5	2	3	2	2	3	36
转经楼村	7	10	4	3	3	2	3	3	35
牛坪栈道	8	6	7	4	3	2	1	3	34
玉皇庙	11	5	3	2	3	2	2	3	31
贾家沟	6	5	3	3	3	2	3	3	28
卧龙关村-川北营	6	5	3	3	3	2	3	3	28
花红树居民点	5	5	3	3	3	2	3	3	27
席草村	4	5	3	3	3	1	3	3	25
水界牌	6	5	4	2	2	1	1	-3	18

注：＞90 为 5 级（特）；75~89 为 4 级（优）；60~74 为 3 级（良）；45~59 为 2 级（普）；30~44 为 1 级（普）；＜29 为无级。

表 8-3　卧龙国家级自然保护区旅游资源等级

旅游资源等级	数量	旅游资源名称
优级	3	大熊猫野化培训基地（核桃坪）、梦幻三江、中国保护大熊猫研究中心卧龙基地
良级	10	正河沟、邓生、自然与地震博物馆（沙湾）、巴朗山垭口、英雄沟-熊猫沟、熊猫王国之巅、贝母坪、银厂沟、卧龙生态展示教育培训中心
普通级	15	梯子沟-魏家沟、三道桥、足木山村、黄草坪、草坪村度假新村、喇嘛寺、三江镇、卧龙老街、幸福村、七层楼沟、熊猫电站大坝、转经楼村、牛坪栈道、玉皇庙
无级	5	贾家沟、卧龙关村-川北营、花红树居民点、席草村、水界牌

在国家标准中，旅游资源分为五级：五级旅游资源，得分值域≥90分；四级旅游资源，得分值域75~89分；三级旅游资源，得分值域60~74分；二级旅游资源，得分值域45~59分；一级旅游资源，得分值域30~44分；未获等级旅游资源，得分≤29分。

五级旅游资源称为"特品级旅游资源"；五级、四级、三级旅游资源被通称为"优良级旅游资源"；二级、一级旅游资源被通称为"普通级旅游资源"。

9 威胁因素

9.1 主要威胁因素类型 ○○○ >

9.1.1 放牧

本次调查共发现放牧干扰296处，占所有干扰点的77.08%，为所有干扰类型中最多。在保护区内主要以放牦牛为主，部分地区有马和羊。放牧干扰主要分布在耿达附近的黄草坪、仓旺沟、贾家沟、七层楼沟等区域，皮条河流域的臭水沟、卧龙关沟、红花树沟、五里墩沟、银厂沟、糍粑街沟、龙眼沟、鹦哥嘴沟、大魏家沟、野牛沟、磨子沟、梯子沟、马鞍桥山等区域，西河流域的黄羊坪和岩垒桥等区域，以及中河流域的盘龙寺等区域（图9-1）。

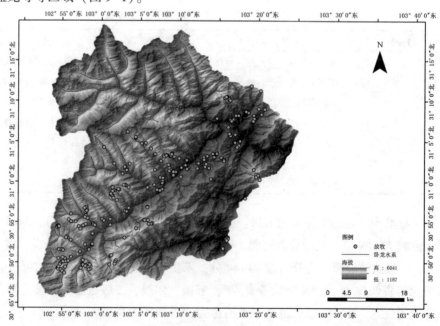

图9-1（彩版图27） 卧龙国家级自然保护区放牧干扰痕迹点分布图

9.1.2 偷猎

经过多年的保护、宣传和严厉打击，已经基本杜绝了针对大熊猫的偷猎行为。但卧龙国家级自然保护区内偷猎扭角羚、野猪、黑熊、林麝、果子狸、鬣羚、毛冠鹿、斑羚、雉类等其他野生动物的现象时有发生。本次调查共发现偷猎干扰12处，占所有干扰点的3.13%（图9-2）。在保护区内主要以放猎套为主。偷猎干扰主要分布在中桥西侧山脊和觉磨沟附近区域。保护区加强了高远山巡护，已经基本杜绝了此类事件。

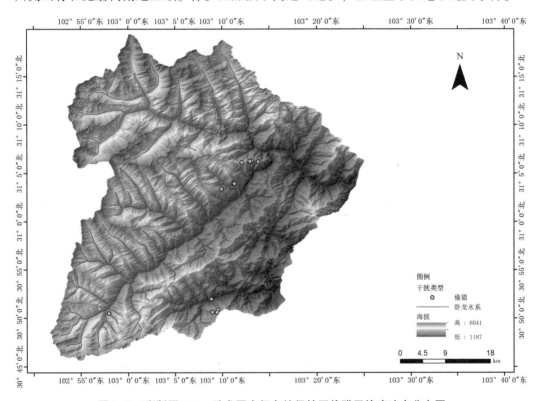

图9-2（彩版图28） 卧龙国家级自然保护区偷猎干扰痕迹点分布图

9.1.3 旅游

卧龙国家级自然保护区内森林植被保存相对较好，景观丰富多样，旅游价值很高。近年来，保护区内加快旅游开发，其中较多景区、景点位于大熊猫栖息地内或周边地区。本次调查共发现旅游干扰13处，占所有干扰点的3.39%。旅游干扰主要分布在皮条河的核桃坪、卧龙镇、英雄沟、野牛沟附近区域，中河流域的野牛坪和龙池沟附近区域（图9-3）。

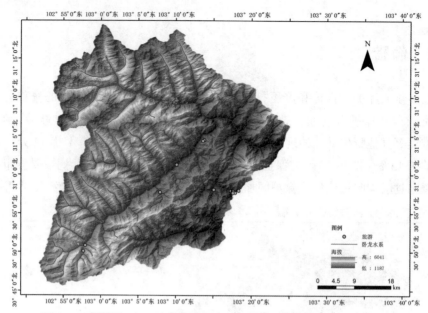

图 9-3（彩版图 29）　卧龙国家级自然保护区旅游干扰痕迹点分布图

9.1.4　采药

　　采药是保护区周边大多数社区居民的传统生产方式，主要采集天麻、重楼、三七、当归、大黄等经济价值较高中药材。本次调查共发现挖药干扰 40 处，占所有干扰点的 10.42%，为保护区内第二多的干扰类型。采药干扰主要分布在皮条河流域的锄刀口沟沟尾、核桃坪、臭水沟、红花树沟、卧龙关沟、银厂沟、大魏家沟、打雷沟、梯子沟、七层楼沟等区域，以及中河流域的白马岩、龙池沟、关门沟等区域（图 9-4）。

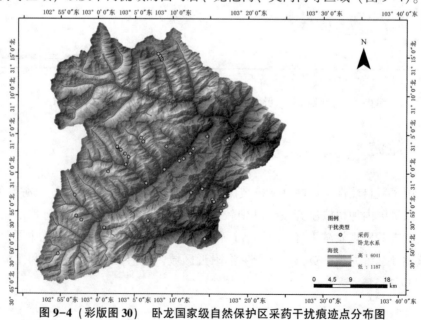

图 9-4（彩版图 30）　卧龙国家级自然保护区采药干扰痕迹点分布图

9.1.5 采伐

本次调查共发现采伐干扰点 20 处，占所有干扰点的 5.21%。自卧龙国家级自然保护区建立后，保护区内天然林采伐已经被禁止，现已无大规模采伐天然林的行为。本次调查记录的采伐是小范围合法的林木采伐和零星盗伐，以及部分居民的砍柴。采伐干扰主要分布在皮条河流域的核桃坪、臭水沟沟口、五里墩沟沟口、杨家山附近区域，以及中河流域的野牛坪和龙池沟附近区域（图 9-5）。

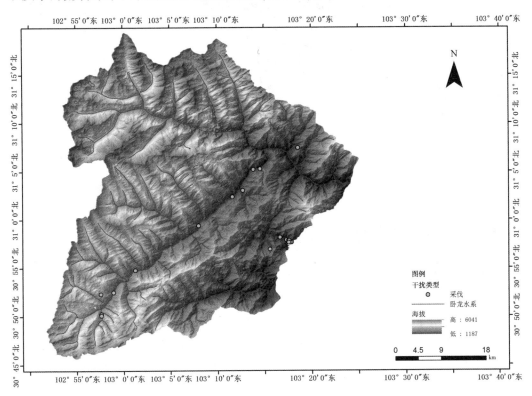

图 9-5（彩版图 31） 卧龙国家级自然保护区采伐干扰痕迹点分布图

9.1.6 用火

在保护区内砍柴、采笋、采药、偷猎、考察等人类活动，常常都伴随用火取暖、煮饭等行为，用火痕迹的多少在一定程度上反映了大熊猫栖息地内人为活动的强度。本次调查共发现用火干扰 3 处，占所有干扰点的 0.78%。在本次调查过程中用火痕迹是所有干扰类型中最少的。用火干扰主要分布在巴朗山、鹦哥嘴沟口和耿达南侧（图 9-6）。

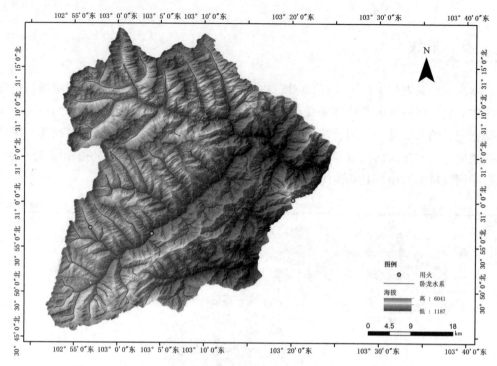

图 9-6（彩版图 32）　卧龙国家级自然保护区用火干扰痕迹点分布图

9.2 主要威胁因素的时空分布 ○○○ >

9.2.1 放牧

　　放归干扰分布在卧龙国家级自然保护区的各个海拔阶段，其具体分布如下：10.81% 的干扰点分布在海拔 1000~2000m，34.8% 干扰点分布在海拔 2000~3000m，44.9% 的干扰点分布在海拔 3000~4000m，9.46% 的干扰点分布在海拔 4000m 以上。

9.2.2 偷猎

　　偷猎干扰主要分布在卧龙国家级自然保护区的 3000~4000m 的海拔区间，占所有偷猎干扰点的 91.67%。偷猎现象一般发生在秋冬季节（10 月到次年 3 月），主要是区外群众进入保护区所为。保护区通过开展专项的跨区域联合行动，偷猎干扰已经得到有效遏制。

9.2.3 旅游

　　卧龙国家级自然保护区的低海拔区域旅游开展较多，61.54% 的干扰点分布在海拔 1000~2000m，23.08% 的干扰点分布在海拔 2000~3000m，7.69% 的干扰点分布在海拔 3000~4000m。

9.2.4 采药

采药干扰分布在卧龙国家级自然保护区的各个海拔阶段，其具体分布如下：7.69%的干扰点分布在海拔 1000~2000m，38.46%的干扰点分布在海拔 2000~3000m，51.28%的干扰点分布在海拔 3000~4000m，2.56%的干扰点分布在海拔 4000m 以上。主要采集时间为每年的 6~8 月。

9.2.5 采伐

采伐干扰主要分布在卧龙国家级自然保护区海拔 4000m 以下区域，其具体分布如下：70%的干扰点分布在海拔 1000~2000m，20%的干扰点分布在海拔 2000~3000m，51.28%的干扰点分布在海拔 3000~4000m，10%的干扰点分布在海拔 4000m 以上。主要采伐时间为冬季和夏季。

9.2.6 用火

用火干扰在卧龙国家级自然保护区发现较少，主要分布在 2000~3500m 的海拔范围。

9.3 威胁因素影响过程与后果 ○○○ 〉

9.3.1 放牧

主要是与部分野生动物生态位重叠，表现为食物竞争。

9.3.2 偷猎

偷猎的时间较为短暂，但危害大，危及大、中型野生动物的生命，包括扭角羚、大熊猫等珍稀动物，这对野生动物的影响是不可逆转的。此外，随着保护区内部及周边的旅游开发活动的进一步展开，一些低素质游客潜在的野味需求增大，偷猎情况存在逐渐增多的可能性，动物保护的难度逐渐加大，保护区内的各类动物的生存将面临更大的风险。

9.3.3 旅游

旅游活动给大多数动物带来干扰，旅游活动增多，会导致部分物种远离人为活动的区域，但部分物种对人为干扰不敏感，甚至喜欢到人为干扰的区域活动，比如猕猴和藏酋猴对人为干扰不敏感，它们常到人为活动较强的区域寻觅食物。

9.3.4　采药

相对于盗猎及旅游而言，采药给自然资源带来的威胁相对较小。近年来，挖药和采笋活动随着运输业、外出务工等生计方式的普及而越发减少。采药在一定程度上会威胁到保护区的生物多样性，但同盗猎及旅游的影响相比，影响则小得多。

9.3.5　采伐

在卧龙国家级自然保护区内的砍伐主要分为两种，一种现象较多的是社区居民砍柴用于生活，另一种现象较少的是盗伐用于采药、放牧、监测的人员上山搭棚子使用。但保护区内采伐现象较少，未对环境造成明显影响。

9.3.6　用火

在保护区内用火主要是上山人员在野外做饭。但保护区内用火现象极少，未对环境和动物造成明显影响。

9.4　主要保护对象威胁因子状况 ○○○>

对大熊猫有影响的威胁因子主要是竹类开花和偷猎。竹类在保护区是以分片且零散分布，尚未发生大规模成片开花现象，对大熊猫食物来源基本不造成影响；由于大熊猫的保护宣传深入人心，偷猎者不敢承担偷猎大熊猫的风险，因此尚未发生针对大熊猫的偷猎行为，但是，用来偷猎水鹿等其他动物的猎套有可能无差别地伤害到大熊猫。

对扭角羚有影响的威胁因子有偷猎、放牧、旅游等。近年来，随着保护区保护力度的加强和宣传力度的加大，在保护区放牧的现象越来越少，放牧对扭角羚的影响也越来越小；由于扭角羚有规律地到盐井舔盐的习性，其次还有集群的习性，如果偷猎者掌握扭角羚的这两种习性进行偷猎，容易造成扭角羚瞬时的较大数量的损失，对种群健康带来危害；旅游活动主要是游人喧哗、驱赶，干扰扭角羚的正常活动，使其被迫离开正常的栖息地，对其生活繁衍造成未知的影响。

对水鹿有影响的威胁因子有偷猎、旅游及投食。由于鹿肉和鹿茸的诱惑，偷猎依然是水鹿的主要威胁；在低海拔沿河道展开的旅游项目和活动，对水鹿有驱赶作用，迫使其上升到更高海拔的区域活动以避开人群，人为缩减了水鹿的栖息地面积，不利于种群的繁衍壮大。

　　对雪豹有影响的主要威胁因子是放牧，保护区内雪豹的栖息地有放牧情况出现，可能会造成雪豹扑食牦牛，而导致牧民对其报复性猎杀。同时，放牧活动干扰强度大，干扰雪豹的正常活动，使其被迫离开正常的栖息地，对其生活繁衍造成未知的影响。

　　对林麝有影响的威胁因子有偷猎、放牧、旅游等。麝香具有极高的经济价值，导致偷猎者依然有猎杀林麝的动机，因此偷猎是林麝的主要威胁因子；林麝生性胆小，人类旅游可能会使林麝趋避，迁往高海拔区域，造成其栖息地面积减少；放牧活动干扰强烈，会对林麝有驱赶作用。

　　对川金丝猴有影响的威胁因子有放牧和旅游等。放牧和旅游都属于强干扰性活动，会对川金丝猴造成驱离作用，使其被迫迁移到不利于其生存的环境中，影响其种群的繁衍。

10 保护区管理

10.1 保护区管理机构历史沿革 ○○○ >

　　为贯彻国务院关于加强野生动物资源保护的指示，重点保护好大熊猫等珍稀野生动植物，1963 年 4 月 2 日，省人民委员会以（63）川农字第 0191 号文批准在汶川县卧龙关大水沟林区建立卧龙自然保护区，面积 2 万 hm²，由汶川县管理，保护区编制为 5 人，主要任务是保护和管理三圣沟以上 2 万 hm² 的自然资源，制止和处理卧龙、耿达两乡发生的乱捕滥猎野生动物的事件。1975 年 3 月 20 日，国务院国发（1975）45 号文批复同意，将汶川县卧龙自然保护区的面积扩大到 20 万 hm²，作为全省的中心自然保护区，由省直接领导，卧龙、耿达两乡仍由汶川县管理。为此，农林部投资 1200 多万元将有 2000 多名职工的红旗森工局搬迁到松潘县，从而使卧龙地区的森林资源得以保存下来。1977 年 1 月，省革委批准建立"四川省卧龙自然保护区管理处"。1978 年 12 月 15 日，国务院国发〔1978〕256 号文批准，将卧龙自然保护区收归林业部管理。1979 年 10 月 18 日，林业部〔1979〕护字 3 号文通知，成立"中华人民共和国林业部卧龙自然保护区管理局"，实行林业部和四川省双重领导至今（以林业部为主）。同年 12 月 11 日，经国务院批准，卧龙自然保护区加入联合国"人与生物圈"保护区网。

　　1981 年 10 月 5 日，为解决保护与当地老百姓发展问题，林业部、省政府向国务院呈报了《关于加强卧龙自然保护区管理工作的请示》（川府发〔1982〕160 号）。同年 10 月 27 日，国务院同意成立卧龙特别行政区。省政府于 1983 年 3 月 14 日以川府发〔1983〕30 号文发出了《关于成立汶川县卧龙特别行政区的通知》，规定特区设办事处；3 月 18 日，在卧龙自然保护区的沙湾召开了汶川县卧龙特别行政区成立大会，由副省长刘纯夫代表省政府宣布成立。随后，林业部、省政府于 1983 年 7 月 21 日联合发出了《关于进一步搞好卧龙自然保护区建设的决定》（林护发〔1983〕531 号、川府发〔1983〕116 号），对卧龙特区的领导体制做了适当调整，将原建的"四川省汶川县卧龙特别行政区"改建为"四川省汶川卧龙特别行政区"；特区与卧龙自然保护区管理局实行两块牌子、一套班子，将特区的级别由按"县团"级待遇改为"属县团"级；特区、管理局的政治思想、行政、业务工作统一委托省林业厅代管，特区党委正副书记、办事处正副主任（即管理局正副局长）由林业厅党组报省委审批，并报林业部备案。卧龙特区和卧龙、耿达两个公社的所有经费，由省财政厅和特区办事处提出意见，报省政府审定；耿达、卧龙两个公社的国民经济计划的制定和执行情况的统计报表，由特区办事处报汶川县汇总报阿坝州。

为解决卧龙特区在建设中存在的困难和问题，省政府于 1991 年 9 月 29 日、1992 年 12 月 4 日、1995 年 12 月 8 日、1999 年先后四次在卧龙特区召开了省级有关委、厅、局、办负责人参加的现场办公会，研究解决特区存在的与上级部门业务渠道沟通等问题，进一步促进了特区的建设和发展。

10.2　自然保护区管理机构与人员现状 ○○○ ＞

卧龙自然保护区是我国唯一的政事功能合一的自然保护区，其中，四川卧龙国家级自然保护区管理局直属国家林业局，四川省汶川卧龙特别行政区隶属四川省人民政府，保护区管理局和特区实行"两块牌子、一套班子、合署办公"的管理体制。1963 年，卧龙自然保护区成立时编制仅为 5 人。1975 年，卧龙自然保护区升格为国家级自然保护区。1979 年，成为林业部直属的国家级自然保护区，保护管理队伍扩大到 250 人。1983 年，成立四川省汶川卧龙特别行政区。1990 年，原林业部核定保护区管理局事业编制 231 人。2003 年，四川省机构编制委员会批准卧龙特区下设行政机构和人员编制，人员总编制为 271 人，其中行政编制 125 人，事业编制 146 人。2007 年，保护区管理局所属 3 个保护站由股级升格为正科级单位。2015 年，保护区（特区）有 24 个管理机构，有固定总编制 502 人，其中，管理局编制 231 人，特区编制 271 人。

保护区和卧龙特区下设资源管理局，邓生、木江坪和三江 3 个保护站，进行保护区资源管理、保护科研监测等事务。另外还设置了公安局、财政局、人事与劳动保障局、地税局、旅游局、交通局、社保中心、法庭等行政管理部门。

10.3　设施设备 ○○○ ＞

保护区在国家和省、州、县相关部门的大力支持下，进行了保护区的基础设施和设备建设，现有基础设施能够正常开展保护区的保护管理工作。目前已有的基础设施有：

（1）管理局、保护站设施

保护区管理局办公楼，保护区管理局卧龙镇沙湾职工工作用房，邓生、木江坪和三江 3 个保护站的办公楼和配套的职工生活工作用房，保护区博物馆等建筑用房。截止 2017 年，保护区已拥有完整的保护基础设施及配套设施，公共服务设施也较为完备。为加强保护工作，实施"以电代柴"工程，保护区先后争取国际援助、国家投资、香港特区政府援建，修建了小熊猫电站、生态电站和熊猫电站。

（2）办公设备

保护区管理局具有完备的办公条件，包括电脑、打印机、办公座椅、文件柜等。也购置有野外工作设备，包括 GPS、相机、望远镜、红外线触发相机等。

10.4 规章制度 ○○○ >

保护区目前内部管理制度完善，工作效率高。保护区充分发挥管理局和特区联合办公管理体制的优势，在全面贯彻执行国家有关生态和野生动植物保护的法律法规的前提下，制定并实施了保护区巡护监测、野外工作守则、世界遗产地监测技术规程等多项规章制度，建立了较为完整的基层管理制度。管理局每年均制定了年度与月度工作计划，且得到全面实施。保护区在总结实施管理计划（2014—2016）的基础上，2018 年 11 月编制了《四川卧龙国家级自然保护区管理计划（2018—2020）》，该计划符合管理规划和目标，明确了计划期内的工作计划与安排。保护区有良好的职工管理制度和激励机制，职工安心从事保护区工作，工作热情和效率高。

10.5 巡护监测 ○○○ >

保护区在邓生、耿达和三江分别设立了保护站，管理局内设机构设置了资源管理对整个保护区实行分片保护管理，落实了各个资源局和三个保护站责任制。保护区建立了巡护监测制度，采取定期巡护监测和季节巡护监测相结合的方式，在偷猎和挖药季节加大巡护力度和监测频度，基本上控制了境内的人员活动对保护区的干扰和破坏。此外，保护区还加大了执法力度，特区设有公安分局，对违法进入保护区的人员进行教育和行政处罚。

保护区的巡护工作主要由保护站的工作人员负责，主要巡护内容是观察发现偷猎、盗伐和火险情况。三个保护站主要承担森林防火、资源管理、野生动物监测、动植物检疫、旅游服务及相关科学研究工作，承担卧龙原始生态林以及野生动物保护、林政执法、动物检疫、森林病虫害监测、大熊猫主食竹类的监测等重要的任务，有效地保护了卧龙自然保护区高山生态系统，充分发挥了其在保护大熊猫及野生动物事业中的排头兵作用。

10.6 科学研究 ○○○ >

卧龙具有独特而又复杂的生境条件、原始完整的山地森林生态系统以及丰富的生物多样性，是我国生物多样性保护的关键地区，也是进行生物资源、森林生态、自然地理、地质地貌、气象、水文、土壤等多学科研究的理想基地，也是当地及全国的高等院校、科研单位人员来保护区开展科学考察、实习、科研课题研究的理想场所。

卧龙自然保护区自建立以来，和国内外许多专家学者、科研机构和保护组织等建立了充分的长期合作关系，取得了举世瞩目的科研业绩。中国知网（CNKI）搜索自1979 年以来篇名有"卧龙保护区"的中文期刊文献（包括毕业论文）共 183 篇。百度学术搜索自 1979 年以来篇名有"卧龙保护区"的中文文献有 1680 篇，内容涵盖生物学（319 篇，下同）、地理学（258）、林学（226）、林业工程（135）、公共卫生与预防医学（131）、建筑学（107）、应用经济学（101）、畜牧学（89）、中国语言文学（83）和法学（79）八大学科，其中有关卧龙自然保护区的专著 23 部；搜索 1979 年以来篇名有"Wolong Nature Reserve"的英文文献有 84 篇。这些科学研究在促进保护区保护决策的制定、日常保护管理和人员素质的提高等方面起到了巨大的推动作用。

10.7 生态教育 ○○○ ⟩

保护区建立后，保护区管理局大力宣传《中华人民共和国森林法》《中华人民共和国野生动物保护法》《中华人民共和国自然保护区条例》等法律法规，积极配合当地林业公安派出所、林政资源管理部门查处涉林、涉猎案件，严厉打击了破坏森林资源与野生动植物的行为，有效地保护了保护区内的野生动植物和自然生态系统。

保护区在相对重要的位置设立了宣传牌，相关部门配备了照相机、摄像机、投影仪、播放器、音箱、显示屏等宣教设备，购置了一定数量与自然保护相关的书刊。保护区主要采用 3 种方式开展公众教育：一是通过当地宣传部门，利用电视台、新媒体等手段不定期地播放保护区宣教视频或公益性广告，对卧龙特区居民和进入保护区人员进行宣传教育；二是利用保护区设立的宣传牌等，对途经宣传牌的人员进行宣传教育；三是职工不定期地到周边社区开展自然教育和法规教育活动，对周边社区居民进行宣传教育。

通过这些宣传教育工作，既提高了周边社区居民的自然保护意识，又锻炼了保护区职工队伍，积累了丰富的宣传教育经验，增强了保护区宣传教育能力。

10.8 社区共管 ○○○ ⟩

自然保护区与社区的关系一直是自然保护区管理部门面临的重要问题，长期以来占主流的观点是两者是矛盾的关系。而保护与社区经济密切相连的事务又分属于不同部门管理，这使得保护和经济发展的部分工作都很难顺利进行。卧龙自然保护区作为全国唯一的（直到 2011 年三江源国家生态保护综合试验区成立）综合管理体制试点，对社区能够施加最大的影响力。

保护区这些年，尤其是精准扶贫工作目标明确后，做出了值得称赞的结合保护工作促进社区经济发展的积极举措。卧龙自然保护区在实施全面建成小康社会的过程中，提出的"三生"产业概念是围绕保护的新经济引领举措。保护区管理局提出：全面建成小康社会的抓手是产业发展，卧龙自然保护区要发展生态友好型产业，这不仅包括生态旅游服务业和生态种养殖业，还包括生态保护产业，并促进这三个产业之间的有机联系。把生态保护作为一个产业来做，寻求产业化的方式，这是保护区根据自己工作职责的一个保护机制创新。

卧龙自然保护区的生态保护补偿涉及区域包括实验区，大部分位于缓冲区，部分进入核心区，其总面积约为 501km²，占卧龙自然保护区总面积的 25.1%。保护区管理局将这些区域划分到村民户头上，落实保护责任，卧龙自然保护区将国家划拨的天然林保护经费，从直接发放给村民到村民履行保护责任、检查保护质量后再行发放。保护区为村民划分保护责任区，与村民签订合同，每年检查两次，在国家退耕还林资金的基础上，开展退耕还竹工作，再拿出资金加大保护责任的收益，使村民有参与保护的积极性和责任感。村民共同参与保护的最大产出是保护区良好的生态条件；其次是以此品牌支撑的生态种养业和生态旅游；第三，它还产出卧龙熊猫研究基地、熊猫苑的饲料供给。这三种产出村民都从中获得实际的利益。保护产业带来的生态种养及旅游收益也将成为支柱性的收益。村民加入保护行列无疑是对保护的有力支持，大大缓解了保护区人手紧张的问题。

通过这些措施，保护区与周边社区的冲突得到了有效解决，保护区的自然资源和环境也得到了有效保护。

10.9　生态旅游 ○○○ >

卧龙自然保护区是四川省实施大熊猫品牌战略的主要支撑点，耿达镇还是全省重点打造的 20 个民族风情型特色旅游集镇之一。卧龙自然保护区拥有丰富的自然和人文旅游资源。保护区是国宝大熊猫的原始栖息地，境内生态类型复杂多样，气候垂直差异明显，动植物种类繁多，目前仍然保持着原始的天然生态系统。同时，卧龙地处民族文化走廊，吸取了嘉绒藏族、羌族、汉族文化的优点，多民族文化的相互融合，形成了独特的地域文化。

卧龙自然保护区有着丰富的生态旅游资源，本书第八章专门就生态旅游资源、评价、开发、市场价值及规划作了详细阐述。但是在实施生态旅游过程中，一定要把握以有效保护自然资源和生态环境为前提的，发挥优势、体现特色、科学利用自然资源；循序渐进、有控制有秩序地开展旅游活动；环境教育导向的旅游发展的原则，以大熊猫栖息地环境不受影响为根本，在大熊猫保护、科研、教育得到充分保障的前提下，引进国际生态旅游保护、开发、管理和经营理念，发展以当地人参与为基础的生态旅游业，把卧龙打造成世界原生态大熊猫科普教育和休闲体验的首选目的地。以此带动区域产业优化升级，最终实现生态、社会、经济的协调统一和全面发展。

10.10　能力建设 ○○○ >

对于保护站的专职管护员，管理局对管护人员进行专业知识培训，组织他们学习了《自然保护区条例》《天然林保护条例》及森林管护工程具体实施办法等法规政策，并对其进行了监测巡护知识、GPS 使用方法、摄影知识、野生动植物识别、监测巡护表格填写等知识和技能的培训，使之能适应保护管理的需要。

近年来，保护区派出了多人外出学习、考察、进修、培训等，甚至攻读学位。参加过的培训主要包括野生动植物保护与管理、森林管护、计算机、GIS 使用、PPT 制作、自然体验师、大熊猫生态监测、大熊猫调查等。另一方面，在内部办培训班，采取请专家学者讲课等形式对职工进行了定期和不定期培训，使广大保护人员的工作能力有了较大提高。

11

自然保护区综合评价

11.1　自然资源评价 ○○○>

11.1.1　生物多样性

　　卧龙自然保护区从动物地理分区上属东洋界中印亚界、西南区西南山地亚区，整个地势由西北向东南递减，西北部山大峰高、河谷深切，大部分山峰的海拔高度超过4000m。由于卧龙自然保护区地形的屏障作用，在地质历史上古冰川的规模和强度与邻区相比较弱，海拔3500m以下区域受冰川影响较小，因此成了众多动植物物种的"避难所"。又由于这里地处横断山脉北部，是南北生物的"交换走廊"，区内植被类型多样、动植物种类繁多，其中还保存了不少古老孑遗物种和特有物种，生物多样性极其丰富，被誉为"世界难得的广谱基因库""天然动植物园"。

　　区内植被垂直分布明显，生境具有复杂多样化的特点。动物兼具古北界和东洋界成分，以古北界成分为主。其动物地理群为南方亚高山森林草原、草甸动物群，南北物种混杂，特有种丰富。共有脊椎动物517种，其中兽类8目29科81属136种，鸟类18目61科185属332种，爬行类1目4科14属19种，两栖类2目5科11属18种，鱼类3目5科7属12种，昆虫19目170科922属1394种（含亚种）。

　　自然保护区植物资源非常丰富，经调查确认，保护区内有大型真菌2门7纲18目48科138属479种，藻类植物8门43科93属180种（含变种），蕨类植物30科70属198种，裸子植物6科10属19种，被子植物123科613属1805种，外来植物56科113属144种。

11.1.2　生境多样性

　　卧龙自然保护区植被垂直带谱明显，植被类型多样，有常绿阔叶林、落叶阔叶林、常绿与落叶阔叶混交林、针阔混交林、针叶林、灌丛、草甸和流石滩稀疏植被等，群系多达 57 个。丰富的生境多样性孕育了丰富的植物群落多样性，维持着丰富的动物多样性，从而使保护区具有丰富的生物多样性。

11.1.3 物种稀有性

卧龙自然保护区无论动物还是植物稀有种在四川省乃至全国都占很大比例。众所周知，大熊猫是珍稀保护的明星物种，卧龙自然保护区是邛崃山系大熊猫栖息地的核心分布区，这里生活着 140 多只大熊猫，是大熊猫最多的保护区。除此之外，保护区内的国家一级保护兽类还有雪豹、扭角羚、金丝猴、林麝等共计 9 种，都是全球性珍稀濒危物种；二级保护兽类有小熊猫、黑熊、豺、藏酋猴、水鹿等 18 种。鸟类中国家一级保护野生动物有黑鹳、绿尾虹雉、斑尾榛鸡、红喉雉鹑等 6 种，国家二级保护鸟类 34 种。鱼类中有国家二级保护物种虎嘉鱼 1 种。植物有 13 科 14 属 15 种，其中一级保护野生植物有玉龙蕨、珙桐、光叶珙桐、红豆杉、独叶草、伯乐树等 6 种；二级保护野生植物有四川红杉、红花绿绒蒿、连香树、水青树、香果树等 9 种。

卧龙自然保护区物种的稀有性还表现在其许多物种是残遗物种和分布区极窄的物种。在保护区内有许多第三纪及以前的古老植物，裸子植物中有云杉、冷杉、铁杉、麻黄，被子植物在白垩纪初期至晚期已出现的有卫矛、鼠李、槭等科。还有老第三纪已建立的科，如胡颓子科等。中国特有属共 30 属，占本区总属数的 4%。该分布类型从原始的到结构复杂和进化的属均有。如羌活属（*Nototerygium*）产于云南、四川或西藏，在系统发生上，它为年轻的新特有属。古老的特有单种属植物有银杏属、杜仲属、水青树属、领春木属、连香树属、大血藤属、伯乐树属和珙桐属等。

动物如大熊猫、小熊猫、金丝猴及绿尾虹雉、斑尾榛鸡等都是古老、珍稀种类。另外特有种丰富，有我国特有或主要分布于我国的兽类 41 种，占四川省有分布的我国特有或主要分布于我国的兽类的 90% 以上；我国鸟类特有种 22 种，占中国特有种鸟类的·26%，占四川省中国特有种鸟类的 46%，占保护区鸟类总数的 6.6%。

11.2 生态价值评价 ○○○ 〉

保护区位于长江上游，区内保持有大面积的原始森林和良好的植被覆盖，这些不但是维持当地生物多样性的基础，也在涵养岷江水源、水土保持、气候调节等方面发挥着巨大的生态功能，是长江中下游地区生态安全的保障。对自然保护区给予良好的保护意味着更可靠的水源、更好的电能供给、更好的防洪和更好的水利交通。保护不好则意味着更频繁和更严重的洪灾、水源短缺、水渠和灌溉系统淤积断流，以及内陆渔业的损失等。

11.2.1 涵养水源

根据测定，保护区森林土壤的年蓄水量约 5.5 亿 m^3。森林不但可以对降水进行三次再分配，还可以改善土壤结构，增加土壤孔隙度，而非毛管孔隙是森林土壤贮存降水的场所，非毛管孔隙越大，森林储水量越多，从而形成泉水缓缓流出。

11.2.2 维持生物多样性

由于卧龙自然保护区地形的屏障作用，在地质历史上古冰川的规模和强度与邻区相比较弱，海拔 3500m 以下区域受冰川影响较小，因此成了众多动植物物种的"避难所"。又由于这里地处横断山脉北部，是南北生物的"交换走廊"，区内植被类型多样、动植物种类繁多，其中还保存了不少古老孑遗物种和特有物种，生物多样性极其丰富，被誉为"世界难得的广谱基因库""天然动植物园"。

11.2.3 保持土壤

卧龙溪河众多，常年不断，而且清澈透明，森林植被的蓄水功能保证了山溪雨季不暴、旱季不枯。据有关资料统计，同强度降雨时，荒地流失泥沙约75.6t/hm^2，而林地流失泥沙仅 0.05t/hm^2，森林可以在很大程度上避免水土流失、保持土壤肥力。

11.2.4 净化水质

经环境保护部门和卫生部门检查，卧龙自然保护区内的山溪水质良好，符合国家饮用水卫生标准，并可直接饮用。这是由于森林土壤自然过滤作用及一系列的离子交换作用起到了水质净化效果。

11.2.5 净化空气

经测定，郁闭度在 0.8 以上的森林每公顷每年可释放氧气 2.025t，吸收二氧化碳 2.805t，吸尘 9.75t。茂密的森林净化空气的作用十分显著。

11.2.6 保健疗养

卧龙自然保护区形成特定的森林植被环境，空气清新，空气含氧量高、细菌含量低、尘埃少、负离子含量高，噪音低，对游客和当地居民有良好的保健疗养作用。

11.3　社会价值评价 ○○○>

11.3.1　社会效益

卧龙自然保护区物种种类丰富、起源古老，种群数量大，而且种群特化，各类珍稀濒危物种丰富。对这些物种和生态系统的保护不但在物种多样性、遗传多样性及生态系统多样性保护方面有重大意义，而且对当地经济的持续发展和资源的可持续利用有重要意义，是当地社区居民生存和发展的基础。

保护区位于全球 25 个生物多样性热点地区之一的中国西南山地地区的腹心区，区内分布的大熊猫、扭角羚、金丝猴等都是世界瞩目的珍稀濒危动物，对这些物种的保护就是对全球生物多样性的保护，为全人类环境保护做出贡献。

保护区对青少年环境保护意识和生物多样性保护意识教育提供了很好的基地，通过保护区与社会各界的共同努力将使环境保护意识和生物多样性保护意识深入民心，使全民都来关心和参与生物多样性保护和环境保护，从而推动全川乃至全国的自然保护事业，对增强人们野生动物保护的法制观念和提高环境保护意识及生物多样性保护事业都有重要意义。

加强卧龙自然保护区的建设，不但可以使该地区的生物多样性得到好的保护，为保护区和当地社区居民创造经济效益，提高了保护区职工和周边社区居民保护的积极性，同时也为四川省发展生态绿色经济作出了较大的贡献。

11.3.2　经济效益

保护区有丰富的动植物资源、药材资源和食用资源等。这些资源为当地社区居民的持续生存提供了基本条件，对这些资源的开发和可持续利用，可以促进保护区和当地的经济发展。

保护区有丰富的旅游资源，这些资源还没有体现它应有的价值，现保护区周边都已在开展旅游开发，这为保护区内的旅游发展提供了良好的机会，保护区也准备对保护区的部分旅游资源进行合理利用，增强保护区的自养能力，为保护区的保护和发展创造必要的条件。

11.4　科研价值评价 ○○○>

卧龙自然保护区有世界瞩目的大熊猫种群和适宜栖息地，其丰富的物种资源、典型的生态系统类型、独特的地形地貌是进行相关生物科学研究的重要基地。卧龙在大熊猫研究中已取得丰硕成果，总体研究水平处于国际先进水平，尤其是对大熊猫人工繁育的研究，在理论和实践上都取得了举世瞩目的成就，极大地推动了大熊猫的保护工作。近年来，保护区还开展了圈养大熊猫的野外放归实验。

　　保护区具有较高的科研价值。首先，在医学方面，境内分布有贝母、党参、大黄等药用植物资源，在积极保护的前提下，可以探索人工繁殖、培育的研究，促进资源的科学、合理利用；其次，在生态学方面，境内原始、自然的生态系统，可作为研究生态过程变化的参照和基准，以便更加准确地掌握生态系统在天然和人工条件下的不同演替方向；局部受人为干扰的生态系统，是研究和探索保护与发展、人与自然如何构建和谐相处的样地；第三，在动物保护管理学方面，可以通过对野生动物种群数量与环境间的关系研究，搞清主要野生动物在这一地区影响种群数量动态变化的主导因子，为有效保护野生动物服务；第四，在地质学方面，境内复杂的地形地貌和地质构造，可以为研究青藏高原地质构造及其变迁提供良好的基地；第五，在引进技术方面，可以通过国内、国际间的学术交流，引进国内外先进科学技术，加速保护区保护事业的发展。

11.5　综合评价 ○○○＞

　　卧龙自然保护区位于我国动物区划中的东洋界西南区，西南山地亚区，靠近古北界与东洋界的分界线，动物地理群为南方亚高山森林草原、草甸动物群，南北物种混杂，特有种丰富，具有极高的生物多样性保护价值。

　　保护区内生态系统类型多样，有森林、灌丛、草甸、湿地、高山流石滩等多种自然生态系统。各种生态环境为各类珍稀濒危动物提供了良好的栖息地，也为它们提供了丰富的食物资源。保护区的建设和发展对于维持生物多样性、涵养长江水源及区域经济社会可持续发展都将发挥重要的作用。

12 保护管理建议

12.1 存在的管理问题 ○○○>

12.1.1 保护与发展的矛盾冲突

保护与发展不仅是贫困地区摆脱贫困绕不开又不易解决的难题，也是所有追求经济增长的社会绕不开的困局。卧龙自然保护区作为具有保护与发展双重职责的管理机构，保护与发展的矛盾冲突也是绕不开的。我们只有正视它、面对它，才能寻求到解决的办法。根据调查了解到的问题，将主要的矛盾冲突梳理如下。

12.1.1.1 如何评估和控制高山放牧与保护

生态养殖业，无论是高山放牧，还是集约化养殖，都会遇到发展规模与保护的矛盾冲突。伴随着经济发展的各种风险以及牛羊肉市场价格持续上涨的趋势，尤其是人们对生态养殖产品的需求上升，卧龙自然保护区村民的养殖数量也有增无减，甚至当地有人开始在高山养殖牛羊，以少量马匹替代徒步。如果继续以目前在大熊猫栖息地放养的模式发展，对环境造成的压力会越来越大。平衡好生态保护产业和养殖业的矛盾，是抓好两方面工作必须要解决的问题。换句话说，如果这个问题解决不好，保护和经济发展的工作都做不好，还会落下保护区与村民之间的矛盾。

目前，保护区的思路是有控制的高山放牧，即控制放牧区域、控制放牧数量、控制放牧种类。高山草甸和森林由于牛羊过载，高山放牧不仅没有发展空间，而且迫切需要减少养殖数量。这需要科学评估，放牧区域与熊猫活动区域的关系是什么，放牧对熊猫的影响是什么，不同的量会产生什么影响，对整个生态的影响又是什么，生态容忍的尺度对经济发展的空间和管理节奏提出的要求是什么，明晰草地资源的集体权属和提高集约化饲养水平，目前能做到什么水平上等等。这些问题保护区管理部门要深入研究得到明确的结论，以便做出科学的管理决策。要在明晰草地资源权属的基础上进行管理而不是简单地禁止放牧，要根据村民放牧的习惯和大熊猫等珍稀动植物保护状况，制定相宜的草场资源利用计划。考虑到牧场远离定居点，从日常管理和生态保护角度看，草场利用应该在户和行政村之间寻找到合适的规模。

集约化养殖是一定程度的圈养，这种规模也有许多需要科学评估的问题，如习惯于散养模式的村民能不能适应圈养的方式，最初的圈养规模多大比较合适，棚舍选址和建设、卫生管理、幼畜选育、补饲、疫病防治、粪便处理、市场营销等各种技术与能力的综合评价，这是一件科学的事，要在做出科学评估的基础上决策。还要评价圈养与生态保护的关系，圈养与其他经济的关系。例如：生态养殖对旅游的影响是什么，它能不能成为旅游景观的一个部分，它距离村民居住区的合理位置在哪里。

当地村民有千年的高山放牧传统，而且今天的市场也欢迎生态的高品质畜牧产品。我们建议保护区通过科学研究找到保护与放牧的平衡点，用科学方法解决今天面临的问题。同时还要用更为细致和科学的方法对畜牧项目进行决策。根据自然资源状况，因地制宜地作规划，适应旅游的搞旅游，宜于农耕的就耕种，可以放牧的做好限制措施，尤其是适度放开牛羊的养殖。2014年新公布的国家食品与营养纲要中也提及增加牛羊肉的摄入比例。随着国人对肉类食品需求结构的改变，牛羊养殖的市场前景看好。"草场放牧平衡奖补办法"可以作为过渡性的经济手段，但这过于简单地依赖行政经费，不知道能不能长久，也不知能不能用于其他方面的管理。

12.1.1.2 　如何评估和控制采挖经济行为

通过PRA调查我们了解到，同样的自然资源在不同村子村民经济结构中的比重是不同的。比如采竹笋，在三江的两个村保护区并没有限制商品性采竹笋，在草坪村2015年全村采竹笋共获利约10万元，差不多106户户均达到1000元。挖重楼也是他们一项不错的收入，三江全镇一年的重楼收入有时可达上百万元。这也是他们有积极性在采挖越来越少的情况下，在自家耕地上种重楼的原因。

进入保护区的警示牌上明确写着禁止采挖活动，但村民有此类活动保护区又没有明确的处罚办法，差不多是默认这类采挖行为。在行为规范上政府的条令应该是清晰的行为标准，一旦决定做出就应该执行，不然所有规定都可以被视为儿戏。挖重楼和其他药材，如天麻、贝母等对自然生态的影响究竟如何，多大量的采挖是合理的、足够恢复再生的，有没有可能进行有控制的采挖，人工种植药材的品质如何，人工种植是让宝贵的土地资源效益最大化的选择吗？政府可以请专家学者做出科学评估，再作决策。当然政府应当考虑更多的问题，比如一个一个的禁止令发出了，但是能不能实施，有没有替代生计呢？

同样我们在调查时还问过村民采竹笋的生态和竹林影响问题。有的说有影响，有的说影响不大，在卧龙、耿达两镇是禁止商品性打竹笋的。打竹笋不仅要评估它对竹子生长的影响，还要评估它对其他动物的影响，有村民说打竹笋是与野生动物争食。竹笋究竟能不能打，仅仅用于自己食用还是可以商品性，多大的量是过度，如何管控这类行为，也应该有个科学的说法。

12. 1. 1. 3 如何评估和控制旅游经济活动

在"5·12"汶川地震前，卧龙自然保护区年旅游人数为 10.3 万，为保护区内村民提供就业岗位 389 个，门票收入 234 万，实现产值约 700 万~800 万。旅游经济不仅能够增加村民的经济收入，也为保护区、特区建设提供了财源。在保护区适度发展旅游服务业确实成为管理机构和民众共同的意愿。保护区在基础设施的建设上、在旅游景点的打造上也做了一定的先期投入和准备。卧龙自然与地震博物馆、中国保护大熊猫研究中心的中华大熊猫苑耿达神树坪基地、中国大熊猫博物馆、核桃坪大熊猫野化培训基地等在 2016 年先后竣工。政府每年还多次组织村民进行接待礼仪、烹饪等技能培训，不少村民在自建房时按标准间设计，甚至在统建房都按接待客人的标准装修房屋。2016 年 10 月，国道 350 全线恢复通车后当年就迎来旅游兴旺的势头。

但是这仍然需要科学的评估，一是对保护，二是对市场。对于保护来说，应该对旅游的客流量有一个科学的认识，卧龙旅游服务市场的接待能力如何，生态承受能力如何，垃圾处理、污水处理能力如何，都要有评估。不能盲目大开旅游的门，生态破坏容易恢复难，在这方面九寨沟有过教训。对市场也需要做出准确的评估，人们旅游的目的是什么，看熊猫的、生态旅游的、避暑的、过境的各自需要的是什么，看什么、玩什么、买什么，卧龙的资源优势是什么，供需能否对接。不能一厢情愿地有什么就卖什么，要看市场的大趋势。例如，老腊肉是一款美食，也是山野的独特风味，但在健康饮食的概念下，它不可能成为大宗商品，也难以进入正规市场。

任何事物都存在既矛盾冲突又相互依存的一面。"三生"产业也存在着潜在的冲突和天然的支撑关系。放弃不是解决问题的方法，就像前面讲到的保护和经济发展是密切相关的两项工作，一个方面的工作没有做好，另一方面也做不好。生态旅游是卧龙自然保护区村民最具有增收潜力的产业，即使不主动发展也会被市场推动向前，关键是如何体现围绕保护发展经济，使之可持续。况且旅游业与生态保护产业和生态种养殖业有机衔接、相互联动，可以带动生态保护。例如自然教育、夏令营和生态种养业（有机农产品销售）的发展，将吃、住、行、游、购、娱六个要素中融入大熊猫保护的特色，从而带动农民种养殖业产品销售，丰富生态旅游产品，提升生态旅游品质。

12. 1. 1. 4 如何评估和引导林下经济

卧龙林地面积大，林业或林下经济应成为大有作为的经济增长点。目前保护区各村在退耕还林地上没有做好文章。三江的两个村情况稍好些，种了些经济林木，猕猴桃、茵红李、厚朴等，有的还套种了魔芋和其他药材。卧龙、耿达两镇虽然也种了茵红李、赤芍、重楼等药材，但社区普遍反映林地收益不好，甚至没有什么收益。当初退耕还林恢复植被，主要种植的日本落叶松已构成外来物种入侵。早年栽植的日本落叶松已成材，由于郁闭度高以及松叶分解产生的酸性物质，造成林下草木无法生长，生物多样性锐减。该问题是卧龙自然保护区普遍存在的问题，同时也是国际上关注度较高的问题。

卧龙自然保护区有大面积的林地，如何评估它的保护价值和经济价值，如何在实现保护功能的基础上实现经济价值。这是一个大有可为的空间，保护区管理部门可请专家根据不同林地的植被、海拔、坡向等特点，对栽种什么树林、栽种密度、林下适合什么套种作物，还是养殖什么家禽家畜，做出差别性的细致判断。卧龙不是在一张白纸上作画，现有的林地能不能改造，适不适合改造，投入产出比如何，村民意愿如何，投入资金从哪里来？只有科学评估，科学决策，才能有好的收益。现在全国林下经济都在迅速发展，有不少好的经验，要以开放的心态搞经济，学习别人的成功做法。

12.1.1.5　如何评估和控制野生动物扰民的情况

从我们的 PRA 调查中了解到，村民对野生动物扰民反映较为强烈，尤其是卧龙镇的三个村、耿达村的狮子包组和三江的席草村。野生动物给村民的农业生产造成不少损失，甚至出现了野生动物成片地毁坏庄稼的情况，严重的地区平均每户每年有 0.2 亩地（一般村组人均耕地也就 0.5 亩）遭受野猪等野生动物偷食、损毁。保护区要组织力量研究，首先评估这一现象说明了什么问题，是野生动物的种群数量增加了，还是村民下迁半高山没东西吃了，亦或是野生动物喜好村民种植的作物，比如茵红李招来了果子狸，又或许是食物链前端动物的缺乏。总之，野生动物频繁损毁庄稼，究竟说明生态变好，还是说明生态失衡，这对保护来说意味着什么，对生态作何评价。

其次，根据评估结论提出相应办法。在 KAP 调查中，村民对野生动物任意妄为却不能猎杀、只能驱赶的保护要求不是很认同。2015 年政府才开始为野生动物的损害进行补偿，而且程序复杂，耗时费工，一般小面积的损害居民就不报了。虽然村民意见很大，但在提出应对方法时还是要细致评估各种方法对保护和村民经济利益的实际影响，评估决策的持续有效性。

群众的问题不解决，就会影响保护工作。据村民反映，偷猎活动主要是外来人员所为，冬天在草坪村有猎杀黑熊的。从三江进入保护区较容易，道路通畅，不好拦堵，偷猎相对猖獗。这方面要与当地群众合力想办法，执法部门要加大打击力度制止偷猎活动。

12.1.2　经济发展自身的困境

12.1.2.1　意识局限、市场被动

从卧龙农村村民的收入结构来看，2012 年前参与重建的建筑业和运输业共占到 28.2%，成为主要收入来源。但是卧龙自然保护区从领导到村民都没有开拓外出务工市场，显然这两个行业的兴旺是暂时的，重建工作结束后，这部分收入就不多了。只有耿达村因为有自己的建筑公司，带领村民外出承包工程，不受本地区局限。外出务工一直是卧龙自然保护区收入最高的活计，到 2015 年耿达村外出务工人员达 183 人，而有些村仅仅几人。三江镇席草村就有政策支持外出打工，他们还在考虑要加大支持力度，为外出打工人员报销往返车费。我们注意到，卧龙自然保护区各行各业对市场都

没有主动的掌控能力和大的作为，在走出去或者请进来上没有配套政策，在发展经济方面整体显得被动，观念落后。

最为突出的是种养业，连续种了 20 年莲花白，在市场上没有定价权，而且出现连成本都收不回来的情况。如 2016 年的莲花白、羊肚菌就在市场上栽了跟头。保护区政府意识到做品牌的重要性，知道保护区没有利用好熊猫家园好生态的资源，但是没有找到积极开拓市场的办法。利用保护区生态保护产业的有力支撑，这当然是一个托举经济的有力手段，但是这只是政策性的手段，而不是真正的市场产业。真正的产业要有产出，要有市场。生态保护产业的增量资金仅仅依靠现有的天保工程、退耕还林和还竹项目的行政经费，已经没有潜力，需要拓展新的市场。如何引进龙头企业、社会资本投资生态种养殖业及生态文旅业？在马云、牛根生等有影响力的企业家在平武县获得老河沟国有林场的"保护权"并长期投资保护后，民间投资建立"公益保护地"的模式已经成为越来越多的国内企业和个人关注环保、履行社会责任的选择。再例如依托学校校舍举办自然教育夏令营。生态产业发展应该努力拓展新的生态产品，丰富现有生态产品的内涵，与市场紧密联系，设计出能满足国内社会公众不断增长的认识自然、保护自然的需要，并通过高科技和移动互联网平台加强与"客户"的互动。对于卧龙这样在全国最具有知名度的大熊猫栖息地，其品牌号召力是远非老河沟可以比拟的，具有非常大的发展潜力。又比如，为公司团队提供"量身定做"的野外拓展服务，为科研机构、大学野保专业提供野外数据收集、实习观察等服务业务。卧龙自然保护区是野生大熊猫分布最广、种群数量最多的国家级自然保护区。卧龙自然保护区是世界级的大熊猫科研和保护工作基地。保护区以大熊猫科研与保护为核心的品牌知名度高，有着深厚的科研基础和长期的科研实践。卧龙大熊猫保护工作的社会关注与认同度高，吸引着国际国内知名专家学者、各类组织和高校、各级政府和领导、各方企业和游客，是各方选择考察、研究、投资、参与保护的首选。

党的十八大进一步明确和坚定了走市场经济的道路，改革开放三十多年，让全国人民都看到市场的力量。我们应当相信市场，遵循市场规律发展经济。今天的市场经济已经是全球化的市场经济，卧龙的产品还在本地打转，这种状况显然不行。

目前做得最好的是蜂蜜产品，已经通过快递行销北京、上海、广东、浙江。卧龙能不能建立保护区生态产品标识和认证体系，认证内容覆盖生态旅游、生态种植和生态养殖。通过大力宣传卧龙特区生态产品认证体系，增进消费者对于卧龙生态旅游产品和农产品与畜产品的认识和了解，通过产品分级满足不同层次消费者的不同需求。做市场要研究市场，今天市场需求的大趋势是什么，生态、健康、高品质，这恰恰是卧龙的优势。例如生态旅游，卧龙有没有组织过市场调研，了解到卧龙的客人怀有什么期望，想要得到什么，是过路的、避暑的、度假的、休闲的、回归田园的，还是购买有机农产品和药材的。卧龙旅游服务可以提供什么，可以开发什么，要有大视野的研究与调查，要有旅游服务的定位与市场策略制定。

做市场包括做生产、做品质、做品牌，在这方面卧龙还处在民间摸索的阶段。养蜂合作社做品牌是一种尝试，效果不错，是卧龙销得最远最自在的产品，收益很好。卧龙镇还希望通过改造蔬菜品种和品质提高蔬菜的收益，耿达镇耿达村建立了农副产品加工厂，通过深加工、包装、储藏提高农副产品的附加值，引进了专业技术公司也是一种尝试。种养业的探索风险很大，成本也高，要降低生态种植业的风险、提高附加值，应该从品种多样化、产品品牌化和规模化多角度入手。多样化是在不影响与现有公司履行合同的情况下，激励农民自己探索并扩大种植业品种，如金针菇、中药材等，并鼓励农户间相互学习，在整个保护区最终形成4~6种主采品种。品牌化是建立"卧龙"统一的农产品营销品牌，而不是仅仅把卧龙建设成为外部品牌的生产基地，即使是"公司+农户"的模式，也必须使用卧龙的品牌。规模化需要量的支撑产生较多收益，但在卧龙往往又受制于此。

12.1.2.2　管理粗放、无序竞争

在我们的调查过程中，村民反映最多的问题是打不开市场。打开市场需要一定的生产规模，但是对村民来说，家庭经济的特点就是小本少量。因为家庭抗风险能力低，多种经营是家庭经济抗风险的有效方法之一。家庭小本经营始终不能产生规模效益，技术上也不能做到专业化。这需要我们在经济管理上想些办法，让家庭经济与家庭理财的思路结合起来。本乡本土的合作社是一个可能的解决思路，村民可以以某种种养为主业，但可以为某几个专业合作社投资，用以分摊风险。保护区管理干部要懂一点经济，为村民的经济组织做好管理工作。市场的情况要靠专业合作社来做，但保护区要做好管理工作。

卧龙的旅游市场让我们有些担心，标准不一、价格不一本来就是市场的特点，顾客可以选择。但是顾客不能接受的是喊一个价、行一个价。比较成熟的市场，客人能够根据店面、位置、招牌、客流量等来判断价位，有些商品或服务有一个市场基准价。什么都要一番讨价还价，会给客人一种即使价格已经很低了还觉得吃了亏的感觉。卧龙的旅游市场存在比较严重的相互压价情况，仅仅一个村级的农家乐合作社（幸福村）很难协调整个卧龙的旅游餐饮服务市场。

再如：养蜂合作社通过做品牌，注册品牌的蜂蜜质量有保证，市场逐渐打开了，价格也做起来了，比没有注册的蜂蜜每斤价格高出20元左右。其实这个时候更需要管理跟进，管理要维护市场秩序，不然做市场难，毁市场易。市场需求大了，量能不能满足，没有注册的蜂蜜怎么提高品质，量有没有可能扩大，品质怎么保证，合作社要发挥它的专业作用。合理的竞争可以争取到更大的利益，卧龙的旅游餐饮业也好、农副产品市场也好，无序竞争伤害的都是卧龙自然保护区村民的利益。

12.1.2.3　技术水平低、投资失利

种养殖业的多元化与品牌化都要求村民对种养殖技术的掌握，例如耿达村洞口组村民每箱蜂蜜的产量大约为5斤左右，而在大熊猫栖息地的一些村农民经过技术培训后能达到每箱10~15斤的产量。目前洞口组村的销售价为30元/斤，而其他村村民经

过注册的蜂蜜售价普遍能达到 50~60 元/斤。再如席草村全体村民集体投资养石斑鱼，想在养殖品种上突破市场的大众化，增加养殖业的市场存在感。但是因为技术不过关，目前来看基本失败了。

卧龙退耕还林地的产出很不尽如人意，现在面对的问题是村民没有办法分析其中原因，更没有办法解决问题。改造林地的政策性强，保护区政府应该更多地承担责任，汇同专家问诊，切实拿出办法来。这条路打通了，把卧龙这么多的林地资源利用好、改造好，卧龙的经济会有一个很大的增长。现在除了三江的林地有些果木、药材产出外，卧龙两镇只有吃财政补贴的收入。

村民技术水平低和抗风险能力低都决定了他们尝试突破传统农业的能力低，但是村民有强烈的发展愿望，卧龙镇引进蔬菜技术公司就是要改变莲花白大形势被动的局面。保护区要在技术上帮助村民，请外面的专家分析卧龙的条件与周边市场，提供多种可供选择的方案，让村民选择并学习技术。

12.1.3　管理制度有待进一步加强

保护区建立后，管理局制定了一些有效的管理制度，这些保护管理办法及制度在一定程度上对保护区主要保护对象的保护管理起到了积极作用。但面对前述保护与社区经济发展的冲突问题，现有的制度在这方面显得有些薄弱。

12.1.4　群众的生态保护意识有待提高

保护区内的居民大多为藏、羌、回等少数民族，受传统生产、生活习惯的影响，社区居民主要依靠土地和获取自然资源为主，以袭用木材、兽皮、动植物药材等获取生产生活物资。对自然资源的过度依赖致使乱捕滥猎、乱砍滥伐、烧草放牧等现象难以从根本上杜绝。近些年来，社区旅游的发展从一定程度上缓解了社区居民对自然资源的依赖，但是旅游发展的同时又带来了旅游区环境污染、旅游活动对野生动植物生境干扰等问题。这种保护与发展的矛盾的存在必然对保护区的保护和管理带来不利影响。

地震后，保护区出于扩大大熊猫野外栖息地和改善居民生活环境的考虑，将地震前位于半高山上的全部居民搬迁到山下的平坝地区进行集中安置。这对于保护大熊猫野外栖息地的恢复是一次难得的机遇。但与此同时，集中安置也必将带来生活垃圾和污水的集中，一旦处理不当，就会对保护区的环境带来破坏。

12.1.5　保护区工作人员能力参差不齐

保护区现有的工作人员中，有相当部分人是自然保护区和野生动植物保护与管理相关专业，甚至有博士学历的工作人员，但也有相当部分人员文化水平不高，在专业素养上还有一定的差距。保护区还需要继续加强人员能力建设。

12.1.6　区域外部联系有待加强

卧龙自然保护区与区域外部的联系还有待加强，尤其是保护区内的大熊猫野外栖息地与保护区外的适宜栖息地的整体性和完整性保护还不够，阻碍了大熊猫等珍稀野生物种在更大范围内的物种交流和基因交换。

12.2　保护管理对策建议 ○○○〉

科学和有效的管理是实施自然保护区建设的重要保证。因此，必须做好对保护区的行政管理、科研和科普管理、法制管理、自然环境与自然资源的保护管理、资源合理开发与适度开发的经营管理、自然保护区的旅游管理和对周边居民生产生活的管理等。需严格执行国家提出的"严格保护、科学管理、合理利用、持续发展"的原则。下面重点就保护与经济发展提出建议。

12.2.1　抓好保护助力经济发展

12.2.1.1　立足科研解决保护与发展的冲突

卧龙自然保护区是中国自然保护的特例，同时也是典型，是中国 60 年自然保护的缩影，这里充分体现了中国在自然保护道路上社区与保护区在保护与经济发展的矛盾与冲突。在新时代的今天，中国国力日益繁荣和昌盛，我们已经逐渐改变过去保护与发展永远是矛盾和冲突的对立局面，将保护和发展协调统一、相互促进、共同发展。我们将联合国可持续发展目标的第一个（消除贫困）和第十五个（陆地生物）目标在保护区内有机结合，实现保护区社区的可持续发展。

2017 年 4 月，《大熊猫国家公园体制试点方案》印发。划定了总面积 27134km^2 的国家公园范围，将国家公园划分为岷山片区、邛崃山-大相岭片区、秦岭片区和白水江片区。卧龙自然保护区作为大熊猫国家公园的核心区域，在这里示范社区社会经济与保护的协调发展也将会为整个大熊猫国家公园社区工作的推进树立一个很好的典范。由于保护区身兼保护与社区经济发展的双重职责，这两项工作应该两手同时抓，并且两手都要硬，两方面都要出成效。这就必须要面对保护与经济发展的矛盾冲突，用科学的态度对待它。保护区一定要认识到在现实生活中似乎保护与经济发展总是矛盾的，但是任何事物的相互联系也存在着相互支撑的一面，一定要认识到社区经济发展了保护就好做了。目前保护区保护与经济发展存在的问题很多，有的矛盾还很尖锐，比如高山放牛。市场对生态良好环境下生产出的畜牧产品需求会越来越大，草场承载也会越来越重，生态将越来越脆弱。这既没有经济发展的前景，也没有保护的前景。如何把保护和经济发展平衡在良性循环上，把保护和发展经济的力量结合起来而不是对立起来，只有依靠科学，加强研究，寻找办法。

保护区要坚持保护是为了良好的生态，良好的生态应该让它带来良好的经济效益；经济发展坚持保护原则，经济发展才能加强保护。建议保护区管理机构牢固树立"保护优先、绿色发展、统筹协调"理念，高度重视编制短期和中长期发展规划，报请主管部门批准，指导保护、科研、教育、生产与社区发展，在实践中适时调整发展规划，确保对保护区实施科学、有效的管理。

12.2.1.2　保护急需解决的问题

对于保护来说，从经济组的调查来看目前最急迫的问题是：高山放牧、野生动物祸害庄稼，以及国道350（原省道303）贯通带来的旅游热潮对卧龙自然保护区环境卫生和生态环境的影响问题。

高山放牧的承载量问题要做量化分析，评估环境容纳量，严格控制牛羊的数量，同时推广轮牧的方式，为草场留出必要的恢复时间。在科学研究的基础上实施严格的定量管理。高山放牧对管理来说较大的困难是高山草场的属性问题，这个问题不解决管理很难执行。这需要充分的调研和制度创新，并且管理工作要细致，可以研究学习国外有关公地国家公园先进的管理经验，探索建立保护区高山放牧退出补偿机制。

对野生动物祸害庄稼令居民烦恼，影响到劳动收益的现象，保护区首先要对此做生态意义的判断，这一现象究竟意味着什么，其发展趋势会如何，该如何管理。总之不能不管，管理要科学，需要建立合理的野生动物损害庄稼的补偿机制。

开展保护区社区生态旅游游客承载量研究。制定村民经营旅游服务和游客恰当旅游、度假行为规范，大力发展、开发以家庭为单位的民俗文化体验游，自然保护教育游憩和回归田园种植养殖度假项目；规范和提升接待能力，保证接待水平的总体质量以及农家接待的品牌建设；规划适合户外的徒步路线，满足徒步游客需求，促进旅游产品、农产品销售；要调动村民参与旅游管理，转变角色，保护好环境，做好环境卫生；增加公益岗位，培训引导村民成为生态导赏员、环卫保洁员、保护宣讲员。保护区要加强统筹管理，规范宣传、教育、路标、警示牌，充分预判风险，做好应急预案，健全规章制度，权责分明，做到一切工作有法可依、有章可循。

12.2.1.3　经济发展急需解决的问题

对于经济发展来说，调查组认为目前卧龙自然保护区经济发展急待解决的问题主要是资源利用的问题。比如：林地经济的问题、生态种植养殖问题、市场问题。保护区林地面积巨大但经济效益却不大。禁伐后人工种植的林地树种单一，三江两个村还种了些药材等经济树木，卧龙两镇几乎没有改变。树种单一本身就不是科学的生态样貌，林间还没有进行混农林业生产，林地资源利用状况急需改变。做好混农林业是保护区近期经济发展和保护成绩上升的可期待的空间。建议保护区花大力气，学习别人的经验，科学地抓好这项工作。

"三生"产业是保护区推动的经济发展战略，这一战略符合保护区的两项职能的要求，是可行的、合理的。但是目前实施上还存在"三生"产业发展不平衡的问题。生态保护设计得较好，实施得也比较到位，对居民的经济收入来说是稳定而有力的支撑。要继续做好管理监督工作，提高保护的效果，但是生态种植与养殖还存在较大问题。保护区要找专家开展野菜种类的调查，评估其资源总量和分布区，用参与式采集方案的办法，邀请保护专家、保护区管理者、村民共同开展参与式采集方案的制定，确保资源总量的可持续性，同时将对野生动物的影响降低到最低。例如：保护区竹笋的采集与种植，应尽量避免影响大熊猫、小熊猫等物种的正常取食，推广分时间段采集的方式。对竹子种植的种类也要有科学的指导，不能简单地对村民说竹子不符合要求，熊猫苑不能收购。要指导村民种植满足熊猫饲养的竹子，同时还要考虑村民采笋食用上市的需求。

保护区莲花白种植面积大，严重依赖农药，而市场效应又不好。事实上不仅是莲花白，整个保护区都存在传统种植品种单一，种植方式老旧，市场效应不好的情况。对此需要找专家会诊，拿出积极、科学的意见。一些乡、村已经在积极找出路，但技术与市场方面都存在困难。生态养殖在保护区做得不多，也同样有困难，保护区应该帮助地方解决困难。这仍然要以科学研究为基础，做专题研究，给"三生"产业可持续发展提供科学保障措施。

12.2.2　抓好保护宣传打造经济名片

12.2.2.1　建立市场意识抓宣传

保护区经济发展工作首先要建立市场意识。如今经济的发展已经不是以吃得起饭为标准，而是以人均年纯收入为标准。这意味着保护区居民的生产收入要从市场上体现价值，要从市场上换回货币，不关注市场、研究市场是不行的。

保护区确立以"三生"经济为发展战略，就要把保护的成果利用好，让它在市场上发挥效益。在这一点上保护与经济发展相生的性质就体现出来了。保护的成果不仅是向上级领导汇报保护工作的业绩，它也是"三生"战略的环境条件。保护区应当不遗余力地向社会广为宣传保护区的保护成果，让有志于此的环保人士向保护区投资，让关注健康的中产阶级购买健康产品，让社区居民能更理解保护与经济发展的关系从而引导社区居民的生产、生活。这就是我们理解的保护与经济发展一体的概念，保护区做好这一工作就是为保护区的经济发展做了最有力的推动，也是社区居民生态产品和生态服务最好的名片底色，其广告效应大大优于居民个体的广告。

12.2.2.2　围绕大熊猫保护宣传促进生态旅游发展

大熊猫是保护区的特色，对大熊猫的宣传要做足做好。做大熊猫的观赏，做大熊猫的科普，做保护区的自然教育，要以大熊猫的繁育研究成果、栖息地保护成效、生态文化创新为主题,突出宣传效应。围绕大熊猫打旅游牌、生态牌、文创牌,以保护优先带动生态旅游服务行业的发展。

12.2.2.3　突出经济亮点抓宣传

结合本次本底调查结果,介绍保护区的水质、土壤、海拔气候条件,宣传保护区的特产和景观,充分利用丰富的生物资源实物、标本、影像、照片等,加强对广大群众进行科普宣传教育,提高全社会对保护森林生态环境和生物多样性的认识,提高保护自然生态环境的自觉性。同时充分利用现代化宣传工具,做到"报刊上有版面,广播里有声音,电视里有画面,网络里有信息"。在提高保护区知名度的同时,提高产品可信度、美誉度,从而增加老百姓的经济收入。

12.2.3　抓好管理服务促进经济发展

12.2.3.1　宏观指导经济

保护区管理局要坚持"绿水青山就是金山银山",在发展经济上主要以通过给政策推动经济,保护区政府以服务经济发展为基本方式。政府不要代替居民选择发展项目,也不要搞一窝蜂地上项目。要以市场的方式搞经济,充分调动村民的经济性,他们有什么需要政府只管把握原则做好监控,牵线搭桥,引资外联。要支撑多种经营,分摊风险,在保护原则下也不能搞单一品种。规模小在市场上有劣势,要靠产品和服务的品质立足市场,靠合作化克服市场劣势。采取分散种养、集中出售的生产和销售模式。利用互联网低成本地完成运输和销售环节。

12.2.3.2　建立科学指导和人才管理机制

帮助村民建立技术合作社、市场营销合作组织;建立学习机制让村民有能力跟着市场的需求走;建立激励机制鼓励外出读书的青年人有意愿利用他们的知识和在外面的人脉,联系市场,关注信息,帮助乡亲致富。

12.2.3.3　打通市场路径

在打通市场上保护区要下大力气。目前除种植养殖技术外,市场是制约保护区经济发展的瓶颈。我们的调查发现,不少村都有政策性的措施鼓励村民打开市场。例如卧龙镇对在外设销售点给予一定的资金支持。保护区除了加大宣传外,也要有支持办法。引进网络平台效果就很好,但业务量还不够。要多引进几家形成竞争,村民的利益才能保证最大化。对药材和土特产品的加工、包装水平也要提高。耿达村的加工厂建设要适应保护区经济发展,适应旅游发展。

保护与发展不仅是贫困地区摆脱贫困绕不开又不易解决的难题,也是所有追求经济增长的社会绕不开的困局。卧龙自然保护区作为具有保护与发展双重职责的管理机构,保护与发展的矛盾冲突也是绕不开的。例如如何评估和控制高山放牧与保护的冲突,如何评估和控制采挖经济行为、旅游经济活动、引导林下经济和野生动物扰民情况等。

12.2.4　加强职工学习和培训

保护区现有人员能基本满足保护管理基础工作的需要，但距离建设一流保护区需要的人才队伍还有较大差距。要做好保护区的保护、管理、科研和经营建设等各项任务，需要事业心强、有志于贡献保护区事业的高级管理与专业人才。目前，保护区此类人才较为缺乏，必须创新人才培育与使用机制，加大高端人才引进；大力培训管理、科技和经营人才，采取"派出去，请进来"的政策，提高领导、管理者的素质和水平。同时，配套相应政策，招收优秀毕业生和经验丰富的科技、管理人才，充实保护区的技术力量，使保护区的管理水平、科研和经营水平提档升级。同时现有员工队伍需要通过系统岗位培训、学习交流、持证上岗，建立竞争上岗、岗位激励等机制，全面提高其思想及业务素质。

总之，要以习近平新时代中国特色社会主义精神为指导，践行国家生态文明战略，遵循"严格保护、科学管理、合理利用"的方针，按照"建设标准化、管理信息化、经营规范化、社区现代化"的总体要求，通过不懈努力，使保护区内大熊猫及其栖息地、重要珍稀野生动植物及高山森林生态系统得到全面保护，大熊猫及其他重要野生动植物科研监测水平全面提高，生态产业升级推动保护与社区发展良性互动，构建保护区全域保护整体格局，使保护区保护手段先进、保护技术领先、科学研究超前、管理能力现代、生态产品高端、人与自然和谐，成为世界一流的生物多样性保护及科研教育基地、人与自然和谐发展的典范、国际高端生态旅游目的地，继续在全国自然保护领域发挥引领示范作用。

参考文献

毕肖锋，张春兰，袁喜才. 2006. 广东省的水鹿资源 [J]. 野生动物，27（4）：14-16.

蔡绪慎，黄加福. 1990. 卧龙植物生活型垂直分布规律初探 [J]. 西南林学院学报（1）：31-40.

陈宝麟. 1997. 中国动物志第八卷 [M]. 北京：科学出版社.

陈宝麟. 1997. 中国动物志第九卷 [M]. 北京：科学出版社.

陈灵芝，等. 1997. 暖温带森林生态系统结构与功能的研究 [M]. 北京：科学出版社.

陈一心. 1999. 中国动物志第十六卷 [M]. 北京：科学出版社.

程跃红，张卫东，彭晓辉，等. 2016. 卧龙国家级自然保护区热水河温泉周边有蹄类野生动物红外相机监测初报 [J]. 农业与技术，36（1）：178-180.

邓其祥，余志伟，吴毅，等. 1989. 卧龙自然保护区的兽类研究 [J]. 四川师范学院学报（自然科学版）（3）：238-243.

丁瑞华. 1990. 四川省条鳅亚科鱼类的研究Ⅰ副鳅、条鳅和山鳅鱼类的整理 [J]. 动物学研究，11（4）：285-190.

丁瑞华. 1990. 四川省条鳅亚科鱼类的研究Ⅱ高原鳅属 [J]. 四川动物，9（2）：15-18.

丁瑞华. 1994. 四川鱼类志 [M]. 成都：四川科学技术出版社.

范滋德. 1997. 中国动物志第六卷 [M]. 北京：科学出版社.

范滋德. 2008. 中国动物志第四十九卷 [M]. 北京：科学出版社.

方承莱. 2000. 中国动物志第十九卷 [M]. 北京：科学出版社.

方精云，徐嵩龄. 1996. 我国森林植被的生物量和净生产量 [J]. 生态学报，10（16）：497-508.

费梁，胡淑琴，叶昌媛，等. 2009a. 中国动物志两栖纲（中卷）[M]. 北京：科学出版社.

费梁，胡淑琴，叶昌媛，等. 2009b. 中国动物志两栖纲（下卷）[M]. 北京：科学出版社.

费梁，叶昌媛，江建平. 2012. 中国两栖动物及其分布彩色图鉴 [M]. 成都：四川科学技术出版社.

费梁，叶昌媛. 1993. 四川两栖类原色图鉴 [M]. 北京：中国林业出版社.

冯利民，王利繁，王斌，等. 2013. 西双版纳尚勇自然保护区野生印支虎及其三种主要有蹄类猎物种群现状调查 [J]. 兽类学报，33（4）：308-318.

冯宗炜. 1999. 中国森林生态系统的生物量和生产力 [M]. 北京：科学出版社.

葛钟麟. 1966. 中国经济昆虫志第十册 [M]. 北京：科学出版社.

龚正达，吴厚永，段兴德，等. 2001. 云南横断山区小型兽类物种多样性与地理分布趋势 [J]. 生物多样性（1）：73-79.

郭妍妍，李红亮，王朋，等. 2014. 濒危驯鹿（*Rangifer tarandus*）秋季偏好生境的生态特征 [J]. 应用与环境生物学报，20（5）：892-898.

国家林业局野生动植物保护司. 2005. 中国自然保护区管理手册 [M]. 北京：中国林业出版社.

韩红香，薛大勇. 2011. 中国动物志第五十四卷 [M]. 北京：科学出版社.

何德奎，陈咏霞，陈毅峰. 2006. 高原鳅属 *Triplophysa* 鱼类的分子系统发育和生物地理学研究 [M]. 自然科学进展，16（11）：1395-1404.

何飞，王金锡，刘兴良，等. 2003. 四川卧龙自然保护区蕨类植物区系研究 [J]. 四川林业科技（02）：12-16.

候宽昭. 1984. 中国种子植物科属词典（修订本）[M]. 北京：科学出版社.

胡锦矗，胡杰. 2007. 四川兽类名录新订 [J]. 西华师范大学学报（自然科学版）（3）：165-171.

胡锦矗，王酉之. 1984. 四川资源动物志（第二卷：兽类）[M]. 成都：四川科学技术出版社.

胡锦矗. 2007. 哺乳动物学 [M]. 北京：中国教育文化出版社.

黄春梅，成新跃. 2012. 中国动物志第五十卷 [M]. 北京：科学出版社.

黄金燕，周世强，谭迎春，等. 2007. 卧龙自然保护区大熊猫栖息地植物群落多样性研究：丰富度、物种多样性指数和均匀度 [J]. 林业科学 (3)：73-78.

贾渝，何思. 2013. 中国生物物种名录第一卷（植物）：苔藓植物 [M]. 北京：科学出版社.

江世宏，王书永. 1999. 中国经济叩甲图志 [M]. 北京：中国农业出版社.

蒋书楠，陈力. 2001. 中国动物志第二十七卷 [M]. 北京：科学出版社.

蒋书楠. 1985. 中国经济昆虫志第三十五册 [M]. 北京：科学出版社.

琚俊科，龚正达. 2010. 我国小兽与自然疫源性疾病关系研究概况 [J]. 中国媒介生物学及控制杂志 (4)：293-296.

具诚，童墉昌. 1987. 略论兽类保护 [J]. 吉林林业科技 (3)：24-26.

李成，刘少英，冉江洪，等. 2003. 四川省喇叭河自然保护区的两栖爬行动物初步调查 [J]. 四川动物 (01)：31-34.

李成，刘志君，王跃招. 2003. 四川喇叭河自然保护区的两栖爬行动物垂直分布及保护区型 [J]. 应用与环境生物学报，9 (2)：158-162.

李德浩，周志军. 1985. 隆宝滩黑颈鹤育幼期种群的行为 [J]. 野生动物学报 (6)：4-9.

李桂垣. 1995. 四川鸟类原色图鉴 [M]. 北京：中国林业出版社.

李仁伟，张宏达，杨清培. 2001. 四川被子植物区系特征的初步研究 [J]. 植物分类与资源学报，23 (4)：403-414.

李文华，张谊光. 2010. 横断山区的垂直气候及其对森林分布的影响 [M]. 北京：气象出版社.

梁艺于，胡杰，杨志松，等. 2009. 四川甘洛马鞍山自然保护区兽类初步调查 [J]. 西华师范大学学报（自然科学版）(3)：246-252.

刘友樵，李广武. 2002. 中国动物志第二十七卷 [M]. 北京：科学出版社.

刘友樵. 2006. 中国动物志第四十七卷 [M]. 北京：科学出版社.

马俊，吴永杰，夏霖，等. 2010. 螺髻山自然保护区非飞行小型哺乳动物垂直多样性调查 [J]. 兽类学报，30 (4)：400-410.

马文珍. 1995. 中国经济昆虫志第四十六册 [M]. 北京：科学出版社.

卯晓岚. 2000. 中国大型真菌 [M]. 河南：河南科学技术出版社.

彭基泰，周华明，刘伟. 2006. 青藏高原东南横断山脉甘孜地区哺乳动物调查及区系研究报告 [J]. 四川动物 (4)：747-753.

乔麦菊，唐卓，施小刚，等. 2017. 基于 MaxEnt 模型的卧龙国家级自然保护区雪豹（*Panthera uncia*）适宜栖息地预测 [J]. 四川林业科技，(6)：1-4.

蒲富基. 1980. 中国经济昆虫志第十九册 [M]. 北京：科学出版社.

任顺祥. 2009. 中国瓢虫原色图鉴 [M]. 北京：科学出版社.

山东省水产学校. 1979. 淡水生物学 [M]. 北京：北京农业出版社.

盛和林. 1992. 中国鹿类动物 [M]. 上海：华东师范大学出版社.

施白南，赵尔宓. 1980. 四川资源动物志 [M]. 成都：四川科技出版社.

施小刚，胡强，李佳琦，等. 2017. 利用红外相机调查四川卧龙国家级自然保护区鸟兽多样性 [J]. 生物多样性，25 (10)：1131-1136.

四川森林编辑委员会. 1992. 四川森林 ［M］. 北京：中国林业出版社.

四川植被协作组. 1980. 四川植被 ［M］. 成都：四川人民出版社.

四川资源动物志编委会. 1985. 四川资源动物志第一卷 ［M］. 成都：四川科学技术出版社.

孙儒泳. 2001. 动物生态学原理（第三版）［M］. 北京：北京师范大学出版社.

孙儒泳. 1999. 动物生态学原理 ［M］. 北京：北京师范大学出版.

唐卓，杨建，刘雪华，等. 2017. 基于红外相机技术对四川卧龙国家级自然保护区雪豹（*Panthera uncia*）的研究 ［J］. 生物多样性，25（01）：62-70.

谭娟杰，王书永，周红章. 2005. 中国动物志第四十卷 ［M］. 北京：科学出版社.

谭娟杰. 1980. 中国经济昆虫志第十八册 ［M］. 北京：科学出版社.

汪松，谢焱. 2004. 中国物种红色名录 ［M］. 北京：高等教育出版社.

王平远. 1980. 中国经济昆虫志第二十一册 ［M］. 北京：科学出版社.

王小明，盛和林. 1995. 中国水鹿的现状 ［J］. 野生动物（3）：7-8.

王小明，应韶荃，宋玉赞. 1998. 水鹿冬季生境选择的初步分析 ［J］. 兽类学报，18（3）：168-172.

王小明，应韶荃，夏述忠，等. 2000. 半圈养条件下秋冬季水鹿行为时间分配的研究 ［J］. 动物学杂志，35（2）：50-53.

王应祥. 2003. 中国哺乳动物种和亚种分类名录与分布大全 ［M］. 北京：中国林业出版社.

王酉之，胡锦矗. 1993. 四川兽类原色图鉴 ［M］. 北京：中国林业出版社

王淯，王小明，胡锦矗，等. 2003. 唐家河自然保护区小型兽类群落结构 ［J］. 兽类学报（1）：39-44.

卧龙自然保护区. 1992. 卧龙自然保护区动植物资源及保护 ［M］. 成都：四川科学技术出版社.

吴燕如. 2000. 中国动物志第二十一卷 ［M］. 北京：科学出版社.

吴毅，胡锦矗，李洪成等. 1988. 卧龙小型啮齿类群落结构的研究 ［J］. 南充师院学报（自然科学版）（2）：95-102.

吴毅，胡锦矗，袁重桂等. 1991. 卧龙自然保护区小型啮齿类数量结构的研究 ［J］. 四川师范学院学报（自然科学版）（2）：133-138.

吴永杰，杨奇森，夏霖，等. 2012. 贡嘎山东坡非飞行小型兽类物种多样性的垂直分布格局 ［J］. 生态学报（14）：4318-4328.

吴征镒. 1979. 论中国植物区系分区问题 ［J］. 云南植物研究，1（1）：1-22.

吴征镒. 1991. 中国种子植物分布区类型 ［J］. 云南植物研究（增刊Ⅳ）（4）：1-139.

吴征镒. 2003.《世界种子植物科的分布区类型系统》的修订 ［J］. 云南植物研究，25（5）：535-538.

吴征镒，等. 2003. 世界种子植物科的分布区 ［J］. 云南植物研究，25（3）：245-257.

吴征镒. 1995. 中国植被 ［M］. 北京：科学出版社.

武春生，方承莱. 2003. 中国动物志第三十一卷 ［M］. 北京：科学出版社.

武春生. 2010. 中国动物志第五十二卷 ［M］. 北京：科学出版社.

肖笃宁，钟林生. 1998. 景观分类与评价的生态原则 ［J］. 应用生态学报，9（2）：217-221.

萧刚柔，等. 1991. 中国经济叶蜂志 ［M］. 西安：天则出版社.

薛大勇，朱弘复. 1999. 中国动物志第十五卷 ［M］. 北京：科学出版社.

杨建，张和民，张明春. 2017. 卧龙保护区的雪豹 ［J］. 大自然（2）：78-80.

杨程，施小刚，金森龙，等. 2012. 卧龙自然保护区震后小型陆栖脊椎动物调查 ［J］. 四川林业科技（4）：53-55.

杨军，冯伟松，缪炜. 2004. 中国淡水与土壤有壳肉足虫最新分类名录及其区系分析 [J]. 水生生物学报，28 (4)：426-433.

杨钦周. 1997. 川树木分布 [M]. 贵阳：贵州科学技术出版社.

杨志力. 2000. 中国两栖类资源开发利用研究 [J]. 生态经济 (11)：46-48.

余春瑾. 2007. 软刺裸裂尻鱼 (*Schizopygopsis malacanthus*) 三个亚种的分子系统发育研究 [D]. 成都：四川大学.

余志伟，邓其祥，胡锦矗，等. 1983. 卧龙自然保护区的脊椎动物 [J]. 南充师院学报 (自然科学版) (1)：6-56.

虞佩玉，等. 1996. 中国经济昆虫志第五十四册 [M]. 北京：科学出版社.

袁锋，周尧. 2002. 中国动物志第二十八卷 [M]. 北京：科学出版社.

袁明生，孙佩琼. 1995. 四川蕈菌 [M]. 成都：四川科学技术出版社.

袁喜才，工宝琳. 1983. 海南岛的水鹿 [J]. 野生动物 (6)：37-39.

约翰·马敬能，卡伦·非利普斯，何芬奇. 2000. 中国鸟类野外手册 [M]. 长沙：湖南教育出版社.

张晋东，李玉杰，李仁贵. 2015. 红外相机技术在珍稀兽类活动模式研究中的应用 [J]. 四川动物，34 (5)：671-676.

张俊范. 1997. 四川鸟类鉴定手册 [M]. 北京：中国林业出版社.

张荣祖. 1987. 动物地理分区 (二) 中国动物地理分布 [J]. 生物学通报 (3)：1-3.

张荣祖. 1999. 中国动物地理 [M]. 北京：科学出版社.

张云智，龚正达，吴厚永，等. 2005. 云南省无量山自然保护区小型兽类群落结构及垂直分布研究 [J]. 地方病通报 (4)：17-19.

张泽钧，胡锦矗，杨林. 2003. 四川小寨子沟自然保护区兽类区系初报 [J]. 四川动物 (3)：173-175.

张泽钧. 2001. 松潘地区兽类区系研究 [J]. 四川师范学院学报 (自然科学版) (2)：120-126.

张正旺，刘阳，孙迪. 2004. 中国鸟类种数的最新统计 [J]. 动物分类学报，29 (2)：386-388.

章士美. 1985. 中国经济昆虫志第三十一册 [M]. 北京：科学出版社.

吴贯夫，赵尔宓. 1995. 四川省两栖动物区系与地理区划 [J]. 四川动物，14 (增刊)：137-144.

赵尔宓. 1998. 中国动物志爬行纲 [M]. 北京：科学出版社.

赵尔宓. 2003. 四川爬行类原色图鉴 [M]. 北京：中国林业出版社.

赵尔宓，赵肯堂，周开亚. 1999. 中国动物志爬行纲有鳞目蜥蜴亚目第二卷 [M]. 北京：科学出版社.

赵尔宓. 1998. 中国濒危动物红皮书两栖类和爬行类 [M]. 北京：科学出版社.

赵尔宓. 2003. 四川爬行类原色图鉴 [M]. 北京：中国林业出版社.

赵建铭. 2001. 中国动物志第二十三卷 [M]. 北京：科学出版社.

赵良能，龚固堂，刘军. 2012. 卧龙自然保护区的杨柳科植物 [J]. 四川林业科技，33 (06)：1-8.

赵养昌，陈元清. 1980. 中国经济昆虫志第二十册 [M]. 北京：科学出版社.

赵正阶. 1995. 中国鸟类志 (上卷) [M]. 长春：吉林科学技术出版社.

赵正阶. 2001. 中国鸟类志 (下卷) [M]. 长春：吉林科学技术出版社.

赵仲苓. 2003. 中国动物志第三十卷 [M]. 北京：科学出版社.

郑光美. 2017. 世界鸟类分类与分布名录 (第三版) [M]. 北京：科学出版社.

郑乐怡，等. 2004. 中国动物志第三十三卷 [M]. 北京：科学出版社.

郑哲民. 1998. 中国动物志第十卷［M］. 北京：科学出版社.

中国科学院青藏高原综合科学考察队. 1992. 横断山区昆虫ⅠⅡ［M］. 北京：科学出版社.

中国科学院植物研究所. 1987. 中国高等植物图鉴（1-5册）［M］. 北京：科学出版社.

中国植物志编委会. 2001. 中国植物志（多卷，已出部分）［M］. 北京：科学出版社.

钟觉民. 1990. 幼虫分类学［M］. 北京：中国农业出版社.

周超凡. 2010. 关于粪便类药物的思考［J］. 世界中医药（2）：138-140.

周尧. 1998. 中国蝴蝶分类与鉴定［M］. 郑州：河南科学技术出版社.

周尧. 1999. 中国蝴蝶原色图鉴［M］. 郑州：河南科学技术出版社.

朱弘复，王林瑶. 2001. 中国动物志第十一卷［M］. 北京：科学出版社.

朱弘复，等. 1981. 中国蛾类图鉴ⅠⅡⅢⅣ［M］. 北京：科学出版社.

朱鹏飞. 1989. 四川森林土壤的分类与分布［J］. 林业勘察设计研究（2）：15-22.

朱松泉. 1989. 中国条鳅志［M］. 南京：江苏科学技术出版社.

Acevedo P, Ferreres J, Jaroso R, et al. 2010. Estimating roe deer abundance from pellet group counts in Spain：An assessment of methods suitable for Mediterranean woodlands［J］. Ecological indicators, 10 (6)：1226-1230.

Blom A, van Zalinge R, Mbea E, et al. 2004. Human impact on wildlife populations within a protected Central African forest［J］. African Journal of Ecology, 42 (1)：23-31.

Brambilla M, Guitin M, Celada C. 2011. Defining favourable reference values for bird populations in Italy：setting long-term conservation targets for priority species［J］. Bird Conservation International, 21 (1)：107-118.

Brehm G, Colwell R, Kluge J. 2007. The role of environment and mid-domain effect on moth species richness along a tropical elevational gradient［J］. Global Ecology & Biogeography, 16 (2)：205-219.

Brown J H. 2001. Mammals on Mountainsides：Elevational Patterns of Diversity［J］. Global Ecology & Biogeography, 10 (10)：101-109.

Cardelús C L, Colwell R K, Watkins J E. 2006. Vascular Epiphyte Distribution Patterns：Explaining the Mid-Elevation Richness Peak［J］. Journal of Ecology, 94 (1)：144-156.

Colwell R K, Lees D C. 2000. The mid-domain effect：geometric constraints on the geography of species richness.［J］. Trends in Ecology & Evolution, 15 (2)：70-76.

Colwell R K. 2008. RangeModel：Tools for exploring and assessing geometric constraints on species richness (the mid-domain effect) along transects［J］. Ecography, 31 (1)：4-7.

Galetti M, Giacomini HC, Bueno RS, et al. 2009. Priority areas for the conservation of Atlantic forest large mammals［J］. Biological Conservation, 142 (6)：1229-1241.

Gibson L A, Wilson B A, Aberton J G. 2004. Landscape characteristics associated with species richness and occurrence of small native mammals inhabiting a coastal heathland：a spatial modelling approach［J］. Biological Conservation, 120 (1)：75-89.

Heaney L R. 2001. Small Mammal Diversity along Elevational Gradients in the Philippines：An Assessment of Patterns and Hypotheses［J］. Journal of Biogeography, 10 (10)：15-39.

Heaney L R. 2001. Small Mammal Diversity along Elevational Gradients in the Philippines：An Assessment of Patterns and Hypotheses［J］. Journal of Biogeography, 10 (10)：15-39.

Kasangaki A, Kityo R, Kerbis J. 2003. Diversity of rodents and shrews along an elevational gradient in Bwindi

Impenetrable National Park, south-western Uganda [J]. African Journal of Ecology, 41 (2): 115-123.

Li J S, Zeng Z G. 2003. Elevational Gradients of Small Mammal Diversity on the Northern Slopes of Mt. Qilian, China [J]. Global Ecology & Biogeography, 12 (6): 449-460.

Mccain C M. 2009. Global analysis of bird elevational diversity [J]. Global Ecology & Biogeography, 18 (3): 346-360.

Mccain C M. 2007. Area and mammalian elevational diversity [J]. Ecology, 88 (1): 76.

Mccain C M. 2004. The mid-domain effect applied to elevational gradients: species richness of small mammals in Costa Rica [J]. Journal of Biogeography, 31 (1): 19-31.

Mcloughlin PD, Wal EV, Lowe SJ, et al. 2011. Seasonal shifts in habitat selection of a largeherbivore and the influence of human activity [J]. Basic and Applied Ecology, 12 (8): 654-663.

Primack RB. 2010. Essentials of conservation biology (5th edition) [M]. Sunderland, Massachusetts: Sinauer Associates.

Rickart E A. 2001. Elevational diversity gradients, biogeography and the structure of montane mammal communities in the intermountain region of North America [J]. Global Ecology & Biogeography, 10 (1): 77-100.

Rowe R J, Lidgard S. 2009. Elevational gradients and species richness: do methods change pattern perception? [J]. Global Ecology & Biogeography, 18 (2): 163-177.

Rowe R J. 2009. Environmental and geometric drivers of small mammal diversity along elevational gradients in Utah [J]. Ecography, 32 (3): 411-422.

Simcharoen A, Savini T, Gale GA, et al. 2014. Female tiger Panthera tigris home range size and prey abundance: important metrics for management [J]. Oryx, 48 (3): 370-377.

Smart JCR, Ward AI, White PCL. 2004. Monitoring woodland deer populations in the UK: an imprecise science [J]. Mammal Review, 34 (1): 99-114.

Stevens G C. 1992. The elevational gradient in altitudinal range: an extension of Rapoport's latitudinal rule to altitude. [J]. The American Naturalist, 140 (6): 893.

Uzal A, Walls S, Stillman RA, et al. 2013. Sika deer distribution and habitat selection: the influence of the availability and distribution of food, cover, and threats [J]. European Journal of Wildlife Research, 59 (4): 563-572.

附表 1　四川卧龙国家级自然保护区大型真菌名录

序号	目名	科名	中文种名	拉丁学名	分布地点（括号内为海拔，单位：m）	最新发现时间	估计数量状况	数据来源
1	地舌菌目 Geoglossales	地舌科 Geoglossaceae	黄柄胶地锤菌	*Leotia marcida* Pers.	野牛沟 (3027)	2016.08	+	调查
2	地舌菌目 Geoglossales	地舌科 Geoglossaceae	旋转地锤菌	*Cudonia circinans* (Pers.) Fr.	梯子沟 (2615)	2016.08	+	调查
3	地舌菌目 Geoglossales	地舌科 Geoglossaceae	黄地勺菌	*Spathularia flavida* Pers. : Fr.	三江 (1544)	2016.08	+	调查
4	地舌菌目 Geoglossales	地舌科 Geoglossaceae	绒柄拟地勺菌	*Spathulariopsis velutipes* Cooker et Farlow	邓生沟 (2277)、头道沟 (2018)	2016.08	+	调查
5	地星目 Geastrales	地星科 Geastraceae	无柄地星	*Geastrum sessile* (Sow.) Pouz.	篡妇山 (2257)、大阴山 (2730)	2016.08	+	调查
6	地星目 Geastrales	马勃科 Lycoperdaceae	草地横膈马勃	*Vascellum pratense* (Pers. ex. Quel.) Kreisel	老鸦山 (2500)、牛坪 (2530)	2016.08	+	调查
7	地星目 Geastrales	马勃科 Lycoperdaceae	白刺马勃	*Lycoperdon wrightii* Berk. et Curt.	核桃坪 (2549)、七层楼沟 (1783) 五一棚 (2147)	2016.08	++	调查
8	地星目 Geastrales	马勃科 Lycoperdaceae	光皮马勃	*Lycoperdon glabrescens* Berk.	篡妇山 (2347)	2016.08	+	调查
9	地星目 Geastrales	马勃科 Lycoperdaceae	褐皮马勃	*Lycoperdon glabrescens* Berk.	黄草坪 (2293)	2016.08	+	调查
10	地星目 Geastrales	马勃科 Lycoperdaceae	褐皱斑马勃	*Lycoperdon* sp.	金家沟 (2236)、黄草坪 (2790)、英雄沟 (2541)、梯子沟 (2726, 2734)、梯子沟 (2620)	2016.08	++	调查
11	地星目 Geastrales	马勃科 Lycoperdaceae	梨形灰包	*Lycoperdon pyriforme* Schaeff. : Pers.	梯子沟 (2658)	2016.08	+	调查

（续）

序号	目名	科名	中文种名	拉丁学名	分布地点（括号内为海拔，单位：m）	最新发现时间	估计数量状况	数据来源
12	地星目 Geastrales	马勃科 Lycoperdaceae	粒皮马勃	*Lycoperdon asperum* (Lev.) de Toni	野牛沟（2880）、川北沓（2129）	2016.08	+	调查
13	地星目 Geastrales	马勃科 Lycoperdaceae	网纹马勃	*Lycoperdon perlatum* Pers.	金家沟（2227）、三江（1477）	2016.08	+	调查
14	地星目 Geastrales	马勃科 Lycoperdaceae	长柄梨形马勃	*Lycoperdon pyriforme* Schaeff. var. *excipuliforme* Desm.	野牛沟（3041）、三江（1455）	2016.08	+	调查
15	地星目 Geastrales	马勃科 Lycoperdaceae	赭褐马勃	*Lycoperdon umbrinum*	寡妇山（2276）	2016.08	+	调查
16	地星目 Geastrales	马勃科 Lycoperdaceae	头状秃马勃	*Calvatia craniiformis* (Schw.) Fr.	头道沟（2287）、三江（1575，1497）	2016.08	++	调查
17	地星目 Geastrales	马勃科 Lycoperdaceae	光硬皮马勃	*Scleroderma cepa* Pers.	金家沟（2216）	2016.08	+	调查
18	地星目 Geastrales	马勃科 Lycoperdaceae	疣硬皮马勃	*Scleroderma verrucosum* (Vaill.) Pers.	龚老汉沟（2400）	2016.08	+	调查
19	钉菇目 Gomphales	胶陀螺菌科 Bulgariaceae	叶状耳盘菌	*Cordierites frondosa* (Kobay.) Korf.	梯子沟、牛坪（2540）、川北沓（2480）	2016.08	++	调查
20	钉菇目 Gomphales	陀螺菌科 Gomphaceae	喇叭陀螺菌	*Gomphusfloccosus* (Schow.) Sing.	梯子沟、核桃坪（2546）、金家山（1899）	2016.08	++	调查
21	多孔菌目 Polyporales	多孔菌科 Polyporaceae	木蹄层孔菌	*Fomes fomentarius* (L.：Fr) Kick.	五一棚（2553）、马塘、梯子沟、龚老汉沟、金家山（1892）	2016.08	+++	调查
22	多孔菌目 Polyporales	多孔菌科 Polyporaceae	硬皮褐层孔菌	*Fomes adamantinus* (Berk.) Cke.	寡妇山（2392）	2016.08	+	调查
23	多孔菌目 Polyporales	多孔菌科 Polyporaceae	漏斗大孔菌	*Favolus arcularius* (Batsch：Fr.) Ames.	寡妇山（2404）	2016.08	+	调查

（续）

序号	目名	科名	中文种名	拉丁学名	分布地点（括号内为海拔，单位：m）	最新发现时间	估计数量状况	数据来源
24	多孔菌目 Polyporales	多孔菌科 Polyporaceae	暗缘盖多孔菌	Polyporus ciliatus Fr. : Fr.	金家沟（2231）、黄草坪（2457）	2016.08	+	调查
25	多孔菌目 Polyporales	多孔菌科 Polyporaceae	黑柄多孔菌	Polyporus melanopus	野牛沟（3117）	2016.08	+	调查
26	多孔菌目 Polyporales	多孔菌科 Polyporaceae	黄褐多孔菌	Polyporus badius	五一棚（2033）、金家沟（2237）、核桃坪（2517）	2016.08	++	调查
27	多孔菌目 Polyporales	多孔菌科 Polyporaceae	青柄多孔菌	Polyporus picipes	野牛沟（3027）	2016.08	+	调查
28	多孔菌目 Polyporales	多孔菌科 Polyporaceae	射纹多孔菌	Polyporus grammocephalus	梯子沟（2620）、龚老汉沟	2016.08	+	调查
29	多孔菌目 Polyporales	多孔菌科 Polyporaceae	艾氏多年卧孔菌	Perenniporia ahmadii Ryv	英雄沟	2016.08	+	调查
30	多孔菌目 Polyporales	多孔菌科 Polyporaceae	薄蜂窝菌	Hexagonia tenuis (Hook) Fr.	头道沟（2455）	2016.08	+	调查
31	多孔菌目 Polyporales	多孔菌科 Polyporaceae	多毛蜂窝菌	Hexagonia hirta	核桃坪（2578）、梯子沟（2752）	2016.08	+	调查
32	多孔菌目 Polyporales	多孔菌科 Polyporaceae	毛蜂窝菌	Hexagonia apiaria (Pers.) Fr.	邓生沟（2888）	2016.08	+	调查
33	多孔菌目 Polyporales	多孔菌科 Polyporaceae	薄白干酪菌	Tyromyces chioneus (Fr.) Karst.	头道沟（2440、2445）、牛坪（2240）、金家沟（2234）、黄草坪（2690）、七层楼沟（1745、1783）、五一棚（2217）、野牛沟（3208）	2016.08	++++	调查
34	多孔菌目 Polyporales	多孔菌科 Polyporaceae	环纹干酪菌	Tyromyces zonatulus (Lloyd) Imaz.	牛坪（2548）	2016.08	+	调查

（续）

序号	目名	科名	中文种名	拉丁学名	分布地点（括号内为海拔，单位：m）	最新发现时间	估计数量状况	数据来源
35	多孔菌目 Polyporales	多孔菌科 Polyporaceae	绒盖干酪菌	*Tyromyces pubescens* (Schum.:Fr.) Imaz.	寡妇山（2226）	2016.08	+	调查
36	多孔菌目 Polyporales	多孔菌科 Polyporaceae	单色云芝	*Coriolus unicolor* (L.：Fr) Pat	七层楼沟（1871）	2016.08	+	调查
37	多孔菌目 Polyporales	多孔菌科 Polyporaceae	二型云芝	*Coriolus biformis*	老鸦山（1756）	2016.08	+	调查
38	多孔菌目 Polyporales	多孔菌科 Polyporaceae	毛云芝	*Coriolus hirsutus*	英雄沟（2541，2568），野牛沟（3110），梯子沟（2658），龚老汉沟，七层楼沟（1771）	2016.08	+++	调查
39	多孔菌目 Polyporales	多孔菌科 Polyporaceae	伸长云芝	*Coriolus elongates* (Berk.) Pat.	寡妇山（2600）	2016.08	+	调查
40	多孔菌目 Polyporales	多孔菌科 Polyporaceae	云芝	*Coriolus versicolor* (L.：Fr.) Quel.	梯子沟（2620），巴朗山（2935），寡妇山（2240，2493），金家山（1924），黄草坪（2293，2301，2299），头道沟（2032，2211），七层楼沟（1747）	2016.08	++++	调查
41	多孔菌目 Polyporales	多孔菌科 Polyporaceae	黑层孔菌	*Nigrofomes melanoporus*	老鸦山（2350）	2016.08	+	调查
42	多孔菌目 Polyporales	多孔菌科 Polyporaceae	亚褐铵孔菌	*Coriolus cumingii* (Berk.)	核桃坪（2546），七层楼沟（1815）	2016.08	+	调查
43	多孔菌目 Polyporales	多孔菌科 Polyporaceae	肉色迷孔菌	*Daedalea dickinsil* (Berk. ex Cke.) Yasuda.	川北营（2481）	2016.08	+	调查
44	多孔菌目 Polyporales	多孔菌科 Polyporaceae	贝状木层孔菌	*Phellinus conchatus* (Pers.：Fr.) Quel.	老鸦山（1769），头道沟（2392），牛坪（2232）	2016.08	+++	调查

（续）

序号	目名	科名	中文种名	拉丁学名	分布地点（括号内为海拔，单位：m）	最新发现时间	估计数量状况	数据来源
45	多孔菌目 Polyporales	多孔菌科 Polyporaceae	忍冬木层孔菌	*Phellinus linteus* (Berk. et Cart.) Teng	邓生沟（2872）、牛坪（2255）、头道沟（2258）	2016.08	+++	调查
46	多孔菌目 Polyporales	多孔菌科 Polyporaceae	红缘拟层孔菌	*Fometopsis pinicola*	野牛沟（3117、3110）、黄草坪（2278）	2016.08	++	调查
47	多孔菌目 Polyporales	多孔菌科 Polyporaceae	紫色拟迷孔菌	*Daedaleopsis confragosa* (Bort. : Fr.) Schroet.	英雄沟（2433）	2016.08	+	调查
48	多孔菌目 Polyporales	多孔菌科 Polyporaceae	红拟迷孔菌	*Daedaleopsis rubescens*	梯子沟（2773）	2016.08	+	调查
49	多孔菌目 Polyporales	多孔菌科 Polyporaceae	柔薄迷孔菌	*Daedalea mollis* (Sommerf.) Karst.	邓生沟（2790）、黄草坪（2253）、头道沟（2304）	2016.08	++	调查
50	多孔菌目 Polyporales	多孔菌科 Polyporaceae	三色拟迷孔菌	*Daedaleopsis tricolor* (Bull. : Fr.) Bond. et Sing.	篝妇山（2481）	2016.08	+	调查
51	多孔菌目 Polyporales	多孔菌科 Polyporaceae	紫带拟迷孔菌	*Daedeleopsis purpurea* (Cke.) Imaz. et Aoshi.	篝妇山（2392）、邓生沟（2800）、头道沟（2310）、三江（1429）	2016.08	++	调查
52	多孔菌目 Polyporales	多孔菌科 Polyporaceae	草野栓菌	*Trametes kusanoana* Imaz.	五一棚（2560）、野牛沟（3049）、核桃坪（2625）	2016.08	++	调查
53	多孔菌目 Polyporales	多孔菌科 Polyporaceae	东方栓菌	*Trametes orientalis* (Yasuda) Imaz.	梯子沟（2615）	2016.08	+	调查
54	多孔菌目 Polyporales	多孔菌科 Polyporaceae	褐带栓菌	*Trametes meyenii* (Kl.) Bose	三江（1411）	2016.08	+	调查
55	多孔菌目 Polyporales	多孔菌科 Polyporaceae	灰硬栓菌	*Trametes griseo-dura* (Lloyd) Teng	漆树漕（889、1758）、五一棚、梯子沟（2630、2700、2720）、老鸦山（2140、2000）、老鸦山（1900）	2016.08	++++	调查

（续）

序号	目名	科名	中文种名	拉丁学名	分布地点（括号内为海拔，单位：m）	最新发现时间	估计数量状况	数据来源
56	多孔菌目 Polyporales	多孔菌科 Polyporaceae	毛栓菌	*Trametes trogü* Berkeley	七层楼沟（1747）	2016.08	+	调查
57	多孔菌目 Polyporales	多孔菌科 Polyporaceae	玫色栓菌	*Trametes subrosea*（Weir）Bond. et Sing	寡妇山（2490）	2016.08	+	调查
58	多孔菌目 Polyporales	多孔菌科 Polyporaceae	绒毛栓菌	*Trametes pubescens*（Schuam.：Fr）Pat.	核桃坪（2522）、头道沟（2385）	2016.08	+	调查
59	多孔菌目 Polyporales	多孔菌科 Polyporaceae	乳白栓菌	*Trametes lactinea*（Berk.）Pat.	邓生沟（1474）、头道沟（2030）	2016.08	+	调查
60	多孔菌目 Polyporales	多孔菌科 Polyporaceae	香栓菌	*Trametes suaveloens*（L.）Fr	七层楼沟（1876）、金家山（1912）	2016.08	+	调查
61	多孔菌目 Polyporales	多孔菌科 Polyporaceae	皱褶栓菌	*Trametes corrugate*（Pers.）Bers.	黄草坪（2281）	2016.08	+	调查
62	多孔菌目 Polyporales	多孔菌科 Polyporaceae	朱红栓菌	*Trametes cinnabarina*	巴朗山、七层楼沟（1747）	2016.08	+	调查
63	多孔菌目 Polyporales	多孔菌科 Polyporaceae	厚纤孔菌	*Inonotus dryadeus*	漆树槽（1564）	2016.08	+	调查
64	多孔菌目 Polyporales	多孔菌科 Polyporaceae	褐黄纤孔菌	*Inonotus tabacinus*（Murr.）Karst.	金家山（1922）	2016.08	+	调查
65	多孔菌目 Polyporales	多孔菌科 Polyporaceae	硫磺菌	*Laetiporus sulphureus*	梯子沟（2900）、牛坪（2530）	2016.08	+	调查
66	多孔菌目 Polyporales	多孔菌科 Polyporaceae	桦褶孔菌	*Lenzites betulina*（L.）Fr.	梯子沟（2742）	2016.08	+	调查
67	多孔菌目 Polyporales	多孔菌科 Polyporaceae	皱皮孔菌	*Ischnoderma resinosum*	漆树漕（1790）、梯子沟（2620）	2016.08	++	调查

（续）

序号	目名	科名	中文种名	拉丁学名	分布地点（括号内为海拔，单位：m）	最新发现时间	估计数量状况	数据来源
68	多孔菌目 Polyporales	灵芝科 Ganodermataceae	假芝	*Amauroderma rugosum*（Bl. et Ness）Pat.	核桃坪（2459）、黄草坪（2264）	2016.08	++	调查
69	多孔菌目 Polyporales	牛舌菌科 Fistulinaceae	牛舌菌	*Fistulina hepatica*（Schaeff.）Fr.	马塘（3010）	2016.08	+	调查
70	多孔菌目 Polyporales	皱孔菌科 Meruliaceae	干朽菌	*Gyrophana lacrymans*（Wulf.：Fr.）Pat.	头道沟（1995）、三江（1298）	2016.08	++	调查
71	伏革菌目 Corticiales	伏革菌科 Corticiaceae	皱褶革菌	*Plicatura crispa*（Pers.：Fr.）Rea	七层楼沟（1747）	2016.08	+	调查
72	革菌目 Thelephorales	革菌科 Thelephoraceae	榆耳	*Gloestereum incarnatum* S. Ito et Imai	正河（1844）、梯子沟（2773, 2726）	2016.08	++	调查
73	鬼笔目 Phallales	鬼笔科 Phallaceae	红鬼笔	*Phallus rubicundus*（Bosc.）Fr.	马塘（2923）	2016.08	+	调查
74	鬼笔目 Phallales	鬼笔科 Phallaceae	细黄鬼笔	*Phallus tenuis*（fisch）Kuntze	五一棚（2345）、马塘	2016.08	+	调查
75	鬼笔目 Phallales	鬼笔科 Phallaceae	重脉鬼笔	*Phallus costatus*（Penzig）Lloyd	寡妇山（2326）	2016.08	+	调查
76	鬼笔目 Phallales	鬼笔科 Phallaceae	西宁林氏鬼笔	*Linderiella xiningensis* Wen.	川北云对面山	2016.08	+	调查
77	红菇目 Russulales	红菇科 Russulaceae	凹黄红菇	*Russula veternosa* Fr.	寡妇山（2646）	2016.08	+	调查
78	红菇目 Russulales	红菇科 Russulaceae	变绿红菇	*Russula virescens*（Schaeff.：Zanted.）Fr.	头道沟（2146）	2016.08	+	调查

（续）

序号	目名	科名	中文种名	拉丁学名	分布地点（括号内为海拔，单位：m）	最新发现时间	估计数量状况	数据来源
79	红菇目 Russulales	红菇科 Russulaceae	臭红菇	*Russula foetens* Pers.	牛坪（2537）、篦妇山（2155）	2016.08	++	调查
80	红菇目 Russulales	红菇科 Russulaceae	臭黄菇	*Russula flavida* Forst	正河（2095）	2016.08	+	调查
81	红菇目 Russulales	红菇科 Russulaceae	毒红菇	*Russula emetica*	野牛沟（3015）	2015.08	+	调查
82	红菇目 Russulales	红菇科 Russulaceae	粉红菇	*Russula subdepallens* Peck.	马塘	2015.08	+	调查
83	红菇目 Russulales	红菇科 Russulaceae	黑黑乳菇	*Lactarius picinus* Fr.	龚老汉沟（2400）	2016.08	+	调查
84	红菇目 Russulales	红菇科 Russulaceae	黑紫红菇	*Russula atropurpurea*（Krombh.）Britz.	川北云对面山	2016.08	+	调查
85	红菇目 Russulales	红菇科 Russulaceae	红色红菇	*Russula roses* Quel.	梯子沟（2820）、龚老汉沟、正河（2108）、五一棚（2217，2573）、梯子沟	2016.08	+++	调查
86	红菇目 Russulales	红菇科 Russulaceae	黄斑绿菇	*Russula crustosa* Peck.	五一棚（2544）、英雄沟（2286）	2016.08	++	调查
87	红菇目 Russulales	红菇科 Russulaceae	黄孢红菇	*Russula xerampelina*（Schaeff. ex Secr.）Fr.	英雄沟（2575，2968）	2016.08	+	调查
88	红菇目 Russulales	红菇科 Russulaceae	较小红菇	*Russula minutus* Fr.	巴朗山（2998）	2015.08	+	调查
89	红菇目 Russulales	红菇科 Russulaceae	冷杉红菇	*Russula abietina* Peck.	篦妇山（2247）、英雄沟（2579）	2015.08	+	调查
90	红菇目 Russulales	红菇科 Russulaceae	菱红菇	*Russula vesca* Fr.	梯子沟（2613，2663）	2016.08	+	调查

（续）

序号	目名	科名	中文种名	拉丁学名	分布地点（括号内为海拔，单位：m）	最新发现时间	估计数量状况	数据来源
91	红菇目 Russulales	红菇科 Russulaceae	绿菇	Russula virescens (Schaeff. : ex Zanted.) Fr.	寡妇山（2490，2402），牛坪（2541），黄草坪（2773），马塘（3050），野牛沟（3110，2880，3117），梯子沟（2805，2615），牛坪（2530）	2016.08	++++	调查
92	红菇目 Russulales	红菇科 Russulaceae	拟臭黄菇	Russula laurocerasi Melzer.	寡妇山（2213），梯子沟（2811），马塘（2986）	2016.08	+	调查
93	红菇目 Russulales	红菇科 Russulaceae	平滑红菇	Russula aquosa Leclair	川北云对面山	2016.08	+	调查
94	红菇目 Russulales	红菇科 Russulaceae	葡紫红菇	Russula azurea Bres.	寡妇山（2490）	2016.08	+	调查
95	红菇目 Russulales	红菇科 Russulaceae	青灰红菇	Russula patazurea Schaeff.	五一棚（2441），马塘，龚老汉沟，川北云对面山	2016.08	+++	调查
96	红菇目 Russulales	红菇科 Russulaceae	乳白绿菇	Russula galochroa Fr.	黄草坪（2281）	2016.08	+	调查
97	红菇目 Russulales	红菇科 Russulaceae	铜绿红菇	Russula aeruginea Lindb. : Fr.	梯子沟（2737），野牛沟	2016.08	+	调查
98	红菇目 Russulales	红菇科 Russulaceae	退色红菇	Russula decolorans (Fr.) Fr	野牛沟，牛坪（2530）	2016.08	+	调查
99	红菇目 Russulales	红菇科 Russulaceae	克紫红菇	Russula depallens (Pers.) Fr.	头道沟（2685），黄草坪（2590），牛坪（2530）	2016.08	+++	调查
100	红菇目 Russulales	红菇科 Russulaceae	烟色红菇	Russula adusta (Pers.) Fr.	英雄沟（2968）	2016.08	+	调查
101	红菇目 Russulales	红菇科 Russulaceae	叶绿红菇	Russula heterophylla (Fr.) Fr	寡妇山（2363）	2016.08	+	调查

（续）

序号	目名	科名	中文种名	拉丁学名	分布地点（括号内为海拔，单位：m）	最新发现时间	估计数量状况	数据来源
102	红菇目 Russulales	红菇科 Russulaceae	正红菇	Russula vesca Fr.	五一棚（2176）、马塘（2875）、野牛沟（3110）、梯子沟（2620、2658、2632）、川北云对面山、牛坪（2530）	2016.08	++++	调查
103	红菇目 Russulales	红菇科 Russulaceae	紫绒红菇	Russula omiensis Hongo.	牛坪（2541）	2015.08	+	调查
104	红菇目 Russulales	红菇科 Russulaceae	紫薇红菇	Russula puellaris Fr.	黄草坪（2624）、牛坪（2530）	2016.08	+	调查
105	红菇目 Russulales	红菇科 Russulaceae	紫绿乳菇	Lactarius necator (Pers. : Fr.) Karst.	寡妇山（2364）、七层楼沟（1684）、英雄沟（2583）、野牛沟（3039）、金家山（1915）	2016.08	+++	调查
106	红菇目 Russulales	红菇科 Russulaceae	脆香乳菇	Lactarius fragilis (Burl.) Hesl. et Smith.	牛坪（2523、2500）、老鸦山（2000）	2016.08	++	调查
107	红菇目 Russulales	红菇科 Russulaceae	红褐乳菇	Lactarius rufus (Scop. : Fr.) Fr	老鸦山（2350）、三江（1142）	2016.08	++	调查
108	红菇目 Russulales	红菇科 Russulaceae	轮纹乳菇	Lactarius zonarius (Bull.)	川北营（2194）	2016.08	+	调查
109	红菇目 Russulales	红菇科 Russulaceae	鸡足山乳菇	Lactarius chichuensis Chiu	野牛沟（2800、3047）	2016.08	+	调查
110	红菇目 Russulales	红菇科 Russulaceae	静生乳菇	Lactarius quietus (Fr.) Fr.	大阴山（2730）、头道桥（2417）、龚老汉沟（2400）	2016.08	+++	调查
111	红菇目 Russulales	红菇科 Russulaceae	蓝绿乳菇	Lactarius indigo (Schw.) Fr.	五一棚（2183、2385、2573）、龚老汉沟（2400）	2016.08	++	调查
112	红菇目 Russulales	红菇科 Russulaceae	毛头乳菇	Lactarius torminosus (Schaeff. : Fr.) Gray	五一棚（2213）	2015.08	+	调查

（续）

序号	目名	科名	中文种名	拉丁学名	分布地点（括号内为海拔，单位：m）	最新发现时间	估计数量状况	数据来源
113	红菇目 Russulales	红菇科 Russulaceae	绒白乳菇	*Lactarius vellereus* (Fr.) Fr.	头道沟（2062，2042）	2016.08	+	调查
114	红菇目 Russulales	红菇科 Russulaceae	松乳菇	*Lactarius deliciosus* (L.: Fr.) Gray	寡妇山（2496，2443），英雄沟（2541），野牛沟（3047，3019），梯子沟（2610），牛坪（2260），牛坪（2520）	2016.08	++++	调查
115	红菇目 Russulales	红菇科 Russulaceae	微甜乳菇	*Lactarius subdulcis* Fr.	头道桥（2436）	2015.08	+	调查
116	红菇目 Russulales	红菇科 Russulaceae	污灰褐乳菇	*Lactarius circellatus* Fr.	牛坪（2230，2250），野牛沟（3025）	2016.08	++	调查
117	红菇目 Russulales	红菇科 Russulaceae	稀褶乳菇	*Lactarius hygrophoroides* Berk. & Curt.	头道桥（2473），英雄沟（2574）	2016.08	+	调查
118	红菇目 Russulales	红菇科 Russulaceae	香乳菇	*Lactarius camphoratus* (Bull) Fr.	巴朗山（3361），老鸦山（2280）	2015.08	+	调查
119	红菇目 Russulales	猴头菌科 Hericiaceae	猴头菌	*Hericium erinaceum* (Bull.: Fr.) Pers.	梯子沟（2725）	2016.08	+	调查
120	红菇目 Russulales	韧革菌科 Thelephoraceae Stereaceae	浅色拟韧革菌	*Stereopsis diaphanum*	寡妇山（2406）	2016.08	+	调查
121	红菇目 Russulales	韧革菌科 Thelephoraceae Stereaceae	扁韧革菌	*Stereum ostrea* (Bl. et Nees) Fr.	正河（1813，1842），黄草坪（2390，2590，2773）	2016.08	+++	调查
122	红菇目 Russulales	韧革菌科 Thelephoraceae Stereaceae	金丝韧革菌	*Stereum spectabilis* Kl.	梯子沟（3200）	2016.08	+	调查

（续）

序号	目名	科名	中文种名	拉丁学名	分布地点（括号内为海拔，单位：m）	最新发现时间	估计数量状况	数据来源
123	红菇目 Russulales	韧革菌科 Thelephoraceae Stereaceae	轮纹韧革菌	*Stereum fasciatum* Schw.	三江 (1499)	2016.08	+	调查
124	红菇目 Russulales	韧革菌科 Thelephoraceae Stereaceae	烟色韧革菌	*Stereum gausapatum* Fr.	三江 (1610)	2016.08	+	调查
125	红菇目 Russulales	韧革菌科 Thelephoraceae Stereaceae	皱韧革菌	*Stereum rugosum* (Pers. : Fr.) Fr.	邓生沟 (2864)	2015.08	+	调查
126	花耳目 Dacrymycetales	花耳科 Dacrymycetaceae	桂花耳	*Guepinia spathularia* (Schw.) Fr.	梯子沟	2016.08	+	调查
127	花耳目 Dacrymycetales	花耳科 Dacrymycetaceae	掌状花耳	*Dacrymyces palmatus* (Schw.) Bres.	川北营 (2158)	2016.08	+	调查
128	鸡油菌目 Cantharellales	齿菌科 Hydnaceae	白齿菌	*Hydnum repandum* L. : Fr. var. *album* (Quel.) Rea.	三江 (1471)、梯子沟 (2613)	2016.08	+	调查
129	鸡油菌目 Cantharellales	齿菌科 Hydnaceae	变红齿菌	*Hydnum refescens* L. : Fr.	巴朗山 (3165)	2016.08	+	调查
130	鸡油菌目 Cantharellales	齿菌科 Hydnaceae	美味齿菌	*Hydnum repandum* L. : Fr.	大阴山 (2840)	2015.08	+	调查
131	鸡油菌目 Cantharellales	齿菌科 Hydnaceae	褐紫肉齿菌	*Sarcodon aspratus* (Berk.) S. Ito	寡妇山 (2259、2436)、五一棚 (2030、2033、2100、2147、2314)、川北营 (2194)	2016.08	++++	调查

（续）

序号	目名	科名	中文种名	拉丁学名	分布地点（括号内为海拔，单位：m）	最新发现时间	估计数量状况	数据来源
132	鸡油菌目 Cantharellales	齿菌科 Hydnaceae	翘鳞肉齿菌	Sarcodon imbricatus (L. : Fr.) Karst.	漆树漕 (1776)，七层楼沟 (2117)	2016.08	++	调查
133	鸡油菌目 Cantharellales	齿菌科 Hydnaceae	肉冠齿菌	Creolophus cirrhatus (Pers. : Fr.) Karst.	牛坪 (2460)	2016.08	+	调查
134	鸡油菌目 Cantharellales	齿菌科 Hydnaceae	黑栓齿菌	Phellodon niger (Fr.) Karst.	正河 (1813)	2016.08	+	调查
135	鸡油菌目 Cantharellales	鸡油菌科 Cantharellaceae	鸡油菌	Cantharellus cibarius Fr	老鸹山 (1680)	2016.08	+	调查
136	鸡油菌目 Cantharellales	鸡油菌科 Cantharellaceae	小鸡油菌	Cantharellus minor Peck	梯子沟 (2854)	2016.08	+	调查
137	木耳目 Auriculariales	木耳科 Auriculariaceae	盾形木耳	Auricularia peltata Lloyd	寡妇山 (2257)，金家山 (1887)，头道沟 (2173)	2016.08	+++	调查
138	木耳目 Auriculariales	木耳科 Auriculariaceae	木耳	Auricularia auricular (L. ex Hook.) Underwood.	牛坪 (2333)，黄草坪 (2282)，七层楼沟 (1978)	2016.08	+++	调查
139	牛肝菌目 Boletales	铆钉菇科 Gomphidiaceae	血红铆钉菇	Chroogomphus rutillus (Schaeff. : Fr.)	梯子沟 (2644)	2015.08	+	调查
140	牛肝菌目 Boletales	牛肝菌科 Boletaceae	粉褐粉孢牛肝菌	Tylopilus chrontupes (Frost) A. H. Smith & Thiers	梯子沟 (2775)	2016.08	+	调查
141	牛肝菌目 Boletales	牛肝菌科 Boletaceae	苦粉孢牛肝菌	Tylopilus felleus (Bull. : Fr.) Krast.	梯子沟 (2820)	2016.08	+	调查
142	牛肝菌目 Boletales	牛肝菌科 Boletaceae	褐盖牛肝菌	Boletus brunneissimus Chiu	牛坪 (2520)	2016.08	+	调查
143	牛肝菌目 Boletales	牛肝菌科 Boletaceae	褐环粘盖牛肝菌	Suillus luteus (L. : Fr.) Gary	牛坪 (2209)	2016.08	+	调查

（续）

序号	目名	科名	中文种名	拉丁学名	分布地点（括号内为海拔，单位：m）	最新发现时间	估计数量状况	数据来源
144	牛肝菌目 Boletales	牛肝菌科 Boletaceae	褐绒盖牛肝菌	*Xerocomus badius* (Fr.) Kühner.	寡妇山 (2194)	2016.08	+	调查
145	牛肝菌目 Boletales	牛肝菌科 Boletaceae	红柄牛肝菌	*Boletus erythropus* (Fr. : Fr.) Pers.	野牛沟 (3035)、梯子沟 (2644)、大阴山 (2720)、金家沟 (2330)	2015.08	+++	调查
146	牛肝菌目 Boletales	牛肝菌科 Boletaceae	红网牛肝菌	*Boletus luridus* Schaoff. : Fr.	黄草坪 (2272)、头道沟 (2188, 2096)	2016.08	++	调查
147	牛肝菌目 Boletales	牛肝菌科 Boletaceae	厚环粘柄牛肝菌	*Suillus grenillei*	川北云对面山、七层楼沟 (1916)	2016.08	+	调查
148	牛肝菌目 Boletales	牛肝菌科 Boletaceae	华美牛肝菌	*Boletus speciosus* Frost.	黄草坪 (2421)	2016.08	+	调查
149	牛肝菌目 Boletales	牛肝菌科 Boletaceae	黄褐牛肝菌	*Boletus impolitus*	老鸦山 (2460)、茅妇山 (2602)、头道沟 (1991, 2171)	2016.08	++	调查
150	牛肝菌目 Boletales	牛肝菌科 Boletaceae	灰褐牛肝菌	*Boletus griseus* Forst.	黄草坪 (2460)、头道沟 (2447)	2016.08	++	调查
151	牛肝菌目 Boletales	牛肝菌科 Boletaceae	栗色牛肝菌	*Boletus umbriniporus* Hongo	金家沟 (2282)、漆树槽 (1802)、五一棚 (2557)、金家山 (1893)、老鸦山 (2000)、三江 (1711)	2016.08	++++	调查
152	牛肝菌目 Boletales	牛肝菌科 Boletaceae	裂皮疣柄牛肝菌	*Leccinum extrioemirentale* (L. Vass.) Sing.	头道沟 (2675)	2015.08	+	调查
153	牛肝菌目 Boletales	牛肝菌科 Boletaceae	美网柄牛肝菌	*Boletus reticulatus* Schaeff.	五一棚、野牛沟 (2880)	2016.08	+	调查
154	牛肝菌目 Boletales	牛肝菌科 Boletaceae	铜色牛肝菌	*Boletus aereus* Fr. ex Bull	梯子沟 (2721)	2016.08	+	调查

（续）

序号	目名	科名	中文种名	拉丁学名	分布地点（括号内为海拔，单位：m）	最新发现时间	估计数量状况	数据来源
155	牛肝菌目 Boletales	牛肝菌科 Boletaceae	砖红绒盖牛肝菌	*Xerocomus spadiceus* (Fr.) Quel.	野牛沟 (3002、2880、2860)	2015.08	++	调查
156	牛肝菌目 Boletales	牛肝菌科 Boletaceae	褐环牛肝菌	*Suillus luteus* (L.: Fr.) Gray	牛坪 (2268)、五一棚 (2136)、黄草坪 (2560)、窦妇山 (2625)	2016.08	+++	调查
157	牛肝菌目 Boletales	牛肝菌科 Boletaceae	长柄条孢牛肝菌	*Boletellus longicollis*	龚老汉沟 (2000)、川北云对面山、老鸦山 (2010)	2016.08	+++	调查
158	牛肝菌目 Boletales	牛肝菌科 Boletaceae	褐盖疣柄牛肝菌	*Leccinum scabrum* (Bull.: Fr.) Gary.	核桃坪 (2517)	2016.08	+	调查
159	牛肝菌目 Boletales	牛肝菌科 Boletaceae	灰疣柄牛肝菌	*Leccinum griseum* (Quel.) Sing.	七层楼沟 (1897)	2016.08	+	调查
160	牛肝菌目 Boletales	珊瑚菌科 Clavariaceae-Clavariaceae	皱盖疣柄牛肝菌	*Leccinum rugosicepes* (Peck) Sing.	野牛沟 (3015)	2016.08	+	调查
161	牛肝菌目 Boletales	牛肝菌科 Boletaceae	铅色短孢牛肝菌	*Gyrodonlividus* (Bull.: Fr.) Sacc.	头道桥 (2227)	2016.08	+	调查
162	牛肝菌目 Boletales	牛肝菌科 Boletaceae	斑点柄乳牛肝菌	*Suillus punctatipes* Snell. et Dick	龚老汉沟 (1995)、正河 (1854)	2016.08	++	调查
163	牛肝菌目 Boletales	牛肝菌科 Boletaceae	短柄黏盖牛肝菌	*Suillus brevipes* (Peck) Sing	核桃坪 (2387)	2016.08	+	调查
164	牛肝菌目 Boletales	牛肝菌科 Boletaceae	褐黏盖牛肝菌	*Suillus collinitus* Fr.	野牛沟 (3110)	2016.08	+	调查
165	牛肝菌目 Boletales	牛肝菌科 Boletaceae	红鳞乳牛肝菌	*Suillus spraguei* (Berk. et Curt.) Kuntze	龚老汉沟 (2000)	2016.08	+	调查

（续）

序号	目名	科名	中文种名	拉丁学名	分布地点（括号内为海拔，单位：m）	最新发现时间	估计数量状况	数据来源
166	牛肝菌目 Boletales	牛肝菌科 Boletaceae	虎皮黏盖牛肝菌	Suillus pictus (Peck) A. H. Smith et Thiers	野牛沟 (3027)	2016.08	+	调查
167	牛肝菌目 Boletales	牛肝菌科 Boletaceae	黄白黏盖牛肝菌	Suillus placidus	老鸦山 (2500)	2015.08	+	调查
168	牛肝菌目 Boletales	牛肝菌科 Boletaceae	黄黏盖牛肝菌	Suillus flavidus (fr.) Sing	邓生沟 (2784)、金家山 (1899)	2016.08	++	调查
169	牛肝菌目 Boletales	牛肝菌科 Boletaceae	灰环黏盖牛肝菌	Suillus laricinus (Berk. in Hook.) O. Kuntze.	寡妇山 (2338)、英雄沟 (2560)、野牛沟 (3026, 3031)	2016.08	+++	调查
170	牛肝菌目 Boletales	牛肝菌科 Boletaceae	美洲黏盖牛肝菌	Suillus americamus (Peck) Snell	寡妇山 (2259)、头道桥 (2226)、寡妇山 (2219)	2016.08	+++	调查
171	牛肝菌目 Boletales	牛肝菌科 Boletaceae	污黄黏盖牛肝菌	Suillus sibiricus	龚老汉沟 (2000)、川北云对面山	2016.08	+	调查
172	牛肝菌目 Boletales	牛肝菌科 Boletaceae	腺柄黏盖牛肝菌	Suillus glandulosipes Sm. et Th.	头道沟 (2274, 2042)	2015.08	+	调查
173	牛肝菌目 Boletales	牛肝菌科 Boletaceae	粘盖牛肝菌	Suillus bovinus (L. : Fr.) Kuntze.	七层楼沟 (2095)	2016.08	+	调查
174	牛肝菌目 Boletales	牛肝菌科 Boletaceae	美丽褶孔牛肝菌	Phylloporus bellus (Mass.) Corn.	梯子沟 (2592)	2016.08	+	调查
175	牛肝菌目 Boletales	牛肝菌科 Boletaceae	褶孔牛肝菌	Phylloporus rhodoxanthus (Schw.) Bres	梯子沟 (2788)、头道沟 (2443)	2016.08	+	调查
176	牛肝菌目 Boletales	松塔牛肝菌科 Strobilomycetaceae Boletaceae	松塔牛肝菌	Strobilomyces strobilaceus	牛坪 (2268)、正河 (1900)	2016.08	+	调查

（续）

序号	目名	科名	中文种名	拉丁学名	分布地点（括号内为海拔，单位：m）	最新发现时间	估计数量状况	数据来源
177	盘菌目 Pezizales	块菌科 Tuberaceae	印度块菌	Tuber indicum Cooke et Massee.	金家沟 (2313)	2016.08	+	调查
178	盘菌目 Pezizales	块菌科 Tuberaceae	中国块菌	Tuber sinense Tao et Liu	正河 (1848)	2016.08	+	调查
179	盘菌目 Pezizales	马鞍菌科 Helvellaceae	鹿花菌	Gyromitra esculenta	黄草坪 (2533)	2016.08	+	调查
180	盘菌目 Pezizales	马鞍菌科 Helvellaceae	拟赭鹿花菌	Gyromitra tengii Cao	川北云对面山	2015.08	+	调查
181	盘菌目 Pezizales	马鞍菌科 Helvellaceae	耳状马鞍菌	Helvella silvicola	漆树漕 (1766)	2016.08	+	调查
182	盘菌目 Pezizales	马鞍菌科 Helvellaceae	黑马鞍菌	Helvella atra Holmsk: Fr.	野牛沟、梯子沟 (2639)、龚老汉沟 (2400)	2016.08	+++	调查
183	盘菌目 Pezizales	马鞍菌科 Helvellaceae	灰褐马鞍菌	Helvella ephippium Lev.	川北云对面山	2016.08	+	调查
184	盘菌目 Pezizales	马鞍菌科 Helvellaceae	棱柄马鞍菌	Helvella lacunose Asz.: Fr.	马塘	2016.08	+	调查
185	盘菌目 Pezizales	马鞍菌科 Helvellaceae	马鞍菌	Helvella elastica Bull.: Fr.	龚老汉沟 (2440)、牛坪 (2540)、核桃坪 (2492)、五一棚 (2039)、梯子沟 (2773)	2016.08	++	调查
186	盘菌目 Pezizales	马鞍菌科 Helvellaceae	皱柄白马鞍菌	Helvella crispa (Scep.: Fr.) Fr.	寡妇山 (2337)、英雄沟 (2568)	2016.08	++	调查
187	盘菌目 Pezizales	盘菌科 Pezizaceae	柠檬黄侧盘菌	Otidea onotica (Pers.: Fr.) Fuck.	黄草坪 (2432)、寡妇山 (2440)	2015.08	+	调查
188	盘菌目 Pezizales	盘菌科 Pezizaceae	碗状疣杯菌	Trazetta catinus (Holmsk.: Fr.) Korf J. K. Rogers.	寡妇山 (2194)、三江 (1812)	2016.08	+	调查

（续）

序号	目名	科名	中文种名	拉丁学名	分布地点（括号内为海拔，单位：m）	最新发现时间	估计数量状况	数据来源
189	盘菌目 Pezizales	盘菌科 Pezizaceae	红毛盘菌	*Scutellinia scutellata* (L. : Fr.) Lamb.	黄草坪 (2749)	2016.08	+	调查
190	盘菌目 Pezizales	盘菌科 Pezizaceae	黑褐口盘菌	*Plectania melastoma* (Sow.) Fuck.	野牛沟 (3009)	2016.08	+	调查
191	盘菌目 Pezizales	盘菌科 Pezizaceae	沙地埋盘菌	*Sepultaria arenosa* (Lev.) Masseee	寡妇山 (2341)	2016.08	+	调查
192	盘菌目 Pezizales	盘菌科 Pezizaceae	皱裂拟假盘菌	*Sepultaria summueriana* (Lev.) Mass.	正河 (2110)	2016.08	+	调查
193	盘菌目 Pezizales	盘菌科 Pezizaceae	茶褐盘菌	*Peziza praetervisa* Bers.	邓生沟 (2893)	2016.08	+	调查
194	盘菌目 Pezizales	盘菌科 Pezizaceae	疣孢褐盘菌	*Peziza badia* Pers.	梯子沟 (2592)、头道沟 (2287)、金家沟 (2227)	2015.08	++	调查
195	盘菌目 Pezizales	盘菌科 Pezizaceae	白色肉杯菌	*Sarcoscypha vassiljevae*	马塘	2016.08	+	调查
196	盘菌目 Pezizales	盘菌科 Pezizaceae	橙黄网孢盘菌	*Aleuria aurantia* (Pers. : Fr.) Fuck.	头道桥 (2248)、核桃坪 (2680)	2016.08	++	调查
197	盘菌目 Pezizales	肉盘菌科 Sarcosomataceae	大丛耳菌	*Wynnea gigantea* Berk. et Curt.	野牛沟 (3057)	2016.08	+	调查
198	盘菌目 Pezizales	肉盘菌科 Sarcosomataceae	歪肉盘菌	*Phillipsia domingensis* Berk.	龚老汉沟、三江 (1533)	2016.08	+	调查
199	球壳目 Sphaeriales	球壳菌科 Sphaeriaceae	加州轮层炭壳菌	*Daldinia californica*	牛坪 (2298) 梯子沟 (2737)	2015.08	+	调查

（续）

序号	目名	科名	中文种名	拉丁学名	分布地点（括号内为海拔，单位：m）	最新发现时间	估计数量状况	数据来源
200	球壳目 Sphaeriales	球壳菌科 Sphaeriaceae	炭球菌	*Daldinia concentrica* (Bolt. : Fr.) Ces. & de Not.	漆树漕（1802）、七层楼沟（1635）、五一棚（2588）、龚老汉沟（2456）、川北云对面山、金家山（1923）、黄草坪（2483）、三江（1608）	2016.08	++++	调查
201	柔膜菌目 Helotiales	核盘菌科 Sclerotiniaceae Pezizaceae	核盘菌	*Sclerotinia sclerotiorum* (Lib.) de Bary	漆树槽（1644）	2015.08	+	调查
202	肉座菌目 Hypocreales	麦角菌科 Clavicipitaceae	垂头虫草	*Cordyceps nutans*	头道沟（2685）、大阴山（2940，2870）、老鸦山（2420）	2016.08	+	调查
203	肉座菌目 Hypocreales	麦角菌科 Clavicipitaceae	蛹虫草	*Cordyceps militaris*	野牛沟、龚老汉沟（2310）、头道沟（2470，2560，2620）	2016.08	+++	调查
204	伞菌目 Agaricales	白蘑科 Tricholomataceae	大白桩菇	*Leucopaxillus giganteus* (Sow. : Fr.) Sing.	梯子沟、老鸦山（2290）	2015.08	+	调查
205	伞菌目 Agaricales	白蘑科 Tricholomataceae	苦白桩菇	*Leucopaxillus amarus* (Alb. et Schw.) Kuehn.	金家沟（2218）	2016.08	+	调查
206	伞菌目 Agaricales	白蘑科 Tricholomataceae	白杯伞	*Clitocybe phyllophila* (Pers. : Fr.) Kummer	箕妇山（2428）	2016.08	+	调查
207	伞菌目 Agaricales	白蘑科 Tricholomataceae	白霜杯伞	*Clitocybe dealbata* (Sow. : fr.) Gill.	三江（1779，1351）	2016.08	+	调查
208	伞菌目 Agaricales	白蘑科 Tricholomataceae	杯伞	*Clitocybe infundibuliformis* (Schaeff. : Fr.) Quel.	老鸦山（2400）	2015.08	+	调查
209	伞菌目 Agaricales	白蘑科 Tricholomataceae	粗壮杯伞	*Clitocybe robusta* Pk.	英雄沟（2660）	2016.08	+	调查

（续）

序号	目名	科名	中文种名	拉丁学名	分布地点（括号内为海拔，单位：m）	最新发现时间	估计数量状况	数据来源
210	伞菌目 Agaricales	白蘑科 Tricholomataceae	大杯伞	*Clitocybe maxima* (Gartn. ex Mey.：Fr.) Quel.	黄草坪 (2262)	2016.08	+	调查
211	伞菌目 Agaricales	白蘑科 Tricholomataceae	毒杯伞	*Clitocybe cerussata* (Fr.) Kummer.	头道沟 (2028)	2015.08	+	调查
212	伞菌目 Agaricales	白蘑科 Tricholomataceae	环纹杯伞	*Clitocybe metachroa* (Fr.：Fr.) Kummer.	正河 (1810)	2016.08	+	调查
213	伞菌目 Agaricales	白蘑科 Tricholomataceae	黄白杯伞	*Clitocybe gilva* (Pers.：Fr.) Kummer.	头道沟 (2172、2489)	2016.08	+	调查
214	伞菌目 Agaricales	白蘑科 Tricholomataceae	卷边杯伞	*Clitocybe inversa* (Scop.：Fr.) Quel.	头道沟 (2029)	2016.08	+	调查
215	伞菌目 Agaricales	白蘑科 Tricholomataceae	林地杯伞	*Clitocybe obsoleta* (Batsch) Quel.	牛坪 (2194)	2015.08	+	调查
216	伞菌目 Agaricales	白蘑科 Tricholomataceae	深凹杯伞	*Clitocybe gibba* (Fr.) Kummer	核桃坪 (2717)、七层楼沟 (1747)	2016.08	+	调查
217	伞菌目 Agaricales	白蘑科 Tricholomataceae	石楠杯伞	*Clitocybe ericetorum* Bull. ex Quel.	黄草坪 (2608)、川北营 (2275)、头道沟 (2194)	2016.08	++	调查
218	伞菌目 Agaricales	白蘑科 Tricholomataceae	水粉杯伞	*Clitocybe nebularis* (Batsch：Fr.) Kummer	牛坪 (2253)	2016.08	+	调查
219	伞菌目 Agaricales	白蘑科 Tricholomataceae	条缘灰杯伞	*Clitocybe expallens*	龚老汉沟 (2119)	2015.08	+	调查
220	伞菌目 Agaricales	白蘑科 Tricholomataceae	小白杯伞	*Clitocybe candicans* (Pers.：Fr.) Kummer.	五一棚 (2175)、野牛沟 (3100)、梯子沟 (2746)、黄草坪 (2396)	2016.08	+++	调查
221	伞菌目 Agaricales	白蘑科 Tricholomataceae	斜盖伞	*Clitopilus prunulus* (Scop.) Fr.	老药山 (2060)	2016.08	+	调查

（续）

序号	目名	科名	中文种名	拉丁学名	分布地点（括号内为海拔，单位：m）	最新发现时间	估计数量状况	数据来源
222	伞菌目 Agaricales	白蘑科 Tricholomataceae	亚白杯伞	*Clitocybe catinus* (Fr.) Quel.	核桃坪（2542）、野牛沟（3035）、头道沟（2200）	2016.08	++	调查
223	伞菌目 Agaricales	白蘑科 Tricholomataceae	赭黄杯伞	*Clitocybe bresadoliana* Sing.	五一棚（2127）	2016.08	+	调查
224	伞菌目 Agaricales	白蘑科 Tricholomataceae	褐黄干脐菇	*Xeromphalina caiticinalis* (Fr.) Kuhn. et Maire	核桃坪（2327）	2016.08	+	调查
225	伞菌目 Agaricales	白蘑科 Tricholomataceae	黄干脐菇	*Xeromphalina campanella* (Batsch: Fr.) Maire.	五一棚（2064）、英雄沟	2016.08	+	调查
226	伞菌目 Agaricales	白蘑科 Tricholomataceae	皱盖干脐菇	*Xeromphalina tenuipes* (Schw.) A. H. Smith.	七层楼沟（1649）、五一棚（2113）、头道沟（2211）	2016.08	++	调查
227	伞菌目 Agaricales	白蘑科 Tricholomataceae	堆金钱菌	*Collybia acervata*	正河（1840）	2016.08	+	调查
228	伞菌目 Agaricales	白蘑科 Tricholomataceae	褐黄金钱菌	*Collybia luteifolia* Gill.	寡妇山（2216、2341、2383、2400）、金家沟（2234、2177）、寡妇山（2193）、头道沟（2033）、老鸡山（2160）	2016.08	++++	调查
229	伞菌目 Agaricales	白蘑科 Tricholomataceae	乳酪金钱菌	*Collybia butyracea* (Bull.: Fr.) Quel.	头道桥（2224）	2016.08	+	调查
230	伞菌目 Agaricales	白蘑科 Tricholomataceae	花脸香蘑	*Lepista sordida* (Schum.: Fr.) Sing.	英雄沟（2569）、川北云对面山、头道沟（2240）、耿达头道沟（2440、2480、2600）、大阴山（2800）、牛坪（2530）、龚老汉沟（2216）、寡妇山（2547）	2016.08	++++	调查
231	伞菌目 Agaricales	白蘑科 Tricholomataceae	肉色香蘑	*Lepista graveolens* (Peck) Murata	黄草坪（2263）	2015.08	+	调查

（续）

序号	目名	科名	中文种名	拉丁学名	分布地点（括号内为海拔，单位：m）	最新发现时间	估计数量状况	数据来源
232	伞菌目 Agaricales	白蘑科 Tricholomataceae	紫丁香蘑	Lepista nuda (Bull. : Fr.) Cooke	头道沟 (2240)	2016.08	+	调查
233	伞菌目 Agaricales	白蘑科 Tricholomataceae	草黄口蘑	Tricholoma lascivum (Fr.) Gillt.	梯子沟 (2720)，牛坪 (2097, 2359)，黄草坪 (2411)	2016.08	++	调查
234	伞菌目 Agaricales	白蘑科 Tricholomataceae	淡褐口蘑	Tricholoma albobranneum (Pers. : Fr.) Quel.	黄草坪 (2271)	2016.08	+	调查
235	伞菌目 Agaricales	白蘑科 Tricholomataceae	淡红拟口蘑	Tricholomopsis crocobapha (Berk. Br.) Pegler.	五一棚	2016.08	+	调查
236	伞菌目 Agaricales	白蘑科 Tricholomataceae	多鳞口蘑	Tricholoma squarrulosum Bres.	野牛沟 (3110)	2015.08	+	调查
237	伞菌目 Agaricales	白蘑科 Tricholomataceae	红鳞口蘑	Tricholoma vaccinum (Pers. : Fr.) Kummer	寡妇山 (2558)	2016.08	+	调查
238	伞菌目 Agaricales	白蘑科 Tricholomataceae	虎斑口蘑	Tricholoma tigrinum Schaeff. : Fr.	龚老汉沟	2016.08	+	调查
239	伞菌目 Agaricales	白蘑科 Tricholomataceae	灰环口蘑	Tricholoma cingulatum (Ahnfelt. : Fr.) Jacobaoch.	英雄沟 (2619)，牛坪 (2549)	2015.08	+	调查
240	伞菌目 Agaricales	白蘑科 Tricholomataceae	苦口蘑	Tricholoma acerbum (Bull. : Fr.) Quel.	五一棚	2016.08	+	调查
241	伞菌目 Agaricales	白蘑科 Tricholomataceae	鳞柄口蘑	Tricholoma pasammopus (Kalchbr.) Quel.	老鸦山 (1752)，七层楼沟 (1630)，五一棚 (2519)，邓生沟 (2802)	2016.08	++	调查
242	伞菌目 Agaricales	白蘑科 Tricholomataceae	鳞盖口蘑	Tricholoma imbriatum (Fr. : Fr.) Kummmer.	寡妇山 (2179)	2016.08	+	调查
243	伞菌目 Agaricales	白蘑科 Tricholomataceae	密环口蘑	Tricholoma collossum (Fr.) Quel.	五一棚、野牛沟 (3059)	2016.08	+	调查

（续）

序号	目名	科名	中文种名	拉丁学名	分布地点（括号内为海拔，单位：m）	最新发现时间	估计数量状况	数据来源
244	伞菌目 Agaricales	白蘑科 Tricholomataceae	乳白口蘑	*Tricholoma album* (Schaeff.: Fr.) Kummer	英雄沟（2625）、金家山（1924，1898，1892）、野牛沟（3070，3117）、头道沟（2220）	2016.08	+++	调查
245	伞菌目 Agaricales	白蘑科 Tricholomataceae	闪光口蘑	*Tricholoma resplendens* (Fr.) Karst.	头道沟（2179）	2016.08	+	调查
246	伞菌目 Agaricales	白蘑科 Tricholomataceae	土黄拟口蘑	*Tricholomopsis sasae* Hongo	核桃坪（2397，2405）	2016.08	+	调查
247	伞菌目 Agaricales	白蘑科 Tricholomataceae	锈色口蘑	*Tricholoma pessundatum* (Fr.) Quel.	野牛沟（2870）、头道沟（1930）	2016.08	+	调查
248	伞菌目 Agaricales	白蘑科 Tricholomataceae	油黄口蘑	*Tricholoma flavovirens* (Pers.: Fr.) Lundell.	梯子沟（2613）、头道沟（1932）	2016.08	+	调查
249	伞菌目 Agaricales	白蘑科 Tricholomataceae	赭红拟口蘑	*Tricholomopsis rutilans* (Schaeff.: Fr) Sing.	寡妇山（2226）	2016.08	+	调查
250	伞菌目 Agaricales	白蘑科 Tricholomataceae	褐缘黑点口蘑	*Tricholoma sciodes* (Secr.) Martin.	马塘	2015.08	+	调查
251	伞菌目 Agaricales	白蘑科 Tricholomataceae	棕灰口蘑	*Tricholoma terreum* (Schaeff.: Fr.) Kummer	五一棚（2064）	2016.08	++	调查
252	伞菌目 Agaricales	白蘑科 Tricholomataceae	红蜡蘑	*Laccaria laccata* (Scop.: Fr.) Berk. et. Br.	头道沟（2160）	2016.08	+	调查
253	伞菌目 Agaricales	白蘑科 Tricholomataceae	酒色蜡蘑	*Laccaria vinaceoavellanea* Hongo	老鸦山（2450）、三江（1511）	2016.08	+	调查
254	伞菌目 Agaricales	白蘑科 Tricholomataceae	橙红蜡蘑	*Laccaria fraternal* (Cke. et Mass.) Pegler	梯子沟（2644）	2016.08	+	调查

（续）

序号	目名	科名	中文种名	拉丁学名	分布地点（括号内为海拔，单位：m）	最新发现时间	估计数量状况	数据来源
255	伞菌目 Agaricales	白蘑科 Tricholomataceae	双色蜡磨	*Laccaria bicolor* (Maire) Orton	野牛沟 (3032)、梯子沟 (2854)、金家山 (1923, 1913)、老鸦山 (2120)	2016.08	+++	调查
256	伞菌目 Agaricales	白蘑科 Tricholomataceae	条柄蜡磨	*Laccaria proxima* (Boud.) Pat.	五一棚 (2279)、野牛沟 (3036)、梯子沟、川北营 (2129)	2016.08	++	调查
257	伞菌目 Agaricales	白蘑科 Tricholomataceae	紫褐蜡磨	*Laccaria purpureo-baia* Reid.	野牛沟 (3027)、梯子沟 (2650, 2660)	2016.08	+	调查
258	伞菌目 Agaricales	白蘑科 Tricholomataceae	紫蜡磨	*Laccaria amethystea* (Bull. ex Gray) Murr.	龚老汉沟 (2000)	2016.08	+	调查
259	伞菌目 Agaricales	白蘑科 Tricholomataceae	褐离褶伞	*Lyophyllum fumosum* (Pers. : Fr.) P. D. Orton	五一棚 (2232)、英雄沟 (2541)、梯子沟 (2730)、龚老汉沟	2016.08	++	调查
260	伞菌目 Agaricales	白蘑科 Tricholomataceae	紫皮丽磨	*Calocybe ionides* (Bull. : Fr.) Donk	川北营 (2308)	2016.08	+	调查
261	伞菌目 Agaricales	白蘑科 Tricholomataceae	脉褶菌	*Campanella junghuhnii* (Mont.) Sing.	黄草坪 (2378)、三江 (1508)	2016.08	+	调查
262	伞菌目 Agaricales	白蘑科 Tricholomataceae	黑鳞拟口磨	*Tricholomopsis nigra* (Petch) Pegler.	正河 (1790)	2016.08	+	调查
263	伞菌目 Agaricales	白蘑科 Tricholomataceae	亚高山钴囊磨	*Melanoleuca subalpine* (Brtiz.) Bres. et Stangl	寡妇山 (2384)	2016.08	+	调查
264	伞菌目 Agaricales	白蘑科 Tricholomataceae	稍褐钴囊磨	*Melanoleuca stridula* (Fr.) Sing. ss. Metr. Kuhn.	英雄沟 (2585, 2560)、梯子沟 (2717)	2016.08	+	调查
265	伞菌目 Agaricales	白蘑科 Tricholomataceae	粉色小菇	*Mycena rosea* (Bull.) Gramberg.	野牛沟 (2981)	2016.08	+	调查
266	伞菌目 Agaricales	白蘑科 Tricholomataceae	褐小菇	*Mycena alcalin* (Fr.) Quel.	川北营 (2129)、黄草坪 (2381)、头道沟 (2160)	2016.08	++	调查

（续）

序号	目名	科名	中文种名	拉丁学名	分布地点（括号内为海拔，单位：m）	最新发现时间	估计数量状况	数据来源
267	伞菌目 Agaricales	白蘑科 Tricholomataceae	黄柄小菇	*Mycena epipterygia* （Scoop.：Fr.）S. F. Gray.	马塘（2991，2999）	2016.08	+	调查
268	伞菌目 Agaricales	白蘑科 Tricholomataceae	洁小菇	*Mycena pura* （Pers.：Fr.）Kummer	黄草坪（2625），巴朗山之邓生沟（3008）	2016.08	+	调查
269	伞菌目 Agaricales	白蘑科 Tricholomataceae	盔盖小菇	*Mycena galericulata* （Scoop.：Fr.）Gray.	五一棚（2544），马塘	2016.08	+	调查
270	伞菌目 Agaricales	白蘑科 Tricholomataceae	铅灰色小菇	*Mycena leptocephala* （Pers.：Fr.）Gillet.	梯子沟（2606），头道沟（2286）	2016.08	+	调查
271	伞菌目 Agaricales	白蘑科 Tricholomataceae	全紫小菇	*Mycena holoporphyra* （B. etC.）Sing.	野牛沟（3037），金家山（1911），川北营（2208），金家沟（2047）	2016.08	++	调查
272	伞菌目 Agaricales	白蘑科 Tricholomataceae	污黄小菇	*Mycena citronella* （Pers.：Fr.）Quel.	三江（1653），梯子沟（2658），黄草坪（2715）	2016.08	++	调查
273	伞菌目 Agaricales	白蘑科 Tricholomataceae	早生小菇	*Mycena praecox* Vel.	梯子沟（1990）	2016.08	+	调查
274	伞菌目 Agaricales	白蘑科 Tricholomataceae	金针菇	*Flammulina velutipes* （Curt.：Fr.）Sing.	寡妇山（2194）	2016.08	+	调查
275	伞菌目 Agaricales	白蘑科 Tricholomataceae	黄小蜜环菌	*Armillariella cepistipes* Velen.	金家沟（2335）	2016.08	+	调查
276	伞菌目 Agaricales	白蘑科 Tricholomataceae	假蜜环菌	*Armillariella tabescens* （Scoop.：Fr.）Sing.	三江（1511），梯子沟（2664），七层楼沟（1771）	2016.08	++	调查
277	伞菌目 Agaricales	白蘑科 Tricholomataceae	大盖小皮伞	*Marasmius maximus* Hongo.	三江（1638）	2016.08	+	调查
278	伞菌目 Agaricales	白蘑科 Tricholomataceae	盾状小皮伞	*Marasmius pernatus* （Bolt.：Fr.）	三江（1638）	2016.08	+	调查

（续）

序号	目名	科名	中文种名	拉丁学名	分布地点（括号内为海拔，单位：m）	最新发现时间	估计数量状况	数据来源
279	伞菌目 Agaricales	白蘑科 Tricholomataceae	黑柄微皮伞	Marasmius nigripes (Schw.) Sing.	英雄沟 (2619)、头道沟 (2190)	2016.08	+	调查
280	伞菌目 Agaricales	白蘑科 Tricholomataceae	红柄小皮伞	Marasmius erythropus (Pers.) Fr.	牛坪 (2526)、核桃坪 (2518)、巴朗山之邓生沟 (3032)、寡妇山 (2602)、头道沟 (2443, 2060)、牛坪 (2530)	2016.08	++++	调查
281	伞菌目 Agaricales	白蘑科 Tricholomataceae	红缘小皮伞	Marasmius cohaerens (Pers.: Fr.) Fr.	七层楼沟 (1897)	2016.08	+	调查
282	伞菌目 Agaricales	白蘑科 Tricholomataceae	栎小皮伞	Marasmius dryophilus (Bull.: Fr.) Karst.	核桃坪 (2542)、黄草坪 (2720)、老鸦山 (2500)	2016.08	+	调查
283	伞菌目 Agaricales	白蘑科 Tricholomataceae	马鬃小皮伞	Marasmius crinisequi	三江 (1231)	2016.08	+	调查
284	伞菌目 Agaricales	白蘑科 Tricholomataceae	膜盖小皮伞	Marasmius cohortalis Bael. var. hymeniicephalus (Speg.) Sing.	核桃坪 (2459, 2516)、英雄沟 (2275, 2569)	2016.08	++	调查
285	伞菌目 Agaricales	白蘑科 Tricholomataceae	绒柄小皮伞	Marasmius confluens (Pers.: Fr.) Karst.	梯子沟 (2789)、金家山 (1911)	2016.08	+	调查
286	伞菌目 Agaricales	白蘑科 Tricholomataceae	乳白黄小皮伞	Marasmius bekolacongoli Beel.	英雄沟、龚老汉沟	2016.08	+	调查
287	伞菌目 Agaricales	白蘑科 Tricholomataceae	污黄小皮伞	Marasmius epidryas Kuhn.	梯子沟 (2632)	2016.08	+	调查
288	伞菌目 Agaricales	白蘑科 Tricholomataceae	雪白小皮伞	Marasmius niveus Mons	梯子沟 (2820)、头道沟 (2299)	2016.08	+	调查
289	伞菌目 Agaricales	白蘑科 Tricholomataceae	硬柄小皮伞	Marasmius oreades (Bolt.: Fr.) Fr.	金家山 (1898)	2016.08	+	调查

（续）

序号	目名	科名	中文种名	拉丁学名	分布地点（括号内为海拔，单位：m）	最新发现时间	估计数量状况	数据来源
290	伞菌目 Agaricales	白蘑科 Tricholomataceae	紫沟条小皮伞	*Marasmius purpureostriatus* Hongo.	核桃坪（2460）	2016.08	+	调查
291	伞菌目 Agaricales	白蘑科 Tricholomataceae	白变长根奥德蘑	*Oudemansiella radicata* var. *alba* Pegler et Yong	三江（1633）	2016.08	+	调查
292	伞菌目 Agaricales	白蘑科 Tricholomataceae	淡褐奥德蘑	*Oudemansiella canarii* (Jungh.) Hohnel.	黄草坪（2268）、七层楼沟（1747）	2016.08	+	调查
293	伞菌目 Agaricales	白蘑科 Tricholomataceae	鳞柄长根奥德蘑	*Oudemansiella radicata* var. *furfuracea* (Peck) Pegleret et Yong	核桃坪（2521、2545）	2015.08	+	调查
294	伞菌目 Agaricales	白蘑科 Tricholomataceae	长根奥德蘑	*Oudemansiella radicata* (Relhan：Fr.) Sing.	三江（1861、1500）	2016.08	+	调查
295	伞菌目 Agaricales	侧耳科 Pleurotaceae	白黄侧耳	*Pleurotus cornucopiae* (Paul.：Pers.) Rolland	野牛沟（3208、3110、3110）、三江（1440）	2016.08	++	调查
296	伞菌目 Agaricales	侧耳科 Pleurotaceae	鲍鱼侧耳	*Pleurotus abalonus* Han, K. M. Chen et S. Cheng	黄草坪（2303）	2016.08	+	调查
297	伞菌目 Agaricales	侧耳科 Pleurotaceae	侧耳	*Pleurotus ostreatus*	梯子沟（2735）	2016.08	+	调查
298	伞菌目 Agaricales	侧耳科 Pleurotaceae	鹅色侧耳	*Pleurotus anserinus* (Berk.) Sacc.	梯子沟（2660）	2016.08	+	调查
299	伞菌目 Agaricales	侧耳科 Pleurotaceae	金顶侧耳	*Pleurotus citrinopileatus* Sing.	头道桥（2242）、核桃坪（2456）、黄草坪（2516）、七层楼沟（2098）、巴朗山之邓生沟（2918）	2016.08	+++	调查
300	伞菌目 Agaricales	侧耳科 Pleurotaceae	扇形侧耳	*Pleurotus flabellatus* (Berk. et Br.) Sacc.	龚老汉沟（2400）	2016.08	+	调查

（续）

序号	目名	科名	中文种名	拉丁学名	分布地点（括号内为海拔，单位：m）	最新发现时间	估计数量状况	数据来源
301	伞菌目 Agaricales	侧耳科 Pleurotaceae	小白侧耳	*Pleurotus limpidus* (Fr.) Gill.	老鸦山（1784）	2015.08	+	调查
302	伞菌目 Agaricales	侧耳科 Pleurotaceae	大杯香菇	*Lentinus giganteus* Berk.	川北营（2450）	2016.08	+	调查
303	伞菌目 Agaricales	侧耳科 Pleurotaceae	漏斗形香菇	*Lentinus infundibuliformis* Berk. et Br.	七层楼沟（1747）、头道沟（2131）	2016.08	++	调查
304	伞菌目 Agaricales	侧耳科 Pleurotaceae	褐黄鳞锈耳	*Crepidotus badiofloccosus* Imai	黄草坪（2399）、五一棚（2039、2127、2193）、野牛沟（2725）、梯子沟（2720）	2016.08	+++	调查
305	伞菌目 Agaricales	侧耳科 Pleurotaceae	亮白小侧耳	*Pleurotellus candidissimus*	巴朗山	2015.08	+	调查
306	伞菌目 Agaricales	侧耳科 Pleurotaceae	平盖锈耳	*Crepidotus applanatus* (Pers.: Pers.) Kummer	巴朗山（2931）、核桃坪（2555）、寡妇山（2571）、耿达一牛坪（2493）	2016.08	+++	调查
307	伞菌目 Agaricales	侧耳科 Pleurotaceae	粘锈耳	*Crepidotus mollis* (Schaeff.: Fr.) Gray	牛坪（2458）	2016.08	+	调查
308	伞菌目 Agaricales	侧耳科 Pleurotaceae	密褶亚侧耳	*Hohenbuelelia geogenia*	三江（1436）	2016.08	+	调查
309	伞菌目 Agaricales	侧耳科 Pleurotaceae	小亚侧耳	*Hohenbuelelia flexinis*	龚老汉沟（2400）	2016.08	+	调查
310	伞菌目 Agaricales	侧耳科 Pleurotaceae	贝形圆孢侧耳	*Pleurocybella porrigens* (Pers.: Fr.) Sing.	寡妇山（2446）	2016.08	+	调查
311	伞菌目 Agaricales	豆包菌科 Pisolithaceae	豆包菌	*Pisolithus tinctorius* (Pers.) Coker et Couch	金家沟（2234）	2016.08	+	调查
312	伞菌目 Agaricales	豆包菌科 Pisolithaceae	小果豆包菌	*Pisolithus microcarpus* (Cke. et Mass.) Cunn.	五一棚（2064）	2015.08	+	调查

（续）

序号	目名	科名	中文种名	拉丁学名	分布地点（括号内为海拔，单位：m）	最新发现时间	估计数量状况	数据来源
313	伞菌目 Agaricales	鹅膏菌科 Amantiaceae	暗褐鹅膏菌	Amanita hemibapha subsp. similis (Berk. Br.) Sacc. (Boed.) Corner et Bas	梯子沟（2717），三江（1433）	2016.08	+	调查
314	伞菌目 Agaricales	鹅膏菌科 Amantiaceae	橙盖鹅膏菌	Amanita caesarea (Scop.；Fr.) Pers. ex Schw.	野牛沟（3063）	2016.08	+	调查
315	伞菌目 Agaricales	鹅膏菌科 Amantiaceae	赤褐鹅膏菌	Amanita fulva (Schaeff.：Fr.) Pers. ex Sing.	寡妇山（2537），头道沟（1931）	2016.08	+	调查
316	伞菌目 Agaricales	鹅膏菌科 Amantiaceae	环盖鹅膏菌	Amanita pachycolea Stuntz	头道沟（2170）	2016.08	+	调查
317	伞菌目 Agaricales	鹅膏菌科 Amantiaceae	黄絮鳞鹅膏菌	Amanita chrysolenuca Pegler	五一棚（2123）	2016.08	+	调查
318	伞菌目 Agaricales	鹅膏菌科 Amantiaceae	灰褐鳞鹅膏菌	Amanita cinereconia var. croceescens Bas.	五一棚（2457），三江（1610）	2016.08	+	调查
319	伞菌目 Agaricales	鹅膏菌科 Amantiaceae	灰花纹鹅膏	Amanita fuliginea Hongo	梯子沟（2760），三江（1438）	2016.08	+	调查
320	伞菌目 Agaricales	鹅膏菌科 Amantiaceae	块鳞鹅膏菌	Amanita excelsa (Fr.) Quel.	野牛沟（3110，2800，3117），巴朗山（3024）	2016.08	++	调查
321	伞菌目 Agaricales	鹅膏菌科 Amantiaceae	卵盖鹅膏菌	Amanita ovoidea (Bull.：Fr.). Quel.	寡妇山（2155），野牛沟（3100）	2016.08	++	调查
322	伞菌目 Agaricales	鹅膏菌科 Amantiaceae	美丽毒蝇鹅膏菌	Amanita muscaria var. formosa (Pers.：Fr.) Bert.	川北云对面山，巴朗山，野牛沟（2983）	2015.08	++	调查
323	伞菌目 Agaricales	鹅膏菌科 Amantiaceae	拟残托斑鹅膏	Amanita sp.	三江（1430）	2016.08	+	调查
324	伞菌目 Agaricales	鹅膏菌科 Amantiaceae	松果鹅膏菌	Amanita strobiliformis (Vitt.) Quel.	梯子沟（2660）	2016.08	+	调查

（续）

序号	目名	科名	中文种名	拉丁学名	分布地点（括号内为海拔，单位：m）	最新发现时间	估计数量状况	数据来源
325	伞菌目 Agaricales	鹅膏菌科 Amantiaceae	瓦灰鹅膏菌	Amanita onusta (Howe) Sacc.	梯子沟 (2761, 2779)	2016.08	+	调查
326	伞菌目 Agaricales	鹅膏菌科 Amantiaceae	疣托鹅膏菌	Amanita verrucosivolva Z. L. Yang.	牛坪 (2432)	2016.08	+	调查
327	伞菌目 Agaricales	粉褶菌科 Schizophyllaceae	脆柄粉褶菌	Entoloma fragilipes	头道沟 (2180)	2016.08	+	调查
328	伞菌目 Agaricales	粉褶菌科 Schizophyllaceae	凸顶柄丘菌	Nolanea verna	五一棚 (2193)	2016.08	+	调查
329	伞菌目 Agaricales	粉褶菌科 Schizophyllaceae	暗蓝粉褶菌	Rhodophyllus lazulinus (Fr.) Quel.	头道沟 (2071)	2016.08	+	调查
330	伞菌目 Agaricales	粉褶菌科 Schizophyllaceae	霜白粉褶菌	Rhodophyllus pruhuloides (Fr.) Quel.	梯子沟	2016.08	+	调查
331	伞菌目 Agaricales	粉褶菌科 Schizophyllaceae	变蓝粉褶菌	Rhodophyllus virescens	梯子沟 (2725)	2016.08	+	调查
332	伞菌目 Agaricales	粉褶菌科 Schizophyllaceae	褐盖粉褶菌	Rhodophyllus rhodopolius (Fr.) Quel.	龚老汉沟、老鸦山 (2460)	2016.08	+	调查
333	伞菌目 Agaricales	粉褶菌科 Schizophyllaceae	黑紫粉褶菌	Rhodophyllus ater	牛坪 (2482)、正河 (1990)	2016.08	+	调查
334	伞菌目 Agaricales	粉褶菌科 Schizophyllaceae	灰褐粉褶菌	Rhodophyllus grayanus (Pk.) Sacc.	邓生沟 (2800)	2015.08	+	调查
335	伞菌目 Agaricales	粉褶菌科 Schizophyllaceae	晶盖粉褶菌	Rhodophyllus clypeatus	金家沟 (2197)、寡妇山 (2392)、邓生沟 (2800)、头道沟 (2310)	2016.08	+++	调查
336	伞菌目 Agaricales	粉褶菌科 Schizophyllaceae	扭柄粉褶菌	Rhodophyllus sp.	英雄沟 (2569)	2016.08	+	调查

（续）

序号	目名	科名	中文种名	拉丁学名	分布地点（括号内为海拔，单位：m）	最新发现时间	估计数量状况	数据来源
337	伞菌目 Agaricales	粉褶菌科 Schizophyllaceae	湿粉褶菌	*Rhodophyllus madidus* (Fr.) Quél.	五一棚（2193）	2016.08	+	调查
338	伞菌目 Agaricales	粉褶菌科 Schizophyllaceae	斜盖粉褶菌	*Rhodophyllus abortivus* (Berk. Curt.) Sing.	头道沟（2247）、黄草坪（2523）	2016.08	++	调查
339	伞菌目 Agaricales	粉褶菌科 Schizophyllaceae	锥盖粉褶菌	*Rhodophyllus sturbidus* (Fr.) Quel	金家山（1912）	2016.08	+	调查
340	伞菌目 Agaricales	粉褶菌科 Schizophyllaceae	紫褐盖粉褶菌	*Rhodophyllus porphyrophaeus* (Fr.) Quel.	金家沟（2197）	2016.08	+	调查
341	伞菌目 Agaricales	粉褶菌科 Schizophyllaceae	绢白粉褶伞	*Leptonia sericella* (Bull: Fr.)	川北云对面山	2016.08	+	调查
342	伞菌目 Agaricales	粪锈伞科 Bolbitiaceae	粪锈伞	*Bolbitius vitellinus* (Pers.) Fr.	邓生沟（2784）	2016.08	+	调查
343	伞菌目 Agaricales	粪锈伞科 Bolbitiaceae	无环田头菇	*Agrocybe farinacea* Hongo.	头道沟（2240）	2016.08	+	调查
344	伞菌目 Agaricales	粪锈伞科 Bolbitiaceae	柱状田头菇	*Agrocybe cylindracea* (DC.: Fr.) R. Maaire.	野牛沟（3113）	2016.08	+	调查
345	伞菌目 Agaricales	粪锈伞科 Bolbitiaceae	大盖锥盖伞	*Conocybe macracephala* Kuhn. et Sing.	粪老汉沟	2016.08	+	调查
346	伞菌目 Agaricales	粪锈伞科 Bolbitiaceae	乳白锥盖伞	*Conocybe lacteal* (J. Lange) Metrod	英雄沟、头道沟（2159）	2016.08	+	调查
347	伞菌目 Agaricales	粪锈伞科 Bolbitiaceae	土黄锥盖菇	*Conocybe subovalis* (Kuhn) Kuhn. Romagn.	金家山（1911）	2016.08	+	调查
348	伞菌目 Agaricales	粪锈伞科 Bolbitiaceae	小脆锥盖伞	*Conocybe fragilis* (Peck.) Sing.	金家沟（2231）	2016.08	+	调查

（续）

序号	目名	科名	中文种名	拉丁学名	分布地点（括号内为海拔，单位：m）	最新发现时间	估计数量状况	数据来源
349	伞菌目 Agaricales	光柄菇科 Pluteaceae	粉褐光柄菇	Pluteus depauperatus Rom.	邓生沟（2890）	2016.08	+	调查
350	伞菌目 Agaricales	光柄菇科 Pluteaceae	黑边光柄菇	Pluteus atromarginatus（Kenr.）Kuhner	梯子沟（2786）	2016.08	+	调查
351	伞菌目 Agaricales	光柄菇科 Pluteaceae	狮黄光柄菇	Pluteus leoninus（Schaeff.：Fr.）Kumm.	英雄沟（2577）	2016.08	+	调查
352	伞菌目 Agaricales	光柄菇科 Pluteaceae	鼠灰光柄菇	Pluteus murinus Bres.	金家沟（2243）、野牛沟（3067）、梯子沟（2955）、三江（1438）	2016.08	+++	调查
353	伞菌目 Agaricales	光柄菇科 Pluteaceae	亚灰光柄菇	Pluteus subcervinus（Berk. et Br.）Sall.	金家沟（2139）、梯子沟（2797）	2016.08	+++	调查
354	伞菌目 Agaricales	鬼伞科 Coprinaceae	灰盖鬼伞	Coprinus cinereus（Schaeff.：Fr.）S. F. Gray.	马塘、黄草坪（2282）、梯子沟（2846、2735）	2016.08	++	调查
355	伞菌目 Agaricales	鬼伞科 Coprinaceae	晶粒鬼伞	Coprinus micaceus（Bull.）Fr.	老鸦山（2250）	2016.08	+	调查
356	伞菌目 Agaricales	鬼伞科 Coprinaceae	林生鬼伞	Coprinus silvaticus Peck	金家沟（2231）、黄草坪（2637）、野牛沟（3047）	2016.08	++	调查
357	伞菌目 Agaricales	鬼伞科 Coprinaceae	墨汁鬼伞	Coprinus atramentarius（Bull.）Fr.	英雄沟（2617）、梯子沟（2658）	2016.08	++	调查
358	伞菌目 Agaricales	鬼伞科 Coprinaceae	小孢毛鬼伞	Coprinus ovatus（Schaeff.）Fr.	英雄沟（2583）、梯子沟（2746）	2016.08	++	调查
359	伞菌目 Agaricales	鬼伞科 Coprinaceae	雪白鬼伞	Coprinus niveus（Per.：Fr.）Fr.	梯子沟（2810）、牛坪（2072）	2016.08	++	调查
360	伞菌目 Agaricales	鬼伞科 Coprinaceae	粪生花褶伞	Panaeolus fimicola Fr.	金家沟（2141）、漆树漕（1804）	2016.08	++	调查

（续）

序号	目名	科名	中文种名	拉丁学名	分布地点（括号内为海拔，单位：m）	最新发现时间	估计数量状况	数据来源
361	伞菌目 Agaricales	鬼伞科 Coprinaceae	褐红花褶伞	*Panaeolus subbalteatus* (Berk. Br.) Sacc.	金家沟（2135）、核桃坪（2320）	2016.08	++	调查
362	伞菌目 Agaricales	鬼伞科 Coprinaceae	花褶伞	*Panaeolus retirugis* Fr.	五一棚（2171）	2016.08	+	调查
363	伞菌目 Agaricales	鬼伞科 Coprinaceae	黄褐花褶伞	*Panaeolus foenisecii* (Pers. : Fr.) Maire	邓生沟（2814）	2016.08	+	调查
364	伞菌目 Agaricales	鬼伞科 Coprinaceae	硬腿花褶伞	*Panaeolus solidipes* Peck	牛坪（2161）	2016.08	+	调查
365	伞菌目 Agaricales	鬼伞科 Coprinaceae	小假鬼伞	*Pseudocoprinus disseminates* (Pers. : Fr.) Kuhner.	英雄沟（2583）、牛坪（2382）、黄草坪（2365）	2016.08	+++	调查
366	伞菌目 Agaricales	鬼伞科 Coprinaceae	白黄小脆柄菇	*Psathyrella candolleana* (Fr.) A. H. Smith	老鸦山（1744）、头道沟（2220）	2016.08	++	调查
367	伞菌目 Agaricales	鬼伞科 Coprinaceae	白小脆柄菇	*Psathyrella leucotephra* (Bk. at. Br.) Oiton.	头道沟（2165）	2016.08	+	调查
368	伞菌目 Agaricales	鬼伞科 Coprinaceae	半球小脆柄菇	*Psathyrella subinceta* Fr.	头道沟（1990）	2016.08	+	调查
369	伞菌目 Agaricales	鬼伞科 Coprinaceae	草地小脆柄菇	*Psathyrella campestris* (Earl.) Smith	巴朗山（3159，3147）	2015.08	+	调查
370	伞菌目 Agaricales	鬼伞科 Coprinaceae	橙褐小脆柄菇	*Psathyrella caudata* (Fr.) Quel.	邓生沟（2884）、正河（2086）	2016.08	+	调查
371	伞菌目 Agaricales	鬼伞科 Coprinaceae	褐白小脆柄菇	*Psathyrella gracilis* (Fr.) Quel.	龚老汉沟、七层楼沟（1714，1747，1771）、老鸦山（2120）、三江（1525）、正河（1880，1854）	2016.08	++++	调查

（续）

序号	目名	科名	中文种名	拉丁学名	分布地点（括号内为海拔，单位：m）	最新发现时间	估计数量状况	数据来源
372	伞菌目 Agaricales	鬼伞科 Coprinaceae	花盖小脆柄菇	Psathyrella multipedata（Imai）Hongo.	金家沟（2230）、核桃坪（2320、2523）、五一棚（2100）、龚老汉沟（2000）	2016.08	++++	调查
373	伞菌目 Agaricales	鬼伞科 Coprinaceae	灰褐小脆柄菇	Psathyrella spadiceogrisea（Schaeff.）Maire.	五一棚（2091）	2016.08	+	调查
374	伞菌目 Agaricales	鬼伞科 Coprinaceae	鳞小脆柄菇	Psathyrella squamosal（Karst.）Moster.	漆树槽（1622）	2016.08	+	调查
375	伞菌目 Agaricales	鬼伞科 Coprinaceae	乳褐小脆柄菇	Psathyrella lactobrunnescens Smith	核桃坪（2582、2605）	2016.08	+	调查
376	伞菌目 Agaricales	鬼伞科 Coprinaceae	喜湿小脆柄菇	Psathyrella hydrophila（Bull.：Fr.）A. S. Smith	寡妇山（2497）、英雄沟（2569）、野牛沟（3019）、梯子沟（2725）、梯子沟（1995—2592、2700、2730、黄草坪（2261、2265、2303、2456）、核桃坪（2482）、2560）	2016.08	++++	调查
377	伞菌目 Agaricales	鬼伞科 Coprinaceae	杂色小脆柄菇	Psathyrella multissima（Imai）Hongo.	英雄沟、龚老汉沟	2016.08	+	调查
378	伞菌目 Agaricales	鬼伞科 Coprinaceae	毡毛小脆柄菇	Psathyrella velutina（Pers.：Fr.）Sing.	寡妇山（2506）、川北云对面山、牛坪（2455）	2016.08	+	调查
379	伞菌目 Agaricales	鬼伞科 Coprinaceae	皱盖小脆柄菇	Psathyrella rugocephala（Atk.）A. H. Smith	野牛沟（3017）	2016.08	+	调查
380	伞菌目 Agaricales	鬼伞科 Coprinaceae	白斑褶菇	Anellaria antillarum（Berk.）Sing.	头道沟（2162）	2016.08	+	调查
381	伞菌目 Agaricales	鬼伞科 Coprinaceae	半卵形斑褶菇	Anellaria semiovata（Sow.：Fr.）Pers. et Denn	牛坪（2540）	2016.08	+	调查

（续）

序号	目名	科名	中文种名	拉丁学名	分布地点（括号内海拔，单位：m）	最新发现时间	估计数量状况	数据来源
382	伞菌目 Agaricales	蜡伞科 Hygrophoraceae	变黑蜡伞	*Hygrophorus conicus*	三江（1100）、正河（1860，1833）	2016.08	+	调查
383	伞菌目 Agaricales	蜡伞科 Hygrophoraceae	单色蜡伞	*Hygrophorus unicolor* Groer	野牛沟（3029）	2015.08	+	调查
384	伞菌目 Agaricales	蜡伞科 Hygrophoraceae	粉红蜡伞	*Hygrophorus pudorinus* Fr.	寡妇山（2420）、金家沟（2239）、梯子沟（2720）	2016.08	+++	调查
385	伞菌目 Agaricales	蜡伞科 Hygrophoraceae	橄榄白蜡伞	*Hygrophorus olivaceo-albus*（Fr.）Fr.	金家山（1902）、牛坪（2153）、黄草坪（2405）	2016.08	+++	调查
386	伞菌目 Agaricales	蜡伞科 Hygrophoraceae	褐盖蜡伞	*Hygrophorus camarophllus*（Alb. & Schow.：Fr. Dumee	黄草坪（2433）	2016.08	+	调查
387	伞菌目 Agaricales	蜡伞科 Hygrophoraceae	尖顶金蜡伞	*Hygrophorus acutoconica*（Clem.）A. H. Smith	梯子沟（2726）	2016.08	+	调查
388	伞菌目 Agaricales	蜡伞科 Hygrophoraceae	胶环蜡伞	*Hygrophorus gliocycius* Fr.	龚老汉沟	2016.08	+	调查
389	伞菌目 Agaricales	蜡伞科 Hygrophoraceae	金粒蜡伞	*Hygrophorus chrysodon*（Batsch）Fr.	马塘（2871）、野牛沟（3021）	2016.08	+	调查
390	伞菌目 Agaricales	蜡伞科 Hygrophoraceae	可爱蜡伞	*Hygrophorus laetus*（Pers.）Fr.	头道沟（2033，2032）	2016.08	+	调查
391	伞菌目 Agaricales	蜡伞科 Hygrophoraceae	蜡黄蜡伞	*Hygrophorus chlorophanus* Fr.	梯子沟（2998）、大阴山（2840）	2016.08	+	调查
392	伞菌目 Agaricales	蜡伞科 Hygrophoraceae	蜡伞	*Hygrophorus ceraceus*（Wulf）Fr.	五一棚（2217，2271，2457）、龚老汉沟、川北云对面山	2015.08	++	调查
393	伞菌目 Agaricales	蜡伞科 Hygrophoraceae	美味蜡伞	*Hygrophorus agathosmus*	核桃坪（2449）、七层楼沟（2168）	2016.08	+	调查

（续）

序号	目名	科名	中文种名	拉丁学名	分布地点（括号内为海拔，单位：m）	最新发现时间	估计数量状况	数据来源
394	伞菌目 Agaricales	蜡伞科 Hygrophoraceae	拟光蜡伞	*Hygrophorus pseudocucorum* Smith et Hesler	龚老汉沟	2016.08	+	调查
395	伞菌目 Agaricales	蜡伞科 Hygrophoraceae	柠檬黄蜡伞	*Hygrophorus lucorum*	梯子沟（2625）、三江（1675）	2016.08	+	调查
396	伞菌目 Agaricales	蜡伞科 Hygrophoraceae	盘状蜡伞	*Hygrophorus discoideus* (Pers. : Fr.) Fr.	头道桥（2251）	2016.08	+	调查
397	伞菌目 Agaricales	蜡伞科 Hygrophoraceae	浅黄褐蜡伞	*Hygrophorus leucopheus* (Scop.) Fr.	巴朗山（2918）	2016.08	+	调查
398	伞菌目 Agaricales	蜡伞科 Hygrophoraceae	青黄蜡伞	*H. hypothejus* (Fr.) Fr.	金豕沟（2236）	2016.08	+	调查
399	伞菌目 Agaricales	蜡伞科 Hygrophoraceae	深黄蜡伞	*Hygrophorus craceus* (Bull.) Bres.	川北云对面山	2016.08	+	调查
400	伞菌目 Agaricales	蜡伞科 Hygrophoraceae	条纹蜡伞	*Hygrophorus* sp.	老鸦山（2490）	2016.08	+	调查
401	伞菌目 Agaricales	蜡伞科 Hygrophoraceae	污白蜡伞	*Hygrocybe laeta* (Pers. : Fr.) Kummer	核桃坪（2624）	2016.08	+	调查
402	伞菌目 Agaricales	蜡伞科 Hygrophoraceae	绯红湿伞	*Hygrocybe coccinea* (Schaeff. : Fr.) Kaest.	三江（1669）	2016.08	+	调查
403	伞菌目 Agaricales	蜡伞科 Hygrophoraceae	浅黄褐湿伞	*Hygrocybe flavescens* (Kauffm.) Sing.	川北云对面山	2016.08	+	调查
404	伞菌目 Agaricales	蜡伞科 Hygrophoraceae	肉色湿伞	*Hygrocybe fuscescens* (Bres.) Ort. et Watl.	三江（1540）	2016.08	+	调查
405	伞菌目 Agaricales	蜡伞科 Hygrophoraceae	条缘橙湿伞	*Hygrocybe reai* (Mraire.) J. Lange	梯子沟（2615）、龚老汉沟、三江（1648）	2016.08	++	调查

（续）

序号	目名	科名	中文种名	拉丁学名	分布地点（括号内为海拔，单位：m）	最新发现时间	估计数量状况	数据来源
406	伞菌目 Agaricales	蜡伞科 Hygrophoraceae	凸顶橙红湿伞	*Hygrocybe cuspidate* (Peck) Murrill	五一棚（2176）	2016.08	+	调查
407	伞菌目 Agaricales	蜡伞科 Hygrophoraceae	小红湿伞	*Hygrophorus imazekil* (Honogo) Honogo	五一棚（2237）、龚老汉沟（2000、2400）	2015.08	++	调查
408	伞菌目 Agaricales	裂褶菌科 Schizophyllaceae	裂褶菌	*Schizophyllum commune*	野牛沟（3027）	2016.08	+	调查
409	伞菌目 Agaricales	蘑菇科 Agaricaceae	翘鳞大环柄菇	*Macrolepiota puellaris* Fr.	英雄沟（2568）	2016.08	+	调查
410	伞菌目 Agaricales	蘑菇科 Agaricaceae	乳头状大环柄菇	*Macrolepiota mastoidea* (Fr.) Sing.	老鸦山（2020）	2016.08	+	调查
411	伞菌目 Agaricales	蘑菇科 Agaricaceae	白环柄菇	*Lepiota alba* (Bres.) Fr.	金家山（1902）	2015.08	+	调查
412	伞菌目 Agaricales	蘑菇科 Agaricaceae	美洲环柄菇	*Lepiota Americana* (Peck) Peck.	牛坪（2181）、老鸦山（2360）	2016.08	+	调查
413	伞菌目 Agaricales	蘑菇科 Agaricaceae	橙黄蘑菇	*Agaricus perrarus* Schulzer.	野牛沟（2985）	2016.08	+	调查
414	伞菌目 Agaricales	蘑菇科 Agaricaceae	粗柄蘑菇	*Agaricus spissicaulis* Moeller	三江（1195）	2016.08	+	调查
415	伞菌目 Agaricales	蘑菇科 Agaricaceae	黄斑蘑菇	*Agaricus xanthodermus* Quel.	老鸦山（2100）	2016.08	+	调查
416	伞菌目 Agaricales	蘑菇科 Agaricaceae	林地白蘑菇	*Agaricus silvicola* var. *pallidus* (Moller) Moller.	漆树漕（1787）、梯子沟（2775、2995、2658）、龚老汉沟（2000）、黄草坪（2300）、老鸦山（2220）	2016.08	+++	调查

（续）

序号	目名	科名	中文种名	拉丁学名	分布地点（括号内为海拔，单位：m）	最新发现时间	估计数量状况	数据来源
417	伞菌目 Agaricales	蘑菇科 Agaricaceae	夏生蘑菇	*Agaricus aestivalis* Moller	五一棚（2210）	2016.08	+	调查
418	伞菌目 Agaricales	鸟巢菌科 Nidulariaceae	白被黑蛋巢菌	*Cyathus pallidus* Berk. et Curt.	龚老汉沟、巴朗山（3165）、头道沟（2179）	2016.08	++	调查
419	伞菌目 Agaricales	鸟巢菌科 Nidulariaceae	白蛋巢菌	*Crucibulum vulgare* Tul.	金家沟（2233）、核桃坪（2518）、七层楼沟（1732）	2016.08	++	调查
420	伞菌目 Agaricales	球盖菇科 Strophariaceae	橙环锈伞	*Pholiota junonia* (Fr.) Karst.	三江（1639）、梯子沟（2329）	2016.08	+	调查
421	伞菌目 Agaricales	球盖菇科 Strophariaceae	淡黄褐环锈伞	*Pholiota flavida* (Fr.) Sing.	箕妇山（2284）、头道沟（2114）	2016.08	+	调查
422	伞菌目 Agaricales	球盖菇科 Strophariaceae	光滑环锈伞	*Pholiota nameko* (T. Ito) S. Ito et Imai	金家沟（2228、2230）、老鸦山（2320）	2016.08	++	调查
423	伞菌目 Agaricales	球盖菇科 Strophariaceae	黄褐环锈伞	*Pholiota spumosa* (Fr.) Sing.	七层楼沟（2012）	2016.08	+	调查
424	伞菌目 Agaricales	球盖菇科 Strophariaceae	黄伞	*Pholiota adiposa*	金家沟（2147）、核桃坪（2320）	2016.08	+	调查
425	伞菌目 Agaricales	球盖菇科 Strophariaceae	金毛环锈伞	*Pholiota aurivella* (Batsch; Fr.) Kummer	巴朗山（2882）	2015.08	+	调查
426	伞菌目 Agaricales	球盖菇科 Strophariaceae	绒圆环锈伞	*Pholiota johnsoniana* (Pk.) Atk.	箕妇山（2458）	2016.08	+	调查
427	伞菌目 Agaricales	球盖菇科 Strophariaceae	弯柄环锈伞	*Pholiota curvipes* (Fr.) Quel.	川北云对面山	2016.08	+	调查
428	伞菌目 Agaricales	球盖菇科 Strophariaceae	粘盖环锈伞	*Pholiota lubrica* (Fr.) Sing.	核桃坪（2539）	2016.08	+	调查

（续）

序号	目名	科名	中文种名	拉丁学名	分布地点（括号内为海拔，单位：m）	最新发现时间	估计数量状况	数据来源
429	伞菌目 Agaricales	球盖菇科 Strophariaceae	毛树库恩菌	Kuehneromyces mutabilis (Schaeff. : Fr.) Sing. et Smith	核桃坪（2395）、邓生沟（2861、2863、2872）、漆树槽（2240）、耿达-牛坪（2269、2281）、头道沟（2028、2199、2172、2333、2385）、三江（1637）	2016.08	++++	调查
430	伞菌目 Agaricales	球盖菇科 Strophariaceae	粪生光盖伞	Psilocybe coprophila (Bull. : Fr.) Kummer.	箕妇山（2519）	2016.08	+	调查
431	伞菌目 Agaricales	球盖菇科 Strophariaceae	黄铜绿球盖菇	Stropharia aeruginosa	野牛沟（3208）、梯子沟（2827）、黄草坪（2300）	2016.08	++	调查
432	伞菌目 Agaricales	球盖菇科 Strophariaceae	浅褐色球盖菇	Stropharia hornemanni	梯子沟（2625、2709）、头道沟（2273）	2016.08	+	调查
433	伞菌目 Agaricales	球盖菇科 Strophariaceae	皱环球盖菇	Stropharia rugosoannulata Farlow	头道沟（1969）	2016.08	+	调查
434	伞菌目 Agaricales	球盖菇科 Strophariaceae	单生韧伞	Naematoloma dispersum Karst.	头道沟（2155）	2015.08	+	调查
435	伞菌目 Agaricales	球盖菇科 Strophariaceae	土黄韧伞	Naematoloma gracile Hongo	金家山（1906）	2016.08	+	调查
436	伞菌目 Agaricales	球盖菇科 Strophariaceae	砖红韧伞	Naematoloma sublateritium (Fr.) Karst.	头道桥（2314）、梯子沟（2746、2728、2734）	2016.08	++	调查
437	伞菌目 Agaricales	珊瑚菌科 Clavariaceae	棒瑚菌	Clavariadelphus pistillaris (Fr.) Donk.	金家山（1922）、头道沟（2114）	2015.08	+	调查
438	伞菌目 Agaricales	珊瑚菌科 Clavariaceae	平截棒瑚菌	Clavariadelphus trucatus	大阴山（2720）	2015.08	+	调查
439	伞菌目 Agaricales	珊瑚菌科 Clavariaceae	红拟锁瑚菌	Clavulinopsis miyabeana	梯子沟（2730）、龚老汉沟、黄草坪（2432）、牛坪（2287）、七层楼沟（2005）	2016.08	+++	调查

（续）

序号	目名	科名	中文种名	拉丁学名	分布地点（括号内为海拔，单位：m）	最新发现时间	估计数量状况	数据来源
440	伞菌目 Agaricales	珊瑚菌科 Clavariaceae	虫形珊瑚菌	Clavaria vermicularis	龚老汉沟（2000）、牛坪（2459）、黄草坪（2299）	2016.08	+++	调查
441	伞菌目 Agaricales	珊瑚菌科 Clavariaceae	皱锁瑚菌	Clavulina rugosa (Bull.：Fr.) Schroes.	头道沟（2445）、老鸦山（2360）	2016.08	+	调查
442	伞菌目 Agaricales	珊瑚菌科 Clavariaceae	白须瑚菌	Pterula multifida Fr. (Chev.)	龚老汉沟（2400）、五一棚（2558）	2015.08	++	调查
443	伞菌目 Agaricales	丝膜菌科 Cortinariaceae	长根滑盖伞	Hebeloma radicosum	梯子沟	2015.08	+	调查
444	伞菌目 Agaricales	丝膜菌科 Cortinariaceae	赭顶滑锈伞	Hebeloma testaceum (Bstsch：Fr.) Quel.	英雄沟（2619）、老鸦山（2290）	2016.08	+	调查
445	伞菌目 Agaricales	丝膜菌科 Cortinariaceae	橘黄裸伞	Gymnopilus spectabilis (Fr.) Sing.	梯子沟（2625）、三江（1578）	2016.08	+	调查
446	伞菌目 Agaricales	丝膜菌科 Cortinariaceae	秋盔孢伞	Galerina autumnalis (Peck) Smith et Sing.	英雄沟（2596）	2015.08	+	调查
447	伞菌目 Agaricales	丝膜菌科 Cortinariaceae	茶褐丝盖伞	Inocybe umbrinella Bres.	梯子沟（2655）、三江（1750）	2016.08	+	调查
448	伞菌目 Agaricales	丝膜菌科 Cortinariaceae	刺孢丝盖伞	I. calospora Quél.	寡妇山（2626）、马塘（2860）、野牛沟（2973、3257、3017、2850）、梯子沟（2725）	2016.08	+++	调查
449	伞菌目 Agaricales	丝膜菌科 Cortinariaceae	淡紫丝盖伞	Inocybe lilacina (Boud.) Kauff.	野牛沟（3057）	2016.08	+	调查
450	伞菌目 Agaricales	丝膜菌科 Cortinariaceae	红褐丝盖伞	Inocybe friesii Heim.	寡妇山（2242）、头道桥（2215）	2016.08	+	调查

（续）

序号	目名	科名	中文种名	拉丁学名	分布地点（括号内为海拔，单位：m）	最新发现时间	估计数量状况	数据来源
451	伞菌目 Agaricales	丝膜菌科 Cortinariaceae	黄褐丝盖伞	*Inocybe flavobrunnea* Wang	金家沟（2238）、黄草坪（2653）、漆树漕（1793）、三江（1507）	2016.08	++	调查
452	伞菌目 Agaricales	丝膜菌科 Cortinariaceae	黄丝盖伞	*Inocybe fastigiata*	头道沟（2179）	2016.08	+	调查
453	伞菌目 Agaricales	丝膜菌科 Cortinariaceae	姜黄丝盖伞	*Inocybe lutea* Kobayasi et Hongo	寡妇山（2404）	2016.08	+	调查
454	伞菌目 Agaricales	丝膜菌科 Cortinariaceae	浅黄丝盖伞	*Inocybe fastigiata* f. *subcandida* Malen et Bertault.	寡妇山（2497）	2015.08	+	调查
455	伞菌目 Agaricales	丝膜菌科 Cortinariaceae	疏生丝盖伞	*Inocybe praetervisa* Quel.	头道沟（2575）	2016.08	+	调查
456	伞菌目 Agaricales	丝膜菌科 Cortinariaceae	小褐丝盖伞	*Inocybe cincinnata* (Fr. : Fr.) Quel.	金家山（1941, 1898）	2016.08	+	调查
457	伞菌目 Agaricales	丝膜菌科 Cortinariaceae	小黄褐丝盖伞	*Inocybe auricoma* Fr.	寡妇山（2558）	2016.08	+	调查
458	伞菌目 Agaricales	丝膜菌科 Cortinariaceae	暗褐丝膜菌	*Cortinarius nemorensis* (Fr.) Lange.	野牛沟（3017, 3027）	2016.08	+	调查
459	伞菌目 Agaricales	丝膜菌科 Cortinariaceae	白膜丝膜菌	*Cortinarius hinnuleus* Fr.	寡妇山（2399）、龚老汉沟（1995 ~ 2456）、老鸹山（2460）	2015.08	+++	调查
460	伞菌目 Agaricales	丝膜菌科 Cortinariaceae	大丝膜菌	*Cortinarius largus* Fr.	龚老汉沟（2400）	2016.08	+	调查
461	伞菌目 Agaricales	丝膜菌科 Cortinariaceae	环带柄丝膜菌	*Cortinarius trivalis* Lange	金家沟（2218）	2016.08	+	调查
462	伞菌目 Agaricales	丝膜菌科 Cortinariaceae	黄棕丝膜菌	*Cortinarius cinnamomeus*	核桃坪（2459）、梯子沟（2658）	2016.08	+	调查

（续）

序号	目名	科名	中文种名	拉丁学名	分布地点（括号内为海拔，单位：m）	最新发现时间	估计数量状况	数据来源
463	伞菌目 Agaricales	丝膜菌科 Cortinariaceae	黄棕丝膜菌	*Cortinarius cinnamomeus* (L.：Fr.) Fr.	五一棚（2561）、核桃坪（2520）、金家山（1922）、卧龙关道沟（2172、2098）	2016.08	+++	调查
464	伞菌目 Agaricales	丝膜菌科 Cortinariaceae	尖顶丝膜菌	*Cortinarius gentilis* (Fr.) Fr.	梯子沟（2954）、龚老汉沟、三江（1629）	2016.08	++	调查
465	伞菌目 Agaricales	丝膜菌科 Cortinariaceae	牛丝膜菌	*Cortinarius bovinus* Fr.	野牛沟（3055）	2016.08	+	调查
466	伞菌目 Agaricales	丝膜菌科 Cortinariaceae	青黄丝膜菌	*Cortinarius citrinoolivaceus* Mos.	核桃坪（2557）	2016.08	+	调查
467	伞菌目 Agaricales	丝膜菌科 Cortinariaceae	长腿丝膜菌	*Cortinarius longipes* Peck	梯子沟（2613）	2016.08	+	调查
468	伞菌目 Agaricales	丝膜菌科 Cortinariaceae	掷丝膜菌	*Cortinarius bolaris* (Pers.) Fr.	梯子沟	2015.08	+	调查
469	伞菌目 Agaricales	丝膜菌科 Cortinariaceae	紫丝膜菌	*Cortinarius purpurascens*	梯子沟（2732）	2016.08	+	调查
470	伞菌目 Agaricales	枝瑚菌科 Ramariaceae	白变枝瑚菌	*Ramaria fragillima* (Sacc. et Syd.) Corner	金家山（1902）	2016.08	+	调查
471	伞菌目 Agaricales	枝瑚菌科 Ramariaceae	白枝瑚菌	*Ramaria seusisa* (Fr.) Donk.	头道沟（2445）、老鸦山（2364）	2016.08	++	调查
472	伞菌目 Agaricales	枝瑚菌科 Ramariaceae	淡黄枝瑚菌	*Ramaria lutea* (Vitt.) Schild	梯子沟（2852）	2016.08	+	调查
473	伞菌目 Agaricales	枝瑚菌科 Ramariaceae	金黄枝瑚菌	*Ramaria aurea* (Fr.) Quel	寡妇山（2497）、梯子沟（2815、2620、2659）、牛坪（2232）、正河（1927）	2015.08	+++	调查
474	伞菌目 Agaricales	枝瑚菌科 Ramariaceae	金色枝瑚菌	*Ramaria subaurantiaca* Corner	梯子沟（2832）	2016.08	+	调查

（续）

序号	目名	科名	中文种名	拉丁学名	分布地点（括号内为海拔，单位：m）	最新发现时间	估计数量状况	数据来源
475	伞菌目 Agaricales	枝瑚菌科 Ramariaceae	小孢密枝瑚菌	*Ramaria bourdotiana* Maire	五一棚（2277，2457）、龚老汉沟、巴朗山	2016.08	++	调查
476	银耳目 Tremellales	胶耳科 Exidiaceae	虎掌刺银耳	*Pseudohydnum gelatinosum* （Scop.：Fr.）Karst.	牛坪（2540）	2016.08	+	调查
477	银耳目 Tremellales	胶耳科 Exidiaceae	胶黑耳	*Exidia glandulosa* （Bull.）Fr.	五一棚（2277）	2016.08	+	调查
478	银耳目 Tremellales	胶耳科 Exidiaceae	焰耳	*Phlogiotis helvelloides* （DC.：Fr.）Martin.	黄草坪（2782）、英雄沟（2317，2584，2602）、野牛沟（3037）、梯子沟（2753，2658，2717）、头道沟（2500）、大阴山（2780）、三江（1540）、龚老汉沟（2178）	2016.08	++++	调查
479	银耳目 Tremellales	银耳科 Tremellaceae	金耳	*Tremella aurantialba* Bandoni et Zang.	巴朗山（2931）	2015.08	+	调查

附表 2　四川卧龙国家级自然保护区野生植物目科属种统计表

序号	类别	科	属	种	备注
1	被子植物	123	613	1805	
2	裸子植物	6	10	19	
3	蕨类植物	30	70	198	
4	藻类植物	43	93	180	
5	外来植物	56	113	144	
	合计	258	899	2346	

附表 3　四川卧龙国家级自然保护区藻类植物名录

序号	门名	科名	中文种名	拉丁学名
1	硅藻门 Bacillariophyta	脆杆藻科 Fragilariaceae	弧形峨眉藻	*Ceratoneisarcus*
2	硅藻门 Bacillariophyta	脆杆藻科 Fragilariaceae	弧形峨眉藻直变种	*Ceratoneisarcus var. recta*
3	硅藻门 Bacillariophyta	脆杆藻科 Fragilariaceae	普通等片藻	*Diatoma vulgare*
4	硅藻门 Bacillariophyta	脆杆藻科 Fragilariaceae	钝脆杆藻	*Fragilaria capucina*
5	硅藻门 Bacillariophyta	脆杆藻科 Fragilariaceae	钝脆杆藻中矣变种	*Fragilariacapucina var. mesolepta*
6	硅藻门 Bacillariophyta	脆杆藻科 Fragilariaceae	中型脆杆藻	*Fragilaria intermedia*
7	硅藻门 Bacillariophyta	脆杆藻科 Fragilariaceae	彩虹长篦藻	*Neidium iridis*
8	硅藻门 Bacillariophyta	脆杆藻科 Fragilariaceae	尖针杆藻	*Synedra acus*
9	硅藻门 Bacillariophyta	脆杆藻科 Fragilariaceae	近缘针杆藻	*Synedra affinis*
10	硅藻门 Bacillariophyta	脆杆藻科 Fragilariaceae	双头针杆藻	*Synedra amphicephala*
11	硅藻门 Bacillariophyta	脆杆藻科 Fragilariaceae	肘状针杆藻	*Synedra ulna*
12	硅藻门 Bacillariophyta	脆杆藻科 Fragilariaceae	肘状针杆藻狭细变种	*Synedraulna var. danica*
13	硅藻门 Bacillariophyta	脆杆藻科 Fragilariaceae	窗格平板藻	*Tabellaria fenestriata* Kütz.
14	硅藻门 Bacillariophyta	脆杆藻科 Fragilariaceae	薄片平板藻	*Tabellaria flocculosa*
15	硅藻门 Bacillariophyta	菱形藻科 Nitzschiaceae	双尖菱板藻小头变型	*Hantzshia amphioxys f. capitata*
16	硅藻门 Bacillariophyta	菱形藻科 Nitzschiaceae	长菱板藻	*Hantzshia elongate*
17	硅藻门 Bacillariophyta	菱形藻科 Nitzschiaceae	线形菱形藻	*Nitzscahia sublinearis* Hust.
18	硅藻门 Bacillariophyta	菱形藻科 Nitzschiaceae	针状菱形藻	*Nitzscahia acicularis*
19	硅藻门 Bacillariophyta	菱形藻科 Nitzschiaceae	铲状菱形藻	*Nitzscahia paleacea*
20	硅藻门 Bacillariophyta	菱形藻科 Nitzschiaceae	小头菱形藻	*Nitzscahia microcephala*
21	硅藻门 Bacillariophyta	菱形藻科 Nitzschiaceae	池生菱形藻	*Nitzscahia stagnorum*
22	硅藻门 Bacillariophyta	菱形藻科 Nitzschiaceae	纤细羽纹藻	*Pinnularia gracillima*

（续）

序号	门名	科名	中文种名	拉丁学名
23	硅藻门 Bacillariophyta	桥弯藻科 Cymbellaceae	卵圆双眉藻	*Amphora ovalis*
24	硅藻门 Bacillariophyta	桥弯藻科 Cymbellaceae	近缘桥弯藻	*Cymbella affinis*
25	硅藻门 Bacillariophyta	桥弯藻科 Cymbellaceae	膨胀桥弯藻	*Cymbella tumida*
26	硅藻门 Bacillariophyta	桥弯藻科 Cymbellaceae	偏肿桥弯藻	*Cymbella ventricosa*
27	硅藻门 Bacillariophyta	桥弯藻科 Cymbellaceae	胀大桥弯藻	*Cymbella turgidula*
28	硅藻门 Bacillariophyta	桥弯藻科 Cymbellaceae	箱形桥弯藻	*Cymbella cistula*
29	硅藻门 Bacillariophyta	桥弯藻科 Cymbellaceae	优美桥弯藻	*Cymbella delicatula*
30	硅藻门 Bacillariophyta	桥弯藻科 Cymbellaceae	舟形桥弯藻	*Cymbella naviculiformis*
31	硅藻门 Bacillariophyta	桥弯藻科 Cymbellaceae	胡斯特桥弯藻	*Cymbella hustedata*
32	硅藻门 Bacillariophyta	桥弯藻科 Cymbellaceae	小桥弯藻	*Cymbella laevis*
33	硅藻门 Bacillariophyta	桥弯藻科 Cymbellaceae	极小桥弯藻	*Cymbella perpusatum*
34	硅藻门 Bacillariophyta	桥弯藻科 Cymbellaceae	尖头桥弯藻	*Cymbella cuspidata*
35	硅藻门 Bacillariophyta	桥弯藻科 Cymbellaceae	披针桥弯藻	*Cymbella lanceolata*
36	硅藻门 Bacillariophyta	曲壳藻科 Achnanthaceae	披针曲壳藻椭头变种	*Achnanthes lanceolata var. elliptica*
37	硅藻门 Bacillariophyta	曲壳藻科 Achnanthaceae	披针弯角藻	*Achnanthes lanceolate*
38	硅藻门 Bacillariophyta	曲壳藻科 Achnanthaceae	比索曲壳藻	*Achnanthes biasolettiana*
39	硅藻门 Bacillariophyta	曲壳藻科 Achnanthaceae	扁圆卵形藻	*Cocconeis placentula*
40	硅藻门 Bacillariophyta	曲壳藻科 Achnanthaceae	扁圆卵形藻多孔变种	*Cocconeis placentula var. euglypta*
41	硅藻门 Bacillariophyta	曲壳藻科 Achnanthaceae	柄卵形藻	*Cocconeis pediculus*
42	硅藻门 Bacillariophyta	双菱藻科 Surirellaceae	粗壮双菱藻纤细变种	*Surirella robusta var. splendida*
43	硅藻门 Bacillariophyta	双菱藻科 Surirellaceae	端毛双菱藻	*Surirella capronii*
44	硅藻门 Bacillariophyta	双菱藻科 Surirellaceae	线形双菱藻缢缩变种	*Surirella lineari var. constricta*
45	硅藻门 Bacillariophyta	异极藻科 Gomphonemaceae	双生双楔藻	*Didymosphenia geminata*

（续）

序号	门名	科名	中文种名	拉丁学名
46	硅藻门 Bacillariophyta	异极藻科 Gomphonemaceae	短纹异极藻	*Gomphonema abbreviatum*
47	硅藻门 Bacillariophyta	异极藻科 Gomphonemaceae	缢缩异极藻	*Gomphonema constrictum*
48	硅藻门 Bacillariophyta	异极藻科 Gomphonemaceae	缢缩异极藻头状变种	*Gomphonema constrictum* var. *capitata*
49	硅藻门 Bacillariophyta	异极藻科 Gomphonemaceae	微细异极藻	*Gomphonema parvulum* Grun.
50	硅藻门 Bacillariophyta	异极藻科 Gomphonemaceae	尖异极藻花冠变种	*Gomphonema acuminatum* var. *coronata*
51	硅藻门 Bacillariophyta	异极藻科 Gomphonemaceae	橄榄形异极藻	*Gomphonema olivaceum*
52	硅藻门 Bacillariophyta	异极藻科 Gomphonemaceae	长形异极藻	*Gomphonema lanceolatum*
53	硅藻门 Bacillariophyta	异极藻科 Gomphonemaceae	尖角异极藻	*Gomphonema augur*
54	硅藻门 Bacillariophyta	圆筛藻科 Coscinodiscaceae	湖生圆筛藻	*Coscinodiscus lacustris*
55	硅藻门 Bacillariophyta	圆筛藻科 Coscinodiscaceae	梅尼小环藻	*Cyclotella comensis*
56	硅藻门 Bacillariophyta	圆筛藻科 Coscinodiscaceae	颗粒直链藻最窄变种	*Melosira granulata* var. *angustissima*
57	硅藻门 Bacillariophyta	舟形藻科 Naviculaceae	卵圆双壁藻	*Diploneis ovalis* var. *oblongella*
58	硅藻门 Bacillariophyta	舟形藻科 Naviculaceae	普通肋缝藻	*Frustulia vulgaris*
59	硅藻门 Bacillariophyta	舟形藻科 Naviculaceae	尖布纹藻	*Gyrosigma acuminatum*
60	硅藻门 Bacillariophyta	舟形藻科 Naviculaceae	细布纹藻	*Gyrosigma kützingii*
61	硅藻门 Bacillariophyta	舟形藻科 Naviculaceae	短小舟形藻	*Navicula exigua*
62	硅藻门 Bacillariophyta	舟形藻科 Naviculaceae	卡里舟形藻	*Navicula cari*
63	硅藻门 Bacillariophyta	舟形藻科 Naviculaceae	双球舟形藻	*Navicula amphibola*
64	硅藻门 Bacillariophyta	舟形藻科 Naviculaceae	双头舟形藻	*Navicula dicephala*
65	硅藻门 Bacillariophyta	舟形藻科 Naviculaceae	双头舟形藻波缘变种	*Navicula dicephala* var. *neglecta*
66	硅藻门 Bacillariophyta	舟形藻科 Naviculaceae	简单舟形藻	*Navicula simplex*
67	硅藻门 Bacillariophyta	舟形藻科 Naviculaceae	喙头舟形藻	*Navicula rhynchocephala*
68	硅藻门 Bacillariophyta	舟形藻科 Naviculaceae	瞳孔舟形藻	*Navicula pupula*

（续）

序号	门名	科名	中文种名	拉丁学名
69	硅藻门 Bacillariophyta	舟形藻科 Naviculaceae	线形舟形藻	*Navicula graciloides*
70	硅藻门 Bacillariophyta	舟形藻科 Naviculaceae	隐头舟形藻	*Navicula cryptocephala*
71	硅藻门 Bacillariophyta	舟形藻科 Naviculaceae	双头辐节藻	*Stauroneis anceps*
72	硅藻门 Bacillariophyta	舟形藻科 Naviculaceae	矮小辐节藻	*Stauroneis pygmaea*
73	红藻门 Rhodophyta	美芒藻科 Composogonaceae	四川串珠藻	*Batrachospermum szechwanense*
74	红藻门 Rhodophyta	美芒藻科 Composogonaceae	美芒藻	*Composopogon* sp.
75	红藻门 Rhodophyta	浅川藻科 Chantransiaceae	紫菜奥杜藻	*Audouinella chalybea*
76	红藻门 Rhodophyta	紫球藻科 Porphyridiaceae	紫球藻	*Porphyridium cruentum*
77	黄藻门 Rhodophyta	黄丝藻科 Tribonemataceae	短圆柱单肠藻	*Monallantus brevicylindrus*
78	黄藻门 Rhodophyta	黄丝藻科 Tribonemataceae	小型黄丝藻	*Tribonema minus*
79	黄藻门 Rhodophyta	黄丝藻科 Tribonemataceae	黄丝藻	*Tribonema* sp.
80	黄藻门 Rhodophyta	黄丝藻科 Tribonemataceae	拟丝黄丝藻	*Tribonema ulothrichoides*
81	黄藻门 Rhodophyta	助胞藻科 Pleurochloridaceae	拟气球藻	*Botrydiopsis arhiza*
82	甲藻门 Pyrrophyta	多甲藻科 Peridiniaceae	光薄甲藻	*Glenodinium gymnodinium*
83	甲藻门 Pyrrophyta	多甲藻科 Peridiniaceae	二角多甲藻	*Peridinium bipes*
84	甲藻门 Pyrrophyta	多甲藻科 Peridiniaceae	微小多甲藻	*Peridinium pusillum*
85	蓝藻门 Cyanophyta	颤藻科 Osicillatoriaceae	颤藻	*Oscillatoria* sp.
86	蓝藻门 Cyanophyta	颤藻科 Osicillatoriaceae	巨颤藻	*Oscillatoria princeps*
87	蓝藻门 Cyanophyta	颤藻科 Osicillatoriaceae	阿氏颤藻	*Oscillatoria agardhii*
88	蓝藻门 Cyanophyta	颤藻科 Osicillatoriaceae	小颤藻	*Oscillatoria tenuis*
89	蓝藻门 Cyanophyta	颤藻科 Osicillatoriaceae	两栖颤藻	*Oscillatoria amphibia*
90	蓝藻门 Cyanophyta	颤藻科 Osicillatoriaceae	美丽颤藻	*Oscillatoria formosa*
91	蓝藻门 Cyanophyta	颤藻科 Osicillatoriaceae	灿烂颤藻	*Oscillatoria splendida*

（续）

序号	门名	科名	中文种名	拉丁学名
92	蓝藻门 Cyanophyta	颤藻科 Oscillatoriaceae	小颤藻藻	Oscillatoria tenuis
93	蓝藻门 Cyanophyta	颤藻科 Oscillatoriaceae	大螺旋藻	Spirulina maior
94	蓝藻门 Cyanophyta	颤藻科 Oscillatoriaceae	极大螺旋藻	Spirulina maxima
95	蓝藻门 Cyanophyta	厚皮藻科 Pleurocapsaceae	煤黑厚皮藻	Pleurocapsa fuliginosa
96	蓝藻门 Cyanophyta	胶须藻科 Rivulariaceae	溪生须藻	Homoeothrix fluviatillis
97	蓝藻门 Cyanophyta	胶须藻科 Rivulariaceae	弯形尖头藻	Raphidiopsis curvata
98	蓝藻门 Cyanophyta	胶须藻科 Rivulariaceae	中华尖头藻	Raphidiopsis sinensia
99	蓝藻门 Cyanophyta	念珠藻科 Nostocaceae	鱼腥藻	Anabaena sp.
100	蓝藻门 Cyanophyta	念珠藻科 Nostocaceae	多变鱼腥藻	Anabaena varibilis. Kuetz.
101	蓝藻门 Cyanophyta	念珠藻科 Nostocaceae	类颤藻鱼星藻	Anabaena ospellariordes
102	蓝藻门 Cyanophyta	色球藻科 Chroococcaceae	紫色星球藻	Asterocapsa purpurea
103	蓝藻门 Cyanophyta	色球藻科 Chroococcaceae	小形色球藻	Chroococcus minor
104	蓝藻门 Cyanophyta	色球藻科 Chroococcaceae	微小色球藻	Chroococcus minutus Nàg.
105	蓝藻门 Cyanophyta	色球藻科 Chroococcaceae	光辉色球藻	Chroococcus splendidis Jao.
106	蓝藻门 Cyanophyta	色球藻科 Chroococcaceae	束缚色球藻	Chroococcus tenax （Kirch.）Hier.
107	蓝藻门 Cyanophyta	色球藻科 Chroococcaceae	针状篮纤维藻	Dactylococcopsis acicularis
108	蓝藻门 Cyanophyta	色球藻科 Chroococcaceae	线形粘杆藻	Gloeothecel inearis
109	蓝藻门 Cyanophyta	色球藻科 Chroococcaceae	优美平裂藻	Merismopedia elegans
110	蓝藻门 Cyanophyta	色球藻科 Chroococcaceae	银灰平裂藻	Merismopedia glauca
111	蓝藻门 Cyanophyta	色球藻科 Chroococcaceae	铜绿微囊藻	Microcystis aeruginesa
112	裸藻门 Euglenophyta	变胞藻科 Astasiaceae	瓣胞藻	Petalomonas mediocanellata
113	裸藻门 Euglenophyta	袋鞭藻科 Peranemaceae	葡萄异鞭藻	Anisonema acinus
114	裸藻门 Euglenophyta	裸藻科 Euglenaceae	裸藻	Euglena sp.

（续）

序号	门名	科名	中文种名	拉丁学名
115	裸藻门 Euglenophyta	裸藻科 Euglenaceae	鱼型裸藻	*Euglena pisciformis*
116	裸藻门 Euglenophyta	裸藻科 Euglena ceae	膝曲裸藻	*Euglena tristella*
117	裸藻门 Euglenophyta	裸藻科 Euglenaceae	绿色裸藻	*Euglena viridis*
118	裸藻门 Euglenophyta	裸藻科 Euglenaceae	哑铃扁裸藻	*Phacus peteloti*
119	绿藻门 Chlorophyta	刚毛藻科 Cladophoraceae	寡枝刚毛藻	*Cladophora oligoclona*
120	绿藻门 Chlorophyta	刚毛藻科 Cladophoraceae	疏枝刚毛藻	*Cladophora insigris*
121	绿藻门 Chlorophyta	刚毛藻科 Cladophoraceae	脆弱刚毛藻	*Cladophora fracta*
122	绿藻门 Chlorophyta	鼓藻科 Desmidiaceae	锐新月藻	*Closterium acerosum*
123	绿藻门 Chlorophyta	鼓藻科 Desmidiaceae	圆鼓藻	*Cosmarium circulare*
124	绿藻门 Chlorophyta	鼓藻科 Desmidiaceae	近缘鼓藻	*Cosmarium connatum*
125	绿藻门 Chlorophyta	鼓藻科 Desmidiaceae	钝鼓藻	*Cosmarium obtusatum*
126	绿藻门 Chlorophyta	鼓藻科 Desmidiaceae	厚皮鼓藻	*Cosmarium pachydermum*
127	绿藻门 Chlorophyta	鼓藻科 Desmidiaceae	中带鼓藻	*Mesotanium entlicherianum*
128	绿藻门 Chlorophyta	鼓藻科 Desmidiaceae	十字鼓藻	*Penium cruciferum*
129	绿藻门 Chlorophyta	鼓藻科 Desmidiaceae	瘤状宽带鼓藻	*Pleurotaenium verrucosum*
130	绿藻门 Chlorophyta	鼓藻科 Desmidiaceae	不显著柱形鼓藻	*Pnium inconspicum*
131	绿藻门 Chlorophyta	胶毛藻科 Chaetophoraceae	侧囊藻	*Pleurangium amphibium*
132	绿藻门 Chlorophyta	胶网藻科 Dictyosphaeriaceae	胶网藻	*Dictyosphaerium ehrenbergianum*
133	绿藻门 Chlorophyta	空心藻科 Coelastraceae	小空心藻	*Coelastrun microporum*
134	绿藻门 Chlorophyta	卵囊藻科 Oocystaceae	狭形纤维藻	*Ankistrodesmus angustus*
135	绿藻门 Chlorophyta	卵囊藻科 Oocystaceae	卷曲纤维藻	*Ankistrodesmus convolutus*
136	绿藻门 Chlorophyta	卵囊藻科 Oocystaceae	拟新月藻	*Closteropsis longissima*
137	绿藻门 Chlorophyta	卵囊藻科 Oocystaceae	棘球藻	*Echinosphaerlla limnetica*

（续）

序号	门名	科名	中文种名	拉丁学名
138	绿藻门 Chlorophyta	卵囊藻科 Oocystaceae	湖生卵囊藻	Oocystis lacustis
139	绿藻门 Chlorophyta	卵囊藻科 Oocystaceae	小形月牙藻	Selenastrum westii
140	绿藻门 Chlorophyta	卵囊藻科 Oocystaceae	小褶藻	Trochiscia reticularis
141	绿藻门 Chlorophyta	绿球藻科 Chlorococcaceae	多芒藻	Golenkinia radiata
142	绿藻门 Chlorophyta	双星藻科 Zygnemataceae	普通水绵	Spirogyra communis
143	绿藻门 Chlorophyta	双星藻科 Zygnemataceae	美貌水绵	Spirogyra pulchrifigurata
144	绿藻门 Chlorophyta	双星藻科 Zygnemataceae	双星藻	Zygnema sp.
145	绿藻门 Chlorophyta	水网藻科 Hydrodictyaceae	双射盘星藻	Pediastrum biradiatum
146	绿藻门 Chlorophyta	水网藻科 Hydrodictyaceae	短棘盘星藻	Pediastrum boryanum
147	绿藻门 Chlorophyta	水网藻科 Hydrodictyaceae	二角盘星藻纤细变种	Pediastrum duplex var. gracillimum
148	绿藻门 Chlorophyta	水网藻科 Hydrodictyaceae	单角盘星藻具孔变种	Pediastrum simplex var. duoderarium
149	绿藻门 Chlorophyta	丝藻科 Ulotrichaceae	小双胞藻	Geminella minor
150	绿藻门 Chlorophyta	丝藻科 Ulotrichaceae	交错丝藻	Ulothrix implexa
151	绿藻门 Chlorophyta	丝藻科 Ulotrichaceae	细丝藻	Ulothrix tenerrima
152	绿藻门 Chlorophyta	丝藻科 Ulotrichaceae	串珠丝藻	Ulothrix moniliformis
153	绿藻门 Chlorophyta	四集藻科 Palmellaceae	卵形胶囊藻	Gloeocystis ampla
154	绿藻门 Chlorophyta	四集藻科 Palmellaceae	粘四集藻	Palmella macosa
155	绿藻门 Chlorophyta	四集藻科 Palmellaceae	球囊藻	Sphaerocystis schroeteri
156	绿藻门 Chlorophyta	四集藻科 Palmellaceae	网膜藻	Tetrasporidium javanicum
157	绿藻门 Chlorophyta	筒藻科 Cylindrocapsaceae	筒藻	Cylindrocapsa sp.
158	绿藻门 Chlorophyta	筒藻科 Cylindrocapsaceae	普林鞘藻	Oedogonium pringsheimii
159	绿藻门 Chlorophyta	团藻科 Volvocaceae	空球藻	Eudorina elegans
160	绿藻门 Chlorophyta	团藻科 Volvocaceae	实球藻	Pandorina morum

（续）

序号	门名	科名	中文种名	拉丁学名
161	绿藻门 Chlorophyta	溪菜科 Prasiolaceaev	中华溪菜	*Prasiola sinica*
162	绿藻门 Chlorophyta	小春藻科 Characiaceae	卵圆小春藻	*Characium brunthaleri*
163	绿藻门 Chlorophyta	小椿藻科 Characiaceae	卵圆小椿藻	*Characium brunthaleri*
164	绿藻门 Chlorophyta	小球藻科 Chlorellaceae	小球藻	*Chlorella vulgaris*
165	绿藻门 Chlorophyta	小球藻科 Chlorellaceae	蛋白核小球藻	*Chlorella pyrenoidosa*
166	绿藻门 Chlorophyta	小球藻科 Chlorellaceae	椭圆小球藻	*Chlorella ellipsoidea*
167	绿藻门 Chlorophyta	小球藻科 Chlorellaceae	土壤绿球藻	*Chlorococcum infusionum*
168	绿藻门 Chlorophyta	小球藻科 Chlorellaceae	极毛顶棘藻	*Chodatella cilliata*
169	绿藻门 Chlorophyta	小球藻科 Chlorellaceae	被刺藻	*Franceia ovalis*
170	绿藻门 Chlorophyta	小球藻科 Chlorellaceae	集球藻	*Palmellococcus miniatus*
171	绿藻门 Chlorophyta	衣藻科 Chlamydomonadaceae	多线四鞭藻	*Carteria multifilis*
172	绿藻门 Chlorophyta	衣藻科 Chlamydomonadaceae	简单衣藻	*Chlamydomona ssimplex*
173	绿藻门 Chlorophyta	衣藻科 Chlamydomonadaceae	球衣藻	*Chlamydomonas globosa*
174	绿藻门 Chlorophyta	衣藻科 Chlamydomonadaceae	小球衣藻	*Chlamydomonas microsphaera*
175	绿藻门 Chlorophyta	栅藻科 Scenedsmaceae	栅藻	*Scenedesmus* sp.
176	绿藻门 Chlorophyta	栅藻科 Scenedsmaceae	四尾栅藻	*Scenedesmus quadrricauda*
177	绿藻门 Chlorophyta	栅藻科 Scenedsmaceae	韦氏藻	*Westellopsis botryoides*
178	绿藻门 Chlorophyta	栅藻科 Scenedsmaceae	线形拟韦氏藻	*Westellopsis linearis*
179	绿藻门 Chlorophyta	椎椹藻科 Spondylomoraceae	纤细桑椹藻	*Pyrobotrys gracilis*
180	隐藻门 Cryptophyta	隐鞭藻科 Chroomonas	啮蚀隐藻	*Cryptomons erosa*

附表 4.1 四川卧龙国家级自然保护区蕨类植物名录

序号	目名	科名	中文种名	拉丁学名	分布、生境	最新发现时间	估计数量状况	数据来源
1	石松目 Lycopodiales	石松科 Lycopodiaceae	杉曼石松	*Lycopodium annotinum* Linn.	保护区内见于银厂沟、关沟、钱粮沟等周边山区，生于海拔 2600~3200m 的针叶林下	2014.10	++	调查
2	石松目 Lycopodiales	石松科 Lycopodiaceae	中华石松	*Lycopodium chinense* Christ.	保护区内见于三江、耿达、沙湾等周边山区，生于海拔 1600~2500m 的山地灌丛中	2014.10	+++	调查
3	石松目 Lycopodiales	石松科 Lycopodiaceae	石松	*Lycopodium clavatum* Linn.	保护区内见于核桃坪、糖房等周边山区，生于海拔 1900~2300m 的华山松林下	2015.08	++	调查
4	石松目 Lycopodiales	石松科 Lycopodiaceae	地刷子石松	*Lycopodium complanatum* Linn.	保护区内见于三江、耿达、龙潭沟等周边山区，生于海拔 1300~1800m 的阔叶林下	2015.07	++	调查
5	石松目 Lycopodiales	石松科 Lycopodiaceae	玉柏石松	*Lycopodium obscurum* Linn.	保护区内见于三江、沙湾等周边山区，生于海拔 1400~1600m 的常绿阔叶林下	2015.07	++	调查
6	石松目 Lycopodiales	石松科 Lycopodiaceae	蛇足石杉	*Huperzia serrata* (Thunb. ex Murray) Trev.	保护区内见于三江、耿达等周边山区，生于海拔 1400~1600m 的常绿阔叶林下	2014.10	++	调查
7	石松目 Lycopodiales	石松科 Lycopodiaceae	小石松	*Lycopodiella inundata* (L.) Holub	保护区内见于花红树沟、巴朗山等周边山区，生于海拔 3500~3800m 的河滩灌丛中	2014.10	+	调查
8	卷柏目 Selaginellales	卷柏科 Selaginellaceae	缘毛卷柏	*Selaginella ciliaris* Spring	保护区内常见于三江、正河、沙湾等周边山区，生于海拔 1500~2000m 的岩石上	2015.08	++	调查
9	卷柏目 Selaginellales	卷柏科 Selaginellaceae	蔓生卷柏	*Selaginella davidii* Franch.	保护区内常见于实验林场、沙湾等周边山区，生于海拔 1800~2500m 的山地灌丛、针阔叶混交林、路边林下阴湿地方或土壁上的阴湿地	2015.07	++	调查
10	卷柏目 Selaginellales	卷柏科 Selaginellaceae	薄叶卷柏	*Selaginella delicatula* (Desv.) Alston	保护区内见于核桃坪等周边山区，生于海拔 1300~1400m 的常绿阔叶林下湿润处，岩石上或阴暗潮湿地	2015.07	+	调查

（续）

序号	目名	科名	中文种名	拉丁学名	分布、生境	最新发现时间	估计数量状况	数据来源
11	卷柏目 Selaginellales	卷柏科 Selaginellaceae	深绿卷柏	*Selaginella doederleinii* Hieron.	保护区内见于龙潮沟，生于海拔 200～1000m 的草丛、土壁或石缝阴暗较为潮湿地	2015.08	++	调查
12	卷柏目 Selaginellales	卷柏科 Selaginellaceae	兖州卷柏	*Selaginella involvens* (Sw.) Spring	保护区内见于三江、大阴沟滴水岩等周边山区，生于海拔 1200～1600m 的山地灌丛等干燥处，公路边阴坡岩石上	2015.07	++	调查
13	卷柏目 Selaginellales	卷柏科 Selaginellaceae	鹿角卷柏	*Selaginella rossii* (Bak.) Warbr.	保护区内见于正河、臭水沟等周边山区，生于海拔 2200～2500m 的针阔叶混交林下，沟边岩石处	2015.07	+	调查
14	卷柏目 Selaginellales	卷柏科 Selaginellaceae	细叶卷柏	*Selaginella labordei* Heron	保护区内见于沙湾、实验林场、龙潮沟等周边山区，生于海拔 1800～2400m 的针阔叶混交林，山地灌丛或各种阴暗潮湿的石缝土壁中，小群生长	2015.08	+++	调查
15	卷柏目 Selaginellales	卷柏科 Selaginellaceae	江南卷柏	*Selaginella moellendorffii* Hieron.	保护区内见于三江、糟房等周边山区，生于海拔 1200～1500m 的常绿阔叶林中、草丛中、马路边或阴湿的地方	2014.10	+	调查
16	卷柏目 Selaginellales	卷柏科 Selaginellaceae	伏地卷柏	*Selaginella nipponica* Franch. et Sav.	保护区内见于卧龙镇附近、龙潮沟、正河等周边山区，生于海拔 1800～2500m 的阔叶林、针阔叶混交林、草丛、土壁、石缝中或阴暗潮湿地	2014.10	++	调查
17	卷柏目 Selaginellales	卷柏科 Selaginellaceae	红枝卷柏	*Selaginella sanguinolenta* (L.) Spring	保护区内见于石棚子沟、银厂沟等周边山区，生于海拔 2000～2200m 的悬岩石上或石缝干燥处、岩石上或阴暗干燥的地方	2015.08	+	调查
18	卷柏目 Selaginellales	卷柏科 Selaginellaceae	翠云草	*Selaginella uncinata* (Desv.) Spring	保护区内见于三江、耿达等周边山区，生于海拔 1200～1400m 的常绿阔叶林中	2015.07	+	调查
19	木贼目 Equisetales	木贼科 Equisetaceae	问荆	*Equisetum arvense* L.	保护区内见于三江，生于海拔 1300～2000m 的河漫滩、公路边草丛中	2014.10	++	调查

（续）

序号	目名	科名	中文种名	拉丁学名	分布、生境	最新发现时间	估计数量状况	数据来源
20	木贼目 Equisetales	木贼科 Equisetaceae	木贼	*Equisetum hiemale* L.	保护区内常见于核桃坪、英雄沟、双河等周边山区，生于海拔1800~2600m的阔叶林、针阔叶混交林、灌木丛、草丛中	2014.10	+++	调查
21	木贼目 Equisetales	木贼科 Equisetaceae	草问荆	*Equisetum pratense* Ehrhart	保护区内见于卧龙镇、沙湾等周边山区，生于海拔1920m左右的路边草丛中	2015.08	+	调查
22	木贼目 Equisetales	木贼科 Equisetaceae	节节草	*Commelina diffusa* Desf.	保护区内见于三江、正河等周边山区，生于海拔1400~1600m的山地草丛中	2015.07	+	调查
23	木贼目 Equisetales	木贼科 Equisetaceae	笔管草	*Equisetum ramosissimum* Desf. subsp *debile* (Roxb. ex Vauch.) Hauke	保护区内见于三江、耿达等周边山区，生于海拔1300~1500m的山地草丛中	2015.07	+	调查
24	瓶尔小草目 Ophioglossales	瓶尔小草科 Ophioglossaceae	瓶尔小草	*Ophioglossum vulgatum* L.	保护区内见于耿达、沙湾等周边山区，生于海拔1200~1800m的阔叶林下湿润处	2015.08	++	调查
25	瓶尔小草目 Ophioglossales	阴地蕨科 Botrychiaceae	绒毛阴地蕨	*Botrychium lanuginosum* Woll.	保护区内见于正河、卧龙镇附近，生于海拔1800~2500m的阔叶林下	2015.08	++	调查
26	瓶尔小草目 Ophioglossales	阴地蕨科 Botrychiaceae	扇羽阴地蕨	*Botrychium lanaria* (L.) Sw.	保护区内见于正河、核桃坪、花红树沟等周边山区，生于海拔1700~2600m的针阔叶混交林、山地灌丛中	2015.07	+++	调查
27	瓶尔小草目 Ophioglossales	阴地蕨科 Botrychiaceae	阴地蕨	*Botrychium ternatum* (Thunb.) Sw.	保护区内见于三江等周边山区，生于海拔1100~1200m的山地灌丛及阴湿处	2015.07	+	调查
28	瓶尔小草目 Ophioglossales	阴地蕨科 Botrychiaceae	蕨萁	*Botrychium virginianum* (L.) Sw.	保护区内见于卧龙镇附近，生于海拔1800~1900m的常绿落叶阔叶混交林	2014.10	+	调查
29	真蕨目 Eufilicales	紫萁科 Osmundaceae	紫萁	*Osmunda japonica* Thunb.	保护区内见于三江、耿达等周边山区，生于海拔1200~1400m的常绿阔叶林、山地灌丛中	2014.10	+	调查

（续）

序号	目名	科名	中文种名	拉丁学名	分布、生境	最新发现时间	估计数量状况	数据来源
30	真蕨目 Eufilicales	瘤足蕨科 Plagiogyriaceae	缙云瘤足蕨	Plagiogyria caudifolia Ching.	保护区内见于卧龙镇附近，生于海拔1900m 的路边草丛中	2015.08	+	调查
31	真蕨目 Eufilicales	瘤足蕨科 Plagiogyriaceae	镰叶瘤足蕨	Plagiogyria distinctissima Ching	保护区内见于耿达、龙覃沟等周边山区，生于海拔1300~1500m 的常绿阔叶林中	2015.07	++	调查
32	真蕨目 Eufilicales	瘤足蕨科 Plagiogyriaceae	倒叶瘤足蕨	Plagiogyria dunnii Cop.	保护区内见于三江、卧龙镇附近，生于海拔1400~1600m 的常绿阔叶林中	2015.07	++	调查
33	真蕨目 Eufilicales	海金沙科 Lygodiaceae	海金沙	Lygodium japonicum (Thunb.) Sw.	保护区内常见于耿达、沙湾、瞭望台等周边山区，生于海拔1300~1400m 的山地灌丛中	2015.08	+	调查
34	真蕨目 Eufilicales	里白科 Gleicheniaceae	芒萁	Dicranopteris dichotoma (Thunb.) Berhn.	保护区内见于三江、耿达等周边山区，生于海拔1200~1400m 的山地灌丛中	2015.07	+	调查
35	真蕨目 Eufilicales	里白科 Gleicheniaceae	里白	Hicriopteris glauca (Thunb.) Ching	保护区内见于大阴沟、簸箕沟等周边山区，生于海拔1600m 的常绿阔叶林，落叶阔叶林下	2015.07	++	调查
36	真蕨目 Eufilicales	膜蕨科 Hymenophyllaceae	华东膜蕨	Hymenophyllum barbatum (v. d. B.) HK et Bak.	保护区内见于三江、卧龙镇附近，生于海拔1200~1800m 的林下阴湿石上	2015.08	+++	调查
37	真蕨目 Eufilicales	膜蕨科 Hymenophyllaceae	顶果膜蕨	Hymenophyllum khasyanum Hk. et Bak.	保护区内见于三江、耿达等周边山区，生于海拔1400~1600m 的常绿阔叶林中	2015.07	+	调查
38	真蕨目 Eufilicales	膜蕨科 Hymenophyllaceae	蕗蕨	Mecodium badium (Hook. et Grev.) Cop.	保护区内见于糖房、花红树沟等周边山区，生于海拔1600~2400m 的常绿落叶阔叶混交林、针阔叶混交林，林下柔地石壁，土壁上或较为阴暗干燥的石头上	2015.07	+++	调查
39	真蕨目 Eufilicales	膜蕨科 Hymenophyllaceae	皱叶蕗蕨	Mecodium corrugatum (Christ) Cop.	保护区内见于臭水沟、白岩沟等周边山区，生于海拔2300~3000m 的针阔叶林，针叶林，土壁，石壁上	2014.10	++	调查

（续）

序号	目名	科名	中文种名	拉丁学名	分布、生境	最新发现时间	估计数量状况	数据来源
40	真蕨目 Eufilicales	膜蕨科 Hymenophyllaceae	小果蕗蕨	Mecodium microsorum (v. d. B.) Ching	保护区内见于关沟、头道桥、英雄沟等周边山区，生于海拔2500~3000m的岷江冷杉林中	2014.10	+++	调查
41	真蕨目 Eufilicales	膜蕨科 Hymenophyllaceae	长柄蕗蕨	Mecodium osmundoides (v. d. B.) Ching	保护区内见于正河、银厂沟、线稂沟等周边山区，生于海拔2400~3100m的针阔叶混交林、针叶林中。	2015.08	+++	调查
42	真蕨目 Eufilicales	膜蕨科 Hymenophyllaceae	四川蕗蕨	Mecodium szechuanense Ching et Chiu	保护区内见于正河、臭水沟等周边山区，生于海拔2300~2500m的针阔叶混交林、树上，阴暗潮湿处	2015.07	++	调查
43	真蕨目 Eufilicales	膜蕨科 Hymenophyllaceae	王氏蕗蕨	Mecodium wangii Ching et Chiu	保护区内见于头道桥、银厂沟、板棚子沟等周边山区，生于海拔2500~3100m的岷江冷杉林中	2015.07	+++	调查
44	真蕨目 Eufilicales	姬蕨科 Dennstaedtiaceae	碗蕨	Dennstaedtia scabra (Wall.) Moore	保护区内见于三江、耿达等周边山区，生于海拔1300~1500m的常绿阔叶林中	2015.08	++	调查
45	真蕨目 Eufilicales	姬蕨科 Dennstaedtiaceae	溪洞碗蕨	Dennstaedtia wilfordii (Moore) Christ	保护区内见于正河、卧龙镇附近，生于海拔1600~1800m的常绿落叶阔叶混交林中	2014.10	+	调查
46	真蕨目 Eufilicales	姬蕨科 Dennstaedtiaceae	边缘鳞盖蕨	Microlepia marginata (Houtt.) C. Chr.	保护区内见于正河、大阴沟检查站后山，生于海拔1300~1500m的常绿阔叶林、落叶阔叶林下	2014.10	+	调查
47	真蕨目 Eufilicales	陵齿蕨科 Lindsaeaceae	陵齿蕨	Lindsaea cultrata (Willd.) Sw.	保护区内见于正河、瞭望台等周边山区，生于海拔2300m左右的草坪中	2015.08	+	调查
48	真蕨目 Eufilicales	陵齿蕨科 Lindsaeaceae	乌蕨	Stenoloma chusanum (L.) Ching	保护区内见于正河、沙湾等周边山区，生于海拔1200~1900m的阔叶林中，土坡上向阳处	2015.07	++	调查
49	真蕨目 Eufilicales	骨碎补科 Davalliaceae	肾蕨	Nephrolepis auriculata (L.) Presl	保护区内见于三江、耿达等周边山区，生于海拔1300~1500m的常绿阔叶林下岩石上	2015.07	+	调查
50	真蕨目 Eufilicales	条蕨科 Oleandraceae	高山条蕨	Oleandra veallichii (Hook.) Presl	保护区内见于正河、卧龙镇附近，生于海拔1900~2000m的山地灌丛中	2015.08	+	调查

（续）

序号	目名	科名	中文种名	拉丁学名	分布、生境	最新发现时间	估计数量状况	数据来源
51	真蕨目 Eufilicales	凤尾蕨科 Pteridaceae	欧洲凤尾蕨	*Pteris cretica* L.	保护区内见于三江、卧龙镇附近，生于海拔1200~1800m 的林下阴湿石上	2014.10	++	调查
52	真蕨目 Eufilicales	凤尾蕨科 Pteridaceae	凤尾蕨	*Pteris cretica* L. var. *nervosa* (Thunb.) Ching et S. H. Wu	保护区内见于耿达等周边山区，生于海拔1400m 左右的路边灌草丛中	2014.10	+	调查
53	真蕨目 Eufilicales	凤尾蕨科 Pteridaceae	指叶凤尾蕨	*Pteris dactylina* Hook.	保护区内见于糖房、转经楼、实验林场等周边山区，生于海拔1600~2100m 的阔叶林、山地灌丛、岩壁上，石缝中或阴暗较潮湿处	2015.08	++	调查
54	真蕨目 Eufilicales	凤尾蕨科 Pteridaceae	金钗凤尾蕨	*Pteris fauriei* Hieron.	保护区内见于三江耿达等周边山区，生于海拔1200~1400m 的常绿阔叶林中	2015.07	+	调查
55	真蕨目 Eufilicales	凤尾蕨科 Pteridaceae	鸡爪凤尾蕨	*Pteris gallinopes* Ching ex Ching et S. H. Wu	保护区内见于正河沟、瞭望台等周边山区，生于海拔1800m 左右的林下石头上	2015.07	+	调查
56	真蕨目 Eufilicales	凤尾蕨科 Pteridaceae	亨利凤尾蕨（狭叶凤尾蕨）	*Pteris henryi* Christ	保护区内见于三江、正河、核桃平沟等周边山区，生于海拔1300~1800m 的常绿阔叶林中。	2015.08	++	调查
57	真蕨目 Eufilicales	凤尾蕨科 Pteridaceae	中华凤尾蕨	*Pteris inaequalis* Bak.	保护区内见于三江、正河等周边山区，生于海拔1400~1600m 的山地灌丛、常绿阔叶林中	2014.10	+	调查
58	真蕨目 Eufilicales	凤尾蕨科 Pteridaceae	井栏边草	*Pteris multifida* Poir.	保护区内见于三江、耿达等周边山区，生于海拔1200~2000m 的阔叶林、山地灌丛中	2015.08	+++	调查
59	真蕨目 Eufilicales	凤尾蕨科 Pteridaceae	凤尾草	*Pteris nervosa* Thunb.	保护区内见于三江、正河等周边山区，生于海拔1200~1500m 的常绿阔叶林、公路边草丛、山地灌丛中	2014.10	+	调查
60	真蕨目 Eufilicales	凤尾蕨科 Pteridaceae	蜈蚣草	*Pteris vittata* L.	保护区内见于大阴沟、水界碑等周边山区，生于海拔1200~1500m 的常绿阔叶林、公路边悬岩上	2014.10	+	调查

（续）

序号	目名	科名	中文种名	拉丁学名	分布、生境	最新发现时间	估计数量状况	数据来源
61	真蕨目 Eufilicales	蕨科 Pteridiaceae	银粉背蕨	Aleuritopteris argentea (Gmel.) Fee	保护区内见于糖房、党磨沟等周边山区，生于海拔1700~2000m的山地灌丛岩石上、马路旁的石灰岩上，光照强的石缝中或阴暗潮湿处	2015.08	++	调查
62	真蕨目 Eufilicales	蕨科 Pteridiaceae	粉背蕨	Aleuritopteris pseudofarinosa Ching et S. K. Wu	保护区内见于三江、耿达大网沟等周边山区，生于海拔1400~1600m的路边石壁，山地灌丛边石上。	2015.07	+	调查
63	真蕨目 Eufilicales	蕨科 Pteridiaceae	毛轴碎米蕨	Cheilosoria chusana (Hook.) Ching et Shing	保护区内见于正河、核桃坪等周边山区，生于海拔1800~2000m的山地草丛岩石上	2015.07	+	调查
64	真蕨目 Eufilicales	蕨科 Pteridiaceae	野雉尾金粉蕨	Onychium japonicum (Thunb.) Kze	保护区内见于正河、沙湾等周边山区，生于海拔1200~1500m的常绿阔叶林中	2014.10	+	调查
65	真蕨目 Eufilicales	蕨科 Pteridiaceae	旱蕨	Pellaea nitidula (Hook.) Bak.	保护区内见于正河、核桃坪等周边山区，生于海拔2200~2400m的针阔叶混交林下岩石上	2014.10	++	调查
66	真蕨目 Eufilicales	蕨科 Pteridiaceae	毛轴蕨	Pteridium revolutum (Bl.) Nakai	保护区内见于卧龙住地附近，生于海拔1900m左右的玉米地、草地，土壁或有强光而干燥处	2015.08	+	调查
67	真蕨目 Eufilicales	铁线蕨科 Adiantaceae	白盖铁线蕨	Adiantum amithinum Ching	保护区内见于正河、糖房等周边山区，生于海拔1900~2400m的针阔叶混交林下岩石上	2015.07	++	调查
68	真蕨目 Eufilicales	铁线蕨科 Adiantaceae	铁线蕨	Adiantum capillus-veneris L.	保护区内见于三江、正河等周边山区，生于海拔1300~1700m的常绿阔叶林下阴湿岩石上，山中河沟石边。	2015.07	++	调查
69	真蕨目 Eufilicales	铁线蕨科 Adiantaceae	鞭叶铁线蕨	Adiantum caudatum L.	保护区内见于大阴沟、滴水岩等周边山区，生于海拔1400m左右的公路旁阴湿的岩石上	2015.08	+	调查
70	真蕨目 Eufilicales	铁线蕨科 Adiantaceae	白背铁线蕨	Adiantum davidii Franch.	保护区内常见于实验林场、糖房等周边山区，转经楼沟、河谷林沟，生于海拔1900~2900m的山地灌丛岩石上、石缝中，岩壁上、石缝中，阴坡草丛中，路边灰较为干燥阴暗的草丛中	2015.07	+++	调查

（续）

序号	目名	科名	中文种名	拉丁学名	分布、生境	最新发现时间	估计数量状况	数据来源
71	真蕨目 Eufilicales	铁线蕨科 Adiantaceae	普通铁线蕨	*Adiantum edgeworthii* Hook.	保护区内见于三江、耿达等周边山区，生于海拔 1300～1500m 的常绿阔叶林中	2015.07	++	调查
72	真蕨目 Eufilicales	铁线蕨科 Adiantaceae	长盖铁线蕨	*Adiantum fimbriatum* Christ	保护区内见于正河、核桃坪等周边山区，生于海拔 1800～2000m 的常绿落叶阔叶混交林中	2015.08	++	调查
73	真蕨目 Eufilicales	铁线蕨科 Adiantaceae	灰背铁线蕨	*Adiantum myriosorum* Bak.	保护区内见于正河沟等周边山区，生于海拔 1800m 左右的林下岩石上	2014.10	+	调查
74	真蕨目 Eufilicales	铁线蕨科 Adiantaceae	掌叶铁线蕨	*Adiantum pedatum* L.	保护区内见于觅磨沟、转经楼沟、实验林场等周边山区，生于海拔 1600～2500m 的阔叶林、针阔叶混交林、河谷岩石上	2014.10	+++	调查
75	真蕨目 Eufilicales	裸子蕨科 Hemionitidaceae	普通凤丫蕨	*Coniogramme intermedia* Hieron	保护区内见于糖房、大阴沟、耿达正河等周边山区，生于海拔 1300～1800m 的路边草丛、沟边路旁草丛、河谷阴湿地	2015.08	++	调查
76	真蕨目 Eufilicales	裸子蕨科 Hemionitidaceae	凤丫蕨	*Coniogramme japonica* (Thunb.) Diels	保护区内见于三江、正河等周边山区，生于海拔 1200～1600m 的常绿阔叶林中	2015.07	++	调查
77	真蕨目 Eufilicales	裸子蕨科 Hemionitidaceae	紫柄凤丫蕨	*Coniogramme sinensis* Ching	保护区内见于三江、沙湾等周边山区，生于海拔 1400～1500m 的山地草丛中	2015.07	+	调查
78	真蕨目 Eufilicales	裸子蕨科 Hemionitidaceae	耳羽金毛裸蕨	*Gymnopteris bipinnata* Christ var. *auriculata* (Fr.) Ching	保护区内见于足磨沟中桥等周边山区，生于海拔 1600～2000m 的山地灌丛中岩石上、林下岩石上、玉米地的土壁石缝中，路边或强光干燥处	2015.08	++	调查
79	真蕨目 Eufilicales	蹄盖蕨科 Athyriaceae	鳞柄短肠蕨	*Allantodia squamigera* (Mett.) Ching	保护区内见于关沟、银厂沟等周边山区，生于海拔 2400～2700m 的针阔叶混交林中	2014.10	+	调查
80	真蕨目 Eufilicales	蹄盖蕨科 Athyriaceae	翅轴蹄盖蕨	*Athyrium delavayi* Christ	保护区内见于三江、正河等周边山区，生于海拔 1600～2000m 的阔叶林下	2015.08	++	调查
81	真蕨目 Eufilicales	蹄盖蕨科 Athyriaceae	毛翼蹄盖蕨	*Athyrium dubium* Ching	保护区内见于正河、核桃坪等周边山区，生于海拔 1600～2500m 的阔叶林下	2015.07	+++	调查

（续）

序号	目名	科名	中文种名	拉丁学名	分布、生境	最新发现时间	估计数量状况	数据来源
82	真蕨目 Eufilicales	蹄盖蕨科 Athyriaceae	蹄盖蕨	Athyrium filix-femina (L.) Roth	保护区内见于瞭望台、白岩沟等周边山区，生于海拔2300~2600m的针阔叶混交林中	2015.07	+	调查
83	真蕨目 Eufilicales	蹄盖蕨科 Athyriaceae	川滇蹄盖蕨	Athyrium mackinnonii (Hope.) C. Chr.	保护区内见于核桃坪、正河等周边山区，生于海拔1800~2100m的常绿落叶阔叶混交林中	2014.10	+	调查
84	真蕨目 Eufilicales	蹄盖蕨科 Athyriaceae	日本蹄盖蕨（华东蹄盖蕨）	Athyrium niponicum (Mett.) Hance	保护区内见于转经楼沟、大阴沟等周边山区，生于海拔1600~2000m的落叶阔叶林下、路边草丛、马路旁	2014.10	+++	调查
85	真蕨目 Eufilicales	蹄盖蕨科 Athyriaceae	华北蹄盖蕨	Athyrium pachyphlebium C. Chr	保护区内见于耿达、正河等周边山区，生于海拔1500~2600m的阔叶林、针阔叶混交林中	2015.08	+++	调查
86	真蕨目 Eufilicales	蹄盖蕨科 Athyriaceae	裸囊蹄盖蕨	Athyrium pachyphyllum Ching	保护区内见于大阴沟等周边山区，生于海拔1600m左右的落叶阔叶林下	2015.07	++	调查
87	真蕨目 Eufilicales	蹄盖蕨科 Athyriaceae	软刺蹄盖蕨（糙毛蹄盖蕨）	Athyrium strigillosum (Moore ex Lowe) Moore ex Salcm	保护区内见于正河、耿达等周边山区，生于海拔1800~2400m的阔叶林下	2015.07	++	调查
88	真蕨目 Eufilicales	蹄盖蕨科 Athyriaceae	大白山蹄盖蕨	Athyrium taipaishanense Ching	保护区内见于正河、核桃坪等周边山区，生于海拔1600~2000m的常绿落叶阔叶混交林下	2015.08	++	调查
89	真蕨目 Eufilicales	蹄盖蕨科 Athyriaceae	尖头蹄盖蕨	Athyrium vidalii	保护区内见于核桃坪等周边山区，生于海拔2300m左右的竹林下	2014.10	+	调查
90	真蕨目 Eufilicales	蹄盖蕨科 Athyriaceae	华中蹄盖蕨	Athyrium wardii (Hook.) Makino	保护区内见于三江、龙岩等周边山区，生于海拔1200~2400m的路边草丛、林下、土壁草丛中或阴暗较为干燥处	2014.10	+++	调查
91	真蕨目 Eufilicales	蹄盖蕨科 Athyriaceae	禾秆蹄盖蕨	Athyrium yokoscense (Franch. et Sav.) Christ	保护区内见于核桃坪沟、龙岩等周边山区，生于海拔1600~2000m的山地灌丛、路边的草丛中或阴暗潮湿处	2015.08	++	调查

（续）

序号	目名	科名	中文种名	拉丁学名	分布、生境	最新发现时间	估计数量状况	数据来源
92	真蕨目 Eufilicales	蹄盖蕨科 Athyriaceae	东北角蕨	Cornopteris crenulato-serrulata (Makino) Nakai	保护区内见于三江、正河等周边山区，生于海拔 1600~1800m 的山地灌丛中	2015.07	+	调查
93	真蕨目 Eufilicales	蹄盖蕨科 Athyriaceae	角蕨	Cornopteris decurrenti-alata (Hook.) Nakai	保护区内见于正河、核桃坪沟等周边山区，生于海拔 1800~2000m 的山地灌丛中	2015.07	+	调查
94	真蕨目 Eufilicales	蹄盖蕨科 Athyriaceae	翅轴冷蕨	Cystopteris alata Ching	保护区内见于正河、转经楼沟等周边山区，生于海拔 1800~2000m 的山地灌丛与岩石上、石缝中、路旁	2014.10	+	调查
95	真蕨目 Eufilicales	蹄盖蕨科 Athyriaceae	冷蕨	Cystopteris fragilis (L.) Bernh.	保护区内见于转经楼沟、足磨沟等边山区，生于海拔 1800~2000m 的路边草丛、山地草丛，土壁上或路边阴暗潮湿处	2014.10	++	调查
96	真蕨目 Eufilicales	蹄盖蕨科 Athyriaceae	高山冷蕨	Cystopteris montana (Lam.) Bernh.	保护区内见于英雄沟、巴朗山等周边山区，生于海拔 2500~3400m 的针叶林下	2015.08	++	调查
97	真蕨目 Eufilicales	蹄盖蕨科 Athyriaceae	宝兴冷蕨	Cystopteris moupinensis Franch.	保护区内见于龙眼沟、龙岩等周边山区，生于海拔 2400~3600m 的针阔叶混交林、针叶林、石缝中或阴暗潮湿处	2015.07	+	调查
98	真蕨目 Eufilicales	蹄盖蕨科 Athyriaceae	膜叶冷蕨	Cystopteris pellucida (Franch.) Ching	保护区内见于正河、足磨沟等周边山区，生于海拔 1600~2400m 的阔叶林、针阔叶混交林、阴暗潮湿处	2015.07	+++	调查
99	真蕨目 Eufilicales	蹄盖蕨科 Athyriaceae	绿叶介蕨	Dryoathyrium viridifrons (Makino) Ching	保护区内见于正河、转经楼沟等周边山区，生于海拔 1600~2000m 的山地灌丛或或林缘	2015.08	++	调查
100	真蕨目 Eufilicales	蹄盖蕨科 Athyriaceae	羽节蕨	Gymnocarpium jessoense (Koidz.) Koidz.	保护区内见于龙岩、足磨沟等周边山区，生于海拔 2200~2500m 的针阔叶混交林下岩石下、阔叶林下、石缝中、草丛中、土壁上，路边或阴暗潮湿处	2014.10	++	调查

（续）

序号	目名	科名	中文种名	拉丁学名	分布、生境	最新发现时间	估计数量状况	数据来源
101	真蕨目 Eufilicales	蹄盖蕨科 Athyriaceae	欧洲羽节蕨	Gymnocarpium dryopteris (L.) Newman	保护区内见于龙岩、转经楼沟等周边山区，生于海拔1900~2000m的山地灌丛、石缝、土壁，阴暗潮湿处	2014.10	+	调查
102	真蕨目 Eufilicales	蹄盖蕨科 Athyriaceae	东亚羽节蕨	Gymnocarpium oyamense (Bak.) Ching	保护区内见于正河、核桃坪等周边山区，生于海拔1800~2000m的山地灌丛、阔叶林、竹林下或阴暗潮湿地	2015.08	+	调查
103	真蕨目 Eufilicales	蹄盖蕨科 Athyriaceae	峨眉蕨	Lunathyrium acrostichoides (Sw.) Ching	保护区内见于龙岩、大阴沟等周边山区，生于海拔1500~2500m的针阔叶混交林、落叶阔叶林下草丛中、路边草丛，阴暗干燥处	2015.07	+++	调查
104	真蕨目 Eufilicales	蹄盖蕨科 Athyriaceae	陕西峨眉蕨	Lunathyrium giraldii (Christ) Ching	保护区内见于龙岩、转经楼沟等周边山区，生于海拔2300~2500m的路边草丛，林下	2015.07	+	调查
105	真蕨目 Eufilicales	蹄盖蕨科 Athyriaceae	假冷蕨	Pseudocystopteris spinulosa (Maxim.) Ching	保护区内见于臭水沟、白岩等周边山区，生于海拔2200~2600m的山地灌丛、林下土中，阴暗潮湿地	2015.08	++	调查
106	真蕨目 Eufilicales	蹄盖蕨科 Athyriaceae	三角叶假冷蕨	Pseudocystopteris subtriangularis (Hook.) Ching	保护区内见于龙岩、足磨沟等周边山区，生于海拔2000~2500m的路边草丛，林下，阴暗潮湿处	2014.10	++	调查
107	真蕨目 Eufilicales	铁角蕨科 Aspleniaceae	华南铁角蕨	Asplenium austrochinense Ching	保护区内见于正河、卧龙镇附近，生于海拔1600~1900m的阔叶林下石缝中	2014.10	+	调查
108	真蕨目 Eufilicales	铁角蕨科 Aspleniaceae	胎生铁角蕨	Asplenium indicum	保护区内见于三江、龙潭沟等周边山区，生于海拔1200~1400m的常绿阔叶林下岩石下	2015.08	+	调查
109	真蕨目 Eufilicales	铁角蕨科 Aspleniaceae	北京铁角蕨	Asplenium pekinense Hance	保护区内见于正河、耿达等周边山区，生于海拔1700~1900m的公路边岩石上	2015.07	+	调查
110	真蕨目 Eufilicales	铁角蕨科 Aspleniaceae	长叶铁角蕨	Asplenium prolongatum Hook.	保护区内见于三江、沙湾等周边山区，生于海拔1300~1500m的公路边悬岩上	2015.07	++	调查

（续）

序号	目名	科名	中文种名	拉丁学名	分布、生境	最新发现时间	估计数量状况	数据来源
111	真蕨目 Eufilicales	铁角蕨科 Aspleniaceae	华中铁角蕨	Asplenium sarelii Hook.	保护区内见于糖房、核桃坪坝等周边山区，生于海拔1800~2000m 的水沟边岩石上	2015.08	++	调查
112	真蕨目 Eufilicales	铁角蕨科 Aspleniaceae	铁角蕨	Asplenium trichomanes L.	保护区内见于三江、耿达等周边山区，生于海拔1300~1500m 的常绿阔叶林下岩石上	2014.10	+	调查
113	真蕨目 Eufilicales	铁角蕨科 Aspleniaceae	三翅铁角蕨	Asplenium tripteropus Nakai	保护区内见于耿达、龙覃沟等周边山区，生于海拔1300~1900m 的阔叶林下阴湿处	2015.08	+++	调查
114	真蕨目 Eufilicales	铁角蕨科 Aspleniaceae	云南铁角蕨	Asplenium yunnanensis Franch.	保护区内见于糖房、足磨沟等周边山区，生于海拔1900~2000m 的山地灌丛中岩石上	2015.07	+	调查
115	真蕨目 Eufilicales	金星蕨科 Thelypteridaceae	披针叶新月蕨	Abacopterispenangiana (Hook.) Ching	保护区内见于耿达、沙湾等周边山区，生于海拔1300~1500m 的常绿阔叶林中	2015.07	++	调查
116	真蕨目 Eufilicales	金星蕨科 Thelypteridaceae	毛蕨	Cyclosorus interruptus (Willd.) H. Ito	保护区内见于三江、正河、耿达等周边山区，生于海拔1200~2000m 的阔叶林，山地灌丛中	2015.08	+++	调查
117	真蕨目 Eufilicales	金星蕨科 Thelypteridaceae	肿足蕨	Hypodematium crenatum (Forssk.) Kuhn	保护区内见于三江、龙覃沟等周边山区，生于海拔1200~1500m 的常绿阔叶林下岩石上	2014.10	+	调查
118	真蕨目 Eufilicales	金星蕨科 Thelypteridaceae	光轴肿足蕨	Hypodematium hirsutum (Don) Ching	保护区内见于耿达等周边山区，生于海拔1200m 左右的山坡或林下石灰岩缝	2014.10	++	调查
119	真蕨目 Eufilicales	金星蕨科 Thelypteridaceae	金星蕨	Parathelypteris glanduligera (Kze.) Ching	保护区内见于沙湾等周边山区，生于海拔1400~1600m 的山地草丛、林缘	2015.08	+	调查
120	真蕨目 Eufilicales	金星蕨科 Thelypteridaceae	中日金星蕨（扶桑金星蕨）	Parathelypteris nipponica (Franch. et Sav) Ching	保护区内见于正河、花红树沟等周边山区，生于海拔1600~2000m 的山地灌丛、草丛，阳光充沛干燥处	2015.07	++	调查
121	真蕨目 Eufilicales	金星蕨科 Thelypteridaceae	延羽卵果蕨	Phegopteris decursive-pinnata Fée	保护区内见于三江、沙湾等周边山区，生于海拔1300~1600m 的常绿阔叶林中	2015.07	++	调查
122	真蕨目 Eufilicales	金星蕨科 Thelypteridaceae	星毛卵果蕨	Phegopteris levingei (Clarke) Tagawa	保护区内见于正河、花红树沟等周边山区，生于海拔2000~2500m 的山地干草丛中	2015.08	+	调查

（续）

序号	目名	科名	中文种名	拉丁学名	分布、生境	最新发现时间	估计数量状况	数据来源
123	真蕨目 Eufilicales	金星蕨科 Thelypteridaceae	西南假毛蕨	*Pseudocyclosorus esquirolii* (Christ.) Ching	保护区内见于三江、耿达等周边山区，生于海拔1400~1600m 的常绿阔叶林中	2014.10	++	调查
124	真蕨目 Eufilicales	乌毛蕨科 Blechnaceae	荚囊蕨	*Struthiopteris eburnea* (Christ.) Ching	保护区内见于耿达、沙湾等周边山区，生于海拔1400~1500m 的悬岩上阴湿处	2015.08	+	调查
125	真蕨目 Eufilicales	乌毛蕨科 Blechnaceae	顶芽狗脊	*Woodwardia unigemmata* (Makino) Nakai	保护区内见于沙湾、龙潭沟等周边山区，生于海拔1200~1600m 的常绿阔叶林中	2015.07	++	调查
126	真蕨目 Eufilicales	球子蕨科 Onocleaceae	中华荚果蕨	*Matteuccia intermedia* C. Chr.	保护区内见于糖房、三江等周边山区，生于海拔1600~1900m 的路边及山地灌丛、山中溪沟边或路旁较为干旱阴暗处	2015.07	++	调查
127	真蕨目 Eufilicales	球子蕨科 Onocleaceae	东方荚果蕨	*Matteuccia orientalis* (Hook.) Trev.	保护区内见于正河、糖房等周边山区，生于海拔1600~2500m 的落叶阔叶混交林、针阔叶混交林中	2015.08	+++	调查
128	真蕨目 Eufilicales	球子蕨科 Onocleaceae	荚果蕨	*Matteuccia struthiopteris* (L.) Todaro	保护区内见于三江、耿达等周边山区，生于海拔1400~1700m 的山地灌丛、草坡上	2014.10	+	调查
129	真蕨目 Eufilicales	鳞毛蕨科 Dryopteridaceae	细裂复叶耳蕨	*Arachniodes coniifolia* (T. Moore) Ching	保护区内见于沙湾、龙潭沟等周边山区，生于海拔1100~1600m 的常绿阔叶林中	2014.10	+++	调查
130	真蕨目 Eufilicales	鳞毛蕨科 Dryopteridaceae	镰羽贯众	*Cyrtomium balansae* (Christ) C. Chr.	保护区内见于核桃坪沟、大阴沟滴水岩等周边山区，生于海拔1200~1900m 的常绿阔叶林、河谷灌草丛、公路旁阴湿的岩石上	2015.08	+++	调查
131	真蕨目 Eufilicales	鳞毛蕨科 Dryopteridaceae	全缘贯众	*Cyrtomium falcatum* (L.f.) Presl	保护区内见于正河、糖房等周边山区，生于海拔1700~2000m 的山地草丛、阔叶林中	2015.07	+	调查
132	真蕨目 Eufilicales	鳞毛蕨科 Dryopteridaceae	贯众	*Cyrtomium fortunei* J. Sm	保护区内见于耿达等周边山区，生于海拔1400m 左右的林缘灌草丛中	2015.07	+	调查
133	真蕨目 Eufilicales	鳞毛蕨科 Dryopteridaceae	大叶贯众	*Cyrtomium macrophyllum* (Makino) Tagawa	保护区内见于三江、正河等周边山区，生于海拔1400~1700m 的常绿阔叶林中	2015.08	+	调查

（续）

序号	目名	科名	中文种名	拉丁学名	分布、生境	最新发现时间	估计数量状况	数据来源
134	真蕨目 Eufilicales	鳞毛蕨科 Dryopteridaceae	大羽贯众	Cyrtomium maximum Ching et Shing ex Shing	保护区内见于花红树沟、梯子沟等周边山区，生于海拔2300~2500m的针阔叶混交林下或岩石上	2014.10	+	调查
135	真蕨目 Eufilicales	鳞毛蕨科 Dryopteridaceae	阔羽贯众 （同羽贯众）	Cyrtomium yamamotoi Tagawa	保护区内见于三江、耿达等周边山区，生于海拔1500~1900m的山地灌丛、阔叶林中	2014.10	+	调查
136	真蕨目 Eufilicales	鳞毛蕨科 Dryopteridaceae	远轴鳞毛蕨	Dryopteris dickinsii (Franch. et Sav.) C. Chr.	保护区内见于龙胆两他鲁附近，生于海拔3800m的山腰冷杉林下	2014.10	+	调查
137	真蕨目 Eufilicales	鳞毛蕨科 Dryopteridaceae	齿头鳞毛蕨	Dryopteris labordei (Christ) C. Chr.	保护区内见于正河、卧龙镇附近，生于海拔1600~1900m的阔叶林中	2015.08	++	调查
138	真蕨目 Eufilicales	鳞毛蕨科 Dryopteridaceae	华北鳞毛蕨	Dryopteris goeringiana	保护区内见于耿达、沙湾等周边山区，生于海拔1500~2600m的阔叶林中	2015.07	+++	调查
139	真蕨目 Eufilicales	鳞毛蕨科 Dryopteridaceae	半岛鳞毛蕨	Dryopteris peninsulae Kitag.	保护区内见于核桃坪、足磨沟、大阴沟等周边山区，生于海拔1500m左右的山沟落叶阔叶林下、土壁上石缝中，阴暗潮湿处，竹林下的草丛中、马路边	2015.07	+++	调查
140	真蕨目 Eufilicales	鳞毛蕨科 Dryopteridaceae	同形鳞毛蕨	Dryopteris uniformis Mak.	保护区内见于正河沟、花红树沟等周边山区，生于海拔2100~2600m的针阔叶混交林下	2014.10	++	调查
141	真蕨目 Eufilicales	鳞毛蕨科 Dryopteridaceae	两色鳞毛蕨	Dryopteris setosa (Thunb.) Akasawa	保护区内见于正河沟等周边山区，生于海拔2200m的林下	2014.10	+	调查
142	真蕨目 Eufilicales	鳞毛蕨科 Dryopteridaceae	尖齿耳蕨	Polystichum acutidens Christ Bull.	保护区内见于三江、沙湾等周边山区，生于海拔1300~1500m的常绿阔叶林、山地灌丛中	2015.08	+	调查
143	真蕨目 Eufilicales	鳞毛蕨科 Dryopteridaceae	薄叶耳蕨	Polystichum bakerianum (Atkinson) Diels	保护区内见于龙眼沟、贝母坪等周边山区，生于海拔3200~4000m的亚高山及高山草甸	2015.07	+	调查
144	真蕨目 Eufilicales	鳞毛蕨科 Dryopteridaceae	鞭叶耳蕨	Polystichum craspedosorum (Maxim.) Diels	保护区内见于三江、糖房等周边山区，生于海拔1300~2500m的针阔叶混交林下或岩石下	2015.07	++	调查

（续）

序号	目名	科名	中文种名	拉丁学名	分布、生境	最新发现时间	估计数量状况	数据来源
145	真蕨目 Eufilicales	鳞毛蕨科 Dryopteridaceae	对生耳蕨	Polystichum deltodon (Bak.) Diels	保护区内见于三江、大阴沟滴水岩等周边山区，生于海拔1200~1500m的常绿阔叶林，公路边阴湿悬崖上	2015.08	+	调查
146	真蕨目 Eufilicales	鳞毛蕨科 Dryopteridaceae	黑鳞耳蕨	Polystichum makinoi Tagawa	保护区内见于卧龙转经楼、核桃坪等周边山区，生于海拔1800~2500m的阔叶林，石缝中、竹林下，阴暗潮湿处	2015.08	+++	调查
147	真蕨目 Eufilicales	鳞毛蕨科 Dryopteridaceae	单列耳蕨	Polystichum monotis (Christ) C.	保护区内见于三江、大阴沟等周边山区，生于海拔1200~1500m的常绿阔叶林，阳坡落叶阔叶林下岩石上	2015.07	+	调查
148	真蕨目 Eufilicales	鳞毛蕨科 Dryopteridaceae	革叶耳蕨	Polystichum neolobatum Nakai Bot. Mag.	保护区内见于耿达、大阴沟等周边阔叶林，生于海拔1400~2100m的阔叶林，阳坡落叶阔叶林下岩石上或驿马路路边	2014.10	+++	调查
149	真蕨目 Eufilicales	鳞毛蕨科 Dryopteridaceae	多鳞耳蕨	Polystichum squarrosum (Don) Fee	保护区内见于核桃坪、头道桥等周边山区，生于海拔2300~2600m的针阔叶混交林中	2014.10	+	调查
150	真蕨目 Eufilicales	鳞毛蕨科 Dryopteridaceae	中华耳蕨	Polystichum sinense Christ	保护区内见于龙岩、足磨沟、实验林场等周边山区，生于海拔1900~2400m的山地灌丛、灌木林下、土壁草丛中，阴坡上、石壁上或阴暗潮湿处	2015.08	+++	调查
151	真蕨目 Eufilicales	鳞毛蕨科 Dryopteridaceae	猫儿刺耳蕨	Polystichum stimulans (Kuze ex Mett.) Bedd.	保护区内见于正河沟等周边山区，生于海拔2000m左右的石壁上	2015.07	++	调查
152	真蕨目 Eufilicales	鳞毛蕨科 Dryopteridaceae	戟叶耳蕨	Polystichum tripteron (Kunze) C. Presl Epimel. Bot.	保护区内见于大阴沟检查站后山，生于海拔1300~1500m的阔叶林下阴湿岩石缝中	2014.10	+	调查
153	真蕨目 Eufilicales	鳞毛蕨科 Dryopteridaceae	玉龙蕨	Sorolepidium glaciale Christ	在《四川卧龙自然保护区蕨类植物区系研究》中有记载，本次考察未见，生于海拔4000m以上的高山冰川穴洞、岩缝上			资料

（续）

序号	目名	科名	中文种名	拉丁学名	分布、生境	最新发现时间	估计数量状况	数据来源
154	真蕨目 Eufilicales	叉蕨科 Aspidiaceae	膜边肋毛蕨	Ctenitis clarkei (Bak.) Ching	保护区内见于英雄沟、巴朗山等周边山区，生于海拔2600~4200m的高山草甸	2015.08	+++	调查
155	真蕨目 Eufilicales	叉蕨科 Aspidiaceae	泡鳞肋毛蕨	Ctenitis mariformis (Ros.) Ching	保护区内见于核桃坪、白岩沟等周边山区，生于海拔2300~2600m的针阔叶混交林中	2015.07	+	调查
156	真蕨目 Eufilicales	水龙骨科 Polypodiaceae	节肢蕨	Arthromeris lehmanni (Mett.) Ching	保护区内见于三江、正河等周边山区，生于海拔1700~1900m的落叶阔叶林下	2015.07	+	调查
157	真蕨目 Eufilicales	水龙骨科 Polypodiaceae	多羽节肢蕨	Arthromeris mairei (Brause) Ching	保护区内见于正河、瞭望台等周边山区，生于海拔1800~2100m的山地灌丛，林下	2015.08	+++	调查
158	真蕨目 Eufilicales	水龙骨科 Polypodiaceae	矩圆线蕨	Colysis henryi (Baker)	保护区内见于正河等周边山区，生于海拔1800~1900m的河边灌丛岩石上及林下	2015.07	+	调查
159	真蕨目 Eufilicales	水龙骨科 Polypodiaceae	绿叶线蕨	Colysis leveillei (Christ) Ching	保护区内见于三江、正河等周边山区，生于海拔1600~1900m的阔叶林下岩石上	2014.10	+	调查
160	真蕨目 Eufilicales	水龙骨科 Polypodiaceae	丝带蕨	Drymotaenium miyoshianum Makino	保护区内见于耿达、沙湾等周边山区，生于海拔1400~3000m的树干上	2014.10	+++	调查
161	真蕨目 Eufilicales	水龙骨科 Polypodiaceae	中华槲蕨	Drynaria baronii Diels	保护区内见于正河、糖房等周边山区，生于海拔1600~2600m的树干上或岩石上	2015.08	+++	调查
162	真蕨目 Eufilicales	水龙骨科 Polypodiaceae	槲蕨	Drynaria roosii Nakaike	保护区内见于三江、龙潭沟等周边山区，生于海拔1200~1500m的树干上或岩石上	2015.07	+	调查
163	真蕨目 Eufilicales	水龙骨科 Polypodiaceae	抱石莲	Lepidogrammitis drymoglossoides (Baker) Ching	保护区内见于耿达、大阴沟等周边山区，生于海拔1200~1600m的常绿阔叶林下岩石上或树干上	2015.07	++	调查
164	真蕨目 Eufilicales	水龙骨科 Polypodiaceae	长叶骨牌蕨	Lepidogrammitis elongata Ching	保护区内见于三江、沙湾等周边山区，生于海拔1200~1500m的常绿阔叶林下岩石上	2015.08	++	调查
165	真蕨目 Eufilicales	水龙骨科 Polypodiaceae	中间骨牌蕨	Lepidogrammitis intermidia Ching	保护区内见于糖房、大阴沟滴水岩等周边山区，生于海拔1200~1400m的公路边阴湿石壁上，石头上，阳光充足而干燥处	2014.10	++	调查

（续）

序号	目名	科名	中文种名	拉丁学名	分布、生境	最新发现时间	估计数量状况	数据来源
166	真蕨目 Eufilicales	水龙骨科 Polypodiaceae	狭叶瓦韦	*Lepisorus angustus* Ching	保护区内见于正河、卧龙镇附近，生于海拔1700～1900m 的阔叶林中树干上	2014.10	+	调查
167	真蕨目 Eufilicales	水龙骨科 Polypodiaceae	二色瓦韦	*Lepisorus bicolor*	保护区内见于白岩、足磨沟、英雄沟、三江冒水子等周边山区，生于海拔1500～3400m 的针叶树树干上，河谷边林下草丛、林中、树上、阴暗潮湿处或石缝中阴暗干燥处	2014.10	+++	调查
168	真蕨目 Eufilicales	水龙骨科 Polypodiaceae	网眼瓦韦	*Lepisorus clathratus* (Clarke) Ching	保护区内见于梯子沟、实验林场等周边山区，生于海拔1300～3300m 的常绿阔叶林、亚高山草甸、松林上阴暗处	2015.08	+++	调查
169	真蕨目 Eufilicales	水龙骨科 Polypodiaceae	扭瓦韦	*Lepisorus contortus* (Christ) Ching	保护区内见于三江、英雄沟等周边山区，生于海拔1500～3400m 的岩石或树干上	2015.07	+++	调查
170	真蕨目 Eufilicales	水龙骨科 Polypodiaceae	大瓦韦	*Lepisorus macrosphaerus*	保护区内见于五一棚、大阴沟滴水岩等周边山区，生于海拔1300～2600m 的公路边岩石上、阔混交林下树根上	2015.07	+++	调查
171	真蕨目 Eufilicales	水龙骨科 Polypodiaceae	小叶瓦韦	*Lepisorus macrosphaerus* f. *minimus* (Ching) Y. X. Lin	保护区内见于大阴沟等周边山区，生于海拔1500m 左右的阴坡林下岩石上	2015.08	++	调查
172	真蕨目 Eufilicales	水龙骨科 Polypodiaceae	小瓦韦	*Lepisorus macrosphaerus* var. *asterolepis* (Bak.) Ching	保护区内见于耿达、沙湾等周边山区，生于海拔1200～1600m 的常绿阔叶林中岩石上	2014.10	+	调查
173	真蕨目 Eufilicales	水龙骨科 Polypodiaceae	鳞瓦韦	*Lepisorus oligolepidus* (Bak.) Ching	保护区内见于大阴沟、龙潭沟等周边山区，生于海拔1200～1800m 的岩石或树干上	2014.10	++	调查
174	真蕨目 Eufilicales	水龙骨科 Polypodiaceae	长瓦韦	*Lepisorus pseudonudus* Ching	保护区内见于白岩沟、花红树沟等周边山区，生于海拔2300～2500m 的针阔叶混交林中树干上	2015.08	+	调查
175	真蕨目 Eufilicales	水龙骨科 Polypodiaceae	瓦韦	*Lepisorus thunbergianus* (Kaulf.) Ching	保护区内见于三江、三江等周边山区，生于海拔1200～3300m 的中山沟边山坡石头上、石缝中、亚高山草甸，岩石或树干上	2015.07	+++	调查

（续）

序号	目名	科名	中文种名	拉丁学名	分布、生境	最新发现时间	估计数量状况	数据来源
176	真蕨目 Eufilicales	水龙骨科 Polypodiaceae	江南星蕨	Microsorum fortunei (T. Moore) Ching	保护区内见于大阴沟、耿达等周边山区，生于海拔1300~1600m的常绿阔叶林中岩石上	2015.07	+	调查
177	真蕨目 Eufilicales	水龙骨科 Polypodiaceae	盾蕨	Neolepisorus ovatus (Bedd.) Ching	保护区内见于大阴沟滴水岩、三江等山区，生于海拔1200~1700m的常绿阔叶林、落叶阔叶林下或公路边山坡阔叶林下岩石上	2015.08	++	调查
178	真蕨目 Eufilicales	水龙骨科 Polypodiaceae	扇蕨	Neocheiropteris palmatopedata (Baker) Christ	保护区内见于正河、糖房等周边山区，生于海拔1500~2700m的密林下或山崖林下	2014.10	+++	调查
179	真蕨目 Eufilicales	水龙骨科 Polypodiaceae	光石韦	Pyrrosia calvata (Baker) Ching	保护区内见于三江、正河等周边山区，生于海拔1200~1800m的林下岩石上或树干上	2015.08	++	调查
180	真蕨目 Eufilicales	水龙骨科 Polypodiaceae	华北石韦	Pyrrosia davidii (Gies.) Ching	保护区内见于正河、糖房等周边山区，生于海拔1800~2000m的山地灌丛岩石上	2015.07	+	调查
181	真蕨目 Eufilicales	水龙骨科 Polypodiaceae	毡毛石韦	Pyrrosia drakeana (Franch.) Ching	保护区内见于正河等周边山区，生于海拔1300~1800m的常绿阔叶林中岩石上、树干上	2015.07	++	调查
182	真蕨目 Eufilicales	水龙骨科 Polypodiaceae	有柄石韦	Pyrrosia petiolosa (Christ) Ching	保护区内见于沙湾、龙潭沟等周边山区，生于海拔1200~1700m的阔叶林和灌丛岩石上	2015.08	++	调查
183	真蕨目 Eufilicales	水龙骨科 Polypodiaceae	庐山石韦	Pyrrosia sheareri (Baker) Ching	保护区内见于耿达等周边山区，生于海拔1400~1800m的阔叶林中树干上或岩石上	2014.10	++	调查
184	真蕨目 Eufilicales	水龙骨科 Polypodiaceae	狭叶石韦	Pyrrosia stenophylla (Bedd.) Ching	保护区内见于足磨沟、实验林场等周边山区，生于海拔1800~2000m的树上或阔叶林光充足而干燥处	2014.10	+	调查
185	真蕨目 Eufilicales	水龙骨科 Polypodiaceae	石韦	Pyrrosia lingua (Thunb.) Farwell	保护区内见于耿达等周边山区，生于海拔1400m的路边灌草丛岩石上	2015.08	+	调查
186	真蕨目 Eufilicales	水龙骨科 Polypodiaceae	金鸡脚假瘤蕨	Phymatopteris hastata (Thunb.) Pic. Serm.	保护区内见于沙湾、大阴沟等周边山区，生于海拔1100~1600m的常绿阔叶林中岩石上	2015.07	++	调查
187	真蕨目 Eufilicales	水龙骨科 Polypodiaceae	宽底假瘤蕨	Phymatopteris majoensis (C. Chr.) Pic. Serm.	保护区内见于正河、糖房等周边山区，生于海拔1900~2500m的山地灌丛、林中树干上或岩石上	2015.07	+++	调查

（续）

序号	目名	科名	中文种名	拉丁学名	分布、生境	最新发现时间	估计数量状况	数据来源
188	真蕨目 Eufilicales	水龙骨科 Polypodiaceae	陕西假瘤蕨	Phymatopteris shensiensis (Christ) Pic. Serm.	保护区内见于正河、花红树沟等周边山区，生于海拔2000~3400m的石上或树干上	2015.08	+++	调查
189	真蕨目 Eufilicales	水龙骨科 Polypodiaceae	细柄假瘤蕨	Phymatopteris tenuipes (Ching) Pic. Serm.	保护区内见于耿达、龙潭沟等周边山区，生于海拔1300~1500m的山地灌丛或岩石上	2014.10	+	调查
190	真蕨目 Eufilicales	水龙骨科 Polypodiaceae	友水龙骨	Polypodiodes amoena Wall.	保护区内见于三江、耿达，生于海拔1200~2000m阔叶林树干上或岩石上，公路边	2015.08	+++	调查
191	真蕨目 Eufilicales	水龙骨科 Polypodiaceae	红杆水龙骨	Polypodiodes amoena var. duclouxii (Christ) Ching	保护区内见于沙湾、龙潭沟等周边山区，生于海拔1300~1600m的常绿阔叶林树干上	2015.07	++	调查
192	真蕨目 Eufilicales	水龙骨科 Polypodiaceae	日本水龙骨	Polypodiodes niponica (Mett.) Ching	保护区内见于正河、糖房等周边山区，生于海拔1600~1900m的山地灌丛或林中岩石上	2015.07	+	调查
193	真蕨目 Eufilicales	水龙骨科 Polypodiaceae	栗柄水龙骨	Polypodiodes microrhizoma (C. B. Clarke ex Baker) Ching	保护区内见于正河沟等周边山区，生于海拔2000m左右的阴湿石壁上	2015.08	+	调查
194	真蕨目 Eufilicales	水龙骨科 Polypodiaceae	假友水龙骨	Polypodiodes sibamoena (C. B. Clarke) Ching	保护区内见于正河、糖房等周边山区，生于海拔1900~2100m的山地灌丛及岩石上	2015.07	++	调查
195	真蕨目 Eufilicales	书带蕨科 Vittariaceae	书带蕨	Vittaria flexuosa Fee	保护区内见于沙湾、大阴沟等周边山区，生于海拔1100~1500m的常绿阔叶林中树干上	2015.08	+	调查
196	苹目 Marsileales	苹科 Marsileaceae	苹	Marsilea quadrifolia L.	保护区内见于三江等周边山区，生于海拔1200~1300m的水沟、水田中	2015.07	+	调查
197	槐叶苹目 Salviniales	槐叶苹科 Salviniaceae	槐叶苹	Salvinia natans (L.) All.	保护区内见于三江等周边山区，生于海拔1200~1400m的水沟、水塘中	2015.08	+	调查
198	槐叶苹目 Salviniales	满江红科 Azollaceae	满江红	Azolla imbricata (Roxb.) Nakai	保护区内见于三江等周边山区，生于海拔1200~1300m的水塘中	2015.08	++	调查

附表 4.2　四川卧龙国家级自然保护区保护蕨类植物名录

序号	目名	科名	属名	中文名	拉丁学名	分布地点经纬度坐标	最新发现时间	估计数量状况	数据来源	国家重点保护		四川省重点保护物种	IUCN		CITES	
										1级	2级		极危（CR）	濒危（EN）	附录1	附录1
1	真蕨目 Eufilicales	鳞毛蕨科 Dryopteridaceae	玉龙蕨属 Sorolepidium	玉龙蕨	Sorolepidium glaciale Christ				何飞等，2003	√						
种数合计																

附表 5.1　四川卧龙国家级自然保护区裸子植物名录

序号	目名	科名	中文种名	拉丁学名	分布、生境	最新发现时间	估计数量状况	数据来源
1	松杉目 Pinales	松科 Pinaceae	黄果冷杉	Abies ernestii Rehd.	保护区内见于头道桥、英雄沟等地，生于海拔 2200~3600m 的中山针叶林	2015. 07	+	调查
2	松杉目 Pinales	松科 Pinaceae	峨眉冷杉	Abies fabri （Mast.） Craib	保护区内见于天马沟、钱粮沟等地，生于海拔 2550~3250m 的中山针叶林	2015. 07	++	调查
3	松杉目 Pinales	松科 Pinaceae	岷江冷杉	Abies faxoniana Rehd. et Wils.	保护区内见于英雄沟、巴朗山等地，生于海拔 2100~3800m 的亚高山针叶林中或路旁	2014. 10	+++	调查
4	松杉目 Pinales	松科 Pinaceae	四川红杉	Larix mastersiana Rehd. et Wils	保护区内见于钱粮沟、巴朗山中山落叶针叶林，1732~3600m 的中山落叶针叶林、寒温性针叶林中	2015. 08	+	调查
5	松杉目 Pinales	松科 Pinaceae	云杉	Picea asperata Mast.	保护区内见于银厂沟、巴朗山针叶林中，生于海拔 2600~2800m 的中山针叶林中	2015. 07	++	调查

（续）

序号	目名	科名	中文种名	拉丁学名	分布、生境	最新发现时间	估计数量状况	数据来源
6	松杉目 Pinales	松科 Pinaceae	麦吊云杉（垂枝云杉）	*Picea brachytyla* (Franch.) Pritz.	保护区内见于正河、糖房等地，生于海拔1740~3600m的中山针叶林、寒温性针叶林，针阔混交林、灌木丛、公路边湿土中	2015.08	+++	调查
7	松杉目 Pinales	松科 Pinaceae	黄果云杉	*Picea likiangensis* var. *hirtella* (Rehd. et Wils.) Cheng ex Chen	保护区内见于银厂沟、龙岩等地，生于海拔2800~3000m的中山针叶林	2015.07	++	调查
8	松杉目 Pinales	松科 Pinaceae	华山松	*Pinus armandii* Franch.	保护区内见于正河、糖房等地，生于海拔1800~2850m的中山针叶林，山坡	2014.10	+++	调查
9	松杉目 Pinales	松科 Pinaceae	油松	*Pinus tabuliformis* Carr.	保护区内见于核桃坪、龙岩等地，生于海拔1900~2500m的中山针叶林中或路旁	2015.08	+++	调查
10	松杉目 Pinales	松科 Pinaceae	铁杉	*Tsuga chinensis* (Franch.) Pritz.	保护区内见于正河、核桃坪等地，生于海拔2000~2900m的中山针叶林，针阔混交林中	2015.07	+++	调查
11	松杉目 Pinales	松科 Pinaceae	云南铁杉	*Tsuga dumosa* (D. Don) Eichler	保护区内见于白岩沟、花红树沟等地，生于海拔2300~2800m的中山针叶林	2015.07	+++	调查
12	松杉目 Pinales	杉科 Taxodiaceae	杉木	*Cunninghamia lanceolata* (Lamb.) Hook.	保护区内见于三江等地，生于海拔1150m左右的中山针叶林、阔叶林中	2014.10	++	调查
13	松杉目 Pinales	柏科 Cupressaceae	香柏	*Sabina pingii* (Cheng et Ferre) Cheng et W. T. Wang var. *wilsonii* (Rehd.) Cheng et L. K. Fu	保护区内见于邓生、花红树沟等地，生于海拔3400~3600m的亚高山灌丛	2015.08	++	调查
14	松杉目 Pinales	柏科 Cupressaceae	方枝柏	*Sabina saltuaria* (Rehd. et Wils.) Cheng et W. T. Wang	保护区内见于夹沟、龙眼沟等地，生于海拔2600~3700m的亚高山针叶林	2015.08	+++	调查
15	松杉目 Pinales	柏科 Cupressaceae	高山柏	*Sabina squamata* (Buch.-Hamilt.) Ant.	保护区内见于正河、花红树沟等地，生于海拔2000~3000m的亚高山针叶林或高山坡上	2014.10	+++	调查

（续）

序号	目名	科名	中文种名	拉丁学名	分布、生境	最新发现时间	估计数量状况	数据来源
16	三尖杉目 Cephalotaxales	三尖杉科 Cephalotaxaceae	三尖杉	*Cephalotaxus fortunei* Hook. f.	保护区内见于耿达、沙湾等地，生于海拔 1400～1500m 的常绿阔叶林中	2015.08	++	调查
17	红豆杉目 Taxales	红豆杉科 Taxaceae	红豆杉	*Taxus chinensis* (Pilger) Rehd.	保护区内见于三江、大阴沟等地，生于海拔 1400～2300m 的常绿阔叶林、常绿落叶阔叶混交林，落叶阔叶林或山坡上	2015.07	+	调查
18	麻黄目 Ephedrales	麻黄科 Ephedraceae	木贼麻黄	*Ephedra equisetina* Bunge	保护区内见于巴朗山、贝母坪等地，生于海拔 4000～4200m 的高山草甸	2015.07	+	调查
19	麻黄目 Ephedrales	麻黄科 Ephedraceae	矮麻黄	*Ephedra minuta* Florin	保护区内见于大阴沟山沟、巴朗山垭口等地，生于海拔 3400～4485m 的高山草甸、亚高山草甸	2015.08	+	调查

附表 5.2　四川卧龙国家级自然保护区被子植物名录

序号	目名	科名	中文种名	拉丁学名	分布地点	最新发现时间	估计数量状况	数据来源
1	胡桃目 Juglandales	胡桃科 Juglandaceae	青钱柳	*Cyclocarya paliurus* (Batal.) Iljinsk.	生于海拔 1500～1600m 的阔叶林中	1987:《卧龙植被及资源植物》	/	资料
2	胡桃目 Juglandales	胡桃科 Juglandaceae	野核桃	*Juglans cathayensis* Dode	海拔 2200m 以下山区常见，生于落叶阔叶林中	2015.07	+++	调查
3	胡桃目 Juglandales	胡桃科 Juglandaceae	化香树	*Platycarya strobilacea* Sieb. et Zucc.	三江、耿达等周边山区，生于海拔 1300～1500m 的常绿阔叶林中	2016.08	+	调查
4	胡桃目 Juglandales	胡桃科 Juglandaceae	华西枫杨	*Pterocarya insignis*	正河、核桃坪沟、卧龙镇、英雄沟等周边山区，生于海拔 1700～2600m 的次生落叶阔叶林或沟谷	2015.07	++	调查

（续）

序号	目名	科名	中文种名	拉丁学名	分布地点	最新发现时间	估计数量状况	数据来源
5	胡桃目 Juglandales	胡桃科 Juglandaceae	枫杨	Pterocarya stenoptera C. DC.	耿达、沙湾、三江等周边山区，生于海拔1300~1400m的次生落叶阔叶林中	2015.7 2016.8	++	调查
6	杨柳目 Salicales	杨柳科 Salicaceae	山杨	Populus davidiana Dode	糖房、耿达、三江等周边山区，生于海拔1700~2100m的山地灌丛中	2016.8	+	调查
7	杨柳目 Salicales	杨柳科 Salicaceae	大叶杨	Populus lasiocarpa Oliv.	卧龙镇附近，生于海拔1500~2500m的次生落叶阔叶林中	2016.8	+	调查
8	杨柳目 Salicales	杨柳科 Salicaceae	太白杨（冬瓜杨）	Populus purdomii Rehd.	卧龙镇、转经楼沟等周边山区，生于海拔1700~2500m的河漫滩落叶阔叶林中	2016.08	++	调查
9	杨柳目 Salicales	杨柳科 Salicaceae	银光柳	Salix argyrophegga Schneid.	白岩沟、觉磨沟等周边山区，生于海拔2100~3000m的山地灌丛中	赵良能，2012 2016.08	++	1）资料 2）调查
10	杨柳目 Salicales	杨柳科 Salicaceae	奇花柳	Salix atopantha Schneid.	龙岩、巴朗山等周边山区，生于海拔2600~4000m的山地灌丛中	赵良能，2012 2016.08	++	1）资料 2）调查
11	杨柳目 Salicales	杨柳科 Salicaceae	小垫柳	Salix brachista Schneid.	关沟、巴朗山等周边山区，生于海拔2300~3900m的河谷及山坡阴湿处或灌丛下	赵良能，2012	/	资料
12	杨柳目 Salicales	杨柳科 Salicaceae	乌柳	Salix cheilophila Schneid.	正河、核桃坪沟等周边山区，生于海拔1500~2500m的河漫滩灌丛中	2016.08	+	调查
13	杨柳目 Salicales	杨柳科 Salicaceae	杯腺柳（高山柳）	Salix cupularis Rehd.	巴朗山、转经楼沟等周边山区，生于海拔1900~3800m的高山水沟旁、沟边灌丛中	2016.08 何飞，2006	++	1）调查 2）资料
14	杨柳目 Salicales	杨柳科 Salicaceae	异型柳（牛头柳）	Salix dissa Schneid.	钱粮沟、巴朗山等周边山区，生于海拔1800~4400m的山地及高山灌丛中	赵良能，2012	+	资料
15	杨柳目 Salicales	杨柳科 Salicaceae	绵穗柳	Salix eriostachya Wallich ex Andersson	钱粮沟、巴朗山等周边山区，生于海拔1800~4400m的山地及亚高山灌丛中			

（续）

序号	目名	科名	中文种名	拉丁学名	分布地点	最新发现时间	估计数量状况	数据来源
16	杨柳目 Salicales	杨柳科 Salicaceae	川鄂柳（巫山柳）	*Salix fargesii* Burk.	正河、足磨沟等周边山区，生于海拔1800~2300m的河漫滩灌丛中	2016.08	+	调查
17	杨柳目 Salicales	杨柳科 Salicaceae	紫枝柳	*Salix heterochroma* Seemen	三江、耿达等周边山区，生于海拔2000m以下的林缘、山谷等处		资料	
18	杨柳目 Salicales	杨柳科 Salicaceae	川柳	*Salix hylonoma* Schneid.	核桃坪、白岩沟等周边山区，生于海拔2900m以下的山坡林中	赵良能，2012	/	资料
19	杨柳目 Salicales	杨柳科 Salicaceae	小叶柳（翻白柳）	*Salix hypoleuca*	正河、关沟等周边山区，生于海拔1500~3300m的山地灌丛中	2016.08 赵良能，2012	++	1）调查 2）资料
20	杨柳目 Salicales	杨柳科 Salicaceae	丝毛柳	*Salix luctuosa* Lev.	糖房、巴朗山等周边山区，生于海拔1600~3400m的次生落叶阔叶林及亚高山灌丛中	赵良能，2012 2016.08	++	1）资料 2）调查
21	杨柳目 Salicales	杨柳科 Salicaceae	大叶柳	*Salix magnifica* Hemsl.	花红树沟、转经楼沟等周边山区，生于海拔1700~3000m的常绿、落叶阔叶林，针阔混交林，溪沟两岸灌丛中等	2016.08	+	调查
22	杨柳目 Salicales	杨柳科 Salicaceae	卷毛大叶柳	*Salix magnifica* var. *ulotricha* (Schneid.) N. Chao	海拔2100~2800m的山地	赵良能，2012	/	资料
23	杨柳目 Salicales	杨柳科 Salicaceae	宝兴矮柳	*Salix microphyta* Franch.	英雄沟、龙眼沟等周边山区，匍生于海拔2200~3700m的湿润岩石上	赵良能，2012	/	资料
24	杨柳目 Salicales	杨柳科 Salicaceae	宝兴柳	*Salix moupinensis* Franch.	转经楼沟、花红树沟等周边山区，生于海拔1600~3000m的常绿、落叶阔叶林，溪边杂木林、沟边灌丛，河边灌丛中	1979.04 赵良能，2012	+	1）标本 2）资料
25	杨柳目 Salicales	杨柳科 Salicaceae	坡柳（乌饭柳）	*Salix myrtillacea* Anderss.	钱粮沟、巴朗山等周边山区，生于海拔3000~3800m的亚高山灌丛中	赵良能，2012 2016.08	++	1）资料 2）调查

（续）

序号	目名	科名	中文种名	拉丁学名	分布地点	最新发现时间	估计数量状况	数据来源
26	杨柳目 Salicales	杨柳科 Salicaceae	毛坡柳	Salix obscura Anderss. in DC.	龙岩、巴朗山等周边山区，生于海拔2800~4000m的林间空地或山坡	赵良能，2012	/	资料
27	杨柳目 Salicales	杨柳科 Salicaceae	汶川柳（卷叶柳）	Salix ochetophylla Gorz	转经楼沟、卧龙镇附近，生于海拔1700~2600m的针阔混交林中	赵良能，2012	/	资料
28	杨柳目 Salicales	杨柳科 Salicaceae	黑枝柳	Salix pella Schneid. in Sarg.	正河、核桃坪等周边山区，生于海拔2000~3000m的山地	赵良能，2012	/	资料
29	杨柳目 Salicales	杨柳科 Salicaceae	长叶柳	Salix phanera Schneid.	关头、大岩洞等周边山区，生于海拔2200~3000m的河漫滩灌丛、沟边灌丛中	2015.07 赵良能，2012	+	1) 调查 2) 资料
30	杨柳目 Salicales	杨柳科 Salicaceae	曲毛柳	Salix plocotricha Schneid.	生于海拔2200~3000m的山区	赵良能，2012	/	资料
31	杨柳目 Salicales	杨柳科 Salicaceae	灌柳	Salix rehderiana var. dolia (Schneid.) N. Chao	生于海拔1800m左右的公路旁灌丛中	1979.04	/	标本
32	杨柳目 Salicales	杨柳科 Salicaceae	巴郎柳	Salix sphaeronymphe Gorz	邓生、巴朗山等周边山区，生于海拔2500~3700m的山地灌丛中	2015.07 赵良能，2012	+	1) 调查 2) 资料
33	杨柳目 Salicales	杨柳科 Salicaceae	秋华柳	Salix variegata Franch.	常正河沟、耿达、龙眼沟、三江等周边山区，生于海拔2700m以下的针阔混交林、河漫滩、灌丛、路边草丛中	2016.08	++	调查
34	杨柳目 Salicales	杨柳科 Salicaceae	皂柳	Salix wallichiana Anderss.	正河、糖房等周边山区，生于海拔1700~2100m的常绿、落叶阔叶混交林中	2015.07 赵良能，2012	+	1) 调查 2) 资料
35	山毛榉目 Fagales	桦木科 Betulaceae	桤木	Alnus cremastogyne Burkill.	正河、转经楼沟等周边山区，生于海拔1700~1900m的常绿、落叶阔叶混交林中	2016.08	++	调查
36	山毛榉目 Fagales	桦木科 Betulaceae	红桦	Betula albosinensis Burk.	正河、板栅子沟等周边山区，生于海拔2000~3200m的针阔混交林及针叶林中	1980.08 赵良能，2012	++	1) 标本；2) 资料

（续）

序号	目名	科名	中文种名	拉丁学名	分布地点	最新发现时间	估计数量状况	数据来源
37	山毛榉目 Fagales	桦木科 Betulaceae	香桦	*Betula insignia* Franch.	关沟、头道桥等周边山区，生于海拔2400~2900m的针叶林中			
38	山毛榉目 Fagales	桦木科 Betulaceae	亮叶桦	*Betula luminifera* H. Winkl.	三江、糖房等周边山区，生于海拔1400~2400m的常绿、落叶阔叶混交林及山沟中	2016.08 1985.07	++	1）调查 2）标本
39	山毛榉目 Fagales	桦木科 Betulaceae	白桦	*Betula platyphylla* Suk.	白岩沟等周边山区，生于海拔2400~2500m的次生落叶阔叶林中	2016.08	++	调查
40	山毛榉目 Fagales	桦木科 Betulaceae	矮桦	*Betula potaninii* Batal.	白岩沟、花红树沟等周边山区，生于海拔2200~2600m的针阔叶混交林，河谷边岩石上	2015.07	+	调查
41	山毛榉目 Fagales	桦木科 Betulaceae	糙皮桦	*Betula utilis* D. Don	白岩沟、宽磨沟等周边山区，生于海拔2400~3200m的针阔叶混交林及亚高山针叶林中	2016.08	++	调查
42	山毛榉目 Fagales	桦木科 Betulaceae	华千金榆（华鹅耳枥）	*Carpinus cordata* Bl. var. *chinensis* Franch	生于海拔1800~2100m的常绿、落叶阔叶混交林中	1987：《卧龙植被及资源植物》	/	资料
43	山毛榉目 Fagales	桦木科 Betulaceae	川黔千金榆（长穗鹅耳枥）	*Carpinus fangiana* Hu	生于海拔1700~2000m的常绿、落叶阔叶混交林中	1987：《卧龙植被及资源植物》	/	资料
44	山毛榉目 Fagales	桦木科 Betulaceae	鹅耳枥	*Carpinus turczaninowii* Hance	耿达等周边山区，生于海拔1400m左右的路边灌草丛	2016.08	+++	调查
45	山毛榉目 Fagales	桦木科 Betulaceae	川陕鹅耳枥	*Carpinus fargesiana* H. Wnkl.	正河、足磨沟等周边山区，生于海拔1800~2200m的常绿、落叶阔叶混交林中	2016.08	++	调查
46	山毛榉目 Fagales	桦木科 Betulaceae	华榛	*Corylus chinensis* Franch.	核桃坪、转经楼沟等周边山区，生于海拔1800~2200m的山地灌丛	2016.08	++	调查
47	山毛榉目 Fagales	桦木科 Betulaceae	刺榛	*Corylus ferox* Wall.	龙岩、宽磨沟等周边山区，生于海拔1900~2600m的针阔叶混交林，山谷中	2016.08	++	调查

（续）

序号	目名	科名	中文种名	拉丁学名	分布地点	最新发现时间	估计数量状况	数据来源
48	山毛榉目 Fagales	桦木科 Betulaceae	藏刺榛	Corylus ferox Wall. var. thibetica (Batal.) Franch. V	耿达老鸦山、三江等周边山区，生于海拔1700~2600m的针阔叶混交林、林缘、山坡草地中	2016.08	+++	调查
49	山毛榉目 Fagales	桦木科 Betulaceae	川榛	Corylus heterophylla Fisch. var. sutchuenensis Franch.	足磨沟等周边山区，生于海拔2100m的路边草丛、水边草地中	2015.07	++	调查
50	山毛榉目 Fagales	桦木科 Betulaceae	滇榛	Corylus yunnanensis A. Camus	正河、核桃坪等周边山区，生于海拔1800~2200m的山地灌丛	2015.07	+	调查
51	山毛榉目 Fagales	壳斗科 Fagaceae	青冈	Cyclobalanopsis glauca (Thunberg) Oersted.	核桃坪、足磨沟等周边山区，生于海拔1500~2100m的常绿阔叶林	2016.08	++	调查
52	山毛榉目 Fagales	壳斗科 Fagaceae	细叶青冈	Cyclobalanopsis gracilis (Rehd. et Wils.) Cheng et T. Hong	耿达、沙湾等周边山区，生于海拔1100~1800m的常绿阔叶林中	2016.08	++	调查
53	山毛榉目 Fagales	壳斗科 Fagaceae	曼青冈	Cyclobalanopsis oxyodon (Miq.) Oerst.	三江、龙潭沟等周边山区，生于海拔1100~2100m的常绿、落叶阔叶混交林中	2016.08	++	调查
54	山毛榉目 Fagales	壳斗科 Fagaceae	水青冈	Fagus longipetiolata Seem.	正河、转经楼沟等周边山区，生于海拔1400~2200m的常绿阔叶林及常绿、落叶阔叶混交林中	2016.08	+	调查
55	山毛榉目 Fagales	壳斗科 Fagaceae	包果柯（全苞石栎）	Lithocarpus cleistocarpus (Seem.) Rehd. et Wils	三江、沙湾等周边山区，生于海拔1100~1800m的常绿阔叶林中	2016.08	+	调查
56	山毛榉目 Fagales	壳斗科 Fagaceae	柯（石栎）	Lithocarpus glaber (Thunb.) Nakai	正河、核桃坪等周边山区，生于海拔1400~1600m的常绿阔叶林中	2016.08	+	调查
57	山毛榉目 Fagales	壳斗科 Fagaceae	硬壳柯	Lithocarpus harcei Rehd.	耿达、龙潭沟等周边山区，生于海拔1300~1500m的常绿阔叶林中	2016.08	+	调查

（续）

序号	目名	科名	中文种名	拉丁学名	分布地点	最新发现时间	估计数量状况	数据来源
58	山毛榉目 Fagales	壳斗科 Fagaceae	川滇高山栎	*Quercus aquifolioides* Rehe. et Wils.	巴朗山、试验林场等周边山区，生于海拔 2200~3500m 的亚高山柳-巴郎柳灌丛、高山灌丛、山坡灌丛或向阳坡地较干燥处	2016.08	+++	调查
59	山毛榉目 Fagales	壳斗科 Fagaceae	巴东栎	*Quercus engleriana* Seem.	白岩沟、足磨沟等周边山区，生于海拔 1700~2500m 的常绿、落叶阔叶混交林及针叶林中	2016.08	++	调查
60	山毛榉目 Fagales	壳斗科 Fagaceae	刺叶高山栎	*Quercus spinosa* David ex Franch.	银厂沟、关沟等周边山区，生于海拔 1700~3200m 的常绿、落叶阔叶混交林及针叶林中	2016.08	++	调查
61	荨麻目 Urticales	榆科 Ulmaceae	黑弹树（小叶朴）	*Celtis bungeana* Bl.	三江、耿达等周边山区，生于海拔 1300~1500m 的常绿阔叶林中	2016.08	+	调查
62	荨麻目 Urticales	榆科 Ulmaceae	珊瑚朴	*Celtis julianae* Schneid.	正河、三江等周边山区，生于海拔 1200~1900m 的常绿阔叶林中	2016.08	++	调查
63	荨麻目 Urticales	榆科 Ulmaceae	西川朴	*Celtis vandervoetiana* Schneid.	三江、沙湾等周边山区，生于海拔 1300~1500m 的常绿阔叶林中	2016.08	+	调查
64	荨麻目 Urticales	榆科 Ulmaceae	兴山榆	*Ulmus bergmanniana* Schneid.	正河、核桃坪等周边山区，生于海拔 1800~1900m 的常绿、落叶阔叶混交林中	2016.08	+	调查
65	荨麻目 Urticales	榆科 Ulmaceae	榔榆	*Ulmus parvifolia* Jacq.	耿达幸福沟沟口周边居民区旁，生于海拔 1500m 左右的林缘	2016.08	+	调查
66	荨麻目 Urticales	桑科 Moraceae	楮	*Broussonetia kazinoki* Sieb.	沙湾、龙潭沟等周边山区，生于海拔 1200~1800m 的常绿阔叶林中	2016.08	++	调查
67	荨麻目 Urticales	桑科 Moraceae	构树	*Broussonetia papyrifera* (L.) Vent.	耿达、大阴沟等周边山区，生于海拔 1200~1900m 的常绿阔叶林中	2016.08	++	调查
68	荨麻目 Urticales	桑科 Moraceae	尖叶榕	*Ficus henryi* Warb. ex Diels	耿达、沙湾等周边山区，生于海拔 1200~1500m 的常绿阔叶林中	2015.07	+	调查

（续）

序号	目名	科名	中文种名	拉丁学名	分布地点	最新发现时间	估计数量状况	数据来源
69	荨麻目 Urticales	桑科 Moraceae	异叶榕	*Ficus heteromorpha* Hemsl.	三江、耿达、龙潭沟等周边山区，生于海拔1100~1900m 的山林中	2016.08	++	调查
70	荨麻目 Urticales	桑科 Moraceae	匍茎榕	*Ficus sarmentosa* Buch.-Ham. ex J. E. Sm.	正河、白岩沟等周边山区，生于海拔1800~2500m 的常绿阔叶林中	2016.08	+++	调查
71	荨麻目 Urticales	桑科 Moraceae	珍珠莲	*Ficus sarmentosa* Buch.-Ham. ex J. E. Sm. var. *henryi*（King ex Oliv.）Corner	耿达、龙潭沟等周边山区，生于海拔1100~1500m 的常绿阔叶林中	2016.08	++	调查
72	荨麻目 Urticales	桑科 Moraceae	爬藤榕	*Ficus sarmentosa* Buch.-Ham. ex J. E. Sm. var. *impressa*（Champ.）Corner	三江、耿达等周边山区，生于海拔1200~1600m 的常绿阔叶林中	2016.08	++	调查
73	荨麻目 Urticales	桑科 Moraceae	地果	*Ficus tikoua* Bur	三江、沙湾等周边山区，生于海拔1100~1600m 的常绿阔叶林中	2016.08	++	调查
74	荨麻目 Urticales	桑科 Moraceae	葎草	*Humulus scandens*	三江、正河等周边山区，生于海拔1200~2200m 的常绿阔叶林及常绿、落叶阔叶混交林中	2016.08	+++	调查
75	荨麻目 Urticales	桑科 Moraceae	桑	*Morus alba* L.	三江等周边山区，生于海拔1600m 的落叶阔叶林下	2016.08	++	调查
76	荨麻目 Urticales	桑科 Moraceae	鸡桑	*Morus australis* Poir.	正河等周边山区，生于海拔1700~1800m 的常绿、落叶阔叶混交林中	2016.08	++	调查
77	荨麻目 Urticales	桑科 Moraceae	蒙桑（岩桑）	*Morus mongolica* Schneid.	三江、糖房等周边山区，生于海拔1200~2500m 的常绿阔叶林及常绿、落叶阔叶混交林及公路旁	2016.08	+	调查

（续）

序号	目名	科名	中文种名	拉丁学名	分布地点	最新发现时间	估计数量状况	数据来源
78	荨麻目 Urticales	荨麻科 Urticaceae	序叶苎麻	*Boehmeria clidemioides* Miq. var. *diffusa* (Wedd.) Hand.-Mazz.	正河、耿达等周边山区，生于海拔1400～1600m的山地草坡	2016.08	+++	调查
79	荨麻目 Urticales	荨麻科 Urticaceae	大叶苎麻	*Boehmeria longispica* Steud.	觉磨沟等周边山区，生于海拔2000m的河谷边草地、河谷岩石上	2015.07	+++	调查
80	荨麻目 Urticales	荨麻科 Urticaceae	微柱麻	*Chamabainia cuspidata* Wight	三江、龙潭沟等周边山区，生于海拔1300～1600m的山地草坡	2015.07	++	调查
81	荨麻目 Urticales	荨麻科 Urticaceae	水麻	*Debregeasia orientalis* C. J. Chen	大阴沟、耿达正河等周边山区，生于海拔1200～1900m的阔叶林、路旁灌丛、河谷灌木丛中	2015.08	++	调查
82	荨麻目 Urticales	荨麻科 Urticaceae	长叶水麻	*Debregeasia longifolia* (Burm. f.) Wedd.	三江、耿达等周边山区，生于海拔1200～1600m的阔叶林中	2016.08	++	调查
83	荨麻目 Urticales	荨麻科 Urticaceae	钝叶楼梯草	*Elatostema obtusum* Wedd.	银厂沟、龙岩等周边山区，生于海拔1600～3300m的阔叶林、针叶林	2016.08	+++	调查
84	荨麻目 Urticales	荨麻科 Urticaceae	石生楼梯草	*Elatostema rupestre* (Ham.) Wedd.	龙潭沟、足磨沟等周边山区，生于海拔1400～2700m的阔叶林及针阔叶混交林	2015.08	+++	调查
85	荨麻目 Urticales	荨麻科 Urticaceae	楼梯草	*Elatostema involucratum* Franch. et Sav.	正河、糖房等周边山区，生于海拔1500～2400m的阔叶林中	2016.08	+++	调查
86	荨麻目 Urticales	荨麻科 Urticaceae	锐齿楼梯草	*Elatostema cyrtandrifolium* (Zoll. et Mor.) Miq.	正河等边山区，生于海拔1700m左右的河谷乔灌木下	2015.08	++	调查
87	荨麻目 Urticales	荨麻科 Urticaceae	大蝎子草	*Girardinia diversifolia*	耿达、沙湾等周边山区，生于海拔1100～2000m的常绿阔叶林、河谷边草地	2015.07	+++	调查
88	荨麻目 Urticales	荨麻科 Urticaceae	蝎子草	*Girardinia suborbiculata*	耿达、龙潭沟等周边山区，生于海拔1800～2600m的保护站后山针阔混交林下、阔叶林下。	2015.08	+++	调查

（续）

序号	目名	科名	中文种名	拉丁学名	分布地点	最新发现时间	估计数量状况	数据来源
89	荨麻目 Urticales	荨麻科 Urticaceae	红火麻	Girardinia suborbiculata C. J. Chen subsp. triloba (C. J. Chen) C. J. Chen	耿达、龙潭沟等周边山区，生于海拔 1800m 左右的阔叶林下	2015.08	+	调查
90	荨麻目 Urticales	荨麻科 Urticaceae	糯米团	Gonostegia hirta (Bl.) Miq.	正河窑子沟、足磨沟等周边山区 1200~2100m 的阔叶林、山坡向阳草地、次生性灌丛，田埂边	2016.08	+++	调查
91	荨麻目 Urticales	荨麻科 Urticaceae	珠芽艾麻	Laportea bulbifera (Sieb. et Zucc.) Wedd.	正河、龙潭沟等周边山区，生于海拔 1500~1800m 的常绿阔叶林	2015.08	+	调查
92	荨麻目 Urticales	荨麻科 Urticaceae	艾麻	Laportea cuspidata (Wedd.) Friis	糖房、正河沟等周边山区，生于海拔 1500~2500m 的阔叶林及针阔叶混交林，河边草丛中	2016.08	++	调查
93	荨麻目 Urticales	荨麻科 Urticaceae	假楼梯草	Lecanthus peduncularis (Wall. ex Royle) Wedd.	银厂沟、石棚子沟等周边山区，生于海拔 2300~2600m 的针阔叶混交林中	2016.08	++	调查
94	荨麻目 Urticales	荨麻科 Urticaceae	紫麻	Oreocnide frutescens (Thunb.) Miq.	耿达、龙潭沟等周边山区，生于海拔 1100~1900m 的常绿阔叶林，人工林下	2015.08	++	调查
95	荨麻目 Urticales	荨麻科 Urticaceae	赤车	Pellionia radicans (Sieb. et Zucc.) Wedd.	耿达、沙湾等周边山区，生于海拔 1200~1500m 的沟边林下阴湿地	2016.08	+++	调查
96	荨麻目 Urticales	荨麻科 Urticaceae	蔓赤车	Pellionia scabra Benth.	糖房、三江鹿耳坪等周边山区，生于海拔 1400~1600m 的阴暗潮湿、腐殖植物多的橙色土块或人工厚朴林下	2016.08	+++	调查
97	荨麻目 Urticales	荨麻科 Urticaceae	绿赤车	Pellionia viridis C. H. Wright	三江、鹿耳坪等周边山区，生于海拔 1600m 左右的人工厚朴林下	2016.08	+	调查
98	荨麻目 Urticales	荨麻科 Urticaceae	花叶冷水花	Pilea cadierei Gagnep.	觉磨沟等周边山区，生于海拔 2000m 左右的河谷边草丛，河谷边草地中	2015.07	+++	调查

（续）

序号	目名	科名	中文种名	拉丁学名	分布地点	最新发现时间	估计数量状况	数据来源
99	荨麻目 Urticales	荨麻科 Urticaceae	山冷水花	*Pilea japonica* (Maxim.) Hand.-Mazz.	三江镇、席草坪等周边山区，生于海拔1700m左右的林下路边	2016.08	++	调查
100	荨麻目 Urticales	荨麻科 Urticaceae	大叶冷水花	*Pilea martinii* (Levl.) Hand.-Mazz.	觉磨沟、耿达大阴沟、正河向家沟等周边山区，生于海拔1400~2500m的阔叶林及针阔叶混交林、河谷林下草地、路边灌草丛	2016.08	+++	调查
101	荨麻目 Urticales	荨麻科 Urticaceae	念珠冷水花	*Pilea monilifera* Hand.-Mazz.	三江、鹿耳坪等周边山区，生于海拔1600m左右的阔叶林下	2016.08	+	调查
102	荨麻目 Urticales	荨麻科 Urticaceae	冷水花	*Pilea notata* C. H. Wright	正河、核桃坪等周边山区，生于海拔1600~1800m的常绿阔叶林	2015.08	++	调查
103	荨麻目 Urticales	荨麻科 Urticaceae	石筋草（西南冷水花）	*Pilea plataniflora* C. H. Wright	三江、龙潭沟等周边山区，生于海拔1200~1600m的常绿阔叶林	2016.08	++	调查
104	荨麻目 Urticales	荨麻科 Urticaceae	透茎冷水花	*Pilea pumila* (L.) A. Gray	耿达、龙潭沟等周边山区，生于海拔1400~1900m的常绿阔叶林、人工林下	2015.08	+++	调查
105	荨麻目 Urticales	荨麻科 Urticaceae	粗齿冷水花	*Pilea sinofasciata* C. J. Chen	耿达、大阴沟等周边山区，生于海拔1400~2800m的阔叶林及针叶林、路边灌草丛、山谷草坡、沟谷边乔灌林下	2016.08	+++	调查
106	荨麻目 Urticales	荨麻科 Urticaceae	雅致雾水葛	*Pouzolzia elegans* Wedd.	正河、核桃坪等周边山区，生于海拔2000~2400m的针阔叶混交林	2016.08	++	调查
107	荨麻目 Urticales	荨麻科 Urticaceae	宽叶荨麻	*Urtica laetevirens* Maxim.	三江、耿达等周边山区，生于海拔1500m的路边灌草丛、林下草丛	2015.08	++	调查
108	檀香目 Santalales	铁青树科 Olacaceae	青皮木	*Schoepfia jasminodora* Sieb. et Zucc	沙湾等周边山区，生于海拔1400m左右的常绿阔叶林	1987:《卧龙植被及资源植物》	/	资料

（续）

序号	目名	科名	中文种名	拉丁学名	分布地点	最新发现时间	估计数量状况	数据来源
109	檀香目 Santalales	檀香科 Santalaceae	百蕊草	Thesium chinense Turcz.	耿达、沙湾等周边山区，生于海拔 1300~1500m 的山地草丛中	2015.08	++	调查
110	檀香目 Santalales	桑寄生科 Loranthaceae	高山寄生	Scurrula elata (Edgew.) Danser	金银毫沟等周边山区，生于海拔 2200m 的山坡阔叶林中，寄生山柳树上	1978.06	\	调查
111	檀香目 Santalales	桑寄生科 Loranthaceae	桑寄生	Taxillus sutchuenensis (Lecomte) Danser	正河、糖房等周边山区，生于海拔 1800~2000m 的常绿、落叶阔叶混交林，寄生树上	2016.08	+	调查
112	檀香目 Santalales	桑寄生科 Loranthaceae	灰毛桑寄生	Taxillus sutchuenensis (Lecomte) Danser var. duclouxii (Lecomte) H. S. Kiu	核桃坪等周边山区，生于海拔 1800~1900m 的常绿、落叶阔叶混交林树上	2016.08	+	调查
113	檀香目 Santalales	桑寄生科 Loranthaceae	槲寄生	Viscum coloratum (Kom.) Nakai	正河等周边山区，生于海拔 1900~2000m 的常绿、落叶阔叶混交林，寄生树上	2016.08	++	调查
114	蛇菰目 Balanophorales	蛇菰科 Balanophoraceae	筒鞘蛇菰	Balanophora involucrata Hook. f.	白岩、五一棚等同区，生于海拔 2000~2600m 的针阔混交林下苔藓层，针阔叶混交林根上寄生	2015.07	++	调查
115	蛇菰目 Balanophorales	蛇菰科 Balanophoraceae	日本蛇菰	Balanophora japonica Makino	五一棚路边林中，生于海拔 2200m 左右的荫蔽密林中	1978.07	+	调查
116	蛇菰目 Balanophorales	蛇菰科 Balanophoraceae	疏花蛇菰	Balanophora laxiflora Hemsl.	耿达、三江、正河、核桃坪、卧龙关等周边山区，生于海拔 600~1700m 的密林中	2016.08	+	调查
117	蓼目 Polygonales	蓼科 Polygonaceae	金线草	Antenoron filiforme (Thunb.) Rob. et Vaut.	正河、龙潭沟等周边山区，生于海拔 1700~1900m 的阔叶林下，河谷乔灌木，山谷草地中	2015.08	+++	调查
118	蓼目 Polygonales	蓼科 Polygonaceae	短毛金线草	Antenoron filiforme (Thunb.) Rob. et Vaut. var. neofiliforme (Nakai) A. J. Li	三江、鹿耳坪等周边山区，生于海拔 1400~1700m 的阴湿竹林下	2016.08	++	调查

（续）

序号	目名	科名	中文种名	拉丁学名	分布地点	最新发现时间	估计数量状况	数据来源
119	蓼目 Polygonales	蓼科 Polygonaceae	细柄野荞麦	*Fagopyrum gracilipes*（Hemsl.）Damm. ex Diels	核桃坪等周边山区，生于海拔 2000m 的路边草丛中	2015.07	++	调查
120	蓼目 Polygonales	蓼科 Polygonaceae	牛皮消蓼	*Fallopia cynanchoides*（Hemsl.）Harald.	正河、核桃坪等周边山区，生于海拔 1500～1700m 的阔叶林中	2016.08	++	调查
121	蓼目 Polygonales	蓼科 Polygonaceae	萹蓄	*Polygonum aviculare* L.	三江、正河等周边山区，生于海拔 1100～2400m 的阔叶林中	2016.08	++	调查
122	蓼目 Polygonales	蓼科 Polygonaceae	头花蓼	*Polygonum capitatum* Buch.–Ham. ex D. Don	瞭望台、梯子沟等周边山区，生于海拔 1700～3300m 的亚高山草甸，马路边草丛中	2016.08	+++	调查
123	蓼目 Polygonales	蓼科 Polygonaceae	火炭母	*Polygonum chinense* L.	正河等周边山区，生于海拔 1800m 左右的路边山脚下	2016.08	++	调查
124	蓼目 Polygonales	蓼科 Polygonaceae	稀花蓼	*Polygonum dissitiflorum* Hemsl	正河等周边山区，生于海拔 1700m 的河谷桥灌林下	2015.08	+	调查
125	蓼目 Polygonales	蓼科 Polygonaceae	水蓼	*Polygonum hydropiper* L.	耿达、核桃坪等周边山区，生于海拔 1400～1900m 的阔叶林、路旁草地中	2016.08	++	调查
126	蓼目 Polygonales	蓼科 Polygonaceae	酸模叶蓼	*Polygonum lapathifolium* L.	三江、耿达等周边山区，生于海拔 1300～1600m 的阔叶林中	2016.08	++	调查
127	蓼目 Polygonales	蓼科 Polygonaceae	圆穗蓼	*Polygonum macrophyllum* D. Don	钱粮沟、龙眼沟等周边山区，生于海拔 3200～4400m 的高山草甸，亚高山草甸	2016.08	+++	调查
128	蓼目 Polygonales	蓼科 Polygonaceae	狭叶圆穗蓼	*Polygonum macrophyllum* D. Don var. *stenophyllum*（Meisn.）A. J. Li	巴朗山垭口等周边山区，生于海拔 4500m 的高山流石滩	2016.08	+	调查
129	蓼目 Polygonales	蓼科 Polygonaceae	尼泊尔蓼	*Polygonum nepalense* Meisn.	常正河、糖房等周边山区，生于海拔 1700～2000m 的常绿、落叶阔叶混交林、路边草丛、路旁水沟、农田、田埂边	2015.07	+++	调查
130	蓼目 Polygonales	蓼科 Polygonaceae	杠板归	*Polygonum perfoliatum* L.	常三江、耿达等周边山区，生于海拔 1200～1500m 的常绿阔叶林中	2016.08	+++	调查

（续）

序号	目名	科名	中文种名	拉丁学名	分布地点	最新发现时间	估计数量状况	数据来源
131	蓼目 Polygonales	蓼科 Polygonaceae	赤胫散	Polygonum runcinatum Buch.-Ham. ex D. Don var. sinense Hemsl.	耿达、沙湾等周边山区，生于海拔1500~2000m的阔叶林中	2016.08	++	调查
132	蓼目 Polygonales	蓼科 Polygonaceae	刺蓼	Polygonum senticosum (Meisn.) Franch. et Sav.	三江、龙潭沟等周边山区，生于海拔1300~1600m的常绿阔叶林中	2016.08	+	调查
133	蓼目 Polygonales	蓼科 Polygonaceae	支柱蓼	Polygonum suffultum Maxim.	三江、白岩等周边山区，生于海拔1400~2600m的阔叶林及针阔叶混交林，山中废旧铁路旁	2016.08	++	调查
134	蓼目 Polygonales	蓼科 Polygonaceae	细穗支柱蓼	Polygonum suffultum Maxim. var. pergracile (Hemsl.) Sam.	三江、沙湾等周边山区，生于海拔1400~1600m的常绿、落叶阔叶混交林及高山草甸	2016.08	++	调查
135	蓼目 Polygonales	蓼科 Polygonaceae	戟叶蓼	Polygonum thunbergii Sieb. et Zucc.	三江冒水子等周边山区，生于海拔1500m的林下灌草丛中	2016.08	+++	调查
136	蓼目 Polygonales	蓼科 Polygonaceae	珠芽蓼	Polygonum viviparum L.	沙湾、邓公沟、花红树沟等周边山区，生于海拔1800~4400m的高山草甸、路旁草丛，山坡草地，马路边、空地上，田埂边、路旁水沟中。	2016.08	+++	调查
137	蓼目 Polygonales	蓼科 Polygonaceae	山蓼（肾叶山蓼）	Oxyria digyna (L.) Hill.	关沟、龙岩等周边山区，生于海拔2800~3000m的针叶林中	2016.08	+++	调查
138	蓼目 Polygonales	蓼科 Polygonaceae	虎杖	Reynoutria japonica Houtt.	正河、大阴沟等周边山区，生于海拔1400~1900m的阔叶林、阴湿处草丛中	2016.08	++	调查
139	蓼目 Polygonales	蓼科 Polygonaceae	药用大黄	Rheum officinale Baill.	三江周边山区有栽培，野生种偶见于海拔3200~4000m的高山草甸、亚高山草甸	2016.08	+	调查
140	蓼目 Polygonales	蓼科 Polygonaceae	皱叶酸模	Rumex crispus L.	三江、耿达等周边山区，生于海拔1200~2000m的山坡草地	2016.08	++	调查
141	蓼目 Polygonales	蓼科 Polygonaceae	齿果酸模	Rumex dentatus L.	核桃坪、正河等周边山区，生于海拔1600~2000m的山坡草地，水边湿地	2001.06	+++	调查

（续）

序号	目名	科名	中文种名	拉丁学名	分布地点	最新发现时间	估计数量状况	数据来源
142	蓼目 Polygonales	蓼科 Polygonaceae	羊蹄	Rumex japonicus Houtt.	正河、足磨沟等周边山区，生于海拔1400~1900m的阔叶林中	2016.08	++	调查
143	蓼目 Polygonales	蓼科 Polygonaceae	尼泊尔酸模	Rumex nepalensis Spreng.	三江、沙湾等周边山区，生于海拔1200~1900m的山坡草地、湿润草丛中	2016.08	+++	调查
144	蓼目 Polygonales	蓼科 Polygonaceae	酸模	Rumex acetosa L.	正河、沙湾等周边山区，生于海拔1700~1900m的山坡草丛中	2016.08	++	调查
145	中央种子目 Centrospermae	商陆科 Phytolaccaceae	商陆	Phytolacca acinosa Roxb.	耿达、沙湾等周边山区，生于海拔1400~2000m的常绿阔叶林中	2016.08	++	调查
146	中央种子目 Centrospermae	商陆科 Phytolaccaceae	多雄蕊商陆	Phytolacca polyandra Batalin	三江、银厂沟、关沟等周边山区，生于海拔1100~3000m的山坡林下、山沟、河边、路旁	2016.08	+	调查
147	中央种子目 Centrospermae	马齿苋科 Portulacaceae	马齿苋	Portulaca oleracea L.	三江、沙湾等周边山区，生于海拔1100~1500m的路旁草丛	2016.08	++	调查
148	中央种子目 Centrospermae	石竹科 Caryophyllaceae	雪灵芝	Arenaria brevipetala Y. W. Tsui et L. H. Zhou	巴朗山、贝母坪等周边山区，生于海拔3400~4600m的高山草甸	2016.08	++	调查
149	中央种子目 Centrospermae	石竹科 Caryophyllaceae	甘肃雪灵芝（甘肃蚤缀）	Arenaria kansuensis Maxim.	巴朗山、贝母坪等周边山区，生于海拔4000~4500m的高山草甸	2016.08	++	调查
150	中央种子目 Centrospermae	石竹科 Caryophyllaceae	四齿无心菜	Arenaria quadridentata (Maxim.) Williams	英雄沟、邓生等周边山区，生于海拔3000~3600m的亚高山草甸	2016.08	++	调查
151	中央种子目 Centrospermae	石竹科 Caryophyllaceae	无心菜（蚤缀）	Arenaria serpyllifolia L.	沙湾、耿达等周边山区，生于海拔1400~2000m的山坡草丛中	2016.08	+++	调查
152	中央种子目 Centrospermae	石竹科 Caryophyllaceae	云南无心菜（云南蚤缀）	Arenaria yunnanensis Franch.	邓生、花红树沟等周边山区，生于海拔3200~3700m的亚高山草甸	2016.08	++	调查
153	中央种子目 Centrospermae	石竹科 Caryophyllaceae	卷耳	Cerastium arvense L.	钱粮沟、龙眼沟等周边山区，生于海拔3000~3400m的灌丛草甸	2016.08	+++	调查

（续）

序号	目名	科名	中文种名	拉丁学名	分布地点	最新发现时间	估计数量状况	数据来源
154	中央种子目 Centrospermae	石竹科 Caryophyllaceae	毛萼无心菜	Arenaria leucasteria Mattf.	大阴山沟、巴朗山等周边山区，生于海拔3800~4200m的高山草甸	2016.08	+++	调查
155	中央种子目 Centrospermae	石竹科 Caryophyllaceae	狗筋蔓	Cucubalus baccifer L.	核桃坪沟、五一棚、耿达正河等周边山区，生于海拔1200~2600m的阔叶林、针阔混交林、河边灌草丛，路边斜坡灌草丛中	2016.08	+++	调查
156	中央种子目 Centrospermae	石竹科 Caryophyllaceae	瞿麦	Dianthus superbus L.	头道桥、梆子沟等周边山区，生于海拔2500~3800m的山坡草地及亚高山草甸	2015.07	++	调查
157	中央种子目 Centrospermae	石竹科 Caryophyllaceae	鹅肠菜	Myosoton aquaticum (L.) Moench	三江、正河等周边山区，生于海拔1200~1600m的山坡草地中	2016.08	+++	调查
158	中央种子目 Centrospermae	石竹科 Caryophyllaceae	漆姑草	Sagina japonica (Sw.) Ohwi	耿达、龙潭沟等周边山区，生于海拔1200~1800m的山坡草地	2016.08	++	调查
159	中央种子目 Centrospermae	石竹科 Caryophyllaceae	女娄菜	Silene aprica Turcz. ex Fisch. et Mey.	梆子沟等周边山区，生于海拔3300m的亚高山草甸	2015.07	++	调查
160	中央种子目 Centrospermae	石竹科 Caryophyllaceae	湖北蝇子草	Silene hupehensis C. L. Tang	三江、关沟等周边山区，生于海拔1200~2700m的草坡或林间石缝中	2016.08	++	调查
161	中央种子目 Centrospermae	石竹科 Caryophyllaceae	白花蝇子草	Silene pratensis (Rafin) Godron et Gren.	耿达、卧龙镇等周边山区，生于海拔1100~1500m的农田旁或沟渠边	2016.08	++	调查
162	中央种子目 Centrospermae	石竹科 Caryophyllaceae	石生蝇子草	Silene tatarinowii Regel	核桃坪、正河等周边山区，生于海拔1800~2100m的山坡草地	2016.08	++	调查
163	中央种子目 Centrospermae	石竹科 Caryophyllaceae	繁缕	Stellaria media (L.) Cyr.	三江、沙湾等周边山区，生于海拔1200~2000m的山坡草地	2016.08	+++	调查
164	中央种子目 Centrospermae	石竹科 Caryophyllaceae	伞花繁缕	Stellaria umbellata Turcz.	银厂沟等周边山区，生于海拔2700m的路边阳坡草丛中	2015.07	+	调查
165	中央种子目 Centrospermae	石竹科 Caryophyllaceae	箐姑草（石生繁缕）	Stellaria vestita Kurz.	三江、龙潭沟等周边山区，生于海拔1200~1800m的常绿阔叶林、路边草地中	2016.08	++	调查

（续）

序号	目名	科名	中文种名	拉丁学名	分布地点	最新发现时间	估计数量状况	数据来源
166	中央种子目 Centrospermae	藜科 Chenopodiaceae	藜	Chenopodium album L.	三江、沙湾等周边山区，生于海拔1100~2000m的山坡草地、路边阴湿处	2015.07	+++	调查
167	中央种子目 Centrospermae	藜科 Chenopodiaceae	地肤	Kochia scoparia (L.) Schrad.	三江、龙潭沟等周边山区，生于海拔1100~1900m的山坡草地	2016.08	+	调查
168	中央种子目 Centrospermae	苋科 Amaranthaceae	土牛膝	Achyranthes aspera L.	耿达、沙湾等周边山区，生于海拔1200~2000m的山坡草地	2016.08	+++	调查
169	中央种子目 Centrospermae	苋科 Amaranthaceae	牛膝	Achyranthes bidentata Blume	核桃坪沟、三江等周边山区，生于海拔1200~1800m的常绿阔叶林、河谷灌草丛、路边	2015.08	++	调查
170	中央种子目 Centrospermae	苋科 Amaranthaceae	回头苋	Amaranthus lividus	正河、核桃坪等周边山区，生于海拔1400~2000m的山坡草地	2016.08	++	调查
171	中央种子目 Centrospermae	苋科 Amaranthaceae	皱果苋	Amaranthus viridis L.	正河、足磨沟等周边山区，生于海拔1700~2000m的山坡草地	2016.08	++	调查
172	毛茛目 Ranales	木兰科 Magnoliaceae	八角（八角茴香）	Illicium verum	核桃坪、足磨沟等周边山区，生于海拔2000~2600m的针阔叶混交林	2016.08	+	调查
173	毛茛目 Ranales	木兰科 Magnoliaceae	圆叶玉兰	Magnolia sinensis (Rehd. et Wils.) Stapf	三江、白泥岗等周边山区，生于海拔1900~2500m的落叶阔叶林及针阔叶混交林、山坡针叶林下	1979.08	/	标本
174	毛茛目 Ranales	木兰科 Magnoliaceae	武当木兰（湖北木兰）	Magnolia sprengeri Pam.	生于海拔1500~2000m的阔叶林中	1987:《卧龙植被及资源植物》	/	资料
175	毛茛目 Ranales	木兰科 Magnoliaceae	南五味子	Kadsura longipedunculata Finet et Gagnep.	耿达、龙潭沟等周边山区，生于海拔1300~1500m的常绿阔叶林	2016.08	++	调查
176	毛茛目 Ranales	木兰科 Magnoliaceae	五味子	Schisandra chinensis	花红树沟、耿达老鸦山等周边山区，生于海拔1900~2400m的阴坡乔灌木林、山坡草地	2016.08	++	调查
177	毛茛目 Ranales	木兰科 Magnoliaceae	翼梗五味子	Schisandra henryi Clarke.	三江、卧龙等周边山区，生于海拔1200~1600m的阔叶林中	1989.08	++	调查

（续）

序号	目名	科名	中文种名	拉丁学名	分布地点	最新发现时间	估计数量状况	数据来源
178	毛茛目 Ranales	木兰科 Magnoliaceae	红花五味子	Schisandra rubriflora Rehd. et Wils.	核桃坪、花红树沟等周边山区，生于海拔1800~2500m的针阔叶混交林、河谷灌草丛、灌木丛中	2015.08	+++	调查
179	毛茛目 Ranales	木兰科 Magnoliaceae	华中五味子	Schisandra spherantthera Rehd. et Wils.	耿达、核桃坪等周边山区，生于海拔1200~2500m的阔叶林、针阔混交林下，河谷乔木灌木、阳坡乔木灌木林、路边林缘	2016.08	+	调查
180	毛茛目 Ranales	木兰科 Magnoliaceae	合蕊五味子	Schisandra propinqua (Wall.) Baill.	偶见于三江潘达尔景区周边山区，生于海拔500~2000m的河谷、山坡常绿阔叶林中	1975.06	+	调查
181	毛茛目 Ranales	木兰科 Magnoliaceae	毛脉五味子	Schisandra pubescens var. pubinervis (Rehd. et Wils.) A. C. Smith	生于海拔2000~2600m的针阔叶混交林	1987:《卧龙植被及资源植物》	/	资料
182	毛茛目 Ranales	木兰科 Magnoliaceae	绿叶五味子	Schisandra viridis	足牟沟等周边山区，生于海拔1900m左右的小溪边	1992.06	+	调查
183	毛茛目 Ranales	樟科 Lauraceae	峨眉黄肉楠	Actinodaphne omeiensis (Liou) Allen	生于海拔1400~1600m的常绿阔叶林	1987:《卧龙植被及资源植物》	/	资料
184	毛茛目 Ranales	樟科 Lauraceae	油樟	Cinnamomum longepaniculatum (Gamble) N. Chao	三江、耿达等周边山区，生于海拔1100~1700m的常绿阔叶林	2016.08	++	调查
185	毛茛目 Ranales	樟科 Lauraceae	银叶桂	Cinnamomum mairei Levl.	生于海拔1100~1700m的常绿阔叶林	1987:《卧龙植被及资源植物》	/	资料
186	毛茛目 Ranales	樟科 Lauraceae	香叶树	Lindera communis Hemsl.	沙湾、耿达等周边山区，生于海拔1400~1600m的常绿阔叶林	2016.08	++	调查
187	毛茛目 Ranales	樟科 Lauraceae	山胡椒	Lindera glauca (Sieb. et Zucc.) Blume	正河、糖房等周边山区，生于海拔1500~2100m的阔叶林	2016.08	++	调查
188	毛茛目 Ranales	樟科 Lauraceae	卵叶钓樟	Lindera limprichtii H. Winkl.	沙湾、花红树沟、三江等周边山区，生于海拔1300~2100m的阔叶林、灌丛、河漫滩灌丛、阴湿环境、山坡上	2016.08	+++	调查

（续）

序号	目名	科名	中文种名	拉丁学名	分布地点	最新发现时间	估计数量状况	数据来源
189	毛茛目 Ranales	樟科 Lauraceae	黑壳楠	*Lindera megaphylla* Hemsl.	耿达、三江等周边山区，生于海拔 1100～1700m 的常绿阔叶林	2016.08	+	调查
190	毛茛目 Ranales	樟科 Lauraceae	三桠乌药	*Lindera obtusiloba* Bl.	常三江、耿达、正河向家沟、代板岩、向泥岗等周边山区，生于海拔 1600～2400m 的阔叶林、落叶阔叶林、山坡林中	2016.08	+++	调查
191	毛茛目 Ranales	樟科 Lauraceae	西藏钓樟	*Lindera pulcherrima*（Wall.）Benth.	三江冒水子、昌水文等周边山区，生于海拔 1500m 的林下	2016.08	+	调查
192	毛茛目 Ranales	樟科 Lauraceae	川钓樟	*Lindera pulcherrima*（Wall.）Benth. var. *hemsleyana*（Diels）H. P. Tsui	三江、耿达等周边山区，生于海拔 1100～1700m 的常绿阔叶林中	2016.08	++	调查
193	毛茛目 Ranales	樟科 Lauraceae	山檀（大叶钓樟）	*Lindera reflexa* Hemsl.	卧龙镇附近，生于海拔1900m的山谷谷旁	2015.08	++	调查
194	毛茛目 Ranales	樟科 Lauraceae	天全钓樟	*Lindera tienchuanensis* W. P. Fang	正河、耿达等周边山区，生于海拔 1700～2200m 的阔叶林、路边灌丛、山谷灌丛、阴湿环境中	2015.07	+	调查
195	毛茛目 Ranales	樟科 Lauraceae	高山木姜子	*Litsea chunii* Cheng	转经楼沟、足磨沟等周边山区，生于海拔 1700～2400m 的阔叶林	2016.08	+	调查
196	毛茛目 Ranales	樟科 Lauraceae	大叶木姜子	*Litsea chunii* Cheng var. *latifolia*（Yang）H. S. Kung	核桃坪、转经楼沟、足磨沟等周边山区，生于海拔 1700～2600m 的阔叶林	2016.08	+	调查
197	毛茛目 Ranales	樟科 Lauraceae	山鸡椒	*Litsea cubeba*（Lour.）Pers	耿达、老鸦山等周边山区，生于海拔 1500～2500m 的阔叶林、阳坡乔灌林	2016.08	++	调查
198	毛茛目 Ranales	樟科 Lauraceae	黄丹木姜子	*Litsea elongata*（Wall. ex Nees）Benth. et Hook. f.	三江、龙潭沟等周边山区，生于海拔 1400～1600m 的常绿阔叶林	2016.08	++	调查
199	毛茛目 Ranales	樟科 Lauraceae	宝兴木姜子	*Litsea moupinensis* Lec.	耿达、三江镇等周边山区，生于海拔 1500～2500m 的阔叶林及针阔叶混交林，阳坡乔木灌木、沟谷乔灌林	2016.08	++	调查

（续）

序号	目名	科名	中文种名	拉丁学名	分布地点	最新发现时间	估计数量状况	数据来源
200	毛茛目 Ranales	樟科 Lauraceae	杨叶木姜子	Litsea populifolia (Hemsl.) Gamble	核桃坪、正河等周边山区，生于海拔1500～1800m的常绿阔叶林	2016.08	+	调查
201	毛茛目 Ranales	樟科 Lauraceae	木姜子	Litsea pungens Hemsl	核桃坪、足磨沟等周边山区，生于海拔1700～2600m的阔叶林及针阔叶混交林	2016.08	++	调查
202	毛茛目 Ranales	樟科 Lauraceae	钝叶木姜子	Litsea veitchiana Gamble	足磨沟、转经楼沟等周边山区，生于海拔1800～2100m的阔叶林	2016.08	++	调查
203	毛茛目 Ranales	樟科 Lauraceae	绒叶木姜子	Litsea wilsonii Gamble	耿达、沙湾等周边山区，生于海拔1200～1500m的阔叶林中	2016.08	++	调查
204	毛茛目 Ranales	樟科 Lauraceae	小果润楠	Machilus microcarpa Hemsl.	三江、耿达等周边山区，生于海拔1100～1700m的常绿阔叶林中	2016.08	++	调查
205	毛茛目 Ranales	樟科 Lauraceae	润楠	Machilus pingii Cheng ex Yang	沙湾等周边山区，生于海拔1400～1500m的常绿阔叶林	2016.08	++	调查
206	毛茛目 Ranales	樟科 Lauraceae	团花新木姜子	Neolitsea homilantha Allen	生于海拔1300～1600m的常绿阔叶林	1987:《卧龙植被及资源植物》	/	资料
207	毛茛目 Ranales	樟科 Lauraceae	巫山新木姜子	Neolitsea wushanica (Chun) Merr.	沙湾、三江等周边山区，生于海拔1100～1700m的常绿阔叶林	2016.08	+	调查
208	毛茛目 Ranales	樟科 Lauraceae	赛楠	Nothaphoebe cavaleriei (Levl.) Yang	生于海拔1500～1600m的常绿阔叶林	1987:《卧龙植被及资源植物》	/	资料
209	毛茛目 Ranales	樟科 Lauraceae	山楠	Phoebe chinensis Chun	正河、糖房等周边山区，生于海拔1500～2100m的常绿阔叶林	2016.08	+	调查
210	毛茛目 Ranales	樟科 Lauraceae	白楠	Phoebe neurantha (Hemsl.) Gamble	三江等周边山区，生于海拔1400～1600m的常绿阔叶林	2016.08	+	调查
211	毛茛目 Ranales	樟科 Lauraceae	楠木	Phoebe zhennan S. Lee	耿达、老碧山，生于海拔2400m左右的阴坡灌草丛	2016.08	+	调查

（续）

序号	目名	科名	中文种名	拉丁学名	分布地点	最新发现时间	估计数量状况	数据来源
212	木兰目 Magnoliales	水青树科 Tetracentraceae	水青树	*Tetracentron sinense* Oliv.	西河、中河、皮洛河、正河、三江、鹿耳坪木江杠等周边山区，生于海拔 1600～2600m 的常绿、落叶阔叶林及针阔叶混交林和沟谷中	2016.08	+	调查
213	毛茛目 Ranales	昆栏树科 Trochodendraceae	领春木	*Euptelea pleiospermum* Hook. f. et Thoms.	保护区 2500m 以下常见，生于常绿落叶阔叶混交林及针阔叶混交林、落叶林、林缘路边、河谷路旁阳坡、山谷林地、公路旁灌丛	2016.08	+++	调查
214	毛茛目 Ranales	连香树科 Cercidiphyllaceae	连香树	*Cercidiphyllum japonicum* Sieb. et Zucc.	觉磨沟、正河、白岩沟等周边山区，生于海拔 1600～2300m 的常绿、落叶阔叶混交林及落叶阔叶林、山腰下段、针阔混交林之间地段、河谷边林下草丛、河谷边草地	2015.07	++	调查
215	毛茛目 Ranales	毛茛科 Ranunculaceae	短柄乌头	*Aconitum brachypodum* Diels.	偶见于巴朗山，生于海拔 3400～3700m 的亚高山和高山草甸	2016.08	++	调查
216	毛茛目 Ranales	毛茛科 Ranunculaceae	展毛短柄乌头	*Aconitum brachypodum* var. *laxiflorum* Fletcher et Lauener	钱粮沟、龙眼沟等周边山区，生于海拔 3000～3600m 的亚高山草甸。	2016.08	++	调查
217	毛茛目 Ranales	毛茛科 Ranunculaceae	伏毛铁棒锤	*Aconitum flavum* Hand. –Mazz.	巴朗山、贝母等周边山区，生于海拔 3800～4300m 的高山草甸	2016.08	++	调查
218	毛茛目 Ranales	毛茛科 Ranunculaceae	展毛大渡乌头	*Aconitum franchetii* Finet et Gagnep. var. *villosulum* W. T. Wang	巴朗山、贝母坪等周边山区，生于海拔 3400～4000m 的山地草坡或林中	2016.08	++	调查
219	毛茛目 Ranales	毛茛科 Ranunculaceae	露蕊乌头	*Aconitum gymnandrum* Maxim.	英雄沟等周边山区，生于海拔 3000m 左右的草坡	2016.05	+	调查
220	毛茛目 Ranales	毛茛科 Ranunculaceae	长距瓜叶乌头	*Aconitum hemsleyanum* var. *elongatum* W. T. Wang	头道桥、龙岩等周边山区，生于海拔 2000～2800m 的针阔叶混交林	2016.08	+	调查
221	毛茛目 Ranales	毛茛科 Ranunculaceae	高乌头	*Aconitum sinomontanum* Nakai	龙眼沟、板棚子沟等周边山区，生于海拔 2800～3300m 的岷江冷杉林	2016.08	++	调查

（续）

序号	目名	科名	中文种名	拉丁学名	分布地点	最新发现时间	估计数量状况	数据来源
222	毛茛目 Ranales	毛茛科 Ranunculaceae	螺瓣乌头	*Aconitum spiripetalum* Hand.-Mazz.	巴朗山、贝母坪等周边山区，生于海拔3600~4300m的山地草坡、多石砾处	2016.08	++	调查
223	毛茛目 Ranales	毛茛科 Ranunculaceae	甘青乌头	*Aconitum tanguticum* (Maxim.) Stapf	三江镇、巴朗山垭口等周边山区，生于海拔4000~4500m的高山草甸、高山流石滩	2016.08	++	调查
224	毛茛目 Ranales	毛茛科 Ranunculaceae	毛果甘青乌头	*Aconitum tanguticum* var. *trichocarpum* Hand.-Mazz.	大阴山沟、巴朗山等周边山区，生于海拔3800~4300m的高山草甸	2016.08	++	调查
225	毛茛目 Ranales	毛茛科 Ranunculaceae	康定乌头	*Aconitum tatsienense* Finet et Gagnep.	龙眼沟、钱粮沟等周边山区，生于海拔3000~3600m的岷江冷杉林	1979.07	+	调查
226	毛茛目 Ranales	毛茛科 Ranunculaceae	草地乌头	*Aconitum umbrosum* (Korsh.) Kom.	五一棚、觉磨沟等周边山区，生于海拔2200~2600m的针阔混交林下，保护站后山岩缝、河谷边林下草丛中	2015.07	++	调查
227	毛茛目 Ranales	毛茛科 Ranunculaceae	深裂黄草乌头（西南乌头）	*Aconitum vilmorinianum* Kom. var. *altifidum* W. T. Wang	偶见于英雄沟、银厂沟等周边山区，生于海拔2000~2500m的林缘灌草丛或山坡草丛	2016.08	++	调查
228	毛茛目 Ranales	毛茛科 Ranunculaceae	类叶升麻	*Actaea asiatica* Hara	三江、沙湾等周边山区，生于海拔1500~2000m的阔叶林	2016.08	++	调查
229	毛茛目 Ranales	毛茛科 Ranunculaceae	短柱侧金盏花	*Adonis brevistyla* Franch.	银厂沟、石棚子沟等周边山区，生于海拔2000~2800m的针阔混交林	2016.08	++	调查
230	毛茛目 Ranales	毛茛科 Ranunculaceae	罂粟莲花	*Anemoclema glauciifolium* (Franch.) W. T. Wang	英雄沟、钱粮沟等周边山区，生于海拔3000~3200m的岷江冷杉林	2016.08	+	调查
231	毛茛目 Ranales	毛茛科 Ranunculaceae	银莲花	*Anemone cathayensis* Kitag.	钱粮沟、巴朗山等周边山区，生于海拔2300~4100m的高山草甸、亚高山草甸，阳坡灌木林下草坡水边、山坡林下阴湿地	2016.08	++	调查
232	毛茛目 Ranales	毛茛科 Ranunculaceae	西南银莲花	*Anemone davidii* Franch.	驴驴店、巴朗山等周边山区，生于海拔2600m左右的路边阳坡草丛	2015.07	+++	调查

（续）

序号	目名	科名	中文种名	拉丁学名	分布地点	最新发现时间	估计数量状况	数据来源
233	毛茛目 Ranales	毛茛科 Ranunculaceae	滇川银莲花	*Anemone delavayi* Franch.	龙岩、白岩等周边山区，生于海拔 2400～2600m 的针阔混交林	2016.08	++	调查
234	毛茛目 Ranales	毛茛科 Ranunculaceae	二歧银莲花	*Anemone dichotoma* L.	驴驴店等周边山区，生于海拔 2600m 左右的路边阳坡草丛	2015.07	+	调查
235	毛茛目 Ranales	毛茛科 Ranunculaceae	小银莲花	*Anemone exigua* Maxim.	白岩沟、核桃坪等周边山区，生于海拔 2200～2500m 的针阔叶混交林	2016.08	++	调查
236	毛茛目 Ranales	毛茛科 Ranunculaceae	鹅掌草（林荫银莲花）	*Anemone flaccida* Fr. Schmidt	核桃坪、正河等周边山区，生于海拔 1700～2100m 的阔叶林、山坡阴湿林下	1979.04 2016.08	+	1) 标本 2) 调查
237	毛茛目 Ranales	毛茛科 Ranunculaceae	打破碗花花	*Anemone hupehensis* (Lemoine) Lemoine	在海拔 1200～1900m 的山区常见，生于公路边草丛	2016.08	+++	调查
238	毛茛目 Ranales	毛茛科 Ranunculaceae	水棉花	*Anemone hupehensis* Lem f. *alba* W. T. Wang	足磨沟、转经楼沟等周边山区，生于海拔 1700～2400m 的公路边草丛	2016.08	++	调查
239	毛茛目 Ranales	毛茛科 Ranunculaceae	钝裂银莲花	*Anemone obtusiloba* D. Don	邓生、巴朗山等周边山区，生于海拔 3700～4400m 的高山草甸	1989.06 1987:《卧龙植被及资源植物》	/	1) 标本 2) 资料
240	毛茛目 Ranales	毛茛科 Ranunculaceae	草玉梅	*Anemone rivularis* Buch.-Ham.	在海拔 1900～3400m 的山区常见，生于山坡草地、河谷河滩、亚高山草甸、河边草丛、林边、溪边	2016.08	++	调查
241	毛茛目 Ranales	毛茛科 Ranunculaceae	小花草玉梅	*Anemone rivularis* var. *flore-minore* Maxim.	在海拔 1900～2600m 的山区常见，生于山地草坡	2016.08	++	调查
242	毛茛目 Ranales	毛茛科 Ranunculaceae	大火草	*Anemone tomentosa* (Maxim.) Pei	白岩沟、魏家沟等周边山区，生于海拔 2600～3000m 的河谷边岩石上，草丛中	2015.07	++	调查
243	毛茛目 Ranales	毛茛科 Ranunculaceae	野棉花	*Anemone vitifolia* Buch.-Ham.	在海拔 1700～2400m 山区常见，生于山地草坡、沟边疏林中	2016.08	+++	调查

（续）

序号	目名	科名	中文种名	拉丁学名	分布地点	最新发现时间	估计数量状况	数据来源
244	毛茛目 Ranales	毛茛科 Ranunculaceae	无距耧斗菜	Aquilegia ecalcarata Maxim.	正河、龙眼沟等周边山区，生于海拔1700～3000m的山地草丛或针叶阔叶林下	2016.08	++	调查
245	毛茛目 Ranales	毛茛科 Ranunculaceae	裂叶星果草	Asteropyrum cavaleriei （Levl. et Vant.) Drumm. et Hutch	三江，生于海拔1200～1500m的常绿阔叶林	2016.08	+	调查
246	毛茛目 Ranales	毛茛科 Ranunculaceae	星果草	Asteropyrum peltatum （Franch.）Drumm. et Hutch.	耿达、龙潭沟等周边山区，生于海拔1100～2000m的阔叶林	2016.08	+	调查
247	毛茛目 Ranales	毛茛科 Ranunculaceae	铁破锣	Beesia calthifolia （Maxim.) Ulbr.	在海拔1300～3400m的山区常见，生于阔叶林、针叶林、针阔混交林，阴坡乔木灌木林下	2015.07	+++	调查
248	毛茛目 Ranales	毛茛科 Ranunculaceae	驴蹄草	Caltha palustris L.	巴朗山，生于海拔2600～4300m的高山草甸，针阔混交林下苔藓层	2015.07	+++	调查
249	毛茛目 Ranales	毛茛科 Ranunculaceae	空茎驴蹄草	Caltha palustris L. var. barthei Hance	巴朗山等周边山区，生于海拔2600～4200m的亚高山草甸、高山草甸，针阔混交林下苔藓层	2015.07	+++	调查
250	毛茛目 Ranales	毛茛科 Ranunculaceae	花葶驴蹄草	Caltha scaposa Hook. f. et Thoms.	巴朗山、贝母坪等周边山区，生于海拔4000～4300m的高山草甸	2016.08	++	调查
251	毛茛目 Ranales	毛茛科 Ranunculaceae	升麻	Cimicifuga foetida L.	正河、五一棚，生于海拔1400～2600m的常绿阔叶林，针阔混交林	2015.07	+++	调查
252	毛茛目 Ranales	毛茛科 Ranunculaceae	单穗升麻	Cimicifuga simplex Wormsk.	足磨沟、白岩沟等周边山区，生于海拔2000～2500m的针阔叶混交林	2016.08	+	调查
253	毛茛目 Ranales	毛茛科 Ranunculaceae	星叶草	Circaeaster agrestis Maxim.	驴驴店等周边山区，生于海拔2700m的河谷乔灌丛	2015.07	+	调查
254	毛茛目 Ranales	毛茛科 Ranunculaceae	钝齿铁线莲	Clematis apiifolia var. obtusidentata Rehd. et Wils.	在海拔1700～2300m的山区常见，生于公路边疏林、草丛中	2016.08	+++	调查

（续）

序号	目名	科名	中文种名	拉丁学名	分布地点	最新发现时间	估计数量状况	数据来源
255	毛茛目 Ranales	毛茛科 Ranunculaceae	粗齿铁线莲	Clematis argentilucida (Level. et Vant.) W. T. Wang	在海拔1500~2000m 的山区常见，生于公路边灌丛	2016.08	+++	调查
256	毛茛目 Ranales	毛茛科 Ranunculaceae	小木通	Clematis armandii Franch.	核桃坪、糟房等周边山区，生于海拔1300~2100m 的阔叶林	2016.08	+++	调查
257	毛茛目 Ranales	毛茛科 Ranunculaceae	短尾铁线莲	Clematis breuicaudata DC.	正河、足磨沟等周边山区，生于海拔2100~2500m的山坡灌丛，马路边、斜坡上	2016.08	++	调查
258	毛茛目 Ranales	毛茛科 Ranunculaceae	威灵仙（青风藤）	Clematis chinensis Osbeck	三江、耿达等周边山区，生于海拔1500~1600m 的林下，路边灌丛	2016.08	++	调查
259	毛茛目 Ranales	毛茛科 Ranunculaceae	金毛铁线莲	Clematis chrysocoma Franch.	白岩沟、核桃坪等周边山区，生于海拔2200~2500m的山坡灌丛	2016.08	++	调查
260	毛茛目 Ranales	毛茛科 Ranunculaceae	山木通	Clematis finetiana Level. et Vaniot	在海拔1900m以下山区常见，生于左右的山谷草地	2015.08	+++	调查
261	毛茛目 Ranales	毛茛科 Ranunculaceae	毛蕊铁线莲（丝瓜花）	Clematis lasiandra Maxim.	三江、龙潭沟等周边山区，生于海拔1700~2000m的山坡灌丛	2016.08	++	调查
262	毛茛目 Ranales	毛茛科 Ranunculaceae	绣球藤	Clematis montana Buch.-Ham. ex DC.	银厂沟、英雄沟等周边山区，生于海拔2500~3100m的针叶林	2016.08	++	调查
263	毛茛目 Ranales	毛茛科 Ranunculaceae	钝萼铁线莲	Clematis peterae Hand.-Mazz.	耿达等周边山区，生于海拔1500m左右的路边灌丛	2016.08	++	调查
264	毛茛目 Ranales	毛茛科 Ranunculaceae	须蕊铁线莲	Clematis pogonandra Maxim.	正河、龙眼沟等周边山区，生于海拔2100~2700m的针阔叶混交林	2016.08	+	调查
265	毛茛目 Ranales	毛茛科 Ranunculaceae	美花铁线莲	Clematis potaninii Maxim.	在海拔2600~3400m的山区较常见，生于亚高山针叶林及山上灌丛，河谷边草丛	2015.07	++	调查
266	毛茛目 Ranales	毛茛科 Ranunculaceae	毛茛铁线莲	Clematis ranunculoides Franch.	头道桥、觉磨沟等周边山区，生于海拔2500~3000m的山坡灌丛	2016.08	++	调查

（续）

序号	目名	科名	中文种名	拉丁学名	分布地点	最新发现时间	估计数量状况	数据来源
267	毛茛目 Ranales	毛茛科 Ranunculaceae	曲柄铁线莲	Clematis repens Finet et Gagn.	正河、足磨沟等周边山区，生于海拔1700~2100m的公路边灌丛	2016.08	++	调查
268	毛茛目 Ranales	毛茛科 Ranunculaceae	黄连	Coptis chinensis Franch.	生于海拔1100~1500m的常绿阔叶林	1987:《卧龙植被及资源植物》	/	资料
269	毛茛目 Ranales	毛茛科 Ranunculaceae	川黔翠雀花	Delphinium bonvalotii Franch.	银厂沟、石棚子沟等周边山区，生于海拔2100~2800m的林下路边、公路边灌丛	2016.07	++	调查
270	毛茛目 Ranales	毛茛科 Ranunculaceae	蓝翠雀花	Delphinium caeruleum	巴朗山垭口等周边山区，生于海拔4500m的高山草甸	2016.08	++	调查
271	毛茛目 Ranales	毛茛科 Ranunculaceae	单花翠雀花	Delphinium candelabrum Ostf. var. monanthum (Hand.-Mazz.) W. T. Wang	巴朗山、贝母坪等周边山区，生于海拔4100~4400m的高山草甸	2016.08	+	调查
272	毛茛目 Ranales	毛茛科 Ranunculaceae	短距翠雀花	Delphinium forrestii Diels	龙眼沟、板棚子沟等周边山区，生于海拔3700~4000m的亚高山灌丛	2016.08	+	调查
273	毛茛目 Ranales	毛茛科 Ranunculaceae	翠雀	Delphinium grandiflorum L.	核桃坪、转经楼沟等周边山区，生于海拔1600~2100m的山地草坡、阔叶林	2016.08	++	调查
274	毛茛目 Ranales	毛茛科 Ranunculaceae	黑水翠雀花	Delphinium potaninii Huth	五一棚、银厂沟等周边山区，生于海拔2500~2600m的针阔混交林下苔藓层，针阔混交林下	2015.07	+	调查
275	毛茛目 Ranales	毛茛科 Ranunculaceae	拟川西翠雀花	Delphinium pseudotongolense W. T. Wang	足磨沟、转经楼沟等周边山区，生于海拔2000~2400m的阔叶林	2016.08	+	调查
276	毛茛目 Ranales	毛茛科 Ranunculaceae	宝兴翠雀花	Delphinium smithianum Hand.-Mazz.	巴朗山、贝母坪等周边山区，生于海拔4200~4400m的流石滩	2016.08	++	调查
277	毛茛目 Ranales	毛茛科 Ranunculaceae	川西翠雀花	Delphinium tongolense Franch.	魏家沟等周边山区，生于海拔2600m左右的河谷边岩石上	2015.07	++	调查

（续）

序号	目名	科名	中文种名	拉丁学名	分布地点	最新发现时间	估计数量状况	数据来源
278	毛茛目 Ranales	毛茛科 Ranunculaceae	耳状人字果	*Dichocarpum auriculatum* (Franch.) W. T. Wang et Hsiao	核桃坪、转经楼沟等周边山区，生于海拔 1800～2000m 的常绿、落叶阔叶林	2016.08	++	调查
279	毛茛目 Ranales	毛茛科 Ranunculaceae	小花人字果	*Dichocarpum franchetii* (Finet et Gagn.) W. T. Wang et Hsiao	正河、糟房等周边山区，生于海拔 1700～2000m 的常绿、落叶阔叶林	2016.08	+++	调查
280	毛茛目 Ranales	毛茛科 Ranunculaceae	浅裂菟葵	*Eranthis lobulata* W. T. Wang	生于海拔 2400～2600m 的针阔叶混交林	1987:《卧龙植被及资源植物》	/	资料
281	毛茛目 Ranales	毛茛科 Ranunculaceae	独叶草	*Kingdonia uniflora* Balf. f. et W. W. Sm	卧龙等周边山区，生于海拔 1500m 左右的山地冷杉林下或杜鹃灌丛下	2015.07	+	调查
282	毛茛目 Ranales	毛茛科 Ranunculaceae	鸦跖花	*Oxygraphis glacialis* (Fisch.) Bunge	大阴山沟、巴朗山等周边山区，生于海拔 3800～4200m 的高山草甸	2016.08	+	调查
283	毛茛目 Ranales	毛茛科 Ranunculaceae	拟楼斗菜	*Paraquilegia microphylla* (Royle) Drumm. et Hutch.	核桃坪、邓生等周边山区，生于海拔 2000～3800m 的公路边草丛	2016.08	++	调查
284	毛茛目 Ranales	毛茛科 Ranunculaceae	茴茴蒜	*Ranunculus chinensis* Bunge	正河、足磨沟等周边山区，生于海拔 1600～1900m 的公路边草丛	2016.08	++	调查
285	毛茛目 Ranales	毛茛科 Ranunculaceae	三裂毛茛	*Ranunculus hirtellus* Royle	觅磨沟等周边山区，生于海拔 2000m 左右的河谷边草地	2015.07	+	调查
286	毛茛目 Ranales	毛茛科 Ranunculaceae	圆叶毛茛	*Ranunculus indivisus* (Maxim.) Hand.-Mazz.	巴朗山等周边山区，生于海拔 4500m 左右的高山流石滩	2016.08	+	调查
287	毛茛目 Ranales	毛茛科 Ranunculaceae	毛茛	*Ranunculus japonicus* Thunb.	花红树沟、耿达等周边山区，生于海拔 1400～2000m 的公路边草丛、废茶公路	2015.07	+++	调查
288	毛茛目 Ranales	毛茛科 Ranunculaceae	长茎毛茛	*Ranunculus longicaulis* C. A. Mey.	巴朗山、贝母坪等周边山区，生于海拔 4000～4200m 的高山草地	2016.08	++	调查
289	毛茛目 Ranales	毛茛科 Ranunculaceae	云生毛茛	*Ranunculus longicaulis* C. A. Mey. var. *nephelogenes* (Edgew.) L. Liu	大阴山沟、巴朗山等周边山区，生于海拔 3900～4300m 的高山草甸	2016.08	++	调查

（续）

序号	目名	科名	中文种名	拉丁学名	分布地点	最新发现时间	估计数量状况	数据来源
290	毛茛目 Ranales	毛茛科 Ranunculaceae	石龙芮	*Ranunculus sceleratus* L.	三江、沙湾等周边山区，生于海拔1400~1500m的山地草丛	2016.08	++	调查
291	毛茛目 Ranales	毛茛科 Ranunculaceae	高原毛茛	*Ranunculus tanguticus*（Maxim.）Ovcz.	英雄沟、巴朗山等周边山区，生于海拔1900~4200m的高山草甸	2016.08	+++	调查
292	毛茛目 Ranales	毛茛科 Ranunculaceae	天葵	*Semiaquilegia adoxoides*（DC.）Makino	沙湾、龙覃沟等周边山区，生于海拔1400~1600m的常绿阔叶林	2016.08	++	调查
293	毛茛目 Ranales	毛茛科 Ranunculaceae	唐松草	*Thalictrum aquilegifolium* Linn. var. *sibiricum* Regel et Tiling	三江、鹿耳坪等周边山区，生于海拔1400~1800m的阔叶林、河谷乔木灌木林、沟谷灌丛	2016.08	+++	调查
294	毛茛目 Ranales	毛茛科 Ranunculaceae	长柱贝加尔唐松草	*Thalictrum baicalense* var. *megalostigma* Boivin	足磨沟、转经楼沟等周边山区，生于海拔1600~2000m的常绿、落叶阔叶混交林	2016.08	+	调查
295	毛茛目 Ranales	毛茛科 Ranunculaceae	高原唐松草	*Thalictrum cultratum* Wall.	魏家沟等周边山区，生于海拔2600m左右的河谷边岩石上	2015.07	+	调查
296	毛茛目 Ranales	毛茛科 Ranunculaceae	西南唐松草	*Thalictrum fargesii* Franch. ex Finet et Gagn.	新店子沟、三江等周边山区，生于海拔1400~2900m的河谷乔灌林下，针阔混交林下，河谷边岩石上	2015.07	+++	调查
297	毛茛目 Ranales	毛茛科 Ranunculaceae	多叶唐松草	*Thalictrum foliolosum* DC.	觉磨沟等周边山区，生于海拔2900m左右的河谷边岩石上	2015.07	+	调查
298	毛茛目 Ranales	毛茛科 Ranunculaceae	盾叶唐松草	*Thalictrum ichangense* Lecoy. ex Oliv.	正河、向岩沟、三江向泥岗等周边山区，生于海拔2000m左右的阔叶林下	1980.08 2016.08	+	1）标本 2）调查
299	毛茛目 Ranales	毛茛科 Ranunculaceae	爪哇唐松草	*Thalictrum javanicum* Bl.	白岩、板棚子沟口等周边山区，生于海拔2000~2700m的针阔混交林下，阴湿处	2016.08	++	调查
300	毛茛目 Ranales	毛茛科 Ranunculaceae	微毛爪哇唐松草	*Thalictrum javanicum* Bl. var. *puberulum* W. T. Wang	银厂沟、觉磨沟等周边山区，生于海拔2500~3000m的针叶林	2016.08	++	调查

（续）

序号	目名	科名	中文种名	拉丁学名	分布地点	最新发现时间	佑计数量状况	数据来源
301	毛茛目 Ranales	毛茛科 Ranunculaceae	亚欧唐松草	Thalictrum minus L.	魏家沟沟口等周边山区，生于海拔 2600m 左右的路边林下	2015.07	+	调查
302	毛茛目 Ranales	毛茛科 Ranunculaceae	东亚唐松草	Thalictrum minus L. var. hypoleucum (Sieb. et Zucc.) Miq.	白岩等周边山区，生于海拔 2600m 左右的路边林下	2015.07	+	调查
303	毛茛目 Ranales	毛茛科 Ranunculaceae	峨眉唐松草	Thalictrum omeiense W. T. Wang et S. H. Wang	卧龙驴驴店等周边山区，生于海拔 2700m 左右的河谷乔灌丛	2015.07	++	调查
304	毛茛目 Ranales	毛茛科 Ranunculaceae	长柄唐松草	Thalictrum przewalskii Maxim.	五一棚、耿达龙潭沟等周边山区，生于海拔 1900～2600m 的阔叶林下，针阔混交林下	2015.08	++	调查
305	毛茛目 Ranales	毛茛科 Ranunculaceae	钩柱唐松草	Thalictrum uncatum Maxim.	三江、龙岩等周边山区，生于海拔 1800～3000m 的针叶林、沟谷灌草丛、沟谷乔木灌木林下	2016.08	++	调查
306	毛茛目 Ranales	毛茛科 Ranunculaceae	金莲花	Trollius chinensis Bunge	贝母坪、梯子沟等周边山区，生于海拔 2200～3300m 的亚高山灌丛，亚高山草甸	2015.08	+++	调查
307	毛茛目 Ranales	毛茛科 Ranunculaceae	矮金莲花	Trollius farreri Stapf	巴朗山，生于海拔 3700～4300m 的高山草甸和高山流石滩	2016.08	++	调查
308	毛茛目 Ranales	毛茛科 Ranunculaceae	毛莨状金莲花	Trollius ranunculoides Hemsl.	巴朗山、贝母坪等周边山区，生于海拔 3200～4200m 的高山及亚高山草甸	2016.08	+++	调查
309	毛茛目 Ranales	毛茛科 Ranunculaceae	云南金莲花	Trollius yunnanensis (Franch.) Ulbr.	邓生、梯子沟等周边山区，生于海拔 2800～4000m 的高山及亚高山草甸	2015.07	+++	调查
310	毛茛目 Ranales	毛茛科 Ranunculaceae	美丽芍药	Paeonia mairei Level.	中正河、转经楼沟等周边山区，生于海拔 2800～4000m 的阔叶林	2016.08	+	调查
311	毛茛目 Ranales	毛茛科 Ranunculaceae	川赤芍	Paeonia veitchii Lynch	巴朗山，梯子沟，生于海拔 2800～4000m 的高山草甸、亚高山草甸、针叶林、河谷乔灌丛	2015.07	++	调查

（续）

序号	科名	目名	中文种名	拉丁学名	分布地点	最新发现时间	估计数量状况	数据来源
312	小檗科 Berberidaceae	毛茛目 Ranales	直穗小檗	*Berberis dasystachya* Maxim.	生于海拔 1700～2300m 的山坡灌丛、沟旁小路边	1978.06	/	标本
313	小檗科 Berberidaceae	毛茛目 Ranales	鲜黄小檗	*Berberis diaphana* Maxim.	梯子沟、巴朗山、沙湾、耿达老鸦山等周边山区，生于海拔 1900～3300m 的亚高山草甸、方枝柏林缘、阳坡灌丛、路旁	2016.08	++	调查
314	小檗科 Berberidaceae	毛茛目 Ranales	川滇小檗	*Berberis jamesiana* Forrest et W. W. Smith	白岩、银厂沟等周边山区山区，生于海拔 1900～2500m 的山坡林下及灌丛	2016.08	++	调查
315	小檗科 Berberidaceae	毛茛目 Ranales	豪猪刺	*Berberis julianae* Schneid.	三江、花红树沟等周边山区山区，生于海拔 1400～2100m 的山坡灌丛、林下、路边林缘	2016.08	++	调查
316	小檗科 Berberidaceae	毛茛目 Ranales	刺黄花	*Berberis polyantha* Hemsl.	卧龙驴驴店、花红树沟、梯子沟等周边山区，生于海拔 1900～3300m 的路边阳坡草丛、亚高山草甸、沟边	2015.07	++	调查
317	小檗科 Berberidaceae	毛茛目 Ranales	细叶小檗	*Berberis poiretii* Schneid.	足磨沟、花红树沟，生于海拔 1900～2300m 的路边草丛、林下	2015.07	+	调查
318	小檗科 Berberidaceae	毛茛目 Ranales	血红小檗	*Berberis sanguinea* Franch.	足磨沟、转经楼沟等周边山区山区，生于海拔 1800～2400m 的山坡林上及灌丛、路边草丛	2015.07	+	调查
319	小檗科 Berberidaceae	毛茛目 Ranales	假豪猪刺	*Berberis soulieana* Schneid.	正河、英雄沟、银厂沟等周边山区，生于海拔 1600～2000m 的阔叶林林缘	2016.08	++	调查
320	小檗科 Berberidaceae	毛茛目 Ranales	疣枝小檗	*Berberis verruculosa* Hemsl.	银厂沟、英雄沟等周边山区山区，生于海拔 2200～2800m 的针叶林、阴湿处	2016.08	++	调查
321	小檗科 Berberidaceae	毛茛目 Ranales	巴东小檗	*Berberis veitchii* Schneid.	核桃坪、转经楼沟等周边山区山区，生于海拔 1800～2400m 的山坡林下及灌丛	2016.08	++	调查
322	小檗科 Berberidaceae	毛茛目 Ranales	金花小檗	*Berberis wilsonae* Hemsl.	正河、糖房等周边山区山区，生于海拔 1700～2200m 的河滩漫滩灌丛	2016.08	++	调查

（续）

序号	目名	科名	中文种名	拉丁学名	分布地点	最新发现时间	估计数量状况	数据来源
323	毛茛目 Ranales	小檗科 Berberidaceae	红毛七（类叶牡丹）	*Caulophyllum robustum* Maxim.	核桃坪、三江等周边山区，生于海拔 1800～3000m 的针叶林和阔叶林、山中灌木丛中	2016.08	+	调查
324	毛茛目 Ranales	小檗科 Berberidaceae	南方山荷叶	*Diphylleia sinensis* H. L. Li	银厂沟等周边山区，生于海拔 2700m 左右的针阔叶混交林	2016.08	+	调查
325	毛茛目 Ranales	小檗科 Berberidaceae	八角莲	*Dysosma versipellis* (Hance) M. Cheng ex Ying	沙湾、龙潭沟等周边山区，生于海拔 1400～1600m 的阔叶林	1995：《卧龙自然保护区生物多样性空间特征研究》	/	资料
326	毛茛目 Ranales	小檗科 Berberidaceae	淫羊藿	*Epimedium brevicornu* Maxim.	正河、核桃坪等周边山区，生于海拔 1400～1900m 的山坡灌丛中	2016.08	+	调查
327	毛茛目 Ranales	小檗科 Berberidaceae	三枝九叶草	*Epimedium sagittatum* (Sieb. et Zucc.) Maxim.	三江、耿达等周边山区，生于海拔 1400～1600m 的阔叶林	2016.08	++	调查
328	毛茛目 Ranales	小檗科 Berberidaceae	阔叶十大功劳	*Mahonia bealei* (Fort.) Carr.	耿达、沙湾等周边山区，生于海拔 1200～1600m 的阔叶林	2016.08	+	调查
329	毛茛目 Ranales	木通科 Lardizabalaceae	大血藤	*Sargentodoxa cuneata* (Oliv.) Rehd. et Wils.	生于海拔 1400～1500m 的常绿阔叶林	2003：《卧龙自然保护区珍稀植物资源的保护》	/	资料
330	毛茛目 Ranales	木通科 Lardizabalaceae	三叶木通	*Akebia trifoliata* (Thunb.) Koidz.	正河、三江镇草坪村潘达尔景区等周边山区，生于海拔 1500～1900m 的公路边灌丛、林中	2016.08	+++	调查
331	毛茛目 Ranales	木通科 Lardizabalaceae	白木通	*Akebia trifoliata* (Thunb.) Koidz. var. *austrlis* (Diels) Rehd.	正河、核桃坪等周边山区，生于海拔 1600～2000m 的公路边灌丛	2016.08	+	调查
332	毛茛目 Ranales	木通科 Lardizabalaceae	猫儿屎	*Decaisnea insignis* (Griff.) Hook. f. et Thoms.	三江、席草坪等周边山区，生于海拔 1600～1800m 的常绿、落叶阔叶林	2016.08	++	调查

（续）

序号	目名	科名	中文种名	拉丁学名	分布地点	最新发现时间	估计数量状况	数据来源
333	毛茛目 Ranales	木通科 Lardizabalaceae	五月瓜藤	*Holboellia fargesii* Reaub.	核桃坪、足磨沟等周边山区，生于海拔1700~2300m的山坡灌丛	2016.08	++	调查
334	毛茛目 Ranales	木通科 Lardizabalaceae	牛姆瓜	*Holboellia grandiflora* Reaub.	三江、耿达等周边山区，生于海拔1100~1300m的常绿阔叶林	2016.08	+++	调查
335	毛茛目 Ranales	木通科 Lardizabalaceae	串果藤	*Sinofranchetia chinensis*（Franch.）Hemsl.	足磨沟、转经楼沟等周边山区，生于海拔1900~2100m的阔叶林	2016.08	+	调查
336	毛茛目 Ranales	防己科 Menispermaceae	木防己	*Cocculus orbiculatus*（L.）DC.	沙湾、龙潭沟等周边山区，生于海拔1400~1600m的阔叶林	2016.08	++	调查
337	毛茛目 Ranales	防己科 Menispermaceae	风龙	*Sinomenium acutum*（Thunb.）Rehd. et Wils.	耿达、龙潭沟等周边山区，生于海拔1300~1500m的阔叶林	2015.07	+	调查
338	毛茛目 Ranales	防己科 Menispermaceae	金线吊乌龟	*Stephania cepharantha* Hayata	足磨沟、转经楼沟等周边山区，生于海拔1600~2000m的阔叶林	2016.08	++	调查
339	毛茛目 Ranales	防己科 Menispermaceae	千金藤	*Stephania japonica*（Thunb.）Miers	耿达、沙湾等周边山区，生于海拔1200~1500m的阔叶林	2016.08	++	调查
340	胡椒目 Piperales	三白草科 Saururaceae	蕺菜	*Houttuynia cordata* Thunb.	关沟、沙湾、三江、鹿耳坪等周边山区，生于海拔1200~2400m的路边和山坡、阔叶林下，路边灌草丛、阳坡灌草丛	2015.07	+++	调查
341	胡椒目 Piperales	三白草科 Saururaceae	三白草	*Saururus chinensis*（Lour.）Baill	三江、耿达等周边山区，生于海拔1400~1500m的水沟边	2016.08	+	调查
342	胡椒目 Piperales	胡椒科 Piperaceae	豆瓣绿	*Peperomia tetraphylla*（Forst. f.）Hook. et Arn.	耿达、龙潭沟等周边山区，生于海拔1100~1300m的常绿阔叶林下岩石	2016.08	++	调查
343	胡椒目 Piperales	胡椒科 Piperaceae	岩椒	*Piper pubicatulum* C. DC.	三江、耿达等周边山区，生于海拔1400~1600m的常绿阔叶林	2015.07	+	调查
344	胡椒目 Piperales	胡椒科 Piperaceae	石南藤（爬岩香）	*Piper wallichii*（Miq.）Hand.-Mazz.	沙湾、三江等周边山区，生于海拔1100~1400m的常绿阔叶林	2016.08	++	调查

（续）

序号	目名	科名	中文种名	拉丁学名	分布地点	最新发现时间	估计数量状况	数据来源
345	胡椒目 Piperales	金粟兰科 Chloranthaceae	宽叶金粟兰	Chloranthus henryi Hemsl.	三江、耿达等周边山区，生于海拔1200~1600m的常绿阔叶林、山中路边灌丛	2016.08	++	调查
346	胡椒目 Piperales	金粟兰科 Chloranthaceae	多穗金粟兰	Chloranthus multistachys Pei	沙湾、龙潭沟等周边山区，生于海拔1300~1500m的常绿阔叶林	2016.08	++	调查
347	胡椒目 Piperales	金粟兰科 Chloranthaceae	四川金粟兰	Chloranthus sessilifolius K. F. Wu et M. Cheng	耿达、沙湾等周边山区，生于海拔1200~1500m的常绿阔叶林	2016.08	+	调查
348	马兜铃目 Aristolochiales	马兜铃科 Aristolochiaceae	宝兴马兜铃	Aristolochia moupinensis Franch.	核桃坪三江福达尔等周边山区，生于海拔1700~1800m的山中溪沟边	2016.08	++	调查
349	马兜铃目 Aristolochiales	马兜铃科 Aristolochiaceae	单叶细辛	Asarum himalaicum Hook. f. et Thomson ex Klotzsch.	核桃坪、银厂沟等周边山区，生于海拔1400~2600m的阔叶林及针阔叶混交林	2015.07	++	调查
350	马兜铃目 Aristolochiales	马兜铃科 Aristolochiaceae	细辛	Asarum sieboldii Miq.	三江、沙湾等周边山区，生于海拔1400~1700m的常绿阔叶林	2016.08	++	调查
351	侧膜胎座目 Parietales	猕猴桃科 Actinidiaceae	软枣猕猴桃	Actinidia arguta (Sieb. & Zucc.) Planch. ex Miq.	三江等周边山区，生于海拔1600m左右的山中路边	2016.08	++	调查
352	侧膜胎座目 Parietales	猕猴桃科 Actinidiaceae	硬齿猕猴桃	Actinidia callosa Lindl.	三江、白阴沟等周边山区，生于海拔1400m左右的河滩边	1979.08	/	标本
353	侧膜胎座目 Parietales	猕猴桃科 Actinidiaceae	京梨猕猴桃	Actinidia callosa Lindl. var. henryi Maxim.	三江、耿达等周边山区，生于海拔1300~1500m的常绿阔叶林	2016.08	+	调查
354	侧膜胎座目 Parietales	猕猴桃科 Actinidiaceae	中华猕猴桃	Actinidia chinensis Planch.	保护区内在海拔1600m以下山区较为常见，生于常绿阔叶林、次生灌丛、山坡灌丛	2016.08	++	调查
355	侧膜胎座目 Parietales	猕猴桃科 Actinidiaceae	长叶猕猴桃	Actinidia hemsleyana Dunn	新店沟等地，生于海拔1500~1900m的河谷乔灌林下	2015.07	+	调查
356	侧膜胎座目 Parietales	猕猴桃科 Actinidiaceae	狗枣猕猴桃	Actinidia kolomikta (Maxim. & Rupr.) Maxim.	三江、三江昌水子、正河沟等周边山区，生于海拔1500~2100m的阔叶林、针阔叶混交林、路边灌丛、山坡上	2016.08	++	调查

（续）

序号	目名	科名	中文种名	拉丁学名	分布地点	最新发现时间	估计数量状况	数据来源
357	侧膜胎座目 Parietales	猕猴桃科 Actinidiaceae	小叶猕猴桃	*Actinidia lanceolata* Dunn	沙湾、瞭望台等周边山区，生于海拔1900m左右的山坡灌丛下	2016.08	++	调查
358	侧膜胎座目 Parietales	猕猴桃科 Actinidiaceae	阔叶猕猴桃	*Actinidia latifolia* (Gardn. et Champ.) Merr.	正河沟、耿达龙潭沟等周边山区，生于河谷乔灌林下，路边岩石1800m的	2015.08	++	调查
359	侧膜胎座目 Parietales	猕猴桃科 Actinidiaceae	葛枣猕猴桃（木天蓼）	*Actinidia polygama* (Sieb. et Zucc.) Maxim.	正河、沙湾等周边山区，生于海拔1400~1600m的常绿阔叶林	2016.08	++	调查
360	侧膜胎座目 Parietales	猕猴桃科 Actinidiaceae	革叶猕猴桃	*Actinidia rubricaulis* Dunn var. *coriacea* (Fin. et Gagn.) C. F. Liang	三江镇、席草坪等周边山区，生于海拔1200~1500m的常绿阔叶林，山中公路边	2016.08	++	调查
361	侧膜胎座目 Parietales	猕猴桃科 Actinidiaceae	显脉猕猴桃	*Actinidia venosa* Rehd.	沙湾、糖房等周边山区，生于海拔1400~2000m的常绿、落叶阔叶混交林，马路边林缘、山坡灌丛，公路旁灌木林，阴坡灌木丛	2016.08	++	调查
362	侧膜胎座目 Parietales	猕猴桃科 Actinidiaceae	尖叶藤山柳	*Clematoclethra faberi* Franch.	足磨沟、白岩沟等周边山区，生于海拔1700~2500m的阔叶林，针阔叶混交林	2016.08	+	调查
363	侧膜胎座目 Parietales	猕猴桃科 Actinidiaceae	繁花藤山柳	*Clematoclethra hemsleyi* Baill.	核桃坪等周边山区，生于海拔1900m左右的山谷灌草	2015.08	+	调查
364	侧膜胎座目 Parietales	猕猴桃科 Actinidiaceae	猕猴桃藤山柳	*Clematoclethra scandens* subsp. *actinidioides* (Maximowicz) Y. C. Tang & Q. Y. Xiang	正河、龙眼沟、耿达、五一棚等周边山区，生于海拔1200~2700m的针叶阔叶林、山地灌丛，河谷边乔灌木下，针阔混交林下，保护站院前	2016.08	+++	调查
365	侧膜胎座目 Parietales	猕猴桃科 Actinidiaceae	大叶藤山柳	*Clematoclethra lasioclada* Maxim. var. *grandis* (Hemsl.) Rehd	三江、鹿耳坪等周边山区，生于海拔1700m左右的常绿阔混交林	2016.08	+	调查
366	侧膜胎座目 Parietales	猕猴桃科 Actinidiaceae	刚毛藤山柳	*Clematoclethra scandens* (Franch.) Maxim.	花红树沟、耿达正河、三江等周边山区，生于海拔1400~2600m的山地灌丛，路旁灌丛，林下、河谷石边，山中溪沟边	2016.08	++	调查

（续）

序号	目名	科名	中文种名	拉丁学名	分布地点	最新发现时间	估计数量状况	数据来源
367	侧膜胎座目 Parietales	山茶科 Theaceae	尖叶川杨桐	*Adinandra bockiana* var. *acutifolia* (Hand.-Mazz.) Kobuski	足磨沟等周边山区，生于海拔 1900m 的山谷草坡	2015.08	+	调查
368	侧膜胎座目 Parietales	山茶科 Theaceae	杨桐	*Adinandra millettii*	耿达、龙潭沟等周边山区，生于海拔 1200～1400m 的常绿阔叶林	2016.08	++	调查
369	侧膜胎座目 Parietales	山茶科 Theaceae	长尾毛蕊茶	*Camellia caudata* Wall.	沙湾、耿达等周边山区，生于海拔 1400～1600m 的常绿阔叶林	2016.08	+	调查
370	侧膜胎座目 Parietales	山茶科 Theaceae	山茶	*Camellia japonica* L.	三江、龙潭沟等周边山区，生于海拔 1300～1600m 的常绿阔叶林	2016.08	++	调查
371	侧膜胎座目 Parietales	山茶科 Theaceae	茶梅	*Camellia sasanqua* Thunb.	生于海拔 1200～1500m 的常绿阔叶林	1987:《卧龙植被及资源植物》	/	资料
372	侧膜胎座目 Parietales	山茶科 Theaceae	翅柃	*Eurya alata* Kobuski	三江、沙湾等周边山区，生于海拔 1200～1500m 的常绿阔叶林	2016.08	++	调查
373	侧膜胎座目 Parietales	山茶科 Theaceae	短柱柃	*Eurya brevistyla* Kobuski	三江、正河等周边山区，生于海拔 1200～1900m 的阔叶林	2016.08	++	调查
374	侧膜胎座目 Parietales	山茶科 Theaceae	半齿柃	*Eurya semiserrata* H. T. Chang	耿达、沙湾等周边山区，生于海拔 1300～1600m 的常绿阔叶林	2016.08	++	调查
375	侧膜胎座目 Parietales	山茶科 Theaceae	四川大头茶	*Gordonia acuminata* Chang	三江、耿达等周边山区，生于海拔 1100～1700m 的常绿阔叶林	2016.08	+	调查
376	侧膜胎座目 Parietales	藤黄科 Guttiferae	小连翘	*Hypericum erectum* Thunb.	关沟、耿达、龙潭沟、三江等周边山区，生于海拔 1300～2500m 的公路边、山地草丛、路边灌草丛、水边草地，针阔混交林下、人工林下、河谷边林下草丛、阴湿山坡下	2015.07	++	调查
377	侧膜胎座目 Parietales	藤黄科 Guttiferae	地耳草	*Hypericum japonicum* Thunb.	三江、沙湾等周边山区，生于海拔 1200～1400m 的山地草丛	2016.08	++	调查

（续）

序号	目名	科名	中文种名	拉丁学名	分布地点	最新发现时间	估计数量状况	数据来源
378	侧膜胎座目 Parietales	藤黄科 Guttiferae	金丝桃	*Hypericum monogynum* L.	正河、耿达等周边山区，生于海拔 2100～2400m 的阳坡灌草丛，路边山坡灌丛中	2016.08	+++	调查
379	侧膜胎座目 Parietales	藤黄科 Guttiferae	金丝梅	*Hypericum patulum* Thunb.	在海拔 2100m 以下山区常见，生于山地灌丛、路旁灌丛，针阔混交林下	2016.08	+++	调查
380	侧膜胎座目 Parietales	藤黄科 Guttiferae	贯叶连翘	*Hypericum perforatum* L.	正河、沙湾等周边山区，生于海拔 1200～1900m 的山地草丛，路旁草丛	2016.08	++	调查
381	侧膜胎座目 Parietales	藤黄科 Guttiferae	元宝草	*Hypericum sampsonii* Hance	耿达、沙湾等周边山区，生于海拔 1200～1500m 的常绿阔叶林	2016.08	+	调查
382	罂粟目 Rhoeadales	罂粟科 Papaveraceae	美丽紫堇	*Corydalis adrienii* Prain	大阴山沟、巴朗山等周边山区，生于海拔 3900～4200m 的高山草甸	2016.08	++	调查
383	罂粟目 Rhoeadales	罂粟科 Papaveraceae	灰绿黄堇	*Corydalis adunca* Maxim.	足磨沟、转经楼沟等周边山区，生于海拔 1600～1800m 的公路边灌丛	2016.08	++	调查
384	罂粟目 Rhoeadales	罂粟科 Papaveraceae	糙果紫堇	*Corydalis trachycarpa* Maxim.	英雄沟、巴朗山、贝母坪等周边山区，生于海拔 2900～4800m 的灌丛、高山草甸或石灰岩流石滩的石缝中	2016.08	++	调查
385	罂粟目 Rhoeadales	罂粟科 Papaveraceae	曲花紫堇	*Corydalis curviflora* Maxim.	邓生、锇粮沟等周边山区，生于海拔 3200～3600m 的亚高山草甸	2016.08	++	调查
386	罂粟目 Rhoeadales	罂粟科 Papaveraceae	南黄堇	*Corydalis davidii* Franch.	正河、银厂沟、觉磨沟等周边山区，生于海拔 1700～3000m 的林下、林缘、灌丛下、草坡或路边	2016.08	++	调查
387	罂粟目 Rhoeadales	罂粟科 Papaveraceae	夏天无（伏生紫堇）	*Corydalis decumbens* (Thunb.) Pers.	足磨沟、核桃坪等周边山区，生于海拔 1700～1900m 的阔叶林	2016.08	++	调查
388	罂粟目 Rhoeadales	罂粟科 Papaveraceae	穆坪紫堇	*Corydalis flexuosa* Franch.	糖房等周边山区，生于海拔 2100m 左右的山坡水边或岩石边	2015.07	+++	调查

（续）

序号	目名	科名	中文种名	拉丁学名	分布地点	最新发现时间	估计数量状况	数据来源
389	罂粟目 Rhoeadales	罂粟科 Papaveraceae	条裂黄堇（铜锤紫堇）	Corydalis linarioides Maxim.	邓生、花红树沟等周边山区，生于海拔3400~3700m的亚高山草甸	2016.08	++	调查
390	罂粟目 Rhoeadales	罂粟科 Papaveraceae	暗绿紫堇	Corydalis melanochlora Maxim.	核桃坪、巴朗山等周边山区，生于海拔1600~4500m的公路边灌丛、高山草甸	2016.08	++	调查
391	罂粟目 Rhoeadales	罂粟科 Papaveraceae	蛇果黄堇	Corydalis ophiocarpa Hook. f. et Thoms.	转经楼沟、白岩沟等山区，生于海拔1800~2600m的阔叶林及针阔叶混交林	2016.08	++	调查
392	罂粟目 Rhoeadales	罂粟科 Papaveraceae	大叶紫堇	Corydalis temulifolia Franch.	正河等周边山区，生于海拔1700~1900m的常绿阔叶林或混交林下，灌丛中或山溪边	2015.07	+	调查
393	罂粟目 Rhoeadales	罂粟科 Papaveraceae	扭果紫金龙	Dactylicapnos torulosa (Hook. f. et thoms.) Hutchins.	正河、三江等周边山区，生于海拔1800~2000m的阔叶林下山坡灌丛	2015.07	+	调查
394	罂粟目 Rhoeadales	罂粟科 Papaveraceae	多刺绿绒蒿	Meconopsis horridula Hook. f. et Thoms.	贝母坪、巴朗山垭口等周边山区，生于海拔3800~4500m的高山草甸、高山流石滩	2016.08	+++	调查
395	罂粟目 Rhoeadales	罂粟科 Papaveraceae	全缘绿绒蒿	Meconopsis integrifolia (Maxim.) Franch.	贝母坪、巴朗山等周边山区，生于海拔3600~4300m的高山草甸	2016.08	++	调查
396	罂粟目 Rhoeadales	罂粟科 Papaveraceae	红花绿绒蒿	Meconopsis punicea Maxim.	贝母坪、巴朗山等周边山区，生于海拔3800~4400m的高山草甸	2016.08	++	调查
397	罂粟目 Rhoeadales	罂粟科 Papaveraceae	五脉绿绒蒿（原变种）	Meconopsis quintuplinervia var. quintuplinervia	贝母坪、巴朗山等周边山区，生于海拔4000~4200m的高山草甸	2016.08	+	调查
398	罂粟目 Rhoeadales	罂粟科 Papaveraceae	总状绿绒蒿	Meconopsis racemosa Maxim.	钱粮沟、巴朗山、贝母坪等周边山区，生于海拔3000~4600m的草坡、石坡，林下	2016.08	+	调查
399	罂粟目 Rhoeadales	罂粟科 Papaveraceae	紫花绿绒蒿	Meconopsis violacea Kingdon-Ward	巴朗山等周边山区，生于海拔4300m的高山草甸	1989.06 2016.08	+	标本 调查
400	罂粟目 Rhoeadales	十字花科 Cruciferae	垂果南芥	Arabis pendula L.	转经楼沟等周边山区，生于海拔1800~1900m的阔叶林	2016.08	++	调查

（续）

序号	目名	科名	中文种名	拉丁学名	分布地点	最新发现时间	估计数量状况	数据来源
401	罂粟目 Rhoeadales	十字花科 Cruciferae	荠	Capsella bursa-pastoris (Linn.) Medic	耿达、三江等周边山区，路旁杂草丛中的地边，2000m	2016.08	++	调查
402	罂粟目 Rhoeadales	十字花科 Cruciferae	弯曲碎米荠	Cardamine flexuosa With.	正河、三江等周边山区，生于海拔1600～1800m 的山坡草地	2015.08	+	调查
403	罂粟目 Rhoeadales	十字花科 Cruciferae	碎米荠	Cardamine hirsuta L.	龙岩、驴驴店等周边山区，生于海拔1700～2700m 的路旁及山坡草地，河谷乔灌丛	2015.07	++	调查
404	罂粟目 Rhoeadales	十字花科 Cruciferae	弹裂碎米荠	Cardamine impatiens L.	银厂沟、核桃坪等周边山区，生于海拔1500～2700m 的阔叶林，河谷乔灌木	2015.07	++	调查
405	罂粟目 Rhoeadales	十字花科 Cruciferae	大叶碎米荠	Cardamine macrophylla Willd.	龙岩、龙眼沟等周边山区，生于海拔2800～3500m 的针叶林及亚高山草甸	2016.08	++	调查
406	罂粟目 Rhoeadales	十字花科 Cruciferae	多叶碎米荠	Cardamine macrophylla var. polyphylla (D. Don) T. Y. Cheo et R. C. Fang	邓生、巴朗沟等周边山区，生于海拔3200～4000m 的高山及亚高山草甸	2016.08	++	调查
407	罂粟目 Rhoeadales	十字花科 Cruciferae	紫花碎米荠	Cardamine tangutorum O. E. Schulz	英雄沟、巴朗山垭口等周边山区，生于海拔1600～4500m 的阔叶林，高山流石滩	2017.07	+++	调查
408	罂粟目 Rhoeadales	十字花科 Cruciferae	抱茎葶苈	Draba amplexicaulis Franch.	花红树沟、贝母坪等周边山区，生于海拔3300～4100m 的高山草甸，路边草丛	2015.08	+	调查
409	罂粟目 Rhoeadales	十字花科 Cruciferae	毛葶苈	Draba eriopoda Turcz.	巴朗山、贝母坪等周边山区，生于海拔3900～4300m 的高山草甸	2016.08	+	调查
410	罂粟目 Rhoeadales	十字花科 Cruciferae	葶苈	Draba nemorosa L.	正河、核桃坪等周边山区，生于海拔1700～2000m 的公路边草丛及村庄附近，山坡草丛	2016.08	++	调查
411	罂粟目 Rhoeadales	十字花科 Cruciferae	糖芥	Erysimum bungei (Kitag.) Kitag.	白岩沟、银厂沟等周边山区，生于海拔2500～2700m 的山坡草丛	2016.08	+	调查
412	罂粟目 Rhoeadales	十字花科 Cruciferae	高河菜	Megacarpaea delavayi Franch.	贝母坪、巴朗山垭口等周边山区，生于海拔3900～4200m 的高山草甸，高山灌丛	2016.08	+	调查

（续）

序号	目名	科名	中文种名	拉丁学名	分布地点	最新发现时间	估计数量状况	数据来源
413	罂粟目 Rhoeadales	十字花科 Cruciferae	蔊菜	Rorippa indica (L.) Hiern.	三江、正河等周边山区，生于海拔 1200～2000m 的地边、路旁杂草丛中	2016.08	+	调查
414	罂粟目 Rhoeadales	十字花科 Cruciferae	菥蓂（遏蓝菜）	Thlaspi arvense L.	三江、耿达等周边山区，生于海拔 1700～2000m 的公路边及村庄附近，草坪中	2016.08	+	调查
415	蔷薇目 Rosales	金缕梅科 Hamamelidaceae	四川蜡瓣花	Corylopsis willmottiae Rehd. et Wils.	三江、正河沟、糖房等周边山区，生于海拔 1700～2700m 的阔叶林及针阔叶混交林、河边丛林中，山中溪沟边、公路边	2016.08	+++	调查
416	蔷薇目 Rosales	景天科 Crassulaceae	狭穗八宝	Hylotelephium angustum (Maxim.) H. Ohba	核桃平沟等周边山区，生于海拔 1800m 左右的河谷灌草丛	2015.08	+	调查
417	蔷薇目 Rosales	景天科 Crassulaceae	大花红景天	Rhodiola crenulata (HK. f. et Thoms.) H. Ohba	巴朗山、贝母坪等周边山区，生于海拔 3800～4400m 的高山流石滩	2016.08	++	调查
418	蔷薇目 Rosales	景天科 Crassulaceae	异色红景天	Rhodiola discolor (Franch.) Fu	板棚子沟、巴朗山等周边山区，生于海拔 3000～4200m 的高山流石滩	2016.08	+	调查
419	蔷薇目 Rosales	景天科 Crassulaceae	小丛红景天	Rhodiola dumulosa (Franch.) Fu	巴朗山垭口、梯子沟等周边山区，生于海拔 3300～4500m 的高山流石滩、亚高山草甸	2016.08	+++	调查
420	蔷薇目 Rosales	景天科 Crassulaceae	宽果红景天	Rhodiola eurycarpa (Frod.) Fu	邓生、钱粮沟等周边山区，生于海拔 2800～3800m 的亚高山草甸	2016.08	+	调查
421	蔷薇目 Rosales	景天科 Crassulaceae	长鞭红景天	Rhodiola fastigiata (HK. f. et Thoms.) Fu	巴朗山、贝母坪等周边山区，生于海拔 3900～4400m 的高山流石滩	2016.08	++	调查
422	蔷薇目 Rosales	景天科 Crassulaceae	狭叶红景天	Rhodiola kirilowii (Regel) Maxim.	贝母坪、巴朗山垭口、耿达大阴沟等周边山区，生于海拔 1400～4500m 的高山流石滩、高山草甸、亚高山草甸、路边草丛	2016.08	++	调查
423	蔷薇目 Rosales	景天科 Crassulaceae	四裂红景天	Rhodiola quadrifida (Pall.) Fisch. et. Mey.	巴朗山、贝母坪等周边山区，生于海拔 3800～4300m 的高山流石滩	2016.08	++	调查

（续）

序号	目名	科名	中文种名	拉丁学名	分布地点	最新发现时间	估计数量状况	数据来源
424	蔷薇目 Rosales	景天科 Crassulaceae	红景天	*Rhodiola rosea* L.	巴朗山等地，生于海拔 3700~4400m 草坡	1986.07	+	调查
425	蔷薇目 Rosales	景天科 Crassulaceae	云南红景天	*Rhodiola yunnanensis* (Franch.) Fu	足磨沟、核朗坪等周边山区，生于海拔 1800~3600m 的亚高山草甸，针叶林下岩石上、公路旁岩石上	2015.07	++	调查
426	蔷薇目 Rosales	景天科 Crassulaceae	东南景天	*Sedum alfredii* Hance	白岩沟、转经楼沟等周边山区，生于海拔 2000~2700m 的林下阴湿石上	2015.07	+	调查
427	蔷薇目 Rosales	景天科 Crassulaceae	大苞景天	*Sedum amplibracteatum* Fu	三江、正河等周边山区，生于海拔 1500~1800m 的常绿阔叶林	2016.08	+	调查
428	蔷薇目 Rosales	景天科 Crassulaceae	凹叶大苞景天	*Sedum amplibracteatum* K. T. Fu var. *emarginatum* (H. F. Fu) H. F. Fu	核桃坪、银厂沟等周边山区，生于海拔 1800~2700m 的林下阴湿地	2016.08	+	调查
429	蔷薇目 Rosales	景天科 Crassulaceae	轮叶景天	*Sedum chauveaudii* Hamet	英雄沟、梯子沟等周边山区，生于海拔 2800~3300m 的亚高山草甸，针阔叶混交林下	2015.07	++	调查
430	蔷薇目 Rosales	景天科 Crassulaceae	细叶景天	*Sedum elatinoides* Franch.	核桃坪、足磨沟等周边山区，生于海拔 1800~2000m 的阔叶林下岩石上	2016.08	+	调查
431	蔷薇目 Rosales	景天科 Crassulaceae	凹叶景天	*Sedum emarginatum* Migo	三江、糖房等周边山区，生于海拔 1600~2700m 的阔叶林及针叶林下石上	2016.08	+++	调查
432	蔷薇目 Rosales	景天科 Crassulaceae	日本景天	*Sedum japonicum* Sieb. ex Miq.	白岩等周边山区，生于海拔 2600m 左右的河谷边岩石上	2015.07	++	调查
433	蔷薇目 Rosales	景天科 Crassulaceae	山飘风	*Sedum major* (Hemsl.) Migo	三江、耿达等周边山区，生于海拔 1100~1500m 的常绿阔叶林下岩石上	2015.07	+	调查
434	蔷薇目 Rosales	景天科 Crassulaceae	距萼景天	*Sedum nothodugueyi* Fu	生于海拔 1900~2000m 的荒坡岩石上	1987：《卧龙植被及资源植物》	/	资料

（续）

序号	目名	科名	中文种名	拉丁学名	分布地点	最新发现时间	估计数量状况	数据来源
435	蔷薇目 Rosales	景天科 Crassulaceae	垂盆草	Sedum sarmentosum Bunge	正河、花红树沟、转经楼沟等周边山区，生于海拔1800~2000m的公路边岩石上	2016.08	++	调查
436	蔷薇目 Rosales	景天科 Crassulaceae	汶川景天	Sedum wenchuanense Fu	生于海拔1200~1400m的林下阴湿地	1987:《卧龙植被及资源植物》	/	资料
437	蔷薇目 Rosales	景天科 Crassulaceae	石莲	Sinocrassula indica (Decne.) Berger	耿达、三江等周边山区，生于海拔1500~1700m的阔叶林下岩石上	2016.08	+	调查
438	蔷薇目 Rosales	虎耳草科 Saxifragaceae	落新妇	Astilbe chinensis (Maxim.) Franch. et Savat.	关沟、耿达龙潭沟、三江鹿草坪等周边山区，生于海拔1600~2500m的阔叶林及针阔叶混交林、路边草丛、人工林下及草地中	2016.08	+++	调查
439	蔷薇目 Rosales	虎耳草科 Saxifragaceae	多花落新妇	Astilbe rivularis Buch.-Ham. ex D. Don var. myriantha	核桃坪、足磨沟等周边山区，生于海拔1800~2600m的阔叶林及针阔叶混交林	2016.08	++	调查
440	蔷薇目 Rosales	虎耳草科 Saxifragaceae	溪畔落新妇	Astilbe rivularis Buch.-Ham. ex D. Don	正河、关沟、钱粮沟等周边山区，生于海拔1900~3200m的林下、林缘、灌丛和草丛中	2016.08	++	调查
441	蔷薇目 Rosales	虎耳草科 Saxifragaceae	岩白菜	Bergenia purpurascens (Hook. f. et Thoms.) Engl.	沙湾、龙草沟等周边山区，生于海拔1400~1500m的常绿阔叶林下岩石上	2016.08	+	调查
442	蔷薇目 Rosales	虎耳草科 Saxifragaceae	锈毛金腰	Chrysosplenium davidianum Decne. ex Maxim	正河、觅磨沟、钱粮沟等周边山区，生于海拔2000~3600m的针叶林	2016.08	+	调查
443	蔷薇目 Rosales	虎耳草科 Saxifragaceae	肾叶金腰	Chrysosplenium griffithii Hook. f. et Thoms.	头道桥、巴朗山垭口等周边山区，生于海拔2500~4500m的针叶林、高山流石滩	2016.08	+++	调查
444	蔷薇目 Rosales	虎耳草科 Saxifragaceae	单花金腰	Chrysosplenium uniflorum Maxim.	白岩、核桃坪等周边山区，生于海拔2300~2600m的针阔叶混交林	2016.08	++	调查
445	蔷薇目 Rosales	虎耳草科 Saxifragaceae	赤壁木	Decumaria sinensis Oliver	生于海拔1400~1600m的常绿阔叶林	1987:《卧龙植被及资源植物》	/	资料
446	蔷薇目 Rosales	虎耳草科 Saxifragaceae	狭叶溲疏	Deutzia esquirolii (H. Leveille) Rehder	新店子沟、耿达正河等周边山区，生于海拔1700~3300m的沟谷乔灌木下、河谷石边	2016.08	+++	调查

（续）

序号	目名	科名	中文种名	拉丁学名	分布地点	最新发现时间	估计数量状况	数据来源
447	蔷薇目 Rosales	虎耳草科 Saxifragaceae	长叶溲疏	Deutzia longifolia Franch.	耿达老鸦山、三江保护站、三江保护站嵩子坪等周边山区，生于海拔1600~2800m的阔叶林及针叶林，阳坡灌草丛，山中溪沟边。		++	调查
448	蔷薇目 Rosales	虎耳草科 Saxifragaceae	粉红溲疏	Deutzia rubens Rehd.	核桃坪、龙岩等周边山区，生于海拔1500~2600m的阔叶林及针叶阔叶混交林	2016.08	+	调查
449	蔷薇目 Rosales	虎耳草科 Saxifragaceae	川溲疏	Deutzia setchuenensis Franch.	耿达、龙覃沟等周边山区，生于海拔1500~2900m的阔叶林及针叶林	2015.08	++	调查
450	蔷薇目 Rosales	虎耳草科 Saxifragaceae	常山	Dichroa febrifuga Lour.	卧龙镇附近，生于海拔1900m左右的阴湿林中	2015.07	++	调查
451	蔷薇目 Rosales	虎耳草科 Saxifragaceae	冠盖绣球	Hydrangea anomala D. Don	卧龙、正河沟等周边山区，生于海拔2200~2900m的针叶林，针阔混交林，小河边，马路边	2016.08	++	调查
452	蔷薇目 Rosales	虎耳草科 Saxifragaceae	东陵绣球	Hydrangea bretschneideri Dipp.	足磨沟、转经楼沟等周边山区，生于海拔1600~2000m的阔叶林	2016.08	++	调查
453	蔷薇目 Rosales	虎耳草科 Saxifragaceae	纯兰绣球	Hydrangea longipes Franch.	白岩、银厂沟等周边山区，生于海拔2400~2600m的针叶林	1992.06	++	调查
454	蔷薇目 Rosales	虎耳草科 Saxifragaceae	锈毛绣球	Hydrangea longipes Franch. var. fulvescens (Rehd.) W. T. Wang	正河沟等周边山区，生于海拔2200m左右的林下	2016.08	++	调查
455	蔷薇目 Rosales	虎耳草科 Saxifragaceae	绣球	Hydrangea macrophylla (Thunb.) Seringe.	三江等周边山区，生于海拔1400m左右的山坡灌丛	2016.08	+	调查
456	蔷薇目 Rosales	虎耳草科 Saxifragaceae	乐思绣球	Hydrangea rosthornii Diels	耿达、龙覃沟等周边山区，生于海拔1500~1900m的阔叶林	1986.07	++	调查

（续）

序号	目名	科名	中文种名	拉丁学名	分布地点	最新发现时间	估计数量状况	数据来源
457	蔷薇目 Rosales	虎耳草科 Saxifragaceae	蜡莲绣球	*Hydrangea strigosa* Rehd.	龙潭沟、正河、三江等周边山区，生于海拔 1500~4500m 的公路边灌丛，林下路边草丛、林下阴湿处，阔叶林下、河边，河谷灌木丛，林下灌丛	2016.08	+++	调查
458	蔷薇目 Rosales	虎耳草科 Saxifragaceae	挂苦绣球	*Hydrangea xanthoneura* Diels	足磨沟、白岩沟等周边山区，生于海拔 1700~2800m 的阔叶林及针叶林	2016.08	++	调查
459	蔷薇目 Rosales	虎耳草科 Saxifragaceae	鼠刺	*Itea chinensis* Hook. et Arn.	沙湾、耿达等周边山区，生于海拔 1100~1300m 的常绿阔叶林	2016.08	+	调查
460	蔷薇目 Rosales	虎耳草科 Saxifragaceae	短柱梅花草	*Parnassia brevistyla* (Brieg.) Hand.-Mazz.	石棚子沟、龙眼沟等周边山区，生于海拔 2800~3800m 的高山草甸，亚高山草甸	2016.08	+++	调查
461	蔷薇目 Rosales	虎耳草科 Saxifragaceae	突隔梅花草	*Parnassia delavayi* Franch.	核桃坪、贝母坪、巴朗山垭口等周边山区，生于海拔 2100~4100m 的针阔叶混交林，高山草甸	2016.08	+++	调查
462	蔷薇目 Rosales	虎耳草科 Saxifragaceae	白耳菜	*Parnassia foliosa* Hook. f. et Thoms.	正河、龙岩沟等周边山区，生于海拔 2000~2500m 的针阔叶混交林	2016.08	++	调查
463	蔷薇目 Rosales	虎耳草科 Saxifragaceae	梅花草	*Parnassia palustris*	耿达等周边山区，生于海拔 1700m 左右的河谷石边	2015.08	+	调查
464	蔷薇目 Rosales	虎耳草科 Saxifragaceae	三脉梅花草	*Parnassia trinervis* Drude	巴朗山垭口等周边山区，生于海拔 4200m 左右的高山草甸	2016.08	+++	调查
465	蔷薇目 Rosales	虎耳草科 Saxifragaceae	鸡[月肖]梅花草	*Parnassia wightiana* Wall.	贝母坪等周边山区，生于海拔 3300m 左右的亚高山草甸	2015.08	+	调查
466	蔷薇目 Rosales	虎耳草科 Saxifragaceae	云南山梅花	*Philadelphus delavayi* L. Henry	足磨沟、白岩沟等周边山区，生于海拔 1800~2500m 的山坡灌丛或林下	2016.08	++	调查
467	蔷薇目 Rosales	虎耳草科 Saxifragaceae	山梅花	*Philadelphus incanus* Koehne	正河等周边山区，生于海拔 2000m 左右的灌丛下	2016.08	++	调查

（续）

序号	目名	科名	中文种名	拉丁学名	分布地点	最新发现时间	估计数量状况	数据来源
468	蔷薇目 Rosales	虎耳草科 Saxifragaceae	紫萼山梅花	*Philadelphus purpurascens*（Koehne）Rehd.	转经楼沟、银厂沟等周边山区，生于海拔2000~2800m 的山坡灌丛	2016.08	+	调查
469	蔷薇目 Rosales	虎耳草科 Saxifragaceae	毛柱山梅花	*Philadelphus subcanus* Koehne	耿达、核桃坪等周边山区，生于海拔1700~2400m 的山坡灌丛	2016.08	+	调查
470	蔷薇目 Rosales	虎耳草科 Saxifragaceae	冰川茶藨子	*Ribes glaciale* Wall.	核桃坪、巴朗山等周边山区，生于海拔2100~4000m 的河谷灌丛及针叶林、阔叶林下，山坡灌丛中	2015.07	+++	调查
471	蔷薇目 Rosales	虎耳草科 Saxifragaceae	糖茶藨子	*Ribes himalense* Royle ex Decne.	足磨沟、转经楼沟等周边山区，生于海拔2000~2600m 的针阔混交林	2016.08	++	调查
472	蔷薇目 Rosales	虎耳草科 Saxifragaceae	长序茶藨子（长串茶藨）	*Ribes longiracemosum* Franch.	白岩沟、银厂沟等周边山区，生于海拔2300~2600m 的针阔叶混交林	2016.08	++	调查
473	蔷薇目 Rosales	虎耳草科 Saxifragaceae	尖叶茶藨子	*Ribes maximowiczianum* Kom.	银厂沟、英雄沟等周边山区，生于海拔2500~3200m 的针叶林	1978.06 2016.08	++	标本 调查
474	蔷薇目 Rosales	虎耳草科 Saxifragaceae	天山茶藨子	*Ribes meyeri* Maxim	正河、足磨沟等周边山区，生于海拔2000~2500m 的灌丛	2015.07	++	调查
475	蔷薇目 Rosales	虎耳草科 Saxifragaceae	宝兴茶藨子	*Ribes moupinense* Franch.	银厂沟、龙岩等周边山区，生于海拔2600~2700m 的针叶林	2016.08	+++	调查
476	蔷薇目 Rosales	虎耳草科 Saxifragaceae	四川茶藨子	*Ribes setchuense* Jancz.	耿达等地，生于海拔1980m 左右的山坡	2016.08	++	调查
477	蔷薇目 Rosales	虎耳草科 Saxifragaceae	细枝茶藨子	*Ribes tenue* Jancz.	梯子沟等周边山区，生于海拔3200m 左右的针阔混交林下	2015.07	+	调查
478	蔷薇目 Rosales	虎耳草科 Saxifragaceae	七叶鬼灯檠	*Rodgersia aesculifolia* Batalin	三江、关沟、英雄沟等周边山区，生于海拔1100~3400m 的林下、灌丛、草甸和石隙	2016.08	+	调查

（续）

序号	目名	科名	中文种名	拉丁学名	分布地点	最新发现时间	估计数量状况	数据来源
479	蔷薇目 Rosales	虎耳草科 Saxifragaceae	鬼灯檠	*Rodgersia podophylla*	三江、白岩沟等周边山区，生于海拔 1700～2600m 的阔叶林及针阔叶混交林，山中溪沟边	2016.08	+++	调查
480	蔷薇目 Rosales	虎耳草科 Saxifragaceae	卵心叶虎耳草	*Saxifraga aculeata* Balf. f.	三江、正河等周边山区，生于海拔 1500～1800m 的阔叶林	2016.08	++	调查
481	蔷薇目 Rosales	虎耳草科 Saxifragaceae	密叶虎耳草	*Saxifraga densifoliata* Engl. et Imm-sch.	钱粮沟、板棚子沟等周边山区，生于海拔 3100～3400m 的亚高山草甸	2016.08	++	调查
482	蔷薇目 Rosales	虎耳草科 Saxifragaceae	优越虎耳草	*Saxifraga egregia* Engl.	大阴山沟、巴朗山等周边山区，生于海拔 3800～4300m 的高山草甸	2016.08	+++	调查
483	蔷薇目 Rosales	虎耳草科 Saxifragaceae	道孚虎耳草	*Saxifraga lumpuensis* Engl.	邓生、花红树沟等周边山区，生于海拔 3400～3900m 的亚高山草甸	2016.08	+	调查
484	蔷薇目 Rosales	虎耳草科 Saxifragaceae	黑蕊虎耳草	*Saxifraga melanocentra* Franch.	大阴山沟、巴朗山垭口等周边山区，生于海拔 3800～4500m 的高山草甸，高山流石滩	2016.08	++	调查
485	蔷薇目 Rosales	虎耳草科 Saxifragaceae	蒙自虎耳草	*Saxifraga mengtzeana* Engl. et Imm-sch.	核桃坪、正河沟等周边山区，生于海拔 1800～2100m 的石壁上，高山草甸	2016.08	+	调查
486	蔷薇目 Rosales	虎耳草科 Saxifragaceae	山地虎耳草	*Saxifraga montana* H. Smith.	花红树沟、巴朗山等周边山区，生于海拔 3600～4400m 的高山及亚高山草甸	2016.08	++	调查
487	蔷薇目 Rosales	虎耳草科 Saxifragaceae	垂头虎耳草	*Saxifraga nigroglandulifera* Balakr.	大阴山沟、巴朗山等周边山区，生于海拔 3600～4300m 的高山及亚高山草甸	2016.08	++	调查
488	蔷薇目 Rosales	虎耳草科 Saxifragaceae	顶峰虎耳草	*Saxifraga cacuminum* H. Smith	巴朗山、贝母坪等周边山区，生于海拔 3900～4100m 的高山灌丛草甸	2016.08	+	调查
489	蔷薇目 Rosales	虎耳草科 Saxifragaceae	红毛虎耳草	*Saxifraga rufescens* Balf. f.	巴朗山、觉磨沟、足磨沟等周边山区，生于海拔 1800～3600m 的林下阴湿岩壁上，河谷岩石上	2015.07	+	调查

（续）

序号	目名	科名	中文种名	拉丁学名	分布地点	最新发现时间	估计数量状况	数据来源
490	蔷薇目 Rosales	虎耳草科 Saxifragaceae	繁缕虎耳草	*Saxifraga stellariifolia* Franch.	巴朗山、贝母坪等周边山区，生于海拔3700~4000m的高山灌丛	2016.08	++	调查
491	蔷薇目 Rosales	虎耳草科 Saxifragaceae	大花虎耳草	*Saxifraga stenophylla* Royle	贝母坪、巴朗山垭口等周边山区，生于海拔3800~4500m的高山草甸	2016.08	+	调查
492	蔷薇目 Rosales	虎耳草科 Saxifragaceae	虎耳草	*Saxifraga stolonifera* Curt.	正河、钱粮沟、贝母坪等周边山区，生于海拔1200~4100m的高山草甸、林下阴湿岩壁下、草丛	2016.08	++	调查
493	蔷薇目 Rosales	虎耳草科 Saxifragaceae	理县虎耳草	*Saxifraga subsediformis* J. T. Pan	巴朗山垭口等周边山区，生于海拔4500m左右的高山流石滩	2016.08	+	调查
494	蔷薇目 Rosales	虎耳草科 Saxifragaceae	唐古特虎耳草（甘青虎耳草）	*Saxifraga tangutica* Engl.	贝母坪、巴朗山垭口等周边山区，生于海拔4000~4500m的高山草甸	2016.08	++	调查
495	蔷薇目 Rosales	虎耳草科 Saxifragaceae	爪瓣虎耳草	*Saxifraga unguiculata* Engl. et Irm.	三江、糖房等周边山区，生于海拔1600~2200m的阴湿悬岩上	2016.08	++	调查
496	蔷薇目 Rosales	虎耳草科 Saxifragaceae	流苏虎耳草	*Saxifraga wallichiana* Sternb.	巴朗山、贝母坪等周边山区，生于海拔4000~4300m的高山草甸	2016.08	++	调查
497	蔷薇目 Rosales	虎耳草科 Saxifragaceae	钻地风	*Schizophragma integrifolium* Oliver	三江、耿达等周边山区，生于海拔1500~1700m的常绿阔叶林、山中公路旁	2016.08	+	调查
498	蔷薇目 Rosales	虎耳草科 Saxifragaceae	黄水枝	*Tiarella polyphylla* D. Don	保护区内在海拔2600m以下山区常见生于阔叶林及针阔叶混交林、山林或沟边、林下灌草丛、林下岩石上	2016.08	+++	调查
499	蔷薇目 Rosales	海桐花科 Pittosporaceae	大叶海桐	*Pittosporum adaphniphylloides* Hu et Wang	三江、沙湾等周边山区，生于海拔1100~1600m的常绿阔叶林、林边	1981.07	/	标本
500	蔷薇目 Rosales	海桐花科 Pittosporaceae	异叶海桐	*Pittosporum heterophyllum* Franch.	正河、箩子沟等周边山区，生于海拔1400~2000m的常绿阔叶林、次生性灌丛	2016.08	++	调查

（续）

序号	目名	科名	中文种名	拉丁学名	分布地点	最新发现时间	估计数量状况	数据来源
501	蔷薇目 Rosales	蔷薇科 Rosaceae	龙芽草	Agrimonia pilosa Ledeb.	沙湾、花红树沟、三江向泥岗、鹿耳坪、耿达龙潭沟等周边山区，生于海拔 1500～2000m 的灌丛、草丛，向阳山坡、河边、田埂、人工林下	2015.08	+++	调查
502	蔷薇目 Rosales	蔷薇科 Rosaceae	山桃	Amygdalus davidiana（Carrière）de Vos ex Henry	三江、正河等周边山区，生于海拔 1700～1900m 的灌丛	2016.08	+	调查
503	蔷薇目 Rosales	蔷薇科 Rosaceae	假升麻	Aruncus sylvester Kostel.	花红树沟、三江、正河沟、关沟等周边山区，生于海拔 1700～2600m 的山中林下、草丛及灌丛、水边草丛、河边岩石上	2016.08	+++	调查
504	蔷薇目 Rosales	蔷薇科 Rosaceae	尾叶樱桃	Cerasus dielsiana（Schneid.）Yu et Li	核桃坪、正河沟阔叶林，生于海拔 1800～3600m 的落叶阔叶林、针叶林、灌丛	2016.08	++	调查
505	蔷薇目 Rosales	蔷薇科 Rosaceae	西南樱桃	Cerasus duclouxii（Koehne）Yu et Li	正河、白岩沟、关沟等周边山区，生于海拔 2600～2700m 的灌丛、河滩灌丛、针叶林	2016.08	++	调查
506	蔷薇目 Rosales	蔷薇科 Rosaceae	托叶樱桃	Cerasus stipulacea（Maxim.）Yu et Li	关沟、石棚子沟等周边山区，生于海拔 2600～2800m 的针叶林、灌丛	2015.07	+	调查
507	蔷薇目 Rosales	蔷薇科 Rosaceae	尖叶栒子	Cotoneaster acuminatus Lindl.	壳斗沟吸水边、花红树沟等周边山区，生于海拔 1700～2000m 的阔叶林、山地灌丛中，溪沟边岩缝中，潮湿、向阳的灌木丛间	2016.08	++	调查
508	蔷薇目 Rosales	蔷薇科 Rosaceae	匍匐栒子	Cotoneaster adpressus Bois	白岩沟等周边山区，生于海拔 2500m 左右的灌丛	1989.06	+	调查
509	蔷薇目 Rosales	蔷薇科 Rosaceae	川康栒子（四川栒子）	Cotoneaster ambiguus Rehd. et Wils.	沙湾附近、花红树沟等周边山区，生于海拔 1900～2800m 的针叶林、河边灌丛中、公路边灌木丛中、向阳地稀树下、马路边山坡上	2016.08	++	调查
510	蔷薇目 Rosales	蔷薇科 Rosaceae	细尖栒子	Cotoneaster apiculatus Rehd. et Wils.	死人沟、沙湾路边等周边山区，生于海拔 1900～3000m 的针叶林、水边草地	1986.07	/	标本

（续）

序号	目名	科名	中文种名	拉丁学名	分布地点	最新发现时间	估计数量状况	数据来源
511	蔷薇目 Rosales	蔷薇科 Rosaceae	泡叶栒子	*Cotoneaster bullatus* Bois	在海拔2100m以下的周边山区常见，生于坡地疏林内、河岸旁或山沟旁	1998.06 2017.07	+++	标本 调查
512	蔷薇目 Rosales	蔷薇科 Rosaceae	矮生栒子	*Cotoneaster dammerii* Schneid.	足磨沟、瞭望台等周边山区，生于海拔1900m的多石山地或稀疏杂木林内	2015.07	++	调查
513	蔷薇目 Rosales	蔷薇科 Rosaceae	木帚栒子	*Cotoneaster dielsianus* Pritz.	死人沟、黑桃坪、足磨沟、巴朗山等周边山区，生于海拔1800~3200m的针叶林、灌丛中、草地，公路边岩石上	2016.08	++	调查
514	蔷薇目 Rosales	蔷薇科 Rosaceae	散生栒子	*Cotoneaster divaricatus* Rehd. et Wils.	管理处附近、鱼丝洞等周边山区，生于海拔1800~2800m的山坡灌丛、路边向阳山坡	2016.08	++	调查
515	蔷薇目 Rosales	蔷薇科 Rosaceae	麻核栒子	*Cotoneaster foveolatus* Rehd. et Wils.	足磨山等周边山区，生于海拔2367m左右的路边草坡	2015.08	++	调查
516	蔷薇目 Rosales	蔷薇科 Rosaceae	平枝栒子	*Cotoneaster horizontalis* Dcne.	正河、白岩沟、巴朗山等周边山区，生于海拔1700~2600m的林下、山坡灌丛	2016.08	++	调查
517	蔷薇目 Rosales	蔷薇科 Rosaceae	黑果栒子	*Cotoneaster melanocarpus* Lodd.	足磨沟、白岩沟等周边山区，生于海拔2200~2700m的针阔叶混交林	2016.08	++	调查
518	蔷薇目 Rosales	蔷薇科 Rosaceae	小叶栒子	*Cotoneaster microphyllus* Lindl.	死人沟、花红树沟等周边山区，生于海拔1900~3600m的针阔叶混交林及针叶林，河漫滩灌丛、草地、路边草地	2016.08	+++	调查
519	蔷薇目 Rosales	蔷薇科 Rosaceae	宝兴栒子	*Cotoneaster moupinensis* Franch.	在海拔1700~2800m的周边山区常见，生于阔叶林及针阔叶混交林，公路边向阳山坡上、河边阴湿灌丛中、公路旁的灌丛	2016.08	+++	调查
520	蔷薇目 Rosales	蔷薇科 Rosaceae	暗红栒子	*Cotoneaster obscurus* Rehd. et Wils.	耿达、龙潭沟等周边山区，生于海拔1900m左右的人工林下	2015.08	+	调查

（续）

序号	目名	科名	中文种名	拉丁学名	分布地点	最新发现时间	估计数量状况	数据来源
521	蔷薇目 Rosales	蔷薇科 Rosaceae	柳叶栒子	*Cotoneaster salicifolius* Franch.	耿达、沙湾等周边山区，生于海拔 1900～2100m 的沟谷杂木林中、公路旁的山脚下向阴处波条河岸的杂林中、山坡灌丛、河边灌丛中、公路边	1985.07	++	调查
522	蔷薇目 Rosales	蔷薇科 Rosaceae	细枝栒子	*Cotoneaster tenuipes* Rehd. et Wils.	卧龙镇等周边山区，生于海拔 1900m 左右的公路旁杨树下	1983.06	++	调查
523	蔷薇目 Rosales	蔷薇科 Rosaceae	华中山楂	*Crataegus wilsonii* Sarg	银厂沟、驴驴店等周边山区，生于海拔 2500～2700m 的河漫滩柳林、路边、阳坡灌草丛	2015.07	+	调查
524	蔷薇目 Rosales	蔷薇科 Rosaceae	蛇莓	*Duchesnea indica* (Andr.) Focke	三江、正河等周边山区，生于海拔 1400～2000m 的路边、草丛	2016.08	+++	调查
525	蔷薇目 Rosales	蔷薇科 Rosaceae	草莓	*Fragaria ananassa* Duch.	花红树沟等周边山区，生于海拔 2000m 左右的路边草丛中	2016.08	+++	调查
526	蔷薇目 Rosales	蔷薇科 Rosaceae	黄毛草莓	*Fragaria nilgerrensis* Schlecht. ex Gay	正河、银厂沟、英雄沟等周边山区，生于海拔 1700～3000m 的山坡草地或沟边林下	2016.08	++	调查
527	蔷薇目 Rosales	蔷薇科 Rosaceae	东方草莓	*Fragaria orientalis* Lozinsk.	卧龙镇、巴朗山、沙湾等周边山区，生于海拔 1600～2600m 的路边、草丛，有许多杂草与之丛生一起	2016.08	+++	调查
528	蔷薇目 Rosales	蔷薇科 Rosaceae	路边青（水杨梅）	*Geum aleppicum* Jacq.	核桃坪、沙湾等周边山区，生于海拔 1900～2000m 的路边、溪边、河边、草丛、疏灌丛、河边草地、田埂、人工林下，沙湾附近公路旁，一侧傍山、一侧依河，水分较充足，向阴	2015.08	+++	调查
529	蔷薇目 Rosales	蔷薇科 Rosaceae	日本路边青	*Geum japonicum* Thunb.	核桃平沟、耿达等周边山区，生于海拔 1400～1900m 的路边灌草丛、河边草地	2016.08	++	调查

（续）

序号	目名	科名	中文种名	拉丁学名	分布地点	最新发现时间	估计数量状况	数据来源
530	蔷薇目 Rosales	蔷薇科 Rosaceae	柔毛路边青	Geum japonicum Thunb. var. chinense F. Bolle	沙湾、花红树沟、三江鹿耳坪、招待所礼堂外等周边山区，生于海拔1500～2000m 的路边、草丛、疏灌丛、林下灌丛、路边灌丛、山坡草地小路边、大礼堂旁草坪中	2016.08	+++	调查
531	蔷薇目 Rosales	蔷薇科 Rosaceae	棣棠花	Kerria japonica (L.) DC.	三江、关沟等周边山区，生于海拔1600～2100m 的灌丛、水边林下	2015.07	+	调查
532	蔷薇目 Rosales	蔷薇科 Rosaceae	臭樱（假稠李）	Maddenia hypoleuca Koehne	银厂沟、关沟等周边山区，生于海拔2200～2900m 的针阔混交林、冷杉林	2016.08	++	调查
533	蔷薇目 Rosales	蔷薇科 Rosaceae	陇东海棠	Malus kansuensis (Batal.) Schneid.	花红树沟等周边山区，生于海拔2800m 左右的杂木林或灌木丛中	2016.08	+	调查
534	蔷薇目 Rosales	蔷薇科 Rosaceae	西蜀海棠（川滇海棠）	Malus prattii (Hemsl.) Schneid.	偶见于三江、耿达等周边山区，生于海拔1300～2000m 的杂木林下	2016.08	+	调查
535	蔷薇目 Rosales	蔷薇科 Rosaceae	滇池海棠	Malus yunnanensis (Franch.) Schneid.	足磨沟、转经楼沟等周边山区，生于海拔1900～2000m 的落叶阔叶林	2016.08	++	调查
536	蔷薇目 Rosales	蔷薇科 Rosaceae	中华绣线梅	Neillia sinensis Oliv.	三江、白岩沟等周边山区，生于海拔1700～2500m 的阔叶林及针阔叶混交林	2016.08	+++	调查
537	蔷薇目 Rosales	蔷薇科 Rosaceae	西康绣线梅	Neillia thibetica Bur. et Franch.	正河、关沟等周边山区，生于海拔1800～2800m 的阔叶林及针阔叶混交林	2016.08	++	调查
538	蔷薇目 Rosales	蔷薇科 Rosaceae	蕨麻（鹅绒委陵菜）	Potentilla anserina L.	三江等周边山区，生于海拔1700m 左右的路边、山坡草地及草甸	2015.07	+++	调查
539	蔷薇目 Rosales	蔷薇科 Rosaceae	委陵菜	Potentilla chinensis Ser.	银厂沟、邓生、龙眼沟等周边山区，生于海拔2400～3800m 的针阔叶混交林、亚高山草甸	2016.08	++	调查

（续）

序号	目名	科名	中文名	拉丁学名	分布地点	最新发现时间	估计数量状况	数据来源
540	蔷薇目 Rosales	蔷薇科 Rosaceae	楔叶委陵菜	*Potentilla cuneata* Wall. ex Lehm.	梯子沟等周边山区，生于海拔3300m左右的亚高山草甸岩石上	2015.07	++	调查
541	蔷薇目 Rosales	蔷薇科 Rosaceae	毛果委陵菜	*Potentilla eriocarpa* Wall.	龙眼沟、邓生、巴朗山等周边山区，生于海拔3400~4300m的高山及亚高山草甸	2016.08	+++	调查
542	蔷薇目 Rosales	蔷薇科 Rosaceae	裂叶毛果委陵菜	*Potentilla eriocarpa* Wall. ex Lehm. var. *tsarongensis* W. E. Evans	关沟、花红树沟、钱粮沟、巴朗山等周边山区，生于海拔2800~4300m的高山岩石缝中或砾石坡上	2016.08	++	调查
543	蔷薇目 Rosales	蔷薇科 Rosaceae	金露梅	*Potentilla fruticosa* L.	大阴山沟、巴朗山等周边山区，生于海拔3800~4000m的高山灌丛	2016.08	+	调查
544	蔷薇目 Rosales	蔷薇科 Rosaceae	西南委陵菜	*Potentilla fulgens* Wall.	沙湾附近、花红树沟、觉磨沟等周边山区，生于海拔1900~3500m的河漫滩灌丛、亚高山草甸	1985.07	+++	调查
545	蔷薇目 Rosales	蔷薇科 Rosaceae	银露梅	*Potentilla glabra* Lodd.	花红树沟、巴朗山等周边山区，生于海拔3600~4400m的高山灌丛	2016.08	+	调查
546	蔷薇目 Rosales	蔷薇科 Rosaceae	蛇含委陵菜	*Potentilla kleiniana* Wight et Arn.	沙湾、花红树沟等周边山区，生于海拔1500~2000m的山地灌丛、山坡、草甸、河边，公路边草丛中	1986.07	++	调查
547	蔷薇目 Rosales	蔷薇科 Rosaceae	银叶委陵菜	*Potentilla leuconota* D. Don	白岩沟、关沟等周边山区，生于海拔2300~3500m的香柏灌丛、亚高山草甸、路边	2015.07	+++	调查
548	蔷薇目 Rosales	蔷薇科 Rosaceae	钉柱委陵菜	*Potentilla saundersiana* Royle	邓生、巴朗山等周边山区，生于海拔3000~3500m的亚高山草甸	2016.08	+++	调查
549	蔷薇目 Rosales	蔷薇科 Rosaceae	短梗稠李	*Padus brachypoda* (Batal.) Schneid.	白岩沟、关沟等周边山区，生于海拔2300~2600m的针阔叶混交林	2016.08	+	调查
550	蔷薇目 Rosales	蔷薇科 Rosaceae	细齿稠李	*Padus obtusata* (Koehne) Yu et Ku	花红树沟、银厂沟等周边山区，生于海拔2300~2600m的阔叶林、针阔叶混交林	2016.08	++	调查

（续）

序号	目名	科名	中文种名	拉丁学名	分布地点	最新发现时间	估计数量状况	数据来源
551	蔷薇目 Rosales	蔷薇科 Rosaceae	绢毛稠李	*Padus wilsonii* Schneid.	银厂沟、关沟等周边山区，生于海拔2300~2900m的针阔叶混交林、针叶林	2016.08	++	调查
552	蔷薇目 Rosales	蔷薇科 Rosaceae	火棘	*Pyracantha fortuneana*（Maxim.）Li	三江、耿达等周边山区，生于海拔1400~1600m的常绿阔叶林	2016.08	++	调查
553	蔷薇目 Rosales	蔷薇科 Rosaceae	拟木香	*Rosa banksiopsis* Baker	白岩沟等周边山区，生于海拔2600m左右的针阔混交林下	2015.07		调查
554	蔷薇目 Rosales	蔷薇科 Rosaceae	月季花	*Rosa chinensis* Jacq.	三江、正河等周边山区，生于海拔1400~2500m的灌丛、林下	2016.08	+	调查
555	蔷薇目 Rosales	蔷薇科 Rosaceae	小果蔷薇	*Rosa cymosa* Tratt.	沙湾、花红树沟、足磨沟等周边山区，生于海拔1800~2100m的灌丛、山坡向阳地	2016.08	+++	调查
556	蔷薇目 Rosales	蔷薇科 Rosaceae	刺毛蔷薇	*Rosa farreri* Stapf ex Cox.	龙岩等周边山区，生于海拔2900m左右的针阔混交林下	2015.07	++	调查
557	蔷薇目 Rosales	蔷薇科 Rosaceae	卵果蔷薇	*Rosa helenae* Rehd. et Wils.	足磨沟、白岩沟等周边山区，生于海拔2000~2500m的灌丛	2016.08	++	调查
558	蔷薇目 Rosales	蔷薇科 Rosaceae	软条七蔷薇	*Rosa henryi* Bouleng.	生于海拔1900~2100m的沟边溪流草丛边、灌丛中	1978.06	/	标本
559	蔷薇目 Rosales	蔷薇科 Rosaceae	金樱子	*Rosa laevigata* Michx.	耿达等周边山区，生于海拔1200~1600m的向阳的山野、田边、溪畔灌木丛中	2016.08	++	调查
560	蔷薇目 Rosales	蔷薇科 Rosaceae	华西蔷薇（红花蔷薇）	*Rosa moyesii* Hemsl. et Wils.	沙湾附近、邓生、巴朗山等周边山区，生于海拔1900~2800m的林缘、公路边灌丛、沼泽地草丛、公路旁向阳处	2016.08	++	调查
561	蔷薇目 Rosales	蔷薇科 Rosaceae	野蔷薇	*Rosa multiflora* Thunb.	三江等周边山区，生于海拔1300m左右的山坡、灌丛或河边	2016.08	++	调查

（续）

序号	目名	科名	中文种名	拉丁学名	分布地点	最新发现时间	估计数量状况	数据来源
562	蔷薇目 Rosales	蔷薇科 Rosaceae	西南蔷薇	*Rosa murielae* Rehd. et Wils.	驴驴店、五一棚、梯子沟等周边山区，生于海拔 2600～2900m 的针阔混交林下、河谷乔灌丛	2015. 07	++	调查
563	蔷薇目 Rosales	蔷薇科 Rosaceae	峨眉蔷薇	*Rosa omeiensis* Rolfe	觅磨沟、英雄沟等周边山区，生于海拔 2500～3400m 的针叶林、山顶针叶林阴湿地、亚高山灌丛	2016. 08	++	调查
564	蔷薇目 Rosales	蔷薇科 Rosaceae	缫丝花	*Rosa roxburghii* Tratt.	耿达、沙湾等周边山区，生于海拔 1200～1400m 的河滩、灌丛	2016. 08	++	调查
565	蔷薇目 Rosales	蔷薇科 Rosaceae	绢毛蔷薇	*Rosa sericea* Lindl.	龙岩、关沟等周边山区，生于海拔 2800～3000m 的针叶林	2016. 08	++	调查
566	蔷薇目 Rosales	蔷薇科 Rosaceae	钝叶蔷薇	*Rosa sertata* Rolfe	花红树沟、三江向泥岗、五一棚等周边山区，生于海拔 1800～2600m 的针叶林下、中山坡灌丛中、公路边灌丛、山沟灌丛中	2015. 07	+	调查
567	蔷薇目 Rosales	蔷薇科 Rosaceae	秀丽莓	*Rubus amabilis* Focke	正河、龙眼沟等周边山区，生于海拔 1600～2800m 的针阔叶混交林	1980. 08	++	调查
568	蔷薇目 Rosales	蔷薇科 Rosaceae	毛萼莓	*Rubus chroosepalus* Focke	邓生、花红树沟等周边山区，生于海拔 3400～3600m 的针叶林	2016. 08	++	调查
569	蔷薇目 Rosales	蔷薇科 Rosaceae	山莓	*Rubus corchorifolius* L. f.	沙湾等周边山区，生于海拔 1900m 左右的向阳山坡、溪边、山谷、荒地和疏密灌丛中潮湿处	2016. 08	++	调查
570	蔷薇目 Rosales	蔷薇科 Rosaceae	插田泡	*Rubus coreanus* Miq. var. *tomentosus* Gard.	正河、糖房等周边山区，生于海拔 2000～2500m 的针阔叶混交林	2016. 08	+++	调查
571	蔷薇目 Rosales	蔷薇科 Rosaceae	桉叶悬钩子	*Rubus eucalyptus* Focke	足磨沟、瞭望台等周边山区，生于海拔 1900～2400m 的山地灌丛	2015. 08	++	调查

（续）

序号	目名	科名	中文种名	拉丁学名	分布地点	最新发现时间	估计数量状况	数据来源
572	蔷薇目 Rosales	蔷薇科 Rosaceae	弓茎悬钩子（山挂弹条）	*Rubus flosculosus* Focke	沙湾、正河等周边山区，生于海拔 1400～1700m 的山坡灌丛	2016.08	++	调查
573	蔷薇目 Rosales	蔷薇科 Rosaceae	凉山悬钩子	*Rubus fockeanus* Kurz	卧龙等周边山区，生于海拔 2000m 左右的山坡草地或林下	2016.08	+	调查
574	蔷薇目 Rosales	蔷薇科 Rosaceae	鸡爪茶	*Rubus henryi* Hemsl. et Ktze.	三江、耿达等周边山区，生于海拔 1200～1500m 的常绿阔叶林	2016.08	+	调查
575	蔷薇目 Rosales	蔷薇科 Rosaceae	宜昌悬钩子	*Rubus ichangensis* Hemsl. et Ktze.	核桃坪沟、耿达龙潭沟等周边山区，生于海拔 1200～1900m 的阔叶林下	2015.08	++	调查
576	蔷薇目 Rosales	蔷薇科 Rosaceae	白叶莓（刺泡）	*Rubus innominatus* S. Moore	核桃坪、足磨沟等周边山区，生于海拔 1800～2200m 的山地灌丛	2016.08	++	调查
577	蔷薇目 Rosales	蔷薇科 Rosaceae	高粱泡	*Rubus lambertianus* Ser.	三江镇帝草坪、三江、三江冒水子、耿达正河等周边山区，生于海拔 1300～1700m 的常绿阔叶林、灌丛、山中公路旁、河漫滩草丛、林下灌草丛、河谷阴湿岩边	2016.08	+++	调查
578	蔷薇目 Rosales	蔷薇科 Rosaceae	绵果悬钩子（毛柱莓）	*Rubus lasiostylus* Focke	足磨沟、糟房等周边山区，生于海拔 1900～2200m 的山地灌丛	2016.08	++	调查
579	蔷薇目 Rosales	蔷薇科 Rosaceae	白花悬钩子	*Rubus leucanthus* Hance	核桃坪等周边山区，生于海拔 2400m 左右的林下	2015.07	++	调查
580	蔷薇目 Rosales	蔷薇科 Rosaceae	棠叶悬钩子（羊尿泡）	*Rubus malifolius* Focke	耿达、沙湾等周边山区，生于海拔 1200～1600m 的常绿阔叶林	2015.07	++	调查
581	蔷薇目 Rosales	蔷薇科 Rosaceae	喜阴悬钩子	*Rubus mesogaeus* Focke	沙湾、新店子沟等周边山区，生于海拔 1900～2500m 的针阔叶混交林、山地灌丛、公路灌丛中、河谷桥阔林下、路边	2015.07	+++	调查
582	蔷薇目 Rosales	蔷薇科 Rosaceae	红泡刺藤	*Rubus niveus* Thunb.	三江镇等周边山区，生于海拔 1600m 左右的沟谷乔灌林	2016.08	++	调查

（续）

序号	目名	科名	中文种名	拉丁学名	分布地点	最新发现时间	估计数量状况	数据来源
583	蔷薇目 Rosales	蔷薇科 Rosaceae	乌泡子	*Rubus parkeri* Hance	耿达、沙湾等周边山区，生于海拔 1200～1500m 的河滩灌丛	2016.08	+++	调查
584	蔷薇目 Rosales	蔷薇科 Rosaceae	茅莓	*Rubus parvifolius* L.	核桃坪、银厂沟、钱粮沟等周边山区，生于海拔 1900～3400m 的山地灌丛	2016.08	++	调查
585	蔷薇目 Rosales	蔷薇科 Rosaceae	黄泡	*Rubus pectinellus* Maxim.	三江、耿达等周边山区，生于海拔 1200～1500m 的常绿阔叶林、山坡	2016.08	++	调查
586	蔷薇目 Rosales	蔷薇科 Rosaceae	掌叶悬钩子	*Rubus pentagonus* Wall. ex Focke	三江、沙湾等周边山区，生于海拔 1500m 的树下灌丛草丛、路边石下	2016.08	+	调查
587	蔷薇目 Rosales	蔷薇科 Rosaceae	多腺悬钩子	*Rubus phoenicolasius* Maxim.	新店子沟等周边山区，生于海拔 1100～1300m 的山谷乔灌林下	2015.07	++	调查
588	蔷薇目 Rosales	蔷薇科 Rosaceae	菰帽悬钩子	*Rubus pileatus* Focke	耿达、沙湾等周边山区，生于海拔 1600～2000m 的常绿、落叶阔叶混交林	2016.08	++	调查
589	蔷薇目 Rosales	蔷薇科 Rosaceae	红毛悬钩子	*Rubus pinfaensis* Levl. et Vant.	足磨沟、转经楼沟等周边山区，生于海拔 1800～2200m 的山地灌丛	2016.08	++	调查
590	蔷薇目 Rosales	蔷薇科 Rosaceae	梨叶悬钩子	*Rubus pirifolius* Smith	三江镇等周边山区，生于海拔 1500m 左右的沟谷乔灌林	2016.08	+	调查
591	蔷薇目 Rosales	蔷薇科 Rosaceae	香莓	*Rubus pungens* Camb. var. *oldhamii* (Miq.) Maxim.	贝母坪、野牛沟等周边山区，生于海拔 3300m 左右的草丛中	1983.06	+	调查
592	蔷薇目 Rosales	蔷薇科 Rosaceae	锈毛莓	*Rubus reflexus* Ker.	花红树沟、三江镇等的山地灌丛、路旁灌丛中，山中公路旁、路边草丛	2016.08	++	调查
593	蔷薇目 Rosales	蔷薇科 Rosaceae	川莓	*Rubus setchuenensis* Bureau et Franch.	正河等周边山区，生于海拔 2100m 左右的马路边	2016.08	+++	调查

（续）

序号	目名	科名	中文种名	拉丁学名	分布地点	最新发现时间	估计数量状况	数据来源
594	蔷薇目 Rosales	蔷薇科 Rosaceae	西藏悬钩子	*Rubus thibetanus* Franch.	沙湾、花红树沟、觉磨沟、管理处宅外草地等周边山区，生于海拔1900~2400m的路边灌丛、河滩灌丛、沟谷灌木林中，公路旁干燥地、阴坡、向阳坡、公路边岩坡上草丛中	1979.07	++	调查
595	蔷薇目 Rosales	蔷薇科 Rosaceae	黄果悬钩子	*Rubus xanthocarpus* Bureau et Franch.	招待所附近、三江镇、沙湾、足磨山等周边山区，生于海拔1500~2600m的路边灌丛，林下灌木丛，沿坡路边沙土中、山沟石砾滩地及土层较厚处，草丛中	2016.08	+++	调查
596	蔷薇目 Rosales	蔷薇科 Rosaceae	隐瓣山莓草	*Sibbaldia procumbens* L. var. *aphanopetala* (Hand. –Mazz.) Yu et Li	巴朗山、贝母坪等周边山区，生于海拔4300~4500m的高山草甸	2015.07	++	调查
597	蔷薇目 Rosales	蔷薇科 Rosaceae	紫花山莓草	*Sibbaldia purpurea* Royle	巴朗山、贝母坪等周边山区，生于海拔3800~4400m的高山岩石上，草甸	2016.08	+	调查
598	蔷薇目 Rosales	蔷薇科 Rosaceae	窄叶鲜卑花	*Sibiraea angustata* (Rehd.) Hand. –Mazz.	邓生、巴朗山、贝母坪等周边山区，生于海拔3200~4100m的亚高山及高山灌丛	2016.08	+	调查
599	蔷薇目 Rosales	蔷薇科 Rosaceae	高丛珍珠梅	*Sorbaria arborea* Schneid.	沙湾、魏家沟等周边山区，生于海拔1800~3500m的山坡灌丛及针叶林、针阔混交林、灌丛、河谷边草丛、山坡岩石上	2016.08	++	调查
600	蔷薇目 Rosales	蔷薇科 Rosaceae	美脉花楸	*Sorbus caloneura* (Stapf) Rehd.	转经楼沟、正河等周边山区，生于海拔1800~2400m的阔叶林及针阔叶混交林	2015.07	++	调查
601	蔷薇目 Rosales	蔷薇科 Rosaceae	石灰花楸	*Sorbus folgneri* (Schneid.) Rehd.	耿达、核桃坪等周边山区，生于海拔1400~2500m的阔叶林及针阔叶混交林	2016.08	++	调查
602	蔷薇目 Rosales	蔷薇科 Rosaceae	球穗花楸	*Sorbus glomerulata* Koehne	白岩、关沟等周边山区，生于海拔2400~2900m的针叶林	2016.08	+	调查
603	蔷薇目 Rosales	蔷薇科 Rosaceae	湖北花楸	*Sorbus hupehensis* Schneid.	正河、足磨沟等周边山区，生于海拔2000~2300m的山坡灌丛	2016.08	++	调查

（续）

序号	目名	科名	中文种名	拉丁学名	分布地点	最新发现时间	估计数量状况	数据来源
604	蔷薇目 Rosales	蔷薇科 Rosaceae	陕甘花楸	*Sorbus koehneana* Schneid.	新店子沟、英雄沟等周边山区，生于海拔 1800～3400m 的河谷乔灌林下、针叶林，针叶混交林，阴湿坡地	2016.08	++	调查
605	蔷薇目 Rosales	蔷薇科 Rosaceae	大果花楸	*Sorbus megalocarpa* Rehd.	耿达、龙潭沟等周边山区，生于海拔 1400～1800m 的阔叶林	2015.07	+	调查
606	蔷薇目 Rosales	蔷薇科 Rosaceae	泡吹叶花楸	*Sorbus meliosmifolia* Rehd.	生于海拔 2200～2400m 的落叶阔叶林	1987：《卧龙植被及资源植物》	/	资料
607	蔷薇目 Rosales	蔷薇科 Rosaceae	红毛花楸	*Sorbus rufopilosa* Schneid.	银厂沟、英雄沟等周边山区，生于海拔 2400～3200m 的针叶林、针阔混交林，河谷乔灌木林	2015.07	+	调查
608	蔷薇目 Rosales	蔷薇科 Rosaceae	四川花楸	*Sorbus setschwanensis* (Schneid.) Koehne	白岩沟、关沟等周边山区，生于海拔 2500～2800m 的针叶林	2016.08	++	调查
609	蔷薇目 Rosales	蔷薇科 Rosaceae	华西花楸	*Sorbus wilsoniana* Schneid.	白岩沟、银厂沟等周边山区，生于海拔 2300～2600m 的针阔叶混交林	2016.08	++	调查
610	蔷薇目 Rosales	蔷薇科 Rosaceae	黄脉花楸	*Sorbus xanthoneura* Rehd.	生于海拔 2000～2600m 的针阔叶混交林	1987：《卧龙植被及资源植物》	/	资料
611	蔷薇目 Rosales	蔷薇科 Rosaceae	长果花楸	*Sorbus zahlbruckneri* Schneid.	生于海拔 1400～1700m 的常绿阔叶林	1987：《卧龙植被及资源植物》	/	资料
612	蔷薇目 Rosales	蔷薇科 Rosaceae	马蹄黄（黄总花草）	*Spenceria ramalana* Trimen	巴朗山、贝母坪等周边山区，生于海拔 4100～4500m 的草甸	2015.07	++	调查
613	蔷薇目 Rosales	蔷薇科 Rosaceae	麻叶绣线菊	*Spiraea cantoniensis* Lour.	正河、觉磨沟等周边山区，生于海拔 1800～2000m 的河谷乔灌林下、河谷边林下草丛，河谷边草地	2015.07	++	调查
614	蔷薇目 Rosales	蔷薇科 Rosaceae	中华绣线菊	*Spiraea chinensis* Maxim.	三江、核桃坪等周边山区，生于海拔 1500～1800m 的阔叶林	2016.08	++	调查

（续）

序号	目名	科名	中文种名	拉丁学名	分布地点	最新发现时间	估计数量状况	数据来源
615	蔷薇目 Rosales	蔷薇科 Rosaceae	翠蓝绣线菊	*Spiraea henryi* Hemsl.	耿达、正河等周边山区，生于海拔1600~2800m的山坡灌丛及针阔叶混交林	2016.08	+	调查
616	蔷薇目 Rosales	蔷薇科 Rosaceae	疏毛绣线菊	*Spiraea hirsuta*（Hemsl.）Schneid.	三江、正河沟等周边山区，生于海拔1500~2000m的阔叶林、灌丛	2016.08	+	调查
617	蔷薇目 Rosales	蔷薇科 Rosaceae	粉花绣线菊	*Spiraea japonica* L. f.	核桃坪沟、三江冒水子、耿达龙潭沟等周边山区，生于海拔1700~2500m的阔叶林下、灌丛、山谷箐草丛、路边山坡上、田埂	2016.08	+++	调查
618	蔷薇目 Rosales	蔷薇科 Rosaceae	粉花绣线菊渐尖叶变种	*Spiraea japonica* L. var. *acuminata* Franch	三江、足蟟沟、邓生等周边山区，生于海拔1700~3600m的山坡灌丛及亚高山灌丛	2016.08	++	调查
619	蔷薇目 Rosales	蔷薇科 Rosaceae	毛叶绣线菊	*Spiraea mollifolia* Rehd.	瞭望台、银厂沟、巴朗山等周边山区，生于海拔2000~4100m的山坡灌丛及高山灌丛，向阳坡地	2001.06	+	标本
620	蔷薇目 Rosales	蔷薇科 Rosaceae	蒙古绣线菊	*Spiraea mongolica* Maxim.	关沟、大阴山沟等周边山区，生于海拔2700~3200m的山坡灌丛	2016.08	++	调查
621	蔷薇目 Rosales	蔷薇科 Rosaceae	细枝绣线菊	*Spiraea myrtilloides* Rehd.	邓生、巴朗山等周边山区，生于海拔3200~4400m的针叶林及亚高山灌丛	2016.08	++	调查
622	蔷薇目 Rosales	蔷薇科 Rosaceae	南川绣线菊	*Spiraea rosthornii* Pritz.	白岩沟、英雄沟等周边山区，生于海拔2300~3400m的亚高山灌丛	2015.07	+	调查
623	蔷薇目 Rosales	蔷薇科 Rosaceae	绣线菊	*Spiraea salicifolia*	银厂沟、邓生等周边山区，生于海拔1900~3700m的亚高山灌丛、山坡	1983.06 2016.08	+	标本 调查
624	蔷薇目 Rosales	蔷薇科 Rosaceae	茂汶绣线菊	*Spiraea sargentiana* Rehd.	生于海拔2000~4200m的山坡灌丛	1987:《卧龙植被及资源植物》	/	资料
625	蔷薇目 Rosales	蔷薇科 Rosaceae	绢毛绣线菊	*Spiraea sericea* Turcz.	耿达、英雄沟、邓生、巴朗山等周边山区，生于海拔1200~4200m的常绿阔叶林	2016.08	++	调查

（续）

序号	目名	科名	中文种名	拉丁学名	分布地点	最新发现时间	估计数量状况	数据来源
626	蔷薇目 Rosales	蔷薇科 Rosaceae	鄂西绣线菊	*Spiraea veitchii* Hemsl.	白岩沟等周边山区，生于海拔2400~2500m的针叶林	2015.07	+	调查
627	蔷薇目 Rosales	蔷薇科 Rosaceae	红果树	*Stranvaesia davidiana* Dcne.	三江、糖房、觉磨沟等周边山区，生于海拔1500~2600m的阔叶林及针阔叶混交林，灌丛、山中公路边，溪边潮湿平坝	2016.08	++	调查
628	蔷薇目 Rosales	豆科 Leguminosae	山槐（山合欢）	*Albizia kalkora*（Roxb.）Prain	耿达、三江等周边山区，生于海拔1200~1400m的常绿阔叶林	2016.08	+	调查
629	蔷薇目 Rosales	豆科 Leguminosae	土圞儿	*Apios fortunei* Maxim.	三江、沙湾上部等周边山区，生于海拔1700~2100m的河滩、灌丛、马路边缠于乔木上，公路边灌丛中	2016.08	++	调查
630	蔷薇目 Rosales	豆科 Leguminosae	斜茎黄耆	*Astragalus adsurgens* Pall.	生于海拔3400m的山中路旁灌丛中	1974.06	/	标本
631	蔷薇目 Rosales	豆科 Leguminosae	地花黄耆	*Astragalus basiflorus* Pet. -Stib.	沙湾、觉磨沟等周边山区，生于海拔1900~3200m的草丛、沟边阴湿地	2016.08	++	调查
632	蔷薇目 Rosales	豆科 Leguminosae	地八角	*Astragalus bhotanensis* Baker	龙眼沟、邓生等周边山区，生于海拔3200~3800m的亚高山草甸	2016.08	++	调查
633	蔷薇目 Rosales	豆科 Leguminosae	川西黄耆	*Astragalus craibianus* Simps.	巴朗山垭口等周边山区，生于海拔4500m左右的高山流石滩	2016.08	++	调查
634	蔷薇目 Rosales	豆科 Leguminosae	达乌里黄耆	*Astragalus dahuricus*（Pall.）DC.	巴朗山等周边山区，生于海拔3700m的高山草甸	2016.08	++	调查
635	蔷薇目 Rosales	豆科 Leguminosae	多花黄耆	*Astragalus floridus* Benth. ex Bunge	巴朗山、贝母坪等高山草甸，生于海拔3100~3400m的高山草甸、亚高山草甸	2016.08	++	调查
636	蔷薇目 Rosales	豆科 Leguminosae	广布黄耆	*Astragalus frigidus*（L.）A. Gray	巴朗山、贝母坪等周边山区，生于海拔3900~4200m的灌丛、草甸	2016.08	++	调查

（续）

序号	目名	科名	中文种名	拉丁学名	分布地点	最新发现时间	估计数量状况	数据来源
637	蔷薇目 Rosales	豆科 Leguminosae	头序黄耆	Astragalus handelii Tsai et Yu	巴朗山垭口等周边山区，生于海拔4500m左右的高山流石滩	2016.08	++	调查
638	蔷薇目 Rosales	豆科 Leguminosae	黄耆	Astragalus membranaceus (Fisch.) Bunge	邓生、贝母坪等周边山区，生于海拔3200~3600m的草甸	1995：《卧龙自然保护区生物多样性空间特征研究》	/	资料
639	蔷薇目 Rosales	豆科 Leguminosae	肾形子黄耆	Astragalus skythropos Bunge	巴朗山、贝母坪等周边山区，生于海拔3800~4200m的灌丛、草甸	2016.08	++	调查
640	蔷薇目 Rosales	豆科 Leguminosae	松潘黄耆	Astragalus sungpanensis Pet.-Stib.	正河椒棚子河口、巴朗山等周边山区，生于海拔2600~3500m左右的针阔叶林下	1980.08 / 2016.08	++	1）标本 2）调查
641	蔷薇目 Rosales	豆科 Leguminosae	东俄洛黄耆	Astragalus tongolensis Ulbr.	邓生、花红树沟等周边山区，生于海拔3200~4000m的草甸	2016.08	++	调查
642	蔷薇目 Rosales	豆科 Leguminosae	光东俄洛黄耆	Astragalus tongolensis Ulbr. var. glaber Pet.-Stib.	巴朗山、贝母坪等周边山区，生于海拔4000~4200m的草甸	2016.08	++	调查
643	蔷薇目 Rosales	豆科 Leguminosae	鞍叶羊蹄甲	Bauhinia brachycarpa Wall.	耿达、沙湾等周边山区，生于海拔1200~1400m的常绿阔叶林	2016.08	+	调查
644	蔷薇目 Rosales	豆科 Leguminosae	羊蹄甲	Bauhinia purpurea Linn.	三江、耿达等周边山区，生于海拔1200~1300m的常绿阔叶林	2016.08	+	调查
645	蔷薇目 Rosales	豆科 Leguminosae	毛[杭]子梢	Campylotropis hirtella (Franch.) Schindl.	耿达、龙草沟等周边山区，生于海拔1600m左右的路边岩石边	2015.08	++	调查
646	蔷薇目 Rosales	豆科 Leguminosae	小雀花	Campylotropis polyantha (Franch.) Schindl.	大阴沟等周边山区，生于海拔1500m的沟左右边灌丛中	1978.07	/	标本
647	蔷薇目 Rosales	豆科 Leguminosae	大金刚藤	Dalbergia dyeriana Prain ex Harms	三江、耿达等周边山区，生于海拔1200~1400m的常绿阔叶林	2016.08	++	调查

（续）

序号	目名	科名	中文种名	拉丁学名	分布地点	最新发现时间	估计数量状况	数据来源
648	蔷薇目 Rosales	豆科 Leguminosae	藤黄檀	Dalbergia hancei	三江等周边山区，生于海拔 1400m 左右的河谷灌丛	2016.08	++	调查
649	蔷薇目 Rosales	豆科 Leguminosae	圆锥山蚂蝗	Desmodium elegans DC.	正河等周边山区，生于海拔 2100m 左右的马路边草丛中	2016.08	++	调查
650	蔷薇目 Rosales	豆科 Leguminosae	长波叶山蚂蝗	Desmodium sequax Wall.	耿达、三江等周边山区，生于海拔 1000～1400m 的灌丛、草丛	2016.08	++	调查
651	蔷薇目 Rosales	豆科 Leguminosae	锡金岩黄耆	Hedysarum sikkimense Benth. ex Baker.	巴朗山等周边山区，生于海拔 3500m 左右的高山草甸中	1979.07	/	标本
652	蔷薇目 Rosales	豆科 Leguminosae	河北木蓝	Indigofera bungeana Walp.	巴朗山等周边山区，生于海拔 4400m 左右的高山草甸中	2015.08	+	调查
653	蔷薇目 Rosales	豆科 Leguminosae	鸡眼草	Kummerowia striata (Thunb.) Schindl.	三江、耿达等周边山区，生于海拔 1500～1600m 的山地灌丛	2016.08	++	调查
654	蔷薇目 Rosales	豆科 Leguminosae	扁豆	Lablab purpureus (Linn.) Sweet	耿达、龙潭沟等周边山区，生于海拔 1200～1500m 的山地草丛	2016.08	++	调查
655	蔷薇目 Rosales	豆科 Leguminosae	截叶铁扫帚	Lespedeza cuneata G. Don	耿达、龙潭沟等周边山区，生于海拔 1300～1900m 的阔叶林下、路边草丛	2016.08	++	调查
656	蔷薇目 Rosales	豆科 Leguminosae	胡枝子	Lespedeza bicolor Turcz.	三江等周边山区，生于海拔 1500m 左右的常绿阔叶林	2016.08	++	调查
657	蔷薇目 Rosales	豆科 Leguminosae	美丽胡枝子	Lespedeza formosa (Vog.) Koehne	耿达大阴沟等周边山区，生于海拔 1500m 左右的路边	2016.08	++	调查
658	蔷薇目 Rosales	豆科 Leguminosae	尖叶铁扫帚	Lespedeza juncea (L. f.) Pers.	耿达龙潭沟等周边山区，生于海拔 1900m 左右的阔叶林下	2015.08	++	调查
659	蔷薇目 Rosales	豆科 Leguminosae	百脉根	Lotus corniculatus Linn.	巴朗山、花红树沟、耿达龙潭沟等周边山区，生于海拔 1700～2800m 的公路边、山地草丛、路边湿润处、田间湿润处、人工林下	2016.08	+++	调查

（续）

序号	目名	科名	中文种名	拉丁学名	分布地点	最新发现时间	估计数量状况	数据来源
660	蔷薇目 Rosales	豆科 Leguminosae	细叶百脉根	*Lotus tenuis* Waldst. et Kit. ex Enum.	正河等周边山区，生于海拔1800m左右的路边草地	2016.08	+	调查
661	蔷薇目 Rosales	豆科 Leguminosae	白花草木犀	*Melilotus albus* Medic. ex Desr.	三江等周边山区，生于海拔1800m的路边山脚下	2016.08	+++	调查
662	蔷薇目 Rosales	豆科 Leguminosae	印度草木犀	*Melilotus indicus* (L.) All.	花红树沟等周边山区，生于海拔2000m的路边草丛	2015.07	+	调查
663	蔷薇目 Rosales	豆科 Leguminosae	草木犀	*Melilotus officinalis* (L.) Pall.	沙湾、邓公沟等周边山区，生于海拔1800~2800m的公路边、山地草丛、高山草甸、山沟、河岸或田野潮湿处	2016.08	+++	调查
664	蔷薇目 Rosales	豆科 Leguminosae	天蓝苜蓿	*Medicago lupulina* L.	花红树沟、正河等周边山区，生于海拔1900~2000m的公路边、山地草丛	2016.08	++	调查
665	蔷薇目 Rosales	豆科 Leguminosae	紫苜蓿	*Medicago sativa* Linn.	三江、核桃坪沟等周边山区，生于海拔1500~2100m的河谷灌草丛、路边、林下	2016.08	++	调查
666	蔷薇目 Rosales	豆科 Leguminosae	香花崖豆藤	*Millettia dielsiana* Harms ex Diels	耿达、沙湾等周边山区，生于海拔1300~1500m的常绿阔叶林缘	2016.08	++	调查
667	蔷薇目 Rosales	豆科 Leguminosae	常春油麻藤	*Mucuna sempervirens* Hemsl.	三江、耿达等周边山区，生于海拔1200~1500m的常绿阔叶林	2016.08	+	调查
668	蔷薇目 Rosales	豆科 Leguminosae	甘肃棘豆	*Oxytropis kansuensis* Bunge	银厂沟、关厂沟等周边山区，生于海拔2600~2800m的针阔叶混交林	2016.08	++	调查
669	蔷薇目 Rosales	豆科 Leguminosae	侧序长柄山蚂蝗	*Podocarpium laxum* (DC.) Yang et Huang var. *laterale* (Schindl.) Yang et Huang	耿达正河等周边山区，生于海拔1900m左右的河谷阴湿地	2015.08	++	调查

（续）

序号	目名	科名	中文种名	拉丁学名	分布地点	最新发现时间	估计数量状况	数据来源
670	蔷薇目 Rosales	豆科 Leguminosae	尖叶长柄山蚂蝗	*Podocarpium podocarpum* (DC.) Yang et Huang var. *oxyphyllum* (DC.) Yang et Huang	觉磨沟、正河、耿达、龙潭沟、窑子沟等周边山区，生于海拔1600～2400m的河谷灌木丛、河谷边草地、路边岩石边、田埂、马路边灌草丛中林缘，次生性灌丛	2016.08	++	调查
671	蔷薇目 Rosales	豆科 Leguminosae	四川长柄山蚂蝗	*Podocarpium podocarpum* (DC.) Yang et Huang var. *szechuense* (Craib) Yang et Huang	正河、核桃坪等周边山区，生于海拔1600～1900m的山地灌丛	2016.08	++	调查
672	蔷薇目 Rosales	豆科 Leguminosae	葛	*Pueraria lobata* (Willd.) Ohwi	核桃坪沟、龙潭沟、觉磨沟、耿达正河等周边山区，生于海拔1600～2200m的河谷边岩石上、河谷灌木丛、河谷林下草地、山谷灌草丛	2015.07	++	调查
673	蔷薇目 Rosales	豆科 Leguminosae	粉葛	*Pueraria lobata* (Willd.) Ohwi var. *thomsonii* (Benth.) Vaniot der Maesen	耿达龙潭沟等周边山区，生于海拔1800m左右的阔叶林下	2015.08	+	调查
674	蔷薇目 Rosales	豆科 Leguminosae	鹿藿	*Rhynchosia volubilis* Lour.	耿达、三江等周边山区，生于海拔1300～1500m的常绿阔叶林	2016.08	++	调查
675	蔷薇目 Rosales	豆科 Leguminosae	槐	*Sophora japonic* L.	三江、正河等周边山区，生于海拔1600～1900m的常绿、落叶阔叶混交林	2016.08	+	调查
676	蔷薇目 Rosales	豆科 Leguminosae	短绒槐（灰毛槐）	*Sophora velutina* Lindl.	生于海拔1300～1500m的常绿阔叶林	1987：《卧龙植被及资源植物》	/	资料
677	蔷薇目 Rosales	豆科 Leguminosae	窄叶野豌豆	*Vicia angustifolia* L. ex Reichard	核桃坪等周边山区，生于海拔2100m左右的路边灌丛中	2016.08	++	调查
678	蔷薇目 Rosales	豆科 Leguminosae	广布野豌豆	*Vicia cracca* L.	正河、花红树沟等周边山区，生于海拔1700～2100m的草丛、灌丛、田埂、公路边、山涧边	2016.08	+++	调查

（续）

序号	目名	科名	中文种名	拉丁学名	分布地点	最新发现时间	估计数量状况	数据来源
679	蔷薇目 Rosales	豆科 Leguminosae	救荒野豌豆	Vicia sativa L.	三江、幸福沟等周边山区，生于海拔1200~1900m的灌丛、公路边草丛中	2016.08	+++	调查
680	蔷薇目 Rosales	豆科 Leguminosae	歪头菜	Vicia unijuga A. Br.	三江、巴朗山等周边山区，生于海拔1300~4000m的常绿阔叶林、草丛	2016.08	++	调查
681	牻牛儿苗目 Geraniales	酢浆草科 Oxalidaceae	山酢浆草	Oxalis acetosella L. subsp. Griffithii (Edgew. et HK. f.) Hara	正河、觉磨沟、钱粮沟等周边山区，生于海拔1700~3200m的阔叶林、针叶林	2016.08	+++	调查
682	牻牛儿苗目 Geraniales	酢浆草科 Oxalidaceae	酢浆草	Oxalis corniculata L.	三江、正河等周边山区，生于海拔1500~1800m的路边杂草丛	2016.08	++	调查
683	牻牛儿苗目 Geraniales	牻牛儿苗科 Geraniaceae	野老鹳草	Geranium carolinianum	足磨沟等周边山区，生于海拔1900m左右的荒坡杂草丛中	2016.08	++	调查
684	牻牛儿苗目 Geraniales	牻牛儿苗科 Geraniaceae	毛蕊老鹳草	Geranium platyanthum Duthie	关沟、钱粮沟等周边山区，生于海拔1700~3400m的公路边、灌草丛、亚高山草甸	2016.08	+++	调查
685	牻牛儿苗目 Geraniales	牻牛儿苗科 Geraniaceae	尼泊尔老鹳草	Geranium nepalense Sweet	巴朗山、觉磨沟、耿达大阴沟等周边山区，生于海拔1500~2800m的山地草丛、公路边、路边灌草丛、阴湿山坡、河谷边岩石上	2016.08	+++	调查
686	牻牛儿苗目 Geraniales	牻牛儿苗科 Geraniaceae	草地老鹳草	Geranium pratense L.	龙眼沟、邓生、巴朗山等周边山区，生于海拔3200~4000m的亚高山草甸	2015.08	++	调查
687	牻牛儿苗目 Geraniales	牻牛儿苗科 Geraniaceae	甘青老鹳草	Geranium pylzowianum Maxim.	巴朗山、贝母坪、关沟等周边山区，生于海拔2100~4500m的高山草甸、亚高山草甸、针阔叶混交林	2016.08	++	调查
688	牻牛儿苗目 Geraniales	牻牛儿苗科 Geraniaceae	紫萼老鹳草	Geranium refractoides Pax et Hoffm	贝母坪等周边山区，生于海拔3300m的左右亚高山草甸	2015.08	+	调查
689	牻牛儿苗目 Geraniales	牻牛儿苗科 Geraniaceae	鼠掌老鹳草	Geranium sibiricum Linn.	关沟等周边山区，生于海拔2800m左右的马路边灌丛中、林下	2016.08	+	调查

（续）

序号	目名	科名	中文种名	拉丁学名	分布地点	最新发现时间	估计数量状况	数据来源
690	塊牛儿苗目 Geraniales	塊牛儿苗科 Geraniaceae	灰背老鹳草	Geranium wlassowianum Fisch. ex Link	邓生、贝母坪等周边山区，生于海拔3600～4200m的草甸	2016.08	++	调查
691	塊牛儿苗目 Geraniales	塊牛儿苗科 Geraniaceae	老鹳草	Geranium wilfordii Maxim.	足磨沟、核桃坪等周边山区，生于海拔1900～2100m的阴湿山坡、草地	2016.08	++	调查
692	塊牛儿苗目 Geraniales	亚麻科 Linaceae	野亚麻	Linum stelleroides Planch.	正河、核桃坪等周边山区，生于海拔1800～2000m的荒地	2016.08	+	调查
693	塊牛儿苗目 Geraniales	亚麻科 Linaceae	石海椒	Reinwardtia indica Dum.	耿达等周边山区，生于海拔1100～1500m的山坡石缝中	2016.08	++	调查
694	大戟目 Euphorbiales	大戟科 Euphorbiaceae	铁苋菜	Acalypha australis L.	三江等周边山区，生于海拔1200～1400m的山地草丛、荒坡	2016.08	++	调查
695	大戟目 Euphorbiales	大戟科 Euphorbiaceae	地锦	Euphorbia humifusa Willd. ex Schlecht.	耿达、沙湾等周边山区，生于海拔1200～1500m的山地草丛、荒坡	2016.08	++	调查
696	大戟目 Euphorbiales	大戟科 Euphorbiaceae	大戟	Euphorbia pekinensis Rupr.	银厂沟、关沟、邓生等周边山区，生于海拔2500～3800m的亚高山草甸、灌木丛阴湿处	2016.08	+	调查
697	大戟目 Euphorbiales	大戟科 Euphorbiaceae	钩腺大戟	Euphorbia sieboldiana Morr. et Decne.	英雄沟、耿达老鸦山等周边山区，生于海拔2500～3300m的亚高山草甸、山坡草地	2016.08	++	调查
698	大戟目 Euphorbiales	大戟科 Euphorbiaceae	野桐	Mallotus japonicus (Thunb.) Muell. Arg. var. floccosus S. M. Hwang	耿达、三江等周边山区，生于海拔1200～1500m的常绿阔叶林	2016.08	++	调查
699	大戟目 Euphorbiales	大戟科 Euphorbiaceae	石岩枫	Mallotus repandus (Willd.) Muell. Arg.	耿达、三江等周边山区，生于海拔1200～1400m的山地灌丛	2016.08	++	调查
700	大戟目 Euphorbiales	虎皮楠科 Daphniphyllaceae	交让木	Daphniphyllum macropodum Miq.	生于海拔1200～1500m的常绿阔叶林	1987.《卧龙植被及植物资源植物》	/	资料
701	芸香目 Rutales	芸香科 Rutaceae	臭节草	Boenninghausenia albiflora (Hook.) Meiss	正河、箩子沟等周边山区，生于海拔1800～2000m的山地灌草丛、次生性灌丛	2016.08	++	调查

（续）

序号	目名	科名	中文种名	拉丁学名	分布地点	最新发现时间	估计数量状况	数据来源
702	芸香目 Rutales	芸香科 Rutaceae	臭辣吴萸	Evodia fargesii Dode	沙湾、龙潭沟等周边山区，生于海拔1200~1400m的常绿阔叶林	2016.08	+	调查
703	芸香目 Rutales	芸香科 Rutaceae	川黄檗	Phellodendron chinense Schneid.	三江、正河等周边山区，生于海拔900m以上的杂木林中	2016.08	++	调查
704	芸香目 Rutales	芸香科 Rutaceae	秃叶黄檗	Phellodendron chinense Schneid. var. glabriusculum Schneid	三江席草坪等周边山区，生于海拔1500m左右的山中公路边	2016.08	+	调查
705	芸香目 Rutales	芸香科 Rutaceae	茵芋	Skimmia reevesiana Fort.	三江福达尔等周边山区，生于海拔1700m左右的山中溪沟铁路旁	2016.08	+	调查
706	芸香目 Rutales	芸香科 Rutaceae	飞龙掌血	Toddalia asiatica (L.) Lam.	生于海拔1300~1500m的常绿阔叶林	1987:《卧龙植被及资源植物》	/	资料
707	芸香目 Rutales	芸香科 Rutaceae	竹叶花椒	Zanthoxylum armatum DC.	三江周边山区，生于海拔1600m左右的阴坡乔木灌林下	2016.08	+	调查
708	芸香目 Rutales	芸香科 Rutaceae	砚壳花椒	Zanthoxylum dissitum Hemsl.	耿达、龙潭沟等周边山区，生于海拔1200~1500m的常绿阔叶林	2016.08	++	调查
709	芸香目 Rutales	芸香科 Rutaceae	两面针	Zanthoxylum nitidum (Roxb.) DC.	三江等周边山区，生于海拔1600m的河边坡上。	2016.08	+	调查
710	芸香目 Rutales	芸香科 Rutaceae	青花椒（香椒子）	Zanthoxylum schinifolium Sieb. et Zucc.	耿达、沙湾等周边山区，生于海拔1400~1600m的常绿阔叶林	2016.08	+	调查
711	芸香目 Rutales	芸香科 Rutaceae	野花椒	Zanthoxylum simulans Hance	沙湾、耿达、正河等周边山区，生于海拔1600~2000m的常绿、落叶阔叶混交林、林缘路边、灌丛中、河谷岩石边	2016.08	++	调查
712	芸香目 Rutales	芸香科 Rutaceae	狭叶花椒	Zanthoxylum saenophyllum Hemsl.	耿达、三江、糖房等周边山区，生于海拔1700~2500m的常绿、落叶阔叶混交林、河谷岩岩石边	2015.08	+	调查

（续）

序号	目名	科名	中文种名	拉丁学名	分布地点	最新发现时间	估计数量状况	数据来源
713	芸香目 Rutales	苦木科 Simaroubaceae	苦树	Picrasma quassioides (D. Don) Benn	三江，正河等周边山区，生于海拔1400~1800m 的阔叶林	2016.08	++	调查
714	芸香目 Rutales	远志科 Polygalaceae	瓜子金	Polygala japonica Houtt.	耿达，沙湾等周边山区，生于海拔1400~1600m 的山地草丛，灌丛	2015.07	+	调查
715	芸香目 Rutales	远志科 Polygalaceae	西伯利亚远志	Polygala sibirica L.	正河，三江等周边山区，生于海拔1600~2000m 的山地草丛，灌丛	2016.08	++	调查
716	芸香目 Rutales	远志科 Polygalaceae	小扁豆	Polygala tatarinowii Regel	足磨沟，正河等周边山区，生于海拔1900~2100m 的山地草丛	2016.08	++	调查
717	芸香目 Rutales	远志科 Polygalaceae	长毛籽远志	Polygala wattersii Hance	耿达，三江等周边山区，生于海拔1100~1400m 的常绿阔叶林	2015.07	+	调查
718	无患子目 Sapindales	马桑科 Coriariaceae	马桑	Coriaria nepalensis Wall.	耿达，正河沟等周边山区，生于海拔1300~2000m 的公路边，山地灌丛，河滩	2016.08	++	调查
719	无患子目 Sapindales	漆树科 Anacardiaceae	羊角天麻	Dobinea delavayi (Baill.) Baill.	白岩沟等周边山区，生于海拔2500m 左右的公路边	1989.06 2015.07	+	标本 调查
720	无患子目 Sapindales	漆树科 Anacardiaceae	黄连木	Pistacia chinensis Bunge	沙湾，龙潭沟等周边山区，生于海拔1200~1500m 的常绿阔叶林	2015.07	+	调查
721	无患子目 Sapindales	漆树科 Anacardiaceae	盐肤木	Rhus chinensis Mill.	三江，耿达等周边山区，生于海拔1100~1500m 的常绿阔叶林，次生灌丛	2016.08	+++	调查
722	无患子目 Sapindales	漆树科 Anacardiaceae	青麸杨	Rhus potaninii Maxim	三江，足磨沟等周边山区，生于海拔1600~2200m 的常绿，落叶阔叶混交林，山坡阔叶林下，沟边	2016.08	++	调查
723	无患子目 Sapindales	漆树科 Anacardiaceae	红麸杨	Rhus punjabensis Stewart var. sinica (Diels) Rehd. et Wils.	核桃坪，正沟等周边山区，生于海拔1700~1900m 的常绿，落叶阔叶混交林	2016.08	++	调查
724	无患子目 Sapindales	漆树科 Anacardiaceae	小漆树	Toxicodendron delavayi (Franch.) F. A. Barkl.	足磨沟，转经楼沟等周边山区，生于海拔1600~1900m 的常绿，落叶阔叶混交林	2016.08	++	调查

（续）

序号	目名	科名	中文种名	拉丁学名	分布地点	最新发现时间	估计数量状况	数据来源
725	无患子目 Sapindales	漆树科 Anacardiaceae	毒漆藤	Toxicodendron radicans (L.) O. Kuntze	生于海拔 1600～1800m 的常绿、落叶阔叶混交林	1987：《卧龙植被及资源植物》	/	资料
726	无患子目 Sapindales	漆树科 Anacardiaceae	漆	Toxicodendron vernicifluum (Stokes) F. A. Barkl.	正河、足磨沟等周边山区，生于海拔 1600～2200m 的常绿、落叶阔叶混交林，山坡落叶阔叶林中、向阳山坡	2016.08	++	调查
727	无患子目 Sapindales	槭树科 Aceraceae	大白杂灰槭	Acer caesium Wall. ex Brandis sub-sp. giraldii (Pax) E. Murr.	关沟、英雄沟等周边山区，生于海拔 2500～3200m 的针叶林	2016.08	++	调查
728	无患子目 Sapindales	槭树科 Aceraceae	尖尾槭	Acer caudatifolium Hayata	三江、耿达等地，生于海拔 1200～2100m 的河谷边灌林下	2015.07	++	调查
729	无患子目 Sapindales	槭树科 Aceraceae	川滇长尾槭	Acer caudatum Wall. var. prattii Rehd.	银厂沟、觉磨沟等周边山区，生于海拔 2400～3200m 的次生落叶阔叶林，针阔叶混交林	2016.08	+++	调查
730	无患子目 Sapindales	槭树科 Aceraceae	青榨槭	Acer davidii Franch.	耿达老鹤山、卧龙等周边山区，生于海拔 1300～2900m 的常绿阔叶林，针阔混交林、公路边落叶林，山坡林下	2016.08	+++	调查
731	无患子目 Sapindales	槭树科 Aceraceae	扇叶槭	Acer flabellatum Rehd.	白岩沟、石棚子沟等周边山区，生于海拔 2300～2700m 的针阔叶混交林	2015.07	+	调查
732	无患子目 Sapindales	槭树科 Aceraceae	房县槭	Acer franchetii Pax	足磨沟、白岩沟等周边山区，生于海拔 1800～2600m 的山地灌丛，针阔叶混交林	2016.08	++	调查
733	无患子目 Sapindales	槭树科 Aceraceae	黄毛槭	Acer fulvescens Rehd.	足磨沟、白岩沟等周边山区，生于海拔 1800～2600m 的阔叶林，针阔叶混交林	2015.07	++	调查
734	无患子目 Sapindales	槭树科 Aceraceae	建始槭	Acer henryi Pax	耿达、正河等周边山区，生于海拔 1200～2100m 的阔叶林	2016.08	++	调查
735	无患子目 Sapindales	槭树科 Aceraceae	疏花槭	Acer laxiflorum Pax	正河、转经楼沟等周边山区，生于海拔 1700～2700m 的阔叶林，针阔叶混交林	2016.08	++	调查

（续）

序号	目名	科名	中文种名	拉丁学名	分布地点	最新发现时间	估计数量状况	数据来源
736	无患子目 Sapindales	槭树科 Aceraceae	五尖槭	*Acer maximowiczii* Pax	核桃坪、足磨沟等周边山区，生于海拔1800~2600m 的针阔叶混交林	2016.08	++	调查
737	无患子目 Sapindales	槭树科 Aceraceae	色木槭（地锦槭）	*Acer mono* Maxim.	核桃坪、白岩沟等周边山区，生于海拔2300~2500m 的针阔叶混交林	2016.08	++	调查
738	无患子目 Sapindales	槭树科 Aceraceae	大翅色木槭	*Acer mono* Maxim. var. *macropterum* Fang	核桃坪、白岩沟等周边山区，生于海拔2300~2500m 的针阔叶混交林	2016.08	++	调查
739	无患子目 Sapindales	槭树科 Aceraceae	五裂槭	*Acer oliverianum* Pax	三江、白岩沟等周边山区，生于海拔1500~2600m 的阔叶林，保护站前针阔混交林下、河谷边灌林下	2015.07	++	调查
740	无患子目 Sapindales	槭树科 Aceraceae	权叶槭	*Acer robustum* Pax	足磨沟、核桃坪等周边山区，生于海拔1800~1900m 的常绿、落叶阔叶混交林	2015.07	++	调查
741	无患子目 Sapindales	槭树科 Aceraceae	毛叶槭	*Acer stachyophyllum* Hiern	白岩沟、银厂沟等周边山区，生于海拔2300~2600m 的针阔叶混交林	2016.08	++	调查
742	无患子目 Sapindales	槭树科 Aceraceae	四蕊槭	*Acer tetramerum* Pax	正河、关沟等周边山区，生于海拔1800~2700m 的针阔叶混交林	2016.08	++	调查
743	无患子目 Sapindales	槭树科 Aceraceae	金钱槭	*Dipteronia sinensis* Oliv.	正河、三江等周边山区，生于海拔1500~1900m 的常绿、落叶阔叶混交林、河边	2016.08	+	调查
744	罂粟目 Rhoeadales	伯乐树科 Bretschneideraceae	伯乐树	*Bretschneidera sinensis* Hemsl.	生于海拔1500~1900m 的常绿、落叶阔叶林	1995：《卧龙自然保护区生物多样性空间特征研究》	/	资料
745	无患子目 Sapindales	七叶树科 Hippocastanaceae	长柄七叶树	*Aesculus assamica* Griff.	耿达、沙湾等周边山区，生于海拔1300~1400m 的常绿阔叶林	2016.08	+	调查

（续）

序号	目名	科名	中文种名	拉丁学名	分布地点	最新发现时间	估计数量状况	数据来源
746	无患子目 Sapindales	七叶树科 Hippocastanaceae	天师栗	Aesculus wilsonii Rehd.	三江保护站等周边山区，生于海拔1800m左右的山中溪沟边	2016.08	+	调查
747	无患子目 Sapindales	清风藤科 Sabiaceae	珂楠树	Meliosma beaniana Rehd. et Wils.	生于海拔1400～1900m的阔叶林	1987:《卧龙植被及资源植物》	/	资料
748	无患子目 Sapindales	清风藤科 Sabiaceae	泡花树	Meliosma cuneifolia Franch.	在海拔1200～2800m山区较为常见，常生于落叶阔叶林、常绿阔叶林、林缘灌丛、河谷乔灌林下等	2016.08	+++	调查
749	无患子目 Sapindales	清风藤科 Sabiaceae	光叶泡花树	Meliosma cuneifolia Franch. var. glaberiuscula Cuf.	耿达、正河、糖房等周边山区，生于海拔1300～2500m的阔叶林、针阔叶混交林、灌丛	2016.08	++	调查
750	无患子目 Sapindales	清风藤科 Sabiaceae	垂枝泡花树	Meliosma flexuosa Pamp.	三江等周边山区，生于海拔1500m左右的山坡	2016.08	+	调查
751	无患子目 Sapindales	清风藤科 Sabiaceae	清风藤	Sabia japonica Maxim.	大阴沟后山等周边山区，生于海拔1600m左右的常绿阔叶林	2016.08	++	调查
752	无患子目 Sapindales	清风藤科 Sabiaceae	四川清风藤	Sabia schumanniana Diels	耿达龙潭沟、新店子沟等周边山区，生于海拔1700～2500m的阔叶林、沟谷桥灌林下、路边草丛	2016.08	+++	调查
753	无患子目 Sapindales	清风藤科 Sabiaceae	阔叶清风藤	Sabia yunnanensis Franch. subsp. latifolia (Rehd. et Wils.) Y. F. Wu	正河、三江等周边山区，生于海拔1500～1800m的阔叶林、山地灌丛	2015.08	++	调查
754	无患子目 Sapindales	凤仙花科 Balsaminaceae	黄麻叶凤仙花	Impatiens corchorifolia Franch.	生于海拔1200～1500m的常绿阔叶林	1987:《卧龙植被及资源植物》	/	资料
755	无患子目 Sapindales	凤仙花科 Balsaminaceae	耳叶凤仙花	Impatiens delavayi Franch.	糖房、三江镇席草等周边山区，生于海拔1800m的公路边灌丛林中	2015.08	+++	调查

（续）

序号	目名	科名	中文种名	拉丁学名	分布地点	最新发现时间	估计数量状况	数据来源
756	无患子目 Sapindales	凤仙花科 Balsaminaceae	齿萼凤仙花	*Impatiens dicentra* Franch.	在海拔 1500~2800m 的山区较常见，常生于河边灌丛、草地、针阔叶混交林后山、田埂、路边林下、林下灌草丛等处	2015.07	++	调查
757	无患子目 Sapindales	凤仙花科 Balsaminaceae	细柄凤仙花	*Impatiens leptocaulon* Hook. f.	正河、足磨沟等周边山区，生于海拔 1800~2000m 的阔叶林	2016.08	++	调查
758	无患子目 Sapindales	凤仙花科 Balsaminaceae	水金凤	*Impatiens noli-tangere* L.	区内在海拔 1600~2500m 的山区常见，常生于次生阔叶林、针阔叶混交林下或河谷草地	2016.08	+++	调查
759	无患子目 Sapindales	凤仙花科 Balsaminaceae	辐射凤仙花	*Impatiens radiata* Hook. f.	沙湾、耿达等周边山区，生于海拔 1300~1500m 的常绿阔叶林林缘	1987:《卧龙植被及资源植物》	/	资料
760	无患子目 Sapindales	凤仙花科 Balsaminaceae	黄金凤	*Impatiens siculifer* Hook. f.	正河沟、耿达、龙潭沟等周边山区，生于海拔 1700~2700m 的河边灌丛、阔叶林下	2016.08	+++	调查
761	无患子目 Sapindales	凤仙花科 Balsaminaceae	窄萼凤仙花	*Impatiens stenosepala* Pritz. ex Diels	银厂沟、正河、三江等周边山区，生于海拔 1500~2600m 的沟谷林下阴湿地，针阔混交林下保护站后山，路边岩石上	2015.07	++	调查
762	无患子目 Sapindales	凤仙花科 Balsaminaceae	陇南凤仙花	*Impatiens potaninii* Maxim.	三江等周边山区，生于海拔 1700m 左右的山中铁路旁	2016.08	++	调查
763	无患子目 Sapindales	凤仙花科 Balsaminaceae	翼萼凤仙花	*Impatiens pterosepala* Hook. f.	三江等周边山区，生于海拔 1600m 左右的人工厚朴林下	2016.08	++	调查
764	无患子目 Sapindales	凤仙花科 Balsaminaceae	紫花凤仙花	*Impatiens purpurea* Hand.-Mazz.	核桃坪、白岩沟等周边山区，生于海拔 2200~2500m 的针阔叶混交林	2016.08	++	调查
765	无患子目 Sapindales	凤仙花科 Balsaminaceae	波缘凤仙花	*Impatiens undulata* Y. L. Chen et Y. Q. Lu	糖房等周边山区，生于海拔 2100m 的水边林下草丛	2015.07	+++	调查

（续）

序号	目名	科名	中文种名	拉丁学名	分布地点	最新发现时间	估计数量状况	数据来源
766	无患子目 Sapindales	凤仙花科 Balsaminaceae	白花凤仙花	*Impatiens wilsonii* Hook. f.	三江等周边山区，生于海拔1400～1800m的箭竹林下	2016.08	+	调查
767	无患子目 Sapindales	冬青科 Aquifoliaceae	冬青	*Ilex chinensis* Sims	耿达、三江等周边山区，生于海拔1200～1500m的常绿阔叶林	2016.08	++	调查
768	无患子目 Sapindales	冬青科 Aquifoliaceae	珊瑚冬青	*Ilex corallina* Franch.	沙湾、耿达等周边山区，生于海拔1300～1500m的常绿阔叶林	2016.08	+	调查
769	无患子目 Sapindales	冬青科 Aquifoliaceae	狭叶冬青	*Ilex fargesii* Franch.	正河、三江、银厂沟等周边山区，生于海拔1500～2700m的针阔叶混交林、山坡	2016.08	++	调查
770	无患子目 Sapindales	冬青科 Aquifoliaceae	康定冬青	*Ilex franchetiana* Loes.	白岩沟、夹河、三江等周边山区，生于海拔2300～2500m的针阔叶混交林	2016.08	+	调查
771	无患子目 Sapindales	冬青科 Aquifoliaceae	小果冬青	*Ilex micrococca* Maxim.	银厂沟、石棚子沟等周边山区，生于海拔2300～2600m的针阔叶混交林	2016.08	++	调查
772	无患子目 Sapindales	冬青科 Aquifoliaceae	猫儿刺	*Ilex pernyi* Franch.	正河、花红树沟等周边山区，生于海拔1500～2500m的阔叶林、针阔叶混交林、山涧边	2016.08	++	调查
773	无患子目 Sapindales	冬青科 Aquifoliaceae	高山冬青	*Ilex rockii* S. Y. Hu	正河等周边山区，生于海拔2100m左右的铁松林下	2016.08	+	调查
774	无患子目 Sapindales	冬青科 Aquifoliaceae	云南冬青	*Ilex yunnanensis* Franch.	正河、白岩沟等周边山区，生于海拔1800～2500m的阔叶林、针阔叶混交林	2016.08	++	调查
775	无患子目 Sapindales	卫矛科 Celastraceae	苦皮藤	*Celastrus angulatus* (Maxim.)	糖房、三江镇席草坪等周边山区，生于海拔1800m的公路边灌丛林中	2016.08	+	调查
776	无患子目 Sapindales	卫矛科 Celastraceae	大芽南蛇藤（哥兰叶）	*Celastrus gemmatus* Loes.	正河、核桃坪等周边山区，生于海拔2000～2400m的山地灌丛	2016.08	+	调查
777	无患子目 Sapindales	卫矛科 Celastraceae	灰叶南蛇藤	*Celastrus glaucophyllus* (Rehd.)	龙岩、糖房等周边山区，生于海拔1800～2200m的公路边灌木林中	1978.06	+	标本

（续）

序号	目名	科名	中文种名	拉丁学名	分布地点	最新发现时间	估计数量状况	数据来源
778	无患子目 Sapindales	卫矛科 Celastraceae	小果南蛇藤	*Celastrus homaliifolius*（Hsu.）	三江鹿耳坪白泥杠等周边山区，生于海拔1700m左右的林中	1981.07		标本
779	无患子目 Sapindales	卫矛科 Celastraceae	薄叶南蛇藤	*Celastrus hypoleucoides* P. L. Chiu	大阴沟、簸箕沟等周边山区，生于海拔1600m左右的落叶阔叶林下	1978.08		标本
780	无患子目 Sapindales	卫矛科 Celastraceae	粉背南蛇藤	*Celastrus hypoleucus*（Oliv.）Warb.	大阴沟、糠房等周边山区，生于海拔1200~2000m的阔叶林、针阔叶混交林，路边灌木丛中，较阴湿的公路边灌木林下	1991.06		标本
781	无患子目 Sapindales	卫矛科 Celastraceae	南蛇藤	*Celastrus orbiculatus* Thunb.	足磨沟、白岩沟等周边山区，生于海拔1600~2600m的阔叶林、针阔叶混交林，公路旁、灌丛	2016.08	++	调查
782	无患子目 Sapindales	卫矛科 Celastraceae	长序南蛇藤（垂花南蛇藤）	*Celastrus vaniotii*（Lévl.）Rehd.	糠房、三江、粮房等周边山区，生于海拔1400~2200m的公路边灌木林中、阔叶林或灌丛	1979.06 1987:《卧龙植被及资源植物》		标本 资料
783	无患子目 Sapindales	卫矛科 Celastraceae	刺果卫矛	*Euonymus acanthocarpus* Franch	大阴沟、簸箕沟等周边山区，生于海拔1300~1600m的落叶阔叶林下	2016.08	+	调查
784	无患子目 Sapindales	卫矛科 Celastraceae	隐刺卫矛（宝兴卫矛）	*Euonymus chuii* Hand.–Mazz.	正河、三江等周边山区，生于海拔1500~1600m的落叶阔叶林下，路边草丛	2016.08	+	调查
785	无患子目 Sapindales	卫矛科 Celastraceae	角翅卫矛	*Euonymus cornutus* Hemsl.	英雄沟、梯子沟、三江等周边山区，生于海拔2400~2700m的针阔叶混交林、路旁灌丛，坡上石边，河谷乔灌木下岩石上	2016.08	+++	调查
786	无患子目 Sapindales	卫矛科 Celastraceae	长梗卫矛	*Euonymus dolichopus*（Merr. ex J. S. Ma）	头道桥、英雄沟、贝母坪、龙岩等周边山区，生于海拔2500~3100m的路旁落叶阔叶林中、公路边	2002.07 2016.08	+	标本 调查
787	无患子目 Sapindales	卫矛科 Celastraceae	纤齿卫矛	*Euonymus giraldii* Loes.	白岩沟等周边山区，生于海拔2400~2500m的针阔叶混交林	1987:《卧龙植被及资源植物》	/	资料

（续）

序号	目名	科名	中文种名	拉丁学名	分布地点	最新发现时间	估计数量状况	数据来源
788	无患子目 Sapindales	卫矛科 Celastraceae	西南卫矛	Euonymus hamiltonianus Wall.	三江、鹿耳坪劳改农场等周边山区，海拔 1600~2800m 的山地灌丛、针叶林、落叶阔叶林下灌草丛、阳坡灌草丛、林下坡上	2015.07	++	调查
789	无患子目 Sapindales	卫矛科 Celastraceae	毛脉西南卫矛	Euonymus hamiltonianus Wall. f. lanceifolius (Foes.) C. Y. Cheng	正河、银厂沟、关沟等周边山区，1800~2700m 的山地灌丛、林下	2015.07	+	调查
790	无患子目 Sapindales	卫矛科 Celastraceae	革叶卫矛	Euonymus lecleri (Lévl.)	三江节草大队等周边山区，生于海拔 1400m 左右的灌丛中	1978.07 2016.08	+	标本 调查
791	无患子目 Sapindales	卫矛科 Celastraceae	紫花卫矛	Euonymus porphyreus Loes.	白岩沟、关沟、英雄沟等周边山区，生于海拔 2500~3200m 的灌丛	2016.08	++	调查
792	无患子目 Sapindales	卫矛科 Celastraceae	八宝茶	Euonymus przewalskii Maxim.	银厂沟、觉磨沟、邓生等周边山区，生于海拔 2100~3500m 的冷杉林下、河沟边	1982.07 2015.07	+	标本 调查
793	无患子目 Sapindales	卫矛科 Celastraceae	石枣子	Euonymus sanguineus Loes.	生于海拔 2000~2400m 的针阔叶混交林	1987：《卧龙植被及资源植物》	/	资料
794	无患子目 Sapindales	卫矛科 Celastraceae	曲脉卫矛	Euonymus venosus Hemsley.	正河、核桃坪等周边山区，生于海拔 1700~1900m 的阔叶林	2016.08	++	调查
795	无患子目 Sapindales	省沽油科 Staphyleaceae	野鸦椿	Euscaphis japonica (Thunb.) Dippel	耿达、三江等周边山区，生于海拔 1200~1400m 的次生落叶阔叶林	2016.08	++	调查
796	无患子目 Sapindales	省沽油科 Staphyleaceae	膀胱果	Staphylea holocarpa Hemsl.	正河、三江、席草坪等周边山区，生于海拔 1600~2000m 的山地灌丛、山中路边。	2016.08	+	调查
797	无患子目 Sapindales	黄杨科 Buxaceae	小叶黄杨	Buxus sinica (Rehd. et Wils.) Cheng subsp. sinica var. parvifolia M. Cheng	耿达、三江沙湾等周边山区，生于海拔 1300~1400m 的河漫滩灌丛	2016.08	+	调查

序号	目名	科名	中文种名	拉丁学名	分布地点	最新发现时间	估计数量状况	数据来源
798	无患子目 Sapindales	黄杨科 Buxaceae	羽脉野扇花	Sarcococca hookeriana Baill var. digyna Franch	沙湾、龙潭沟等周边山区，生于海拔 1200～1400m 的常绿阔叶林	1987:《卧龙植被及资源植物》	/	资料
799	鼠李目 Rhamnales	鼠李科 Rhamnaceae	多花勾儿茶	Berchemia floribunda (Wall.) Brongn.	卧龙镇、英雄沟、白岩沟、银厂沟等山区，生于海拔 2500m 左右的河边	1979.07 / 2015.07	++	标本 / 调查
800	鼠李目 Rhamnales	鼠李科 Rhamnaceae	毛青勾儿茶	Berchemia hispida (Tsai et Feng) Y. L. Chen	三江等周边山区，生于海拔 1800m 左右的林下。	1979.08 / 2015.07	+	标本 / 调查
801	鼠李目 Rhamnales	鼠李科 Rhamnaceae	勾儿茶	Berchemia sinica Schneid.	正河等周边山区，生于海拔 2000m 左右的草地。	2016.08	+	调查
802	鼠李目 Rhamnales	鼠李科 Rhamnaceae	云南勾儿茶	Berchemia yunnanensis Franch.	关沟、卧龙镇、英雄沟、银厂沟、三江向泥岗等周边山区，生于海拔 1500～2200m 的山地灌丛、山坡林下、水边草地、公路边	2015.07	+++	调查
803	鼠李目 Rhamnales	鼠李科 Rhamnaceae	长叶冻绿	Rhamnus crenata Sieb. et Zucc.	生于海拔 1500～2400m 的阔叶林、针阔叶混交林	1987:《卧龙植被及资源植物》	/	资料
804	鼠李目 Rhamnales	鼠李科 Rhamnaceae	薄叶鼠李	Rhamnus leptophylla Schneid.	正河、糖房、卧龙镇、三江等周边山区，生于海拔 1500～2000m 的常绿、落叶阔叶混交林、树下、山坡、路边	2016.08	++	调查
805	鼠李目 Rhamnales	鼠李科 Rhamnaceae	小冻绿树	Rhamnus rosthornii Pritz.	耿达、三江等周边山区，生于海拔 1200～1500m 的常绿阔叶林	2016.08	++	调查
806	鼠李目 Rhamnales	鼠李科 Rhamnaceae	冻绿	Rhamnus utilis Decne.	核桃坪等周边山区，生于海拔 1900m 左右的河滩灌丛	2016.08	++	调查
807	鼠李目 Rhamnales	鼠李科 Rhamnaceae	梗花雀梅藤	Sageretia henryi Drumm. et Sprague	耿达、正河等周边山区，生于海拔 1400～1800m 的山地灌丛	2016.08	++	调查
808	鼠李目 Rhamnales	葡萄科 Vitaceae	白毛乌蔹莓	Cayratia albifolia C. L. Li	三江镇席草坪等周边山区，生于海拔 1800m 的山中路边丛	2016.08	++	调查

（续）

序号	目名	科名	中文种名	拉丁学名	分布地点	最新发现时间	估计数量状况	数据来源
809	鼠李目 Rhamnales	葡萄科 Vitaceae	乌蔹莓	Cayratia japonica (Thunb.) Gagnep.	耿达龙潭沟等周边山区，生于海拔1800m左右的阔叶林下	2015.08	++	调查
810	鼠李目 Rhamnales	葡萄科 Vitaceae	华中乌蔹莓	Cayratia oligocarpa (Levl. & Vant.) Gagnep.	沙湾、三江等周边山区，生于海拔1200~1500m的常绿阔叶林	2016.08	++	调查
811	鼠李目 Rhamnales	葡萄科 Vitaceae	三叶地锦	Parthenocissus semicordata (Wall. ex Roxb.) Planch.	三江、耿达等周边山区，生于海拔1200~1900m的阔叶林	2015.07	+	调查
812	鼠李目 Rhamnales	葡萄科 Vitaceae	粉叶爬山虎	Parthenocissus thomsoni (Laws.) Planch	耿达、沙湾、正河等周边山区，生于海拔1400~2000m的山地灌丛	2017.07	+	调查
813	鼠李目 Rhamnales	葡萄科 Vitaceae	地锦	Parthenocissus tricuspidata (Sieb. et Zucc) Planch.	三江、耿达等周边山区，生于海拔1100~1700m的常绿阔叶林，山中桥边石头上	2016.08	++	调查
814	鼠李目 Rhamnales	葡萄科 Vitaceae	崖爬藤	Tetrastigma obtectum (Wall.) Planch.	正河、足磨沟等周边山区，生于海拔1800~2400m的岩石上	2017.07	++	调查
815	鼠李目 Rhamnales	葡萄科 Vitaceae	葛藟葡萄	Vitis flexuosa Thunb.	三江、正河等周边山区，生于海拔1500~1900m的常绿阔叶林	2016.08	++	调查
816	鼠李目 Rhamnales	葡萄科 Vitaceae	毛葡萄	Vitis heyneana Roem. et Schult.	三江、核桃坪、关沟等周边山区，生于海拔1900~2300m的山地灌丛，路边林下，林下灌丛中，路边草丛	2015.07	++	调查
817	锦葵目 Malvales	杜英科 Elaeocarpaceae	日本杜英（薯豆）	Elaeocarpus japonicus Sibe. et Zucc.	耿达、沙湾等周边山区，生于海拔1100~1300m的常绿阔叶林	2017.07	+	调查
818	锦葵目 Malvales	椴树科 Tiliaceae	华椴	Tilia chinensis Maxim.	银厂沟、正河、三江向泥岗等周边山区，生于海拔1800~2700m的阔叶林，针阔叶混交林河谷林下	2015.07	++	调查
819	锦葵目 Malvales	椴树科 Tiliaceae	多毛椴	Tilia intonsa Wils.	正河、足磨沟、银厂沟等周边山区，生于海拔2000~2700m的针阔叶混交林	2016.08	++	调查

（续）

序号	目名	科名	中文种名	拉丁学名	分布地点	最新发现时间	估计数量状况	数据来源
820	锦葵目 Malvales	椴树科 Tiliaceae	椴树	*Tilia tuan* Szyszyl.	魏家沟沟口等周边山区，生海拔 2600m 左右的河谷林下	1980.08 2015.07	+	标本 调查
821	桃金娘目 Myrtiflorae	瑞香科 Thymelaeaceae	川西瑞香	*Daphne gemmata* E. Prtz.	三江、正河等周边山区，生于海拔 1600m 以下的低山林下，常绿阔叶林	2016.08	++	调查
822	桃金娘目 Myrtiflorae	瑞香科 Thymelaeaceae	凹叶瑞香	*Daphne retusa* Hemsl.	正河、糖房等周边山区，生于海拔 1700～2000m 的山地灌丛	2016.08	++	调查
823	桃金娘目 Myrtiflorae	瑞香科 Thymelaeaceae	唐古特瑞香	*Daphne tangutica* Maxim.	正河、足磨沟、巴朗山等周边山区，生于海拔 1900～2500m 的针阔叶混交林	2016.08 2006：《四川卧龙自然保护区川滇高山栎矮林在海拔梯度上的植物种面积研究》	+	1）调查 2）资料
824	桃金娘目 Myrtiflorae	瑞香科 Thymelaeaceae	河朔荛花	*Wikstroemia chamaedaphne* Meisn.	耿达、沙湾等周边山区，生于海拔 1300～1500m 的常绿阔叶林	2016.08	++	调查
825	桃金娘目 Myrtiflorae	胡颓子科 Elaeagnaceae	长叶胡颓子	*Elaeagnus bockii* Diels	耿达、三江等周边山区，生于海拔 1200～1600m 的常绿阔叶林	2015.07	+	调查
826	桃金娘目 Myrtiflorae	胡颓子科 Elaeagnaceae	披针叶胡颓子	*Elaeagnus lanceolata* Warb.	耿达、三江、正河等周边山区，生于海拔 1200～1800m 的山地灌丛	2015.07	++	调查
827	桃金娘目 Myrtiflorae	胡颓子科 Elaeagnaceae	银果牛奶子	*Elaeagnus magna* Rehd.	正河等周边山区，生于海拔 1900m 的路旁、林缘	2016.08	++	调查
828	桃金娘目 Myrtiflorae	胡颓子科 Elaeagnaceae	胡颓子	*Elaeagnus pungens* Thunb.	三江、关沟、核桃坪等周边山区，生于海拔 1700～2200m 的公路边灌丛、公路边草丛、山坡灌丛、山谷灌草丛、马路边斜坡上	2016.08	++	调查

（续）

序号	目名	科名	中文种名	拉丁学名	分布地点	最新发现时间	估计数量状况	数据来源
829	桃金娘目 Myrtiflorae	胡颓子科 Elaeagnaceae	牛奶子	Elaeagnus umbellata Thunb.	正河等周边山区，生于海拔 1800m 左右的路边灌草丛中	2016.08	+++	调查
830	桃金娘目 Myrtiflorae	胡颓子科 Elaeagnaceae	沙棘	Hippophae rhamnoides L.	银厂沟、巴朗山等周边山区，生于海拔 1700～2800m 的河漫滩灌丛	2016.08	++	调查
831	侧膜胎座目 Parietales	大风子科 Flacourtiaceae	山羊角树	Carrierea calycina Franch.	三江等周边山区，生于海拔 1500m 的落叶阔叶林下	2016.08	+	调查
832	侧膜胎座目 Parietales	大风子科 Flacourtiaceae	山桐子	Idesia polycarpa Maxim.	三江、正河等周边山区，生于海拔 1400～1800m 的阔叶林	2016.08	++	调查
833	侧膜胎座目 Parietales	大风子科 Flacourtiaceae	毛叶山桐子	Idesia polycarpa Maxim. var. vestita Diels	耿达、沙湾等周边山区，生于海拔 1300～1500m 的常绿阔叶林	2016.08	++	调查
834	侧膜胎座目 Parietales	堇菜科 Violaceae	阿坝堇菜	Viola betonicifolia J. E. Smith sub-sp. jaunsariensis（W. Becker）H. Hara	三江等周边山区，生于海拔 1700m 左右的中山铁路路旁	2016.08	++	调查
835	侧膜胎座目 Parietales	堇菜科 Violaceae	双花堇菜	Viola biflora L.	邓生、花红树沟等周边山区，生于海拔 3400～3600m 的针叶林	2016.08	++	调查
836	侧膜胎座目 Parietales	堇菜科 Violaceae	鳞茎堇菜	Viola bulbosa Maxim	关沟、英雄沟等周边山区，生于海拔 2500～3200m 的亚高山针叶林	2016.08	+	调查
837	侧膜胎座目 Parietales	堇菜科 Violaceae	深圆齿堇菜	Viola davidii Franch.	白岩沟、银厂沟等周边山区，生于海拔 2300～2700m 的针阔叶混交林、灌丛	2016.08	++	调查
838	侧膜胎座目 Parietales	堇菜科 Violaceae	灰叶堇菜	Viola delavayi Franch.	正河、糖房等周边山区，生于海拔 2000～2500m 的山地林缘、草坡	2016.08	++	调查
839	侧膜胎座目 Parietales	堇菜科 Violaceae	柔毛堇菜	Viola principis H. de Boiss.	耿达、沙湾等周边山区，生于海拔 1400～1500m 的常绿阔叶林、溪谷潮湿处	2016.08	++	调查
840	侧膜胎座目 Parietales	堇菜科 Violaceae	圆叶堇菜	Viola pseudo-bambusetorum Chang	梯子沟等周边山区，生于海拔 3300m 左右的亚高山草甸	2015.07	+++	调查

（续）

序号	目名	科名	中文种名	拉丁学名	分布地点	最新发现时间	估计数量状况	数据来源
841	侧膜胎座目 Parietales	堇菜科 Violaceae	圆叶小堇菜	Viola rockiana W. Beck.	关沟、邓生、梯子沟等周边山区，生于海拔2500~3600m的针叶林、亚高山草甸	2015.07	++	调查
842	侧膜胎座目 Parietales	堇菜科 Violaceae	深山堇菜	Viola selkirkii Pursh	白岩沟等周边山区，生于海拔2500m的针阔叶混交林	2016.08	++	调查
843	侧膜胎座目 Parietales	旌节花科 Stachyuraceae	中国旌节花	Stachyurus chinensis Franch.	关沟、五一棚、三江镇、席草坪等周边山区，生于海拔1400~4000m的针阔混交林丛、林缘、山中公路边、水边日本落叶松林下、山沟	2016.08	+++	调查
844	侧膜胎座目 Parietales	旌节花科 Stachyuraceae	骤尖叶旌节花	Stachyurus chinensis Franch. var. cuspidatus H. L. Li	三江、正河等周边山区，生于海拔1500~2000m的阔叶林、灌丛、河边阔叶林	2016.08	+	调查
845	侧膜胎座目 Parietales	旌节花科 Stachyuraceae	西域旌节花（喜马山旌节花）	Stachyurus himalaicus Hook. f. et Thoms ex Benth.	三江等周边山区，生于海拔1500m左右的常绿阔叶林	2016.08	++	调查
846	侧膜胎座目 Parietales	旌节花科 Stachyuraceae	倒卵叶旌节花	Stachyurus obovatus (Rehd.) Hand.-Mazz.	耿达、三江周边山区，生于海拔1400~1800m的阔叶林	2015.07	+	调查
847	侧膜胎座目 Parietales	旌节花科 Stachyuraceae	四川旌节花	Stachyurus szechuanensis Fang	耿达、沙湾等周边山区，生于海拔1200~1600m的常绿阔叶林	2016.08	++	调查
848	侧膜胎座目 Parietales	旌节花科 Stachyuraceae	云南旌节花	Stachyurus yunnanensis Franch.	三江、核桃坪等周边山区，生于海拔1500~2000m的阔叶林	2016.08	+++	调查
849	侧膜胎座目 Parietales	柽柳科 Tamaricaceae	柽柳	Tamarix chinensis Lour.	正河等周边山区，生于海拔1900m左右的路边	2015.08	+	调查
850	侧膜胎座目 Parietales	柽柳科 Tamaricaceae	球花水柏枝	Myricaria laxa W. W. Sm.	银厂沟、关沟等周边山区，生于海拔2500~2800m的河漫滩灌丛	1987:《卧龙植被及资源植物》	/	资料
851	侧膜胎座目 Parietales	柽柳科 Tamaricaceae	疏花水柏枝	Myricaria laxiflora (Franch.) P. Y. Zhang et Y. J. Zhang	生于海拔1900~2000m的河滩、公路边	1985.07	/	标本

（续）

序号	目名	科名	中文种名	拉丁学名	分布地点	最新发现时间	估计数量状况	数据来源
852	侧膜胎座目 Parietales	柽柳科 Tamaricaceae	三春水柏枝	*Myricaria paniculata* P. Y. Zhang et Y. J. Zhang	生于海拔 2000m 左右的河滩草地	1979.07	/	标本
853	侧膜胎座目 Parietales	秋海棠科 Begoniaceae	中华秋海棠	*Begonia grandis* Dry subsp. *sinensis* (A. DC.) Irmsch.	三江、正河等周边山区，生于海拔 1600～2000m 的阔叶林下阴湿处	2016.08	+++	调查
854	侧膜胎座目 Parietales	秋海棠科 Begoniaceae	心叶秋海棠	*Begonia labordei* Levl.	三江、核桃坪等周边山区，生于海拔 1600～2000m 的阔叶林下阴湿处	2016.08	++	调查
855	侧膜胎座目 Parietales	秋海棠科 Begoniaceae	截叶秋海棠	*Begonia limprichii* Irmsch.	三江镇、耿达大阴沟等周边山区，生于海拔 1500m 的潮湿岩壁，林下草丛	2016.08	++	调查
856	侧膜胎座目 Parietales	秋海棠科 Begoniaceae	掌裂叶秋海棠	*Begonia pedatifida* Levl.	耿达、三江等周边山区，生于海拔 1400～1600m 的阔叶林下阴湿处	2016.08	++	调查
857	葫芦目 Cucurbitales	葫芦科 Cucurbitaceae	绞股蓝	*Gynostemma pentaphyllum* (Thunb.) Makino	三江福达尔、耿达正河等周边山区，生于海拔 1400～3300m 的沟边、灌丛、河谷灌木丛、阔叶林、山中废旧铁路旁、亚高山草甸	2016.08	+++	调查
858	葫芦目 Cucurbitales	葫芦科 Cucurbitaceae	毛果绞股蓝	*Gynostemma pentaphyllum* (Thunb.) Makino var. *dasycarpum* C. Y. Wu et S. K. Chen	银厂沟等周边山区，生于海拔 2600m 左右的河谷边岩石上	2015.07	++	调查
859	葫芦目 Cucurbitales	葫芦科 Cucurbitaceae	长果雪胆	*Hemsleya dolichocarpa* W. J. Chang	三江、正河等周边山区，生于海拔 2000m 左右的山谷灌木丛中	2016.08	+	调查
860	葫芦目 Cucurbitales	葫芦科 Cucurbitaceae	川赤瓟	*Thladiantha davidii* Franch.	在海拔 1300～3400m 的山区常见，常生于灌丛、阔叶林、河边草丛中、公路旁、林缘，缠绕于树上、山沟疏林中	2016.08	+++	调查
861	葫芦目 Cucurbitales	葫芦科 Cucurbitaceae	赤瓟	*Thladiantha dubia* Bunge	耿达、正河、核桃坪等周边山区，生于海拔 1200～2000m 的山地灌丛、阔叶林	2015.07	+++	调查
862	葫芦目 Cucurbitales	葫芦科 Cucurbitaceae	皱果赤瓟	*Thladiantha henryi* Hemsl.	三江潘达尔景区周边山区，生于海拔 1100～2000m 的山坡林下、路旁或灌丛中	2016.08	+	调查

（续）

序号	目名	科名	中文种名	拉丁学名	分布地点	最新发现时间	估计数量状况	数据来源
863	葫芦目 Cucurbitales	葫芦科 Cucurbitaceae	栝楼	Trichosanthes kirilowii Maxim.	三江、正河等周边山区，生于海拔1200~1700m的山地灌丛	2016.08	++	调查
864	葫芦目 Cucurbitales	葫芦科 Cucurbitaceae	中华栝楼	Trichosanthes rosthornii Harms	耿达、沙湾等周边山区，生于海拔1300~1500m的山地灌丛	2016.08	+	调查
865	桃金娘目 Myrtiflorae	千屈菜科 Lythraceae	千屈菜	Lythrum salicaria L.	三江、耿达等周边山区，生于海拔1200~1400m的公路边草丛	2016.08	++	调查
866	桃金娘目 Myrtiflorae	千屈菜科 Lythraceae	节节菜	Rotala indica (Willd.) Koehne	三江、沙湾等周边山区，生于海拔1400~1500m的河边阴湿草丛	2016.08	++	调查
867	桃金娘目 Myrtiflorae	野牡丹科 Melastomataceae	肉穗草	Sarcopyramis bodinieri Levl. et. Van.	海拔2000m以下中低海拔山区较为常见，生于海拔1300~2000m的阴湿常绿阔叶林下或岩石上	2016.08	+++	调查
868	桃金娘目 Myrtiflorae	野牡丹科 Melastomataceae	楮头红	Sarcopyramis nepalensis Wall.	三江镇席草坪、三江福达尔等周边山区，生于海拔1500~2000m的阔叶林下阴湿处、山中路边、路边灌丛，河谷边乔灌木下、山中溪沟路旁山石上	2016.08	++	调查
869	桃金娘目 Myrtiflorae	柳叶菜科 Onagraceae	高山露珠草	Circaea alpina L.	巴朗山、正河等周边山区，生于海拔2600~2800m的针阔叶混交林、铁杉冷杉林下	2016.08	++	调查
870	桃金娘目 Myrtiflorae	柳叶菜科 Onagraceae	露珠草（牛泷草）	Circaea cordata Royle	核桃坪等周边山区，生于海拔2100m左右的针阔叶混交林	2016.08	++	调查
871	桃金娘目 Myrtiflorae	柳叶菜科 Onagraceae	柳兰	Epilobium angustifolium L.	邓生、梯子沟等周边山区，生于海拔3200~3900m的灌丛、阳坡灌草丛	2015.07	++	调查
872	桃金娘目 Myrtiflorae	柳叶菜科 Onagraceae	柳叶菜	Epilobium hirsutum L.	英雄沟、银厂沟、邓公河等周边山区，生于海拔1900~2800m的沟边灌丛中、高山草甸中、山坡草丛中、高山草甸、灌丛、公路旁	2016.08	+++	调查

（续）

序号	目名	科名	中文种名	拉丁学名	分布地点	最新发现时间	估计计数量状况	数据来源
873	桃金娘目 Myrtiflorae	柳叶菜科 Onagraceae	小花柳叶菜	*Epilobium parviflorum* Schreber	正河、核桃坪等周边山区，生于海拔1800～2000m的山地灌丛，公路边、路边山脚下	2016.08	++	调查
874	桃金娘目 Myrtiflorae	柳叶菜科 Onagraceae	长籽柳叶菜	*Epilobium pyrricholophum* Franch. et Savat.	在海拔1900～4500m的山区常见，生于亚高山灌丛、针叶林、高山草甸，河边路旁，河滩灌丛下等处	2016.08	+++	调查
875	桃金娘目 Myrtiflorae	八角枫科 Alangiaceae	八角枫	*Alangium chinense* (Lour.) Harms	三江、正河、核桃坪沟等周边山区，生于海拔1400～2200m的常绿阔叶林、山坡落叶阔叶林、路旁落叶阔叶林，河谷灌草丛	2015.08	++	调查
876	桃金娘目 Myrtiflorae	八角枫科 Alangiaceae	瓜木	*Alangium platanifolium* Harms	三江、正河等周边山区，生于海拔1400～1900m的阔叶林中、山坡	2016.08	+	调查
877	桃金娘目 Myrtiflorae	蓝果树科 Nyssaceae	珙桐	*Davidia involucrata* Baill.	三江镇席草坪、三江镇鹿耳坪等周边山区，生于海拔1400～2000m的阔叶林、落叶阔叶林，山中路边	2016.08	+	调查
878	桃金娘目 Myrtiflorae	蓝果树科 Nyssaceae	光叶珙桐	*Davidia involucrata* Baill. var. *vilmoriniana* (Dode) Wanger	三江、糖房等周边山区，生于海拔1500～2200m的阔叶林	2016.08	+	调查
879	伞形目 Umbelliflorae	山茱萸科 Cornaceae	灯台树	*Bothrocaryum controversum* (Hemsl.) Pojark.	三江、鹿耳坪、正河等周边山区，生于海拔1500～1900m的阔叶林中、落叶阔叶林下，河边。	2016.08	+++	调查
880	伞形目 Umbelliflorae	山茱萸科 Cornaceae	川鄂山茱萸	*Cornus chinensis* Wanger.	耿达、三江福达尔等周边山区，生于海拔1200～1700m的山中废旧铁路旁	2016.08	+	调查
881	伞形目 Umbelliflorae	山茱萸科 Cornaceae	四照花	*Dendrobenthamia japonica* (DC.) Fang var. *chinensis* (Osborn.) Fang	耿达、沙湾等周边山区，生于海拔1200～1500m的常绿阔叶林	2016.08	++	调查
882	伞形目 Umbelliflorae	山茱萸科 Cornaceae	中华青荚叶	*Helwingia chinensis* Batal.	宽磨沟、三江鹿耳坪、耿达龙潭沟等周边山区，生于海拔1500～2200m的阔叶林、针阔叶混交林、路边灌丛，山坡灌丛中、河谷岩石上、河谷边草地	2016.08	++	调查

（续）

序号	目名	科名	中文种名	拉丁学名	分布地点	最新发现时间	估计数量状况	数据来源
883	伞形目 Umbelliflorae	山茱萸科 Cornaceae	青荚叶	Helwingia japonica (Thunb.) Dietr.	足磨沟、三江等周边山区，生于海拔 1400～2600m 的针阔叶混交林下、阔叶林、山坡林下，次生灌丛、山中灌丛中	2016.08	++	调查
884	伞形目 Umbelliflorae	山茱萸科 Cornaceae	白粉青荚叶	Helwingia japonica (Thunb.) Dietr. subsp. japonica var. hypoleuca Hemsl. ex Rehd.	耿达、三江、银厂沟等周边山区，生于海拔 1200～2800m 的林下	2016.08	++	调查
885	伞形目 Umbelliflorae	山茱萸科 Cornaceae	红椋子	Swida hemsleyi (Schneid. et Wanger.) Sojak	三江等周边山区，生于海拔 1400～1500m 的常绿阔叶林	2016.08	++	调查
886	伞形目 Umbelliflorae	山茱萸科 Cornaceae	椋木	Swida macrophylla Wall.	正河、足磨沟、银厂沟等周边山区，生于海拔 1400～2800m 的常绿阔叶林、路边灌丛	2016.08	++	调查
887	伞形目 Umbelliflorae	山茱萸科 Cornaceae	小椋木	Swida paucinervis Hance	正河、核桃坪等周边山区，生于海拔 1600～1900m 的阔叶林	2016.08	+	调查
888	伞形目 Umbelliflorae	山茱萸科 Cornaceae	灰叶椋木	Swida poliophylla Schneid. et Wanger.	耿达、三江、足磨沟等周边山区，生于海拔 1400～2600m 的阔叶林、针阔混交林	2015.08	+	调查
889	伞形目 Umbelliflorae	山茱萸科 Cornaceae	宝兴椋木	Swida scabrida Franch.	三江、正河，足磨沟等周边山区，生于海拔 1500～2500m 的次生灌丛、针阔叶混交林	2015.07	+	调查
890	伞形目 Umbelliflorae	山茱萸科 Cornaceae	康定椋木	Swida schindleri (Wanger.) Sojak	生于海拔 1900m 左右到达林下灌草丛、灌木丛。	1983.06	/	标本
891	伞形目 Umbelliflorae	山茱萸科 Cornaceae	毛椋	Swida walteri (Wanger.) Sojak	耿达等周边山区，生于海拔 1400～1500m 的常绿阔叶林	2016.08	++	调查
892	伞形目 Umbelliflorae	五加科 Araliaceae	细梗吴茱黄五加	Acanthopanax evodiaefolius Franch. var. gracilis W. W. Smith	糖房、足磨沟等周边山区，生于海拔 2000～2500m 的针阔叶混交林	2016.08	++	调查
893	伞形目 Umbelliflorae	五加科 Araliaceae	红毛五加	Acanthopanax giraldii Harms	白岩沟、银厂沟等周边山区，生于海拔 2400～2900m 的阔叶混交林、针叶林	2016.08	++	调查

（续）

序号	目名	科名	中文种名	拉丁学名	分布地点	最新发现时间	估计数量状况	数据来源
894	伞形目 Umbelliflorae	五加科 Araliaceae	五加	Acanthopanax gracilistylus W. W. Smith	耿达、三江草坪区潘达尔景区等周边山区，生于海拔1400~1600m 的常绿阔叶林	2016.08	++	调查
895	伞形目 Umbelliflorae	五加科 Araliaceae	糙叶五加	Acanthopanax henryi (Oliv.) Harms	三江、正河、白岩沟等周边山区，生于海拔1600~2500m的阔叶林、针阔叶混交林	2016.08	+	调查
896	伞形目 Umbelliflorae	五加科 Araliaceae	藤五加	Acanthopanax leucorrhizus (Oliv.) Harms	耿达龙覃沟、糖房等周边山区，生于海拔1800~2200m 的路边岩石、马路边阔叶林中	2016.07	+	调查
897	伞形目 Umbelliflorae	五加科 Araliaceae	刺五加	Acanthopanax senticosus (Rupr. Maxim.) Harms	驴驴店、耿达龙潭沟、三江等周边山区，生于海拔1500~2700m 的人工林下、河谷乔灌丛。	2015.08	++	调查
898	伞形目 Umbelliflorae	五加科 Araliaceae	蜀五加	Acanthopanax setchuenensis Harms	耿达老鸦山、三江席草坪等周边山区，生于海拔1600~2300m的阔叶林下、山中路边灌丛。	2016.08	+	调查
899	伞形目 Umbelliflorae	五加科 Araliaceae	中华五加	Acanthopanax sinensis Hoo	三江冒水子等周边山区，生于海拔1500m 左右的林下	2016.08	+	调查
900	伞形目 Umbelliflorae	五加科 Araliaceae	白簕	Acanthopanax trifoliatus (L.) Merr.	耿达、三江等周边山区，生于海拔1200~1500m 的常绿阔叶林	2016.08	++	调查
901	伞形目 Umbelliflorae	五加科 Araliaceae	楤木	Aralia chinensis L.	三河沟、白岩沟、觉磨沟等周边山区，生于海拔1700~2500m 的常绿、落叶阔叶混交林、河边丛林中、灌丛中、林缘	2016.08	+++	调查
902	伞形目 Umbelliflorae	五加科 Araliaceae	东北土当归	Aralia continentalis Kitagawa	关沟、正河岩巴石等周边山区，生于海拔2300~2900m 的阔叶林、针叶林	1980.08 / 2015.07	+	1) 标本 / 2) 调查
903	伞形目 Umbelliflorae	五加科 Araliaceae	食用土当归	Aralia cordata Thunb.	糖房、转经楼沟等周边山区，生于海拔2000~2600m 的针阔叶混交林	2015.08	++	调查
904	伞形目 Umbelliflorae	五加科 Araliaceae	常春藤	Hedera nepalensis K. Koch var. sinensis (Tobl.) Rehd.	耿达、正河等周边山区，生于海拔1200~1900m的岩石、树干上、落叶阔叶林下、山沟悬岩上。	2016.08	+++	调查

（续）

序号	目名	科名	中文种名	拉丁学名	分布地点	最新发现时间	估计数量状况	数据来源
905	伞形目 Umbelliflorae	五加科 Araliaceae	刺楸	Kalopanax septemlobus (Thunb.) Koidz.	沙湾、三江等周边山区，生于海拔1400~1800m的阔叶林	2016.08	+	调查
906	伞形目 Umbelliflorae	五加科 Araliaceae	异叶梁王茶	Nothopanax davidii (Franch.) Harms	三江、鹿耳坪等周边山区，生于海拔1200~1700m的常绿阔叶林、沟谷崇灌丛、山坡上	2016.08	++	调查
907	伞形目 Umbelliflorae	五加科 Araliaceae	假人参	Panax pseudoginseng Wall.	银厂沟、新店子沟等周边山区，生于海拔2200~2900m的山坡落叶阔叶林、针叶混交林下苔藓层、河谷乔灌林下	2015.07	+	调查
908	伞形目 Umbelliflorae	五加科 Araliaceae	羽叶三七	Panax pseudoginseng Wall. var. bipinnatifidus (Seem.) Li	白岩沟、银厂沟等周边山区，生于海拔2400~2800m的岷江冷杉林	2016.08	++	调查
909	伞形目 Umbelliflorae	五加科 Araliaceae	秀丽假人参	Panax pseudoginseng Wall. var. elegantior (Burkill) Hoo et Tseng	关沟、龙台等周边山区，生于海拔2600~3000m的冷杉林、针阔混交林、路边林下	2015.07	++	调查
910	伞形目 Umbelliflorae	五加科 Araliaceae	大叶三七	Panax pseudoginseng Wall. var. japonicus (C. A. Mey.) Hoo et Tseng	三江、正河沟、觉磨沟、新店子沟等周边山区，生于海拔1700~2900m的常绿、落叶阔叶混交林、针阔叶混交林下、铁杉林下、山坡林下草丛、沟谷乔灌林下、河谷岩石上	2016.08	+	调查
911	伞形目 Umbelliflorae	五加科 Araliaceae	五叶参	Pentapanax leschenaultii (DC.) Seem.	三江、正河等周边山区，生于海拔1500~1700m的阔叶林	2016.08	+	调查
912	伞形目 Umbelliflorae	五加科 Araliaceae	穗序鹅掌柴	Schefflera delavayi (Franch.) Harms ex Diels.	联达、三江等周边山区，生于海拔1400~1600m的常绿阔叶林	2016.08	+	调查
913	伞形目 Umbelliflorae	伞形科 Umbelliferae	丝藏芹	Acronema chinensis Wolff	白岩沟、关沟等周边山区，生于海拔2300~2600m的针阔叶混交林	2016.08	++	调查
914	伞形目 Umbelliflorae	伞形科 Umbelliferae	疏叶当归	Angelica laxifoliata Diels	梯子沟、魏家沟等周边山区，生于海拔2800~3300m的亚高山草甸、河谷边草丛	2015.07	++	调查
915	伞形目 Umbelliflorae	伞形科 Umbelliferae	峨参	Anthriscus sylvestris (L.) Hoffm.	白岩沟、关沟、英雄沟等周边山区，生于海拔2400~3700m的针阔叶混交林、针叶林	2016.08	++	调查

（续）

序号	目名	科名	中文种名	拉丁学名	分布地点	最新发现时间	估计数量状况	数据来源
916	伞形目 Umbelliflorae	伞形科 Umbelliferae	细叶旱芹	Apium leptophyllum (Pers.) F. Muell.	邓生等周边山区，生于海拔3300m左右的亚高山草甸	2015.08	++	调查
917	伞形目 Umbelliflorae	伞形科 Umbelliferae	北柴胡	Bupleurum chinense DC.	耿达、沙湾等周边山区，生于海拔1200～1400m的山地草丛、公路边	2016.08	+	调查
918	伞形目 Umbelliflorae	伞形科 Umbelliferae	纤细柴胡	Bupleurum gracillimum Klotzsch	邓生、巴朗山、贝母坪等周边山区，生于海拔3400～4400m的高山草甸、亚高山草甸	2015.07	++	调查
919	伞形目 Umbelliflorae	伞形科 Umbelliferae	空心柴胡	Bupleurum longicaule Wall. ex DC. var. franchetii de Boiss.	正河、糖房等周边山区，生于海拔1800～2000m的山地草丛	1978.08 2016.08	++	标本 调查
920	伞形目 Umbelliflorae	伞形科 Umbelliferae	竹叶柴胡	Bupleurum marginatum Wall. ex DC.	新店子沟、关沟、耿达老鸦山、大阴沟等周边山区，生于海拔1500～2400m的沟谷乔灌木下、水边草丛、路边草丛	2016.08	+	调查
921	伞形目 Umbelliflorae	伞形科 Umbelliferae	马尾柴胡	Bupleurum microcephalum Diels	耿达、老鸦山等周边山区，生于海拔1500～2600m的山坡草地、路边草丛	2016.08	++	调查
922	伞形目 Umbelliflorae	伞形科 Umbelliferae	积雪草	Centella asiatica (L.) Urban	耿达、三江、正河等周边山区，生于海拔1300～1900m的公路边、山地草丛	2016.08	++	调查
923	伞形目 Umbelliflorae	伞形科 Umbelliferae	松潘矮泽芹	Chamaesium thalictrifolium Wolff	花红树沟、正河山岩沟等周边山区，生于海拔2000～4300m的高山草甸、路旁草丛中、阔叶林下	2016.08	++	调查
924	伞形目 Umbelliflorae	伞形科 Umbelliferae	鸭儿芹	Cryptotaenia japonica Hassk.	卧龙镇、核桃平沟、花红树沟、沙湾、耿达等周边山区，生于海拔1200～2000m的山地草丛、沟边灌丛、公路劳草丛中、河边草本丛中、潮湿、山坡上向阳、河边草地	2015.08	+++	调查
925	伞形目 Umbelliflorae	伞形科 Umbelliferae	深裂鸭儿芹	Cryptotaenia japonica Hassk. f. dissecta (Yabe) Hara	耿达龙潭沟等周边山区，生于海拔1900m左右的人工林下	2015.08	+	调查

（续）

序号	目名	科名	中文种名	拉丁学名	分布地点	最新发现时间	估计数量状况	数据来源
926	伞形目 Umbelliflorae	伞形科 Umbelliferae	野胡萝卜	*Daucus carota* L.	三江、正河等周边山区，生于海拔1500～1700m的山地草丛、荒地	2016.08	++	调查
927	伞形目 Umbelliflorae	伞形科 Umbelliferae	马蹄芹（大苞芹）	*Dickinsia hydrocotyloides* Franch.	足磨沟、糖房、三江鹿耳坪等周边山区，生于海拔1800～2600m的针阔混交林	1981.07 1987:《卧龙植被及资源植物》	/	标本资料
928	伞形目 Umbelliflorae	伞形科 Umbelliferae	渐尖叶独活	*Heracleum acuminatum* Franch.	三江等周边山区，生于海拔1500m左右的林下灌草丛	2016.08	++	调查
929	伞形目 Umbelliflorae	伞形科 Umbelliferae	法落海	*Heracleum apaense* (Shan et Yuan) Shan et T. S. Wang	巴朗山，生于海拔3400～3800m的高山草甸	2016.08	+	调查
930	伞形目 Umbelliflorae	伞形科 Umbelliferae	白亮独活	*Heracleum candicans* Wall. ex DC.	三江、足磨沟等周边山区，生于海拔1500～2300m的针阔混交林，树下灌草丛	2016.08	+	调查
931	伞形目 Umbelliflorae	伞形科 Umbelliferae	独活	*Heracleum hemsleyanum* Diels	花红树沟、觉磨沟、三江鹿耳坪等劳政农场等周边山区，生于海拔1500～2900m的眠江冷杉林、河谷岩石上、路旁草丛中、草坪	2015.07	+++	调查
932	伞形目 Umbelliflorae	伞形科 Umbelliferae	短毛独活	*Heracleum moellendorffii* Hance	糖房、卧龙镇、核桃坪等周边山区，生于海拔1900～2400m的山谷灌草丛、路边草丛	2015.08	++	调查
933	伞形目 Umbelliflorae	伞形科 Umbelliferae	糙独活	*Heracleum scabridum* Franch.	正河、糖房、关沟等周边山区，生于海拔1800～2600m的山地灌丛、针阔叶混交林	2016.08	+	调查
934	伞形目 Umbelliflorae	伞形科 Umbelliferae	平截独活	*Heracleum vicinum* Boiss	生于海拔2400～4400m的山地灌丛、针阔叶混交林	2007:《卧龙自然保护区种子植物系研究》	/	资料
935	伞形目 Umbelliflorae	伞形科 Umbelliferae	中华天胡荽	*Hydrocotyle chinensis* (Dunn) Craib	耿达、三江、核桃坪、幸福沟等周边山区，生于海拔1300～1500m的常绿阔叶林，阴湿山坡林下	2016.08	+++	调查

（续）

序号	目名	科名	中文种名	拉丁学名	分布地点	最新发现时间	估计数量状况	数据来源
936	伞形目 Umbelliflorae	伞形科 Umbelliferae	红马蹄草	Hydrocotyle nepalensis Hook.	三江、正河等周边山区，生于海拔1600~2000m的阔叶林	2016.08	++	调查
937	伞形目 Umbelliflorae	伞形科 Umbelliferae	天胡荽	Hydrocotyle sibthorpioides Lam.	正河、核桃坪等周边山区，生于海拔1400~1900m的公路边、山地草丛	2016.08	++	调查
938	伞形目 Umbelliflorae	伞形科 Umbelliferae	藁本	Ligusticum sinense Oliv.	白岩沟、银厂沟、英雄沟等周边山区，生于海拔2500~3400m的林下及草地、高山草甸	2016.08	++	调查
939	伞形目 Umbelliflorae	伞形科 Umbelliferae	羌活	Notopterygium incisum Ting ex H. T. Chang	关庄、邓生、总棚子等周边山区，生于海拔2700~3700m的针叶林、冷杉林下、亚高山灌丛	2016.08	++	调查
940	伞形目 Umbelliflorae	伞形科 Umbelliferae	水芹	Oenanthe javanica (Bl.) DC.	三江、正河等周边山区，生于海拔1500~2000m的沟边、水湿处	2016.08	++	调查
941	伞形目 Umbelliflorae	伞形科 Umbelliferae	中华水芹	Oenanthe sinensis Dunn	正河、糖房、足磨沟等周边山区，生于海拔2000~2400m的次生落叶阔叶林	2016.08	+	调查
942	伞形目 Umbelliflorae	伞形科 Umbelliferae	香根芹	Osmorhiza aristata (Thunb.) Makino et Yabe Bot.	足磨沟、银厂沟、正河沟等周边山区，生于海拔1700~2700m的路边阳坡草丛，林下、河谷边林下草丛	2016.08	+++	调查
943	伞形目 Umbelliflorae	伞形科 Umbelliferae	疏叶香根芹	Osmorhiza aristata (Thunb.) Makino et Yabe Bot. var. laxa (Royle) Constance et Shan	正河、白岩沟等周边山区，生于海拔2000~2800m的针阔叶混交林、灌丛、河滩阴湿阔叶林下	1980.07	++	标本调查
944	伞形目 Umbelliflorae	伞形科 Umbelliferae	茴芹	Pimpinella anisum L.	核桃坪等周边山区，生于海拔2000m左右的草丛中	2003.06	+	调查
945	伞形目 Umbelliflorae	伞形科 Umbelliferae	异叶茴芹	Pimpinella diversifolia DC.	正河、英雄沟、巴朗山等周边山区，生于海拔1600~4400m的草丛、沟边灌丛	2007：《卧龙自然保护区种子植物区系研究》	++	资料

（续）

序号	目名	科名	中文种名	拉丁学名	分布地点	最新发现时间	估计数量状况	数据来源
946	伞形目 Umbelliflorae	伞形科 Umbelliferae	直立茴芹	Pimpinella smithii Wolff	五一棚等周边山区，生于海拔2700m左右的针阔混交林下、亚高山草甸	2015.07	+	调查
947	伞形目 Umbelliflorae	伞形科 Umbelliferae	归叶棱子芹	Pleurospermum angelicoides（Wall.）Benth. ex C. B. Clarke	钱粮山、巴朗山等周边山区，生于海拔3700~4200m的水沟边、高山灌丛、河滩灌丛下	1980.08 / 2015.07	+	标本 / 调查
948	伞形目 Umbelliflorae	伞形科 Umbelliferae	宝兴棱子芹	Pleurospermum davidii Franch	巴朗山、贝母坪等周边山区，生于海拔3500~3800m的亚高山灌丛	2016.08	++	调查
949	伞形目 Umbelliflorae	伞形科 Umbelliferae	松潘棱子芹	Pleurospermum franchetianum Hemsl.	大阴山沟、钱粮山等周边山区，生于海拔3600~4000m的亚高山草甸、高山灌丛草甸	1980.08 / 2016.08	++	标本 / 调查
950	伞形目 Umbelliflorae	伞形科 Umbelliferae	异伞棱子芹	Pleurospermum heterosciadium Wolff	巴朗山等周边山区，生于海拔4100m左右的高山草甸	1978.08 / 2016.08	++	标本 / 调查
951	伞形目 Umbelliflorae	伞形科 Umbelliferae	西藏棱子芹	Pleurospermum hookeri C. B. Clarke var. thomsonii C. B. Clarke	钱粮山、巴朗山垭口等周边山区，生于海拔4000~4500m的高山流石滩	2016.08	+	调查
952	伞形目 Umbelliflorae	伞形科 Umbelliferae	矮棱子芹	Pleurospermum nanum Franch.	巴朗山垭口等周边山区，生于海拔4300~4500m的高山草甸、高山流石滩	2016.08	++	调查
953	伞形目 Umbelliflorae	伞形科 Umbelliferae	囊瓣芹	Pternopetalum davidii Franch.	足磨沟、关沟等周边山区，生于海拔2300~2600m的针阔叶混交林	2016.08	+++	调查
954	伞形目 Umbelliflorae	伞形科 Umbelliferae	异叶囊瓣芹	Pternopetalum heterophyllum Hand.-Mazz.	银厂沟、龙岩火烧峰等周边山区，生于海拔2300~2700m的针阔叶混交林	1979.05 / 1987:《卧龙植被及资源植物》	标本 / 资料
955	伞形目 Umbelliflorae	伞形科 Umbelliferae	五匹青	Pternopetalum vulgare（Dunn）Hand.-Mazz.	三江镇席草坪等周边山区，生于海拔1700m左右的山中路边	2016.08	+	调查
956	伞形目 Umbelliflorae	伞形科 Umbelliferae	川滇变豆菜	Sanicula astrantiifolia Wolff ex Kretschmer.	三江、核桃坪沟等周边山区，生于海拔1200~1900m的阔叶林、河边草地	2015.08	++	调查
957	伞形目 Umbelliflorae	伞形科 Umbelliferae	变豆菜	Sanicula chinensis Bunge	耿达、三江等周边山区，生于海拔1300~1500m的常绿阔叶林	2016.08	++	调查

（续）

序号	目名	科名	中文种名	拉丁学名	分布地点	最新发现时间	估计数量状况	数据来源
958	伞形目 Umbelliflorae	伞形科 Umbelliferae	直刺变豆菜	Sanicula orthacantha S. Moore	驴驴店、关，关沟、三江、耿达龙潭沟等周边山区，生于海拔 1300～2700m 的常绿阔叶林、河漫滩林下、人工林下、河谷乔灌丛	2015.08	++	调查
959	伞形目 Umbelliflorae	伞形科 Umbelliferae	薄片变豆菜	Sanicula lamelligera Hance	三江鹿耳坪等周边山区，生于海拔 1600m 左右的人工厚朴林	2016.08	++	调查
960	伞形目 Umbelliflorae	伞形科 Umbelliferae	纤细东俄芹	Tongoloa gracilis Wolff	正河向岩沟、关沟等周边山区，生于海拔 1900～2800m 的河滩灌丛	1980.08 1987：《卧龙植被及资源植物》	/	标本 资料
961	伞形目 Umbelliflorae	伞形科 Umbelliferae	小窃衣 （破子草）	Torilis japonica (Houtt.) DC.	正河、沙湾等周边山区，生于海拔 1200～1900m 的公路边草丛、杂木林下、林缘、路旁、河沟沟边以及溪边草丛	2016.08	++	调查
962	伞形目 Umbelliflorae	伞形科 Umbelliferae	窃衣	Torilis scabra (Thunb.) DC.	魏家沟、耿达龙潭沟等周边山区，生于海拔 1500～2800m 的人工林下、山地草丛、荒地、河谷边岩石上	2015.08	+++	调查
963	伞形目 Umbelliflorae	伞形科 Umbelliferae	凹乳芹	Vicatia coniifolia (Wall.) DC.	生于海拔 3900～4200m 的高山灌丛、草甸	1987：《卧龙植被及资源植物》	/	资料
964	伞形目 Umbelliflorae	伞形科 Umbelliferae	西藏凹乳芹 （野当归）	Vicatia thibetica de Boiss.	正河龙眼沟等周边山区，生于海拔 2700m 的阔叶林下	1980.08	/	标本
965	岩梅目 Diapensiales	岩梅科 Diapensiaceae	岩匙	Berneuxia thibetica Decne.	糖房、关沟、邓生等周边山区，生于海拔 1800～3800m 的岷江冷杉林	2016.08	++	调查
966	杜鹃花目 Ericales	鹿蹄草科 Pyrolaceae	喜冬草 （梅笠草）	Chimaphila japonica Miq.	生于海拔 2400～2800m 的针阔叶混交林	1987：《卧龙植被及资源植物》	/	资料
967	杜鹃花目 Ericales	鹿蹄草科 Pyrolaceae	大果假水晶兰	Cheilotheca macrocarpa (H. Andr.) Y. L. Chou	关沟、钱粮沟等周边山区，生于海拔 2700～3300m 的铁杉、冷杉混交林	2016.08	+	调查

（续）

序号	目名	科名	中文种名	拉丁学名	分布地点	最新发现时间	估计数量状况	数据来源
968	杜鹃花目 Ericales	鹿蹄草科 Pyrolaceae	独丽花	Moneses uniflora (Linn.) A. Gray	生于海拔2800~3300m的铁杉、冷杉混交林	1987:《卧龙植被及资源植物》	/	资料
969	杜鹃花目 Ericales	鹿蹄草科 Pyrolaceae	水晶兰	Monotropa uniflora L.	生于海拔2400~2700m的针阔叶混交林	1987:《卧龙植被及资源植物》	/	资料
970	杜鹃花目 Ericales	鹿蹄草科 Pyrolaceae	鹿蹄草	Pyrola calliantha H. Andr.	足磨沟、白岩沟等周边山区，生于海拔2100~2800m的顺江冷杉林、路旁灌丛	1989.06 2016.08	+	标本 调查
971	杜鹃花目 Ericales	鹿蹄草科 Pyrolaceae	皱叶鹿蹄草	Pyrola rugosa H. Andres.	关沟、龙岩等周边山区，生于海拔2800~3400m的铁杉、冷杉林	2016.08	++	调查
972	杜鹃花目 Ericales	鹿蹄草科 Pyrolaceae	钝叶单侧花	Orthilia obtusata (Turcz.) Hara	银厂沟、关沟等周边山区，生于海拔2800~3200m的铁杉、冷杉混交林	2016.08	+	调查
973	杜鹃花目 Ericales	杜鹃花科 Ericaceae	灯笼花	Agapetes lacei Craib	正河、足磨沟等周边山区，生于海拔2000~2500m的次生灌丛、阔叶林	2016.08	+	调查
974	杜鹃花目 Ericales	杜鹃花科 Ericaceae	短梗岩须	Cassiope abbreviata Hand.-Mazz.	生于海拔3600~4300m的高山草甸	1980.08	/	标本
975	杜鹃花目 Ericales	杜鹃花科 Ericaceae	岩须	Cassiope selaginoides Hook. f. et Thoms.	巴朗山、英雄沟、野牛沟等周边山区，生于海拔3600~4000m的高山灌丛或岩石上	2016.08	+	调查
976	杜鹃花目 Ericales	杜鹃花科 Ericaceae	毛叶吊钟花	Enkianthus deflexus (Griff.) Schneid.	耿达、正河等周边山区，生于海拔1200~2000m的次生落叶阔叶林	2016.08	+	调查
977	杜鹃花目 Ericales	杜鹃花科 Ericaceae	四川白珠	Gaultheria cuneata (Rehd. et Wils.) Beans	正河、糖房等周边山区，生于海拔2000~2500m的针阔叶混交林	2016.08	+++	调查
978	杜鹃花目 Ericales	杜鹃花科 Ericaceae	尾叶白珠	Gaultheria griffithiana Wight	白岩沟、银厂沟等周边山区，生于海拔2300~2600m的针阔叶混交林	2016.08	+	调查
979	杜鹃花目 Ericales	杜鹃花科 Ericaceae	红粉白珠	Gaultheria hookeri C. B. Clarke	关沟、银厂沟等周边山区，生于海拔2600~2800m的针阔叶混交林	2015.07	++	调查

（续）

序号	目名	科名	中文种名	拉丁学名	分布地点	最新发现时间	估计数量重状况	数据来源
980	杜鹃花目 Ericales	杜鹃花科 Ericaceae	铜钱叶白珠	*Gaultheria nummularioides* D. Don	生于海拔2100~2700m的针阔叶混交林	1987:《卧龙植被及资源植物》	/	资料
981	杜鹃花目 Ericales	杜鹃花科 Ericaceae	刺毛白珠	*Gaultheria trichophylla* Royle.	正河沟等周边山区，生于海拔2000m左右的崖壁上	2016.08	+	调查
982	杜鹃花目 Ericales	杜鹃花科 Ericaceae	毛叶珍珠花（毛叶南烛）	*Lyonia villosa* (Wall. ex C. B. Clarke) Hand. –Mazz.	转经楼沟、英雄沟、板棚子沟、瞭望台等周边山区，生于海拔2100~3400m的针阔叶混交林、针叶林	2017.07	++	调查
983	杜鹃花目 Ericales	杜鹃花科 Ericaceae	马醉木	*Pieris japonica* (Thunb.) D. Don ex G. Don	三江、正河等周边山区，生于海拔1400~1600m的常绿阔叶林	2016.08	++	调查
984	杜鹃花目 Ericales	杜鹃花科 Ericaceae	雪山杜鹃	*Rhododendron aganniphum* Balf. f. et K. Ward	银厂沟、关鸡等周边山区，生于海拔2700~3000m的岷江冷杉林	2016.08	+	调查
985	杜鹃花目 Ericales	杜鹃花科 Ericaceae	银叶杜鹃	*Rhododendron argyrophyllum* Franch.	核桃坪、关沟等周边山区，生于海拔1600~2800m的阔叶林、针叶林、山坡灌丛	1979.04 2016.08	++	标本 调查
986	杜鹃花目 Ericales	杜鹃花科 Ericaceae	毛肋杜鹃	*Rhododendron augustinii* Hemsl.	糖房、三江、泥岗岗等周边山区，生于海拔1900~2500m的针阔叶混交林，生于海拔下、坡顶针叶林、山坡灌丛	1979.04 2015.07	++	1）标本 2）调查
987	杜鹃花目 Ericales	杜鹃花科 Ericaceae	巴朗杜鹃	*Rhododendron balangense* Fang	白岩沟、银厂沟等周边山区，生于海拔2400~2800m的针阔叶混交林	2016.08	+	调查
988	杜鹃花目 Ericales	杜鹃花科 Ericaceae	苞叶杜鹃	*Rhododendron bracteatum* Rehd. et Wils.	白岩沟、银厂沟等周边山区，生于海拔2400~3000m的针叶林	2016.08	+	调查
989	杜鹃花目 Ericales	杜鹃花科 Ericaceae	美容杜鹃	*Rhododendron calophytum* Franch.	在海拔2500~3000m的周边山区较为常见，生于针阔混交林或针叶林下	2016.08	++	调查
990	杜鹃花目 Ericales	杜鹃花科 Ericaceae	秀雅杜鹃	*Rhododendron concinnum* Hemsl.	在海拔2000~2800m周边山区较为常见，生于针阔叶混交林或针叶林下	1979.05 2016.08	++	标本 调查

（续）

序号	目名	科名	中文种名	拉丁学名	分布地点	最新发现时间	估计数量状况	数据来源
991	杜鹃花目 Ericales	杜鹃花科 Ericaceae	树生杜鹃	Rhododendron dendrocharis Franch.	白岩沟、核桃坪等周边山区，生于海拔2300~2500m的附生铁杉树干上	2016.08	++	调查
992	杜鹃花目 Ericales	杜鹃花科 Ericaceae	喇叭杜鹃	Rhododendron discolor Franch.	三江、正河等周边山区，生于海拔1500~1900m的常绿阔叶林	2015.07	++	调查
993	杜鹃花目 Ericales	杜鹃花科 Ericaceae	大叶金顶杜鹃	Rhododendron faberi Hemsl. subsp. prattii (Franch.) Chamb. ex Cullen et Chamb.	关沟、英雄沟等周边山区，生于海拔2800~3600m的冷杉林、灌丛	1979.05 2016.08	++	标本 调查
994	杜鹃花目 Ericales	杜鹃花科 Ericaceae	乳黄叶杜鹃	Rhododendron galactinum Balf. f. ex Tagg	糖房、银厂沟、觉磨沟等周边山区，生于海拔1800~3000m的岷江冷杉林、山坡灌丛	2015.07	+	调查
995	杜鹃花目 Ericales	杜鹃花科 Ericaceae	岷江杜鹃	Rhododendron hunnewellianum Rehd. et Wils.	耿达、三江等周边山区，生于海拔1200~1600m的常绿阔叶林	2016.08	++	调查
996	杜鹃花目 Ericales	杜鹃花科 Ericaceae	不凡杜鹃	Rhododendron insigne Hemsl. et Wils.	三江保护站高子坪等周边山区，生于海拔1800m左右的山中溪河边	2016.08	+	调查
997	杜鹃花目 Ericales	杜鹃花科 Ericaceae	星毛杜鹃	Rhododendron kyawii Lace et W. W. Smith	白岩沟、银厂沟等周边山区，生于海拔2400~3000m的针阔叶混交林，公路旁	1979.05 2016.08	++	标本 调查
998	杜鹃花目 Ericales	杜鹃花科 Ericaceae	高山杜鹃	Rhododendron lapponicum (L.) Wahl.	巴朗山等周边山区，生于海拔4200m左右的常绿阔叶林	2016.08	+++	调查
999	杜鹃花目 Ericales	杜鹃花科 Ericaceae	百合花杜鹃	Rhododendron liliiflorum Level.	正河等周边山区，生于海拔1800m左右的沟谷乔灌林下	2015.08	++	调查
1000	杜鹃花目 Ericales	杜鹃花科 Ericaceae	长鳞杜鹃	Rhododendron longesquamatum Schneid.	钱粮沟、花红树沟等周边山区，生于海拔3000~3400m的岷江冷杉林	2016.08	+	调查
1001	杜鹃花目 Ericales	杜鹃花科 Ericaceae	黄花杜鹃	Rhododendron lutescens Franch.	足磨沟、关沟等周边山区，生于海拔1800~2600m的阔叶林、针叶林、山坡灌丛	1979.04 2015.07	+	标本 调查

（续）

序号	目名	科名	中文种名	拉丁学名	分布地点	最新发现时间	估计数量状况	数据来源
1002	杜鹃花目 Ericales	杜鹃花科 Ericaceae	宝兴杜鹃	*Rhododendron moupinense* Franch.	白岩沟、邓生、巴朗山等周边山区，生于海拔2300~4200m的山脊铁杉林中岩石上、路边灌丛	1979.05 2015.07	++	标本 调查
1003	杜鹃花目 Ericales	杜鹃花科 Ericaceae	团叶杜鹃	*Rhododendron orbiculare* Decne.	白岩沟、关沟等周边山区，生于海拔2300~2700m的针阔叶混交林	2016.08	++	调查
1004	杜鹃花目 Ericales	杜鹃花科 Ericaceae	山光杜鹃	*Rhododendron oreodoxa* Franch	银厂沟、觉磨沟等周边山区，生于海拔2800~3400m的针叶林	2016.08	++	调查
1005	杜鹃花目 Ericales	杜鹃花科 Ericaceae	绒毛杜鹃	*Rhododendron pachytrichum* Franch.	关沟、英雄沟等周边山区，生于海拔2500~3200m的针叶林	2016.08	++	调查
1006	杜鹃花目 Ericales	杜鹃花科 Ericaceae	凝毛杜鹃	*Rhododendron phaeochrysum* Balf. f. et W. W. Smith var. *agglutinatum* (Balf. f. et Forrest) Chamb. ex Cullen et Chamb.	英雄沟、邓生等周边山区，生于海拔3000~3800m的亚高山灌丛	2016.08	++	调查
1007	杜鹃花目 Ericales	杜鹃花科 Ericaceae	海绵杜鹃	*Rhododendron pingianum* Fang	白岩沟、银厂沟等周边山区，生于海拔2400~2600m的针阔叶混交林	2016.08	+	调查
1008	杜鹃花目 Ericales	杜鹃花科 Ericaceae	多鳞杜鹃	*Rhododendron polylepis* Franch.	正河、银厂沟等周边山区，生于海拔1600~2800m的阔叶林、针叶林、山坡灌丛	1979.04 2015.07	++	标本 调查
1009	杜鹃花目 Ericales	杜鹃花科 Ericaceae	樱草杜鹃	*Rhododendron primuliflorum* Bur. et Franch.	生于海拔3400~3600m的岷江冷杉林	1987:《卧龙植被及资源植物》	/	资料
1010	杜鹃花目 Ericales	杜鹃花科 Ericaceae	青海杜鹃	*Rhododendron qinghaiense* Ching et W. Y. Wang	生于海拔3500~4200m的亚高山与高山草甸灌丛	1987:《卧龙植被及资源植物》	/	资料
1011	杜鹃花目 Ericales	杜鹃花科 Ericaceae	红背杜鹃	*Rhododendron rufescens* Franch.	邓生、贝母坪等周边山区，生于海拔3500~4000m的亚高山与高山草甸灌丛	2003:《卧龙自然保护区珍稀植物资源的保护》	/	资料

（续）

序号	目名	科名	中文种名	拉丁学名	分布地点	最新发现时间	估计数量状况	数据来源
1012	杜鹃花目 Ericales	杜鹃花科 Ericaceae	金黄杜鹃	*Rhododendron rupicola* W. W. Smith var. *chryseum* (Balf. f. et K. Ward) Philip. et M. N. Philip.	龙岩、觉磨沟等周边山区，生于海拔2800~3000m亚高山灌丛	2016.08	+	调查
1013	杜鹃花目 Ericales	杜鹃花科 Ericaceae	水仙杜鹃	*Rhododendron sargentianum* Rehd. et Wils.	生于海拔3200~4000m的亚高山灌丛	1987:《卧龙植被及资源植物》	/	资料
1014	杜鹃花目 Ericales	杜鹃花科 Ericaceae	四川杜鹃	*Rhododendron sutchuenense* Franch.	银厂沟、钱粮沟等周边山区，生于海拔2700~3200m的针阔叶混交林	2016.08	+	调查
1015	杜鹃花目 Ericales	杜鹃花科 Ericaceae	紫丁杜鹃	*Rhododendron violaceum* Rehder & E. H. Wilson	生于海拔3800~4200m的亚高山灌丛	1987:《卧龙植被及资源植物》	/	资料
1016	杜鹃花目 Ericales	杜鹃花科 Ericaceae	褐毛杜鹃	*Rhododendron wasonii* Hemsl. et Wils.	巴朗山等周边山区，生于海拔3500~3600m的亚高山灌丛	2016.08	++	调查
1017	杜鹃花目 Ericales	杜鹃花科 Ericaceae	无柄杜鹃	*Rhododendron watsonii* Hemsl. et Wils.	邓生、钱粮沟等周边山区，生于海拔3000~3500m的岷江冷杉林	2015.07	++	调查
1018	杜鹃花目 Ericales	杜鹃花科 Ericaceae	皱皮杜鹃	*Rhododendron wiltonii* Hemsl. et Wils.	核桃坪、白岩沟等周边山区，生于海拔2300~2500m的铁杉林	2016.08	++	调查
1019	杜鹃花目 Ericales	杜鹃花科 Ericaceae	卧龙杜鹃	*Rhododendron wolongense* W. K. Hu	正河、糖房、巴朗山等周边山区，生于海拔1700~4200m的常绿、落叶阔叶混交林	2015.07	+	调查
1020	杜鹃花目 Ericales	杜鹃花科 Ericaceae	南烛	*Vaccinium bracteatum* Thunb.	糖房、足磨沟等周边山区，生于海拔1800~2200m的次生落叶阔叶林，山坡树林中	2003.06 2015.07	++	标本 调查
1021	杜鹃花目 Ericales	杜鹃花科 Ericaceae	宝兴越橘	*Vaccinium moupinense* Franch.	白岩沟、关沟、英雄沟等周边山区，生于海拔2400~2800m的针阔叶混交林，针叶林	2016.08	+	调查
1022	杜鹃花目 Ericales	杜鹃花科 Ericaceae	红花越橘	*Vaccinium urceolatum* Hemsl	耿达、沙湾、三江等周边山区，生于海拔1200~1400m的常绿阔叶林	2015.07	+	调查
1023	报春花目 Primulales	紫金牛科 Myrsinaceae	硃砂根	*Ardisia crenata* Sims	耿达、三江等周边山区，生于海拔1400~1500m的常绿阔叶林下阴湿处	2016.08	+	调查

（续）

序号	目名	科名	中文种名	拉丁学名	分布地点	最新发现时间	估计数量状况	数据来源
1024	报春花目 Primulales	紫金牛科 Myrsinaceae	铁仔	Myrsine africana L.	耿达、三江等周边山区，生于海拔 1100～1500m 的山地灌丛、常绿阔叶林	2016.08	+++	调查
1025	报春花目 Primulales	紫金牛科 Myrsinaceae	针齿铁仔（齿叶铁仔）	Myrsine semiserrata Wall.	沙湾、龙潭沟等周边山区，生于海拔 1200～1400m 的常绿阔叶林	2016.08	++	调查
1026	报春花目 Primulales	紫金牛科 Myrsinaceae	光叶铁仔	Myrsine stolonifera（Koidz.）Walker	沙湾、龙潭沟等周边山区，生于海拔 1200～1400m 的常绿阔叶林	2016.08	++	调查
1027	报春花目 Primulales	报春花科 Primulaceae	玉门点地梅	Androsace brachystegia Hand.–Mazz.	生于海拔 4000～4500m 的高山草甸	1987:《卧龙植被及资源植物》	/	资料
1028	报春花目 Primulales	报春花科 Primulaceae	莲叶点地梅	Androsace henryi Oliv.	驴驴店、觉磨沟等周边山区，生于海拔 1800～2700m 的灌丛、阔叶林，河谷乔木灌丛、河谷岩石上、河谷边林下草丛	2015.07	+++	调查
1029	报春花目 Primulales	报春花科 Primulaceae	过路黄	Lysimachia christinae Hance	沙湾、正河等周边山区，生于海拔 1200～1900m 的河边灌丛	2016.08	+++	调查
1030	报春花目 Primulales	报春花科 Primulaceae	矮桃	Lysimachia clethroides Duby	耿达、龙潭沟等周边山区，生于海拔 1200～1400m 的山地灌丛	2015.07	+	调查
1031	报春花目 Primulales	报春花科 Primulaceae	临时救（聚花过路黄）	Lysimachia congestiflora Hemsl.	三江、正河等周边山区，生于海拔 1500～2000m 的沟边、灌丛、阔叶林	2016.08	+++	调查
1032	报春花目 Primulales	报春花科 Primulaceae	延叶珍珠菜	Lysimachia decurrens Forst.	耿达、沙湾等周边山区，生于海拔 1300～1500m 的山地灌丛	2016.08	++	调查
1033	报春花目 Primulales	报春花科 Primulaceae	点腺过路黄	Lysimachia hemsleyana Maxim.	白岩沟等周边山区，生于海拔 2600m 左右的山坡	2016.08	++	调查
1034	报春花目 Primulales	报春花科 Primulaceae	落地梅	Lysimachia paridiformis Franch.	三江、耿达等周边山区，生于海拔 1900m 以下的山坡荒地	1992.06 2015.07	++	标本 调查
1035	报春花目 Primulales	报春花科 Primulaceae	狭叶珍珠菜	Lysimachia pentapetala Bunge	生于海拔 1400～1700m 的溪旁、林下阴湿地、山中路边	1987:《卧龙植被及资源植物》	/	资料

（续）

序号	目名	科名	中文种名	拉丁学名	分布地点	最新发现时间	估计数量状况	数据来源
1036	报春花目 Primulales	报春花科 Primulaceae	显苞过路黄	*Lysimachia rubiginosa* Hemsl.	三江、核桃坪等周边山区，生于海拔 1700～2000m 的路旁、山地草丛	2016.08	++	调查
1037	报春花目 Primulales	报春花科 Primulaceae	腺药珍珠菜	*Lysimachia stenosepala* Hemsl.	耿达正河、龙潭沟等周边山区，生于海拔 1700～1900m 的河谷灌木丛、路边岩石	2015.08	++	调查
1038	报春花目 Primulales	报春花科 Primulaceae	小独花报春	*Omphalogramma minus*	巴朗山、贝母坪等周边山区，生于海拔 4000～4400m 的高山草甸	2016.08	++	调查
1039	报春花目 Primulales	报春花科 Primulaceae	乳黄雪山报春	*Primula agleniana* Balf. f. et Forrest	英雄沟、龙岩等周边山区，生于海拔 3000～3500m 的亚高山草甸	2016.08	++	调查
1040	报春花目 Primulales	报春花科 Primulaceae	糙毛报春	*Primula blinii* Levl.	英雄沟、邓生、巴朗山等周边山区，生于海拔 3000～4500m 的向阳的草坡、林缘和高山栎林下	2016.08	++	调查
1041	报春花目 Primulales	报春花科 Primulaceae	中甸灯台报春	*Primula chungensis* Balf. f. et Ward	巴朗山、贝母坪等草地，生于海拔 4400～4500m 的高山草甸	1983.06 2015.07	++	标本 调查
1042	报春花目 Primulales	报春花科 Primulaceae	穗花报春	*Primula deflexa* Duthie	巴朗山周边山区，生于海拔 3100～3600m 的亚高山草甸	2016.08	+	调查
1043	报春花目 Primulales	报春花科 Primulaceae	滇北球花报春	*Primula denticulata* Smith subsp. *sinodenticulata*	白岩沟、龙岩、梯子沟、英雄沟等周边山区，生于海拔 2300～2600m 的针阔叶混交林、山地灌丛	2016.08	++	调查
1044	报春花目 Primulales	报春花科 Primulaceae	黄心球花报春	*Primula erythrocarpa* Craib	野牛沟、巴朗山等周边山区，生于海拔 3000～3400m 的亚高山灌丛、亚高山草甸	2015.07	+	调查
1045	报春花目 Primulales	报春花科 Primulaceae	粉报春	*Primula farinosa* L.	生于海拔 2100～2600m 的针阔叶混交林或山地灌丛	2016.08	++	调查
1046	报春花目 Primulales	报春花科 Primulaceae	垂花报春	*Primula flaccid* Balakr.	梯子沟、新店子沟等周边山区，生于海拔 3200m 左右的河谷乔灌木下，针阔混交林下	2015.07	+	调查

（续）

序号	目名	科名	中文种名	拉丁学名	分布地点	最新发现时间	估计数量状况	数据来源
1047	报春花目 Primulales	报春花科 Primulaceae	单伞长柄报春	Primula hoii Fang	梯子沟等周边山区，生于海拔3200m左右的针阔混交林下	2015.07	+	调查
1048	报春花目 Primulales	报春花科 Primulaceae	花苞报春	Primula involucrata Wall. ex Duby	贝母坪等周边山区，生于海拔3200~3800m的山坡湿草地、沼泽地，水沟边和林间空地	2016.08	+	调查
1049	报春花目 Primulales	报春花科 Primulaceae	雅江报春	Primula involucrata Wall. ex Duby subsp. yargongensis (Petitm.) W. W. Sm. et Forr.	邓生、巴朗山垭口等周边山区，生于海拔3400~4500m的亚高山草甸、高山草甸、高山流石滩（小金方向）	2016.08	++	调查
1050	报春花目 Primulales	报春花科 Primulaceae	萝叶报春	Primula malvacea Franch.	关沟、邓生等周边山区，生于海拔2800~3900m的亚高山草甸	2015.07	++	调查
1051	报春花目 Primulales	报春花科 Primulaceae	宝兴报春	Primula moupinensis Franch.	英雄沟、野牛沟、巴朗山等周边山区，生于海拔2500~3200m的针叶林、针阔混交林下	2016.08	++	调查
1052	报春花目 Primulales	报春花科 Primulaceae	雪山报春	Primula nivalis Pallas	巴朗山、贝母坪等周边山区，生于海拔3800~4100m的高山草甸	2016.08	++	调查
1053	报春花目 Primulales	报春花科 Primulaceae	鄂报春	Primula obconica Hance	正河、核桃坪等周边山区，生于海拔1600~2000m的常绿、落叶阔叶林	2016.08	+	调查
1054	报春花目 Primulales	报春花科 Primulaceae	迎阳报春	Primula oreodoxa Franch	糖房、足踏沟、关沟等周边山区，生于海拔1800~2800m的山地疏林	2016.08	++	调查
1055	报春花目 Primulales	报春花科 Primulaceae	卵叶报春	Primula ovalifolia Franch.	生于海拔1200~2600m阔叶林下或山谷阴处	1987:《卧龙植被及资源植物》	/	资料
1056	报春花目 Primulales	报春花科 Primulaceae	掌叶报春	Primula palmata Hand.-Mazz.	白岩沟、龙岩等周边山区，生于海拔2600~2800m的岷江冷杉林	2016.08	++	调查
1057	报春花目 Primulales	报春花科 Primulaceae	多脉报春	Primula polyneura Franch.	英雄沟、梯子沟、野牛沟及巴朗山等周边山区，生于海拔2000~4000m左右的山地灌丛、高山灌丛或草甸，针阔混交林下	2015.07	++	调查

（续）

序号	目名	科名	中文种名	拉丁学名	分布地点	最新发现时间	估计数量状况	数据来源
1058	报春花目 Primulales	报春花科 Primulaceae	丽花报春	*Primula pulchella* Franch.	巴朗山等周边山区，生于海拔 2100～4000m 的生于高山草地和林缘	2015.07	+	调查
1059	报春花目 Primulales	报春花科 Primulaceae	紫罗兰报春	*Primula purdomii* Craib	巴朗山等周边山区，生于海拔 3300～4500m 的高山草甸、高山流石滩	2015.08	+	调查
1060	报春花目 Primulales	报春花科 Primulaceae	密裂报春	*Primula pycnoloba* Bur. et Franch.	巴朗山等周边山区，生于海拔 1600～2300m 左右的山坡草丛	1985.07	/	标本
1061	报春花目 Primulales	报春花科 Primulaceae	锡金报春（钟花报春）	*Primula sikkimensis* Hook. f.	觅磨沟、邓生等周边山区，生于海拔 3000～3600m 的亚高山灌丛、草甸	2016.08	++	调查
1062	报春花目 Primulales	报春花科 Primulaceae	狭萼报春	*Primula stenocalyx* Maxim.	银厂沟、英雄沟、巴朗山等周边山区，生于海拔 2700～4300m 的阳坡草地、林下、沟边和河滩石缝或高山草甸	2015.07	+	调查
1063	报春花目 Primulales	报春花科 Primulaceae	高穗花报春	*Primula vialii* Franch.	生于海拔 3600～4200m 的高山草甸	1987：《卧龙植被及资源植物》	/	资料
1064	报春花目 Primulales	报春花科 Primulaceae	云南报春	*Primula yunnanensis* Franch.	邓生、野牛沟、巴朗山等周边山区，生于海拔 2800～3600m 的山坡灌丛、草甸	1991.06 2016.08	+	标本 调查
1065	柿目 Ebenales	安息香科 Styracaceae	赤杨叶	*Alniphyllum fortunei* (Hemsl.) perk.	耿达、沙湾、三江等周边山区，生于海拔 1300～1400m 的常绿阔叶林	2016.08	+	调查
1066	柿目 Ebenales	安息香科 Styracaceae	小叶白辛树	*Pterostyrax corymbosus* Sieb. et Zucc.	耿达、卧龙镇、英雄沟、沙湾等周边山区，生于海拔 1400～2500m 的常绿阔叶林	2016.08	++	调查
1067	柿目 Ebenales	山矾科 Symplocaceae	薄叶山矾	*Symplocos anomala* Brand	三江、正河等周边山区，生于海拔 1200～1700m 的常绿阔叶林	2016.08	+	调查
1068	柿目 Ebenales	山矾科 Symplocaceae	棱叶山矾	*Symplocos euryoides* Hand.-Mazz	正河等周边山区，生于海拔 1800m 左右的山坡	1975.06	/	标本
1069	柿目 Ebenales	山矾科 Symplocaceae	光叶山矾	*Symplocos lancifolia* Sieb. et Zucc.	三江镇、鹿耳坪等周边山区，生于海拔 1100～1800m 的常绿阔叶林，沟谷灌丛	2016.08	++	调查

（续）

序号	目名	科名	中文种名	拉丁学名	分布地点	最新发现时间	估计数量状况	数据来源
1070	柿目 Ebenales	山矾科 Symplocaceae	黄牛奶树	*Symplocos laurina* (Retz.) Wall.	三江周边低海拔山区，生于海拔 1100m～1500m 的阔叶林中	2015.08	+	调查
1071	柿目 Ebenales	山矾科 Symplocaceae	叶萼山矾	*Symplocos phyllocalyx* Clarke	正河、糖房、关沟等周边山区，生于海拔 1200～2600m 的山坡	1928.07	/	标本
1072	柿目 Ebenales	山矾科 Symplocaceae	四川山矾	*Symplocos setchuensis* Brand	三江、鹿耳坪、正河等周边山区，生于海拔 1200～1700m 的林中，常绿阔叶林下	2016.08	++	调查
1073	柿目 Ebenales	山矾科 Symplocaceae	山矾	*Symplocos sumuntia* Buch.-Ham. ex D. Don	三江等周边山区，生于海拔 1500m 左右的常绿阔叶林	2016.08	+	调查
1074	捩花目 Contortae	木犀科 Oleaceae	白蜡树	*Fraxinus chinensis* Roxb.	生于海拔 1600m 以下的阔叶林	1987：《卧龙植被及资源植物》	/	资料
1075	捩花目 Contortae	木犀科 Oleaceae	清香藤	*Jasminum lanceolarium* Roxb.	生于海拔 1400～2000m 的常绿阔叶林	1987：《卧龙植被及资源植物》	/	资料
1076	捩花目 Contortae	木犀科 Oleaceae	川素馨	*Jasminum urophyllum* Hemsl.	正河、三江等周边山区，生于海拔 1500～1700m 的路边灌木，河谷乔灌林下	2016.08	+	调查
1077	捩花目 Contortae	木犀科 Oleaceae	紫药女贞（川滇蜡树）	*Ligustrum delavayanum* Hariot	三江等周边山区，生于海拔 1400～1600m 的常绿阔叶林	1987：《卧龙植被及资源植物》	/	资料
1078	捩花目 Contortae	木犀科 Oleaceae	女贞	*Ligustrum lucidum* Ait.	三江鹿耳坪等周边山区，生于海拔 1900m 以下的阔叶林下，路边山脚下、岩石堆旁	2016.08	+	调查
1079	捩花目 Contortae	木犀科 Oleaceae	总梗女贞	*Ligustrum pricei* Hayata	正河、三江鹿耳坪等周边山区，生于海拔 1400～1800m 的阔叶林下	2016.08	+	调查
1080	捩花目 Contortae	木犀科 Oleaceae	野桂花	*Osmanthus yunnanensis* (Franch.) P. S. Green	生于海拔 2000m 以下的阔叶林中	1987：《卧龙植被及资源植物》	/	资料
1081	捩花目 Contortae	木犀科 Oleaceae	西蜀丁香	*Syringa komarowii* Schneid	英雄沟双叉河等周边的山坡，山谷中的灌丛中或疏林中	1989.06	/	标本

（续）

序号	目名	科名	中文种名	拉丁学名	分布地点	最新发现时间	估计数量状况	数据来源
1082	捩花目 Contortae	木犀科 Oleaceae	紫丁香	*Syringa oblate* Lindl.	生于海拔 2300～2600m 的落叶阔叶林、针阔叶混交林	2015.07	+	调查
1083	捩花目 Contortae	木犀科 Oleaceae	羽叶丁香	*Syringa pinnatifolia* Hemsl.	卿拉井等周边山区，生于海拔 3200m 左右的山坡灌丛	1974.06	/	标本
1084	捩花目 Contortae	龙胆科 Gentianaceae	镰萼喉毛花	*Comastoma falcatum* （Turcz. ex Kar. et Kir.） Toyokuni	足磨沟、花红树沟、巴朗山、贝母坪等周边山区，生于海拔 2100～5300m 的河滩、草地、林下、灌丛、高山草甸	2016.08	++	调查
1085	捩花目 Contortae	龙胆科 Gentianaceae	无柄蔓龙胆	*Craufurdia sessiliflora* （Marq.） H. Smith	钱粮沟、英雄沟、梯子沟等周边山区，生于海拔 2000～2800m 的针阔叶混交林缘或针叶林下	2015.07	+	调查
1086	捩花目 Contortae	龙胆科 Gentianaceae	四川蔓龙胆	*Craufurdia tibetica* Franch.	生于海拔 3000～3600m 左右的灌木丛或草地	2016.08	++	调查
1087	捩花目 Contortae	龙胆科 Gentianaceae	高山龙胆变种	*Gentiana algida* Pall. var. *sibirica* Kusnez.	贝母坪、巴朗山等周边山区，生于海拔 3800～4400m 的高山草甸	2016.08	++	调查
1088	捩花目 Contortae	龙胆科 Gentianaceae	川东龙胆	*Gentiana arethusae* Burk.	正河、英雄沟、巴朗山等周边山区，生于海拔 2000～4800m 的山坡草地	2016.08	+++	调查
1089	捩花目 Contortae	龙胆科 Gentianaceae	刺芒龙胆（尖叶龙胆）	*Gentiana aristata* Maxim.	英雄沟、邓生、巴朗山等周边山区，生于海拔 2200～3500m 的亚高山草甸、山坡草丛	2016.08	++	调查
1090	捩花目 Contortae	龙胆科 Gentianaceae	阿墩子龙胆	*Gentiana atuntsiensis* W. W. Smith	银厂沟、钱粮沟、巴朗山等周边山区，生于海拔 3000～4800m 的林下、灌丛中、高山草甸。	2016.08	+++	调查
1091	捩花目 Contortae	龙胆科 Gentianaceae	达乌里秦艽	*Gentiana dahurica* Fisch.	生于海拔 1800～3500m 左右的田边、路旁或草甸	2015.07	++	调查
1092	捩花目 Contortae	龙胆科 Gentianaceae	六叶龙胆	*Gentiana hexaphylla* Maxim.	巴朗山、贝母坪等周边山区，生于海拔 3000～4200m 的高山草甸	2016.08	+++	调查

（续）

序号	目名	科名	中文种名	拉丁学名	分布地点	最新发现时间	估计数量状况	数据来源
1093	捩花目 Contortae	龙胆科 Gentianaceae	秦艽	Gentiana macrophylla Pall.	梯子沟等周边山区，生于海拔2000~3000m的山坡草地、草甸、林缘	2015.07	++	调查
1094	捩花目 Contortae	龙胆科 Gentianaceae	小齿龙胆	Gentiana microdonta Franch. ex Hemsl.	贝母坪以上的巴朗山等周边山区，生于海拔3400~3600m的亚高山草甸	2016.08	++	调查
1095	捩花目 Contortae	龙胆科 Gentianaceae	深红龙胆	Gentiana rubicunda Franch.	花红树沟、梯子沟、五一棚等周边山区，生于海拔1900~3000m的针阔混交林、山地灌丛、冷杉林、山坡草地潮湿地	2015.07	+++	调查
1096	捩花目 Contortae	龙胆科 Gentianaceae	匙叶龙胆	Gentiana spathulifolia Maxim. ex Kusnez.	白岩沟、英雄沟等周边山区，生于海拔2300~4000m的高山草甸	2015.07	++	调查
1097	捩花目 Contortae	龙胆科 Gentianaceae	鳞叶龙胆	Gentiana squarrosa Ledeb.	巴朗山、梯子沟山顶，生于海拔3000~3700m的亚高山和高山草甸、草坡	2016.08	++	调查
1098	捩花目 Contortae	龙胆科 Gentianaceae	三歧龙胆	Gentiana trichotoma Kusnez.	巴朗山垭口等周边山区，生于海拔4500m左右的高山流石滩	2016.08	+	调查
1099	捩花目 Contortae	龙胆科 Gentianaceae	蓝玉簪龙胆	Gentiana veitchiorum Hemsl.	正河、线粮沟、巴朗山等周边山区，生于海拔1900~4500m的高山草甸	2016.08	+	调查
1100	捩花目 Contortae	龙胆科 Gentianaceae	云南龙胆	Gentiana yunnanensis Franch.	生于海拔3000~3400m的草坡或沟边灌丛	1987：《卧龙植被及资源植物》	/	资料
1101	捩花目 Contortae	龙胆科 Gentianaceae	扁蕾	Gentianopsis barbata (Froel.) Ma	巴朗山垭口、贝母坪等周边山区，生于海拔1800~4500m的阔叶林、针叶林、高山流石滩、亚高山草甸	2016.08	+++	调查
1102	捩花目 Contortae	龙胆科 Gentianaceae	湄旋扁蕾	Gentianopsis contorta (Royle) Ma	龙岩等周边山区，生于海拔2500~3100m的山坡草地或针阔混交林下	2015.07	+	调查
1103	捩花目 Contortae	龙胆科 Gentianaceae	黄花扁蕾	Gentianopsis lutea (Burk.) Ma	巴朗山垭口等周边山区，生于海拔4500m左右的高山流石滩（小金方向）	2016.08	++	调查

（续）

序号	目名	科名	中文种名	拉丁学名	分布地点	最新发现时间	估计数量状况	数据来源
1104	捩花目 Contortae	龙胆科 Gentianaceae	湿生扁蕾	Gentianopsis paludosa（Hook. f.）Ma	在海拔 2500～3500m 的周边山区常见，生于山坡草地和高山草甸	2016.08	+++	调查
1105	捩花目 Contortae	龙胆科 Gentianaceae	花锚	Halenia corniculata（L.）Cornaz	正河沟、沙湾、花红树沟等周边山区，生于海拔 1100～1900m 的林下石上、山坡草丛中	2016.08	++	调查
1106	捩花目 Contortae	龙胆科 Gentianaceae	椭圆叶花锚	Halenia elliptica D. Don	觉磨沟、巴朗山等周边山区，生于海拔 1900～3900m 的路边、灌丛、草甸、亚高山草甸	2015.08	++	调查
1107	捩花目 Contortae	龙胆科 Gentianaceae	獐牙菜	Swertia bimaculata（Sieb. et Zucc.）Hook. f. et Thoms. ex C. B. Clarke	银厂沟、关斗沟等周边山区，生于海拔 2000～2700m 的针阔叶混交林	2016.08	++	调查
1108	捩花目 Contortae	龙胆科 Gentianaceae	西南獐牙菜	Swertia cincta Burk.	觉磨沟、龙眼沟等周边山区，生于海拔 2500～3500m 的亚高山灌丛	2016.08	++	调查
1109	捩花目 Contortae	龙胆科 Gentianaceae	红直獐牙菜	Swertia erythrosticta Maxim.	生于海拔 1800～4400m 的疏林下、高山草甸	2015.08	++	调查
1110	捩花目 Contortae	龙胆科 Gentianaceae	紫红獐牙菜	Swertia punicea Hemsl.	英雄沟、梯子沟、野牛沟、巴朗山等周边山区，生于海拔 1900～3200m 的路边灌草丛或亚高山草甸	2015.07	+	调查
1111	捩花目 Contortae	龙胆科 Gentianaceae	大药獐牙菜	Swertia tibetica Batal.	巴朗山高山草甸，生于海拔 3500～4400m 的高山草甸和高山流石滩	2016.08	++	调查
1112	捩花目 Contortae	龙胆科 Gentianaceae	华北獐牙菜	Swertia wolfangiana Grun.	生于海拔 3200～3500m 的亚高山草甸	1987：《卧龙植被及资源植物》	/	资料
1113	捩花目 Contortae	龙胆科 Gentianaceae	双蝴蝶	Tripterospermum chinense（Migo）H. Smith	耿达、三江等周边山区，生于海拔 1400～1600m 的常绿阔叶林	2016.08	++	调查
1114	捩花目 Contortae	龙胆科 Gentianaceae	滇黄芩（黄秦艽）	Veratrilla baillonii Franch.	生于海拔 3800～4300m 的高山草甸、流石滩地。	1990.07	/	标本
1115	捩花目 Contortae	夹竹桃科 Apocynaceae	络石	Trachelospermum jasminoides（Lindl.）Lem.	耿达、沙湾等周边山区，生于海拔 1200～1500m 的阔叶林、灌丛	2016.08	++	调查

（续）

序号	目名	科名	中文种名	拉丁学名	分布地点	最新发现时间	估计数量状况	数据来源
1116	掖花目 Contortae	萝藦科 Asclepiadaceae	牛皮消	Cynanchum auriculatum Royle ex Wight	三江、正河等周边山区，生于海拔1400~1700m 的路边灌丛	2016.08	+	调查
1117	掖花目 Contortae	萝藦科 Asclepiadaceae	豹药藤	Cynanchum decipiens Schneid.	三江等周边山区，生于海拔1700m 的石壁上、中山铁路旁	2016.08	++	调查
1118	掖花目 Contortae	萝藦科 Asclepiadaceae	西藏牛皮消	Cynanchum saccatum W. T. Wang	龙岩、银厂沟等周边山区，生于海拔2500~2700m 的山地灌丛	2016.08	++	调查
1119	掖花目 Contortae	萝藦科 Asclepiadaceae	竹灵消	Cynanchum inamoenum (Maxim.) Loes.	足磨沟、核桃坪等周边山区，生于海拔1800~2100m 的公路旁草丛	2016.08	+	调查
1120	掖花目 Contortae	萝藦科 Asclepiadaceae	华萝藦	Metaplexis hemsleyana Oliv.	耿达、三江等周边山区，生于海拔1400~1700m 的山地灌丛	2016.08	++	调查
1121	掖花目 Contortae	萝藦科 Asclepiadaceae	萝藦	Metaplexis japonica (Thunb.) Makino	耿达、三江等周边山区，生于海拔1200~1600m 的林缘、灌丛、荒地	2016.08	+	调查
1122	掖花目 Contortae	萝藦科 Asclepiadaceae	杠柳	Periploca sepium Bunge	耿达、三江等周边山区，生于海拔1200~1500m 的山地灌丛、阔叶林	2016.08	+	调查
1123	掖花目 Contortae	马钱科 Loganiaceae	大叶醉鱼草	Buddleja davidii Franch.	耿达、三江等周边山区，生于海拔1200~1500m 的常绿阔叶林	2016.08	+++	调查
1124	茜草目 Rubiales	茜草科 Rubiaceae	香果树	Emmenopterys henryi Oliv.	生于海拔1400~1500m 的常绿阔叶林	2003:《卧龙自然保护区珍稀保护植物资源的保护》	/	资料
1125	茜草目 Rubiales	茜草科 Rubiaceae	猪殃殃	Galium aparine Linn. var. tenerum (Gren. et Godr.) Rchb.	在海拔1800m 以下山区常见，生于公路边、山坡荒地、草丛	2016.08	+++	调查
1126	茜草目 Rubiales	茜草科 Rubiaceae	拉拉藤	Galium aparine Linn. var. echinospermum (Wallr.) Cuf.	在海拔2400m 以下山区常见，生于阴坡灌草丛阔叶林下	2016.08	+++	调查

（续）

序号	目名	科名	中文种名	拉丁学名	分布地点	最新发现时间	估计数量状况	数据来源
1127	茜草目 Rubiales	茜草科 Rubiaceae	六叶葎	Galium asperuloides Edgew. subsp. hoffmeisteri (Klotzsch) Hara	在海拔 2600m 以下山区常见，生于荒地草坡、灌草丛，针阔叶混交林下	2016.08	+++	调查
1128	茜草目 Rubiales	茜草科 Rubiaceae	小叶葎	Galium asperifolium Wall. ex Roxb. var. sikkimense (Gand.) Cuf.	在海拔 2100m 以下山区较为常见，生于阔叶林或阴阳坡草地	2016.08	++	调查
1129	茜草目 Rubiales	茜草科 Rubiaceae	四叶葎	Galium bungei Steud.	在海拔 2500m 以下山区常见，生于林中、灌丛或草地	2015.08	+++	调查
1130	茜草目 Rubiales	茜草科 Rubiaceae	阔叶四叶葎	Galium bungei Steud. var. trachyspermum (A. Gray) Cuf.	耿达、卧龙镇和三江等周边中低海拔山区，生于海拔 1500m 以下的山地、旷野、田间、沟边的林中、灌丛或草地	2016.08	++	调查
1131	茜草目 Rubiales	茜草科 Rubiaceae	小红参（西南拉拉藤）	Galium elegans Wall. ex Roxb.	在海拔 2500m 以下山区常见，生于山地疏林下、灌丛，草地或岩石上	2016.08	++	调查
1132	茜草目 Rubiales	茜草科 Rubiaceae	四川拉拉藤	Galium elegans Wall. ex Roxb. var. nemorosum Cuf.	在海拔 2000m 以下山区常见，生于针阔叶混交林或山坡草地	2016.08	++	调查
1133	茜草目 Rubiales	茜草科 Rubiaceae	毛拉拉藤	Galium elegans Wall. ex Roxb. var. velutinum Cuf.	在海拔 2000~2600m 的山区较为常见，生于山坡草地，灌丛或针阔叶混交林	2016.08	++	调查
1134	茜草目 Rubiales	茜草科 Rubiaceae	薄叶新耳	Neanotis hirsuta (Linn. f.) Lewis	三江等地，生于海拔 1200~1500m 的常绿阔叶林中	2016.08	+	调查
1135	茜草目 Rubiales	茜草科 Rubiaceae	臭味新耳草	Neanotis ingrata (Wall. ex Hook. f.) Lewis	三江西河流域周边山区，生于海拔 1000m 以上的山坡林内或河谷两岸草坡上	2016.08	+	调查
1136	茜草目 Rubiales	茜草科 Rubiaceae	日本蛇根草	Ophiorrhiza japonica Bl.	生于海拔 1200~1600m 的常绿阔叶林、沟边	1987：《卧龙植被及资源植物》	/	资料
1137	茜草目 Rubiales	茜草科 Rubiaceae	鸡矢藤	Paederia scandens (Lour.) Merr.	耿达、三江等周边山区，生于海拔 1200~1800m 的山地灌丛	2016.08	++	调查

（续）

序号	目名	科名	中文种名	拉丁学名	分布地点	最新发现时间	估计数量状况	数据来源
1138	茜草目 Rubiales	茜草科 Rubiaceae	毛鸡矢藤	Paederia scandens (Lour.) Merr. var. tomentosa (Bl.) Hand. -Mazz.	正河、三江等周边山区，生于海拔 1600～2100m 的山地灌丛	2016.08	++	调查
1139	茜草目 Rubiales	茜草科 Rubiaceae	茜草	Rubia cordifolia L.	在海拔 1200～2100m 的山区常见，生于山地灌丛、路边草丛或林下灌草丛	2016.08	+++	调查
1140	茜草目 Rubiales	茜草科 Rubiaceae	卵叶茜草	Rubia ovatifolia Z. Y. Zhang	耿达龙潭沟、核桃坪等周边山区，生于海拔 1900～2100m 的山地疏林或灌丛中	2016.08	++	调查
1141	茜草目 Rubiales	茜草科 Rubiaceae	大叶茜草	Rubia schumanniana Pritzel	驴驴店、三江等周边山区，生于海拔 1400～2800m 的常绿阔叶林、河谷乔灌丛、山中坡上。	2015.07	+++	调查
1142	茜草目 Rubiales	茜草科 Rubiaceae	白马骨	Serissa serissoides (DC.) Druce	核桃坪、白岩沟等周边山区，生于海拔 2200～2600m 的针阔叶混交林、山地灌丛	2016.08	+	调查
1143	茜草目 Rubiales	茜草科 Rubiaceae	华钩藤	Uncaria sinensis (Oliv.) Havil.	生于海拔 1200m 左右的山地疏林中或湿润沟谷生林下	1989.06	/	标本
1144	管状花目 Tubiflorae	旋花科 Convolvulaceae	打碗花	Calystegia hederacea Wall. ex. Roxb.	在海拔 1200～1600m 山区常见，生于荒地、山地草丛	2016.08	+++	调查
1145	管状花目 Tubiflorae	旋花科 Convolvulaceae	旋花	Calystegia sepium (L.) R. Br.	三江等周边山区，生于海拔 1800m 左右的路边岩石堆旁	2016.08	++	调查
1146	管状花目 Tubiflorae	旋花科 Convolvulaceae	菟丝子	Cuscuta chinensis Lam.	寄生于海拔 1200～1600m 的灌木或草本植物上。	2016.08	+	调查
1147	管状花目 Tubiflorae	旋花科 Convolvulaceae	金灯藤（日本菟丝子）	Cuscuta japonica Choisy	寄生于海拔 1400～2000m 的灌木或草本植物上。	2016.08	+	调查
1148	管状花目 Tubiflorae	旋花科 Convolvulaceae	马蹄金	Dichondra repens Forst.	该物种常做草地绿化用，生于海拔 1400～1900m 的路边、荒地	2016.08	+	调查
1149	管状花目 Tubiflorae	紫草科 Boraginaceae	倒提壶	Cynoglossum amabile Stapf et Drumm.	在海拔 1600～2000m 的山区常见，生于路边草丛、山坡草地	2016.08	+++	调查

（续）

序号	目名	科名	中文种名	拉丁学名	分布地点	最新发现时间	估计数量状况	数据来源
1150	管状花目 Tubiflorae	紫草科 Boraginaceae	小花琉璃草	Cynoglossum lanceolatum Forssk.	在海拔1700~2100m的山区常见，生于路边灌草丛中、林下路边	2016.08	+++	调查
1151	管状花目 Tubiflorae	紫草科 Boraginaceae	琉璃草	Cynoglossum zeylanicum (Vahl) Thunb.	在海拔1600~2000m的山区较常见，生于路边草丛、山坡草地或灌草丛	2016.08	++	调查
1152	管状花目 Tubiflorae	紫草科 Boraginaceae	异型假鹤虱	Eritrichium difforme Lian et J. Q. Wang	在海拔2300~3800m山区较为常见，生于山坡草地、林下、沟谷河边及阴湿石缝中	2016.08	++	调查
1153	管状花目 Tubiflorae	紫草科 Boraginaceae	毛果草	Lasiocaryum densiflorum (Duthie) Johnst.	梯子沟、野牛沟、巴朗山，生于海拔3000~4000m的亚高山草甸	2015.07	++	调查
1154	管状花目 Tubiflorae	紫草科 Boraginaceae	紫草	Lithospermum erythrorhizon Sieb. et Zucc.	在海拔1500~2000m的山区较为常见，生于路边草地或灌草丛	2016.05	++	调查
1155	管状花目 Tubiflorae	紫草科 Boraginaceae	总苞微孔草	Microula involucriformis W. T. Wang	英雄沟等周边山区，生于海拔3000m左右的山地	2016.08	++	调查
1156	管状花目 Tubiflorae	紫草科 Boraginaceae	卵叶微孔草	Microula ovalifolia (Bur. et Franch.) Johnst.	巴朗山等周边山区，生于海拔4500m左右的高山草地	2016.08	++	调查
1157	管状花目 Tubiflorae	紫草科 Boraginaceae	甘青微孔草	Microula pseudotrichocarpa W. T. Wang	银厂沟、英雄沟、贝母坪等周边山区，生于海拔2200~3500m的高山草甸	2016.08	++	调查
1158	管状花目 Tubiflorae	紫草科 Boraginaceae	微孔草	Microula sikkimensis (Clarke) Hemsl.	邓生、花红树沟等周边山区，生于海拔3200~3900m的高山灌丛、亚高山草丛、草甸、亚高山草甸	2015.08	++	调查
1159	管状花目 Tubiflorae	紫草科 Boraginaceae	盾果草	Thyrocarpus sampsonii Hance	耿达、足磨沟、英雄沟等周边山区，生于海拔1200~3300m的山坡草地、亚高山草甸	2015.07	+	调查
1160	管状花目 Tubiflorae	紫草科 Boraginaceae	附地菜	Trigonotis peduncularis (Trev.) Benth. ex Baker et Moore	邓生、巴朗山等周边山区，生于海拔3200~4200m的亚高山及高山草甸	2016.08	++	调查
1161	管状花目 Tubiflorae	马鞭草科 Verbenaceae	紫珠	Callicarpa bodinieri Levl.	三江、正河等周边山区，生于海拔1500~1800m的山地灌丛	2016.08	++	调查

（续）

序号	目名	科名	中文种名	拉丁学名	分布地点	最新发现时间	估计数量状况	数据来源
1162	管状花目 Tubiflorae	马鞭草科 Verbenaceae	红紫珠	*Callicarpa rubella* Lindl.	耿达、三江等周边山区，生于海拔 1400～1600m 的山地灌丛	2016.08	++	调查
1163	管状花目 Tubiflorae	马鞭草科 Verbenaceae	臭牡丹	*Clerodendrum bungei* Steud.	耿达、正河等周边山区，生于海拔 1200～1800m 的公路边灌丛	2016.08	++	调查
1164	管状花目 Tubiflorae	马鞭草科 Verbenaceae	海州常山	*Clerodendrum trichotomum* Thunb.	耿达、三江昌寿等周边山区，生于海拔 1200～1700m 的河滩灌丛、林下	2016.08	++	调查
1165	管状花目 Tubiflorae	马鞭草科 Verbenaceae	马鞭草	*Verbena officinalis* L.	三江、正河等周边山区，生于海拔 1500～2000m 的公路边、荒草丛	2016.08	+++	调查
1166	管状花目 Tubiflorae	唇形科 Labiatae	筋骨草	*Ajuga ciliata* Bunge	生于海拔 1200～1800m 的公路边、草丛、路边阳坡草丛、亚高山草甸	2015.07	+	调查
1167	管状花目 Tubiflorae	唇形科 Labiatae	白苞筋骨草	*Ajuga lupulina* Maxim.	巴朗山熊猫之巅附近山坡，生于海拔 3400～3600m 的高山草甸	2016.08	+++	调查
1168	管状花目 Tubiflorae	唇形科 Labiatae	风轮菜	*Clinopodium chinense* (Benth.) O. Ktze.	三江鹿耳坪等周边山区，生于海拔 1200m 左右的山脊草丛	2016.08	++	调查
1169	管状花目 Tubiflorae	唇形科 Labiatae	细风轮菜	*Clinopodium gracile* (Benth.) Matsum.	在海拔 1800～2400m 的山区常见，生于山坡荒地、草丛	2016.08	+++	调查
1170	管状花目 Tubiflorae	唇形科 Labiatae	寸金草	*Clinopodium megalanthum* (Diels) C. Y. Wu et Hsuan	在海拔 1600～2500m 的山区较为常见，生于山坡荒地或草丛	2016.08	++	调查
1171	管状花目 Tubiflorae	唇形科 Labiatae	峨眉风轮菜	*Clinopodium omeiense* C. Y. Wu et Hsuan ex H. W Li	巴朗山、野牛沟、梯子沟等周边山区，生于海拔 3000～3600m 的亚高山草甸	2015.07	++	调查
1172	管状花目 Tubiflorae	唇形科 Labiatae	香薷	*Elsholtzia ciliata* (Thunb.) Hyland.	在海拔 2000m 以下中低海拔山区较为常见，生于山坡草地、公路边	2016.08	++	调查
1173	管状花目 Tubiflorae	唇形科 Labiatae	野草香	*Elsholtzia cypriani* (Pavol.) C. Y. Wu et S. Chow	生于海拔 2500m 以下的公路边草丛中	1987:《卧龙植被及资源植物》	/	资料

（续）

序号	目名	科名	中文种名	拉丁学名	分布地点	最新发现时间	估计数量状况	数据来源
1174	管状花目 Tubiflorae	唇形科 Labiatae	密花香薷	*Elsholtzia densa* Benth.	在海拔 1800～3000m 的山区较为常见，生于山坡采地或路边草丛	2016.08	++	调查
1175	管状花目 Tubiflorae	唇形科 Labiatae	穗状香薷	*Elsholtzia stachyodes*（Link）C. Y. Wu	耿达、三江、卧龙镇等周边山区，生于海拔 2500m 以下山区的阔叶林下或林缘草地	2015.08	+	调查
1176	管状花目 Tubiflorae	唇形科 Labiatae	野苏子	*Elsholtzia flava*（Benth.）Benth.	生于海拔 1600～2000m 的山地灌丛	1987：《卧龙植被及资源植物》	/	资料
1177	管状花目 Tubiflorae	唇形科 Labiatae	鸡骨柴	*Elsholtzia fruticosa*（D. Don）Rehd.	关沟、宽磨沟、正河、耿达老鸦山、三江保护站簸子坪等周边山区，生于海拔 1600～2600m 的河滩灌丛，阳坡灌草丛、水边林下、山中溪沟、河谷边林下草丛、沟谷乔灌林下。	2016.08	++	调查
1178	管状花目 Tubiflorae	唇形科 Labiatae	野坝子	*Elsholtzia rugulosa* Hemsl.	三江、糖房、核桃坪、英雄沟等周边山区，生于海拔 1500～2700m 的河滩灌丛，荒坡	2016.08	++	调查
1179	管状花目 Tubiflorae	唇形科 Labiatae	小野芝麻	*Galeobdolon chinense*（Benth.）C. Y. Wu	三江、正河等周边山区，生于海拔 1600～2000m 的山地灌丛	2015.07	+	调查
1180	管状花目 Tubiflorae	唇形科 Labiatae	鼬瓣花	*Galeopsis bifida* Boenn.	花红树沟沟口，生于海拔 2000m 的林缘草地等空旷处	2016.08	+++	调查
1181	管状花目 Tubiflorae	唇形科 Labiatae	活血丹	*Glechoma longituba*（Nakai）Kupr	三江、正河、七层楼沟等周边山区，生于海拔 1500～2000m 的林缘、疏林下、溪边阴湿处	2016.08	++	调查
1182	管状花目 Tubiflorae	唇形科 Labiatae	四轮香	*Hanceola sinensis*（Hemsl.）Kudo	生于海拔 1200～2000m 的阔叶林	1987：《卧龙植被及资源植物》	/	资料
1183	管状花目 Tubiflorae	唇形科 Labiatae	动蕊花	*Kinostemon ornatum*（Hemsl.）Kudo	三江、正河等周边山区，生于海拔 1500～1800m 的阔叶林、路边、草丛	2016.08	++	调查

（续）

序号	目名	科名	中文种名	拉丁学名	分布地点	最新发现时间	估计数量状况	数据来源
1184	管状花目 Tubiflorae	唇形科 Labiatae	宝盖草	*Lamium amplexicaule* L.	三江、正河、卧龙镇、英雄沟等周边山区，生于海拔 1200～2700m 的山坡荒地、路旁、林缘、沼泽草地及宅旁等地	2016.08	++	调查
1185	管状花目 Tubiflorae	唇形科 Labiatae	野芝麻	*Lamium barbatum* Sieb. et Zucc.	耿达、正河、关沟等周边山区，生于海拔 1300～2300m 的山地草丛、路边草丛	2015.07	++	调查
1186	管状花目 Tubiflorae	唇形科 Labiatae	紫花野芝麻	*Lamium maculatum* L.	银厂沟等周边山区，生于海拔 2700m 的阳坡灌草丛	2015.07	+	调查
1187	管状花目 Tubiflorae	唇形科 Labiatae	益母草	*Leonurus artemisia* (Laur.) S. Y. Hu	耿达、正河、足磨沟等周边山区，生于海拔 1400～2600m 的公路边、荒地、山地草丛	2016.08	++	调查
1188	管状花目 Tubiflorae	唇形科 Labiatae	薄荷	*Mentha haplocalyx* Briq.	正河、耿达龙潭沟、核桃坪沟、关沟等周边山区，生于海拔 1600～2900m 的沟边、公路边湿地处、人工林下	2015.08	+	调查
1189	管状花目 Tubiflorae	唇形科 Labiatae	蜜蜂花	*Melissa axillaris* (Benth.) Bakh. f.	正河、核桃坪沟、关沟等周边山区，生于海拔 1600～2800m 的山坡路旁、山谷草坡、林下	2015.08	++	调查
1190	管状花目 Tubiflorae	唇形科 Labiatae	长萼冠唇花	*Microtoena longisepala* C. Y. Wu	糖房、足磨沟等周边山区，生于海拔 2000～2400m 的山地灌丛	2016.08	++	调查
1191	管状花目 Tubiflorae	唇形科 Labiatae	冠唇花	*Microtoena insuavis* (Hance) Prain ex Dunn	三江、耿达等周边山区，生于海拔 1500～1600m 的山地灌丛	2016.08	++	调查
1192	管状花目 Tubiflorae	唇形科 Labiatae	南川冠唇花	*Microtoena prainiana* Diels	正河沟等周边山区，生于海拔 1700m 左右的河边丛中	2016.08		调查
1193	管状花目 Tubiflorae	唇形科 Labiatae	麻叶冠唇花	*Microtoena urticifolia* Hemsl.	正河沟等周边山区，生于海拔 1700m 左右的河边丛中	2016.08		调查
1194	管状花目 Tubiflorae	唇形科 Labiatae	蓝花荆芥	*Nepeta coerulescens* Maxim.	生于海拔 3000～4000m 的山地草丛、草甸	1987：《卧龙植被及资源植物》	/	资料

（续）

序号	目名	科名	中文种名	拉丁学名	分布地点	最新发现时间	估计数量状况	数据来源
1195	管状花目 Tubiflorae	唇形科 Labiatae	康藏荆芥	*Nepeta prattii* Level.	正河、银厂沟、邓生、巴朗山等周边山区，生于海拔 2100～4200m 的山地草丛、草甸	2016.08	++	调查
1196	管状花目 Tubiflorae	唇形科 Labiatae	牛至	*Origanum vulgare* L.	在海拔 1600～3000m 的山区常见，生于山地草丛、山谷草坡、路边、公路边灌丛中，河谷边岩石上	2016.08	+++	调查
1197	管状花目 Tubiflorae	唇形科 Labiatae	大花糙苏	*Phlomis megalantha* Diels	在海拔 2700～3800m 的山区常见，生于冷杉林下或灌丛草坡或高山草甸	2016.08	++	调查
1198	管状花目 Tubiflorae	唇形科 Labiatae	美观糙苏	*Phlomis ornata* C. Y. Wu	贝母坪、梯子沟、巴朗山等周边山区，生于海拔 3200～3900m 的亚高山灌丛、高山草甸、暗针叶林下	2015.07	++	调查
1199	管状花目 Tubiflorae	唇形科 Labiatae	糙苏	*Phlomis umbrosa*	觉磨沟、耿达老鸦山等周边山区，生于海拔 1800～2600m 的常绿阔叶林、灌木丛中	2016.08	++	调查
1200	管状花目 Tubiflorae	唇形科 Labiatae	山菠菜	*Prunella asiatica* Nakai	生于海拔 1900m 左右的公路边、草丛	1985.07	/	标本
1201	管状花目 Tubiflorae	唇形科 Labiatae	夏枯草	*Prunella vulgaris* L.	在海拔 1200～3300m 山区常见，生于亚高山草甸、公路边、山坡草地等	2016.08	+++	调查
1202	管状花目 Tubiflorae	唇形科 Labiatae	夏枯草（白花变种）	*Prunella vulgaris* L. var. *leucantha* Schur	生于海拔 1200～2000m 的公路边草丛	1987：《卧龙植被及资源植物》	/	资料
1203	管状花目 Tubiflorae	唇形科 Labiatae	香茶菜	*Rabdosia amethystoides* (Benth.) Hara	足磨沟、白岩沟等周边山区，生于海拔 2300～2600m 的针阔混交林	2016.08	++	调查
1204	管状花目 Tubiflorae	唇形科 Labiatae	细锥香茶菜	*Rabdosia coetsa* (Buch. – Ham. ex D. Don) Hara	生于海拔 2000～2200m 的河滩灌丛	1987：《卧龙植被及资源植物》	/	资料
1205	管状花目 Tubiflorae	唇形科 Labiatae	拟缺香茶菜	*Rabdosia excisoides* (Sun ex C. H. Hu) C. Y. Wu et H. W. Li	在海拔 1600～2800m 的山区较为常见，生于阔叶林下、灌草丛	2016.08	+++	调查

（续）

序号	目名	科名	中文种名	拉丁学名	分布地点	最新发现时间	估计数量状况	数据来源
1206	管状花目 Tubiflorae	唇形科 Labiatae	掌叶石蚕	Rubiteucris palmata (Benth.) Kudo	核桃坪、英雄沟、银厂沟等周边山区，生于海拔2100～3000m的落叶阔叶林	2015.07	+	调查
1207	管状花目 Tubiflorae	唇形科 Labiatae	戟叶鼠尾草	Salvia bulleyana Diels	在海拔2200～3500m山区较常见，生于山坡草地或路边草丛	2015.07	++	调查
1208	管状花目 Tubiflorae	唇形科 Labiatae	贵州鼠尾草	Salvia cavaleriei Level.	三江、耿达等周边山区，生于海拔1200～1500m的山坡草丛，林下	2015.07	++	调查
1209	管状花目 Tubiflorae	唇形科 Labiatae	血盆草	Salvia cavaleriei Level. var. simplicifolia	生于海拔1200～1500m的山坡灌丛或草丛	1987:《卧龙植被及资源植物》	/	资料
1210	管状花目 Tubiflorae	唇形科 Labiatae	开萼鼠尾草	Salvia bifidocalyx C. Y. Wu et Y. C. Huang	白岩沟、银厂沟等周边山区，生于海拔2400～2700m的针阔叶混交林	2016.08	+++	调查
1211	管状花目 Tubiflorae	唇形科 Labiatae	甘西鼠尾草	Salvia przewalskii Maxim.	在海拔1600～3400m的山区常见，生于河滩草丛、亚高山草甸、灌草丛	2016.08	+++	调查
1212	管状花目 Tubiflorae	唇形科 Labiatae	筒冠花	Siphocranion macranthum (Hook. f.) C. Y. Wu	正河、银厂沟、关沟、英雄沟等周边山区，生于海拔1400～2800m的阔叶林	2015.07	++	调查
1213	管状花目 Tubiflorae	唇形科 Labiatae	西南水苏	Stachys kouyangensis (Vaniot) Dunn	沙湾、足磨沟、正河、三江等周边山区，生于海拔1600～2000m的山地草丛、沟边、路边草地	1968.07 2016.08	++	标本 调查
1214	管状花目 Tubiflorae	唇形科 Labiatae	穗花香科	Teucrium japonicum Willd.	耿达等周边山区，三江等周边山区，生于海拔1600m以下的阔叶林下	2015.08	+	调查
1215	管状花目 Tubiflorae	唇形科 Labiatae	血见愁	Teucrium viscidum Bl.	生于海拔1600m左右的针阔混交林下，保护站后山	2015.07	+	调查
1216	管状花目 Tubiflorae	茄科 Solanaceae	曼陀罗	Datura stramonium L.	三江、耿达等周边山区，生于海拔1200～1500m的山地草丛	2016.08	+	调查

（续）

序号	目名	科名	中文种名	拉丁学名	分布地点	最新发现时间	估计数量状况	数据来源
1217	管状花目 Tubiflorae	茄科 Solanaceae	单花红丝线	*Lycianthes lysimachioides*（Wall.）Bitter	耿达、沙湾、卧龙镇等周边山区，生于海拔1300~1800m的山地草丛	2016.08	+	调查
1218	管状花目 Tubiflorae	茄科 Solanaceae	枸杞	*Lycium chinense* Mill.	三江、正河等周边山山区，生于海拔1400~1800m的公路边、山地灌丛	2016.08	+	调查
1219	管状花目 Tubiflorae	茄科 Solanaceae	茄参	*Mandragora caulescens* C. B. Clarke	巴朗山，生于海拔3600~4200m的高山草甸	2016.08	+	调查
1220	管状花目 Tubiflorae	茄科 Solanaceae	酸浆	*Physalis alkekengi* L.	在海拔1600~2700m的山区区常见，生于河滩灌丛、林缘草地、阴坡草丛	2015.07	++	调查
1221	管状花目 Tubiflorae	茄科 Solanaceae	挂金灯	*Physalis alkekengi* L. var. *franchetii*（Mast.）Makino	耿达、沙湾等周边山山区，生于海拔1200~1400m的山地灌丛	2016.08	+	调查
1222	管状花目 Tubiflorae	茄科 Solanaceae	毛酸浆	*Physalis pubescens* L.	耿达、正河等周边山山区，生于海拔1300~1800m的山地灌丛	2015.07	++	调查
1223	管状花目 Tubiflorae	茄科 Solanaceae	白英	*Solanum lyratum* Thunb.	耿达、三江鹿耳坪等周边山山区，生于海拔1200~1900m的公路边、山地草丛、林下	2017.07	++	调查
1224	管状花目 Tubiflorae	玄参科 Scrophulariaceae	幌菊	*Ellisiophyllum pinnatum*（Wall.）Makino	生于海拔1900~2200m的山地草坡	1987：《卧龙植被及资源植物》	/	资料
1225	管状花目 Tubiflorae	玄参科 Scrophulariaceae	短腺小米草	*Euphrasia regelii* Wettst.	转经楼沟、邓生、英雄沟等周边山山区，生于海拔1900~3900m的灌丛、草甸、河谷边灌草丛	2015.07	+	调查
1226	管状花目 Tubiflorae	玄参科 Scrophulariaceae	小米草	*Euphrasia pectinata* Ten.	老鸦山、邓公沟等周边山山区，生于海拔1900~2800m的山坡草地、灌丛、路边草地	2016.08	++	调查
1227	管状花目 Tubiflorae	玄参科 Scrophulariaceae	鞭打绣球	*Hemiphragma heterophyllum* Wall.	梯子沟、邓生、驴驴店等周边山区，生于海拔2100~3900m的灌丛、草甸、林下草地里、河谷乔灌木	2016.08	++	调查

（续）

序号	目名	科名	中文种名	拉丁学名	分布地点	最新发现时间	估计数量状况	数据来源
1228	管状花目 Tubiflorae	玄参科 Scrophulariaceae	长蒴母草（长果母草）	Lindernia anagallis (Burm. f.) Pennell	生于海拔1200~1500m 的水沟边草丛中	1987:《卧龙植被及植物资源植物》	/	资料
1229	管状花目 Tubiflorae	玄参科 Scrophulariaceae	通泉草	Mazus japonicus (Thunb.) O. Kuntze	在海拔2400m 以下山区常见，生于路边草地	2016.08	++	调查
1230	管状花目 Tubiflorae	玄参科 Scrophulariaceae	尼泊尔沟酸浆	Mimulus tenellus Burge var. nepalensis (Benth.) Tsoong	在海拔1700~3600m 的山区常见，生于向阳的山坡草地	2016.08	+++	调查
1231	管状花目 Tubiflorae	玄参科 Scrophulariaceae	四川沟酸浆	Mimulus szechuanensis Pai	在海拔1900m 的以下山区常见，生于阔叶林、灌丛、山坡草丛	2016.08	+++	调查
1232	管状花目 Tubiflorae	玄参科 Scrophulariaceae	腋花马先蒿	Pedicularis axillaris Franch. ex Maxim.	龙岩、邓生、巴朗山等周边山区，生于海拔2900~4000m 的冷杉林、灌丛	2016.08	++	调查
1233	管状花目 Tubiflorae	玄参科 Scrophulariaceae	鹅首马先蒿	Pedicularis chenocephala Diels	巴朗山、贝茸坪等周边山区，生于海拔3700~4300m 的沼泽性草地	2016.08	++	调查
1234	管状花目 Tubiflorae	玄参科 Scrophulariaceae	大卫氏马先蒿	Pedicularis davidii Franch.	在海拔2000~3800m 的山区常见，生于山坡草地或高山草甸	1989.06 / 2016.08	+++	标本 调查
1235	管状花目 Tubiflorae	玄参科 Scrophulariaceae	美观马先蒿	Pedicularis decora Franch.	银厂沟、三江向泥岗等周边山区，生于海拔1900~2700m 的针叶林、针阔混交林、草丛、灌丛	1980.08 / 2016.08	++	标本 调查
1236	管状花目 Tubiflorae	玄参科 Scrophulariaceae	黄花马先蒿	Pedicularis flava Pall.	角唐角等周边山区，生于海拔2000m 左右的溪边草坪	1989.06 / 2016.08	++	标本 调查
1237	管状花目 Tubiflorae	玄参科 Scrophulariaceae	多花马先蒿	Pedicularis floribunda Franch.	白岩沟、梯子沟邓生等周边山区，生于海拔2400~2800m 的灌丛、草丛	2016.08	+	调查
1238	管状花目 Tubiflorae	玄参科 Scrophulariaceae	地管马先蒿	Pedicularis geosiphon H. Smith et Tsoong	关沟、龙岩等周边山区，生于海拔3000~3600m 的针阔叶混交林、针叶林和高山草甸	2016.08	+++	调查
1239	管状花目 Tubiflorae	玄参科 Scrophulariaceae	纤细马先蒿	Pedicularis gracilis Wall. ex Benth.	巴朗山、梯子沟、英雄沟等周边山区，生于海拔2200~3800m 的草坡上	2016.08	++	调查

（续）

序号	目名	科名	中文种名	拉丁学名	分布地点	最新发现时间	估计数量状况	数据来源
1240	管状花目 Tubiflorae	玄参科 Scrophulariaceae	毛颈马先蒿	*Pedicularis lasiophrys* Maxim.	巴朗山，生于海拔 2900~4500m 的高山草甸	2016.08	+	调查
1241	管状花目 Tubiflorae	玄参科 Scrophulariaceae	阿洛马先蒿	*Pedicularis aloensis* Hand. -Mazz.	生于海拔 2200m 左右的岩石上	2016.08	+	调查
1242	管状花目 Tubiflorae	玄参科 Scrophulariaceae	条纹马先蒿	*Pedicularis lineata* Franch. ex Maxim.	邓生、巴朗山等周边山区，生于海拔 3400~3900m 的草甸	2016.08	++	调查
1243	管状花目 Tubiflorae	玄参科 Scrophulariaceae	大管马先蒿	*Pedicularis macrosiphon* Franch.	在海拔 2000~3200m 的山区较为常见，生于山沟阴湿处、沟边及林下	2016.08	++	调查
1244	管状花目 Tubiflorae	玄参科 Scrophulariaceae	小唇马先蒿	*Pedicularis microchila* Franch.	生于海拔 4100~4400m 的高山草甸	1987:《卧龙植被及资源植物》	/	资料
1245	管状花目 Tubiflorae	玄参科 Scrophulariaceae	穆坪马先蒿	*Pedicularis moupinensis* Franch.	英雄沟、驴驴店、巴朗山等周边山区，生于海拔 2800~3600m 的阳坡灌丛、路边灌丛、灌丛、冷杉林	2015.07	++	调查
1246	管状花目 Tubiflorae	玄参科 Scrophulariaceae	藓生马先蒿	*Pedicularis muscicola* Maxim.	在海拔 2000~3000m 的山区常见，生于针阔叶混交林、冷杉林或阴湿山坡草地	2015.07	+++	调查
1247	管状花目 Tubiflorae	玄参科 Scrophulariaceae	谬氏马先蒿	*Pedicularis mussotii* Franch.	巴朗山，生于海拔 3300~3800m 的高山草甸	2016.08	++	调查
1248	管状花目 Tubiflorae	玄参科 Scrophulariaceae	瓣萼叶马先蒿	*Pedicularis nasturtiifolia* Franch.	生于海拔 2800~3200m 的岷江冷杉林	1987:《卧龙植被及资源植物》	/	资料
1249	管状花目 Tubiflorae	玄参科 Scrophulariaceae	多齿马先蒿	*Pedicularis polyodonta* Li	巴朗山，生于海拔 3800~4000m 的高山草甸	2016.08	+	调查
1250	管状花目 Tubiflorae	玄参科 Scrophulariaceae	高超马先蒿	*Pedicularis princeps* Bur. et Franch.	生于海拔 3200m 左右的针阔混交林下	2015.07	+	调查
1251	管状花目 Tubiflorae	玄参科 Scrophulariaceae	普氏马先蒿	*Pedicularis przewalskii* Maxim.	巴朗山生于海拔 4000~4800m 的高山湿草地	2015.07	+	调查

（续）

序号	目名	科名	中文种名	拉丁学名	分布地点	最新发现时间	估计数量状况	数据来源
1252	管状花目 Tubiflorae	玄参科 Scrophulariaceae	大王马先蒿	*Pedicularis rex* C. B. Clarke ex Maxim.	贝母坪等周边山区，生于海拔 3000～4000m 山坡草地或高山草甸	2015.08	++	调查
1253	管状花目 Tubiflorae	玄参科 Scrophulariaceae	拟鼻花马先蒿	*Pedicularis rhinanthoides* Schrenk ex Fisch. et Mey.	梯子沟、野牛沟、邓生、巴朗山等周边山区，生于海拔 3000～4500m 的山坡草地或潮湿草甸中	2016.08	++	调查
1254	管状花目 Tubiflorae	玄参科 Scrophulariaceae	罗氏马先蒿	*Pedicularis roylei* Maxim.	巴朗山，生于海拔 3500～4200m 的高山草甸、亚高山草甸	2017.08	++	调查
1255	管状花目 Tubiflorae	玄参科 Scrophulariaceae	穗花马先蒿	*Pedicularis spicata* Pall.	生于海拔 1500～2600m 的草地、溪流旁、灌丛中	2016.08	+	调查
1256	管状花目 Tubiflorae	玄参科 Scrophulariaceae	狭盔马先蒿	*Pedicularis stenocorys* Franch.	巴朗山，贝母坪等周边山区，生于海拔 3400～4200m 的草甸	2016.08	++	调查
1257	管状花目 Tubiflorae	玄参科 Scrophulariaceae	扭喙马先蒿	*Pedicularis streptorhyncha* Tsoong	巴朗山，生于海拔 3500～4000m 左右的高山草甸	2016.08	++	调查
1258	管状花目 Tubiflorae	玄参科 Scrophulariaceae	华丽马先蒿	*Pedicularis superba* Franch. ex Maxim.	龙岩，贝母坪等周边山区，生于海拔 2400～3700m 的路边草丛	2015.08	+	调查
1259	管状花目 Tubiflorae	玄参科 Scrophulariaceae	四川马先蒿	*Pedicularis szetschuanica* Maxim.	巴朗山，贝母坪等周边山区，生于海拔 3400～4500m 的高山草地、冷杉林下，水流旁及溪流岩石上	2015.07	+	调查
1260	管状花目 Tubiflorae	玄参科 Scrophulariaceae	毛盔马先蒿	*Pedicularis trichoglossa* Hook. f.	生于海拔 4000～4400m 的草甸	1987:《卧龙植被及资源植物》	/	资料
1261	管状花目 Tubiflorae	玄参科 Scrophulariaceae	轮叶马先蒿	*Pedicularis verticillata* L.	巴朗山，贝母坪等周边山区，生于海拔 4000～4300m 的林下、草丛	2016.08	++	调查
1262	管状花目 Tubiflorae	玄参科 Scrophulariaceae	松蒿	*Phtheirospermum japonicum* (Thunb.) Kanitz	生于海拔 1900～2000m 的草丛、灌丛	1987:《卧龙植被及资源植物》	/	资料

序号	目名	科名	中文种名	拉丁学名	分布地点	最新发现时间	估计数量状况	数据来源
1263	管状花目 Tubiflorae	玄参科 Scrophulariaceae	阴行草	*Siphonostegia chinensis* Benth.	沙湾、卧龙镇、正河等周边山区，生于海拔1800~1900m的公路边、草丛中、岩边石上	1986.07	+	标本 调查
1264	管状花目 Tubiflorae	玄参科 Scrophulariaceae	光叶蝴蝶草	*Torenia glabra* Osbeck	耿达等周边山区，生于海拔1500m以下的阔叶林下	2015.08	+	调查
1265	管状花目 Tubiflorae	玄参科 Scrophulariaceae	长果婆婆纳	*Veronica ciliata* Fisch.	巴朗山、贝母坪等周边山区，生于海拔3900~4200m的灌丛、高山草甸	2015.07	++	调查
1266	管状花目 Tubiflorae	玄参科 Scrophulariaceae	婆婆纳	*Veronica didyma* Tenore	核桃坪、钱粮沟、梯子沟等周边山区，生于海拔1600~3300m的荒地、路边草丛、亚高山草甸	2015.07	++	调查
1267	管状花目 Tubiflorae	玄参科 Scrophulariaceae	华中婆婆纳	*Veronica henryi* Yamazaki	核桃坪、卧龙镇等周边山区，生于海拔2200m左右的阔叶林	2015.07	++	调查
1268	管状花目 Tubiflorae	玄参科 Scrophulariaceae	疏花婆婆纳	*Veronica laxa* Benth.	足磨沟、三江镇茅草坪等周边山区，生于海拔1500~2400m的针阔叶混交林、山中路边	2016.08	++	调查
1269	管状花目 Tubiflorae	玄参科 Scrophulariaceae	四川婆婆纳	*Veronica szechuanica* Batal	白岩沟、关沟、英雄沟等周边山区，生于海拔2300~2600m的针阔叶混交林	2016.08	++	调查
1270	管状花目 Tubiflorae	玄参科 Scrophulariaceae	四川婆婆纳多毛亚种	*Veronica szechuanica* Batal subsp. *sikkimensis* (Hook. f.) Hook	英雄沟、邓生等周边山区，生于海拔3000~4000m的草甸	2016.08	++	调查
1271	管状花目 Tubiflorae	玄参科 Scrophulariaceae	唐古拉婆婆纳	*Veronica vandellioides* Maxim.	巴朗山，生于海拔4000~4400m的高山草甸	1987:《卧龙植被及资源植物》	/	资料
1272	管状花目 Tubiflorae	玄参科 Scrophulariaceae	宽叶腹水草	*Veronicastrum latifolium* (Hemsl.) Yamazaki	三江冒水子等周边山区，生于海拔1700m左右的林下灌草丛	2016.08	++	调查
1273	管状花目 Tubiflorae	玄参科 Scrophulariaceae	腹水草	*Veronicastrum stenostachyum* (Hemsl.) Yamazaki	三江等周边山区，生于海拔1500m左右的林下岩石上	2016.08	++	调查

（续）

序号	目名	科名	中文种名	拉丁学名	分布地点	最新发现时间	估计数量状况	数据来源
1274	管状花目 Tubiflorae	玄参科 Scrophulariaceae	细穗腹水草	Veronicastrum stenostachyum (Hemsl.) Yamazaki subsp. stenostachyum	耿达、三江鹿耳坪等周边山区，生于海拔1400~1600m的山地灌丛、阔叶林下	2016.08	++	调查
1275	管状花目 Tubiflorae	紫葳科 Bignoniaceae	两头毛	Incarvillea arguta	耿达、龙潭沟等周边山区，生于海拔1100~1300m的路边、灌丛、草丛	2016.08	+	调查
1276	管状花目 Tubiflorae	紫葳科 Bignoniaceae	密生波罗花	Incarvillea compacta Maxim.	卧龙镇等周边山区，生于海拔1500m左右的山坡及草灌丛中	2015.08	+	调查
1277	管状花目 Tubiflorae	爵床科 Acanthaceae	杜根藤	Calophanoides quadrifaria (Nees) Ridl.	三江潘达尔周边山区，生于海拔1700m的山中铁路旁	2016.08	++	调查
1278	管状花目 Tubiflorae	爵床科 Acanthaceae	弯花马蓝	Pteracanthus cyphanthus (Diels) C. Y. Wu et C. C. Hu	三江西河流域，生于海拔1500m左右的阴湿林下、灌木丛里	2016.08	+	调查
1279	管状花目 Tubiflorae	爵床科 Acanthaceae	腺毛马蓝	Pteracanthus forrestii C. Y.	白岩沟，生于海拔2600m左右的灌木丛里	1991.06	/	标本
1280	管状花目 Tubiflorae	爵床科 Acanthaceae	云南马蓝	Pteracanthus yunnanensis Diels	正河、核桃坪等周边山区，生于海拔1600~1900m的公路边灌草丛	1987:《卧龙植被及资源植物》	/	资料
1281	管状花目 Tubiflorae	爵床科 Acanthaceae	爵床	Rostellularia procumbens (L.) Nees	在海拔1900m以下山区较为常见，生于路边草丛或山坡草地	2016.08	++	调查
1282	管状花目 Tubiflorae	苦苣苔科 Gesneriaceae	大叶锣	Didissandra sesquifolia Clarke	生于海拔1200~1500m的阔叶林	1987:《卧龙植被及资源植物》	/	资料
1283	管状花目 Tubiflorae	苦苣苔科 Gesneriaceae	紫花金盏苣苔	Isometrum lancifolium (Franch.) K. Y. Pan	三江、正河、银厂沟等周边山区，生于海拔1100~2800m的阔叶林、灌丛、林中阴湿岩石上	2016.08	++	调查
1284	管状花目 Tubiflorae	苦苣苔科 Gesneriaceae	吊石苣苔	Lysionotus pauciflorus Maxim.	三江、沙湾等周边山区，生于海拔1200~1600m的岩石、溪边石壁上	2017.09	++	调查
1285	管状花目 Tubiflorae	苦苣苔科 Gesneriaceae	马铃苣苔	Oreocharis amabilis Dunn	正河等周边山区，生于海拔1700m左右的岩石上	2016.08	++	调查

（续）

序号	目名	科名	中文种名	拉丁学名	分布地点	最新发现时间	估计数量状况	数据来源
1286	管状花目 Tubiflorae	苦苣苔科 Gesneriaceae	川滇马铃苣苔	Oreocharis henryana Oliv.	耿达、沙湾等周边山区，生于海拔1300~1500m的阴处石上	2016.08	++	调查
1287	管状花目 Tubiflorae	列当科 Orobanchaceae	丁座草	Boschniakia himalaica Hook. f. et Thoms	英雄沟、板棚子沟簸箕口等周边山区，生于海拔2900~3200m的针叶林	2016.08	++	调查
1288	管状花目 Tubiflorae	列当科 Orobanchaceae	假野菰	Christisonia hookeri Clarke	生于海拔1500~1700m的阔叶林	1987：《卧龙植被及资源植物》	/	资料
1289	管状花目 Tubiflorae	列当科 Orobanchaceae	四川列当	Orobanche sinensis H. Smith	生于海拔2800~3000m的针叶林	1987：《卧龙植被及资源植物》	/	资料
1290	管状花目 Tubiflorae	狸藻科 Lentibulariaceae	高山捕虫堇	Pinguicula alpina L.	银厂沟，生于海拔2200m的阴湿岩石上	2016.08	+	调查
1291	管状花目 Tubiflorae	透骨草科 Phrymaceae	透骨草	Phryma leptostachya L. subsp. asiatica (Hara) Kitamura	花红树沟、三江等周边山区，生于海拔1200~2400m的灌丛、草丛、林下坡上、河谷阴湿石壁	2016.07	+++	调查
1292	车前目 Plantaginales	车前科 Plantaginaceae	车前	Plantago asiatica L.	在海拔2100m以下山区常见，生于灌丛、草丛、路边、沟旁、田埂边、向阳地潮湿处草丛中	2016.08	+++	调查
1293	车前目 Plantaginales	车前科 Plantaginaceae	大车前	Plantago major L.	沙湾附近、五一棚等周边山区，生于海拔1900~2600m的针阔混交林下、路边草丛、阴湿湿度较大	2015.07	+++	调查
1294	车前目 Plantaginales	车前科 Plantaginaceae	平车前	Plantago depressa Willd.	在海拔2500~3500m山区较为常见，生于路边草丛或山坡灌草丛、草甸	2016.08	++	调查
1295	茜草目 Rubiales	忍冬科 Caprifoliaceae	通梗花（短枝六道木）	Abelia engleriana (Graebn.) Rehd	耿达、正河等周边山区，生于海拔1400~1900m的灌丛	2016.08	++	调查
1296	茜草目 Rubiales	忍冬科 Caprifoliaceae	双盾木	Dipelta floribunda Maxim.	耿达等周边山区，生于海拔1400m左右的路边灌草丛	2016.08	++	调查

（续）

序号	目名	科名	中文种名	拉丁学名	分布地点	最新发现时间	估计数量状况	数据来源
1297	茜草目 Rubiales	忍冬科 Caprifoliaceae	云南双盾木	Dipelta yunnanensis Franch.	在海拔2400m以下山区较为常见，生于杂木林下或山坡灌丛中	2016.08	++	调查
1298	茜草目 Rubiales	忍冬科 Caprifoliaceae	鬼吹箫	Leycesteria formosa Wall.	生于海拔1800m左右的河谷灌草丛、路边灌丛、林下	2015.08	+	调查
1299	茜草目 Rubiales	忍冬科 Caprifoliaceae	狭萼鬼吹箫	Leycesteria formosa Wall. var. stenosepala Rehd.	七层楼沟、正河、觉磨沟等周边山区，生于海拔1700~2400m的半阴坡的林缘灌丛、河谷边草地等	2015.07	++	调查
1300	茜草目 Rubiales	忍冬科 Caprifoliaceae	淡红忍冬	Lonicera acuminata Wall.	在海拔1000~3200m山区均有不同程度的分布，生于林间空旷地、灌丛中	2015.07	++	调查
1301	茜草目 Rubiales	忍冬科 Caprifoliaceae	蓝靛果	Lonicera caerulea L. var. edulis Turcz. ex Herd.	白岩沟、英雄沟等周边山区，生于海拔2300~2800m的针阔叶混交林、针叶林或林缘荫处灌丛中	2016.08	+	调查
1302	茜草目 Rubiales	忍冬科 Caprifoliaceae	蕊被忍冬	Lonicera gynochlamydea Hemsl.	生于海拔1900~3300m的落叶阔叶林、北坡向阳草甸	1987：《卧龙植被及资源植物》	/	资料
1303	茜草目 Rubiales	忍冬科 Caprifoliaceae	刚毛忍冬	Lonicera hispida Pall. ex Roem. et Schult.	英雄沟、梯子沟、野牛沟及巴朗山，生于海拔2800~3400m的灌丛、针叶林下	2016.08	++	调查
1304	茜草目 Rubiales	忍冬科 Caprifoliaceae	忍冬	Lonicera japonica Thunb.	在海拔1100~1500m的山区较为常见，生于山坡灌丛或疏林中	2016.08	++	调查
1305	茜草目 Rubiales	忍冬科 Caprifoliaceae	柳叶忍冬	Lonicera lanceolata Wall.	银厂沟、驴驹店等周边山区，生于海拔2400~3400m的针叶林、针阔混交林、灌丛、阳坡灌草丛、路边阳坡草甸	2015.07	++	调查
1306	茜草目 Rubiales	忍冬科 Caprifoliaceae	亮叶忍冬	Lonicera ligustrina Wall. subsp. yunnanensis (Franch.) Hsu et H. J. Wang	在海拔1700~3200m的山区常见，生于针叶林、针叶林、山谷灌丛、山中溪沟边灌丛、河谷阴谷灌丛中	2015.08	+++	调查

（续）

序号	目名	科名	中文种名	拉丁学名	分布地点	最新发现时间	估计数量状况	数据来源
1307	茜草目 Rubiales	忍冬科 Caprifoliaceae	女贞叶忍冬	Lonicera ligustrina Wall.	耿达正河等周边山区，生于海拔1700m左右的河谷灌木丛	2015.08	+	调查
1308	茜草目 Rubiales	忍冬科 Caprifoliaceae	小叶忍冬	Lonicera microphylla Wiild. ex Roem. et Schult.	关沟、龙岩等周边山区，生于海拔2800~3200m的灌丛，针叶林	2016.08	++	调查
1309	茜草目 Rubiales	忍冬科 Caprifoliaceae	越橘叶忍冬	Lonicera myrtillus Hook. f. et Thoms	生于海拔3800~4000m的高山灌丛	1987：《卧龙植被及资源植物》	/	资料
1310	茜草目 Rubiales	忍冬科 Caprifoliaceae	蕊帽忍冬（西藏忍冬）	Lonicera pileata Oliv.	三江保护站、蒿子坪保护点等周边山区，生于海拔1600~2500m的灌丛、阔叶林，草丛，山中溪沟灌丛边	2016.08	+++	调查
1311	茜草目 Rubiales	忍冬科 Caprifoliaceae	齿叶忍冬	Lonicera setifera Franch.	梯子沟、野牛沟、英雄沟等周边山区，生于海拔2400~3400m的灌丛，针阔叶混交林，针叶林	2015.07	+	调查
1312	茜草目 Rubiales	忍冬科 Caprifoliaceae	细毡毛忍冬	Lonicera similis Hemsl.	三江镇席草坪等周边山区，生于海拔1500m左右的山中公路边	2016.08	++	调查
1313	茜草目 Rubiales	忍冬科 Caprifoliaceae	唐古特忍冬	Lonicera tangutica Maxim.	正河、英雄沟、梯子沟等周边山区，生于海拔1500~3400m的针阔叶混交林，针叶林，冷杉林下灌丛	2016.08	+++	调查
1314	茜草目 Rubiales	忍冬科 Caprifoliaceae	岩生忍冬（西藏忍冬）	Lonicera rupicola Hook. f. et Thoms.	巴朗山等周边山区，生于海拔3900m左右的灌丛	2016.08	++	调查
1315	茜草目 Rubiales	忍冬科 Caprifoliaceae	盘叶忍冬	Lonicera tragophylla Hemsl.	正河、沙湾等周边山区，生于海拔1900~2600m的灌丛，阴坡灌丛	2016.08	++	调查
1316	茜草目 Rubiales	忍冬科 Caprifoliaceae	长叶毛花忍冬（干萼忍冬）	Lonicera trichosantha Bur. et Franch. var. xerocalyx (Diels) Hsu et H. J. Wang	核桃坪、觉磨沟等周边山区，生于海拔2000~3400m左右的灌丛，针叶林	2015.07	+	调查

（续）

序号	目名	科名	中文种名	拉丁学名	分布地点	最新发现时间	估计数量状况	数据来源
1317	茜草目 Rubiales	忍冬科 Caprifoliaceae	华西忍冬	*Lonicera webbiana* Wall. ex DC.	在海拔 2000～4200m 的山区较为常见，生于针、阔叶混交林，山坡灌丛中或草坡上	2016.08	++	调查
1318	茜草目 Rubiales	忍冬科 Caprifoliaceae	血满草	*Sambucus adnata* Wall	在海拔 2000～3000m 的山区常见，生于沟边、灌丛中，山谷斜坡湿地以及高山草地等处	2016.08	+++	调查
1319	茜草目 Rubiales	忍冬科 Caprifoliaceae	接骨草	*Sambucus chinensis* Lindl.	在海拔 2200m 以下山区常见，生于路边草地，山谷灌丛或疏林下	2016.08	+++	调查
1320	茜草目 Rubiales	忍冬科 Caprifoliaceae	接骨木	*Sambucus williamsii* Hance	正河、糖房等周边山区，生于海拔 1600～2500m 的常绿落叶阔叶混交林，针阔叶混交林、公路旁灌丛，河边灌丛	1983.06		调查
1321	茜草目 Rubiales	忍冬科 Caprifoliaceae	穿心莛子藨	*Triosteum himalayanum* Wall.	驴驴店，巴朗山，邓公沟等周边山区，生于海拔 1900～3900m 的灌丛、针叶林，高山草甸、路边阴坡草丛、山谷草坡	2016.08	+	调查
1322	茜草目 Rubiales	忍冬科 Caprifoliaceae	莛子藨	*Triosteum pinnatifidum* Maxim.	白岩、银厂沟等周边山区，生于海拔 2300～2800m 的灌丛、针阔叶混交林，河谷乔木灌丛	2015.07	++	调查
1323	茜草目 Rubiales	忍冬科 Caprifoliaceae	桦叶荚蒾	*Viburnum betulifolium* Batal.	在海拔 1500～3400m 山区常见，生于灌丛、针阔叶混交林，阴坡乔灌林下等。	2016.08	+++	调查
1324	茜草目 Rubiales	忍冬科 Caprifoliaceae	短序荚蒾（球花荚蒾）	*Viburnum brachybotryum* Hemsl.	核桃坪、白岩沟等周边山区，生于海拔 2100～2600m 的阔叶林，路边阴坡草丛	2015.07	++	调查
1325	茜草目 Rubiales	忍冬科 Caprifoliaceae	樟叶荚蒾	*Viburnum cinnamomifolium* Rehd.	生于海拔 1400～1600m 等周边山区的常绿阔叶林	1987:《卧龙植被及资源植物》	/	资料
1326	茜草目 Rubiales	忍冬科 Caprifoliaceae	水红木	*Viburnum cylindricum* Buch. –Ham. ex D. Don	大阴沟后山、三江、鹿耳坪等周边山区，生于海拔 1200～1600m 的河滩灌丛、路边灌丛、沟谷乔木灌木林下、常绿阔叶林，公路边	2016.08	++	调查

（续）

序号	目名	科名	中文种名	拉丁学名	分布地点	最新发现时间	估计数量状况	数据来源
1327	茜草目 Rubiales	忍冬科 Caprifoliaceae	荚蒾	*Viburnum dilatatum* Thunb.	银厂沟等周边山区，生于海拔 2700m 的针阔叶混交林	2016.08	++	调查
1328	茜草目 Rubiales	忍冬科 Caprifoliaceae	宜昌荚蒾	*Viburnum erosum* Thunb.	新店子沟等周边山区，生于海拔 1200～1500m 的河谷乔灌林下	2015.07	++	调查
1329	茜草目 Rubiales	忍冬科 Caprifoliaceae	红荚蒾（淡红荚蒾）	*Viburnum erubescens* Wall.	正河、糖房等周边山区，生于海拔 1700～2600m 的针阔叶混交林、路边林缘、公路旁草丛	2016.08	++	调查
1330	茜草目 Rubiales	忍冬科 Caprifoliaceae	臭荚蒾	*Viburnum foetidum* Wall.	足磨沟等周边山区，生于海拔 2000m 的山坡林中或灌丛中	2016.08	+	调查
1331	茜草目 Rubiales	忍冬科 Caprifoliaceae	直角荚蒾	*Viburnum foetidum* Wall. var. *rectangulatum* (Graebn.) Rehd.	关沟、三江等周边山区，生于海拔 1500～2700m 的河边、水边草地	2016.08	+++	调查
1332	茜草目 Rubiales	忍冬科 Caprifoliaceae	聚花荚蒾	*Viburnum glomeratum* Maxim.	驴驴店等周边山区，生于海拔 2600m 的路边阳坡草丛	2015.07	+	调查
1333	茜草目 Rubiales	忍冬科 Caprifoliaceae	甘肃荚蒾	*Viburnum kansuense* Batal.	正河、关沟、龙岩等周边山区，生于海拔 2100～3200m 的灌丛、针阔叶林	2015.07	++	调查
1334	茜草目 Rubiales	忍冬科 Caprifoliaceae	显脉荚蒾（心叶荚蒾）	*Viburnum nervosum* D. Don	生于海拔 2500～3000m 的针叶林、针阔叶混交林	2015.07	++	调查
1335	茜草目 Rubiales	忍冬科 Caprifoliaceae	少花荚蒾	*Viburnum oliganthum* Batal.	沙湾、花红树沟沟口、核桃坪、糖房等周边山区，生于海拔 1600～2200m 的阔叶林下、灌丛、山坡阔叶林灌丛中	2015.08	++	调查
1336	茜草目 Rubiales	忍冬科 Caprifoliaceae	皱叶荚蒾	*Viburnum rhytidophyllum* Hemsl.	在海拔 1200～2200m 的山区常见，生于山坡林下或灌丛中	2016.08	+++	调查
1337	茜草目 Rubiales	忍冬科 Caprifoliaceae	合轴荚蒾	*Viburnum sympodiale* Graebn.	在海拔 1700～2600m 的山区常见，生于山坡溪沟边、针阔混交林下	2016.08	+++	调查

（续）

序号	目名	科名	中文种名	拉丁学名	分布地点	最新发现时间	估计数量状况	数据来源
1338	茜草目 Rubiales	败酱科 Valerianaceae	少蕊败酱（单蕊败酱）	*Patrinia monandra* C. B. Clarke	在海拔1500~2300m山区较为常见，生于山坡草丛、灌丛中、林下及林缘、田野溪旁、路边草地	1979.08	+++	调查
1339	茜草目 Rubiales	败酱科 Valerianaceae	败酱	*Patrinia scabiosaefolia* Fisch. ex Trev.	正河、驴驴店等周边山区，生于海拔1200~2100m的阔叶林，公路边草丛、沟谷乔灌林下。	2015.07	+	调查
1340	茜草目 Rubiales	败酱科 Valerianaceae	攀倒甑（白花败酱）	*Patrinia villosa* (Thunb.) Juss.	在海拔1100~1600m的山区常见，生于山坡林下、林缘或灌丛中、草丛中	2015.08	+++	调查
1341	茜草目 Rubiales	败酱科 Valerianaceae	全叶缬草	*Valeriana hiemalis* Graebn.	梯子沟等周边山区，生于海拔3200m的针阔混交林下	2015.07	+	调查
1342	茜草目 Rubiales	败酱科 Valerianaceae	缬草	*Valeriana officinalis* L.	在海拔3000m以下的山区常见，生于针阔混交林下、山坡草地、沟边	2015.07	+++	调查
1343	茜草目 Rubiales	川续断科 Dipsacaceae	川续断	*Dipsacus asperoides* C. Y. Cheng et T. M. Ai	在海拔1500~2600m的山区常见，生于灌丛、山坡草地、林缘灌丛	2015.08	+++	调查
1344	茜草目 Rubiales	川续断科 Dipsacaceae	日本续断	*Dipsacus japonicus* Miq.	在海拔1600~3000m的山区较常见，生于灌丛、山坡草地、林缘灌草丛	2015.08	++	调查
1345	茜草目 Rubiales	川续断科 Dipsacaceae	绿花刺参	*Morina chlorantha* Diels	巴朗山生于海拔3900~4100m的灌丛、草甸	2016.08	+	调查
1346	茜草目 Rubiales	川续断科 Dipsacaceae	刺续断	*Morina nepalensis* D. Don	巴朗山等周边山区，生于海拔3200~4200m的灌丛、草甸	2016.08	+	调查
1347	茜草目 Rubiales	川续断科 Dipsacaceae	白花刺参	*Morina nepalensis* D. Don var. *alba* (Hand.-Mazz.) Y. C. Tang	巴朗山周边山区，生于海拔3000~3500m的灌丛、草甸	2016.08	++	调查
1348	茜草目 Rubiales	川续断科 Dipsacaceae	双参	*Triplostegia glandulifera* Wall. ex DC.	在海拔1500~3500m的山区常见，生于阴湿林下、溪旁、山坡草地、草甸及林缘路旁	2016.08	+++	调查

（续）

序号	目名	科名	中文种名	拉丁学名	分布地点	最新发现时间	估计数量状况	数据来源
1349	桔梗目 Campanulales	桔梗科 Campanulaceae	丝裂沙参	*Adenophora capillaris* Hemsl.	关沟、英雄沟、巴朗山等周边山区，生于海拔 2000～3300m 的冷杉杉林、亚高山草甸	2016.08	+++	调查
1350	桔梗目 Campanulales	桔梗科 Campanulaceae	川藏沙参	*Adenophora liliifolioides* Pax et Hoffm.	邓生、梯子沟、野牛沟、巴朗山等周边山区，生于海拔 2600～3800m 的高山草甸、路边林下	2016.08	++	调查
1351	桔梗目 Campanulales	桔梗科 Campanulaceae	细叶沙参（紫沙参）	*Adenophora paniculata* Nannf.	生于海拔 1700～1900m 的山地草丛	2016.08	+	调查
1352	桔梗目 Campanulales	桔梗科 Campanulaceae	泡沙参	*Adenophora potaninii* Korsh.	贝母坪、梯子沟、龙潭沟、关沟等周边山区，生于海拔 1800～3300m 的人工林下、路边林下、河滩灌丛、亚高山草甸、草坡、路边草丛	2015.07	++	调查
1353	桔梗目 Campanulales	桔梗科 Campanulaceae	长柱沙参	*Adenophora stenanthina* (Ledeb.) Kitagawa	在海拔 2000m 以下山区较常见，生于砂地、草滩、山坡草地及耕地边	2015.08	++	调查
1354	桔梗目 Campanulales	桔梗科 Campanulaceae	西南风铃草	*Campanula colorata* Wall.	在海拔 1400～3900m 的山区常见，生于山坡草地和疏林下	2016.08	+++	调查
1355	桔梗目 Campanulales	桔梗科 Campanulaceae	金钱豹	*Campanumoea javanica* Bl. var. *japonica* Makino	耿达、三江等周边山区，生于海拔 1200～1800m 的灌丛、草坡	2016.08	+	调查
1356	桔梗目 Campanulales	桔梗科 Campanulaceae	长叶轮钟草	*Campanumoea lancifolia* (Roxb.) Merr.	三江、正河等周边山区，生于海拔 1500～1800m 的草坡	2016.08	++	调查
1357	桔梗目 Campanulales	桔梗科 Campanulaceae	大萼党参	*Codonopsis macrocalyx* Diels	英雄沟、魏家沟、梯子沟、野牛沟等周边山区，生于海拔 2600～3300m 的针阔叶混交林、针叶林或林缘灌丛	2015.07	+	调查
1358	桔梗目 Campanulales	桔梗科 Campanulaceae	脉花党参	*Codonopsis nervosa* (Chipp) Nannf.	巴朗山、贝母坪等周边山区，生于海拔 4000～4300m 的高山草甸	2016.08	+	调查

（续）

序号	目名	科名	中文种名	拉丁学名	分布地点	最新发现时间	估计数量状况	数据来源
1359	桔梗目 Campanulales	桔梗科 Campanulaceae	三角叶党参	*Codonopsis deltoidea* Chipp.	生于海拔2000~2500m 的针阔叶混交林、灌丛	1987：《卧龙植被及资源植物》	/	资料
1360	桔梗目 Campanulales	桔梗科 Campanulaceae	川党参	*Codonopsis tangshen* Oliv.	在海拔1600~2500m 的山区较为常见，生于针阔混交林下、灌丛，公路边草地	2016.08	++	调查
1361	桔梗目 Campanulales	桔梗科 Campanulaceae	管花党参	*Codonopsis tubulosa* Kom.	白岩沟、银厂沟、英雄沟、正河等周围山区，生于海拔2000~2800m 的草坡	2016.08	+	调查
1362	桔梗目 Campanulales	桔梗科 Campanulaceae	胀萼蓝钟花	*Cyananthus inflatus* Hook. f. et Thoms.	生于海拔3200~3500m 的亚高山草甸	1987：《卧龙植被及资源植物》	/	资料
1363	桔梗目 Campanulales	桔梗科 Campanulaceae	丽江蓝钟花	*Cyananthus lichiangensis* W. W. Sm.	巴朗山、贝母坪等周边山区，生于海拔4000~4200m 的高山草甸	2016.08	++	调查
1364	桔梗目 Campanulales	桔梗科 Campanulaceae	大萼蓝钟花	*Cyananthus macrocalyx* Franch.	巴朗山，生于海拔2500~4600m 的山地林间、草甸或草坡	2016.08	++	调查
1365	桔梗目 Campanulales	桔梗科 Campanulaceae	袋果草	*Peracarpa carnosa* (Wall.) Hook. f. et Thoms.	白岩沟、核桃坪等周边山区，生于海拔2300~2600m 的针阔叶混交林	2016.08	++	调查
1366	桔梗目 Campanulales	桔梗科 Campanulaceae	铜锤玉带草	*Pratia nummularia* (Lam.) A. Br. et Aschers.	三江、正河等周边山区，生于海拔1400~1800m 的荒地、草丛	2016.08	++	调查
1367	桔梗目 Campanulales	桔梗科 Campanulaceae	蓝花参	*Wahlenbergia marginata* (Thunb.) A. DC.	三江、正河等周边山区，生于海拔1300~1900m 的地边、草丛，滑坡石缝中	2016.08	++	调查
1368	桔梗目 Campanulales	菊科 Compositae	和尚菜（腺梗菜）	*Adenocaulon himalaicum* Edgew.	在海拔1600~3000m 的山区常见，生于冷杉林、针阔叶混交林，河谷边林下草丛	2016.08	+++	调查
1369	桔梗目 Campanulales	菊科 Compositae	杏香兔儿风	*Ainsliaea fragrans* Champ.	正河沟等周边山区，生于海拔1800m 左右的林下石地上	2016.08	+++	调查
1370	桔梗目 Campanulales	菊科 Compositae	光叶兔儿风	*Ainsliaea glabra* Hemsl.	在海拔1100~1500m 的山区均有分布，生于林缘或林下阴湿草丛中	2016.08	++	调查

（续）

序号	目名	科名	中文种名	拉丁学名	分布地点	最新发现时间	估计数量状况	数据来源
1371	桔梗目 Campanulales	菊科 Compositae	长穗兔儿风	Ainsliaea henryi Diels	在海拔 2000m 以下山区常见，生于坡地或林下沟边	2016.08	+++	调查
1372	桔梗目 Campanulales	菊科 Compositae	宽穗兔儿风	Ainsliaea latifolia (D. Don) Sch. -Bip. var. platyphylla (Franch.) C. Y. Wu	在海拔 2700m 以下山区常见，生于山地林下或路边	2016.08	++	调查
1373	桔梗目 Campanulales	菊科 Compositae	云南兔儿风	Ainsliaea yunnanensis Franch.	在海拔 2600m 以下山区较常见，生于林下，林缘或山坡草地	2016.08	++	调查
1374	桔梗目 Campanulales	菊科 Compositae	铺散亚菊	Ajania khartensis (Dunn) Shih	在海拔 2500~4300m 山区常见，生于山坡草地或高山草甸	2016.08	+++	调查
1375	桔梗目 Campanulales	菊科 Compositae	细叶亚菊	Ajania tenuifolia (Jacq.) Tzvel.	在海拔 2400~4000m 山区较常见，生于草地或高山草甸	2016.08	++	调查
1376	桔梗目 Campanulales	菊科 Compositae	粘毛香青	Anaphalis bulleyana (J. F. Jeff.) Chang	在海拔 1800~3200m 的路边，草丛，山地灌丛	2016.08	+++	调查
1377	桔梗目 Campanulales	菊科 Compositae	灰毛香青	Anaphalis cinerascens Ling et W. Wang	巴朗山，生于海拔 3600~4200m 的高山草甸	2016.08	+	调查
1378	桔梗目 Campanulales	菊科 Compositae	旋叶香青	Anaphalis contorta (D. Don) Hook. f.	在海拔 3200m 以下山区常见，生于山坡草地，草甸，河谷灌草丛	2016.08	+++	调查
1379	桔梗目 Campanulales	菊科 Compositae	淡黄香青	Anaphalis flavescens Hand. -Mazz.	在海拔 3000~4000m 的山区常见，生于草地或高山草甸	2016.08	+++	调查
1380	桔梗目 Campanulales	菊科 Compositae	纤枝香青	Anaphalis gracilis Hand. -Mazz.	魏家沟，正河等周边山区，生于海拔 2000~2700m 的沟谷边岩石上，路边草丛，田埂，针阔混交林下	2015.07	++	调查
1381	桔梗目 Campanulales	菊科 Compositae	铃铃香青	Anaphalis hancockii Maxim.	主要分布在巴朗山，生于海拔 3000~3800m 的亚高山和高山草甸	2016.08	++	调查

（续）

序号	目名	科名	中文种名	拉丁学名	分布地点	最新发现时间	估计数量状况	数据来源
1382	桔梗目 Campanulales	菊科 Compositae	乳白香青	Anaphalis lactea Maxim.	银厂沟、贝母坪等周边山区，生于海拔2600~3300m的路边、亚高山草甸	2015.08	++	调查
1383	桔梗目 Campanulales	菊科 Compositae	宽翅香青青绿变种	Anaphalis latialata var. viridis (Hand.-Mazz.) Ling et Y. L. Chen	沙湾等周边山区，生于海拔1900m左右的高山及亚高山开旷地或山阳向阳处	2016.08	++	调查
1384	桔梗目 Campanulales	菊科 Compositae	珠光香青	Anaphalis margaritacea (L.) Benth. et Hook. f.	在海拔1200~3000m的山区常见，生于路边草丛、山地灌丛、沟边灌木丛中	2016.08	+++	调查
1385	桔梗目 Campanulales	菊科 Compositae	珠光香青线叶变种	Anaphalis margaritacea var. japonica (Sch.-Bip.) Makino	在海拔1500~3000m山区较常见，生于山坡草地或灌草丛中	2016.08	++	调查
1386	桔梗目 Campanulales	菊科 Compositae	尼泊尔香青	Anaphalis nepalensis (Spreng.) Hand.-Mazz.	在海拔2000~4000m的山区广泛分布，生于高山或亚高山草地、林缘、沟边及岩石上	2016.08	+++	调查
1387	桔梗目 Campanulales	菊科 Compositae	尼泊尔香青伞房变种	Anaphalis nepalensis (Spreng.) Hand.-Mazz. var. corymbosa (Franch.) Hand.-Mazz.	银厂沟、钱粮沟等周边山区，生于海拔2600~3500m的针阔叶混交林、冷杉林	2016.08	++	调查
1388	桔梗目 Campanulales	菊科 Compositae	香青	Anaphalis sinica Hance	在海拔2000m以下山区常见，生于低山或中山灌丛、草地、山坡及溪岸草丛	2016.08	+++	调查
1389	桔梗目 Campanulales	菊科 Compositae	牛蒡	Arctium lappa L.	沙湾、英雄沟等周边山区，生于海拔1400~2600m的屋旁、路边、草丛阴湿处	1978.09 2015.07	+	标本 调查
1390	桔梗目 Campanulales	菊科 Compositae	艾	Artemisia argyi Levl. et Vant.	在海拔1700m以下山区常见，生于路边草丛、山坡草地或林缘灌草丛	2016.08	+++	调查
1391	桔梗目 Campanulales	菊科 Compositae	茵陈蒿	Artemisia capillaris	在海拔1300m以下山区常见，生于山坡边、草丛、荒山坡	2016.08	++	调查
1392	桔梗目 Campanulales	菊科 Compositae	牛尾蒿	Artemisia dubia Wall. ex Bess.	在海拔3200m的山区较常见，生于山坡草地、疏林下及林缘草地	2016.08	+++	调查
1393	桔梗目 Campanulales	菊科 Compositae	牡蒿	Artemisia japonica Thunb.	在海拔1200~2600m的山区较常见，生于林缘、林中空地、疏林下、旷野、灌丛	2015.07	++	调查

（续）

序号	目名	科名	中文种名	拉丁学名	分布地点	最新发现时间	估计数量状况	数据来源
1394	桔梗目 Campanulales	菊科 Compositae	白苞蒿	*Artemisia lactiflora* Wall. ex DC.	在海拔 1500～2700m 的山区较常见，生于林下、林缘、灌丛边缘、山谷等湿润草丛	2016.08	+++	调查
1395	桔梗目 Campanulales	菊科 Compositae	灰苞蒿	*Artemisia roxburghiana* Bess.	在海拔 1200～2800m 的山区常见，生于山坡荒地、干河谷、路旁草地等	2016.08	++	调查
1396	桔梗目 Campanulales	菊科 Compositae	猪毛蒿	*Artemisia scoparia* Waldst. et Kit.	在海拔 1400～3000m 的山区常见，生于山坡草地、林缘灌草丛等	2016.08	++	调查
1397	桔梗目 Campanulales	菊科 Compositae	甘青蒿	*Artemisia tangca* Pamp.	生于海拔 1500～2000m 的河漫滩灌丛	1987：《卧龙植被及资源植物》	/	资料
1398	桔梗目 Campanulales	菊科 Compositae	三脉紫菀	*Aster ageratoides* Turcz.	在海拔 1500～2800m 的山区常见，生于路边草丛、高山林下草丛、灌丛，针阔叶混交林、河谷草地等	2016.08	+++	调查
1399	桔梗目 Campanulales	菊科 Compositae	小舌紫菀	*Aster albescens* (DC.) Hand.-Mazz.	在海拔 1400～3300m 的山区常见，生于亚高山草甸、路边、草丛、山地灌丛、山边林下等	2015.07	+++	调查
1400	桔梗目 Campanulales	菊科 Compositae	短毛紫菀	*Aster brachytrichus* Franch.	邓生、巴朗山等周边山区，生于海拔 2800～3600m 的草甸或山坡草地	2015.07	++	调查
1401	桔梗目 Campanulales	菊科 Compositae	须弥紫菀	*Aster himalaicus* C. B. Clarke.	巴朗山，生于海拔 3600～4400m 的高山草甸	2016.08	+++	调查
1402	桔梗目 Campanulales	菊科 Compositae	线叶紫菀	*Aster lavanduliifolius* Hand.-Mazz.	英雄沟、邓生、巴朗山等周边山区，生于海拔 2000～3000m 的灌丛、林缘或山坡草地	2015.07	++	调查
1403	桔梗目 Campanulales	菊科 Compositae	丽江紫菀	*Aster likiangensis* Franch.	巴朗山，生于海拔 3700～4400m 的草甸	1991.06 2016.08	+	标本调查
1404	桔梗目 Campanulales	菊科 Compositae	怒江紫菀	*Aster saluinensis* Onno	邓生、巴朗山等周边山区，生于海拔 3400～3600m 的草甸	1987：《卧龙植被及资源植物》	/	资料

（续）

序号	目名	科名	中文种名	拉丁学名	分布地点	最新发现时间	估计数量状况	数据来源
1405	桔梗目 Campanulales	菊科 Compositae	东俄洛紫菀	Aster tongolensis Franch.	在海拔3000~4000m的山区常见，生于高山及亚高山林下、水边和草地	2016.08	+++	调查
1406	桔梗目 Campanulales	菊科 Compositae	察瓦龙紫菀	Aster tsarungensis (Griers.) Ling	巴朗山等周边山区，生于海拔3400~4000m左右的高山及亚高山草甸及山谷坡地	2016.05	+++	调查
1407	桔梗目 Campanulales	菊科 Compositae	金盏银盘	Bidens biternata (Lour.) Merr. et Sheff	在海拔1600~2500m的山区较常见，生于山地草坡、公路边坡丛	2016.08	++	调查
1408	桔梗目 Campanulales	菊科 Compositae	丝毛飞廉	Carduus crispus L.	在海拔3000m左右的山坡草丛中	2016.08	++	调查
1409	桔梗目 Campanulales	菊科 Compositae	飞廉	Carduus nutans L.	在海拔1700~3200m的山区常见，生于路边草丛、山坡草地	2016.08	+++	调查
1410	桔梗目 Campanulales	菊科 Compositae	天名精	Carpesium abrotanoides L.	在海拔2000m以下山区常见，生于路边草丛、山坡草地及林缘	2016.08	+++	调查
1411	桔梗目 Campanulales	菊科 Compositae	烟管头草	Carpesium cernuum L.	在海拔1900~2500m的山区常见，生于路边荒地及山坡、沟边或疏林下等处	2015.08	+++	调查
1412	桔梗目 Campanulales	菊科 Compositae	金挖耳	Carpesium divaricatum Sieb. et Zucc.	在海拔2300m以下山区较常见，生于路旁及山坡灌丛中	2015.07	+++	调查
1413	桔梗目 Campanulales	菊科 Compositae	高原天名精	Carpesium lipskyi Winkl.	巴朗山、贝母坪、梯子沟、野牛沟等周边山区，生于海拔2500~3600m的高山草甸	2016.08	++	调查
1414	桔梗目 Campanulales	菊科 Compositae	长叶天名精	Carpesium longifolium Chen et C. M. Hu	在海拔2500m以下山区常见，生于山坡灌丛、林下、河滩灌丛	2016.08	+++	调查
1415	桔梗目 Campanulales	菊科 Compositae	大花金挖耳	Carpesium macrocephalum Franch. et Sav.	在海拔3100~3600m的山区较常见，生于山路边、草丛、山地灌丛	2016.08	+++	调查
1416	桔梗目 Campanulales	菊科 Compositae	小花金挖耳	Carpesium minum Hemsl.	在海拔2200m以下山坡草丛常见，生于山坡草丛中或水沟边	2016.08	++	调查

（续）

序号	目名	科名	中文种名	拉丁学名	分布地点	最新发现时间	估计数量状况	数据来源
1417	桔梗目 Campanulales	菊科 Compositae	葶茎天名精	Carpesium scapiforme Chen et C. M. Hu	巴朗山，生于海拔 2800~3500m 左右的山坡草地或亚高山草甸	2016.08	++	调查
1418	桔梗目 Campanulales	菊科 Compositae	暗花金挖耳	Carpesium triste Maxim.	生于海拔 1900m 左右的山谷草地、林下及溪边	2015.08	+	调查
1419	桔梗目 Campanulales	菊科 Compositae	刺儿菜（小蓟）	Cirsium setosum (Willd.) MB.	在海拔 1200~2000m 的山区常见，生于山坡荒地、路边草丛	2016.08	++	调查
1420	桔梗目 Campanulales	菊科 Compositae	蓟（大蓟）	Cirsium japonicum DC.	在海拔 2000m 以下山区常见，生于林缘、灌丛中、草地、荒地、田间、路旁或溪旁	2016.08	+++	调查
1421	桔梗目 Campanulales	菊科 Compositae	魁蓟	Cirsium leo Nakai et Kitag.	在海拔 2600m 以下山区常见，生于路边、灌丛、落叶阔叶林、山涧边	2016.08	++	调查
1422	桔梗目 Campanulales	菊科 Compositae	小蓬草（小白酒草）	Conyza canadensis (L.) Cronq.	在海拔 1600~1900m 的山区常见，生于草丛、干旷野、荒地、田边和路旁	2016.08	++	调查
1423	桔梗目 Campanulales	菊科 Compositae	白酒草	Conyza japonica Less.	三江、正河等周边山区，生于海拔 1800~2000m 的山坡草丛	2016.08	++	调查
1424	桔梗目 Campanulales	菊科 Compositae	喜马拉雅垂头菊	Cremanthodium decaisnei C. B. Clarke	邓生、巴朗山等周边山区，生于海拔 3400~4200m 的草甸	2016.08	++	调查
1425	桔梗目 Campanulales	菊科 Compositae	矮垂头菊	Cremanthodium humile Maxim.	巴朗山、贝母坪等周边山区，生于海拔 4000~4400m 的高山草甸、碎石上	2016.08	+	调查
1426	桔梗目 Campanulales	菊科 Compositae	长柱垂头菊（红头垂头菊）	Cremanthodium rhodocephalum Diels	巴朗山，生于海拔 3200~4000m 的高山草甸、岩石上	2016.08	+	调查
1427	桔梗目 Campanulales	菊科 Compositae	野菊	Dendranthema indicum (L.) Des Moul.	耿达、正河、白岩沟等周边山区，生于海拔 1200~2600m 的草丛、灌丛	2016.08	+++	调查
1428	桔梗目 Campanulales	菊科 Compositae	小鱼眼草	Dichrocephala benthamii C. B. Clarke	在海拔 1200~2000m 的中低海拔山区常见，生于路边草丛、荒山坡、田埂边	2015.08	+++	调查

（续）

序号	目名	科名	中文种名	拉丁学名	分布地点	最新发现时间	估计数量状况	数据来源
1429	桔梗目 Campanulales	菊科 Compositae	重羽菊	Diplazoptilon picridifolium (Hand.-Mazz.) Ling	巴朗山，生于海拔3900~4100m的高山草甸	2016.08	+	调查
1430	桔梗目 Campanulales	菊科 Compositae	川木香	Dolomiaea souliei (Franch.) Shih	巴朗山，生于海拔3800~4000m的高山草甸和流石滩	2016.08	+	调查
1431	桔梗目 Campanulales	菊科 Compositae	狭舌多榔菊	Doronicum stenoglossum Maxim.	生于海拔1300~1400m的常绿阔叶林	1987:《卧龙植被及资源植物》	/	资料
1432	桔梗目 Campanulales	菊科 Compositae	梁子菜	Erechtites hieracifolia (L.) Raf. ex DC.	耿达、三江等周边山区，生于海拔1200~1500m的常绿阔叶林	2016.08	+	调查
1433	桔梗目 Campanulales	菊科 Compositae	飞蓬	Erigeron acer L.	在海拔2500m以下山区常见，生于公路草丛、山坡草地	2016.08	+++	调查
1434	桔梗目 Campanulales	菊科 Compositae	长茎飞蓬	Erigeron elongatus Ledeb.	耿达、三江等周边山区，生于海拔1200~2300m的山地草丛	2016.08	++	调查
1435	桔梗目 Campanulales	菊科 Compositae	多舌飞蓬	Erigeron multiradiatus (Lindl.) Benth.	巴朗山、贝母坪等周边山区，生于海拔3200~4000m的灌丛、草甸、高山草甸向阳处，公路阳坡	2016.08	++	调查
1436	桔梗目 Campanulales	菊科 Compositae	一年蓬	Erigeron annuus (L.) Pers.	在海拔1800m以下山区常见，生于路边草地、山坡荒地	2016.08	+++	调查
1437	桔梗目 Campanulales	菊科 Compositae	多须公	Eupatorium chinense L.	在海拔2000m以下山区均有分布，生于山坡草丛、灌丛、林缘或林下	2015.07	+	调查
1438	桔梗目 Campanulales	菊科 Compositae	佩兰	Eupatorium fortunei Turcz.	沙湾、花红树沟、三江等周边山海拔1700~2100m的草丛、灌丛、荒地、村旁、路边	2016.08	++	调查
1439	桔梗目 Campanulales	菊科 Compositae	异叶泽兰	Eupatorium heterophyllum DC.	在海拔2800m以下山区常见，生于山坡草地、灌丛、路边草丛	2016.08	++	调查

（续）

序号	目名	科名	中文种名	拉丁学名	分布地点	最新发现时间	估计数量状况	数据来源
1440	桔梗目 Campanulales	菊科 Compositae	林泽兰	*Eupatorium lindleyanum* DC.	三江、耿达等周边山区，生于海拔1400～1600m的常绿阔叶林林缘	1987：《卧龙植被及资源植物》	/	资料
1441	桔梗目 Campanulales	菊科 Compositae	牛膝菊（辣子草）	*Galinsoga parviflora* Cav.	在海拔2000m以下山区常见，生于路边草丛、荒山坡、农田等	2015.07	+++	调查
1442	桔梗目 Campanulales	菊科 Compositae	鼠麴草	*Gnaphalium affine* D. Don	在海拔2000m以下山区常见，生于路边、草丛、荒地	2016.08	+++	调查
1443	桔梗目 Campanulales	菊科 Compositae	菊三七（三七草）	*Gynura japonica* (Thunb.) Juel.	耿达、沙湾等周边山区，生于海拔1100～1200m的路边草丛、山地灌丛	2015.07	+	调查
1444	桔梗目 Campanulales	菊科 Compositae	泥胡菜	*Hemistepta lyrata* (Bunge) Bunge	在海拔2200m以下山区较常见，生于路边、草丛、荒山坡	2016.08	++	调查
1445	桔梗目 Campanulales	菊科 Compositae	细叶小苦荬	*Ixeridium gracile* (DC.) Shih	在海拔2500m以下山区均有分布，生于山坡或山谷林缘、林下、田间、荒地	2015.07	++	调查
1446	桔梗目 Campanulales	菊科 Compositae	马兰	*Kalimeris indica* (L.) Sch. –Bip.	在海拔2000m以下山区常见，生于路边草丛、山地灌丛、林缘草地、溪岸	2016.08	+++	调查
1447	桔梗目 Campanulales	菊科 Compositae	美头火绒草	*Leontopodium calocephalum* (Franch.) Beauv.	邓生、巴朗山垭口等周边山区，在海拔3000～4500m的山区常见，生于山坡草地、高山草甸或高山流石滩	2016.08	+++	调查
1448	桔梗目 Campanulales	菊科 Compositae	川甘火绒草	*Leontopodium chuii* Hand. –Mazz.	在海拔2000～3000m的山区常见，生于山坡草地、灌丛、林缘	2016.08	+++	调查
1449	桔梗目 Campanulales	菊科 Compositae	香芸火绒草	*Leontopodium haplophylloides* Hand. –Mazz.	巴朗山、贝母坪等周边山区，生于海拔3200～4500m的高山草甸、流石滩	2016.08	+++	调查
1450	桔梗目 Campanulales	菊科 Compositae	火绒草	*Leontopodium leontopodioides* (Willd.) Beauv.	梯子沟等周边山区，生于海拔3200m左右的阳坡灌草丛	2015.07	+++	调查

（续）

序号	目名	科名	中文种名	拉丁学名	分布地点	最新发现时间	估计数量状况	数据来源
1451	桔梗目 Campanulales	菊科 Compositae	长叶火绒草	Leontopodium longifolium Ling	生于海拔1500~4800m的地区，多生于亚高山的湿润草地、灌丛、连地、高山以及岩石上	1987：《卧龙植被及资源植物》	/	资料
1452	桔梗目 Campanulales	菊科 Compositae	红花火绒草	Leontopodium roseum Hand.-Mazz.	巴朗山等周边山区，生于海拔3200m左右的阳坡灌草丛	2015.07	+	调查
1453	桔梗目 Campanulales	菊科 Compositae	华火绒草	Leontopodium sinense Hemsl.	在海拔2000~3100m的山区常见，生于阴坡草地、林缘灌草丛	2016.08	+++	调查
1454	桔梗目 Campanulales	菊科 Compositae	川西火绒草	Leontopodium wilsonii Beauv.	在海拔2300~2900m的山区常见，生于林缘、山谷草坡、路边草丛	2016.08	+++	调查
1455	桔梗目 Campanulales	菊科 Compositae	褐毛橐吾	Ligularia purdomii (Turrill) Chittenden	巴朗山，生于海拔3600~4000m的草甸	2016.08	+++	调查
1456	桔梗目 Campanulales	菊科 Compositae	大黄橐吾	Ligularia duciformis (C. Winkl.) Hand.-Mazz.	巴朗山，生于海拔3300~3900m的草甸、沟边、山坡草地	2016.08	+++	调查
1457	桔梗目 Campanulales	菊科 Compositae	隐舌橐吾	Ligularia franchetiana (Levl.) Hand.-Mazz.	生于海拔2400~2800m的山地草丛、林缘	1987：《卧龙植被及资源植物》	/	资料
1458	桔梗目 Campanulales	菊科 Compositae	宽戟橐吾	Ligularia latihastata (W. W. Smith) Hand.-Mazz.	巴朗山，生于海拔3200~3600m的高山草甸	2016.08	++	调查
1459	桔梗目 Campanulales	菊科 Compositae	齿叶橐吾	Ligularia dentata A. Gray	英雄沟、梯子沟、野牛沟等周边山坡，生于海拔2000~3000m的山坡、溪沟沟边、林缘和林中	2016.08	+	调查
1460	桔梗目 Campanulales	菊科 Compositae	莲叶橐吾	Ligularia nelumbifolia (Bur. et Franch.) Hand.-Mazz.	巴朗山，生于海拔2900~3600m的灌丛、高山草甸	2016.08	++	调查
1461	桔梗目 Campanulales	菊科 Compositae	侧茎橐吾	Ligularia pleurocaulis (Franch.) Hand.-Mazz.	关沟、英雄沟等周边山区，生于海拔2700~3200m的路边、灌丛、冷杉林缘	2016.08	++	调查

（续）

序号	目名	科名	中文种名	拉丁学名	分布地点	最新发现时间	估计数量状况	数据来源
1462	桔梗目 Campanulales	菊科 Compositae	掌叶橐吾	*Ligularia przewalskii* (Maxim.) Diels	邓生、巴朗山等周边山区，生于海拔3000~4700m的山坡、溪边、灌丛及草甸	2016. 08	++	调查
1463	桔梗目 Campanulales	菊科 Compositae	箭叶橐吾	*Ligularia sagitta* (Maxim.) Mattf.	花红树沟等周边山区，生于海拔3600~3700m的方枝柏林缘、灌丛	2016. 08	++	调查
1464	桔梗目 Campanulales	菊科 Compositae	东俄洛橐吾	*Ligularia tongolensis* (Franch.) Hand. –Mazz.	在海拔3000~3900m的山区常见，生于湿地、林缘、林下、灌丛及高山草甸	2016. 08	+++	调查
1465	桔梗目 Campanulales	菊科 Compositae	离舌橐吾	*Ligularia veitchiana* (Hemsl.) Greenm.	巴朗山，生于海拔3000~3600m的亚高山草地、灌丛或高山草甸	2016. 08	+++	调查
1466	桔梗目 Campanulales	菊科 Compositae	黄帚橐吾	*Ligularia virgaurea* (Maxim.) Mattf.	巴朗山，生于海拔3300~4200m的亚高山草甸	2015. 08	+++	调查
1467	桔梗目 Campanulales	菊科 Compositae	圆舌粘冠草	*Myriactis nepalensis* Less.	正河、足磨沟等周边山区，生于海拔2500m的灌丛、草坡	2016. 08	++	调查
1468	桔梗目 Campanulales	菊科 Compositae	粘冠草	*Myriactis wightii* DC.	三江、耿达等周边山区，生于海拔1400~1600m的草丛	2016. 08	++	调查
1469	桔梗目 Campanulales	菊科 Compositae	多裂紫菊	*Notoseris henryi* (Dunn) Shih	三江、耿达等周边山区，生于海拔2100~2400m的落叶阔叶林、路边草丛	2016. 08	+	调查
1470	桔梗目 Campanulales	菊科 Compositae	三角叶蟹甲草	*Parasenecio deltophyllus* (Maxim.) Mattf.	在海拔2300~3000m的山谷常见，林下或山谷灌丛中阴湿处	2016. 08	+++	调查
1471	桔梗目 Campanulales	菊科 Compositae	蟹甲草	*Parasenecio forrestii* W. W. Smith et Small	英雄沟，生于海拔2600m左右的针阔叶混交林	2016. 08	+	调查
1472	桔梗目 Campanulales	菊科 Compositae	阔柄蟹甲草	*Parasenecio latipes* (Franch.) Y. L. Chen	巴朗山、野牛沟，生于海拔2800~3200m的冷杉林、林缘或灌丛中	2016. 08	++	调查
1473	桔梗目 Campanulales	菊科 Compositae	耳翼蟹甲草	*Parasenecio otopteryx* Hand. –Mazz.	足磨沟、英雄沟周边山区，生于海拔2100~3200m的针阔叶混交林，山涧边草丛	2016. 08	+	调查

（续）

序号	目名	科名	中文种名	拉丁学名	分布地点	最新发现时间	估计数量状况	数据来源
1474	桔梗目 Campanulales	菊科 Compositae	掌裂蟹甲草	Parasenecio palmatisectus (J. F. Jeffrey) Y. L. Chen	正河龙眼沟、瓷磨沟、五一棚等周边山区，生于海拔2100~3200m的冷杉林下、针叶阔叶林下、河谷岩石上	2015.07	+++	调查
1475	桔梗目 Campanulales	菊科 Compositae	深山蟹甲草	Parasenecio profundorum (Dunn) Hand. -Mazz.	白岩沟、关沟等周边山区，生于海拔2300~3000m的针叶林林缘、山沟阴湿处	2016.08	++	调查
1476	桔梗目 Campanulales	菊科 Compositae	蛛毛蟹甲草	Parasenecio roborowskii (Maxim.) Ling.	梯子沟、巴朗山周边山区，生于海拔2500~3400m的山坡林下、林缘、灌丛和草地	2016.08	++	调查
1477	桔梗目 Campanulales	菊科 Compositae	川西蟹甲草	Parasenecio souliei (Franch.) Y. L. Chen	正河等周边山区，生于海拔1900m左右的阔叶林下	2015.08	++	调查
1478	桔梗目 Campanulales	菊科 Compositae	蜂斗菜	Petasites japonicus (Sieb. et Zucc.) Maxim.	在海拔1800~2500m的山区常见，生于山地草丛、灌丛、阴湿林下	2016.08	+++	调查
1479	桔梗目 Campanulales	菊科 Compositae	长白蜂斗菜	Petasites rubellus (J. F. Geme.) Toman	核桃坪等周边山区，生于海拔2100m左右的向阳地、水边	1992.06	/	标本
1480	桔梗目 Campanulales	菊科 Compositae	毛连菜	Picris hieracioides L.	在海拔1500~2500m的山区均有一定分布，生于路边、山坡草丛、山地灌丛阴湿处等	1979.07 2015.07	++	标本 调查
1481	桔梗目 Campanulales	菊科 Compositae	秋分草	Rhynchospermum verticillatum Reinw.	三江周边山区，生于海拔1500~2000m的草丛、灌丛	2016.08	+	调查
1482	桔梗目 Campanulales	菊科 Compositae	川甘风毛菊	Saussurea acroura	贝母坪等周边山区，生于海拔3300m左右的亚高山草甸、路边草丛中	2015.08	+++	调查
1483	桔梗目 Campanulales	菊科 Compositae	巴朗山雪莲	Saussurea balangshanensis Zhang Y. Z et Sun H	巴朗山垭口附近，生于海拔4400m左右的高山流石滩	张亚洲 2019.05	+	新种报道
1484	桔梗目 Campanulales	菊科 Compositae	川西风毛菊	Saussurea dzeurensis Franch	钱粮沟、邓生等周边山区，生于海拔3200~3500m的草甸	2016.08	++	调查
1485	桔梗目 Campanulales	菊科 Compositae	柳叶菜风毛菊	Saussurea epilobioides	银厂沟、英雄沟、巴朗山等周边山区，生于海拔2600~4000m的山坡	2016.08	+++	调查

（续）

序号	目名	科名	中文种名	拉丁学名	分布地点	最新发现时间	估计数量状况	数据来源
1486	桔梗目 Campanulales	菊科 Compositae	球花雪莲（球花风毛菊）	*Saussurea globosa* Chen	贝母坪、巴朗山垭口等周边山区，生于海拔3900~4500m的灌丛、草甸，高山流石滩	2016.08	+++	调查
1487	桔梗目 Campanulales	菊科 Compositae	禾叶风毛菊	*Saussurea graminea* Dunn	贝母坪、巴朗山等周边山区，生于海拔4300~4400m的高山草甸	2016.08	++	调查
1488	桔梗目 Campanulales	菊科 Compositae	长毛风毛菊	*Saussurea hieracioides* Hook. f.	钱粮沟、贝母坪等周边山区，生于海拔3300~4400m的高山、灌丛、亚高山草甸	2015.08	++	调查
1489	桔梗目 Campanulales	菊科 Compositae	紫苞雪莲	*Saussurea iodostegia* Hance	巴朗山垭口等周边山区，生于海拔4400~4500m的高山草甸、流石滩	2016.08	++	调查
1490	桔梗目 Campanulales	菊科 Compositae	风毛菊	*Saussurea japonica* (Thunb.) DC.	海拔2600m以下山区，生于山坡、山谷、林下、山坡路旁、山坡灌丛、荒坡	2016.08	++	调查
1491	桔梗目 Campanulales	菊科 Compositae	羽裂雪兔子	*Saussurea leucoma* Diels	贝母坪等周边山区，生于海拔3300m左右的亚高山草甸	2015.08	+	调查
1492	桔梗目 Campanulales	菊科 Compositae	川陕风毛菊	*Saussurea licentiana* Hand. –Mazz.	银厂沟、关沟等周边山区，生于海拔2500~3000m的针叶林、草甸	2016.08	++	调查
1493	桔梗目 Campanulales	菊科 Compositae	丽江风毛菊	*Saussurea likiangensis* Franch	巴朗山、贝母坪等周边山区，生于海拔3800~4300m的草甸	2016.08	++	调查
1494	桔梗目 Campanulales	菊科 Compositae	长叶雪莲	*Saussurea longifolia* Franch.	巴朗山生于海拔3800~4200m的草甸或流石滩	2016.08	++	调查
1495	桔梗目 Campanulales	菊科 Compositae	大耳叶风毛菊	*Saussurea macrota*	大阴山沟、巴朗山等周边山区，生于海拔3700~3900m的灌丛、草甸	1987：《卧龙植被及资源植物》	/	资料
1496	桔梗目 Campanulales	菊科 Compositae	水母雪兔子（水母雪莲花）	*Saussurea medusa* Maxim	巴朗山，生于海拔4400~4500m的高山流石滩	1995：《卧龙自然保护区生物多样性空间特征研究》	+	资料

（续）

序号	目名	科名	中文种名	拉丁学名	分布地点	最新发现时间	估计数量状况	数据来源
1497	桔梗目 Campanulales	菊科 Compositae	耳叶风毛菊	*Saussurea neofranchetii* Lipsch	银厂沟、梯子沟等周边山区，生于海拔2400~3800m的针阔混交林、冷杉林内草甸，阳坡灌草丛	2015.07	+	调查
1498	桔梗目 Campanulales	菊科 Compositae	钝苞雪莲（瑞苓草）	*Saussurea nigrescens* Maxim.	巴朗山，生于海拔3200~3600m的草甸	2015.07	+	调查
1499	桔梗目 Campanulales	菊科 Compositae	苞叶雪莲（苞叶风毛菊）	*Saussurea obvallata* Wall.	巴朗山，生于海拔3800~4300m的高山草甸或流石滩	2016.08	+	调查
1500	桔梗目 Campanulales	菊科 Compositae	少花风毛菊	*Saussurea oligantha* Franch.	关沟、花红树沟等周边山区，生于海拔2800~3400m的眠江冷杉林	1987:《卧龙植被及资源植物》	/	资料
1501	桔梗目 Campanulales	菊科 Compositae	褐花雪莲（褐花风毛菊）	*Saussurea phaeantha* Maxim.	巴朗山、沙湾等周边山区，生于海拔3600~4300m的草甸、向阳草甸丛中	2016.08	+	调查
1502	桔梗目 Campanulales	菊科 Compositae	松林风毛菊	*Saussurea pinetorum* Hand.-Mazz.	白岩沟、银厂沟等周边山区，生于海拔2400~2600m的山地灌丛、松林	2016.08	++	调查
1503	桔梗目 Campanulales	菊科 Compositae	羽裂风毛菊	*Saussurea pinnatidentata* Lipsch.	正河、英雄沟、巴朗山等周边山区，生于海拔1800~4200m的灌丛、草甸	2015.07	++	调查
1504	桔梗目 Campanulales	菊科 Compositae	矮小风毛菊	*Saussurea pumila* C. Winkl.	巴朗山、贝母坪等周边山区，生于海拔4000~4300m的草甸	2016.08	+	调查
1505	桔梗目 Campanulales	菊科 Compositae	槲叶雪兔子	*Saussurea quercifolia* W. W. Smith	邓生、巴朗山、贝母坪等周边山区，生于海拔3300~4800m的高山灌丛草地、流石滩、岩坡	2016.08	++	调查
1506	桔梗目 Campanulales	菊科 Compositae	柳叶风毛菊	*Saussurea salicifolia* (L.) DC.	正河、关沟、英雄沟等周边山区，生于海拔1600~3800m的高山灌丛、草甸、山沟阴湿处	2016.08	++	调查
1507	桔梗目 Campanulales	菊科 Compositae	昂头风毛菊	*Saussurea sobarocephala* Diels	贝母坪、巴朗山垭口等周边山区，生于海拔3800~4500m的草甸、高山流石滩	2016.08	+	调查

（续）

附表 **481**

序号	目名	科名	中文种名	拉丁学名	分布地点	最新发现时间	估计数量状况	数据来源
1508	桔梗目 Campanulales	菊科 Compositae	星状雪兔子	Saussurea stella Maxim.	生于海拔3800~4300m的草甸	1987:《卧龙植被及资源植物》	/	资料
1509	桔梗目 Campanulales	菊科 Compositae	唐古特雪莲	Saussurea tangutica Maxim.	巴朗山,生于海拔4000m以上的高山流石滩	2016.08	+	调查
1510	桔梗目 Campanulales	菊科 Compositae	毡毛莲菁（毡毛风毛菊）	Saussurea velutina W. W. Smith	巴朗山、贝母坪等周边山区,生于海拔4000~4400m的草甸中	2016.08	++	调查
1511	桔梗目 Campanulales	菊科 Compositae	牛耳风毛菊	Saussurea woodiana Hemsl.	英雄沟、贝母坪等周边山区,生于海拔3000~4000m的山坡草地及高山草甸	2016.08	++	调查
1512	桔梗目 Campanulales	菊科 Compositae	林荫千里光	Senecio nemorensis L.	核桃坪、白岩沟等周边山区,生于海拔2300~2500m的针阔叶混交林	2016.08	++	调查
1513	桔梗目 Campanulales	菊科 Compositae	千里光	Senecio scandens Buch.-Ham. ex D. Don	正河、三江等周边山区,生于海拔1600~2000m的路边、草丛、山地灌丛	2016.08	++	调查
1514	桔梗目 Campanulales	菊科 Compositae	豨莶	Siegesbeckia orientalis L.	在海拔1700~2000m的山区常见,生于路边、草丛、山坡	2016.08	++	调查
1515	桔梗目 Campanulales	菊科 Compositae	腺梗豨莶	Siegesbeckia pubescens Makino	在海拔1900~2500m的山区常见,生于路边、草丛、针阔叶混交林林缘	2016.08	+++	调查
1516	桔梗目 Campanulales	菊科 Compositae	双花华蟹甲草（双花蟹甲草）	Sinacalia davidii (Franch.) Koyama	正河、白岩沟等周边山区,生于海拔1800~2500m的路边、灌丛、针阔叶混交林、路边岩石堆旁	2016.08	++	调查
1517	桔梗目 Campanulales	菊科 Compositae	耳柄蒲儿根（齿裂千里光）	Sinosenecio euosmus (Hand.-Mazz.) B. Nord.	英雄沟,生于海拔2400~2800m的冷杉林、草丛	2015.07	+	调查
1518	桔梗目 Campanulales	菊科 Compositae	单头蒲儿根（单头千里光）	Sinosenecio hederifolius	足磨沟、白岩沟等周边山区,生于海拔2200~2600m的针阔叶混交林悬岩阴湿处	1987:《卧龙植被及资源植物》	/	资料
1519	桔梗目 Campanulales	菊科 Compositae	蒲儿根	Sinosenecio oldhamianus Maxim.	在海拔1900~3800m的山区常见,生于草甸、路边、山坡草地、疏林下	2016.08	+++	调查

（续）

序号	目名	科名	中文种名	拉丁学名	分布地点	最新发现时间	估计数量状况	数据来源
1520	桔梗目 Campanulales	菊科 Compositae	金沙绢毛菊	*Soroseris gillii*（S. Moore）Stebbins	巴朗山生于海拔4300~4500m的流石滩	2016.08	+	调查
1521	桔梗目 Campanulales	菊科 Compositae	皱叶绢毛苣	*Soroseris hookeriana*（C. B. Clarke）Stebbins	巴朗山等周边山区，生于海拔4200~4400m的高山草甸或流石滩	2016.08	++	调查
1522	桔梗目 Campanulales	菊科 Compositae	戴星草	*Sphaeranthus africarus* L.	生于海拔1900m左右的公路旁	1986.07	/	标本
1523	桔梗目 Campanulales	菊科 Compositae	细莴苣	*Stenoseris graciliflora*（Wall. ex DC.）Shih	三江、正河等周边山区，生于海拔1600~2000m的常绿落叶阔叶混交林	2016.08	+	调查
1524	桔梗目 Campanulales	菊科 Compositae	川西蒲公英	*Taraxacum chionophilum* Dahlst.	巴朗山，生于海拔3000~4300m左右的高山草甸或灌草丛	2016.08	++	调查
1525	桔梗目 Campanulales	菊科 Compositae	川甘蒲公英	*Taraxacum lugubre* Dahlst.	在海拔1800~4500m的山区常见，生于草甸、灌丛、高山流石滩、公路边草丛	2016.08	+++	调查
1526	桔梗目 Campanulales	菊科 Compositae	灰果蒲公英	*Taraxacum maurocarpum* Dahlst.	巴朗山、野牛沟等，生于海拔3000~4200m的高山草甸、河边、沼泽地	2016.08	+	调查
1527	桔梗目 Campanulales	菊科 Compositae	蒲公英	*Taraxacum mongolicum* Hand.–Mazz.	在海拔1400~2000m的山区常见，生于路边草丛、荒地	1985.07 / 2016.08	++	标本 / 调查
1528	桔梗目 Campanulales	菊科 Compositae	黄缨菊	*Xanthopappus subacaulis* C. Winkl.	巴朗山，生于海拔2900~4000m的草甸	2016.08	+	调查
1529	桔梗目 Campanulales	菊科 Compositae	异叶黄鹌菜	*Youngia heterophylla*	在海拔1100~2000m的山区常见，生于阔叶林下、路边草丛	2016.08	++	调查
1530	桔梗目 Campanulales	菊科 Compositae	黄鹌菜	*Youngia japonica*（L.）DC.	在海拔1100~2000m的山区常见，生于林间草地及潮湿地、河边沼泽地、田间与荒地上	2016.08	+++	调查
1531	桔梗目 Campanulales	菊科 Compositae	川西黄鹌菜	*Youngia pratti*（Babcock）Babcock et Stebb	生于海拔2200~3200m的针阔叶混交林、针叶林	1987:《卧龙植被及资源植物》	/	资料

（续）

序号	目名	科名	中文种名	拉丁学名	分布地点	最新发现时间	估计数量状况	数据来源
1532	沼生目 Helobiae	泽泻科 Alismataceae	慈姑	Sagittaria trifolia L. var. sinensis (Sims.) Makino	生于海拔 1400~1500m 的小溪边	1987:《卧龙植被及资源植物》	/	资料
1533	百合目 Liliflorae	百合科 Liliaceae	无毛粉条儿菜	Aletris glabra Bur. et Franch.	在海拔 2000~2600m 的山区常见，生于路边草丛、针阔叶混交林、山坡向阳地	2016.08	++	调查
1534	百合目 Liliflorae	百合科 Liliaceae	少花粉条儿菜	Aletris pauciflora (Klotz.) Franch.	白岩沟、银厂沟等周边山区，生于海拔 2400~2800m 的针阔叶混交林	2016.08	++	调查
1535	百合目 Liliflorae	百合科 Liliaceae	粉条儿菜	Aletris spicata (Thunb.) Franch.	在海拔 1200~2500m 的山区常见，生于山地草丛、山坡灌草丛	2015.07	+++	调查
1536	百合目 Liliflorae	百合科 Liliaceae	星花粉条儿菜	Aletris stelliflora Hand.-Mazz.	生于海拔 1700~2400m 的路边草丛、河边石壁上	2016.08	+	调查
1537	百合目 Liliflorae	百合科 Liliaceae	狭瓣粉条儿菜	Aletris stenoloba Franch.	正河、花红树沟、英雄沟等周边山区，生于海拔 1800~2300m 的山地草丛、灌丛、河漫滩草丛、沙湾附近向阳土坡上	1979.07 2015.07	++	标本 调查
1538	百合目 Liliflorae	百合科 Liliaceae	蓝花韭	Allium beesianum	觉磨沟、邓生等周边山区，生于海拔 3000~3600m 的草甸	2016.08	+++	调查
1539	百合目 Liliflorae	百合科 Liliaceae	野葱（黄花韭）	Allium chrysanthum	巴朗山、贝母坪等周边山区，生于海拔 4000~4400m 的草甸	2016.08	++	调查
1540	百合目 Liliflorae	百合科 Liliaceae	天蓝韭	Allium cyaneum	足磨沟、觉磨沟等周边山区，生于海拔 2000~2900m 的河谷边岩石上	2016.08	++	调查
1541	百合目 Liliflorae	百合科 Liliaceae	金头韭	Allium herderianum Regel	梯子沟、巴朗山等周边山区，生于海拔 3200~4000m 的草甸	2016.08	++	调查
1542	百合目 Liliflorae	百合科 Liliaceae	宽叶韭	Allium hookeri Thwaites	梯子沟、巴朗山等山区，生于海拔 3000~4000m 的山顶草地或高山草甸	2016.08	+	调查
1543	百合目 Liliflorae	百合科 Liliaceae	卵叶韭	Allium ovalifolium Hand.-Mazz.	在海拔 2000~3000m 的山区常见，生于阔叶林、针阔混交林、冷杉林下	2016.08	++	调查

（续）

序号	目名	科名	中文种名	拉丁学名	分布地点	最新发现时间	估计数量状况	数据来源
1544	百合目 Liliflorae	百合科 Liliaceae	太白韭	*Allium prattii* C. H. Wright	巴朗山，生于海拔 3400～4200m 的高山灌丛、草甸	2015.07	++	调查
1545	百合目 Liliflorae	百合科 Liliaceae	野黄韭	*Allium rude* J. M. Xu	梯子沟山脊、巴朗山等周边山区，生于海拔 3300～4200m 左右的高山草甸或高山山坡草丛中	1983.06 2016.08	++	标本 调查
1546	百合目 Liliflorae	百合科 Liliaceae	高山韭	*Allium sikkimense* Baker	巴朗山，生于海拔 3400～4300m 的高山灌丛、高山草甸	2016.08	++	调查
1547	百合目 Liliflorae	百合科 Liliaceae	细叶韭	*Allium tenuissimum* L.	巴朗山，生于海拔 3300m 的亚高山草甸	2015.08	+	调查
1548	百合目 Liliflorae	百合科 Liliaceae	西川韭	*Allium xichuanense*	巴朗山等周边山区，生于海拔 4400m 的高山草甸	2016.08	++	调查
1549	百合目 Liliflorae	百合科 Liliaceae	齿被韭	*Allium yuanum* Wang et Tang	野牛沟、魏家沟、巴朗山，生于海拔 2600～3500m 的山坡、林缘或林间草地	2016.08	++	调查
1550	百合目 Liliflorae	百合科 Liliaceae	羊齿天门冬	*Asparagus filicinus* D. Don	在海拔 1900～2500m 的山区常见，生于林下或山谷阴湿处	2015.08	++	调查
1551	百合目 Liliflorae	百合科 Liliaceae	大百合	*Cardiocrinum giganteum* (Wall.) Makino	白岩沟、核桃坪等周边山区，生于海拔 2200～2600m 的针阔叶混交林	2016.08	+	调查
1552	百合目 Liliflorae	百合科 Liliaceae	七筋姑	*Clintonia udensis* Trautv. et Mey.	银厂沟、关沟等周边山区，生于海拔 2600～2800m 的冷杉林	1987:《卧龙植被及资源植物》	/	资料
1553	百合目 Liliflorae	百合科 Liliaceae	长蕊万寿竹	*Disporum bodinieri* (Levl. et Vaniot.) Wang et Y. C. Tang	耿达、三江等周边山区，生于海拔 1200～1600m 的常绿阔叶林	2016.08	++	调查
1554	百合目 Liliflorae	百合科 Liliaceae	万寿竹	*Disporum cantoniense* (Lour.) Merr.	在海拔 1200～2600m 的山区常见，生于灌丛、林下，山坡阴湿地	2016.08	+++	调查
1555	百合目 Liliflorae	百合科 Liliaceae	大花万寿竹	*Disporum megalanthum* Wang et Tang	在海拔 2300m 以下山区常见，生于生林下、林缘或草坡上	2015.07	++	调查

（续）

序号	目名	科名	中文种名	拉丁学名	分布地点	最新发现时间	估计数量状况	数据来源
1556	百合目 Liliflorae	百合科 Liliaceae	宝铎草	*Disporum sessile* D. Don	糖房、正河向豕沟等周边山区，生于海拔 1400~2100m 的灌丛、阔叶林	2016.08	++	调查
1557	百合目 Liliflorae	百合科 Liliaceae	川贝母	*Fritillaria cirrhosa* D. Don	梯子沟、野牛沟、巴朗山等周边山区，生于海拔 4300m 左右的流石滩阳坡湿润土中	2016.08	+	调查
1558	百合目 Liliflorae	百合科 Liliaceae	康定贝母	*Fritillaria cirrhosa* D. Don var. *ecirrhosa* Franch.	巴朗山，生于海拔 3900~4300m 的高山草甸	2016.08	+	调查
1559	百合目 Liliflorae	百合科 Liliaceae	梭砂贝母	*Fritillaria delavayi* Franch.	巴朗山，生于海拔 4000~4300m 的高山草甸	2016.08	+	调查
1560	百合目 Liliflorae	百合科 Liliaceae	甘肃贝母	*Fritillaria przewalskii* Maxim. ex Batal.	巴朗山，生于海拔 3900~4200m 的高山草甸	2016.08	+	调查
1561	百合目 Liliflorae	百合科 Liliaceae	暗紫贝母	*Fritillaria unibracteata* Hsiao et K. C. Hsia	巴朗山，生于海拔 3800~4200m 的高山草甸	2016.08	+	调查
1562	百合目 Liliflorae	百合科 Liliaceae	萱草	*Hemerocallis fulva* (L.) L.	三江、正河、卧龙镇等周边山区，生于海拔 1700~2000m 的常绿落叶阔叶混交林、草丛中	2016.08	+	调查
1563	百合目 Liliflorae	百合科 Liliaceae	肖菝葜	*Heterosmilax japonica* Kunth	在海拔 1100~1800m 的山区较常见，生于灌丛、阔叶林中	2015.07	++	调查
1564	百合目 Liliflorae	百合科 Liliaceae	短柱肖菝葜	*Heterosmilax yunnanensis* Gagnep	耿达、三江等周边山区，生于海拔 1200~1500m 的常绿阔叶林	2015.07	++	调查
1565	百合目 Liliflorae	百合科 Liliaceae	紫萼	*Hosta ventricosa* (Salisb.) Stearn	耿达等周边山区，生于海拔 1500m 的山地草丛、灌丛	2016.08	+	调查
1566	百合目 Liliflorae	百合科 Liliaceae	宝兴百合	*Lilium duchartrei* Franch.	在海拔 1800~3800m 的山区常见，生于山坡草地、灌丛草丛、草甸	2015.08	+++	调查
1567	百合目 Liliflorae	百合科 Liliaceae	卷丹	*Lilium lancifolium* Thunb.	正河、核桃坪等周边山区，生于海拔 1800~2000m 的河滩灌丛、悬岩阴湿处	1987:《卧龙植被及资源植物》	/	资料

（续）

序号	目名	科名	中文种名	拉丁学名	分布地点	最新发现时间	估计数量状况	数据来源
1568	百合目 Liliflorae	百合科 Liliaceae	尖被百合	Lilium lophophorum (Bur. et Franch.) Franch	花红树沟、巴朗山等周边山区，生于海拔3500~3900m的草甸	1987:《卧龙植被及资源植物》	/	资料
1569	百合目 Liliflorae	百合科 Liliaceae	禾叶山麦冬	Liriope graminifolia (L.) Baker	生于海拔1800~2000m的阔叶林	2016.08	+	调查
1570	百合目 Liliflorae	百合科 Liliaceae	假百合	Notholirion bulbuliferum (Lingelsh.) Stearn	巴朗山，生于海拔3600~4200m的草甸	2016.08	+	调查
1571	百合目 Liliflorae	百合科 Liliaceae	沿阶草	Ophiopogon bodinieri	沙湾、英雄沟、花红树沟等周边山区，生于海拔1900~2700m的灌丛、山洞，山坡林或溪旁	1986.07	++	调查
1572	百合目 Liliflorae	百合科 Liliaceae	长茎沿阶草	Ophiopogon chingii Wang et Tang	耿达、沙湾等周边山区，生于海拔1500m的常绿阔叶林	2016.08	++	调查
1573	百合目 Liliflorae	百合科 Liliaceae	麦冬	Ophiopogon japonicus (L.f.) Ker-Gawl.	卧龙镇附近，生于海拔1900m左右的阴湿处	2016.08	+	调查
1574	百合目 Liliflorae	百合科 Liliaceae	巴山重楼	Paris bashanensis	白岩沟等周边山区，生于海拔2400m左右的沟谷乔灌木林	2015.07	+	调查
1575	百合目 Liliflorae	百合科 Liliaceae	七叶一枝花	Paris polyphylla Sm.	在海拔1300~2600m的山区均有一定分布，生于阔叶林下、灌丛，山坡阴湿土处	2016.08	++	调查
1576	百合目 Liliflorae	百合科 Liliaceae	华重楼	Paris polyphylla var. chinensis (Franch.) Hara	在海拔1900~2500m的山区均有一定分布，生于落叶阔叶林、针阔叶混交林下	2016.08	++	调查
1577	百合目 Liliflorae	百合科 Liliaceae	狭叶重楼	Paris polyphylla var. stenophylla Franch.	核桃坪、白岩沟等周边山区，生于海拔2100~2500m的落叶阔叶林、针阔叶混交林	2016.08	++	调查
1578	百合目 Liliflorae	百合科 Liliaceae	长药隔重楼	Paris polyphylla Sm. var. thibetica (Franch.) Hara	糖房、花红树沟等周边山区，生于海拔1900~2600m的灌丛阴湿处，山洞边	1986.07 2015.07	+	标本 调查
1579	百合目 Liliflorae	百合科 Liliaceae	四叶重楼	Paris quadrifolia L.	在海拔2300~3000m的山区常见，生于针阔叶混交林，针叶林，路旁落叶阔叶林下	2016.08	++	调查

（续）

序号	目名	科名	中文种名	拉丁学名	分布地点	最新发现时间	估计数量状况	数据来源
1580	百合目 Liliflorae	百合科 Liliaceae	卷叶黄精	Polygonatum cirrifolium (Wall.) Royle	在海拔2000~2800m的山区常见,生于草丛、灌丛、针阔叶混交林	2016.08	+++	调查
1581	百合目 Liliflorae	百合科 Liliaceae	垂叶黄精	Polygonatum curvistylum Hua	巴朗山、邓生等周边山区,生于海拔3200~4200m的亚高山和高山草甸	2016.08	+	调查
1582	百合目 Liliflorae	百合科 Liliaceae	多花黄精	Polygonatum cyrtonema Hua	正河、白岩沟等周边山区,生于海拔2000~2500m的阔叶林、山地草丛	2016.08	++	调查
1583	百合目 Liliflorae	百合科 Liliaceae	节根黄精	Polygonatum nodosum Hua.	卧龙镇附近,生于海拔1900m左右的灌木草丛、石块阴湿处	1979.07		调查
1584	百合目 Liliflorae	百合科 Liliaceae	玉竹	Polygonatum odoratum (Mill.) Druce	在海拔1100~2300m的山区较见,生于阔叶林下	2016.08	++	调查
1585	百合目 Liliflorae	百合科 Liliaceae	黄精	Polygonatum sibiricum Delar. ex Redoute	银厂沟、关沟等周边山区,生于海拔2600~2800m的针阔叶混交林	2016.08	++	调查
1586	百合目 Liliflorae	百合科 Liliaceae	轮叶黄精	Polygonatum verticillatum (L.) All	在海拔2400~3800m的山区常见,生于林下或山坡草地	2015.07	++	调查
1587	百合目 Liliflorae	百合科 Liliaceae	湖北黄精	Polygonatum zanlanscianense Pamp.	糖房、英雄沟等周边山区,生于海拔2000~2600m的林下、山坡草地	2015.07	+	调查
1588	百合目 Liliflorae	百合科 Liliaceae	吉祥草	Reineckia carnea (Andr.) Kunth	三江、耿达、龙潭沟等周边山区,生于海拔1400~2500m的阔叶林、针阔叶混交林	2015.08	+	调查
1589	百合目 Liliflorae	百合科 Liliaceae	万年青	Rohdea japonica (Thunb.) Roth	耿达、沙湾等周边山区,生于海拔1400~1500m的常绿阔叶林	2016.08	+	调查
1590	百合目 Liliflorae	百合科 Liliaceae	管花鹿药	Smilacina henryi (Baker) Wang et Tang	在海拔2200~2800m的山区常见,生于针叶林、山地灌丛、山坡草地、沟谷草丛	2016.08	++	调查
1591	百合目 Liliflorae	百合科 Liliaceae	鹿药	Smilacina japonica A. Gray	三江、关沟、巴朗山、贝母坪等周边山区,冷杉树林、生于海拔1200~3500m的阔叶林、灌丛中	1979.07 2016.08	++	标本 调查

（续）

序号	目名	科名	中文种名	拉丁学名	分布地点	最新发现时间	估计数量状况	数据来源
1592	百合目 Liliflorae	百合科 Liliaceae	窄瓣鹿药	*Smilacina paniculata*（Baker）Wang et Tang	银厂沟、五一棚等周边山区，生于海拔2300~3600m的针阔叶混交林、草甸	2015.07	++	调查
1593	百合目 Liliflorae	百合科 Liliaceae	少叶鹿药	*Smilacina paniculata*（Baker）Wang et Tang var. *stenoloba*（Franch.）Wang et Tang	白岩沟等周边山区，生于海拔2400m左右的林下	2015.07	+	调查
1594	百合目 Liliflorae	百合科 Liliaceae	紫花鹿药	*Smilacina purpurea* Wall.	银厂沟、龙沟等周边山区，生于海拔2600~3000m的针叶林	2016.08	+	调查
1595	百合目 Liliflorae	百合科 Liliaceae	尖叶菝葜	*Smilax arisanensis* Hay	耿达、沙湾等周边山区，生于海拔1200~1500m的林下、灌丛	2016.08	++	调查
1596	百合目 Liliflorae	百合科 Liliaceae	菝葜	*Smilax china* L.	耿达、三江等周边山区，生于海拔1400~1800m的灌丛、阔叶林	2016.08	++	调查
1597	百合目 Liliflorae	百合科 Liliaceae	长托菝葜	*Smilax ferox* Wall. ex Kunth	银厂沟、英雄沟等周边山区，生于海拔2600~3200m的针阔叶混交林、针叶林	2016.08	++	调查
1598	百合目 Liliflorae	百合科 Liliaceae	防己叶菝葜	*Smilax menispermoidea* A. DC	生于海拔2800~3600m的针叶林	2016.08	++	调查
1599	百合目 Liliflorae	百合科 Liliaceae	鞘柄菝葜	*Smilax stans* Maxim.	在海拔1600~3400m的山区常见，生于灌丛、林下	2016.08	++	调查
1600	百合目 Liliflorae	百合科 Liliaceae	大百部	*Stemona tuberosa*	巨龙岩鹦鹉嘴、正河板棚子沟、巴朗山等周边山区，生于海拔2500~2900m的岷江冷杉林下，针阔叶混交林	2015.08	+	调查
1601	百合目 Liliflorae	百合科 Liliaceae	扭柄花	*Streptopus obtusatus* Fassett	耿达龙潭沟等周边山区，生于海拔1700m的路边岩石	2016.08	++	调查
1602	百合目 Liliflorae	百合科 Liliaceae	岩菖蒲	*Tofieldia thibetica* Franch.	糖房、白岩沟等周边山区，生于海拔1900~2600m的针阔叶混交林下岩石上	2016.08	+	调查

（续）

序号	目名	科名	中文种名	拉丁学名	分布地点	最新发现时间	估计数量状况	数据来源
1603	百合目 Liliflorae	百合科 Liliaceae	油点草	Tricyrtis macropoda Miq.	三江、正河等周边山区，生于海拔 1500~1800m 的阔叶林	2016.08	+++	调查
1604	百合目 Liliflorae	百合科 Liliaceae	延龄草	Trillium tschonoskii Maxim.	在海拔 2200~2700m 的山区均有一定分布，生于针阔叶混交林下、路旁	2016.08	+	调查
1605	百合目 Liliflorae	百合科 Liliaceae	开口箭	Tupistra chinensis	生于海拔 1400~1600m 的常绿阔叶林	1987:《卧龙植被及资源植物》	/	资料
1606	百合目 Liliflorae	百合科 Liliaceae	藜芦	Veratrum nigrum L.	巴朗山、邓生等周边山区，生于海拔 3200~3500m 的林下、亚高山草甸	2016.08	+	调查
1607	百合目 Liliflorae	百合科 Liliaceae	毛叶藜芦	Veratrum grandiflorum Loes. f.	巴朗山、邓生等周边山区，生于海拔 3200~3500m 的亚高山草甸	2016.08	++	调查
1608	百合目 Liliflorae	百合科 Liliaceae	丫蕊花	Ypsilandra thibetica Franch.	梯子沟、银厂沟等周边山区，生于海拔 2400~2700m 的针阔叶混交林	2016.08	++	调查
1609	百合目 Liliflorae	薯蓣科 Dioscoreaceae	粘山药	Dioscorea hemsleyi Prain et Burkill	三江、正河等周边山区，生于海拔 1600~2000m 的灌丛	2016.08	++	调查
1610	百合目 Liliflorae	薯蓣科 Dioscoreaceae	高山薯蓣	Dioscorea henryi（Prain et Burkill）C. T. Ting	臭水沟、英雄沟、银厂沟等周边山区，生于海拔 2200~2600m 的灌丛、路边、草丛	2016.08	+	调查
1611	百合目 Liliflorae	薯蓣科 Dioscoreaceae	日本薯蓣	Dioscorea japonica Thunb.	三江、正河等周边山区，生于海拔 1400~2000m 的灌丛、阔叶林	2016.08	+	调查
1612	百合目 Liliflorae	薯蓣科 Dioscoreaceae	毛胶薯蓣	Dioscorea subcalva Prain et Burkill	三江、正河等周边山区，生于海拔 1800~2000m 的灌丛、林缘	2016.08	++	调查
1613	百合目 Liliflorae	鸢尾科 Iridaceae	扁竹兰	Iris confusa Sealy	耿达、沙湾等周边山区，生于海拔 1200~1500m 的常绿阔叶林、草丛	2015.07	++	调查
1614	百合目 Liliflorae	鸢尾科 Iridaceae	长葶鸢尾	Iris delavayi Mich.	巴朗山、贝母坪、梯子沟等的高山草甸，亚高山草甸，生于海拔 2800~4400m 的常绿阔叶林、公路旁、灌丛中	2015.07	++	调查

（续）

序号	目名	科名	中文种名	拉丁学名	分布地点	最新发现时间	估计数量状况	数据来源
1615	百合目 Liliflorae	鸢尾科 Iridaceae	蝴蝶花	Iris japonica Thunb.	三江、正河等周边山区，生于海拔1500~1900m的阔叶林	2016.08	++	调查
1616	百合目 Liliflorae	鸢尾科 Iridaceae	马蔺	Iris lactea Pall. var. chinensis (Fisch.) Koidz.	贝母坪等周边山山区，生于海拔3300m左右的北坡向阳草甸	1979.07		调查
1617	百合目 Liliflorae	鸢尾科 Iridaceae	水仙花鸢尾	Iris narcissiflora Diels	生于海拔3000~3300m的草甸	1987：《卧龙植被及资源植物》	/	资料
1618	百合目 Liliflorae	鸢尾科 Iridaceae	紫苞鸢尾（细茎鸢尾）	Iris ruthenica Ker.-Gawl.	白岩洞、钱粮沟、巴朗山等周边山区，生于海拔2000~4400m的山坡草丛、疏林	2007：《卧龙自然保护区种子植物区系研究》	/	资料
1619	百合目 Liliflorae	鸢尾科 Iridaceae	小鸢尾	Iris proantha Diels	生于海拔1900~2000m的路边草丛	1987：《卧龙植被及资源植物》	/	资料
1620	百合目 Liliflorae	灯心草科 Juncaceae	翘茎灯心草	Juncus alatus Franch. et Savat.	在海拔1100~2000m的山区常见，生于草丛，路边阴湿处	2016.08	+++	调查
1621	百合目 Liliflorae	灯心草科 Juncaceae	葱状灯心草	Juncus allioides Franch.	在海拔1900~4500m的山区常见，生于山坡水沟潮湿草丛、灌木丛下阴湿处、高山草甸	2016.08	++	调查
1622	百合目 Liliflorae	灯心草科 Juncaceae	走茎灯心草	Juncus amplifolius A. Camus	巴朗山生于海拔3300~4300m的高山草甸	2016.08	+	调查
1623	百合目 Liliflorae	灯心草科 Juncaceae	灯心草	Juncus effusus L.	灯心草海拔1500m以下山区常见，生于水沟边、潮湿处	2016.08	++	调查
1624	百合目 Liliflorae	灯心草科 Juncaceae	喜马灯心草	Juncus himalensis Klotzsch	巴朗山，生于海拔2800~3600m的山坡、草地、河谷水湿处和高山草甸	2016.08	++	调查
1625	百合目 Liliflorae	灯心草科 Juncaceae	甘川灯心草	Juncus leucanthus Royle	巴朗山，生于海拔2900~3600m的草甸、河谷岩石上	2015.07	++	调查

（续）

序号	目名	科名	中文种名	拉丁学名	分布地点	最新发现时间	估计数量状况	数据来源
1626	百合目 Liliflorae	灯心草科 Juncaceae	长苞灯心草	Juncus leucomelas Royle	英雄沟、觅磨沟	2015.07	+	调查
1627	百合目 Liliflorae	灯心草科 Juncaceae	野灯心草	Juncus setchuensis Buchen.	在海拔1700~2700m的山区常见，生于草丛、路边、水沟、水边或覆水中，潮湿水边向阳处	2016.08	+++	调查
1628	百合目 Liliflorae	灯心草科 Juncaceae	单枝灯心草	Juncus potaninii Buchen.	正河沟等地，生于海拔2000m左右的石壁上	2016.08	++	调查
1629	百合目 Liliflorae	灯心草科 Juncaceae	笄石菖	Juncus prismatocarpus R. Br.	生于海拔2000m左右的山坡水沟边，阴湿环境	1979.07	/	标本
1630	百合目 Liliflorae	灯心草科 Juncaceae	展苞灯心草	Juncus thomsonii Buchen.	巴朗山，生于海拔3200~3500m的灌丛、草甸	2016.08	++	调查
1631	百合目 Liliflorae	灯心草科 Juncaceae	散序地杨梅	Luzula effusa Buchen.	生于海拔2800~3200m的冷杉林	2015.07	+	调查
1632	百合目 Liliflorae	灯心草科 Juncaceae	多花地杨梅	Luzula multiflora (Retz.) Lej.	生于海拔2800~3200m的山坡草丛	1987：《卧龙植被及资源植物》	/	资料
1633	百合目 Liliflorae	灯心草科 Juncaceae	羽毛地杨梅	Luzula plumosa E. Mey.	糖房、白岩沟等周边山区，生于海拔2000~2500m的路边、针阔叶混交林	2015.07	+	调查
1634	粉状胚乳目 Farinosae	鸭跖草科 Commelinaceae	鸭跖草	Commelina communis	在海拔1900m以下山区常见，生于路边草丛、阴湿地	2016.08	+++	调查
1635	粉状胚乳目 Farinosae	鸭跖草科 Commelinaceae	竹叶子	Streptolirion volubile Edgew.	三江、正河等周边山区，生于海拔1200~1800m的常绿阔叶林、山地灌丛	2016.08	++	调查
1636	禾本目 Graminales	禾本科 Gramineae	细柄茇茇草	Achnatherum chingii (Hitchc.) Keng ex P. C. Kuo	巴朗山、贝母坪等周边山区，生于海拔3700~4100m的沟边、灌丛、草甸	2016.08	++	调查
1637	禾本目 Graminales	禾本科 Gramineae	茇茇草	Achnatherum splendens (Trin.) Nevski	足磨沟、龙岩等周边山区，生于海拔2000~3200m的山地草丛	2016.08	++	调查

（续）

序号	目名	科名	中文种名	拉丁学名	分布地点	最新发现时间	估计数量状况	数据来源
1638	禾本目 Graminales	禾本科 Gramineae	看麦娘	*Alopecurus aequalis* Sobol.	海拔 1600m 以下山区常见，生于路边、水沟，山坡荒地	2016.08	++	调查
1639	禾本目 Graminales	禾本科 Gramineae	藏黄花茅	*Anthoxanthum hookeri*（Griseb.）Rendle	生于海拔 3200~3700m 的草甸	1987：《卧龙植被及资源植物》	/	资料
1640	禾本目 Graminales	禾本科 Gramineae	中亚荩草	*Arthraxon hispidus*（Thunb.）Makino var. *centrasiaticus*（Grisb.）Honda	海拔 1200~1400m 的山区常见，生于路边草丛	2016.08	++	调查
1641	禾本目 Graminales	禾本科 Gramineae	西南荩草	*Arthraxon xinanensis* S. L. Chen et Y. X. Jin	在海拔 1700m 以下山区均有分布，生于山谷草坡、阔叶林下	2015.08	+++	调查
1642	禾本目 Graminales	禾本科 Gramineae	野古草	*Arundinella anomala* Steud.	在海拔 1800~2400m 的山地常见，生于草坡或溪边	2016.08	++	调查
1643	禾本目 Graminales	禾本科 Gramineae	沟稃草	*Aulacolepis treuleri*（Kuntze）Hack.	生于海拔 2000~2800m 的林下、山坡草丛	1987：《卧龙植被及资源植物》	/	资料
1644	禾本目 Graminales	禾本科 Gramineae	野燕麦	*Avena fatua* L.	在海拔 1900~2200m 的山区有一定分布，生于草荒地、路边草丛	2016.08	++	调查
1645	禾本目 Graminales	禾本科 Gramineae	冷箭竹	*Bashania fangiana*（A. Camus）Keng f. et Wen	在海拔 2000~3600m 的山区常见，生于针阔叶混交林及寒温性针叶林	2015.07	++	调查
1646	禾本目 Graminales	禾本科 Gramineae	疏花雀麦	*Bromus remotiflorus*（Steud.）Ohwi	在海拔 1800~2200m 的山区较常见，生于路边草丛、山坡荒地	2016.08	++	调查
1647	禾本目 Graminales	禾本科 Gramineae	华雀麦	*Bromus sinensis* Keng	正河、三江等周边山区，生于海拔 1600~2000m 的路边草丛	2016.08	++	调查
1648	禾本目 Graminales	禾本科 Gramineae	假苇拂子茅	*Calamagrostis pseudophragmites*（Hall. f.）Koel.	糖房、足磨沟等周边山区，生于海拔 2000~2500m 的山地灌丛	2016.08	++	调查
1649	禾本目 Graminales	禾本科 Gramineae	狗牙根	*Cynodon dactylon*（L.）Pers.	三江、耿达等周边山区，生于海拔 1400~1600m 的路边、草丛、荒地坡	2016.08	++	调查

（续）

序号	目名	科名	中文种名	拉丁学名	分布地点	最新发现时间	估计数量状况	数据来源
1650	禾本目 Graminales	禾本科 Gramineae	鸭茅	Dactylis glomerata L.	正河、白岩沟等周边山区，生于海拔 1600~2600m 的草丛、灌丛	2016.08	++	调查
1651	禾本目 Graminales	禾本科 Gramineae	发草	Deschampsia caespitosa (L.) Beauv.	巴朗山、贝母坪等周边山区，生于海拔 3800~4000m 的高山草甸	2016.08	++	调查
1652	禾本目 Graminales	禾本科 Gramineae	房县野青茅	Deyeuxia henryi Rendle	英雄沟、觉囊沟等周边山区，生于海拔 2800~3200m 的草甸、灌丛	2016.08	++	调查
1653	禾本目 Graminales	禾本科 Gramineae	光柄野青茅	Deyeuxia levipes Keng	巴朗山、贝母坪等周边山区，生于海拔 3600~4000m 的林下、草甸	2016.08	++	调查
1654	禾本目 Graminales	禾本科 Gramineae	糙野青茅	Deyeuxia scabrescens (Griseb.) Munro	关沟、钱粮沟等周边山区，生于海拔 2700~3400m 的灌丛、针叶林林缘	2016.08	++	调查
1655	禾本目 Graminales	禾本科 Gramineae	尼泊尔双药芒	Diandranthus nepalensis (Trin.) L. Liu	三江、正河等周边山区，生于海拔 1600~2000m 的灌丛	2016.08	++	调查
1656	禾本目 Graminales	禾本科 Gramineae	十字马唐	Digitaria cruciata (Nees) A. Camus	在海拔 1800~2500m 的山区常见，生于路边草丛	2016.08	++	调查
1657	禾本目 Graminales	禾本科 Gramineae	马唐	Digitaria sanguinalis (L.) Scop.	在海拔 1500~2000m 的山区常见。生于路边草丛、山地荒地	2016.08	++	调查
1658	禾本目 Graminales	禾本科 Gramineae	光头稗	Echinochloa colonum (L.) Link	三江、耿耳坪等周边山区，生于海拔 1600m 左右的落叶阔叶林下	2016.08	++	调查
1659	禾本目 Graminales	禾本科 Gramineae	稗	Echinochloa crusgalli (L.) Beauv.	三江、正河等周边山区，生于海拔 1400~1900m 的路边草丛	2016.08	++	调查
1660	禾本目 Graminales	禾本科 Gramineae	牛筋草	Eleusine indica (L.) Gaertn.	在海拔 1400~1900m 的路边山区，草丛、荒地坡	2016.08	++	调查
1661	禾本目 Graminales	禾本科 Gramineae	圆柱披碱草	Elymus cylindricus (Franch.) Honda	正河、核桃坪等周边山区，生于海拔 1600~2500m 的崖边、草丛、山地灌丛	2016.08	++	调查

（续）

序号	目名	科名	中文种名	拉丁学名	分布地点	最新发现时间	估计数量状况	数据来源
1662	禾本目 Graminales	禾本科 Gramineae	披碱草	Elymus dahuricus Turcz.	在海拔2300~2800m的山区常见，生于草丛、灌丛	2016.08	++	调查
1663	禾本目 Graminales	禾本科 Gramineae	垂穗披碱草	Elymus nutans Griseb.	关沟、觉磨沟等周边山区，生于海拔2600~3200m的灌丛、草甸	2016.08	++	调查
1664	禾本目 Graminales	禾本科 Gramineae	老芒麦	Elymus sibiricus Linn.	在海拔2000~2600m的山区常见，生于路旁或山坡草地	2016.08	+++	调查
1665	禾本目 Graminales	禾本科 Gramineae	画眉草	Eragrostis pilosa (L.) Beauv.	在海拔2000m以下山区常见，生于的路边草丛	2016.08	++	调查
1666	禾本目 Graminales	禾本科 Gramineae	大画眉草	Eragrostis cilianensis (All.) Link. ex Vignelo Lutati	正河、三江等周边山区，生于海拔1400~2000m的荒地草丛	2016.08	++	调查
1667	禾本目 Graminales	禾本科 Gramineae	油竹子	Fargesia angustissima Yi	三江等周边山区，生于海拔1600m以下的常绿阔叶林、灌丛	2016.08	++	调查
1668	禾本目 Graminales	禾本科 Gramineae	华西箭竹	Fargesia nitida (Mitford) Keng f.	银厂沟、邓生等周边山区，生于海拔2400~3600m的针叶林、针阔叶混交林	2016.08	+++	调查
1669	禾本目 Graminales	禾本科 Gramineae	拐棍竹	Fargesia robusta Yi	三江、关沟等周边阔叶林、常绿落叶阔叶混交林，针阔叶混交林下的常绿阔叶林，生于海拔2700m以	2016.08	++	调查
1670	禾本目 Graminales	禾本科 Gramineae	羊茅	Festuca ovina L.	巴朗山、贝母坪等周边山区，生于海拔3600~4400m的高山草甸	2016.08	++	调查
1671	禾本目 Graminales	禾本科 Gramineae	中华羊茅	Festuca sinensis Keng	正河、足磨沟等周边山区，生于海拔1900~2500m的草丛、灌丛	2016.08	++	调查
1672	禾本目 Graminales	禾本科 Gramineae	青稞（裸麦）	Hordeum vulgare L. var. nudum Hook. f.	正河、足磨沟等周边山区，生于海拔1900~2200m的荒地、路边	2016.08	++	调查
1673	禾本目 Graminales	禾本科 Gramineae	白茅	Imperata cylindrica (L.) Beauv.	耿达、三江等周边山区，生于海拔1200~1700m的路边、草丛	2016.08	++	调查

（续）

序号	目名	科名	中文种名	拉丁学名	分布地点	最新发现时间	估计数量状况	数据来源
1674	禾本目 Graminales	禾本科 Gramineae	柳叶箬	Isachne globosa (Thunb.) Kuntze	耿达、三江等周边山区，生于海拔 1200～1600m 的草丛、灌丛	2016.08	+++	调查
1675	禾本目 Graminales	禾本科 Gramineae	粟草	Milium effusum L.	关沟、英雄沟等周边山区，生于海拔 2800～3200m 的冷杉林	2016.08	++	调查
1676	禾本目 Graminales	禾本科 Gramineae	五节芒	Miscanthus floridulus (Lab.) Warb. ex Schum. et Laut.	三江、耿达等周边山区，生于海拔 1400～1800m 的草丛、灌丛	2016.08	++	调查
1677	禾本目 Graminales	禾本科 Gramineae	芒	Miscanthus sinensis Anderss.	耿达、沙湾等周边山区，生于海拔 1200～1400m 的山地灌丛	2016.08	++	调查
1678	禾本目 Graminales	禾本科 Gramineae	乱子草	Muhlenbergia hugelii Trin.	正河、核桃坪等周边山区，生于海拔 1900～2500m 的路边草丛	2016.08	++	调查
1679	禾本目 Graminales	禾本科 Gramineae	求米草	Oplismenus undulatifolius (Arduino) Roem.	三江、耿达等周边山区，生于海拔 1500～1700m 的常绿阔叶林	2016.08	+++	调查
1680	禾本目 Graminales	禾本科 Gramineae	竹叶草	Oplismenus compositus (L.) Beauv.	耿达龙潭沟等周边山区，生于海拔 1900m 左右的阔叶林下	2015.08		调查
1681	禾本目 Graminales	禾本科 Gramineae	落芒草	Oryzopsis munroi Stapf ex Hook. f.	关沟、英雄沟等周边山区，生于海拔 2800～3200m 的山地草坡	2016.08	++	调查
1682	禾本目 Graminales	禾本科 Gramineae	雀稗	Paspalum thunbergii Kunth ex steud.	耿达、沙湾等周边山区，生于海拔 1200～1500m 的溪边水湿处	2016.08	++	调查
1683	禾本目 Graminales	禾本科 Gramineae	狼尾草	Pennisetum alopecuroides (L.) Spreng.	三江、正河等周边山区，生于海拔 1600～2000m 的路边、草丛	2016.08	++	调查
1684	禾本目 Graminales	禾本科 Gramineae	石绿竹	Phyllostachys arcana McClure	生于海拔 1200～1800m 的阔叶林、山地灌丛	1987:《卧龙植被及资源植物》	/	资料
1685	禾本目 Graminales	禾本科 Gramineae	篌竹	Phyllostachys nidularia Munro	三江、耿达等周边山区，生于海拔 1600m 以下的常绿阔叶林	2016.08	++	调查

（续）

序号	目名	科名	中文种名	拉丁学名	分布地点	最新发现时间	估计数量状况	数据来源
1686	禾本目 Graminales	禾本科 Gramineae	白夹竹	*Phyllostachys bissetii* McClure in Journ. Am. Arb.	在西河麂耳坪到白家林至岩磊磊桥一带	1987：《卧龙植被及资源植物》	/	资料
1687	禾本目 Graminales	禾本科 Gramineae	白顶早熟禾	*Poa acroleuca* Steud.	巴朗山、贝母坪等周边山区，生于海拔3800～4000m的草甸	2016.08	+++	调查
1688	禾本目 Graminales	禾本科 Gramineae	高原早熟禾	*Poa alpigena* (Bulytt) Lindm.	巴朗山、贝母坪等周边山区，生于海拔4000～4300m的草甸	2016.08	++	调查
1689	禾本目 Graminales	禾本科 Gramineae	早熟禾	*Poa annua* L.	三江、正河、英雄沟等周边山区，生于海拔1200～3200m的河滩灌丛、山地草丛	2016.08	+++	调查
1690	禾本目 Graminales	禾本科 Gramineae	林地早熟禾	*Poa nemoralis* L.	银厂沟、觉磨沟等周边山区，生于海拔2600～3400m的针叶林	2016.08	+++	调查
1691	禾本目 Graminales	禾本科 Gramineae	草地早熟禾	*Poa pratensis* L.	英雄沟、钱粮沟等周边山区，生于海拔2800～3400m的草甸、灌丛	2016.08	++	调查
1692	禾本目 Graminales	禾本科 Gramineae	金丝草	*Pogonatherum crinitum* (Thunb.) Kunth	生于海拔1200～1500m的悬岩阴湿处	1987：《卧龙植被及资源植物》	/	资料
1693	禾本目 Graminales	禾本科 Gramineae	棒头草	*Polypogon fugax* Nees ex Steud.	三江、正河等周边山区，生于海拔1200～1900m的草丛、荒地	2016.08	++	调查
1694	禾本目 Graminales	禾本科 Gramineae	细柄茅	*Ptilagrostis mongholica* (Turcz. ex Trin.) Griseb.	巴朗山、贝母坪等周边山区，生于海拔3900～4200m的灌丛、草甸	2016.08	++	调查
1695	禾本目 Graminales	禾本科 Gramineae	鹅观草	*Roegneria kamoji* Ohwi	三江、正河等周边山区，生于海拔1500～2000m的草丛、灌丛	2016.08	+++	调查
1696	禾本目 Graminales	禾本科 Gramineae	垂穗鹅观草	*Roegneria nutans* (Keng) Keng	糖房、核桃坪等周边山区，生于海拔2000～2500m的草丛	2016.08	+++	调查
1697	禾本目 Graminales	禾本科 Gramineae	金色狗尾草	*Setaria glauca* (L.) Beauv.	卧龙镇附近，生于海拔1900m左右的路边、草地	2015.07	+	调查

（续）

序号	目名	科名	中文种名	拉丁学名	分布地点	最新发现时间	估计计数量状况	数据来源
1698	禾本目 Graminales	禾本科 Gramineae	皱叶狗尾草	Setaria plicata (Lam.) T. Cooke	三江、正河等周边山区，生于海拔 1500~2000m 的阔叶林、阴湿处	2016.08	+	调查
1699	禾本目 Graminales	禾本科 Gramineae	狗尾草	Setaria viridis (L.) Beauv.	在海拔 1200~2100m 的山区常见，生于路边草丛、荒地坡	2015.07	+++	调查
1700	禾本目 Graminales	禾本科 Gramineae	穗三毛	Trisetum spicatum (L.) Richt.	糖房等周边山区，生于海拔 2000m 左右的草丛	1987:《卧龙植被及资源植物》	/	资料
1701	禾本目 Graminales	禾本科 Gramineae	短锥玉山竹	Yushania brevipaniculata (Hand.-Mazz.) Yi	生于海拔 1800~3400m 的亚高山暗针叶林下或溪河两岸	2016.08	++	调查
1702	初生目 Principes	棕榈科 Palmae	棕榈	Trachycarpus fortunei (Hook.) H. Wendl.	三江、耿达等周边山区，生于海拔 1400~1600m 的常绿阔叶林	2016.08	++	调查
1703	天南星目 Arales	天南星科 Araceae	皱序南星	Arisaema concinnum Schott	花红树沟等周边山区，生于海拔 1900m 左右的河漫滩灌丛	1985.07	/	标本
1704	天南星目 Arales	天南星科 Araceae	象南星	Arisaema elephas Buchet	在海拔 1700~2900m 的山区常见，生于阔叶林、针阔叶混交林，山坡草地	2016.08	+++	调查
1705	天南星目 Arales	天南星科 Araceae	一把伞南星	Arisaema erubescens (Wall.) Schott	在海拔 1700~2000m 山区常见，生于山谷石缝、河谷乔灌林下	2015.08	+++	调查
1706	天南星目 Arales	天南星科 Araceae	天南星	Arisaema heterophyllum Blume Rumphia.	在 1200~2000m 的山区常见，生于沟边、灌丛、山沟或阴湿林下，山洞边草丛	1979.07 / 2016.08	++	标本 / 调查
1707	天南星目 Arales	天南星科 Araceae	花南星	Arisaema lobatum Engl.	正河等周边山区，生于海拔 1900m 的针叶林	2016.08	++	调查
1708	天南星目 Arales	天南星科 Araceae	虎掌（狗爪半夏）	Pinellia pedatisecta Schott	生于海拔 2700~2900m 的针叶林	1987:《卧龙植被及资源植物》	/	资料
1709	天南星目 Arales	天南星科 Araceae	半夏	Pinellia ternata (Thunb.) Breitenbach	三江、正河等周边山区，生于海拔 1200~2000m 的荒地、路边、草丛	2016.08	+	调查

（续）

序号	目名	科名	中文种名	拉丁学名	分布地点	最新发现时间	估计数量状况	数据来源
1710	天南星目 Arales	天南星科 Araceae	独角莲	*Typhonium giganteum* Engl.	生于海拔 1500~1600m 的山坡荒地	1987:《卧龙植被及资源植物》	/	资料
1711	莎草目 Cyperales	莎草科 Cyperaceae	丝叶薹草	*Carex capilliformis* Franch.	核桃坪沟、银厂沟、觉磨沟等周边山区，生于海拔 1800~3600m 的岷江冷杉林、山谷草坡	2015.08	+++	调查
1712	莎草目 Cyperales	莎草科 Cyperaceae	中华薹草	*Carex chinensis* Retz.	沙湾、龙潭沟等周边山区，生于海拔 1400~1500m 的落叶阔叶林	2016.08	++	调查
1713	莎草目 Cyperales	莎草科 Cyperaceae	密生薹草	*Carex crebra* V. Krecz.	糖房、银厂沟等周边山区，生于海拔 2000~3100m 的针阔叶混交林、针叶林	2016.08	++	调查
1714	莎草目 Cyperales	莎草科 Cyperaceae	十字薹草	*Carex cruciata* Wahlenb.	三江、耿达等周边山区，生于海拔 1400~1600m 的常绿阔叶林	2016.08	++	调查
1715	莎草目 Cyperales	莎草科 Cyperaceae	签草	*Carex doniana* Spreng.	白岩沟、银厂沟等周边山区，生于海拔 2300~2800m 的针阔叶混交林	2016.08	++	调查
1716	莎草目 Cyperales	莎草科 Cyperaceae	亲嫩薹草	*Carex gentilis* Franch.	正河、足磨沟等周边山区，生于海拔 1800~1900m 的常绿落叶阔叶混交林	2016.08	++	调查
1717	莎草目 Cyperales	莎草科 Cyperaceae	长安薹草	*Carex heudesii* Levl. et Vaniot.	白岩沟、关沟等周边山区，生于海拔 2500~2700m 的山地草丛	2016.08	++	调查
1718	莎草目 Cyperales	莎草科 Cyperaceae	膨囊薹草	*Carex lehmanii* Drejer	白岩沟、关沟等周边山区，生于海拔 2500~3000m 的针阔叶混交林、针叶林	2016.08	++	调查
1719	莎草目 Cyperales	莎草科 Cyperaceae	宝兴薹草	*Carex moupinensis* Franch.	白岩沟、关沟等周边山区，生于海拔 2500~2800m 的针叶林	2016.08	++	调查
1720	莎草目 Cyperales	莎草科 Cyperaceae	云雾薹草	*Carex nubigena* D. Don	白岩沟、花红树沟等周边山区，生于海拔 2400~2600m 的针阔叶混交林	2016.08	++	调查
1721	莎草目 Cyperales	莎草科 Cyperaceae	帚状薹草	*Carex praelonga* C. B. Clarke	巴朗山、贝母坪等周边山区，生于海拔 3700~3900m 的灌丛	2016.08	++	调查

（续）

序号	目名	科名	中文种名	拉丁学名	分布地点	最新发现时间	估计数量状况	数据来源
1722	莎草目 Cyperales	莎草科 Cyperaceae	粉被薹草	Carex pruinosa Boott	白岩沟、花红树沟等周边山区，生于海拔2400~2500m的针阔叶混交林	2016.08	++	调查
1723	莎草目 Cyperales	莎草科 Cyperaceae	紫鳞薹草	Carex purpureo-squamata L. K. Dai	邓生、巴朗山等周边山区，生于海拔3200~4100m的灌丛、草甸	1991.06		标本
1724	莎草目 Cyperales	莎草科 Cyperaceae	丝引薹草（疏穗薹草）	Carex remotiuscula Wahlenb.	白岩沟、花红树沟等周边山区，生于海拔2400~2600m的山地草丛	2016.08	++	调查
1725	莎草目 Cyperales	莎草科 Cyperaceae	大理薹草	Carex rubrobrunnea C. B. Clarke var. taliensis (Franch.) Kukenth.	核桃坪、白岩沟等周边山区，生于海拔2300~2500m的针阔叶混交林	2016.08	++	调查
1726	莎草目 Cyperales	莎草科 Cyperaceae	川滇薹草	Carex schneideri Nelmes	巴朗山、贝母坪等周边山区，生于海拔3600~3900m的灌丛、草甸	2016.08	++	调查
1727	莎草目 Cyperales	莎草科 Cyperaceae	三穗薹草	Carex tristachya Thunb.	巴朗山等草地，生于海拔4300m左右的高山岩石丛	1991.06	++	调查
1728	莎草目 Cyperales	莎草科 Cyperaceae	香附子	Cyperus rotundus L.	耿达、沙湾等周边山区，生于海拔1200~1400m的路边草丛、荒山坡	2016.08	++	调查
1729	莎草目 Cyperales	莎草科 Cyperaceae	两歧飘拂草	Fimbristylis dichotoma (L.) Vahl	耿达、沙湾等周边山区，生于海拔1200~1500m的山坡草地	2016.08	++	调查
1730	莎草目 Cyperales	莎草科 Cyperaceae	矮生嵩草	Kobresia humilis (C. A. Mey. ex Trautv.) Sergiev	巴朗山、贝母坪等周边山区，生于海拔3600~4400m的高山草甸	2016.08	++	调查
1731	莎草目 Cyperales	莎草科 Cyperaceae	嵩草	Kobresia myosuroides (Villars) Fiori	巴朗山、贝母坪等周边山区，生于海拔4000~4200m的高山草甸	2016.08	++	调查
1732	莎草目 Cyperales	莎草科 Cyperaceae	四川嵩草	Kobresia setchwanensis Hand.-Mazz.	巴朗山、贝母坪等周边山区，生于海拔3600~3800m的方枝柏林	2016.08	++	调查
1733	莎草目 Cyperales	莎草科 Cyperaceae	碌子苗	Mariscus umbellatus Vahl	沙湾、耿达等周边山区，生于海拔1200~1400m的路边草丛	2016.08	++	调查

（续）

序号	目名	科名	中文种名	拉丁学名	分布地点	最新发现时间	估计数量状况	数据来源
1734	芭蕉目 Scitamineae	姜科 Zingiberaceae	蘘荷	*Zingiber mioga* (Thunb.) Rosc.	沙湾、耿达等周边山区，生于海拔 1400～1600m 的常绿阔叶林	2016.08	++	调查
1735	微子目 Microspermae	兰科 Orchidaceae	小白及	*Bletilla formosana* (Hayata) Schltr.	花红树沟等周边山区，生于海拔 2000m 左右的山坡灌丛中	1979.07		调查
1736	微子目 Microspermae	兰科 Orchidaceae	黄花白及	*Bletilla ochracea* Schltr.	沙湾、耿达等周边山区，生于海拔 1300～1400m 的常绿阔叶林	2016.08	++	调查
1737	微子目 Microspermae	兰科 Orchidaceae	白及	*Bletilla striata* (Thunb. ex A. Murray) Rchb. f.	沙湾、耿达等周边山区，生于海拔 1100～1500m 的常绿阔叶林	2016.08	++	调查
1738	微子目 Microspermae	兰科 Orchidaceae	流苏虾脊兰	*Calanthe alpina* Hook. f. ex Lindl.	核桃坪、白岩沟等周边山区，生于海拔 2200～2500m 的针阔叶混交林	2016.08	++	调查
1739	微子目 Microspermae	兰科 Orchidaceae	狭叶虾脊兰	*Calanthe angustifolia* (Bl.) Lindl.	三江、正河等周边山区，生于海拔 1500～2000m 的阔叶林	2016.08	++	调查
1740	微子目 Microspermae	兰科 Orchidaceae	细花虾脊兰	*Calanthe mannii* Hook. f.	耿达、三江等周边山区，生于海拔 1300～1600m 的阔叶林	2016.08	++	调查
1741	微子目 Microspermae	兰科 Orchidaceae	反瓣虾脊兰	*Calanthe reflexa* Maxim.	正河、转经楼沟等周边山区，生于海拔 1500～2400m 的阔叶林	2016.08	++	调查
1742	微子目 Microspermae	兰科 Orchidaceae	三棱虾脊兰	*Calanthe tricarinata* Lindl.	白岩沟、巴朗山等周边山区，生于海拔 2500～2800m 的针叶林	2016.08	++	调查
1743	微子目 Microspermae	兰科 Orchidaceae	银兰	*Cephalanthera erecta* (Thunb.) Bl.	足磨沟、白岩沟等周边山区，生于海拔 2000～2500m 的针阔叶混交林	2016.08	++	调查
1744	微子目 Microspermae	兰科 Orchidaceae	头蕊兰（长叶头蕊兰）	*Cephalanthera longifolia* (L.) Frisch	白岩沟、龙谷沟等周边山区，生于海拔 2500～2700m 的针叶林	2016.08	++	调查
1745	微子目 Microspermae	兰科 Orchidaceae	凹舌兰	*Coeloglossum viride* (L.) Hartm.	白岩、龙眼沟等周边山区，生于海拔 3000～3600m 的草甸	2016.08	++	调查

（续）

序号	目名	科名	中文种名	拉丁学名	分布地点	最新发现时间	估计数量状况	数据来源
1746	微子目 Microspermae	兰科 Orchidaceae	大理铠兰	Corybas taliensis T. Tang	足磨沟、核桃坪等周边山区，生于海拔1900~2000m的阔叶林	2016.08	++	调查
1747	微子目 Microspermae	兰科 Orchidaceae	杜鹃兰	Cremastra appendiculata (D. Don) Makino	耿达、沙湾等周边山区，生于海拔1200~1500m的常绿阔叶林	2016.08	++	调查
1748	微子目 Microspermae	兰科 Orchidaceae	建兰	Cymbidium ensifolium (L.) Sw.	偶见于三江、正河等周边山区，生于海拔1500~1800m的常绿阔叶林	2016.08	++	调查
1749	微子目 Microspermae	兰科 Orchidaceae	蕙兰	Cymbidium faberi Rolfe	极偶见，生于海拔1500~1700m的常绿阔叶林。	2016.08	++	调查
1750	微子目 Microspermae	兰科 Orchidaceae	春兰	Cymbidium goeringii (Rchb. f.) Rchb. f.	生于多石山坡、林缘，林中透光处，海拔300~2200m，在中国台湾可上升到3000m	1987:《卧龙植被及资源植物》	/	资料
1751	微子目 Microspermae	兰科 Orchidaceae	杓兰	Cypripedium calceolus L.	钱粮沟等周边山区，生于海拔3200m左右的高山草甸	2016.08	+	调查
1752	微子目 Microspermae	兰科 Orchidaceae	对叶杓兰	Cypripedium debile Rchb. F	白岩沟、银厂沟等周边山区，生于海拔2400~2600m的针阔叶混交林	2016.08	++	调查
1753	微子目 Microspermae	兰科 Orchidaceae	黄花杓兰	Cypripedium flavum Hunt et Summerh	觉磨沟、英雄沟等周边山区，生于海拔2900~3200m的灌丛	2016.08	++	调查
1754	微子目 Microspermae	兰科 Orchidaceae	毛杓兰	Cypripedium franchetii Wilson	钱粮沟、邓生等周边山区，生于海拔3000~3700m的高山向阳草甸	2016.08	+	调查
1755	微子目 Microspermae	兰科 Orchidaceae	绿花杓兰	Cypripedium henryi Rolfe	三江、耿达等周边山区，生于海拔1400~1600m的常绿阔叶林	2016.08	++	调查
1756	微子目 Microspermae	兰科 Orchidaceae	大花杓兰	Cypripedium macranthum Sw.	关沟、觉磨沟等周边山区，生于海拔2600~3400m的草甸	2016.08	+	调查
1757	微子目 Microspermae	兰科 Orchidaceae	离萼杓兰	Cypripedium plectrochilum Franch	正河、板棚子沟等周边山区，生于海拔2700~3200m的草甸、针阔混交林	1980.08		调查

（续）

序号	目名	科名	中文种名	拉丁学名	分布地点	最新发现时间	估计数量状况	数据来源
1758	微子目 Microspermae	兰科 Orchidaceae	尖药兰	Diphylax urceolata (Clarke) Hook. f.	银厂沟、关沟等周边山区，生于海拔2600~2800m的针叶林	2016.08	++	调查
1759	微子目 Microspermae	兰科 Orchidaceae	火烧兰（小花火烧兰）	Epipactis helleborine (L.) Crantz	正河、足磨沟等周边山区，生于海拔1900~2000m的山坡灌丛、山脚半阴处	1979.07		调查
1760	微子目 Microspermae	兰科 Orchidaceae	大叶火烧兰	Epipactis mairei Schltr.	在海拔1800~3000m的山区常见，生于林下草坡、山坡灌丛、山谷灌丛	2015.07	++	调查
1761	微子目 Microspermae	兰科 Orchidaceae	裂唇虎舌兰	Epipogium aphyllum (F. W. Schmidt) Sw.	英雄沟、银厂沟、野牛沟等周边山区，生于海拔2600~2800m的针叶林	2016.08	++	调查
1762	微子目 Microspermae	兰科 Orchidaceae	虎舌兰	Epipogium roseum (D. Don) Lindl.	龙岩、白岩沟等周边山区，生于海拔2300~2600m的针阔混交林	2016.08	++	调查
1763	微子目 Microspermae	兰科 Orchidaceae	毛萼山珊瑚	Galeola lindleyana (Hook. f. et Thoms.) Rchb. f.	三江、耿达等周边山区，生于海拔1500~1600m的山坡草丛	2016.08	++	调查
1764	微子目 Microspermae	兰科 Orchidaceae	台湾盆距兰	Gastrochilus formosanus (Hayata) Hayata	三江、耿达等周边山区，附生于海拔1600~1700m的常绿阔叶林中树干上	2016.08	++	调查
1765	微子目 Microspermae	兰科 Orchidaceae	天麻	Gastrodia elata Bl.	在海拔1200~2700m的山区有一定分布，生于阔叶林、针阔叶混交林下，山坡草丛	1979.07 2015.07	+	标本 调查
1766	微子目 Microspermae	兰科 Orchidaceae	大花斑叶兰	Goodyera biflora (Lindl.) Hook. f.	梯子沟等周边山区，生于海拔2400~2600m的针阔混交林	2016.08	++	调查
1767	微子目 Microspermae	兰科 Orchidaceae	白网脉斑叶兰	Goodyera hachijoensis Yatabe	正河、梯子沟、英雄沟、野牛沟等周边山区，生于海拔2700m左右的针阔混交林	2016.08	++	调查
1768	微子目 Microspermae	兰科 Orchidaceae	小斑叶兰	Goodyera repens (L.) R. Br.	白岩沟、银厂沟等周边山区，生于海拔2500~2800m针叶林、针阔混交林下苔藓层	2015.07	++	调查
1769	微子目 Microspermae	兰科 Orchidaceae	斑叶兰（大斑叶兰）	Goodyera schlechtendaliana Rchb. f.	三江、正河等周边山区，生于海拔1400~1800m的常绿阔叶林	1982.08 2016.08	+	标本 调查

（续）

序号	目名	科名	中文种名	拉丁学名	分布地点	最新发现时间	估计数量状况	数据来源
1770	微子目 Microspermae	兰科 Orchidaceae	绒叶斑叶兰	Goodyera velutina Maxim.	正河、板棚子沟等周边山区，生于海拔1300~2700m的常绿阔叶林、针阔混交林	1980.08	/	标本
1771	微子目 Microspermae	兰科 Orchidaceae	卧龙斑叶兰	Goodyera wolongensis K. Y. Lang	生于海拔2700~3000m的岷江冷杉林下泥炭藓丛中	2016.08	+	调查
1772	微子目 Microspermae	兰科 Orchidaceae	手参	Gymnadenia conopsea (L.) R. Br.	邓生、巴朗山等周边山区，生于海拔3300~4500m的高山草甸、亚高山草甸	2015.08	++	调查
1773	微子目 Microspermae	兰科 Orchidaceae	西南手参	Gymnadenia orchidis Lindl.	巴朗山，生于海拔2800~3900m的草甸	2016.08	++	调查
1774	微子目 Microspermae	兰科 Orchidaceae	落地金钱	Habenaria aitchisonii Rchb. f.	偶见，生于海拔1700~1900m的阔叶林	2016.08	+	调查
1775	微子目 Microspermae	兰科 Orchidaceae	长距玉凤花	Habenaria davidii Franch.	耿达、龙潭沟等周边山区，生于海拔1300~1500m的常绿阔叶林	2016.08	++	调查
1776	微子目 Microspermae	兰科 Orchidaceae	粉叶玉凤花	Habenaria glaucifolia Bur. et Franch.	龙岩、英雄沟等周边山区，生于海拔2100~3400m的针叶林、铁杉林下、草丛	1983.07	+	调查
1777	微子目 Microspermae	兰科 Orchidaceae	卧龙玉凤花	Habenaria wolongensis K. Y. Lang	三江、耿达等周边山区，生于海拔1400~1600m的常绿阔叶林	2016.08	++	调查
1778	微子目 Microspermae	兰科 Orchidaceae	粗距舌喙兰	Hemipilia crassicalcarata S. S. Chien	三江、耿达等周边山区，生于海拔1400~1500m的常绿阔叶林	2016.08	++	调查
1779	微子目 Microspermae	兰科 Orchidaceae	宽唇角盘兰	Herminium josephi Rchb. f.	邓生、贝母坪等周边山区，生于海拔3300~4000m的草甸	2016.08	+	调查
1780	微子目 Microspermae	兰科 Orchidaceae	叉唇角盘兰	Herminium lanceum (Thunb. ex Sw.) Vuijk	足磨沟、白岩沟等周边山区，生于海拔1900~2500m的山坡草地	2016.08	+	调查
1781	微子目 Microspermae	兰科 Orchidaceae	角盘兰	Herminium monorchis (L.) R. Br.	窝炭沟、花红树沟等周边山区，生于海拔3000~3400m的草甸	2016.08	+	调查

（续）

序号	目名	科名	中文种名	拉丁学名	分布地点	最新发现时间	估计数量状况	数据来源
1782	微子目 Microspermae	兰科 Orchidaceae	瘦房兰	Ischnogyne mandarinorum (Kraenzl.) Schltr.	耿达、沙坪等周边山区，生于海拔1300~1500m的常绿阔叶林	2016.08	++	调查
1783	微子目 Microspermae	兰科 Orchidaceae	福建羊耳蒜	Liparis dunnii Rolfe	板棚子沟口等周边山区，生于海拔2650m的针阔混交林下	1980.08	/	标本
1784	微子目 Microspermae	兰科 Orchidaceae	羊耳蒜	Liparis japonica (Miq.) Maxim.	生于海拔1800~2000m的山坡草丛	2016.08	+	调查
1785	微子目 Microspermae	兰科 Orchidaceae	对叶兰	Listera puberula Maxim.	核桃坪、白岩沟等周边山区，生于海拔2000~2700m的针阔叶混交林及针叶林	2016.08	++	调查
1786	微子目 Microspermae	兰科 Orchidaceae	沼兰	Malaxis monophyllos (L.) Sw.	白岩沟、英雄沟等周边山区，生于海拔2300~3300m的针阔叶混交林及针叶林	2016.08	+	调查
1787	微子目 Microspermae	兰科 Orchidaceae	云南沼兰	Malaxis bahanensis (Hand.-Mazz.) T. Tang et F. T. Wang	关沟、龙岩沟等周边山区，生于海拔2500~3000m的针叶林	2016.08	+	调查
1788	微子目 Microspermae	兰科 Orchidaceae	全唇兰	Myrmechis chinensis Rolfe	白岩沟、银厂沟等周边山区，生于海拔2400~2700m的针叶林	2016.08	+	调查
1789	微子目 Microspermae	兰科 Orchidaceae	尖唇鸟巢兰	Neottia acuminata Schltr.	白岩沟、银厂沟等周边山区，生于海拔2500~2700m的针叶林	2016.08	++	调查
1790	微子目 Microspermae	兰科 Orchidaceae	二叶兜被兰	Neottianthe cucullata (L.) Schltr.	生于海拔2200~3600m的针叶林及亚高山草甸	1987:《卧龙植被及资源植物》	/	资料
1791	微子目 Microspermae	兰科 Orchidaceae	兜被兰	Neottianthe pseudodiphylax (Kraenzl.) Schltr.	生于海拔2600~3000m的山坡草丛、林下	1987:《卧龙植被及资源植物》	/	资料
1792	微子目 Microspermae	兰科 Orchidaceae	广布红门兰	Orchis chusua D. Don	关沟、贝母坪等周边山区，生于海拔2700~3800m的亚高山草甸，针阔混交林下苔藓层	2015.08	++	调查
1793	微子目 Microspermae	兰科 Orchidaceae	二叶红门兰	Orchis diantha Schltr.	巴朗山、梯子沟等周边山区，生于海拔3000~3900m的草甸、半山草甸、阳光坡地、亚高山草甸	2015.07	++	调查

（续）

序号	目名	科名	中文种名	拉丁学名	分布地点	最新发现时间	估计数量状况	数据来源
1794	微子目 Microspermae	兰科 Orchidaceae	宽叶红门兰	Orchis latifolia L.	足磨沟、糖房等周边山区，生于海拔2000~2100m的山坡、沟边灌丛下或草地中	2015.07	+	调查
1795	微子目 Microspermae	兰科 Orchidaceae	河北红门兰（无距红门兰）	Orchis tschiliensis (Schltr.) Soo	龙岩、花红树沟等周边山区，生于海拔2900~3600m的草甸	2016.08	++	调查
1796	微子目 Microspermae	兰科 Orchidaceae	斑唇红门兰	Orchis wardii W. W. Smith	英雄沟、线粮沟等周边山区，生于海拔3000~3300m的草甸	2016.08	++	调查
1797	微子目 Microspermae	兰科 Orchidaceae	长叶山兰	Oreorchis fargesii Finet	正河、关沟、板棚子沟口等周边山区，生于海拔2600~3000m的岷江冷杉林、针阔混交林下。	1980.08 2016.08	+	标本 调查
1798	微子目 Microspermae	兰科 Orchidaceae	山兰	Oreorchis patens (Lindl.) Lindl.	银厂沟、英雄沟、双叉河等周边山区，生于海拔2500~2800m的针叶林、阴湿灌丛、山脚流水附近	1991.06 2015.07	+	标本 调查
1799	微子目 Microspermae	兰科 Orchidaceae	尾瓣舌唇兰	Platanthera mandarinorum Rchb. f.	耿达、三江、正河等周边山区，生于海拔1300~2100m的山坡林下或草地	2016.08	++	调查
1800	微子目 Microspermae	兰科 Orchidaceae	小舌唇兰	Platanthera minor (Miq.) Rchb. f.	觉隆沟、梯子沟等周边山区，生于海拔2900~3300m的亚高山草甸、针阔混交林下苔藓层	2015.07	+	调查
1801	微子目 Microspermae	兰科 Orchidaceae	小花舌唇兰	Platanthera minutiflora Schltr.	银厂沟、关沟等周边山区，生于海拔2600~2800m的针叶林	2016.08	+	调查
1802	微子目 Microspermae	兰科 Orchidaceae	独蒜兰	Pleione bulbocodioides (Franch.) Rolfe	正河沟，生于海拔1500~2200m的阔叶林、针阔叶混交林，河边石壁上	2016.08	+	调查
1803	微子目 Microspermae	兰科 Orchidaceae	缘毛鸟足兰	Satyrium ciliatum Lindl.	白岩沟、花红树沟等周边山区，生于海拔2400~2800m的针叶林	2016.08	++	调查
1804	微子目 Microspermae	兰科 Orchidaceae	绶草	Spiranthes sinensis (Pers.) Ames	在海拔1700~3300m的山区常见，生于山坡草地、灌木丛、公路边阴草丛中	2015.08	++	调查
1805	微子目 Microspermae	兰科 Orchidaceae	金佛山兰	Tangtsinia nanchuanica S. C. Chen	生于海拔1900m左右的岩坡上灌丛中	1983.06	/	标本

附表 5.3　四川卧龙国家级自然保护区外来植物名录

序号	目名	科名	中文种名	拉丁学名	地点	海拔（m）	调查时间	类型及用途
				裸子植物 Gymnospermae				
1	银杏目 Ginkgoales	银杏科 Ginkgoaceae	银杏	*Ginkgo biloba* L.	卧龙	1740～1920	2016.08	观赏
2	松杉目 Pinales	松科 Pinaceae	日本落叶松	*Larix kaempferi*（Lamb.）Carr.	足木山村、龙潭村和耿达村周边山区	1500～2400	2016.08	造林
3	松杉目 Pinales	松科 Pinaceae	黄花落叶松	*Larix olgensis* Henry	耿达村周边山区	1800	2016.08	造林
4	松杉目 Pinales	松科 Pinaceae	红杉	*Larix potaninii* Batalin	卧龙镇	2500～3100	2016.08	造林
5	松杉目 Pinales	松科 Pinaceae	华北落叶松	*Larix principis-rupprechtii* Mayr	卧龙镇	1800	2016.08	造林
6	松杉目 Pinales	松科 Pinaceae	新疆落叶松	*Larix sibirica* Ledeb.	卧龙镇	1801	2016.08	造林
7	松杉目 Pinales	松科 Pinaceae	大果青杆	*Picea neoveitchii* Mast.	卧龙镇	1920	2016.08	观赏及造林
8	松杉目 Pinales	松科 Pinaceae	紫果云杉	*Picea purpurea* Mast.	卧龙镇	1920	2016.08	造林
9	松杉目 Pinales	杉科 Pinaceae	日本柳杉	*Cryptomeria japonica*（L. f.）D. Don	卧龙镇至耿达的公路边	1820～1920	2016.08	观赏及造林
10	松杉目 Pinales	杉科 Pinaceae	水杉	*Metasequoia glyptostroboides* Hu et Cheng	卧龙、三江	1720～1920	2016.08	观赏
11	松杉目 Pinales	柏科 Cupressaceae	日本花柏	*Chamaecyparis pisifera*（Sieb. et Zucc.）Endl.	耿达及卧龙镇	1920	2016.08	观赏
12	松杉目 Pinales	柏科 Cupressaceae	侧柏	*Platycladus orientalis*（L.）Franco	卧龙沙湾	1920	2016.08	观赏

（续）

序号	目名	科名	中文种名	拉丁学名	地点	海拔（m）	调查时间	类型及用途
13	松杉目 Pinales	柏科 Cupressaceae	圆柏	*Sabina chinensis* (L.) Ant	风景区均有一定栽培	1920	2016.08	观赏
14	罗汉松目 Podocarpales	罗汉松科 Podocarpaceae	短叶罗汉松	*Podocarpus macrophyllus* (Thunb.) D. Don var. *maki* (Sieb.) Endl.	风景区均有一定栽培	1200	2016.08	观赏
				被子植物 Angiospermae				
15	胡桃目 Juglandales	胡桃科 Juglandaceae	胡桃	*Juglans regia* L.	卧龙	1400~2000	2016.08	油脂
16	杨柳目 Salicales	杨柳科 Salicaceae	加拿大杨	*Populuscanadensis* Moench	耿达，卧龙镇	1920	2016.08	观赏
17	杨柳目 Salicales	杨柳科 Salicaceae	青杨	*Populus cathayana* Rehd.	卧龙	1700~2450	2016.08	观赏及造林
18	杨柳目 Salicales	杨柳科 Salicaceae	川杨	*Populus szechuanica* Schneid.	卧龙	1700~2100	2016.08	观赏及造林
19	杨柳目 Salicales	杨柳科 Salicaceae	筐柳	*Salix linearistipularis*	卧龙	2000~3000	2016.08	观赏及造林
20	山毛榉目 Fagales	壳斗科 Fagaceae	栗（板栗）	*Castanea mollissima* Bl.	居民区附近均有栽培	1400~1500	2016.08	淀粉植物
21	蔷薇目 Rosales	杜仲科 Eucommiaceae	杜仲	*Eucommia ulmoides* Oliver	卧龙镇	1750	2016.08	药用
22	荨麻目 Urticales	桑科 Moraceae	大麻	*Cannabis sativa* L.	在耿达有逸散	1400~1950	2016.08	纤维植物
23	荨麻目 Urticales	蓼科 Moraceae	荞麦	*Fagopyrum esculentum* Moench	有零星栽培	1400~2200	2016.08	淀粉
24	荨麻目 Urticales	蓼科 Moraceae	苦荞麦	*Fagopyrum tataricum* (L.) Gaertn.	广泛栽培	1400~2200	2016.08	淀粉

（续）

序号	目名	科名	中文种名	拉丁学名	地点	海拔（m）	调查时间	类型及用途
25	荨麻目 Urticales	蓼科 Moraceae	掌叶大黄	*Rheum palmatum* L.	卧龙镇附近农田	1500	2016.08	药用
26	中央种子目 Centrospermae	紫茉莉科 Nyctaginaceae	紫茉莉	*Mirabilis jalapa* L.	三江、耿达居民区	1920	2016.08	观赏
27	中央种子目 Centrospermae	马齿苋科 Portulacaceae	大花马齿苋	*Portulaca grandiflora* Hook.	耿达	1921	2016.08	观赏
28	中央种子目 Centrospermae	石竹科 Caryophyllaceae	石竹	*Dianthus chinensis* L.	耿达	1920	2016.08	观赏
29	中央种子目 Centrospermae	藜科 Chenopodiaceae	甜菜	*Beta vulgaris* L.	耿达	1400~1920	2016.08	糖类植物
30	中央种子目 Centrospermae	藜科 Chenopodiaceae	菠菜	*Spinacia oleracea* L	居民区附近均有栽培	1200~1920	2016.08	蔬菜
31	中央种子目 Centrospermae	苋科 Amaranthaceae	繁穗苋	*Amaranthus paniculatus* L.	少量栽培	1400~2100	2016.08	观赏
32	中央种子目 Centrospermae	苋科 Amaranthaceae	皱果苋	*Amaranthus viridis*	少量栽培	1400~2100	2016.08	野菜、观赏
33	毛茛目 Ranales	木兰科 Magnoliaceae	玉兰	*Magnolia denudata* Desr.	风景区少量栽培	1820	2016.08	观赏
34	毛茛目 Ranales	木兰科 Magnoliaceae	厚朴	*Magnolia officinalis* Rehd. et Wils.	卧龙	1500	2016.08	药用
35	毛茛目 Ranales	蜡梅科 Calycanthaceae	蜡梅	*Chimonanthus praecox*（Linn.）Link	少量栽培	1830	2016.08	观赏
36	毛茛目 Ranales	樟科 Lauraceae	毛豹皮樟	*Litsea coreana* Levl. var. *lanuginosa*（Migo）Yang et. P. H. Huang	少量栽培	1400~1550	2016.08	观赏
37	毛茛目 Ranales	樟科 Lauraceae	檫木	*Sassafras tzumu*（Hemsl.）Hemsl.	少量栽培	1830	2016.08	观赏

（续）

序号	目名	科名	中文种名	拉丁学名	地点	海拔（m）	调查时间	类型及用途
38	毛茛目 Ranales	毛茛科 Ranunculaceae	乌头	*Aconitum carmichaelii* Debx.	少量栽培	1920	2016.08	药用、观赏
39	毛茛目 Ranales	毛茛科 Ranunculaceae	深裂黄草乌（西南乌头）	*Aconitum vilmorinianum* Kom. var. *altifidum* W. T. Wang	少量栽培	2100~2500	2016.08	药用、观赏
40	毛茛目 Ranales	毛茛科 Ranunculaceae	芍药	*Paeonia lactiflora* Pall.	居民区少量栽培	1700~1920	2016.08	药用、观赏
41	毛茛目 Ranales	毛茛科 Ranunculaceae	牡丹	*Paeonia suffruticosa* Andr.	居民区少量栽培	1700~1920	2016.08	观赏
42	侧膜胎座目 Parietales	山茶科 Theaceae	茶	*Camellia sinensis*（L.）O. Ktze.	耿达、三江	1150~1500	2016.08	药用
43	罂粟目 Rhoeadales	罂粟科 Papaveraceae	虞美人	*Papaver rhoeas* L.	卧龙	1920~2134	2016.08	观赏
44	罂粟目 Rhoeadales	十字花科 Cruciferae	青菜	*Brassica chinensis* L.	广泛栽培	1400~2500	2016.08	蔬菜
45	罂粟目 Rhoeadales	十字花科 Cruciferae	大头菜	*Brassica juncea* var. *megarrhiza* Tsen et Lee	卧龙、耿达、三江	1400~1920	2016.08	蔬菜
46	罂粟目 Rhoeadales	十字花科 Cruciferae	甘蓝	*Brassica oleracea* L.	广泛栽培	1200~2500	2016.08	蔬菜
47	罂粟目 Rhoeadales	十字花科 Cruciferae	白菜	*Brassica pekinensis*（Lour.）Rupr.	广泛栽培	1200~2500	2016.08	蔬菜
48	罂粟目 Rhoeadales	十字花科 Cruciferae	萝卜	*Raphanus sativus* L.	广泛栽培	1200~2500	2016.08	蔬菜
49	蔷薇目 Rosales	蔷薇科 Rosaceae	桃	*Amygdalus persica* L.	卧龙镇至耿达及三江	1800~2000	2016.08	水果
50	蔷薇目 Rosales	蔷薇科 Rosaceae	梅	*Armeniaca mume* Sieb.	卧龙镇、耿达	1800~1920	2016.08	水果

（续）

序号	目名	科名	中文种名	拉丁学名	地点	海拔（m）	调查时间	类型及用途
51	蔷薇目 Rosales	蔷薇科 Rosaceae	杏	Armeniaca vulgaris Lam.	卧龙镇至耿达	1500~2000	2016.08	水果
52	蔷薇目 Rosales	蔷薇科 Rosaceae	皱皮木瓜	Chaenomeles speciosa (Sweet) Nakai	卧龙镇	1820	2016.08	药用、观赏
53	蔷薇目 Rosales	蔷薇科 Rosaceae	枇杷	Eriobotrya japonica (Thunb.) Lindl.	沙湾	1400	2016.08	水果
54	蔷薇目 Rosales	蔷薇科 Rosaceae	苹果	Malus pumila Mill.	沙湾、胡桃坪	1400~2000	2016.08	水果
55	蔷薇目 Rosales	蔷薇科 Rosaceae	石楠	Photinia serrulata Lindl.	三江、耿达	1400~1597	2016.08	观赏
56	蔷薇目 Rosales	蔷薇科 Rosaceae	李	Prunus salicina Lindl.	卧龙镇、耿达、三江	1800~2000	2016.08	水果
57	蔷薇目 Rosales	蔷薇科 Rosaceae	麻梨	Pyrus serrulata Rehd.	沙湾、三江	1500~2000	2016.08	水果
58	蔷薇目 Rosales	蔷薇科 Rosaceae	秋子梨	Pyrus ussuriensis Maxim.	耿达、龙潭沟	1450~1800	2016.08	水果
59	蔷薇目 Rosales	蔷薇科 Rosaceae	月季花	Rosa chinensis Jacq.	卧龙公社附近	1920	2016.08	观赏
60	蔷薇目 Rosales	蔷薇科 Rosaceae	玫瑰	Rosa rugosa Thunb.	卧龙公社附近	1920	2016.08	观赏
61	蔷薇目 Rosales	豆科 Leguminosae	锦鸡儿	Caragana sinica (Buc'hoz) Rehd.	三江、耿达	1200~1400	2016.08	观赏
62	蔷薇目 Rosales	豆科 Leguminosae	皂荚	Gleditsia sinensis Lam.	正河	1900	2016.08	药用、观赏
63	蔷薇目 Rosales	豆科 Leguminosae	扁豆	Lablab purpureus (Linn.) Sweet	耿达、沙湾、正河	1400~2000	2016.08	蔬菜

（续）

序号	目名	科名	中文种名	拉丁学名	地点	海拔（m）	调查时间	类型及用途
64	蔷薇目 Rosales	豆科 Leguminosae	紫苜蓿	*Medicago sativa* L.	耿达、卧龙镇	1300~1900	2016.08	饲料
65	蔷薇目 Rosales	豆科 Leguminosae	白车轴草	*Trifolium repens* L.	三江、耿达、卧龙镇	1100~1900	2016.08	观赏
66	蔷薇目 Rosales	豆科 Leguminosae	菜豆	*Phaseolus vulgaris* L.	沙湾、正河	1400~1920	2016.08	蔬菜
67	蔷薇目 Rosales	豆科 Leguminosae	荷包豆	*Phaseolus coccineus* Linn.	卧龙镇有较多栽培	1820	2016.08	蔬菜
68	蔷薇目 Rosales	豆科 Leguminosae	豌豆	*Pisum sativum* L.	三江、正河	1500~2000	2016.08	蔬菜
69	蔷薇目 Rosales	豆科 Leguminosae	刺槐	*Robinia pseudoacacia* L.	三江、正河	1500~1900	2016.08	造林、蜜源
70	牻牛儿苗目 Geraniales	牻牛儿苗科 Geraniaceae	天竺葵	*Pelargonium hortorum* Bailey	卧龙公社附近	1920	2016.08	观赏
71	牻牛儿苗目 Geraniales	旱金莲科 Tropaeolaceae	旱金莲	*Tropaeolum majus* L.	卧龙公社、足磨沟	1920~2134	2016.08	观赏
72	大戟目 Euphorbiales	大戟科 Euphorbiaceae	油桐	*Vernicia fordii* (Hemsl.) Airy Shaw	沙湾	1150	2016.08	油脂
73	芸香目 Rutales	云（芸）香科 Rutaceae	黄檗	*Phellodendron amurense* Rupr.	三江、正河	1700~1850	2016.08	药用
74	芸香目 Rutales	云香科 Rutaceae	花椒	*Zanthoxylum bungeanum* Maxim.	正河、沙湾	1400~2000	2016.08	芳香油
75	芸香目 Rutales	苦木科 Simaroubaceae	臭椿	*Ailanthus altissima* (Mill.) Swingle	正河、核桃坪	1700~1900	2016.08	造林
76	芸香目 Rutales	楝科 Meliaceae	香椿	*Toona sinensis* (A. Juss.) Roem	三江、核桃坪	1500~1900	2016.08	造林

（续）

序号	目名	科名	中文种名	拉丁学名	地点	海拔（m）	调查时间	类型及用途
77	无患子目 Sapindales	凤仙花科 Balsaminaceae	凤仙花	Impatiens balsamina L.	卧龙公社附近	1920	2016.08	观赏
78	锦葵目 Malvales	锦葵科 Malvaceae	蜀葵	Althaea rosea (Linn.) Cavan.	卧龙公社附近	1920	2016.08	观赏
79	锦葵目 Malvales	锦葵科 Malvaceae	木槿	Hibiscus syriacus L.	卧龙公社附近	1920	2016.08	观赏
80	锦葵目 Malvales	锦葵科 Malvaceae	冬葵	Malva crispa Linn.	卧龙公社附近	1920	2016.08	蔬菜
81	锦葵目 Malvales	锦葵科 Malvaceae	锦葵	Malva sinensis Cavan.	卧龙公社附近	1920	2016.08	观赏
82	侧膜胎座目 Parietales	堇菜科 Violaceae	三色堇	Viola tricolor L. var. hortensis DC.	卧龙公社附近	1920	2016.08	观赏
83	侧膜胎座目 Parietales	秋海棠科 Begoniaceae	秋海棠	Begonia grandis Dry	正河、核桃坪	1900~1920	2016.08	观赏
84	葫芦目 Cucurbitales	葫芦科 Cucurbitaceae	黄瓜	Cucumis sativus L.	三江、正河	1500~1900	2016.08	蔬菜
85	葫芦目 Cucurbitales	葫芦科 Cucurbitaceae	笋瓜	Cucurbita maxima Duch. ex Lam.	三江、正河	1500~1900	2016.08	蔬菜
86	葫芦目 Cucurbitales	葫芦科 Cucurbitaceae	南瓜	Cucurbita moschata (Duch.) Poiret	三江、正河	1500~1920	2016.08	蔬菜
87	葫芦目 Cucurbitales	葫芦科 Cucurbitaceae	佛手瓜	Sechium edule (Jacq.) Swartz	正河、核桃坪	1500~1920	2016.08	蔬菜
88	桃金娘目 Myrtiflorae	柳叶菜科 Onagraceae	月见草	Oenothera biennis L.	卧龙公社附近	1920	2016.08	观赏、油脂
89	桃金娘目 Myrtiflorae	蓝果树科 Nyssaceae	喜树	Camptotheca acuminata Decne.	耿达、沙湾	1200~1500	2016.08	造林

（续）

序号	目名	科名	中文种名	拉丁学名	地点	海拔（m）	调查时间	类型及用途
90	伞形目 Umbelliflorae	伞形科 Umbelliferae	当归	*Angelica sinensis*（Oliv.）Diels	正河、糖房	1900~2000	2016.08	药用
91	伞形目 Umbelliflorae	伞形科 Umbelliferae	旱芹	*Apium graveolens* L. var. *dulce* DC.	卧龙公社附近	1920	2016.08	观赏、药用
92	伞形目 Umbelliflorae	伞形科 Umbelliferae	茴香	*Foeniculum vulgare* Mill.	正河、三江	1500~1950	2016.08	香料
93	柿目 Ebenales	柿树科 Ebenaceae	柿	*Diospyros kaki* Thunb.	正河	1850	2016.08	水果
94	柿目 Ebenales	柿树科 Ebenaceae	君迁子	*Diospyros lotus* L.	正河	1800	2016.08	水果
95	捩花目 Contortae	木犀科 Oleaceae	木犀（桂花）	*Osmanthus fragrans*（Thunb.）Lour.	三江	1550	2016.08	观赏
96	管状花目 Tubiflorae	旋花科 Convolvulaceae	番薯	*Ipomoea batatas*（L.）Lam.	耿达、沙湾	1200~1450	2016.08	淀粉
97	管状花目 Tubiflorae	旋花科 Convolvulaceae	圆叶牵牛	*Pharbitis purpurea*（L.）Voisgt	卧龙公社附近	1920	2016.08	观赏、蜜源
98	管状花目 Tubiflorae	唇形科 Labiatae	藿香	*Agastache rugosa*（Fisch. et Mey.）O. Ktze.	三江、正河	1500~1920	2016.08	药用
99	管状花目 Tubiflorae	唇形科 Labiatae	紫苏	*Perilla frutescens*（L.）Britton.	三江、核桃坪	1200~2000	2016.08	油料
100	管状花目 Tubiflorae	茄科 Solanaceae	辣椒	*Capsicum annuum* L.	三江、正河	1500~1920	2016.08	蔬菜
101	管状花目 Tubiflorae	茄科 Solanaceae	假酸浆	*Nicandra physalodes*（Linn.）Gaertn.	卧龙公社附近	1920	2016.08	药用
102	管状花目 Tubiflorae	茄科 Solanaceae	烟草	*Nicotiana tabacum* L.	三江、正河	1400~2000	2016.08	工业

（续）

序号	目名	科名	中文种名	拉丁学名	地点	海拔（m）	调查时间	类型及用途
103	管状花目 Tubiflorae	茄科 Solanaceae	马铃薯	*Solanum tuberosum* L.	正河、糖房	1500~2200	2016.08	蔬菜
104	管状花目 Tubiflorae	茄科 Solanaceae	茄	*Solanum melongena* L.	耿达、三江	1200~1500	2016.08	蔬菜
105	管状花目 Tubiflorae	茄科 Solanaceae	曼陀罗	*Datura stramonium* L.	耿达	1300	2016.08	观赏、药用
106	管状花目 Tubiflorae	玄参科 Scrophulariaceae	金鱼草	*Antirrhinum majus* L.	卧龙公社附近	1920	2016.08	观赏
107	管状花目 Tubiflorae	玄参科 Scrophulariaceae	川泡桐	*Paulownia fargesii* Franch.	三江、正河	1600~1920	2016.08	造林
108	茜草目 Rubiales	忍冬科 Caprifoliaceae	蝴蝶戏珠花（蝴蝶荚迷）	*Viburnum plicatum* Thunb. var. *tomentosum* (Thunb.) Rehd.	核桃坪	1820	2016.08	药用
109	桔梗目 Campanulales	桔梗科 Campanulaceae	党参	*Codonopsis pilosula* (Franch.) Nannf.	正河、五一棚	1764~2541	2016.08	药用
110	桔梗目 Campanulales	菊科 Compositae	菊花	*Dendranthema morifolium* (Ramat.) Tzvel.	耿达、正河	1400~1920	2016.08	观赏
111	桔梗目 Campanulales	菊科 Compositae	鬼针草	*Bidens pilosa* L.	路边草地、山坡荒地	2000m以下	2016.08	观赏
112	桔梗目 Campanulales	菊科 Compositae	秋英	*Cosmos bipinnata* Cav.	耿达幸福沟绿化带	1300	2016.08	观赏
113	桔梗目 Campanulales	菊科 Compositae	大丽花	*Dahlia pinnata* Cav.	卧龙镇居民区	1820	2016.08	观赏
114	桔梗目 Campanulales	菊科 Compositae	向日葵	*Helianthus annuus* L.	三江、正河	1400~1920	2016.08	油料
115	桔梗目 Campanulales	菊科 Compositae	菊芋	*Helianthus tuberosus* L.	三江、正河	1400~1920	2016.08	蔬菜

（续）

序号	目名	科名	中文种名	拉丁学名	地点	海拔（m）	调查时间	类型及用途
116	桔梗目 Campanulales	菊科 Compositae	天人菊	Gaillardia pulchella Foug.	耿达幸福沟绿化带	1300	2016.08	观赏
117	桔梗目 Campanulales	菊科 Compositae	薇甘菊（假泽兰）	Mikania cordata	卧龙镇居民区	1820	2016.08	观赏
118	桔梗目 Campanulales	菊科 Compositae	黑心金光菊	Rudbeckia hirta L.	耿达幸福沟绿化带	1300	2016.08	观赏
119	桔梗目 Campanulales	菊科 Compositae	万寿菊	Tagetes erecta	路边草甸	1150~1480	2016.08	观赏
120	桔梗目 Campanulales	菊科 Compositae	孔雀草	Tagetes patula	山坡草地、林中或庭园栽培	750~1600	2016.08	观赏
121	桔梗目 Campanulales	菊科 Compositae	百日菊	Zinnia elegans Jacq.	耿达幸福沟绿化带	1300	2016.08	观赏
122	百合目 Liliflorae	百合科 Liliaceae	葱	Allium fistulosum L.	正河、沙湾	1400~1950	2016.08	蔬菜
123	百合目 Liliflorae	百合科 Liliaceae	蒜	Allium sativum L	三江、正河	1400~1920	2016.08	蔬菜
124	百合目 Liliflorae	百合科 Liliaceae	韭	Allium tuberosum Rottl. ex Sprengel	三江、正河	1400~1920	2016.08	蔬菜
125	百合目 Liliflorae	百合科 Liliaceae	萱草	Hemerocallis fulva (L.) L.	耿达、卧龙镇	1200~1900	2016.08	蔬菜、观赏
126	百合目 Liliflorae	百合科 Liliaceae	黄花菜	Hemerocallis citrina Baroni	三江、正河	1500~2000	2016.08	蔬菜
127	百合目 Liliflorae	百合科 Liliaceae	玉簪	Hosta plantaginea (Lam.) Ascherson.	卧龙公社附近	1900	2016.08	观赏
128	百合目 Liliflorae	百合科 Liliaceae	紫萼	Hosta ventricosa (Salisb.) Stearn	卧龙镇居民区	1900	2016.08	观赏

（续）

序号	目名	科名	中文种名	拉丁学名	地点	海拔（m）	调查时间	类型及用途
129	百合目 Liliflorae	石蒜科 Amaryllidaceae	葱莲	Zephyranthes candida (Lindl.) Herb.	耿达幸福沟绿化带	1300	2016.08	观赏
130	百合目 Liliflorae	石蒜科 Amaryllidaceae	韭莲	Zephyranthes grandiflora Lindl.	耿达幸福沟绿化带	1300	2016.08	观赏
131	百合目 Liliflorae	石蒜科 Amaryllidaceae	水仙	Narcissus tazetta L. var. chinensis Roem.	卧龙公社附近	1920	2016.08	观赏
132	百合目 Liliflorae	薯蓣科 Dioscoreaceae	薯蓣	Dioscorea opposita Thunb.	三江、正河	1400~1900	2016.08	药用
133	百合目 Liliflorae	鸢尾科 Iridaceae	唐菖蒲	Gladiolus gandavensis Vaniot Houtt	卧龙公社附近	1920	2016.08	观赏、药用
134	禾本目 Graminales	禾本科 Gramineae	刺竹子	Chimonobambusa pachystachys Hsueh et Yi	三江	1820	2016.08	观赏
135	禾本目 Graminales	禾本科 Gramineae	八月竹	Chimonobambusa szechuanensis (Rendle) Keng f.	三江、正河	1820~1920	2016.08	观赏
136	禾本目 Graminales	禾本科 Gramineae	大麦	Hordeum vulgare L.	正河、足磨沟	1900~2200	2016.08	观赏
137	禾本目 Graminales	禾本科 Gramineae	刚竹	Phyllostachys sulphurea (Carr.) A. et C. Riv. 'Viridis'	三江、耿达	1200~1450	2016.08	观赏
138	禾本目 Graminales	禾本科 Gramineae	筇竹	Qiongzhuea tumidinoda Hsueh et Yi	三江	1820	2016.08	观赏
139	禾本目 Graminales	禾本科 Gramineae	高粱	Sorghum bicolor (L.) Moench	三江、耿达	1400~1500	2016.08	淀粉
140	禾本目 Graminales	禾本科 Gramineae	普通小麦	Triticum aestivum L.	三江、正河	1500~1920	2016.08	淀粉
141	禾本目 Graminales	禾本科 Gramineae	玉蜀黍	Zea mays L.	三江、正河	1400~2000	2016.08	淀粉

（续）

序号	目名	科名	中文种名	拉丁学名	地点	海拔（m）	调查时间	类型及用途
142	禾本目 Graminales	禾本科 Gramineae	稗	*Echinochloa crusgalli*	三江	1400	2016.08	入侵
143	天南星目 Arales	天南星科 Araceae	魔芋	*Amorphophallus rivieri* Durieu	三江，正河	1400~1900	2016.08	淀粉
144	芭蕉目 Scitamineae	芭蕉科 Musaceae	芭蕉	*Musa basjoo*	耿达	1350	2016.08	观赏

附表 5.4　四川卧龙国家级自然保护区区保护种子植物名录

序号	目名	科名	中文种名	拉丁学名	保护级别/濒危等级	备注
1	红豆杉目 Taxales	红豆杉科 Taxaceae	红豆杉	*Taxus wallichiana*	I	
2	桃金娘目 Myrtiflorae	蓝果树科 Nyssaceae	珙桐	*Davidia involucrata*	I	
3	桃金娘目 Myrtiflorae	蓝果树科 Nyssaceae	光叶珙桐	*Davidia involucrata* var. *vilmoriniana*	I	
4	毛茛目 Ranales	毛茛科 Ranunculaceae	独叶草	*Kingdonia uniflora*	I	
5	罂粟目 Rhoeadales	伯乐树科 Bretschneideraceae	伯乐树	*Bretschneidera sinensis* Hemsl.	I	
6	松杉目 Pinales	松科 Pinaceae	四川红杉	*Larix mastersiana*	II	
7	毛茛目 Ranales	连香树科 Cercidiphyllaceae	连香树	*Cercidiphyllum japonicum*	II	
8	毛茛目 Ranales	木兰科 Magnoliaceae	圆叶木兰	*Magnolia sinensis*（Rehd. et Wils.）Stapf.	II	
9	毛茛目 Ranales	樟科 Lauraceae	油樟	*Cinnamomum longepaniculatum*	II	
10	毛茛目 Ranales	樟科 Lauraceae	润楠	*Machilus pingii* Cheng ex Yang	II	
11	木兰目 Magnoliales	水青树科 Tetracentraceae	水青树	*Tetracentron sinense*	II	
12	无患子目 Sapindales	槭树科 Aceraceae	金钱槭	*Dipteronia sinensis* Oliv.	II	
13	罂粟目 Rhoeadales	罂粟科 Papaveraceae	红花绿绒蒿	*Meconopsis punicea*	II	
14	茜草目 Rubiales	茜草科 Rubiaceae	香果树	*Emmenopterys henryi* Oliv.	II	

附表 6　四川卧龙国家级自然保护区植被类型统计表

植被型组	植被型	群系组	群系	群丛组
阔叶林	I 常绿阔叶林	一、樟树林	(一) 油樟林	1. 油樟-白夹竹群落
				2. 油樟-水红木群落
		二、楠木林	(二) 银叶桂林	3. 银叶桂-短柱柃群落
			(三) 白楠林	4. 白楠-油竹子群落
			(四) 山楠林	5. 山楠-拐棍竹群落
		三、润楠林	(五) 小果润楠林	6. 小果润楠-川渡疏楠群落
		四、石栎林	(六) 全苞石栎、细叶青冈林	7. 全苞石栎+细叶青冈-短柱柃群落
	II 常绿、落叶阔叶混交林	五、青冈林	(七) 曼青冈、细叶青冈林	8. 曼青冈-短柱柃+岷江杜鹃群落
				9. 细叶青冈+曼青冈-新木姜子群落
		六、樟、青冈、落叶阔叶混交林	(八) 卵叶钓樟、野核桃林	10. 卵叶钓樟+野核桃-油竹子群落
		七、青冈、落叶阔叶混交林	(九) 曼青冈、桦、槭林	11. 曼青冈+亮叶桦-油竹子群落
				12. 曼青冈-短柱柃+疏花竹群落
		八、野桂花、落叶树林	(十) 野桂花、五裂槭、槭桦林	13. 野桂花+五裂槭-香叶树群落
	III 落叶阔叶林	九、珙桐林	(十一) 珙桐林	14. 珙桐-拐棍竹群落
		十、水青树林	(十二) 水青树林	15. 水青树-冷箭竹群落
				16. 水青树-拐棍竹群落
		十一、连香树林	(十三) 连香树林	17. 连香树+华西枫杨-拐棍竹群落
				18. 连香树-拐棍竹群落
		十二、野核桃林	(十四) 野核桃林	19. 野核桃-火棘群落
				20. 野核桃-拐棍竹群落
				21. 野核桃-长叶胡颓子群落
				22. 野核桃-冷箭竹群落
		十三、桦木林	(十五) 亮叶桦林	23. 亮叶桦+疏花槭-冷箭竹群落
			(十六) 红桦林	24. 红桦-冷箭竹群落

（续）

植被型组	植被型	群系组	群系	群丛组
			（十七）糙皮桦林	25. 红桦-桦叶荚蒾群落
				26. 红桦+疏花蔷薇-桦叶荚蒾群落
				27. 糙皮桦-冷箭竹群落
		十四、槭树林	（十八）房县槭林	28. 房县槭-拐棍竹群落
		十五、杨林	（十九）大叶杨林	29. 大叶杨-拐棍竹群落
			（二十）大白杨林	30. 大白杨-柳树群落
		十六、枫杨林	（二十一）华西枫杨林	31. 华西枫杨-短锥玉山竹群落
				32. 华西枫杨-天全钓樟群落
				33. 华西枫杨+多毛椴-高丛珍珠梅群落
		十七、沙棘林	（二十二）沙棘林	34. 沙棘+疏花蔷薇-高丛珍珠梅群落
	IV 竹林	十八、箭竹林	（二十三）油竹子林	
			（二十四）拐棍竹林	
		十九、木竹（冷箭竹）林	（二十五）冷箭竹林	
		二十、短锥玉山竹林	（二十六）短锥玉山竹林	
针叶林	V 温性针叶林	二十一、温性松林	（二十七）油松林	35. 油松-长叶溲疏群落
				36. 油松-白马骨群落
			（二十八）华山松林	37. 华山松-黄花杜鹃、柳叶枸子群落
				38. 华山松-鞘柄菝葜群落
	VI 温性针阔叶混交林	二十二、铁杉针阔叶混交林	（二十九）铁杉针阔叶混交林	39. 铁杉+房县槭-拐棍竹群落
				40. 铁杉+红桦-冷箭竹群落
	VII 寒温性针叶林	二十三、云杉、冷杉林	（三十）麦吊云杉林	41. 麦吊云杉-拐棍竹群落
				42. 麦吊云杉-冷箭竹群落
			（三十一）岷江冷杉林	43. 岷江冷杉-华西箭竹群落
				44. 岷江冷杉-短锥玉山竹群落

（续）

植被型组	植被型	群系组	群系	群丛组
				45. 岷江冷杉-冷箭竹群落
				46. 岷江冷杉-秀雅杜鹃群落
				47. 岷江冷杉-大叶金顶杜鹃群落
			（三十二）峨眉冷杉林	48. 峨眉冷杉+糙皮桦-冷箭竹群落
		二十四、圆柏林	（三十三）方枝柏林	49. 方枝柏-棉穗柳群落
		二十五、落叶松林	（三十四）四川红杉林	50. 四川红杉-长叶垂穗柳群落
				51. 四川红杉-华西箭竹疏群落
				52. 四川红杉-冷箭竹群落
灌丛	VIII　常绿阔叶灌丛	二十六、典型常绿阔叶灌丛	（三十五）卵叶钓樟灌丛	
	IX　落叶阔叶灌丛	二十七、温性落叶阔叶灌丛	（三十六）高山柳、天全钓樟灌丛	
			（三十七）秋华柳灌丛	
			（三十八）马桑灌丛	
			（三十九）川莓灌丛	
			（四十）长叶柳灌丛	
			（四十一）沙棘灌丛	
		二十八、高寒落叶阔叶灌丛	（四十二）牛头柳灌丛	
			（四十三）细枝绣线菊灌丛	
			（四十四）银露梅灌丛	
	X　常绿革叶灌丛	二十九、高山常绿革叶灌丛	（四十五）川滇高山栎灌丛	
			（四十六）大叶金顶杜鹃灌丛	
			（四十七）青海杜鹃灌丛	
			（四十八）紫丁杜鹃灌丛	
	XI　常绿针叶灌丛		（四十九）香柏灌丛	
草甸	XII　典型草甸	三十、杂草类草甸	（五十）糙野青茅草甸	

（续）

植被型组	植被型	群系组	群系	群丛组	备注
	XIII 高寒草甸	三十一、丛生禾草高寒草甸	（五十一）长事鸢尾、大卫氏马先蒿草甸		
		三十二、嵩草高寒草甸	（五十二）大黄橐吾、大叶碎米茅草甸		
		三十三、杂类草高寒草甸	（五十三）羊茅草甸		
			（五十四）矮生嵩草草甸		
			（五十五）珠芽蓼、圆穗蓼草甸		
			（五十六）淡黄香青、长叶火绒草草甸		
			（五十七）苔草草甸		
	XIV 沼泽化草甸	三十四、苔草沼泽化草甸			
高山稀疏植被	XV 高山流石滩稀疏植被	三十五、风毛菊、红景天、虎耳草稀疏植被			

附表 7 四川卧龙国家级自然保护区野生动物目科属种统计表

序号	类别	目	科	属	种	备注
1	兽类	8	29	81	136	
2	鸟类	18	61	185	332	
3	爬行类	1	3	14	19	
4	两栖类	2	5	11	18	
5	鱼类	3	5	7	12	
6	昆虫	19	168	922	1394	
7	浮游动物	10	17	26	37	
8	底栖动物	14	33	37	38	
合计		75	321	1283	1986	

附表 8　四川卧龙国家级自然保护区昆虫名录

序号	目名	科名	中文种名	拉丁学名	分布、生境
1	衣鱼目 Zygentoma	衣鱼科 Lepismatidae	家衣鱼	*Thermobia domestica*	于保护区内西河正沟，海拔 1600～2200m 的河谷。
2	衣鱼目 Zygentoma	衣鱼科 Lepismatidae	毛衣鱼	*Ctenolepisma villosa*	于保护区内七层楼沟，分布海拔 1600～1900m。
3	衣鱼目 Zygentoma	衣鱼科 Lepismatidae	衣鱼	*Lepisma saccharina*	于保护区内小阴沟，海拔 1500～2000m 的河谷。
4	蜉蝣目 Ephemeroptera	浮游科 Ephemeridae	腹色浮游	*Ephemera pictiventris*	于保护区内西河正沟，海拔 1600～2200m 的河谷。
5	蜉蝣目 Ephemeroptera	短丝蜉科 Siphlonuridae	日本等蜉	*Isonychia japonica*	于保护区内白阴沟，海拔 1600～1800m 的河谷。
6	蜻蜓目 Odonata	蜓科 Aeschnidae	碧伟蜓	*Anax parthenope*	于保护区内西河正沟，海拔 1600～2200m 的河谷。
7	蜻蜓目 Odonata	蜓科 Aeschnidae	闪绿宽腹蜓	*Lyriothemis pachygastra*	于保护区内白阴沟，海拔 1600～1800m 的河谷。
8	蜻蜓目 Odonata	蜓科 Aeschnidae	狭翅佩蜓	*Periaeschna magdalena*	于保护区内西河正沟，海拔 1600～2200m 的河谷。
9	蜻蜓目 Odonata	蜓科 Aeschnidae	赤褐灰蜓	*Orthetrum pruinosum*	于保护区内西河正沟，海拔 1600～2200m 的河谷。
10	蜻蜓目 Odonata	色蟌科 Agriidae	黄翅绿色蟌	*Mnais auripennis*	于保护区内黄草坪、西河正沟等地，分布海拔 1600～1800m。
11	蜻蜓目 Odonata	蟌科 Coenagriidae	沼泽异翅蟌	*Aciagrion hisopa*	于保护区内小阴沟，分布海拔 1500～2100m。
12	蜻蜓目 Odonata	蟌科 Coenagriidae	长尾黄蟌	*Cerigrion fallax*	于保护区内小阴沟、七层楼沟等地，分布海拔 1500～1900m。
13	蜻蜓目 Odonata	蟌科 Coenagriidae	心斑绿蟌	*Enallagma cyathigerum*	于保护区内小阴沟，分布海拔 2000～2500m。
14	蜻蜓目 Odonata	溪蟌科 Epallagidae	紫闪溪蟌	*Caliphaea consimilis*	于保护区内七层楼沟，分布海拔 1600～1900m。
15	蜻蜓目 Odonata	春蜓科 Gomphidae	蓝面蜓蟌	*Aeschna melanictera*	于保护区内小阴沟，分布海拔 1500～1900m。
16	蜻蜓目 Odonata	春蜓科 Gomphidae	马骑异春蜓	*Anisogomphus maacki*	于保护区内小阴沟，分布海拔 1500～2100m。
17	蜻蜓目 Odonata	春蜓科 Gomphidae	闪蓝丽大蜓	*Epophthalmia elegans*	于保护区内七层楼沟，分布海拔 1600～1900m。
18	蜻蜓目 Odonata	春蜓科 Gomphidae	小团扇蟌蜓	*Ictinogomphus rapax*	于保护区内小阴沟，分布海拔 1500～2100m。
19	蜻蜓目 Odonata	箭蜓科 Gomphidae	黑印叶筒蜓	*Indictinogomphus rapax*	于保护区内小阴沟，西河正沟等地，分布海拔 1500～2000m。
20	蜻蜓目 Odonata	蜻科 Libellulidae	红蜻	*Crocothemis servilia*	于保护区内七层楼沟，西河正沟等地，分布海拔 1500～2000m。
21	蜻蜓目 Odonata	蜻科 Libellulidae	黄蜻	*Paenntala flavescs*	于保护区内七层楼沟，西河正沟等地，分布海拔 1500～2000m。
22	蜻蜓目 Odonata	蜻科 Libellulidae	白尾灰蜻	*Orthetrum albistylum*	于保护区内黄草坪、西河正沟等地，分布海拔 1600～2100m。

（续）

序号	目名	科名	中文种名	拉丁学名	分布、生境
23	蜻蜓目 Odonata	蜻科 Libellulidae	大赤蜻	*Sympetrum baccha*	于保护区内小阴沟、转经楼沟、七层楼沟、白阴沟等地，分布海拔 1700~2200m。
24	蜻蜓目 Odonata	蜻科 Libellulidae	褐背灰蜻	*Orthetrum internum*	于保护区内小阴沟、七层楼沟、白阴沟等地，分布海拔 1500~2200m。
25	蜻蜓目 Odonata	蜻科 Libellulidae	华斜痣蜻	*Tramea chinensis*	于保护区七层楼沟、白阴沟等地，分布海拔 1700~2100m。
26	蜻蜓目 Odonata	蜻科 Libellulidae	竖眉赤蜻	*Sympetrum eroticum*	于保护区内小阴沟、西河正沟等地，分布海拔 1600~2100m。
27	蜻蜓目 Odonata	蜻科 Libellulidae	臀斑楔翅蜓	*Hydrobasileus croceus*	于保护区内小阴沟、西河正沟等地，分布海拔 1500~2000m。
28	蜻蜓目 Odonata	蜻科 Libellulidae	小黄赤卒	*Sympetrum kunckeli*	于保护区内七层楼沟、白阴沟、黄草坪、西河正沟等地，分布海拔 1600~2000m。
29	蜻蜓目 Odonata	综蜓科 Synlestidae	褐尾绿综蜓	*Megalestes distans*	于保护区内小阴沟、七层楼沟、白阴沟等地，分布海拔 1500~2000m。
30	蜻蜓目 Odonata	综蜓科 Synlestidae	细腹绿综蜓	*Megalestes micans*	于保护区内小阴沟、黄草坪等地，分布海拔 1500~2200m。
31	襀翅目 Plecoptera	石蝇科 Perlidae	石蝇	*Kiotina thoracica*	于保护区内小阴沟、中河，分布海拔 1500~1800m。
32	等翅目 Isoptera	木白蚁科 Kalotermitidae	铲头堆砂白蚁	*Cryptotermes declivis*	于保护区内中河，分布海拔 2000~2200m。
33	等翅目 Isoptera	木白蚁科 Kalotermitidae	峨嵋树白蚁	*Glyptotermes emei*	于保护区内七层楼沟、转经楼沟等地，分布海拔 1900~2100m。
34	等翅目 Isoptera	鼻白蚁科 Rhinotermitidae	高山散白蚁	*Reticulitermes altus*	于保护区内小阴沟、七层楼沟等地，分布海拔 1500~1900m。
35	等翅目 Isoptera	鼻白蚁科 Rhinotermitidae	汉源杆白蚁	*Stylotermes hanyuannicus*	于保护区内黄草坪、西河正沟等地，分布海拔 1600~1800m。
36	等翅目 Isoptera	鼻白蚁科 Rhinotermitidae	圆唇杆白蚁	*Stylotermes labralis*	于保护区内小阴沟、七层楼沟等地，分布海拔 1500~1900m。
37	等翅目 Isoptera	鼻白蚁科 Rhinotermitidae	锥额散白蚁	*Reticulitermes conus*	于保护区内小阴沟，分布海拔 1500~1900m。
38	等翅目 Isoptera	白蚁科 Termitidae	黑翅土白蚁	*Odontotermes formosanus*	于保护区内七层楼沟、转经楼沟等地，分布海拔 1900~2100m。
39	蜚蠊目 Blattodea	蜚蠊科 Blattidae	凹缘大蠊	*Periplaneta emarginata*	于保护区内七层楼沟等地，分布海拔 1500~2000m。
40	蜚蠊目 Blattodea	蜚蠊科 Blattidae	斑蠊	*Neostylopyga rhombifolia*	于保护区内小阴沟、黄草坪、西河正沟等地，分布海拔 1500~2000m。

（续）

序号	目名	科名	中文种名	拉丁学名	分布、生境
41	蜚蠊目 Blattodea	蜚蠊科 Blattidae	东方蜚蠊	*Blatta orientalis*	于保护区内七层楼沟、白阴沟、黄草坪、西河正沟等地，分布海拔 1500～2000m。
42	蜚蠊目 Blattodea	蜚蠊科 Blattidae	美洲大蠊	*Periplaneta americana*	于保护区内卧龙镇，分布海拔 1900～2000m。
43	蜚蠊目 Blattodea	姬蠊科 Blattellidae	德国小蠊	*Blattella germanica*	于保护区内七层楼沟、西河正沟等地，分布海拔 1500～2000m。
44	蜚蠊目 Blattodea	姬蠊科 Blattellidae	双纹小蠊	*Blattella bisignata*	于保护区内卧龙镇，分布海拔 1900～2000m。
45	蜚蠊目 Blattodea	姬蠊科 Blattellidae	中华拟歪尾蠊	*Episymploce sinensis*	于保护区内小阴沟，分布海拔 1700～2100m。
46	蜚蠊目 Blattodea	硕蠊科 Blaberidae	大光蠊	*Rhabdoblatta takahashii*	于保护区内卧龙关沟，分布海拔 2000～2300m。
47	蜚蠊目 Blattodea	地鳖科 Polyphagidae	云南真地鳖	*Eupolyphaga limbat*	于保护区内七层楼沟，分布海拔 1800～2400m。
48	蜚蠊目 Blattodea	地鳖科 Polyphagidae	中华真地鳖	*Eupolyphaga sinensis*	于保护区内黄草坪、西河正沟等，分布海拔 1500～2000m。
49	螳螂目 Mantodea	螳科 Mantidae	薄翅螳螂	*Mantis religiosa*	于保护区内卧龙关沟，分布海拔 2000～2300m。
50	螳螂目 Mantodea	螳科 Mantidae	广斧螳	*Hierodula patellifera*	于保护区内七层楼沟、西河正沟等地，分布海拔 1500～2000m。
51	螳螂目 Mantodea	花螳科 Mantidae	艳眼斑花螳	*Creobroter urbanus*	于保护区内中河，分布海拔 2000～2200m。
52	螳螂目 Mantodea	螳科 Mantidae	中华大刀螳	*Tenodera sinensis*	于保护区内小阴沟、黄草坪、西河正沟等地，分布海拔 1500～2000m。
53	螳螂目 Mantodea	螳科 Mantidae	棕静螳	*Statilia maculata*	于保护区内卧龙关沟，分布海拔 2000～2300m。
54	螳螂目 Mantodea	螳科 Mantidae	薄翅螳螂	*Mantis religiosa*	于保护区内卧龙关沟，分布海拔 2000～2300m。
55	螳螂目 Mantodea	螳科 Mantidae	短胸大刀螳	*Tenodera brevicollis*	于保护区内小阴沟，分布海拔 1500～1900m。
56	螳螂目 Mantodea	螳科 Mantidae	枯叶大刀螳	*Tenodera aridifolia*	于保护区内转经楼沟，分布海拔 2000～2500m。
57	螳螂目 Mantodea	花螳科 Mantidae	眼斑螳	*Creobroter* sp.	于保护区内小阴沟，分布海拔 1600～2300m。
58	竹节虫目 Phasmatodea	俏科 Bacillidae	竹节虫	*Baculum chinensis*	于保护区内小阴沟，分布海拔 1500～1900m。
59	竹节虫目 Phasmatodea	笛竹节虫科 Diapheromeridae	稻管竹节虫	*Sipyloidea sipylus*	于保护区内卧龙关沟，分布海拔 2000～2300m。
60	直翅目 Orthoptera	剑角蝗科 Acrididae	短翅佛蝗	*Phlaeoba angustidorsis*	于保护区内卧龙关沟，分布海拔 2000～2300m。
61	直翅目 Orthoptera	剑角蝗科 Acrididae	中华剑角蝗	*Acridida cinerea*	于保护区内转经楼沟，分布海拔 2000～2500m。

（续）

序号	目名	科名	中文种名	拉丁学名	分布、生境
62	直翅目 Orthoptera	蝗科 Acrididae	东亚飞蝗	*Locusta migratoria*	于保护区内小阴沟、黄草坪、西河正沟等地，分布海拔 1500～2000m。
63	直翅目 Orthoptera	蝗科 Acrididae	短翅异爪蝗	*Euchorthippus weichouensis*	于保护区内卧龙关沟，分布海拔 2000～2300m。
64	直翅目 Orthoptera	蝗科 Acrididae	短角外斑腿蝗	*Xenocatantops brachycerus*	于保护区内七层楼沟、西河正沟、白岩沟等地，分布海拔 1800～2400m。
65	直翅目 Orthoptera	蝗科 Acrididae	短角直斑腿蝗	*Stenocatantops mistshenkoi*	于保护区内小阴沟，分布海拔 1500～1900m。
66	直翅目 Orthoptera	蝗科 Acrididae	峨嵋腹露蝗	*Fruhstorferiola omei*	于保护区内小阴沟、西河正沟等地，分布海拔 1500～2000m。
67	直翅目 Orthoptera	蝗科 Acrididae	绿拟裸蝗	*Conophymacris viridis*	于保护区内白阴沟，海拔 1600～1800m。
68	直翅目 Orthoptera	蝗科 Acrididae	米线斑腿蝗	*Stenocatantops splendens*	于保护区内七层楼沟、白阴沟等地，分布海拔 1700～2100m。
69	直翅目 Orthoptera	蝗科 Acrididae	日本黄脊蝗	*Patanga japonica*	于保护区内中河，分布海拔 2000～2400m。
70	直翅目 Orthoptera	蝗科 Acrididae	山稻蝗	*Oxya agavisa*	于保护区内白岩沟、正河、英雄沟等地，分布海拔 2100～2700m。
71	直翅目 Orthoptera	蝗科 Acrididae	四川裂额蝗	*Traulia orientalis*	于保护区内鹦哥嘴沟、英雄沟等地，分布海拔 2400～2700m。
72	直翅目 Orthoptera	蝗科 Acrididae	微翅小蹦蝗	*Pedopodisma microptera*	于保护区内西河正沟，海拔 1600～2200m。
73	直翅目 Orthoptera	蝗科 Acrididae	小稻蝗	*Oxya hyla*	于保护区内小阴沟、西河正沟等地，分布海拔 1500～2000m。
74	直翅目 Orthoptera	网翅蝗科 Arcypteridae	东方雏蝗	*Chorthippus intermedius*	于保护区内鹦哥嘴沟、觉磨沟、银厂沟、大魏家沟等地，分布海拔 2400～3200m。
75	直翅目 Orthoptera	网翅蝗科 Arcypteridae	黄脊雷篦蝗	*Rammeacris kiangsu*	于保护区内七层楼沟、白阴沟、黄草坪、西河正沟等地，分布海拔 1500～2000m。
76	直翅目 Orthoptera	网翅蝗科 Arcypteridae	青脊竹蝗	*Ceracris nigricornis*	于保护区内鹦哥嘴沟、英雄沟等地，分布海拔 2400～2700m。
77	直翅目 Orthoptera	网翅蝗科 Arcypteridae	无斑暗蝗	*Dnopherula svenhedini*	于保护区内七层楼沟、白阴沟、黄草坪、西河正沟等地，分布海拔 1500～2000m。
78	直翅目 Orthoptera	网翅蝗科 Arcypteridae	中华雏蝗	*Chorthippus chinensis*	于保护区内卧龙关沟，分布海拔 2000～2300m。
79	直翅目 Orthoptera	枝背蚱科 Cladonotidae	峨嵋拟扁蚱	*Pseudogignotettix emeiensis*	于保护区内鹦哥嘴沟、英雄沟等地，分布海拔 2400～2700m。

（续）

序号	目名	科名	中文种名	拉丁学名	分布、生境
80	直翅目 Orthoptera	枝背蚱科 Cladonotidae	峨嵋驼背蚱	Gibbotettix emeiensis	于保护区内卧龙关沟，分布海拔2000~2300m。
81	直翅目 Orthoptera	蟋蟀科 Gryllidae	北京油葫芦	Teleogryllus mitratus	于保护区内七层楼沟，转经楼沟等地，分布海拔1900~2100m。
82	直翅目 Orthoptera	蟋蟀科 Gryllidae	花生大蟋	Tarbinskiellus portentosus	于保护区内小阴沟，七层楼沟等地，分布海拔1500~1900m
83	直翅目 Orthoptera	蛉蟋科 Trigonidiidae	虎甲蛉蟋	Trigonidium cicindeloides	于保护区内卧龙关沟，分布海拔2000~2300m。
84	直翅目 Orthoptera	蝼蛄科 Gryllotalpidae	东方蝼蛄	Gryllotalpa orientalis	于保护区内黄草坪、西河正沟等地，分布海拔1600~1800m。
85	直翅目 Orthoptera	蝼蛄科 Gryllotalpidae	华北蝼蛄	Gryllotalpa unispina	于保护区内中河，分布海拔2000~2200m。
86	直翅目 Orthoptera	斑腿蝗科 Catantopidae	板齿蝗	Sinstauchira sp.	于保护区内七层楼沟、白阴沟等地，分布海拔1700~2100m。
87	直翅目 Orthoptera	斑腿蝗科 Catantopidae	短星翅蝗	Calliptamus abbreviatua	于保护区内卧龙关沟，分布海拔2000~2300m。
88	直翅目 Orthoptera	斑翅蝗科 Oedipoidae	大异距蝗	Heteropternis robusta	于保护区内七层楼沟等地，转经楼沟等地，分布海拔1900~2100m。
89	直翅目 Orthoptera	斑翅蝗科 Oedipoidae	小赤翅蝗	Celes skalozuboi	于保护区内中河，分布海拔2000~2400m。
90	直翅目 Orthoptera	斑翅蝗科 Oedipoidae	疣蝗	Trilophidia annulata	于保护区内七层楼沟等地，分布海拔1700~2400m。
91	直翅目 Orthoptera	蛩蠊科 Meconematidae	黑膝齿剑螽	Xiphidiola geniculata	于保护区内小阴沟，七层楼沟等地，分布海拔1500~1900m。
92	直翅目 Orthoptera	露螽科 Phaneropteridae	陈氏掩耳螽	Elimaea cheni	于保护区内七层楼沟、白阴沟等地，分布海拔1700~2100m。
93	直翅目 Orthoptera	露螽科 Phaneropteridae	黑角平背螽	Isopsera nigroantennata	于保护区内白阴沟，海拔1600~1800m。
94	直翅目 Orthoptera	露螽科 Phaneropteridae	截叶糙颈螽	Ruidocollaris truncatolobata	于保护区内小阴沟，西河正沟等地，分布海拔1600~2100m。
95	直翅目 Orthoptera	露螽科 Phaneropteridae	四川华绿螽	Sinochlora szechwanensis	于保护区内小阴沟，西河正沟等地，分布海拔1500~2000m。
96	直翅目 Orthoptera	露螽科 Phaneropteridae	细齿平背螽	Isopsera denticulata	于保护区内西河正沟，海拔1600~2200m。
97	直翅目 Orthoptera	拟叶螽科 Pseudophylidae	绿背覆翅螽	Tegra novaehollandiae	于保护区内七层楼沟、白阴沟、黄草坪、西河正沟等地，分布海拔1600~2000m。
98	直翅目 Orthoptera	拟叶螽科 Pseudophylidae	中华翡螽	Phyllomimus sinicus	于保护区内小阴沟，分布海拔1500~2100m。
99	直翅目 Orthoptera	锥头蝗科 Pyrgomorphidae	短额负蝗	Atractomorpha sinensis	于保护区内小阴沟，黄草坪等地，分布海拔1500~2200m。
100	直翅目 Orthoptera	锥头蝗科 Pyrgomorphidae	奇异负蝗	Atractomorpha peregrina	于保护区内七层楼沟，转经楼沟等地，分布海拔1900~2100m。

（续）

序号	目名	科名	中文科名	拉丁学名	分布、生境
101	直翅目 Orthoptera	锥头蝗科 Pyrgomorphidae	柳枝负蝗	*Atractomorpha psittacina*	于保护区内小阴沟、黄草坪、西河正沟等地，分布海拔 1500～2000m。
102	直翅目 Orthoptera	刺翼蚱科 Scelimenidae	刺羊角蚱	*Criotettix bispinosus*	于保护区内小阴沟、黄草坪等地，分布海拔 1500～2300m。
103	直翅目 Orthoptera	刺翼蚱科 Scelimenidae	大优角蚱	*Eucriotettix grandis*	于保护区内小阴沟，分布海拔 1500～2100m。
104	直翅目 Orthoptera	刺翼蚱科 Scelimenidae	优角蚱	*Eucriotettix sp.*	于保护区内小阴沟，分布海拔 1500～2100m。
105	直翅目 Orthoptera	蚱科 Tetrigidae	短翅突眼蚱	*Ergatettix brachypterus*	于保护区内中河，分布海拔 2000～2200m。
106	直翅目 Orthoptera	蚱科 Tetrigidae	突眼蚱	*Ergatettix dorsiferus*	于保护区内小阴沟、黄草坪等地，分布海拔 1500～2200m。
107	直翅目 Orthoptera	蚱科 Tetrigidae	钻形蚱	*Tetrix subulata*	于保护区内中河，分布海拔 2000～2200m。
108	直翅目 Orthoptera	蚱科 Tetrigidae	日本蚱	*Tetrix japonic*	于保护区内鳄哥嘴沟、英雄沟等地，分布海拔 2400～2700m。
109	直翅目 Orthoptera	螽斯科 Tettigoniidae	螽蟖	*Decticusverrucivorus*	于保护区内黄草坪、西河正沟等地，分布海拔 1600～1800m。
110	直翅目 Orthoptera	螽斯科 Tettigoniidae	纺织娘	*Mecopoda elongata*	于保护区内中河，分布海拔 2000～2200m。
111	直翅目 Orthoptera	螽斯科 Tettigoniidae	中华螽斯	*Tettigonia chinensis*	于保护区内小阴沟、七层楼沟、白阴沟、黄草坪、西河正沟等地，分布海拔 1500～2000m。
112	革翅目 Deraptera	球蠼科 Forficulidae	慈蠼	*Eparchus insignis*	于保护区内黄草坪、西河正沟等地，分布海拔 1600～1800m。
113	革翅目 Deraptera	球蠼科 Forficulidae	达球蠼	*Forficula vicaria*	于保护区内中河，分布海拔 2000～2200m。
114	革翅目 Deraptera	球蠼科 Forficulidae	华球蠼	*Forficula sinica*	于保护区内黄草坪，分布海拔 1500～2200m。
115	革翅目 Deraptera	球蠼科 Forficulidae	欧洲蠼蠼	*Forficula auraricularia*	于保护区内七层楼沟、西河正沟等地，分布海拔 1500～2000m。
116	革翅目 Deraptera	球蠼科 Forficulidae	日本张球蠼	*Anechura japonica*	于保护区内黄草坪、西河正沟等地，分布海拔 1600～1800m。
117	革翅目 Deraptera	球蠼科 Forficulidae	异蠼	*Allodahlia scabriuscula*	于保护区内小阴沟，分布海拔 1500～2200m。
118	革翅目 Deraptera	蠼蠼科 Labiduridae	蠼蠼	*Labidura riparia*	于保护区内中河，分布海拔 2000～2200m。
119	革翅目 Deraptera	蠼蠼科 Labiduridae	球蠼	*Forficulidae mandarina*	于保护区内黄草坪等地，分布海拔 1500～2200m。
120	革翅目 Deraptera	蠼蠼科 Labiduridae	达球蠼	*Forficula davidi*	于保护区内七层楼沟，分布海拔 1700～2100m。
121	革翅目 Deraptera	肥蠼科 Anisolabididae	卡殖肥蠼	*Gonolabis cavaleriei*	于保护区内黄草坪，分布海拔 1500～2200m。

（续）

序号	目名	科名	中文种名	拉丁学名	分布、生境
122	虱目 Phthiraptera	虱科 Pediculidae	人体虱	*Pediculus humanus humanus*	于保护区内卧龙镇沟，分布海拔1900~2000m。
123	虱目 Phthiraptera	虱科 Pediculidae	人头虱	*Pediculus humanus capitis*	于保护区内卧龙镇沟，分布海拔1900~2000m
124	半翅目 Hemiptera	蚜科 Aphididae	豆蚜	*Aphis craccivora*	于保护区内小阴沟、七层楼沟等地，分布海拔1500~1800m。
125	半翅目 Hemiptera	蚜科 Aphididae	桃蚜	*Myzus persicae*	于保护区内小阴沟、七层楼沟等地，分布海拔1500~1900m。
126	半翅目 Hemiptera	蚜科 Aphididae	莴苣指管蚜	*Uroleucon formosanum*	西河正沟黄草坪、西河正沟等地，分布海拔1600~1800m。
127	半翅目 Hemiptera	蚜科 Aphididae	洋槐蚜	*Aphis robiniae*	于保护区内小阴沟、七层楼沟等地，分布海拔1500~1800m。
128	半翅目 Hemiptera	瘿绵蚜科 Pemphigidae	根四脉绵蚜	*Tetraneura radicicola*	于保护区内小阴沟，分布海拔1500~1900m。
129	半翅目 Hemiptera	瘿绵蚜科 Pemphigidae	角倍蚜	*Schlechtendalia chinensis*	于保护区内白岩沟、正河、英雄沟等地，分布海拔2100~2700m。
130	半翅目 Hemiptera	瘿绵蚜科 Pemphigidae	梨卷叶绵蚜	*Prociphilus kuwanai*	于保护区内中河，分布海拔2000~2200m。
131	半翅目 Hemiptera	瘿绵蚜科 Pemphigidae	肚倍蚜	*Kaburagia rhusicola*	于保护区内中河，分布海拔2000~2200m。
132	半翅目 Hemiptera	飞虱科 Delphacidae	白背飞虱	*Sogatella furcifera*	西河正沟黄草坪、西河正沟等地，分布海拔1600~1800m。
133	半翅目 Hemiptera	飞虱科 Delphacidae	白脊飞虱	*Unkanodes sapporona*	西河正沟黄草坪、西河正沟等地，分布海拔1600~1800m。
134	半翅目 Hemiptera	飞虱科 Delphacidae	白条飞虱	*Terthron albovattatum*	于保护区内小阴沟，分布海拔1500~1900m。
135	半翅目 Hemiptera	飞虱科 Delphacidae	稗尽飞虱	*Sogatella vibix*	于保护区内七层楼沟、白阴沟等地，分布海拔1700~2300m。
136	半翅目 Hemiptera	飞虱科 Delphacidae	短头飞虱	*Epeurysa nawaii*	于保护区内小阴沟，分布海拔1500~1900m。
137	半翅目 Hemiptera	飞虱科 Delphacidae	二刺匙顶飞虱	*Tropidocephala brunnipennis*	西河正沟黄草坪、西河正沟等地，分布海拔1600~1800m。
138	半翅目 Hemiptera	飞虱科 Delphacidae	褐飞虱	*Nilaparvata lugens*	于保护区内七层楼沟、白阴沟等地，分布海拔1700~2300m。
139	半翅目 Hemiptera	飞虱科 Delphacidae	黑边黄脊飞虱	*Toya propinqua*	西河正沟黄草坪，分布海拔1600~2000m。
140	半翅目 Hemiptera	飞虱科 Delphacidae	黑边梯塔飞虱	*Metadelphax propinqua*	于保护区内小阴沟，分布海拔1500~1900m。
141	半翅目 Hemiptera	飞虱科 Delphacidae	灰飞虱	*Laodelphax striatellus*	于保护区内七层楼沟，分布海拔1700~2200m。
142	半翅目 Hemiptera	飞虱科 Delphacidae	拟褐飞虱	*Nilaparvata bakeri*	于保护区内七层楼沟，分布海拔1700~2200m。
143	半翅目 Hemiptera	飞虱科 Delphacidae	长绿飞虱	*Saccharosydne procerus*	于保护区内白阴沟等地，分布海拔1700~2300m。
144	半翅目 Hemiptera	叶蝉科 Cicadellidae	蔷薇小叶蝉	*Typhlocyba rosae*	于保护区内七层楼沟，分布海拔1700~2100m。

（续）

序号	目名	科名	中文种名	拉丁学名	分布、生境
145	半翅目 Hemiptera	叶蝉科 Cicadellidae	青叶蝉	*Cicadella viridis*	于保护区内七层楼沟、白阴沟等地，分布海拔 1700~2000m。
146	半翅目 Hemiptera	象蜡蝉科 Dictyopharidae	伯瑞象蜡蝉	*Dictyophara patruelis*	于保护区内七层楼沟、白阴沟等地，分布海拔 1700~2100m。
147	半翅目 Hemiptera	颜蜡蝉科 Eurybrachidae	中华颜蜡蝉	*Loxocephala sinica*	于保护区内七层楼沟、转经楼沟等地，分布海拔 1900~2100m。
148	半翅目 Hemiptera	沫蝉科 Cercopidae	尖胸沫蝉	*Aphrophora* sp.	于保护区内七层楼沟、转经楼沟等地，分布海拔 1900~2100m。
149	半翅目 Hemiptera	沫蝉科 Cercopidae	橘红丽沫蝉	*Cosmoscarta mandarina*	于保护区内七层楼沟、转经楼沟等地，分布海拔 1900~2100m。
150	半翅目 Hemiptera	蜡蝉科 Fulgoridae	中华鼻蜡蝉	*Zanna chenensis*	于保护区内小阴沟，分布海拔 1500~1800m。
151	半翅目 Hemiptera	瓢蜡蝉科 Issidae	脊额瓢蜡蝉	*Gergithoides carinatifrons*	于保护区内七层楼沟等地，分布海拔 1500~1900m。
152	半翅目 Hemiptera	角蝉科 Membracidae	背峰锯角蝉	*Pantaleon dorsalis*	于保护区内七层楼沟，分布海拔 1600~1900m。
153	半翅目 Hemiptera	角蝉科 Membracidae	蟾锯角蝉	*Pantaleon bufo*	于保护区内黄草坪、西河正沟等地，分布海拔 1600~1800m。
154	半翅目 Hemiptera	角蝉科 Membracidae	褐翅高冠角蝉	*Hypsauchenia hardwickii*	于保护区内黄草坪，分布海拔 1600~2000m。
155	半翅目 Hemiptera	角蝉科 Membracidae	黑无齿角蝉	*Nondenticentrus melanicus*	于保护区内黄草坪、西河正沟等地，分布海拔 1600~1800m。
156	半翅目 Hemiptera	角蝉科 Membracidae	黑圆角蝉	*Gargara genistae*	于保护区内中河，分布海拔 2000~2200m。
157	半翅目 Hemiptera	角蝉科 Membracidae	横带圆角蝉	*Gargara Katoi*	于保护区内七层楼沟、白阴沟等地，分布海拔 1700~2300m。
158	半翅目 Hemiptera	角蝉科 Membracidae	秦岭耳角蝉	*Maurya qinlingensis*	于保护区内小阴沟、黄草坪等地，分布海拔 1500~2200m。
159	半翅目 Hemiptera	角蝉科 Membracidae	透翅结角蝉	*Antialcidas hyalopterus*	于保护区内小阴沟，分布海拔 1500~1800m。
160	半翅目 Hemiptera	角蝉科 Membracidae	新瘤耳角蝉	*Maurya neonodosa*	于保护区内英雄沟，海拔 2900~3600m。
161	半翅目 Hemiptera	角蝉科 Membracidae	中华高冠角蝉	*Hypsauchenia chinensis*	于保护区内黄草坪、西河正沟等地，分布海拔 1600~1800m。
162	半翅目 Hemiptera	广翅蜡蝉科 Ricaniidae	眼纹广翅蜡蝉	*Euricania ocellus*	于保护区内小阴沟、西河正沟等地，分布海拔 1600~2100m。
163	半翅目 Hemiptera	花蝽科 Anthocoridae	川藏原花蝽	*Anthocoris thibetanus*	于保护区内银厂沟，分布海拔 2600~3000m。
164	半翅目 Hemiptera	花蝽科 Anthocoridae	东亚小花蝽	*Orius sauteri*	于保护区内黄草坪等地，分布海拔 1500~2200m。
165	半翅目 Hemiptera	花蝽科 Anthocoridae	二叉小花蝽	*Orius bifilarus*	于保护区内小阴沟、七层楼沟等地，分布海拔 1500~1900m。
166	半翅目 Hemiptera	花蝽科 Anthocoridae	二态原花蝽	*Anthocoris dimorphus*	于保护区内小阴沟、七层楼沟等地，分布海拔 1500~1900m。
167	半翅目 Hemiptera	花蝽科 Anthocoridae	黑脉原花蝽	*Anthocoris gracilis*	于保护区内黄草坪、西河正沟等地，分布海拔 1600~1800m。

（续）

序号	目名	科名	中文种名	拉丁学名	分布、生境
168	半翅目 Hemiptera	花蝽科 Anthocoridae	黑头叉胸花蝽	*Amphiareus obscuriceps*	于保护区内七层楼沟，分布海拔 1700~1900m。
169	半翅目 Hemiptera	花蝽科 Anthocoridae	欧原花蝽	*Anthocoris nemorum*	于保护区内小阴沟、黄草坪等地，分布海拔 1500~2200m。
170	半翅目 Hemiptera	花蝽科 Anthocoridae	微小花蝽	*Orius minutus*	于保护区内黄草坪，西河正沟等地，分布海拔 1600~1800m。
171	半翅目 Hemiptera	花蝽科 Anthocoridae	玉龙肩花蝽	*Tetraphleps yulongensis*	于保护区内海子沟，海拔 2900~4000m。
172	半翅目 Hemiptera	缘蝽科 Coreidae	波原缘蝽	*Coreus potanini*	于保护区内小阴沟、黄草坪等地，分布海拔 1500~2200m。
173	半翅目 Hemiptera	缘蝽科 Coreidae	点伊缘蝽	*Aeschyntelus notatus*	于保护区内小阴沟、七层楼沟等地，分布海拔 1500~1900m。
174	半翅目 Hemiptera	缘蝽科 Coreidae	广腹同缘蝽	*Homoeocerus dilatatus*	于保护区内小阴沟、七层楼沟等地，分布海拔 1500~1900m。
175	半翅目 Hemiptera	缘蝽科 Coreidae	褐奇缘蝽	*Derepteryx fuliginosa*	于保护区内小阴沟、黄草坪等地，分布海拔 1500~2200m。
176	半翅目 Hemiptera	缘蝽科 Coreidae	黑竹缘蝽	*Notobitus meleagris*	于保护区内小阴沟、黄草坪等地，分布海拔 1500~2200
177	半翅目 Hemiptera	缘蝽科 Coreidae	红背安缘蝽	*Anoplocnemis phasiana*	于保护区内七层楼沟、白阴沟等地，分布海拔 1700~2100m。
178	半翅目 Hemiptera	缘蝽科 Coreidae	黄伊缘蝽	*Aschyntelus chinensis*	于保护区内七层楼沟，分布海拔 1600~1900m。
179	半翅目 Hemiptera	缘蝽科 Coreidae	栗缘蝽	*Liorhyssus hyalinus*	于保护区内小阴沟、黄草坪等地，分布海拔 1500~2200m。
180	半翅目 Hemiptera	缘蝽科 Coreidae	瘤缘蝽	*Acanthocoris scaber*	于保护区内邛龙关沟，分布海拔 2000~2300m。
181	半翅目 Hemiptera	缘蝽科 Coreidae	平肩棘缘蝽	*Cletus tenuis*	于保护区内邛龙关沟，分布海拔 2000~2300m。
182	半翅目 Hemiptera	缘蝽科 Coreidae	山竹缘蝽	*Notobitus montanus*	于保护区内七层楼沟、白阴沟等地，分布海拔 1700~2100m。
183	半翅目 Hemiptera	缘蝽科 Coreidae	条蜂缘蝽	*Riptortus linearis*	于保护区内七层楼沟、西河正沟等地，分布海拔 1500~2000m。
184	半翅目 Hemiptera	缘蝽科 Coreidae	纹须同缘蝽	*Homoeocerus striicornis*	于保护区内小阴沟、七层楼沟等地，分布海拔 1500~1900m。
185	半翅目 Hemiptera	缘蝽科 Coreidae	小点同缘蝽	*Homoeocerus marginellus*	于保护区内小阴沟、黄草坪等地，分布海拔 1500~2200m。
186	半翅目 Hemiptera	缘蝽科 Coreidae	月肩奇缘蝽	*Derepteryx lunata*	于保护区内邛龙关沟，分布海拔 2000~2300m。
187	半翅目 Hemiptera	土蝽科 Cydnidae	侏地土蝽	*Geotomus pygmaeus*	于保护区内黄草坪，西河正沟等地，分布海拔 1600~1800m。
188	半翅目 Hemiptera	土蝽科 Cydnidae	青革土蝽	*Macroscytus subaeneus*	于保护区内邛龙关沟，分布海拔 2000~2300m。
189	半翅目 Hemiptera	长蝽科 Lygaeidae	长足长蝽	*Dieuches femoralis*	于保护区内邛龙关沟，分布海拔 2000~2300m。
190	半翅目 Hemiptera	长蝽科 Lygaeidae	杉木扁长蝽	*Sinorsillus piliferus*	于保护区内黄草坪，西河正沟等地，分布海拔 1600~1800m。

（续）

序号	目名	科名	中文种名	拉丁学名	分布、生境
191	半翅目 Hemiptera	长蝽科 Lygaeidae	红脊长蝽	*Tropidothorax elegans*	于保护区内白阴沟，海拔 1600～1800m。
192	半翅目 Hemiptera	盲蝽科 Miridae	甘薯跳盲蝽	*Halticus minutus*	于保护区内转经楼沟，分布海拔 2000～2300m。
193	半翅目 Hemiptera	盲蝽科 Miridae	山地狭盲蝽	*Stenodema alpestris*	于保护区内小阴沟，分布海拔 1500～1800m。
194	半翅目 Hemiptera	盲蝽科 Miridae	明翅盲蝽	*Isabel ravana*	于保护区内七层楼沟，分布海拔 1600～1900m。
195	半翅目 Hemiptera	兜蝽科 Dinidoridae	九香虫	*Aspongopus chinensis*	于保护区内七层楼沟，分布海拔 1600～1900m。
196	半翅目 Hemiptera	蝎蝽科 Nepidae	中华螳蝎蝽	*Ranatra chinensis*	于保护区内黄草坪，分布海拔 1500～2200m。
197	半翅目 Hemiptera	同蝽科 Acanthosomatidae	泛刺同蝽	*Acanthosoma spinicolle*	于保护区内转经楼沟，分布海拔 2000～2250m。
198	半翅目 Hemiptera	姬蝽科 Nabidae	暗色姬蝽	*Nabis stenoferus*	于保护区内转经楼沟，分布海拔 2000～2250m。
199	半翅目 Hemiptera	姬蝽科 Nabidae	波姬蝽	*Nabis potanini*	于保护区内宽磨沟，海拔 2700～3500m。
200	半翅目 Hemiptera	姬蝽科 Nabidae	普姬蝽	*Nabis semiferus*	于保护区内转经楼沟，分布海拔 2000～2250m。
201	半翅目 Hemiptera	姬蝽科 Nabidae	山高姬蝽	*Gorpis brevilineatus*	于保护区内银厂沟，分布海拔 2600～3200m。
202	半翅目 Hemiptera	负子蝽科 Belostomatidae	日拟负蝽	*Appasus japonicus*	于保护区内小阴沟，分布海拔 1500～1900m。
203	半翅目 Hemiptera	蝽科 Pentatomidae	斑须蝽	*Dolycoris baccarum*	于保护区内中河，分布海拔 2000～2200m。
204	半翅目 Hemiptera	蝽科 Pentatomidae	壁蝽	*Piezodorus hybneri*	于保护区内七层楼沟，分布海拔 1600～1900m。
205	半翅目 Hemiptera	蝽科 Pentatomidae	菜蝽	*Eurydema dominulus*	于保护区内小阴沟，分布海拔 1500～1900m。
206	半翅目 Hemiptera	蝽科 Pentatomidae	茶翅蝽	*Halyomorpha halys*	于保护区内小阴沟、七层楼沟、白阴沟、黄草坪、西河正沟等地，分布海拔 1500～2000m。
207	半翅目 Hemiptera	蝽科 Pentatomidae	赤条蝽	*Graphosoma rubrolineata*	于保护区内中河，分布海拔 2000～2200m。
208	半翅目 Hemiptera	蝽科 Pentatomidae	大理蝽	*Pinthaeus humeralis*	于保护区内黄草坪、西河正沟等地，分布海拔 1600～1800m。
209	半翅目 Hemiptera	蝽科 Pentatomidae	稻黑蝽	*Scotinophara lurida*	于保护区内卧龙关沟，分布海拔 2000～2300m。
210	半翅目 Hemiptera	蝽科 Pentatomidae	稻绿蝽	*Nezara viridula*	于保护区内小阴沟，分布海拔 1500～1900m。
211	半翅目 Hemiptera	蝽科 Pentatomidae	滴蝽	*Dybowskyia reticulata*	于保护区内白岩沟、正河、英雄沟等地，分布海拔 2100～2700m。

（续）

序号	目名	科名	中文种名	拉丁学名	分布、生境
212	半翅目 Hemiptera	蝽科 Pentatomidae	大臭蝽	*Eurostus glandulosa*	于保护区内小阴沟、七层楼沟、白阴沟、黄草坪、西河正沟等地，分布海拔 1500～2000m。
213	半翅目 Hemiptera	蝽科 Pentatomidae	短角瓜蝽	*Megymenum brevicornis*	于保护区内卧龙关沟，分布海拔 2000～2300m。
214	半翅目 Hemiptera	蝽科 Pentatomidae	峨嵋蝽	*Priassus spiniger*	于保护区内卧龙关沟，分布海拔 2000～2300m。
215	半翅目 Hemiptera	蝽科 Pentatomidae	贵阳蝽	*Picromerus viridipunctatus*	于保护区内卧龙关沟，分布海拔 2000～2300m。
216	半翅目 Hemiptera	蝽科 Pentatomidae	褐真蝽	*Pentatoma armandi*	西河正沟黄草坪，分布海拔 1600～1800m。
217	半翅目 Hemiptera	蝽科 Pentatomidae	黑兜蝽	*Aspongopus nigriventris*	西河正沟黄草坪，分布海拔 1600～1800m。
218	半翅目 Hemiptera	蝽科 Pentatomidae	黑益蝽	*Picromerus griseus*	于保护区内小阴沟，分布海拔 1500～1900m。
219	半翅目 Hemiptera	蝽科 Pentatomidae	横纹菜蝽	*Eurydema gebleri*	西河正沟等地，分布海拔 1600～1800m。
220	半翅目 Hemiptera	蝽科 Pentatomidae	红花丽蝽	*Hoplistodera fpulchra*	于保护区内小阴沟，分布海拔 1500～1900m。
221	半翅目 Hemiptera	蝽科 Pentatomidae	华麦蝽	*Aelia nasuta*	于保护区内小阴沟、七层楼沟、白阴沟、黄草坪、西河正沟等地，分布海拔 1500～2000m。
222	半翅目 Hemiptera	蝽科 Pentatomidae	健腿蝽	*Eusthenes robustus*	于保护区内小阴沟，分布海拔 1500～1900m。
223	半翅目 Hemiptera	蝽科 Pentatomidae	角刺花背蝽	*Hoplistodera fergussoni*	于保护区内七层楼沟，分布海拔 1600～1900m。
224	半翅目 Hemiptera	蝽科 Pentatomidae	角胸蝽	*Tetroda histeroides*	于保护区内卧龙关沟，分布海拔 2000～2300m。
225	半翅目 Hemiptera	蝽科 Pentatomidae	金绿宽盾蝽	*Poecilocoris lewisi*	于保护区内卧龙关沟，分布海拔 2000～2300m。
226	半翅目 Hemiptera	蝽科 Pentatomidae	瞎齿蝽	*Megymenum gracilicorne*	西河正沟黄草坪等地，分布海拔 1600～1800m。
227	半翅目 Hemiptera	蝽科 Pentatomidae	宽碧蝽	*Palomena viridissima*	于保护区内卧龙关沟，分布海拔 2000～2300m。
228	半翅目 Hemiptera	蝽科 Pentatomidae	蓝蝽	*Zicrona caerula*	于保护区内七层楼沟，分布海拔 1600～1900m。
229	半翅目 Hemiptera	蝽科 Pentatomidae	二星蝽	*Stollia guttiger*	西河正沟等地，分布海拔 1600～1800m。
230	半翅目 Hemiptera	蝽科 Pentatomidae	棱蝽	*Rhynchocoris humeralis*	于保护区内白岩沟、正河、英雄沟等地，分布海拔 2100～2700m。

（续）

序号	目名	科名	中文种名	拉丁学名	分布、生境
231	半翅目 Hemiptera	蝽科 Pentatomidae	勐遮蝽	*Gonopis coccinea*	于保护区内小阴沟、七层楼沟、白阴沟、黄草坪、西河正沟等地。
232	半翅目 Hemiptera	蝽科 Pentatomidae	麻皮蝽	*Erthesina fullo*	于保护区内七层楼沟，分布海拔 1600~1900m。
233	半翅目 Hemiptera	蝽科 Pentatomidae	珀蝽	*Playtia fimbriata*	于保护区内卧龙夫沟，分布海拔 2000~2300m。
234	半翅目 Hemiptera	蝽科 Pentatomidae	桑龟蝽	*Poecilocoris druraei*	于保护区内卧龙夫沟，分布海拔 2000~2300m。
235	半翅目 Hemiptera	蝽科 Pentatomidae	山字宽盾蝽	*Poecilocoris sanszesignatus*	于保护区内黄草坪、西河正沟等地，分布海拔 1600~1800m。
236	半翅目 Hemiptera	蝽科 Pentatomidae	弯角蝽	*Lelia decempunctata*	于保护区内七层楼沟，分布海拔 1600~1900m。
237	半翅目 Hemiptera	蝽科 Pentatomidae	小黄蝽	*Piezodorus rubrofaciatus*	于保护区内白阴沟，海拔 1600~1800m。
238	半翅目 Hemiptera	蝽科 Pentatomidae	小皱蝽	*Cyclopelta parva*	于保护区内小阴沟、七层楼沟、白阴沟、黄草坪、西河正沟等地，分布海拔 1500~2000m。
239	半翅目 Hemiptera	蝽科 Pentatomidae	异色巨蝽	*Eusthenes cupreus*	于保护区内七层楼沟，分布海拔 1600~1900m。
240	半翅目 Hemiptera	蝽科 Pentatomidae	益蝽	*Picromerus lewisi*	于保护区内小阴沟，分布海拔 1500~1900m。
241	半翅目 Hemiptera	蝽科 Pentatomidae	长叶蝽	*Amyntor obscurus*	于保护区内七层楼沟，分布海拔 1600~1900m。
242	半翅目 Hemiptera	蝽科 Pentatomidae	珠蝽	*Rubiconia intermedia*	于保护区内卧龙夫沟，分布海拔 2000~2300m。
243	半翅目 Hemiptera	蝽科 Pentatomidae	蠋蝽	*Arma chinensis*	于保护区内中河，分布海拔 2000~2200m。
244	半翅目 Hemiptera	蝽科 Pentatomidae	紫蓝曼蝽	*Menida violacea*	于保护区内卧龙夫沟，分布海拔 2000~2300m。
245	半翅目 Hemiptera	龟蝽科 Plataspidae	双列圆龟蝽	*Coptosoma bifaria*	于保护区内卧龙夫沟，分布海拔 2000~2300m。
246	半翅目 Hemiptera	龟蝽科 Plataspidae	天花豆龟蝽	*Megacopta verrucosa*	于保护区内白阴沟，海拔 1600~1800m。
247	半翅目 Hemiptera	龟蝽科 Plataspidae	显著圆龟蝽	*Coptosoma notabilis*	于保护区内小阴沟，分布海拔 1500~2100m。
248	半翅目 Hemiptera	盾蝽科 Scutelleridae	扁盾蝽	*Eurygaster testudinarius*	于保护区内小阴沟，分布海拔 1500~2100m。
249	半翅目 Hemiptera	盾蝽科 Scutelleridae	金绿宽盾蝽	*Poecilocoris lewisi*	于保护区内卧龙夫沟，分布海拔 2000~2300m。
250	半翅目 Hemiptera	盾蝽科 Scutelleridae	紫蓝丽盾蝽	*Chrysocoris stolii*	于保护区内白阴沟，海拔 1600~1800m。
251	半翅目 Hemiptera	荔蝽科 Tessaratomidae	硕蝽	*Eurostus validus*	于保护区内黄草坪，分布海拔 1600~2100m

（续）

序号	目名	科名	中文种名	拉丁学名	分布、生境
252	半翅目 Hemiptera	猎蝽科 Reduviidae	暴猎蝽	*Agriosphodrus dohrni*	于保护区内七层楼沟，分布海拔 1600~1900m。
253	半翅目 Hemiptera	猎蝽科 Reduviidae	赤腹猛猎蝽	*Sphedonolestes pubinotus*	于保护区内小阴沟，分布海拔 1500~2100m。
254	半翅目 Hemiptera	猎蝽科 Reduviidae	短斑普猎蝽	*Oncocephalus confusus*	于保护区内黄草坪、西河正沟等地，分布海拔 1600~1800m。
255	半翅目 Hemiptera	猎蝽科 Reduviidae	褐菱猎蝽	*Isyndus obscurus*	于保护区内英雄沟，海拔 2900~3600m。
256	半翅目 Hemiptera	猎蝽科 Reduviidae	黑艾猎蝽	*Ectomocoris atrox*	于保护区内小阴沟、黄草坪等地，分布海拔 1500~2200m。
257	半翅目 Hemiptera	猎蝽科 Reduviidae	黑叉盾猎蝽	*Ectrychotes andreae*	于保护区内白阴沟，海拔 1600~2000m。
258	半翅目 Hemiptera	猎蝽科 Reduviidae	黑光猎蝽	*Ectrychotes crudelis*	于保护区内七层楼沟，分布海拔 1600~1900m。
259	半翅目 Hemiptera	猎蝽科 Reduviidae	黑角嗯猎蝽	*Endochus nigricornis*	于保护区内黄草坪，海拔 1600~2100m
260	半翅目 Hemiptera	猎蝽科 Reduviidae	红彩瑞猎蝽	*Rhynocoris fuscipes*	于保护区内白阴沟，海拔 1600~1800m。
261	半翅目 Hemiptera	猎蝽科 Reduviidae	红缘猛猎蝽	*Sphedanolestes gularis*	于保护区内白阴沟，海拔 1600~2000m
262	半翅目 Hemiptera	猎蝽科 Reduviidae	黄足猎蝽	*Sirthenea flavipes*	于保护区内黄草坪，分布海拔 1500~2200m。
263	半翅目 Hemiptera	猎蝽科 Reduviidae	桔红清猎蝽	*Reduvius tenebrosus*	于保护区内西河正沟，分布海拔 1600~2100m。
264	半翅目 Hemiptera	猎蝽科 Reduviidae	轮刺猎蝽	*Scipina horrida*	于保护区内小阴沟，分布海拔 1500~1800m。
265	半翅目 Hemiptera	猎蝽科 Reduviidae	四川犀猎蝽	*Sycanus sichuanensis*	于保护区内西河正沟，分布海拔 1600~2100m。
266	半翅目 Hemiptera	猎蝽科 Reduviidae	圆斑光猎蝽	*Ectrychotes comottoi*	于保护区内白阴沟，海拔 1600~1800m。
267	半翅目 Hemiptera	猎蝽科 Reduviidae	圆肩菱猎蝽	*Isyndus planicollis*	于保护区内小阴沟，分布海拔 1500~1900m。
268	半翅目 Hemiptera	猎蝽科 Reduviidae	云斑端猎蝽	*Rhynocoris incertis*	于保护区内黄草坪、西河正沟等地，分布海拔 1700~2200m。
269	半翅目 Hemiptera	异蝽科 Urostylidae	花壮异蝽	*Urochela luteovaria*	于保护区内黄草坪、西河正沟等地，分布海拔 1600~1800m。
270	鞘翅目 Coleoptera	步甲科 Carabidae	白毛娄步甲	*Harpalus pallidipennis*	于保护区内转经楼沟，海拔 2000~2400m。
271	鞘翅目 Coleoptera	步甲科 Carabidae	如丽步甲	*Callida splendidula*	于保护区内黄草坪，西河正沟等地，分布海拔 1600~1800m。
272	鞘翅目 Coleoptera	步甲科 Carabidae	赤胸步甲	*Calathus halensis*	于保护区内梯子沟，分布海拔 2029m。
273	鞘翅目 Coleoptera	步甲科 Carabidae	赤胸长步甲	*Dolichus halensis*	于保护区三道桥保护站，分布海拔 2015m。
274	鞘翅目 Coleoptera	步甲科 Carabidae	淡足青步甲	*Chlaenius pallipes*	于保护区内耿达镇，分布海拔 1990m。

（续）

序号	目名	科名	中文种名	拉丁学名	分布、生境
275	鞘翅目 Coleoptera	步甲科 Carabidae	点斑青步甲	Chlaenius guttula	于保护区内西河正沟，海拔 1600~2200m。
276	鞘翅目 Coleoptera	步甲科 Carabidae	黑足婪步甲	Harpalus roninus	于保护区内转经楼沟，海拔 2000~2400m。
277	鞘翅目 Coleoptera	步甲科 Carabidae	虹狭胸青步甲	Stenolophus iridicolor	于保护区转经楼沟，分布海拔 2045m。
278	鞘翅目 Coleoptera	步甲科 Carabidae	后斑青步甲	Chlaenius posticalis	于保护区耿达镇，分布海拔 1990m。
279	鞘翅目 Coleoptera	步甲科 Carabidae	黄斑青步甲	Chlaenius micans	于保护区内白阴沟，海拔 1600~2000m。
280	鞘翅目 Coleoptera	步甲科 Carabidae	黄边青步甲	Chlaenius subviridulus	于保护区转经楼沟，分布海拔 2045m。
281	鞘翅目 Coleoptera	步甲科 Carabidae	黄缘青步甲指名亚种	Chlaenius spoliatus spoliatus	于保护区内白阴沟，海拔 1600~2000m。
282	鞘翅目 Coleoptera	步甲科 Carabidae	黄足隘步甲	Archipatrobus flavipes	于保护区卧龙镇，分布海拔 2029m。
283	鞘翅目 Coleoptera	步甲科 Carabidae	尖角暗步甲	Amara aurichalcea	于保护区内西河正沟，海拔 1600~2200m。
284	鞘翅目 Coleoptera	步甲科 Carabidae	毛胸青步甲	Chlaenius naeviger	于保护区三道桥保护站，分布海拔 2015m。
285	鞘翅目 Coleoptera	步甲科 Carabidae	筛毛盆步甲	Lachnolebia cribricollis	于保护区三道桥保护站，分布海拔 2015m。
286	鞘翅目 Coleoptera	步甲科 Carabidae	狭边青步甲	Chlaenius inops	于保护区三道桥保护站，分布海拔 2015m。
287	鞘翅目 Coleoptera	步甲科 Carabidae	肖毛婪步甲	Harpalus jureceki	于保护区内转经楼沟，海拔 2000~2400m。
288	鞘翅目 Coleoptera	步甲科 Carabidae	小边捷步甲	Badister marginellus	于保护区内转经楼沟，分布海拔 1996m。
289	鞘翅目 Coleoptera	步甲科 Carabidae	耶屁步甲	Pheropsophus jessoensis	于保护区三道桥保护站，分布海拔 2015m。
290	鞘翅目 Coleoptera	步甲科 Carabidae	异角青步甲	Chlaenius variicornus	于保护区转经楼沟，分布海拔 2045m。
291	鞘翅目 Coleoptera	步甲科 Carabidae	云纹虎甲	Cylindera elisae	于保护区内白阴沟，海拔 1600~2000m。
292	鞘翅目 Coleoptera	步甲科 Carabidae	直角通缘步甲	Poecilus gebleri	于保护区三道桥保护站，分布海拔 2015m。
293	鞘翅目 Coleoptera	步甲科 Carabidae	中华星步甲	Calosoma chinense	于保护区内西河正沟，海拔 1600~2200m。
294	鞘翅目 Coleoptera	拟步甲科 Tenebrionidae	波氏栉甲	Cteniopinus potanini	于保护区内小阴沟、七层楼沟等地，分布海拔 1500~1900m。
295	鞘翅目 Coleoptera	拟步甲科 Tenebrionidae	差角伪叶甲	Cerogria anisocera	于保护区三道桥保护站，分布海拔 2015m。
296	鞘翅目 Coleoptera	拟步甲科 Tenebrionidae	齿沟伪叶甲	Bothynogria calcarata	于保护区内白阴沟，分布海拔 1600~1800m。

（续）

序号	目名	科名	中文种名	拉丁学名	分布、生境
297	鞘翅目 Coleoptera	拟步甲科 Tenebrionidae	齿角伪叶甲	*Cerogria odontocera*	于保护区内西河正沟，分布海拔 1600~2200m。
298	鞘翅目 Coleoptera	拟步甲科 Tenebrionidae	赤拟粉甲	*Tribolium castaneum*	于保护区三道桥保护站，分布海拔 2015m。
299	鞘翅目 Coleoptera	拟步甲科 Tenebrionidae	川南琵甲	*Blaps waschana*	于保护区内白阴沟，海拔 1600~2000m。
300	鞘翅目 Coleoptera	拟步甲科 Tenebrionidae	单齿阿垫甲	*Anaedus unidentatus*	于保护区内小阴沟、七层楼沟等地，分布海拔 1500~1900m。
301	鞘翅目 Coleoptera	拟步甲科 Tenebrionidae	东方小垫甲	*Luprops orientalis*	于保护区内西河正沟，分布海拔 1600~2200m。
302	鞘翅目 Coleoptera	拟步甲科 Tenebrionidae	端脊琵甲	*Blaps apicecostata*	于保护区内白阴沟，海拔 1600~2000m。
303	鞘翅目 Coleoptera	拟步甲科 Tenebrionidae	钝齿亚琵甲	*Asidoblaps galinae*	于保护区内鹦哥嘴沟、英雄沟等地，分布海拔 2400~2700m。
304	鞘翅目 Coleoptera	拟步甲科 Tenebrionidae	二带粉菌甲	*Alphitophagus bifasciatus*	于保护区内小阴沟，分布海拔 1500~2500m。
305	鞘翅目 Coleoptera	拟步甲科 Tenebrionidae	腹伪叶甲	*Lagria ventralis*	于保护区内鹦哥嘴沟、英雄沟等地，分布海拔 2400~2700m。
306	鞘翅目 Coleoptera	拟步甲科 Tenebrionidae	褐翅角伪叶甲	*Cerogria catsaneipennis*	于保护区三道桥保护站，分布海拔 2015m。
307	鞘翅目 Coleoptera	拟步甲科 Tenebrionidae	褐粉甲	*Alphitobius laevigatus*	于保护区内小阴沟、西河正沟等地，分布海拔 1500~2000m。
308	鞘翅目 Coleoptera	拟步甲科 Tenebrionidae	黑带差伪叶甲	*Xanthalia nigrovittata*	于保护区三道桥保护站，分布海拔 2015m。
309	鞘翅目 Coleoptera	拟步甲科 Tenebrionidae	黑粉甲	*Alphitobius diaperinus*	于保护区内西河正沟，分布海拔 1600~2200m。
310	鞘翅目 Coleoptera	拟步甲科 Tenebrionidae	黑缝角伪叶甲	*Cerogria kikuchii*	于保护区内鹦哥嘴沟、英雄沟等地，分布海拔 2400~2700m。
311	鞘翅目 Coleoptera	拟步甲科 Tenebrionidae	黑头角伪叶甲	*Cerogria diversicornis*	于保护区内中河，分布海拔 2000~2400m。
312	鞘翅目 Coleoptera	拟步甲科 Tenebrionidae	黑头伪叶甲	*Lagria atriceps*	于保护区内鹦哥嘴沟、英雄沟等地，分布海拔 2400~2700m。
313	鞘翅目 Coleoptera	拟步甲科 Tenebrionidae	黑胸伪叶甲	*Lagria nigricollis*	于保护区内小阴沟，分布海拔 1500~2500m。
314	鞘翅目 Coleoptera	拟步甲科 Tenebrionidae	红翅伪叶甲	*Lagria rufipennis*	于保护区内卧龙关沟，分布海拔 2000~2300m。
315	鞘翅目 Coleoptera	拟步甲科 Tenebrionidae	红翅异伪叶甲	*Anisostira rugipennis*	于保护区内卧龙关沟，分布海拔 2000~2300m。
316	鞘翅目 Coleoptera	拟步甲科 Tenebrionidae	红色栉甲	*Cteniopinus ruber*	于保护区内中河，分布海拔 2000~2400m。
317	鞘翅目 Coleoptera	拟步甲科 Tenebrionidae	红辛伪叶甲	*Xenoceroriag ruficollis*	于保护区内鹦哥嘴沟、英雄沟等地，分布海拔 2400~2700m。
318	鞘翅目 Coleoptera	拟步甲科 Tenebrionidae	黄翅伪叶甲	*Lagria pallidipennis*	于保护区内小阴沟，分布海拔 1500~1800m。
319	鞘翅目 Coleoptera	拟步甲科 Tenebrionidae	黄粉虫	*Tenebrio molitor*	于保护区内小阴沟，分布海拔 1500~1800m。

（续）

序号	目名	科名	中文种名	拉丁学名	分布、生境
320	鞘翅目 Coleoptera	拟步甲科 Tenebrionidae	喙尾琵甲	*Blaps rhynchoptera*	于保护区内小阴沟、西河正沟等地，分布海拔1500~2000m。
321	鞘翅目 Coleoptera	拟步甲科 Tenebrionidae	霍角伪叶甲	*Cerogria hauseri*	于保护区内中河，分布海拔2000~2400m。
322	鞘翅目 Coleoptera	拟步甲科 Tenebrionidae	姬帕粉盗	*Palorus ratzeburgii*	于保护区内小阴沟、西河正沟等地，分布海拔1500~2000m。
323	鞘翅目 Coleoptera	拟步甲科 Tenebrionidae	结胸角伪叶甲	*Cerogria nodocollis*	于保护区内小阴沟，分布海拔1500~1800m。
324	鞘翅目 Coleoptera	拟步甲科 Tenebrionidae	锯角差伪叶甲	*Xanthalia serrifera*	于保护区内卧龙关沟，分布海拔2000~2300m。
325	鞘翅目 Coleoptera	拟步甲科 Tenebrionidae	喀小琵甲	*Gnaptorina kashkaroni*	于保护区内卧龙关沟，分布海拔2000~2300m。
326	鞘翅目 Coleoptera	拟步甲科 Tenebrionidae	库氏琵甲	*Blaps kolbei*	于保护区内卧龙关沟，分布海拔2000~2300m。
327	鞘翅目 Coleoptera	拟步甲科 Tenebrionidae	蓝紫角伪叶甲	*Cerogria janthinipennis*	于保护区内鹦哥嘴沟、英雄沟等地，分布海拔2400~2700m。
328	鞘翅目 Coleoptera	拟步甲科 Tenebrionidae	郎木寺莱伪叶甲	*Laena langmusica*	于保护区内鹦哥嘴沟、英雄沟等地，分布海拔2400~2700m。
329	鞘翅目 Coleoptera	拟步甲科 Tenebrionidae	粒点琵甲	*Blaps emoda*	于保护区内小阴沟、七层楼沟等地，分布海拔1500~1900m。
330	鞘翅目 Coleoptera	拟步甲科 Tenebrionidae	林氏伪叶甲	*Lagria hirta*	于保护区内鹦哥嘴沟、英雄沟等地，分布海拔2400~2700m。
331	鞘翅目 Coleoptera	拟步甲科 Tenebrionidae	隆背琵甲指名亚种	*Blaps gentilis gentilis*	于保护区内卧龙关沟，分布海拔2000~2300m。
332	鞘翅目 Coleoptera	拟步甲科 Tenebrionidae	毛伪叶甲	*Lagria oharai*	于保护区内卧龙关沟，分布海拔2000~2300m。
333	鞘翅目 Coleoptera	拟步甲科 Tenebrionidae	米亮亚琵甲	*Asidoblaps subopaca*	于保护区内卧龙关沟，分布海拔2000~2300m。
334	鞘翅目 Coleoptera	拟步甲科 Tenebrionidae	普通角伪叶甲	*Cerogria popularis*	于保护区三道桥保护站，分布海拔2015m。
335	鞘翅目 Coleoptera	拟步甲科 Tenebrionidae	双凹莱伪叶甲	*Laena bifoveolata*	于保护区内小阴沟，分布海拔1500~1800m。
336	鞘翅目 Coleoptera	拟步甲科 Tenebrionidae	四斑角伪叶甲	*Cerogria quadrimaculata*	于保护区三道桥保护站，分布海拔2015m。
337	鞘翅目 Coleoptera	拟步甲科 Tenebrionidae	四川琵甲	*Blaps sztschuana*	于保护区内小阴沟、西河正沟等地，分布海拔1500~2000m。
338	鞘翅目 Coleoptera	拟步甲科 Tenebrionidae	凸纹伪叶甲	*Lagria lameyi*	于保护区内白阴沟，分布海拔1600~1800m。
339	鞘翅目 Coleoptera	拟步甲科 Tenebrionidae	腥管伪叶甲	*Donaciolagria femoralis*	于保护区内白阴沟，分布海拔1600~1800m。
340	鞘翅目 Coleoptera	拟步甲科 Tenebrionidae	微红伪叶甲	*Lagria rubella*	于保护区内鹦哥嘴沟、英雄沟等地，分布海拔2400~2700m。
341	鞘翅目 Coleoptera	拟步甲科 Tenebrionidae	卧龙莱伪叶甲	*Laena wolongica*	于保护区内鹦哥嘴沟、英雄沟等地，分布海拔2400~2700m。
342	鞘翅目 Coleoptera	拟步甲科 Tenebrionidae	细眼角伪叶甲	*Cerogria ommalata*	于保护区内小阴沟，分布海拔1500~1800m。

（续）

序号	目名	科名	中文种名	拉丁学名	分布、生境
343	鞘翅目 Coleoptera	拟步甲科 Tenebrionidae	小帕粉盗	*Palorus cerylonoides*	于保护区内白阴沟，分布海拔 1600~1800m。
344	鞘翅目 Coleoptera	拟步甲科 Tenebrionidae	小伪叶甲	*Lagria kondoi*	于保护区内小阴沟，分布海拔 1500~1800m。
345	鞘翅目 Coleoptera	拟步甲科 Tenebrionidae	小隐甲	*Ellipsodes scriptus*	于保护区内西河正沟，分布海拔 1600~2200m。
346	鞘翅目 Coleoptera	拟步甲科 Tenebrionidae	亚帕扁粉盗	*Palorus subdepressus*	于保护区内中河，分布海拔 2000~2400m。
347	鞘翅目 Coleoptera	拟步甲科 Tenebrionidae	眼伪叶甲	*Lagria ophthalmica*	于保护区三道桥保护站，分布海拔 2015m。
348	鞘翅目 Coleoptera	拟步甲科 Tenebrionidae	异色伪叶甲	*Lagria chapaensis*	于保护区内卧龙关沟，分布海拔 2000~2300m。
349	鞘翅目 Coleoptera	拟步甲科 Tenebrionidae	圆小琵甲	*Gnaptorina cylindricollis*	于保护区内白阴沟，海拔 1600~2000m。
350	鞘翅目 Coleoptera	拟步甲科 Tenebrionidae	杂色栉甲	*Creniopinus hypocrite*	于保护区内小阴沟、七层楼沟等地，分布海拔 1500~1900m。
351	鞘翅目 Coleoptera	拟步甲科 Tenebrionidae	长头谷盗	*Latheticus oryzae*	于保护区内小阴沟、七层楼沟等地，分布海拔 1500~1900m。
352	鞘翅目 Coleoptera	拟步甲科 Tenebrionidae	长圆那琵甲	*Nalepa cylindracea*	于保护区内小阴沟、西河正沟等地，分布海拔 1500~2000m。
353	鞘翅目 Coleoptera	拟步甲科 Tenebrionidae	中华角伪叶甲	*Cerogria chinensis*	于保护区内中河，分布海拔 2000~2400m。
354	鞘翅目 Coleoptera	拟步甲科 Tenebrionidae	中小琵甲	*Gnaptorina media*	于保护区内白阴沟，海拔 1600~2000m。
355	鞘翅目 Coleoptera	拟步甲科 Tenebrionidae	皱鞘小琵甲	*Gnaptorina rugosipennis*	于保护区内小阴沟、西河正沟等地，分布海拔 1500~2000m。
356	鞘翅目 Coleoptera	龙虱科 Dytiscidae	薄翅灰龙虱	*Eretes sticticus*	于保护区内小阴沟、西河正沟等地，分布海拔 1500~2000m。
357	鞘翅目 Coleoptera	龙虱科 Dytiscidae	异爪麻点龙虱	*Rhantus pulverosus*	于保护区内白阴沟，海拔 1600~2000m。
358	鞘翅目 Coleoptera	隐翅甲科 Staphilinidae	北京金星隐翅甲	*Hesperus beijingensis*	于保护区内中河，分布海拔 2000~2400m。
359	鞘翅目 Coleoptera	隐翅甲科 Staphilinidae	大隐翅甲	*Creophilus maxillosus*	于保护区三道桥保护站，分布海拔 2015m。
360	鞘翅目 Coleoptera	隐翅甲科 Staphilinidae	冠突眼隐翅甲	*Stenus coronatus*	于保护区内西阳沟、鸡公垭沟等地，分布海拔 1250~1650m。
361	鞘翅目 Coleoptera	隐翅甲科 Staphilinidae	棘菲隐翅甲	*Philonthus spinipes*	于保护区内中河，分布海拔 2000~2400m。
362	鞘翅目 Coleoptera	隐翅甲科 Staphilinidae	青翅蚁形隐翅虫	*Paederus fuscipes*	于保护区内小阴沟，分布海拔 1500~1800m。
363	鞘翅目 Coleoptera	隐翅甲科 Staphilinidae	珍颊脊隐翅甲	*Quedius spretiosus*	于保护区内鹦哥嘴沟、英雄沟等地，分布海拔 2400~2700m。
364	鞘翅目 Coleoptera	葬甲科 Silphidae	尼覆葬甲	*Necrophorus nepalensis*	于保护区内中河，分布海拔 2000~2400m。
365	鞘翅目 Coleoptera	葬甲科 Silphidae	黑覆葬甲	*Necrophorus concolor*	于保护区内卧龙关沟，分布海拔 2000~2300m。

（续）

序号	目名	科名	中文种名	拉丁学名	分布、生境
366	鞘翅目 Coleoptera	葬甲科 Silphidae	镰粪蜣螂	*Copris lunaris*	于保护区内小阴沟，分布海拔 1500～1900m。
367	鞘翅目 Coleoptera	葬甲科 Silphidae	亚洲葬甲	*Necrodes asiaticus*	于保护区内七层楼沟、白阴沟等地，分布海拔 1800～2400m。
368	鞘翅目 Coleoptera	锹甲科 Lucanidae	大卫柱锹甲	*Prismognathus davidis*	于保护区内七层楼沟、白阴沟等地，分布海拔 1800～2400m。
369	鞘翅目 Coleoptera	锹甲科 Lucanidae	大卫深山锹甲	*Lucanus davidis*	于保护区内西河正沟，分布海拔 1600～2200m。
370	鞘翅目 Coleoptera	锹甲科 Lucanidae	黄褐前锹甲	*Prosopocoilus blanchardi*	于保护区内卧龙关沟，分布海拔 2000～2300m。
371	鞘翅目 Coleoptera	锹甲科 Lucanidae	环锹甲	*Cyclommatus scutellaris*	于保护区内小阴沟、西河正沟等地，分布海拔 1600～2100m。
372	鞘翅目 Coleoptera	锹甲科 Lucanidae	黄背深山锹甲	*Lucanus laetus*	于保护区内鹦哥嘴沟、英雄沟等地，分布海拔 2400～2700m。
373	鞘翅目 Coleoptera	锹甲科 Lucanidae	毛颚扁锹甲	*Dorcus hirticornis*	于保护区内七层楼沟、白阴沟等地，分布海拔 1800～2400m。
374	鞘翅目 Coleoptera	锹甲科 Lucanidae	瑞奇大锹甲	*Dorcus reichei*	于保护区内西河正沟，分布海拔 1600～2200m。
375	鞘翅目 Coleoptera	锹甲科 Lucanidae	提扁锹甲	*Dorcus tityus*	于保护区内七层楼沟、白阴沟等地，分布海拔 1800～2400m。
376	鞘翅目 Coleoptera	锹甲科 Lucanidae	锈色刀锹甲	*Dorcus velutinus*	于保护区内卧龙关沟，分布海拔 2000～2300m。
377	鞘翅目 Coleoptera	锹甲科 Lucanidae	中华刀锹甲	*Dorcus sinensis*	于保护区内七层楼沟、白阴沟等地，分布海拔 1800～2400m。
378	鞘翅目 Coleoptera	金龟科 Scarabaeidae	凹背利蜣螂	*Liatongus phanaeoides*	于保护区内七层楼沟、白阴沟等地，分布海拔 1800～2400m。
379	鞘翅目 Coleoptera	金龟科 Scarabaeidae	黑利蜣螂	*Liatongus gagatinus*	于保护区内卧龙关沟，分布海拔 2000～2300m。
380	鞘翅目 Coleoptera	金龟科 Scarabaeidae	黑裸蜣螂	*Paragymnopleurus melanarius*	于保护区内卧龙关沟，分布海拔 2000～2300m。
381	鞘翅目 Coleoptera	金龟科 Scarabaeidae	护利蜣螂	*Liatongus medius*	于保护区内鹦哥嘴沟、英雄沟等地，分布海拔 2400～2700m。
382	鞘翅目 Coleoptera	金龟科 Scarabaeidae	克氏凯蜣螂	*Caccobius christophi*	于保护区内小阴沟，分布海拔 1500～1800m。
383	鞘翅目 Coleoptera	金龟科 Scarabaeidae	沙氏嗡蜣螂	*Onthophagus schaefernai*	于保护区内卧龙关沟，分布海拔 2000～2300m。
384	鞘翅目 Coleoptera	金龟科 Scarabaeidae	四川蜣螂	*Copris szechouanicus*	于保护区内小阴沟、西河正沟等地，分布海拔 1500～2000m。
385	鞘翅目 Coleoptera	蜉金龟科 Aphodiidae	游荡蜉金龟	*Aphodius erraticus*	于保护区内小阴沟，分布海拔 1500～1800m。
386	鞘翅目 Coleoptera	斑金龟科 Aphodiidae	短毛斑金龟	*Lasiotrichius succinctus*	于保护区内小阴沟，分布海拔 1500～1800m。
387	鞘翅目 Coleoptera	鳃金龟科 Melolonthidae	暗黑鳃金龟	*Holotrichia parallela*	于保护区内七层楼沟、白阴沟等地，分布海拔 1800～2400m。
388	鞘翅目 Coleoptera	鳃金龟科 Melolonthidae	波婆鳃金龟	*Brahmina potanini*	于保护区内白阴沟，分布海拔 1600～1800m。

（续）

序号	目名	科名	中文种名	拉丁学名	分布、生境
389	鞘翅目 Coleoptera	鳃金龟科 Melolonthidae	大云鳃金龟	*Polyphylla laticollis*	于保护区内七层楼沟、白阴沟等地，分布海拔1800~2400m。
390	鞘翅目 Coleoptera	鳃金龟科 Melolonthidae	戴单爪鳃金龟	*Hoplia davidis*	于保护区内白阴沟，分布海拔1600~1800m。
391	鞘翅目 Coleoptera	鳃金龟科 Melolonthidae	峨眉齿爪鳃金龟	*Holotrichia omeia*	于保护区内西河正沟，分布海拔1600~2200m。
392	鞘翅目 Coleoptera	鳃金龟科 Melolonthidae	二色希鳃金龟	*Hilyotrogus bicoloreus*	于保护区内西河正沟，分布海拔1600~2200m。
393	鞘翅目 Coleoptera	鳃金龟科 Melolonthidae	灰胸突鳃金龟	*Hoplosternus incanus*	于保护区内白阴沟，分布海拔1600~1800m。
394	鞘翅目 Coleoptera	鳃金龟科 Melolonthidae	码绢金龟	*Maladera* sp.	于保护区内西河正沟，分布海拔1600~2200m。
395	鞘翅目 Coleoptera	鳃金龟科 Melolonthidae	小云鳃金龟	*Polyphylia gracilicornis*	于保护区内小阴沟，分布海拔1500~1800m。
396	鞘翅目 Coleoptera	丽金龟科 Rutelidae	川绿弧丽金龟	*Popillia sichuanensis*	于保护区内巴巴哥沟、英雄沟等地，分布海拔2400~2700m。
397	鞘翅目 Coleoptera	丽金龟科 Rutelidae	红胸绿丽金龟	*Anomala cupripes*	于保护区内西河正沟，分布海拔1600~2200m。
398	鞘翅目 Coleoptera	丽金龟科 Rutelidae	蓝边矛丽金龟	*Callistethus pilagiicollis*	西河正沟等地，分布海拔1500~2000m。
399	鞘翅目 Coleoptera	丽金龟科 Rutelidae	蒙古异丽金龟	*Anomala mongolica*	于保护区内白阴沟、七层楼沟，分布海拔1800~2400m。
400	鞘翅目 Coleoptera	丽金龟科 Rutelidae	棉花弧丽金龟	*Popillia mutans*	于保护区正河，分布海拔2029m。
401	鞘翅目 Coleoptera	丽金龟科 Rutelidae	弱脊异丽金龟	*Anomala sulcipennis*	于保护区内西河正沟，分布海拔1600~2200m。
402	鞘翅目 Coleoptera	丽金龟科 Rutelidae	漆黑异丽金龟	*Anomala ebenina*	于保护区内巴巴哥沟、英雄沟等地，分布海拔2400~2700m。
403	鞘翅目 Coleoptera	丽金龟科 Rutelidae	铜绿异丽金龟	*Anomala corpulenta*	于保护区内西河正沟，分布海拔1600~2200m。
404	鞘翅目 Coleoptera	丽金龟科 Rutelidae	陷缝异丽金龟	*Anomala rufiventris*	于保护区内七层楼沟，分布海拔1700~2100m。
405	鞘翅目 Coleoptera	丽金龟科 Rutelidae	中华彩丽金龟	*Mimela chinensis*	于保护区内西河正沟，分布海拔1600~2200m。
406	鞘翅目 Coleoptera	花金龟科 Cetonidea	白星花金龟	*Protaetia brevitarsis*	于保护区内黄草坪、西河正沟等地，分布海拔1600~1800m。
407	鞘翅目 Coleoptera	花金龟科 Cetonidea	短毛斑金龟	*Lasiotrichius succinctus*	于保护区内银厂沟等地，分布海拔2700m。
408	鞘翅目 Coleoptera	花金龟科 Cetonidea	光斑鹿花金龟	*Dicranocephalus dabryi*	于保护区内白阴沟，分布海拔1600~1800m。
409	鞘翅目 Coleoptera	花金龟科 Cetonidea	黄斑短突花金龟	*Glyeyphana fulvistemma*	于保护区内白阴沟，分布海拔1600~1800m。
410	鞘翅目 Coleoptera	花金龟科 Cetonidea	黄粉鹿花金龟	*Dicranocephalus wallichi*	于保护区内西河正沟，分布海拔1600~2200m。
411	鞘翅目 Coleoptera	花金龟科 Cetonidea	绿罗花金色龟	*Rhomborrhina unicolor*	于保护区内西河正沟，分布海拔1600~2200m。

（续）

序号	目名	科名	中文种名	拉丁学名	分布、生境
412	鞘翅目 Coleoptera	花金龟科 Cetonidea	墨内花金龟	*Pseudodiceros nigrocyaneus*	于保护区内白阴沟，分布海拔 1600~1800m。
413	鞘翅目 Coleoptera	花金龟科 Cetonidea	日铜罗花金龟	*Rhomborrhina japonica*	于保护区内英雄沟，海拔 2900~3600m。
414	鞘翅目 Coleoptera	花金龟科 Cetonidea	小青花金龟	*Oxycetonia jucunda*	于保护区内西河正沟，分布海拔 1600~2200m。
415	鞘翅目 Coleoptera	花金龟科 Cetonidea	褐翅臀花金龟	*Campsiura mirabilis*	于保护区内西河正沟，分布海拔 1600~2200m。
416	鞘翅目 Coleoptera	花金龟科 Cetonidea	皱莫花金龟	*Moseriana rugulosa*	于保护区内白阴沟，分布海拔 1600~1800m。
417	鞘翅目 Coleoptera	犀金龟科 Dynastidae	双叉犀金龟	*Allomyrina dichotoma*	于保护区内中河，分布海拔 2000~2400m。
418	鞘翅目 Coleoptera	负泥虫科 Crioceridae	二齿距甲	*Temnaspis bidentata*	于保护区内中河，分布海拔 2000~2400m。
419	鞘翅目 Coleoptera	负泥虫科 Crioceridae	脊负泥虫	*Lilioceris subcostata*	于保护区内西河正沟，分布海拔 1600~2200m。
420	鞘翅目 Coleoptera	负泥虫科 Crioceridae	紫茎甲	*Sagra femorata*	于保护区内白阴沟，分布海拔 1600~1800m。
421	鞘翅目 Coleoptera	瓢甲科 Coccinellidae	澳洲瓢虫	*Rodolia cardinalis*	于保护区内文家岩窝，分布海拔 2721m。
422	鞘翅目 Coleoptera	瓢甲科 Coccinellidae	八斑和瓢虫	*Harmonia octomaculata*	于保护区内卧龙镇，分布海拔 2029m。
423	鞘翅目 Coleoptera	瓢甲科 Coccinellidae	八仙花崎齿瓢虫	*Afissula hydrangeae*	于保护区内小阴沟，分布海拔 1500~1800m。
424	鞘翅目 Coleoptera	瓢甲科 Coccinellidae	白条菌瓢虫	*Macroilleis hauseri*	于保护区内小阴沟、黄草坪、西河正沟等地，分布海拔 1500~2000m。
425	鞘翅目 Coleoptera	瓢甲科 Coccinellidae	变斑隐势瓢虫	*Cryptogonus orbiculus*	于保护区内小阴沟、黄草坪、西河正沟等地，分布海拔 1500~2000m。
426	鞘翅目 Coleoptera	瓢甲科 Coccinellidae	变斑隐势瓢虫	*Cryptogonus orbiculus*	于保护区内文家岩窝，分布海拔 2721m。
427	鞘翅目 Coleoptera	瓢甲科 Coccinellidae	长管食植瓢虫	*Epilachna longissima*	于保护区内小阴沟、黄草坪、西河正沟等地，分布海拔 1500~2000m。
428	鞘翅目 Coleoptera	瓢甲科 Coccinellidae	长隆小毛瓢虫	*Scymnus folchinii*	于保护区内七层楼沟，分布海拔 1600~1900m。
429	鞘翅目 Coleoptera	瓢甲科 Coccinellidae	大红瓢虫	*Rodolia rufopilosa*	于保护区内七层楼沟，分布海拔 1600~1900m。
430	鞘翅目 Coleoptera	瓢甲科 Coccinellidae	刀角瓢虫	*Serangium japonicum*	于保护区内小阴沟、黄草坪、西河正沟等地，分布海拔 1500~2000m。

（续）

序号	目名	科名	中文种名	拉丁学名	分布、生境
431	鞘翅目 Coleoptera	瓢甲科 Coccinellidae	稻红瓢虫	*Micraspis discolor*	于保护区文家岩窝，分布海拔2721m。
432	鞘翅目 Coleoptera	瓢甲科 Coccinellidae	端黄小毛瓢虫	*Scymnus apiciflavus*	于保护区内小阴沟、西河正沟等地，分布海拔1500~2000m。
433	鞘翅目 Coleoptera	瓢甲科 Coccinellidae	端尖食植瓢虫	*Epilachna quadricollis*	于保护区内小阴沟、黄草坪、西河正沟等地，分布海拔1500~2000m。
434	鞘翅目 Coleoptera	瓢甲科 Coccinellidae	多异瓢虫	*Hippodamia variegate*	于保护区内七层楼沟，分布海拔1600~1900m。
435	鞘翅目 Coleoptera	瓢甲科 Coccinellidae	二双斑唇瓢虫	*Chilocorus bijugus*	于保护区文家岩窝，分布海拔2721m。
436	鞘翅目 Coleoptera	瓢甲科 Coccinellidae	二星瓢虫	*Adalia bipunctata*	于保护区内七层楼沟，分布海拔1600~1900m。
437	鞘翅目 Coleoptera	瓢甲科 Coccinellidae	梵文菌瓢虫	*Halyzia sanscrita*	于保护区内七层楼沟，分布海拔1600~1900m。
438	鞘翅目 Coleoptera	瓢甲科 Coccinellidae	斧斑广盾瓢虫	*Platynaspis angulimaculata*	于保护区内小阴沟、七层楼沟等地，分布海拔1500~1900m。
439	鞘翅目 Coleoptera	瓢甲科 Coccinellidae	复合隐势瓢虫	*Cryptogonus complexus*	于保护区文家岩窝，分布海拔2721m。
440	鞘翅目 Coleoptera	瓢甲科 Coccinellidae	钩管崎岛瓢虫	*Afissula uniformis*	于保护区内七层楼沟，分布海拔1600~1900m。
441	鞘翅目 Coleoptera	瓢甲科 Coccinellidae	瓜茄瓢虫	*Epilachna admirabilis*	于保护区内小阴沟、西河正沟等地，分布海拔1500~2000m。
442	鞘翅目 Coleoptera	瓢甲科 Coccinellidae	龟纹瓢虫	*Propylea japonica*	于保护区文家岩窝，分布海拔2721m。
443	鞘翅目 Coleoptera	瓢甲科 Coccinellidae	褐缝基瓢虫	*Diomus brunsuturalis*	于保护区内七层楼沟，分布海拔1600~1900m。
444	鞘翅目 Coleoptera	瓢甲科 Coccinellidae	褐绣花瓢虫	*Coccinella luteopicta*	于保护区内七层楼沟等地，分布海拔1500~1900m。
445	鞘翅目 Coleoptera	瓢甲科 Coccinellidae	黑斑突角瓢虫	*Asemiadalia potanini*	于保护区文家岩窝，分布海拔2721m。
446	鞘翅目 Coleoptera	瓢甲科 Coccinellidae	黑背唇瓢虫	*Chilocorus melas*	于保护区内七层楼沟，分布海拔1600~1900m。
447	鞘翅目 Coleoptera	瓢甲科 Coccinellidae	黑背毛瓢虫	*Symnus babaiSasaji*	于保护区内小阴沟、黄草坪、西河正沟等地，分布海拔1500~2000m。
448	鞘翅目 Coleoptera	瓢甲科 Coccinellidae	黑背小瓢虫	*Scymnus kawamurai*	于保护区内七层楼沟，分布海拔1600~1900m。
449	鞘翅目 Coleoptera	瓢甲科 Coccinellidae	黑缘光瓢虫	*Exochomus nigromarginatus*	于保护区文家岩窝，分布海拔2721m。

（续）

序号	目名	科名	中文种名	拉丁学名	分布，生境
450	鞘翅目 Coleoptera	瓢甲科 Coccinellidae	黑缘红瓢虫	Chilocorus rubidus	于保护区内七层楼沟，分布海拔 1600～1900m。
451	鞘翅目 Coleoptera	瓢甲科 Coccinellidae	黑缘红瓢虫	Chilocorus rubidus	于保护区内小阴沟、西河正沟等地，分布海拔 1500～2000m。
452	鞘翅目 Coleoptera	瓢甲科 Coccinellidae	横斑花瓢虫	Amida quinquefasiata	于保护区文家岩窝，分布海拔 2721m。
453	鞘翅目 Coleoptera	瓢甲科 Coccinellidae	横斑瓢虫	Coccinella transversoguttata	于保护区卧龙镇，分布海拔 2029m。
454	鞘翅目 Coleoptera	瓢甲科 Coccinellidae	横带瓢虫	Coccinella trifasciata	于保护区内七层楼沟，分布海拔 1600～1900m。
455	鞘翅目 Coleoptera	瓢甲科 Coccinellidae	红点唇瓢虫	Chilocorus kuwanae	于保护区文家岩窝，分布海拔 2721m。
456	鞘翅目 Coleoptera	瓢甲科 Coccinellidae	红褐隐胫瓢虫	Aspidimerus ruficrus	于保护区内小阴沟，分布海拔 1500～1800m。
457	鞘翅目 Coleoptera	瓢甲科 Coccinellidae	红环瓢虫	Rodolia limbata	于保护区卧龙镇，分布海拔 2029m。
458	鞘翅目 Coleoptera	瓢甲科 Coccinellidae	红肩瓢虫	Harmonia dimidiate	于保护区内七层楼沟，分布海拔 1600～1900m。
459	鞘翅目 Coleoptera	瓢甲科 Coccinellidae	红星盘瓢虫	Phrynocaria congener	于保护区卧龙镇，分布海拔 2029m。
460	鞘翅目 Coleoptera	瓢甲科 Coccinellidae	后斑小瓢虫	Symnus posticalis	于保护区内七层楼沟，分布海拔 1600～1900m。
461	鞘翅目 Coleoptera	瓢甲科 Coccinellidae	湖北红点唇瓢虫	Chilocorus hupehanus	于保护区内七层楼沟，分布海拔 1600～1900m。
462	鞘翅目 Coleoptera	瓢甲科 Coccinellidae	华裸瓢虫	Calvia chinensis	于保护区卧龙镇，分布海拔 2029m。
463	鞘翅目 Coleoptera	瓢甲科 Coccinellidae	黄斑盘瓢虫	Coelophora saucia	于保护区内白阴沟，海拔 1600～1800m。
464	鞘翅目 Coleoptera	瓢甲科 Coccinellidae	黄室盘瓢虫	Propylea luteopustulata	于保护区内小阴沟、黄草坪、西河正沟等地，分布海拔 1500～2000m。
465	鞘翅目 Coleoptera	瓢甲科 Coccinellidae	黄室盘瓢虫	Pania luteopustulata	于保护区内小阴沟、西河正沟等地，分布海拔 1500～2000m。
466	鞘翅目 Coleoptera	瓢甲科 Coccinellidae	黄缘巧瓢虫	Oenopia sauzeti	于保护区内七层楼沟，分布海拔 1600～1900m。
467	鞘翅目 Coleoptera	瓢甲科 Coccinellidae	柯氏素瓢虫	Llleis koebelei	于保护区卧龙镇，分布海拔 2029m。
468	鞘翅目 Coleoptera	瓢甲科 Coccinellidae	宽缘唇瓢虫	Chilocorus rufsarsis	于保护区内七层楼沟，分布海拔 1600～1900m。
469	鞘翅目 Coleoptera	瓢甲科 Coccinellidae	丽小瓢虫	Scymnus formosanus	于保护区内小阴沟、黄草坪、西河正沟等地，分布海拔 1500～2000m。
470	鞘翅目 Coleoptera	瓢甲科 Coccinellidae	连斑食植瓢虫	Epilachna hauseri	于保护区内小阴沟，分布海拔 1500～1800m。

（续）

序号	目名	科名	中文种名	拉丁学名	分布、生境
471	鞘翅目 Coleoptera	瓢甲科 Coccinellidae	链纹裸瓢虫	*Calvia sicardi*	于保护区卧龙镇，分布海拔 2029m。
472	鞘翅目 Coleoptera	瓢甲科 Coccinellidae	菱斑巧瓢虫	*Oenopia conglobate*	于保护区文家岩窝，分布海拔 2721m。
473	鞘翅目 Coleoptera	瓢甲科 Coccinellidae	菱斑食植瓢虫	*Epilachna insignis*	于保护区内七层楼沟，分布海拔 1600~1900m。
474	鞘翅目 Coleoptera	瓢甲科 Coccinellidae	六斑巧瓢虫	*Oenopia sexmaculata*	于保护区内小阴沟、西河正沟等地，分布海拔 1500~2000m。
475	鞘翅目 Coleoptera	瓢甲科 Coccinellidae	六斑异瓢虫	*Aiolocaria hexaspilota*	于保护区内小阴沟、黄草坪、西河正沟等地，分布海拔 1500~2000m。
476	鞘翅目 Coleoptera	瓢甲科 Coccinellidae	六斑月瓢虫	*Menochilus sexmaculatus*	于保护区内小阴沟、黄草坪、西河正沟等地，分布海拔 1500~2000m。
477	鞘翅目 Coleoptera	瓢甲科 Coccinellidae	马铃薯瓢虫	*Epilachna vigintioctomaculata*	于保护区内七层楼沟，分布海拔 1600~1900m。
478	鞘翅目 Coleoptera	瓢甲科 Coccinellidae	梢斑瓢虫	*Coccinella transversoguttata*	于保护区内七层楼沟，分布海拔 1600~1900m。
479	鞘翅目 Coleoptera	瓢甲科 Coccinellidae	七星隐势瓢虫	*Cryptogonus schraiki*	于保护区内七层楼沟，分布海拔 1600~1900m。
480	鞘翅目 Coleoptera	瓢甲科 Coccinellidae	七星瓢虫	*Coccinella septempunctata*	于保护区内小阴沟、黄草坪、西河正沟等地，分布海拔 1500~2000m。
481	鞘翅目 Coleoptera	瓢甲科 Coccinellidae	奇斑裂臀瓢虫	*Henosepilachna libera*	于保护区内小阴沟，分布海拔 1500~1800m。
482	鞘翅目 Coleoptera	瓢甲科 Coccinellidae	奇变瓢虫	*Aiolocaria mirabilis*	于保护区内小阴沟、西河正沟等地，分布海拔 1500~2000m。
483	鞘翅目 Coleoptera	瓢甲科 Coccinellidae	茄二十八星瓢虫	*Henosepilachna vigintioctopunctata*	于保护区内七层楼沟，分布海拔 1600~1900m。
484	鞘翅目 Coleoptera	瓢甲科 Coccinellidae	日本丽瓢虫	*Callicaria superba*	于保护区文家岩窝，分布海拔 2721m。
485	鞘翅目 Coleoptera	瓢甲科 Coccinellidae	三纹祺瓢虫	*Calvia championorum*	于保护区内七层楼沟，分布海拔 1600~1900m。
486	鞘翅目 Coleoptera	瓢甲科 Coccinellidae	闪蓝唇瓢虫	*Chilocorus hauseri*	于保护区内小阴沟、黄草坪、西河正沟等地，分布海拔 1500~2000m。
487	鞘翅目 Coleoptera	瓢甲科 Coccinellidae	闪蓝红点唇瓢虫	*Chilocorus chalybeatus*	于保护区卧龙镇，分布海拔 2029m。

（续）

序号	目名	科名	中文种名	拉丁学名	分布、生境
488	鞘翅目 Coleoptera	瓢甲科 Coccinellidae	深点食螨瓢虫	*Stethorus punctillum*	于保护区内小阴沟、黄草坪、西河正沟等地，分布海拔 1500～2000m。
489	鞘翅目 Coleoptera	瓢甲科 Coccinellidae	十斑瓢虫	*Lemnia bissellate*	于保护区文家岩窝，分布海拔 2721m。
490	鞘翅目 Coleoptera	瓢甲科 Coccinellidae	十二斑褐菌瓢虫	*Vibidia duodecimguttata*	于保护区文家岩窝，分布海拔 2721m。
491	鞘翅目 Coleoptera	瓢甲科 Coccinellidae	十二斑巧瓢虫	*Oenopia bissexnotata*	于保护区卧龙镇，分布海拔 2029m。
492	鞘翅目 Coleoptera	瓢甲科 Coccinellidae	十四星裸瓢虫	*Calvia quatuordecimguttata*	于保护区卧龙镇，分布海拔 2029m。
493	鞘翅目 Coleoptera	瓢甲科 Coccinellidae	十五星裸瓢虫	*Calvia quinquedecimguttata*	于保护区内七层楼沟，分布海拔 1600～1900m。
494	鞘翅目 Coleoptera	瓢甲科 Coccinellidae	束小瓢虫	*Scymnus sodalist*	于保护区内小阴沟、黄草坪、西河正沟等地，分布海拔 1500～2000m。
495	鞘翅目 Coleoptera	瓢甲科 Coccinellidae	双带盘瓢虫	*Coelophora biplagiata*	于保护区内小阴沟、七层楼沟等地，分布海拔 1500～1900m。
496	鞘翅目 Coleoptera	瓢甲科 Coccinellidae	华日瓢虫	*Coccinula ainu*	于保护区卧龙镇，分布海拔 2029m。
497	鞘翅目 Coleoptera	瓢甲科 Coccinellidae	中国双七星瓢虫	*Coccinula sinensis*	于保护区内七层楼沟，分布海拔 1600～1900m。
498	鞘翅目 Coleoptera	瓢甲科 Coccinellidae	四斑广盾瓢虫	*Platynaspis maculosa*	于保护区卧龙镇，分布海拔 2029m。
499	鞘翅目 Coleoptera	瓢甲科 Coccinellidae	四斑裸瓢虫	*Calvia muiri*	于保护区内小阴沟、黄草坪、西河正沟等地，分布海拔 1500～2000m。
500	鞘翅目 Coleoptera	瓢甲科 Coccinellidae	四川蒙节瓢虫	*Telsimia sichuanensis*	于保护区内小阴沟、黄草坪、西河正沟等地，分布海拔 1500～2000m。
501	鞘翅目 Coleoptera	瓢甲科 Coccinellidae	台湾隐势瓢虫	*Cryptogonus horishanus*	于保护区文家岩窝，分布海拔 2721m。
502	鞘翅目 Coleoptera	瓢甲科 Coccinellidae	梯斑巧瓢虫	*Oenopia scalaris*	于保护区卧龙镇，分布海拔 2029m。
503	鞘翅目 Coleoptera	瓢甲科 Coccinellidae	细网巧瓢虫	*Oenopia sexareata*	于保护区内七层楼沟，分布海拔 1600～1900m。
504	鞘翅目 Coleoptera	瓢甲科 Coccinellidae	细纹裸瓢虫	*Bothrocalvia albolineata*	于保护区内小阴沟、黄草坪、西河正沟等地，分布海拔 1500～2000m。

（续）

序号	目名	科名	中文种名	拉丁学名	分布、生境
505	鞘翅目 Coleoptera	瓢甲科 Coccinellidae	纤丽瓢虫	Harmonia sedecimnotata	于保护区内小阴沟、黄草坪、西河正沟等地，分布海拔 1500~2000m。
506	鞘翅目 Coleoptera	瓢甲科 Coccinellidae	小红瓢虫	Rodolia pumila	于保护区内白阴沟，海拔 1600~1800m。
507	鞘翅目 Coleoptera	瓢甲科 Coccinellidae	眼斑方瓢虫	Pseudoscymnus ocellatus	于保护区内七层楼沟，分布海拔 1600~1900m。
508	鞘翅目 Coleoptera	瓢甲科 Coccinellidae	眼斑食植瓢虫	Epilachna ocellatae	于保护区内小阴沟、七层楼沟等地，分布海拔 1500~1900m。
509	鞘翅目 Coleoptera	瓢甲科 Coccinellidae	异色瓢虫	Harmonia axyridis	于保护区内卧龙镇，分布海拔 2029m。
510	鞘翅目 Coleoptera	瓢甲科 Coccinellidae	银莲花瓢虫	Epilachna convexa	于保护区内小阴沟、七层楼沟等地，分布海拔 1500~1900m。
511	鞘翅目 Coleoptera	瓢甲科 Coccinellidae	四斑瓢虫	Harmonia quadriplagiata	于保护区内小阴沟、黄草坪、西河正沟等地，分布海拔 1500~2000m。
512	鞘翅目 Coleoptera	瓢甲科 Coccinellidae	隐斑瓢虫	Harmonia yedoensis	于保护区内小阴沟、黄草坪、西河正沟等地，分布海拔 1500~2000m。
513	鞘翅目 Coleoptera	瓢甲科 Coccinellidae	中华显盾瓢虫	Hyperaspis sinensis	于保护区内七层楼沟，分布海拔 1600~1900m。
514	鞘翅目 Coleoptera	瓢甲科 Coccinellidae	中原寡节瓢虫	Telsimia nigra	于保护区内七层楼沟，分布海拔 1600~1900m。
515	鞘翅目 Coleoptera	豆象科 Bruchuidae	蚕豆象	Bruchus rufimanus	于保护区内小阴沟，分布海拔 1500~1800m。
516	鞘翅目 Coleoptera	豆象科 Bruchuidae	绿豆象	Callosobruchus chinensis	于保护区内黄草坪等地，分布海拔 1800~2200m。
517	鞘翅目 Coleoptera	豆象科 Bruchuidae	豌豆象	Bruchus pisorum	于保护区内七层楼沟，分布海拔 1600~1900m。
518	鞘翅目 Coleoptera	吉丁科 Buprestidae	核桃窄吉丁	Agrilus ribbei	于保护区内卧龙关沟，分布海拔 2000~2300m。
519	鞘翅目 Coleoptera	吉丁科 Buprestidae	花曲柳窄吉丁	Agrilus planipennis	于保护区内小阴沟，分布海拔 1500~1800m。
520	鞘翅目 Coleoptera	吉丁科 Buprestidae	金缘吉丁虫	Lampra limbata	于保护区内卧龙关沟，分布海拔 2000~2300m。
521	鞘翅目 Coleoptera	吉丁科 Buprestidae	锦纹吉丁	Coraebus aequalipennis	于保护区内小阴沟，分布海拔 1500~1800m。
522	鞘翅目 Coleoptera	吉丁科 Buprestidae	纯绿细纹吉丁	Anthaxia proteus	于保护区内黄草坪、西河正沟等地，分布海拔 1600~1800m。
523	鞘翅目 Coleoptera	吉丁科 Buprestidae	四窗黄吉丁	Ptosima chinensis	于保护区内西河正沟，海拔 1600~2200m。
524	鞘翅目 Coleoptera	吉丁科 Buprestidae	松吉丁虫	Chalcophora japonica	于保护区内西河正沟，海拔 1600~2200m。

（续）

序号	目名	科名	中文种名	拉丁学名	分布、生境
525	鞘翅目 Coleoptera	吉丁科 Buprestidae	云南脊吉丁	*Chalcophora yunnana*	于保护区内西河正沟，海拔1600~2200m。
526	鞘翅目 Coleoptera	叩甲科 Elateridae	暗足双脊卵甲	*Ludiosche maobscuripes*	于保护区内梯子沟，海拔2700~3600m。
527	鞘翅目 Coleoptera	叩甲科 Elateridae	沟叩甲	*Pleonomus canaliculatus*	于保护区内七层楼沟、白阴沟、黄草坪、西河正沟等地，分布海拔1500~2000m。
528	鞘翅目 Coleoptera	叩甲科 Elateridae	瘦胸筒叩甲	*Ectinus sericeus*	于保护区内梯子沟，海拔2700~3600m。
529	鞘翅目 Coleoptera	叩甲科 Elateridae	丽叩甲	*Campsosternus auratus*	于保护区内中河，分布海拔2000~2200m。
530	鞘翅目 Coleoptera	叩甲科 Elateridae	泥红槽缝叩甲	*Agrypnus argillaceus*	于保护区内中河，分布海拔2000~2200m。
531	鞘翅目 Coleoptera	叩甲科 Elateridae	筛胸梳爪叩甲	*Melanotus cribricollis*	于保护区内七层楼沟、白阴沟、黄草坪、西河正沟等地，分布海拔1500~2000m。
532	鞘翅目 Coleoptera	叩甲科 Elateridae	松丽叩甲	*Campsosternus auratus*	于保护区内七层楼沟、白阴沟、黄草坪、西河正沟等地，分布海拔1500~2000m。
533	鞘翅目 Coleoptera	叩甲科 Elateridae	西氏叩甲	*Elater sieboldi*	于保护区内中河，分布海拔2000~2200m。
534	鞘翅目 Coleoptera	叩甲科 Elateridae	细胸叩甲	*Agriotes subnittatus*	于保护区内中河，分布海拔2000~2200m。
535	鞘翅目 Coleoptera	叩甲科 Elateridae	眼纹斑叩甲	*Cryptalaus larvatus*	于保护区内梯子沟，海拔2700~3600m。
536	鞘翅目 Coleoptera	花萤科 Cantharidae	糙翅异脊花萤	*Lycocerus asperipennis*	于保护区内黄草坪、西河正沟等地，分布海拔1800~2300m。
537	鞘翅目 Coleoptera	花萤科 Cantharidae	黑斑花萤	*Cantharis plagiata*	于保护区内小阴沟，分布海拔1500~2100m。
538	鞘翅目 Coleoptera	花萤科 Cantharidae	黑斑丽胸花萤	*Themus stigmaticus*	于保护区内小阴沟，分布海拔1500~2100m。
539	鞘翅目 Coleoptera	花萤科 Cantharidae	毛胸异脊花萤	*Lycocerus pubicollis*	于保护区内小阴沟，分布海拔1500~2100m。
540	鞘翅目 Coleoptera	花萤科 Cantharidae	圆胸花萤	*Prothemus chinensis*	于保护区内鳄哥嘴沟、英雄沟等地，分布海拔2400~2700m。
541	鞘翅目 Coleoptera	花萤科 Cantharidae	紫翅圆胸花萤	*Prothemus purpureipennis*	于保护区内黄草坪、西河正沟等地，分布海拔1800~2300m。
542	鞘翅目 Coleoptera	花萤科 Cantharidae	棕翅花萤	*Cantharis brunneipennis*	于保护区内梯子沟，海拔2700~3600m。
543	鞘翅目 Coleoptera	皮蠹科 Dermestidae	赤毛皮蠹	*Dermestes tessellatocollis*	于保护区内海子沟，海拔2900~3800m。
544	鞘翅目 Coleoptera	皮蠹科 Dermestidae	沟翅皮蠹	*Dermestes freudei*	于保护区内鳄哥嘴沟、英雄沟等地，分布海拔2400~2700m。

（续）

序号	目名	科名	中文种名	拉丁学名	分布、生境
545	鞘翅目 Coleoptera	皮蠹科 Dermestidae	黑斑皮蠹	*Trogoder maglabrum*	于保护区内海子沟，海拔 2900~3800m。
546	鞘翅目 Coleoptera	皮蠹科 Dermestidae	日本白带圆皮蠹	*Anthrenus nipponensis*	于保护区内小阴沟，分布海拔 1500~2100m。
547	鞘翅目 Coleoptera	皮蠹科 Dermestidae	小圆皮蠹	*Anthrenus verbasci*	于保护区内海子沟，海拔 2900~3800m。
548	鞘翅目 Coleoptera	皮蠹科 Dermestidae	远东嫖蛸皮蠹	*Thaumaglossa rufocapillata*	于保护区内鹦哥嘴沟、英雄沟等地，分布海拔 2400~2700m。
549	鞘翅目 Coleoptera	窃蠹科 Anobiidae	褐粉蠹	*Lyctus brunneus*	于保护区内小阴沟，分布海拔 1500~2100m。
550	鞘翅目 Coleoptera	窃蠹科 Anobiidae	中华粉蠹	*Lyctus sinensis*	于保护区内海子沟，海拔 2900~3800m。
551	鞘翅目 Coleoptera	小蠹科 Scolytidae	横坑切梢小蠹	*Tomicus minor*	于保护区内海子沟，海拔 2900~3800m。
552	鞘翅目 Coleoptera	小蠹科 Scolytidae	松横坑切梢小蠹	*Blastophagus minor*	于保护区内鹦哥嘴沟、英雄沟等地，分布海拔 2400~2700m。
553	鞘翅目 Coleoptera	蛛甲科 Ptinidae	褐蛛甲	*Niptus hilleri*	于保护区内卧龙关沟，分布海拔 2000~2300m。
554	鞘翅目 Coleoptera	蛛甲科 Ptinidae	裸蛛甲	*Gibbium psylloides*	于保护区内小阴沟、黄草坪、西河正沟等地，分布海拔 1500~2000m。
555	鞘翅目 Coleoptera	蛛甲科 Ptinidae	日本蛛甲	*Ptinus japonicus*	于保护区内卧龙关沟，分布海拔 2000~2300m。
556	鞘翅目 Coleoptera	郭公甲科 Cleridae	普通郭公甲	*Clerus dealbatus*	于保护区内小阴沟、黄草坪、西河正沟等地，分布海拔 1500~2000m。
557	鞘翅目 Coleoptera	郭公甲科 Cleridae	中华毛郭公甲	*Trichodes sinae*	于保护区正河，分布海拔 2029m。
558	鞘翅目 Coleoptera	谷盗科 Trogossitidae	暹罗谷盗	*Lophocateres pusillus*	于保护区内卧龙关沟，分布海拔 2000~2300m。
559	鞘翅目 Coleoptera	锯谷盗科 Silvanidae	东南亚谷盗	*Silvanoprus cephalotes*	于保护区内卧龙关沟，分布海拔 2000~2300m。
560	鞘翅目 Coleoptera	薪甲科 Lathridiidae	方胸薪甲	*Enicmus transversus*	于保护区内卧龙关沟，分布海拔 2000~2300m。
561	鞘翅目 Coleoptera	薪甲科 Lathridiidae	黄薪甲	*Holoparamecus caularum*	于保护区内小阴沟、黄草坪、西河正沟等地，分布海拔 1500~2000m。
562	鞘翅目 Coleoptera	薪甲科 Lathridiidae	湿薪甲	*Lathridius minutus*	于保护区内卧龙关沟，分布海拔 2000~2300m。
563	鞘翅目 Coleoptera	薪甲科 Lathridiidae	丝薪甲	*Dienerella filiformis*	于保护区内中河，分布海拔 2000~2200m。
564	鞘翅目 Coleoptera	小覃甲科 Mycetophagidae	波纹覃甲	*Typhaea hillerianus*	于保护区正河，分布海拔 2029m。

（续）

序号	目名	科名	中文种名	拉丁学名	分布、生境
565	鞘翅目 Coleoptera	小覃甲科 Mycetophagidae	小覃甲	*Typhaea stercorea*	于保护区内海子沟，海拔 2900～3800m。
566	鞘翅目 Coleoptera	大覃甲科 Erotylidae	月斑沟覃甲	*Aulacochilus luniferus*	于保护区正河，分布海拔 2029m。
567	鞘翅目 Coleoptera	芫菁科 Meloidae	眼斑芫菁	*Mylabris cichorii*	于保护区内正河，分布海拔 2100m
568	鞘翅目 Coleoptera	芫菁科 Meloidae	中华豆芫菁	*Epicauta chinensis*	于保护区内卧龙关沟，分布海拔 2000～2300m。
569	鞘翅目 Coleoptera	芫菁科 Meloidae	疑豆芫菁	*Epicauta dubia*	于保护区内卧龙关沟，分布海拔 2000～2300m。
570	鞘翅目 Coleoptera	芫菁科 Meloidae	大头豆芫菁	*Epicauta megalocephala*	于保护区内转经楼沟，海拔 2000～2400m。
571	鞘翅目 Coleoptera	芫菁科 Meloidae	西北豆芫菁	*Epicauta sibirica*	于保护区内转经楼沟，海拔 2000～2400m。
572	鞘翅目 Coleoptera	芫菁科 Meloidae	凹胸豆芫菁	*Epicauta xantusi*	于保护区卧龙镇，分布海拔 2029m。
573	鞘翅目 Coleoptera	芫菁科 Meloidae	中突沟芫菁	*Hycleus medioinsignatus*	于保护区内卧龙关沟，分布海拔 2000～2300m。
574	鞘翅目 Coleoptera	天牛科 Cerambycidae	暗翅筒天牛	*Oberea fuscipennis*	于保护区内转经楼沟，海拔 2000～2400m。
575	鞘翅目 Coleoptera	天牛科 Cerambycidae	白蜡脊虎天牛	*Xylotrechus rufilius*	于保护区卧龙镇，分布海拔 2029m。
576	鞘翅目 Coleoptera	天牛科 Cerambycidae	白条天牛	*Batocera rubus*	于保护区内小阴沟，黄草坪、西河正沟等地，分布海拔 1500～2000m。
577	鞘翅目 Coleoptera	天牛科 Cerambycidae	白网污天牛	*Moechotypa alboannulata*	于保护区三道桥保护站，分布海拔 2015m。
578	鞘翅目 Coleoptera	天牛科 Cerambycidae	斑胸华蜡天牛	*Ceresium sinicum*	于保护区内转经楼沟，海拔 2000～2400m。
579	鞘翅目 Coleoptera	天牛科 Cerambycidae	斑胸肩花天牛贝	*Rhondia maculithorax*	于保护区内西河正沟，海拔 1600～2200m。
580	鞘翅目 Coleoptera	天牛科 Cerambycidae	半环绿虎天牛	*Chlorophorus reductus*	于保护区内英雄沟，海拔 2900～3600m。
581	鞘翅目 Coleoptera	天牛科 Cerambycidae	宝兴拟矩胸花天牛	*Pseudallosterna mupinensis*	于保护区内白阴沟，分布海拔 1600～1800m。
582	鞘翅目 Coleoptera	天牛科 Cerambycidae	豹天牛	*Coscinesthes porosac*	于保护区内小阴沟，黄草坪、西河正沟等地，分布海拔 1500～2000m。
583	鞘翅目 Coleoptera	天牛科 Cerambycidae	本天牛	*Bandar pascoei*	于保护区内转经楼沟，海拔 2000～2400m。
584	鞘翅目 Coleoptera	天牛科 Cerambycidae	齿胸刺民花天牛	*Ancanthoptura denticollis*	于保护区内白阴沟，分布海拔 1600～1800m。
585	鞘翅目 Coleoptera	天牛科 Cerambycidae	刺缝金花天牛	*Gaurotes spinipennis*	于保护区内西河正沟，海拔 1600～2200m。

（续）

序号	目名	科名	中文种名	拉丁学名	分布、生境
586	鞘翅目 Coleoptera	天牛科 Cerambycidae	刺筒天牛	Spinoberea subspinosa	于保护区内西河正沟，分布海拔 1600~2200m。
587	鞘翅目 Coleoptera	天牛科 Cerambycidae	刺楔天牛	Thermistis croceocincta	于保护区内西河正沟，分布海拔 1600~2200m。
588	鞘翅目 Coleoptera	天牛科 Cerambycidae	粗脊天牛	Trachylophus sinensis	于保护区内小阴沟、黄草坪、西河正沟等地，分布海拔 1500~2000m。
589	鞘翅目 Coleoptera	天牛科 Cerambycidae	粗鞘杉天牛	Semanotus sinoauster	于保护区内英雄沟，海拔 2900~3600m。
590	鞘翅目 Coleoptera	天牛科 Cerambycidae	带花天牛	Leptura zonifera	于保护区内英雄沟，海拔 2900~3600m。
591	鞘翅目 Coleoptera	天牛科 Cerambycidae	东亚伪花天牛	Anastrangalia dissimilis	于保护区内英雄沟，海拔 2900~3600m。
592	鞘翅目 Coleoptera	天牛科 Cerambycidae	短足筒天牛	Oberea ferruginea	于保护区内西河正沟，分布海拔 1600~2200m。
593	鞘翅目 Coleoptera	天牛科 Cerambycidae	二点类华花天牛	Metastrangalis thibetana	于保护区内西河正沟，分布海拔 1600~2200m。
594	鞘翅目 Coleoptera	天牛科 Cerambycidae	复纹狭天牛	Stenhomalus complicates	于保护区卧龙镇，分布海拔 2029m。
595	鞘翅目 Coleoptera	天牛科 Cerambycidae	沟翅土天牛	Dorysthenes fossatusv	于保护区内英雄沟，海拔 2900~3600m。
596	鞘翅目 Coleoptera	天牛科 Cerambycidae	寡毛金花天牛	Gaurotes（Carilia）oligothrix	于保护区内西河正沟，分布海拔 1600~2200m。
597	鞘翅目 Coleoptera	天牛科 Cerambycidae	光肩星天牛	Anoplophora glabripennis	于保护区内七层楼沟，分布海拔 1600~1900m。
598	鞘翅目 Coleoptera	天牛科 Cerambycidae	褐梗天牛	Arhopalus rusticus	于保护区卧龙镇，分布海拔 2029m。
599	鞘翅目 Coleoptera	天牛科 Cerambycidae	黑翅脊筒天牛	Nupserha infantula	于保护区内转经楼沟，海拔 2000~2400m。
600	鞘翅目 Coleoptera	天牛科 Cerambycidae	黑角伞花天牛	Corymbia succedanea	于保护区内西河正沟，海拔 1600~2200m。
601	鞘翅目 Coleoptera	天牛科 Cerambycidae	黑瘤筒天牛	Linda subatricornis	于保护区内转经楼沟，海拔 2000~2400m。
602	鞘翅目 Coleoptera	天牛科 Cerambycidae	黑纹花天牛	Leptura grahamiana	于保护区内英雄沟，海拔 2900~3600m。
603	鞘翅目 Coleoptera	天牛科 Cerambycidae	黑胸脊筒天牛	Gaurotina superba	于保护区内西河正沟，分布海拔 1600~2200m。
604	鞘翅目 Coleoptera	天牛科 Cerambycidae	铜绿金花天牛	Gaurotes aeneovirens	于保护区内西河正沟，海拔 1600~2200m。
605	鞘翅目 Coleoptera	天牛科 Cerambycidae	黑胸瘤花天牛	Gaurotina superba	于保护区内西河正沟，分布海拔 1600~2200m。
606	鞘翅目 Coleoptera	天牛科 Cerambycidae	弧斑花天牛	Leptura arcifera	于保护区内西河正沟，海拔 1600~2200m。

序号	目名	科名	中文种名	拉丁学名	分布、生境
607	鞘翅目 Coleoptera	天牛科 Cerambycidae	华星天牛	*Anoplophora chinensis*	于保护区内小阴沟、黄草坪、西河正沟等地，分布海拔1500~2000m。
608	鞘翅目 Coleoptera	天牛科 Cerambycidae	黄带绒缘天牛	*Embrikstrandia unifasciata*	于保护区卧龙镇，分布海拔2029m。
609	鞘翅目 Coleoptera	天牛科 Cerambycidae	黄线金花天牛	*Gaurotes tuberculicollis*	于保护区内西河正沟，分布海拔1600~2200m。
610	鞘翅目 Coleoptera	天牛科 Cerambycidae	黄星天牛	*Psacothea hilaris*	于保护区内英雄沟，海拔2900~3600m。
611	鞘翅目 Coleoptera	天牛科 Cerambycidae	灰箭天牛	*Astynoscelis degener*	于保护区内转经楼沟，海拔2000~2400m。
612	鞘翅目 Coleoptera	天牛科 Cerambycidae	灰绿真花天牛	*Eustrangalis aeneipennis*	于保护区内西河正沟，分布海拔1600~2200m。
613	鞘翅目 Coleoptera	天牛科 Cerambycidae	灰尾筒天牛	*Oberea griseopennis*	于保护区内英雄沟，海拔2900~3600m。
614	鞘翅目 Coleoptera	天牛科 Cerambycidae	金绒花天牛	*Leptura auratopilosa*	于保护区内英雄沟，海拔2900~3600m。
615	鞘翅目 Coleoptera	天牛科 Cerambycidae	金绒锦天牛	*Acalolepta permutans*	于保护区内转经楼沟，海拔2000~2400m。
616	鞘翅目 Coleoptera	天牛科 Cerambycidae	阔翅金花天牛	*Gaurotes latiuscula*	于保护区内西河正沟，海拔1600~2200m。
617	鞘翅目 Coleoptera	天牛科 Cerambycidae	丽黑瘤胸花天牛	*Gaurotina pulchra*	于保护区内西河正沟，分布海拔1600~2200m。
618	鞘翅目 Coleoptera	天牛科 Cerambycidae	绿翅真花天牛	*Eustrangalis viridipennis*	于保护区内转经楼沟，分布海拔2045m。
619	鞘翅目 Coleoptera	天牛科 Cerambycidae	绿金花天牛	*Gaurotes fairmairi*	于保护区内西河正沟，海拔1600~2200m。
620	鞘翅目 Coleoptera	天牛科 Cerambycidae	毛胸金花天牛	*Gaurotes piligera*	于保护区内西河正沟，分布海拔1600~2200m。
621	鞘翅目 Coleoptera	天牛科 Cerambycidae	毛圆眼花天牛	*Lemula pilifera*	于保护区内西河正沟，海拔1600~2200m。
622	鞘翅目 Coleoptera	天牛科 Cerambycidae	密点白条天牛	*Batocera lineolate*	于保护区内转经楼沟，海拔2000~2400m。
623	鞘翅目 Coleoptera	天牛科 Cerambycidae	密点异条天牛	*Parastrangalis crebrepunctata*	于保护区内白阴沟，分布海拔1600~1800m。
624	鞘翅目 Coleoptera	天牛科 Cerambycidae	拟蜡天牛	*Stenygrinum quadrinotatum*	于保护区卧龙镇，分布海拔2029m。
625	鞘翅目 Coleoptera	天牛科 Cerambycidae	曲纹花天牛	*Leptura annularis*	于保护区内小阴沟、黄草坪、西河正沟等地，分布海拔1500~2000m。
626	鞘翅目 Coleoptera	天牛科 Cerambycidae	塞幽天牛	*Cephalallus unicolor*	于保护区内英雄沟，海拔2900~3600m。
627	鞘翅目 Coleoptera	天牛科 Cerambycidae	散疷斑肩刺虎天牛	*Grammographus notabilis*	于保护区内梯子沟，分布海拔2029m。

（续）

序号	目名	科名	中文种名	拉丁学名	分布、生境
628	鞘翅目 Coleoptera	天牛科 Cerambycidae	十二斑花天牛	Leptura duodecimgutata	于保护区内转经楼沟，海拔2000~2400m。
629	鞘翅目 Coleoptera	天牛科 Cerambycidae	束颈纤花天牛	Ischnostrangalis stricticollis	于保护区文家岩窝，分布海拔2721m。
630	鞘翅目 Coleoptera	天牛科 Cerambycidae	双脊天牛	Paraglenea fortune	于保护区内转经楼沟，海拔2000~2400m。
631	鞘翅目 Coleoptera	天牛科 Cerambycidae	双条杉天牛	Semanotus bifasciatus	于保护区内西河正沟，分布海拔1600~2200m。
632	鞘翅目 Coleoptera	天牛科 Cerambycidae	四川棒角天牛	Rhodopina tuberculicollis	于保护区内臭水沟，分布海拔2716m。
633	鞘翅目 Coleoptera	天牛科 Cerambycidae	四川星天牛	Anoplophora freyi	于保护区三道桥保护站，海拔2015m。
634	鞘翅目 Coleoptera	天牛科 Cerambycidae	四纹花天牛	Leoyura quadrifasciata	于保护区内英雄沟，海拔2900~3600m。
635	鞘翅目 Coleoptera	天牛科 Cerambycidae	松红胸天牛	Dere reticulate	于保护区内英雄沟，海拔2900~3600m。
636	鞘翅目 Coleoptera	天牛科 Cerambycidae	桃红颈天牛	Aromia bungii	于保护区卧龙镇，分布海拔2029m。
637	鞘翅目 Coleoptera	天牛科 Cerambycidae	伪鹿天牛	Pseudomacrochenus antennatus	于保护区内小阴沟、黄草坪、西河正沟等地，分布海拔1500~2000m。
638	鞘翅目 Coleoptera	天牛科 Cerambycidae	鲜红毛角花天牛	Corennys conspicua	于保护区转经楼沟，分布海拔1996m。
639	鞘翅目 Coleoptera	天牛科 Cerambycidae	眼斑齿胫天牛	Paraleprodera diophthalma	于保护区耿达镇，分布海拔1990m。
640	鞘翅目 Coleoptera	天牛科 Cerambycidae	异颊象天牛	Mesosa stictica	于保护区内七层楼沟，分布海拔1600~1900m。
641	鞘翅目 Coleoptera	天牛科 Cerambycidae	榆泮脊天牛	Glenea relicta	于保护区内英雄沟，海拔2900~3600m。
642	鞘翅目 Coleoptera	天牛科 Cerambycidae	云斑白条天牛	Batocera horsfieldi	于保护区内七层楼沟，分布海拔1600~1900m。
643	鞘翅目 Coleoptera	天牛科 Cerambycidae	蚕蓼花天牛	Strangalia fortune	于保护区内转经楼沟，海拔2000~2400m。
644	鞘翅目 Coleoptera	天牛科 Cerambycidae	蔗根土天牛	Dorysthenes granulosus	于保护区内英雄沟，海拔2900~3600m。
645	鞘翅目 Coleoptera	天牛科 Cerambycidae	中华柄天牛	Aphrodisium sinicum	于保护区内西河正沟，分布海拔1600~2200m。
646	鞘翅目 Coleoptera	天牛科 Cerambycidae	中华竹紫天牛	Purpuricenus temminckii	于保护区内转经楼沟，海拔2000~2400m。
647	鞘翅目 Coleoptera	天牛科 Cerambycidae	皱绿柄天牛	Aphrodisium gibbicollev	于保护区内西河正沟，分布海拔1600~2200m。
648	鞘翅目 Coleoptera	天牛科 Cerambycidae	皱胸粒天牛	Apriona rugicollis	于保护区内西河正沟，分布海拔1600~2200m。
649	鞘翅目 Coleoptera	天牛科 Cerambycidae	棕黄锥背天牛	Thranius simplex	于保护区卧龙镇，分布海拔2029m。

（续）

序号	目名	科名	中文种名	拉丁学名	分布、生境
650	鞘翅目 Coleoptera	瘦天牛科 Disteniidae	卧龙瘦天牛	*Distenia wolongensis*	于保护区正河，分布海拔 2029m。
651	鞘翅目 Coleoptera	叶甲科 Chrysomelidae	薄荷金叶甲	*Chrysolina exanthematica*	于保护区内小阴沟，分布海拔 1500～2100m。
652	鞘翅目 Coleoptera	叶甲科 Chrysomelidae	二纹柱萤叶甲	*Gallerucida bifasciata*	于保护区内小阴沟，分布海拔 1500～2100m。
653	鞘翅目 Coleoptera	叶甲科 Chrysomelidae	蒿金叶甲	*Chrysolina aurichalcea*	于保护区内黄草坪，西河正沟等地，分布海拔 1600～1800m。
654	鞘翅目 Coleoptera	叶甲科 Chrysomelidae	胡枝子兑茨叶甲	*Cneorane violaceipennis*	于保护区内黄草坪，西河正沟等地，分布海拔 1800～2300m。
655	鞘翅目 Coleoptera	叶甲科 Chrysomelidae	黄守瓜	*Aulacophora feoralis*	于保护区内小阴沟，分布海拔 1500～2100m。
656	鞘翅目 Coleoptera	叶甲科 Chrysomelidae	蓟跳甲	*Altica cirsicola*	于保护区内黄草坪，西河正沟等地，分布海拔 1600～1800m。
657	鞘翅目 Coleoptera	叶甲科 Chrysomelidae	金绿沟胚跳甲	*Hemipyxis plagioderoides*	于保护区转经楼沟，分布海拔 1996m。
658	鞘翅目 Coleoptera	叶甲科 Chrysomelidae	阔胚萤叶甲	*Pallasiola absinthii*	于保护区转经楼沟，分布海拔 1996m。
659	鞘翅目 Coleoptera	叶甲科 Chrysomelidae	蓝胸圆肩叶甲	*Humba cyanicollis*	于保护区内小阴沟，分布海拔 1500～2100m。
660	鞘翅目 Coleoptera	叶甲科 Chrysomelidae	柳二十斑叶甲	*Chrysomela vigintipunctata*	于保护区内海子沟，海拔 2900～3800m。
661	鞘翅目 Coleoptera	叶甲科 Chrysomelidae	柳十八斑叶甲	*Chrysomela salicithroax*	于保护区内小阴沟，分布海拔 1500～2100m。
662	鞘翅目 Coleoptera	叶甲科 Chrysomelidae	杨叶甲	*Chrysomela populi*	于保护区内海子沟，海拔 2900～3800m。
663	鞘翅目 Coleoptera	叶甲科 Chrysomelidae	印度黄守瓜	*Aulacophora indica*	于保护区内白阴沟，分布海拔 1600～1800m。
664	鞘翅目 Coleoptera	肖叶甲科 Eumolpidae	斑腿隐头叶甲	*Cryptocephalus pustulipes*	于保护区内小阴沟，西河正沟等地，分布海拔 1600～2100m。
665	鞘翅目 Coleoptera	肖叶甲科 Eumolpidae	合欢毛叶甲	*Trichochrysea nitidissima*	于保护区内白阴沟，分布海拔 1600～1800m。
666	鞘翅目 Coleoptera	肖叶甲科 Eumolpidae	褐足角胸叶甲	*Basilepta fulvipes*	于保护区内鹦哥嘴沟，英雄沟等地，分布海拔 2400～2700m。
667	鞘翅目 Coleoptera	肖叶甲科 Eumolpidae	黄头隐头叶甲	*Cryptocephalus permodestus*	于保护区内卧龙关沟，分布海拔 2000～2300m。
668	鞘翅目 Coleoptera	肖叶甲科 Eumolpidae	蓝翅瓢萤叶甲	*Oides bowringii*	于保护区内小阴沟，分布海拔 1500～2100m。
669	鞘翅目 Coleoptera	肖叶甲科 Eumolpidae	蓝色笑甫叶甲	*Cleorina janthina*	于保护区内鹦哥嘴沟，英雄沟等地，分布海拔 2400～2700m。
670	鞘翅目 Coleoptera	肖叶甲科 Eumolpidae	麦颈叶甲	*Colasposoma dauricum dauricum*	于保护区内黄草坪，西河正沟等地，分布海拔 1600～1800m。
671	鞘翅目 Coleoptera	肖叶甲科 Eumolpidae	皮纹球叶甲	*Nodina tibialis*	于保护区内小阴沟，黄草坪等地，分布海拔 1500～2300m。
672	鞘翅目 Coleoptera	肖叶甲科 Eumolpidae	银纹毛叶甲	*Trichochrysea japana*	于保护区内鹦哥嘴沟，英雄沟等地，分布海拔 2400～2700m。

（续）

序号	目名	科名	中文种名	拉丁学名	分布、生境
673	鞘翅目 Coleoptera	肖叶甲科 Eumolpidae	圆角胸叶甲	*Basilepta ruficolle*	于保护区内小阴沟、黄草坪等地，分布海拔1500~2300m。
674	鞘翅目 Coleoptera	肖叶甲科 Eumolpidae	甘肃叶甲	*Colasposoma dauricum auripenne*	于保护区内七层楼沟、白阴沟等地，分布海拔1700~2100m。
675	鞘翅目 Coleoptera	肖叶甲科 Eumolpidae	中华萝摩肖叶甲	*Chrysochus chinensis*	于保护区内中河，分布海拔2000~2200m。
676	鞘翅目 Coleoptera	铁甲科 Hispidae	豹短椭龟甲	*Glyphocassia spilota*	于保护区内小阴沟，分布海拔1500~2100m。
677	鞘翅目 Coleoptera	铁甲科 Hispidae	大锯龟甲	*Basiprionota chinensis*	于保护区内黄草坪、西河正沟等地，分布海拔1600~1800m。
678	鞘翅目 Coleoptera	铁甲科 Hispidae	峨嵋三脊甲	*Agonia omeia*	于保护区内黄草坪、西河正沟等地，分布海拔1600~1800m。
679	鞘翅目 Coleoptera	铁甲科 Hispidae	甘薯梳龟甲	*Aspidomorpha furcata*	于保护区内黄草坪、西河正沟等地，分布海拔1600~1800m。
680	鞘翅目 Coleoptera	铁甲科 Hispidae	甘薯台龟甲	*Taiwania circumdata*	于保护区内小阴沟、西河正沟等地，分布海拔1600~2100m。
681	鞘翅目 Coleoptera	铁甲科 Hispidae	嵩龟甲	*Cassida fuscorufa*	于保护区内鹦哥嘴沟、英雄沟等地，分布海拔2400~2700m。
682	鞘翅目 Coleoptera	铁甲科 Hispidae	红端趾铁甲	*Dactylispa sauteri*	于保护区内小阴沟、西河正沟等地，分布海拔1600~2100m。
683	鞘翅目 Coleoptera	铁甲科 Hispidae	红胸丽甲	*Callispa ruficollis*	于保护区内梯子沟，海拔2700~3600m。
684	鞘翅目 Coleoptera	铁甲科 Hispidae	尖齿叉趾铁甲	*Dactylispa crassicuspis*	于保护区内清坪地沟，分布海拔1400~2150m。
685	鞘翅目 Coleoptera	铁甲科 Hispidae	金梳龟甲	*Aspidomorpha sanctaecrucis*	于保护区内卧龙关沟，分布海拔2000~2300m。
686	鞘翅目 Coleoptera	铁甲科 Hispidae	锯齿叉趾铁甲	*Dactylispa angulosa*	于保护区内黄草坪、西河正沟等地，分布海拔1600~1800m。
687	鞘翅目 Coleoptera	铁甲科 Hispidae	朗短椭龟甲	*Glyphocassia lepida*	于保护区内卧龙关沟，分布海拔2000~2300m。
688	鞘翅目 Coleoptera	铁甲科 Hispidae	束腰扁趾铁甲	*Dactylispa excisa*	于保护区内鹦哥嘴沟、英雄沟等地，分布海拔2400~2700m。
689	鞘翅目 Coleoptera	铁甲科 Hispidae	双枝尾龟甲	*Thlaspida biramosa*	于保护区内小阴沟、西河正沟等地，分布海拔1600~2100m。
690	鞘翅目 Coleoptera	铁甲科 Hispidae	紊带台龟甲	*Taiwania postarcuata*	于保护区内黄草坪、西河正沟等地，分布海拔1600~1800m。
691	鞘翅目 Coleoptera	铁甲科 Hispidae	小尾龟甲	*Thlaspida pygmaea*	于保护区内小阴沟、西河正沟等地，分布海拔1600~2100m。
692	鞘翅目 Coleoptera	铁甲科 Hispidae	雅安锯龟甲	*Basiprionota gressitti*	于保护区内小阴沟、西河正沟等地，分布海拔1600~2100m。
693	鞘翅目 Coleoptera	铁甲科 Hispidae	竹丽甲	*Callispa bowringi*	于保护区内黄草坪、西河正沟等地，分布海拔1600~1800m。
694	鞘翅目 Coleoptera	象虫科 Curculionidae	臭椿沟眶象	*Eucryptorrhynchus brandti*	于保护区内白阴沟，海拔1600~1800m。
695	鞘翅目 Coleoptera	象虫科 Curculionidae	大肚象	*Xanthochelus faunus*	于保护区内中河，分布海拔2000~2200m。

（续）

序号	目名	科名	中文种名	拉丁学名	分布、生境
696	鞘翅目 Coleoptera	象虫科 Curculionidae	淡灰瘤象	*Dermatoxenus caesicollis*	于保护区内卧龙关沟，分布海拔 2000～2300m。
697	鞘翅目 Coleoptera	象虫科 Curculionidae	沟眶象	*Eucryptorrhynchus chinensis*	于保护区内中河，分布海拔 2000～2400m。
698	鞘翅目 Coleoptera	象虫科 Curculionidae	绿鳞短吻象	*Chlorophanus lineolus*	于保护区内白阴沟，海拔 1600～1800m。
699	鞘翅目 Coleoptera	象虫科 Curculionidae	毛束象	*Desmidophorus hebes*	于保护区内西河正沟，分布海拔 1600～2200m。
700	鞘翅目 Coleoptera	象虫科 Curculionidae	松树皮象	*Hylobius abietis*	于保护区内卧龙关沟，分布海拔 2000～2300m。
701	鞘翅目 Coleoptera	象虫科 Curculionidae	乌柏长足象	*Alcides erro*	于保护区内中河，分布海拔 2000～2200m。
702	鞘翅目 Coleoptera	卷叶象科 Attelabidae	梨虎象	*Rhynchites foveipennis*	于保护区内黄草坪、西河正沟等地，分布海拔 1800～2300m。
703	鞘翅目 Coleoptera	卷叶象科 Attelabidae	栎长颈象	*Paracycnotrachelus longiceps*	于保护区内黄草坪、西河正沟等地，分布海拔 1800～2300m。
704	鞘翅目 Coleoptera	卷叶象科 Attelabidae	橡实剪枝象	*Mecorhis ursulus*	于保护区内小阴沟、黄草坪等地、西河正沟等地，分布海拔 1500～2000m。
705	鞘翅目 Coleoptera	虎甲科 Cicindelidae	金斑虎甲	*Cicindela aurulenta*	于保护区内小阴沟、黄草坪、西河正沟等地，分布海拔 1500～2000m。
706	鞘翅目 Coleoptera	虎甲科 Cicindelidae	中华虎甲	*Cicindela chinensis*	于保护区内黄草坪、西河正沟等地，分布海拔 1800～2300m。
707	鞘翅目 Coleoptera	花甲科 Dascillidae	雅花甲	*Dascillus jaspideus*	于保护区内正河，分布海拔 2100m。
708	脉翅目 Neuroptera	草蛉科 Chrysopidae	大草蛉	*Chrysopa septempunctata*	于保护区内小阴沟，海拔 1500～2000m 的河谷。
709	脉翅目 Neuroptera	草蛉科 Chrysopidae	中华草蛉	*Chrysopa sinica*	于保护区内西河正沟，海拔 1600～2200m 的河谷。
710	毛翅目 Trichoptera	纹石蛾科 Hydropsychidae	峨嵋离脉纹石蛾	*Hydromanicus emeiensis*	于保护区内小阴沟、西河正沟等地，分布海拔 1500～2000m。
711	毛翅目 Trichoptera	长角石蛾科 Leptoceridae	峨嵋突长角石蛾	*Ceraclea emeiensis*	于保护区内黄草坪、西河正沟等地，分布海拔 1600～1800m。
712	毛翅目 Trichoptera	角石蛾科 Stenopsychidae	灰翅角石蛾	*Stenopsyche griseipennis*	于保护区内白阴沟，海拔 1600～1800m 的河谷。
713	毛翅目 Trichoptera	角石蛾科 Stenopsychidae	长刺角石蛾	*Stenopsyche longispina*	于保护区内西河正沟，海拔 1600～2000m 的河谷。
714	毛翅目 Trichoptera	角石蛾科 Stenopsychidae	斯氏角石蛾	*Stenopsyche stotzneri*	于保护区内小阴沟，海拔 1500～1900m 的河谷。
715	鳞翅目 Lepidoptera	蚕蛾科 Bombycidae	樗蚕蛾	*Samia cynthia*	于保护区内卧龙关沟，分布海拔 2000～2300m。
716	鳞翅目 Lepidoptera	蚕蛾科 Bombycidae	三线茶蚕蛾	*Andraca bipunctata*	于保护区内七层楼沟，分布海拔 1600～1900m。

（续）

序号	目名	科名	中文种名	拉丁学名	分布、生境
717	鳞翅目 Lepidoptera	蚕蛾科 Bombycidae	桑蟥	*Rondotia menciana*	于保护区内卧龙关沟，分布海拔 2000~2300m。
718	鳞翅目 Lepidoptera	蚕蛾科 Bombycidae	野蚕蛾	*Theophila mandarina*	于保护区内七层楼沟，分布海拔 1600~1900m。
719	鳞翅目 Lepidoptera	天蚕蛾科 Saturniidae	长尾天蚕蛾	*Actias dubernardi*	于保护区内卧龙关沟，分布海拔 2000~2300m。
720	鳞翅目 Lepidoptera	天蚕蛾科 Saturniidae	华尾天蚕蛾	*Actias sinensis*	于保护区内小阴沟、黄草坪等地，分布海拔 1500~2200m。
721	鳞翅目 Lepidoptera	天蚕蛾科 Saturniidae	角斑樗蚕	*Archaeosamia watsoni*	于保护区内西河正沟，海拔 1600~2200m。
722	鳞翅目 Lepidoptera	天蚕蛾科 Saturniidae	王氏樗蚕	*Samia wangi*	于保护区内卧龙关沟，分布海拔 2000~2300m。
723	鳞翅目 Lepidoptera	天蚕蛾科 Saturniidae	柞蚕	*Antheraea pernyi*	于保护区内黄草坪，分布海拔 1500~2200m。
724	鳞翅目 Lepidoptera	天蚕蛾科 Saturniidae	明目大蚕蛾	*Antheraea frithi*	于保护区内七层楼沟、西河正沟等地，分布海拔 1500~2000m。
725	鳞翅目 Lepidoptera	天蚕蛾科 Saturniidae	尊贵丁天蚕蛾	*Aglia homora*	于保护区内小阴沟、黄草坪等地，分布海拔 1500~2200m。
726	鳞翅目 Lepidoptera	大蚕蛾科 Saturniidae	豹大蚕蛾	*Loepa oberthuri*	于保护区内小阴沟，分布海拔 2000~2300m。
727	鳞翅目 Lepidoptera	大蚕蛾科 Saturniidae	黄豹大蚕蛾	*Loepa katinka*	于保护区内七层楼沟，分布海拔 1600~1900m。
728	鳞翅目 Lepidoptera	大蚕蛾科 Saturniidae	绿尾大蚕蛾	*Actias selene*	于保护区内卧龙关沟，分布海拔 2000~2300m。
729	鳞翅目 Lepidoptera	大蚕蛾科 Saturniidae	臁豹大蚕蛾	*Loepa anthera*	于保护区内小阴沟，分布海拔 1500~1800m。
730	鳞翅目 Lepidoptera	大蚕蛾科 Saturniidae	柞蚕	*Angherea pernyi*	于保护区内小阴沟，分布海拔 1500~1800m。
731	鳞翅目 Lepidoptera	大蚕蛾科 Saturniidae	樟蚕	*Eriogyna pyretorum*	于保护区内七层楼沟，分布海拔 1600~1900m。
732	鳞翅目 Lepidoptera	木蠹蛾科 Cossidae	柳干木蠹蛾	*Holcocerus vicarius*	于保护区内西河正沟，海拔 1600~2200m。
733	鳞翅目 Lepidoptera	圆钩蛾科 Cyclidiidae	洋麻圆钩蛾	*Cyclidia substigmaria*	于保护区内七层楼沟、西河正沟等地，分布海拔 1500~2000m。
734	鳞翅目 Lepidoptera	钩蛾科 Drepanidae	斑蟥钩蛾	*Paralbara pallidinota*	于保护区内卧龙关沟，分布海拔 2000~2300m。
735	鳞翅目 Lepidoptera	钩蛾科 Drepanidae	古钩蛾	*Palaeodrepana harpagula*	于保护区内小阴沟、关沟分布海拔 1500~1800m。
736	鳞翅目 Lepidoptera	钩蛾科 Drepanidae	黑线钩蛾	*Nordstroemia nigra*	于保护区内七层楼沟，分布海拔 1600~1900m。
737	鳞翅目 Lepidoptera	钩蛾科 Drepanidae	华夏山钩蛾	*Oreta pavaca*	于保护区内黄草坪，分布海拔 1500~2200m。
738	鳞翅目 Lepidoptera	钩蛾科 Drepanidae	黄绢钩蛾	*Auzatella micronioides*	于保护区内卧龙关沟，分布海拔 2000~2300m。
739	鳞翅目 Lepidoptera	钩蛾科 Drepanidae	交让木山钩蛾	*Oreta insignis*	于保护区内白阴沟，海拔 1600~1800m。

（续）

序号	目名	科名	中文种名	拉丁学名	分布、生境
740	鳞翅目 Lepidoptera	钩蛾科 Drepanidae	晶钩蛾	*Deroca hyalina*	于保护区内卧龙关沟，分布海拔 2000~2300m。
741	鳞翅目 Lepidoptera	钩蛾科 Drepanidae	栎卓钩蛾	*Betalbara robusta*	于保护区内七层楼沟，分布海拔 1600~1900m。
742	鳞翅目 Lepidoptera	钩蛾科 Drepanidae	栎距钩蛾	*Agnidra scabiosa*	于保护区内卧龙关沟，分布海拔 2000~2300m。
743	鳞翅目 Lepidoptera	钩蛾科 Drepanidae	钳钩蛾	*Didymana biaens*	于保护区内转经楼沟，分布海拔 2000~2500m。
744	鳞翅目 Lepidoptera	钩蛾科 Drepanidae	缺刻山钩蛾	*Cyclura olga*	于保护区内鹦哥嘴沟、英雄沟等地，分布海拔 2400~2700m。
745	鳞翅目 Lepidoptera	钩蛾科 Drepanidae	三线钩蛾	*Pseudalbara parvula*	于保护区内卧龙关沟，分布海拔 2000~2300m。
746	鳞翅目 Lepidoptera	钩蛾科 Drepanidae	肾点丽钩蛾	*Callidrepana patrana*	于保护区内中河，分布海拔 2000~2200m。
747	鳞翅目 Lepidoptera	钩蛾科 Drepanidae	双线钩蛾	*Nordstroemia grisearia*	于保护区内黄草坪，分布海拔 1500~2200m。
748	鳞翅目 Lepidoptera	钩蛾科 Drepanidae	线角白钩蛾	*Ditrigona lineata*	于保护区内小阴沟，分布海拔 1500~1800m。
749	鳞翅目 Lepidoptera	钩蛾科 Drepanidae	一点镰钩蛾	*Drepana pallida*	于保护区内卧龙关沟，分布海拔 2000~2300m。
750	鳞翅目 Lepidoptera	钩蛾科 Drepanidae	直缘卑钩蛾	*Betalbara violacea*	于保护区内中河，分布海拔 2000~2200m。
751	鳞翅目 Lepidoptera	钩蛾科 Drepanidae	中华大窗钩蛾	*Macrauzata maxima*	于保护区内转经楼沟，分布海拔 2000~2500m。
752	鳞翅目 Lepidoptera	钩蛾科 Drepanidae	中华豆斑钩蛾	*Auzata chinensis*	于保护区内鹦哥嘴沟，海拔 2700~3600m。
753	鳞翅目 Lepidoptera	尺蛾科 Geometridae	斑镰翅绿尺蛾指名亚种	*Tanaorhinus kina kina*	于保护区内小阴沟、黄草坪等地，分布海拔 1500~2200m。
754	鳞翅目 Lepidoptera	尺蛾科 Geometridae	斑镰翅绿尺蛾中国亚种	*Tanaorhinus reciprocata confuciaria*	于保护区内小阴沟、黄草坪等地，分布海拔 1500~2200m。
755	鳞翅目 Lepidoptera	尺蛾科 Geometridae	半环折线尺蛾	*Ecliptopera relata*	于保护区内白阴沟，海拔 1600~1800m。
756	鳞翅目 Lepidoptera	尺蛾科 Geometridae	半彩青尺蛾	*Eucyclodes semialba*	于保护区内小阴沟、关沟分布海拔 1500~1800m。
757	鳞翅目 Lepidoptera	尺蛾科 Geometridae	豹涡尺蛾	*Dindicodes dividaria*	于保护区内黄草坪，分布海拔 1500~2200m。
758	鳞翅目 Lepidoptera	尺蛾科 Geometridae	玻璃尺蛾	*Krananda semihyalina*	于保护区内中河，分布海拔 2000~2200m。
759	鳞翅目 Lepidoptera	尺蛾科 Geometridae	叉丽翅尺蛾	*Lampropteryx producta*	于保护区内白阴沟，海拔 1600~1800m。
760	鳞翅目 Lepidoptera	尺蛾科 Geometridae	叉涅尺蛾	*Hydriomena furcata*	于保护区内银厂沟，海拔 2800~3500m。

（续）

序号	目名	科名	中文种名	拉丁学名	分布、生境
761	鳞翅目 Lepidoptera	尺蛾科 Geometridae	淡网尺蛾	*Laciniodes denigrata*	于保护区内大魏家沟，海拔 2900~3600m。
762	鳞翅目 Lepidoptera	尺蛾科 Geometridae	点线异序尺蛾	*Agnibesa punctilinearia*	于保护区内卧龙关沟，分布海拔 2000~2300m。
763	鳞翅目 Lepidoptera	尺蛾科 Geometridae	豆纹尺蛾	*Metallolpha arenaria*	于保护区内小阴沟、关沟分布海拔 1500~1800m。
764	鳞翅目 Lepidoptera	尺蛾科 Geometridae	粉尺蛾	*Pingasa alba*	于保护区内黄草坪，分布海拔 1500~2200m。
765	鳞翅目 Lepidoptera	尺蛾科 Geometridae	广卜尺蛾	*Brabira artemidora*	于保护区内七层楼沟，分布海拔 1600~1900m。
766	鳞翅目 Lepidoptera	尺蛾科 Geometridae	归光尺蛾	*Triphosa rantaizanensis*	于保护区内觉磨沟，海拔 2700~3500m。
767	鳞翅目 Lepidoptera	尺蛾科 Geometridae	褐盗尺蛾	*Docirava brunnearia*	于保护区内中河，分布海拔 2000~2200m。
768	鳞翅目 Lepidoptera	尺蛾科 Geometridae	黑斑榑尺蛾	*Eustroma aerosa*	于保护区内黄草坪，分布海拔 1500~2200m。
769	鳞翅目 Lepidoptera	尺蛾科 Geometridae	宏焰尺蛾	*Electrophaes fervidaria*	于保护区内白阴沟，海拔 1600~1800m。
770	鳞翅目 Lepidoptera	尺蛾科 Geometridae	幻界尺蛾	*Horisme euryptera*	于保护区内小阴沟，分布海拔 1500~1900m。
771	鳞翅目 Lepidoptera	尺蛾科 Geometridae	黄异翅尺蛾	*Heterophleps fusca*	于保护区内七层楼沟，分布海拔 1600~1900m。
772	鳞翅目 Lepidoptera	尺蛾科 Geometridae	黄缘丸尺蛾	*Plutodes costatus*	于保护区内黄草坪，分布海拔 1500~2200m。
773	鳞翅目 Lepidoptera	尺蛾科 Geometridae	灰涤尺蛾	*Dysstroma cinereata*	于保护区内卧龙关沟，分布海拔 2000~2300m。
774	鳞翅目 Lepidoptera	尺蛾科 Geometridae	灰云纹尺蛾	*Eulithis pulchraria*	于保护区内黄草坪，分布海拔 1500~2200m。
775	鳞翅目 Lepidoptera	尺蛾科 Geometridae	江浙冠尺蛾	*Lophophelma iterans*	于保护区内小阴沟，关沟分布海拔 1500~1800m。
776	鳞翅目 Lepidoptera	尺蛾科 Geometridae	洁尺蛾	*Tyloptera bella*	于保护区内七层楼沟，分布海拔 1600~1900m。
777	鳞翅目 Lepidoptera	尺蛾科 Geometridae	金星垂耳尺蛾	*Pachyodes amplificata*	于保护区内七层楼沟，分布海拔 1600~1900m。
778	鳞翅目 Lepidoptera	尺蛾科 Geometridae	金银彩青尺蛾	*Eucyclodesaugustaria*	于保护区内大魏家沟，海拔 2900~3600m。
779	鳞翅目 Lepidoptera	尺蛾科 Geometridae	拉维尺蛾	*Venusia laria*	于保护区内卧龙关沟，分布海拔 2000~2300m。
780	鳞翅目 Lepidoptera	尺蛾科 Geometridae	绿雕尺蛾	*Chloroglyphica glaucochrista*	于保护区内小阴沟，分布海拔 1500~1900m。
781	鳞翅目 Lepidoptera	尺蛾科 Geometridae	绿始青尺蛾马来亚种	*Herochroma wiridaria*	于保护区内小阴沟，关沟分布海拔 1500~1800m。
782	鳞翅目 Lepidoptera	尺蛾科 Geometridae	毛穿孔尺蛾	*Corymica arnearia*	于保护区内黄草坪，分布海拔 1500~2200m。
783	鳞翅目 Lepidoptera	尺蛾科 Geometridae	萌涤尺蛾	*Dysstroma carescotes*	于保护区内卧龙关沟，分布海拔 2000~2300m。

（续）

序号	目名	科名	中文种名	拉丁学名	分布、生境
784	鳞翅目 Lepidoptera	尺蛾科 Geometridae	弥斑幅尺蛾	Photoscotosia isosticta	于保护区内黄草坪，分布海拔 1500~2200m。
785	鳞翅目 Lepidoptera	尺蛾科 Geometridae	平纹黑岛尺蛾	Melanthia postalbaria	于保护区内小阴沟，分布海拔 1500~1900m。
786	鳞翅目 Lepidoptera	尺蛾科 Geometridae	青辐射尺蛾	Iotaphora admirabilis	于保护区内白阴沟，海拔 1600~1800m。
787	鳞翅目 Lepidoptera	尺蛾科 Geometridae	三岔绿尺蛾	Mixochlora vittata	于保护区内七层楼沟，分布海拔 1600~1900m。
788	鳞翅目 Lepidoptera	尺蛾科 Geometridae	饰粉垂耳尺蛾	Terpna ornataria	于保护区内小阴沟、黄草坪等地，分布海拔 1500~2200m。
789	鳞翅目 Lepidoptera	尺蛾科 Geometridae	双斑辉尺蛾	Luxiaria miorrhaphes	于保护区内黄草坪，分布海拔 1500~2200m。
790	鳞翅目 Lepidoptera	尺蛾科 Geometridae	双角尺蛾	Carige cruciplaga	于保护区内七层楼沟，分布海拔 1600~1900m。
791	鳞翅目 Lepidoptera	尺蛾科 Geometridae	双线新青尺蛾	Neohipparchus vallata	于保护区内白岩沟，分布海拔 2100~2600m。
792	鳞翅目 Lepidoptera	尺蛾科 Geometridae	硕翡尺蛾	Piercia stevensi	于保护区内小阴沟，分布海拔 1500~1900m。
793	鳞翅目 Lepidoptera	尺蛾科 Geometridae	台褥尺蛾	Eustroma changi	于保护区内黄草坪，分布海拔 1500~2200m。
794	鳞翅目 Lepidoptera	尺蛾科 Geometridae	铜朦尺蛾	Protonebula cupreata	于保护区内白阴沟，海拔 1600~1800m。
795	鳞翅目 Lepidoptera	尺蛾科 Geometridae	维光尺蛾	Triphosa venimaculata	于保护区内黄草坪，分布海拔 1500~2200m。
796	鳞翅目 Lepidoptera	尺蛾科 Geometridae	夕始青尺蛾	Herochroma sinapiaria	于保护区内小阴沟、黄草坪等地，分布海拔 1500~2200m。
797	鳞翅目 Lepidoptera	尺蛾科 Geometridae	溪幅尺蛾	Photoscotosia rivularia	于保护区内黄草坪，分布海拔 1500~2200m。
798	鳞翅目 Lepidoptera	尺蛾科 Geometridae	小玷尺蛾	Naxidia glaphyra	于保护区内七层楼沟，分布海拔 1600~1900m。
799	鳞翅目 Lepidoptera	尺蛾科 Geometridae	小蜻蜓尺蛾	Cystidia couaggaria	于保护区内小阴沟、黄草坪等地，分布海拔 1500~2200m。
800	鳞翅目 Lepidoptera	尺蛾科 Geometridae	雪尾尺蛾	Ourapteryx nivea	于保护区内白阴沟，海拔 1600~1800m。
801	鳞翅目 Lepidoptera	尺蛾科 Geometridae	亚叉脉尺蛾	Leptostegna asiatica	于保护区内七层楼沟，分布海拔 1600~1900m。
802	鳞翅目 Lepidoptera	尺蛾科 Geometridae	眼点小纹尺蛾	Microlygris multistriata	于保护区内黄草坪，分布海拔 1500~2200m。
803	鳞翅目 Lepidoptera	尺蛾科 Geometridae	盈潢尺蛾	Xanthorhoe saturata	于保护区内七层楼沟，分布海拔 1600~1900m。
804	鳞翅目 Lepidoptera	尺蛾科 Geometridae	玉臂黑尺蛾	Xandrames dholaria	于保护区内七层楼沟，分布海拔 1600~1900m。
805	鳞翅目 Lepidoptera	尺蛾科 Geometridae	云青尺蛾	Geometra symaria	于保护区内小阴沟、黄草坪等地，分布海拔 1500~2200m。
806	鳞翅目 Lepidoptera	尺蛾科 Geometridae	长阳隐叶尺蛾	Chrioloba apicata	于保护区内中河，分布海拔 2000~2200m。

（续）

序号	目名	科名	中文种名	拉丁学名	分布、生境
807	鳞翅目 Lepidoptera	尺蛾科 Geometridae	沼尺蛾	*Acasis viretata*	于保护区内中河，分布海拔 2000~2200m。
808	鳞翅目 Lepidoptera	尺蛾科 Geometridae	直纹白尺蛾	*Asthena tchratchria*	于保护区内小阴沟，分布海拔 1500~1900m。
809	鳞翅目 Lepidoptera	尺蛾科 Geometridae	中国巨青尺蛾	*Limbatochlamys rosthorni*	于保护区内黄草坪，分布海拔 1500~2200m。
810	鳞翅目 Lepidoptera	尺蛾科 Geometridae	中国枯叶尺蛾	*Gandaritis sinicaria*	于保护区内七层楼沟，分布海拔 1600~1900m。
811	鳞翅目 Lepidoptera	尺蛾科 Geometridae	啄黑点尺蛾	*Xenortholitha dicaea*	于保护区内白阴沟，海拔 1600~1800m。
812	鳞翅目 Lepidoptera	尺蛾科 Geometridae	紫斑绿尺蛾	*Comibaena nigromacularia*	于保护区内白阴沟，海拔 1600~1800m。
813	鳞翅目 Lepidoptera	蝙蝠蛾科 Hepialidae	虫草蝙蝠蛾	*Hepialus armoricanus*	于保护区内银厂沟，分布海拔 2600~3200m。
814	鳞翅目 Lepidoptera	祝蛾科 Lecithoceridae	尖祝蛾	*Lecithocera cuspidata*	于保护区内小阴沟，分布海拔 1500~1800m。
815	鳞翅目 Lepidoptera	祝蛾科 Lecithoceridae	竖平祝蛾	*Lecithocera erecta*	于保护区内小阴沟，分布海拔 1500~1800m。
816	鳞翅目 Lepidoptera	祝蛾科 Lecithoceridae	网板祝蛾	*Lecithocera lacunara*	于保护区内七层楼沟，分布海拔 1600~1900m。
817	鳞翅目 Lepidoptera	祝蛾科 Lecithoceridae	短刺羽祝蛾	*Philoptila minutispina*	于保护区内七层楼沟，分布海拔 1600~1900m。
818	鳞翅目 Lepidoptera	祝蛾科 Lecithoceridae	刺藏祝蛾	*Quassitagma stimulata*	于保护区内七层楼沟，分布海拔 1600~1900m。
819	鳞翅目 Lepidoptera	祝蛾科 Lecithoceridae	丝槐祝蛾	*Sarisophora serena*	于保护区内七层楼沟，分布海拔 1600~1900m。
820	鳞翅目 Lepidoptera	祝蛾科 Lecithoceridae	黄褐褶祝蛾	*Torodora flavescens*	于保护区内小阴沟，分布海拔 1500~1800m。
821	鳞翅目 Lepidoptera	毒蛾科 Lymantriidae	茶白毒蛾	*Arctornis alba*	于保护区内卧龙关沟，分布海拔 2000~2300m。
822	鳞翅目 Lepidoptera	毒蛾科 Lymantriidae	白毒蛾	*Arctornis l-nigrum*	于保护区内小阴沟，分布海拔 1500~1800m。
823	鳞翅目 Lepidoptera	毒蛾科 Lymantriidae	肾毒蛾	*Cifuma locuples*	于保护区内小阴沟，分布海拔 1500~1800m。
824	鳞翅目 Lepidoptera	毒蛾科 Lymantriidae	折带黄毒蛾	*Euproctis flava*	于保护区内卧龙关沟，分布海拔 2000~2300m。
825	鳞翅目 Lepidoptera	毒蛾科 Lymantriidae	梯带黄毒蛾	*Euproctis montis*	于保护区内七层楼沟，分布海拔 1600~1900m。
826	鳞翅目 Lepidoptera	毒蛾科 Lymantriidae	栎毒蛾	*Lymantria mathura*	于保护区内卧龙关沟，分布海拔 2000~2300m。
827	鳞翅目 Lepidoptera	毒蛾科 Lymantriidae	黄羽毒蛾	*Pida strigipennis*	于保护区内七层楼沟，分布海拔 1600~1900m。
828	鳞翅目 Lepidoptera	夜蛾科 Noctuidae	安钮夜蛾	*Ophiusa trihaca*	于保护区内白阴沟，海拔 1600~1800m。
829	鳞翅目 Lepidoptera	夜蛾科 Noctuidae	八字地老虎	*Aerotis cnigrum*	于保护区内小阴沟，分布海拔 1500~1900m。

（续）

序号	目名	科名	中文种名	拉丁学名	分布、生境
830	鳞翅目 Lepidoptera	夜蛾科 Noctuidae	白斑锦夜蛾	*Euplexia albovittata*	于保护区内七层楼沟、西河正沟等地，分布海拔1500~2000m。
831	鳞翅目 Lepidoptera	夜蛾科 Noctuidae	白边切夜蛾	*Euxoa oberthuri*	于保护区内西河正沟，海拔1600~2200m。
832	鳞翅目 Lepidoptera	夜蛾科 Noctuidae	白肾夜蛾	*Edessena gentiusalis*	于保护区内小阴沟、黄草坪等地，分布海拔1500~2200m。
833	鳞翅目 Lepidoptera	夜蛾科 Noctuidae	布光裳夜蛾	*Ephesia butleri*	于保护区内中河，分布海拔2000~2200m。
834	鳞翅目 Lepidoptera	夜蛾科 Noctuidae	翠纹钻夜蛾	*Earias vittella*	于保护区内中河，分布海拔2000~2200m。
835	鳞翅目 Lepidoptera	夜蛾科 Noctuidae	超桥夜蛾	*Anomis fulvida*	于保护区内小阴沟、黄草坪等地，分布海拔1500~2200m。
836	鳞翅目 Lepidoptera	夜蛾科 Noctuidae	大地老虎	*Aerotis tokionis*	于保护区内七层楼沟、西河正沟等地，分布海拔1500~2000m。
837	鳞翅目 Lepidoptera	夜蛾科 Noctuidae	大红裙杂夜蛾	*Amphipyra monolitha*	于保护区内小阴沟、黄草坪等地，分布海拔1500~2200m。
838	鳞翅目 Lepidoptera	夜蛾科 Noctuidae	丹日明夜蛾	*Sphragifera sigillata*	于保护区内白阴沟，海拔1600~1800m。
839	鳞翅目 Lepidoptera	夜蛾科 Noctuidae	凡艳叶夜蛾	*Eudocima fullonica*	于保护区内卧龙关沟，分布海拔2000~2300m。
840	鳞翅目 Lepidoptera	夜蛾科 Noctuidae	枫杨癣皮夜蛾	*Blenina quinaria*	于保护区内小阴沟、黄草坪等地，分布海拔1500~2200m。
841	鳞翅目 Lepidoptera	夜蛾科 Noctuidae	钩白肾夜蛾	*Edessena hamada*	于保护区内小阴沟、黄草坪等地，分布海拔1500~2200m。
842	鳞翅目 Lepidoptera	夜蛾科 Noctuidae	黑条青夜蛾	*Diphtherocome marmorea*	于保护区内七层楼沟、西河正沟等地，分布海拔1500~2000m。
843	鳞翅目 Lepidoptera	夜蛾科 Noctuidae	黑点白夜蛾	*Chasminodes nigrostigma*	于保护区内七层楼沟、西河正沟等地，分布海拔1500~2000m。
844	鳞翅目 Lepidoptera	夜蛾科 Noctuidae	红棕狼夜蛾	*Ochropleura ellapsa*	于保护区内西河正沟，海拔1600~2200m。
845	鳞翅目 Lepidoptera	夜蛾科 Noctuidae	胡桃豹夜蛾	*Sinna extrema*	于保护区内卧龙关沟，分布海拔2000~2300m。
846	鳞翅目 Lepidoptera	夜蛾科 Noctuidae	华穗夜蛾	*Pilipectus chinensis*	于保护区内白阴沟，海拔1600~1800m。
847	鳞翅目 Lepidoptera	夜蛾科 Noctuidae	滑尾夜蛾	*Eutelia blandiatrix*	于保护区内西河正沟，海拔1600~2200m。
848	鳞翅目 Lepidoptera	夜蛾科 Noctuidae	环夜蛾	*Spirama retoeta*	于保护区内白阴沟，海拔1600~1800m。
849	鳞翅目 Lepidoptera	夜蛾科 Noctuidae	黄地老虎	*Agrotis segetum*	于保护区内黄草坪、西河正沟等地，分布海拔1600~1800m。
850	鳞翅目 Lepidoptera	夜蛾科 Noctuidae	基点夕夜蛾	*Diarsia basistriga*	于保护区内中河，分布海拔2000~2200m。
851	鳞翅目 Lepidoptera	夜蛾科 Noctuidae	锦夜蛾	*Euplexia lucipara*	于保护区内中河，分布海拔2000~2200m。
852	鳞翅目 Lepidoptera	夜蛾科 Noctuidae	同纹炫夜蛾	*Actinotia intermediata*	于保护区内小阴沟，分布海拔1500~1900m。

（续）

序号	目名	科名	中文种名	拉丁学名	分布、生境
853	鳞翅目 Lepidoptera	夜蛾科 Noctuidae	枯艳叶夜蛾	Eudocima tyrannus	于保护区内小阴沟、黄草坪等地，分布海拔 1500～2200m。
854	鳞翅目 Lepidoptera	夜蛾科 Noctuidae	绿孔雀夜蛾	Nacna malachites	于保护区内七层楼沟、西河正沟等地，分布海拔 1500～2000m。
855	鳞翅目 Lepidoptera	夜蛾科 Noctuidae	毛目夜蛾	Erebus pilosa	于保护区内卧龙关沟，分布海拔 2000～2300m。
856	鳞翅目 Lepidoptera	夜蛾科 Noctuidae	满卜夜蛾	Bomolocha mandarina	于保护区内小阴沟、黄草坪等地，分布海拔 1500～2200m。
857	鳞翅目 Lepidoptera	夜蛾科 Noctuidae	霉巾夜蛾	Dysgonia maturata	于保护区内黄黄草坪、西河正沟等地，分布海拔 1600～1800m。
858	鳞翅目 Lepidoptera	夜蛾科 Noctuidae	冥灰夜蛾	Polia mortua	于保护区内七层楼沟、西河正沟等地，分布海拔 1500～2000m。
859	鳞翅目 Lepidoptera	夜蛾科 Noctuidae	目夜蛾	Erebus crepuscularis	于保护区内西河正沟，海拔 1600～2200m。
860	鳞翅目 Lepidoptera	夜蛾科 Noctuidae	胖夜蛾	Orthogonia sera	于保护区内白阴沟，海拔 1600～1800m。
861	鳞翅目 Lepidoptera	夜蛾科 Noctuidae	桑剑纹夜蛾	Acronycta major	于保护区内七层楼沟、西河正沟等地，分布海拔 1500～2000m。
862	鳞翅目 Lepidoptera	夜蛾科 Noctuidae	柿癣皮夜蛾	Blenina senex	于保护区内小阴沟、黄草坪等地，分布海拔 1500～2200m。
863	鳞翅目 Lepidoptera	夜蛾科 Noctuidae	乌夜蛾	Melanchra persicariae	于保护区内西河正沟，海拔 1600～2200m。
864	鳞翅目 Lepidoptera	夜蛾科 Noctuidae	污卜夜蛾	Bomolocha squalida	于保护区内小阴沟、黄草坪等地，分布海拔 1500～2200m。
865	鳞翅目 Lepidoptera	夜蛾科 Noctuidae	显长角皮夜蛾	Risoba prominens	于保护区内黄草坪、西河正沟等地，分布海拔 1600～1800m。
866	鳞翅目 Lepidoptera	夜蛾科 Noctuidae	线委夜蛾	Athetis lineosa	于保护区内中河，分布海拔 2000～2200m。
867	鳞翅目 Lepidoptera	夜蛾科 Noctuidae	小地老虎	Aerotis ypsilon	于保护区内黄草坪、西河正沟等地，分布海拔 1600～1800m。
868	鳞翅目 Lepidoptera	夜蛾科 Noctuidae	斜线哈夜蛾	Hamodes butleri	于保护区内七层楼沟、西河正沟等地，分布海拔 1500～2000m。
869	鳞翅目 Lepidoptera	夜蛾科 Noctuidae	旋目夜蛾	Spirama retorta	于保护区内卧龙关沟，分布海拔 2000～2300m。
870	鳞翅目 Lepidoptera	夜蛾科 Noctuidae	旋夜蛾	Eligma narcissus	于保护区内中河，分布海拔 2000～2200m。
871	鳞翅目 Lepidoptera	夜蛾科 Noctuidae	选彩夜蛾	Episteme lectrix	于保护区内西河正沟，海拔 1600～2200m。
872	鳞翅目 Lepidoptera	夜蛾科 Noctuidae	雪白夜蛾	Chasminodes nigveus	于保护区内黄草坪、西河正沟等地，分布海拔 1600～1800m。
873	鳞翅目 Lepidoptera	夜蛾科 Noctuidae	亚夹夜蛾	Amphipoea asiatica	于保护区内小阴沟，分布海拔 1500～1900m。
874	鳞翅目 Lepidoptera	夜蛾科 Noctuidae	烟青虫	Heliothis assulta	于保护区内七层楼沟、西河正沟等地，分布海拔 1500～2000m。
875	鳞翅目 Lepidoptera	夜蛾科 Noctuidae	阴耳夜蛾	Ercheia umbrosa	于保护区内小阴沟、黄草坪等地，分布海拔 1500～2200m。

（续）

序号	目名	科名	中文种名	拉丁学名	分布、生境
876	鳞翅目 Lepidoptera	夜蛾科 Noctuidae	掌夜蛾	*Tiracola plagiata*	干保护区内黄草坪、西河正沟等地，分布海拔 1600～1800m。
877	鳞翅目 Lepidoptera	夜蛾科 Noctuidae	张卜夜蛾	*Bomolocha rhombalis*	干保护区内小阴沟、黄草坪等地，分布海拔 1500～2200m。
878	鳞翅目 Lepidoptera	夜蛾科 Noctuidae	中金弧夜蛾	*Thysanoplusia intermixta*	干保护区内七层楼沟、西河正沟等地，分布海拔 1500～2000m。
879	鳞翅目 Lepidoptera	夜蛾科 Noctuidae	苎麻夜蛾	*Arcte coerula*	干保护区内小阴沟、黄草坪等地，分布海拔 1500～2200m。
880	鳞翅目 Lepidoptera	舟蛾科 Notodontidae	白斑胯舟蛾	*Syntypistis comatus*	干保护区内七层楼沟，分布海拔 1600～1900m。
881	鳞翅目 Lepidoptera	舟蛾科 Notodontidae	白颈异齿舟蛾	*Hexafrenum leucodera*	干保护区内小阴沟、黄草坪等地，分布海拔 1500～2200m。
882	鳞翅目 Lepidoptera	舟蛾科 Notodontidae	刺槐掌舟蛾	*Phalera grotei*	干保护区内转经楼沟，分布海拔 2000～2300m。
883	鳞翅目 Lepidoptera	舟蛾科 Notodontidae	大半齿舟蛾	*Semidonta basalis*	干保护区内西河正沟，海拔 1600～2200m。
884	鳞翅目 Lepidoptera	舟蛾科 Notodontidae	钩翅钩蛾	*Gangarides dharma*	干保护区内小阴沟、黄草坪等地，分布海拔 1500～2200m。
885	鳞翅目 Lepidoptera	舟蛾科 Notodontidae	核桃美舟蛾	*Uropyia meticulodina*	干保护区内七层楼沟，分布海拔 1600～1900m。
886	鳞翅目 Lepidoptera	舟蛾科 Notodontidae	黑恋尾舟蛾	*Dudusa sphingiformis*	干保护区内七层楼沟、西河正沟等地，分布海拔 1500～2000m。
887	鳞翅目 Lepidoptera	舟蛾科 Notodontidae	花蚁舟蛾	*Stauropus picteti*	干保护区内小阴沟、黄草坪等地，分布海拔 1500～2200m。
888	鳞翅目 Lepidoptera	舟蛾科 Notodontidae	锯齿星舟蛾	*Euhampsonia serratifera*	干保护区内小阴沟、黄草坪等地，分布海拔 1500～2200m。
889	鳞翅目 Lepidoptera	舟蛾科 Notodontidae	金纹角翅舟蛾	*Gonoclostera argentata*	干保护区内黄草坪、西河正沟等地，分布海拔 1600～2100m。
890	鳞翅目 Lepidoptera	舟蛾科 Notodontidae	抵掌舟蛾	*Fentonia ocypete*	干保护区内银厂沟，海拔 2800～3500m。
891	鳞翅目 Lepidoptera	舟蛾科 Notodontidae	鹿枝背舟蛾	*Phalera assimilis*	干保护区内鹦哥嘴沟、英雄沟等地，分布海拔 2400～2700m。
892	鳞翅目 Lepidoptera	舟蛾科 Notodontidae	茅莓蚊舟蛾	*Harpyia longipennis*	干保护区内银厂沟，海拔 2800～3500m。
893	鳞翅目 Lepidoptera	舟蛾科 Notodontidae	脆胯舟蛾	*Stauropus basalis*	干保护区内小阴沟、黄草坪等地，分布海拔 1500～2200m。
894	鳞翅目 Lepidoptera	舟蛾科 Notodontidae	普胯舟蛾	*Syntypistis parcevirens*	干保护区内小阴沟、黄草坪等地，分布海拔 1500～2200m。
895	鳞翅目 Lepidoptera	舟蛾科 Notodontidae	三线雪舟蛾	*Syntypistis pryeri*	干保护区内西河正沟，海拔 1600～2200m。
896	鳞翅目 Lepidoptera	舟蛾科 Notodontidae	三线青舟蛾	*Gazalina chrysotopha*	干保护区内黄草坪、西河正沟等地，分布海拔 1600～2100m。

（续）

序号	目名	科名	中文种名	拉丁学名	分布、生境
897	鳞翅目 Lepidoptera	舟蛾科 Notodontidae	梭舟蛾	Netria viridescens	于保护区内银厂沟，海拔2800~3500m。
898	鳞翅目 Lepidoptera	舟蛾科 Notodontidae	杉径舟蛾	Hagapteryx sugii	于保护区内小阴沟、黄草坪等地，分布海拔1500~2200m。
899	鳞翅目 Lepidoptera	舟蛾科 Notodontidae	同心舟蛾	Homocentridia concentrica	于保护区内鹦哥嘴沟、英雄沟等地，分布海拔2400~2700m。
900	鳞翅目 Lepidoptera	舟蛾科 Notodontidae	锡金内斑舟蛾	Peridea sikkima	于保护区内七层楼沟，分布海拔1600~1900m。
901	鳞翅目 Lepidoptera	舟蛾科 Notodontidae	辛氏星舟蛾	Euhampsonia sinjaevi	西河正沟黄草坪，分布海拔1600~2100m。
902	鳞翅目 Lepidoptera	舟蛾科 Notodontidae	杨二尾舟蛾	Cerura menciana	于保护区内七层楼沟，分布海拔1600~1900m。
903	鳞翅目 Lepidoptera	舟蛾科 Notodontidae	杨扇舟蛾	Clostera anachoreta	于保护区内觉磨沟，海拔2700~3500m。
904	鳞翅目 Lepidoptera	舟蛾科 Notodontidae	荫华舟蛾	Spatalina umbrosa	于保护区内银厂沟，海拔2800~3500m。
905	鳞翅目 Lepidoptera	舟蛾科 Notodontidae	云舟蛾	Neopheosia fasciata	于保护区内鹦哥嘴沟、英雄沟等地，分布海拔2400~2700m。
906	鳞翅目 Lepidoptera	舟蛾科 Notodontidae	弯臂冠舟蛾	Lophocosma nigrilinea	于保护区内转经楼沟，分布海拔2000~2500m。
907	鳞翅目 Lepidoptera	舟蛾科 Notodontidae	纹哨舟蛾	Rachia striata	于保护区内小阴沟、黄草坪等地，分布海拔1500~2200m。
908	鳞翅目 Lepidoptera	草螟科 Crambidae	暗切叶野螟	Herpetogramma fuscescens	西河正沟等地，分布海拔1600~2100m。
909	鳞翅目 Lepidoptera	草螟科 Crambidae	大白斑野螟	Polythlipta liquidalis	于保护区内卧龙关沟，分布海拔2000~2300m。
910	鳞翅目 Lepidoptera	草螟科 Crambidae	豆荚野螟	Maruca vitrata	于保护区内银厂沟，海拔2800~3500m。
911	鳞翅目 Lepidoptera	草螟科 Crambidae	海斑水螟	Eoophyla halialis	于保护区内小阴沟、黄草坪等地，分布海拔1500~2200m。
912	鳞翅目 Lepidoptera	草螟科 Crambidae	黑缘犁角野螟	Goniorhynchus butyrosa	于保护区内鹦哥嘴沟、英雄沟等地，分布海拔2400~2700m。
913	鳞翅目 Lepidoptera	草螟科 Crambidae	黄环绢野螟	Diaphania annulata	于保护区内卧龙关沟，分布海拔2000~2300m。
914	鳞翅目 Lepidoptera	草螟科 Crambidae	棉卷叶野螟	Sylepta derogata	于保护区内转经楼沟，分布海拔2000~2500m。
915	鳞翅目 Lepidoptera	草螟科 Crambidae	葡萄切叶野螟	Herpetogramma luctuosalis	于保护区内卧龙关沟，分布海拔2000~2300m。
916	鳞翅目 Lepidoptera	草螟科 Crambidae	乳翅卷螟蛾	Pycnarmon lactiferalis	于保护区内七层楼沟，分布海拔1600~1900m。
917	鳞翅目 Lepidoptera	草螟科 Crambidae	四斑卷叶野螟	Pleuroptya quadrimaculalis	西河正沟等地，分布海拔1600~2100m。
918	鳞翅目 Lepidoptera	草螟科 Crambidae	四斑绢野螟	Diaphania quadrimaculalis	于保护区内小阴沟、黄草坪等地，分布海拔1500~2200m。
919	鳞翅目 Lepidoptera	草螟科 Crambidae	桃多斑野螟	Conogethes punctiferalis	于保护区内小阴沟、黄草坪等地，分布海拔1500~2200m。

（续）

序号	目名	科名	中文种名	拉丁学名	分布、生境
920	鳞翅目 Lepidoptera	草螟科 Crambidae	伊锥歧角螟	*Catachena histricalis*	于保护区内西河正沟，海拔 1600~2200m。
921	鳞翅目 Lepidoptera	草螟科 Crambidae	竹黄腹大草螟	*Eschata miranda*	于保护区内卧龙关沟，分布海拔 2000~2300m。
922	鳞翅目 Lepidoptera	灯蛾科 Arctiidae	八点灰灯蛾	*Creatonotus transiens*	于保护区内黄草坪、西河正沟等地，分布海拔 1600~2100m。
923	鳞翅目 Lepidoptera	灯蛾科 Arctiidae	白黑瓦苔蛾	*Vamuna ramelana*	于保护区内七层楼沟，分布海拔 1500~2000m。
924	鳞翅目 Lepidoptera	灯蛾科 Arctiidae	淡黄望灯蛾	*Lemyra jankowskii*	于保护区内七层楼沟，西河正沟等地，分布海拔 1500~2000m。
925	鳞翅目 Lepidoptera	灯蛾科 Arctiidae	滴苔蛾	*Agrisius guttivitta*	于保护区内转经楼沟，分布海拔 2000~2500m。
926	鳞翅目 Lepidoptera	灯蛾科 Arctiidae	点望灯蛾	*Lemyra stigmata*	于保护区内小阴沟，黄草坪等地，分布海拔 1500~2200m。
927	鳞翅目 Lepidoptera	灯蛾科 Arctiidae	东方美苔蛾	*Miltochrista orientalis*	于保护区内转经楼沟，分布海拔 2000~2500m。
928	鳞翅目 Lepidoptera	灯蛾科 Arctiidae	多点春鹿蛾	*Eressa multigutta*	于保护区内西河正沟，海拔 1600~2200m。
929	鳞翅目 Lepidoptera	灯蛾科 Arctiidae	方斑拟灯蛾	*Asota plaginota*	于保护区内卧龙关沟，分布海拔 2000~2300m。
930	鳞翅目 Lepidoptera	灯蛾科 Arctiidae	粉蝶灯蛾	*Nyctemera adversata*	于保护区内小阴沟，黄草坪等地，分布海拔 1500~2200m。
931	鳞翅目 Lepidoptera	灯蛾科 Arctiidae	褐带东灯蛾	*Eospilarctia lewisi*	于保护区内小阴沟，黄草坪等地，分布海拔 1500~2200m。
932	鳞翅目 Lepidoptera	灯蛾科 Arctiidae	黑条灰灯蛾	*Creatonotus gangis*	于保护区内七层楼沟，分布海拔 1600~1900m。
933	鳞翅目 Lepidoptera	灯蛾科 Arctiidae	黑须污灯蛾	*Spilarctia casigneta*	于保护区内小阴沟，黄草坪等地，分布海拔 1500~2200m。
934	鳞翅目 Lepidoptera	灯蛾科 Arctiidae	黑缘美苔蛾	*Miltochrista delineata*	于保护区内觉磨沟，海拔 2700~3500m。
935	鳞翅目 Lepidoptera	灯蛾科 Arctiidae	红缘灯蛾	*Amsacta lactinea*	于保护区内黄草坪、西河正沟等地，分布海拔 1600~2100m。
936	鳞翅目 Lepidoptera	灯蛾科 Arctiidae	玫痣苔蛾	*Stigmatophora rhodophila*	于保护区内小阴沟，黄草坪等地，分布海拔 1500~2200m。
937	鳞翅目 Lepidoptera	灯蛾科 Arctiidae	拟三色星灯蛾	*Utetheisa lotrix*	于保护区内小阴沟，黄草坪等地，分布海拔 1500~2200m。
938	鳞翅目 Lepidoptera	灯蛾科 Arctiidae	扭拟灯蛾	*Asota torruosa*	于保护区内觉磨沟，海拔 2700~3500m。
939	鳞翅目 Lepidoptera	灯蛾科 Arctiidae	曲美苔蛾	*Miltochrista flexuosa*	于保护区内西河正沟，海拔 1600~2200m。
940	鳞翅目 Lepidoptera	灯蛾科 Arctiidae	全铀美苔蛾	*Miltochrista longstrga*	于保护区内小阴沟，分布海拔 1500~2200m。
941	鳞翅目 Lepidoptera	灯蛾科 Arctiidae	双带望灯蛾	*Lemyra burmanica*	于保护区内七层楼沟，分布海拔 1600~1900m。

（续）

序号	目名	科名	中文种名	拉丁学名	分布、生境
942	鳞翅目 Lepidoptera	灯蛾科 Arctiidae	四点苔蛾	*Lithosia quadra*	于保护区内小阴沟、黄草坪等地，分布海拔1500~2200m。
943	鳞翅目 Lepidoptera	灯蛾科 Arctiidae	条纹艳苔蛾	*Asura strigipennis*	于保护区内转经楼沟，分布海拔2000~2500m。
944	鳞翅目 Lepidoptera	灯蛾科 Arctiidae	纹散灯蛾	*Gina argus*	于保护区内西河正沟，海拔1600~2200m。
945	鳞翅目 Lepidoptera	灯蛾科 Arctiidae	星白雪灯蛾	*Spilosoma menthastri*	于保护区内鹦哥嘴沟、英雄沟等地，分布海拔2400~2700m。
946	鳞翅目 Lepidoptera	灯蛾科 Arctiidae	银荷苔蛾	*Ghoria albocinerea*	于保护区内小阴沟、黄草坪等地，分布海拔1500~2200m。
947	鳞翅目 Lepidoptera	灯蛾科 Arctiidae	优美苔蛾	*Miltochrista striata*	于保护区内转经楼沟，分布海拔2000~2500m。
948	鳞翅目 Lepidoptera	灯蛾科 Arctiidae	圆斑土苔蛾	*Eilema signata*	于保护区内黄草坪，分布海拔1500~2200m。
949	鳞翅目 Lepidoptera	灯蛾科 Arctiidae	长斑土苔蛾	*Eilema tetragona*	于保护区内小阴沟、黄草坪等地，分布海拔1500~2200m。
950	鳞翅目 Lepidoptera	灯蛾科 Arctiidae	掌痣苔蛾	*Stigmatophora palmata*	于保护区内卧龙关沟，分布海拔2000~2300m。
951	鳞翅目 Lepidoptera	灯蛾科 Arctiidae	碟美苔蛾	*Miltochrista pulchra*	于保护区内转经楼沟，分布海拔2000~2500m。
952	鳞翅目 Lepidoptera	螟蛾科 Pyralidae	三点并脉草螟	*Neopediasia mixtalis*	于保护区内西河正沟，海拔1600~2200m。
953	鳞翅目 Lepidoptera	天蛾科 Sphingidae	大星天蛾	*Dolbina inexacta*	于保护区内转经楼沟，海拔2000~2700m。
954	鳞翅目 Lepidoptera	天蛾科 Sphingidae	豆天蛾	*Clans bilineata*	于保护区内小阴沟，分布海拔1500~1800m。
955	鳞翅目 Lepidoptera	天蛾科 Sphingidae	构月天蛾	*Parum colligata*	于保护区内七层楼沟，分布海拔1600~1900m。
956	鳞翅目 Lepidoptera	天蛾科 Sphingidae	鬼脸天蛾	*Acherontia lachesis*	于保护区内黄草坪、西河正沟等地，分布海拔1600~1800m。
957	鳞翅目 Lepidoptera	天蛾科 Sphingidae	黑长喙天蛾	*Macroglossum pyrrhosticta*	于保护区内中河，分布海拔2000~2200m。
958	鳞翅目 Lepidoptera	天蛾科 Sphingidae	红天蛾	*Deilephila elpenor*	于保护区内卧龙关沟，分布海拔2000~2300m。
959	鳞翅目 Lepidoptera	天蛾科 Sphingidae	华中白肩天蛾	*Rhagastis albomarginatus dichroae*	于保护区内转经楼沟、黄草坪等地，分布海拔1500~2200m。
960	鳞翅目 Lepidoptera	天蛾科 Sphingidae	锯翅天蛾	*Langia zenzeroides*	于保护区内转经楼沟，海拔2000~2700m。
961	鳞翅目 Lepidoptera	天蛾科 Sphingidae	咖啡透翅天蛾	*Cephonodes hylas*	于保护区内中河，分布海拔2000~2200m。
962	鳞翅目 Lepidoptera	天蛾科 Sphingidae	蓝目天蛾	*Smerinthus planus*	于保护区内卧龙关沟，分布海拔2000~2300m。
963	鳞翅目 Lepidoptera	天蛾科 Sphingidae	梨六点天蛾	*Marumba gaschkewitschi*	于保护区内小阴沟、黄草坪等地，分布海拔1500~2200m。

（续）

序号	目名	科名	中文种名	拉丁学名	分布、生境
964	鳞翅目 Lepidoptera	天蛾科 Sphingidae	栎鹰翅天蛾	*Oxyambulyx liturata*	于保护区内小阴沟，分布海拔1500~1800m。
965	鳞翅目 Lepidoptera	天蛾科 Sphingidae	木蜂天蛾	*Sataspes tagalica*	于保护区内黄草坪、西河正沟等地，分布海拔1600~1800m。
966	鳞翅目 Lepidoptera	天蛾科 Sphingidae	曲线蓝目天蛾	*Smerinthus szechuanus*	于保护区内小阴沟，分布海拔1500~1800m。
967	鳞翅目 Lepidoptera	天蛾科 Sphingidae	缺角天蛾	*Acosmeryx castanea*	于保护区内鹦哥嘴沟，海拔2400~2600m。
968	鳞翅目 Lepidoptera	天蛾科 Sphingidae	雀纹天蛾	*Theretra japonica*	于保护区内七层楼沟，分布海拔1600~1900m。
969	鳞翅目 Lepidoptera	天蛾科 Sphingidae	条背天蛾	*Cechenena lineosa*	于保护区内西河正沟，分布海拔1600~1800m。
970	鳞翅目 Lepidoptera	天蛾科 Sphingidae	小豆长喙天蛾	*Macroglossum stellatarum*	于保护区内邱关沟，分布海拔2000~2300m。
971	鳞翅目 Lepidoptera	天蛾科 Sphingidae	斜绿天蛾	*Pergesa actea*	于保护区内小阴沟，分布海拔1500~1800m。
972	鳞翅目 Lepidoptera	天蛾科 Sphingidae	洋槐天蛾	*Clanis deucalion*	于保护区内西河正沟，分布海拔1600~1800m。
973	鳞翅目 Lepidoptera	天蛾科 Sphingidae	鹰翅天蛾	*Ambulyx ochracea*	于保护区内转经楼沟，海拔2000~2700m。
974	鳞翅目 Lepidoptera	天蛾科 Sphingidae	芋单线天蛾	*Theretra silhetensis*	于保护区内小阴沟，分布海拔1500~1800m。
975	鳞翅目 Lepidoptera	天蛾科 Sphingidae	芋双线天蛾	*Theretra oldenlandiae*	于保护区内小阴沟、黄草坪等地，分布海拔1500~2200m。
976	鳞翅目 Lepidoptera	天蛾科 Sphingidae	月天蛾	*Parum porphyria*	于保护区内七层楼沟，分布海拔1600~1900m。
977	鳞翅目 Lepidoptera	天蛾科 Sphingidae	紫光盾天蛾	*Phyllosphingia dissimilis*	于保护区内转经楼沟，海拔2000~2700m。
978	鳞翅目 Lepidoptera	卷蛾科 Tortricidae	豹裳卷蛾	*Cerace xanthocosma*	于保护区内小阴沟，分布海拔1500~1800m。
979	鳞翅目 Lepidoptera	卷蛾科 Tortricidae	川广翅小卷蛾	*Hedya gratiana*	于保护区内七层楼沟，分布海拔1600~1900m。
980	鳞翅目 Lepidoptera	卷蛾科 Tortricidae	川媒小黑卷蛾	*Pristognatha fuligana*	于保护区内七层楼沟，分布海拔1600~1900m。
981	鳞翅目 Lepidoptera	卷蛾科 Tortricidae	柑橘黄卷蛾	*Archips seminubilis*	于保护区内转经楼沟，海拔2000~2700m。
982	鳞翅目 Lepidoptera	卷蛾科 Tortricidae	柑橘长卷蛾	*Homona coffearia*	于保护区内鹦哥嘴沟，海拔2400~2600m。
983	鳞翅目 Lepidoptera	卷蛾科 Tortricidae	河北褐纹卷蛾	*Phalonidia permixtana*	于保护区内西河正沟，分布海拔1600~1800m。
984	鳞翅目 Lepidoptera	卷蛾科 Tortricidae	黑痣卷蛾	*Geogepa stenochorda*	于保护区内中河，分布海拔2000~2200m。
985	鳞翅目 Lepidoptera	卷蛾科 Tortricidae	后黄卷蛾	*Archips asiicus*	于保护区内小阴沟，分布海拔1500~1800m。
986	鳞翅目 Lepidoptera	卷蛾科 Tortricidae	花楸烟卷蛾	*Capua vulgana*	于保护区内小阴沟，分布海拔1500~1800m。

（续）

序号	目名	科名	中文种名	拉丁学名	分布、生境
987	鳞翅目 Lepidoptera	卷蛾科 Tortricidae	黄褐环翅卷蛾	*Paratorna pterofulva*	于保护区内鹦哥嘴沟、英雄沟等地，分布海拔 2400~2700m。
988	鳞翅目 Lepidoptera	卷蛾科 Tortricidae	黄褐卷蛾	*Pandemis chlorograpta*	于保护区内西河正沟，分布海拔 1600~1800m。
989	鳞翅目 Lepidoptera	卷蛾科 Tortricidae	九江卷蛾	*Argyrotaenia liratana*	于保护区内磨子沟，海拔 2700~3700m。
990	鳞翅目 Lepidoptera	卷蛾科 Tortricidae	锯腹卷蛾	*Cnephasitis apodicta*	于保护区内七层楼沟，分布海拔 1600~1900m。
991	鳞翅目 Lepidoptera	卷蛾科 Tortricidae	龙眼裳卷蛾	*Cerace stipatana*	于保护区内七层楼沟，分布海拔 1600~1900m。
992	鳞翅目 Lepidoptera	卷蛾科 Tortricidae	马尾松梢小卷蛾	*Rhyacionia dativa*	于保护区内小阴沟，分布海拔 1500~1800m。
993	鳞翅目 Lepidoptera	卷蛾科 Tortricidae	眉丛卷蛾	*Gnorismoneura violascens*	于保护区内七层楼沟，分布海拔 1600~1900m。
994	鳞翅目 Lepidoptera	卷蛾科 Tortricidae	美黄卷蛾	*Archips sayonae*	于保护区内小阴沟，分布海拔 1500~1800m。
995	鳞翅目 Lepidoptera	卷蛾科 Tortricidae	棉双斜卷蛾	*Clepsis pallidana*	于保护区内转经楼沟，海拔 2000~2700m。
996	鳞翅目 Lepidoptera	卷蛾科 Tortricidae	南川卷蛾	*Hoshinoa longicellana*	于保护区内七层楼沟，分布海拔 1600~1900m。
997	鳞翅目 Lepidoptera	卷蛾科 Tortricidae	南方长翅卷蛾	*Acleris divisana*	于保护区内七层楼沟，分布海拔 1600~1900m。
998	鳞翅目 Lepidoptera	卷蛾科 Tortricidae	苹黑慈小卷蛾	*Rhopobota naevana*	于保护区内七层楼沟，分布海拔 1600~1900m。
999	鳞翅目 Lepidoptera	卷蛾科 Tortricidae	琪褐带卷蛾	*Adoxophyes flgrans*	于保护区内中河，分布海拔 2000~2200m。
1000	鳞翅目 Lepidoptera	卷蛾科 Tortricidae	球瓣圆斑小卷蛾	*Eudemopsis pompholycias*	于保护区内鹦哥嘴沟，海拔 2400~2600m。
1001	鳞翅目 Lepidoptera	卷蛾科 Tortricidae	曲茎圆班小卷蛾	*Eudemopsis flexis*	于保护区内鹦哥嘴沟，海拔 2400~2600m。
1002	鳞翅目 Lepidoptera	卷蛾科 Tortricidae	松实小卷蛾	*Retinia cristata*	于保护区内小阴沟、黄草坪等地，分布海拔 1500~2200m。
1003	鳞翅目 Lepidoptera	卷蛾科 Tortricidae	狭翅小卷蛾	*Dicephalarcha dependens*	于保护区内中河，分布海拔 2000~2200m。
1004	鳞翅目 Lepidoptera	卷蛾科 Tortricidae	油松球果小卷蛾	*Gravitarmata margarotana*	于保护区内小阴沟、黄草坪等地，分布海拔 1500~2200m。
1005	鳞翅目 Lepidoptera	卷蛾科 Tortricidae	榆花翅小卷蛾	*Lobesia aeolopa*	于保护区内鹦哥嘴沟、英雄沟等地，分布海拔 2400~2700m。
1006	鳞翅目 Lepidoptera	卷蛾科 Tortricidae	云丛卷蛾	*Gnorismoneura steromorphy*	于保护区内小阴沟，分布海拔 1500~1800m。
1007	鳞翅目 Lepidoptera	卷蛾科 Tortricidae	纸状圆斑小卷蛾	*Eudemoopsis ramiformis*	于保护区内中河，分布海拔 2000~2200m。
1008	鳞翅目 Lepidoptera	网蛾科 Thyrididae	树形拱肩网蛾	*Camptochilus aurea*	于保护区内小阴沟，分布海拔 1500~1900m。

（续）

序号	目名	科名	中文种名	拉丁学名	分布、生境
1009	鳞翅目 Lepidoptera	弄蝶科 Hesperiidae	白斑弄蝶莫氏亚种	*Daimio tethys*	干保护区内小阴沟，黄草坪等地，分布海拔 1500~2200m。
1010	鳞翅目 Lepidoptera	弄蝶科 Hesperiidae	白斑赭弄蝶	*Ochlodes subhyalina*	干保护区内白岩沟，分布海拔 2100~2600m。
1011	鳞翅目 Lepidoptera	弄蝶科 Hesperiidae	豹弄蝶	*Thymelicus leonius*	干保护区内小阴沟，分布海拔 1500~1800m。
1012	鳞翅目 Lepidoptera	弄蝶科 Hesperiidae	白伞弄蝶	*Bibasis gomata*	干保护区内小阴沟，分布海拔 1500~1800m。
1013	鳞翅目 Lepidoptera	弄蝶科 Hesperiidae	宽纹栉弄蝶	*Notocrypta feisthamelii*	干保护区内卧龙关沟，分布海拔 2000~2300m。
1014	鳞翅目 Lepidoptera	斑蝶科 Danaidae	栗色透翅斑蝶	*Parantica sita*	干保护区内小阴沟，黄草坪等地，分布海拔 1500~2200m。
1015	鳞翅目 Lepidoptera	斑蝶科 Danaidae	蔷菁斑蝶	*Tirumala septentrionis*	干保护区内小阴沟，分布海拔 1500~1800m。
1016	鳞翅目 Lepidoptera	灰蝶科 Lycaenidae	宽边翠灰蝶	*Esakiozephyrus tsangkie*	干保护区内小阴沟，黄草坪等地，分布海拔 1500~2200m。
1017	鳞翅目 Lepidoptera	灰蝶科 Lycaenidae	翠蓝黄灰蝶	*Heliphorus saphir*	干保护区内小阴沟，分布海拔 1500~1800m。
1018	鳞翅目 Lepidoptera	灰蝶科 Lycaenidae	亮灰蝶	*Lampides boeticus*	干保护区内七层楼沟，西河正沟等地，分布海拔 1500~2000m。
1019	鳞翅目 Lepidoptera	灰蝶科 Lycaenidae	琉璃灰蝶	*Celastrina argiolus*	干保护区内七层楼沟，分布海拔 1600~1900m。
1020	鳞翅目 Lepidoptera	灰蝶科 Lycaenidae	靛灰蝶	*Caerulea coeligena*	干保护区内西河正沟，分布海拔 1600~1800m。
1021	鳞翅目 Lepidoptera	灰蝶科 Lycaenidae	蓝灰蝶	*Everes argiades*	干保护区内转经楼沟，分布海拔 2000~2300m。
1022	鳞翅目 Lepidoptera	灰蝶科 Lycaenidae	台湾小灰蝶	*Zizeeria Karsandra*	干保护区内小阴沟，分布海拔 1500~1800m。
1023	鳞翅目 Lepidoptera	灰蝶科 Lycaenidae	黑燕尾蚬蝶	*Dodona deodata*	干保护区内转经楼沟，分布海拔 2000~2300m。
1024	鳞翅目 Lepidoptera	灰蝶科 Lycaenidae	酢浆灰蝶	*Pseudozizeeria maha*	干保护区内小阴沟，分布海拔 1500~1800m。
1025	鳞翅目 Lepidoptera	蛱蝶科 Nymphalidae	白带黛眼蝶	*Lethe confusa*	干保护区内七层楼沟，白阴沟等地，分布海拔 1700~2300m。
1026	鳞翅目 Lepidoptera	蛱蝶科 Nymphalidae	波纹黛眼蝶	*Lethe rohria*	干保护区内转经沟，分布海拔 2000~2300m。
1027	鳞翅目 Lepidoptera	蛱蝶科 Nymphalidae	布丰绢蛱蝶	*Calinaga buphonas*	干保护区内白岩沟，分布海拔 2100~2300m。
1028	鳞翅目 Lepidoptera	蛱蝶科 Nymphalidae	彩蛱蝶	*Vagrans egista*	干保护区内转经楼沟，分布海拔 2000~2300m。
1029	鳞翅目 Lepidoptera	蛱蝶科 Nymphalidae	叉蛱蝶	*Tacoraea disjuncta*	干保护区内小阴沟，分布海拔 1500~1800m。

（续）

序号	目名	科名	中文种名	拉丁学名	分布、生境
1030	鳞翅目 Lepidoptera	蛱蝶科 Nymphalidae	翠蛱蝶	*Euthalia thiberana*	于保护区内中河，分布海拔 2000~2200m。
1031	鳞翅目 Lepidoptera	蛱蝶科 Nymphalidae	珐蛱蝶	*Phalanta phalantha*	于保护区内转经楼沟、白阴沟等地，分布海拔 2000~2300m。
1032	鳞翅目 Lepidoptera	蛱蝶科 Nymphalidae	斐豹蛱蝶	*Argynnis hyperbius*	于保护区七层楼沟，分布海拔 1700~2300m。
1033	鳞翅目 Lepidoptera	蛱蝶科 Nymphalidae	凤眼蝶	*Neorina patria*	于保护区内七层楼沟，分布海拔 1700~2300m。
1034	鳞翅目 Lepidoptera	蛱蝶科 Nymphalidae	褐脉蛱蝶	*Lilinga mimica*	于保护区内中河，分布海拔 2000~2200m。
1035	鳞翅目 Lepidoptera	蛱蝶科 Nymphalidae	黑蛱蝶	*Lsodema chinensis*	于保护区内中河，分布海拔 2000~2200m。
1036	鳞翅目 Lepidoptera	蛱蝶科 Nymphalidae	黑脉蛱蝶	*Hestina assimilis*	于保护区内中河，分布海拔 2000~2200m。
1037	鳞翅目 Lepidoptera	蛱蝶科 Nymphalidae	红锯蛱蝶	*Cethosia bibles*	于保护区内转经楼沟，分布海拔 2000~2300m。
1038	鳞翅目 Lepidoptera	蛱蝶科 Nymphalidae	花斑蛱蝶	*Araschnia levana*	于保护区内黄草坪、西河正沟等地，分布海拔 1600~1800m。
1039	鳞翅目 Lepidoptera	蛱蝶科 Nymphalidae	花蛱蝶	*Stibochiona bisaltide*	于保护区内小阴沟，分布海拔 1500~1800m。
1040	鳞翅目 Lepidoptera	蛱蝶科 Nymphalidae	黄钩蛱蝶	*Polygonia caareum*	于保护区内七层楼沟，分布海拔 1700~2300m。
1041	鳞翅目 Lepidoptera	蛱蝶科 Nymphalidae	二尾蛱蝶	*Polyura nareaea*	于保护区内七层楼沟，分布海拔 1700~2300m。
1042	鳞翅目 Lepidoptera	蛱蝶科 Nymphalidae	黄闪蛱蝶	*Dilipa fenestra*	于保护区内黄草坪、西河正沟等地，分布海拔 1600~1800m。
1043	鳞翅目 Lepidoptera	蛱蝶科 Nymphalidae	黄重环蛱蝶	*Nepis cyippe*	于保护区内小阴沟，分布海拔 1500~1800m。
1044	鳞翅目 Lepidoptera	蛱蝶科 Nymphalidae	箭斑竹蛱蝶	*Tacoraea recurva*	于保护区内黄草坪等地，分布海拔 1500~2200m。
1045	鳞翅目 Lepidoptera	蛱蝶科 Nymphalidae	锯带翠蛱蝶	*Euthalia alpherakyi*	于保护区内黄草坪、西河正沟等地，分布海拔 1600~1800m。
1046	鳞翅目 Lepidoptera	蛱蝶科 Nymphalidae	老豹蛱蝶	*Argyronome laodice*	于保护区内黄草坪、西河正沟等地，分布海拔 1600~1800m。
1047	鳞翅目 Lepidoptera	蛱蝶科 Nymphalidae	栗铠蛱蝶	*Chitoria subcaerulea*	于保护区内转经楼沟，分布海拔 2000~2300m。
1048	鳞翅目 Lepidoptera	蛱蝶科 Nymphalidae	绿豹蛱蝶	*Argynnis paphia*	于保护区内转经楼沟，分布海拔 2000~2300m。
1049	鳞翅目 Lepidoptera	蛱蝶科 Nymphalidae	门左黛眼蝶	*Lethe manzora*	于保护区内转经楼沟，分布海拔 2000~2300m。
1050	鳞翅目 Lepidoptera	蛱蝶科 Nymphalidae	弥环蛱蝶	*Nepis miah*	于保护区内小阴沟，黄草坪等地，分布海拔 1500~2200m。
1051	鳞翅目 Lepidoptera	蛱蝶科 Nymphalidae	弥环蛱蝶	*Nepis miah*	于保护区内小阴沟，黄草坪等地，分布海拔 1500~2200m。
1052	鳞翅目 Lepidoptera	蛱蝶科 Nymphalidae	木叶蛱蝶	*Kalliuma chinensis*	于保护区内七层楼沟，分布海拔 1700~2300m。

（续）

序号	目名	科名	中文种名	拉丁学名	分布、生境
1053	鳞翅目 Lepidoptera	蛱蝶科 Nymphalidae	素蛱蝶	Calinaga buddha	干保护区内黄草坪、西河正沟等地，分布海拔 1600~1800m。
1054	鳞翅目 Lepidoptera	蛱蝶科 Nymphalidae	纹环蝶	Aemona amathusia	干保护区内卧龙关沟，分布海拔 2000~2300m。
1055	鳞翅目 Lepidoptera	蛱蝶科 Nymphalidae	细带链环蛱蝶	Neptis andetria	干保护区内转经楼沟，分布海拔 2000~2300m。
1056	鳞翅目 Lepidoptera	蛱蝶科 Nymphalidae	细黛眼蝶	Lethe siderea	干保护区内转经楼沟，分布海拔 2000~2300m。
1057	鳞翅目 Lepidoptera	蛱蝶科 Nymphalidae	小红蛱蝶	Vanessa cardui	干保护区内小阴沟，分布海拔 1500~1800m。
1058	鳞翅目 Lepidoptera	蛱蝶科 Nymphalidae	星点三线蛱蝶	Neptis pryeri	干保护区内小阴沟、黄草坪等地，分布海拔 1500~2200m。
1059	鳞翅目 Lepidoptera	蛱蝶科 Nymphalidae	秀蛱蝶	Pseudergolis wedah	干保护区内转经楼沟，分布海拔 2000~2300m。
1060	鳞翅目 Lepidoptera	蛱蝶科 Nymphalidae	银斑豹蛱蝶	Speyeria aglaja	干保护区内小阴沟、黄草坪等地，分布海拔 1500~2200m。
1061	鳞翅目 Lepidoptera	蛱蝶科 Nymphalidae	珍蛱蝶	Clossiana gong	干保护区内卧龙关沟，分布海拔 2000~2300m。
1062	鳞翅目 Lepidoptera	蛱蝶科 Nymphalidae	中环蛱蝶	Neptis hylas	干保护区内七层楼沟、白阴沟等地，分布海拔 1700~2300m。
1063	鳞翅目 Lepidoptera	蛱蝶科 Nymphalidae	紫线黛眼蝶	Lethe violaceopicta	干保护区内小阴沟，分布海拔 1500~1800m。
1064	鳞翅目 Lepidoptera	凤蝶科 Papilionidae	碧凤蝶	Papilio bianor	干保护区内小阴沟，分布海拔 1500~1800m。
1065	鳞翅目 Lepidoptera	凤蝶科 Papilionidae	大斑马凤蝶	Araschnia levana	干保护区内小阴沟，分布海拔 1500~1800m。
1066	鳞翅目 Lepidoptera	凤蝶科 Papilionidae	大尾凤蝶	Agehana elusi	干保护区内七层楼沟、白阴沟等地，分布海拔 1700~2300m。
1067	鳞翅目 Lepidoptera	凤蝶科 Papilionidae	柑橘凤蝶	Papilio xuthus	干保护区内白岩沟，分布海拔 2100~2300m。
1068	鳞翅目 Lepidoptera	凤蝶科 Papilionidae	红基美凤蝶	Papilio alcmenor	干保护区内七层楼沟、白阴沟等地，分布海拔 1700~2300m。
1069	鳞翅目 Lepidoptera	凤蝶科 Papilionidae	褐钩凤蝶	Meandrusa sciron	干保护区内转经楼沟等地，分布海拔 2000~2300m。
1070	鳞翅目 Lepidoptera	凤蝶科 Papilionidae	巴黎翠凤蝶	Papilio paris	干保护区内小阴沟，分布海拔 1500~1800m。
1071	鳞翅目 Lepidoptera	凤蝶科 Papilionidae	金凤蝶	Papilio machaon	干保护区内白岩沟，分布海拔 2100~2300m。
1072	鳞翅目 Lepidoptera	凤蝶科 Papilionidae	兰带青凤蝶	Graphium leechi	干保护区内黄草坪、西河正沟等地，分布海拔 1600~1800m。
1073	鳞翅目 Lepidoptera	凤蝶科 Papilionidae	蓝凤蝶	Papilio protenor	干保护区内小阴沟、黄草坪等地，分布海拔 1500~2200m。
1074	鳞翅目 Lepidoptera	凤蝶科 Papilionidae	木兰青凤蝶	Graphium sarpedon	干保护区内黄草坪、西河正沟等地，分布海拔 1600~1800m。
1075	鳞翅目 Lepidoptera	凤蝶科 Papilionidae	麝凤蝶凤蝶	Byasa alcinous	干保护区内七层楼沟、白阴沟等地，分布海拔 1700~2300m。

（续）

序号	目名	科名	中文种名	拉丁学名	分布、生境
1076	鳞翅目 Lepidoptera	凤蝶科 Papilionidae	马氏翠凤蝶	*Graphium cloanthus*	于保护区内小阴沟，分布海拔 1500～1800m。
1077	鳞翅目 Lepidoptera	凤蝶科 Papilionidae	升天剑凤蝶	*Pazala euroa*	于保护区内小阴沟，黄草坪等地，分布海拔 1500～2200m。
1078	鳞翅目 Lepidoptera	凤蝶科 Papilionidae	窄翅兰凤蝶	*Achillides paris*	于保护区内七层楼沟，白阴沟等地，分布海拔 1700～2300m。
1079	鳞翅目 Lepidoptera	凤蝶科 Papilionidae	长尾青凤蝶	*Menelaides memnon*	于保护区内小阴沟，分布海拔 1500～1800m。
1080	鳞翅目 Lepidoptera	凤蝶科 Papilionidae	乌克兰剑凤蝶	*Pazala tamerlana*	于保护区内转经楼沟，分布海拔 2000～2300m。
1081	鳞翅目 Lepidoptera	粉蝶科 Pieirdae	迁粉蝶	*Catopsilia pomona*	于保护区内中河，分布海拔 2000～2200m。
1082	鳞翅目 Lepidoptera	粉蝶科 Pieirdae	檗黄粉蝶	*Eurema blanda*	于保护区内小阴沟，分布海拔 1500～1800m。
1083	鳞翅目 Lepidoptera	粉蝶科 Pieirdae	橙色豆粉蝶	*Colias fieldi*	于保护区内中河，分布海拔 2000～2200m。
1084	鳞翅目 Lepidoptera	粉蝶科 Pieirdae	黑脉绢粉蝶	*Aporia venata*	于保护区内中河，分布海拔 2000～2200m。
1085	鳞翅目 Lepidoptera	粉蝶科 Pieirdae	绢粉蝶	*Aporia crataegi*	于保护区内卧龙关沟，分布海拔 2000～2300m。
1086	鳞翅目 Lepidoptera	粉蝶科 Pieirdae	黄粉蝶荷氏亚种	*Eurema hecabe*	于保护区内小阴沟，分布海拔 1500～1800m。
1087	鳞翅目 Lepidoptera	粉蝶科 Pieirdae	尖钩粉蝶	*Gonepteryx mahaguru*	于保护区内小阴沟，黄草坪等地，分布海拔 1500～2200m。
1088	鳞翅目 Lepidoptera	粉蝶科 Pieirdae	小檗绢粉蝶	*Aporia hippia*	于保护区内黄草坪，西河正沟等地，分布海拔 1600～1800m。
1089	鳞翅目 Lepidoptera	粉蝶科 Pieirdae	金子氏绢粉蝶	*Aporia kanekoi*	于保护区内小阴沟，黄草坪等地，分布海拔 1500～2200m。
1090	鳞翅目 Lepidoptera	眼蝶科 Satyridae	大型珈眼蝶	*Aulocera padma*	于保护区内中河，分布海拔 2000～2200m。
1091	鳞翅目 Lepidoptera	眼蝶科 Satyridae	深山黛眼蝶	*Lethe insana*	于保护区内黄草坪，西河正沟等地，分布海拔 1600～1800m。
1092	鳞翅目 Lepidoptera	眼蝶科 Satyridae	小云斑黛眼蝶	*Lethe jalaurida*	于保护区内小阴沟，黄草坪等地，分布海拔 1500～2200m。
1093	鳞翅目 Lepidoptera	眼蝶科 Satyridae	紫丝黛眼蝶	*Lethe niitakana*	于保护区内小阴沟，黄草坪等地，分布海拔 1500～2200m。
1094	鳞翅目 Lepidoptera	眼蝶科 Satyridae	彩斑黛眼蝶	*Lethe procne*	于保护区内小阴沟，黄草坪等地，分布海拔 1500～2200m。
1095	鳞翅目 Lepidoptera	眼蝶科 Satyridae	紫斑黛眼蝶	*Lethe titania*	于保护区内黄草坪，西河正沟等地，分布海拔 1600～1800m。
1096	鳞翅目 Lepidoptera	眼蝶科 Satyridae	山地白眼蝶	*Melanargia montana*	于保护区内小阴沟，黄草坪等地，分布海拔 1500～2200m。
1097	鳞翅目 Lepidoptera	眼蝶科 Satyridae	密纱眉眼蝶	*Mycalesis misenus*	于保护区内小阴沟，分布海拔 1500～1800m。
1098	鳞翅目 Lepidoptera	眼蝶科 Satyridae	圆翅睨大眼蝶	*Ninguta schrenckii*	于保护区内小阴沟，分布海拔 1500～1800m。

（续）

序号	目名	科名	中文种名	拉丁学名	分布、生境
1099	鳞翅目 Lepidoptera	眼蝶科 Satyridae	棕色带眼蝶	*Pararge pracusta*	于保护区内小阴沟，分布海拔 1500~1800m。
1100	鳞翅目 Lepidoptera	眼蝶科 Satyridae	荆棘棕眼蝶	*Rhaphicera dumicola*	于保护区内小阴沟，分布海拔 1500~1800m。
1101	鳞翅目 Lepidoptera	眼蝶科 Satyridae	毗连黧眼蝶	*Yathima methorina*	于保护区内中河，分布海拔 2000~2200m。
1102	蚤目 Siphonaptera	角叶蚤科 Ceratophyllidae	不等单蚤	*Monopsyllus anisus*	于保护区内小阴沟、西河正沟等地，分布海拔 1500~2000m。
1103	蚤目 Siphonaptera	多毛蚤科 Hystrichopsyllidae	无规新蚤	*Neopsylla anoma*	于保护区内小阴沟、西河正沟等地，分布海拔 1500~2000m。
1104	蚤目 Siphonaptera	多毛蚤科 Hystrichopsyllidae	副规新蚤	*Neopsylla paranoma*	于保护区内七层楼沟、白阴沟等地，分布海拔 1700~2100m。
1105	蚤目 Siphonaptera	多毛蚤科 Hystrichopsyllidae	偏远古蚤	*Palaeopsylla remota*	于保护区内七层楼沟、白阴沟等地，分布海拔 1700~2100m。
1106	蚤目 Siphonaptera	多毛蚤科 Hystrichopsyllidae	兰狭蚤	*Stenoponia coelestis*	于保护区内中河，分布海拔 2000~2200m。
1107	蚤目 Siphonaptera	多毛蚤科 Hystrichopsyllidae	低地狭臀蚤	*Stenischia humilis*	于保护区内小阴沟、西河正沟等地，分布海拔 1500~2000m。
1108	蚤目 Siphonaptera	细蚤科 Leptopsyllidae	棕形额蚤	*Frontopsylla spadix*	于保护区内七层楼沟、白阴沟等地，分布海拔 1700~2100m。
1109	蚤目 Siphonaptera	细蚤科 Leptopsyllidae	缓慢细蚤	*Leptopsylla segnis*	于保护区内中河，分布海拔 2000~2200m。
1110	蚤目 Siphonaptera	蚤科 Pulicidae	印鼠客蚤	*Xenopsylla cheopis*	于保护区内铡刀口沟，分布海拔 2900~3300m。
1111	膜翅目 Hymenoptera	地蜂科 Andrenidae	熟彩带蜂	*Nomia maturans*	于保护区内转经楼沟，分布海拔 2000~2300m。
1112	膜翅目 Hymenoptera	地蜂科 Andrenidae	枯黄彩带蜂	*Nomia megasoma*	于保护区内黄草坪、西河正沟等地，分布海拔 1600~1800m。
1113	膜翅目 Hymenoptera	蜜蜂科 Apidae	长木蜂	*Xylocopa tranquabarorum*	于保护区内转经楼沟，分布海拔 2000~2300m。
1114	膜翅目 Hymenoptera	蜜蜂科 Apidae	赤足木蜂	*Iocopa rufipes*	于保护区内小阴沟、七层楼沟等地，分布海拔 1500~1900m。
1115	膜翅目 Hymenoptera	蜜蜂科 Apidae	鞋斑无垫蜂	*Amegilla calceifera*	于保护区内小阴沟、七层楼沟等地，分布海拔 1500~1900m。
1116	膜翅目 Hymenoptera	蜜蜂科 Apidae	考氏无垫蜂	*Amegilla calduelli*	于保护区内小阴沟、黄草坪等地，分布海拔 1500~2200m。
1117	膜翅目 Hymenoptera	蜜蜂科 Apidae	东亚无垫蜂	*Amegilla parhypat*	于保护区内小阴沟、七层楼沟等地，分布海拔 1500~1900m。
1118	膜翅目 Hymenoptera	蜜蜂科 Apidae	顶条蜂	*Anthophora terminalis*	于保护区内转经楼沟，分布海拔 2000~2300m。
1119	膜翅目 Hymenoptera	蜜蜂科 Apidae	红条蜂	*Anthophora ferreola*	于保护区内中河，分布海拔 2000~2200m。
1120	膜翅目 Hymenoptera	蜜蜂科 Apidae	绿条无垫蜂	*Amegilla zonata*	于保护区内小阴沟、七层楼沟等地，分布海拔 1500~1900m。

（续）

序号	目名	科名	中文种名	拉丁学名	分布、生境
1121	膜翅目 Hymenoptera	蜜蜂科 Apidae	盗条蜂	*Anthophora plagiata*	于保护区内七层楼沟、西河正沟等地，分布海拔 1500～2000m。
1122	膜翅目 Hymenoptera	蜜蜂科 Apidae	毛跗黑条蜂	*Anthophora plumipes*	于保护区内小阴沟、七层楼沟等地，分布海拔 1500～1900m。
1123	膜翅目 Hymenoptera	蜜蜂科 Apidae	中华蜜蜂	*Apis cerana*	于保护区内小阴沟、七层楼沟等地，分布海拔 1500～1900m。
1124	膜翅目 Hymenoptera	蜜蜂科 Apidae	中华木蜂	*Xylocopa sinensis*	于保护区内黄草坪、西河正沟等地，分布海拔 1600～1800m。
1125	膜翅目 Hymenoptera	蜜蜂科 Apidae	桔背雄蜂	*Bombus atrocinctus*	于保护区内七层楼沟、转经楼沟等地，分布海拔 1900～2100m。
1126	膜翅目 Hymenoptera	蜜蜂科 Apidae	宁波雄蜂	*Bombus ningpoensis*	于保护区内七层楼沟、转经楼沟等地，分布海拔 1900～2100m。
1127	膜翅目 Hymenoptera	蜜蜂科 Apidae	黄胸木蜂	*Xylocopa appendiculata*	于保护区内海子沟，海拔 2900～3800m。
1128	膜翅目 Hymenoptera	蜜蜂科 Apidae	瓦氏条蜂	*Anthophora waltoni*	于保护区内转经楼沟，分布海拔 2000～2300m。
1129	膜翅目 Hymenoptera	蜜蜂科 Apidae	杂无垫蜂	*Amegilla confusa*	于保护区内白阴沟，海拔 1600～1800m。
1130	膜翅目 Hymenoptera	蜜蜂科 Apidae	竹木蜂	*Xylocopa nasalis*	于保护区内卧龙关沟，分布海拔 2000～2300m。
1131	膜翅目 Hymenoptera	茧蜂科 Braconidae	折半脊茧蜂	*Aleiodes ruficornis*	于保护区内小阴沟、黄草坪等地，分布海拔 1500～2200m。
1132	膜翅目 Hymenoptera	茧蜂科 Braconidae	腰带长体茧蜂	*Macrocentrus cingulum*	于保护区内卧龙关沟，分布海拔 2000～2300m。
1133	膜翅目 Hymenoptera	茧蜂科 Braconidae	黑三缝茧蜂	*Triraphis melanus*	于保护区内七层楼沟，分布海拔 1700～2200m。
1134	膜翅目 Hymenoptera	螯蜂科 Dryinidae	黄腿双距螯蜂	*Gonatopus flavifemur*	于保护区内小阴沟，分布海拔 1500～2100m。
1135	膜翅目 Hymenoptera	跳小蜂科 Encyrtidae	白蜡虫花翅跳小蜂	*Microterys ericeri*	于保护区内白阴沟，海拔 1600～1800m。
1136	膜翅目 Hymenoptera	蚁科 Formicidae	光柄行军蚁	*Aenictus laeviceps*	于保护区内西河正沟，海拔 1600～2200m。
1137	膜翅目 Hymenoptera	蚁科 Formicidae	黄足短猛蚁	*Brachyponera luteipes*	于保护区内卧龙关沟，分布海拔 2000～2300m。
1138	膜翅目 Hymenoptera	蚁科 Formicidae	红色树干蚁	*Formica truncicola*	于保护区内西河正沟，海拔 1600～2200m。
1139	膜翅目 Hymenoptera	蚁科 Formicidae	亮毛蚁	*Lasius fuliginosus*	于保护区内七层楼沟、白阴沟等地，分布海拔 1800～2400m。
1140	膜翅目 Hymenoptera	蚁科 Formicidae	敏小家蚁	*Monomorium pharaonis*	于保护区内七层楼沟、白阴沟等地，分布海拔 1800～2400m。
1141	膜翅目 Hymenoptera	蚁科 Formicidae	提扁头猛蚁	*Pachycondyla astuta*	于保护区内卧龙关沟，分布海拔 2000～2300m。
1142	膜翅目 Hymenoptera	蚁科 Formicidae	阿禄斜结蚁	*Plagiolepis alluaudi*	于保护区内小阴沟，分布海拔 1500～1900m。

（续）

序号	目名	科名	中文种名	拉丁学名	分布、生境
1143	膜翅目 Hymenoptera	蚁科 Formicidae	内氏前结蚁	*Prenolepis naorojii*	干保护区内小阴沟，分布海拔1500~1900m。
1144	膜翅目 Hymenoptera	姬蜂科 Ichneumonidae	负泥虫沟姬蜂	*Bathythrix kuwanae*	干保护区内中河，分布海拔2000~2200m。
1145	膜翅目 Hymenoptera	姬蜂科 Ichneumonidae	松毛虫埃姬蜂	*Itoplectis alternans*	干保护区内鹦哥嘴沟，英雄沟等地，分布海拔2400~2700m。
1146	膜翅目 Hymenoptera	切叶蜂科 Megachilidae	拟黄芦蜂	*Ceratina hieroglyphica*	干保护区内黄草坪，西河正沟等地，分布海拔1600~1800m。
1147	膜翅目 Hymenoptera	切叶蜂科 Megachilidae	短板尖腹蜂	*Coelioxys ducalis*	干保护区内中河，分布海拔2000~2200m。
1148	膜翅目 Hymenoptera	切叶蜂科 Megachilidae	四川回条蜂	*Haborpoda sichuanensis*	干保护区内小阴沟，黄草坪，西河正沟等地，分布海拔1500~2000m。
1149	膜翅目 Hymenoptera	切叶蜂科 Megachilidae	中华回条蜂	*Haborpoda sinensis*	干保护区内黄草坪，西河正沟等地，分布海拔1600~1800m。
1150	膜翅目 Hymenoptera	切叶蜂科 Megachilidae	花回条蜂	*Habropoda mimetica*	干保护区内中河，分布海拔2000~2200m。
1151	膜翅目 Hymenoptera	切叶蜂科 Megachilidae	切叶蜂	*Megachile humilis*	干保护区内七层楼沟，西河正沟等地，分布海拔1500~2000m。
1152	膜翅目 Hymenoptera	切叶蜂科 Megachilidae	粗切叶蜂	*Megachile scupturalis*	干保护区内小阴沟，分布海拔1500~1800m。
1153	膜翅目 Hymenoptera	切叶蜂科 Megachilidae	黄胸木蜂	*Xylocopa appendiculata*	干保护区内小阴沟，黄草坪，西河正沟等地，分布海拔1500~2000m。
1154	膜翅目 Hymenoptera	准蜂科 Melitidae	斑宽跗蜂	*Macropis hedini*	干保护区内黄草坪，西河正沟等地，分布海拔1600~1800m。
1155	膜翅目 Hymenoptera	准蜂科 Melitidae	峨眉宽跗蜂	*Macropis omeiensis*	干保护区内白阴沟，海拔1600~1800m。
1156	膜翅目 Hymenoptera	准蜂科 Melitidae	无斑宽跗蜂	*Macropis immaculata*	干保护区内小阴沟，黄草坪，西河正沟等地，分布海拔1500~2000m。
1157	膜翅目 Hymenoptera	马蜂科 Polistidae	柑马蜂	*Polistes mandarinus*	干保护区内小阴沟，分布海拔1500~2500m。
1158	膜翅目 Hymenoptera	马蜂科 Polistidae	果马蜂	*Polistes olivaceus*	干保护区内西河正沟，海拔1600~2200m。
1159	膜翅目 Hymenoptera	马蜂科 Polistidae	斯马蜂	*Polistes snelleni*	干保护区内白岩沟，分布海拔2100~2600m。
1160	膜翅目 Hymenoptera	异腹胡蜂科 Polybiidae	印度侧异腹胡蜂	*Parapolybia indica*	干保护区内小阴沟，分布海拔1500~2100m。
1161	膜翅目 Hymenoptera	长尾小蜂科 Torymidae	中华蜜小蜂	*Podagrion chinensis*	干保护区内七层楼沟，分布海拔1600~1900m。

（续）

序号	目名	科名	中文种名	拉丁学名	分布、生境
1162	膜翅目 Hymenoptera	胡蜂科 Vespidae	基胡蜂	*Vespa basalis*	于保护区内白阴沟，海拔 1600~1800m。
1163	膜翅目 Hymenoptera	胡蜂科 Vespidae	黑盾胡蜂	*Vespa bicolor*	于保护区内鹦哥嘴沟、英雄沟等地，分布海拔 2400~2700m。
1164	膜翅目 Hymenoptera	胡蜂科 Vespidae	褐胡蜂	*Vespa binghami*	于保护区内白阴沟，海拔 1600~1800m。
1165	膜翅目 Hymenoptera	胡蜂科 Vespidae	黄边胡蜂	*Vespa crabro*	于保护区内中河，分布海拔 2000~2400m。
1166	膜翅目 Hymenoptera	胡蜂科 Vespidae	金环胡蜂	*Vespa mandarinia*	于保护区内中河，分布海拔 2000~2400m。
1167	膜翅目 Hymenoptera	胡蜂科 Vespidae	黑尾胡蜂	*Vespa tropica*	于保护区内鹦哥嘴沟、英雄沟等地，分布海拔 2400~2700m。
1168	膜翅目 Hymenoptera	胡蜂科 Vespidae	墨胡蜂	*Vespa velutina*	于保护区内西河正沟，海拔 1600~2200m。
1169	双翅目 Diptera	花蝇科 Anthomyiidae	白斑拟花蝇	*Calythea nigricans*	于保护区内西河正沟，海拔 1600~2200m。
1170	双翅目 Diptera	花蝇科 Anthomyiidae	葱地种蝇	*Delia antiqua*	于保护区内小阴沟、西河正沟等地，分布海拔 1500~2000m。
1171	双翅目 Diptera	花蝇科 Anthomyiidae	大孔粪泉蝇	*Emmesom megastigmata*	于保护区内中河，分布海拔 2000~2400m。
1172	双翅目 Diptera	花蝇科 Anthomyiidae	大叶隰蝇	*Hydrophoria megaloba*	于保护区内小阴沟、西河正沟等地，分布海拔 1500~2000m。
1173	双翅目 Diptera	花蝇科 Anthomyiidae	粪种蝇	*Adia cinerlla*	于保护区内西阳沟、鸡公亚沟等地，分布海拔 1250~1650m。
1174	双翅目 Diptera	花蝇科 Anthomyiidae	根邻种蝇	*Paregle audacula*	于保护区内小阴沟、七层楼沟等地，分布海拔 1500~1900m。
1175	双翅目 Diptera	花蝇科 Anthomyiidae	黑黝种蝇	*Hylemya nigrimana*	于保护区内中河，分布海拔 2000~2400m。
1176	双翅目 Diptera	花蝇科 Anthomyiidae	横带花蝇	*Anthomyia illocata*	于保护区内小阴沟，分布海拔 1500~2500m。
1177	双翅目 Diptera	花蝇科 Anthomyiidae	灰地种蝇	*Delia platura*	于保护区内小阴沟、西河正沟等地，分布海拔 1500~2000m。
1178	双翅目 Diptera	花蝇科 Anthomyiidae	简尾泉蝇	*Pegomya simpliciforceps*	于保护区内西河正沟，海拔 1600~2200m。
1179	双翅目 Diptera	花蝇科 Anthomyiidae	林植钟蝇	*Botanophila silva*	于保护区内铡刀口沟，分布海拔 1500~2500m。
1180	双翅目 Diptera	花蝇科 Anthomyiidae	毛腹雪种蝇	*Chionomyia vetula*	于保护区内西河正沟，分布海拔 2900~3200m。
1181	双翅目 Diptera	花蝇科 Anthomyiidae	密胡邻种蝇	*Paregle densibarbata*	于保护区内西河正沟，海拔 1600~2200m。
1182	双翅目 Diptera	花蝇科 Anthomyiidae	盘叶泉种蝇	*Pegohylemyia okai*	于保护区内小阴沟，分布海拔 1500~2500m。
1183	双翅目 Diptera	花蝇科 Anthomyiidae	三刺地种植	*Delia longitheca*	于保护区内小阴沟，分布海拔 1500~2500m。
1184	双翅目 Diptera	花蝇科 Anthomyiidae	山西植蝇	*Leuco phora*	于保护区内西河正沟，海拔 1600~2200m。

（续）

序号	目名	科名	中文种名	拉丁学名	分布、生境
1185	双翅目 Diptera	花蝇科 Anthomyiidae	乡郊蝇	*Hydrophoria ruralis*	干保护区内西河正沟，海拔 1600~2200m。
1186	双翅目 Diptera	花蝇科 Anthomyiidae	叶突泉蝇	*Pegomya folifera*	干保护区内西河正沟，海拔 1600~2200m。
1187	双翅目 Diptera	花蝇科 Anthomyiidae	异板草种蝇	*Phorbia hypandrium*	干保护区内小阴沟，分布海拔 1500~2500m。
1188	双翅目 Diptera	花蝇科 Anthomyiidae	雨兆花蝇	*Anthomyia pluvialis*	干保护区内小阴沟，分布海拔 1500~2500m。
1189	双翅目 Diptera	寄蝇科 Tachinidae	暗迪内寄蝇	*Dinera fuscata*	干保护区内梯子沟，分布海拔 2700~3200m。
1190	双翅目 Diptera	寄蝇科 Tachinidae	白藏麦寄蝇	*Medina collaria*	干保护区内卧龙关沟，分布海拔 2000~2700m。
1191	双翅目 Diptera	寄蝇科 Tachinidae	歪饰腹寄蝇	*Blepharipa zebina*	干保护区内小阴沟，西河正沟等地，分布海拔 1500~2000m。
1192	双翅目 Diptera	寄蝇科 Tachinidae	齿肛裸基寄蝇	*Senometopia dentate*	干保护区内铡刀口沟，海子沟等地，分布海拔 3500~4000m。
1193	双翅目 Diptera	寄蝇科 Tachinidae	刺腹寄蝇	*Compsilura concinnata*	干保护区内卧龙关沟，分布海拔 2000~2700m。
1194	双翅目 Diptera	寄蝇科 Tachinidae	簇缨缨板寄蝇	*Phorocerosoma vicaria*	干保护区内梯子沟，分布海拔 2700~3200m。
1195	双翅目 Diptera	寄蝇科 Tachinidae	腹长足寄蝇	*Dexia ventralis*	干保护区内小阴沟，分布海拔 1500~1800m。
1196	双翅目 Diptera	寄蝇科 Tachinidae	钩肛短须寄蝇	*Linnaemya picta*	干保护区内中河，分布海拔 2000~2200m。
1197	双翅目 Diptera	寄蝇科 Tachinidae	褐鳞麦寄蝇	*Medina fuscisquama*	干保护区内七层楼沟，西河正沟等地，分布海拔 1500~2000m。
1198	双翅目 Diptera	寄蝇科 Tachinidae	黑须卷蛾寄蝇	*Blondelia nigripes*	干保护区内梯子沟，分布海拔 2700~3200m。
1199	双翅目 Diptera	寄蝇科 Tachinidae	红黄长须寄蝇	*Peleteria honghuang*	干保护区内中河，分布海拔 2000~2200m。
1200	双翅目 Diptera	寄蝇科 Tachinidae	环形驼背寄蝇	*Phyllomya annularis*	干保护区内梯子沟，分布海拔 2700~3200m。
1201	双翅目 Diptera	寄蝇科 Tachinidae	黄额蚕寄蝇	*Phorinia aurifrons*	干保护区内七层楼沟，西河正沟等地，分布海拔 1500~2000m。
1202	双翅目 Diptera	寄蝇科 Tachinidae	黄角短须寄蝇	*Linnaemya ruficorinis*	干保护区内中河，分布海拔 2000~2200m。
1203	双翅目 Diptera	寄蝇科 Tachinidae	黄长足寄蝇	*Dexia flavipes*	干保护区内铡刀口沟，海子沟等地，分布海拔 3500~4000m。
1204	双翅目 Diptera	寄蝇科 Tachinidae	灰腹狭颊寄蝇	*Carcelia rasa*	干保护区内铡刀口沟，海子沟等地，分布海拔 3500~4000m。
1205	双翅目 Diptera	寄蝇科 Tachinidae	家蚕追寄蝇	*Exorista sorbillans*	干保护区内小阴沟，分布海拔 1500~2500m。
1206	双翅目 Diptera	寄蝇科 Tachinidae	蓝黑栉寄蝇	*Pales pavida*	干保护区内铡刀口沟，海子沟等地，分布海拔 3500~4000m。
1207	双翅目 Diptera	寄蝇科 Tachinidae	芦寇狭颊寄蝇	*Carcelia lucorum*	干保护区内中河，分布海拔 2000~2200m。

（续）

序号	目名	科名	中文种名	拉丁学名	分布、生境
1208	双翅目 Diptera	寄蝇科 Tachinidae	泸定裸背寄蝇	*Istochaeta ludingensis*	于保护区内小阴沟，分布海拔 1500~2500m。
1209	双翅目 Diptera	寄蝇科 Tachinidae	毛瓣奥蜉寄蝇	*Austrophorocera hirsuta*	于保护区内海子沟，分布海拔 2900~3200m。
1210	双翅目 Diptera	寄蝇科 Tachinidae	蒙古寄蝇	*Tachina mongolica*	于保护区内小阴沟，分布海拔 1500~1800m。
1211	双翅目 Diptera	寄蝇科 Tachinidae	迷追寄蝇	*Exorista mimula*	于保护区内小阴沟，分布海拔 1500~2500m。
1212	双翅目 Diptera	寄蝇科 Tachinidae	怒寄蝇	*Tachina nupta*	于保护区内锄刀口沟、海子沟等地，分布海拔 3500~4000m。
1213	双翅目 Diptera	寄蝇科 Tachinidae	普通膜颜寄蝇	*Gymnosoma rotundatum*	于保护区内锄刀口沟、海子沟等地，分布海拔 3500~4000m。
1214	双翅目 Diptera	寄蝇科 Tachinidae	茹蜗寄蝇	*Voria ruralis*	于保护区内小阴沟，分布海拔 1500~1800m。
1215	双翅目 Diptera	寄蝇科 Tachinidae	三齿美根寄蝇	*Meigenia tridentate*	于保护区内梯子沟，分布海拔 2700~3200m。
1216	双翅目 Diptera	寄蝇科 Tachinidae	伞裙追寄蝇	*Exorista civilis*	于保护区内锄刀口沟、海子沟等地，分布海拔 3500~4000m。
1217	双翅目 Diptera	寄蝇科 Tachinidae	狮头怯寄蝇	*Phryxe nemea*	于保护区内七层楼沟、西河正沟等地，分布海拔 1500~2000m。
1218	双翅目 Diptera	寄蝇科 Tachinidae	双斑截尾寄蝇	*Nemorilla maculosa*	于保护区内梯子沟，分布海拔 2700~3200m。
1219	双翅目 Diptera	寄蝇科 Tachinidae	四鬃追寄蝇	*Exorista quadriseta*	于保护区内小阴沟，分布海拔 1500~2500m。
1220	双翅目 Diptera	寄蝇科 Tachinidae	綦短须寄蝇	*Linnaemya tessellans*	于保护区内中河，分布海拔 2000~2200m。
1221	双翅目 Diptera	寄蝇科 Tachinidae	条纹追寄蝇	*Exorista fasciata*	于保护区内小阴沟，分布海拔 1500~2500m。
1222	双翅目 Diptera	寄蝇科 Tachinidae	透翅追寄蝇	*Exorista hyalipennis*	于保护区内梯子沟，分布海拔 2700~3200m。
1223	双翅目 Diptera	寄蝇科 Tachinidae	显回寄蝇	*Redtenbacheria insignis*	于保护区内中河，分布海拔 2000~2200m。
1224	双翅目 Diptera	寄蝇科 Tachinidae	圆腹异突颜寄蝇	*Ectophasia rotundiventris*	于保护区内中河，分布海拔 2000~2200m。
1225	双翅目 Diptera	寄蝇科 Tachinidae	长角鬃旦蝇	*Vibrissina turrita*	于保护区内小阴沟，分布海拔 1500~2500m。
1226	双翅目 Diptera	丽蝇科 Calliphoridae	巴浦绿蝇	*Lucilia papuensis*	于保护区内卧龙关沟，分布海拔 2000~2300m。
1227	双翅目 Diptera	丽蝇科 Calliphoridae	不显口鼻蝇	*Stomorhina obsoleta*	于保护区内七层楼沟、西河正沟等地，分布海拔 1500~2000m。

（续）

序号	目名	科名	中文种名	拉丁学名	分布、生境
1228	双翅目 Diptera	丽蝇科 Calliphoridae	叉叶绿蝇	*Lucilia caesar*	于保护区内七层楼沟、西河正沟等地，分布海拔 1500～2000m。
1229	双翅目 Diptera	丽蝇科 Calliphoridae	蟾蜍绿蝇	*Lucilia bufonivora*	于保护区内七层楼沟、西河正沟等地，分布海拔 1500～2000m。
1230	双翅目 Diptera	丽蝇科 Calliphoridae	反吐丽蝇	*Calliphora vomitori*	于保护区铡刀口沟，分布海拔 2900～3200m。
1231	双翅目 Diptera	丽蝇科 Calliphoridae	广额金蝇	*Chrysomya phaonis*	于保护区内西河正沟，海拔 1600～2200m。
1232	双翅目 Diptera	丽蝇科 Calliphoridae	黑丽蝇	*Calliphora pattoni*	于保护区内白岩沟，分布海拔 2100～2600m。
1233	双翅目 Diptera	丽蝇科 Calliphoridae	红头丽蝇	*Calliphora vicina*	西河正沟等地，分布海拔 1500～2000
1234	双翅目 Diptera	丽蝇科 Calliphoridae	华依蝇	*Idiella mandarina*	于保护区内小阴沟，西河正沟等地，分布海拔 1500～2000m。
1235	双翅目 Diptera	丽蝇科 Calliphoridae	巨尾阿丽蝇	*Aldrichina grahami*	于保护区内西河正沟，海拔 1600～2200m。
1236	双翅目 Diptera	丽蝇科 Calliphoridae	亮绿蝇	*Lucilia illustris*	于保护区内卧龙关沟，分布海拔 2000～2300m。
1237	双翅目 Diptera	丽蝇科 Calliphoridae	蒙古拟粉蝇	*Polleniopsis mongolica*	于保护区内白岩沟，分布海拔 2100～2600m。
1238	双翅目 Diptera	丽蝇科 Calliphoridae	南岭绿蝇	*Lucilia bazini*	于保护区内小阴沟，西河正沟等地，分布海拔 1500～2000m。
1239	双翅目 Diptera	丽蝇科 Calliphoridae	拟钳尾弧彩蝇	*Strongyloneura pseudosenomera*	于保护区内白岩沟，分布海拔 2100～2600m。
1240	双翅目 Diptera	丽蝇科 Calliphoridae	叉丽蝇	*Triceratipyga calliphoroides*	于保护区内梯子沟，分布海拔 2700～3700m。
1241	双翅目 Diptera	丽蝇科 Calliphoridae	青原丽蝇	*Protocalliphora azurea*	于保护区内卧龙关沟，分布海拔 2000～2300m。
1242	双翅目 Diptera	丽蝇科 Calliphoridae	三色依蝇	*Idiella tripartita*	于保护区内白岩沟，分布海拔 2100～2600m。
1243	双翅目 Diptera	丽蝇科 Calliphoridae	沈阳绿蝇	*Lucilia shenyangensis*	于保护区内七层楼沟、西河正沟等地，分布海拔 1500～2000m。
1244	双翅目 Diptera	丽蝇科 Calliphoridae	尸蓝蝇	*Cynomya mortuorum*	于保护区内白岩沟，分布海拔 2100～2600m。
1245	双翅目 Diptera	丽蝇科 Calliphoridae	瘦叶带绿蝇	*Hemipyrellia ligurriens*	于保护区内小阴沟，西河正沟等地，分布海拔 1500～2000m。
1246	双翅目 Diptera	丽蝇科 Calliphoridae	丝光线蝇	*Lucilia sericata*	于保护区内七层楼沟、西河正沟等地，分布海拔 1500～2000m。

（续）

序号	目名	科名	中文种名	拉丁学名	分布、生境
1247	双翅目 Diptera	丽蝇科 Calliphoridae	铜绿蝇	*Lucilia cuprina*	于保护区内梯子沟，分布海拔 2700~3700m。
1248	双翅目 Diptera	丽蝇科 Calliphoridae	伪绿等彩蝇	*Isomyia pseudolucilia*	于保护区内白岩沟，分布海拔 2100~2600m。
1249	双翅目 Diptera	丽蝇科 Calliphoridae	新陆原伏蝇	*Protophormia terraenovae*	于保护区内白岩沟，分布海拔 2100~2600m。
1250	双翅目 Diptera	丽蝇科 Calliphoridae	新月陪丽蝇	*Bellardia menechma*	于保护区内西河正沟，海拔 1600~2200m。
1251	双翅目 Diptera	丽蝇科 Calliphoridae	长叶绿蝇	*Lucilia regalis*	于保护区内白岩沟，分布海拔 2100~2600m。
1252	双翅目 Diptera	丽蝇科 Calliphoridae	中华粉腹丽蝇	*Pollenomyia sinensis*	于保护区内七层楼沟、西河正沟等地，分布海拔 1500~2000m。
1253	双翅目 Diptera	丽蝇科 Calliphoridae	中华绿蝇	*Lucilia sinensis*	于保护区内白岩沟，分布海拔 2100~2600m。
1254	双翅目 Diptera	丽蝇科 Calliphoridae	紫绿蝇	*Lucilia porphyrina*	于保护区内卧龙关沟，分布海拔 2000~2300m。
1255	双翅目 Diptera	蝇科 Muscidae	暗额齿股蝇	*Hydrotaea obscurifrons*	于保护区内西河正沟，海拔 1600~2000m 的河谷。
1256	双翅目 Diptera	蝇科 Muscidae	百棘蝇	*Phaonia centa*	于保护区内七层楼沟、白阴沟等地，分布海拔 1700~2100m。
1257	双翅目 Diptera	蝇科 Muscidae	斑蹠齿股蝇	*Hydrotaea chalcogaster*	于保护区内七层楼沟、白阴沟等地，分布海拔 1700~2100m。
1258	双翅目 Diptera	蝇科 Muscidae	棒跗棘蝇	*Phaonia clavitarsis*	于保护区内小阴沟、西河正沟等地，分布海拔 1600~2100m。
1259	双翅目 Diptera	蝇科 Muscidae	北栖家蝇	*Musca bezzii*	于保护区内七层楼沟，分布海拔 1600~1900m。
1260	双翅目 Diptera	蝇科 Muscidae	并肩棘蝇	*Phaonia comihumera*	于保护区内中河，分布海拔 2000~2200m。
1261	双翅目 Diptera	蝇科 Muscidae	钉棘蝇	*Phaonia pattalocerca*	于保护区内黄草坪、西河正沟等地，分布海拔 1600~2100m。
1262	双翅目 Diptera	蝇科 Muscidae	东方角蝇	*Haematobia exigua*	于保护区内七层楼沟、白阴沟等地，分布海拔 1700~2100m。
1263	双翅目 Diptera	蝇科 Muscidae	东方溜蝇	*Lispe orientalis*	于保护区内七层楼沟，分布海拔 1600~1900m。
1264	双翅目 Diptera	蝇科 Muscidae	杜鹃花棘蝇	*Phaonia azaleella*	于保护区内中河，分布海拔 2000~2200m。
1265	双翅目 Diptera	蝇科 Muscidae	褐股棘蝇	*Phaonia praefuscifemora*	于保护区内黄草坪、西河正沟等地，分布海拔 1600~2100m。
1266	双翅目 Diptera	蝇科 Muscidae	厚环齿股蝇	*Hydrotaea spinigera*	于保护区内七层楼沟，分布海拔 1600~1900m。
1267	双翅目 Diptera	蝇科 Muscidae	黄腹家蝇	*Musca ventrosa*	于保护区内小阴沟、黄草坪等地，分布海拔 1500~2200m。
1268	双翅目 Diptera	蝇科 Muscidae	毁阳蝇	*Helina deleta*	于保护区内小阴沟，分布海拔 1500~1800m。

（续）

序号	目名	科名	中文种名	拉丁学名	分布、生境
1269	双翅目 Diptera	蝇科 Muscidae	厩腐蝇	*Muscina stabulans*	于保护区内小阴沟、黄草坪等地，分布海拔1500~2200m。
1270	双翅目 Diptera	蝇科 Muscidae	蓝翠蝇	*Neomyia timorensis*	于保护区内西河正沟，海拔1600~2000m的河谷。
1271	双翅目 Diptera	蝇科 Muscidae	林莫蝇	*Morellia hortorum*	于保护区内小阴沟、黄草坪等地，分布海拔1500~2200m。
1272	双翅目 Diptera	蝇科 Muscidae	毛堤家蝇	*Musca pilifacies*	于保护区内小阴沟、黄草坪等地，分布海拔1500~2200m。
1273	双翅目 Diptera	蝇科 Muscidae	蜜阳蝇	*Helina fica*	于保护区内梯子沟，分布海拔2700~3200m。
1274	双翅目 Diptera	蝇科 Muscidae	骚家蝇	*Musca tempestiva*	于保护区内梯子沟，分布海拔2700~3200m。
1275	双翅目 Diptera	蝇科 Muscidae	市蝇	*Musca sorbens*	于保护区内七层楼沟，分布海拔1600~1900m。
1276	双翅目 Diptera	蝇科 Muscidae	双阳蝇	*Helina reversio*	于保护区内西河正沟，海拔1600~2000m的河谷。
1277	双翅目 Diptera	蝇科 Muscidae	四鬃毛蝇	*Dasyphora quadrisetosa*	于保护区内中河，分布海拔2000~2200m。
1278	双翅目 Diptera	蝇科 Muscidae	银眉齿股蝇	*Hydrotaea ignava*	于保护区内西河正沟，海拔1600~2000m的河谷。
1279	双翅目 Diptera	蝇科 Muscidae	印度螯蝇	*Stomoxys indicus*	于保护区内梯子沟，分布海拔2700~3200m。
1280	双翅目 Diptera	蝇科 Muscidae	鬃脉池蝇	*Limnophora setinerva*	于保护区内小阴沟，分布海拔1500~1800m。
1281	双翅目 Diptera	蚜蝇科 Syrphidae	凹带优蚜蝇	*Eupeodes nitens*	于保护区内中河，分布海拔2000~2200m。
1282	双翅目 Diptera	蚜蝇科 Syrphidae	布氏毛蚜蝇	*Dasysyrphus brunettii*	于保护区内小阴沟、西河正沟等地，分布海拔1500~2000m。
1283	双翅目 Diptera	蚜蝇科 Syrphidae	东方墨蚜蝇	*Melanosto maorientale*	于保护区内梯子沟，分布海拔2700~3200m。
1284	双翅目 Diptera	蚜蝇科 Syrphidae	短腹管蚜蝇	*Eristalis arbustorum*	于保护区内梯子沟，分布海拔2700~3200m。
1285	双翅目 Diptera	蚜蝇科 Syrphidae	鹅绒黑蚜蝇	*Cheilosia velutina*	于保护区内中河，分布海拔2000~2200m。
1286	双翅目 Diptera	蚜蝇科 Syrphidae	方斑墨蚜蝇	*Melanostoma mellinum*	于保护区内小阴沟、西河正沟等地，分布海拔1500~2000m。
1287	双翅目 Diptera	蚜蝇科 Syrphidae	褐毛黑蚜蝇	*Cheilosia motodomariensis*	于保护区内梯子沟，分布海拔2700~3200m。
1288	双翅目 Diptera	蚜蝇科 Syrphidae	黑腿蚜蝇	*Syrphus vitripennis*	于保护区内梯子沟，分布海拔2700~3200m。
1289	双翅目 Diptera	蚜蝇科 Syrphidae	黄带狭腹蚜蝇	*Meliscaeva cinctella*	于保护区内梯子沟，分布海拔2700~3200m。
1290	双翅目 Diptera	蚜蝇科 Syrphidae	黄盾蜂蚜蝇	*Volucella pellucens tabanoides*	于保护区内小阴沟、西河正沟等地，分布海拔1500~2000m。
1291	双翅目 Diptera	蚜蝇科 Syrphidae	黄腹狭口蚜蝇	*Asarkina porcina*	于保护区内梯子沟，分布海拔2700~3200m。

（续）

序号	目名	科名	中文种名	拉丁学名	分布、生境
1292	双翅目 Diptera	蚜蝇科 Syrphidae	黄额美蓝蚜蝇	Melangyna labiatarum	于保护区内中河，分布海拔 2000~2200m。
1293	双翅目 Diptera	蚜蝇科 Syrphidae	黄腿蚜蝇	Syrphus ribesii	于保护区内白阴沟，海拔 1600~1800m 的河谷。
1294	双翅目 Diptera	蚜蝇科 Syrphidae	灰带管蚜蝇	Eristalis cerealis	于保护区内小阴沟、西河正沟等地，分布海拔 1500~2000m。
1295	双翅目 Diptera	蚜蝇科 Syrphidae	瘤足长角蚜蝇	Chrysotoxum tuberculatum	于保护区内小阴沟、西河正沟等地，分布海拔 1500~2000m。
1296	双翅目 Diptera	蚜蝇科 Syrphidae	浅环边蚜蝇	Didea alneti	于保护区内梯子沟，分布海拔 2700~3200m。
1297	双翅目 Diptera	蚜蝇科 Syrphidae	青优蚜蝇	Eupeodes qingchengshanensis	于保护区内中河，分布海拔 2000~2200m。
1298	双翅目 Diptera	蚜蝇科 Syrphidae	双带蜂蚜蝇	Volucella bivitta	于保护区内中河，分布海拔 2000~2200m。
1299	双翅目 Diptera	蚜蝇科 Syrphidae	条纹黑蚜蝇	Cheilosia shanhaica	于保护区内中河，分布海拔 2000~2200m。
1300	双翅目 Diptera	蚜蝇科 Syrphidae	狭带条胸蚜蝇	Helophilus virgattus	于保护区内小阴沟、西河正沟等地，分布海拔 1500~2000m。
1301	双翅目 Diptera	蚜蝇科 Syrphidae	纤细巴蚜蝇	Baccha maculate	于保护区内小阴沟、西河正沟等地，分布海拔 1500~2000m。
1302	双翅目 Diptera	蚜蝇科 Syrphidae	斜斑鼓额蚜蝇	Scaeva pyrastri	于保护区内小阴沟、西河正沟等地，分布海拔 1500~2000m。
1303	双翅目 Diptera	蚜蝇科 Syrphidae	新月毛蚜蝇	Dasysyphus lunulatus	于保护区内中河，分布海拔 2000~2200m。
1304	双翅目 Diptera	蚜蝇科 Syrphidae	野蚜蝇	Syrphus torvus	于保护区内白阴沟，海拔 1600~1800m 的河谷。
1305	双翅目 Diptera	蚜蝇科 Syrphidae	印度细腹蚜蝇	Sphaerophoria indiana	于保护区内小阴沟、西河正沟等地，分布海拔 1500~2000m。
1306	双翅目 Diptera	蚜蝇科 Syrphidae	羽芒宽盾蚜蝇	Phytomia zonata	于保护区内中河，分布海拔 2000~2200m。
1307	双翅目 Diptera	蚤蝇科 Phoridae	聚额蚤蝇	Phora convergens	于保护区内七层楼沟、西河正沟等地，分布海拔 1500~2000m。
1308	双翅目 Diptera	蚤蝇科 Phoridae	西方蚤蝇	Phora occidentata	于保护区内卧龙关，分布海拔 2000~2700m。
1309	双翅目 Diptera	麻蝇科 Sarcophagidae	白头突额麻蝇	Metopia argyrocephala	于保护区内黄草坪、西河正沟等地，分布海拔 1600~1800m。
1310	双翅目 Diptera	麻蝇科 Sarcophagidae	白头压麻蝇	Parasarcophaga albiceps	于保护区内梯子沟，分布海拔 2700~3200m。
1311	双翅目 Diptera	麻蝇科 Sarcophagidae	秉氏亚麻蝇	Parasarcophaga pingi	于保护区内黄草坪、西河正沟等地，分布海拔 1600~1800m。
1312	双翅目 Diptera	麻蝇科 Sarcophagidae	短角亚麻蝇	Parasarcophaga brevicornis	于保护区内小阴沟、西河正沟等地，分布海拔 1500~2000m。
1313	双翅目 Diptera	麻蝇科 Sarcophagidae	多突亚麻蝇	Parasarcophaga polystylata	于保护区内白阴沟，海拔 1600~1800m 的河谷。
1314	双翅目 Diptera	麻蝇科 Sarcophagidae	肥须亚麻蝇	Parasarcophaga crassipalpis	于保护区内黄草坪、西河正沟等地，分布海拔 1600~1800m。

（续）

序号	目名	科名	中文种名	拉丁学名	分布、生境
1315	双翅目 Diptera	麻蝇科 Sarcophagidae	褐领亚麻蝇	*Parasarcophaga sericea*	于保护区内白阴沟，海拔 1600～1800m 的河谷。
1316	双翅目 Diptera	麻蝇科 Sarcophagidae	黑尾黑麻蝇	*Helicophagella melanura*	于保护区内小阴沟，西河正沟等地，分布海拔 1500～2000m。
1317	双翅目 Diptera	麻蝇科 Sarcophagidae	红尾粪麻蝇	*Bercaea cruentata*	于保护区内七层楼沟，西河正沟等地，分布海拔 1500～2000m。
1318	双翅目 Diptera	麻蝇科 Sarcophagidae	红尾拉麻蝇	*Ravinia striata*	于保护区内黄草坪，西河正沟等地，分布海拔 1600～1800m。
1319	双翅目 Diptera	麻蝇科 Sarcophagidae	黄领亚麻蝇	*Parasarcophaga misera*	于保护区内白阴沟，海拔 1600～1800m 的河谷。
1320	双翅目 Diptera	麻蝇科 Sarcophagidae	鸡尾压麻蝇	*Pierretia caudagalli*	于保护区内小阴沟，西河正沟等地，分布海拔 1500～2000m。
1321	双翅目 Diptera	麻蝇科 Sarcophagidae	急钩亚麻蝇	*Parasarcophaga portschinskyi*	于保护区内黄草坪，西河正沟等地，分布海拔 1600～1800m。
1322	双翅目 Diptera	麻蝇科 Sarcophagidae	酱亚麻蝇	*Parasarcophaga misera*	于保护区内小阴沟，西河正沟等地，分布海拔 1500～2000m。
1323	双翅目 Diptera	麻蝇科 Sarcophagidae	巨耳亚麻蝇	*Parasarcophaga macroauriculata*	于保护区内黄草坪，西河正沟等地，分布海拔 1600～1800m。
1324	双翅目 Diptera	麻蝇科 Sarcophagidae	泥对岛亚麻蝇	*Parasarcophaga kanoi*	于保护区内白阴沟，海拔 1600～1800m 的河谷。
1325	双翅目 Diptera	麻蝇科 Sarcophagidae	拟东方辛麻蝇	*Seniorwhitea krameri*	于保护区内梯子沟，分布海拔 2700～3200m。
1326	双翅目 Diptera	麻蝇科 Sarcophagidae	西班牙长鹎蜂麻蝇	*Miltogramma ibericum*	于保护区内梯子沟，分布海拔 2700～3200m。
1327	双翅目 Diptera	麻蝇科 Sarcophagidae	锡霍细麻蝇	*Pierretia sichotealini*	于保护区内白阴沟，海拔 1600～1800m 的河谷。
1328	双翅目 Diptera	麻蝇科 Sarcophagidae	野亚麻蝇	*Parasarcophaga similis*	于保护区内小阴沟，西河正沟等地，分布海拔 1500～2000m。
1329	双翅目 Diptera	麻蝇科 Sarcophagidae	棕尾别麻蝇	*Boettcherisca peregrine*	于保护区内白阴沟，海拔 1600～1800m 的河谷。
1330	双翅目 Diptera	秆蝇科 Chloropidae	淡色瘤秆蝇	*Elachiptera insignis*	于保护区内白阴沟，海拔 1600～1800m 的河谷。
1331	双翅目 Diptera	秆蝇科 Chloropidae	沟额近鬃秆蝇	*Thaumatomyia sulcifrons*	于保护区内小阴沟，西河正沟等地，分布海拔 1500～2000m。
1332	双翅目 Diptera	秆蝇科 Chloropidae	黑色麦秆蝇	*Meromyza nigripes*	于保护区内白阴沟，海拔 1600～1800m 的河谷。
1333	双翅目 Diptera	秆蝇科 Chloropidae	基黄秆蝇	*Chlorops punctatus*	于保护区内七层楼沟，西河正沟等地，分布海拔 1500～2000m。
1334	双翅目 Diptera	秆蝇科 Chloropidae	裸近鬃秆蝇	*Thaumatomyia glabra*	于保护区内小阴沟，西河正沟等地，分布海拔 1500～2000m。
1335	双翅目 Diptera	秆蝇科 Chloropidae	普通近鬃秆蝇	*Thaumatomyia rufa*	于保护区内梯子沟，分布海拔 2700～3200m。

（续）

序号	目名	科名	中文种名	拉丁学名	分布、生境
1336	双翅目 Diptera	虻科 Tabanidae	低额麻虻	*Haematopota ustulata*	于保护区内小阴沟，分布海拔 1500～1800m。
1337	双翅目 Diptera	虻科 Tabanidae	广斑虻	*Chrysops vanderwulpi*	于保护区内小阴沟、黄草坪等地，分布海拔 1500～2200m。
1338	双翅目 Diptera	虻科 Tabanidae	黑胫黄虻	*Atylotus rusticus*	于保护区内小阴沟，分布海拔 1500～1800m。
1339	双翅目 Diptera	虻科 Tabanidae	鸡公山虻	*Tabanus jigonshanensis*	于保护区内小阴沟、黄草坪等地，分布海拔 1500～2200m。
1340	双翅目 Diptera	虻科 Tabanidae	江苏虻	*Tabanus kiangsuensis*	于保护区内七层楼沟，分布海拔 1600～1900m。
1341	双翅目 Diptera	虻科 Tabanidae	类柯虻	*Tabanus subcordiger*	于保护区内小阴沟、黄草坪等地，分布海拔 1500～2200m。
1342	双翅目 Diptera	虻科 Tabanidae	密斑虻	*Chrysops suavis*	于保护区内小阴沟、黄草坪等地，分布海拔 1500～2200m。
1343	双翅目 Diptera	虻科 Tabanidae	膨条瘤虻	*Hybomitra expollicata*	于保护区内小阴沟、黄草坪等地，分布海拔 1500～2200m。
1344	双翅目 Diptera	虻科 Tabanidae	骚扰黄虻	*Atylotus miser*	于保护区内小阴沟、黄草坪等地，分布海拔 1500～2200m。
1345	双翅目 Diptera	虻科 Tabanidae	山崎虻	*Tabanus yamasakii*	于保护区内小阴沟、黄草坪等地，分布海拔 1500～2200m。
1346	双翅目 Diptera	虻科 Tabanidae	汶川指虻	*Isshikia wenchuanensis*	于保护区内小阴沟，分布海拔 1500～1800m。
1347	双翅目 Diptera	虻科 Tabanidae	姚虻	*Tabanus yao*	于保护区内小阴沟，分布海拔 1500～1800m。
1348	双翅目 Diptera	虻科 Tabanidae	中华斑虻	*Chrysops sinensis*	于保护区内小阴沟、黄草坪等地，分布海拔 1500～2200m。
1349	双翅目 Diptera	食虫虻科 Aslidae	白颊叉径食虫虻	*Promachus leucopareus*	于保护区内西河正沟，海拔 1600～2200m 的河谷。
1350	双翅目 Diptera	食虫虻科 Aslidae	白毛叉径食虫虻	*Promachus albopiosus*	于保护区内小阴沟、西河正沟等地，分布海拔 1500～2000m。
1351	双翅目 Diptera	食虫虻科 Aslidae	盾圆突食虫虻	*Machimus scutellaris*	于保护区内七层楼沟、白阴沟等地，分布海拔 1700～2100m。
1352	双翅目 Diptera	食虫虻科 Aslidae	红低额食虫虻	*Cerdistus erythrus*	于保护区内小阴沟、七层楼沟等地，分布海拔 1500～1900m。
1353	双翅目 Diptera	食虫虻科 Aslidae	亮籽角食虫虻	*Xenomyza carapacina*	于保护区内西河正沟，海拔 1600～2200m 的河谷。
1354	双翅目 Diptera	食虫虻科 Aslidae	巧圆突食虫虻	*Machimus concinnus*	于保护区内小阴沟、七层楼沟等地，分布海拔 1500～1900m。
1355	双翅目 Diptera	食虫虻科 Aslidae	长棘板食虫虻	*Aconthopleura longmamus*	于保护区内小阴沟、七层楼沟等地，分布海拔 1500～1900m。
1356	双翅目 Diptera	蚊科 Culicidae	暗紫库蚊	*Culex hayashii*	于保护区内七层楼沟、转经楼沟等地，分布海拔 1900～2100m。
1357	双翅目 Diptera	蚊科 Culicidae	白顶库蚊	*Culex thurmanorum*	于保护区内小阴沟，分布海拔 1500～2200m。

（续）

序号	目名	科名	中文种名	拉丁学名	分布、生境
1358	双翅目 Diptera	蚊科 Culicidae	白纹伊蚊	*Aaedes albopictus*	于保护区内梯子沟，分布海拔 2700~3200m。
1359	双翅目 Diptera	蚊科 Culicidae	白胸库蚊	*Culex pallidothorax*	于保护区内小阴沟、七层楼沟等地，分布海拔 1500~1900m。
1360	双翅目 Diptera	蚊科 Culicidae	斑翅库蚊	*Culex (Culex) mimeticus*	于保护区内七层楼沟、西河正沟等地，分布海拔 1500~2000m。
1361	双翅目 Diptera	蚊科 Culicidae	拟态库蚊	*Culex mimeticus*	于保护区内小阴沟，分布海拔 1500~2200m。
1362	双翅目 Diptera	蚊科 Culicidae	常型曼蚊	*Mansonia uniformis*	于保护区内七层楼沟、西河正沟等地，分布海拔 1500~2000m。
1363	双翅目 Diptera	蚊科 Culicidae	朝鲜伊蚊	*Aedes koreicus*	于保护区内小阴沟，分布海拔 1500~1800m。
1364	双翅目 Diptera	蚊科 Culicidae	刺扰伊蚊	*Aedes vexans*	于保护区内小阴沟，分布海拔 1500~1800m。
1365	双翅目 Diptera	蚊科 Culicidae	短须库蚊	*Culex brevipalpis*	于保护区内七层楼沟、转经楼沟等地，分布海拔 1900~2100m。
1366	双翅目 Diptera	蚊科 Culicidae	褐尾库蚊	*Culex fuscanus*	于保护区内七层楼沟、转经楼沟等地，分布海拔 1900~2100m。
1367	双翅目 Diptera	蚊科 Culicidae	林氏按蚊	*Anopheles lindesayi*	于保护区内七层楼沟、西河正沟等地，分布海拔 1500~2000m。
1368	双翅目 Diptera	蚊科 Culicidae	林氏库蚊	*Culex hayashii*	于保护区内小阴沟，分布海拔 1500~2200m。
1369	双翅目 Diptera	蚊科 Culicidae	迷走库蚊	*Culex vagans*	于保护区内小阴沟、七层楼沟等地，分布海拔 1500~1900m。
1370	双翅目 Diptera	蚊科 Culicidae	三带喙库蚊	*Culex tritaeniorhynchus*	于保护区内小阴沟、七层楼沟等地，分布海拔 1500~1900m。
1371	双翅目 Diptera	蚊科 Culicidae	骚扰阿蚊	*Armigeres subalbatus*	于保护区内七层楼沟、西河正沟等地，分布海拔 1500~2000m。
1372	双翅目 Diptera	蚊科 Culicidae	霜背库蚊	*Culex whitmorei*	于保护区内小阴沟，分布海拔 1500~2200m。
1373	双翅目 Diptera	蚊科 Culicidae	贪食库蚊	*Culex halifaxia*	于保护区内七层楼沟、西河正沟等地，分布海拔 1500~2000m。

（续）

序号	目名	科名	中文种名	拉丁学名	分布、生境
1374	双翅目 Diptera	蚊科 Culicidae	小拟态库蚊	Culex mimulus	于保护区内小阴沟、七层楼沟等地，分布海拔 1500～1900m。
1375	双翅目 Diptera	蚊科 Culicidae	凶小库蚊	Culex modestus	于保护区内小阴沟，分布海拔 1500～2200m。
1376	双翅目 Diptera	蚊科 Culicidae	叶片库蚊	Culex foliatus	于保护区内七层楼沟、转经楼沟等地，分布海拔 1900～2100m。
1377	双翅目 Diptera	蚊科 Culicidae	致倦库蚊	Culex pipiens	于保护区内小阴沟、七层楼沟等地，分布海拔 1500～1900m。
1378	双翅目 Diptera	蚊科 Culicidae	中华按蚊	Anopheles sinensis	于保护区内七层楼沟、西河正沟等地，分布海拔 1500～2000m。
1379	双翅目 Diptera	大蚊科 Tipulidae	稻大蚊	Tipula aino	于保护区内七层楼沟、西河正沟等地，分布海拔 1500～2000m。
1380	双翅目 Diptera	大蚊科 Tipulidae	膝突短柄大蚊	Nephrotoma barbigera	于保护区内七层楼沟、西河正沟等地，分布海拔 1500～2000m。
1381	双翅目 Diptera	大蚊科 Tipulidae	中华短柄大蚊	Nephrotoma sinensis	于保护区内七层楼沟、西河正沟等地，分布海拔 1500～2000m。
1382	双翅目 Diptera	瘿蚊科 Cecidomyiidae	麦黄吸浆虫	Contaria tritici	于保护区内梯子沟，分布海拔 2700～3200m。
1383	双翅目 Diptera	摇蚊科 Chironomidae	异腹布摇蚊	Brilla bifasciata	于保护区内梯子沟，分布海拔 2700～3200m。
1384	双翅目 Diptera	摇蚊科 Chironomidae	黄羽摇蚊	Chironomus flaviplumus	于保护区内黄草坪、西河正沟等地，分布海拔 1600～1800m。
1385	双翅目 Diptera	摇蚊科 Chironomidae	双线环足摇蚊	Cricotopus bicinctus	于保护区内黄草坪、西河正沟等地，分布海拔 1600～1800m。
1386	双翅目 Diptera	摇蚊科 Chironomidae	林间环足摇蚊	Cricotopus sylvestris	于保护区内梯子沟，分布海拔 2700～3200m。
1387	双翅目 Diptera	摇蚊科 Chironomidae	三环环足摇蚊	Cricotopus triannulatus	于保护区内梯子沟，分布海拔 2700～3200m。
1388	双翅目 Diptera	摇蚊科 Chironomidae	三带环足摇蚊	Cricotopus trifasciatus	于保护区内小阴沟、西河正沟等地，分布海拔 1500～2000m。
1389	双翅目 Diptera	摇蚊科 Chironomidae	缩肛齿摇蚊	Neozavrellia tamanona	于保护区内梯子沟，分布海拔 2700～3200m。
1390	双翅目 Diptera	摇蚊科 Chironomidae	矩形帕摇蚊	Pagastia orthogoria	于保护区内梯子沟，分布海拔 2700～3200m。
1391	双翅目 Diptera	摇蚊科 Chironomidae	斯柯拟毛突摇蚊	Paratrichocladius skirwithensis	于保护区内小阴沟、西河正沟等地，分布海拔 1500～2000m。
1392	双翅目 Diptera	摇蚊科 Chironomidae	营巢拟摇蚊	Paratendipes albimanus	于保护区内小阴沟、西河正沟等地，分布海拔 1500～2000m。
1393	双翅目 Diptera	摇蚊科 Chironomidae	浅川多足摇蚊	Polypedilum asakawaense	于保护区内小阴沟、西河正沟等地，分布海拔 1500～2000m。
1394	双翅目 Diptera	蠓科 Ceratopogonidae	杜复毛蠓	Dasyhelea dufouri	于保护区内梯子沟，分布海拔 2700～3200m。

附表 9.1　四川卧龙国家级自然保护区浮游动物名录

门	纲	目	科	种	1	2	3	4	5	6	7	8	9	10	11	12	13	14	15	16
原生动物门 Protozoa	肉足纲 Sarcodina	表壳目 Arcellinidae	砂壳科 Difflugiidae	褐砂壳虫 *D. auellana*		+		+	+	+		+			+			+	+	
				冠冕砂壳虫 *D. corona*			+						+	+	+			+	+	+
				圆钵砂壳虫 *D. urceolata*	+	+												+	+	+
				长圆砂壳虫 *D. oblonga curvicalis*																+
				球形砂壳虫 *D. globulosa*	+			+	+	+	+		+	+	+	+	+	+		
				尖顶砂壳虫 *D. acuminata*			+													
				叉口砂壳虫 *D. qramen*		+			+	+	+									
				巢居砝帽虫 *P. nidulus*					+	+										
				杂葫芦虫 *C. mespiliformis*	+										+	+				
				旋匣壳虫 *C. aerophila*		+					+									
			表壳科 Arcellidae	圆壳表壳虫 *A. hemisphaerica*															+	+

（续）

门	纲	目	科	种	1	2	3	4	5	6	7	8	9	10	11	12	13	14	15	16
原生动物门 Protozoa	肉足纲 Sarcodina	网足目 Gromiide	盘变形科 Discamoebidae	拟砂壳虫 *P. gracilis*								+								
				表壳圆壳虫 *C. arcellcides*	+	+								+					+	
		毛口目 Trichostematida	磷壳虫科 Euglyphidae	磷壳虫 *E.* sp.			+													
			肾形科 Colpodidae	似肾形虫 *C. cucillus*												+				
	纤毛纲 Ciliata		前口科 Erontoniidae	肾形豆形虫 *C. colpoda*							+									
				四膜虫 *T.* sp.							+									
				凹扁前口虫 *F. depressa*																
		膜口目 Hymenostomatida	帆口科 Pleuronematidae	草履虫 *P.* sp.							+					+			+	
				双核草履虫 *P. aurelia*			+													
			裂口科 Amphileptidae	钝形漫游虫 *L. obtusus*	+													+		
			斜管科 Chilodonellidae	僧帽斜管虫 *C. cucullulus*	+															
				食藻斜管虫 *C. algivora*								+								+

（续）

分类地位					断面										
原生动物门 Protozoa	纤毛纲 Ciliata	裸口目 Gymnostomatida	斜管科 Chilodonellidae	巴维利亚斜管虫 C. cucullus							+				
		刺钩目 Haptorida	掘齿科	凹扁拟斜管虫 C. depressa						+					
			盘变形科 Discamoebidae	蛹形斜口虫 E. yspupa							+				
				叶绿尖毛虫 O. chlorelligera								+			
				腐生尖毛虫 O. saprobia				+			+	+			
		下毛目 Hypotrichide	尖毛科 Oxytrichidae	纺锤全列虫 H. kessleri							+	+			
				近亲殖口虫 G. affine							+	+			
				粗圆纤虫 S. crassum				+			+				
			楯纤科 Aspidiscidae	凹缝楯纤虫 A. sulcata				+	+						
				锐利楯纤虫 A. lynceus	+			+	+	+	+	+		+	
		前口目 Prostomatida	刀口虫科 Spathidudae	苔藓刀口虫 S. muscicola				+	+	+	+	+	+		+

（续）

门	纲	目	科	种	断面															
					1	2	3	4	5	6	7	8	9	10	11	12	13	14	15	16
担轮动物门 Trochelminthes	轮虫纲 Rotifera	双巢目 Digonota	旋轮科 Philodinidae	转轮虫 R. rotatoria	+	+	+	+	+	+	+				+	+	+	+	+	+
		单巢目 Monogononta	狭甲轮科 Colurellidae	钩状狭甲轮虫 C. uncinala							+									
			臂尾轮科 Brachionidae	浮尖削叶轮虫 N. acuminala		+	+		+	+		+		+	+	+				+
2	3	10	17	37	8	8	6	6	6	7	9	6	2	5	7	14	5	12	11	8

分类地位

注：样点 1 为野牛沟；样点 2 为梯子沟沟口；样点 3 为银厂沟；样点 4 为银厂沟与皮条河交汇处；样点 5 为五里墩；样点 6 为熊猫电站库尾；样点 7 为熊猫电站大坝下；样点 8 为足木沟与皮条河交汇处；样点 9 为正河电站站旁；样点 10 为龙潭水电站库尾；样点 11 为观音庙旁；样点 12 为幸福沟耿达水厂；样点 13 为耿达村四组；样点 14 为七层楼沟；样点 15 为黑石江电厂旁（中河）；样点 16 为灵关庙（西河）。

附表 9.1.1 四川卧龙国家级自然保护区丰水期浮游动物名录

门	纲	目	科	种	1	2	3	4	5	6	7	8	9	10	11	12	13	14	15	16
原生动物门 Protozoa	肉足纲 Sarcodina	表壳目 Arcellinida	砂壳科 Difflugiidae	褐砂壳虫 D. avellana								+								
				冠兔砂壳虫 D. corona			+						+	+	+				+	+
				圆钵砂壳虫 D. urceolata														+		
				长圆砂壳虫 D. oblonga curvicalis															+	+
				球形砂壳虫 D. globulosa						+										
				尖顶砂壳虫 D. acuminata			+													
		网足目 Gromiide	盘变形科 Discamoebidae	旋匣壳虫 C. aerophila							+									
				拟砂壳虫 P. gracilis								+								
			磷壳虫科 Euglyphidae	磷壳虫 E. sp.			+													
	纤毛纲 Ciliata	膜口目 Hymenostomatidae	前口科 Erontoniidae	肾形豆形虫 C. colpoda							+									
				凹扁前口虫 F. depressa															+	

（续）

门	纲	目	科	种	断面															
					1	2	3	4	5	6	7	8	9	10	11	12	13	14	15	16
原生动物门 Protozoa	纤毛纲 Ciliata	膜口目 Hymenostomatida	帆口科 Pleuronematidae	草履虫 *P. sp.*															+	
				双核草履虫 *P. aurelia*			+													
		裸口目 Gymnostomatida	裂口科 Amphileptidae	钝形漫游虫 *L. obtusus*												+				
		下毛目 Hypotrichide	尖毛科 Oxytrichidae	叶绿尖毛虫 *O. chlorelligera*																
				纺锤全列虫 *H. kessleri*														+		
				近亲殖口虫 *G. afine*												+				
				粗圆纤虫 *S. crassum*												+				
担轮动物门 Trochelminthes	轮虫纲 Rotifera	双巢目 Digonota	旋轮科 Philodinidae	转轮虫 *R. rotatoria*	+	+	+	+	+	+	+	+	+	+	+	+	+	+	+	
		单巢目 Monogononta	臂尾轮科 Brachionidae	浮尖剜叶轮虫 *N. acuminala*				+	+	+		+		+		+			+	+
2	2	7	9	20	1	1	6	2	1	2	3	4	1	3	3	7	1	3	5	5

注：样点 1 为野牛沟；样点 2 为梯子沟沟口；样点 3 为银厂沟；样点 4 为银厂沟与皮条河交汇处；样点 5 为五里墩；样点 6 为熊猫电站库尾；样点 7 为熊猫电站大坝下；样点 8 为足木沟与皮条河交汇处；样点 9 为正河电站站尾；样点 10 为龙罩水电站库尾；样点 11 为观音庙旁；样点 12 为幸福沟耿达水厂；样点 13 为耿达村四组；样点 14 为七层楼沟；样点 15 为黑石江电厂旁（中河）；样点 16 为灵关庙（西河）。

附表 9.1.2 四川卧龙国家级自然保护区平水期浮游动物名录

门	纲	目	科	种	断面															
					1	2	3	4	5	6	7	8	9	10	11	12	13	14	15	16
原生动物门 Protozoa	肉足纲 Sarcodina	表壳目 Arcellinida	砂壳科 Difflugiidae	褐砂壳虫 *D. auellana*				+	+	+					+			+	+	
				冠冕砂壳虫 *D. corona*														+	+	
				圆钵砂壳虫 *D. urceolata*	+															
				球形砂壳虫 *D. globulosa*					+	+			+	+	+	+	+	+		
				叉口砂壳虫 *D. gramen*		+														
				巢居琉帽虫 *P. nidulus*					+											
				杂萌芦虫 *C. mespiliformis*	+															
				旋匣壳虫 *C. aerophila*		+					+									
			表壳科 Arcellidae	圆壳表壳虫 *A. hemisphaerica*															+	+
	纤毛纲 Ciliata	膜口目 Hymenostomatida	帆口科 Pleuronematidae	表壳圆壳虫 *C. arcelnides*	+									+	+		+	+		
				草履虫 *P. sp.*														+		

（续）

门	纲	目	科	种	1	2	3	4	5	6	7	8	9	10	11	12	13	14	15	16
原生动物门 Protozoa	纤毛纲 Ciliata	膜口目 Hymenostomatidae	裂口科 Amphileptidae	钝形漫游虫 *L. obtusus*	+															
		裸口目 Gymmostomatida	斜管科 Chilodonellidae	僧帽斜管虫 *C. cucullulus*	+															
				食藻斜管虫 *C. algivora*								+								+
				巴维利亚斜管虫 *C. cucullus*												+				
			尖毛科 Oxytrichidae	叶绿尖毛虫 *O. chlorelligera*																
担轮动物门 Trochelminthes	轮虫纲 Rotifera	双巢目 Digonota	旋轮科 Philodinidae	转轮虫 *R. rotatoria*	+		+		+		+	+				+	+	+	+	
		单巢目 Monogononta	臂尾轮科 Brachionidae	浮尖削叶轮虫 *N. acuminala*	+	+	+	+												
2	3	6	8	18	7	3	2	2	4	2	3	2	1	2	3	4	3	6	4	2

注：样点 1 为野牛沟；样点 2 为梯子沟沟口；样点 3 为银厂沟；样点 4 为银厂沟与皮条河交汇处；样点 5 为五里墩；样点 6 为熊猫电站库尾；样点 7 为熊猫电站大坝下；样点 8 为足木沟与皮条河交汇处；样点 9 为正河电站站旁；样点 10 为龙潭水电站库尾；样点 11 为观音电站旁；样点 12 为幸福沟耿达水厂；样点 13 为耿达村四组；样点 14 为七层楼沟；样点 15 为黑石江电厂旁（中河）；样点 16 为灵关庙（西河）。

附表 9.1.3　四川卧龙国家级自然保护区枯水期浮游动物名录

门	纲	目	科	种	1	2	3	4	5	6	7	8	9	10	11	12	13	14	15	16
原生动物门 Protozoa	肉足纲 Sarcodina	表壳目 Arcellinidae	砂壳科 Difflugiidae	褐砂壳虫 D. auellana		+		+										+		
				球形砂壳虫 D. globulosa	+			+	+							+		+		
				巢居茳帽虫 P. nidulus						+										
				茶葫芦虫 C. mespiliformis											+					
		网足目 Gromide	盘变形科 Discamoebidae	表壳圆壳虫 C. arcellnides		+									+	+				
	纤毛纲 Ciliata	毛口目 Trichostematida	肾形科 Colpodidae	似肾形虫 C. cucullus												+				
			前口科 Erontomiidae	四膜虫 T. sp.							+									
		膜口目 Hymenostomatida	帆口科 Pleuronematidae	草履虫 P. sp.							+					+				
				双核草履虫 P. aurelia				+												
		裸口目 Gymnostomatida	斜管科 Chilodonellidae	食藻斜管虫 C. algivora																+
		刺钩目 Haptorida	掘齿科 Scaphidiodontidae	凹扁拟斜管虫 C. depressa														+		

（续）

门	纲	目	科	种		断面															
						1	2	3	4	5	6	7	8	9	10	11	12	13	14	15	16
原生动物门 Protozoa	纤毛纲 Ciliata	刺钩目 Haptorida	斜口科 Plagiotomidae	蛹形斜口虫 *E. yspupa*													+				
		下毛目 Hypotrichide	尖毛科 Oxytrichidae	叶绿尖毛虫 *O. chlorelligera*															+	+	
				腐生尖毛虫 *O. saprobia*																+	
				纺锤全列虫 *H. kessleri*					+												
				近亲殖口虫 *G. affine*													+		+		
		前口目 Prostomatida	楯纤科 Aspidiscidae	凹缝楯纤虫 *A. sulcata*							+		+								
				锐利楯纤虫 *A. lynceus*						+	+	+								+	+
			刀口虫科 Spathidudae	苔藓刀口虫 *S. muscicola*			+				+	+	+					+			
担轮动物门 Trochelminthes	轮虫纲 Rotifera	双巢目 Digononta	旋轮科 Philodinidae	转轮虫 *R. rctatoria*				+		+	+		+		+					+	
		单巢目 Monogononta	狭甲轮科 Colurellidae	钩状狭甲轮虫 *C. uncinala*								+							+	+	+
2	3	10	12	21		1	3	1	4	5	4	4	6	2	0	1	2	8	8	4	3

注：样点1为野牛沟；样点2为梯子沟沟口；样点3为银厂沟；样点4为银厂沟与皮条条河交汇处；样点5为五里堰；样点6为熊猫电站库尾；样点7为熊猫电站大坝下；样点8为足木沟与皮条条河交汇处；样点9为正河电站旁；样点10为龙潭水电站库尾；样点11为观音庙旁；样点12为幸福沟耿达村水厂；样点13为耿达村四组；样点14为耿达村七层楼沟；样点15为黑石江电厂劳（中河）；样点16为灵关庙（西河）。

附表 9.1.4　四川卧龙国家级自然保护区丰水期浮游动物的种类、密度及生物量

	断面	根足纲				纤毛纲动物				轮虫纲动物				合计	
		密度 (个/L)	占总密度 (%)	生物量 (×10^-3 mg/L)	占总生物量 (%)	密度 (个/L)	占总密度 (%)	生物量 (×10^-3 mg/L)	占总生物量 (%)	密度 (个/L)	占总密度 (%)	生物量 (×10^-3 mg/L)	占总生物量 (%)	密度 (个/L)	生物量 (×10^-3 mg/L)
1	野牛沟	0	0	0	0	0	0	0	0	900	100	270	100	900	270
2	梯子沟沟口	0	0	0	0	0	0	0	0	2080	100	624	100	2080	624
3	银厂沟	60	12.5	1.8	1.47	20	4.2	0.6	0.49	400	83.3	120	98.04	480	122.4
4	银厂沟与皮条河交汇处	0	0	0	0	0	0	0	0	140	100	42	100	140	42
5	五里墩	0	0	0	0	0	0	0	0	40	100	12	100	40	12
6	熊猫电站库尾	60	50	1.8	9.09	0	0	0	0	60	50	18	90.9	120	19.8
7	熊猫电站大坝下	20	25	0.6	4.5	20	25	0.6	4.5	40	50	12	90.9	80	13.2
8	足木沟与皮条河交汇处	20	25	0.6	3.23	0	0	0	0	60	75	18	96.77	80	18.6
9	正河电站站旁	20	100	0.6	100	0	0	0	0	0	0	0	0	20	0.6
10	龙潭水电站库尾	40	50	1.2	9.09	0	0	0	0	40	50	12	90.9	80	13.2
11	观音庙旁	60	75	1.8	23.08	0	0	0	0	20	25	6	76.92	80	7.8
12	幸福沟耿达水厂	0	0	0	0	140	77.78	4.2	25.92	40	22.22	12	74.07	180	16.2
13	耿达村四组	0	0	0	0	0	0	0	0	160	100	48	100	160	48
14	七层楼沟	40	6.9	1.2	0.79	40	6.9	1.2	0.79	500	86.21	150	98.43	580	152.4
15	黑石江电厂旁（中河）	160	29.63	4.8	4.68	60	11.11	1.8	1.75	320	59.26	96	93.57	540	102.6
16	灵关庙（西河）	480	92.31	14.4	54.55	0	0	0	0	40	7.69	12	45.45	520	26.4
	平均	60	29.15	1.8	13.16	17.5	7.81	0.53	2.09	302.5	63.04	90.75	84.75	126.67	93.075

附表 9.1.5 四川卧龙国家级自然保护区平水期浮游动物的种类、密度及生物量

	断面	根足纲				纤毛纲动物				轮虫纲动物				合计	
		密度 (个/L)	占总密度 (%)	生物量 (×10⁻³ mg/L)	占总生物量 (%)	密度 (个/L)	占总密度 (%)	生物量 (×10⁻³ mg/L)	占总生物量 (%)	密度 (个/L)	占总密度 (%)	生物量 (×10⁻³ mg/L)	占总生物量 (%)	密度 (个/L)	生物量 (×10⁻³ mg/L)
1	野牛沟	20	11.11	0.6	1.85	60	33.33	1.8	5.56	100	55.56	30	92.59	180	32.4
2	梯子沟沟口	100	62.5	3	14.29	0	0	0	0	60	37.5	18	85.71	160	21
3	银厂沟	0	0	0	0	0	0	0	0	120	100	36	100	120	36
4	银厂沟与皮条河交汇处	20	50	0.6	9.09	0	0	0	0	20	50	6	90.91	40	6.6
5	五里墩	100	83.33	3	33.33	0	0	0	0	20	16.67	6	66.67	120	9
6	熊猫电站库尾	40	100	1.2	100	0	0	0	0	0	0	0	0	40	1.2
7	熊猫电站大坝下	20	25	0.6	3.23	0	0	0	0	60	75	18	96.77	80	18.6
8	足木沟与皮条河交汇处	0	0	0	0	60	16.67	1.8	1.96	300	83.33	90	98.04	360	91.8
9	正河电站站旁	20	100	0.6	100	0	0	0	0	0	0	0	0	20	0.6
10	龙潭水电站库尾	120	100	3.6	100	0	0	0	0	0	0	0	0	120	3.6
11	观音庙旁	140	100	4.2	100	0	0	0	0	0	0	0	0	140	4.2
12	幸福沟耿达水厂	20	6.67	0.6	0.81	40	13.33	1.2	1.63	240	80	72	97.56	300	73.8
13	耿达村四组	40	66.67	1.2	16.67	0	0	0	0	20	33.33	6	83.33	60	7.2
14	七层楼沟	440	26.51	13.2	5.41	500	30.12	15	6.14	720	43.37	216	88.45	1660	244.2
15	黑石江电厂旁 (中河)	120	17.14	3.6	2.03	0	0	0	0	580	82.86	174	97.97	700	177.6
16	灵关庙 (西河)	20	100	0.6	100	0	0	0	0	0	0	0	0	20	0.6
	平均	76.25	53.06	2.29	36.67	41.25	5.84	1.24	0.96	140	41.1	42	62.38	257.5	45.53

附表 9.1.6 四川卧龙国家级自然保护区枯水期浮游动物的种类、密度及生物量

	断面	根足纲				纤毛纲动物				轮虫纲动物				合计	
		密度(个/L)	占总密度(%)	生物量(×10⁻³mg/L)	占总生物量(%)	密度(个/L)	占总密度(%)	生物量(×10⁻³mg/L)	占总生物量(%)	密度(个/L)	占总密度(%)	生物量(×10⁻³mg/L)	占总生物量(%)	密度(个/L)	生物量(×10⁻³mg/L)
1	野牛沟	20	100	0.6	100	0	0	0	0	0	0	0	0	20	0.6
2	梯子沟沟口	40	66.67	1.2	66.67	20	33.33	0.6	33.33	0	0	0	0	60	1.8
3	银厂沟	0	0	0	0	0	0	0	0	20	100	6	100	20	6
4	银厂沟与皮条河交汇处	60	42.86	1.8	42.86	80	57.14	2.4	57.14	0	0	0	0	140	4.2
5	五里墩	20	12.5	0.6	5.88	120	75	3.6	35.29	20	12.5	6	58.82	160	10.2
6	熊猫电站库尾	20	7.14	0.6	1.3	120	42.86	3.6	7.79	140	50	42	90.91	280	46.2
7	熊猫电站大坝下	0	0	0	0	380	46.34	11.4	7.95	440	53.66	132	92.05	820	143.4
8	足木沟与皮条河交汇处	0	0	0	0	420	70	12.6	18.92	180	30	54	81.08	600	66.6
9	正河电站站旁	0	0	0	0	0	0	0	0	0	0	0	0	0	0
10	龙覃水电站库尾	0	0	0	0	0	0	0	0	20	100	6	100	20	6
11	观音庙旁	40	66.67	1.2	66.67	20	33.33	0.6	33.33	0	0	0	0	60	1.8
12	幸福沟耿达水厂	40	4.26	1.2	0.79	440	46.81	13.2	8.66	460	48.94	138	90.55	940	152.4
13	耿达村四组	0	0	0	0	40	100	1.2	100	0	0	0	0	40	1.2
14	七层楼沟	60	27.27	1.8	10.34	120	54.55	3.6	20.69	40	18.18	12	68.97	220	17.4
15	黑石江电厂旁(中河)	0	0	0	0	60	42.86	1.8	6.98	80	57.14	24	93.02	140	25.8
16	灵关庙(西河)	0	0	0	0	40	66.67	1.2	16.67	20	33.33	6	83.33	60	7.2
	平均	20	21.82	0.5	19.63	124	44.59	3.72	23.12	94.67	33.58	28.4	57.25	238.67	32.72

附表 9.2　四川卧龙国家级自然保护区底栖无脊椎动物名录

门	纲	目	科	种	1	2	3	4	5	6	7	8	9	10	11	12	13	14	15	16
节肢动物门 Arthropoda	昆虫纲 Insecta	蜉蝣目 Ephemerida	扁蜉科 Ecdyuridae	扁蜉 *Eedyrus* sp.	+	+	+	+	+	+		+	+	+	+			+	+	+
			四节蜉科 Baetidae	二翼蜉 *Cloeon dipterum*	+	+	+	+	+	+		+		+	+			+	+	+
			小蜉 Ephemerellidae	小蜉 *Ephemerella* sp.		+			+	+									+	
			二尾蜉 Siphlonuridae	二尾蜉 *Siphlonurus* sp.				+	+	+				+						
			小裳蜉 Leptophlebiidae	小裳蜉 *Leptophlebia* sp.							+						+			
		襀翅目 Plecoptera	石蝇 Perlidae	石蝇 *Perla* sp.	+		+	+	+	+	+	+	+		+			+		
				绿石蝇 *Choroperla* sp.	+		+		+	+		+								
			短尾石蝇科 Nemouridae	网翅石蝇 *Perlodes* sp.	+															
				短尾石蝇 *Nemoura* sp.	+	+	+	+								+				
			大石蝇 Pteronarcidae	大石蝇 *Pteronacys* sp.								+								
		弹尾目 Collembola	紫跳虫科 Hypogastruridae	紫跳虫 *Hypogastrura communis*			+													

（续）

门	纲	目	科	种	断面															
					1	2	3	4	5	6	7	8	9	10	11	12	13	14	15	16
节肢动物门 Arthropoda	昆虫纲 Insecta	弹尾目 Collembola	水跳虫科 Poduridae	水跳虫 Podura aquatica		+			+											
		毛翅目 Trichoptera	纹石蛾科 Hydropsychidae	纹石蛾 Hydropsyche sp.				+	+							+		+	+	+
			沼石蛾科 Limnophilidae	沼石蚕 Lim nophilus						+					+	+	+		+	
			原石蛾科 Rhyacophilidae	原石蚕 Rhyacophila									+							
			长角石蛾科 Leptoceridae	泥苞虫 Setodes sp.														+		
			多距石蛾科 Polycentropodidae	低头石蚕 Neureclipsis sp.		+			+		+	+	+		+	+		+	+	+
		双翅目 Diptera	摇蚊科 Chironomidae	摇蚊幼虫 Chironomus sp.	+	+	+	+	+	+	+	+	+	+				+	+	+
				粗腹摇蚊 Petopia sp.								+								
			蚊科 Culicidae	按蚊幼虫 Anopheles sp.							+									
			细蚊科 Dixidae	细蚊 Dixa sp.				+		+										
			虻科 Tabanidae	牛虻幼虫 Tabannus sp.			+													

（续）

门	纲	目	科	种	断面															
					1	2	3	4	5	6	7	8	9	10	11	12	13	14	15	16
节肢动物门 Arthropoda	昆虫纲 Insecta	双翅目 Diptera	蠓科 Ceratopogonidae	蠓蚊 *Ceratopogouiae* sp.								+								
			蚋科 Simuliidae	蚋 *Simulium* sp.							+		+			+		+	+	
		蜻蜓目 Odonata	蜓科 Aesopchnidae	蜓 *Aeschna* sp.							+							+		
		鞘翅目 Coleoptera	龙虱科 Dytiscidae	龙虱幼虫 *Cybister* sp.											+			+		+
		端足目 Amphipoda	钩虾科 Gammaridae	钩虾 *gammarus* sp.		+														
	甲壳纲 Crustacea	猛水蚤目 Harpacticoida	老丰猛水蚤科 Laophontidae	回教老丰猛水蚤 *Laophonta mohammed*					+					+	+				+	
			阿玛猛水蚤科 Ameiridae	湖泊美丽猛水蚤 *Nitocra lacustris*					+								+			+
			短角猛水蚤科 Cletodidae	单节水生猛水蚤 *Enhydrosoma uniarticulatum*													+			
		尾肢目 Podocopa	腺状介虫科 Cyprididae	真介虫 *Eucypris* sp.	+	+			+											
	蛛形纲 Arachnida	真螨目 Acariformes	水螨群 Hydrachnellae	水螨 *Hydracarin* sp.				+												

（续）

门	纲	目	科	种	1	2	3	4	5	6	7	8	9	10	11	12	13	14	15	16
																				断面
环节动物门 Annelida	寡毛纲 Oligochaeta	近孔寡毛目 Oligochaeta Plesiopor	仙女虫科 Naididae	参差仙女虫 Nais variabilis				+				+	+			+		+	+	
				癞皮虫 Slavina appendiculata												+				
			飘体虫科 Aeolosomatidae	点缀飘体虫 A. variegatum																+
	蛭纲 Hirudinea	嚼蛭目 Gnathobdellida	水蛭科 Hirudinidae	水蛭 Hirudo nipponica	+															
扁形动物门 Platyhelminthes	涡虫纲 Turbellaria	三肠目 Tricladida	片蛭科 Planariidae	涡虫 Planaria sp.		+			+			+					+	+	+	+
线虫动物门 Nematoda	无尾感器纲 Aphasmida	单齿目 Mononchida	线虫 Mononchidae	线虫 Mononchus sp.		+		+		+	+					+	+	+	+	+
4	7	14	33	38	8	13	7	12	13	10	9	12	6	5	9	17	13	14	12	11

注：样点 1 为野牛沟；样点 2 为梯子沟沟口；样点 3 为银厂沟；样点 4 为银厂沟与皮条河交汇处；样点 5 为五里墩；样点 6 为熊猫电站库尾；样点 7 为熊猫电站大坝下；样点 8 为足木沟与皮条河交汇处；样点 9 为正河电站站旁；样点 10 为龙潭水电站库尾；样点 11 为观音庙旁；样点 12 为幸福沟耿达水厂；样点 13 为耿达村四组；样点 14 为七层楼沟；样点 15 为黑石江电厂旁（中河）；样点 16 为黑石江电厂旁（西河）。

附表 9.2.1　四川卧龙国家级自然保护区丰水期水期底栖无脊椎动物名录

分类地位					断面															
门	纲	目	科	种	1	2	3	4	5	6	7	8	9	10	11	12	13	14	15	16
节肢动物门 Arthropoda	昆虫纲 Insecta	蜉蝣目 Ephemerida	扁蜉科 Ecdyuridae	扁蜉 Eedyrus sp.	+	+	+	+	+	+	+	+	+	+	+		+		+	+
			四节蜉科 Baetidae	二翼蜉 Cloeon dipterum	+	+	+	+	+	+	+	+	+	+	+		+		+	+
			小蜉 Ephemerellidae	小蜉 Ephemerelia sp.					+											
			二尾蜉 Siphlonuridae	二尾蜉 Siphlonurus sp.					+	+				+						
		襀翅目 Plecoptera	石蝇 Perlidae	石蝇 Perla sp.	+	+	+	+		+		+			+					
		弹尾目 Collembola	紫跳虫科 Hypogastruridae	紫跳虫 Hypogastrura communis		+	+					+								
			水跳虫科 Poduridae	水跳虫 Podura aquatica					+			+								
		毛翅目 Trichoptera	纹石蛾科 Hydropsychidae	纹石蛾 Hydropsyche sp.						+								+	+	+
			沼石蛾科 Limnophilidae	沼石蛾 Lim rophilus											+		+		+	
			长角石蛾科 Leptoceridae	泥苞虫 Setodes sp.		+												+		
			多距石蛾科 Polycentropodidae	低头石蚕 Neureclipsis sp.					+										+	+

（续）

门	纲	目	科	种	\<断面\> 1	2	3	4	5	6	7	8	9	10	11	12	13	14	15	16
节肢动物门 Arthropoda	昆虫纲 Insecta	双翅目 Diptera	摇蚊科 Chironomidae	摇蚊幼虫 Chironomus sp.	+	+		+	+		+	+	+	+	+	+	+		+	
				粗腹摇蚊 Petopia sp.								+								
			细蚊科 Dixidae	细蚊 Dixa sp.						+										
			虻科 Tabanidae	牛虻幼虫 Tabannus sp.			+													
			蠓科 Ceratopogouidae	蠓蚊 Ceratopogouidae sp.								+								
			蚋科 Simuliidae	蚋 Simulium sp.							+									
		蜻蜓目 Odonata	蜓科 Aesopchnidae	蜓 Aeschna sp.														+		
		鞘翅目 Coleoptera	龙虱科 Dytiscidae	龙虱幼虫 Cybister sp.											+			+		
		端足目 Amphipoda	钩虾科 Gammaridae	钩虾 gammarus sp.		+												+		
	甲壳纲 Crustacea	猛水蚤目 Harpacticoida	老丰猛水蚤科 Laophontidae	回数老丰猛水蚤 Laophonta mohammed										+				+		
			阿玛猛水蚤科 Ameiridae	湖泊美丽猛水蚤 Nitocra lacustris													+			+

（续）

分类地位					断面															
门	纲	目	科	种	1	2	3	4	5	6	7	8	9	10	11	12	13	14	15	16
节肢动物门 Arthropoda	蛛形纲 Arachnida	真螨目 Acariformes	水螨群 Hydrachnellae	水螨 *Hydracarin* sp.				+												
环节动物门 Annelida	寡毛纲 Oligochaeta	近孔寡毛目 Oligochaeta	仙女虫科 Naididae	参差仙女虫 *Nais variabilis*														+		
				癞皮虫 *Slavina appendiculata*								+				+				
扁形动物门 Platyhelminthes	涡虫纲 Turbellaria	三肠目 Tricladida	片蛭科 Planariidae	涡虫 *Planaria*		+						+						+	+	
线虫动物门 Nematoda	无尾感器纲 Aphasmida	单齿目 Mononchida	线虫 Mononchidae	线虫 *Mononchus* sp.	+										+	+		+	+	+
4	6	12	24	27	4	9	4	5	8	6	5	9	3	5	8	12	6	10	8	7

注：样点1为野牛沟；样点2为梯子沟沟口；样点3为银厂沟；样点4为银厂沟与皮条河交汇处；样点5为五里墩；样点6为熊猫电站库尾；样点7为熊猫电站大坝下；样点8为足木沟与皮条河交汇处；样点9为正河电站站旁；样点10为龙潭水电站库尾；样点11为观音庙旁；样点12为幸福沟耿达水厂；样点13为耿达村四组；样点14为七层楼沟；样点15为黑石江电厂旁（中河）；样点16为灵关关庙（西河）。

附表 9.2.2　四川卧龙国家级自然保护区平水期底栖无脊椎动物名录

门	纲	目	科	种	断面 1	2	3	4	5	6	7	8	9	10	11	12	13	14	15	16
节肢动物门 Arthropoda	昆虫纲 Insecta	蜉蝣目 Ephemerida	扁蜉科 Ecdyuridae	扁蜉 *Eedyrus* sp.	+	+	+	+	+	+	+	+	+		+	+	+	+	+	+
			四节蜉科 Baetidae	二翼蜉 *Cloeon dipterum*	+	+										+		+	+	
			小蜉 Ephemerellidae	小蜉 *Ephemerella* sp.						+										
			二尾蜉 Siphlonuridae	二尾蜉 *Siphlonurus* sp.				+												
			小裳蜉 Leptophlebiidae	小裳蜉 *Leptophlebia* sp.							+					+				
		襀翅目 Plecoptera	石蝇 Perlidae	石蝇 *Perla* sp.	+	+						+						+		+
				绿石蝇 *Choroperla* sp.			+	+	+	+	+	+								
			大石蝇 Pteronarcidae	大石蝇 *Pteronacys* sp.			+	+												
		毛翅目 Trichoptera	沼石蛾科 Limnophilidae	沼石蚕 *Lim nophilus*											+					
			原石蛾科 Rhyacophilidae	原石蚕 *Rhyacophila* sp.					+				+							
			多距石蛾科 Polycentropodidae	低头石蚕 *Neureclipsis* sp.		+							+					+		+

（续）

门	纲	目	科	种	1	2	3	4	5	6	7	8	9	10	11	12	13	14	15	16
节肢动物门 Arthropoda	昆虫纲 Insecta	双翅目 Diptera	摇蚊科 Chironomidae	摇蚊幼虫 Chironomus sp.	+	+			+	+	+		+	+				+	+	+
			细蚊科 Dixidae	细蚊 Dixa sp.				+												
			蚋科 Simuliidae	蚋 Simulium sp.							+	+				+			+	
		鞘翅目 Coleoptera	龙虱科 Dytiscidae	龙虱幼虫 Cybister sp.														+		+
	甲壳纲 Crustacea	端足目 Amphipoda	钩虾科 Gammaridae	钩虾 gammarus sp.					+										+	
		猛水蚤目 Harpacticoida	老丰猛水蚤科 Laophontidae	回教老丰猛水蚤 Laophonta mohammed													+			
			短角猛水蚤科 Cletodidae	单节水生猛水蚤 Enhydrosoma uniarticulatum													+			
环节动物门 Annelida	寡毛纲 Oligochaeta	近孔寡毛目 Oligochaeta Plesiopor	仙女虫科 Naididae	参差仙女虫 Nais variabilis	+														+	
			瓢体虫科 Aeolosomatidae	点级瓢体虫 A. variegatum																+
	蛭纲 Hirudinea	颚蛭目 Gnathobdellida	水蛭科 Hirudinidae	水蛭 Hirudo nipponica								+								
扁形动物门 Platyhelminthes	涡虫纲 Turbellaria	三肠目 Tricladida	片蛭科 Planariidae	涡虫 Planaria sp.		+														+

（续）

| 分类地位 | | | | | 断面 | | | | | | | | | | | | | | | |
门	纲	目	科	种	1	2	3	4	5	6	7	8	9	10	11	12	13	14	15	16
线虫动物门 Nematoda	无尾感器纲 Aphasmida	单齿目 Mononchida	线虫 Mononchidae	线虫 Mononchus sp.						+					+					
4	6	10	22	23	5	6	3	5	6	5	5	5	4	1	4	6	5	7	7	7

注：样点 1 为野牛沟；样点 2 为梯子沟沟口；样点 3 为银厂沟；样点 4 为银厂沟与皮条沟交汇处；样点 5 为五里墩；样点 6 为熊猫电站库尾；样点 7 为熊猫电站大坝下；样点 8 为足木沟与皮条沟交汇处；样点 9 为正河电站站尾；样点 10 为龙潭水电站站尾；样点 11 为观音庙旁；样点 12 为幸福沟耿达水厂；样点 13 为耿达村四组；样点 14 为七层楼沟；样点 15 为黑石江电厂旁（中河）；样点 16 为灵庙关庙（西河）。

附表 9.2.3　四川卧龙国家级自然保护区枯水期底栖无脊椎动物名录

| 分类地位 | | | | | 断面 | | | | | | | | | | | | | | | |
门	纲	目	科	种	1	2	3	4	5	6	7	8	9	10	11	12	13	14	15	16
节肢动物门 Arthropoda	昆虫纲 Insecta	蜉蝣目 Ephemerida	扁蜉科 Ecdyuridae	扁蜉 Eedyrus sp.	+		+	+	+	+	+	+	+			+	+	+	+	+
			四节蜉科 Baetidae	二翼蜉 Cloeon dipterum													+	+		+
			小蜉 Ephemerellidae	小蜉 Ephemerella sp.		+														
			二尾蜉 Siphlonuridae	二尾蜉 Siphlonurus sp.								+								
		积翅目 Plecoptera	石蝇 Perlidae	石蝇 Perla sp.												+		+	+	
				网翅石蝇 Perlodes sp.																

（续）

门	纲	目	科	种	1	2	3	4	5	6	7	8	9	10	11	12	13	14	15	16
节肢动物门 Arthropoda	昆虫纲 Insecta	襀翅目 Plecoptera	大石蝇科 Pteronarcidae	大石蝇 *Pteronacys* sp.	+	+														
		弹尾目 Collembola	水跳虫科 Poduridae	水跳虫 *Podura aquatica*		+														
		毛翅目 Trichoptera	纹石蛾科 Hydropsychidae	纹石蛾 *Hydropsyche* sp.				+	+											
			多距石蛾科 Polycentropodidae	低头石蚕 *Neureclipsis* sp.								+				+				+
		双翅目 Diptera	摇蚊科 Chironomidae	摇蚊幼虫 *Chironomus* sp.	+	+		+		+			+		+		+	+	+	+
			蚊科 Culicidae	按蚊幼虫 *Anopheles* sp.							+									
			蚋科 Simuliidae	蚋 *Simulium* sp.									+							
		鞘翅目 Coleoptera	龙虱科 Dytiscidae	龙虱幼虫 *Cybister* sp.																
	甲壳纲 Crustacea	端足目 Amphipoda	钩虾科 Gammaridae	钩虾 *gammarus* sp.														+		
		猛水蚤目 Harpacticoida	老丰猛水蚤科 Laophontidae	回教老丰猛水蚤 *Laophonta mohammed*					+						+					
		尾肢目 Podocopa	腺状介虫科 Cyprididae	真介虫 *Eucypris* sp.	+	+			+							+				

（续）

门	纲	目	科	种	断面 1	2	3	4	5	6	7	8	9	10	11	12	13	14	15	16
				分类地位																
环节动物门 Annelida	寡毛纲 Oligochaeta	近孔寡毛目 Oligochaeta Plesiopor	仙女虫科 Naididae	参差仙女虫 *Nais variabilis*	+															
扁形动物门 Platyhelminthes	涡虫纲 Turbellaria	三肠目 Tricladida	片蛭科 Planariidae	涡虫 *Planaria* sp.				+		+		+				+	+	+	+	+
线虫动物门 Nematoda	无尾感器纲 Aphasmida	单齿目 Mononchida	线虫 Mononchidae	线虫 *Mononchus* sp.						+	+							+	+	+
4	5	11	19	20	4	7	2	5	5	3	4	5	3	0	2	6	7	8	6	6

附表 9.2.4　四川卧龙国家级自然保护区丰水期底栖无脊椎动物的种类、密度及生物量

（个/m²，g/m²）

	断面	蜉蝣目 密度	生物量	襀翅目 密度	生物量	毛翅目 密度	生物量	涡虫纲 密度	生物量	双翅目 密度	生物量	合计 密度	生物量
1	野牛沟	33	0.23	11	0.41	0	0	0	0	0	0	44	0.64
2	梯子沟沟口	2	0.06	7	0.35	1	0.01	4	0.04	0	0	14	0.46
3	银厂沟	6	0.01	3	0.35	0	0	0	0	1	0.18	10	0.54
4	银厂沟与皮条河交汇处	56	0.61	1	0.03	0	0	0	0	0	0	57	0.64
5	五里墩	25	0.37	5	0.07	1	0.03	0	0	0	0	31	0.47
6	熊猫电站库尾	47	0.62	5	0.08	9	0.06	0	0	0	0	61	0.76
7	熊猫电站大坝下	6	0.05	2	0.05	0	0	0	0	0	0	8	0.1

注：样点 1 为野牛沟；样点 2 为梯子沟沟口；样点 3 为银厂沟；样点 4 为银厂沟与皮条河交汇处；样点 5 为五里墩；样点 6 为熊猫电站库尾；样点 7 为熊猫电站大坝下；样点 8 为术水沟与皮条河交汇处；样点 9 为正河电站站旁；样点 10 为龙潭水电站库尾；样点 11 为观音庙旁；样点 12 为幸福沟耿达水厂；样点 13 为联合村四组；样点 14 为七层楼沟；样点 15 为黑石江电厂劳（中河）；样点 16 为灵关寺（西河）。

（续）

（个/m²，g/m²）

断面	蜉蝣目		襀翅目		毛翅目		涡虫纲		双翅目		合计	
	密度	生物量	密度	生物量	密度	生物量	密度	生物量	密度	生物量	密度	生物量
8　足木沟与皮条河交汇处	11	0.13	3	0.11	0	0	2	0.02	4	0.01	20	0.27
9　正河电站站旁	6	0.05	2	0.02	0	0	0	0	0	0	8	0.07
10　龙潭水电站库尾	4	0.05	0	0	0	0	0	0	0	0	4	0.05
11　观音庙旁	24	0.14	3	0.04	16	0.87	0	0	0	0	43	1.05
12　幸福沟联达水厂	13	0.11	1	0.01	30	0.36	0	0	0	0	44	0.48
13　耿达村四组	10	0.09	0	0	6	0.05	0	0	0	0	16	0.14
14　七层楼沟	25	0.23	0	0	3	0.64	15	0.17	8	0.03	51	1.07
15　黑石江电厂旁（中河）	10	0.08	0	0	12	0.67	5	0.06	0	0	27	0.81
16　灵关庙（西河）	13	0.14	2	0.02	2	0.05	7	0.07	0	0	24	0.28
平均	18.19	0.19	2.81	0.1	5	0.17	2.06	0.02	0.81	0.01	28.88	0.49
百分率	62.99	37.93	9.74	19.67	17.32	34.99	7.14	4.6	2.81	2.81	100	100

附表 9.2.5　四川卧龙国家级自然保护区平水期底栖无脊椎动物的种类、密度及生物量

（个/m²，g/m²）

断面	蜉蝣目		襀翅目		毛翅目		涡虫纲		双翅目		合计	
	密度	生物量	密度	生物量	密度	生物量	密度	生物量	密度	生物量	密度	生物量
1　野牛沟	41	0.39	4	0.03	0	0	0	0	0	0	45	0.42
2　梯子沟沟口	18	0.15	1	0.01	3	0	4	0.03	0	0	26	0.19
3　银厂沟	14	0.11	3	0.38	0	0	0	0	0	0	17	0.49
4　银厂沟与皮条河交汇处	44	0.48	6	0.04	0	0	0	0	0	0	50	0.52
5　五里墩	32	0.29	4	0.05	1	0.02	2	0.02	0	0	39	0.38
6　熊猫电站库尾	59	0.61	1	0.01	0	0	0	0	0	0	60	0.62
7　熊猫电站大坝下	27	0.23	3	0.02	0	0	0	0	52	0.12	82	0.37

（续）

（个/m²，g/m²）

	断面	蜉蝣目 密度	蜉蝣目 生物量	襀翅目 密度	襀翅目 生物量	毛翅目 密度	毛翅目 生物量	涡虫纲 密度	涡虫纲 生物量	双翅目 密度	双翅目 生物量	合计 密度	合计 生物量
8	足木沟与皮条河交汇处	64	0.57	6	0.05	0	0	2	0.02	6	0.03	78	0.67
9	正河电站站旁	52	0.51	0	0	2	0.05	0	0	0	0	54	0.56
10	龙潭水电站库尾	0	0	0	0	0	0	0	0	1	0.01	1	0.01
11	观音庙旁	5	0.04	0	0	1	0.23	0	0	0	0	6	0.27
12	羊福沟耿达水厂	26	0.41	5	1.76	27	8.33	0	0	0	0	58	10.5
13	耿达村四组	24	0.17	0	0	3	0.31	0	0	0	0	27	0.48
14	七层楼沟	12	0.09	2	0.01	19	1.67	6	0.05	0	0	39	1.82
15	黑石江电厂旁（中河）	10	0.08	0	0	0	0	30	0.28	2	0.01	42	0.37
16	灵关庙（西河）	24	0.32	2	0.02	5	0.84	6	0.06	0	0	37	1.24
	平均	28.25	0.28	2.31	0.15	3.81	0.72	3.13	0.03	3.81	0.01	41.31	1.18
	百分率	68.38	23.53	5.6	12.59	9.23	60.55	7.56	2.43	9.23	0.9	100	100

附表 9.2.6　四川卧龙国家级自然保护区枯水期底栖无脊椎动物的种类、密度及生物量

（个/m²，g/m²）

	断面	蜉蝣目 密度	蜉蝣目 生物量	襀翅目 密度	襀翅目 生物量	毛翅目 密度	毛翅目 生物量	涡虫纲 密度	涡虫纲 生物量	双翅目 密度	双翅目 生物量	合计 密度	合计 生物量
1	野牛沟	15	0.11	1	0.37	0	0	0	0	0	0	16	0.48
2	梯子沟沟口	16	0.19	2	0.02	0	0	0	0	0	0	18	0.21
3	银厂沟	13	0.09	0	0	0	0	0	0	0	0	13	0.09
4	银厂沟与皮条河交汇处	17	0.21	0	0	2	0.02	0	0	0	0	19	0.23
5	五里墩	13	0.12	0	0	1	0.01	0	0	1	0.01	15	0.14
6	熊猫电站库尾	4	0.02	0	0	0	0	0	0	1	0.01	5	0.03
7	熊猫电站大坝下	60	0.61	0	0	0	0	0	0	6	0.02	66	0.63

（续）

断面	蜉蝣目 密度	蜉蝣目 生物量	襀翅目 密度	襀翅目 生物量	毛翅目 密度	毛翅目 生物量	涡虫纲 密度	涡虫纲 生物量	双翅目 密度	双翅目 生物量	合计 密度	合计 生物量
8 足木沟与皮条河交汇处	8	0.05	1	0.01	1	0.01	1	0.01	0	0	11	0.08
9 正河电站站旁	7	0.06	0	0	0	0	0	0	8	0.03	15	0.09
10 龙潭水电站库尾	0	0	0	0	0	0	0	0	0	0	0	0
11 观音庙旁	0	0	0	0	0	0	0	0	1	0.01	1	0.01
12 幸福沟耿达水厂	2	0.01	5	0.03	14	5.18	6	0.05	0	0	27	5.27
13 耿达村四组	10	0.07	1	0.01	4	0.03	2	0.02	0	0	17	0.13
14 七层楼沟	16	0.13	5	0.11	5	2.17	30	0.27	0	0	56	2.68
15 黑石江电厂旁（中河）	22	0.19	0	0	9	0.07	3	0.03	0	0	34	0.29
16 灵关庙（西河）	14	0.12	0	0	2	0.01	2	0.02	0	0	18	0.15
平均	13.56	0.12	0.94	0.03	2.38	0.47	2.75	0.03	1.06	0.01	20.69	0.66
百分率	65.56	18.84	4.53	5.23	11.48	71.36	13.29	3.81	5.14	0.76	100	100

附表 10.1　四川卧龙国家级自然保护区鱼类名录

序号	目名	科名	中文种名	拉丁学名	分布地点	最新发现时间	估计数量状况	数据来源
1	鲤形目 Cypriniformes	鲤科 Cyprinidae	齐口裂腹鱼*	*Schizothorax prenanti*	皮条河、正河、三江	2016.08	+++	调查
2	鲤形目 Cypriniformes	鲤科 Cyprinidae	重口裂腹鱼	*Schizothorax davidi*		1992：邓其祥 余志伟		资料
3	鲤形目 Cypriniformes	鳅科 Cobitidae	红尾副鳅	*Paracobitis variegatus*		1992：邓其祥 余志伟		资料
4	鲤形目 Cypriniformes	鳅科 Cobitidae	短体副鳅*	*Paracobitis potanini*		1992：邓其祥 余志伟		资料

（续）

序号	目名	科名	中文种名	拉丁学名	分布地点	最新发现时间	估计数量状况	数据来源
5	鲤形目 Cypriniformes	鳅科 Cobitidae	山鳅 *	Oreias dabryi	皮条河、正河、三江	2016.08	++	调查
6	鲤形目 Cypriniformes	鳅科 Cobitidae	短尾高原鳅 *	Triplophysa brevicauda		1992：邓其祥和余志伟		资料
7	鲤形目 Cypriniformes	平鳍鳅科 Balitoridae	犁头鳅 *	Lepturichthys fimbriata		1992：邓其祥和余志伟		资料
8	鲤形目 Cypriniformes	平鳍鳅科 Balitoridae	贝氏高原鳅 *	Triplophysa bleekeri	皮条河、正河、三江	2016.08	+	调查
9	鲇形目 Siluriformes	鲱科 Sisoridae	青石爬鮡 *	Euchiloglanis davidi		1992：邓其祥和余志伟		资料
10	鲇形目 Siluriformes	鲱科 Sisoridae	黄石爬鮡 *	Euchiloglanis kishinouyei		1992：邓其祥和余志伟		资料
11	鲑形目 Salmoniformes	鲑科 Salmonidae	虹鳟	Oncorhynchus mykiss	皮条河、正河、三江	2016.08	+	调查
12	鲑形目 Salmoniformes	鲑科 Salmonidae	虎嘉鱼 *	Hucho bleekeri		1992：邓其祥和余志伟		资料

注：中文名后带" * "为中国特有种。

附表 10.2　四川卧龙国家级自然保护区保护鱼类名录

序号	目名	科名	中文名	拉丁学名	分布地点经纬度坐标	最新发现时间	估计数量状况	数据来源	受保护情况							
									国家重点保护		四川省重点保护物种	IUCN			CITES	
									1级	2级		极危（C R）	濒危（EN）	附录 1	附录 1	
				种数合计						1						
1	鲑形目 Salmoniformes	鲑科 Salmonidae	虎嘉鱼	Hucho bleekeri				1992：邓其祥和余志伟		1	√				

附表 11 四川卧龙国家级自然保护区两栖类名录

序号	目名	科名	中文种名	拉丁学名	分布地点	最新发现时间	估计数量状况	数据来源
1	有尾目 Caudata	小鲵科 Hynobiidae	山溪鲵	*Batrachuperus pinchonii*				调查
2	有尾目 Caudata	小鲵科 Hynobiidae	西藏山溪鲵	*Batrachuperus tibetanus*		2001：费梁等	/	资料
3	有尾目 Caudata	角蟾科 Megophryidae	大齿蟾	*Oreolalax major*		2001：费梁等	/	资料
4	无尾目 Anura	角蟾科 Megophryidae	宝兴齿蟾	*Oreolalax popei*		2001：费梁等	/	资料
5	无尾目 Anura	角蟾科 Megophryidae	无蹼齿蟾	*Oreolalax schmidti*		2001：费梁等	/	资料
6	无尾目 Anura	角蟾科 Megophryidae	金顶齿突蟾	*Scutiger chintingensis*		2001：费梁等	/	资料
7	无尾目 Anura	角蟾科 Megophryidae	沙坪角蟾	*Megophrys shapingensis*		2001：费梁等	/	资料
8	无尾目 Anura	蟾蜍科 Bufonidae	华西蟾蜍	*Bufo gargarizans andrewsi*	映秀	2016.08	+++	调查
9	无尾目 Anura	蛙科 Ranidae	峨眉林蛙	*Rana omeimontis*	照壁村	2015.07	+	调查
10	无尾目 Anura	蛙科 Ranidae	日本林蛙	*Rana japonica*		2001：费梁等	/	资料
11	无尾目 Anura	蛙科 Ranidae	沼水蛙	*Hylaranc guentheri*		2001：费梁等	/	资料
12	无尾目 Anura	蛙科 Ranidae	绿臭蛙	*Odorrana margaretae*	照壁村	2015.07	+	调查
13	无尾目 Anura	蛙科 Ranidae	花臭蛙	*Odorrana schmackeri*		2001：费梁等	/	资料
14	无尾目 Anura	蛙科 Ranidae	棘腹蛙	*Paa boulengeri*	照壁村	2015.07	+	调查
15	无尾目 Anura	蛙科 Ranidae	理县湍蛙	*Amolops lifanensis*	耿达	2015.07	+	调查
16	无尾目 Anura	蛙科 Ranidae	四川湍蛙	*Amolops mantzorum*	卧龙	2015.07	+	调查
17	无尾目 Anura	树蛙科 Rhacophoridae	峨眉树蛙	*Rhacophorus omeimontis*	白果坪	2015.07	+	调查
18	无尾目 Anura	树蛙科 Rhacophoridae	洪佛树蛙	*Rhacophorus hungfuensis*		2001：费梁等	/	资料

附表 12 四川卧龙国家级自然保护区爬行类名录

序号	目名	科名	中文种名	拉丁学名	分布地点	最新发现时间	估计数量状况	数据来源
1	有鳞目 Squamata	石龙子科 Scincidae	长肢滑蜥	Scincella doriae		2003：赵尔宓	/	资料
2	有鳞目 Squamata	石龙子科 Scincidae	铜蜓蜥	Sphenomorphus indicus	茶园	2015.08	++++	调查
3	有鳞目 Squamata	游蛇科 Colubridae	美姑脊蛇	Achalinus meiguensis		2003：赵尔宓	/	资料
4	有鳞目 Squamata	游蛇科 Colubridae	黑脊蛇	Achalinus spinalis		2003：赵尔宓	/	资料
5	有鳞目 Squamata	游蛇科 Colubridae	锈链腹链蛇	Amphiesma craspedogaster		2003：赵尔宓	/	资料
6	有鳞目 Squamata	游蛇科 Colubridae	翠青蛇	Cyclophiops major	卧龙	2015.07	+	调查
7	有鳞目 Squamata	游蛇科 Colubridae	赤链蛇	Dinodon rufozonatum	卧龙	2015.07	+	调查
8	有鳞目 Squamata	游蛇科 Colubridae	王锦蛇	Elaphe carinata	白果坪	2015.07	+	调查
9	有鳞目 Squamata	游蛇科 Colubridae	横斑锦蛇	Elaphe perlacea		2003：赵尔宓	/	资料
10	有鳞目 Squamata	游蛇科 Colubridae	紫灰锦蛇	Elaphe porphyracea		2003：赵尔宓	/	资料
11	有鳞目 Squamata	游蛇科 Colubridae	黑眉锦蛇	Elaphe taeniura	照壁村	2015.07	+	调查
12	有鳞目 Squamata	游蛇科 Colubridae	福建颈斑蛇	Plagiopholis styani		2003：赵尔宓	/	资料
13	有鳞目 Squamata	游蛇科 Colubridae	斜鳞蛇	Pseudoxenodon macrops sinensis		2003：赵尔宓	/	资料
14	有鳞目 Squamata	游蛇科 Colubridae	颈槽蛇	Rhabdophis nuchalis	黄草坪	2016.08	++++	调查
15	有鳞目 Squamata	游蛇科 Colubridae	虎斑颈槽蛇	Rhabdophis tigrinus lateralis	幸福沟	2015.07	+	调查
16	有鳞目 Squamata	游蛇科 Colubridae	乌梢蛇	Zaocys dhumnades	照壁村	2015.07	+	调查
17	有鳞目 Squamata	眼镜蛇科 Elapidae	丽纹蛇	Calliophis macclellandi		2003：赵尔宓	/	资料
18	有鳞目 Squamata	蝰科 Viperidae	山烙铁头蛇	Ovophis monticola		2003：赵尔宓	/	资料
19	有鳞目 Squamata	蝰科 Viperidae	菜花原矛头蝮	Protobothrops jerdonii	黄草坪	2016.08	++++	调查

附表 13.1　四川卧龙国家级自然保护区鸟类名录

序号	目名	科名	中文种名	拉丁学名	分布地点	最新发现时间	估计数量状况	数据来源
1	鸡形目 Galliformes	雉科 Phasianidae	斑尾榛鸡 *	*Tetrastes sewerzowi*	寡妇山、大岩洞	2014.10	+	调查
2	鸡形目 Galliformes	雉科 Phasianidae	雪鹑	*Lerwa lerwa*	巴朗山	2017.04	++	调查
3	鸡形目 Galliformes	雉科 Phasianidae	红喉雉鹑 *	*Tetraophasis obscurus*	寡妇山、贝母坪	2016.06	++	调查
4	鸡形目 Galliformes	雉科 Phasianidae	藏雪鸡	*Tetraogallus tibetanus*	小魏家沟	2014.10	++	调查
5	鸡形目 Galliformes	雉科 Phasianidae	高原山鹑	*Perdix hodgsoniae*	千海子	2016.06	+	调查
6	鸡形目 Galliformes	雉科 Phasianidae	灰胸竹鸡 *	*Bambusicola thoracicus*	小阴沟	2016.06	+	调查
7	鸡形目 Galliformes	雉科 Phasianidae	血雉	*Ithaginis cruentus*	梯子沟口	2014.10	+++	调查
8	鸡形目 Galliformes	雉科 Phasianidae	红腹角雉	*Tragopan temminckii*	白岩沟	2014.10	++	调查
9	鸡形目 Galliformes	雉科 Phasianidae	勺鸡	*Pucrasia macrolopha*	正河与皮条河沿线	2014.10	++	调查
10	鸡形目 Galliformes	雉科 Phasianidae	绿尾虹雉 *	*Lophophorus lhuysii*	白水梁子	2014.10	++	调查
11	鸡形目 Galliformes	雉科 Phasianidae	白马鸡 *	*Crossoptilon crossoptilon*	梯子沟尾、巴朗山	2014.10	++	调查
12	鸡形目 Galliformes	雉科 Phasianidae	环颈雉	*Phasianus colchicus*	皮条河沿线	2014.10	+++	调查
13	鸡形目 Galliformes	雉科 Phasianidae	红腹锦鸡	*Chrysolophus pictus*	马家沟、喇嘛寺	2015.05	++	调查
14	鸡形目 Galliformes	雉科 Phasianidae	白腹锦鸡	*Chrysolophus amherstiae*	转经楼沟	2015.08	+	调查
15	雁形目 Anseriformes	鸭科 Anatidae	斑头雁	*Anser indicus*	耿达幸福沟、瓦厂沟	2016.03	+	调查
16	雁形目 Anseriformes	鸭科 Anatidae	赤麻鸭	*Tadorna ferruginea*	熊猫电站	2015.10	+	调查
17	雁形目 Anseriformes	鸭科 Anatidae	鸳鸯	*Aix galericulata*	熊猫电站	2015.12	+	调查
18	雁形目 Anseriformes	鸭科 Anatidae	赤膀鸭	*Mareca strepera*	熊猫电站	2016.11	+	调查
19	雁形目 Anseriformes	鸭科 Anatidae	赤颈鸭	*Mareca penelope*	熊猫电站	2015.10	+	调查
20	雁形目 Anseriformes	鸭科 Anatidae	绿翅鸭	*Anas crecca*	熊猫电站	2016.11	+	调查
21	雁形目 Anseriformes	鸭科 Anatidae	绿头鸭	*Anas platyrhynchos*	熊猫电站	2016.11	+	调查

（续）

序号	目名	科名	中文种名	拉丁学名	分布地点	最新发现时间	估计数量状况	数据来源
22	雁形目 Anseriformes	鸭科 Anatidae	斑嘴鸭	*Anas zonorhyncha*	熊猫电站	2016.11	+	调查
23	雁形目 Anseriformes	鸭科 Anatidae	琵嘴鸭	*Spatula clypeata*	熊猫电站	2016.11	+	调查
24	雁形目 Anseriformes	鸭科 Anatidae	白眼潜鸭	*Aythya nyroca*	熊猫电站	2016.11	+	调查
25	雁形目 Anseriformes	鸭科 Anatidae	普通秋沙鸭	*Mergus merganser*	熊猫电站	2016.11	+	调查
26	䴙䴘目 Podicipediformes	䴙䴘科 Podicipedidae	小䴙䴘	*Tachybaptus ruficollis*	熊猫电站	2016.11	+	调查
27	䴙䴘目 Podicipediformes	䴙䴘科 Podicipedidae	凤头䴙䴘	*Podiceps cristatus*	熊猫电站	2016.11	+	调查
28	䴙䴘目 Podicipediformes	䴙䴘科 Podicipedidae	黑颈䴙䴘	*Podiceps nigricollis*	熊猫电站	2016.11	+	调查
29	鸽形目 Columbiformes	鸠鸽科 Columbidae	岩鸽	*Columba rupestris*	小山、巴朗山	2014.11	++	调查
30	鸽形目 Columbiformes	鸠鸽科 Columbidae	雪鸽	*Columba leuconota*	花岩子	2016.11	+	调查
31	鸽形目 Columbiformes	鸠鸽科 Columbidae	斑林鸽	*Columba hodgsonii*	银厂沟	2014.10	+	调查
32	鸽形目 Columbiformes	鸠鸽科 Columbidae	山斑鸠	*Streptopelia orientalis*	银厂沟	2014.10	+	调查
33	鸽形目 Columbiformes	鸠鸽科 Columbidae	火斑鸠	*Streptopelia tranquebarica*		1993: 余志伟等		资料
34	鸽形目 Columbiformes	鸠鸽科 Columbidae	珠颈斑鸠	*Streptopelia chinensis*	银厂沟口	2014.10	+	调查
35	夜鹰目 Caprimulgiformes	夜鹰科 Caprimulgidae	普通夜鹰	*Caprimulgus indicus*	木江坪	2015.05	+	调查
36	夜鹰目 Caprimulgiformes	雨燕科 Apodidae	短嘴金丝燕	*Collocalia brevirostris*	银厂沟口	2014.10	++	调查
37	夜鹰目 Caprimulgiformes	雨燕科 Apodidae	白腰雨燕	*Apus pacificus*	卧龙关	2016.06	++	调查
38	夜鹰目 Caprimulgiformes	雨燕科 Apodidae	小白腰雨燕	*Apus nipalensis*	银厂沟口	2014.10	+	调查
39	鹃形目 Cuculiformes	杜鹃科 Cuculidae	红翅凤头鹃	*Clamator coromandus*	野牛沟	2016.06	+	调查
40	鹃形目 Cuculiformes	杜鹃科 Cuculidae	大鹰鹃	*Hierococcyx sparverioides*	木江坪	2015.05	+	调查
41	鹃形目 Cuculiformes	杜鹃科 Cuculidae	四声杜鹃	*Cuculus micropterus*	木江坪	2015.05	+	调查
42	鹃形目 Cuculiformes	杜鹃科 Cuculidae	大杜鹃	*Cuculus canorus*	木江坪	2015.05	+	调查

（续）

序号	目名	科名	中文种名	拉丁学名	分布地点	最新发现时间	估计数量状况	数据来源
43	鹃形目 Cuculiformes	杜鹃科 Cuculidae	中杜鹃	Cuculus saturatus	木江坪	2015. 05	+	调查
44	鹃形目 Cuculiformes	杜鹃科 Cuculidae	小杜鹃	Cuculus poliocephalus		1993: 余志伟等		资料
45	鹃形目 Cuculiformes	杜鹃科 Cuculidae	噪鹃	Eudynamys scolopacea	木江坪	2015. 05	+	调查
46	鹃形目 Cuculiformes	杜鹃科 Cuculidae	小鸦鹃	Centropus bengalensis	贝母坪	2017. 10	+	调查
47	鹤形目 Gruiformes	秧鸡科 Rallidae	白胸苦恶鸟	Amaurornis phoenicurus		1993: 余志伟等		资料
48	鹤形目 Gruiformes	秧鸡科 Rallidae	董鸡	Gallicrex cinerea		1993: 余志伟等		资料
49	鹳形目 Ciconiiformes	鹳科 Ciconiidae	黑鹳	Ciconia nigra		1993: 余志伟等		资料
50	鸻形目 Charadriiformes	鹮嘴鹬科 Ibidorhynchidae	鹮嘴鹬	Ibidorhyncha struthersii	沙湾皮条河	2016. 11	+	调查
51	鸻形目 Charadriiformes	鸻科 Charadriidae	凤头麦鸡	Vanellus vanellus	卧龙关	2016. 11	++	调查
52	鸻形目 Charadriiformes	鸻科 Charadriidae	金眶鸻	Charadrius dubius	卧龙关	2016. 11	+	调查
53	鸻形目 Charadriiformes	鹬科 Scolopacidae	丘鹬	Scolopax rusticola	卧龙关	2016. 11	+	调查
54	鸻形目 Charadriiformes	鹬科 Scolopacidae	孤沙锥	Gallinago solitaria	卧龙关	2016. 11	+	调查
55	鸻形目 Charadriiformes	鹬科 Scolopacidae	林沙锥	Gallinago nemoricola	花岩子	2016. 11	+	调查
56	鸻形目 Charadriiformes	鹬科 Scolopacidae	鹤鹬	Tringa erythropus	熊猫电站	2016. 11	+	调查
57	鸻形目 Charadriiformes	鹬科 Scolopacidae	红脚鹬	Tringa totanus	沙湾皮条河	2017. 04	+	调查
58	鸻形目 Charadriiformes	鹬科 Scolopacidae	白腰草鹬	Tringa ochropus	熊猫电站下	2017. 04	+	调查
59	鸻形目 Charadriiformes	鹬科 Scolopacidae	泽鹬	Tringa stagnatilis	耿达	2016. 10	+	调查
60	鸻形目 Charadriiformes	鹬科 Scolopacidae	林鹬	Tringa glareola	沙湾	2015. 07	+	调查
61	鸻形目 Charadriiformes	三趾鹑科 Turnicidae	黄脚三趾鹑	Turnix tanki	花岩子	206. 06	+	调查
62	鸻形目 Charadriiformes	燕鸻科 Glareolidae	普通燕鸻	Glareola maldivarum	沙湾皮条河	2016. 11	+	调查
63	鲣鸟目 Suliformes	鸬鹚科 Phalacrocoracidae	普通鸬鹚	Phalacrocorax carbo	熊猫电站	2016. 11	+	调查

（续）

序号	目名	科名	中文种名	拉丁学名	分布地点	最新发现时间	估计数量状况	数据来源
64	鹈形目 Pelecaniformes	鹭科 Ardeidae	白鹭	*Egretta garzetta*	卧龙关	2015.07	+	调查
65	鹈形目 Pelecaniformes	鹭科 Ardeidae	池鹭	*Ardeola bacchus*	耿达皮条河	2014.10	+	调查
66	鹈形目 Pelecaniformes	鹭科 Ardeidae	夜鹭	*Nycticorax nycticorax*	耿达皮条河	2015.08	+	调查
67	鹈形目 Pelecaniformes	鹭科 Ardeidae	栗苇鳽	*Ixobrychus cinnamomeus*	卧龙关	2016.11	+	调查
68	鹰形目 Accipitriformes	鹰科 Accipitridae	凤头蜂鹰	*Pernis ptilorhynchus*	巴朗山	2017.04	+	调查
69	鹰形目 Accipitriformes	鹰科 Accipitridae	黑鸢	*Milvus migrans*	双树子高尖	2014.10	+	调查
70	鹰形目 Accipitriformes	鹰科 Accipitridae	胡兀鹫	*Gypaetus barbatus*	花岩子	2015.07	+	调查
71	鹰形目 Accipitriformes	鹰科 Accipitridae	高山兀鹫	*Gyps himalayensis*	花岩子	2017.07	+	调查
72	鹰形目 Accipitriformes	鹰科 Accipitridae	秃鹫	*Aegypius monachus*	保山、道沟	2014.10	+	调查
73	鹰形目 Accipitriformes	鹰科 Accipitridae	鹊鹞	*Circus melanoleucos*	熊猫之巅	2017.04	+	调查
74	鹰形目 Accipitriformes	鹰科 Accipitridae	凤头鹰	*Accipiter trivirgatus*	熊猫之巅	2017.04	+	调查
75	鹰形目 Accipitriformes	鹰科 Accipitridae	赤腹鹰	*Accipiter soloensis*	巴朗山	2017.04	+	调查
76	鹰形目 Accipitriformes	鹰科 Accipitridae	日本松雀鹰	*Accipiter gularis*	巴朗山	2017.04	+	调查
77	鹰形目 Accipitriformes	鹰科 Accipitridae	松雀鹰	*Accipiter virgatus*	邓生沟	2015.07	+	调查
78	鹰形目 Accipitriformes	鹰科 Accipitridae	雀鹰	*Accipiter nisus*	双树子高尖	2014.10	+	调查
79	鹰形目 Accipitriformes	鹰科 Accipitridae	苍鹰	*Accipiter gentilis*	关门沟	2015.04	+	调查
80	鹰形目 Accipitriformes	鹰科 Accipitridae	普通鵟	*Buteo japonicus*	窝妇山	2015.07	+	调查
81	鹰形目 Accipitriformes	鹰科 Accipitridae	大鵟	*Buteo hemilasius*		1993：余志伟等		资料
82	鹰形目 Accipitriformes	鹰科 Accipitridae	乌雕	*Clanga clanga*		1993：余志伟等		资料
83	鹰形目 Accipitriformes	鹰科 Accipitridae	草原雕	*Aquila nipalensis*	干海子	2016.06	+	调查
84	鹰形目 Accipitriformes	鹰科 Accipitridae	金雕	*Aquila chrysaetos*	巴朗山	2015.08	+	调查

（续）

序号	目名	科名	中文种名	拉丁学名	分布地点	最新发现时间	估计数量状况	数据来源
85	鸮形目 Strigiformes	鸱鸮科 Strigidae	领角鸮	Otus lettia	木江坪	2015.05	+	调查
86	鸮形目 Strigiformes	鸱鸮科 Strigidae	红角鸮	Otus scops	卧龙关	2016.06	+	调查
87	鸮形目 Strigiformes	鸱鸮科 Strigidae	雕鸮	Bubo bubo	马家沟	2014.05	+	调查
88	鸮形目 Strigiformes	鸱鸮科 Strigidae	灰林鸮	Strix aluco	卧龙关	2016.06	+	调查
89	鸮形目 Strigiformes	鸱鸮科 Strigidae	领鸺鹠	Glaucidium brodiei	干海子	2016.08	+	调查
90	鸮形目 Strigiformes	鸱鸮科 Strigidae	斑头鸺鹠	Glaucidium cuculoides	卧龙关	2015.07	+	调查
91	鸮形目 Strigiformes	鸱鸮科 Strigidae	纵纹腹小鸮	Athene noctua	巴朗山	2016.11	+	调查
92	鸮形目 Strigiformes	鸱鸮科 Strigidae	长耳鸮	Asio otus	野牛沟	2016.06	+	调查
93	鸮形目 Strigiformes	鸱鸮科 Strigidae	短耳鸮	Asio flammeus	野牛沟	2016.06	+	调查
94	犀鸟目 Bucerotiformes	戴胜科 Upupidae	戴胜	Upupa epops	银厂沟	2014.10	++	调查
95	佛法僧目 Coraciiformes	翠鸟科 Alcedinidae	普通翠鸟	Alcedo atthis	皮条河	2014.10	+	调查
96	佛法僧目 Coraciiformes	翠鸟科 Alcedinidae	蓝翡翠	Halcyon pileata	耿达	2015.05	+	调查
97	啄木鸟目 Piciformes	啄木鸟科 Picidae	蚁䴕	Jynx torquilla	银厂沟	2014.10	+	调查
98	啄木鸟目 Piciformes	啄木鸟科 Picidae	斑姬啄木鸟	Picumnus innominatus	耿达	2015.05	+	调查
99	啄木鸟目 Piciformes	啄木鸟科 Picidae	星头啄木鸟	Dendrocopos canicapillus	野牛沟	2016.06	+	调查
100	啄木鸟目 Piciformes	啄木鸟科 Picidae	棕腹啄木鸟	Dendrocopos hyperythrus	野牛沟	2016.06	+	调查
101	啄木鸟目 Piciformes	啄木鸟科 Picidae	黄颈啄木鸟	Dendrocopos darjellensis	耿达	2015.05	+	调查
102	啄木鸟目 Piciformes	啄木鸟科 Picidae	赤胸啄木鸟	Dendrocopos cathpharius	耿达	2015.05	+	调查
103	啄木鸟目 Piciformes	啄木鸟科 Picidae	白背啄木鸟	Dendrocopos leucotos	野牛沟	2016.06	+	调查
104	啄木鸟目 Piciformes	啄木鸟科 Picidae	大斑啄木鸟	Dendrocopos major	耿达	2015.05	+	调查
105	啄木鸟目 Piciformes	啄木鸟科 Picidae	三趾啄木鸟	Picoides tridactylus	野牛沟	2016.06	+	调查

（续）

序号	目名	科名	中文种名	拉丁学名	分布地点	最新发现时间	估计数量状况	数据来源
106	啄木鸟目 Piciformes	啄木鸟科 Picidae	黑啄木鸟	*Dryocopus martius*	齐头岩	2015.04	+	调查
107	啄木鸟目 Piciformes	啄木鸟科 Picidae	灰头绿啄木鸟	*Picus canus*	齐头岩	2015.04	+	调查
108	啄木鸟目 Piciformes	啄木鸟科 Picidae	黄嘴栗啄木鸟	*Blythipicus pyrrhotis*	齐头岩	2015.04	+	调查
109	隼形目 Falconiformes	隼科 Falconidae	红隼	*Falco tinnunculus*	花岩子	2015.08	++	调查
110	隼形目 Falconiformes	隼科 Falconidae	灰背隼	*Falco columbarius*	天康坝岩窝	2014.11	+	调查
111	隼形目 Falconiformes	隼科 Falconidae	燕隼	*Falco subbuteo*	箕妇山	2015.07	+	调查
112	隼形目 Falconiformes	隼科 Falconidae	猎隼	*Falco cherrug*	花岩子	2017.04	+	调查
113	雀形目 Passeriformes	黄鹂科 Oriolidae	黑枕黄鹂	*Oriolus chinensis*	喇嘛寺	2017.04	+	调查
114	雀形目 Passeriformes	莺雀科 Vireonidae	淡绿鵙鹛	*Pteruthius xanthochlorus*	木江坪	2015.05	+	调查
115	雀形目 Passeriformes	山椒鸟科 Campephagidae	暗灰鹃鵙	*Lalage melaschistos*	卧龙关	2016.06	+	调查
116	雀形目 Passeriformes	山椒鸟科 Campephagidae	长尾山椒鸟	*Pericrocotus ethologus*	驴驴店	2014.10	+++	调查
117	雀形目 Passeriformes	山椒鸟科 Campephagidae	短嘴山椒鸟	*Pericrocotus brevirostris*	驴驴店	2014.10	+	调查
118	雀形目 Passeriformes	扇尾鹟科 Rhipiduridae	白喉扇尾鹟	*Rhipidura albicollis*	索索棚	2014.10	+	调查
119	雀形目 Passeriformes	卷尾科 Dicruridae	黑卷尾	*Dicrurus macrocercus*	木江坪	2015.05	+	调查
120	雀形目 Passeriformes	卷尾科 Dicruridae	发冠卷尾	*Dicrurus hottentottus*	木江坪	2015.05	+	调查
121	雀形目 Passeriformes	玉鹟科 Stenostiridae	方尾鹟	*Culicicapa ceylonensis*	川北营	2014.10	++	调查
122	雀形目 Passeriformes	伯劳科 Laniidae	牛头伯劳	*Lanius bucephalus*	梯子沟口	2016.06	+	调查
123	雀形目 Passeriformes	伯劳科 Laniidae	红尾伯劳	*Lanius cristatus*	沙湾	2016.06	+	调查
124	雀形目 Passeriformes	伯劳科 Laniidae	棕背伯劳	*Lanius schach*	沙湾	2016.11	+	调查
125	雀形目 Passeriformes	伯劳科 Laniidae	灰背伯劳	*Lanius tephronotus*	沙湾	2016.11	++	调查
126	雀形目 Passeriformes	鸦科 Corvidae	松鸦	*Garrulus glandarius*	梯子沟口	2016.06	+	调查

（续）

序号	目名	科名	中文种名	拉丁学名	分布地点	最新发现时间	估计数量状况	数据来源
127	雀形目 Passeriformes	鸦科 Corvidae	灰喜鹊	*Cyanopica cyana*	巴朗山	2016.11	+	调查
128	雀形目 Passeriformes	鸦科 Corvidae	红嘴蓝鹊	*Urocissa erythrorhyncha*	沙湾	2016.11	+++	调查
129	雀形目 Passeriformes	鸦科 Corvidae	喜鹊	*Pica pica*	木江坪	2015.05	+	调查
130	雀形目 Passeriformes	鸦科 Corvidae	星鸦	*Nucifraga caryocatactes*	金家山	2014.10	+	调查
131	雀形目 Passeriformes	鸦科 Corvidae	红嘴山鸦	*Pyrrhocorax pyrrhocorax*	小山	2014.11	+++	调查
132	雀形目 Passeriformes	鸦科 Corvidae	黄嘴山鸦	*Pyrrhocorax graculus*	南华山	2014.10	+++	调查
133	雀形目 Passeriformes	鸦科 Corvidae	小嘴乌鸦	*Corvus corone*	索索棚	2014.10	++	调查
134	雀形目 Passeriformes	鸦科 Corvidae	大嘴乌鸦	*Corvus macrorhynchos*	索索棚	2014.10	++	调查
135	雀形目 Passeriformes	山雀科 Paridae	沼泽山雀	*Poecile palustris dejeani*	黑岩窝	2014.10	++	调查
136	雀形目 Passeriformes	山雀科 Paridae	褐头山雀	*Poecile songarus*	银厂沟	2014.10	+	调查
137	雀形目 Passeriformes	山雀科 Paridae	红腹山雀 *	*Poecile davidi*	银厂沟	2014.10	+	调查
138	雀形目 Passeriformes	山雀科 Paridae	煤山雀	*Periparus ater*	索索棚	2014.10	++	调查
139	雀形目 Passeriformes	山雀科 Paridae	黑冠山雀	*Periparus rubidiventris*	原草地	2014.10	++	调查
140	雀形目 Passeriformes	山雀科 Paridae	黄腹山雀 *	*Pardaliparus venustulus*	金家山	2014.10	++	调查
141	雀形目 Passeriformes	山雀科 Paridae	褐冠山雀	*Lophophanes dichrous*	白岩沟沟口	2014.10	++	调查
142	雀形目 Passeriformes	山雀科 Paridae	大山雀	*Parus cinereus*	水石岩	2015.05	++	调查
143	雀形目 Passeriformes	山雀科 Paridae	绿背山雀	*Parus monticolus*	臭水沟	2015.10	+++	调查
144	雀形目 Passeriformes	山雀科 Paridae	黄眉林雀	*Sylviparus modestus*	转经楼沟	2014.10	+	调查
145	雀形目 Passeriformes	山雀科 Paridae	火冠雀	*Cephalopyrus flammiceps*	马家沟	2015.04	+	调查
146	雀形目 Passeriformes	百灵科 Alaudidae	细嘴短趾百灵	*Calandrella acutirostris*	寡妇山	2015.07	+	调查
147	雀形目 Passeriformes	百灵科 Alaudidae	小云雀	*Alauda gulgula*	寡妇山	2017.07	+	调查

序号	目名	科名	中文种名	拉丁学名	分布地点	最新发现时间	估计数量状况	数据来源
148	雀形目 Passeriformes	扇尾莺科 Cisticolidae	棕扇尾莺	*Cisticola juncidis*	大阴沟	2014.10	+	调查
149	雀形目 Passeriformes	扇尾莺科 Cisticolidae	山鹪莺	*Prinia crinigera*	大阴沟	2014.10	+	调查
150	雀形目 Passeriformes	鳞胸鹪鹛科 Pnoepygidae	鳞胸鹪鹛	*Pnoepyga albiventer*	木江坪	2016.06	+	调查
151	雀形目 Passeriformes	鳞胸鹪鹛科 Pnoepygidae	小鳞胸鹪鹛	*Pnoepyga pusilla*	大阴沟	2014.10	+	调查
152	雀形目 Passeriformes	蝗莺科 Locustellidae	斑胸短翅蝗莺	*Locustella thoracicus*		1993: 余志伟等		资料
153	雀形目 Passeriformes	蝗莺科 Locustellidae	棕褐短翅蝗莺	*Locustella luteoventris*	卧龙关上	2016.11	+	调查
154	雀形目 Passeriformes	燕科 Hirundinidae	岩燕	*Ptyonoprogne rupestris*	上牛棚-银厂沟山梁	2014.10	+++	调查
155	雀形目 Passeriformes	燕科 Hirundinidae	家燕	*Hirundo rustica*	耿达	2015.05	++	调查
156	雀形目 Passeriformes	燕科 Hirundinidae	烟腹毛脚燕	*Delichon dasypus*	耿达	2015.05	+++	调查
157	雀形目 Passeriformes	鹎科 Pycnonotidae	领雀嘴鹎	*Spizixos semitorques*	耿达	2015.05	++	调查
158	雀形目 Passeriformes	鹎科 Pycnonotidae	黄臀鹎	*Pycnonotus xanthorrhous*	耿达	2015.05	++	调查
159	雀形目 Passeriformes	鹎科 Pycnonotidae	白头鹎	*Pycnonotus sinensis*	耿达	2015.05	+	调查
160	雀形目 Passeriformes	鹎科 Pycnonotidae	绿翅短脚鹎	*Hypsipetes mcclellandii*	喇嘛寺	2017.04	+	调查
161	雀形目 Passeriformes	柳莺科 Phylloscopidae	黄腹柳莺	*Phylloscopus affinis*	索索棚	2014.10	++	调查
162	雀形目 Passeriformes	柳莺科 Phylloscopidae	棕腹柳莺	*Phylloscopus subaffinis*	苍王沟	2015.04	++	调查
163	雀形目 Passeriformes	柳莺科 Phylloscopidae	棕眉柳莺	*Phylloscopus armandii perplexus*	洗脚沟	2015.04	++	调查
164	雀形目 Passeriformes	柳莺科 Phylloscopidae	橙斑翅柳莺	*Phylloscopus pulcher*	索索棚	2014.10	++	调查
165	雀形目 Passeriformes	柳莺科 Phylloscopidae	灰喉柳莺	*Phylloscopus maculipennis*	苍王沟	2015.04	+	调查
166	雀形目 Passeriformes	柳莺科 Phylloscopidae	四川柳莺	*Phylloscopus sichuanensis*	索索棚	2014.10	++	调查
167	雀形目 Passeriformes	柳莺科 Phylloscopidae	黄腰柳莺	*Phylloscopus proregulus*	洗脚沟	2015.04	++	调查
168	雀形目 Passeriformes	柳莺科 Phylloscopidae	黄眉柳莺	*Phylloscopus inornatus*	苍王沟	2015.04	++	调查

（续）

序号	目名	科名	中文种名	拉丁学名	分布地点	最新发现时间	估计数量状况	数据来源
169	雀形目 Passeriformes	柳莺科 Phylloscopidae	暗绿柳莺	*Phylloscopus trochiloides*	南华山	2014. 10	++	调查
170	雀形目 Passeriformes	柳莺科 Phylloscopidae	乌嘴柳莺	*Phylloscopus magnirostris*	水井湾	2014. 10	+	调查
171	雀形目 Passeriformes	柳莺科 Phylloscopidae	冠纹柳莺	*Phylloscopus reguloides*	水井湾	2014. 10	++	调查
172	雀形目 Passeriformes	柳莺科 Phylloscopidae	金眶鹟莺	*Seicercus burkii*	南华山	2014. 10	+	调查
173	雀形目 Passeriformes	柳莺科 Phylloscopidae	比氏鹟莺	*Seicercus valentini*	灯草坪	2015. 04	+	调查
174	雀形目 Passeriformes	柳莺科 Phylloscopidae	栗头鹟莺	*Seicercus castaniceps*	灯草坪	2015. 04	+	调查
175	雀形目 Passeriformes	树莺科 Cettiidae	栗头地莺	*Cettia castaneocoronata*	邓生	2015. 07	+	调查
176	雀形目 Passeriformes	树莺科 Cettiidae	远东树莺	*Horornis canturians*	巴朗山	2016. 11	+	调查
177	雀形目 Passeriformes	树莺科 Cettiidae	强脚树莺	*Horornis fortipes*	周家沟、核桃坪	2015. 04	++	调查
178	雀形目 Passeriformes	树莺科 Cettiidae	大树莺	*Cettia major*	巴朗山	2016. 06	+	调查
179	雀形目 Passeriformes	树莺科 Cettiidae	黄腹树莺	*Horornis acanthizoides*	巴朗山	2016. 11	++	调查
180	雀形目 Passeriformes	树莺科 Cettiidae	棕顶树莺	*Cettia brunnifrons*	马塘	2014. 10	+	调查
181	雀形目 Passeriformes	树莺科 Cettiidae	棕脸鹟莺	*Abroscopus albogularis*	灯草坪	2015. 04	+	调查
182	雀形目 Passeriformes	长尾山雀科 Aegithalidae	花彩雀莺	*Leptopoecile sophiae*	巴朗山	2016. 11	++	调查
183	雀形目 Passeriformes	长尾山雀科 Aegithalidae	凤头雀莺 *	*Leptopoecile elegans*	卧龙关上	2016. 11	+	调查
184	雀形目 Passeriformes	长尾山雀科 Aegithalidae	红头长尾山雀	*Aegithalos concinnus*	灯草坪	2015. 04	++	调查
185	雀形目 Passeriformes	长尾山雀科 Aegithalidae	黑眉长尾山雀	*Aegithalos bonvaloti*	银厂沟	2014. 10	+	调查
186	雀形目 Passeriformes	长尾山雀科 Aegithalidae	银脸长尾山雀 *	*Aegithalos fuliginosus*	白岩沟沟口	2014. 10	+	调查
187	雀形目 Passeriformes	莺鹛科 Sylviidae	宝兴鹛雀 *	*Moupinia poecilotis*	仓王沟	2014. 10	+	调查
188	雀形目 Passeriformes	莺鹛科 Sylviidae	金胸雀鹛	*Lioparus chrysotis*	上牛棚	2014. 10	+	调查
189	雀形目 Passeriformes	莺鹛科 Sylviidae	中华雀鹛 *	*Fulvetta striaticollis*	白岩沟	2014. 10	+	调查

（续）

序号	目名	科名	中文种名	拉丁学名	分布地点	最新发现时间	估计数量状况	数据来源
190	雀形目 Passeriformes	莺鹛科 Sylviidae	棕头雀鹛	*Fulvetta ruficapilla*	白岩沟	2014.10	+	调查
191	雀形目 Passeriformes	莺鹛科 Sylviidae	褐头雀鹛	*Fulvetta cinereiceps*	白岩沟沟口	2014.10	+	调查
192	雀形目 Passeriformes	莺鹛科 Sylviidae	红嘴鸦雀	*Conostoma aemodium*	邓生	2015.07	+	调查
193	雀形目 Passeriformes	莺鹛科 Sylviidae	三趾鸦雀 *	*Cholornis paradoxus*	沙湾	2015.07	+	调查
194	雀形目 Passeriformes	莺鹛科 Sylviidae	点胸鸦雀	*Paradoxornis guttaticollis*	沙湾	2015.07	+	调查
195	雀形目 Passeriformes	莺鹛科 Sylviidae	白眶鸦雀 *	*Sinosuthora conspicillatus*	沙湾	2015.07	+	调查
196	雀形目 Passeriformes	莺鹛科 Sylviidae	棕头鸦雀	*Sinosuthora webbianus*	狼家杠	2015.04	++	调查
197	雀形目 Passeriformes	莺鹛科 Sylviidae	黄额鸦雀	*Suthora fulvifrons*	狼家杠	2015.04	+	调查
198	雀形目 Passeriformes	莺鹛科 Sylviidae	黑喉鸦雀	*Suthora nipalensis*	狼家杠	2015.04	+	调查
199	雀形目 Passeriformes	绣眼鸟科 Zosteropidae	红胁绣眼鸟	*Zosterops erythropleurus*	喇嘛寺	2016.06	+	调查
200	雀形目 Passeriformes	绣眼鸟科 Zosteropidae	暗绿绣眼鸟	*Zosterops japonicus*	水井湾	2014.10	+	调查
201	雀形目 Passeriformes	绣眼鸟科 Zosteropidae	纹喉凤鹛	*Yuhina gularis*	双树子高头	2014.10	+	调查
202	雀形目 Passeriformes	绣眼鸟科 Zosteropidae	白领凤鹛	*Yuhina diademata*	白岩沟沟口	2014.10	++	调查
203	雀形目 Passeriformes	绣眼鸟科 Zosteropidae	黑额凤鹛	*Yuhina nigrimenta*	邓生	2015.07	+	调查
204	雀形目 Passeriformes	林鹛科 Timaliidae	斑胸钩嘴鹛	*Erythrocnemis gravivox*	木江坪	2015.05	+	调查
205	雀形目 Passeriformes	林鹛科 Timaliidae	棕颈钩嘴鹛	*Pomatorhinus ruficollis*	花红树沟	2015.08	+	调查
206	雀形目 Passeriformes	林鹛科 Timaliidae	红头穗鹛	*Chrysomma ruficeps*	川北营	2014.10	+	调查
207	雀形目 Passeriformes	幽鹛科 Pellorneidae	褐顶雀鹛	*Schoeniparus brunnea*	白岩沟	2014.10	+	调查
208	雀形目 Passeriformes	幽鹛科 Pellorneidae	灰眶雀鹛	*Alcippe morrisonia*	川北营	2014.10	+	调查
209	雀形目 Passeriformes	幽鹛科 Pellorneidae	白眶雀鹛	*Alcippe nipalensis*	川北营	2014.10	+	调查
210	雀形目 Passeriformes	噪鹛科 Leiothrichidaea	白喉噪鹛	*Garrulax albogularis*	寡妇山	2015.07	+	调查

（续）

序号	目名	科名	中文种名	拉丁学名	分布地点	最新发现时间	估计数量状况	数据来源
211	雀形目 Passeriformes	噪鹛科 Leiothrichidaea	灰翅噪鹛	*Garrulax cineraceus*	川北营	1993：余志伟等	+	资料
212	雀形目 Passeriformes	噪鹛科 Leiothrichidaea	眼纹噪鹛	*Garrulax ocellatus*	白岩沟沟口	2014.10	++	调查
213	雀形目 Passeriformes	噪鹛科 Leiothrichidaea	斑背噪鹛*	*Garrulax lunulatus*	花红树沟	2015.08	+	调查
214	雀形目 Passeriformes	噪鹛科 Leiothrichidaea	大噪鹛*	*Garrulax maximus*	白岩沟沟口	2014.10	++	调查
215	雀形目 Passeriformes	噪鹛科 Leiothrichidaea	画眉	*Garrulax canorus*	核桃坪	2015.07	+	调查
216	雀形目 Passeriformes	噪鹛科 Leiothrichidaea	白颊噪鹛	*Garrulax sannio*	木江坪	2015.05	++	调查
217	雀形目 Passeriformes	噪鹛科 Leiothrichidaea	橙翅噪鹛*	*Trochalopteron elliotii*	白岩沟沟口	2014.10	+++	调查
218	雀形目 Passeriformes	噪鹛科 Leiothrichidaea	黑顶噪鹛	*Trochalopteron affinis*	木江坪	2015.05	+	调查
219	雀形目 Passeriformes	噪鹛科 Leiothrichidaea	红翅噪鹛	*Trochalopteron formosus*	木江坪	2015.05	+	调查
220	雀形目 Passeriformes	噪鹛科 Leiothrichidaea	矛纹草鹛	*Babax lanceolatus*	熊猫沟	2015.07	+++	调查
221	雀形目 Passeriformes	噪鹛科 Leiothrichidaea	红嘴相思鸟	*Leiothrix lutea*	花红树沟	2015.07	+	调查
222	雀形目 Passeriformes	旋木雀科 Certhidae	欧亚旋木雀	*Certhia familiaris*	西河	2015.04	+	调查
223	雀形目 Passeriformes	旋木雀科 Certhidae	四川旋木雀*	*Certhia tianquanensis*	转经楼沟	2014.10	++	调查
224	雀形目 Passeriformes	旋木雀科 Certhidae	高山旋木雀	*Certhia himalayana*	银厂沟	2014.10	+	调查
225	雀形目 Passeriformes	鳾科 Sittidae	普通鳾	*Sitta europaea*	臭水沟	2015.04	++	调查
226	雀形目 Passeriformes	鳾科 Sittidae	栗臀鳾	*Sitta nagaensis*	转经楼沟	2014.10	+	调查
227	雀形目 Passeriformes	鳾科 Sittidae	红翅旋壁雀	*Tichodroma muraria*	糖房	2015.04	+	调查
228	雀形目 Passeriformes	鹪鹩科 Troglodytidae	鹪鹩	*Troglodytes troglodytes*	青杠坪	2014.10	+	调查
229	雀形目 Passeriformes	河乌科 Cinclidae	河乌	*Cinclus cinclus*	皮条河	2014.10	+	调查
230	雀形目 Passeriformes	河乌科 Cinclidae	褐河乌	*Cinclus pallasii*	皮条河	2014.10	+	调查
231	雀形目 Passeriformes	椋鸟科 Sturnidae	灰椋鸟	*Spodiopsar cineraceus*	沙湾	2016.11	+	调查

（续）

序号	目名	科名	中文种名	拉丁学名	分布地点	最新发现时间	估计数量状况	数据来源
232	雀形目 Passeriformes	鸫科 Turdidae	淡背地鸫	*Zoothera mollissima*	箕妇山	2015.07	+	调查
233	雀形目 Passeriformes	鸫科 Turdidae	长尾地鸫	*Zoothera dixoni*	箕妇山	2015.07	+	调查
234	雀形目 Passeriformes	鸫科 Turdidae	虎斑地鸫	*Zoothera socia*	箕妇山	2015.07	+	调查
235	雀形目 Passeriformes	鸫科 Turdidae	乌鸫 *	*Turdus mandarinus*	邓生	2015.07	++	调查
236	雀形目 Passeriformes	鸫科 Turdidae	灰头鸫	*Turdus rubrocanus*	木江坪	2015.05	+	调查
237	雀形目 Passeriformes	鸫科 Turdidae	棕背黑头鸫	*Turdus kessleri*	邓生	2015.07	+++	调查
238	雀形目 Passeriformes	鸫科 Turdidae	白腹鸫	*Turdus pallidus*	英雄沟	2014.10	+	调查
239	雀形目 Passeriformes	鸫科 Turdidae	赤颈鸫	*Turdus ruficollis*	木江坪	2015.05	+	调查
240	雀形目 Passeriformes	鸫科 Turdidae	斑鸫	*Turdus eunomus*	英雄沟	2014.10	+	调查
241	雀形目 Passeriformes	鸫科 Turdidae	宝兴歌鸫 *	*Turdus mupinensis*	邓生	2015.07	+	调查
242	雀形目 Passeriformes	鹟科 Muscicapidae	红喉歌鸲	*Calliope calliope*	梯子沟口	2016.11	+	调查
243	雀形目 Passeriformes	鹟科 Muscicapidae	黑胸歌鸲	*Calliope pectoralis*	花红树沟	2016.06	+	调查
244	雀形目 Passeriformes	鹟科 Muscicapidae	黑喉歌鸲	*Calliope obscura*	五一棚	2016.06	+	调查
245	雀形目 Passeriformes	鹟科 Muscicapidae	金胸歌鸲	*Calliope pectardens*	英雄沟	2014.10	+	调查
246	雀形目 Passeriformes	鹟科 Muscicapidae	蓝喉歌鸲	*Luscinia svecica*	花红树沟	2016.06	+	调查
247	雀形目 Passeriformes	鹟科 Muscicapidae	白腹短翅鸲	*Luscinia phoenicuroides*	邓生	2015.07	+	调查
248	雀形目 Passeriformes	鹟科 Muscicapidae	蓝歌鸲	*Larvivora cyane*	花红树沟	2016.06	+	调查
249	雀形目 Passeriformes	鹟科 Muscicapidae	红胁蓝尾鸲	*Tarsiger cyanurus*	贾家沟	2015.07	++	调查
250	雀形目 Passeriformes	鹟科 Muscicapidae	金色林鸲	*Tarsiger chrysaeus*	英雄沟	2014.10	+	调查
251	雀形目 Passeriformes	鹟科 Muscicapidae	白眉林鸲	*Tarsiger indicus*	花红树沟	2016.06	+	调查
252	雀形目 Passeriformes	鹟科 Muscicapidae	鹊鸲	*Copsychus saularis*	贾家沟	2015.07	+	调查

（续）

序号	目名	科名	中文种名	拉丁学名	分布地点	最新发现时间	估计数量状况	数据来源
253	雀形目 Passeriformes	鹟科 Muscicapidae	赭红尾鸲	*Phoenicurus ochruros*	贾家沟	2015. 07	++	调查
254	雀形目 Passeriformes	鹟科 Muscicapidae	黑喉红尾鸲	*Phoenicurus hodgsoni*	贾家沟	2015. 07	+	调查
255	雀形目 Passeriformes	鹟科 Muscicapidae	北红尾鸲	*Phoenicurus auroreus*	邓生	2015. 07	+++	调查
256	雀形目 Passeriformes	鹟科 Muscicapidae	红尾水鸲	*Rhyacornis fuliginosus*	青杠坪	2014. 10	+++	调查
257	雀形目 Passeriformes	鹟科 Muscicapidae	白喉红尾鸲	*Phoenicuropsis schisticeps*	青杠坪	2014. 10	++	调查
258	雀形目 Passeriformes	鹟科 Muscicapidae	蓝额红尾鸲	*Phoenicuropsis frontalis*	邓生	2015. 07	++	调查
259	雀形目 Passeriformes	鹟科 Muscicapidae	白顶溪鸲	*Chaimarrornis leucocephalus*	英雄沟	2014. 10	+++	调查
260	雀形目 Passeriformes	鹟科 Muscicapidae	白尾地鸲	*Myiomela leucurum*	贾家沟	2015. 07	+	调查
261	雀形目 Passeriformes	鹟科 Muscicapidae	蓝大翅鸲	*Grandala coelicolor*	巴朗山	2016. 06	+++	调查
262	雀形目 Passeriformes	鹟科 Muscicapidae	小燕尾	*Enicurus scouleri*	英雄沟	2014. 10	+	调查
263	雀形目 Passeriformes	鹟科 Muscicapidae	灰背燕尾	*Enicurus schistaceus*	贾家沟	2015. 07	+	调查
264	雀形目 Passeriformes	鹟科 Muscicapidae	黑喉石鵖	*Saxicola maurus*	英雄沟	2014. 10	+	调查
265	雀形目 Passeriformes	鹟科 Muscicapidae	灰林鵖	*Saxicola ferrea*	英雄沟	2014. 10	+	调查
266	雀形目 Passeriformes	鹟科 Muscicapidae	白顶鵖	*Oenanthe pleschanka*		1993: 余志伟等		资料
267	雀形目 Passeriformes	鹟科 Muscicapidae	栗腹矶鸫	*Monticola rufiventris*	木江坪	2015. 05	+	调查
268	雀形目 Passeriformes	鹟科 Muscicapidae	蓝矶鸫	*Monticola solitarius*	木江坪	2015. 05		调查
269	雀形目 Passeriformes	鹟科 Muscicapidae	紫啸鸫	*Myophonus caeruleus*	木江坪	2015. 05	+	调查
270	雀形目 Passeriformes	鹟科 Muscicapidae	乌鹟	*Muscicapa sibirica*	木江坪	2015. 05	+	调查
271	雀形目 Passeriformes	鹟科 Muscicapidae	棕尾褐鹟	*Muscicapa ferruginea*	木江坪	2015. 05	+	调查
272	雀形目 Passeriformes	鹟科 Muscicapidae	白眉姬鹟	*Ficedula zanthopygia*	木江坪	2015. 05	+	调查
273	雀形目 Passeriformes	鹟科 Muscicapidae	锈胸蓝姬鹟	*Ficedula sordida*	白岩沟沟口	2014. 10	+	调查

（续）

序号	目名	科名	中文种名	拉丁学名	分布地点	最新发现时间	估计数量状况	数据来源
274	雀形目 Passeriformes	鹟科 Muscicapidae	橙胸姬鹟	*Ficedula strophiata*	英雄沟	2014.10	+	调查
275	雀形目 Passeriformes	鹟科 Muscicapidae	红喉姬鹟	*Ficedula albicilla*	青杠坪	2014.10	+	调查
276	雀形目 Passeriformes	鹟科 Muscicapidae	棕胸蓝姬鹟	*Ficedula hyperythra*	白岩沟沟口	2014.10	+	调查
277	雀形目 Passeriformes	鹟科 Muscicapidae	灰蓝姬鹟	*Ficedula tricolor*	索索棚	2014.10	+	调查
278	雀形目 Passeriformes	鹟科 Muscicapidae	铜蓝鹟	*Eumyias thalassina*	寡妇山	2015.07	++	调查
279	雀形目 Passeriformes	鹟科 Muscicapidae	棕腹大仙鹟	*Niltava davidi*	川北营	2014.10	+	调查
280	雀形目 Passeriformes	戴菊科 Regulidae	戴菊	*Regulus regulus*	银厂沟	2014.10	+	调查
281	雀形目 Passeriformes	太平鸟科 Bombycillidae	太平鸟	*Bombycilla garrulus*	梯子沟沟口	2016.06	+	调查
282	雀形目 Passeriformes	太平鸟科 Bombycillidae	小太平鸟	*Bombycilla japonica*		1993：余志伟等		资料
283	雀形目 Passeriformes	花蜜鸟科 Nectariniidae	蓝喉太阳鸟	*Aethopyga gouldiae*	糖房	2015.04	++	调查
284	雀形目 Passeriformes	岩鹨科 Prunellidae	领岩鹨	*Prunella collaris*	梯子沟口	2016.11	++	调查
285	雀形目 Passeriformes	岩鹨科 Prunellidae	鸲岩鹨	*Prunella rubeculoides*	寡妇山	2015.07	+	调查
286	雀形目 Passeriformes	岩鹨科 Prunellidae	棕胸岩鹨	*Prunella strophiata*	梯子沟	2016.11	++	调查
287	雀形目 Passeriformes	岩鹨科 Prunellidae	栗背岩鹨	*Prunella immaculata*	梯子沟	2016.11	+	调查
288	雀形目 Passeriformes	梅花雀科 Estrildidae	白腰文鸟	*Lonchura striata*	木江坪	2015.07	+	调查
289	雀形目 Passeriformes	梅花雀科 Estrildidae	斑文鸟	*Lonchura punctulata*	青岗坪	2016.06	+	调查
290	雀形目 Passeriformes	雀科 Passeridae	家麻雀	*Passer domesticus*	西河	2015.04	++	调查
291	雀形目 Passeriformes	雀科 Passeridae	黑胸麻雀	*Passer hispaniolensis*	巴朗山	2017.03	+	调查
292	雀形目 Passeriformes	雀科 Passeridae	山麻雀	*Passer rutilans*	马塘	2014.04	++	调查
293	雀形目 Passeriformes	雀科 Passeridae	麻雀	*Passer montanus*	茣水沟	2015.04	+++	调查
294	雀形目 Passeriformes	鹡鸰科 Motacillidae	山鹡鸰	*Dendronanthus indicus*	耿达	2015.05	+	调查

（续）

序号	目名	科名	中文种名	拉丁学名	分布地点	最新发现时间	估计数量状况	数据来源
295	雀形目 Passeriformes	鹡鸰科 Motacillidae	白鹡鸰	*Motacilla alba*	耿达	2015.05	++	调查
296	雀形目 Passeriformes	鹡鸰科 Motacillidae	黄头鹡鸰	*Motacilla citreola*	银厂沟口	2014.10	+	调查
297	雀形目 Passeriformes	鹡鸰科 Motacillidae	灰鹡鸰	*Motacilla cinerea*	银厂沟口	2014.10	++	调查
298	雀形目 Passeriformes	鹡鸰科 Motacillidae	田鹨	*Anthus richardi*	沙湾	2016.11	+	调查
299	雀形目 Passeriformes	鹡鸰科 Motacillidae	树鹨	*Anthus hodgsoni*	驴驴店	2014.10	+	调查
300	雀形目 Passeriformes	鹡鸰科 Motacillidae	粉红胸鹨	*Anthus roseatus*	沙湾	2016.11	++	调查
301	雀形目 Passeriformes	鹡鸰科 Motacillidae	水鹨	*Anthus spinoletta*	沙湾	2016.11	+	调查
302	雀形目 Passeriformes	燕雀科 Fringillidae	燕雀	*Fringilla montifringilla*	西河	2015.04	+	调查
303	雀形目 Passeriformes	燕雀科 Fringillidae	林岭雀	*Leucosticte nemoricola*	花岩隧道	2017.04	+++	调查
304	雀形目 Passeriformes	燕雀科 Fringillidae	高山岭雀	*Leucosticte brandti*	巴朗山	2016.06	+++	调查
305	雀形目 Passeriformes	燕雀科 Fringillidae	暗胸朱雀	*Procarduelis nipalensis*	巴朗山	2016.06	++	调查
306	雀形目 Passeriformes	燕雀科 Fringillidae	红眉松雀	*Carpodacus subhimachala*	西河	2015.04	+	调查
307	雀形目 Passeriformes	燕雀科 Fringillidae	普通朱雀	*Carpodacus erythrinus*	巴朗山	2016.06	+++	调查
308	雀形目 Passeriformes	燕雀科 Fringillidae	红眉朱雀	*Carpodacus pulcherrimus*	花岩子	2016.06	++	调查
309	雀形目 Passeriformes	燕雀科 Fringillidae	曙红朱雀	*Carpodacus eos*	巴朗山	2016.06	+	调查
310	雀形目 Passeriformes	燕雀科 Fringillidae	酒红朱雀	*Carpodacus vinaceus*	寡妇山	2015.07	+	调查
311	雀形目 Passeriformes	燕雀科 Fringillidae	棕朱雀	*Carpodacus edwardsii*	卧龙关	2016.11	+	调查
312	雀形目 Passeriformes	燕雀科 Fringillidae	斑翅朱雀 *	*Carpodacus trifasciatus*	花岩子	2016.06	+	调查
313	雀形目 Passeriformes	燕雀科 Fringillidae	点翅朱雀	*Carpodacus rhodopeplus*	卧龙关	2016.11	+	调查
314	雀形目 Passeriformes	燕雀科 Fringillidae	白眉朱雀	*Carpodacus dubius*	花岩子	2016.06	+++	调查
315	雀形目 Passeriformes	燕雀科 Fringillidae	拟大朱雀	*Carpodacus rubicilloides*	巴朗山	2016.06	+	调查

（续）

序号	目名	科名	中文种名	拉丁学名	分布地点	最新发现时间	估计数量状况	数据来源
316	雀形目 Passeriformes	燕雀科 Fringillidae	红胸朱雀	*Carpodacus puniceus*	花岩子	2016.06	++	调查
317	雀形目 Passeriformes	燕雀科 Fringillidae	长尾雀	*Carpodacus sibiricus*	西河	2015.04	+	调查
318	雀形目 Passeriformes	燕雀科 Fringillidae	红交嘴雀	*Loxia curvirostra*	干海子	2016.06	+	调查
319	雀形目 Passeriformes	燕雀科 Fringillidae	黄雀	*Spinus spinus*	卧龙关	2016.11		调查
320	雀形目 Passeriformes	燕雀科 Fringillidae	金翅雀	*Chloris sinica*	西河	2015.04	+	调查
321	雀形目 Passeriformes	燕雀科 Fringillidae	灰头灰雀	*Pyrrhula erythraca*	卧龙关	2016.11	++	调查
322	雀形目 Passeriformes	燕雀科 Fringillidae	黑尾蜡嘴雀	*Eophona migratoria*	沙湾	2015.07	+	调查
323	雀形目 Passeriformes	燕雀科 Fringillidae	黄颈拟蜡嘴雀	*Mycerobas affinis*	沙湾	2015.07	+	调查
324	雀形目 Passeriformes	燕雀科 Fringillidae	白点翅拟蜡嘴雀	*Mycerobas melanozanthos*	卧龙关	2016.11	+	调查
325	雀形目 Passeriformes	燕雀科 Fringillidae	白斑翅拟蜡嘴雀	*Mycerobas carnipes*	沙湾	2015.07	+	调查
326	雀形目 Passeriformes	鹀科 Emberizidae	凤头鹀	*Melophus lathami*	卧龙关	2016.11	+	调查
327	雀形目 Passeriformes	鹀科 Emberizidae	蓝鹀*	*Emberiza siemsseni*	沙湾	2015.07	+	调查
328	雀形目 Passeriformes	鹀科 Emberizidae	灰眉岩鹀	*Emberiza godlewskii*	西河	2015.04	+	调查
329	雀形目 Passeriformes	鹀科 Emberizidae	小鹀	*Emberiza pusilla*	耿达，贾家沟	2017.07	+	调查
330	雀形目 Passeriformes	鹀科 Emberizidae	黄眉鹀	*Emberiza chrysophrys*	卧龙关	2016.11	+	调查
331	雀形目 Passeriformes	鹀科 Emberizidae	黄喉鹀	*Emberiza elegans*	耿达，贾家沟	2017.07	+	调查
332	雀形目 Passeriformes	鹀科 Emberizidae	灰头鹀	*Emberiza spodocephala*	卧龙关	2016.11	+	调查

注：1. 中文名后带"＊"为中国特有种。

2. 数量状况：用"+"，"++"，"+++"和"++++"和表示。

3. 数据来源指该物种数据的来源，包括：活体生物，生物痕迹，照片摄影等野外考察结果以及访问调查，文献资料或标本等。来源于活体生物，生物痕迹，照片摄影的应注明鉴定人姓名，来源于访问调查的应注明访问人姓名以及被访问人姓名，住址和访问时间；来源于文献资料的应注明作者，文献名称，刊物名称，出版时间；来源于标本的应注明标本采集时间，标本存放地，鉴定人姓名。

4. 由于参照郑光美《中国鸟类分类与分布名录》（2017第三版）进行分类，但部分属名没有正式中文名。

附表 13.2　四川卧龙国家级自然保护区保护鸟类名录

序号	目名	科名	中文名	拉丁学名	分布地点	最新发现时间	估计数量状况	数据来源	受保护情况						
									国家重点保护		四川省重点保护物种	IUCN		CITES	
									1级	2级		极危 CR	濒危 EN	附录 1	附录 2
			种数合计						6	34	10	−	2	4	30
1	䴙䴘目 Podicipediformes	䴙䴘科 Podicipedidae	凤头䴙䴘	*Podiceps cristatus*	熊猫电站	2016.11	+	调查			√				
2	䴙䴘目 Podicipediformes	䴙䴘科 Podicipedidae	黑颈䴙䴘	*Podiceps nigricollis*	熊猫电站	2016.11	+	调查			√				
3	鲣鸟目 Suliformes	鸬鹚科 Phalacrocoracidae	普通鸬鹚	*Phalacrocorax carbo*	熊猫电站	2016.11	+	调查			√				
4	鹈形目 Pelecaniformes	鹭科 Ardeidae	栗苇鳽	*Ixobrychus cinnamomeus*	卧龙关	2016.11	+	调查			√				
5	鹳形目 Ciconiiformes	鹳科 Ciconiidae	黑鹳	*Ciconia nigra*		1983: 余志伟等		资料	√						
6	雁形目 Anseriformes	鸭科 Anatidae	鸳鸯	*Aix galericulata*	熊猫电站	2015.12	+	调查		√					
7	鹰形目 Accipitriformes	鹰科 Accipitridae	凤头蜂鹰	*Pernis ptilorhynchus*	巴朗山	2017.04	+	调查		√					√
8	鹰形目 Accipitriformes	鹰科 Accipitridae	黑鸢	*Milvus migrans*	双树子高尖	2014.10	+	调查		√					√
9	鹰形目 Accipitriformes	鹰科 Accipitridae	胡兀鹫	*Gypaetus barbatus*	花岩子	2015.07	+	调查	√						√

（续）

序号	目名	科名	中文名	拉丁学名	分布地点	最新发现时间	估计数量状况	数据来源	受保护情况						
									国家重点保护		四川省重点保护物种	IUCN		CITES	
									1级	2级		极危 CR	濒危 EN	附录 1	附录 2
10	鹰形目 Accipitriformes	鹰科 Accipitridae	高山兀鹫	*Gyps himalayensis*	花岩子	2014.10	++	调查		√					√
11	鹰形目 Accipitriformes	鹰科 Accipitridae	秃鹫	*Aegypius monachus*	保山，道沟	2014.10	+	调查		√					√
12	鹰形目 Accipitriformes	鹰科 Accipitridae	鹊鹞	*Circus melanoleucos*	熊猫之巅	2017.04	+	调查		√					√
13	鹰形目 Accipitriformes	鹰科 Accipitridae	凤头鹰	*Accipiter trivirgatus*	熊猫之巅	2017.04	+	调查		√					√
14	鹰形目 Accipitriformes	鹰科 Accipitridae	赤腹鹰	*Accipiter soloensis*	巴朗山	2017.04	+	调查		√					√
15	鹰形目 Accipitriformes	鹰科 Accipitridae	日本松雀鹰	*Accipiter gularis*	巴朗山	2017.04	+	调查		√					√
16	鹰形目 Accipitriformes	鹰科 Accipitridae	松雀鹰	*Accipiter virgatus*	邓生沟	2015.07	+	调查		√					√
17	鹰形目 Accipitriformes	鹰科 Accipitridae	雀鹰	*Accipiter nisus*	双树子高头	2014.10	+	调查		√					√
18	鹰形目 Accipitriformes	鹰科 Accipitridae	苍鹰	*Accipiter gentilis*	关门沟	2015.04	+	调查		√					√

（续）

序号	目名	科名	中文名	拉丁学名	分布地点	最新发现时间	估计数量状况	数据来源	国家重点保护 1级	国家重点保护 2级	四川省重点保护物种	IUCN 极危 CR	IUCN 濒危 EN	CITES 附录1	CITES 附录2
19	鹰形目 Accipitriformes	鹰科 Accipitridae	普通鵟	Buteo japonicus	寡妇山	2015.07	+	调查		√					√
20	鹰形目 Accipitriformes	鹰科 Accipitridae	大鵟	Buteo hemilasius		1983: 余志伟等	+	资料		√					√
21	鹰形目 Accipitriformes	鹰科 Accipitridae	草原雕	Aquila nipalensis	千海子	2016.06	+	调查		√			√		√
22	鹰形目 Accipitriformes	鹰科 Accipitridae	金雕	Aquila chrysaetos	巴朗山	2015.08	+	调查	√					√	
23	隼形目 Falconiformes	隼科 Falconidae	红隼	Falco tinnunculus	花岩子	2015.08	++	调查		√					√
24	隼形目 Falconiformes	隼科 Falconidae	灰背隼	Falco columbarius	天康坝营窝	2014.11	+	调查		√					√
25	隼形目 Falconiformes	隼科 Falconidae	燕隼	Falco streichi	寡妇山	2015.07	+	调查		√					√
26	隼形目 Falconiformes	隼科 Falconidae	猎隼	Falco cherrug	花岩子	2017.04	+	调查	√				√		√
27	鸡形目 Galliformes	松鸡科 Tetraonidae	斑尾榛鸡	Tetrastes sewerzowi	寡妇山、大岩洞	2014.10	+	调查	√						

（续）

序号	目名	科名	中文名	拉丁学名	分布地点	最新发现时间	估计数量状况	数据来源	国家重点保护		四川省重点保护物种	IUCN		CITES	
									1级	2级		CR 极危	EN 濒危	附录1	附录2
28	鸡形目 Galliformes	雉科 Phasianidae	红喉雉鹑	*Tetraophasis obscurus*	箐妇山、贝母坪	2016.06	++	调查	√						
29	鸡形目 Galliformes	雉科 Phasianidae	藏雪鸡	*Tetraogallus tibetanus*	小魏家沟	2014.10	++	调查		√				√	
30	鸡形目 Galliformes	雉科 Phasianidae	血雉	*Ithaginis cruentus*	梯子沟沟口	2014.10	+++	调查		√					√
31	鸡形目 Galliformes	雉科 Phasianidae	红腹角雉	*Tragopan temminckii*	白岩沟	2014.10	++	调查		√					
32	鸡形目 Galliformes	雉科 Phasianidae	绿尾虹雉	*Lophophorus lhuysii*	白水梁子	2014.10	++	调查	√					√	
33	鸡形目 Galliformes	雉科 Phasianidae	白马鸡	*Crossoptilon crossoptilon*	梯子沟尾、巴朗山	2014.10	++	调查		√				√	
34	鸡形目 Galliformes	雉科 Phasianidae	红腹锦鸡	*Chrysolophus pictus*	马家沟、喇嘛寺	2015.05	+++	调查		√					
35	鸡形目 Galliformes	雉科 Phasianidae	白腹锦鸡	*Chrysolophus amherstiae*	转经楼沟	2015.08	+	调查		√					
36	鹤形目 Gruiformes	秧鸡科 Rallidae	董鸡	*Gallicrex cinerea*		1983：余志伟等	+	资料			√				

（续）

序号	目名	科名	中文名	拉丁学名	分布地点	最新发现时间	估计数量状况	数据来源	国家重点保护		四川省重点保护物种	IUCN		CITES	
									1级	2级		极危 CR	濒危 EN	附录1	附录2
37	鸻形目 Charadriiformes	鹬科 Scolopacidae	鹤鹬	*Tringa erythropus*	熊猫电站	2016.11	+	调查			✓				
38	鹃形目 Cuculiformes	杜鹃科 Cuculidae	红翅凤头鹃	*Clamator coromandus*	野牛沟	2016.06	+	调查			✓				
39	鹃形目 Cuculiformes	杜鹃科 Cuculidae	小鸦鹃	*Centropus bengalensis*	贝母坪	2017.10	+	调查		✓					✓
40	鸮形目 Strigiformes	鸱鸮科 Strigidae	领角鸮	*Otus lettia*	木江坪	2015.05	+	调查		✓					✓
41	鸮形目 Strigiformes	鸱鸮科 Strigidae	红角鸮	*Otus scops*	卧龙关	2016.07	+	调查		✓					✓
42	鸮形目 Strigiformes	鸱鸮科 Strigidae	雕鸮	*Bubo bubo*	马家沟	2014.05	+	调查		✓					✓
43	鸮形目 Strigiformes	鸱鸮科 Strigidae	灰林鸮	*Strix aluco*	卧龙关	2016.06	+	调查		✓					✓
44	鸮形目 Strigiformes	鸱鸮科 Strigidae	领鸺鹠	*Glaucidium brodiei*	干海子	2016.08	+	调查		✓					✓
45	鸮形目 Strigiformes	鸱鸮科 Strigidae	斑头鸺鹠	*Glaucidium cuculoides*	卧龙关	2015.07	+	调查		✓					✓

（续）

序号	目名	科名	中文名	拉丁学名	分布地点	最新发现时间	估计数量状况	数据来源	国家重点保护		四川省重点保护物种	IUCN		CITES	
									1级	2级		极危 CR	濒危 EN	附录1	附录2
46	鸮形目 Strigiformes	鸱鸮科 Strigidae	纵纹腹小鸮	*Athene noctua*	巴朗山	2015.08	+	调查		√					√
47	鸮形目 Strigiformes	鸱鸮科 Strigidae	短耳鸮	*Asio flammeus*	野牛沟	2016.06	+	调查		√					√
48	夜鹰目 Caprimulgiformes	夜鹰科 Caprimulgidae	普通夜鹰	*Caprimulgus indicus*	木江坪	2015.05	+	调查			√				
49	夜鹰目 Caprimulgiformes	雨燕科 Apodidae	小白腰雨燕	*Apus affinis*	银厂沟	2014.10	+	调查			√				
50	啄木鸟目 Piciformes	啄木鸟科 Picidae	黑啄木鸟	*Dryocopus martius*	齐头岩	2015.04	+	调查			√				
51	雀形目 Passeriformes	噪鹛科 Leiothrichidaea	画眉	*Garrulax canorus*	核桃坪	2015.07	+	调查							√
52	雀形目 Passeriformes	噪鹛科 Leiothrichidaea	红嘴相思鸟	*Leiothrix lutea*	花红树沟	2015.07	+	调查							√

附表 14.1　四川卧龙国家级自然保护区兽类名录

序号	目名	科名	中文种名	拉丁学名	分布区域	最新发现时间	估计数量状况	数据来源
1	猬形目 Erinaceomorpha	猬科 Erinaceidae	中国猬	*Neotetracus sinensis*	卧龙镇	2016.07	+	调查
2	鼩形目 Soricomorpha	鼹科 Talpidae	少齿鼩鼹 *	*Uropsilus soricipes*	卧龙镇	2016.08	+	调查
3	鼩形目 Soricomorpha	鼹科 Talpidae	峨眉鼩鼹 *	*Nasillus andersoni*		1999: 张荣祖		资料
4	鼩形目 Soricomorpha	鼹科 Talpidae	长吻鼩鼹	*Uropsilus gracilis*	卧龙镇	2016.08	++	调查
5	鼩形目 Soricomorpha	鼹科 Talpidae	鼩鼹	*Uropsilus soricipes*		1989: 邓其祥等		资料
6	鼩形目 Soricomorpha	鼹科 Talpidae	长尾鼹	*Scaptonyx fusicaudus*		1989: 邓其祥等		资料
7	鼩形目 Soricomorpha	鼹科 Talpidae	长吻鼹 *	*Euroscaptor longirostris*		1983: 佘志伟等		资料
8	鼩形目 Soricomorpha	鼩鼱科 Soricidae	长尾鼩鼱	*Episoriculus caudatus*	卧龙镇	2016.08	+++	调查
9	鼩形目 Soricomorpha	鼩鼱科 Soricidae	缅甸长尾鼩	*Episoriculus macrurus*	卧龙镇	2016.08	++	调查
10	鼩形目 Soricomorpha	鼩鼱科 Soricidae	印度长尾鼩	*Soriculus leucops*		1999: 张荣祖		资料
11	鼩形目 Soricomorpha	鼩鼱科 Soricidae	小长尾鼩	*Soriculus parca*	卧龙镇	2016.08	++	调查
12	鼩形目 Soricomorpha	鼩鼱科 Soricidae	史密斯长尾鼩	*Soriculus smithii*	卧龙镇	2016.08	+	调查
13	鼩形目 Soricomorpha	鼩鼱科 Soricidae	纹背鼩鼱 *	*Sorex cylindricauda*	卧龙镇	2016.08	++	调查
14	鼩形目 Soricomorpha	鼩鼱科 Soricidae	陕西鼩鼱 *	*Sorex sinalis*		1999: 张荣祖		资料
15	鼩形目 Soricomorpha	鼩鼱科 Soricidae	小鼩鼱	*Sorex minutus*	耿达镇	2016.08	+	调查
16	鼩形目 Soricomorpha	鼩鼱科 Soricidae	云南鼩鼱	*Sorex excelsus*		1999: 张荣祖		资料
17	鼩形目 Soricomorpha	鼩鼱科 Soricidae	普通鼩鼱	*Sorex araneus*		1989: 邓其祥等		资料
18	鼩形目 Soricomorpha	鼩鼱科 Soricidae	小纹背鼩鼱	*Sorex bedfordiae*	五一棚	2016.08	+	调查
19	鼩形目 Soricomorpha	鼩鼱科 Soricidae	黑齿鼩鼱 *	*Blarinella quadraticauda*	卧龙镇	2016.08	++	调查
20	鼩形目 Soricomorpha	鼩鼱科 Soricidae	川西长尾鼩	*Chodsigoa hypsibius*	三道桥	2016.08	+++	调查

（续）

序号	目名	科名	中文种名	拉丁学名	分布区域	最新发现时间	估计数量状况	数据来源
21	鼩形目 Soricomorpha	鼩鼱科 Soricidae	四川短尾鼩	Anourosorex squamipes	邓生保护站	2016.08	++++	调查
22	鼩形目 Soricomorpha	鼩鼱科 Soricidae	灰麝鼩	Crocidura attenuata		1999：张荣祖		资料
23	鼩形目 Soricomorpha	鼩鼱科 Soricidae	长尾大麝鼩	Crocidura dracula		1983：余志伟等		资料
24	鼩形目 Soricomorpha	鼩鼱科 Soricidae	蹼麝鼩	Nectogale elegans		1983：余志伟等		资料
25	鼩形目 Soricomorpha	鼩鼱科 Soricidae	灰腹水鼩	Chimarrogale styani		1999：张荣祖		资料
26	鼩形目 Soricomorpha	鼩鼱科 Soricidae	四川水麝鼩	Chimarrogale himalayica		1983：余志伟等		资料
27	啮齿目 Rodentia	松鼠科 Sciuridae	隐纹花鼠	Tamiops swinhoei	五一棚	2016.08	++	调查
28	啮齿目 Rodentia	松鼠科 Sciuridae	岩松鼠*	Sciurotamias davidianus	三江古羌栈道	2016.08	++++	调查
29	啮齿目 Rodentia	松鼠科 Sciuridae	珀氏长吻松鼠	Dremomys pernyi	耿达镇	2016.08	++	调查
30	啮齿目 Rodentia	松鼠科 Sciuridae	喜马拉雅旱獭	Marmota himalayana	巴朗山	2016.08	+++	调查
31	啮齿目 Rodentia	松鼠科 Sciuridae	赤腹松鼠	Callosciurus erythraeus		1999：张荣祖		资料
32	啮齿目 Rodentia	鼯鼠科 Petauristidae	复齿鼯鼠	Trogopterus xanthipes		1991：吴毅等		资料
33	啮齿目 Rodentia	鼯鼠科 Petauristidae	红白鼯鼠	Petaurista alborufus		1999：张荣祖		资料
34	啮齿目 Rodentia	鼯鼠科 Petauristidae	白颊鼯鼠	Petaurista leucogenys		1983：余志伟等		资料
35	啮齿目 Rodentia	鼯鼠科 Petauristidae	灰头小鼯鼠	Petaurista caniceps		1999：张荣祖		资料
36	啮齿目 Rodentia	鼠科 Muridae	巢鼠	Micromys minutus	席草村	2015.08	+	调查
37	啮齿目 Rodentia	鼠科 Muridae	高山姬鼠*	Apodemus chevrieri	嵩子坪	2016.08	+++	调查
38	啮齿目 Rodentia	鼠科 Muridae	中华姬鼠	Apodemus draco	英雄沟	2016.08	++	调查
39	啮齿目 Rodentia	鼠科 Muridae	大耳姬鼠*	Apodemus latronum	花岩子	2016.08	++	调查
40	啮齿目 Rodentia	鼠科 Muridae	大林姬鼠	Apodemus peninsulae		1991：吴毅等		资料

（续）

序号	目名	科名	中文种名	拉丁学名	分布区域	最新发现时间	估计数量状况	数据来源
41	啮齿目 Rodentia	鼠科 Muridae	小林姬鼠	Apodemus sylvaticus		1983：余志伟等		资料
42	啮齿目 Rodentia	鼠科 Muridae	龙姬鼠*	Apodemus draco		1991：杨盛强		资料
43	啮齿目 Rodentia	鼠科 Muridae	长尾姬鼠	Apodemus orestes		2009：杨海等		资料
44	啮齿目 Rodentia	鼠科 Muridae	褐家鼠	Rattus norvegicus	卧龙镇	2014.01	++	调查
45	啮齿目 Rodentia	鼠科 Muridae	黄胸鼠	Rattus tanezumi	三江	2016.08	+	调查
46	啮齿目 Rodentia	鼠科 Muridae	大足鼠	Rattus nitidus			○	
47	啮齿目 Rodentia	鼠科 Muridae	安氏白腹鼠*	Niviventer andersoni	卧龙镇	2016.08	+	调查
48	啮齿目 Rodentia	鼠科 Muridae	川西白腹鼠*	Niviventer excelsior		1991：吴毅等		资料
49	啮齿目 Rodentia	鼠科 Muridae	针毛鼠	Niviventer fulvescen			○	
50	啮齿目 Rodentia	鼠科 Muridae	社鼠	Niviventer confucianus	卧龙镇	2014.01	+	调查
51	啮齿目 Rodentia	鼠科 Muridae	红背白腹鼠	Niviventer ling	耿达镇	2016.08	+	调查
52	啮齿目 Rodentia	鼠科 Muridae	白腹巨鼠	Leopodamys edwardsi	三江保护站	2016.08	++	调查
53	啮齿目 Rodentia	鼠科 Muridae	小家鼠	Mus musculus	三江	1991：吴毅等		资料
54	啮齿目 Rodentia	鼠科 Muridae	小泡巨鼠	Leopoldamys edwardsi	卧龙镇	2016.08	+	调查
55	啮齿目 Rodentia	鼠科 Muridae	青毛硕鼠	Berylmys bowersi		1999：张荣祖		资料
56	啮齿目 Rodentia	仓鼠科 Micricetidae	黑腹绒鼠	Eothenomys melanogaster	三江古关栈道	2016.08	+	调查
57	啮齿目 Rodentia	仓鼠科 Micricetidae	洮州绒鼠*	Eothenomys eva	卧龙镇	2016.08	+	调查
58	啮齿目 Rodentia	仓鼠科 Micricetidae	西南绒鼠*	Eothenomys custos		1991：吴毅等		资料
59	啮齿目 Rodentia	仓鼠科 Micricetidae	中华绒鼠*	Eothenomys chinensis		1999：张荣祖		资料
60	啮齿目 Rodentia	仓鼠科 Micricetidae	四川田鼠*	Microtus millicens		1991：吴毅等		资料

（续）

序号	目名	科名	中文种名	拉丁学名	分布区域	最新发现时间	估计数量状况	数据来源
61	啮齿目 Rodentia	仓鼠科 Micricetidae	根田鼠	*Microtus oeconomus*	花岩子	2016.08	+	调查
62	啮齿目 Rodentia	仓鼠科 Micricetidae	长尾仓鼠	*Cricetulus longicaudatus*		1991：杨盛强		资料
63	啮齿目 Rodentia	仓鼠科 Micricetidae	松田鼠 *	*Pitymys ierne*		1991：吴毅等		资料
64	啮齿目 Rodentia	竹鼠科 Rhizomyidae	中华竹鼠	*Rhizomys sinensis*	三江	2015.08	+	调查
65	啮齿目 Rodentia	林跳鼠科 Zapodidae	四川林跳鼠 *	*Eozapus setchuanus*	卧龙镇	1991：吴毅等		资料
66	啮齿目 Rodentia	跳鼠科 Dipodidae	蹶鼠	*Sicista concolor*		1991：吴毅等		资料
67	啮齿目 Rodentia	豪猪科 Hystricidae	豪猪	*Hystrix hodgsoni*	黑桃坪	2014.01	++	调查
68	啮齿目 Rodentia	鼹形鼠科 Tachyoryctinae	高原鼢鼠	*Eospalax fontanierii*		1991：杨盛强		资料
69	兔形目 Lagomorpha	兔科 Leporidae	草兔	*Lepus capensis*		1999：张荣祖		资料
70	兔形目 Lagomorpha	兔科 Leporidae	灰尾兔	*Lepus oiostolus*		1989：邓其祥等		资料
71	兔形目 Lagomorpha	鼠兔科 Ochotonidae	藏鼠兔 *	*Ochotona thibetana*	卧龙镇	2016.08	++	调查
72	兔形目 Lagomorpha	鼠兔科 Ochotonidae	间颅鼠兔 *	*Ochotona cansus*	卧龙镇	2016.08	+	调查
73	兔形目 Lagomorpha	鼠兔科 Ochotonidae	中国红鼠兔	*Ochotona erythrotis*		1989：邓其祥等		资料
74	兔形目 Lagomorpha	鼠兔科 Ochotonidae	黄河鼠兔 *	*Ochotona syrinx*	卧龙镇	2016.08	+	调查
75	灵长目 Primates	猴科 Cercopithecidae	猕猴	*Macaca mulatta*	耿达附近	2015.11	+	调查
76	灵长目 Primates	猴科 Cercopithecidae	藏酋猴 *	*Macaca thibetana*	西河	2015.11	+++	调查
77	灵长目 Primates	猴科 Cercopithecidae	川金丝猴 *	*Rhinopithecus roxellanae*	皮条河东岸	2015.11	++	调查
78	食肉目 Carnivora	犬科 Canidae	豺	*Cuon alpinus*	转经楼沟	2014.01	+	调查
79	食肉目 Carnivora	犬科 Canidae	貉	*Nyctereutis procyonoides*		1983：余志伟等		资料
80	食肉目 Carnivora	犬科 Canidae	狼	*Canis lupus*	巴朗山	2014.01	+	调查

（续）

序号	目名	科名	中文种名	拉丁学名	分布区域	最新发现时间	估计数量状况	数据来源
81	食肉目 Carnivora	犬科 Canidae	赤狐	*Vulpes vulpes*	梯子沟	2015.01	+	调查
82	食肉目 Carnivora	犬科 Canidae	藏狐	*Vulpes ferrilata*		1983: 余志伟等		资料
83	食肉目 Carnivora	熊科 Ursidae	黑熊	*Selenarctos thibetanus*	整个保护区（除丁高海拔地区）	2015.11	+++	调查
84	食肉目 Carnivora	小熊猫科 Ailuridae	小熊猫	*Ailurus fulgens*	整个保护区（除丁高海拔地区）	2015.11	++	调查
85	食肉目 Carnivora	大熊猫科 Ailuropodidae	大熊猫 *	*Ailuropoda melanoleuca*	主要在皮条河以东	2015.11	++	调查
86	食肉目 Carnivora	鼬科 Mustelidae	黄喉貂	*Martes flavigula*	耿达附近	2015.01	+++	调查
87	食肉目 Carnivora	鼬科 Mustelidae	伶鼬	*Mustela nivalis*	核桃坪	2015.01	+	调查
88	食肉目 Carnivora	鼬科 Mustelidae	黄鼬	*Mustela sibirica*	转经楼沟、梯子沟	2015.08	+	调查
89	食肉目 Carnivora	鼬科 Mustelidae	石貂	*Martes foina*	梯子沟	2015.08	+	调查
90	食肉目 Carnivora	鼬科 Mustelidae	香鼬	*Mustela altaica*	梯子沟	2015.08	+	调查
91	食肉目 Carnivora	鼬科 Mustelidae	狗獾	*Meles meles*		1999: 张荣祖		资料
92	食肉目 Carnivora	鼬科 Mustelidae	猪獾	*Arctonyx collaris*	磨子石	2015.11	++	调查
93	食肉目 Carnivora	鼬科 Mustelidae	鼬獾	*Melogale moschata*	耿达附近	2015.11	+	调查
94	食肉目 Carnivora	鼬科 Mustelidae	水獭	*Lutra lutra*		1989: 邓其祥等		资料
95	食肉目 Carnivora	灵猫科 Viverridae	斑林狸	*Prionodon pardicolor*		1999: 张荣祖		资料
96	食肉目 Carnivora	灵猫科 Viverridae	大灵猫	*Viverra zibetha*		1983: 余志伟等		资料
97	食肉目 Carnivora	灵猫科 Viverridae	小灵猫	*Viverricula indica*		1983: 余志伟等		资料
98	食肉目 Carnivora	灵猫科 Viverridae	花面狸	*Paguma larvata*	耿达附近	2015.11	++	调查
99	食肉目 Carnivora	猫科 Felidae	金猫	*Catopuma temminckii*	白岩沟	2015.01	+	调查
100	食肉目 Carnivora	猫科 Felidae	豹猫	*Prionailurus bengalensis*	皮条河沿线	2015.11	+++	调查

（续）

序号	目名	科名	中文种名	拉丁学名	分布区域	最新发现时间	估计数量状况	数据来源
101	食肉目 Carnivora	猫科 Felidae	兔狲	*Otocolobus manul*		1989: 邓其祥等		资料
102	食肉目 Carnivora	猫科 Felidae	猞猁	*Lynx lynx*		1989: 邓其祥等		资料
103	食肉目 Carnivora	猫科 Felidae	豹	*Panthera pardus*	鹦哥嘴沟	2014.01	+	调查
104	食肉目 Carnivora	猫科 Felidae	雪豹	*Panthera uncia*	梯子沟、正河、鹦哥嘴沟	2015.11	++	调查
105	食肉目 Carnivora	猫科 Felidae	云豹	*Neofelis nebulosa*		1983: 余志伟等		资料
106	偶蹄目 Artiodactyla	猪科 Suidae	野猪	*Sus scrofa*	整个保护区（除了高海拔地区）	2015.11	++++	调查
107	偶蹄目 Artiodactyla	麝科 Moschidae	林麝	*Moschus berezovskii*	整个保护区（除了高海拔地区）	2015.01	++	调查
108	偶蹄目 Artiodactyla	麝科 Moschidae	马麝	*Moschuschrysogaster*	铡刀口沟	2015.08	+	调查
109	偶蹄目 Artiodactyla	鹿科 Cervidae	毛冠鹿	*Elaphodus cephalophus*	整个保护区（除了高海拔地区）	2015.11	++++	调查
110	偶蹄目 Artiodactyla	鹿科 Cervidae	小麂*	*Muntiacus reevesi*	转经楼沟、西河	2014.01	+	调查
111	偶蹄目 Artiodactyla	鹿科 Cervidae	赤麂*	*Muntiacus muntjak*		1999: 张荣祖		资料
112	偶蹄目 Artiodactyla	鹿科 Cervidae	水鹿	*Rusa unicolor*	整个保护区（除了高海拔地区）	2015.11	++++	调查
113	偶蹄目 Artiodactyla	鹿科 Cervidae	白臀鹿	*Cervus elaphus macneilli*		1983: 余志伟等		资料
114	偶蹄目 Artiodactyla	鹿科 Cervidae	白唇鹿	*Cervus albirostris*		1983: 余志伟等		资料
115	偶蹄目 Artiodactyla	牛科 Bovidae	扭角羚	*Budorcas taxicolor*	整个保护区	2015.11	++++	调查
116	偶蹄目 Artiodactyla	牛科 Bovidae	中华鬣羚	*Capricornis milneedwardsii*	整个保护区	2015.11	++++	调查
117	偶蹄目 Artiodactyla	牛科 Bovidae	斑羚	*Naemorhedus griseus*	整个保护区	2015.11	++++	调查
118	偶蹄目 Artiodactyla	牛科 Bovidae	岩羊	*Pseudois nayaur*	整个保护区（除了低海拔地区）	2015.11	++++	调查

（续）

序号	目名	科名	中文种名	拉丁学名	分布区域	最新发现时间	估计数量状况	数据来源
119	翼手目 Chiroptera	蹄蝠科 Hipposideridae	大蹄蝠	*Hipposideros armiger*		2004：吴毅等		资料
120	翼手目 Chiroptera	蹄蝠科 Hipposideridae	普氏蹄蝠	*Hipposideros pratti*		2004：吴毅等		资料
121	翼手目 Chiroptera	菊头蝠科 Rhinolophidae	马铁菊头蝠	*Rhinolophus ferrumequinum*	皮条河	2016.08	++	调查
122	翼手目 Chiroptera	菊头蝠科 Rhinolophidae	大菊头蝠	*Rhinolophus luctus*		1999：吴毅等		资料
123	翼手目 Chiroptera	菊头蝠科 Rhinolophidae	中菊头蝠	*Rhinolophus affinis*		1989：邓其祥等		资料
124	翼手目 Chiroptera	菊头蝠科 Rhinolophidae	鲁氏菊头蝠	*Rhinolophus rouxii*		1999：吴毅等		资料
125	翼手目 Chiroptera	菊头蝠科 Rhinolophidae	角菊头蝠	*Rhinolophus cornutus*		1989：邓其祥等		资料
126	翼手目 Chiroptera	菊头蝠科 Rhinolophidae	皮氏菊头蝠	*Rhinolophus pearsoni*	皮条河	2016.08	++	调查
127	翼手目 Chiroptera	蝙蝠科 Vespertilionidae	灰伏翼	*Pipistrellus pulveratus*		1989：邓其祥等		资料
128	翼手目 Chiroptera	蝙蝠科 Vespertilionidae	伏翼	*Pipistrellus pipistrellus*	卧龙关沟	2016.08	++	调查
129	翼手目 Chiroptera	蝙蝠科 Vespertilionidae	东方蝙蝠	*Vespertilio sinensis*	耿达	2016.08.02	++	调查
130	翼手目 Chiroptera	蝙蝠科 Vespertilionidae	金管鼻蝠	*Murina leucogaster*	魏家沟	2016.08	++	调查
131	翼手目 Chiroptera	蝙蝠科 Vespertilionidae	亚洲宽耳蝠	*Barbastella leucomelas*	魏家沟	2016.08	+	调查
132	翼手目 Chiroptera	蝙蝠科 Vespertilionidae	鼠耳蝠	*Myotis chinensis*	耿达	2016.08	+	调查
133	翼手目 Chiroptera	蝙蝠科 Vespertilionidae	须鼠耳蝠	*Myotis mystacinus*		1999：吴毅等		资料
134	翼手目 Chiroptera	蝙蝠科 Vespertilionidae	长尾鼠耳蝠	*Myotis frater*		1999：吴毅等		资料
135	翼手目 Chiroptera	蝙蝠科 Vespertilionidae	水鼠耳蝠	*Myotis daubentonii*	卧龙关沟	2016.08	+	调查
136	翼手目 Chiroptera	蝙蝠科 Vespertilionidae	大耳蝠	*Plecotus auritus*		1989：邓其祥等		资料

注：1. 中文名后带"＊"为中国特有种。

2. 数量状况：用"＋"、"＋＋"、"＋＋＋"和"＋＋＋＋"表示。

3. 数据来源指该物种数据的来源，包括：活体生物、生物痕迹、照片摄影等野外考察结果以及访问调查，文献资料或标本等。来源于活体生物、生物痕迹、照片摄影的应注明标本、文献名称、刊物名称，出版时间；来源于文献资料的应注明作者、文献名称、刊物名称，出版时间；来源于访问调查的应注明访问人姓名以及被访问人姓名，住址和访问时间；来源于标本的应注明标本采集时间，标本存放地，鉴定人姓名。

附表 14.2 四川卧龙国家级自然保护区保护兽类名录

序号	目名	科名	中文名	拉丁学名	分布地点	最新发现时间	估计数量状况	数据来源	国家重点保护 1级	国家重点保护 2级	四川省重点保护物种	IUCN 极危 CR	IUCN 濒危 EN	CITES 附录1	CITES 附录2
			种数合计						9	18	27		11	13	9
1	鼩形目 Soricomorpha	鼹科 Talpidae	少齿鼩鼹 *	*Uropsilus soricipes*	卧龙镇	2016.08	+	调查					√		
2	鼩形目 Soricomorpha	鼩鼱科 Soricidae	纹背鼩鼱 *	*Sorex cylindricauda*	卧龙镇	2016.08	++	调查					√		
3	啮齿目 Rodentia	松鼠科 Sciuridae	隐纹花鼠	*Tamiops swinhoei*	五一棚	2016.08	++	调查			√				
4	啮齿目 Rodentia	松鼠科 Sciuridae	岩松鼠 *	*Sciurotamias davidianus*	三江古羌栈道	2016.08	++++	调查			√				
5	啮齿目 Rodentia	松鼠科 Sciuridae	珀氏长吻松鼠	*Dremomys pernyi*	耿达镇	2016.08	++	调查			√				
6	啮齿目 Rodentia	松鼠科 Sciuridae	赤腹松鼠	*Callosciurus erythraeus*				1999: 张荣祖			√				
7	啮齿目 Rodentia	鼯鼠科 Petauristidae	复齿鼯鼠	*Trogopterus xanthipes*				1991: 吴毅等			√		√		
8	啮齿目 Rodentia	鼯鼠科 Petauristidae	红白鼯鼠	*Petaurista alborufus*				1999: 张荣祖			√				
9	啮齿目 Rodentia	鼠科 Muridae	社鼠	*Niviventer confucianus*	卧龙镇	2014.01	+	调查			√				

（续）

序号	目名	科名	中文名	拉丁学名	分布地点	最新发现时间	估计数量状况	数据来源	国家重点保护		四川省重点保护物种	IUCN		CITES	
									1级	2级		极危 CR	濒危 EN	附录 1	附录 2
10	啮齿目 Rodentia	竹鼠科 Rhizomyidae	中华竹鼠	*Rhizomys sinensis*	三江	2015.08	+	调查			√				
11	啮齿目 Rodentia	林跳鼠科 Zapodidae	四川林跳鼠 *	*Eozapus setchuanus*	卧龙镇		+	1991：吴毅等							
12	啮齿目 Rodentia	豪猪科 Hystricidae	豪猪	*Hystrix hodgsoni*	卧龙镇	2014.01	++	调查			√				
13	兔形目 Lagomorpha	兔科 Leporidae	草兔	*Lepus capensis*				1999：张荣祖			√				
14	兔形目 Lagomorpha	兔科 Leporidae	灰尾兔	*Lepus oiostolus*				1989：邓其祥等			√				
15	灵长目 Primates	猴科 Cercopithecidae	猕猴	*Macaca mulatta*	耿达附近	2015.11	++	调查		√					
16	灵长目 Primates	猴科 Cercopithecidae	藏酋猴 *	*Macaca thibetana*	西河	2015.11		调查		√					
17	灵长目 Primates	猴科 Cercopithecidae	川金丝猴 *	*Rhinopithecus roxellanae*	皮条河东岸	2015.11	++	调查	√				√	√	
18	食肉目 Carnivora	犬科 Canidae	豺	*Cuon alpinus*	转经楼沟	2014.01	+	调查		√			√		√
19	食肉目 Carnivora	犬科 Canidae	貉	*Nyctereutis procyonoides*				1983：余志伟等			√				

（续）

序号	目名	科名	中文名	拉丁学名	分布地点	最新发现时间	估计数量状况	数据来源	国家重点保护 1级	国家重点保护 2级	四川省重点保护物种	IUCN 极危 CR	IUCN 濒危 EN	CITES 附录1	CITES 附录2
20	食肉目 Carnivora	犬科 Canidae	狼	*Canis lupus*	巴朗山	2014.01	+	调查					√		
21	食肉目 Carnivora	犬科 Canidae	赤狐	*Vulpes vulpes*	梯子沟	2015.01	+	调查			√				
22	食肉目 Carnivora	犬科 Canidae	藏狐	*Vulpes ferrilata*			1983：余志伟等				√				
23	食肉目 Carnivora	熊科 Ursidae	黑熊	*Selenarctos thibetanus*	整个保护区（除丁高海拔地区）	2015.11	++	调查		√				√	
24	食肉目 Carnivora	小熊猫科 Ailuridae	小熊猫	*Ailurus fulgens*	整个保护区（除丁高海拔地区）	2015.11	+	调查		√			√	√	
25	食肉目 Carnivora	大熊猫科 Ailuropodidae	大熊猫 *	*Ailuropodamelanoleuca*	主要在皮条河以东	2015.11	+	调查	√				√	√	
26	食肉目 Carnivora	鼬科 Mustelidae	黄喉貂	*Martes flavigula*	耿达附近	2015.01	+++	调查		√					√
27	食肉目 Carnivora	鼬科 Mustelidae	伶鼬	*Mustela nivalis*	核桃坪	2015.01	+	调查			√				
28	食肉目 Carnivora	鼬科 Mustelidae	黄鼬	*Mustela sibirica*	转经楼沟、梯子沟	2015.08	+	调查			√				
29	食肉目 Carnivora	鼬科 Mustelidae	石貂	*Martes foina*	梯子沟	2015.08	+	调查		√					

（续）

序号	目名	科名	中文名	拉丁学名	分布地点	最新发现时间	估计数量状况	数据来源	国家重点保护 1级	国家重点保护 2级	四川省重点保护物种	IUCN 极危 CR	IUCN 濒危 EN	CITES 附录 1	CITES 附录 2
30	食肉目 Carnivora	鼬科 Mustelidae	香鼬	*Mustela altaica*	梯子沟	2015.08	+	调查			√				
31	食肉目 Carnivora	鼬科 Mustelidae	狗獾	*Meles meles*				1999：张荣祖			√				
32	食肉目 Carnivora	鼬科 Mustelidae	猪獾	*Arctonyx collaris*	磨子石	2015.11	++	调查			√				
33	食肉目 Carnivora	鼬科 Mustelidae	鼬獾	*Melogale moschata*	耿达附近	2015.11	+	调查			√				
34	食肉目 Carnivora	鼬科 Mustelidae	水獭	*Lutra lutra*				1989：邓其祥等			√				
35	食肉目 Carnivora	灵猫科 Viverridae	斑林狸	*Prionodon pardicolor*			++	1999：张荣祖		√				√	
36	食肉目 Carnivora	灵猫科 Viverridae	大灵猫	*Viverrazibetha*				1983：余志伟等		√					
37	食肉目 Carnivora	灵猫科 Viverridae	小灵猫	*Viverricula indica*				1983：余志伟等		√					
38	食肉目 Carnivora	灵猫科 Viverridae	花面狸	*Paguma larvata*	耿达附近	2015.11	++	调查			√				
39	食肉目 Carnivora	猫科 Felidae	金猫	*Catopuma temminckii*	白岩沟	2015.01	+	调查		√				√	

（续）

序号	目名	科名	中文名	拉丁学名	分布地点	最新发现时间	估计数量状况	数据来源	国家重点保护 1级	国家重点保护 2级	四川省重点保护物种	IUCN 极危 CR	IUCN 濒危 EN	CITES 附录1	CITES 附录2
40	食肉目 Carnivora	猫科 Felidae	豹猫	*Prionailurus bengalensis*	皮条河沿线	2015.11	+++	调查			✓				
41	食肉目 Carnivora	猫科 Felidae	兔狲	*Otocolobus manul*				1989：邓其祥等		✓					
42	食肉目 Carnivora	猫科 Felidae	猞猁	*Lynx lynx*				1989：邓其祥等		✓					
43	食肉目 Carnivora	猫科 Felidae	豹	*Panthera pardus*	鹦哥嘴沟	2014.01	+	调查	✓				✓	✓	✓
44	食肉目 Carnivora	猫科 Felidae	雪豹	*Panthera uncia*	梯子沟、正河、鹦哥嘴沟	2015.11	+	调查	✓				✓	✓	✓
45	食肉目 Carnivora	猫科 Felidae	云豹	*Neofelis nebulosa*				1983：余志伟等	✓				✓	✓	✓
46	偶蹄目 Artiodactyla	猪科 Suidae	野猪	*Sus scrofa*	整个保护区（除丁高海拔地区）	2015.11	++++	调查			✓				
47	偶蹄目 Artiodactyla	麝科 Moschidae	林麝	*Moschus berezovskii*	整个保护区（除丁高海拔地区）	2015.01	+	调查	✓						✓
48	偶蹄目 Artiodactyla	麝科 Moschidae	高山麝	*Moschus chrysogaster*	整个保护区（除丁高海拔地区）	2015.08	+	调查	✓				✓	✓	✓
49	偶蹄目 Artiodactyla	鹿科 Cervidae	毛冠鹿	*Elaphodus cephalophus*	整个保护区（除丁高海拔地区）	2015.11	+++	调查			✓				

（续）

序号	目名	科名	中文名	拉丁学名	分布地点	最新发现时间	估计数量状况	数据来源	受保护情况						
									国家重点保护		四川省重点保护物种	IUCN		CITES	
									1级	2级		极危 CR	濒危 EN	附录1	附录2
50	偶蹄目 Artiodactyla	鹿科 Cervidae	小麂*	*Muntiacus reevesi*	转经楼沟、西河	2014.01	+	调查			√				
51	偶蹄目 Artiodactyla	鹿科 Cervidae	赤麂*	*Muntiacus muntjak*			++++	1999：张荣祖			√				
52	偶蹄目 Artiodactyla	鹿科 Cervidae	水鹿	*Rusa unicolor*	整个保护区（除了高海拔地区）	2015.11	++++	调查		√			√	√	
53	偶蹄目 Artiodactyla	鹿科 Cervidae	白臀鹿	*Cervus elaphus macneilli*				1983：余志伟等		√					
54	偶蹄目 Artiodactyla	鹿科 Cervidae	白唇鹿	*Cervus albirostris*				1983：余志伟等	√						√
55	偶蹄目 Artiodactyla	牛科 Bovidae	扭角羚	*Budorcas taxicolor*	整个保护区	2015.11	++++	调查	√						√
56	偶蹄目 Artiodactyla	牛科 Bovidae	中华鬣羚	*Capricornis milneedwardsii*	整个保护区	2015.11	++++	调查		√				√	
57	偶蹄目 Artiodactyla	牛科 Bovidae	斑羚	*Naemorhedus griseus*	整个保护区	2015.11	++++	调查		√				√	
58	偶蹄目 Artiodactyla	牛科 Bovidae	岩羊	*Pseudois nayaur*	整个保护区（除了低海拔地区）	2015.11	++++	调查		√					√

附表 15 四川卧龙国家级自然保护区 2015 年 7~8 月皮条河流域水质部分指标

断面	监测结果	温度 (℃)	电导率 (μS/cm)	水深 (m)	pH	ORP (mV)	浊度 (NTU)	叶绿素 (μg/L)	蓝绿藻 (cells/mL)	溶解氧含量 (%)	溶解氧 (mg/L)	TP (mg/L)	TN (mg/L)	实测类别	是否达标
邓森沟	平均值	8.46	224	0.85	6.93	187	13.6	0.4	733	75.4	7.54	0.01	0.16	I	是
	实测类别										I	I			
皮条河上游汽车加水处	平均值	14.8	323	1.263	7.78	152	6.7	2.09	2 351	77.5	7.73	0.003	0.2	I	是
	实测类别										I	I			
梯子沟（背山区）	平均值	10.5	281	1.534	7.69	160	83	1.5	156	70.4	7.02	0.005	0.27	I	是
	实测类别										I	I			
梯子沟（核心区木桥下）	平均值	13.34	341	1.974	7.79	146	26.6	2	1277	75.9	7.54	0.009	0.06	I	是
	实测类别										I	I			
熊猫沟基地	平均值	13.9	330	1.123	7.74	184	68.4	1.5	127	75.3	7.57	0.018	0.13	I	是
	实测类别										I	I			
卧龙关沟上游（饮用水地）	平均值	14.58	340	1.129	7.62	190	42.5	2.3	1 888	77.6	7.79	0.003	0.08	I	是
	实测类别										I	I			
卧龙关沟（堆肥处）	平均值	14.53	308	1.618	7.61	98	4.8	6.3	8 916	82	8.25	0.003	0.3	I	是
	实测类别										I	I			
卧龙关村（水库）	平均值	17.83	420	1.239	7.51	166	15.1	8.2	9 624	68.8	6.88	0.002	0.41	II	是
	实测类别										II	I			
临惠饭店	平均值	19.13	305	1.155	7.48	179	0	0.1	304	73.9	7.39	0.017	0.11	II	是
	实测类别										II	I			
污水处理厂下游	平均值	12.74	324	1.287	7.41	122	1.6	0.5	622	73.6	7.39	0.005	0.12	II	是
	实测类别										II	I			
熊猫电站上游石桥处	平均值	14.04	375	1.239	7.43	145	2.5	0.2	651	81.6	8.15	0.01	0.15	I	是
	实测类别										I	I			

（续）

断面	监测结果	温度（℃）	电导率（μS/cm）	水深（m）	pH	ORP（mV）	浊度（NTU）	叶绿素（μg/L）	蓝绿藻（cells/mL）	溶解氧含量（%）	溶解氧（mg/L）	TP（mg/L）	TN（mg/L）	实测类别	是否达标
山珍部落下游（足木山村）	平均值	20.9	426	1.228	7.7	202	17.1	0.5	850	72.3	7.26	0.031	0.09	II	是
	实测类别										II	I	I		
幼儿园	平均值	20.88	426	1.226	7.68	183	15.4	0.1	407	71.6	7.27	0.002	0.08	II	是
	实测类别										II	I	I		
山中酒寨	平均值	20.81	426	1.3	7.67	171	16.7	0.3	886	73.9	7.33	0.001	0.54	II	是
	实测类别										II	I	I		
博物馆	平均值	20.73	425	1.297	7.68	183	14.8	0.5	982	72.8	7.32	0.005	0.66	II	是
	实测类别										II	I	I		
七层楼沟	平均值	19.88	413	1.262	7.76	176	16.3	0.1	153	71.9	7.18	0.004	0.12	II	是
	实测类别										II	I	I		
联达桥下	平均值	15.62	249	1.591	7.64	186	7.6	0.81	787	81.6	8.12	0.009	0.3	I	是
	实测类别										I	I	I		
老鸭山标志处（畜牧区）	平均值	15.62	247	1.595	7.66	72	15.5	0.93	1091	81.8	8.14	0.018	0.48	I	是
	实测类别										I	I	I		

附表 16 四川卧龙国家级自然保护区科学考察人员及工作统计表

序号	姓名	单位	参与本底调查工作	序号	姓名	单位	参与本底调查工作
1	陈木林	卧龙自然保护区	植物	20	金国志	卧龙自然保护区	后勤
2	陈应康	卧龙自然保护区	动物	21	林红强	卧龙自然保护区	植物
3	陈跃红	卧龙自然保护区	植物	22	林远志	卧龙自然保护区	后勤
4	何涛	卧龙自然保护区	动物	23	刘辉	卧龙自然保护区	总后勤
5	黄欣	卧龙自然保护区	动物	24	明强	卧龙自然保护区	动物
6	马军	卧龙自然保护区	动物	25	施小刚	卧龙自然保护区	协调
7	明猛	卧龙自然保护区	后勤	26	苏晓龙	卧龙自然保护区	动物
8	乔麦菊	卧龙自然保护区	植物	27	王超	卧龙自然保护区	动物
9	秦伟光	卧龙自然保护区	动物	28	谢绍令	卧龙自然保护区	植物
10	唐卓	卧龙自然保护区	动物	29	杨勇	卧龙自然保护区	动物
11	汪祥文	卧龙自然保护区	动物	30	尹晓强	卧龙自然保护区	动物
12	杨帆	卧龙自然保护区	动物	31	周刚	卧龙自然保护区	动物
13	杨建	卧龙自然保护区	协调	32	陈东	卧龙自然保护区	后勤
14	杨文刚	卧龙自然保护区	动物	33	金森龙	卧龙自然保护区	后勤
15	杨长友	卧龙自然保护区	后勤	34	谭迎春	卧龙自然保护区	协调
16	周莎	卧龙自然保护区	植物	35	王继富	卧龙自然保护区	动物
17	刘明冲	卧龙自然保护区	植物	36	王茂麟	卧龙自然保护区	植物
18	曾永斌	卧龙自然保护区	动物	37	王仕明	卧龙自然保护区	动物
19	胡强	卧龙自然保护区	植物	38	杨杰	卧龙自然保护区	动物

（续）

序号	姓名	单位	参与本底调查工作	序号	姓名	单位	参与本底调查工作
39	张开强	卧龙自然保护区	动物	60	付纷纷	西华师大	水文
40	张亮	卧龙自然保护区	动物	61	甘浩君	西华师大	珍稀濒危植物
41	张涛	卧龙自然保护区	动物	62	甘小洪	西华师大	植物
42	陈俊	卧龙自然保护区	动物	63	高辉	西华师大	珍稀濒危植物
43	蒋海	卧龙自然保护区	动物	64	苟雪	西华师大	植物区系
44	刘世才	卧龙自然保护区	协调	65	何博文	西华师大	水文
45	王飞	卧龙自然保护区	协调	66	何贵斌	西华师大	藻类
46	杨森	卧龙自然保护区	动物	67	何可	西华师大	动物
47	银滨	卧龙自然保护区	动物	68	何松	西华师大	兽类
48	张清宇	卧龙自然保护区	动物	69	何长晟	西华师大	藻类
49	罗川	西华师大	环保	70	胡杰	西华师大	兽类、鸟类
50	蔡雪峰	西华师大	兽类、鸟类	71	胡月	西华师大	鱼类
51	曹帆	西华师大	地质	72	黄成俊	西华师大	菌类
52	曹福贤	西华师大	植物	73	黄曼娜	西华师大	水文
53	曾橘	西华师大	鱼类	74	黄雪梅	西华师大	植物区系
54	陈健玲	西华师大	鸟类	75	江文强	西华师大	珍稀濒危植物
55	陈子君	西华师大	后勤	76	姜仁杰	西华师大	珍稀濒危植物
56	笪文怡	西华师大	珍稀濒危植物	77	蒋朝明	西华师大	鱼类
57	邓超	西华师大	水文	78	金龙	西华师大	两栖、爬行
58	邓黎静	西华师大	鸟类	79	雷海莲	西华师大	菌类
59	范元英	西华师大	鸟类	80	李冰寒	西华师大	菌类

（续）

序号	姓名	单位	参与本底调查工作	序号	姓名	单位	参与本底调查工作
81	李成明	西华师大	地质	102	青菁	西华师大	动物
82	李登飞	西华师大	生态旅游、自然、人文	103	饶佳	西华师大	绿尾红雉及鸟类
83	李锋	西华师大	蝙蝠	104	任光前	西华师大	地质
84	李晗	西华师大	兽类	105	任丽平	西华师大	环保
85	李建国	西华师大	绿尾红雉及鸟类	106	施丽梅	西华师大	植物区系
86	李静	西华师大	后勤	107	石爱民	西华师大	昆虫
87	李林辉	西华师大	菌类	108	舒秋贵	西华师大	水文
88	李满婷	西华师大	植物	109	宋蕾	西华师大	鱼类
89	李奇缘	西华师大	菌类	110	孙辉	西华师大	兽类
90	李铁松	西华师大	地质	111	唐书培	西华师大	兽类
91	李欣	西华师大	植物	112	王东	西华师大	珍稀濒危植物
92	李艳红	西华师大	水生无脊椎	113	王丰	西华师大	昆虫
93	廖文波	西华师大	两栖、爬行	114	魏中华	西华师大	昆虫
94	廖小芳	西华师大	水文	115	肖俊	西华师大	兽类
95	刘娇	西华师大	菌类	116	谢广林	西华师大	昆虫
96	刘盼盼	西华师大	绿尾红雉及鸟类	117	徐晓敏	西华师大	水生无脊椎
97	刘正才	西华师大	珍稀濒危植物	118	闫本莉	西华师大	植物区系
98	吕丽	西华师大	水文	119	闫香慧	西华师大	水生无脊椎
99	马永红	西华师大	藻类	120	闫震	西华师大	土壤
100	穆云飞	西华师大	植物	121	严贤春	西华师大	生态旅游、自然、人文
101	庞晓琴	西华师大	菌类	122	杨旭	西华师大	植物

（续）

序号	姓名	单位	参与本底调查工作
123	杨旭	西华师大	蝙蝠
124	杨燕	西华师大	菌类
125	杨志松	西华师大	兽类
126	姚刚	西华师大	水鹿专项
127	喻建平	西华师大	两栖、爬行
128	张冬玲	西华师大	动物
129	张宏斌	西华师大	两栖、爬行
130	张华	西华师大	昆虫
131	张缓缓	西华师大	鱼类
132	张骏	西华师大	昆虫
133	张永祀	西华师大	土壤
134	章杨昆	西华师大	珍稀濒危植物
135	赵丽	西华师大	两栖、爬行
136	赵世勇	西华师大	环保
137	赵霞	西华师大	水文
138	钟茂君	西华师大	兽类
139	钟雪颖	西华师大	珍稀濒危植物
140	周材权	西华师大	绿尾红雉
141	周育臻	西华师大	珍稀濒危植物
142	朱洪民	西华师大	环保
143	朱淑霞	西华师大	植物
144	李君	西南交大学	社会经济
145	肖平	西南交大学	社会经济
146	戴强	中科院成都生物所	标本数据库
147	常勇斌	中科院动物所	小型兽类
148	程继龙	中科院动物所	小型兽类
149	葛德燕	中科院动物所	小型兽类
150	黄振兴	中科院动物所	小型兽类
151	叶建飞	中科院植物所	植物

附 图

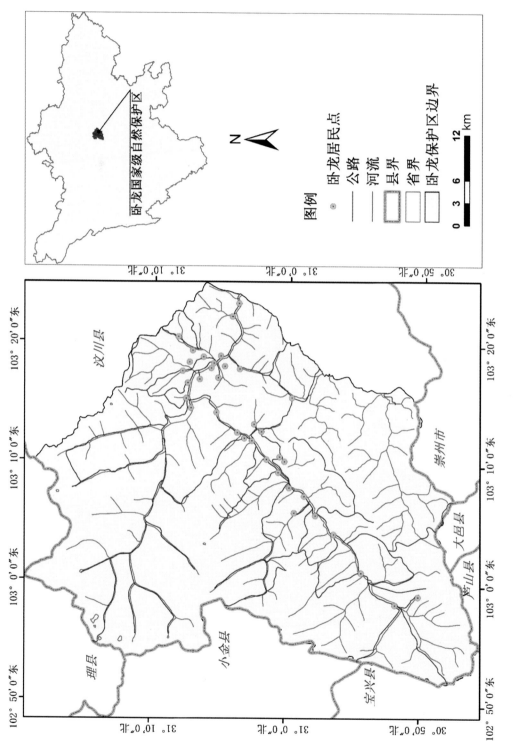

附图 1 四川卧龙国家级自然保护区位关系图

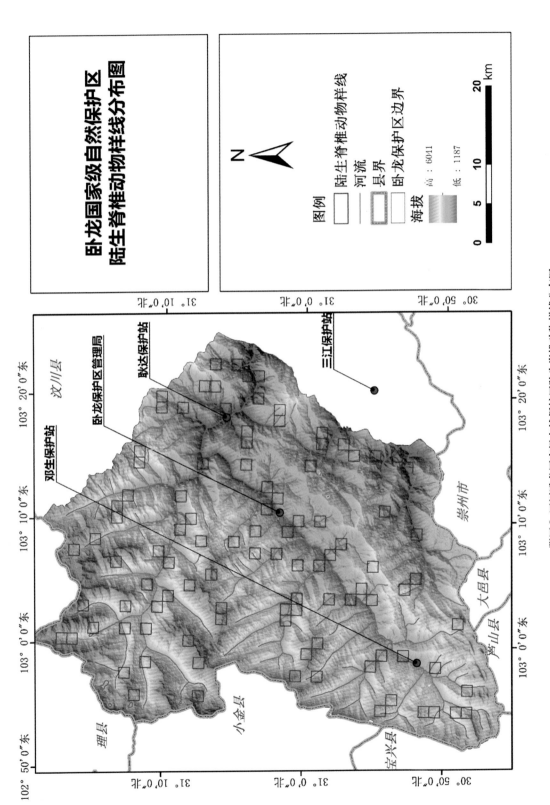

附图 2　四川卧龙国家级自然保护区陆生脊椎动物样线分布图

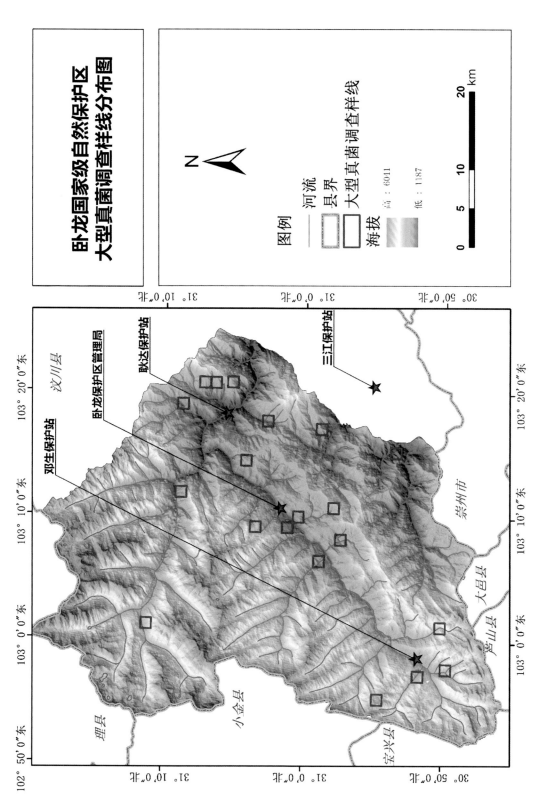

附图 3 四川卧龙国家级自然保护区大型真菌调查样线分布图

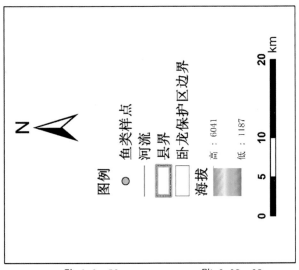

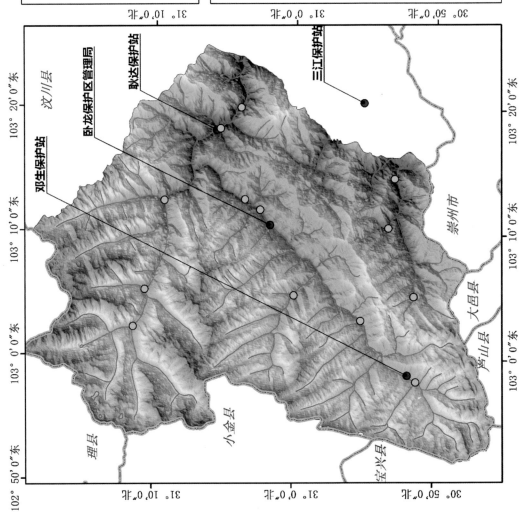

附图4 四川卧龙国家级自然保护区鱼类样点分布图

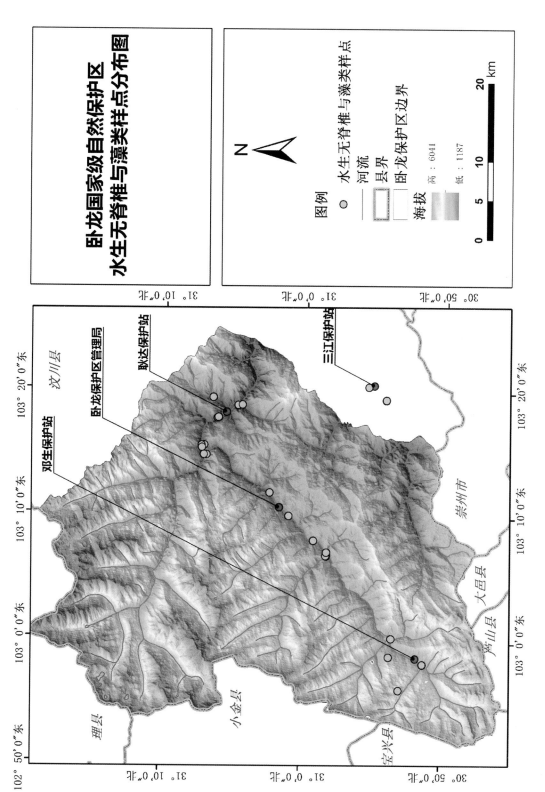

卧龙国家级自然保护区
水生无脊椎与藻类样点分布图

图例

○ 水生无脊椎与藻类样点

—— 河流
□ 县界
□ 卧龙保护区边界

海拔
高：6041
低：1187

0　5　10　20 km

N

邓生保护站

卧龙保护区管理局

耿达保护站

三江保护站

汶川县

理县

小金县

宝兴县

芦山县

大邑县

崇州市

附图5　四川卧龙国家级自然保护区水生无脊椎与藻类样点分布图

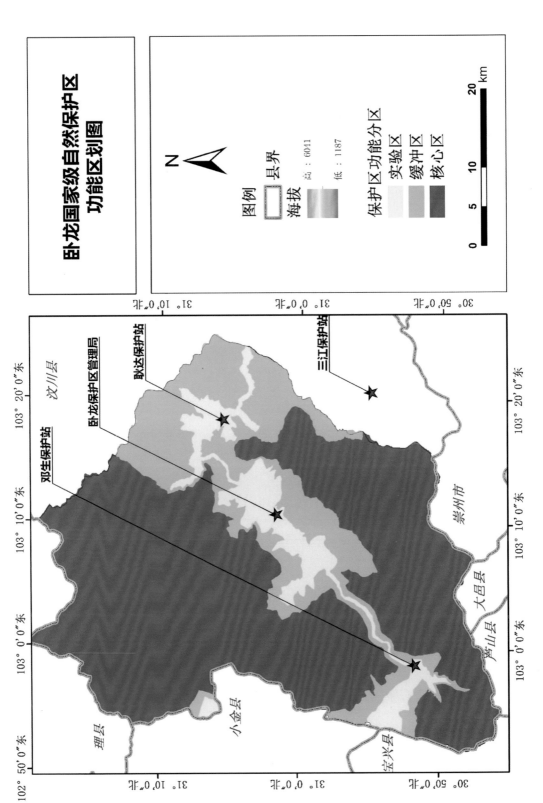

附图6 四川卧龙国家级自然保护区功能区划图

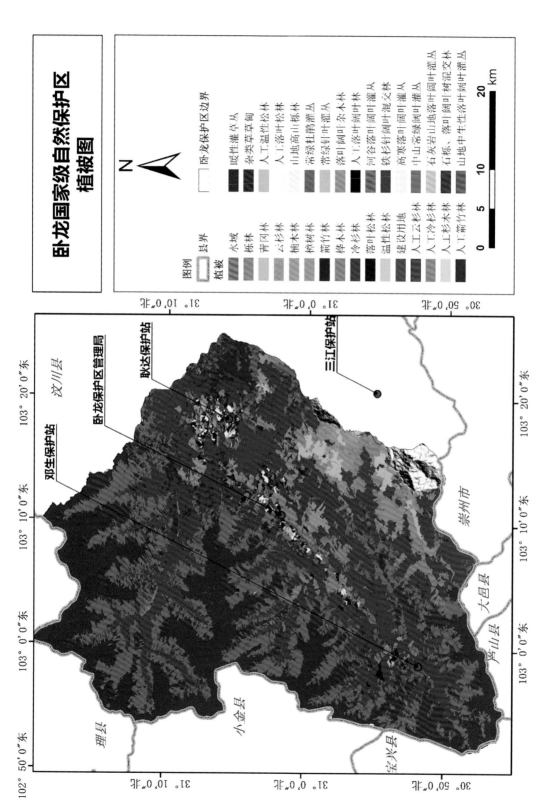

卧龙国家级自然保护区植被图

附图7 四川卧龙国家级自然保护区植被图

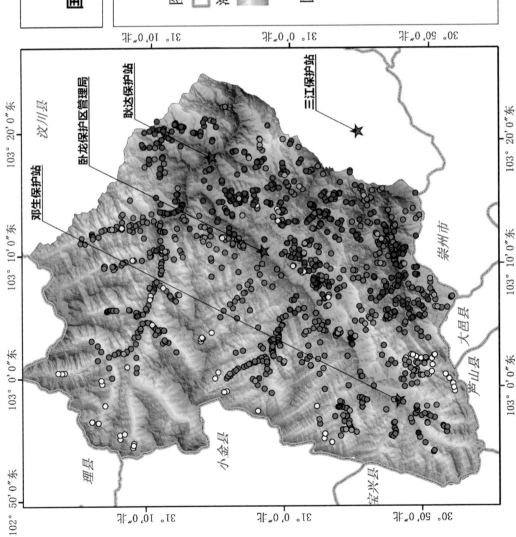

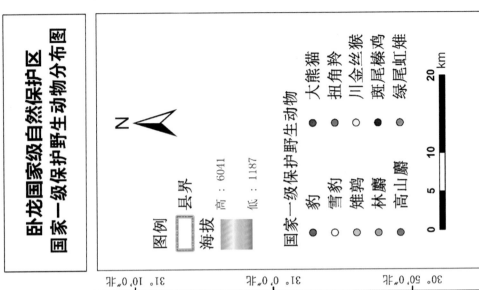

附图8　四川卧龙国家级自然保护区国家一级保护野生动物分布图

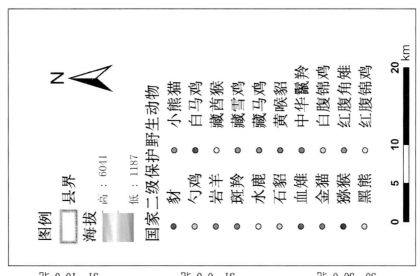

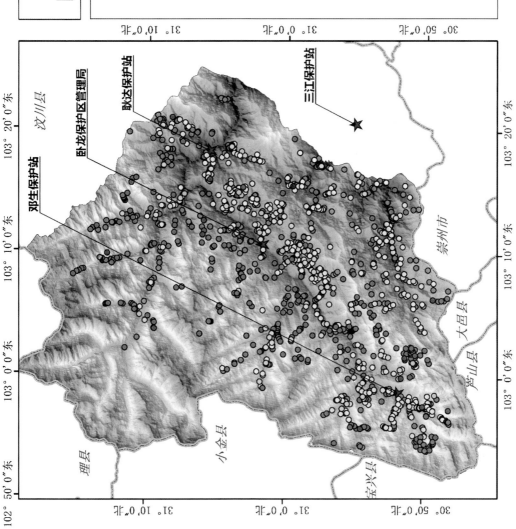

附图9 四川卧龙国家级自然保护区国家二级保护野生动物分布图

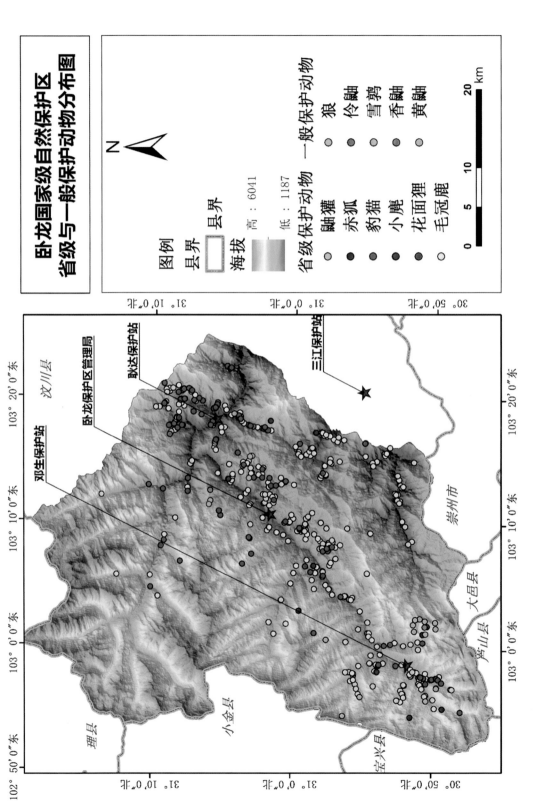

附图10 四川卧龙国家级自然保护区省级与一般保护动物分布图

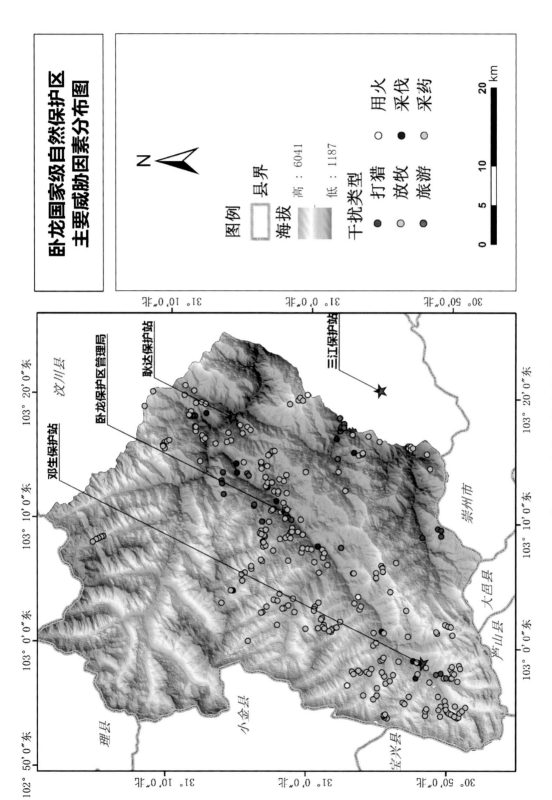

附图 11 四川卧龙国家级自然保护区主要威胁因素分布图

彩 版

图1 齐口裂腹鱼 [*Schizothorax*
（*Schizothorax*）*prenanti*]

图2 山鳅（*Oreias dabryi* Sauvage）

图3 贝氏高原鳅 [*Trilophysa bleekeri*
（Sauvage et Dabry）]

图4 虹鳟（*Oncorhynchus mykiss*）

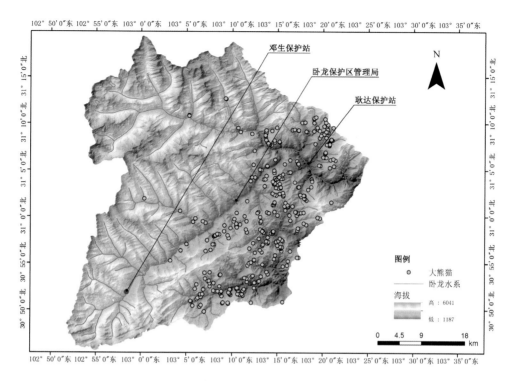

图5 卧龙国家级自然保护区大熊猫痕迹点分布图

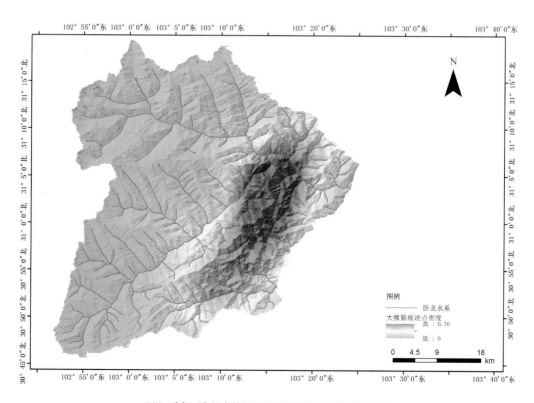

图6 卧龙国家级自然保护区大熊猫痕迹点密度分布图

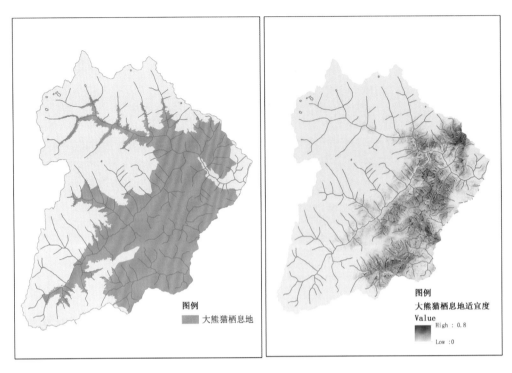

图7　卧龙国家级自然保护区大熊猫栖息地范围及适宜度

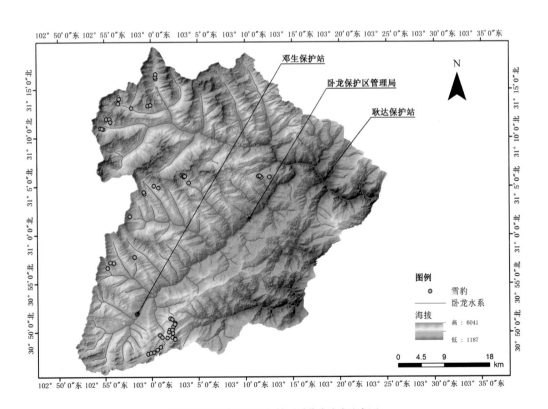

图8　卧龙国家级自然保护区雪豹痕迹点分布图

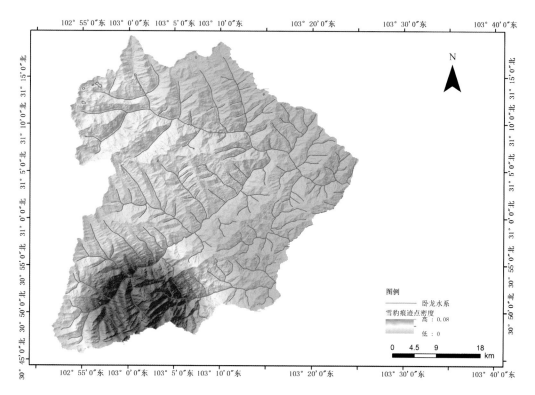

图9 卧龙国家级自然保护区雪豹痕迹点密度分布图

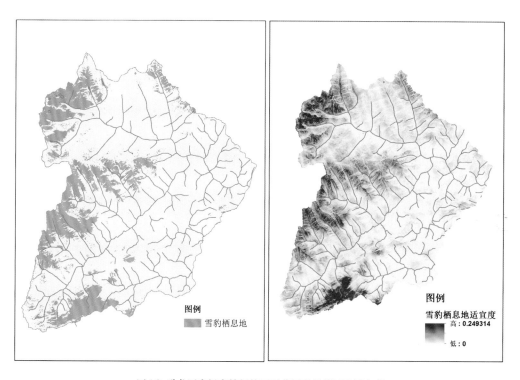

图10 卧龙国家级自然保护区雪豹栖息地范围及适宜度

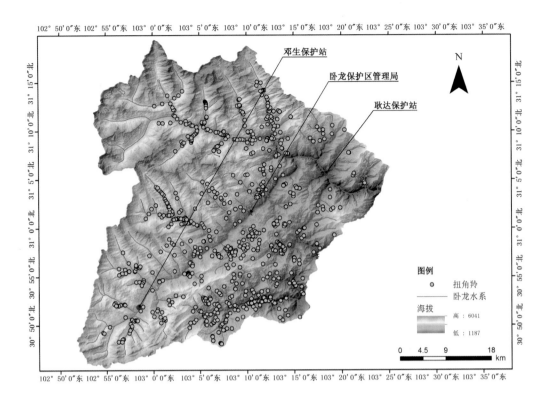

图11 卧龙国家级自然保护区扭角羚痕迹点分布图

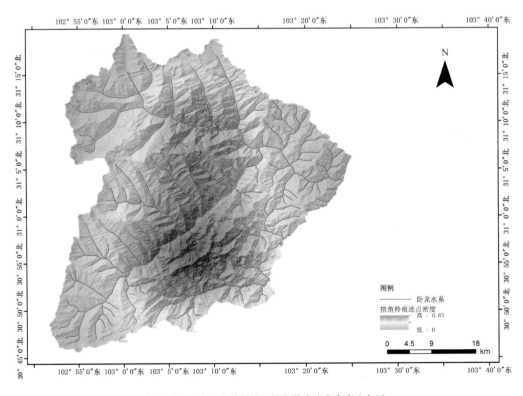

图12 卧龙国家级自然保护区扭角羚痕迹点密度分布图

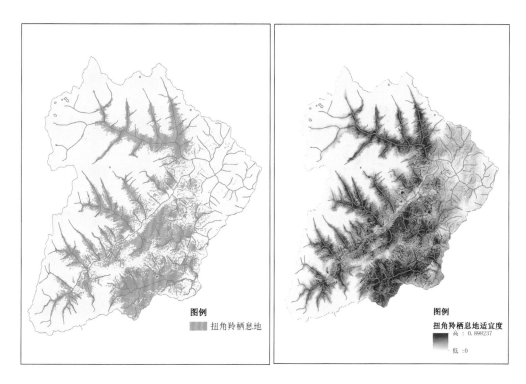

图13 卧龙国家级自然保护区扭角羚栖息地范围及适宜度

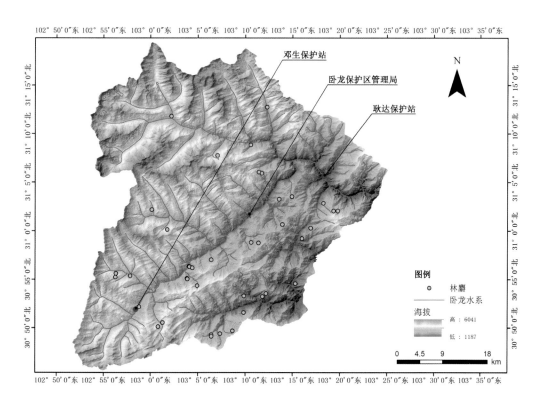

图14 卧龙国家级自然保护区林麝痕迹点分布图

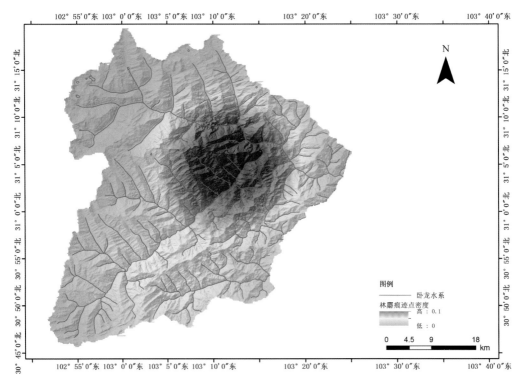

图15 卧龙国家级自然保护区林麝痕迹点密度分布图

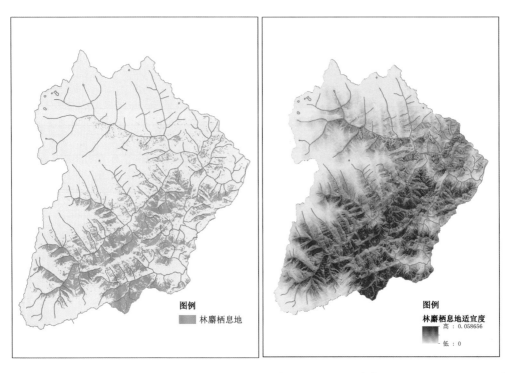

图16 卧龙国家级自然保护区林麝栖息地范围及适宜度

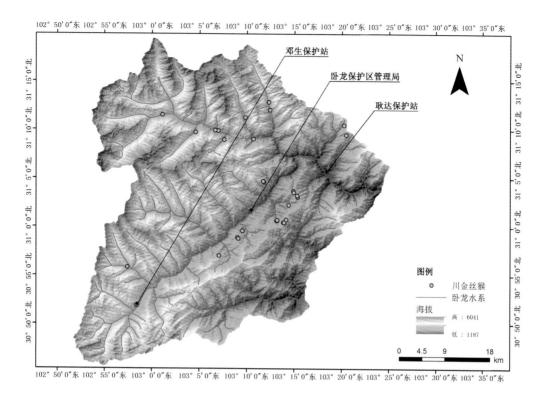

图17 卧龙国家级自然保护区川金丝猴痕迹点分布图

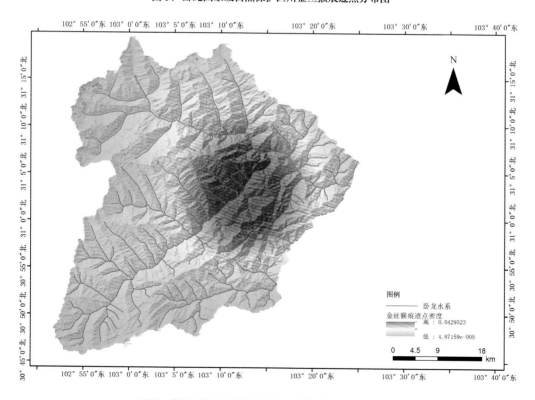

图18 卧龙国家级自然保护区川金丝猴痕迹点密度分布图

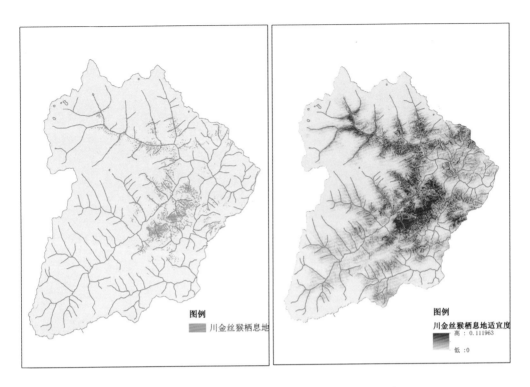

图19 卧龙国家级自然保护区川金丝猴栖息地范围及适宜度

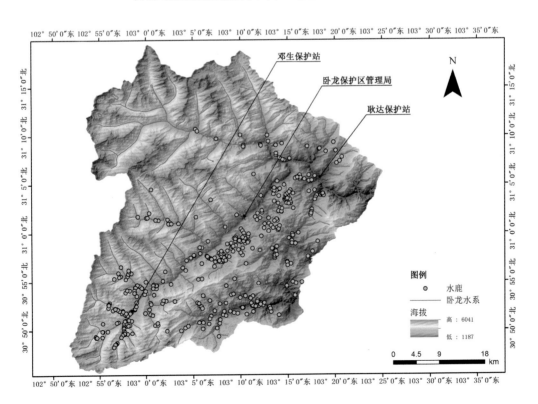

图20 卧龙国家级自然保护区水鹿痕迹点分布图

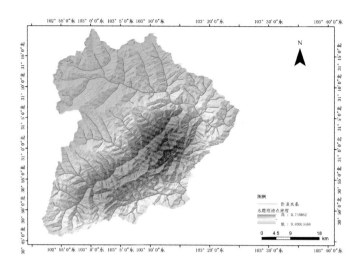

图21 卧龙国家级自然保护区水鹿痕迹点密度分布图

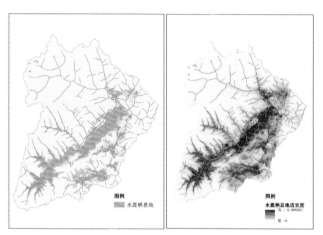

图22 卧龙国家级自然保护区水鹿栖息地范围及适宜度

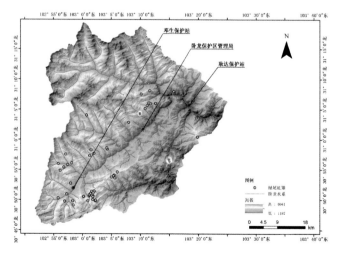

图23 卧龙国家级自然保护区绿尾虹雉痕迹点分布图

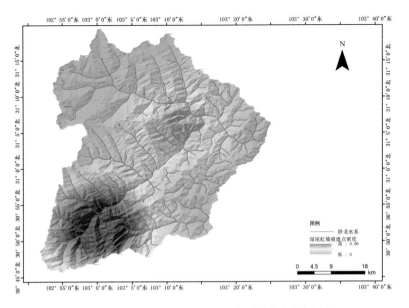

图24 卧龙国家级自然保护区绿尾虹雉痕迹点密度分布图

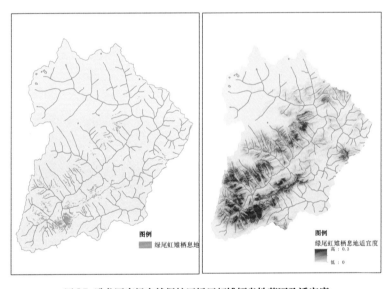

图25 卧龙国家级自然保护区绿尾虹雉栖息地范围及适宜度

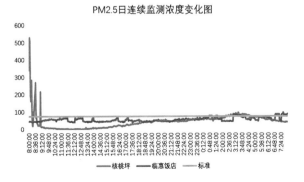

图26 卧龙国家级保护区内核桃坪与临惠饭店PM2.5 24h变化示意图

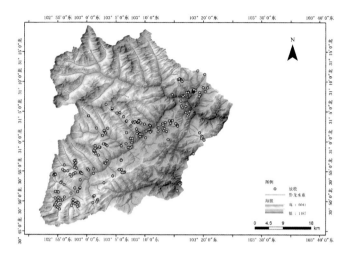

图27 卧龙国家级自然保护区放牧干扰痕迹点分布图

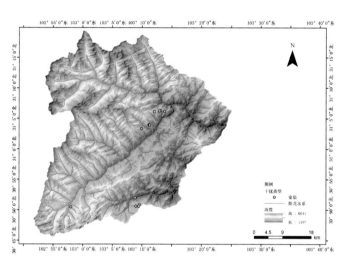

图28 卧龙国家级自然保护区偷猎干扰痕迹点分布图

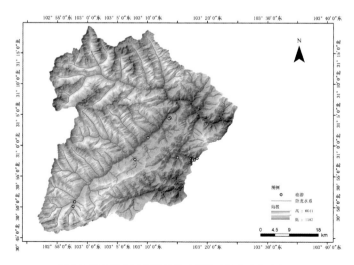

图29 卧龙国家级自然保护区旅游干扰痕迹点分布图

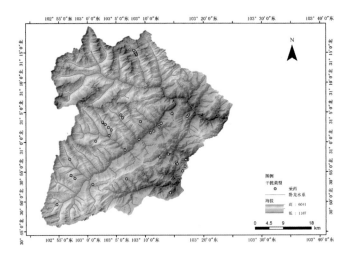

图30　卧龙国家级自然保护区采药干扰痕迹点分布图

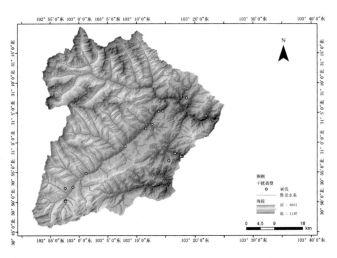

图31　卧龙国家级自然保护区采伐干扰痕迹点分布图

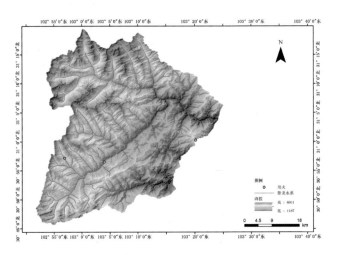

图32　卧龙国家级自然保护区用火干扰痕迹点分布图